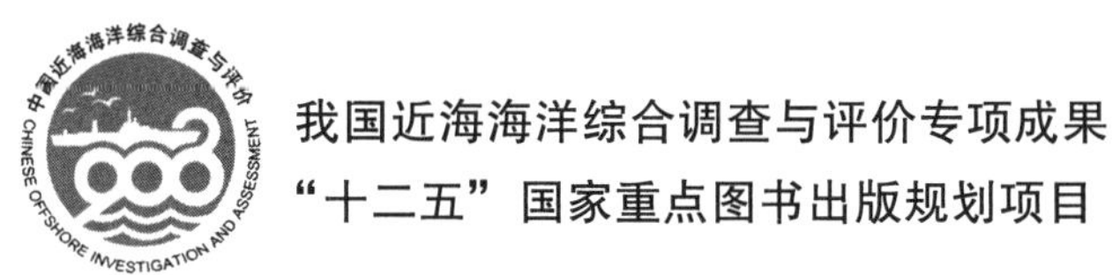

我国近海海洋综合调查与评价专项成果

“十二五”国家重点图书出版规划项目

中国区域海洋学
——海洋环境生态学

李永祺　主编

海洋出版社

2012年·北京

内 容 简 介

《中国区域海洋学》是一部全面、系统反映我国海洋综合调查与评价成果，并以海洋基本自然环境要素描述为主的科学著作。内容包括海洋地貌、海洋地质、物理海洋、化学海洋、生物海洋、渔业海洋、海洋环境生态和海洋经济等。本书为“海洋环境生态学”分册，主要介绍人类活动和海洋环境污染对海洋生物及生态系统的影响、海洋生物多样性及其保护、海洋生态监测及生态修复。

本书可供从事海洋环境生态学以及相关学科的科技人员及专家参考，也可供海洋管理、海洋开发、海洋交通运输和海洋环境保护等部门的工作人员参阅，同时也可作为高等院校师生教学与科研参考。

图书在版编目（CIP）数据

中国区域海洋学. 海洋环境生态学/李永祺主编. —北京：海洋出版社，2012.6
ISBN 978-7-5027-8252-8

Ⅰ.①中… Ⅱ.①李… Ⅲ.①区域地理学-海洋学-中国 ②海洋环境-海洋生态学-中国 Ⅳ.①P72 ②X321.2

中国版本图书馆 CIP 数据核字（2012）第 084404 号

责任编辑：张 荣
责任印制：刘志恒
海洋出版社 出版发行
http://www.oceanpress.com.cn
北京市海淀区大慧寺路 8 号 邮编：100081
北京旺都印务有限公司印刷 新华书店北京发行所经销
2012 年 6 月第 1 版 2012 年 6 月第 1 次印刷
开本：889mm×1194mm 1/16 印张：38.5
字数：960 千字 定价：190.00 元
发行部：62132549 邮购部：68038093 总编室：62114335
海洋版图书印、装错误可随时退换

《中国区域海洋学》编写委员会

主　任　苏纪兰

副主任　乔方利

编　委　（以姓氏笔画为序）

王东晓　王　荣　王保栋　王　颖　甘子钧　宁修仁　刘保华
刘容子　许建平　孙吉亭　孙　松　李永祺　李家彪　邹景忠
郑彦鹏　洪华生　贾晓平　唐启升　谢钦春

《中国区域海洋学——海洋生态环境学》编写人员名单

主　编　李永祺

副主编　邹景忠　黄良民　王　斌　唐学玺

编　委　（以姓氏笔画为序）

王　悠　王　斌　刘　兰　李永祺　李　涛　肖　慧　邹景忠
唐学玺　唐森铭　黄小平　黄良民　韩笑天　谭烨辉

序

我国近海海洋综合调查与评价专项（简称“908专项”）是新中国成立以来国家投入最大、参与人数最多、调查范围最大、调查研究学科最广、采用技术手段最先进的一项重大海洋基础性工程，在我国海洋调查和研究史上具有里程碑的意义。《中国区域海洋学》的编撰是“908专项”的一项重要工作内容，它首次系统总结我国区域海洋学研究成果和最新进展，全面阐述了中国各海区的区域海洋学特征，充分体现了区域特色和学科完整性，是“908专项”的重大成果之一。

本书是全国各系统涉海科研院所和高等院校历时4年共同合作完成的成果，是我国海洋工作者集体智慧的结晶。为完成本书的编写，专门成立了以苏纪兰院士为主任委员的编写委员会，并按专业分工开展编写工作，先后有200余名专家学者参与了本书的编写，对中国各海区区域海洋学进行了多学科的综合研究和科学总结。

本书的特色之一是资料的翔实性和系统性，充分反映了中国区域海洋学的最新调查和研究成果。书中除尽可能反映“908专项”的调查和研究成果外，还总结了近40~50年来国内外学者在我国海区研究的成就，尤其是近10~20年来的最新成果，而且还应用了由最新海洋技术获得的资料所取得的研究成果，是迄今为止数据资料最为系统、翔实的一部有关中国区域海洋学研究的著作。

本书的另一个特色是学科内容齐全、区域覆盖面广，充分反映中国区域海洋学的特色和学科完整性。本书论述的内容不仅涉及传统专业，如海洋地貌学、海洋地质学、物理海洋学、化学海洋学、生物海洋学和渔业海洋学等专业，而且还涉及与国民经济息息相关的海洋环境生态学和海洋经济学等。研究的区域则包括了中国近海的各个海区，包括渤海、黄海、东海、南海及台湾以东海域。因此，本书也是反映我国目前各海区、各专业学科研究成果和学术水平的系统集成之作。

本书除研究中国各海区的区域海洋学特征和相关科学问题外，还结合各海区的区位、气候、资源、环境以及沿海地区经济、社会发展情况等，重点关注其海洋经济和社会可持续发展可能引发的资源和环境等问题，突出区域特色，可更好地发挥科技的支撑作用，服务于区域海洋经济和社会的发展，并为海洋资源的可持续利用和海洋环境保护、治理提供科学依据。因此，本书不仅在学术研究方面有一定的参考价值，在我国海洋经济发展、海洋管理和海洋权益维护等方面也具有重要应用价值。

作为一名海洋工作者，我愿意向大家推荐本书，同时也对负责本书编委会的主任苏纪兰院士、副主任乔方利、各位编委以及参与本项工作的全体科研工作者表示衷心的感谢。

国家海洋局局长 刘赐贵

2012年1月9日于北京

编者的话

“我国近海海洋综合调查与评价专项”（简称“908专项”）于2003年9月获国务院批准立项，由国家海洋局组织实施。《中国区域海洋学》专著是2007年8月由“908专项”办公室下达的研究任务，属专项中近海环境与资源综合评价内容。目的是在以往调查和研究工作基础上，结合“908专项”获取的最新资料和研究成果，较为系统地总结中国海海洋地貌学、海洋地质学、物理海洋学、化学海洋学、生物海洋学、渔业海洋学、海洋环境生态学及海洋经济学的基本特征和变化规律，逐步提升对中国海区域海洋特征的科学认识。

《中国区域海洋学》专著编写工作由国家海洋局第二海洋研究所苏纪兰院士和国家海洋局第一海洋研究所乔方利研究员负责组织实施，并成立了以苏纪兰院士为主任委员的编写委员会对学术进行把关。《中国区域海洋学》包含八个分册，各分册任务分工如下：《海洋地貌学》分册由南京大学王颖院士和国家海洋局第二海洋研究所谢钦春研究员负责；《海洋地质学》分册由国家海洋局第二海洋研究所李家彪研究员和国家海洋局第一海洋研究所刘保华研究员（后调入国家深海保障基地）、郑彦鹏研究员负责；《物理海洋学》分册由国家海洋局第一海洋研究所乔方利研究员和中国科学院南海海洋研究所甘子钧研究员、王东晓研究员负责；《化学海洋学》分册由厦门大学洪华生教授和国家海洋局第一海洋研究所王保栋研究员负责；《生物海洋学》分册由中国科学院海洋研究所孙松研究员和国家海洋局第二海洋研究所宁修仁研究员负责；《渔业海洋学》分册由中国水产科学研究院黄海水产研究所唐启升院士和中国水产科学研究院南海水产研究所贾晓平研究员负责；《海洋环境生态学》分册由中国海洋大学李永祺教授和中国科学院海洋研究所邹景忠研究员负责；《海洋经济学》分册由国家海洋局海洋发展战略研究所刘容子研究员和山东海洋经济研究所孙吉亭研究员负责。本专著在编写过程中，组织了全国200余位活跃在海洋科研领域的专家学者集体编写。

八个分册核心内容包括：海洋地貌学主要介绍中国四海一洋海疆与毗邻区的海岸、岛屿与海底地貌特征、沉积结构以及发育演变趋势；海洋地质学主要介绍泥沙输运、表层沉积、浅层结构、沉积盆地、地质构造、地壳结构、地球动力过程以及海底矿产资源的分布特征和演化规律；物理海洋学主要介绍海区气候和天气、水团、海洋环流、潮汐以及海浪要素的分布特征及变化规律；化学海洋学主要介绍基本化学要素、主要生源要素和污染物的基本特征、分布变化规律及其生物地球化学循环；生物海洋学主要介绍微生物、浮游植物、浮游动物、底栖生物的种类组成、丰度与生物量分布特征，能流和物质循环、初级和次级生产力；渔业海洋学主要介绍渔业资源分布特征、季节变化与移动规律、栖息环境及其变化、渔场分布及其形成规律、种群数量变动、大海洋生态系与资源管理；海洋环境生态学主要介绍人类活动和海洋环境污染对海洋生物及生态系统的影响、海洋生物多样性及其保护、海洋生态监测及生态修复；海洋经济学主要介绍产业经济、区域经济、专属经济区与大陆资源开发、海洋生态经济以及海洋发展规划和战略。

本专著在编写过程中，力图吸纳近50年来国内外学者在本海区研究的成果，尤其是近20年来的最新进展。所应用的主要资料和研究成果包括公开出版或发行的论文、专著和图集等；一些重大勘测研究专项（含国际合作项目）成果；国家、地方政府和主管行政机构发布的统计公报、年鉴等；特别是结合了“908专项”的最新调查资料和研究成果。在编写过程中，强调以实际调查资料为主，采用资料分析方法，给出区域海洋学现象的客观描述，同时结合数值模式和理论模型，尽可能地给出机制分析；另外，本专著尽可能客观描述不同的学术观点，指出其异同；作为区域海洋学内容，尽量避免高深的数学推导，侧重阐明数学表达的物理本质和在海洋学上的应用及其意义。

本专著在编写过程中尽量结合最新调查资料和研究成果，但由于本专著与“908专项”其他项目几乎同步进行，专项的研究成果还未能充分地吸纳进来。同时，这是我国区域海洋学的第一套系列专著，编写过程又涉及到众多海洋专家，分属不同专业，前后可能出现不尽一致的表述，甚至谬误在所难免，恳请读者批评指正。

《中国区域海洋学》编委会

2011年10月25日

前 言

海洋环境生态学是海洋科学、环境科学和生态学相互交叉而形成的新学科。它着重研究在人类活动的干扰下，海洋生态系统内在变化的机制、规律和对人类活动的反应，寻求海洋受损生态系统恢复或重建，海洋生物多样性保护，海洋生态系统服务功能的维护和基于生态系统的管理。其主要任务是为人类可持续利用海洋资源、改善人类与海洋生态环境的关系，为建设海洋生态文明提供科学支撑。国家海洋局组织和下达的“我国近海海洋综合调查与评价专项”（简称“908专项”），将苏纪兰院士领导的《中国区域海洋学》编纂任务列入专项计划加以支持，而苏纪兰、唐启升院士和乔方利研究员积极支持将海洋环境生态学列入区域海洋学的一个组成部分，这是本书得以与大家见面的由来。

洋环境生态学是随着海洋开发事业的发展以及海洋生态环境问题的出现而诞生和逐步发展起来的，为解决当代海洋开发与海洋生态环境保护的矛盾提供理论依据和技术支持。

李克强副总理于2011年12月20日，在第七次全国环境保护大会上的讲话中指出：“坚持在发展中保护，在保护中发展，就是要把经济发展与节约环保紧密结合起来，推动发展进入转型的轨道，把环境容量和资源承载力作为发展的基本前提，同时充分发挥环境保护对经济增长的优化和保障作用、对经济转型的倒逼作用，把节约环保融入经济社会发展的各个方面，加快构建资源节约、环境友好的国民经济体系”。海洋是全球生命支持系统的基本组成部分，也是实现可持续发展的宝贵财富。改革开放以来，我国经济的快速发展，沿海地区起了龙头的作用，而海洋经济作为国民经济新的增长点耀眼夺目。但伴随着前所未有的海洋大开发，我国沿海承载着巨大的资源和环境压力，海洋环境与经济发展之间的矛盾和不协调问题越来越突出。20世纪七八十年代所呈现的海洋污染问题尚未得到有效的遏制和治理，而从90年代起因对海洋资源的过度和不合理开发利用所导致的生态破坏问题又突现。为了保护海洋生态环境，虽经多方努力，至今局部海域生态环境有所改善，但总体仍趋恶化。近些年，我国沿海赤潮、绿潮和大型水母等海洋生态灾害频繁和大规模爆发，重大溢油污染等事故时有发生，给海洋经济、人民生计造成重大损失，严重地损害了海洋生态系统的健康。当前，我国沿海地区面临着如何协调发展海洋经济与保护海洋生态、环境的难题，保护并逐步改善我国海洋生态、环境已刻不容缓，而作为联系海洋生态、环境和人类社会福祉的海洋环境生态学，应当在解决这个重大难题中发挥独特的作用，并在此过 程中不断促进学科的发展。

按照区域海洋学编纂的要求，本书以渤海、黄海、东海和南海四个海区独立成篇，既反映出了各自的特点，又保持着共同的编写风格。各篇在表述该海区区域环境生态特征的基础上，以驱动力－压力－状态－响应（效应）－调控和对策的思路；对各海区已有的研究成果、“908专项”的一些最新研究成果以及一些现场调研成果进行了综合分析，力求能反映各海区海洋环境生态的特点、现状、面临的主要问题和发展动态，尽力探索相关的规律和机制，寻求人类对海洋的开发活动与海洋生态相协调的途径与措施。在本书的编纂过程中，我们深感海洋环境生态学已有的知识落后于我国海洋开发利用事业迅速发展的需要。比如，近十多年来我国大规模填海造陆对滨海湿地和近海生态系统的损害以及石油、化工和冶金等企业向沿海地区转移，遍布全国沿海港口群和核电建设，大规模挖、采海砂对底栖生境和生物资源，乃至大规模海水养殖对海洋生态的影响等问题，至今我们尚难以全面、定量地给予科学的回答。这主要是由于海洋生态系统的复杂性和对其影响效应大多具滞后性所致。至于河口及其邻近海域的污染问题，由于从流域到河口和近海的系统研究资料不足，目前也无法得出让人满意的答案。进入新世纪，生态环境问题涌现出了许多新的急待研究的重要科学技术课题，如：生态工法、生态修复、生态系统健康与诊断、生态系统服务、生态安全、国家管辖海域意外的生物多样性保护、海洋保护区选划与建设、基于生态系统管理、生态经济学，乃至构建生态文明等等。基于海洋事业发展的需要，上述这些课题，国家海洋公益科技专项、科技部基础科学研究计划、国家自然科学基金分别给予了有力的支持，拨出科研经费组织开展研究。本书也力求对一些初步研究成果能有所反映。

我们很高兴看到海洋环境生态学在我国得到重视和发展，限于水平和许多热点问题正在研究中。因此，我们不认为本书是区域海洋环境生态学的杰作，仅期望能进一步激发更多学者、同行的热情，更好、更快促进海洋环境生态学发展，为构建海洋生态文明共同努力。

李永祺

2011年7月5日

目 次

第2篇 黄 海

第3篇 东 海

第4篇 南 海

0 绪 论[①]

海洋环境生态学是区域海洋学庞大学科体系中的一个新的成员，因此有必要对这门学科的基本概念、发展史、研究内容以及今后发展趋势作简要的介绍。

0.1 基本概念与发展简史

0.1.1 基本概念与内涵

海洋环境生态学是海洋科学、环境科学、生态学三者相互交叉而形成的新学科。由于是交叉的新学科，因此有必要对几个重要的科学名词先加以说明。

生态（ecology），“生”可解释为“生物”，“态”可解释为“状态”，即指生物的生活或生存状态。在汉语词典中，曾将“生态”解释为“指生物在一定的自然环境下生存和发展的状态，也可指生物的生理特性和生活习性”[②]。

环境（environment），是一个泛指的名词，指相对于某一中心的周围事物，即某一中心周围的事物就是这个中心的环境。生态学和环境科学对环境含义的理解有差异。在生态学中，主体是生物，而环境是指与生物相关的所有周围的事物，经典生态学的环境概念突出环境的自然特性。环境科学主体是人，环境是指人类所处的所有周围事物，但着重研究的是被人类直接和间接干扰、改造的环境。

生态环境（eco－environment），这个名词在中国被广泛地采用，主要源于《中华人民共和国宪法》第二十六条第一款规定，“国家保护和改善生活环境和生态环境，防治污染和其他公害”。对生态环境这个名词，迄今学者颇有争议，有关其定义也不一致。有人认为“是生物有机体周围的生存空间的生态条件的总和，它由许多生态因子（包括非生物因子如光、温度、水分、土壤及无机盐类和生物因子如植物、动物、微生物等）综合而成，对生物有机体起着综合作用”[③]。也有“指以整个生物界为中心，可以直接或间接影响人类生活和发展的自然因素和人工因素的环境系统。它由包括各种自然物质、能量和外部空间等生物生存条件组合成的自然环境和经过人类活动改造过的人工环境共同构成”（周珂，2001）。后者对生态环境的解释较宽泛，实际上将生活环境也归纳进去了。

海洋环境生态学（marine environmental ecology），是海洋环境科学的组成成分，以海洋生物（生态）为中心，着重研究由于人类活动所产生的人—海洋复合生态系统的环境和生态问题。海洋环境生态学又是海洋生态学的分支学科，与经典海洋生态学的最大差异在于：前者主要是研究人类活动对海洋生态（重点是海洋生态系统）的干扰和影响以及寻求减少、改善

---

① 诸论由李永祺教授、邹景忠研究员编写。

② 引自《现代汉语词典》（修订本第1版），商务印书馆，1978年版，第1130页。

③ 《环境科学大辞典》，中国环境科学出版社，1991年版，第573页。

对海洋生态系统损害的途径和方法；而后者主要是研究海洋自然生态系统的结构和功能。

在2002年由盛连喜主编的《环境生态学导论》中，他将环境科学分为环境学、基础环境学、应用环境学三部分，把环境生态学与环境社会学、环境数学、环境物理学、环境化学、环境毒理学、环境地质学并列为以基础研究为重点的基础环境学分支学科。强调环境生态学的基础理论对环境科学发展中的作用，有可取之处。但在现代生态学的学科体系中，将环境生态学归于应用生态学的学科门类中似更适宜。美国生态学会应用生态学分会将应用生态学的内涵表述为：用生态学原理去解决环境问题。沈善敏（1994）认为，应用生态学是“认识、研究人类与生物圈之间关系和协调此种复杂关系以达到和谐发展目的的一门科学”。Olson（1998）认为，基础生态学应当将重点放在解决新的、富有想象力、能够检验以前没有考虑到的过程“问题”上，而这些过程问题是理解一般生态系统的关键；应用生态学则是寻找解决问题的答案。由于应用生态学与经典生态学的区分主要是以人类及其活动介入生态系统与否为基本分界，因此人在生态系统中有两个作用：一方面，人作为自然生态系统的重要成员，属生态系统的杂食者，参与能量流动和物质循环；另一方面，作为生态系统调控者的人，则参与在经济活动与社会运行之中，按照人类自身的经济需求与社会意愿来调控自然生态系统的其他组分。何兴元（2004）认为，目前应用生态学已发展成为一个庞大的学科门类，根据各分支学科研究对象或内容的特点，可以按资源、环境、产业、基础与综合技术以及人类五种方式把应用生态学划分为不同的分支学科。按其划分，强调对环境影响则划分为环境生态学类。据此，海洋环境生态学应归为应用生态学学科门类中的环境生态学类的一门新兴分支学科。

综上所述，海洋环境生态学可以认为是研究人类如何与海洋生态系统和谐相处的一门科学。可定义为：研究人类干扰下，海洋生态系统内在变化的机制、规律和对人类活动的反应，寻求海洋受损生态系统恢复或重建，海洋生物多样性保护，海洋生态系统服务功能的维护和基于生态系统管理的科学。其主要任务是为人类可持续利用海洋资源、改善人类与海洋环境的关系，为建设海洋生态文明提供科学支撑。

0.1.2 产生背景与发展史

一门学科的产生、发展主要是适应社会和经济发展的需要以及科学和技术发展的内在规律的驱动。海洋环境科学的产生也不例外。

虽然在农耕时代人类就开始对陆地自然生态产生影响。进入工业革命后对陆地生态干扰和环境污染日益加重，但当时由于人口少、影响规模小、开发利用没有超过资源和环境的承载力，因而对环境问题并未引起重视。海洋开发处于原始利用阶段，也未出现环境问题。

第二次世界大战后，20世纪五六十年代是工业发展、公害泛滥的年代。重金属、有机氯农药、人工放射性和石油污染的环境公害事件不断发生，且已波及近岸海域。典型的事件如：50年代初，日本一家化工厂将大量含汞废水排入，发生了因食用该湾的海产食品使数十人丧生、数千人致病残的汞中毒公害——“水俣病”；1954年3—5月，美国在太平洋比基尼—埃尼威托克环礁进行氢弹试验，导致日本在试验场以东110 km海域捕鱼的“福龙丸五号”23名船员受辐射而得了辐射病，其中一名船员因肝脏严重损伤而死亡，被称为“福龙丸”渔船事件以及1967年3月“托利卡尼翁（Torrey Canyon）”号油轮在英吉利海峡触礁失事，将所载11.8×10^4 t原油泄入海中，严重污染超过140 km海岸，给事故海域造成了重大生态灾难，25 000多只海鸟死亡，受污海域50%～90%的鲱鱼卵不能孵化、幼鱼也濒于绝迹。这些事件震惊了世界，引起了人们对于海洋环境状况的关注，海洋环境科学也因此而诞生。

海洋环境生态学的产生和发展与环境科学大致同步，也可分为三个阶段：一产生于20世纪60年代，二进入80年代后处于发展期，三在新世纪得到了全面发展。

在第一阶段，1962年美国海洋生物学家Rachel Carson发表的《寂静的春天》（*Silent Spring*）一书，是一部划时代的环境科学经典之作，也是环境生态学的启蒙之著。她提示了人类生产活动与春天"寂静"间的内在联系，阐述了人类同大气、海洋、河流、土壤及生物之间的密切关系，用生态学的原理分析了化学杀虫剂对人类赖以生存的生态系统带来的危害。联合国1972年6月5日在斯德哥尔摩召开了人类首次环境会议，通过了《联合国人类环境会议宣言》向全球发出呼吁：人类在决定世界各地的行动时，必须更加审慎地考虑它们对环境造成巨大的、无法挽回的损失。这次会议吹响了人类共同向环境问题挑战的进军号。1973年1月，作为联合国统筹全世界环境保护的机构，联合国环境规划署（United Nations Environment Programme，UNEP）正式成立。

值得提出的是，在UNEP成立之前，由联合国下属的海事组织（IMO）、粮农组织（FAO）、教科文组织的政府间海洋学委员会（UNESCO - IOC）、世界气象组织（WMO）、世界卫生组织（WHO）、国际原子能机构（IAEA）和联合国共同发起组成的海洋环境保护科学联合专家组（The Joint Group of Experts on the Scientific Aspects of Marine Environmental Protection，GESAMP）于1967年成立，UNEP成立后也参与其中。该专家组的专家由各参与组织推荐，其主要任务是为联合国各有关机构及成员国政府提供有关防止、降低和控制海洋环境损害的科学咨询和建议。针对海洋环境存在的主要问题，每年发表专题研究报告，对推动全球海洋环境保护起了积极的作用。1971年出版的美国阿拉斯加大学海洋科学研究所Donald W. Hood教授主编的《人对海洋的侵犯》（*Impingement of Man on the Oceans*）专著，在该书的序言中强调指出，世界海洋的保护可能是人类在地球上生存的最重要问题。该书分别论述了海洋污染、海洋生物和矿产资源的开发对海洋环境和海洋生物的损害，并提出了保护的对策。该书可认为是海洋环境科学和海洋环境生态学的问世之作。

从20世纪80年代起，可认为是海洋环境科学发展的第二阶段。主要特征是沿海国家人口加速向海岸带集聚，海洋经济较快发展，沿海地区受到前所未有的污染和生态损害双重压力，生态破坏开始引起关注。比如：美国海岸带的面积仅占美国大陆的17%，但这里却居住着美国一半以上的人口，海岸带的人口密度大约是内陆的5倍。污染问题已由发达国家向发展中国家扩散，每年有几万种新的化合物投产，而对它们进入环境后的行为、危害了解甚少。1996年，Theo Cdlbon等学者联合撰写的《我们被盗的未来》（*Our Stolen Future*）提出了令人震惊的观点，即：未来的世界会被人工合成的有机化学物质的海洋所淹没，许多化合物质能模仿自然激素并干扰生物和人类的正常生长。我们人类在告别了《寂静的春天》磨难之后，正在不知不觉地走向失落的未来。时任美国国务卿的马德琳·奥尔布赖特在美国国务院发布的首份环境年度报告的序言中说：美国政府将把重点放在5个问题上，对付世界生态环境遇到的挑战，即：气候变化、有毒化学物质、物种灭绝、森林砍伐和海洋状况恶化。GESAMP在此期间也把眼光更多聚焦于海洋环境生态。例如，1996年出版了《沿岸水产养殖废水的生态影响监测》（*Monitoring the Ecological Effect of Coastal Aquaculture Wastes*, No. 57）；1997年出版了《海洋生物多样性：类型、威胁和保护需求》（*Marine Biodiversity: Patterns, Threats and Conservation Need, No. 62*）等。如果说1987年B. 福尔德曼所著的《环境生态学》教科书是环境生态学的首作，则GESAMP发布的有关海洋环境生态的专题报告，则是世界性系列篇章。

1992 年联合国在巴西里约热内卢召开了第二次环境会议，主题是环境与发展。会议确立的可持续发展思想以及通过的《里约环境与发展宣言》、《21 世纪议程》、《生物多样性保护公约》等重要文件对世界环境保护起到了里程碑的作用。这次会议对传统的高消耗、低产出、高污染的经济发展模式以及对生态系统的漠视再次敲响警钟。正如《21 世纪议程》所指出的："人类正处于历史的抉择关头。我们可以继续实施现行的政策，保持着国家之间的经济差距；在全世界各地增加贫困、饥饿、疾病和文盲；继续使我们赖以维持生命的地球的生态系统恶化。不然我们就得改变政策。改善所有人的生活水平，更好地保护和管理生态环境，争取一个更为安全、更加繁荣的未来"。

与此同时，经过近 20 年的反复磋商，《联合国海洋法公约》终于于 1994 年生效，该公约把全球海洋划分为不同法律地位的区域，扩大了沿海国的海洋权益，明确了公海对所有国家开放和国际海底区域是全人类共同继承遗产的理念。世界沿海大国如美国、法国等开始倡导海岸带综合管理，进而发展为海洋综合管理。这些理念也在《21 世纪议程》中得以体现。海洋可持续发展和海洋综合管理成为《联合国海洋法公约》生效后，世界沿海国家解决海洋资源开发和环境保护问题的主流思想。

从 20 世纪末至今，沿海国家掀起了向海洋要空间、要资源的新高潮，对海洋生态带来了巨大的压力，促进了海洋环境生态学的全面发展。

从 1995 年起，在国际《生物多样性公约》缔约方每两年举办的会议上，海洋生物多样性利用和保护成为大会固定讨论的议题之一。2002 年在南非约翰内斯堡召开的第三次联合国环境大会，再次强调了海洋和海洋生态系统对人类生存和发展的极端重要性。而 2000 年联合国启动了千年生态系统评估（Millennium Ecosystem Assessment，缩写为 MA）项目，经过来自 100 多个国家 1 360 多名学者四年的共同努力，于 2005 年 3 月 3 日发布了《千年生态系统评估综合报告》。MA 把地球分为海洋、海岸带、内陆水域、森林、旱地、岛屿、山地、极地、耕地、城镇 10 种区域类型，其中，直接与海洋相关区域有 4 种，6 种区域与海洋间接相关。MA 的评估研究包括：①生态系统服务功能的变化是怎样影响人类的福利？②在未来的数十年中，生态系统的变化可能给人类带来什么影响？③人类在区域、国家和全球尺度上采取什么样的对策才能改善生态系统的管理，从而提高人类的福利和消除贫困？应当说，千年生态系统评估所要回答的问题，也是海洋环境生态学关注的焦点。在 MA 的综合报告中，提出了四大发现：①在过去 50 年，人类改变生态系统的速度比以前任何时期都快；②生态系统对人类福祉作出巨大贡献的同时，自身却在日益退化；③生态系统退化的现象在这个世纪的前半叶将日益严重，从而有可能影响到联合国千年发展目标的实现；④要扭转生态系统退化的现象，必须要有明显的政策和制度的改变。MA 还强调指出，人类的生存总是依赖于生物圈及其生态系统提供的各项服务功能；目前全球性生态系统退化对人类福利和经济发展造成的冲击正日益加剧。

由于全球生态系统的退化和破坏加剧，因而生态恢复成为环境生态学研究的焦点。在 2005 年召开的第 17 届国际恢复生态学大会上，将生态恢复视为一个全球性的挑战项目。此外，有关海洋生态系统健康、海洋生物多样性、海洋生态服务功能、海洋生态灾害、基于海洋生态系统的综合管理等，也将成为海洋环境生态学的研究焦点。

当前，国际社会日益重视海洋环境保护与流域管理的综合协调，大力推广基于生态系统管理的海洋自然保护策略，高度重视海洋环境对气候变化的响应与适应，国际海域环境问题逐步成为国际社会关注的热点。

中国是世界海洋大国之一，岸线漫长、海域辽阔、岛屿众多，典型海洋生态系统丰富，海洋生物多样性较高。海洋生态系统在维护国家生态安全的重要意义将日益凸显，对相关海洋产业健康发展起到重要支撑作用，同时在抵御海洋灾害中也发挥着关键作用。

进入21世纪，中国沿海地区掀起了大规模海洋开发的新高潮，沿海经济高速发展对海岸带造成了前所未有的资源和环境压力。正如《中国海洋发展报告（2010）》所指出："从20世纪70年代末开始，中国海洋环境总体质量持续恶化，污染损害事件频繁发生。30多年以来的总趋势是：排海污水和污染物数量持续增加，海水、海洋沉积物和海洋生物质量持续恶化，局部海域的恶化趋势有所缓解。"与20世纪80年代相比，中国海洋生态与环境问题无论是在类型、规模、结构、性质以及影响程度都已发生了深刻的变化。总体来看，中国海洋环境问题主要表现在以下三个方面。

一是近岸海域环境污染状况没有得到根本改善，陆源污染物排海加重，2009年全海域未达到清洁海域水质标准的面积约为14.7×10^4 km^2，主要分布在辽东湾、渤海湾、莱州湾、长江口、杭州湾、珠江口和部分大中城市近岸局部海域，海水中的主要污染物是无机氮、活性磷酸盐和石油类，此外，局部海域沉积物受到重金属污染，部分贝类体内污染物残留水平较高。新的污染物质和持久性有机污染物（Persistent Organic Pollutants，POPs）的危害逐渐呈现，对生态系统、食品安全构成了潜在威胁。

二是海洋及海岸带生态系统遭受破坏，各类典型海洋生态系统和栖息地受损严重，如大规模围填海使滨海湿地大量消失，有些无居民海岛遭受破坏，海洋底栖环境恶化，海水营养盐结构失调，海水盐度变化显著，海洋生态系统结构失衡，海洋珍稀濒危物种减少，海产品品质下降，海洋生态服务功能下降。

三是海洋生态灾害和环境突发事件频发，赤潮、绿潮、海岸侵蚀、海水入侵、土壤盐渍化等危害严重，随着海洋石油勘探开发与储运业的快速发展，重大海上溢油污染风险持续加大、时有发生，北方有些海域大型水母大量暴发成灾，海洋外来种物种入侵，海水卫生条件下降，海水养殖病害突出，气候变化已经对海洋及海岸带生态产生影响。

面对日益恶化的海洋生态环境，国家高度重视，有关部门和地方政府采取了一系列应对措施。中国政府初步建立了以《海洋环境保护法》为核心的海洋环境保护规章制度，制定出台了一系列国家和地方海洋环境保护和治理的专项规划、计划，加强了海洋环境保护监管工作，强化海洋污染防治。大力兴建各类海洋保护区，因地制宜地开展了各类海洋生态治理工程。已初步建成全国海洋环境监测体系，海洋环境监测服务内容和范围不断拓展。此外，海洋赤潮、绿潮、溢油等海洋环境突发事件的应急响应全面加强。

经国务院批准、由国家海洋局组织实施的"我国近海海洋综合调查与评价"（简称"908"专项），是继20世纪50年代末、80年代初近海和海岸带调查之后的又一次规模宏大、学科齐全、历时8年的海洋综合调查。通过海洋基础调查、重点海域调查和专项调查，基本摸清了我国海岸带、海岛、海洋生物、海洋生态以及海洋资源开发和利用等现状和规律，为深入研究评估我国海洋环境生态现状提供了极其宝贵的基础资料。

0.2 海洋环境生态学的研究内容、任务和发展趋势

0.2.1 陆地生态系统与海洋生态系统比较

有关生态系统的结构、功能的原理，对陆地生态系统和海洋生态系统都是适用的。但由

于地球上这两个生态系统所处的陆地和海洋自然环境的较大差异，从而导致它们之间的结构和功能有许多不同的特点。

首先，海洋生物生活在咸水的环境，海水的密度比空气大，吸收光线也强。密度大意味着比较大的生物和颗粒可在水中漂浮，因而在海洋中有大量适宜漂浮的生物（plankton）群落，而陆地上不存在这个类型的生物。由于海洋植物和海洋动物都受到水的浮力作用，它们不必消耗大量的物质来建造像纤维和骨骼素那样来支撑身体本身、抗衡重力作用的结构。由于海水不断地流动，因而海洋中有大量营固着生活的动物，它们靠滤食的方式可以方便地捕获到所需的食物，而陆地动物则不可能有营固着生活的动物。也由于海水具有吸收光线的能力，因此海洋中仅限百米左右的水深处有光线，而绝大部分水体是没有光线的，这意味着靠太阳光进行光合作用的海洋植物只能局限在靠近水表层的狭窄的深度范围内生活。

其次，海洋生态系统的初级生产者主要是个体很小的微型植物（大多为几个微米到几十微米），没有大型的植物（除某些大型海藻，如海带外）。这也意味着海洋中的初级消费者不像陆地上的大型草食动物（如牛、羊等），而主要是微型或小型的草食动物（如哲水蚤等桡足类动物）。海洋中大型动物大多处在食物链（网）更高的营养级上。除外，陆地生物体内主要贮存的是碳水化合物，而海洋生物体内储存的主要是蛋白质。海洋食物链生态转换效率比陆地生物食物链高。

如要深入了解海洋与陆地的差异，可参阅 J. M. Nybakken 的著作（1982）和 M. H. Jeneigel 等人（2003）的论文。

0.2.2 研究内容与任务

海洋环境生态学的主要任务是：应用生态学和各相关学科的理论、方法，通过对人类干扰下海洋生态系统内在变化的机制、过程、演化趋势及其规律的探究，海洋生态系统健康和生态系统服务功能受损的判断和评估，各类海洋生态系统保护、修复的生态措施以及基于生态系统综合管理海洋资源和环境的研究，为实现海洋环境保护与海洋经济协调发展，满足人类生存和经济、社会持续发展作出积极的贡献。根据国内外海洋环境的现状及工作需求，研究内容应着重以下几个方面。

0.2.2.1 *海洋污染的生态学效应*

中国近岸海域总体污染程度仍维持在高位，且随着重化工业向沿海布局和沿海城市迅速扩大，污染物的种类和排海总量有可能增加，对海洋生态造成的影响有可能进一步加剧。至今海洋污染对海洋生物的影响已积累了大量的研究资料，今后应以污染物沿着海洋食物链的转移过程和规律，污染物对海洋生态系统的影响，尤其是海区富营养化与赤潮、绿潮、水母等生态灾害的内在关系等为重点进行有关机制、过程的基础科学研究。由于海洋污染物的种类、数量、特性的多样性和复杂性以及不同海域时、空的差异性，应着重从大量研究、调查资料中找出规律性的结果以指导应用实践。在入海污染物方面，应侧重于研究持久性有机污染物，如多氯联苯、多环芳烃、环境激素、有机氯农药等，此外，重金属和人工放射性物质的海洋生态学效应也是重点。在研究方法上，需要开发高精度、高通量、全谱分析方法，研制新型快速分析方法（如生物芯片、传感器）以对大量环境样本进行研究；需要应用基因组学、蛋白质组学、生物信息等手段开展重点污染物在海水、沉积物、不同营养阶层生物中的转移途径、代谢途径，期望能对 POPs 等污染物对海洋生态系统的影响机理得以阐明。

0.2.2.2 海洋工程建设对海洋生态系统的影响

《防治海洋工程建设项目污染损害海洋环境管理条例》第三条规定："本条例所称海洋工程，是指以开发、利用、保护、恢复海洋资源为目的，并且工程主体位于海岸线向海一侧的新建、改建、扩建工程。具体包括：①围填海、海上堤坝工程；②人工岛、海上和海底物资储藏设施、跨海桥梁、海底隧道；③海底管道、海底电（光）缆工程；④海洋矿产资源勘探开发及其附属工程；⑤海上潮汐电站、波浪电站、温差电站等海洋能源开发利用工程；⑥大型海水养殖场、人工鱼礁工程；⑦盐田、海水淡化等海水综合利用工程；⑧海上娱乐及运动、景观开发工程。"此外，海上倾倒、港口航道、船舶航运等活动也可以视为广义的海洋工程。海洋工程建设，对于开发利用海洋资源，发展海洋经济有极为重要的作用，有些海洋工程还能增加海洋生态景观。但任何海洋工程在施工、运营或拆除等阶段都将引起自然环境的变化，大多直接或间接地对海洋生态产生不利的影响，有的甚至造成生态破坏。我国沿海不少地方因海洋工程建设不当导致生态破坏的实例不胜枚举。当前大规模围填海、大项目纷纷上马，疯狂地采挖海砂，更应重视对海洋生态影响或损害问题。

海洋工程对海洋生态的影响，因工程的性质、规模、不同阶段、施工方式、所在海区的时间和空间、海洋生物资源、海区的理化和底质等而有较大的差异。研究的内容包括：①海洋工程改变海洋生物生境而造成的影响。如改变局部海域的水动力（海流的方向、流速、波浪等），海岸地形地貌和泥沙冲淤，滨海湿地被填埋丧失其生态系统服务功能，港口和航道疏浚使海水混浊。底沉积物所含污染物和有害生物孢子释放，大型火电和核电温排水改变局部海区的水温以及滨海公路等地面硬化使污染物直接入海，等等。对某项工程影响的研究，应分析工程建设不同阶段的主要影响因子，模拟或调查影响海洋生态的方式、途径、程度和机制，提出减小影响的生态措施，尤其要重视同类型工程的类比以及长期的生态监测。②海洋工程建设对海洋生态的直接影响。如大面积红树林、珊瑚礁被砍、采，大型电站冷却水系的温升、挟带、加氯对生物生殖细胞、卵、幼体的伤害，围填海和疏浚倾倒对底栖生物的掩埋，採海沙破坏某些经济动物的产卵场，海上工程施工、水下爆破作业等对海洋渔业资源和珍稀濒危物种的破坏和影响，等等。有关这方面的损害，应加强从生态系统整体观着眼去分析，并注意影响的时、空尺度和范围，提出切实可行的减少损害的措施。③在沿海浅水大规模集中式进行鱼、贝类养殖生产，实际上是人为干扰局部生态系统的结构组分，而通过构建养殖生物生长繁殖的设施、投入大量人为培植的目标生物以及饵料，在促进养殖生物生长的同时，却影响了某些鱼虾的洄游和生长，大量使用鲜活饵料改变了原有海洋食物链（网）的营养结构和成分，也改变了营养物质的分布、搬运和滞留以及底质组成和理化性质。因此，在支持海水养殖业发展的时候，也应注意其对海洋自然生态系统造成的影响。④中国江河流域大型水利工程对河口及近海生态系统的影响。据统计，中国 15 m 以上大坝占世界总数的一半。流域大型水利工程使入海的河流物质通量发生重大变化，成为影响河口及近海生态系统健康的主要因素之一。例如，黄河入海水量、泥沙量大大减少，使入海营养物质也随之减少、盐度上升，导致一些鱼虾类产卵数量明显减少。因此，有关长江、黄河、珠江、钱塘江、闽江、海河、淮河和辽河流域水利工程对河口及近海生态系统的影响，应列为海洋环境生态学的一项重要研究内容，进行长期生态观测、监测和生态健康评估。

0.2.2.3 海洋生态系统健康诊断和评估

健康的概念来自医学，20 世纪 40 年代开始将这个概念引入生态学，到 60—70 年代之后，随着全球生态环境的不断恶化，生态系统健康的问题逐渐引起关注。1989 年，国际“水生生态系统健康与管理委员会”（Aquatic Ecosystem Health and Management Society）在加拿大成立，其宗旨是促进与发展整体的、系统的和综合的方法保护与管理全球水生资源。保护地球生态系统健康与完整性，被列为 1992 年联合国环境与发展大会的一个主要原则。

通常认为一个健康的生态系统是稳定的和可持续的；在时间上能够维持它的组织结构和自治，也能够维持对胁迫的恢复力。评价生态系统是否健康可以从活力（Vigor）、组织结构（Organization）和恢复力（Resilience）三个主要特征来完成。也有的学者提出生态系统评价指标体系应包括物理化学指标、生态学指标和社会经济指标。因此，如何诊断、评估海洋生态系统的健康，涉及多个学科的知识，是面临的难题。因为导致生态系统变化或异常，大多是自然因素与人为因素共同造成的，且生物群落还有长、短周期的自身变化，不易判别。中国海域生态系统类型多，每个系统各有独特的结构和功能，也难以用一个标准准确判断其健康状态。国家海洋局组织沿海省（自治区、直辖市）对 18 个生态监控区进行监测。在监测的基础上，综合考虑生态系统自然属性的保持、生物多样性维持、生态结构变化、人类活动压力等方面的因素，把生态监控区生态系统的健康状态分为健康、亚健康和不健康三个等级。2009 年监测结果，认为我国近岸海域生态系统健康状态恶化的趋势尚未得到有效缓解（见《中国海洋发展报告 2010 年》）。由于海洋生态系统类型的多样性以及不同海区自然和人为影响的复杂性，加之至今生态系统的基础资料大多不完备，评估方法也在探索之中。因此，有关生态系统健康的分类标准、诊断方法和标准、评估体系、影响健康因素的分析仍是海洋环境生态学的一个重要课题。另外，还应重视全球气候变化的因素，可通过对历史资料分析、实验室模拟与现场调查等途径，探索海洋生态系统对气候变化的响应机制，开发出集成预测技术，分析和评估气候变化下生态系统结构、过程和功能的变化趋势、可能引发的生态灾害，为维护生态安全提供依据。

0.2.2.4 海洋生态系统服务研究

海洋生态系统服务与海洋生态系统功能是两个彼此紧密相关但又有差别的概念。后者是指生态系统内部各成员以及彼此之间相互依存所发挥的功能；前者指生态系统对人类的生存和发展所能提供的福利和服务。联合国“千年生态系统评估”（MA）将生态系统服务定义为“生态系统服务是指人类从生态系统中获得的效益”。这些效益包括供给功能（如粮食和水的供给）、调节功能（如调节洪涝、干旱、土地退化以及疾病等）、支持功能（如土壤形成与养分循环等）和文化功能（如娱乐、精神、宗教以及其他非物质方面的效益）。

MA 是以生态系统所能提供的服务为核心和评估主线，将地球上各类生态系统所能提供的服务与人类的福利（消除贫困）连串在一起加以研究的。着重探讨了：生态系统服务是怎样影响人类福利的？在未来的几十年中，生态系统的变化可能给人类带来什么影响？人类在局地、国家和全球尺度上采取什么对策改善生态系统的状况，从而提高人类的福利和消除贫困？显然，生态系统服务受到威胁就会引发生态安全问题。

生态系统服务也是生态学与经济的相互渗透、交叉的研究项目。1997 年，Costanza 等人将生态系统的服务分为 17 种类型，海洋生态系统则提供了其中的气体调节、气候调节、干扰调节、营养循环、废物处理、生物控制、栖息地、食物生产、原材料生产、基因资源、休闲娱乐以及文化功能 12 种服务。经评估，得出全球生态系统服务价值为 33 万亿美元（1994 年的价格），是当年全球 GNP 的 1.8 倍，其中，全球海洋生态系统的服务价值为 20.9 万亿美元，而近海为 10.6 万亿美元。这表明，近海生态系统为人类经济社会发展提供了十分重要的支持。

国内生态系统服务的研究，陆地生态系统在先，海洋方面也已跟上。陈仲新等（2000）按照 Constanza 的方法，经面积比例折算后，得出我国陆地生态系统效益价值为 5.61 万亿元/年，海洋生态系统效益价值为 2.71 万亿元/年，是同年我国 GDP 的 1.73 倍。

目前对海洋生态系统服务价值，尤其是间接价值还没有公认的评价方法，严重制约了人们对其重要性的认识。海洋生态系统服务价值评估的关键问题包括：如何区分海洋的服务价值和海洋生态系统服务的价值；生态系统服务功能对经济社会发展的定量评价，生态系统服务的空间转移，生态系统服务与生态安全以及生态系统服务的持续利用；海洋生态系统服务的生态价值评估方法以及如何体现在海洋经济核算之中等。陈尚、张朝晖等人（2006）提出海洋生态服务应开展包括：海洋生态服务功能的定量化及其在不同尺度，不同海洋生态类型服务价值的准确计算方法，重要人类用海活动对生态系统服务功能时空格局的长期影响，各类海洋工程、海岸工程和海洋灾害损害海洋生态系统服务价值的评估理论和方法等的研究内容。

0.2.2.5 海洋生物多样性保护

生物多样性指的是生命有机体及其赖以生存的生态综合体（ecological complexes）之间的多样性和变异性，包括物种、基因和生态系统多样性三个层次。生物多样性的最基本层次包括地球上整个空间的物种。要保护物种就必须从保护生态系统入手，而要深入了解物种受损和受威胁的程度，则必须从基因多样性研究着手才能得到答案。生物多样性对整个生物圈的稳定、协调及动态的平衡起着重要作用，是人类赖以生存和发展的基础和前提。1992 年“世界环发大会”强调，保护生物多样性就是保护人类自己的生存环境。

中国海域辽阔，海洋生物多样性丰富。据刘瑞玉编的《中国海洋生物名录》（2008）记载，中国海域已发现和记录的现生种（recent species）为 22 629 种，约占世界海洋生物物种的十分之一。中国海洋生态系统也十分丰富。但由于人类活动干扰和全球气候变化的双重威胁，海洋生物多样性已受到严重破坏，主要表现为滨海盐沼生态系统、红树林生态系统和珊瑚礁生态系统大面积消失，河口生态系、海草生态系严重退化，经济鱼类资源下降甚至枯竭。对生物多样性的威胁主要来自海洋过度捕捞、生境被破坏和海洋污染以及其他海洋开发活动。

从海洋环境生态学的角度研究内容主要有：人类的海洋开发活动对海洋生物多样性影响的过程、机制及受损程度的判定；生境片断化和退化对海洋生态系统多样性的影响过程和机制；人类对关键物种的干扰和伤害如何导致生态系统受损；在特定海区多个类型生态系统对人类干扰敏感性差异分析；外来入侵种的生态控制技术等。

0.2.2.6 海洋保护区建设

海洋保护区是保护海洋生物多样性的一种特殊手段和重要措施。据统计，目前世界上已建立了 5 000 多个海洋保护区，覆盖海域面积约占海洋总面积的 0.65%。保护区一般有两个管理目标：一是对保护区内的生物多样性和生态系统完整性进行有效保护；二是在保护的前提下控制资源开发以维持生物多样性不受损失。根据保护区的条件、保护对象、目标、允许利用的程度，保护区的分类、名称也不一。目前世界上已建的海洋保护区类型包括：海洋自然保护区、公海保护区、禁渔区、特殊区域、特别敏感海域等多种类型。中国已建海洋保护区类型主要有海洋自然保护区、海洋特别保护区（包括海洋公园）以及水生生物种质资源保护区。截至2010年，中国已建各类海洋保护区240多处，其中，国家级海洋自然保护区32处，地方级海洋自然保护区110多处，海洋特别保护区30多处。一些珍稀濒危海洋动物、典型海洋生态系统、海洋自然历史遗迹与自然景观等得到重点保护。

中国海洋保护区建设存在的问题主要有：进入21世纪以来，国家管辖范围以外海域的海洋生物多样性保护问题已受到国际社会和许多沿海国家的高度重视，美国、法国、意大利等国都已建了超过领海范围的海洋保护区，但我国至今尚未涉及；中国已建海洋保护区隶属不同的上级行政部门，且目前海洋大开发对保护区冲击也很大，管理难度大；另外，有关保护区的建立和管理涉及的理论、方法、技术和法规也有待深入研究和完善。如在“中国沿海生物多样性管理”项目中，对保护区的基线调查提出的要求包括：确定各项目区需减轻威胁的性质和程度；在各项目区开展生态调查，确定关键生境的面积和健康程度以及生境组合的丰度；对利益相关者中开展自然保护意识的调查；开展项目周围社区的经济调查，定量研究其利用海洋资源现状和现有收入水平等，为保护的评价和适应性管理提供基础。

0.2.2.7 海洋生态监测

海洋生态监测，无论对于海洋环境生态学研究，还是海洋生态环境保护和管理都很有必要，是基础性的工作。因为只有在自然界复杂条件下，运用科学的观测、监测方法，才能得到接近实际的生态变化过程、后果的科学资料。

为解决人类所面临的资源、环境和生态系统退化等方面的问题，国际上相继建立了国家、区域和全球性的长期监测、研究网络。其中，美国长期生态学计划（LTER）网络最具代表性。1993年该网络组建了国际长期生态研究网络（ILTER），其目标是：促进和加强和对跨国和跨区界的长期生态现象的了解和科学家之间的交流；提高观测与实验结果的可比性，为生态系统管理提供科学依据。包括中国在内已有几十个国家加入了该网络。中国于1984年5月，成立了跨部门、跨行业、跨地区的“全国海洋监测网”，生态监测被列入为一项监测项目。为监测中国生态环境方面的重大问题，中国科学院于1988年开始筹建“中国生态系统研究网络”（Chinese Ecosystem Research Network，CERN），1990年开始组建了29个野外站，胶州湾和大亚湾为首批的2个海洋站。其研究领域包括：区域代表类型生态系统优化管理与示范；重要生态过程和人类活动影响的长期实验、观测和调控技术；环境变迁和生态系统演替长期监测。2个海洋站分别由中国科学院海洋研究所和南海海洋研究所负责。

在全国几次海洋和海岛调查的基础上，2004年，国家海洋局组织在中国近岸海域建立了18个海洋生态监控区，监控区总面积现已达$5.2\times10^4\ km^2$，主要生态类型包括海湾、河口、滨海湿地、珊瑚礁、红树林和海草床等典型海洋生态系统。监测内容包括环境质量、生物群落结构、产卵场功能以及开发活动等。根据监测资料对各区生态健康进行评价，并公布在环境质量公报上。国家海洋局“908”专项办公室为保证生物生态调查成果的质量，2006年制定了《海洋生物生态调查技术规程》，保证了全国生态监测的统一性和可比性。

目前生态监测存在的主要问题有：布局尚不够合理，监测内容尚不完善，自动化水平较低，资料无法共享，生态环境实时监测问题尚未得到解决；一些重大的海洋污染或生态损害事故，缺少长期事后跟踪监测；外海和深海的生态监测则刚要起步，利用监测数据获得评价结论的方法欠缺等。今后应支持实用可靠的生态变化与环境质量遥感监测技术和方法、生态系统演变预测方法与模型的研究，对沿海大型海洋工程及重大海洋生态事故的生态效应进行

长期观测以及开展气候变化对海洋生态系统影响的监测和预测。

0.2.2.8 海洋生态系统管理

生态系统管理（Ecosystem Management）是生态学和管理科学交叉，为资源和环境管理而衍生出来的新的研究领域。生态系统管理的理念首先在渔业资源管理中得到应用，事实表明，它比对单种渔业资源的管理具有优越性。针对海洋资源和环境管理呈现出的问题，20 世纪 80 年代一些沿海国家提出了“海洋综合管理”的新理念。但怎样才算综合管理？综合管理的主线是什么？争议颇多。由此，20 世纪末开始，生态系统管理或基于生态系统管理的理念很快被接受。2006 年 3 月，在联合国秘书长所作的 2005 年海洋和海洋法的年度报告中，多次阐述了这种管理理念，并呼吁各国尽快创造条件实施基于生态系统的海洋管理。现已有不少海洋国家运用基于生态系统对海洋管理的政策进行了调整。

世界保护联盟（IUCN）下属的生态系统管理委员会对“生态系统管理”定义为：“生态系统管理是一种物理、化学和生物学过程的控制，将生物体与它们的非生命环境及人为活动的调整连接在一起，以创造一个理想的生态系统状态。”它的主要特征是：在管理活动中综合考虑生态、经济、社会和体制等各方面因素的综合管理；管理对象是对海洋生态系统造成影响的是人类活动，而不是海洋生态系统本身；管理的目标是维持海洋生态系统健康和可持续利用。显然，生态系统管理是资源管理和社会改革相结合的一种新的资源管理理念。目前认为，大海洋生态系统（Large Marine Ecosystem，LMEs）较好地体现了生态系统管理的理念。

关于基于生态系统的海洋管理，中国目前总体来说尚处于讨论和试验阶段。黄海大海洋生态项目与韩国合作已于 1998 年正式启动。今后除了在其内涵、目标、内容、评估、政策、规划、法律法规和体制进一步深入探讨外，希望能提出建立海区以及从流域到海洋的综合管理机制或协调机制。今后的研究方向是将海洋环境生态学的基本理论、方法和成果应用于海洋环境保护实践，推动以生态系统管理方式开展海洋管理的政策、立法、规划和管理体制机制的改革和创新。

0.2.3 发展趋势

海洋环境生态学是区域海洋学中的一门新学科。由于它是随着人类向海洋的开发不断加大和深入而逐步发展起来的。因此学科的发展有很强的社会需求和广深的沃土。未来希望在以下几个方面取得突破性成果。

0.2.3.1 人—海、陆—海复合生态系统

人类对海洋的干扰，开发不仅仅局限在近海水域和大洋的上层水域。随着技术的进步、资金充裕，现已向大洋、深海底进军。比如已在墨西哥湾约 5 000 m 水深的海底开采石油，计划在数千米水深海底采矿和甲烷水合物等。同时，海洋生态系统与陆地生态系统既紧密相连又相互影响，陆海相互作用在海岸带生态系统的结构与功能方面发挥了巨大作用，国际上日益倡导“从高山到大海”的流域/海域协同管理的理念。因此要保护海洋生态系统，应当加强对海洋生态系统生态承载力和海洋环境容量的研究，加强对人—海、陆—海复合生态系统的自然、经济、社会之间复合关系的理论研究，找出其相互作用的规律，积极寻求人类如何与海洋生态系统和谐相处的途径。开展本项研究需要多学科合作、宏观构思和全球观测资

料和国际学术交流。

0.2.3.2 人类干扰与自然变动对海洋生态系统影响的判据

随着海洋开发强度和规模的加大，人类对海洋生态系统的干扰压力不断增强，同时也加大了海洋自然灾害造成的损害。如何区分海洋生态系统受损害的人为因素和海洋自然变化的因素；如何区分损害是来自海洋污染或生态破坏，或两者相叠加；人类的海洋开发活动如何影响全球气候变化，气候变化反过来又影响海洋生态系统等问题，对于维护海洋生态系统健康、海洋生态安全都有重要意义。

0.2.3.3 完善海洋生态环境评价标准和方法

中国已基本上建立了海水、沉积物、生物、海产食品质量和生态补偿等标准，初步建立了海洋生态系统健康的评价标准，探索生态系统服务价值的估算方法。但一些已颁布施行的标准、导则、方法有待修改和完善，如《海水水质标准》存在基准资料大多引用国外生物毒性试验资料，水质分类人为随意性偏大等问题；生态系统健康和生态系统服务价值均存在标准、方法问题；海洋环境影响评价有关对生态影响大多表面化等，这些问题的改进需要海洋环境生态学提供有力的支撑。

0.2.3.4 生态工法

生态工法又称生态工程（Ecological Engineering），是根据生态学原理和现代技术为人类开发活动与环境相协调，减缓和防止自然生态系统退化、修复或重建受损生态系统的一个重要措施。曾任国际生态工程学学会主席的 William J. Mitsch 将生态工程总结为“使人与自然双双受惠的可持续的生态系统的设计”。

根据中国海洋开发面临的生态问题，着重应在已受损海洋生态系统的修复和生态型海洋工程方面作出成绩。

已受损生态系统的修复，并非指一定要去复原十年、几十年前的生态系统，而是依生态系统的多样性、固有性、自然性、稀有性等加以判断、设计让受损生态系统演化向良好的、理想的生态系统演化。因此，通常不称为生态系统“恢复”，而称为“修复”似更确切。近些年，我国沿海已广泛开展受损海洋生态系统修复试验，取得了较好进展。尤其是在海岛生态修复方面，国家海洋局海岛管理司制定了全国海岛综合调查和生态修复计划，并在财政部和沿海省市的支持下，首批在沿海选定了20多个不同类型的海岛开始进行了生态修复试点工作。今后，需要在总结已有经验的基础上，制定和完善全国海岸带和海岛的生态修复规划，依照不同类型和目标进行生态设计，制定有关标准和指南。遵照有关标准和指南，在科学论证的基础上，有计划地开展生态修复工作。

海洋工程的生态设计，指在进行海洋工程建设时，既要尽量减小对生态的损害，同时又尽量营造适宜海洋生物生长的生境。如工程护体表面适于海藻、海草、贝类附着生长的基体。这就要求把循环、自维持以及与自然和谐的生态理念贯穿到工程的设计、建设和运行过程中，实现与周围环境协调，增添美丽的景观。

0.2.3.5 基于生态系统管理

基于生态系统的海洋管理是当前海洋管理的一个先进的理念，是管理领域的一项改革，涉及体制、机制、观念、改革等一系列复杂的问题。海洋环境生态学应在理论、思路、方法、实例等方面多做工作，起促进作用。管理工作，实际就是对人的管理。从生态系统的角度，人具有两重性，既是生态系统的一个成员，又处于控制系统的地位。因此，人与海洋生态系统和睦相处是基于生态系统管理的出发点，又是管理的目标。

第1篇　渤　海[①]

① 渤海篇：王斌研究员主编，参编人员李永祺、刘兰、肖慧、张璟、张聿柏。

第1章 渤海生态系统类型及人为干扰因素

渤海是我国最大，也是唯一的近乎封闭的内海，位于37°10′～41°5′N，117°40′～122°20′E之间，三面环陆，北、西、南三面分别与辽宁、河北、天津和山东三省一市毗邻，东面经渤海海峡与黄海相通。渤海海岸线长达3 784 km；面积77 284 km^2；大于500 m^2的海岛268个；最大水深85 m（位于老铁山水道西侧），平均水深18 m。渤海海底平坦，多为泥沙和软泥质。沿岸江河众多，包括黄河、海河、辽河和滦河等注入渤海的大小河流有80余条，年径流量约720×10^8 m^3，年入海泥沙约13×10^8 t。入海河流携带大量泥沙在湾顶形成宽广、低平和环境优越的三大河口，形成三大海湾、三大水系、三大湿地，三大鱼、虾、蟹类产卵场、三大滩涂浅海贝类养殖场以及一个鱼、虾、蟹类越冬场。渤海所具有的独特资源优势和地缘优势，使环渤海地区已成为我国社会经济发达的区域。渤海生态系统作为环渤海经济圈的基础支撑，其服务功能对环渤海地区经济发展起着决定性作用。因此，对我国国民经济建设和东北亚经济圈发展来说，渤海具有极为重要的战略地位。

1.1 生态系统的类型及其特征

1.1.1 河口生态系统

渤海沿岸江河纵横，据统计，汇入渤海的大小河流可分为黄河、海河和辽河三大流域，七大水系，分别汇入莱州湾、渤海湾、辽东湾和中央海盆水域。其中，主要的河流有40多条，河流长度和流域面积见表1.1。

表1.1 渤海主要入海河流

水系	河流名称	河流长度/km	流域面积/km^2
黄河水系	黄河	5 464	752 000
	小清河	43.8	227.1
	广利河	47.3	47.3
	弥河	177	3 863
	白浪河	127	1 237
	虞河	75	301
	潍河	164	6 367
	黄水河	55	1 034
	界河	42	577
	王河	50	326.8

续表 1.1

水系	河流名称	河流长度/km	流域面积/km²
海河水系	徒骇河	135.1	1 864
	马颊河	43.8	236
	德惠新河	135	682
	潮河	73.5	1 408
	漳卫新河	245	19 220
	南排河	99.4	13 707
	北排河	68.9	1 328
	子牙新河	140	52 320
	海河	72	2 066
	永定河水系	91	327
	陡河	121.5	1 340
	沙河	47.5	287.04
滦河水系	石河	67.5	600
	新开河	19	42.5
	汤河	70	1 286
	洋河	100	1 029
	饮马河	30	168
	滦河	888	54 400
	长河	27	200
	青龙河	223	6 500
	沂河	574	7 325
	双龙河	8.5	20
辽河水系	六股河	153	3 080
	狗河	89	535.8
	兴城河	50.4	925.2
	小凌河	206	4 575
	大凌河	397	23 549
	双台子河	290	683.88
	辽河	1 390	229 400
	太子河	413	11 203
	复州河	137	1 628
	大清河	450	39 600

河口生态系统与人类关系非常密切。由于大量陆地径流携带淡水的注入，渤海沿岸河口区域营养盐丰富，饵料生物生长茂盛，其适宜的地理位置和自然条件使之成为黄、渤海多种生物种群繁殖、育幼和栖息的场所，又是溯河和降海种类洄游的必经之路，因此生物种类和渔业资源非常丰富，也是海水养殖的高产区，各种养殖形式均有，具有重要的经济价值。此外，河口生态系统还具有截流污染物质流向海洋、缓冲海洋风暴以及分散洪水、减弱洪水破坏力等功能。同时，由于河口处于海水和淡水的交汇区，环境因子复杂多变，河口生态系统具有明显的敏感性和脆弱性，很容易受到人类活动影响和破坏，如工厂的污水、居民生活废

水和围垦区的大量养殖废水；河流所经过的农田施用的肥料和农药；围海造地和修堤筑坝阻碍河口区水流畅通和增加淤泥沉积；船舶的燃料油泄漏等，均会对生态系统的结构和功能产生影响。目前，由于环渤海湾地区的高强度开发，渤海各河口的生态环境和生物资源均受到了较大破坏。我们选择有代表性的黄河口、小清河、辽河口和海河口生态系统来分析其生境和生物群落的特征。

1.1.1.1 黄河口生态系统

黄河是中国的母亲河，是我国第二长河，世界第五长河，发源于青海巴颜喀拉山北麓4 500 m 的约古宗列盆地，干流贯穿九个省、自治区，全长 5 464 km，流域面积达 $75.2\times10^4\ km^2$，在山东省东营市垦利县流入渤海。

黄河是世界上含沙量最高和输沙量最大的河流，以“水少沙多，水沙异源”而著称，也是渤海最大的入海河流，多年平均径流量约占入渤海径流总量的78%（李泽刚，2000）。黄河每年向渤海输入大量的淡水、泥沙和各种营养盐类，并在河口和近海区形成了适宜于海洋生物生长、发育的良好生态环境。根据1950—2007年利津站实测资料，黄河多年平均径流量为 $316\times10^8\ m^3$，约为长江的5%；多年平均输沙量为 7.68×10^8 t，约为长江的2倍（彭俊，2009）。黄河入海水沙具有明显的季节性变化，每年7月至10月的4个月为汛期，其来水来沙约占全年的61.3%（庞家珍，2003）。近50年来以来由于人类活动（大型水库修建，干流引水灌溉等）及自然因素的影响，使得径流量和输沙量逐年明显下降（图1.1，图1.2）（马媛，2006）。根据1952—2006年资料，黄河年径流量和输沙量近10年平均值仅分别为多年平均值的1/3和1/4；入海沙量从20世纪五六十年代的约 12×10^8 t/a 锐减至近10年的约 1.6×10^8 t/a（刘成，2007）。

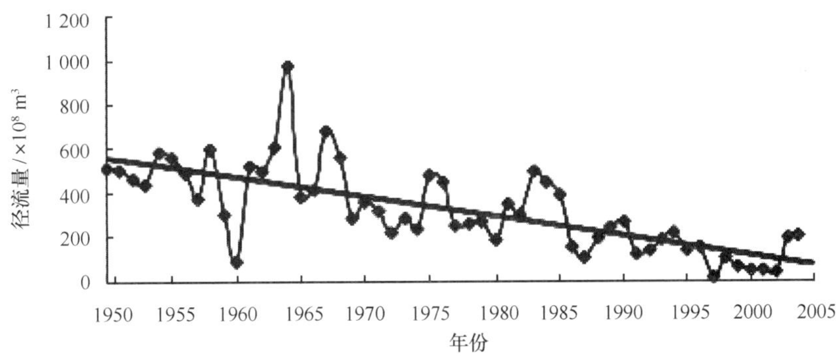

图1.1 利津站径流量年际变化（引自马媛，2006）

1）环境特征

黄河口位于渤海湾与莱州湾交汇处，37°15′~38°10′N，118°10′~119°15′E，是一个陆相弱潮强烈堆积性的河口（垦利黄河志），具有水少沙多、潮差小和摆动改道频繁等特点。沉积物有机质含量在0.86%~2.85%，粒径较小，颗粒组成以粉粒为主（刘宗峰，2008）。

黄河口气候受欧亚大陆和太平洋的共同影响，属于暖温带半湿润大陆性季风气候区。主要特点是季风影响显著，冬寒夏热，四季分明。常有旱、涝、风、霜、雹和风暴潮等自然灾害，是雹灾和风暴潮的多发区（马媛，2006）。

黄河口系弱潮河口，海洋动力较弱，潮差相对小，潮流速小，感潮段及潮流段很短。海

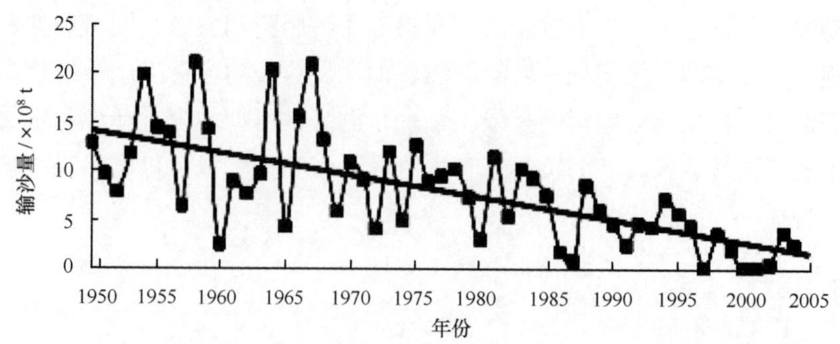

图 1.2　利津站输沙量年际变化（引自马媛，2006）

域潮流表现为明显的半日潮型，大部分海域的潮汐为不正规半日潮（庞家珍，2003）。由于黄河口海域位于半封闭的渤海，加上长山列岛阻隔，波浪主要是渤海的风生浪，很少有 10 m 以上的大浪发生（陈友媛，2006）。

黄河口海水温度和盐度变化均有季节性、径流性和年变幅大三大特点。温度受大陆性气候影响较大，表层水温在夏季高达 25～26℃，冬季低为 -1～0.5℃。黄河口海域常年受黄河注入淡水和外海高盐水控制，河口附近盐度较低，一般为 24，汛期下降至 15 以下，历年盐度年平均值为 29.15。近年来，由于黄河入海水量剧烈减少的影响，黄河口表层海水盐度逐年升高，根据 2003 年的监测结果，最高盐度已达 34.2，与 1959 年同期相比，增加了约 25%（纪大伟，2006）。

黄河冲淡水携带大量营养盐和有机物质入海，使得河口及其附近海域含盐度低，含氧量高，有机质多，饵料丰富，初级生产力较高，形成了适宜于海洋生物生长、发育的良好生态环境。但几年来，黄河入海水沙量的减少导致海水盐度上升和入海营养盐来源缺失，陆源排污造成大量污染物质进入河口地区以及石油等海洋资源的开发活动和渔业资源的过度开发，黄河口生态环境已经受到了严重的影响（纪大伟，2006）。

2）生物群落特征

黄河口及其附近海域由于富含营养盐和有机碎屑，是黄渤海许多鱼、虾、蟹、贝的重要产卵场和育肥场以及多种经济鱼类的洄游场所，具有丰富的生物资源。栖息生物组成复杂，大多为广温广盐性种类。浮游植物以硅藻和甲藻为主，多为广温种，生物量较高，分布不均匀，受径流量影响较大（田家怡，2000）。浮游动物多为近岸广温、低盐类群，还杂有少量低盐河口种和偏高盐外海种。其中，以桡足类最多（焦玉木，1999）。底栖生态系统具有较高生产力，仅次于北黄海，底栖生物主要种类为环节动物、软体动物和节肢动物（纪大伟，2006）。鱼类资源相对丰富，多为洄游性种类，主要是暖温性种类，其中，鲈形目的种类占有较大比重（张旭，2009）。

20 世纪 70 年代以来，由于环境污染、黄河季节性断流、石油开采和捕捞过度等多重压力，黄河口及其邻近海域环境质量下降，盐度呈显著下降趋势，营养盐浓度升高，使黄河口这一独特的海洋生态系统受到影响，生态系统一直处于亚健康状态。特别是黄河径流量减少导致河口海水盐度上升，一些适宜低盐度环境生长发育的海洋生物难以适应，淡水种和半咸水种有消失的迹象。

河口附近海域的生物群落结构产生一定变化，群落中各种生物的数量、组成及优势种均发生了改变。浮游植物的多样性和丰度逐年下降，种群结构日趋简单，优势种所占比例越来越大。浮游动物生物量下降，优势种组成发生改变。底栖生物多样性急剧减少，多毛类生物量上升，出现了污染群落特征。鱼类种类及数量减少，有部分海洋经济生物产卵场和索饵场消失，渔业资源日益衰退，资源的营养级不断向低级发展。最终导致生态平衡被破坏，生态系统受损，生态系统的结构和功能逐渐退化，渔业资源衰退（丁德文等，2009；纪大伟，2006；马媛，2006；张旭，2009）。

1.1.1.2 小清河口生态系统

小清河为除黄河外，进入莱州湾的第二大入海河流，是山东省中部地区最重要的入海河流，发源于济南市西郊，于寿光市羊角沟注入莱州湾。干流全长237 km，流域面积1 052 km^2。小清河口呈喇叭状，潮间带浅滩宽广，坡度平缓，底质沉积物以砂质粉砂及极细砂分布为主。小清河的年入海径流量主要集中在汛期。与黄河比较，小清河年平均径流量大约为其1/21.48，但年平均污染物入海总量却高于黄河，小清河径流中污染物的浓度要比黄河高10多倍。小清河平均年污染物入海总量为17 017 t，最高年份达到24 314 t（马绍赛等，2004；刘国亭等，1998）。小清河是一条具有排水、灌溉、航运、水产养殖等多项功能的人工河道，由于流域内工业的飞速发展以及治污措施不得力，小清河已经成为名副其实的小黑河、小臭河，是莱州湾污染的主要来源。

小清河口及附近海域污染严重，径流带来的大量有机污染物的降解耗氧造成小清河口内存在低氧区（孟春霞等，2005），富营养化程度高，磷酸盐和硅酸盐含量丰富，耐污染生物的群落特征明显。受环境污染影响，浮游植物的生长比较旺盛，同时微型浮游动物现存量也较高。浮游植物主要以蓝藻的不定微囊藻（*Microcystis incerta*）和绿藻的四尾栅藻（*Scenedesmus quadricanda*）为主，符合高磷酸盐海区的特征，高硅酸盐导致菱形藻（*Nitzschia* spp.）等一些微型硅藻的大量出现（孙军等，2002）。而底栖生物和浮游生物多样性指数较小，群落结构和优势种组成发生改变。底栖多毛类生物量最高，尖刺缨虫（*Potamilla cf. acuminata*）的单种生物量达极值，出现了明显的耐污染生物群落特征。此外，许多重要经济生物产卵场萎缩，鱼卵、仔鱼种类少，密度低，渔业资源品种向低质化、小型化演替，资源衰退严重。据有关资料统计，近年来莱州湾已有50多种主要经济鱼虾贝类资源锐减或衰退，如大黄鱼、小黄鱼、带鱼、鲅鱼、鲐鱼、褐虾等早已绝迹，梭鱼、半滑舌鳎等经济品种因长期生存在污染水域使其肉质变异而不能食用。小清河口附近海域银鱼和河蟹已经绝迹，毛虾已不成汛，毛蚶基本消失。外来物种泥螺数量持续增加，在局部区域已成为优势种（孙军等，2004；刘学海等，2008；丁德文等，2009）。

1.1.1.3 辽河口生态系统

辽河是流入渤海的第二条大河，发源于河北省七老图山脉光头岭，流经河北、内蒙古、吉林、辽宁4省区，于辽宁省盘锦市注入渤海。辽河总长1 430 km，流域面积219 000 km^2。辽河的含沙量较高，仅次于黄河、海河，为中国第三位，输沙量范围在$2\ 000\times10^4$ ~ $5\ 000\times10^4$ t之间，根据河口控制站1956—1979年资料推算，辽河多年平均径流量126×10^8 m^3，多年平均输沙量达$2\ 098\times10^4$ t。辽河水沙量年际变化很大，年内分配也很集中。流域内年径流有50%集中在7—8月，75%集中在6—9月，冬季结冰期经常出现断流现象。沙量年内分配比水量更为集中，约90%的沙量集中在6—9月。

辽河口位于渤海辽东湾顶部，主要包括双台子河口、大辽河口、大凌河口和小凌河口等入海口门。其海岸线与潮流方向垂直，河口处的大潮潮差可达4 m多，是强潮河口，河口呈明显的喇叭形，潮汐类型属于非正规半日混合潮（潘桂娥，2005）。该区沉积物以细粒为主，具有淤泥质岸带和潮汐型河口沉积特征（王继龙，2004）。

大辽河与双台子河是辽东湾最大的两条入海河流。其中，大辽河占辽东湾入海径流量的55.32%，多年平均年径流量为7.715×10^9 m^3，径流量年内分配极不均匀，主要集中在7—9月。由于沿岸工农业发达，入海沿途接纳了大量工农业和生活来源的污染物，其废水废物的携带量也位居全省河流之首（刘娟，2008）。但入海泥沙相对较少，约170×10^4 t/a（刘爱江，2009）。双台子河是对辽河口海域泥沙运动贡献最大的河流，入海输沙量高，其输水输沙量的变化制约着河口外潮流沉积的演化和沉积物的迁移，并通过河、海共同作用对河口地貌产生了重大影响。双台子河建闸前，河流的径流量较大，但1958年建闸后，入海径流量和输沙量减小，年平均径流量从42.8×10^8 m^3（1935—1958）降为36.5×10^8 m^3（1987—1992），平均输沙量从$1\,300\times10^4$（1959—1979）降为699×10^4t/a（1987—1992）。

辽河口地处中纬度季风气候带，属亚湿润区。年内降水量主要集中于夏季，约占全年降水量的60%~70%。冬季多有寒潮侵袭，强冷空气造成气温骤降和大风雪天气。年平均气温在8.4~9.7℃。

辽河口为暖温带近岸河口，是辽东湾淡水、泥沙、盐类和化学元素等物质补给的重要通道，河流带来的营养盐为河口海区海洋生物的繁殖提供了良好的物质基础。根据2004年生态调查结果，该区域浮游植主要隶属于硅藻门和甲藻门，硅藻种类和数量占有绝对优势。5月采样，圆筛藻和长菱形藻是主要优势种；而8月采样优势种则是中肋骨条藻（*Skeletonema costatum*）。浮游动物主要包括水母类、桡足类、糠虾类、毛颚类以及一些浮游幼虫、鱼卵和仔鱼等。生物量比较低，种类组成以广温近岸低盐种为主体，5月份主要以中华哲水蚤（*Calanus sinicus*）为优势种，而8月份拟长腹剑水蚤（*Oithona similis*）占据了优势。底栖动物包括腔肠动物、多毛类、软体动物、甲壳动物、棘皮动物、纽形动物和鱼类。优势种不明显，种类分布较均匀。生物量很低，栖息密度差异很大，双台子河口西部栖息密度低，大辽河口区域和双台子河口之间站位栖息密度高（李月，2008）。

此外，辽河口是辽东湾渔场对虾、毛虾和海蜇的重要产区，同时有河刀鱼、梭鱼和面条鱼等重要经济鱼类，双台子河口岸区出产中华绒螯蟹（*Eriochir sinensis*），渔业资源丰富。

辽河口地区具有丰富的海洋渔业、油气、盐业、交通、旅游等丰富的资源，是我国石油、石化工业、芦苇、盐业、水产养殖、渔业的重要生产基地之一，对东北地区乃至我国的经济发展将具有重要作用。但是，经济发展的同时，人类活动也对辽河口生态环境产生了巨大的影响。近年来，上游兴修水库和河口建闸，使得河流入海泥沙减少，盐度波动较大，加上石油开采、海水养殖和过度捕捞等海洋开发活动和陆源污染物输入等因素使河口生境和生物群落面临严峻的威胁，水体氮磷比严重失衡，近岸海域富营养化水平较高，沉积物污染已接近中等污染水平，生态平衡已被破坏，生态系统处于亚健康状态。赤潮特征藻类在局部地区已呈优势，溯河洄游性鱼类、河蟹的洄游通道被阻截，加上污染等的影响，河口区渔业资源大幅度下降，鱼卵、仔鱼密度低，濒临灭绝（郑建平等，2005；2008年中国海洋环境质量公报）。

1.1.1.4 海河口生态系统

海河是我国七大江河之一，位于我国华北地区，流域总面积31.8×10^4 km^2（其中，海河水系26.4×10^4 km^2、滦河水系5.4×10^4 km^2），海河流域人口密集，大中城市众多，在我国政治经济中的地位重要。但却是我国水污染最严重的流域。海河流域习惯上包括海河和滦河两水系（王泰，2010）。

海河水系包括北运河、永定河、大清河、子牙河及南运河五大支流。由于分流入海，现在的海河河口事实上是泛指各支流入海口的总称。海河口位于渤海湾西岸顶部天津市的塘沽区内，是海河流域最重要的入海河口之一，属于淤泥质海岸河口，河口泥沙为黏性细颗粒泥沙，河口各断面既存在淤泥层，也存在浮泥层（张海艳，2008）。其潮波属于渤海潮波系统。潮汐属于不规则半日潮，属弱潮流区（韩清波，2005；温随群等，2004）。

海河口是一泥质海岸的陆海双相河口，入海径流主要受地理气候环境和上游河道来水控制。海河水系降水年际丰枯变化很大，年内分配也极不均衡，一般集中在7—9月。1958年修建防潮闸以来，多年平均入海径流量从$98.7\times10^{8}\ m^{3}$减少为$45\times10^{8}\ m^{3}$，20世纪80年代年平均仅为$1.7\times10^{8}\ m^{3}$，90年代则更少，河口水流和潮汐动力条件被改变，导致河口动力由原来的陆相变为现在的海相（温随群等，2004）。

天津市大沽、北塘排污河、港口和海上石油平台对河口海域造成一定污染，无机磷严重超标。海河河口建闸后淡水入海量减少，同时阻断了某些鱼类的洄游通道，影响了河口海域生物群落的结构及组分。鱼类群落日趋小型化，鱼的质量亦日渐下降，中华绒螯蟹几乎绝迹，扇贝资源量急剧下降（刘德文，2006）。

滦河是渤海湾除黄河以外的第二条多沙性河流，在河北省店山市乐亭县南的兜网铺入海。滦河河口为自然河口，河口未建闸，是海河流域少数沙质河口之一。河口区位于华北暖温带半湿润气候区，以大陆气候为主，年平均气温10.1℃。海洋动力主要有波浪、潮汐和近岸流。波浪以风浪为主，涌浪极少。滦河口属弱潮汐河口，平均大潮差只有1 m。近岸流是滦河口近岸泥沙运动的主要动力（马明辉等，2005）。滦河多年平均年径流量为$45\times10^{8}\ m^{3}$，年平均输沙量为19×10^{6} t，主要集中在洪水季节的8月份。1979年底水库开始蓄水和引滦工程起用后，滦河入海水、沙量急剧减少。20世纪80年代入海水量为$7.96\times10^{8}\ m^{3}$，仅为50年代的14.9%，70年代的21%；入海沙量由50年代的$2\,482.8\times10^{4}$ t降至80年代的41.69×10^{4} t（冯金良等，1997）。

滦河口近岸海域是渤海重要的鱼类产卵及索饵场，也是文昌鱼重要栖息地之一。浮游植物主要是北温带到亚热带沿岸广温、广盐性种类，主要隶属于硅藻门、甲藻门和金藻门。其中，硅藻种类数量最多，其次为甲藻。浮游植物数量呈明显的斑块状分布，空间分布不均匀季节变化明显（冯志权等，2005）。

入海淡水输沙量减少、海水养殖密度过大、港口航运以及陆源排污是影响滦河口生态系统健康的主要因素。带来的主要生态问题为生境改变和生物群落结构异常，生态系统处于亚健康状态。特别是海水养殖业发展迅速，养殖污染物沉降导致沉积物组分改变，沉积结构产生变化，使得适于文昌鱼栖息的沉积物类型生境区域缩小和破碎化，文昌鱼栖息的范围变窄密度和生物量下降，已经威胁到文昌鱼种群的生存（2007—2009年中国海洋环境质量公报）。

1.1.2 海湾生态系统

渤海有三大湾：北部是辽东湾，有大辽河、双台子河、大凌河、小凌河等径流注入。南部为莱州湾，有黄河、小清河、潍河及北胶河等注入。西部为渤海湾，有海河、滦河等河流注入。

1.1.2.1 辽东湾

辽东湾是中国渤海三大海湾之一，也是中国纬度最高的海湾。位于渤海东北部。西起中国辽宁省西部六股河口，东到辽东半岛西侧长兴岛。有大辽河、大凌河、小凌河、五里河和六股河等在此注入渤海。海底地形自湾顶及东西两侧向中央倾斜，湾东侧水深大于西侧，最深处约32 m，位于湾口的中央部分。湾顶与辽河下游平原相连，水下地形平缓，湾中央地势平坦。辽东湾为半日潮，平均潮差（营口站）2.7 m，最大可能潮差5.4 m。辽东湾是中国边海水温最低、冰情最重处，冬季结冰，冰厚30 cm左右。冰期可达3～4个月。春季融冰，成为低温中心。湾水含盐度多低于30。辽东湾被第三纪以来的厚层沉积物覆盖。沉积物类型主要为砂质粉砂、粉砂质砂和粉砂，总的分布模式为辽东湾北部从西至东依次分布着砂质粉砂、粉砂、粉砂质砂和砂质粉砂，东北面沉积物类型为砂质粉砂和粉砂质砂（胡宁静等，2010）。

根据对辽东湾海域进行的生物调查，浮游植物优势种主要为硅藻类，有季节性演变。此外，发现27种赤潮生物（张庆林，2007）。浮游动物主要包括桡足类、枝角类、毛颚类、端足类、被囊类和磷虾类、糠虾类、十足目和水母类以及一些浮游幼虫和原生动物。由于受大凌河、辽河与双台子河等的影响，营养盐比较丰富，辽东湾北部海区浮游动物个体数量高，但动物多样性与均匀度指数明显低于西部和东南部海区，可能是因为来自葫芦岛和锦州的工业和生活污水主要注入锦州湾，并且该区域的水交换是整个辽东湾最差的区域，污染严重（宋伦等，2010）。

大型底栖动物物已鉴定出79种，其中，多毛类种类最多，其次是甲壳动物和软体动物。优势现象不明显，优势度指数大于1%的物种有光滑河篮蛤（*Potamocorbula laevis*）、日本倍棘蛇尾（*Amphiophus japonicus*）和西格织纹螺（*Nassarius siquijorensis*）等，调查区内底栖动物种类数、栖息密度以及生物量的高值区与低值区呈斑块状互相嵌套（刘录三等，2008）。同时，渤海辽东湾结冰区是全球斑海豹8个繁殖区中最南的一个，是斑海豹在我国海域唯一的繁殖区。

此外，辽东湾是我国北方重要的渔业资源基地，是凡纳滨对虾、毛虾、河蟹、海蜇的产卵场，并且滩涂贝类资源丰富，毛虾与海蜇曾经一度是当地渔民的主要经济来源。

近年来，辽东湾沿岸大量开发，人工养殖场、盐场和海水浴场均在大量开发扩建，围填海活动导致生物栖息地面积大幅缩减，生境丧失严重。此外，陆源排污也是影响锦州湾生态系统健康的主要因素。辽东湾接纳了除丹东市外，辽宁省其余13个城市的全部输水系污染物，这些污染源均向辽东湾输送大量的有机物质和营养盐。由于其为半封闭式海湾，三面为大陆所环抱，海水交换能力很弱，该水域的污染相对比较严重。养殖场死亡鱼、贝类和饵料废弃物直接入海，还有人类、牲畜和禽类的排泄物以及农田施用的化肥和农药也随着雨水的冲刷进入海域之中（周艳荣等，2009）。对锦州湾生态监控区多年的监测结果表明，海湾生态系始终处于不健康状态，湾内沉积物污染严重，海洋生物质量较差。湾内栖息地面积减小。生物群落结构异常，浮游植物、浮游动物和底栖生物平均密度偏低，生物资源明显减少（2008年中国海洋环境质量公报）。

1.1.2.2 渤海湾

渤海湾是渤海西部的一个浅水海湾，三面环陆，与河北、天津、山东的陆岸相邻，东以滦河口至黄河口的连线为界与渤海相通。面积 $1.59 \times 10^4\ km^2$，约占渤海 1/5。渤海湾是京津的海上门户，华北海运枢纽。在蓟运河河口，由于河口输沙量少和受潮流的冲刷，形成一条从西北伸向东南的水下河谷，至渤海中央盆地消失。平均潮差（塘沽）2.5 m，最大可能潮差5.1 m。大陆性季风气候显著，冬寒夏热，四季分明。冬季结冰，冰厚20～25 cm。沿岸为典型的粉砂淤泥质海岸。海底地势由岸向湾中缓慢加深，平均水深12.5 m。底沉积物均来自河流挟带的大量泥沙，经水动力的分选作用，呈不规则的带状和斑块状分布。一般来说，沿岸粒度较粗，多粉砂和黏土粉砂，东北部沿岸多砂质粉砂；海湾中部粒度较细，多黏土软泥和粉砂质软泥。沿岸河流含沙量大，滩涂广阔，淤积严重。流入海湾的主要河流有黄河、海河、蓟运河和滦河。大陆性季风气候显著，水文状况变化复杂。

水温和盐度的空间分布较均匀，时间变化显著。水温冬季沿岸低于湾中，以 1 月最低，略低于0℃；夏季沿岸高于湾中，8 月最高，约为28℃，水温年变差在28℃以上。冬季常结冰。盐度分布趋势是湾中高于近岸，分别为29～31 和23～29。但紧邻岸滩一带，受沿岸盐田排卤的影响，盐度高达33。

渤海湾的潮汐属正规和不正规半日潮，平均潮差为2～3 m，大潮潮差为4 m左右。海浪以风浪为主，平均波高约为0.6 m，最大波高可达4.0～5.0 m。

渤海湾有丰富的油气资源。地下热水、煤成气藏资源也丰富。渤海湾滩涂广阔，潮间带宽达3～7.3 km，淤泥滩蓄水条件好，利于盐业开发。长芦盐区是中国最大盐场，盐产量占全国的1/3弱。另外，渤海湾，尤其在河口附近，浮游生物和底栖生物多，为鱼虾洄游、索饵、产卵的良好场所，出产多种鱼、虾、蟹和贝类。

渤海湾海域内浮游植物大都是常见的渤海暖温带种、热带近岸种和极少数淡水种。种数以硅藻门为主，其次为甲藻。根据浮游植物主要种类与温度和盐度的关系，可包括低温低盐类型、低温高盐类型、偏高温低盐类型和广温广盐类型 4 个生态类型。也可按地理分布，分为河口类型、近岸类型和外海类型。浮游植物数量平水期高、丰水期次之、枯水期低，近岸略高远岸，南部海域比北部海域高（刘素娟等，2007）。浮游动物以桡足类为主，小拟哲水蚤（*Paracalanus parvus*）、太平洋纺锤水蚤（*Acartia pacifica*）、长腹剑水蚤（*Oithona* sp.）和中华哲水蚤（*Calanus sinicus*）是春季的优势种，强壮箭虫（*Sagitta crassa*）和真刺唇角水蚤（*Labidocera euchaeta*）是夏季的优势种；小拟哲水蚤、强额拟哲水蚤（*P. crassirostris*）和长腹剑水蚤是秋季的优势种。数量高峰期出现在春季（范凯等，2007）。底栖生物的生物量和栖息密度和其他海域比较相对较低。大型底栖动物主要种类是多毛类，还包括软体动物、棘皮动物、甲壳动物、腔肠动物、腕足动物和一些其他类群，没有明显的优势种（房恩军等，2006；王瑜等，2010）。

近年来，由于持续的城市化进程和陆源排污未得到有效控制，致使渤海湾水体始终处于严重的富营养化和氮磷比失衡状态，严重影响了水环境质量。水体污染影响了海洋生态系统平衡，生物群落结构差，鱼卵、仔鱼密度低。持续大规模围填海工程使天然滨海湿地面积大幅减小，导致许多重要的经济生物的栖息地丧失，生物多样性迅速下降。渤海湾生态系统已经处于不健康状态，陆源污染和围填海工程等依然是影响渤海湾生态系统健康的主要因素（2008 年，2009 年中国海洋环境质量公报）。

1.1.2.3 莱州湾

莱州湾位于渤海南部，以黄河三角洲与渤海湾相隔开。湾口西起黄河口，东至龙口市的屺姆角，略呈“U”字形，宽96 km，海岸线长329.06 km，面积为6 966 km^2。海湾开阔，海底地形平缓单调，并向中部盆地缓缓倾斜，沉积物以粉砂质软泥和泥沙为主。由于河流泥沙堆积，水深大部分在10 m以内，最深处18 m，位于海湾的西部。近岸海水呈黄色，盐度为28.7。平均潮差（龙口）0.9 m，最大可能潮差2.2 m。湾岸属淤泥质平原海岸，岸线顺直，多沙土浅滩。当地气候属暖温带大陆性气候，多年平均气温12℃，多年平均降水量615 mm，夏季平均降水量为416.8 mm，占全年降水的68%。冬季结冰，冰厚15 cm左右。

莱州湾滩涂辽阔，莱州湾沿岸有大小入海河流10余条，河流携带有机物质丰富，沿岸水质肥沃，有利于浮游植物的繁殖与生长，是中国北方重要的渔业资源基地，也是黄海、渤海经济生物的主要繁育场，盛产银鱼、文蛤、毛蚶、鲅鱼、梭子蟹等。但黄河、小清河、潍河和胶莱河等众多河流携带了大量污染物入海以及海水增养殖的迅速发展，造成了莱州湾水质和底质恶化严重。

由于营养盐丰富，整个莱州湾浮游植物的生物多样和丰富度均较好，群落结构比较稳定，组成种类多，种类个体数量分布比较均匀。种类主要是以温带近岸种和浮游广布种为主。根据其生态特征大致可分为广温广盐的广布种、温带内湾种和沿岸种、热带近岸种和远洋性种类。经初步鉴定浮游植物共有22属45种，其中，硅藻门的种类和数量最多；甲藻门次之。从浮游植物的数量均值看，夏季浮游植物的数量远高于春季（李广楼，2006）。浮游动物以沿岸低盐种和远岸暖温性种类占优势，个体数量上以毛颚类和桡足类为主，还包括棘皮动物、软体动物、背囊动物、十足动物和其他类群，优势种为强壮箭虫（*Sagitta crassa*）和中华哲水蚤（*Calanus sinicus*）（丁德文等，2009）。大型底栖动物的丰度物量和物种数均低于渤海中部，在丰度和种数方面都以甲壳类和多毛类居多，甲壳类和双壳类在生物量中所占的比例较高（周红，2010）。

近年来，由于入海河流径流量锐减、陆源排污、围填海工程和不合理养殖活动等因素，莱州湾近岸属于渤海严重污染区域，水体氮磷比严重失衡，生态系统目前已经处于不健康状态，水体富营养化日趋严重，石油类含量超标面积逐年增加。生物群落结构状况较差，生物多样性和均匀度一般。春季，浮游植物、浮游动物和底栖生物栖息密度均偏高；重要经济生物产卵场萎缩，鱼卵、仔鱼密度低，外来物种泥螺数量持续增加，在局部区域已成为优势种（2008年，2009年中国海洋环境质量公报）。生态环境受损已成为该海域所面临的重要问题。

1.1.3 滨海湿地生态系统

1.1.3.1 滨海湿地的类型和面积

环渤海地区湿地，除滨海湿地类包括浅海水域、岩石性海岸、潮间沙石海滩、潮间带淤泥海滩、潮间带盐水沼泽、河口水域、三角洲湿地等类型外，河流湿地类包括永久性河流、季节性或间歇性河流、泛洪平原湿地共3型；湖泊湿地类包括永久性淡水湖1型；沼泽湿地类有草本沼泽、灌丛沼2型。人工湿地有水库、盐田、水产养殖场、水稻田等类型。渤海滨海湿地具有蓄水调洪、补给地下水，去除和转化营养物质，沉降悬浮物、净化水质等重要生态功能，是多种海洋动物产卵、孵化及栖息的场所，对维护渤海生态系统的健康和稳定，支撑环渤海地区经济社会的持续健康发展具有极为重要的作用。

根据1995年全国第一次湿地调查数据统计，环渤海地区各类自然湿地总面积为248.78 $\times 10^4$ hm^2（表1.2）。其中，滨海湿地面积为210.15 $\times 10^4$ hm^2，占该地区湿地面积的

84.5%；河流湿地的面积为 $14.67\times10^4\ hm^2$，占该地区湿地面积的5.9%；湖泊湿地的面积为 $1.63\times10^4\ hm^2$，占该地区湿地面积的0.7%；沼泽湿地的面积为 $11.82\times10^4\ hm^2$，占该地区湿地面积的4.8%。库塘湿地 $10.52\times10^4\ hm^2$，占该地区湿地面积的4.2%。

表1.2 环渤海地区的湿地分类分区统计 单位：hm^2

省市	地区	湿地总面积	滨海湿地面积	滨海湿地			河流湿地	湖泊湿地	沼泽湿地	库塘
				河口水域	浅海水域	滩涂和其他类型				
	2 487 802	2 101 521	15 952	1 083 955	1 001 614	146 639	16 271	—	118 195	105 177
河北	沧州	269 434	264 067	—	140 000	124 067	1 428	1 645	1 344	950
	秦皇岛	28 037	17 523	—	9 980	7 543	8 123	—	—	2 391
	唐山	185 966	166 069	6 552	54 490	105 027	7 252	441	3 130	9 074
	小计	483 437	447 659	6 552	204 470	236 637	16 803	2 086	4 474	12 415
天津	天津	171 780	58 090	—	21 070	37 020	55 120	12 330	8 180	38 060
辽宁	大连	297 531	279 440	1 220	174 180	104 040	2 871	—	1 300	13 920
	营口	83 160	82 130	3 250	48 500	30 380	890	—	—	140
	盘锦	262 970	163 380	4 930	110 830	47 620	11 495	—	84 580	3 515
	锦州	101 128	68 290	—	38 800	29 490	15 722	210	15 720	1 186
	葫芦岛	71 397	62 784	—	43 830	18 954	6 420	—	—	2 193
	小计	816 186	656 024	9 400	416 140	230 484	37 398	210	101 600	20 954
山东	滨州	269 434	264 067	—	140 000	124 067	1 428	1 645	1 344	950
	东营	486 104	481 000	—	168 000	313 000	557	—	2 597	1 950
	潍坊	167 103	117 677	—	76 000	41 677	23 280	—	—	26 146
	烟台	93 759	77 004	—	58 275	18 729	12 052	—	—	4 703
	小计	1 016 400	939 748	0	442 275	497 473	37 317	1 645	3 941	33 749

1.1.3.2 滨海湿地的主要分布

渤海区域的滨海湿地主要分布在滨海区域及河口区域，主要的湿地类型为浅海水域、滩涂、咸水沼泽、河流和三角洲湿地。除辽东半岛的部分地区为岩石性海滩外，多为砂质和淤泥质海滩。这里植物生长茂盛，潮间带无脊椎动物特别丰富，浅水区域鱼类较多，为鸟类提供了丰富的食物来源和良好的栖息场所。因而许多沿海湿地成为大量水禽的栖息过境或繁殖地，如辽河三角洲、黄河三角洲等。黄河三角洲和辽河三角洲是环渤海的重要沿海湿地。环渤海滨海湿地尚有莱州湾湿地、秦皇岛－唐山滨海湿地、北－南大港湿地等。河流湿地主要分布在辽河及其支流、海河及其支流等。

1）辽河三角洲湿地

辽河三角洲位于辽宁省西南部辽河平原南端，是由辽河、大辽河、大凌河等冲积而成的冲积海积平原组成，包括盘锦市和营口市区及其老城区的全部，盘锦市是其主体和核心。其中，盘锦滨海湿地总面积为 $3.15\times10^5\ hm^2$。天然湿地面积为 $1.60\times10^5\ hm^2$，占总湿地面积的50.8%，包括芦苇沼泽、疏林湿地、灌丛湿地、湿草甸、其他沼泽、河流、古河道及河口湖、潮间带河口水域、潮上带重盐碱化湿地和滩涂湿地。人工湿地面积为 $1.55\times10^5 hm^2$，占总湿地面积的21.08%，包括盐场、虾蟹池、水池、水库、坑塘、水稻田。盘锦滨海湿地以生产水稻和芦苇为主，是国家重要的商品粮基地，也是世界第二大芦苇生产基地。湿地是辽东湾鱼类和贝类的产卵场、孵育场和索饵场，95%以上的渔获量来源于此。其中，苇田芦苇田面积为 $6.64\times10^4 hm^2$，占总湿地面积的21.08%，占天然湿地面积的41.51%；水田面积为 $1.19\times10^5 hm^2$，占总湿地面积的37.74%，占人工湿地面积的76.68%；它们构成该区湿地的主体部分，决定该区湿地的主要结构、功能和分布特征。盘锦自然湿地构成中以陆地生态系统为主，其中，淡水生态系统占自然湿地总面积的3.24%，陆地生态系统占52.32%，海陆交替系统占44.44%。

本区地处辽东湾辽河入海口处，是由淡水携带大量营养物质的沉积并与海水互相浸淹混合而形成的适宜多种生物繁衍的河口湾湿地。生物资源极其丰富，仅鸟类就有191种，其中属国家重点保护动物有丹顶鹤（*Grus japonensis*）、白鹤（*Grus leucogeranus*）、白鹳（*Ciconia ciconia*）、黑鹳等28种，是多种水禽的繁殖地（为世界濒危鸟类黑嘴鸥的最大繁殖地）、越冬地和众多迁徙鸟类的驿站，同时这里既是丹顶鹤最南端的繁殖区，也是丹顶鹤最北端的越冬区，具有重要的保护价值和研究价值。

2）秦皇岛－唐山滨海湿地区

秦皇岛－滦河口滨海湿地包括河北与辽宁接壤的省界至北戴河口的潮间带和水深小于6 m浅海水域，面积约为72 km^2。地貌类型有海滩、砾石滩和水下岸坡。波浪以3级浪（波高1.5 m）以下的弱浪为主，平均潮差仅0.3 m，对于旅游较为安全。海滩是重要旅游资源，海滩沙的粒径为 $-0.26\sim2.86\Phi$，受人为因素影响，海滩侵蚀较为严重。近10年来北戴河刘庄海滩沙源减少和超容量利用，已使海滩沙平均粒径由0.23 mm增大到0.54 mm，海滨缩窄8～15 m，坡度增大10°～30°。根据重复形态测量和沙样分析，评定本区北戴河东海滩的侵蚀强度为侵蚀Ⅰ级，刘庄海滩为Ⅱ级，秦皇岛东海滩、北戴河外交部公寓海滩为Ⅲ级，北戴河赤土河海滩为Ⅴ级，依次由大而小。区内有黑枕黄鹂、池鹭、戴胜等鸟类300余种，已设县级鸟类自然保护区，每年都有众多鸟类爱好者前来观鸟。暑期流动人口较多，老虎石一带海水浴场资源已经退化。有的海滩污染严重，北戴河刘庄生活污水直接排入海滩，游客健康受到威胁。

滦河口北港滨海湿地包括滦河口38°30′N一线以南至大清河口潮间带和6 m水深以上的浅海水域，面积约为343 km^2。该区地貌类型有离岸沙坝和水下沙堤及其内侧的潟湖。离岸沙坝和水下沙堤大多呈长条状，两端向陆地弯曲，长一般数百米至数千米。长与宽的比值为5～100，其组成物以灰黄、米黄色的细沙为主，平均粒径 $2.2\sim2.6\Phi$、内侧的潟湖水深大多小于2 m。组成物以深灰、灰褐色粉砂、粉砂质黏土为主，平均粒径 $2.5\sim4\Phi$。该区地处咸淡水交互地带，海洋生物丰富。浮游植物以硅藻为主，3—5月的数量高达 403×10^4 个/m^2，浮游动物的平均生物量400 mg/m^3，底栖生物的平均生物量60 g/m^2，潮间带平均生物量590 g/m^2。该区现有鱼类70种，密度最高可达每网每小时9 600尾，优势种为黄鲫（*Setipinna taty*）、鳀鱼（*Engraulis japonicus*）等。区内植物的代表群落是盐地碱蓬群落（*Suaeda heteroptera*, *S. glauca*）。本区鸟类有239种，其中，优势种的黑嘴鸥是世界珍稀鸟类，全球仅存2 000余只，而滦河口却有200只左右。海水养殖和捕捞是本区主要开发利用方式。由于技术力量较薄弱，品种单调，加上生态环境恶化，养殖产量较低。若干年来，鉴于捕捞管理不力，船网增长失控，导致产量急剧下降。滦河三角洲1997年立项开发稻田1 550 hm^2，随着化肥和农药的应用，滦河口湿地的生态状况急剧恶化。

曹妃甸南堡滨海湿地包括大清河口至陡河口水深6 m以浅的浅海水域和潮间带以及陆上的盐田，面积1 771 km^2。主要地貌类型有潮流三角洲、滨岸浅滩、海底平原、潮滩。盐潮流三角洲分布在南堡以东浅海水域，组成物以粉砂为主。海底平原分布于南堡以西浅海水域，组成物以细粉砂、黏质粉砂和砂质黏土为主。滨岸浅滩位于潮滩的外围，组成物以中细沙为主。该区潮滩滩面主要由粉砂质黏土和黏土质粉砂构成，一般表层覆盖灰黄色的浮泥。该区年蒸发量大，年降水量小，南堡年蒸发量比邻近省市产盐区大200～800 mm，大清河年降水量比邻区小20～800 mm，有利于晒盐。区内浮游植物虽然数量和种类不如大清河以东水域，但以硅藻为主的浮游植物还比较丰富，浮游动物的生物量最高可达到1 400 mg/m^3以上，大清河口、西河口、南堡外海、陡河口都是高生物量区域，种类与滦河口相近。底栖生物高生物量分布区位于陡河口，生物量达到100 g/m^2以上，主要是一些喜欢泥底质的毛蚶（*Scapharca subcrenata*）、小刀蛏（*Cultellus attenuatus*），鱼类有69种，其中，黄鲫占47.7%。本区潮间带具有经济价值的贝类有四角蛤蜊（*Mactra veneriformis*）、文蛤（*Meretrix meretrix*）、长牡蛎（*Crassostrea gigas*）、青蛤（*Cyclina sinensis*）等，分布比较密集。由于捕捞过度，渔业资源显著减少。区内盐田面积已超过40 000 hm^2以上，目前原盐生产能力已经过剩。

3）北大港滨海湿地

北大港滨海湿地及天津市所有滨海湿地，主要分布于38°20′～39°30′N的渤海湾海岸地区，南至歧口，北至河口，跨越天津市大港、塘沽、汉沽3个行政区，全长153 km，总面积为2.77×10^4 hm^2。该湿地又可划分为以下两种类型：一是浅海水域湿地，分布于5 m等深线以内、平均宽约1 400 m的浅海海域，该湿地的地貌特征是由于冲淤作用，形成了河口水下三角洲平原、溺谷、潮脊、潮沟。该湿地也是水生生物资源较为丰富的地区。二是潮间淤泥海滩（潮间带）湿地，位于高潮线与低潮线之间，上界为人工堤岸，下界为0 m等深线，宽度3 000～7 300 m，高潮时可被水淹没，低潮时露出水面，形成滩地，为典型的粉沙淤泥质浅滩湿地。此外，还有贝壳堤、牡蛎滩古海岸遗迹，规模大、出露好、连续性强、序列清晰，在我国沿海最为典型，在西太平洋各边缘濒海平原也属罕见，并且两类截然不同的生物堆积体在如此近的距离内共存也为世界罕见。区内的七里海湿地还栖息和生长着多种珍稀野生动植物。天津的盐田湿地面积曾达1.04×10^4 hm^2，近10年来，分布与面积变化较大。

4）南大港滨海湿地

南大港滨海湿地及河北省沧州地区所有滨海湿地，面积约为1 024 km^2。区内地貌以发育完好的潮滩为特征，高潮滩和低潮滩上有贝壳堤，潮滩宽可达5 km，坡度0.025×10^{-2}，潮滩的组成物以砂质黏土为主。目前潮滩的动态是高潮滩侵蚀，中潮滩和低潮滩淤积，陆上有盐田5 600 hm^2和水库14 536 hm^2。区内浮游植物的数量虽然不及其他区域的滨海湿地，但是分布比较均匀。本区浮游动物生物量仅次于曹妃甸南堡滨海湿地区，主要分布在河口地区，主要种类是桡足类、夜光虫等。底栖生物的平均量为29.16 g/m^2，大口河口和岐口外甚至达到50 g/m^2以上，种类以毛蚶为主。游泳生物47种，主要有黄鲫，占47.4%，滨海盐生和沼生植物有碱蓬（*Suaeda glauca*）、芦苇（*Phragmitas communis*）、大米草（*Spartina anglica*）。该区淡水严重短缺，地下水含氟量偏高，过量开采导致地面沉降、咸水入侵，海域污染较重，赤潮时有发生。黄骅港和神黄铁路建设带来极大发展机遇，然而也面临着如何保护和利用滨海湿地的巨大挑战。

5）黄河三角洲湿地

黄河三角洲的定界分为三种：一种是黄河自远古至1855年改道大清河入海以前形成的三角洲为古代三角洲；二种是自1855年黄河改道山东大清河入海，至1934年黄河分流点下移垦利渔洼之前形成的三角洲，称为近代黄河三角洲；三种是1934年至今形成的三角洲称为现代三角洲。现代黄河三角洲位于山东省鲁北平原东缘，山东省的东北部。以垦利县宁海为顶点，扇弧状深入渤海湾与莱州湾之间。行政上除西部一隅属沾化县外，其余均属东营市管辖。黄河三角洲是黄河携带的大量泥沙在入海口处沉积所形成（表1.3），为全国最大的三角洲，也是我国温带最广阔、最完整、最年轻的湿地。主要微地貌有古河滩高地、河滩高地、微斜平地、浅平洼地、海滩地5种类型，其中，微斜平地，是三角洲主要的地貌类型；其次为海滩地。本区属温带季风气候，植被为原生性滨海湿地演替系列，生态系统类型独特，相对比较脆弱。但鸟类种的多样性和珍稀性价值都很高。湿地生物资源丰富，高等植物116种，海洋生物800多种，鸟类187种，其中，属国家重点保护鸟类有丹顶鹤（*Grus japonensis*）、白头鹤（*Grus moncaha*）等32种，属中日候鸟协定保护种类有108种，是东北亚内陆和环太平洋鸟类迁徙的重要停歇地和越冬地（田家怡，2005）。

表1.3　黄河、辽河基本水文特征比较

河名	注入	流域面积 /km^2	长度 /km	境内流程 /km	平均流量 /（m^3/s）	径总流量 /（$\times10^8$ m^3）	平均含沙量 /（kg/m^3）	平均输沙量 /（$\times10^4$ t）
黄河	渤海	752 443	5 465	145	873	275.24	25.33	69 718
辽河	渤海	164 104	1 430	116	149	46.91	3.21	1 506

6）莱州湾南岸滨海湿地

莱州湾南岸滨海湿地位于山东省潍坊市沿海，面积为2.22×10^4 g/m^2，黄河、小清河、弥河、白浪河、潍河、胶莱河等众多入海河流向湿地输入了丰富的营养物质。湿地地下水埋藏较浅、矿化度高、土壤含盐量高。湿地分布有高等植物55科230种，植被群落层次分化不明显、结构简单，外貌整齐低矮，季相变化明显。潮上带以草丛景观为主，草本植物主要有芦苇、藨草（*Scirpus triqueter*）、碱蓬等，木本植物主要有柽柳（*Tamarix chinensis*）、白刺（*Nitraria sibirica*）、刺槐（*Robinia pseudoacacia*）等。鸟类25科97种，其中包括大天鹅、白鹳、白鹤、丹顶鹤等重点保护鸟类。潮间带和潮下带湿地有海洋大型藻类17种、鱼类23种、浮游动物25种、甲壳类动物55种、软体动物66种，其中，贝类资源39种。

近年来，为发展海水养殖业、盐业，莱州湾南岸潮上带滨海，建设了大面积的养殖池和盐田，这导致莱州湾南岸自然湿地面积不断萎缩，人工湿地面积不断增大。

1.1.4　浅海生态系统特征

渤海是中国的内海，平均水深仅18 m，最大水深为85 m，20 m水深以内的海域面积占一半以上，因此其浅海水域面积相当广阔，除了河口、滩涂湿地以及海湾以外的其他海域都属于浅海生态系统范围。

1.1.4.1 环境特征

渤海海底平坦，沉积物多为淤泥和粉砂淤泥，四周海湾颗粒较细，而向中央海盆颗粒逐渐变粗。渤海北面的辽河、南面的黄河均携带了大量的泥沙入海，造成南北两面坡度较缓，而东侧入海河流较少，海底陡峭，因此滦河口至老铁山西角一线以南有一地势平浅、东西走向的浅谷，其北有一南北向、深度约为30 m的浅槽。地势呈由三湾向渤海海峡倾斜态势。从生态角度来看，渤海是附属于黄海的大型浅水湾，影响渤海的主要外海海流是黑潮的西支——黄海暖流，从渤海海峡的北部进入渤海，向西流动，然后分成两支，分别沿海岸向北和向南流动。向北流动的一支与辽河低盐水混合，形成顺时针流。向南分支进入渤海湾，和从黄河流出的低盐水会聚，形成逆时针流。在夏季，大河倾泻而来的径流降低了河口的盐度，低盐水从岸边一直扩展到渤海中心区，减缓了环流的逆时针流动。

由于是一个近似封闭的浅海，其水文物理等诸方面受陆地影响很大，一方面，辽河、滦河、海河、黄河等河随水带来的泥沙不断沉积，改变海底和海岸地貌，大量泥沙的堆积使渤海深度变浅；另一方面，海水热力动态深受陆地的影响，表层水温季节变化明显。夏季水温可达24～25℃，冬季水温在0℃左右，普遍有结冰现象，平均水温11℃。由于大陆河川大量的淡水注入，盐度分布有较强的季节变化特征，且盐度很低，大部分海区均低于30。渤海海峡受外海水影响，盐度较高，而莱州湾受黄河等径流影响，盐度较低。一般而言，盐度冬季高、夏季低。东部略高，平均约31.0，近岸区只有26.0左右。盐度的分布变化主要决定于渤海沿岸水系的消长，也与黄海暖流及其余脉的强弱进退有关。海面风浪较小，沿岸平均波高0.3～0.6 m。

1.1.4.2 生物群落特征

渤海是一个典型的北方温带半封闭海区，浮游植物群落主要由硅、甲藻组成，也有少数的蓝藻、绿藻和硅鞭藻出现，其生态类型主要为温带近岸型。粒级大小以微型浮游植物为主。与历史调查资料相比，浮游植物群落由硅藻占绝对优势逐渐转变为硅藻与甲藻共存为主的群落（孙军等，2002）。

浮游动物群落以近岸广温种为主，由于受海流影响，渤海中也有少量暖水性种类出现。可根据海流的影响，划分成近岸型、受黄海海流影响的外海型以及过渡类型（毕洪生等，2000）。

小型底栖生物丰度和生物量在渤海海峡和渤海中东部较高。类群以自由生活海洋线虫占绝对优势，桡足类居第2位，还包括桡足类和双壳类等类群（慕芳红等，2001）。

大型底栖动物类群组成中甲壳动物种数最多，占总种数的31.7%；以下依次为毛多类、软体动物、棘皮动物和其他动物。但从丰度来看，软体动物占绝对优势。在生物量上，棘皮动物则占优势。渤海大部海区的总平均生物量在过去10年中变化不大，含砂量相对高的生境有较高的动物丰度，而在水位较深的水域，由于有较高的初级生产量到这底部，从而支持着较高的大型底栖动物的生物量。渤海海峡口可能是渤海大型底栖动物生物量的高值区（韩洁等，2001）。

1.2 影响生态系统演变的人为干扰因素

渤海海域大致可分为5个部分，即北面的辽东湾、西面的渤海湾、南面的莱州湾、中间的中央盆地和东面的渤海海峡。渤海海峡为渤海与黄海的交界海域，最窄处仅57 n mile（从辽宁的老铁山到山东半岛北端的蓬莱），而且由列岛分成若干水道。渤海陆域包括辽宁、河北、山东、天津三省一市辖区内的13个沿海市，即辽宁省的大连市、营口市、盘锦市、锦州市、葫芦岛市；河北省的唐山市、秦皇岛市、沧州市；山东省的滨州市、东营市、潍坊市、烟台市（莱阳和海阳两县市除外）和天津市。13个沿海市的辖区面积13.4 $\times 10^4$ km^2（表1.4）。

表1.4 环渤海地区13市生态概况

项目	辽宁5市	河北3市	天津市	山东4市	合计
滩涂面积/km^2	1 826.7	1 167.9	370	1 549.3	4 914
陆域面积/km^2	43 743	34 622	11 920	43 651	133 936
耕地面积/km^2	12 540	15 600	4 250	15 845	48 235
陆地岸线长度/km	1 392	422	153	1 053	3 020
主要河流多年平均入海径流量/$\times 10^8$ m^3	297	55	27	239	618

1.2.1 渤海区域的社会经济概况

渤海拥有丰富的水产、港口、油气、海盐、海砂、滩涂及旅游等资源。是我国最大的海盐生产基地、第二大石油天然气资源产区，也是我国的主要海洋渔场之一。具有成为外向型经济基地、海洋综合开发基地和海洋人工生态系统示范基地等重要功能，包括空间资源、矿产资源、生物资源、化学资源和新能源开发利用等功能区。

环渤海地区是我国社会经济发达的区域之一，也是我国海洋经济发达区域。环渤海地区，“十五”期间海洋生产总值年平均增长速度16.7%，2008年达到5 070.95亿元，占全国海洋生产总值36.0%。2008年，环渤海地区主要海洋产业构成为：海洋交通运输33.41%，海洋渔业21.6%，滨海旅游业18.97%，海洋石油与天然气10.84%，海洋船舶工业6.1%，海洋化工4.09%，海洋盐业1.01%，海洋生物医药0.51%，海洋电力0.07%，海水综合利用0.04%，海洋砂矿0.01%。

为应对国际金融危机的冲击和影响，按照“保增长、扩内需、调结构”的总体要求，在2008—2009年，国务院先后出台了11个重点产业调整和振兴规划，其中钢铁、船舶、石油和物流产业的调整内容及布局，将对沿海经济和海洋经济的发展产生重大和深远影响，也势必对沿海生态环境带来新的、更大的压力。比如钢铁产业，我国北方两个沿海钢铁基地已于2008年下半年投产，一是鞍钢营口鲅鱼圈港500 $\times 10^4$ t项目投产；二是首钢曹妃甸钢铁厂形成485 $\times 10^4$ t钢铁生产能力。同时在辽宁省的大连、丹东、锦州、葫芦岛利用港口优势，承接钢铁工业的转移，进行钢铁精深加工，河北省的黄骅滨海地区也开始建设三个钢铁生产加工区。随着钢铁行业向沿海的大转移，伴随而来的是港口、物流、石化等行业也加速向沿海地区布局，形成了对海岸和海域使用的新需求，掀起了新一轮围填海的高潮。

更值得提出的是，近几年环渤海地区纷纷出台了新一轮沿海经济发展战略，如《辽宁沿海经济带发展规划》、《天津滨海新区综合配套改革试验总体方案》、《黄河三角洲高效生态经济区发展规划》、《山东半岛蓝色经济区发展规划》以及《关于建立京津冀两市一省城乡规划协调机制框架协议》等，这些规划的实施，必将大大促进环渤海经济的发展。

2009 年，国家发改委牵头编制了《渤海环境保护总体规划（2008—2020）》。虽然局部海域环境有所改善，但时至今日，渤海生态系统的退化情况并没有得到明显改善。生态治理和修复渤海仍是一项长期的艰巨的任务。

1.2.2 陆源污染

陆地污染源（简称陆源），是指从陆地向海域排放污染物，造成或者可能造成海洋环境污染损害的场所、设施等。陆源排放的污染物主要是 COD、无机氮、无机磷、石油类、重金属、农药以及合成的持久性有机污染物。

渤海陆源污染物中 COD 排放量主要来自工业和城镇生活污水，总磷、总氮和化肥及农业的种植业和畜禽养殖业的面源污染（表 1.5 和表 1.6）。渤海占我国 4 个海区总面积的 1.6%，承受污水总量却占全国沿海排海总量的 32%，污染物约占 47%。渤海每年承受来自陆地约 28×10^8 t 污水和大约 70×10^4 t 污染物。

表 1.5　渤海地区种植业基本情况

地区	作物播种比例/%		农用化学品使用量/（kg/hm^2）			粮食单产/（kg/hm^2）		
	粮食	蔬菜	化肥	农药	农膜	小麦	玉米	其他品种粮食
山东	57.0	19.5	685	9.7	62.0	5 649	6 519	5 982
河北	69.4	14.8	486	14.2	20.2	4 580	5 548	4 957
天津	72.9	22.0	564	8.1	32.5	5 210	6 277	5 678
辽宁	84.2	10.8	396	22.3	43.9	4 783	5 828	5 991
全国平均	66.2	13.3	357	10.2	12.2	3 932	4 813	4 620

表 1.6　渤海地区单位面积耕地载畜量及氮、磷负荷分析

地区	单位面积耕地载畜量			粪尿氮磷产生量/（kg/hm^2）	
	猪/（头/hm^2）	牛/（头/hm^2）	禽类/（只/hm^2）	N	P_2O_5
山东	3.22	1.17	109.9	135	79
河北	1.89	1.44	40.7	107	57
天津	13.39	0.89	268.4	297	190
辽宁	6.15	0.74	66.5	131	79
全国平均	3.71	1.04	39.6	108	61

2009 年，渤海沿岸实施监测的陆源入海排污口（河）共 100 个（表 1.7 和图 1.3），其中工业排污口 32 个，市政排污口 15 个，排污河 26 个，其他排污口 27 个。上述排污口中，设置在旅游区的有 13 个，港口航运区 24 个，（增）养殖区 44 个，其他功能区 19 个，50% 以

上的排污口设置在不劣于第一、二类水质要求的海洋功能区。监测结果表明，渤海排污口超标排放依然严重，超标率为75%，超标排放的污染物主要为悬浮物、五日生化需氧量(BOD_5)、总磷和化学需氧量（COD_{Cr})。设置在旅游区、港口航运区、(增）养殖区和其他功能区的排污口分别有77%、63%、84%和68%超标排放污染物。辽宁省沿岸实施监测的排污口超标率最高，达87%；天津市次之，为79%。

表1.7　渤海各省市实施监测的排污口超标排放情况

行政区	排污口（河）个数	达标排放排污口	超标排放排污口	超标率
山东	24	7	17	71%
河北	32	11	21	66%
天津	14	3	11	79%
辽宁	30	4	26	87%

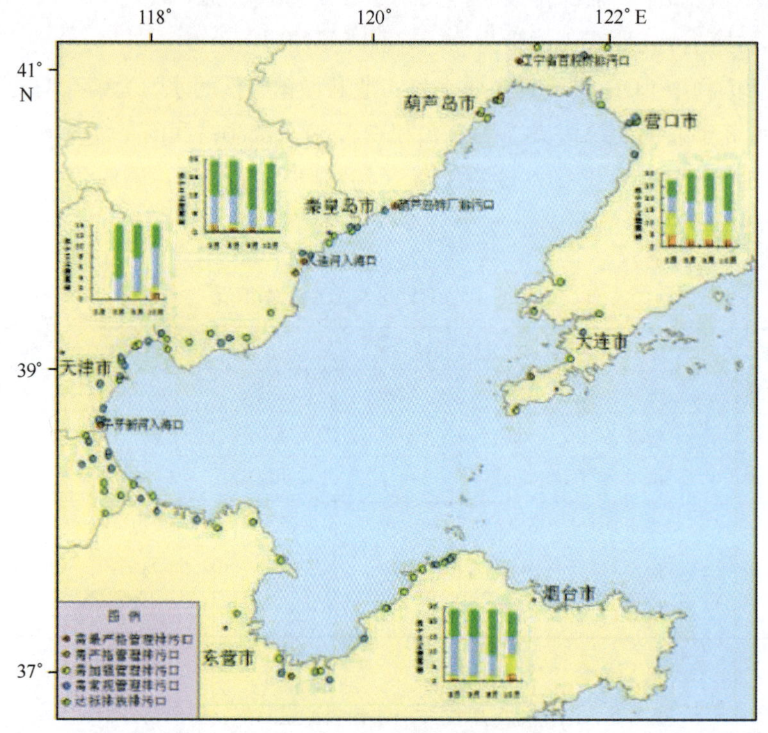

图1.3　2009年渤海陆源入海排污口排污状况

资料来源：2009年渤海海洋环境质量公报

2009年渤海的监测与评价结果表明，实施监测的入海排污口邻近海域中89%的重点排污口邻近海域水质不能满足所处海域的海洋功能区要求，较2008年有所增高。17%的重点排污口邻近海域生态环境质量较2008年有所改善，但也有22%的重点排污口邻近海域生态环境质量较2008年有下降的趋势。其中，33%的排污口邻近海域生态环境质量处于极差状态，较2008年增加了11%，61%的排污口邻近海域水质劣于四类海水水质标准。

表1.8 渤海部分入海排污口邻近海域生态环境质量等级

行政区	排污口名称	海洋功能区类型	要求水质类别	2008年生态环境等级	2009年生态环境等级	趋势
辽宁	营口造纸厂排污口	港口区	四类	第二级（较好）	第二级（较好）	↔
	营口污水处理厂排污口	港口区	四类	第二级（较好）	第二级（较好）	↔
	金城造纸公司排污口	养殖区	二类	第四级（极差）	第二级（较好）	↑
	百股桥排污口	养殖区	二类	第四级（极差）	第四级（极差）	↔
	五里河入海口	排污区	四类	第二级（较好）	第一级（优良）	↑
河北	人造河入海口	度假旅游区	二类	第二级（较好）	第二级（较好）	↔
	大蒲河入海口	度假旅游区	二类	第二级（较好）	第一级（优良）	↑
	溯河入海口	养殖区	二类	第二级（较好）	第二级（较好）	↔
	三友化工碱渣液排污口	养殖区	二类	第二级（较好）	第二级（较好）	↔
	洋河入海口	度假旅游区	二类	第二级（较好）	第二级（较好）	↔
	漳卫新河入海口	港口区	四类	第一级（优良）	第二级（较好）	↓
天津	北塘入海口	港口区	四类	第二级（较好）	第二级（较好）	↔
	大沽排污河	港口区	四类	第二级（较好）	第二级（较好）	↔
山东	龙口造纸厂排污口	度假旅游区	二类	第一级（优良）	第四级（极差）	↓
	沙头河排污口	增殖区	二类	第二级（较好）	第四级（极差）	↓
	套尔河排污口	增殖区	二类	第二级（较好）	第四级（极差）	↓
	虞河入海口	养殖区	二类	第二级（较好）	第四级（极差）	↔
	弥河入海口	养殖区	二类	第四级（极差）	第四级（极差）	↔

资料来源：2008年、2009年《中国海洋环境质量公报》、《渤海海洋环境质量公报》。

1.2.3 围填海活动

自中华人民共和国成立以来，渤海先后兴起了三次大规模的围填海热潮。第一次是新中国成立初期的围海发展盐业和农业生产，20世纪50年代初期，先后在环渤海湾地区的湿地上开辟了约 20×10^4 hm^2 的水稻田，相继在辽宁的盘锦、河北的柏各庄、天津的小站等地建立了一批国有农场。特别是位于辽河三角洲的盘锦垦区，水利条件好，农业建设起步早，开发水田约 12.7×10^4 hm^2，已经成为辽宁省重要粮食基地，水稻产量占全省的近三分之一。目前渤海盐田总面积达1 500 km^2 以上。第二次是20世纪80年代中后期到90年代中期的滩涂围垦养殖热潮，1990年以来，渤海围填海面积已达 10.4×10^4 hm^2，主要集中在辽东湾、渤海湾和莱州湾顶等淤泥质海岸，因为填海所丧失或改变的湿地总面积相当于目前盘锦天然芦苇湿地的四倍。其中，1990—2000年渤海围填海面积约 7.1×10^4 hm^2。

进入21世纪，由于沿海地区经济社会持续快速发展，城市化、工业化和人口集聚趋势不断加快，在此背景下，渤海兴起了以建设工业开发区、滨海旅游区、新城镇和大型基础设施为目的的第三次围填海造地热潮，2000—2005年为 3.3×10^4 hm^2。比如，河北省的曹妃甸及天津市塘沽区为建工业园区分别规划围填海300 km^2 和近100 km^2，辽宁省正在实施的“五点一线”沿海经济带建设、河北省大清河盐田扩建工程、天津北大防波堤建设工程等均在实施或规划大规模的围填海工程。海岸带已成为环渤海地区经济社会发展的宝贵空间资源。

自2002年《中华人民共和国海域使用管理法》实施以来，截至2008年末，环渤海三省一市海洋开发用海总面积为753 671 hm^2，其中，渔业用海652 642 hm^2，交通运输用海41 583 hm^2，工矿用海25 225 hm^2，旅游娱乐用海3 022 hm^2，海底工程用海1 385 hm^2，排污倾倒用海622 hm^2，围海造地用海17 493 hm^2，特殊用海11 229 hm^2，其他用海460 hm^2。2008年，环渤海的各类开发新增用海总面积为103 258 hm^2（包括大连市和烟台市的黄海部分），其中，渔业用海94 756 hm^2，交通运输用海3 728 hm^2，工矿用海1 014 hm^2，旅游娱乐用海300 hm^2，海底工程用海564 hm^2，围海造地用海2 196 hm^2，特殊用海700 hm^2。图1.4表示环渤海确权用海简图，表1.9表示三省一市的用海近况。

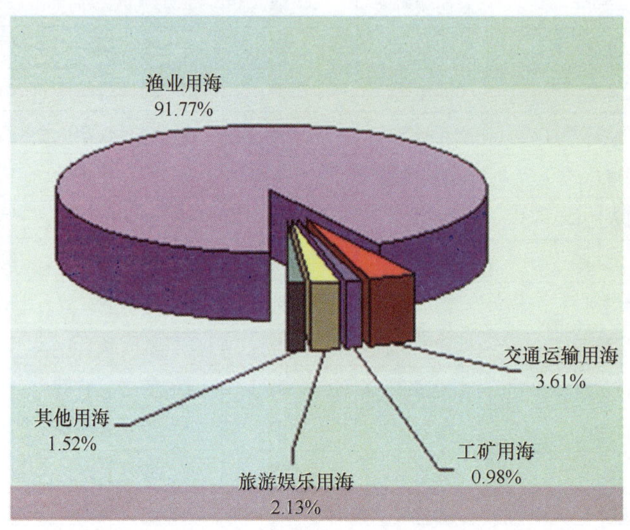

图1.4　2008年环渤海确权用海面积统计

表1.9　2002—2008年环渤海三省一市确权用海面积统计　　单位：hm^2

用海类型	辽宁	河北	天津	山东	国营项目	合计
渔业用海	347 350	37 940	1 792	265 560	0	652 642
交通运输用海	12 210	3 160	16 128	5 030	5 055	41 583
工矿用海	16 500	420	163	5 250	2 892	25 225
旅游娱乐用海	1 470	750	82	720	0	3 022
海底工程用海	120	0	0	860	405	1 385
排污倾倒用海	110	110	112	290	0	622
围海造地用海	7 610	1 270	670	4 380	3 563	17 493
特殊用海	60	0	519	3 500	7 050	11 229
其他用海	350	0	0	110	0	460
合计	385 780	43 660	19 466	285 800	18 965	753 671

2009年，渤海地区开发活动持续增温，渤海填海面积经审批总计为94.77 km^2。其中，山东省6.83 km^2，辽宁省28.20 km^2，河北省30.74 km^2，天津省29.00 km^2。有关我国沿海实际围填海的确切数字，迄今仍是各说各的。据国家海域使用动态监视监测管理系统的最新监测成果，至1990年全国实际围填海面积约为8 241 km^2，到2008年全国实际围填海面积达到13 380 km^2，平均每年新增填海285 km^2。

根据我国沿海省市的经济、社会发展规划，到2020年前填海造地的高潮仍将持续，填海需求估计约在5 780 km^2以上，其中，河北省计划围填海452 km^2，天津市计划围填海215 km^2，山东省在集中集约用海名义下也正在大规模进行围填海。

1.2.4 港口建设和船舶运输

1.2.4.1 港口建设

渤海具有大量基岩港湾岸段，水深较大，宜建港岸段70余处，其中，17处岸段可建万吨级以上深水大港。

环渤海地区现有大连港、营口港、秦皇岛港、天津港和烟台港5个全国沿海主要港口，锦州港、唐山港、曹妃甸港、沧州港4个地区性重要港口及盘锦港、葫芦岛港、东营港、潍坊港、滨州港5个一般港口。截至2005年底，环渤海港口共拥有各类泊位699个，其中包含油码头75个，散化码头25个。2005年环渤海港口的总吞吐量达到60 653 × 10^4 t（2001—2005年各省市港口吞吐量如图1.5所示）。

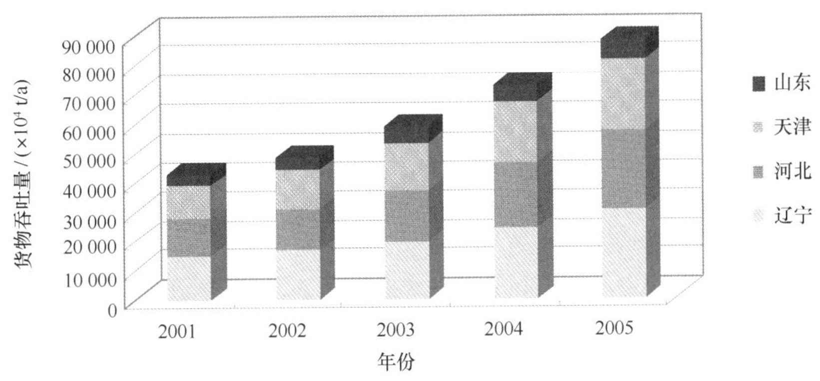

图1.5 渤海内港口货物吞吐量发展趋势

根据有关预测，由于各港口都在大规模扩建，因此未来环渤海各港口吞吐量将保持高速增长态势，由2010年约12 × 10^8 t预计到2020年达到18 × 10^8 t左右。

伴随着环渤海地区港口规模的快速扩张，港口产生或接收的污染物也会不断增加，尤其是从事油品、煤炭、矿石等运输的作业区以及大型客轮等产生的典型污水将显著增多，具体表现在：干散货堆场雨污水入海后将对周边水质产生一定影响，因此应提高各港口煤炭、矿石等干散货作业区对暴雨日雨污水的收集能力；油品吞吐量的快速增长将使得船舶油污水、罐区含油污水及因装卸作业等在港区陆域产生的含油污水量有较大增长；大连港和烟台港是我国沿海客运量最大的两个港口，其客船的生活污水产生量相对较大。各港口在规划期内的污水产生量或相关设施的规模需求（表1.10和表1.11）。

表1.10 港口油污水产生估算　　单位：t/d

	油污水产生量		污水处理厂规模要求		现有规模	2010年新增量	2020年新增量
	2010年	2020年	2010年	2020年			
大连港	11 800	14 800	13 000	16 300	33 600	—	—
营口港	1 300	1 600	1 800	2 300	960	840	500
秦皇岛港	1 400	2 400	1 600	2 700	5 760	—	—

续表 1.10

	油污水产生量		污水处理厂规模要求		现有规模	2010 年新增量	2020 年新增量
	2010 年	2020 年	2010 年	2020 年			
沧州港	840	1 200	850	1 300	—	850	450
天津港	5 800	8 200	6 400	9 000	150	6 250	2 450
烟台港	3 800	5 020	4 200	5 500	—	4 200	1 300
锦州港	2 980	4 600	3 300	5 000	6 240	—	—
盘锦港	120	200	130	220	—	130	90
葫芦岛港	1 200	1 200	1 300	1 300	—	1 300	—

表 1.11　主要客运港区客船生活污水产生量

港口名称	主要客运港口客船生活污水接收处理规模/（t/d）	
	2010 年	2020 年
大 连	220	250
烟 台	220	270

1.2.4.2　海上船舶交通及运输情况

渤海海域是全国船舶密度最大的四大区域之一，据统计（表 1.12），2001—2005 年期间，渤海海域各港口的进出港船舶总数均在 22 万艘次以上，尤其是近两年进出港船舶数量增长迅速，2004 年和 2005 年进出渤海各港的船舶总数分别达到 53 万艘次和 66 万艘次以上。据船舶流量实态观测（图 1.6），天津港区附近水域日交通达到 750 艘次，黄海的成山头海域达到 450 艘次，老铁山水道达到 396 艘次，秦皇岛港区达到 374 艘次，长山水道达到 129 艘次。

表 1.12　渤海海域进出港船舶统计表　　单位：艘

年 份	2001	2002	2003	2004	2005
进出港船舶艘次	226 293	291 664	326 729	532 755	660 049

渤海海域（包括黄海的成山头海域）通航环境复杂，航道密集，船舶进出港航线交汇区（点）多，气象条件较为恶劣，海域受冬季北风影响突出，素有“渤海咽喉”和“京津门户”之称的渤海海峡是交通部确定的“四区一线”重点水域之一，成山头水道是我国受大风、台风、大雾影响最大的水域之一。如此复杂的通航环境承担如此大的交通流量，使该区域的船舶交通事故风险日益加大，特别是由于经济发展水平所限，我国国内船舶整体状况较差，船员素质也有待提高，另外，进入我国水域的外国籍船舶，特别是超大型油轮的船况也不容乐观，由船舶交通事故引发的船舶污染事故时有发生。

1.2.4.3　危险品海上运输情况

2005 年环渤海各港口油类运输 2 754.95 $\times 10^4$ t，各种散装化学品运输 414.6 $\times 10^4$ t，环渤海各港口中大连港的石油及制品吞吐量最大，其次为天津港和锦州港。主要油品运输港口的石油、天然气制品及原油吞吐量比较见图 1.7。

未来随着区域社会经济的发展和能源需求的增加，国家战略石油储备基地的建设，环渤

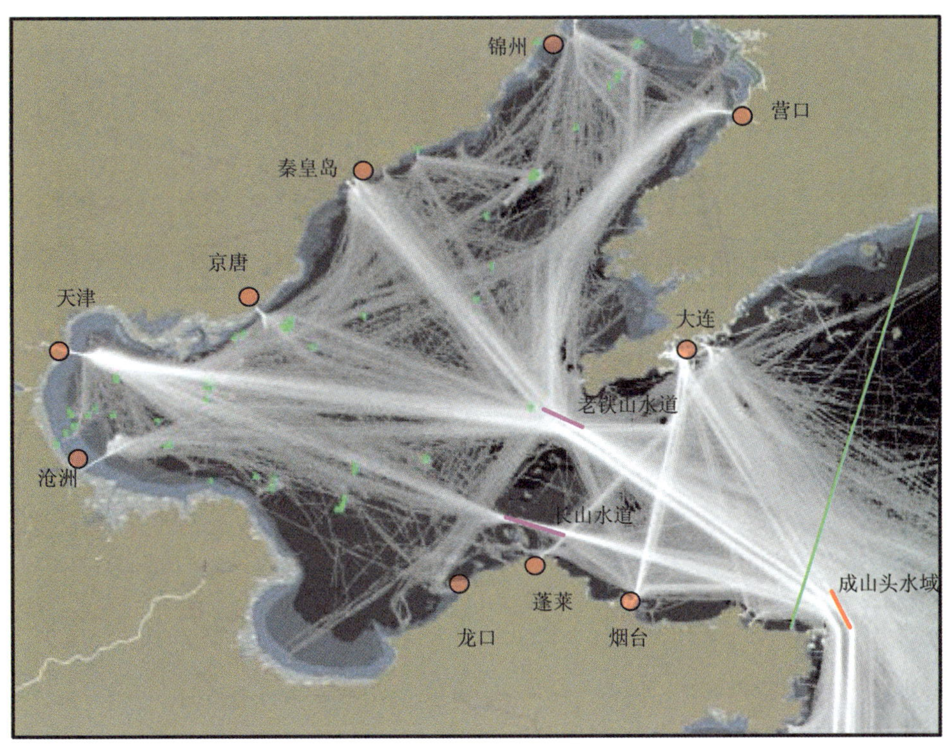

图 1.6 AIS 系统生成的渤海海域船舶流量示意图

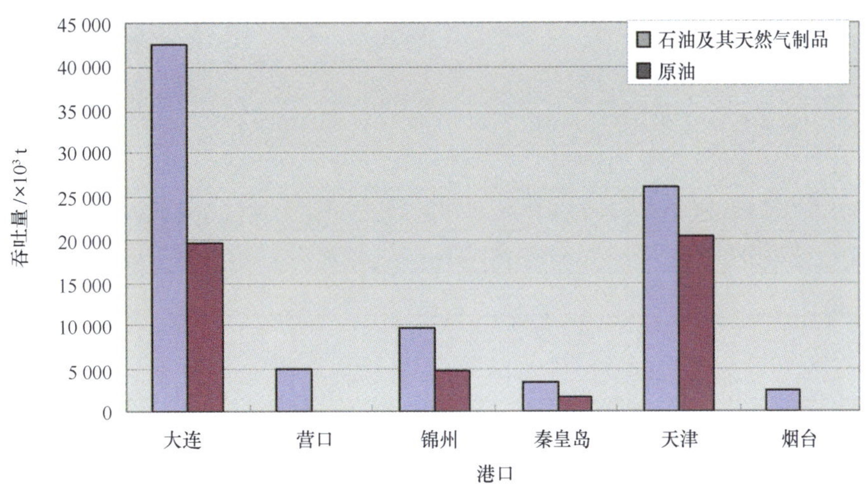

图 1.7 2005 年主要港口石油及其天然气制品吞吐量比较

海各港口将继续加大油类和化学品吞吐能力的建设。其中，秦皇岛港将在“十一五”期间开展 20 万吨级原油泊位、2 万吨级化工泊位的建设，渤海内的天津港和曹妃甸港 30 万吨级油码头正在建设中，黄河三角洲的东营港也加入到环渤海地区 30 万吨级油码头投资建设之中，蓬莱新港东部水域 1 个 30 万吨级泊位也完成了初步方案设计。根据有关预测，2010 年各港口油类吞吐量将达到 1.6×10^8 t，2020 年各港口油类吞吐量将达到 2.1×10^8 t。其中，大连港油品运输量数量最大，预测 2010 年和 2020 年原油吞吐量将分别达到 $3\ 100\times10^4$ t 和 $4\ 400\times10^4$ t，成品油吞吐量分别为 $2\ 800\times10^4$ t 和 $3\ 000\times10^4$ t。营口、锦州、秦皇岛及天津等港口的油品运量也将持续上升（图 1.8）。

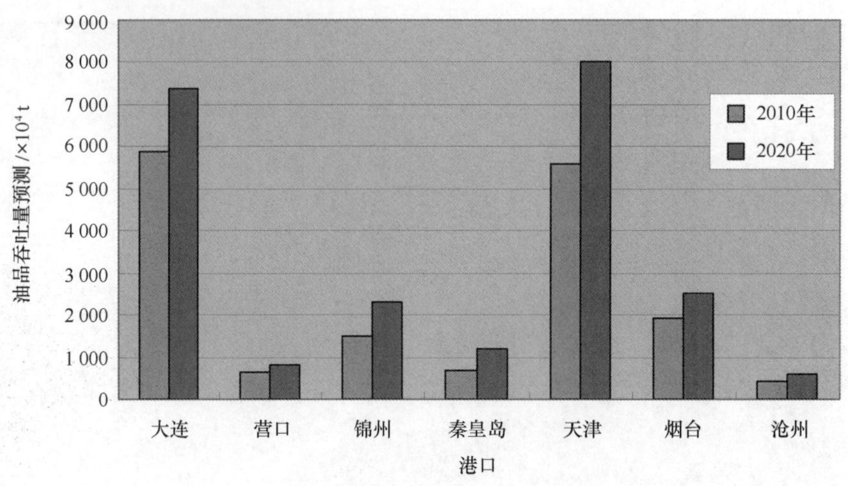

图 1.8　渤海海域主要港口油品吞吐量预测增长

1.2.4.4　船舶溢油事故

近年来，海上交通事故频发，船舶溢油对渤海的生态环境构成严重威胁（表 1.13）。伴随石油运量迅猛增加，船舶发生事故性溢油的风险进一步加大。2012 年各港口油类吞吐量预计从 2005 年的 0.275×10^8 t 增加达到 1.6×10^8 t，2020 年各港口油类吞吐量将达到 2.1×10^8 t。

表 1.13　1990—2005 年渤海海域重大溢油事故统计

日期	地点	船名	国籍	船型	溢油量/t	油种	原因
1990-06-08	渤海老铁山水道 38°30′N，121°00′E	玛亚 8 号	巴拿马	货船	100	燃油	碰撞
1992-10-04	长山水道 37°35′N，122°30′E	曼得利	巴拿马	集装箱船	130	燃油	沉没
1993-02-08	天津船厂 39°00′N，117°45′E	明星河	中国	货船	50	燃油	修船溢漏
1994-06-05	大连港锚地 38°50′N，121°40′E	辽油 1	中国	油轮	81	燃油	碰撞
1996-05-01	老铁山水道	浙普渔油 31	中国	油轮	470	润滑油	碰撞沉没
1998-01-20	黄河入海口 37°40′N，119°10′E	滨海 219	中国	油轮	1 703	重油	沉没
2000-04-19	老铁山水道	黑狮Ⅲ	伯利兹	货船	50	燃料油	碰撞沉没
2001-08-06	大连港 39°00′N，121°45′E	雅河	中国	货船	200	轻柴油	碰撞
2001-09-24	渤海湾遇岩	圆通 1 号	柬埔寨	货船	66	燃料油	碰撞沉没
2001-11-16	大连圆岛	星光	玻利维亚	货船	33	燃料油	自身倾覆
2002-11-23	天津港 39°00′N，117°45′E	塔斯曼海	马耳他	油轮	160	轻质原油	碰撞
2004-01-22	复洲湾	利达州 18	中国	油轮	40	柴油	着火
2004-07-08	老铁山水道 38°21′N，121°23′E	金赣 6	中国	货船	35	燃油、柴油和润滑油	碰撞

2002 年 11 月 23 日凌晨，满载油品的马耳他籍油轮“塔斯曼海”号（TASMANSEA）与中国“顺凯 1 号”轮在天津大沽口东部海域相撞，油轮破损泄漏，溢出原油多于 200 t，形成了长 4.6 km、宽 2.6 km 的原油漂流带。

2004 年 3 月 6 日，越南籍“太平洋鹰”轮在锦州港发生泄漏，锦州港区的海面、油码头等受到污染。

2005年4月3日，西班牙籍“阿提哥”轮在辽宁省大连附近海域（38°58.49′N、121°59.09′E）触礁搁浅，所载原油溢出。

2005年7月2日，浙江省“千岛油1”轮与马来西亚籍“川崎凌云”轮在辽宁省大连附近海域（38°54.2′N，121°56.9′E）发生碰撞，所载燃油溢出。

除外，2010年7月16日，大连中石油输油管道起火爆炸，约上万吨油溢入海，造成局部海域严重污染。图1.9为渤海重大溢油事故分布情况。

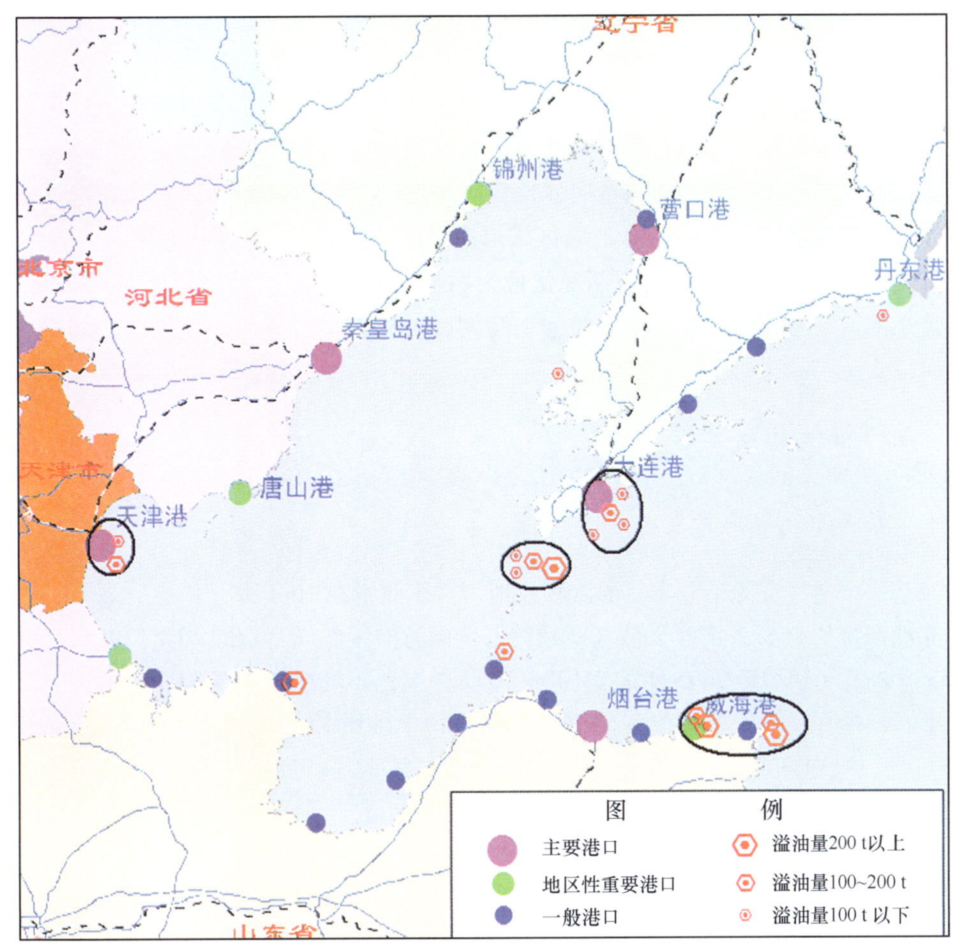

图1.9 1990—2005年渤海海域重大溢油事故分布

1.2.5 海洋倾废

渤海开辟了若干个处置无害自然物质的倾废区。“十五”期间，渤海海域所使用的海洋倾倒区共有17个，其中，辽宁省6个，河北省8个，天津3个。渤海倾倒区倾倒物主要是疏浚物，2005年倾倒区实际疏浚物倾量为16 469.8×10^4 m^3，渤海湾最高为14 653.3×10^4 m^3，其次是辽东湾，为1 810.5×10^4 m^3，莱州湾最低为6.1×10^4 m^3。2001—2005年以来疏浚物倾倒量呈明显的上升趋势，至2005年达到最高，年疏浚物倾倒量为5 118.2×10^4 m^3。2005年以后渤海疏浚物倾倒量呈逐年下降趋势。截至2008年12月，渤海共接受疏浚物倾倒量约33 547.7×10^4 m^3。倾废工作总体来说是好的，但少数业主超量倾废、不到位倾废问题依然存在，导致水产增养殖损害，纠纷时有发生。

2008年，对渤海9个海洋倾倒区进行了水动力、水质、沉积物、海洋生物等环境现状监测。渤海海洋倾倒区周边海水环境、沉积物环境、生物群落状况较好，个别倾倒区由于使用时间较长，倾倒区内水深地形和底栖生物群落结构发生一定程度的改变。如锦州港临时海洋倾倒区内25%区域水深发生变化，黄骅港海洋倾倒区C1区内约46%区域水深发生变化，水深变浅最大值达2.7 m。

2009年，继续加强对渤海海洋倾废的管理。2009年，渤海新增倾倒区1个，实际使用的倾倒区为8个，其中，山东省1个、辽宁省3个、河北省3个、天津市1个。倾倒的废弃物主要是建港疏浚物和港池、航道维护性疏浚物，均属于清洁废弃物。2009年渤海共接受疏浚物倾倒量约$2\,332\times10^4$ m^3，比2008年增加20%。2009年，对倾倒量较大的7个渤海海洋倾倒区进行的环境监测结果表明：大部分海洋倾倒区周边海水环境、沉积物环境、生物群落状况较好，符合倾倒区环境质量要求。但锦州港临时倾倒区海水中的铅含量明显超标；大连长兴岛临时倾倒区底栖生物种类和数量明显偏低。倾倒活动使个别倾倒区的水深地形发生一定程度的改变：锦州港临时倾倒区内25%区域形成隆起；黄骅港C1区临时倾倒区内约66%区域水深变浅1.0~2.7 m，尤其西南部变化最为明显；天津港临时倾倒区C区南部形成隆起；秦皇岛港东港区临时海洋倾倒区由于经常在倾倒区西北部进行倾倒，导致西北部的水深地形变化相对较大。

1.2.6 海洋油气开发

1.2.6.1 海洋油气勘探开发

渤海是一个油气资源十分丰富的沉积盆地，探明储量在10×10^8 t以上，原油产量约占全国海洋原油产量的46%；海洋天然气产量约占全国海洋天然气产量的20%。油气产量自2000年的653.5×10^4 t猛增至2005年的$2\,100\times10^4$ t以上，年均增加25%以上。目前，在渤海中从事海上石油勘探、开发的单位有17家，已开发海上油田17个，海上平台（储油装置）184座（艘），总井数1 350口（1 094口采油井，212口注水井，44口水源井）。油田主要分布在渤海湾、辽东湾和渤海中部，如图1.10所示。

1.2.6.2 石油平台排污量

2002年至2005年渤海油田各种类型污染物的排放量见表1.14。2005年渤海海上油田排放的污染物总量是2002年排放总量的约2.4倍，表明随着渤海海上石油勘探开发强度的增大，所排放的污染物总量也急剧增加。

表1.14 2002—2005年渤海油田污染物排放量

污染物	2002年	2003年	2004年	2005年
生产污水/$\times10^4$ m^3	376.7	401.7	428.6	883.3
生活污水/$\times10^4$ m^3	0.0	10.4	7.9	10.2
钻屑/$\times10^4$ m^3	1 575	6 718	6 847	26 360
泥浆/$\times10^4$ m^3	12 241	22 511	22 779	16 405
污染物总量/$\times10^4$ m^3	14 192.7	29 641.1	30 062.5	43 658.5

1.2.6.3 海上油气勘探开发的污染状况

海上石油勘探开发排放的主要污染物是生产污水、生活污水、泥浆、钻屑、固体废弃物

图 1.10 渤海海上油田分布示意图

等。目前生产及生活污水大部分经处理后，达标排海，一部分送回陆地终端进行处理。非含油泥浆、钻屑、食品类固体废弃物经处理后排海，含油泥浆、钻屑、非食品类固体废弃物全部运回陆地进行处理。

在油气生产过程中，产生环境油污染的原因有：打井过程中含油超标的废泥浆；采油过程中所产生的含油污水；在修井试井等井下作业时排出的含油废液；由于管理不善造成的原油跑冒滴漏；石油作业过程中，由于地下压力的变化或其他原因出现的井喷等事故；由于人为的破坏造成原油的大量泄漏等。

采油废水是伴随原油从地层开采出来的。在油田开发过程中，在采用人工注水的办法向油层补充能量的同时，采出原油的含水率也不断上升。水和原油一起进入原油集输系统，经破乳、脱水后，形成油田特有的采油废水，经处理后大部分采油废水回注地层，仍有部分需要外排。采油废水需要经过絮凝、沉降、过滤、吸附等处理工艺，达到回注水和污水排放标准。其污染物主要为石油类、挥发酚、硫化物、悬浮物和化学需氧量。

油井在生产过程中，要经常进行修井、清蜡、冲砂以及压裂、酸化等油井作业，其主要污染源是作业废水和落地原油。作业废水中携带了井底的污染物，若随意排放，对生态环境会造成严重危害。为此，对作业现场污水通过管线回收集中进行废水处理，部分集中于泥浆池进行处置。

1.2.6.4 海洋石油勘探开发溢油污染

渤海已经进入大规模的石油勘探开发期，已成为我国溢油事故的多发区，近 10 年来发生在渤海的主要海洋石油勘探开发溢油事故有：

1996 年 10 月 31 日，胜 8 井在东营埕岛海域溢油 180 t。

1998 年 12 月 3 日至 1999 年 6 月 25 日期间，位于 38°16′N、118°48′E 的胜利油田 CB6A－5 井发生倒塌，井底部套管破裂，引发长达半年的重大原油泄漏事故。事故发生后，大量原油从海底浮出海面，在水中漂流，并随时间推移，水温升高，油块逐渐熔化成油带和油膜。3 月中旬，油膜、油带已扩散到 CB6A－5 井周围 7 n mile 范围；5 月下旬，油膜向四周扩散，污染中心区面积超过 250 km^2。该起溢油事故时间之长、范围之广、危害之大，是近几年来最严重溢油事故。它造成直接经济损失 354.7 万元，间接经济损失 795.48 万元。

2001 年 1 月 11 日至 16 日，渤海绥中 36－1 油矿 F31 井由于安全阀破裂，致使约 30 t 原油泄漏入海。

2002 年 2 月 19 日，河北黄骅局部海岸发现长 6～7 km、宽 1～2 m 的原油带，对渔业生产造成一定损失。

2002 年 11 月 26 日，渤海绥中 36－1 油田中心平台发生溢油，溢油量 2.6 t。

2003 年 6 月 28 日，山东省东营市附近海域发现溢油，溢油量 15 t，持续时间 4 h，成灾面积 80 hm^2，直接经济损失 70 万元。

2003 年 7 月 25—29 日，辽宁省绥中县王堡乡至塔山沿海 58 km 沿岸发现宽度为 3～4 m 的溢油区。同时在河北省北戴河浴场也发现溢油，宽 0.5 km，长 10 km。

2003 年 9 月 13 日，山东省东营市胜利油田 106 段发现溢油，溢油量 150 t，持续溢油 26 h，成灾面积 146.7 hm^2，直接经济损失 1 600 万元。

2006 年 2 月，山东长岛海域发现大面积的原油污染，该县所属各岛屿岸滩发现许多黑色原油块，不断随潮水冲上海滩。造成当地养殖的许多栉孔扇贝、贻贝、海参等海珍品的大量死亡，对当地经济造成了严重损失。在其后的一两个月内，同样的油块在河北、天津等地的海滩也被发现，油污范围几乎遍布整个渤海，给海洋环境、养殖业和旅游业造成巨大损害。

2006 年 3 月 12 日，埕岛油田“中心一号”平台至海三站海底输油管道发生溢油事故，初步估计泄漏原油 500 t。溢油面积最大时超过 300 km^2。此次溢油先后影响到山东省、河北省、天津市部分海域和岸线。监测结果表明，埕岛油田附近海域受到不同程度的污染，影响最严重海域有 58 km^2，海水中石油类含量短时间内上升了一倍多。乐亭以东海域受溢油影响较小，但油类含量同历史相比仍有增加了 40%。此次溢油事故造成影响范围涉及山东、河北、天津两省一市，污染范围广，社会影响坏，给当地渔业生产和养殖带来损害。

1.2.7 渔业生产

渔业生产是渤海的重要海洋产业，主要包括海洋捕捞和海水养殖生产。

1.2.7.1 海洋捕捞

渤海属海湾型内海，沿岸有黄河、辽河、海河等众多河流入海，带有大量有机质，因而水质肥沃、饵料丰富，成为经济鱼虾贝类的主要产卵场、索饵场和育肥场。21 世纪初，渤海的捕捞产量在 100×10^4 t 左右，约占全国海洋捕捞量的 9%。海洋捕捞除了直接影响海洋鱼类、甲壳类种群的丰度及其成熟率、个体大小结构、性别比例和基因组成外，渔业捕捞通过兼捕、生境退化（尤其是底拖网对底栖动物生境的破坏）以及生物学相互作用间接地影响着海洋生物多样性和生态系统。正常的捕捞生产是从海洋中获取物质，对海洋生态系统直接产生影响，但对海洋环境一般不会产生污染问题。但渔船和渔业生产的码头以及捕捞生产所用的生产工具和设施，如管理不善，也会对局部海域造成污染。

据不完全统计，渤海人工渔港约300座，机动渔船近8万艘。渔港的污染主要来自洗舱水、洗鱼水、码头生活废水的排放。废水中主要含有有机物、氮和磷。码头中水质的无机氮、无机磷以及有机物含量大多要比码头以外水域高1~3倍，但影响范围有限。据粗略统计，在20世纪末环渤海区渔船污水年排放量约为477×10⁴ t，石油类年排放量约0.46×10⁴ t，COD约3.93×10⁴ t，氨氮119 t，磷0.27 t。渔船的污水排放量主要集中在200马力以下的小型渔船。

1.2.7.2 养殖污染

环渤海沿海省市养殖业都很发达且历史悠久，山东、辽宁、河北是我国海水养殖大省。其中，山东海水养殖的面积和产量居全国首位。主要养殖模式包括：池塘（围堰）养殖、底播养殖、浅海（筏式、网箱）养殖、盐田养殖、工厂化养殖等。山东省2008年全省（包括黄海海域）刺参、对虾等十大优势品种产量达279×10^4 t，占海水养殖总产量的75.4%。其中，刺参、对虾、三疣梭子蟹、扇贝和菲律宾蛤仔五个品种的产值均超过30亿元。

海水养殖生产的污染主要来自人工投放的过剩饵料（包括人工合成饵料和海捕小杂鱼）、动物排粪、药物、清池污水和污泥等。2000年山东省沿海7个城市海水养殖饵料投放量约为220 626.7 t，其中，潍坊市饵料最大，达72 085.35 t，投放强度为1.848 t/hm²。据估算，黄渤海沿海仅对虾养殖排入近海海域的COD每年即超过20 000多吨，氮超过1 000多吨；当养殖1t海洋鱼类，排入海洋环境的氮、磷和COD的量分别可达14.25 kg、2.57 kg和34.61 kg。海中筏式养殖虽然不投饵，但它们在生长过程中的排泄物也对养殖环境的富营养化作出了贡献。粗略估算，2002年黄渤海沿海三省扇贝和贻贝的排泄物如表1.15所示。

表1.15　2002年黄渤海沿海扇贝和贻贝养殖污染物排放估算

地区	氮/t		磷/t	
	贻贝	扇贝	贻贝	扇贝
河北	1.5	712	0.22	116
辽宁	39	1 081	5.97	176
山东	61	735	9.32	120
合计	102	2 528	15.51	412

养殖污染物对海洋环境造成的负荷，与陆源排放量相比，大多仅占百分之几的比率。但对于局部海域，尤其是水交换条件较差的水域，易产生累积污染，若外加工农业和生活污水的排入，则叠加作用导致的影响势将加大。还应指出的是，近些年近海养殖生产发展较为迅速，如辽东湾海域池塘养殖对虾以及贝类和网箱鱼类等养殖生产有了更大的发展，投放饵料含较高的蛋白质、氮、磷等物质，对环境的影响日趋加重（表1.16）。

表1.16　辽东湾海水养殖业污染物排放　　单位：t

年份	鱼类养殖污染排放量			贝类养殖污染排放量		对虾养殖污染排放量		
	DIN	DIP	BOD	DIN	DIP	DIN	DIP	COD
2003	138.8	25.0	337.2	1 547.8	251.9	60.9	6.1	1 217.8
2004	204.3	36.8	496.2	2 048.0	333.4	25.7	2.6	513.5
2005	370.8	66.9	900.7	2 203.7	358.7	32.6	3.3	652.6

综上所述，渔业生产除了对海域生态系统的结构、组分直接产生影响外，对海洋环境的影响如图 1.11 所示。

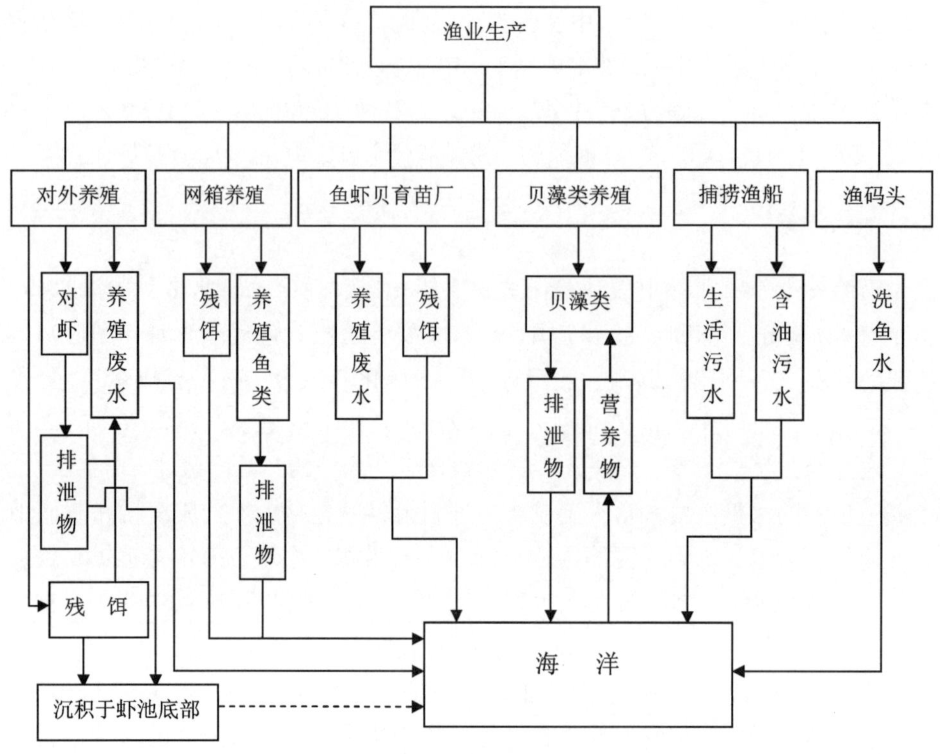

图 1.11 渔业生产对海洋环境的影响途径

1.2.8 渤海河流入海水量变化及其环境影响

近 30 年来，由于入渤海河流流域大中型水利工程建设、经济、社会用水量大幅度增加，外加气候变化等因素，导致入渤海河流水量总体呈减少的趋势（表 1.17 和图 1.12）。入渤海河流天然径流量 1980 年前后时段相比较，1980 年后平均较 1980 年以前减少 $190\times10^8\ m^3$，约减少 16%，1990—2000 年平均入海水量降至 $370\times10^8\ m^3$，比 1980 年减少近一半。2000 年入渤海水量降至 $95\times10^8\ m^3$，为历年最低。

表 1.17 1980 年前后时段年均入海水量变化 单位：$\times10^8\ m^3$

区域	多年平均	1956—1979 年	1980—2000 年	1980 年前后时段比较	
	1956—2000 年			减少数量	减少（%）
辽河区	177	194	158	35	18
海河	101	155	39	116	75
黄河	313	410	203	207	51
山东半岛	33	43	22	21	48
入海合计	624	802	422	379	47

辽河区径流量 1980 年前后时段减少 $23\times10^8\ m^3$，减少 9%；同期年均入海水量由 $194\times10^8\ m^3$ 下降到 $158\times10^8\ m^3$，减少了 $35\times10^8\ m^3$，下降了 18%。

海河区 1980 年前后时段水资源量和入海水量都发生了非常剧烈的变化（图 1.13）。天然径

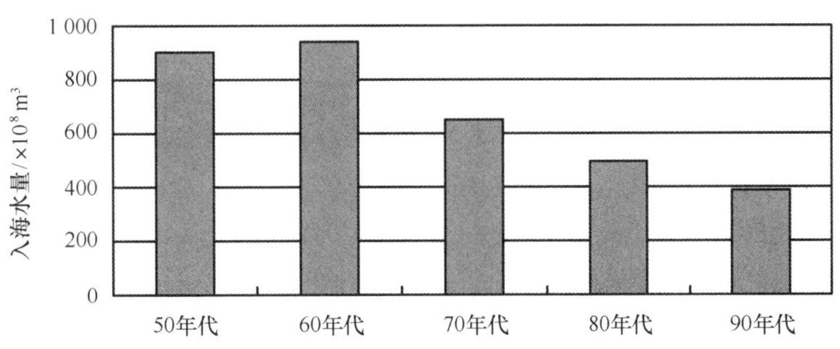

图 1.12　20 世纪不同年代主要河流入渤海水量

流量减少 85×10^8 m^3，减少了三成；同期年均入海水量由 155×10^8 m^3减少到不足 40×10^8 m^3，减少了 85×10^8 m^3，降低了 75%。

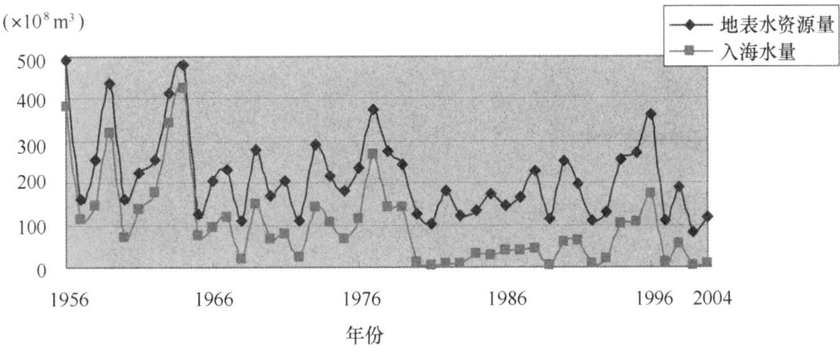

图 1.13　海河区地表水 1956—2004 年资源量及入海水量

黄河区 1980 年前天然径流量为 620×10^8 m^3左右，1980 年后为 566×10^8 m^3，1990—2000 年天然径流量仅 505×10^8 m^3；年均入海水量由 1980 年前的 410×10^8 m^3减少到 1990—2000 年不足 130×10^8 m^3，近 10 余年入海水量比 1980 年前减少约 280×10^8 m^3，减少了将近七成。黄河 1956—2004 年入海水量变化见图 1.14。黄河入海水沙减少，目前认为气候变化的贡献为 30% ~40%，大、中型水利工程约为 50%，其他人类活动等占 10% ~20%。

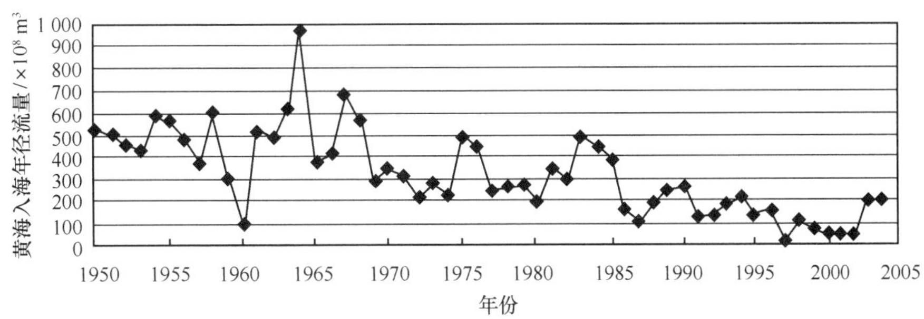

图 1.14　黄河入海年径流量 1956—2004 年

山东半岛 1980 年前天然径流量为 64×10^8 m^3左右，1980 年后减少到 36×10^8 m^3，减少了 43%；同期年均入海水量由 43×10^8 m^3减少到 22×10^8 m^3，减少了将近一半。

入海河流水量减少，势必导致河口和局部海域盐度、营养盐浓度等的变化，引起河口、近岸海域生态系统结果和组成的变化以及鱼、虾产卵场、孵幼场的变动。还值得提出的是，自2002年以来，黄河管理委员会实行了黄河大型水库联合调水调沙工程，每年在短短的15～22天内将全年约30%的水量和约50%的沙量输送入渤海，同时向河口输送了大量的营养盐。这种人为制造的洪峰，到底对黄河口及邻近海域的生态系统有什么影响，目前尚缺乏调查研究。

第2章 渤海环境污染和生态状况

2.1 渤海环境质量状况

2.1.1 海水环境质量

2.1.1.1 海区水质

渤海海域一直是我国污染最为严重的海区。自20世纪80年代以来，渤海近海水质污染逐年加重，到21世纪，在我国四个海区中，渤海营养盐超标面积占本海区总面积的比例最大，达35%~40%；油类超标占该海区总面积30%左右，辽宁省、河北省和辽河口、锦州湾、大连湾海水中总有机碳的含量局沿海省份和全国河口、海湾之首，辽河口和大连湾海域海水铅的含量、锦州湾海水汞的含量也分别居全国沿海海湾之冠（国家海洋局《20世纪末中国海洋环境质量公报》）。进入21世纪以来，渤海水质量环境总体来说有所改善，未达到清洁水域占海区总面积的比例开始有所下降（表2.1）。但从表2.1可以看出，从2004年起，轻度污染、中度污染和严重污染面积较迅速地增加，三者加在一起均超过10^4 km^2，尤其是2007年达到17 040 km^2，而其中中度污染和严重污染两者的面积竟达到11 500 km^2，这表明渤海海水环境质量总体趋于好转，但局部海域却趋于恶化。

表2.1 2001—2009年渤海未达到清洁海域水质标准的面积 单位：km^2

年度	较清洁	轻度污染	中度污染	严重污染	合计
2001	15 610	1 300	710	1 370	18 990
2002	28 220	2 140	460	1 010	31 830
2003	15 250	3 770	850	1 470	21 340
2004	15 900	5 410	3 030	2 310	10 750
2005	8 990	6 240	2 910	1 750	19 890
2006	8 190	7 370	1 750	2 770	20 080
2007	7 260	5 540	5 380	6 120	24 300
2008	7 560	5 600	5 140	3 070	20 370
2009	8 970	5 660	4 190	2 730	21 550

又据国家海洋局北海分局《2009年渤海海洋环境公报》，认为“2008年渤海海水环境质量状况总体较好，在春季、秋季清洁海域和较清洁海域约占总海域面积的80%（表2.2）。渤海中部海域海水质量状况良好，近岸海域污染较重。海水中的主要污染物是无机氮、活性磷酸盐和石油类”。这表明，渤海水质质量不仅有地域差异，而且也具有明显的季节变化。比

如，2008 年春季，中度污染和严重污染海域两者的面积高达 14 050 km^2，约占渤海总面积 18%。

表 2.2　渤海各类海水水质面积　　单位：km^2

项目		春季（5 月）2008	春季（5 月）2009	夏季（8 月）2008	夏季（8 月）2009	秋季（10 月）2008	秋季（10 月）2009
较清洁海域		9 390	14 470	7 560	16 190	23 570	15 290
污染海域	轻度污染海域	7 240	10 840	5 600	5 684	11 100	5 820
	中度污染海域	4 270	4 022	5 140	2 794	4 170	5 051
	严重污染海域	9 780	4 650	3 070	2 352	8 410	2 629
	合计	21 290	19 512	13 810	10 830	23 680	13 500

2008 年监测结果表明，渤海三大海湾夏季水环境质量明显劣于渤海中部海域。莱州湾污染程度最为严重，其次为渤海湾，辽东湾污染程度相对较轻（图 2.1）。近岸海域水环境质量总体较差，污染面积较大，其中，天津近岸海域污染最重，其次为山东和辽宁近岸海域，河北近岸海域海水质量相对较好（图 2.2）。

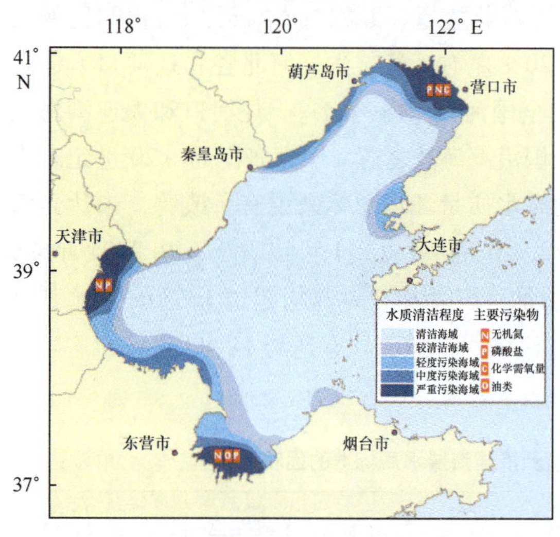

图 2.1　2008 年夏季渤海三大湾及中部海水质量状况

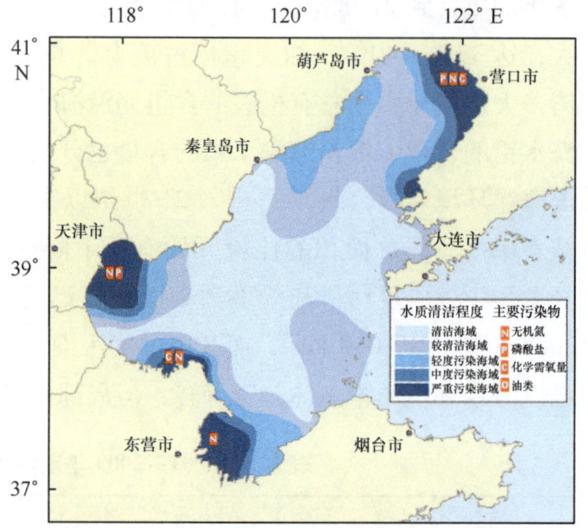

图 2.2　2008 年秋季渤海三大湾及中部海水质量状况

2.1.1.2　海水主要污染物平均浓度变化

1）渤海海水中 DIN 的浓度变化

渤海海域 DIN 年均浓度从 20 世纪 60 年代初到 80 年代中期变化不大，在 40 μg/dm^3 左右波动，此后迅速增加，到 90 年代中期增至最大，可达 240 μg/dm^3 左右，超过国家一类海水水质标准，21 世纪初，海水中 DIN 大幅下降，降至 70 μg/dm^3 左右，但 2003 年后又有所增加（图 2.3）。

但近岸海域海水中 DIN 的浓度却要高得多。例如，据秦延文（2010）报道，2008 年辽东湾营口海域海水无机氮的平均浓度为 0.443 mg/L，盘锦海域为 0.356 mg/L，锦州海域为

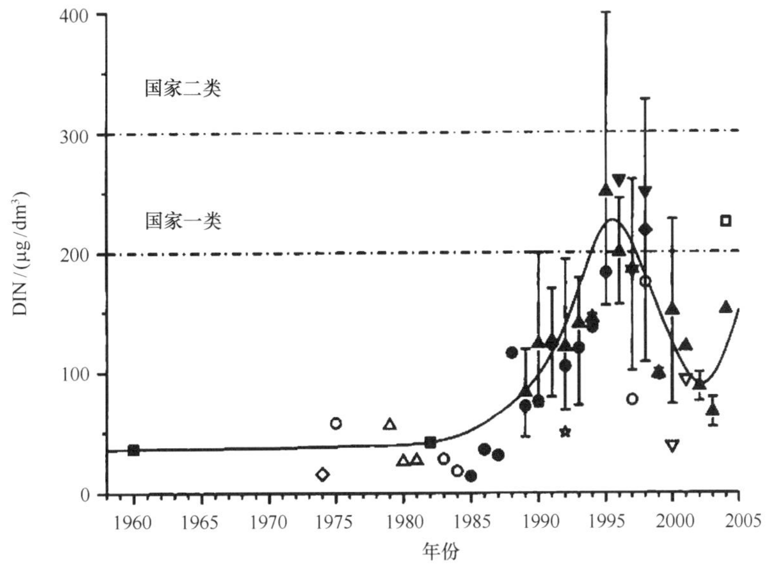

图2.3　自20世纪60年代初至21世纪初渤海海水中DIN年均浓度变化趋势

资料来源：王修林、李克强著《渤海主要化学污染物海洋环境容量》(2006)

0.278 mg/L。国家海洋局天津海洋环境监测中心站，通过2004—2007年对渤海湾30个站位枯、丰水期的水质监测，海水中DIN的浓度2005年比2004年增加约1倍，超过700 μg/L（阚文静，2010）。"908"专项东营调查结果，2007年5月，15个调查站总氮监测值在0.207~0.825 mg/L，平均为0.487 mg/L，超过三类海水水质标准（第三类海水水质标准0.40 mg/L）。

2）渤海海水中PO_4^{3-}-P的浓度变化

渤海海水中PO_4^{3-}-P年平均浓度由20世纪60年代的25 μg/dm^3左右（图2.4）逐渐降低到80年代末的10 μg/dm^3，低于国家一类养殖海水水质标准，然后增加到90年代后期的29 μg/dm^3左右，之后又打幅度降低至5 μg/dm^3左右（王修林，2006）。

据秦延文（2010）调查，2008年辽东湾近海海水除盘锦PO_4^{3-}-P平均超过二类海水水质标准外，葫芦岛、锦州、营口近海海水平均值低于一类海水水质标准，其中，锦州海域平均值为0.005 mg/L。渤海湾海水中PO_4^{3-}-P的浓度，在2004年至2007年期间明显下降趋势（图2.4），且在2007年降低至11 μg/L，低于一类海水水质标准。黄河口东营近海水域，2007年5月15个站位调查，海水中总磷监测值为0.005 74~0.009 31 mg/L。

3）渤海海水中SiO_3^{2-}-Si的浓度

渤海海水中SiO_3^{2-}-Si的浓度资料较少。根据已有一些调查资料显示，渤海海水中SiO_3-Si的浓度总的来说呈逐年下降的趋势。大体来说，从20世纪60年代近750 μg/dm^3降至21世纪初的200 μg/dm^3左右（图2.6）。但SiO_3^{2-}-Si在渤海湾近海海水中的浓度要高些，2005年至2007年在500 μg/dm^3至700 μg/dm^3之间波动（图2.6）。据张鹏等（2009）对黄河三角洲潮间带，2007年7月潮间带间隙水中SiO_3^{2-}-Si的浓度范围为30~80 μmol/L，平均值为50 μmol/L，约为总氮（NH_4^+-N，NO_2^--N和NO_3^--N）浓度的三分之一。

已有的资料表明，渤海湾海水中DIN/PO_4^{3-}-P的比值，在20世纪60年代仅为3左右，到80年代后快速增加，90年代中期超过Redfield比值（DIN/PO_4^{3-}-P≈16）。而渤海海水中

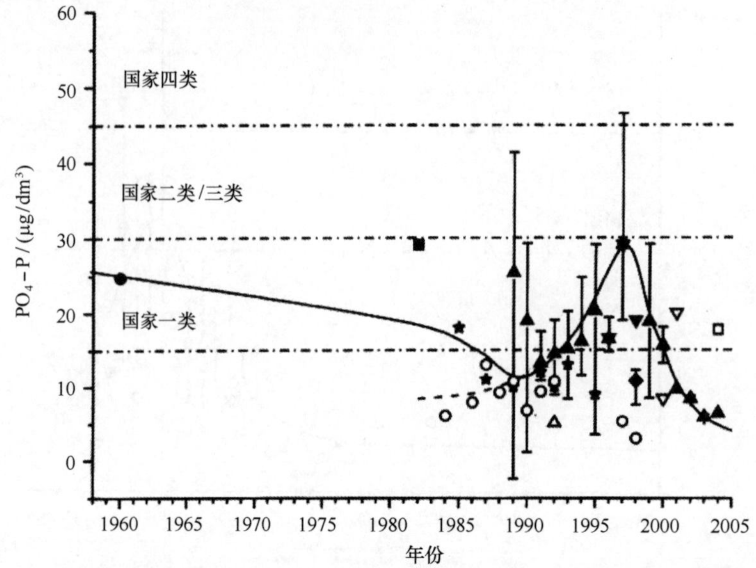

图 2.4　20 世纪 60 年代初至 21 世纪初渤海海水中 $PO_4^{3-}-P$ 年均浓度变化趋势

资料来源：王修林、李克强著《渤海主要化学污染物海洋环境容量》(2006)

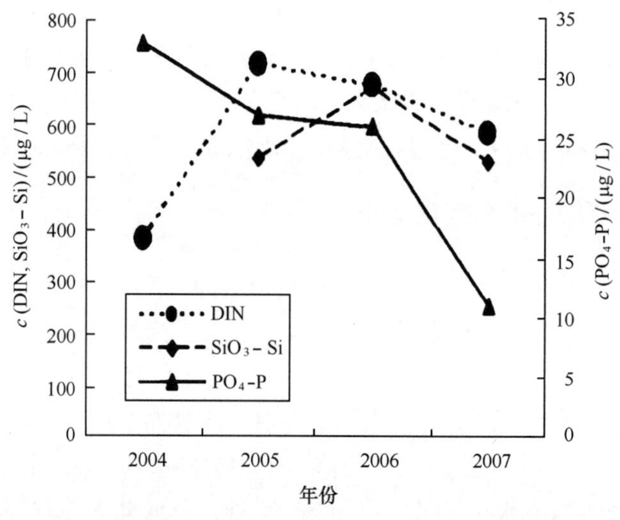

图 2.5　渤海湾营养盐年际变化比较

资料来源：阚文静等，2010

SiO_3-Si/DIN 的比值与 $DIN/PO_4^{3-}-P$ 相反，呈下降的趋势，由 60 年代的 12 逐渐降至 2 左右（王修林，2006）。但近岸海水这几种营养盐的比值变化要大些。例如，对天津近岸水域在 1996—2006 年，分别于每年的枯（5 月份）、丰（8 月份）和平（10 月中旬左右）期，对 22 个监测点进行了采水测定。结果是 N/P 值均超过 16，在 11 年的监测期内，枯水期平均值为 28.60，标准值为 28.86；丰水期平均值为 25.64，标准值为 12.96；平水期平均值为 19.88，标准值为 14.32。阚文静等（2010）对渤海湾 30 个站位分别于枯水期、丰水期取水样监测，在 2004—2007 年 4 年间，$DIN/PO_4^{3-}-P$ 的比值远大于 16，$SiO_3^{2-}-Si/DIN$ 的比值小于或等于 0.5（表 2.3）。

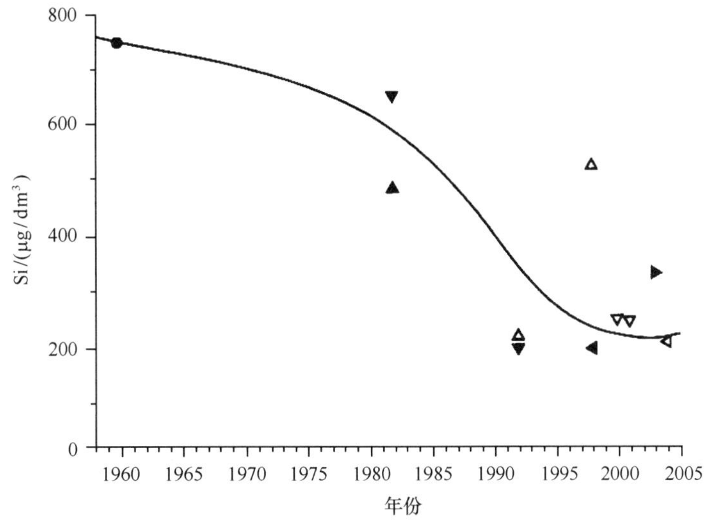

图2.6 20世纪60年代初至21世纪初渤海海水中SiO_3^{2-} –Si年均浓度变化趋势

资料来源：王修林、李克强著《渤海主要化学污染物海洋环境容量》（2006）

表2.3 渤海表层海水营养盐结构状况（摩尔比）

营养盐	年份			
	2004	2005	2006	2007
DIN/ PO_4^{3-} –P	26	56	57	117
SiO_3^{2-} –Si/ PO_4^{3-} –P	—	22	29	54
SiO_3^{2-} –Si/DIN	—	0.4	0.5	0.5

4）*渤海海水中石油烃浓度的变化*

渤海海水油类浓度变化较大，20世纪70年代中期，渤海海水中石油烃的浓度年均为120 μg/dm³；进入21世纪，总体来说油的浓度呈降低的趋势（图2.7）。但由于油污染事故经常发生，如“塔斯曼油轮”在渤海湾溢油，长岛海域油污染事故以及2010年大连油码头严重漏油事故等，均对局部海域造成严重污染，油污海域大都超过几百平方千米。2004年以来的监测结果表明，渤海局部海域石油类污染有呈加重的趋势，主要分布在大连长山岛、双台子河口、锦州湾、秦皇岛近岸、渤海湾和莱州湾顶部海域（图2.7）。据对辽东湾北部16个站位2006年8月至2007年10月四个航次调查，表层海水石油烃的浓度波动于0.022～0.179 mg/L（王召会等，2008）。2005年曾对渤海海域和黄河口海域表层海水中芳烃的含量和组成进行了调查，结果：渤海湾海域17种多环芳烃的含量为82.6～181.8 mg/L，黄河口外海水为43.7～122.4 mg/L；大多数样品均表现出4～6环多环芳烃在POM的比重大于DOM的比重，这与PAHs的来源于溶解度等因素有关（王璟，2010）。

5）*渤海海水中COD浓度的变化*

总体来说，渤海海水COD的浓度自20世纪70年代末起开始呈逐年增加的趋势，由低于1 mg/dm³逐渐增至近2 mg/dm³（海水水质一类标准为2 mg/dm³），进入21世纪后又开始呈逐级降低的趋势（王修林，2006）。但在近岸海域，尤其是排污口和工厂化养殖场附近，COD

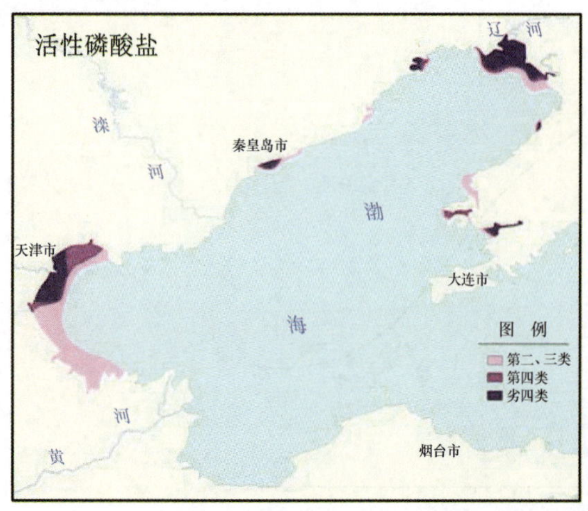

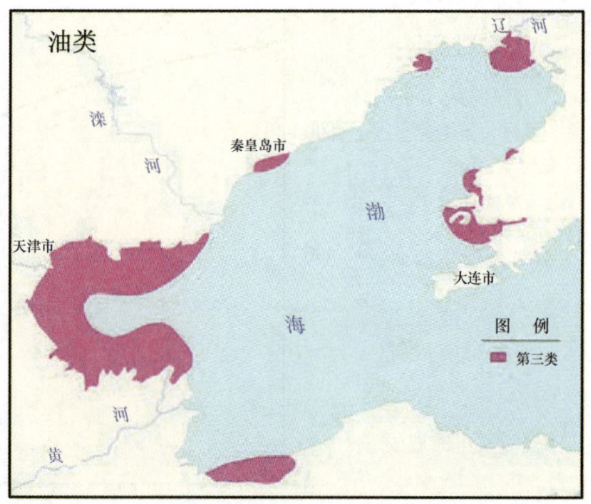

图 2.7　2006 年 8 月份渤海磷酸盐及油类各类水质区分布

的浓度明显增高。如莱州湾 6 月份调查，在龙口邻近海域 COD 最高站位超过 3.5 mg/dm^3。锦州 9-3 油田，2005—2007 年调查海水 COD 波动于 0.32 ~ 1.95 mg/L（卢芳，2010）。

6）重金属和放射性污染

（1）重金属浓度

Hg、Pb、Cd、Cu 等金属主要来源于工业废水，是渤海重要的污染物。自 20 世纪 70 年代以来，渤海水中 Hg 的浓度大都在 0.05 μg/dm^{3}左右波动，而 90 年代后期曾出现较高值，年均值超过 0.2 μg/dm^3，之后又趋于降低。Cd 在 20 世纪 90 年代达到高峰，由 0.1 μg/dm^{3}增至 5.0 μg/dm^3，之后逐级下降，目前在 0.6 μg/dm^{3}左右，略低于一类海水水质标准。Pb 在海水中的浓度波动较大，在 90 年代中期达到 12 μg/dm^3 左右，超过三类海水水质标准（10 μg/dm^3），之后又逐渐降低。在渤海城市和工业区排污口附近海域，重金属潮波现象仍较严重。如 2008 年辽东湾锦州和营口市近岸海域，Pb 和 Cu 均超过一类或二类海水标准，锦州市近岸海水 Cu 的平均值为 0.09 mg/dm^3，Pb 的平均值为 0.006 mg/dm^3，均超过一类海水水质标准；营口市近岸海水 Cu 的浓度平均值为 0.015 mg/dm^3，Pb 的平均值为 0.06 mg/dm^3，分别超过二类和一类海水水质标准（秦延文，2010）。

（2）放射性浓度

海洋的放射性可分为两大类：一类叫天然放射性（natural radioactivify）；另一类叫人工放射性（artigical radioactivify）。后者是由人类的原子能活动产生的放射性元素造成。海洋放射性污染指的是海洋受人工放射性的污染。

海洋的人工放射性有三个来源，即核武器在大气或海洋进行试验，核能设施在正常或事故向海洋排废以及向海洋倾倒放射性废物。

渤海的人工放射性，在 20 世纪 50—70 年代，主要来自美国、苏联的核武器试验降落灰，其中，对人体危害大、半衰期长的人工核素 ^{137}Cs 和 ^{90}Sr 在每升海水中超过 10 mBq/dm^3（Bp 是放射性强度单位，1ci = 3.7×10^{10}Bp）。80 年代以后，海水的放射性强度逐渐降低，据宋伦等（2009）报道，辽东湾等海域的人工放射性强度比 80 年代低 5 ~ 6 倍（表 2.4）。

表 2.4 辽宁近海与我国一些海域海水放射性比较 单位：mBq/dm^3

调查海域（时间）	^{137}Cs	^{90}Sr	总铀 $/\mu g/dm^3$	^{226}Ra	^{232}Th ^{228}Ac	^{208}Tl	总β
辽东湾（2008）	1.5~2.4	1.8~8.0	3.07~3.57	5.0~12.5	18.2~32.9	3.8~8.3	46.9~92.4
大连湾（2008）	1.6~3.2	1.3~3.7	3.04~3.29	3.4~6.4	13.3~16.5	3.0~3.1	53.1~66.8
辽东湾污染防治研究（1981）	11.47±5.18	12.21±4.81	3.3±1.5	30.4±9.62	—	—	81.4±33.3
大连湾污染防治研究（1981）	11.47±4.44	9.99±0.47	3.1±1.3	12.95±4.81	—	—	48.1±14.8
福建宁德核电海域放射性本底调查（2006）	0.8~2.6	1.5~4.6	2.8~3.4	1.0~5.8	7.6~1.8	0.5~1.4	17~39
山东海阳核电海域放射性本底调查（2006）	1.5~2.2	2.3~2.9	2.96~3.58	5.3~8.8	25~33	0.5~3.1	45~66
东南海近海海域环境综合调查（1998）	1.4~3.07	—	—	2~8.49	8.74~29.9		—
江苏田湾核电厂辐射本底调查（2005）	0.25~1.07	1.13~3.05	—	—	—	—	—

2.1.2 沉积环境质量状况

2.1.2.1 沉积环境质量

1997—2006年沉积物污染趋势监测的结果显示，渤海局部海域沉积物受到镉、砷和油类的污染。受镉污染的区域主要是普兰店湾、双台子河口和锦州湾，除普兰店湾外上述区域受镉污染总体呈下降趋势；受砷污染的主要区域是普兰店湾、双台子河口和锦州湾，普兰店湾沉积物砷污染呈上升趋势，与2005年相比其他上述区域受砷污染均呈下降趋势；受油类污染的主要区域是大连金州湾，1997年以来呈明显的上升趋势；1997年以来沉积物中多氯联苯的含量总体呈上升态势，尤以辽西—冀东近岸海域和渤海湾近岸海域上升趋势最为明显。

2006年监测结果显示，部分沉积物中砷、滴滴涕、石油类、镉和多氯联苯的含量出现超一类海洋沉积物质量标准的现象，超标率分别为33%、11%、9%、7%和6%。表明渤海近岸部分沉积物受到不同程度的砷、滴滴涕、石油类、镉和多氯联苯的污染（表2.5）。

表 2.5 2006年渤海沉积物中污染要素的超标率统计

污染要素	石油类	总汞	镉	铅	砷	六六六	滴滴涕	多氯联苯
超一类标准/%	9	0	7	0	33	0	11	6
超二类标准/%	4	0	2	0	0	0	8	3
超三类标准/%	4	0	0	0	0	0	8	0

2.1.2.2 局部海域沉积物质量

据2005年重点海湾沉积物质量监测结果，渤海沉积物质量总体良好，但辽河口、双台子河口、锦州湾、莱州湾等局部区域受到重金属及油类等污染。辽河口沉积物的镉和砷两项指标的含量超出一类沉积物标准，其含量分别为一类标准值的1.2倍和1.3倍；双台子河口的砷一项指标含量超出一类沉积物标准，为标准值的2.0倍；锦州湾沉积物污染严重，监测的油类、总汞、镉、铜、铅和砷六项指标中油类、总汞、镉和砷四项指标超出一类沉积物质量标准，其含量分别为一类沉积物标准值的4.0倍、1.1倍、2.6倍和4.0倍；莱州湾和烟台近岸海域沉积物受到汞的污染（表2.6）。

表2.6　局部海域沉积物污染状况

采样地点	所在省份	所在区域	污染因子
双台子河口	辽宁	辽河口邻近海域	砷
辽河口	辽宁	辽河口邻近海域	镉和砷
锦州湾	辽宁	辽西—冀东海域	油类、总汞、镉和砷
莱州湾	山东	莱州湾及黄河口比邻海域	汞
烟台近岸	山东	庙岛群岛海域	汞

2005年重点海湾沉积物质量监测结果显示，锦州湾沉积物污染严重，监测的油类、总汞、镉、铜、铅和砷六项指标中油类、总汞、镉和砷四项指标超出一类沉积物质量标准，其含量分别为一类沉积物标准值的4.0倍、1.1倍、2.6倍和4.0倍；辽河口沉积物的镉和砷两项指标的含量超出一类沉积物标准，其含量分别为一类标准值的1.2倍和1.3倍；双台子河口的砷一项指标含量超出一类沉积物标准，为标准值的2.0倍；金州湾、渤海湾、黄河口和莱州湾沉积物质量良好（表2.7）。

表2.7　2005年渤海重点海湾沉积物污染物含量（$\times10^{-6}$）监测结果

区域名称	油类	总Hg	Cd	Cu	Pb	As
莱州湾	15.9	0.019 3	0.13	—	22	13
黄河口	114	0.024 5	0.165	—	19.3	10.2
渤海湾	1.24	0.021	0.079 8	16.4	22.9	3.27
锦州湾	1 960	0.218	1.3	11.1	9.58	79.8
双台子河口	67.9	0.108	0.4	2.43	1.52	39.4
辽河口	73.1	0.081 7	0.608	5.56	4.35	25.5
金州湾	40.4	0.046	0.33	3.08	14.4	2.76

1997—2005年重点海湾沉积物污染趋势性监测的结果显示，沉积物污染较严重的区域仍然是锦州湾、辽河口和双台子河口。在这些区域中，历年以来油类的污染状况呈现较大的波动，但是总体表现为上升趋势，这表明没有固定污染源长时间排放油类污染物，其主要风险在于突发性溢油事故，并且随着海上石油开采和运输业的发展，溢油事故风险及其相应的生态灾害风险也在逐渐增大。锦州湾2005年沉积物中油类污染物的含量远远超过了三类海洋沉积物质量标准，与水质的污染情况基本一致；As的污染呈总体加剧的趋势，并于2005年全部超出一类海洋沉积物质量标准，尤其以锦州湾的污染情况最为严重，As在该区域的含量远远超过了二类海洋沉积物质量标准；Hg的污染在2003年时降至较低水平，但是2003年以后其污染情况又开始加剧，其中，2005年锦州湾沉积物中Hg的污染水平再次超过一类海洋沉积物质量标准；Cd的污染变化趋势与Hg类似，近年来也有污染逐渐加剧的趋势。

由重点海湾沉积物污染的现状和趋势分析可得，渤海海域中沉积物污染较严重的区域集中在北纬40°以上海域，其中以锦州湾的污染最为严重，各项指标均接近或超过一类海洋沉积物质量标准；在所有被监测的污染指标中，As的污染情况最为严重，其次是Hg，油类污染由于具有突发性，因此风险也较大。

根据《中国海洋环境质量公报》，渤海沉积物主要污染物也在不同程度的发生变化。

2006年，在环渤海海域，辽宁沉积物质量总体良好，综合潜在生态风险低。辽东湾海域沉积物受到砷、镉和滴滴涕的污染，大连近岸海域沉积物受到石油类的污染；河北沉积物质量良好，综合潜在生态风险低；天津沉积物质量较差，综合潜在生态风险较高。近岸海域沉积物受到滴滴涕和多氯联苯的污染；山东沉积物质量良好，综合潜在生态风险低。

2007年，在环渤海海域，辽宁沉积物质量总体一般，综合潜在生态风险中等。辽东湾海域沉积物受到砷和滴滴涕的污染，大连近岸海域沉积物普遍受到石油类和滴滴涕的污染，局部海域石油类污染严重；河北沉积物质量良好，综合潜在生态风险低；天津沉积物质量良好，综合潜在生态风险低；山东沉积物质量总体良好，综合潜在生态风险低。

2008年，在环渤海海域，辽宁沉积物质量总体一般，综合潜在生态风险中等。辽东湾海域沉积物受到砷和滴滴涕的污染，大连近岸海域沉积物普遍受到石油类和滴滴涕的污染，局部海域石油类污染严重；河北沉积物质量良好，综合潜在生态风险低；天津沉积物质量良好，综合潜在生态风险低；山东沉积物质量总体良好，综合潜在生态风险低。

2009年渤海沉积物质量状况总体良好，近岸局部海域多氯联苯石油类、重金属（汞、铜、镉和砷）含量超标。沉积物中重金属潜在生态风险评估结果表明，单项重金属危害等级为轻微生态危害，危害由大到小分别是镉、砷、总汞、铅、铜，总体风险等级为中等生态危害。

莱州湾：沉积物综合质量良好，局部区域受到污染，烟台部分海域镉和砷超一类沉积物质量标准，潍坊部分海域汞超一类沉积物质量标准。

渤海湾：沉积物综合质量较差，主要污染物是多氯联苯。天津汉沽近岸海域多氯联苯污染严重，超三类沉积物质量标准。全海域重金属及石油类污染较轻，符合一类标准。

辽东湾：沉积物综合质量一般，主要污染物是砷、镉和石油类。辽东湾底部石油类、滴滴涕，东部金州湾－复州湾石油类超过一类沉积物标准；西部秦皇岛局部海域汞和铜超过一类海域沉积物质量标准。葫芦岛南部局部海域砷、镉污染严重，分别超三类和二类沉积物标准，锦州湾北局部海域镉超二类沉积物标准。

渤海中部：沉积物综合质量良好，各项监测要素均满足一类沉积物质量要求，滴滴涕、多氯联苯等有机污染物检出率较低。

除外，目前渤海沉积物人工放射性自20世纪80年代以来，有明显的降低（表2.8）。

表2.8 辽东湾和我国一些海湾沉积物海水放射性调查结果［Bq/kg（干重）］

调查海域（时间）	总铀（μg/dm³）	^{226}Ra	^{232}Th	^{40}K	总β×10^2	^{137}Cs	^{90}Sr
辽东湾（2008）	5.38～12.43	26.2～31.8	33.9～43.9	843.9～747.3	8.86～11.16	1.8～7.8	0.07～0.30
大连湾（2008）	8.75～15.71	31.2～43.2	13.3～16.5	589.6～813.5	8.15～9.47	1.9～3.5	0.09～0.26
辽东湾污染防治研究（1981）	9.60	62.9	—	—	8.92	13.32	8.51

续表 2.8

调查海域（时间）	总铀（μg/dm³）	^{226}Ra	^{232}Th	^{40}K	总 $\beta\times10^2$	^{137}Cs	^{90}Sr
大连湾污染防治研究（1981）	18.40	70.3	—	—	6.99	15.54	17.76
福建宁德核电海域（2006）	8.1～12.8	31.2～36.4	46.5～54.8	769～836	9.6～12.3	3.1～4.9	0.20～1.42

转引自宋伦（2008）。

2.1.3 海洋功能区环境状况

渤海近岸海域主要海洋功能区包括海水养殖区、海洋保护区、旅游度假区、港口航运区、海上油气田和海洋倾倒区。渤海中部主要功能区为矿产资源利用区和渔业资源区。按照《海洋功能区划技术导则》，对各海洋功能区的水质管理要求是：海洋渔业水域、自然保护区和珍稀濒危海洋生物保护区执行第一类海水水质标准；水产养殖区、海水浴场人体接触海水的海上运动或娱乐区以及与人类食用直接有关的工业用水区执行第二类海水水质标准；一般工业用水区、滨海风景旅游区执行第三类海水水质标准；海洋港口水域、海洋开发作业区执行第四类海水水质标准。

据2005年监测结果显示，渤海近岸自然保护区、渔业区（捕捞区和养殖区）、旅游区水质超标较严重（表2.9）。

表 2.9　2005 年渤海主要类型海洋功能区污染现状统计结果

省、直辖市	主要功能区	区划面积/km²	超标面积/km²	超标面积比例/%
辽宁	自然保护区	725	474.5	65.5
	旅游区	199	19	9.6
	渔业区	4 358	498	11.4
河北	自然保护区	246	81	32.9
	旅游区	410	151	36.8
	渔业区	4 002	1 050	26.2
天津	自然保护区	132	132	100
	旅游区	87	87	100
	渔业区	1 755	1 394	79.4
山东	自然保护区	3 057	153	5.0
	旅游区	282	51	18.2
	渔业区	6 718	4 030	41.4

上述情况近几年变化不大，受水质环境污染等因素影响，2008年渤海不同海洋功能区环境质量达标率相差仍较大。以滨海旅游度假区海水环境质量达标率最高，平均78%，捕捞区次之，达标率平均为69%，自然保护区海水环境质量达标率最低，仅为14%（2008年渤海海洋环境公报）。

功能区达标率较低，主要是渤海的入海排污口不仅数量多，而且设施也不够合理。80%以上的入海排污口设置在海水增养殖区、旅游区和保护区等重要海洋功能区，大量陆源污染物的排放，势必严重制约海洋功能区的正常功能发挥。

2.2 海洋生物质量状况

2.2.1 渤海近岸经济生物污染物含量水平分析

1997—2006 年渤海近岸贝类体内石油烃、总汞、镉、铅、砷、六六六、滴滴涕和多氯联苯含量的监测结果表明，贝类体内的总汞、镉、六六六和滴滴涕含量呈总体下降趋势，但铅、砷和多氯联苯含量总体仍呈上升趋势。营城子、鲅鱼圈、王家窝铺、沙后所、团山子港、芷锚湾的菲律宾蛤仔体内的铅含量和金州湾、赵家堡的毛蚶体内的铅含量呈现逐年上升的趋势。2006 年贻贝监测结果，渤海近岸海域部分贝类体内的铅、镉、砷、总汞、滴滴涕、石油烃和六六六含量出现超一类海洋生物质量标准的现象，超标率依次为 40%、35%、33%、28%、25%、23% 和 11%。个别监测站位贝类体内的总汞残留水平较高，超三类海洋生物质量标准，超标率为 10%。滴滴涕、六六六和多氯联苯在贝类体内普遍检出，检出率分别高达 100%、100% 和 92%。图 2.8 表明渤海 1997—2006 年部分监测站点贝类体内铅含量的变化。

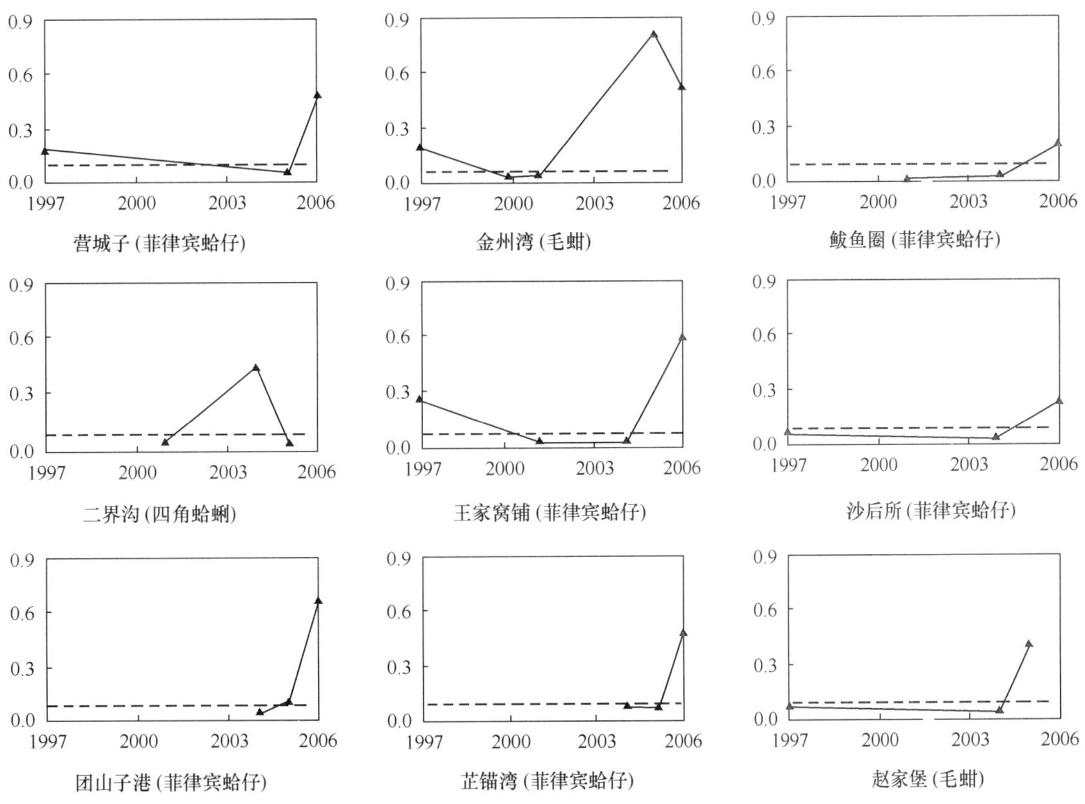

图 2.8 1997—2006 年渤海部分站点贝类体内铅含量变化

又据马元庆（2010）报道，2007 年 11 月对莱州市近海养殖的海湾扇贝进行测定，其体内重金属含量见表 2.10。在渤海近岸的贻贝和牡蛎还普遍能检出丁基锡化合物（表 2.11）。许多监测结果表明，近岸海域贝类的污染物浓度要比鱼类约高 2 ~4 倍。

表 2.10　2007 年莱州近海海湾扇贝重金属含量　　单位：mg/kg

部位	占体重百分比/%	Cd	Cu	Pb	Zn
体液	23.2	0.35	0.30	0.092	4.6
扇贝柱	18.5	1.80	1.50	0.31	66.0
扇贝内腔	17.4	4.60	5.30	0.42	33.7
扇贝性腺	10.4	1.40	1.50	0.41	36.1
扇贝边	30.5	2.50	1.30	0.43	45.0
贻贝标准品①	—	4.75	7.64	2.04	142
人体消费标准②	—	5.5	100	10	250

注：①贻贝标准品标准值：Cd 4.5 ±0.5，Cu 7.7 ±0.9，Pb 1.96 ±0.09，Zn 138 ±9。

②澳大利亚国家卫生和医学研究理事会研制。转自马元庆（2010）。

表 2.11　渤海近岸区域中贻贝和牡蛎的丁基锡浓度［ng Sn/g（湿重）］及相对含量（%）

采样地点	贻贝			牡蛎		
	MBT A（B）	DBT A（B）	TBT A（B）	MBT A（B）	DBT A（B）	TBT A（B）
大连	15.6（13.1）	14.6（12.2）	89.2（74.7）	19.6（12.1）	22.4（13.8）	120.4（74.1）
营口	8.4（24.7）	nd	25.6（75.3）	5.2（66.3）	6.7（19.0）	23.4（14.7）
锦州	5.6（17.8）	10.3（32.8）	15.6（49.5）	nd	8.7（19.3）	36.4（80.7）
秦皇岛	25.8（29.0）	34.6（38.8）	28.7（32.2）	9.8（16.9）	28.8（49.7）	19.4（33.4）
北戴河	4.8（11.4）	6.5（15.5）	30.7（73.1）	nd	8.7（30.0）	20.3（70.0）
天津	20.6（22.4）	15.4（16.7）	56.1（60.9）	nd	10.9（11.0）	88.5（89.0）
龙口	13.2（15.7）	15.4（18.3）	55.7（66.1）	11.5（14.6）	18.9（24.0）	48.2（61.3）
莱州	9.8（28.0）	5.4（15.4）	19.8（56.6）	13.8（59.0）	nd	9.6（41.0）
蓬莱	5.4（20.0）	nd	21.6（80.0）	nd	7.6（13.5）	48.9（86.5）
烟台	20.1（25.7）	17.9（22.9）	40.1（51.3）	13.5（13.9）	16.7（17.1）	67.2（69.0）
威海	6.6（12.4）	15.2（28.6）	31.4（59.0）	nd	6.4（11.6）	48.8（88.4）

注：nd 表示浓度低于检测限；MBT、DBT 和 TBT 的最低。

检测限分别为：4.1 ng Sn/g，3.8 ng Sn/g 和 2.3 ng Sn/g；A 表示各化合物的浓度（ng Sn/g），B 表示相对百分含量（%）。引自杨小玲等，2006 年。

2.2.2　经济生物增养殖环境质量

2.2.2.1　海水增养殖区环境质量总体情况

海水增养殖区作为重要的海洋功能区，其环境质量不仅直接影响养殖功能区的可持续发展与利用，而且也直接关系养殖生物的食用安全。2006 年，海水增养殖区的监测数量 17 个，包括水质、沉积物质量和生物质量监测。

水质监测结果表明，41% 的增养殖区海水水质状况良好，各项监测指标符合海水增养殖环境要求的二类海水水质标准；59% 的增养殖区营养盐含量较高，超三类海水水质标准；47% 的增养殖区水体呈富营养化状态，营养盐含量超四类海水水质标准。富营养化导致天津驴驹河贝类增养殖区及毗邻海域 2006 年发生 3 次赤潮，河北黄骅增养殖区及毗邻海域也发生一次 1 600 km^2的大面积棕囊藻赤潮，造成严重的经济损失。劣三类水质的增养殖区占 59%。渤海近岸增养殖区水体仍然受到氮、磷的较严重污染，并且呈现逐年加剧的趋势。

养殖区表层沉积物质量监测结果表明，77%的增养殖区底质状况良好，各项监测指标均符合一类海洋沉积物质量标准的要求；23%增养殖区沉积物中一项或多项监测指标劣于一类海洋沉积物质量标准的要求，其中，辽宁葫芦岛增养殖区沉积物中汞、镉和砷含量均超一类海洋沉积物质量标准，河北黄骅和河北冯家堡养殖区沉积物中砷含量超一类海洋沉积物质量标准。

生物质量监测结果表明，各项监测指标全部符合一类海洋生物质量标准要求的样品占 40%，有一项监测指标超一类海洋生物质量标准要求的样品占 26%，两项监测指标超一类海洋生物质量标准要求的样品占 7%，三项或三项以上监测指标超一类海洋生物质量标准要求的样品占 27%。受检养殖生物样品体内的铅、镉、砷和总汞残留单项超过一类海洋生物质量要求的比例较高；天津驴驹河的四角蛤蜊、河北冯家堡的对虾、河北南堡的四角蛤蜊和河北秦皇岛昌黎的海湾扇贝体内的污染物残留有三项或三项以上超过一类海洋生物质量标准的要求（表 2.12）。

表 2.12　2006 年渤海增养殖区水质质量状况评价

养殖区名称	粪大肠菌群 个/L	无机氮 mg/L	活性磷酸盐 mg/L	水质状况
辽宁盘锦蛤蜊岗	76	13.455	0.010	劣四类
辽东湾产卵场	<2	1.223	0.013	劣四类
辽宁锦州湾	<2	0.580	0.013	劣四类
辽宁葫芦岛	57	0.052	0.004	一类
河北秦皇岛南戴河	363	0.078	0.009	一类
河北昌黎新开口	45	0.073	0.004	一类
河北乐亭	1 080	0.153	0.072	劣四类
河北南堡	190	0.184	0.050	劣四类
天津驴驹河	20	0.751	0.013	劣四类
河北黄骅	111	0.182	0.039	四类
河北冯家堡	209	2.212	未检出	劣四类
山东滨州无棣	<2	0.226	0.018	二类
山东滨州沾化	67	0.248	0.021	二类
山东东营新户		0.150	0.040	四类
山东东营孤东十八桥	—	0.173	0.050	劣四类
山东海化滩涂贝类养殖区	—	0.188	0.010	一类
山东潍坊羊角沟	—	0.107	0.008	一类

2.2.2.2　海水养殖区沉积环境总体情况

养殖区沉积物总体质量良好，但是仍然存在一些不同程度的污染现象（表 2.13）：其中，有机污染物的含量均低于一类海洋沉积物质量标准；重金属污染物中铜和铅的含量均低于一类海洋沉积物质量标准，总汞、镉和砷在辽宁葫芦岛养殖区海水中的含量均超过一类海洋沉积物质量，但在其他养殖区未发现超标情况；石油烃的污染也集中在辽宁葫芦岛养殖区，沉积物中油类污染物的含量约为一类海洋沉积物质量标准的 1.6 倍；河北黄骅和山东烟台养殖区内沉积物中粪大肠菌群数分别是海洋沉积物质量标准的近 5 倍到 10 倍，已经造成了山东烟台养殖区生物体内粪大肠菌群数的严重超标。

表 2.13　渤海养殖区沉积物主要污染物浓度水平（$\times 10^{-6}$）

养殖区	粪大肠菌群数/[个/g（湿重）]	总汞	Cd	Pb	As	石油烃
辽宁葫芦岛	2.5	0.36	1.04	4.62	30.00	787.67
天津驴驹河	<2	0.02	0.08	19.87	3.68	31.82
河北秦皇岛	—	0.01	—	15.77	3.79	—
河北南戴河	未检出	0.01	—	17.03	3.61	—
河北冯家堡	2.6	0.05	—	18.53	11.86	—
河北乐亭王滩	1.3	0.01	—	18.20	2.69	—
河北唐海南堡	13.0	0.04	—	13.80	17.70	—
河北黄骅	400.0	0.02	0.43	18.92	7.54	65.48
山东烟台	195.0	0.05	0.21	14.39	5.58	98.78
山东滨州	—	0.01	—	9.93	1.31	—

2.2.2.3　海水养殖区环境污染主要区域

渤海海洋生物养殖区水质主要受氮和磷的污染比较严重，36.4%的监测养殖区 N 和 P 的含量超准，其中，河北南堡养殖区海水的 N 和 P 的污染最为严重，其含量分别为四类海水水质标准的 3.5 倍和近 16 倍（表 2.13）。养殖区沉积物总体质量良好，但个别区域仍然存在一些不同程度的污染现象。辽宁葫芦岛养殖区总汞、镉、砷和油类含量均超过一类海洋沉积物质量；河北黄骅和山东烟台养殖区内沉积物中粪大肠菌群数分别是海洋沉积物质量标准的近 5 倍到 10 倍（表 2.14）。由此可见，多数养殖环境（包括水质和沉积物质量）均受到一种或者多种污染物的影响，养殖生物污染严重（表 2.14）。

表 2.14　渤海养殖功能区环境及养殖生物污染状况

养殖区	所在省、市	所在区域	养殖生物超标因子	沉积环境超标因子	水环境超标因子
葫芦岛	辽宁	辽西—冀东海域	镉	汞、镉、砷、石油烃	—
秦皇岛	河北	辽西—冀东海域	镉、铅、砷	—	—
南戴河	河北	辽西—冀东海域	汞、镉、铅	—	—
冯家堡	河北	辽西—冀东海域	铅	—	活性磷酸盐
南堡	河北	辽西—冀东海域	铅	—	无机氮
活性磷酸盐	—	—	—	—	—
乐亭王滩	河北	辽西—冀东海域	镉、铅	—	活性磷酸盐
驴驹河	天津	辽西—冀东海域	铜	—	无机氮
活性磷酸盐	—	—	—	—	—
黄骅	河北	辽西—冀东海域	镉、铅	粪大肠菌群	—
海化滩涂	山东	莱州湾及黄河口比邻海域	汞、镉、铅、砷	—	无机氮
省潍坊羊角沟	山东	莱州湾及黄河口比邻海域	汞、镉、铅、砷	—	无机氮
烟台	山东	庙岛群岛海域	镉、铅、粪大肠菌群	粪大肠菌群	—

2.3 渤海生态系统健康状况

2.3.1 生态系统健康的内涵

生态系统健康（Ecosystem Health）是应用生态学、环境生态学的一个研究新热点。它对于生态系统的管理、深入开展生态系统的研究都很有意义。

“健康”的概念来自医学，而将健康用在非人类领域首先是1941年美国生态学家Aldo Leopoid。随着世界性环境问题日益严峻，地球生态系统面临的压力和受损害，Schaeff（1988）和Rapport（1989）首先将“健康”的概念引入到生态系统的研究中。近20年来，许多学者发表了一系列研究报告，对生态系统健康的定义、内涵也提出了各自的看法，但至今尚未形成一致的定义。对生态系统定义，有的学者从生态系统自身出发给下定义，比如Costanza（1992），“如果生态系统是稳定的、可持续保持的，即它是活动的并且随时间的推移能够维持其自身组织，对外力胁迫具有抵抗力，那么，这样的系统就是健康的”。有的则主要根据生态系统为人类服务好坏来给生态系统下定义，比如美国国家研究委员会指出，“如果一个生态系统有能力满足我们的需求并且在可持续方式下，产生所需要的产品，这个系统就是健康的”。国际生态系统健康学会将“生态系统健康”定义为“研究生态系统管理预防性的、诊断的和预兆的特征以及生态系统健康与人类健康之间关系的一门系统的科学”。据此可以看出，目前对生态系统健康的研究，已超出纯生态基础研究的内涵，而与人类的健康、福祉，与社会经济联系在一起的新的研究领域。正如Rapport（1998）提出的一个框架图，表示了人类活动对生态系统变化及人类健康的影响（图2.9）。

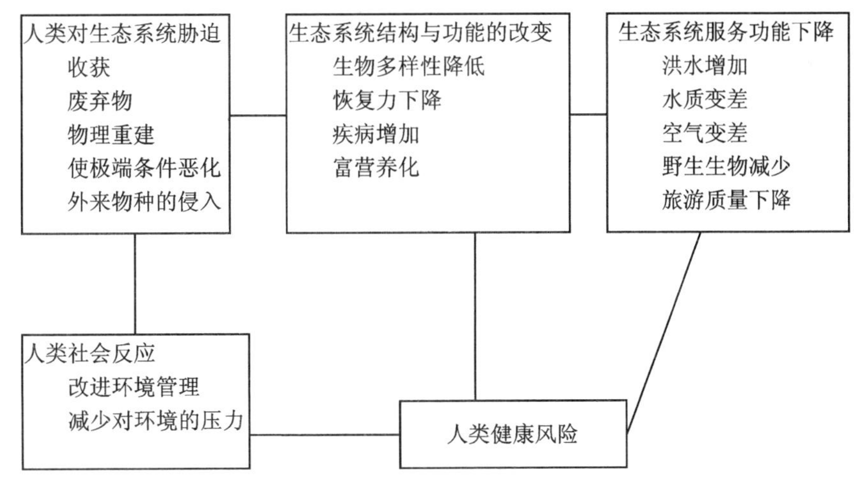

图2.9 人类活动与生态系统间的关系

但对“生态系统健康”这个概念，也有一些学者提出反对意见，如Suter（1993）说，“人类希望健康，同样也想保持生态系统健康，于是一个生态系统健康的比较出现了。这是环境学家的一个错误”。我们认为，“生态系统健康”这个概念是在生态系统受到人类活动所引起的环境污染、生态破坏对生态系统造成极大压力的背景下提出的，它体现了人类希望类似保持自己身体康健的良好愿望，而为了保持身体健康而必须采用多种措施，如查体，有病及时请医生诊断、查找病源，及时治疗以及加强预防，等等。为了保持生态系统健康，就必须经常进行生态监测、诊断（分析）、查找损害健康的因素，并对受损生态系统进行恢复或重建等措施是同样的思路，这对生态系统管理的目标、措施、改善是有益的。生态系统健康的研究思路与环境生态学的研究思路是一致的。因此，生态系统健康成为当前环境生态学研究的主要中心议题。但必须考虑，生态系统的概念与单个人体或群体是有区别的，应立足于对生态系统整体性、复杂性的理解。评估一个生态系统健康与否，应当与评价人体健康有不同的内容、标准。在很大程度上将“健康”引入生态系统可以认为仅仅是个比喻，是为评估生态系统现状好坏服务的。

2.3.2 生态系统健康的评价指标

迄今，有关对土地、森林、陆地其他生态系统的评价指标体系及指标已经有很多研究报道。袁兴中（2001）等人认为，评价生态系统健康指标筛选必须达到3个目标：指标体系能完整准确地反映生态系统健康状况、能够提供现状的代表性图案；对各类生态系统的生物物理状况和人类胁迫进行监测、寻求自然、人为压力与生态系统健康之路的联系，并探求生态系统健康衰退的原因；定期地为政府决策、科研及公众要求等提供生态系统健康现状、变化及趋势的统计总结和解释报告。对此，提出了筛选指标应该遵循整体性、空间尺度、指标范畴或类型、简明性和可操作性、规范化等原则。李瑾（2001）提出生态系统健康评价指标应当包括生态指标（生态系统水平、群落水平；种群与个体水平、指示分类群）、物理化学指标、社会经济指标，然后根据生态系统的类型特点对具体指标加以选择。而评价指标，按其功能可分为三类：早期预警指标，能及时预示即将发生生态系统退化的指标；适宜程度指标，与可接受的或参照系的标准进行比较后，能确定生态系统健康状况的指标；诊断指标，能确定评价对象退化或偏离健康的原因的指标。

有关水生生态系统的健康的评价指标，孔红梅（2002）和马克明（2001）等人提出两种方法：一是指示物种法；二是结构功能指标评价。指示物种法，包括浮游生物、底栖无脊椎动物、鱼类以及生物体系不同结构层次（从亚细胞、细胞、个体、种群、群落、生态系统）的有关信息。生态系统结构功能指标法，主要是从生态系统的结构、功能演替过程，生态服务和产品服务的角度来度量生态系统健康，包括生态毒理学、流行病学方法、生态系统医学、自然、社会及经济指标结合，不同尺度信息的综合评价等。

袁兴中（2001）提出的评价海洋生态系统健康的指标体系，包括生态学指标子体系、生物物理指标子体系和社会经济指标子体系三大类，见表2.15，图2.10和图2.11。

表2.15 生态学指标子体系

生态系统类型	陆地生态系统	淡水生态系统	海洋生态系统
指标项目	动植物区系组成，物种类型，生物多样性，种群大小和分布，群落结构，脆弱性和动态，特定功能性质	水生生境类型和面积，水生动植物区系特征	海洋动植物区系特征，海洋生境类型和面积
危急指标	生物生产力和生物多样性下降，本地物种与外来物种，生态系统更新和再生过程的损害，调节功能下降（如生物控制、流域保护、生物能固定），有益人类的生产功能的下降（如原材料的提供、害虫控制、生物量生产），生境退化和/或丧失	水生动植物多样性的降低，生态系统再生过程的损害，调节功能下降，有益人类的生产功能的下降，生境退化和/或丧失	生物生产力和海洋动植物多样性的降低，海洋生态系统再生过程的损害，调节功能下降，有益人类的生产功能的下降，海洋生境退化和/或丧失

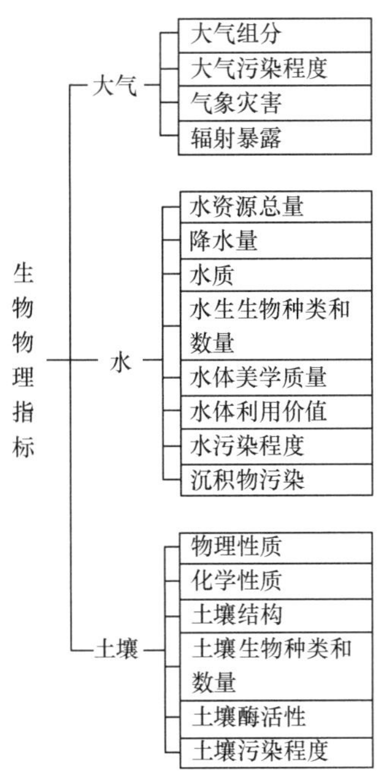

图2.10　生物物理指标子体系

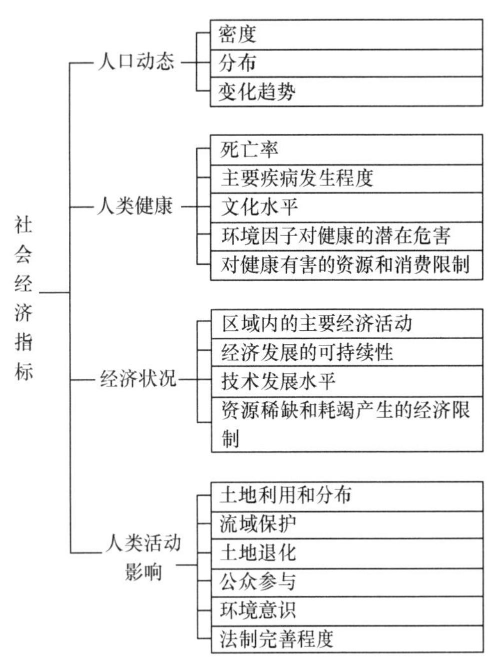

图2.11　社会经济指标子体系

上述所提供的指标体系、结构框架较完整，但要用在评估不同类型海洋生态系统健康时，需要进行较大的修正。郑耀辉（2010）在评估滨海红树林湿地生态系统健康时，以压力—状态—响应模型为主线，构造了包括指示物种法、结构功能指标法、生态系统失调综合征诊断法、生态系统健康风险评估法、生态脆弱性和稳定性评价、生态功能评价6种方法的指标体系（表2.16）。

表2.16　红树林湿地生态系统健康评价指标

准则层	要素层	指标层		应用的诊断方法
压力	人为干扰	珠江口排污量年均增长率		生态系统健康风险评价法
		生活废水排放量年均增长率		—
		水产养殖污染年均增长率		—
		人类活动土地利用强度		—
	自然干扰	冻害、海平面上升、泥沙沉积等危害程度		生态系统健康风险评价法
		生物入侵控制率		—
状态	物理化学指标	水文：盐度、水位、淹水的延时和频率等		指示物种法
		水质：COD、DO、pH、无机氮、活性磷酸盐等		指示物种法、结构功能指标法
		沉积物重金属污染程度		指示物种法、生态系统健康风险评价法
		生物体内重金属污染程度		生态系统健康风险评价法
	生态指标	生物多样性指数	红树植物生物多样性指数	结构功能指标法、生态脆弱性和稳定性评价
			大型底栖动物生物多样性指数	—
			鸟类生物多样性指数	—
		物种均匀度指数	红树植物均匀度指数	—
			大型底栖动物均匀度指数	—
			鸟类均匀度指数	—

续表 2.16

准则层	要素层	指标层	应用的诊断方法
响应	系统服务	防风消浪功能变化	生态功能评价法、生态系统失调综合征
	功能变化	维持生物多样性功能变化	诊断法
		物质生产功能变化	—
		科考旅游功能变化	—
	管理水平	是否自然保护区	生态系统健康风险评价法
		现有政策、法规及其执行力度	—
		管理职能分工及人员配置情况	—
		有效财政支出	—
		社区参与度	—

我们认为表 2.16 的评价体系，对评估不同类型海洋生态系统健康有较大的参考价值，故尽管渤海没有红树林生态系统，但仍然引入本篇。

2.3.3 渤海生态系统健康状况

渤海生态系统健康如何评价，尚是一个难题。这是因为尽管 50 多年来对渤海已进行了几次全海域、几十次局部海域的生态调查，但由于调查站位、时间、目的等的差异，不少资料在连贯性、可比性方面存在许多不足，而至今调查资料（尤其是原始调查资料）分散在各有关单位、甚至在个人手中，且渤海海洋生态在自然条件下就有较大的年际、季节变动，通过一二次调查与已发表的研究报告简单比较就对渤海生态系统健康状况下结论，也恐难免与实际状况有较大的差距。基于此，我们尽量就已有的资料介绍如下。

2.3.3.1 对渤海生态系统健康的总体评价

已有不同学者对渤海生态状况发表了各自的看法，总的来说，一致认为渤海海洋生态（主要是近岸海域）近几十年来向差（退化）的方向发展，但对退化程度、严重程度的表述有较明显的差异。

1999 年中科院海洋研究所提出的《渤海碧海行动计划海洋生态系统结构与动态变化专题报告》认为："经过对渤海历年海上调查结果的分析，目前渤海整个海域生态环境质量尚好，绝大部分水域水质以二类和三类海水为主，生物种类丰富、生物量高，群落结构基本稳定，但在长期承受污染较大的河口近岸区，尤其是与城市毗邻的和排污河流入河口附近海区环境污染严重，富营养化程度高，赤潮发生频繁，对海洋生物和生态系统的压力较大，出现某些低营养生物群落组成趋向简化，耐污种生物增多，种类多样性指数降低，生物种群下降，部分重金属在生物体重的蓄积量较高，潜在着人体健康的危害"。王志远、蒋铁民（2003）认为："随着海洋过度地开发利用，海洋荒漠化的危险越来越大。海洋荒漠化并不是海洋全部变为荒漠，而是变成无生物的水体，成为白色沙漠，陆地荒漠也不是全部陆地都成为荒漠，而是一部分陆地区域荒漠化。从这个意义上说，海洋荒漠化问题也是不容否定的，而且问题越来越严重"。在此期间，国内有多家报纸和少数学术刊物大声呼喊，渤海荒漠化即将到来！

2007 年《中国海洋发展报告》则进一步指出："渤海生态环境问题产生于 20 世纪 90 年代中期，持续至今，愈演愈烈，渤海成为'死海'不再是危言耸听。与 20 世纪 70 年代末相比，渤海生态与环境问题无论在类型、规模、结构，还是性质都发生了深刻的变化，新的问题不断产生，成为区域即将发展的限制因素”。

《2008年渤海海洋环境质量公报》对渤海的环境（包括生态）状况，作了比较简明、客观、全面的评价，指出“环渤海地区是我国即将发展的热点地区，滨海城市化及临海工业发展迅猛，渤海滨海湿地大面积减少，局部地区海洋资源衰退、海洋功能退化，渤海近岸海域环境污染趋势尚未得到根本遏制”。

2.3.3.2 渤海主要生态监控区健康状况

自2004年起，国家海洋局对渤海的主要河口和海湾进行了生态监测，先后共设置6个生态监控区，监控区总面积达 1.4×10^4 km^2，占渤海总面积的18%，监测内容包括环境质量、生物群落结构、产卵场功能以及开发活动等。在监测基础上，综合考虑生态系统自然属性的保持、尚未多样性维持、生态系统结构变化、人类活动压力等方面的因素，把监控区生态系统的健康分为三个等级（表2.17）。对渤海6个生态监控区近几年的监测、评估结果见表2.18。

表2.17 不同健康等级生态系统特征

健康状态	生态系统特征
健康	生态系统保持其自然属性。生物多样性及生态系统结构基本稳定，生态系统主要服务功能正常发挥；环境污染、人为破坏、资源的不合理开发等生态压力在生态系统的承载能力范围内
亚健康	生态系统基本维持其自然属性。生物多样性及生态系统结构发生一定程度变化，但生态系统主要服务功能尚能发挥。环境污染、人为破坏、资源的不合理开发等生态压力超出生态系统的承载能力
不健康	生态系统自然属性明显改变。生物多样性及生态系统结构发生较大程度变化，生态系统主要服务功能严重退化或丧失。环境污染、人为破坏、资源的不合理开发等生态压力超出生态系统的承载能力。生态系统在短期内无法恢复

资料来源：《中国海洋发展报告》（2010）。

表2.18 2004—2009年渤海生态监控区健康状况

生态监控区	所在地	面积/km^2	主要生态系统类型	健康状况					
				2004年	2004年	2006年	2007年	2008年	2009年
双台子河口	辽宁省	3 000	河 口	亚健康	亚健康	亚健康	亚健康	亚健康	亚健康
锦州湾*	辽宁省	650	海 湾	不健康	不健康	不健康	不健康	不健康	不健康
滦河口—北戴河	河北省	900	河 口	亚健康	亚健康	亚健康	亚健康	亚健康	亚健康
渤海湾	天津市	3 000	海 湾	亚健康	亚健康	亚健康	亚健康	亚健康	不健康
莱州湾	山东省	3 770	海 湾	不健康	不健康	不健康	不健康	不健康	不健康
黄河口	山东省	2 600	河 口	不健康	不健康	亚健康	亚健康	亚健康	亚健康

注：“*”2005年新增生态监控区。

自2004年起，国家海洋局对渤海的主要河口和海湾进行了生态监测，先后共设置6个生态监控区，监控区总面积达 1.4×10^4 km^2，占渤海总面积的18%，监测内容包括环境质量、生物群落结构、产卵场功能以及开发活动等。

2009年监测结果表明，渤海的生态监控区均处于亚健康或不健康状态。渤海的主要河口生态系统均处于亚健康状态；主要海湾生态系统处于亚健康或不健康状态，其中，锦州湾和莱州湾生态系统处于不健康状态。主要表现在富营养化及营养盐失衡，生物群落结构异常，河口产卵场退化，生境丧失或改变等。主要影响因素是陆源污染物排海、围填海侵占海洋生境和生物资源过度开发。总体而言，渤海海洋生态系统环境恶化的趋势仍未得到有效缓解，在全国22个生态监控区中，不健康的生态系统渤海占60%。

水体富营养化，营养盐失衡。黄河口主要生态问题之一是近岸海域水体无机氮污染严重，营养盐失衡。2004年以来的监测与评价结果表明，黄河口无机氮平均含量变化趋势为先增加后减少，2005—2007年均劣于第四类海水水质标准；活性磷酸盐平均含量2005年超第一类海水水质标准，其他年份均符合第一类海水水质标准要求；水体营养盐失衡严重，磷为黄河口近岸海域的限制性因子。莱州湾氮磷比失衡严重，50%以上站位的COD_{Mn}超第一类海水水质标准，广利河口为明显高浓度区域；部分生物体内的铅和砷残留水平超第一类海洋生物质量标准，存在重金属污染现象。小清河口海域底栖生物种类、数量明显减少，耐污种逐渐增多。整个莱州湾鱼卵仔鱼数量呈下降趋势，小清河口海域已不适宜鱼卵仔鱼的生长发育。

双台子河口和渤海湾水体富营养化持续加重，无机氮和活性磷酸盐含量严重超标，71%站位无机氮含量劣于第四类海水水质标准，75%站位活性磷酸盐含量劣于第四类海水水质标准；部分生物体内砷残留水平超第一类海洋生物质量标准；底栖生物栖息密度仍然偏低。

双台子河口主要生态问题之一是近岸海域水体中无机氮和活性磷酸盐污染严重。2005年，无机氮和活性磷酸盐平均含量超第三类海水水质标准；2006年以来，无机氮和活性磷酸盐平均含量均劣于第四类海水水质标准，无机氮和活性磷酸盐主要来自双台子河流域氮和磷的输入。

锦州湾是我国污染严重的海域之一，生态系统多年处于不健康状态。胶州湾35%站位无机氮含量超第三类海水水质标准，部分站位锌含量超第二类海水水质标准，水体pH值偏低，75%站位超第二类海水水质标准；沉积环境质量较差，主要表现为重金属含量超标，其中葫芦岛北部近岸海域沉积物中镉、砷、锌含量均超第一类海洋沉积物质量标准；生物群落健康指数较低，未监测到鱼卵、仔鱼样品，浮游动物密度和底栖生物栖息密度偏低。锦州湾面临重金属污染和海岸带生境继续丧失的压力。

除外，山东省海洋与渔业厅，依据“908”专项山东省近岸海域生物生态和化学调查的成果，经分析评价得出2006年5月和8月莱州湾生态系统的综合评价为“亚健康”（见《山东省近岸海域生态环境综合评价》，第184－186页）。

2.3.3.3 渤海海洋生态系统变化状况

1）海洋生态系统结构变化

环境污染、生态破坏、过度捕捞、海水养殖、环境变化等多重压力必然对渤海生态系统产生影响，比较明显地改变了生态系统的结构，如生物多样性、群落结构、生物种类和种群个体数量的变化以及经济生物种类的低龄化、小型化、低值化和生物资源量急剧下降，等等。

（1）浮游植物

王修林、李克强（2006）综合统计几次规模较大的渤海调查资料，指出：自20世纪50年代至21世纪初，渤海浮游植物仍保持着以硅藻为主，甲藻为次的总体群落结构特征，但内部结构已发生了显著变化，特别在物种总数，物种生态性质结构、主体结构、属内物种数等方面。具体表现如下。

从浮游植物总种数分析，自20世纪50年代末至21世纪初，渤海浮游植物总数表现出增加趋势，由50年代的41属97种略为增加至80年代初的42属99种，之后增至21世纪初的57属128种。

从浮游植物的生态性质结构分析，自20世纪50年代末至21世纪初，都能出现的31个物种，多属于温带近岸物种，构成了渤海浮游植物的基本群落结构。然而，自20世纪80年代初，特别是90年代初，在少量蓝藻、绿藻、半咸水硅藻等物种陆续出现的同时，先后出现了30种左右的暖水性种和15种左右的外洋性物种，从而导致海区浮游植物总种数量增加的趋势。

从20世纪50年代至21世纪初，硅藻在浮游植物总种数中的比例，由92%左右降到80%左右，而甲藻却由8%的比例增加到14%左右。同时，几个主要硅藻和甲藻属的物种种类也发生了较大变化。

但朱明远（2003）2001年6月和9月，在莱州湾水域布设了14个站位进行调查，所得结果与1989年在莱州湾6月和8月调查结果相比较，虽然在月平均细胞数量相差不大，但2001年浮游植物的种类数却明显降低（表2.19）。

表2.19　2001年与1989年莱州湾浮游植物群落比较

年月		种数	月平均细胞数量/（×10⁴个/m³）	优势种组成及占月均细胞总量的百分比
2001	6	46	62.85	斯托根管藻43.3%，夜光藻29.26%，圆筛藻10.76%
	9	48	254.19	拟弯角毛藻23.12%，伏恩海毛藻21.6%，洛氏角毛藻10.12%，扁面角毛藻9.98%
1989	6	58	63.40	原甲藻49.26%，新月菱形藻21.25%，夜光藻14.03%
	9	103	293.70	掌状冠盖藻37.17%，角毛藻属（主要是拟弯角毛藻，洛氏角毛藻等）28.71%

注：引自国家海洋局第一海洋研究所《渤海生态综合整治技术示范研究结题报告——以莱州湾为例》(2003)。

王修林等（2006）根据渤海一些调查资料，经分析网采浮游植物细胞密度的变化，自20世纪50年代末至21世纪初，其变化先是增加，后减小，然后又逐渐增加（图2.12）。这与1982—1983年和1992—1993年对渤海进行的增殖生态基础调查以及1998年对该海域进行的海洋生物资源补充调查所得结果基本相比（表2.20）。

表2.20　渤海近岸浮游植物密度年间变化　　单位：$\times 10^4$个/m²

种类	年份	渤海近岸	莱州湾	渤海湾	辽东湾	秦皇岛外海
浮游植物	1998	56.73－71.19	54.48	105.42	16.33	4.32
	1992—1993	69.16－83.94	161.46	20.38	29.73	97.96
	1982	480.3	1 046.23	32.90	—	113.18
硅藻门	1998	55.21－70.68	53.93	104.90	12.17	3.89
	1992—1993	64.41－78.48	153.14	16.80	94.34	27.11
	1982	465.38	1 022.33	14.91	—	105.87
甲藻门	1998	1.25－0.51	0.55	0.52	4.16	0.43
	1992—1993	4.75－5.46	8.32	3.58	3.62	2.62
	1982	14.92	7.31	17.99	—	23.90

注：①引自程济生主编《黄渤海近岸水域生态环境与生物群落》(2004)。

②“＊”1982年在辽东湾没有设调查站，因此渤海近岸浮游植物的数量不包括辽东湾在内，其他年份，左边数字包括辽东湾的平均数，右边数字不包括辽东湾的平均数。

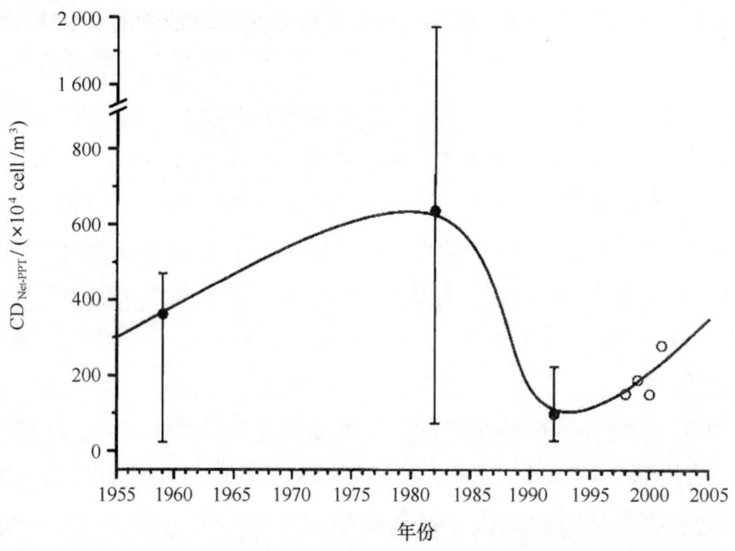

图 2.12　自 20 世纪 50 年代末至 21 世纪初，渤海网采浮游植物细胞密度

（$CD_{NET-PPT}$年均值变化趋势，○为估算值）

引自王修林、李克强著《渤海主要化学污染物海洋环境容量》，2006

（2）浮游动物

根据已有的一些调查结果，渤海近岸水域浮游动物的种类和数量在不同年份间也有较大的变化。比如，1982—1983 年中科院海洋研究所进行的“渤海养殖水域环境和渔业资源调查”，共鉴定浮游动物约 60 余种，以桡足类最为重要，近 30 种，数量也最多，水母类 20 多种，数量很少，毛颚类 2 种，但数量多，终年占优势，仅次于桡足类。而 1998 年对渤海近岸水域调查，共记录大型浮游动物 46 种，主要代表种有强壮箭虫、中华哲水蚤，真刺唇角水蚤，墨氏胸刺水蚤和太平洋纺锤水蚤等。

有关渤海近岸水域浮游动物生物量的年间和季节变化如表 2.21 所示。

表 2.21　渤海近岸水域浮游动物生物量季节与年间变化　　单位：mg/m^3

年 份	5—6 月	8 月	10 月	3 个月平均
1982	88.6	125.9	79.4	98.0
1992—1993	72.8	57.5	56.7	62.3
1998	618.3	293.2	115.2	341.9

注：引自程济生（2004）。

从表 2.21 可以看出，1998 年浮游动物生物量明显高于 1992—1993 年和 1982 年。但据对莱州湾调查，莱州湾 1989 年 6 月和 9 月的个体数量均在 3 000 个/m^3以上，而 2001 年 6 月和 9 月个体数量波动于 267 ~ 391 个/m^3，其数量约近下降 10 倍之多。又据“908”专项对黄河口生态监控区浮游动物的监测结果，2004 年至 2006 年 5 月和 8 月黄河口浮游动物的种类数，与 1959 年全国海洋普查时期相比，大约下降了一半，而其中桡足类下降约 53%（表 2.22）。

表 2.22 黄河口浮游动物及桡足类种类数

调查年份	浮游动物种类数 /种	桡足类种类数 /种	资料来源
1959	87	30	毕洪生等，2000
1982	56	21	白雪娥，1991
1985	66	28	中国海湾志编纂委员会，1998
1998	53	16	王克等，2000
2004	27	12	张达娟等，2008
2005	40	13	张达娟等，2008
2006	43	14	张达娟等，2008

注：引自张达娟等（2008）。

（3）底栖动物

刘录三（2008）根据2007年7月在辽东湾进行了29个站位大型底栖动物调查的结果，共发现大型底栖生物79种，其中，多毛类18科24种，甲壳动物15科19种，软体动物13科24种，棘皮动物4科6种，其他类群5种；优势种不明显，平均栖息密度为68.328个/m^2，平均生物量为22.758 g/m^2，根据调查所得结果，与有关资料进行比较，得出表2.23。

表 2.23 渤海不同海区间大型底栖动物生物量比较

调查区域	调查时间	采泥器类型	网筛孔径 /mm	站位数 /个	平均总生物量 /（g/m^2）	资料来源
辽东湾	2007年7月	0.1 m^2 静力式	1	29	22.75	刘录三（2008）
	1959年7月	0.1 m^2HNM	1	12	10.46	全国海洋综合调查资料
渤海湾	2005年8月	0.05 m^2HNM	0.5	30	16.45	房恩军（2006）
	1959年7月	0.1 m^2HNM	1	10	12.83	全国海洋综合调查资料
莱州湾	1998年9月	0.1 m^2 箱式	0.5	2	8.85	韩洁（2001）
	1959年7月	0.1 m^2HNM	1	8	10.29	全国海洋综合调查资料
中央盆地	1998年9月	0.1 m^2 箱式	0.5	8	18.13	韩洁（2001）
	1959年7月	0.1 m^2HNM	1	10	11.51	全国海洋综合调查资料

注：引自刘录三（2008）。

从上表可以看出，在1959年调查时，渤海4个分区大型底栖动物的平均生物量无明显差异，波动为10.29～12.83 g/m^2。但2007年平均生物量却有较大的增长。对此现象，刘录三（2008）认为，近年来渤海污染日趋严重已是不争事实，从而在水域环境质量持续下降的情况下，渤海大部分海域的底栖动物生物量却出现了显著上升的趋势，可能是由于渤海海洋生态系统的营养结构发生改变所致。从20世纪80—90年代的渔业资源调查可以看出，渤海的渔业资源日渐衰竭，营养结构在向低级化发展：草食类和浮游类动物食性的鱼类在增加，而游泳类和底栖类动物食性的鱼类在减少，如在1982—1983年调查时，营底栖动物食性的鱼类数占总鱼类种数的31.1%，而1992—1993年调查时，营底栖动物食性的鱼类种数仅点总种数的18.2%，可能正是由于人们的过度捕捞，使大型底栖动物的捕食天敌急剧减少，甚至抵消了环境污染直接给底栖生物带来的负面效应，从而导致其生物量呈现上升趋势。

王瑜、刘录三（2010）于2008年4月在渤海湾近岸海域进行了21个站位的大型底栖动物调查，其发现大型底栖动物99种，其中，多毛类24科45种，软体动物15科19种；调查区内大型底栖动物的总栖息密度平均值为228.81个/m^2，总生物量平均值为36.03 g/m^2。经与韩洁等1993—1999年对渤海中南部大型底栖动物调查结果比较，渤海在近10年来大型底栖动物的生物量平均值并未发生明显变化，但却比1959年调查结果高得多。

从河北省2004年和1984年污染资源调查结果相比较，可以明显看出底栖动物种类组成在20年间发生了明显的变化。1984年全省海域底栖软体动物有76种，而且2004年底栖软体动物的种类数下降了一倍多，仅31种；在软体动物种类大大减少的同时，多毛类却明显上升，由1984年的31种升至200年的63种，增加了一倍多。同样地，小型种类多毛类的栖息密度也明显增加，多毛类在底栖动物的密度所占的比例，由1984年的9.6%上升至2004年的63.6%，而软体动物的密度所占的比例却下降。

据2001年对莱州湾进行底栖生物调查，共采到47种底栖生物，与1989年在相同海域调查比较，底栖生物种类少了7种，其中，多毛类少了4种、软体动物少了2种，甲壳动物少了3种，棘皮动物少了1种，但脊索动物、纽虫和头索动物又分别多了1种（朱明远，2003）。又据2006年11月在莱州湾及邻近海域的25个站位进行大型底栖动物取样调查，运用PRIMER软件对大型底栖动物群落结构及其与环境因子的关系进行多变量统计分析。将所得结果与20世纪80年代和20世纪90年代相比，莱州湾大型底栖动物的丰度有所下降，种类数减少；在渤海中部，尽管大型底栖动物的丰度与10年前相比有所减少，但与20年前基本相当，而种数却与莱州湾呈一致到下降趋势（表2.24）。

表2.24　莱州湾及邻近海域大型底栖动物的丰度和种类数

研究时间和海域		大型动物/（ind/m^2）	每站平均种类数	有机质/%	粉砂/%	黏土/%	中值粒径MD/Φ
莱州湾	1985—1987	1 610	44	0.53	46	53	7.5
	1997—1999	1 851	47	2.05	74	25	6.6
	2006	698	41	0.39	64	17	5.4
渤海中部	1985—1987	1 153	45	0.55	42	32	5.3
	1997—1999	1 654	51	2.21	38	26	6.0
	2006	1 217	42	0.62	70	21	6.1

注：引自周红等（2010）。

周红等（2010）指出，生物群落结构比物种多样性对环境质量的下降更加敏感，因为在将多度量的群落结构压缩为单变量的多样性指数时，许多种类组成的信息都已丢失，已有的研究表明，20世纪90年代与20世纪80年代相比，渤海大型底栖动物群落多样性下降并不明显，但群落结构却发生了显著变化（Zhou，2007）。变化的总趋势主要表现在类群的替代（小型多毛类和甲壳类取代大个体的棘皮动物和软体动物）和类群内种类小型化的趋势。这一情况与渤海和莱州湾渔业资源结构的变化趋势是一致的，即：传统底层经济鱼类资源不断衰退，被小型中、上层鱼类所取代。已有了研究结果表明，渤海生物群落的逆行性演替和生态系统功能的退货，与污染、富营养化、拖网以及养殖等人类活动加剧有关（周红，2010）。

（4）海洋生物资源变动

由于捕捞强度的不断增大以及环境污染的日益加剧，破坏了渤海生态系统的结构，使生物群落生产力下降，生态系统的稳定性变差，渔业资源衰退，渤海的一些传统经济鱼类如带鱼、小黄花、大银鱼等经济鱼类已基本绝迹，辽东湾渔场目前已基本无鱼可捕，渤海湾一些主要经济鱼虾蟹类产卵场和育幼场，已基本成为无生物区，渤海名贵的凤尾鱼已经绝迹。主要表现为以下几方面。

生物量减少。1959 年单位网产平均在 221 ~43 kg/网，主要经济鱼种产量达 138.8 kg/网，而到 1998 年产量下降了近 90%，渔获主要种类的产量仅为 11.18 kg/网，见表 2.25。1998 年的调查表明，渤海渔业资源生物量仅为 1992 年的 11%。季节生物量仅为 1992—1993 年同期的 3.5% ~22.3%，特黄鲫、斑鰶和赤鼻鲮鳀等小型中上层鱼类也有不同程度的下降，分布范围缩小。

表 2.25 渤海主要经济种单位网产的年际变化 单位：kg/（网·h）

经济种	1959 年	1982 年	1992 年	1998 年
小黄鱼	51	7.2	5.7	0.4
带鱼	50.7	0.8	0.1	0.08
黄鲫	8.2	18.0	8.0	—
鳀鱼	—	6.8	25	0.2
斑鰶	—	—	6.5	1.6
棱鳀	—	—	2.6	7.2
蓝点鲅	—	3.8	0.2	0.8
对虾	25.2	0.9	0.4	—
虾蛄		3.7	4.8	0.5
梭子蟹	3.7	9.2	2.9	0.4
合计	138.8	50.4	56.2	11.18

物种多样性下降。渤海生态系统改变的另一个重要特征是物种多样性下降，以种类数较稳定的夏季为例，1959 年鱼类多于 71 种，1992 年为 53 种，1998 年仅为 32 种。鱼类和无脊椎动物群落的多样性指数从 1982 年的 3.6 降低到 1992 年的 2.5；终年均匀分布的地方类群占总生物量的比例从 17.6% 降低到 13.9%；冬季游向海峡深水区的占总生物量的比例从 4.7% 降低到 2.1%；夏季游向河口或溯河的类群占总生物量的比例从 1.9% 降低到 0.1%；洄游性类群占总生物量的比例从 76% 上升到 84%，说明地方性类群衰退比较快。

小型化和低龄化。捕捞量超过了自然环境中的再生能力，导致鱼类亲鱼的数量大量下降，幼鱼的密度降低，无法达到鱼类的最高生产量，传统的优质渔业经济种类大多数已形不成渔汛，经济鱼类向短周期、低质化和低龄化演化。底栖动物和游泳动物食性的种类显著减少，在总生物量中的比例由 38.5% 下降到 18.2%；低营养层次、较高营养层次和高营养层次生物量的比例由 1982 年的 100∶58∶14，转变为 100∶26∶1；鱼类的长度变化十分显著，小于 100 mm 的个体占总生物量的 75.7%（其中，低值鱼类占 60.8%），比 10 年前增加 190%；有一定经济价值的种类如黄鲫等占 14.9%，比 10 年前减少了 52%；体长为 200 mm 的中型种类占总生物量的 9%，比 10 年前减少了 59%；体长为 300 mm 及更大的种类占总生物量的 6%，比 10 年前减少了 72.8%。

更替频繁且不稳定。渤海渔获量近年来主要是毛虾、对虾、毛蚶、海蜇，其产量约占渤海渔获量的 60% ~70%。虽然渔获量历年变化不大，但渔获品种却有较大的差异。鱼类的营养结构中出现了草食底栖类动物食性的鱼类增加、游泳底栖类动物食性的鱼类减少的变化，鱼类群落进入由高营养层次向低营养层次的演变过程。20 世纪 50 年代以经济鱼虾为主；60

年代则以大型杂鱼；70年代黄鲫鱼、青鳞鱼等小型鱼类替代了大型杂鱼；80年代则以虾、蟹类和小杂鱼为主；主要渔业资源仅剩两虾一蜇（对虾、毛虾、海蜇）。进入90年代后，渤海的两虾一蜇也极不稳定，天津的毛蚶、扇贝，辽宁的文蛤以及海蜇等的捕获量均明显下降，滩浚贝类资源亦在衰退中，渤海海域捕捞渔业已失去了优势。表2.26为黄海水产研究所等单位在1959—1998年等4个年度底拖网资料可说明渤海优势种的退化。

表2.26 渤海主要优势种在渔获组成中的比例（%）

年度	春季	夏季	秋季
1959	带鱼45.1∶小黄鱼40	小黄鱼31.5∶带鱼16.8∶对虾7	对虾38.9∶小黄鱼33.4∶带鱼13.2
1982	黄鲫32.6∶鳀鱼24.1	枪乌贼21.7∶黄鲫17.7∶小黄鱼10.6	梭子蟹20∶黄鲫13.8∶枪乌贼7.2
1992	鳀鱼66	鳀鱼23∶小黄鱼13.5	鲅鱼20∶枪乌贼11.1∶斑鰶10.6 黄鲫9.7
1998	虾蛄23.8∶棱鳀20.5	鲅鱼42.1∶黄鲫14∶银鲳黄鲫12.7	斑鰶31.6∶黄鲫19.5∶银鲳12

关于渤海近几年鱼卵、仔稚鱼的近况，“908”专项曾专门开展了调查研究。比如，王其（2009年）报道了2006年夏季（7月）和2007年春季（4月）、秋季（9月）在河北沿岸海域进行了4个航次鱼卵和仔稚鱼生态调查。调查海域为39°57′18″～38°23′47″N，119°51′22″～118°00′01″E范围，设10个站，用浅海型（口径50 cm、长145 cm、36GG筛绢）标准浮游生物网在表层0～3 m处水平拖取10 min，航速2.5 n mile/min。结果，4个季度月共采集鱼卵和仔稚鱼19种，以夏季出现种类最多（15种），优势种为石首鱼属。经与1984年海岸带调查结果比较，种类数明显降低：1984年调查共采到鱼卵、仔稚鱼48种，而这次调查仅为19种；仔鱼总数量平均为6尾/网，也低于1984年的调查结果（49尾/网）；但鱼卵总数量平均为65粒/网，却高于1984年相同季度月的调查结果（47粒/网）。海岸带调查时，鱼卵和仔稚鱼的优势种为青鳞、斑鰶、鳀鱼等，但2007—2008年调查，优势种不明显。鱼卵和仔稚鱼主要分布在滦河口以南的海域，尤其集中在渤海湾内。

宋秀凯（2010）报道了2007年和2008年6月和8月根据“908”专项要求，共4个航次对莱州湾14个站点鱼卵和仔稚鱼的调查结果。用大型浮游生物网（口径80 cm、长280 cm、38GG筛绢）在表层水拖网10 min，拖速为2 n mile/min。将所得结果与1982年6—8月山东海岸带调查结果相比（山东省科学技术委员会，1991），可以发现莱州湾海域鱼卵和仔稚鱼资源和数量、结构发生了明显的变化（表2.27）。

表2.27 莱州湾鱼卵、仔稚鱼种类和优势种年际变化

项目	1982年		2007年		2008年	
	6月	8月	6月	8月	6月	8月
鱼卵种类数	34	15	20	9	25	13
海区鱼卵平均数量/（粒/100 m^3）	212.56	14.84	81.28	2.89	70.93	5.36
优势种种名	鳀鱼	半滑舌鳎	斑鰶	凤鲚	斑鰶	凤鲚
优势种所占比例	94.5%	78.8%	24.4%	24.2%	62.1%	32.2%
仔稚鱼种类数	18	22	11	6	11	6
海区仔稚鱼平均数量/（尾/100 m^3）	28.86	6.44	5.66	0.94	34.97	0.47
优势种种名	鳀鱼	半滑舌鳎	凤鲚	凤鲚	凤鲚	凤鲚
优势种所占比例	66.7%	46.6%	22.3%	25.6%	43.2%	19.6%

注：表中1982年数据参照《山东省海岸带和滩涂调查报告集，烟台调查区综合调查报告》（山东省科学技术委员会，1991）。

从表2.28可以看出，首先，采集到的鱼卵和仔稚鱼种类和数量较1982年同月份明显减少；其次，优势种群发生了改变。1982年6月份鱼卵、仔稚鱼的优势种均以鳀鱼（*Engraulis japonicus*）为主，优势度分布未94.5%和66.7%，而2007年和2008年同期鱼卵优势种均变为斑鰶（*Calpanadon punctatus*），优势度分别为24.4%和62.1%，仔稚鱼优势种为凤鲚（*Coilia mystus*），优势度分别为22.3%和43.2%。1982年8月份鱼卵、仔稚鱼的优势种和优势度由半滑舌鳎（*Cynoglossus semilaevis*）演替为凤鲚。最后，由于优势种的改变从而导致其他相关鱼类产卵索饵路线的改变，特别是以鳀鱼为饵料的蓝点马鲛（*Scomberomorus niphonius*）和鲐鱼（*Pneumatophorus japonicus*）等鱼卵数量也大幅减少。

2）滨海湿地退化

初步统计，全国已经破坏或丧失的滨海湿地大约为50%，而渤海远高于全国的平均水平。导致滨海湿地生境丧失的主要原因是围填海、池塘养殖、修坝、筑路、石油开发及其他海洋工程等，破坏最严重的区域依次是天津近岸、黄河三角洲及盘锦滨海湿地。由于油田开发，黄河三角洲大部分岸段修筑起拦海堤坝或环海公路，阻断了近岸海域与滩涂湿地的联系；渤海湾西部半数以上的岸段筑起环海公路或堤坝；莱州湾南部大片湿地被盐田和养殖池塘占用；辽河三角洲受油田开发、池塘养殖及农垦等因素的影响，湿地生境破坏也相当严重，湿地苇田面积减少了152.1%。

（1）盘锦湿地

盘锦滨海湿地生境的主要威胁是围塘养虾、石油开采及道路建设。调查监测表明：盘锦双台子河口调查区域内，1987—2002年油井区（包括废弃的油井区）数量从688个增加到1249个；筑路破坏湿地面积从947 hm^2增加到2 288 hm^2；虾池占用湿地面积从3 474 hm^2增加到16 953 hm^2；天然芦苇湿地面积由60 425 hm^2减少到23 969 hm^2，减少60.3%（表2.28，图2.13～图2.16）。

表2.28　盘锦滨海湿地卫星遥感信息数据

时间	1987年	1990年	1995年	2000年	2002年
苇田面积/hm^2	60 425	46 700	34 480	24 754	23 969
虾池面积/hm^2	3 474	10 513	13 383	16 110	16 953
筑路面积/hm^2	947	1 435	1 862	2 085	2 288
油井区数量/个	688	743	777	948	1 249

辽河三角洲的芦苇分布最为集中，有“亚洲最大苇地”之称，利用也比较充分。目前芦苇收割面积5.3×10^4 hm^2，约占苇地面积的70%。年产38.2×10^4 t，收割面积和年产量均逐渐扩大，从20世纪50年代收割面积3.3×10^4 hm^2。单产3 t发展到20世纪90年代初收割面积5×10^4 hm^2和单产7 t。翅碱蓬群落自2000年开始显著退化，群落盖度从70%～80%降低到20%～30%，有的区域已经成为裸露的滩涂。由于道路、堤坝、井台、居民点等分割作用，使过去连成片的芦苇湿地被分割为一个个小的斑块，导致丹顶鹤营巢生境破碎化日益严重。珍稀鸟类黑嘴鸥营巢地仅限于白刺—碱蓬复合群落内，由于拦海大堤的建设，切断了各潮沟与海的通道，大堤内的白刺—碱蓬复合群落由于水量和水质的变化，已逐渐向羊草群落演替，黑嘴鸥的主要食饵—天津厚蟹随之减少或消失，黑嘴鸥的栖息环境日益恶化。

大洼小三角洲水田开发使2.7×10^4 hm^2近海滩涂脱离海水直接影响。26.6 km长的防潮

图 2.13　盘锦滨海湿地油井区（黑点）数量变化趋势

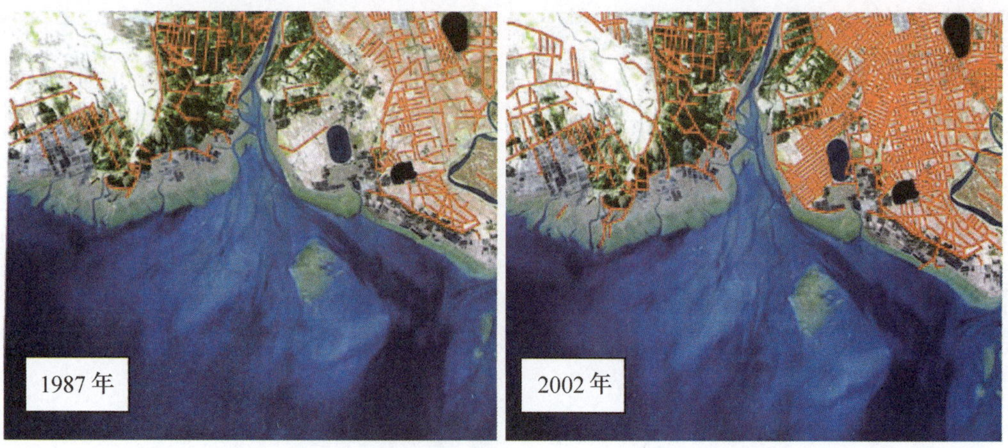

图 2.14　盘锦滨海湿地筑路面积（红颜色）变化趋势

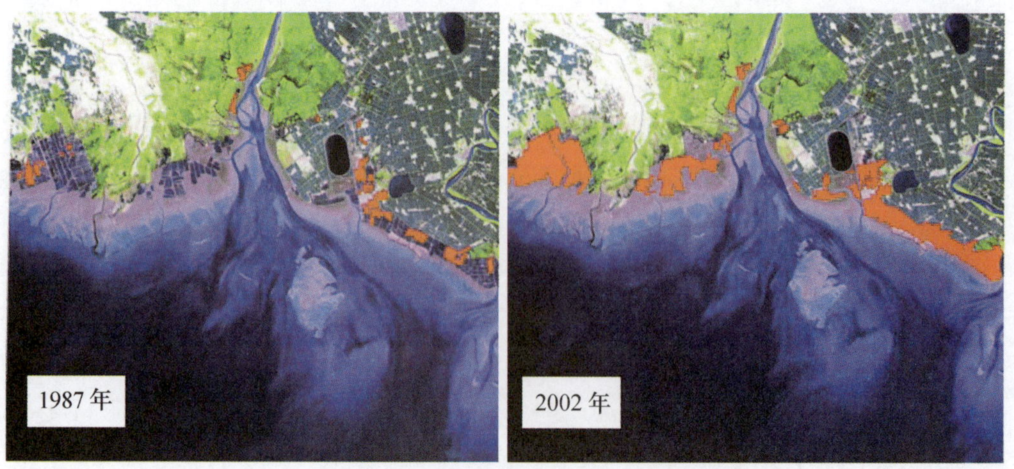

图 2.15　盘锦滨海湿地虾蟹池塘面积（红颜色）变化趋势

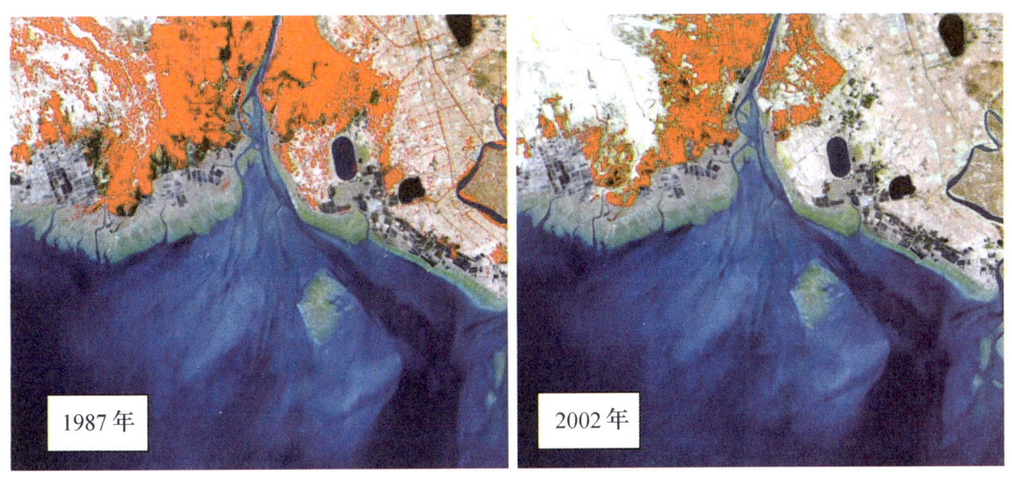

图2.16　盘锦滨海湿地面积（红颜色）变化趋势

堤，切断了由潮沟联系起来的海陆水循环，防潮堤内由咸水环境转变为淡水环境，地下水矿化度降低，水位下降。湿地自然生态系统变为人工淡水生态环境，滨海盐土、草甸盐土及盐化草甸土逐步转变为水稻土，原生的碱蓬、獐茅、芦苇等植物群落将被水稻所取代。居民点、道路、油井引起的生境破碎化，使东郭苇场和赵圈河苇场的生境遭到破碎化影响，尤其在东郭苇场，曙光采油场油井林立，道路密布，苇田和滩涂生境的面积变小且破碎。近海湿地生态系统的这一改变，势必影响到湿地生物变化。盘锦市双台子河由于河闸的相继建成使用，河床淤塞，水质污染，河口渔业资源受到严重影响。河刀鱼原来年产 $50\times10^4\sim100\times10^4$ kg，河闸建成后资源随即衰减，河刀鱼逐渐消失。野生中华绒螯蟹是本区特有的水产资源，60 年代资源十分丰富，河蟹产量为 500 ~ 700 t/a。1970 年后因人为干扰，产量不稳，1978 年后产量急剧下降，最低年产量已不足 100 t，下降了 80% 以上。原来野生河蟹苗年产量多在几亿尾到几十亿尾，1986 年后蟹苗年捕量已下降到不足 0.1 亿尾，处于濒临绝迹的危境。沿海湿地受到内陆排污影响，近海海域水质受到污染，使辽河三角洲芦苇单产约下降 40%，鸟类营巢和栖息地缩小近 50%，主要鸟类的数量减少一半以上，80 年代以前雁鸭群可达千只以上，现在只有 300 ~ 500 只，珍稀鸟类黑嘴鸥和丹顶鹤也处于严重威胁状态。此外，双台子河口近岸海域水体中氮和磷的比例严重失调。2002 年河口海域 N/P 平均为 43∶1，最大为 174∶1。近岸海域 N∶P 的正常范围为 15∶1 左右，N 含量偏高。近十几年来，双台子河等主要河流淡水入海量的减少，导致河口近岸海域盐度上升。2004 年 5 月，双台子河口近岸海域平均盐度为 33.32，接近历史最高水平。天然湿地蓄水调洪、净化污水、调节气候和保护海岸带等重要的生态功能削弱。

（2）天津滨海湿地

天津滨海湿地生态环境多样，有古潟湖湿地、河口湿地、滩涂沼泽和海滩涂湿地，由于城市的迅速发展，到 2005 年天津市近岸围填海总面积已达到 6 336.7 hm^2，大量滩涂湿地永久性丧失（表 2.29）。已由新中国成立初期占全市国土面积的 30% 降至目前的 12.4%，且人工湿地的大量增加与天然湿地的减少，使湿地生态系统的服务功能及生态调控机制不断弱化。

表 2.29　天津市近岸围填海现状统计

项目名称	面积/hm^2	性质	备　注
天津港南疆东五期围埝	125.996	填海	海域法前历史项目
保税区外填海造陆工程	93.37	填海	海域法前历史项目
天津港保税区外填海工程（一）	115.583	填海	海域法前历史项目
天津港保税区外填海工程（二）	92.66	填海	海域法前历史项目
天津港南疆南一期围埝	75	填海	海域法前历史项目
天津港南疆南二期围埝	75	填海	已经市政府批准
塘沽区养殖	81.328	围海	海域法前，已经市政府批准
汉沽区养殖	205.37	围海	海域法前，已经市政府批准
大港区养殖	664.217	围海	海域法前，已经市政府批准
天津国际游乐港人工岛（南岛）	41	填海	2003 年市政府批准
天津国际游乐港人工岛（北岛）	41	填海	2003 年市政府批准
临港工业区一期	1 210	填海	2003 年上报国家海洋局，现已获批，正在办理手续
天津港北大防波堤	3 297.43	填海	已经市政府审查同意，正在完善申报材料，准备上报国家海洋局
天津港南疆南围埝工程	218.749	填海	已经上报国家海洋局，待批
合计	6 336.703	—	—

（3）黄河三角洲湿地

黄河三角洲滩涂总面积为 9.53×10^4 hm^2，可利用面积为 4.83×10^4 hm^2，截至 2002 年底已有滩涂养殖面积 3.97×10^4 hm^2，占总面积的 41.7%，占到可利用面积的 82.3%。此外，由于石油开发项目，胜利油田通过海堤建设工程，围海造陆 8 830 hm^2，近岸修建了多条漫水路和人工岛，导致湿地生境的破碎，加之盐田占地，滩涂可利用区域几乎全部占完。目前，黄河口以南，至小清河口以北 80 km 岸线，修建砌石护堤超 70 km，另建一般性护岸、河堤护岸 50 km 以上。并且，海洋石油开发工程在近岸修建了多条漫水路和人工岛，也对滨海湿地生境造成了一定的影响。由于防潮堤的设计与建设仅仅考虑陆地防潮需要、扩大养殖池建设和节省建设投资等因素，很少考虑保护滨海湿地的生态功能，因此，大面积的滩涂湿地被防潮堤阻隔在大堤以内，成为功能单一的人工湿地，并且隔断了滩涂湿地与海洋生态系统的联系，造成生境破碎。

黄河口及邻近海域油田开发规模不断扩大。胜利油田原油产量从 1978 年的 $1\,946\times10^4$ t 增加至 1991 年的 $3\,355\times10^4$ t。“八五”以来，油气勘探开发大步向浅海和极浅海挺进。油田开发建设等人类活动对黄河三角洲岸线蚀退产生重要影响。人工改道、人工建造海堤，特别近几年来，胜利油田大规模的开发，在河口口门周围建造了大量的海防和油井平台工程，在潮间带湿地上新建了大量的油井装置和配套设施，油井和道路开辟，导致湿地景观破碎化。

黄河输沙是黄河三角洲岸滩沙的主要来源。据多年实测资料，黄河泥沙每年填海造陆 2 600 hm^2。若每年在河口沉淀 2×10^8 t 泥沙，则淤进与蚀退大体相等。由于河流断流，输沙量的减少，破坏了海岸的稳定。据计算，1968—1980 年黄河断流几率为 54%，年平均断流 6.9 d，三角洲海岸线蚀退速率相当于淤进速率的 1/4。1991—1995 年黄河断流几率为 100%，年均断流 68 d，三角洲海岸蚀退速率已增大 10 倍。1995—2000 年因黄河断流，年入海泥沙量仅有 4.72×10^8 t，海岸蚀退率已超过淤进率近 50%，黄河三角洲除现入海口附近20 km 范围内淤涨外，其他岸段以蚀退为主。

（4）莱州湾湿地

20世纪80年代莱州湾南岸，莱州湾南岸有著名的寿光盐场，以后又大规模开发了滩涂养殖池塘，使该区域80%的滩涂湿地成为盐田和养殖池，占用大片湿地。监测结果表明，莱州湾滨海湿地一半以上已被改造为生物群落较为单一，生态功能较为低下的人工湿地，另外，围海造陆工程占用大量滨海湿地，滨海湿地面积萎缩严重。同时，环海公路、围海造陆等工程使曲折的自然岸线，变为简单的平直岸线，莱州湾3/4的岸段成为平直的人工岸线，见图2.17。此外，莱州湾在鱼类产卵盛期平均每百立方米仅有数个鱼卵和仔鱼，海洋生物资源的自然补充和恢复能力衰减。

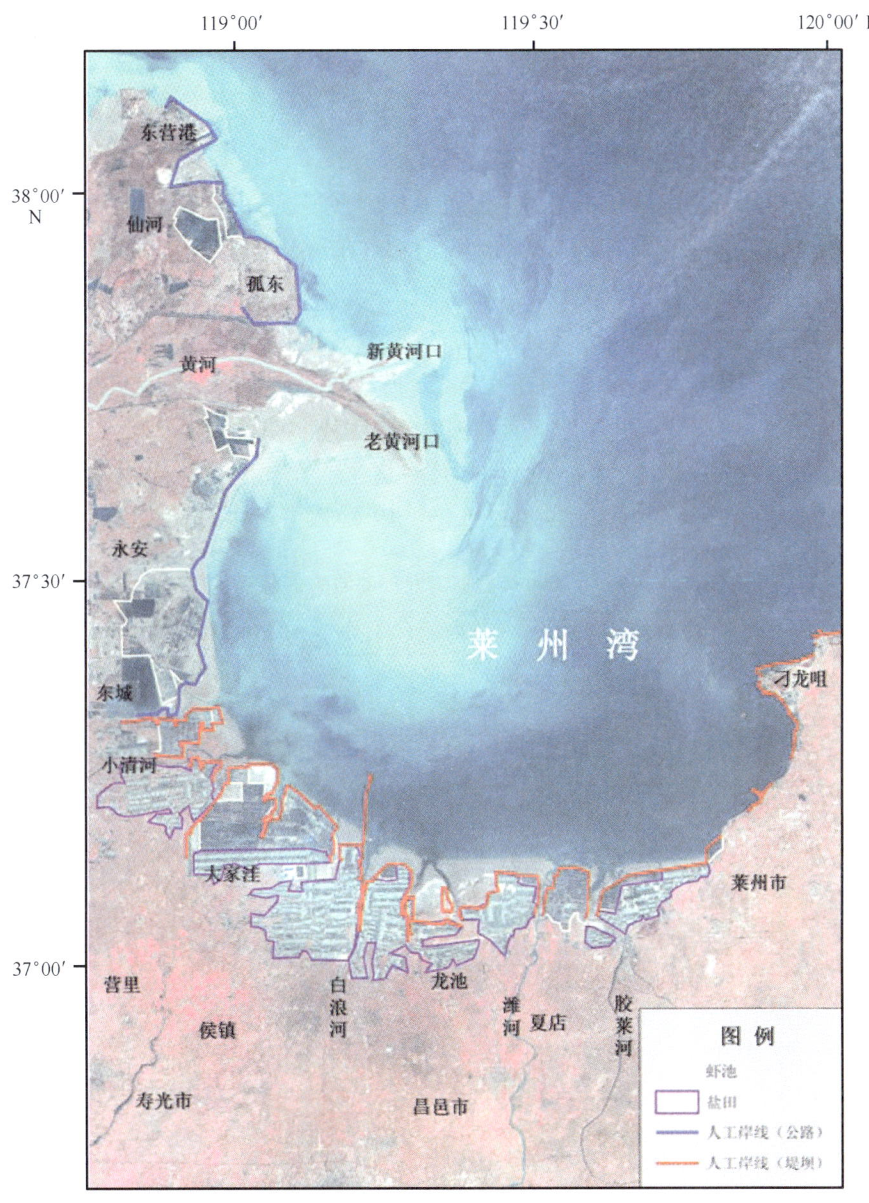

图2.17 莱州湾海域卫星照片（2004年）

基于上述，渤海生态监控区的健康状况、生态系统结构的变化，海洋生物资源的变动以及滨海湿地的退化情况都表明渤海生态系统总体来说趋于恶化，可认为整体处于亚健康状态，但认为已接近“死海”、“沙漠化”的提法与实况有较大的出入。

第3章 渤海环境问题的生态效应分析

3.1 海洋环境污染因素的生态影响

3.1.1 渤海营养化状况

渤海的富营养化及其生态效应研究为我国最早，始于20世纪70年代末。邹景忠等（1978）率先应用单项指标和多项指标营养状态指数（E值）评价方法、评价参数及其标准对渤海进行了富营养化和赤潮的研究，提出人为排污、陆源输入大量氮、磷物质是造成该湾富营养化的主要原因，有关单位也首次应用营养状态法对辽东湾及各河口、渤海湾进行了评价研究，如田金（2007）报道了1999—2006年6—8月对辽东湾北部海域的调查结果，经用营养状况评价，水体*E*值的年度变化状况如表3.1；用CN/CP值进行营养级划分得表3. 2。

田金（2007）报道了1999—2006年6—8月对辽东湾北部海域的调查结果，经用营养状况评价，水体E值的年度变化状况如表3.2所示；用CN/CP值进行营养级划分得表3.2。

表3.1 1999—2006年辽东湾北部海域的*E*值变化趋势

年份	辽河口	双台子河口	大凌河口	锦州湾
	E	*E*	*E*	*E*
1999	6.088*	2.801*	5.897*	2.39*
2000	2.866*	1.661*	1.372*	0.264
2001	0.434	0.397	1.983*	0.419
2002	0.961	0.464	3.186*	1.284*
2003	2.096*	1.078*	0.38	0.253
2004	0.982	1.516*	0.896	0.413
2005	0.433	1.741*	0.607	0.412
2006	3.766*	7.494*	3.43*	1.111*
平均值	2.203*	2.144*	2.219*	0.818

注：“ * ”为富营养化。

表3.2 1999—2006年辽东湾北部海域的CN/CP值变化趋势

年份	辽河口		双台子河口		大凌河口		锦州湾	
	CN/CP	营养级	CN/CP	营养级	CN/CP	营养级	CN/CP	营养级
1999	14.456	Ⅲ	13.541	Ⅲ	12.303	Ⅲ	13.67	Ⅲ
2000	12.667	Ⅲ	17.048	Ⅱ	10.558	Ⅱ	27.353	Ⅰ

续表 3.2

年份	辽河口		双台子河口		大凌河口		锦州湾	
	CN/CP	营养级	CN/CP	营养级	CN/CP	营养级	CN/CP	营养级
2001	95.158	$Ⅵ_P$	54.471	$Ⅳ_P$	33.271	$Ⅴ_P$	26.297	Ⅰ
2002	42.042	Ⅱ	57.864	$Ⅴ_P$	29.873	$Ⅴ_P$	13.569	Ⅱ
2003	39.344	$Ⅴ_P$	34.719	$Ⅳ_P$	26.885	Ⅰ	19.158	Ⅰ
2004	110.489	$Ⅵ_P$	80.589	$Ⅵ_P$	59.000	$Ⅴ_P$	42.864	$Ⅳ_P$
2005	54.737	$Ⅴ_P$	18.214	Ⅱ	72.913	$Ⅵ_P$	33.909	$Ⅳ_P$
2006	78.031	$Ⅵ_P$	86.287	$Ⅵ_P$	62.106	$Ⅵ_P$	21.641	Ⅱ
平均值	55.866	$Ⅴ_P$	45.342	$Ⅴ_P$	38.364	$Ⅴ_P$	24.808	Ⅱ

由表3.1、表3.2可见，辽东湾北部的辽河口、双台子河口和大凌河口海域的富营养化程度较高，属于磷中等限制潜在富营养区，而锦州湾海域污染相对较轻，属于中度营养区。

秦延文（2010）对辽东湾近岸水域于2004—2008年每年的枯水期（4—5月）、丰水期（8—9月）和平水期（10—11月）设27个监测站进行水质调查，所得结果：5年间辽东湾海域无机氮和活性磷酸盐污染较严重是在2004—2006年，其污染主要集中在北部的锦州、盘锦和营口3个海域。各污染指标5年平均值的 E 值计算结果如图3.1所示。

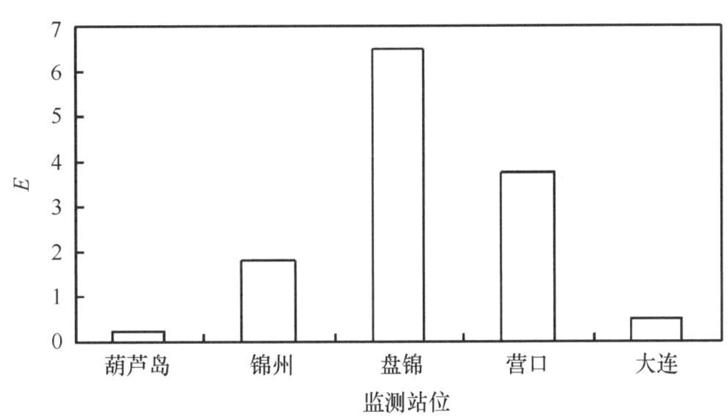

图3.1 辽东湾各监测海域 E 值变化

由图3.1可知，辽东湾锦州、盘锦、营口3个近岸海域的 E 值大于1，表明海水处于富营养化状态。这3个海域的营养盐主要来自辽河、大凌河、双台子河。锦州湾、大连、葫芦岛海域相比入海河流量较小，入海氮、磷陆源污染物也相对少些，且海域水交换也相对高些，故与盘锦、营口比较起来富营养化程度要低些。用有机污染指数（A）计算，结果如表3.3所示。所得结果与图3.1基本相似。

表3.3 辽东湾有机污染指数（A）计算结果

监测海域	葫芦岛	锦州	盘锦	营口	大连	平均值
A	0.592	1.99	3.760	2.800	0.945	1.859

总体来说，辽东湾近岸海域处于富营养化水平。

王焕松（2010）于2007年7月22—30日，在辽东湾北部海域设29个调查站（图3.2），开展水文、化学综合调查，其中，水文要素包括温度、盐度和水深，水化学要素包括透明度

（SD）、溶解氧（DO）、氨氮（NH_4-N）、亚硝酸盐（NO_2-N）、硝酸盐（NO_3-N）、活性磷酸盐（PO_4-P）和高锰酸钾指数（COD_{Mn}）等，所测得的数据，经模糊综合模型运算，按表 3.4 的评价标准所得结果，各站位富营养化等级如图 3.3 所示。

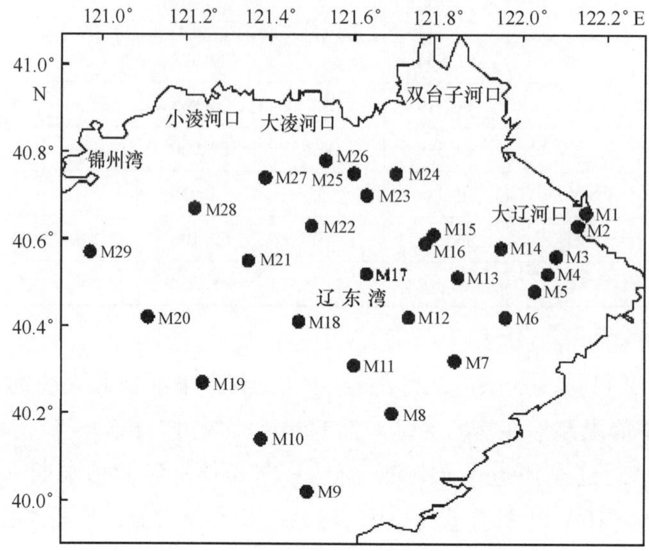

图 3.2　2007 年 7 月辽东湾调查站位

表 3.4　辽东湾海水富营养化的评价标准

营养级别	ρ（COD_{Mn}）	ρ（DIN）	ρ（$PO_4^{3}-P$）	ρ（DO）
Ⅰ类（贫营养）	0.667	0.067	0.005	8.730
Ⅱ类（中度营养）	1.333	0.133	0.010	7.360
Ⅲ类（轻度富营养）	2.000	0.200	0.015	6.000
Ⅳ类（中度富营养）	3.500	0.350	0.030	4.500
Ⅴ类（重度富营养）	5.000	0.500	0.015	3.000

资料来源：王焕松（2010），环境科学研究。

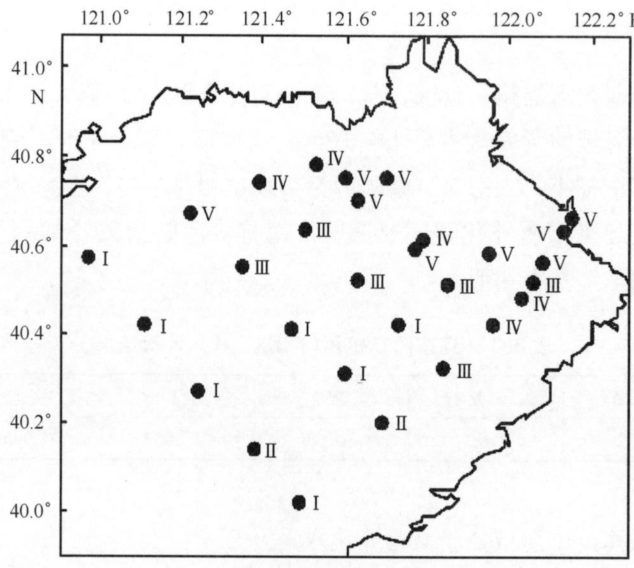

图 3.3　辽东湾海域海水富营养化等级

资料来源：王焕松，2010

结果表明：辽东湾沿岸和河口附近海域已达到富营养化程度，而海外中部则处于贫营养状态，富营养化程度从海湾中部向近岸逐渐增加；辽东湾海域水体富营养化以DIN相对过剩，而P相对缺乏；入海河流输入的DIN是辽东湾海域富营养化的关键因素。

杨世民（2007）根据2003年7月15日、2003年11月4日、2004年2月25日，在渤海湾10个站位多项生态引自的调查结果，按营养指数法计算E值，结果：春季E值在1.509～13.984，平均值为8.037，整体处于富营养化，要高于1978年和1980年同期调查所得E值；夏季E值平均值为1.897，比春季富营养化水平低；秋季E值在1.375～56.400，平均E值为14.936，处于严重富营养水平。冬季的E值比秋季低些，平均值为3.882。渤海湾水域水体整体呈富营养化，其中，以春、秋季富营养化严重。通过对渤海湾30个站位的多年监测，按潜在性富营养化的评价模式，得出从2004—2007年渤海湾的营养类型及级别见表3.5。

表3.5 渤海湾营养类型评价

年份	DIN/（mg·L）	PO_4-P/（mg/L）	DIN/PO_4-P	营养级
2004	383	33	26	Ⅲ
2005	712	27	56	$Ⅴ_p$
2006	674	26	57	$Ⅴ_p$
2007	581	11	117	$Ⅵ_p$

按表3.5所示，就整个渤海湾来看，2004年属于富营养化，2005年和2006年属于P中度限制潜在营养，而2007年则发展到P限制潜在性富营养。这可能是由于近年来经济的快速发展和人口的增加，造成了大量生活污水和工业废水排放入海，使得渤海富营养化严重，赤潮现象频繁发生（阚文静，2010）。另据聂利红（2009）报道，2007年8月在天津大沽河航道进行水质调查，在靠近大沽排污口的3个站位，按营养指数法计算，E值均超过1 000以上，说明富营养化极其严重。黄河口附近海域，近些年来无机氮的浓度高，但无机磷缺乏，无机磷往往成为海域浮游植物生长的限制因子。2004年黄河口生态监测，5月份无机氮平均浓度为593 μg/L，8月份为573 μg/L；5月份N/P为421∶1，8月份为262∶1（刘霜，2009）。

3.1.2 石油烃污染的生态效应

有关石油烃污染对海洋生物的毒性效应，已有大量研究报告（可参见李永祺、丁美丽编著，海洋污染生物学，1991年）。一般来说，石油对海洋生物的物理影响主要是石油覆盖在生物体表，石油块（粒）堵塞海洋动物的呼吸和进水系统，致使生物窒息、闷死或者石油块粘着于海鸟的体表，使其丧失飞行、游泳的能力，或原油沉降于潮间带或浅水海底，使底栖动物、海藻孢子失去合适的固着基质等。石油和炼制油对海洋生物的化学毒性效应，依油的种类和成分而不同。通常炼制油的毒性要高于原油，低分子烃对生物的毒性要大于高分子烃。在各种烃类中，其毒性大小大致是按芳烃、烯烃、环烃、链烃依序降低。多环芳烃类化合物（Polycyclic Aromatic Hydrocarbons，PAHs）是目前环境普遍存在的污染物，具有强致癌性，据报道在渤海和黄海海岸的沉积物中，PAHs的含量在206～57 346 mg/g，平均为8 776 mg/g（MaMH，2001）。

3.1.2.1 对浮游植物的生态效应

浮游植物是海洋生态系统的主要生产者，是生态系统的基础。已有的大量研究资料表明：

不同种类浮游植物对石油烃的敏感性有很大的差异；石油烃对海洋浮游植物生长的影响不仅可通过降低对 CO_2 的吸收、阻止细胞分裂、减小光合作用和呼吸作用速率，由此导致生长速度的降低，而且还可使细胞中的 Chla、类脂色类、糖脂、甘油三酸酯等含量降低，低浓度的石油烃可以促进许多种类浮游植物的生长，而高浓度的石油烃能抑制生长。

王修林（2004）用旋链触藻（*Chaetoceros curvisetus*）进行实验，结果表明在 0.1 ~ 10 mg/dm^3 浓度石油烃条件下，对旋链触藻的生长表现为促进作用。而张蕾（2002）用 1 次培养实验方法，研究了 0 号柴油石油烃污染物对 6 种海洋浮游植物生长的影响，结果表明，高浓度的石油烃（>1.05 mg/dm^3）对裸甲藻（*Gymnodinium* sp.）、三角褐指藻（*Pheodactylum tricornutum*）、新月菱形藻（*Nitzschia closterium*）、小球藻（*Chlorella vulgaris*）、亚心形扁藻（*Platymonas scbcor - diformis*）的生长有抑制作用，但对中肋骨条藻（*Skeletonema costatum*）产生抑制作用石油烃的浓度要高达 1.96 mg/dm^3。在低浓度条件下石油烃对裸甲藻、中肋骨条藻和新月菱形藻这 3 种常见的赤潮藻生长起促进作用；而低浓度石油烃对 3 种饵料藻中，仅对三角褐指藻的生长有促进作用，而对另外两种饵料藻促进作用不明显。由此推测，海洋中低水平石油污染可能有诱发赤潮的作用。根据实验所得的数据，在 Logistic 生长模型的基础上，综合 Lorentz 方程和 Exponential 议程，引入石油烃污染物浓度项，建立石油烃污染物条件下的海洋浮游生物生长的模型。认为 Lorentz 方程可描述石油烃污染物对浮游植物生长速率的影响，Exponential 方程可用以描述石油烃污染物对浮游植物生物量的影响（张蕾，2002），实验还表明，石油烃还可影响浮游植物不同生命同期阶段粒度的大小。

王修林（2006）还报道了他们 2002 年 8 月末在莱州湾沿岸水域进行海洋围隔生态实验，用于研究石油烃污染物对渤海浮游植物群落结构和生长的影响，所用围隔袋体积为 2.5 m^3，通过外加 0 号柴油水溶液的营养盐的方法。实验结果见图 3.4 所示。

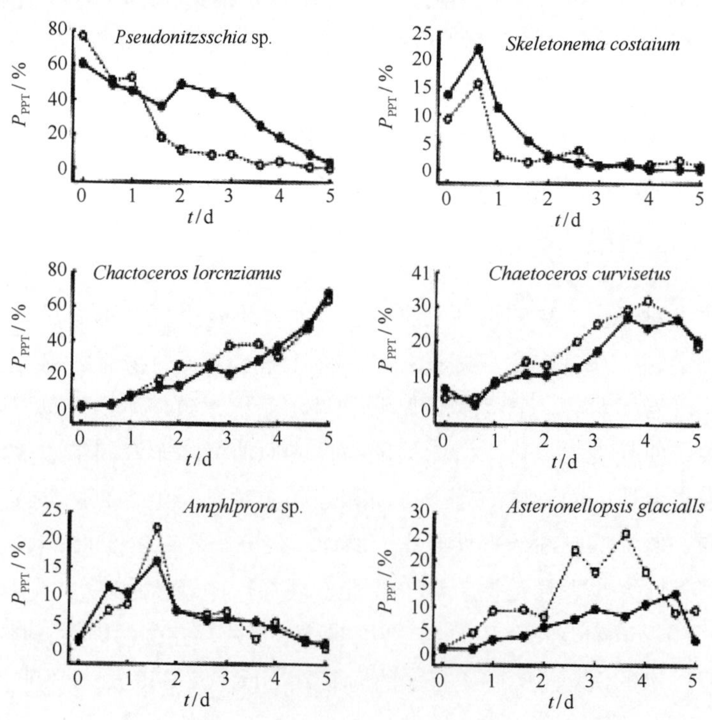

图 3.4 莱州湾海洋围隔生态实验中，主要浮游植物优势种细胞密度占浮游植物总细胞密度比例（PPPT）变化

资料来源：王修林等，2006，渤海主要化学污染物海洋环境容量

由图可见，尽管在实验过程中浮游植物种群，特别是优势种群硅藻发生了显著变化，但250 μg/dm^{3}石油烃对浮游植物种群结构产生的影响，其基本趋势与对照没有明显差异。根据室内石油烃对几种赤潮藻的实验结果，结合在莱州湾所进行的围隔生态实验，王修林认为：在当前渤海年均浓度条件下，石油烃整体上对渤海浮游生物生长并不能产生显著的影响，但局部高浓度水域作用不容忽视，有可能成为渤海赤潮，特别是硅藻赤潮发生的辅助因素。近十多年来，渤海赤潮发生重点水域往往也是石油烃高浓度区，主要包括莱州湾，渤海湾、辽东湾等沿岸水域。为此，有关石油污染可能成为赤潮发生的诱因或辅助因素，有待通过进一步观察、研究。

3.1.2.2 对其他水生生物的生态效应

石油烃对污染生物的毒性，不仅依石油烃的组分、不同种类的生物有较大差异，而且同一生物种类的生物在其不同的生命阶段对石油烃的敏感性及其耐受能力也有较大的不同。已有的研究资料表明，石油对大部分成体海洋鱼、虾、贝的致敬命浓度范围在1～100 mg/L，例如，胜利原油、南海原油、东海原油对鲷科鱼类、鲻鱼（*Mugil ophugsen*）和牙鲆（*Paralichthys olivaceus*）等几种鱼类的96 h Lc_{50}值为1.6～18.6 mg/L，对中国对虾、斑节对虾、日本对虾和刀额新对虾等虾类的96 h Lc_{50}值为1.67～11.1 mg/L，对海湾扇贝、栉孔扇贝和四角蛤蜊等贝类的96 h Lc_{50}为1.54～3.47 mg/L；而柴油和20号柴油对鱼类的96 h Lc_{50}值为0.71～3.47 mg/L，对对虾的96 h Lc_{50}值为0.17～3.02 mg/L（林钦，1995年）。

在绝大多数情况下，幼体对污染物的敏感性要高于成体。我国学者实验表明，胜利原油浓度为0.07～0.12 mg/L时，中国对虾幼体的变态率为50%，当浓度达到0.32 mg/L时，变态率为零，当海水中油的浓度达到1.8 mg/L时可极显著地抑制中国对虾幼虾的生长速度。胜利原油浓度为3.2 mg/L时，真鲷（*Pagrosomus major*）仔鱼的孵化率下降，其初孵仔鱼的畸形率和死亡率明显增加。当海水中油的浓度达5.6 mg/L时，牙鲆初孵仔鱼的畸形率和死亡率显著增加，而且生存后的健康状况很差。20号柴油浓度高于0.032 mg/L时即对黑鲷（*Sparus macrocephalus*）仔、细鱼的生长速度有明显的抑制作用。1.0 mg/L的油浓度，即可抑制海湾扇贝（*Argopencten irradiana*）幼体的生长（林钦，1995），据吕福荣（2008）报道，几种石油烃对马粪海胆（*Hemicentrotus pulcherimus*）胚胎及浮游幼虫毒性试验的结果表明：0号柴油、船用轻质柴油和船用重质燃料油分散液对其胚胎和幼虫的生长发育均有影响，使胚胎发育时间延后，幼虫生长速度明显减慢，二腕幼虫及四腕幼虫的体长均变短；三种油品对海胆胚胎生长发育的毒性依序为：0号柴油＞船用轻质原油＞船用重质燃料油。

石油烃大多能对海洋生物体内多种酶产生影响，诱发酶的活性，而海洋生物，如鱼的肝脏对石油烃也有一定的解毒效应。通常较低浓度的石油烃即能对鱼类的一些酶产生毒性作用。沈春宇（2009）报道，用平均体长为14.96 cm±0.54 cm、体重为24.22 g±3.88 g的牙鲆进行试验，观察胜利原油对Na^+-K^+－ATPase酶活力的影响。因为$Na^+-K^+-ATP_{ASE}$酶普遍存在于低等和高等海洋生物体内，具有广泛的生态意义，是组成Na^+-K^+原活性的主要部分，参与能量代谢、物质运送、氧化磷酸化的重要生化过程，而且它与膜上磷脂的结合状态将影响膜的流动性，进而还能影响膜的其他功能。试验结果表明，胜利原油对褐牙鲆鳃丝$Na^+-K^+-ATP_{ase}$活力产生影响的阈值为0.05 mg/L。但如将受胜利原油污染的幼鱼再放入正常养殖海水中，也能逐渐恢复鱼鳃的Na^+-K^+泵的功能。

在石油烃中，多环芳烃（PAHs）是一类具有致癌、致畸和致基因突变作用的持久性有机污染物，PAHs 进入水体后，主要通过微生物、化学和光降解途径得以逐渐消除，但降解速度大多很缓慢。在降解过程中，其中间产物有的对生物的毒性还会增强。羟基取代的芳香羧酸是 PAHs 微生物降解中常被测到的一类化合物。Parikha 等（2004）报道，沉积物中的菲经 2－甲基细菌降解后的 4 种常见产物：1－羟基－2－萘酸（$1H_2NA$）、2－羟基－1－萘酸（$2H_1NA$）、2－羟其－3－萘酸（$2H_3NA$）、6－羟基－2－萘酸（$6H_2NA$），其毒性大小依次是 $1H_2NA > 2H_1NA > 3H_3NA > 6H_2NA$。用青鳉鱼（*Oryziaslatipes*）胚胎进行试验，Lc_{50} 分别是：$1N_2NA$ 为 20.23 μmol/dm^3、$2H_1NA$ 为 47.65 μmol/dm^3、$3H_3NA$ 为 51.2 μmol/dm^3，而 $6H_2NA$ 在可溶解范围内未观察到对胚胎有致死作用（Carney，2008）。

海上油污染后，通常采用喷洒消油剂等方法去除油污染。消油剂的作用并不能使溢油真正从海洋中消失，而其中毒性较大的多环芳烃，因水溶性和降解性小，大多易沉于海底，对底栖生物产生生态影响。经消油剂处理的乳化液，其对生物的毒性大多增强。如用马粪海胆（*Hemicentrotus pulcherrimus*）体直径为 1.0 cm 的幼体进行试验，比较 0# 柴油分散液（WAFs）和加入消油剂后的乳化液（dis－WAFs）的 24 h、48 h、72 h、96 h 急性毒性试验，结果见表 3－6。

表 3.6　0# 柴油分散液和加入消油剂后乳化液对马类海胆的毒性试验　　单位：mg/L

	24 h	48 h	72 h	96 h
WAF_S	1.82	15.5	11.5	9.5
Dis－WAF_S	11.7	9.7	7.4	5.1

显然，加入消化剂后柴油对海胆的毒性，在 24 h 期间内是降低了，但随着时间的推移毒性却明显提高（吕福荣，2010）。

3.1.3　重金属的生态效应

有关重金属对海洋生物的生态效应，已开展的研究工作大致包括四个方面的内容：①单种污染物对不同营养阶层海洋生物的致毒作用，包括生物对污染物的吸收、累积、在生物体内的分布、从体内消除的规律；对生物不同生长、发育阶段的影响，包括敏感性差异、影响机制、尤其是从重金属对酶活力的影响以及分子损伤方面的研究较为深入；试验研究大多以室内为主，辅以海上围隔试验和污染现场的生态调查，而室内试验又以急性毒性试验为主，所用污染物浓度大多比海上实际污染水平要高，较多考虑环境因素（如湿度、盐度等）对污染物毒性效应的影响等。②由于海上重金属污染大多并非单种重金属，为能贴近海洋环境实况，所以在单种污染物生态效应的基础上，也越来越重视多种重金属污染物的联合毒性作用研究。③重金属污染物进入海洋后，能发生一系列物理和化学变化，因此其在水或沉积物中的形态、形式和化合物（络合物），在很大程度上决定了海洋生物对它的可运用性和毒性，而不仅仅取决于重金属在水或沉积物的浓度。因而这方面研究工作也越来引起重视。④重金属对区域性海域的生态影响评估，或风险评估，为宏观上海洋环境管理提供依据。

室内生物急性毒性试验结果表明，对于渤海浮游生物优势种群，如中肋骨各藻，Hg（Ⅱ）、pb（Ⅱ）、Cd（Ⅱ）的 EC_{50} 的 96 h 值分别约为 31 μg/dm^3、2 200 μg/dm^3 和 11 500 μg/dm^3，分别要高于渤海海水中这三种元素的浓度值（战玉杰，2005）。Cu 对这两种单细胞藻的超氧化物歧化酶（SOD）、过氧化物酶（POD）活力的影响表现为低浓度诱导、高浓度抑制，或前期诱导后期抑制，而对丙二醛含量的影响则随着胁迫时间的延长逐渐升高（王丽平，2007）。

重金属对海洋贝类的毒性试验，我国学者已进行了较多的研究。Cd对5月龄海湾扇贝的96 h Lc_{50}为3.45 mg/L（李玉环，2006）。Cd对青蛤（*Cyclina sinensis*）的96 h Lc_{50}为14 mg/L（周凯，200）。Cd对青蛤的成贝96 h Lc_{50}为20.09 mg/L，顾丽岩（2010）认为采自天津大港海滨滩涂的青蛤因是成贝故抗性比幼贝大。根据青蛤成贝96 h所测的Lc_{50}值，乘以0.01得出安全浓度为0.201 mg/L。但在安全浓度下进行暴露试验，经168 h青蛤肌肉Cd的含量达4.82 μg/g ± 1.2 μg/g（表3.7），这比国家规定的《农产品安全质量无公害水产品安全要求》中的0.1 μg/g（国家质量监督检验检疫总局，2001）的标准规定约高50倍。由此有关重金属各元素的安全浓度如何计算，值得探讨。

表3.7 安全浓度（0.201 mg/L）下青蛤各组织Cd^{2+}的含量

处理时间（h）	青蛤各组织部位Cd含量（μg/g）		
	鳃	肌肉	内脏团
6	1.75 ± 1.24	0.01 ± 0.01	1.92 ± 0.63
12	4.96 ± 0.89	1.01 ± 0.10	3.03 ± 0.55
24	7.72 ± 1.74	1.85 ± 0.29	4.57 ± 0.35
36	8.25 ± 0.56	1.77 ± 0.07	4.64 ± 0.75
48	8.47 ± 0.68	2.22 ± 0.36	5.92 ± 0.56
72	10.38 ± 0.55	2.71 ± 0.50	9.31 ± 0.79
96	12.78 ± 0.89	3.38 ± 0.18	13.56 ± 0.96
120	13.1 ± 0.66	3.67 ± 0.59	15.77 ± 1.37
144	14.48 ± 1.02	3.84 ± 0.57	18.06 ± 1.40
168	18.04 ± 0.92	4.83 ± 1.27	22.70 ± 2.05

注：引自张丽岩著，2010。

经过辽宁盘锦双台子河口潮滩湿地生态系统中一种常见的土著植物——翅碱蓬（*Suaeda heteroptea*）体内几种重金属含量测定，结果表明该植物的累积量表现为Zn > Pb > Cu > Cd，且对不同元素的累积部位也有明显的差异。其中，Cu为根 > 茎 > 叶，Zn为叶 > 根 > 茎，Pb为根 > 叶 > 茎，Cd则是根 > 茎≈叶（朱鸣鹤，2005）。

重金属对海洋蟹类、虾类多种酶的影响已有较多的试验报道。潘鲁青（2004）报道了3种重金属离子（Cu^{2+}、Zn^{2+}、Cd^{2+}）对中华绒螯蟹（*Eriocheir sinensis*）肝胰脏和鳃丝超氧化物歧化酶（SOD）、过氧化氢酶（CAT）活力的影响，结果表明，在低浓度（0.1 mg/L）条件下对酶的活力开始时有促进作用，而后逐渐呈现出抑制作用；而高浓度则表现出明显的抑制作用，即有明显的时间和剂量效应。卢敬让（1989）的研究表明，在Cd^{2+}（6.25 ~ 25 mg/L）作用下，经48 h中华绒螯蟹血清谷丙转氨酶（GPT）的活力随着Cd^{2+}浓度增加呈现升高的趋势。3种重金属离子（Cu^{2+}、Zn^{2+}、Cd^{2+}）在96 h内对凡纳滨对虾（*Litopenaeus Vannamei*）的3种组织（肝胰脏、鳃丝、血液）谷丙转氨酶（GPT）、谷草转氨酶（GOT）活力的影响主要结果是：在试验所用的浓度条件下（Cu^{2+}为0.1 mg/L、0.2 mg/L、0.5 mg/L、1 mg/L；Zn^{2+}为1 mg/L、2 mg/L、5 mg/L、10 mg/L；Cd^{2+}为0.05 mg/L、0.1 mg/L、0.25 mg/L、0.5 mg/L），肝胰脏、鳃丝的GPT，GOT活力是明显下降趋势，而血液的GPT、GOT的活力却是明显上升趋势。试验结果表明，3种重金属离子对凡纳滨对虾组织2种转氨酶的活力影响具有明显的时间和剂量效应（潘鲁青 2005）。Cu^{2+} 和 Zn^{2+} 对日本新糠虾（*Neomysis japonica*）的存活、蜕皮、蛋白质含量和体内磷酸酶（碱性磷酸酶，ALP；酸性磷酸酶 Acp）有明显的影响。低剂量污染物质对生物所引起的刺激生长或诱导生理活性的现象，被称为污染物的兴奋效应，重金属对海洋生物的兴奋效应是较普遍存在的现象，但因生物的种类、重金属的种类、存在形式、浓度而有较大的差异。

孙振兴（2009）报道了 Cd^{2+}、Hg^{2+} 和 Zn^{2+} 三种重金属对刺参（*Apostichopus japonicuss*）幼参体内超氧化歧化酶（SOD）活性的影响，结果显示：0.009～0.046 mg/L 的 Hg^{2+} 对 SOD 活性的影响在 24 h 和 48 h 时表现为诱导效应，96 h 的 SOD 值达到最大，144 h 的 SOD 值下降；0.195～0.976 mg/L 的 Zn^{2+} 对幼参 SOD 活性的影响 48 h 表现为诱导效应，96 h 后的 SOD 的活性下降；但 Cd^{2+} 的影响却有所不同，0.214～1.069 mg/L 的 Cd^{2+} 对幼参 SOD 活性的影响，48 h 表现为抑制效应，96 h 后则为诱导反应。孙振兴（2009）还报道了 Hg^{2+}、Cd^{2+} 和 Se^{4+} 对海参的幼参的单一毒性与联合毒性的试验结果。先进行单一重金属对幼海参试验，得到 96 h 半致死剂量（Lc_{50}）分别为 Hg^{2+} 0.091 2 mg/L，Cd^{2+} 为 4.643 3 mg/L，Se^{4+} 为 0.741 3 mg/L；然后进行联合毒性试验，将 $Hg^{2+}-Cd^{2+}$、$Hg^{2+}-Se^{4+}$ 以及 $Cd^{2+}-SE^{4+}$ 分别以等毒性混合物共存时，幼海参的 Lc_{50}；最后将 $Hg^{2+}-Cd^{2+}-Se^{4+}$ 三者以等毒性混合，测定幼海参的 Lc_{50}。用 Marking 相加指数法评价联合毒性的大小。即按下式分别求出 S 值：

$$S = (Am/A) + (Bm/A) + (Cm/C)$$

式中，S 为生物毒性相加作用之和；A、B、C 为单一毒性的 Lc_{50} 值；Am、Bm；Cm 为混合毒性的 Lc_{50} 值。根据 S 值求得相加指数（additive index，AI），当 $S \leqslant 1$ 时，$AI = (1/S) - 1$；当 $S > 1$ 时，$AI = S \times (-1) + 1$。以 AI 值评价混合物的联合毒性效应，$AI = 0$ 为毒性相加作用，$AI < 0$ 为拮抗作用，$AI > 0$ 为协同作用。

按 Marking 相加指数评价试验所得的结果，以上两种和三种污染物的联合毒性均为拮抗作用。硒对几乎所有重金属元素的毒性元素的毒性都能够产生拮抗作用，推测通常汞与硒先直接以 Hg－Se 胶体的形式结合，然后再与特定蛋白质结合成无活性的化合物，即 Hg－Se－蛋白质，从而减少汞的毒性。而 SeO_3^- 与 $CdCl_2$ 并不直接起反应，在生物体内 SeO_3^- 被代谢变成 Se_2^-，然后 Se_2^- 与 Cd^{2+} 络合，并以 1:1 的比例与特定的蛋白质结合，形成 Cd－Se－蛋白质络合物，从而降低 Cd 的毒性。在联合毒性试验中，Hg－Cu、Cu－Mu 对卤虫无节幼体的毒性为拮抗作用；Pb－Cu、Pb－Mn、Mn－Cd 均为协同作用（李娜，2006）。

刘伟成等（2006）研究发现镉胁迫能诱导肝脏一种自由基催化酶黄嘌呤氧化酶活性升高，催化产生自由基，从而造成 DNA 损伤。金春华（2010）采用单细胞凝胶电泳、琼脂凝胶电泳试验的方法检测了镉胁迫对大弹涂鱼外周血的遗传损伤。大弹涂鱼外周血基因组 DNA 电泳结果表明，镉胁迫可以引起大弹涂鱼基因组 DNA 的断裂，引起外周血细胞的遗传损伤，而 DNA 损伤可作为大弹涂鱼受镉胁迫的生物指标。

渤海近岸领域泥沙等悬浮物含量高，重金属容易被吸附而迁入沉积物中。而沉积物中的污染物存在二次释放的潜在危险，对水体能再次污染。因此，有关沉积物受重金属污染后的生态影响成为研究的一个重要方面。例如，于萍（2010）报道了他们承担“908”专项开展葫芦岛南岸海域沉积物重金属生态风险评价的研究结果。选择葫芦岛南岸海域是由于葫芦岛北侧的锦州湾是全国重金属污染最严重的海域之一，据调查该湾更有 7 km^2 海域由于污染严重，已经成为“无生物区”，不再适合海水养殖；而该岛的南侧海域集中分布有大面积的水产养殖区，是葫芦岛市重要的养殖区，因水体交换也可能受到污染。2009 年 8 月，自葫芦岛南侧海域由近岸向远海布点，采集了35个表层沉积物样品，测定了Pb、Cr、Zn、Cu、As、Hg六种重金属含量，并分别采用地累积指数法和Hakanson评价法进行生态风险评价。结果是用地累积指数法对该区域重金属污染评价，铬、铜、砷污染较轻，汞污染较重，40%的站位达到中度污染水平。应用Hakanson潜在生态危害指数法评价，在总共的35个调查站中，有16个站位重金属污染处于中等潜在生态风险程度，污染最严重的10个站位集中于近岸，其潜在生态风险程度高。依据潜在生态风险指数对调查领域进行分区，结果如图3.5。

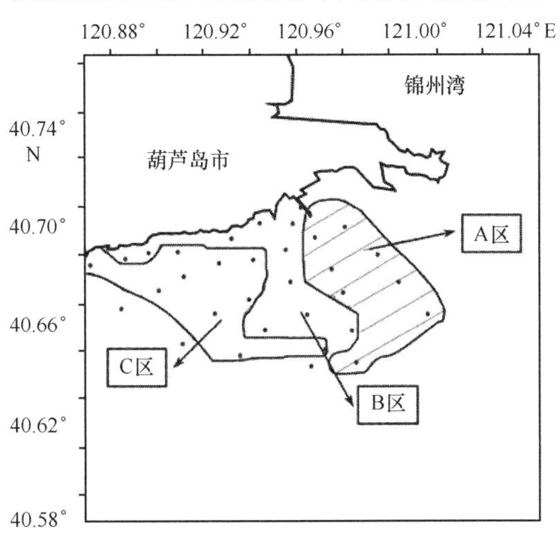

图3.5 依据潜在生态风险指数对葫芦岛南岸重金属污染分区

资料来源：于萍等，2010年，葫芦岛南岸海域沉积物重金属生态风险评

潜在生态风险A区 < B区 < C区，各区重金属对生态风险的贡献大小均为：Hg > As > Cu > Pb > Cr > Zn；Hg在A区属中等生态风险，在B区属高生态风险，在C区属很高生态风险。综合来说，该海域沉积物中所研究的6种重金属对生态系统均存在一定的潜在风险，且大部分区域的潜在生态风险已经较高，对海洋生物的危害性很大，应引起有关部门重视。据张玉凤（2008）报道，2006年9月取锦州湾14个表层沉积物样品，经对Cd、Zn、Cu、Cr、Pb、As六种重金属元素测定，运用Hakanson潜在生态风险评价方法，评价结果是：锦州湾表层沉积物中Zn、As、Cd和Pb等重金属元素已经达到了极重的污染水平，并使得锦州湾海域部分区域长期处于高生态风险等级。

天津市环境监督中心，分别于1997年、1999年、2001年、2003年和2005年的每年5月份，在天津海域共设置17个站位，采样水深在1.7～22.9 m之间，取表层沉积物样，测量Cu、Zn、Pb、Cd、Hg、As等重金属的含量，并参照Hakanson提出的方法进行沉积物重金属的潜在危害评价。所得结果是，天津近岸沉积物重金属主要污染物为Pb，并呈加重的趋势，以大沽口污染最重；天津海域沉积物重金属对海洋生物潜在危害是轻微的，但大沽口、天津海滨浴场和离岸远的14#站位重金属生态危害高于其他海域，危害等级达到中等，6种重金属对天津海域生物潜在危害顺序为Hg > Cd > Pb > As > Cu > Zn（张淑娜，2008）。

陈江麟（2004）用潜在生态因子法评价了渤海表层重金属，该方法中引入重金属沉积——毒理因子（Sedimentological - toxicological factor，Ts）以表征对生态系统的危害程度：

$$R_{E,i}=\frac{C_i}{C_{i,n}}\times T_{S,i}$$

其中，C_i和$C_{i,n}$分别是第i种金属在表层沉积物中的质量分数和参比值。$C_{i,n}$一般采用当地沉积物的平均背景值。依据金属毒性的大量相关研究，4 种元素的 $T_{S,i}$ 取值分别为：Ts，As = 10，Ts，Cd = 30，Ts，Hg = 40，Ts，Pb = 5。由 $R_{E,i}$ 可将潜在生态风险分级为：$R_{E,i} < 20$，$20 \leq R_{E,i} < 40$，$40 \leq R_{E,i} < 80$，$80 \leq R_{E,i} < 160$，$R_{E,i} \geq 160$，分别代表无至轻微（a），中等（b），强（c），很强（d）和极强（e）潜在生态风险状况。

评价结果如表 3.8。就整体而言，在北部海区，Cd 和 Hg 的质量分数明显高于西部渤海湾、南部的黄河口和莱州湾，而且 Cd 和 Hg 的质量分数变动范围大于分布相对均匀的 As 和 Pb。因此，在 Cd 和 Hg 而言，北部辽东湾海区总体分级属偏重至严重污染，辽东半岛、秦皇岛、莱州湾和外海主要是偏中度至中度的 Hg 污染，而在西部渤海湾和南部黄河口，4 种重金属都没有明显表现出污染迹象。渤海全区内 As 的污染分级最轻，而 Pb 只在锦州湾呈现偏中度污染。多金属加和的高污染分级也主要集中在北部海区。由表 3.8 可以看出：①在北部海区，Cd 和 Hg 的生态风险分级明显高于南部黄河口和西部渤海湾；②在秦皇岛沿岸、莱州湾和外海海区，主要生态风险源于 Hg，其次是 Cd；③ 4 种重金属在渤海湾和黄河口的生态风险分级均很低；④渤海海区内 Pb 和 As 的潜在生态风险因子都保持在低水平。

表 3.8　各海区元素潜在生态风险因子平均值、风险分级、排序以及多金属加和排序

海区（站点数）	$R_{E,i}$（平均值/分级/排序）				多金属（加和/分级/排序）
	As	Cd	Hg	Pb	
辽东半岛（5）	3.5/a/9	463.8/e/3	182.4/e/6	3.8/a/7	653.5/e/4
双台子 - 辽河（6）	3.8/a/6	546.0/e/2	283.3/e/4	6.9/a/4	840.0/e/3
锦州湾（4）	3.6/a/8	448.5/e/4	1949.0/e/1	19.1/a/1	2420.1/e/2
辽东湾（8）	3.8/a/6	1413.4/e/1	1879.5/e/2	8.8/a/2	3305.5/e/1
秦皇岛（7）	6.3/a/3	80.1/d/6	287.4/e/3	8.7/a/3	382.5/e/5
渤海湾（16）	7.6/a/1	30.4/b/8	30.2/b/9	3.3/a/8	71.5/c/9
黄河口（3）	7.0/a/2	29.0/b/9	39.3/b/8	3.1/a/9	78.4/c/8
莱州湾（7）	6.2/a/4	44.6/c/7	174.3/e/7	4.4/a/6	229.5/e/7
外海（10）	4.7/a/5	101.1/d/5	189.2/e/5	6.4/a/5	301.4/e/6

注：元素 $R_{E,i}$ 平均值 = Σ［（海区站点 $C_i/C_{i,n}$）/海区内站点数］$T_{S,i}$。

在各海区中，北部海区重金属污染程度最重，Hg 和 Cd 是优势污染物，该海区长期接受大量工业废水的直接或间接排放（尤其是沿海冶炼厂的污水排放）是造成现状的主要原因。秦皇岛近岸较重的 Hg 污染，除入海径流外，来自航运码头的输入很可能也是原因之一。国外的研究表明 Cd 会造成文蛤（*Rudita pes decussates*）繁殖力的损伤，造成雌雄同体现象的出现（Smaoui - Damak W，2001）。

3.1.4　持久性有机污染物的生态效应

持久性有机污染物（Persistent Organic Pollution，POP），指的是那些毒性极高，进入海洋后在海洋环境中持久存在，且能通过食物链在生物体内富集并危害人体健康的有机污染物。

3.1.4.1　渤海环境中 POP 的种类和污染状态

目前受到普遍关注的有机污染物主要是有机氯化合物（如聚氯联苯 PCBs，有机氯农药）、多环芳烃（PAHs）、有机磷农药以及一些金属有机化合物（如三丁基锡 TBT）等。这些有机污染物在渤海的水体、沉积物，乃至生物体内也普遍存在。

据王泰（2007）调查，在海河的水样中，12 种 PCBs 的总浓度为 0.31 ~ 3.11 μg/dm^3（平均值为 0.76 μg/dm^3），渤海湾水体中，PCBs 的总浓度为 0.06 ~ 0.71 μg/dm^3（平均值为 0.21 μg/dm^3），海河水中 PCBs 的浓度比渤海水的 PCBs 浓度高 3 倍多，这表明陆源输入是渤海湾 PCBs 的主要来源。由于我国的地表水环境标准中没有 PCBs 的相关规定，参考美国环境保护局的相关标准，PCBs 在淡水和海水中的标准是 0.014 μg/L 和 0.03 μg/L，若按此标准，海河水和渤海水的 PCBs 均超标。

在海洋环境中，经常被测出的有机氯农药主要有滴滴涕（DDT），六六六（HCH_3）、艾氏剂、狄氏剂等。在 HCH 的 4 种异物体中，β－HCH 结构最为稳定，难以降解，HCH_3在环境中存在越久，β－HCH 所占的比例就越高。在海河水样中，α－HCH 的百分含量呈上升趋势，其原因可能是由于有的 HCHs 输入源所致。在渤海湾水中，β－HCH＋rHCH 的比例占 HCHs 的90%以上，而αHCH 的百分比近于0，这表明渤海湾中的 HCHs 主要是早期残留或由沉积物再溶出。同样在水样中也检出 DDTs（王泰，2007）。又据刘文新（2005）报道，渤海表层沉积物中，DDTs、PCBs 总的来说尚属于较低的水平（表 3.9）。

表 3.9　沿海地区表层沉积物中 DDTs、PCBs 含量比较

沉积物来源	DDTs 总量/μg/g	PCBs 总量/μg/g
全球近海沉积物	0.1 ~ 44	0.2 ~ 400
地中海	0.2 ~ 131	2.4 ~ 401
香港维多利亚湾	1.4 ~ 30.3	3.2 ~ 81
大连湾	2.1 ~ 72.3	1.0 ~ 153
锦州湾	1.0 ~ 154.9	0.6 ~ 32.6
厦门西港及闽江口	6.2 ~ 73.7	8.7 ~ 33.7
珠江口伶仃洋	2.6 ~ 115.6	10.2 ~ 12.5
长江口附近	N. D. ~ 0.6	N. D. ~ 18.9
渤海近岸	0.4 ~ 2.0	N. D ~ 2.1

注：N. D. 为半检出。引自刘文新（2005）。

多环芳烃也广泛存在于渤海的水体，沉积物和生物体中，如在黄河口表层沉积物中，PAHs 为 48.56 ~ 277.12 μg/g，平均值为 122.9 μg/g，其中，以 2 ~ 3 环 PAHs 所占的比例最大（刘宗峰，2008）。近十多年来，由于 DDT、HCH 等有机氯农药在农业生产中禁用，有机磷农药因而在农业上大量施用，使河口、近岸水域普遍受到污染，导致近岸虾、鱼、贝养殖生产常因受有机磷农药污染而蒙受损失。

3.1.4.2　POP 污染生态效应

有关有机磷农药对海洋单细胞藻类、虾、蟹、贝、鱼等的毒性效应（包括致死、半致死、生长、发育、生殖、细胞和亚细胞结构、酶和遗传毒性等），国内已有许多学者（李永祺、唐学玺、汝少国、薛秀玲、邹立、丁跃平、魏渲辉，等等）报道了试验结果。从已有的试验结果来看，不同有机磷农药对海洋生物的毒性有很大的差异，而不同种类海洋生物对有机磷农药的敏感性也有很大的不同，其中，以虾类对有机磷农药最为敏感。如久效磷、对硫磷对中国对虾的 LC_{50} 分别为 0.1 mg/dm^3 和 2.0 μg/dm^3（汝少国，1997）。三唑磷对脊尾白虾、日本大眼蟹、长毛对虾和中国对虾的 48 h LC_{50}都低于 0. 1 mg/dm^3，且虾类的敏感性要高于蟹类（丁跃平，2002）。对虾在生长发育的不同阶段，对有机磷农药的敏感性也不同，大致是蚤状幼体、仔虾的敏感性高于成体，而无节幼体抗性较高。研究表明，有机磷农药进入生物和人体内后，可能造成生物体染色体畸变或 DNA 损伤，进而有可能导致致癌、致畸。为此，国际癌症研究中心（IARC）已将几种有机磷农药，如马拉硫磷、甲基对硫磷等归为可能或可疑的对人致癌物（程晓洁，2008）。有机磷农药对单细胞藻的毒害机理，可初步归结为如图 3. 6 所示。

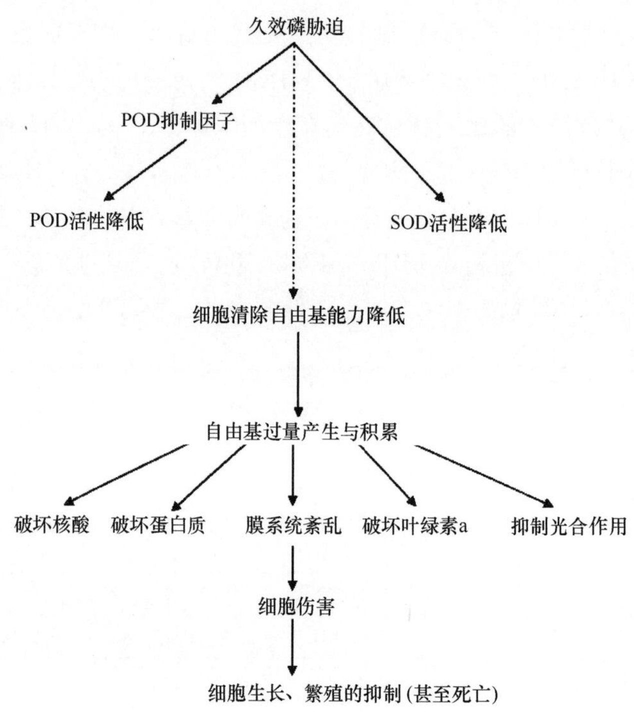

图 3. 6　久效磷对单细胞毒害的机理

资料来源：唐学玺博士后出站报告，1995，久效磷对海洋微藻的毒性及其机理研究

目前发现有效癌作用的倾倒物有 500 多种，而其中有 200 多种是芳香烃类，而多环芳烃是其中最重要的一类。PAHs 按其理化性质可分类两类：2 ~ 3 个苯环的低分子量芳烃，毒性较大，如萘、蒽等，但进入水体后较易挥发；4 ~ 7 个苯环的高分子量芳烃，如芘、萘并（a）芘等，进入水体后不易挥发，也不易被微生物降解，虽对生物的毒性要低些，但进入生物体和人体内具有致癌、致完变作用。美国环保局在 20 世纪 80 年代就把 16 种不带分支的多环芳烃确定为环境中的优控多环芳烃，它们是：萘、芴、菲、蒽、荧蒽、芘、苯并（a）蒽、苯并（b）荧蒽、苯并（k）荧蒽、苯并（a）芘、茚并（1、2、3、cd）芘、二苯并蒽、苯并（g. h. i）芘、亚二氢苊、二氢苊等。林秀梅（2005）对渤海表层沉积物多环芳烃中 9 种 PAHs 的生态风险进行了评价，其结果表明：在辽宁锦州湾近岸，表层沉积物中芴的含量已处于效应区间低值（ERL，很少出现生物有害效应，发生几率 < 10%）和效应区间中值（ERM，对生物出现有害效应，发生几率 > 50%）之间；在秦皇港口附近，芴、蒽、苯并（a）蒽的含量均超过效应区间低值，而其他海区所测站位样品中 PAHs 含量都较低，生态风险小。他们认为，锦州湾近岸和秦皇岛港口海区属于较高生态风险区。基于我国近岸海域有机污染物的环境分布浓度，污染物的急性和慢性毒性，理化性质为赋值指标，建立了基于环境暴露指数

和环境效应指数为基础的优先控制有机污染物定量筛选方法，尝试性的提出了我国近岸海域优先控制的有机污染物名单（表3.10），以此为海洋管理部门在有机污染物排放控制和监督管理方面提供参考（穆景利，2011）。

表3.10　近岸海域优先控制有机污染物名单

序号	名 称	水 体	沉积物
1	多环芳烃	√	√
2	多氯联苯	√	√
3	滴滴涕	√	√
4	六六六	√	√
5	七氯	√	√
6	狄氏剂	√	√
7	硝基苯	√	√
8	五氯苯	√	√
9	六氯苯	√	√
10	有机锡		√
11	艾氏剂	√	√
12	毒死蜱	√	√
13	五氯酚	√	√
14	硫丹	√	√
15	阿特拉津	√	√
16	壬基酚	√	√
17	辛基酚	√	√
18	苯胺	√	√
19	多溴联苯醚		
20	三氯甲烷	√	√

注：引自穆景利（2011）。

表中所列，有15种为联合国UNEP制定的持久性有毒化学污染物，9种为POPs公约禁止或限制使用的持久性有机污染物。

3.1.4.3　环境激素

环境激素又称环境荷尔蒙（environmental hormones），是指能够干扰人和动物体内激素的合成、释放、运输、代谢、激素与受体的结合、功能的表达等生物过程，从而扰乱人和动物内分泌系统，神经系统和免疫系统的机能，并对生殖功能发生影响的人工合成化合物。因此，环境激素又被称为内分泌干扰素（endocrine disruptors）、内分泌扰乱化学物质（endocrine disrupting chemicals）、环境雌激素（environmental estrogens），等等。美国白宫科学委员会在1997年曾对环境激素下定义，即：由于介入生物体内的荷尔蒙合成、分泌、体内输送、结合、作用或分解，而影响生物体正常的维持，影响生殖、发育或行动的外来物质。自从1996年美国Theo Cdloon，John Peterson Myers and Dianne Dumanoski联合撰写的《我们被盗走的未来》（*Our Stolen Future*）一书出版，提出了令人震惊的观点：“未来的世界会被人工合成的有机化学物质的海洋所淹没，许多化学合成物质能模仿自然激素并干扰生物和人类的正常发育”后，许多有机化合物对人和动物能产生的危害引起了世界各国的广泛重视。

目前已确认的环境激素有100多种，主要有：多氯联苯（PCBs），化学农药（许多种类的有机氯农药和一些有机磷农药），工业用洗涤剂，如烷基酚类化合物、邻苯二甲酸酯类人物，等等，增塑剂类，如邻苯二甲酸二丁酯（DBP）、邻苯二甲酸二辛酯（DOP）等以及有机锡等金属有机化合物、如三丁基丁锡（TBT），等等。这些环境激素，大多在渤海的水体、沉积物和生物体内能够被检测出。比如，目前一致公认的普遍存在于海洋环境中的三丁基锡，因为在相当长的期间内，世界各国用它来作为船底的防附着生物涂料，由此使港口和近海水域都能检测出TBT及其分解产物，但各海区浓度有明显的差异。据杨小玲（2006）报道，渤海海域水中，大连海域的丁基锡污染浓度最高，平均可达140.9 μg/mL，这与大连是重要的港口、船舶活动频繁有关。而天津、烟台、龙口等港口水域也发现有较高的丁基锡含量。在营口养殖区的海洋生物也能监测到丁基锡化合物，平均含量为34.7 μg/g，这可能与有些养殖网箱和围栏上面也涂有丁基锡的防污损油漆有关，在贻贝和牡蛎的体内可分别监测到62.3 μg/g和67.3 μg/g。据此，认为贻贝和牡蛎可用来作为水体中丁基锡污染的指示生物，图3.7所示为渤海一些海域贻贝和牡蛎的丁基锡化合物含量。据Waldock（1983）报道，牡蛎对水中三丁基锡（TBT）的富集系数可达到5×10^5倍。

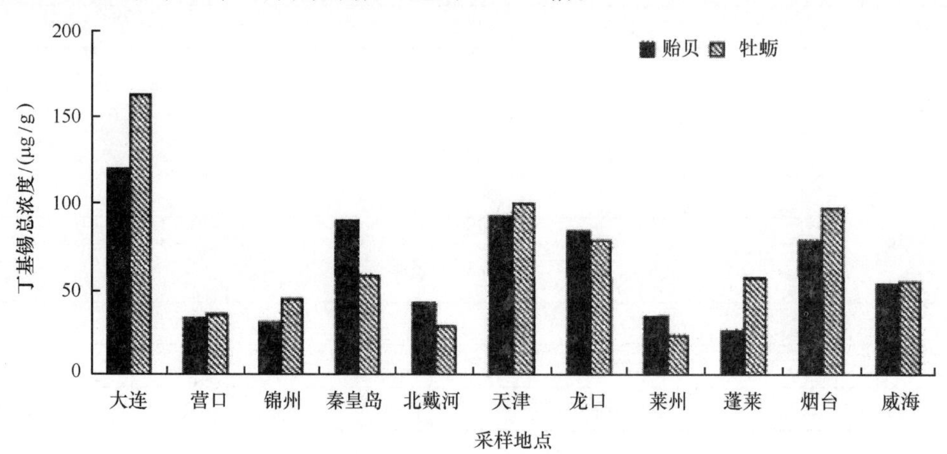

图3.7　渤海典型区域丁基锡化合物的分布

许多调查和实验已证明，腹足类性畸变与有机锡污染有很强的相关性。所谓性畸变即雌性动物体内产生了本不应有的雄性特征，包括出现阴茎、输精管和前列腺等结构。施华宏（2001）对福建、广东主要港口的海螺进行测定，发现大部分海螺TBT含量都超过检测限，质量比达2.1~50.1 μg/g（湿重），且性畸变程度与体内锡的含量成正比。一些研究表明海水中TBT在小于1 μg/L的低浓度条件下就会引起海螺的性畸变，Xinghong Wang（2010）试验显示中，疣荔枝螺（*Thais clavigera*）暴露在含TBT的海水中和通过饲喂受TBT污染的牡蛎，经45 d，然后在干净海水中观察有机锡自螺体内的排除情况。结果发现，雄性疣荔枝螺能较迅速地排出体内的有机锡，而雌性螺比雄性螺对有机锡有较高的生物富集，且从生物器官中排出也慢。正常雌疣荔枝螺和和雄性疣荔枝螺的超氧化物歧化酶（SOD），脂质过氧化物（LPO）和过氧化氢酶（CAT）的活性没有差异，但疣荔枝螺畸变程度愈严重，酶的活力则明显出现紊乱（李张伟，2006）。

研究表明，TBT最显著的生态毒理学效应是能引起腹足类雌性个体产生不正常的雄性特征，包括阴茎和输精管的形成，即性畸变。严重时会导致雌性个体生殖能力的丧失，造成种群的衰退甚至局域性灭绝。为此，腹足类的性畸变是TBT生物监测的有效指标。为了便于评价种群性畸变的程度，国外学者通过研究提出了普适的腹足类性畸变发展过程划分，以便更准确地反映性畸变的形态变化，以利于性畸变程度的评价（图3.8）。

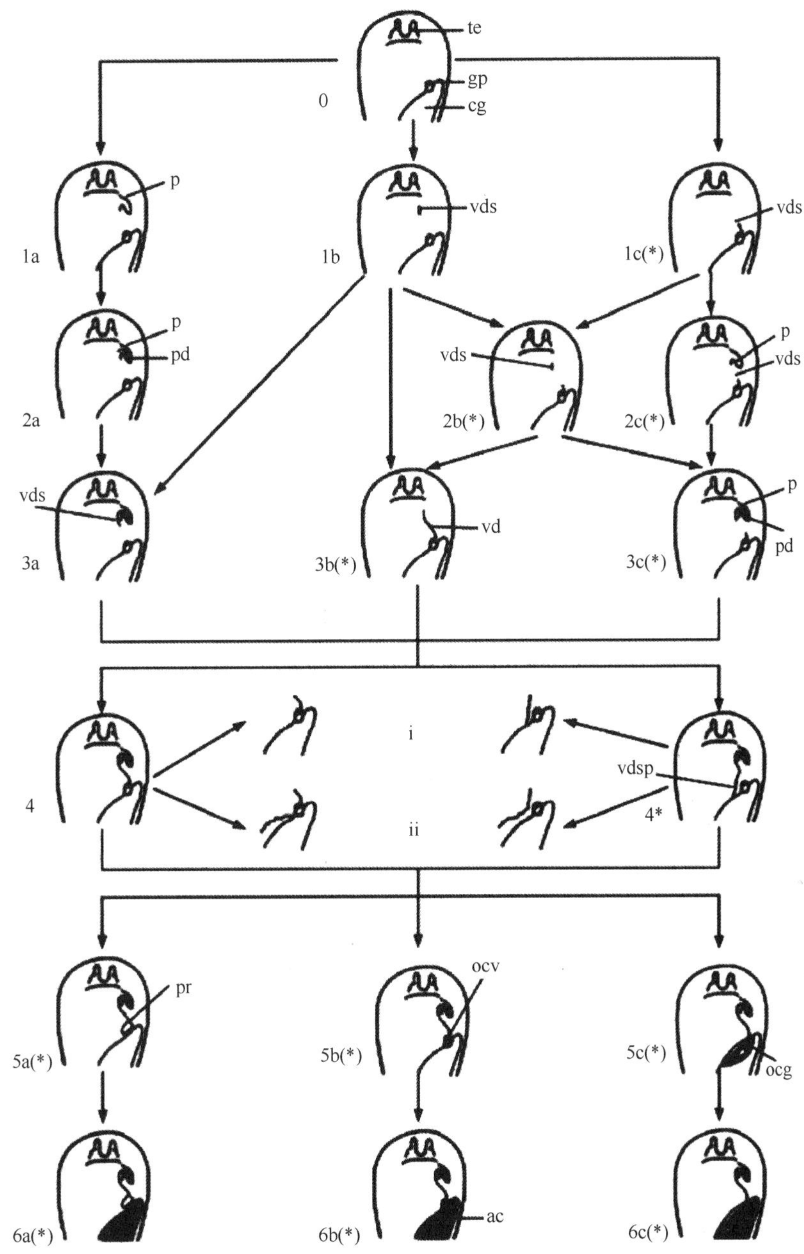

图3.8 普适的腹足类性畸变发展过程划分

引自施华宏等，腹足类性畸变研究进展，2009，海洋环境科学

目前看，环境激素的作用机理主要是：①直接进入细胞内，作用于细胞核内的核酸或酶系统中，引发遗传变异；②与激素受体直接结合，阻碍天然激素与受体结合，影响激素信号在细胞、组织内的传递，导致机体功能失调；③影响内分泌系统与其他系统的调控，引发致癌性、免疫毒性、神经毒性等（吴燕燕，2008）。

关于TBT引起腹足类性畸变的机理，目前提出了几种假说，主要有神经肽假说，认为TBT能阻碍神经内分泌因子－阴茎抑制因子（PRF）的释放，而这一因子负责抑制雌性个体中阴茎的表达；视黄黄酸－X受体假说，认为TBT能与视黄酸－X核受体（TXR）结合，而RXR受体在腹足类中具有雄激素受体的功能；以及脊椎动物类型的类固醇假说，尤其是芳香化酶抑制假说，认为TBT能抑制负责将睾酮转化为雌二醇的芳香化酶的活性，造成睾酮在体内积累而引起性畸变，认为是迄今证据最充分的假说（施华宏，2009）。

3.1.4.4 *病原微生物*

能引起海洋生物和人体致病的微生物，主要是细菌和病毒类，它们进入海洋环境的途径主要是陆源致病微生物通过城乡排污、河流或大气的途径，外来生物物种引入以及通过压舱水输入等。近岸贝类养殖区和海水浴场因受到陆源生活污水微生物污染导致病害流行，在我国也时有报道，最典型的是20世纪70年代在上海因食用受甲肝病毒污染而暴发的甲型肝炎流行病，使数以万计民众患病。通常甲肝病毒感染者排出的粪便中含有甲肝病毒$1\times10^{6}\sim1\times10^{10}$个/g，未处理的生活污水有甲肝病毒$1\times10^{3}\sim1\times10^{5}$个/L，即使污水经过处理，也仍然可以检出有少量的病毒存在，而且甲肝病毒能在海水环境中存活几天至几个月。从1993年起，我国沿海养殖对虾开始暴发大规模病害，养殖对虾产量从近20×10^{4} t跌至$(6\sim7)\times10^{4}$ t，蒙受巨大经济损失。经测定，主要是由白斑病毒（WSV）引起的病毒性病害，推测该病毒可能是由引入对虾亲虾而从境外带入的。

2002年，樊景凤等（2004）对辽东湾海域3个重点养殖区和海水浴场水中的甲肝病毒和粪大肠菌群进行了检测。结果显示：5月份的葫芦岛浴场，鲅鱼圈港及二界沟沿岸海水样品的甲肝病毒检验结果均为阴性；8月份这3个区域海水样品中的甲肝病毒检测结果均为阳性；10月份的海水样品检测结果也均有阳性。对于海水中粪大肠菌群的检测结果，8月份和10月份水样中粪大肠菌群均超标（8月份达≥2 400个/L）由此也表明，以粪大肠菌群指示海水中肠道病毒污染程度也具有较大的可靠性。在2007年5—10月，每月一次采集大连金石滩浴场各站位10 L表层海水，用超滤的方法进行病毒浓缩，采用PCR方法分析了该浴场表层海水中四种主要肠道病毒：轮状病毒（rotavirus，RV）是引起婴幼儿肠胃炎的最主要病原体，每年仅由此种病毒引起的腹泻在世界范围有14亿人之多；星状病毒（astrovirus，ASV），能引起急性病毒性胃肠炎；脊髓灰质炎病毒（poliovirus，PV），也是一种能通过水和食物使人致病的病毒；腺病毒（adenovirus，ADV）是肠道病中唯一的一种DNA病毒，也被提议可作为水体中粪便污染的一种指标。调查结果为：在所采集的24个样品中轮状病毒检出率为12.5%、星状病毒0.9%、脊髓灰质炎病毒和腺病毒分别达29.2%；每个月份均有病毒检出，依据病毒的阳性检出率，8月份该浴场受到的污染最严重，10月份和9月份次之，5月份仅个别水样检出脊髓灰质炎病毒（明红霞，2008）。

船舶压载水的排入引发的病原微生物污染、生物入侵等海洋生态环境安全问题，也被全球环境基金组织（GEF）认定为对海洋的四大威胁之一（陆源对海洋的污染、海洋生物资源被掠夺性开发利用、海洋栖息环境的破坏以及船舶压舱水造成的海洋物种对海洋环境的侵害）。据估计，每年在全球各地间转运的船舶压载水约为100×10^{8} t，一艘载重10×10^{4} t货船携带的压载水量可达$3\times10^{4}\sim5\times10^{4}$ t，平均每立方米的压载水有浮游生物1.1×10^{8}个、细菌10^{11}个、病毒10^{12}个，每天约有3 000～4 000种微生物、病毒、藻类和海洋动植物的胚胎、幼体随压载水在全世界范围内转运、传播。船舶压载的水环境是一种特殊的人工生态环境，经在压载水中驯化并存活的生物往往具有很强的生命力和竞争力，它们一旦被释放到海区中，有些种类将可能暴发式繁殖，对当地的土著生物种类造成很大的冲击。已有许多证据表明，通过船舶压载水转运的途径，是海洋生物物种入侵、生物多样性受破坏和一些养殖动、植物病害大面积发生的主要原因之一。比如，据澳大利亚检疫局（AQIS）估计，超过172种生物入侵澳大利亚海域，大部分是通过压载水传播的，仅腰鞭毛虫（*dinoflagellate*）就造成了近亿美元的损失。1991年有一条货船的压载水把亚洲的霍乱弧菌传播到拉丁美洲，造成数千人患病而死亡。我国沿海养殖动物的严重病害，除对虾可能是外来病毒所为外，21世纪初北方滩涂养殖的菲律宾蛤仔曾暴发大规模因病害而死亡，有的专家认为是外来的帕金虫造成的，而养殖的牙鲆的淋巴囊肿病（Limphocystis disease），也可能是来自邻国的一种病毒所引起的。据“908”专项调查报告，2006年9月，在南隍城岛附近海域首次发生由塔玛亚历山大藻（*Alexamdrium tamarense*）引发的赤潮，导致养殖的鱼类和鲍鱼受损严重。经分析认为，该海域的这种有毒藻类可能是由船舶压载水带入的，在南隍城内湾渔业码头对港内船舶的压载水采样，检测到塔玛亚历山大藻孢囊平均数量达3.8×10^5个/L（宋秀凯，2009）。

据贾俊涛（2010）报道，对烟台港（32艘船）、日照港（30艘船）、青岛前湾港（12艘船）的国外进港的船舶压载水进行取样，经分析共检出50种（属）的细菌，其中，多数为致病菌或条件致病菌。压载水中检出的主要种类见表3.11。

表3.11 山东3地港口入境船舶压载水中检出细菌主要种类和检出率

名 称	检出率（%）		
	烟台	日照	青岛
嗜水气单胞菌（*Aeromonas hydrophila*）	84	67	58
溶藻弧菌（*Vibro alginolyticus*）	75	67	50
创伤弧菌（*V. vulnificus*）	25	37	33
副溶血弧菌（*V. parahaemolyticus*）	31	17	17
大肠埃希氏菌（*Enterobacter coli*）	53	27	75
洋葱伯克霍尔德菌（*Burkholderia cepacia*）	53	30	33
阴沟肠杆菌（*E. cloacae*）	59	37	50
产气肠杆菌（*E. aerogenes*）	44	33	50
布氏柠檬酸杆菌（*C. brakii*）	16	10	25
弗氏柠檬酸杆菌（*C. freundii*）	38	23	50
解乌氨酸克雷伯氏菌（*Klebisella ornithinolytica*）	50	33	42

注：引自贾俊涛，等（2010）。

除外，在少数船舶压载水中还发现梅氏弧菌（*V. metschnikovii*）、霍乱弧菌（*V. cholerae*）、杀鲑气单胞菌（*A. Salmonicidas*）、温和气单胞菌（*A. sobria*）、奇异变形菌（*Proteus mirabilis*）、普遍变形菌（*Proteus vulgaris*）、铜绿假单胞菌（*Pseudomonas aeraginosa*）、肺炎克雷伯菌（*K. pneumoniae*）、土生克雷伯菌（*K. terrigena*）、腐败希瓦菌（*Shewanella putrefaciens*）、拉氏西地西菌（*Cedecea iapagei*）、泛菌属（*Pantoea* sp.）、克吕沃尔菌属（*Kluyvera* spp.）等。根据卫生部颁布的《人间传染的病原微生物名录》，调查所发现的细菌都属于危害程度第三类以上的微生物，对人有比较强的致病性，这为压载水的危害性提供了有力的证据（贾俊涛，2010）。

3.2 海洋非环境污染因素的生态影响

海洋非环境污染因素指具有影响或破坏海洋环境生态作用的直接或间接的干扰因素，主要包括无序、无度、不合理的海岸、海洋工程开发活动，如陆上不合理的水库水坝建设、蓄水量、引水量过大及由此引起感潮域变化、河口盐度升高、入海营养盐减少、渔场变迁以及缺乏宏观战略规划的无序、无度地填海造地、护岸堤、构筑防洪堤、桥梁、港口、码头、养殖设施、海底掘采建筑的砂石及由此引起的岸线移动、港湾面积缩小，海况、（内）纳潮量、水渠、海底形态的变化、化学环境质量的降低，生物栖息地消失和生态失衡等。违反生态规律、盲目的海洋生物资源过度开发活动，如海洋渔业捕捞过度，引发渔业资源衰竭，高密度海水养殖，引发养殖自身污染，降低养殖环境水质，危害养殖生物等。

3.2.1 渔业生产的负面生态效应

3.2.1.1 海洋渔业资源过度捕捞的负面影响

过度捕捞是捕捞超过系统能够承担的数量的鱼，使整个系统退化。捕鱼活动捕捞了太多的某种鱼类，让它们的数量不足以繁殖和补充种群数量。2006 年，联合国粮食农业组织（FAO）的调查报告给出了如下数据：全球范围内的鱼类资源中，52% 被完全开发；20% 被适度开发；17% 被过度开发；7% 被基本耗尽；1% 正在从耗尽状态中恢复。过度捕捞造成两个大问题：第一，人类正在失去宝贵的经济来源和营养源，这些经济来源和营养源对解决社会、经济和饥饿问题有着至关重要的意义；第二，人类不但正在失去某些种类的鱼，还对整个生态系统产生了巨大的影响。一些鱼类的消失可能让整个海洋生态系统面临崩溃的压力。

渤海曾是中国经济鱼类的主要产地，渤海的面积较小，大概只有 7.8×10^4 km^2，平均水深 18 m。辽河、海河、黄河等河流从陆上带来大量有机物质，使这里成为盛产对虾、蟹和鱼的天然渔场。但由于海洋捕捞强度过大，已使渤海的主要捕捞对象已呈明显衰退，并不断加剧。主要表现在 4 个方面；一是海区鱼群分布密度大为降低，几乎已无可捕对象；二是渔业资源捕捞对象劣质化，经济种和优质鱼大量减少，劣质种比例增长；三是鱼类低龄化、早熟化和小型化；四是海区捕捞对象更替频繁，任何一种可捕捞对象在过度捕捞下都不可能稳定较长时间。渤海渔业资源过度开发，不仅危及渔业资源本身，而且还祸及海区的生物多样性和珍稀濒危种的保存和延续。

传统渤海渔业资源以经济鱼类为主，到 20 世纪 60 年代为杂鱼所替代，70 年代大型杂鱼进一步没落而以小型鱼类为主，1982—1993 年鱼类群落多样性指数从 3.609 2（85 种）下降到 2.529 2（74 种），正在形成渔获质量再度趋劣的新生态群落。近年来，天津的扇贝，辽宁的文蛤和海蜇等的捕获量也明显下降，滩涂贝类资源亦在衰退中。1998 年的调查表明，渤海渔业资源生物量仅为 1992 年的 11%。多年来，小黄鱼、带鱼已形不成鱼汛，鲳鱼和鲐鱼也岌岌可危。对虾是渤海的一大特产，70 年代年产量约 2×10^4 t，最高年份 3.4×10^4 t，近几年产量降至千余吨。目前中国渤海内主要为海蜇、毛虾等低营养级动物，且基本形不成鱼汛。其中很大原因是渔业自身的生产活动对海洋生物生态平衡造成损害，使得海洋渔业资源经历了由不充分到充分又到过度利用的过程。50 年代初，渔业生产恢复性发展，产量主要来自于海洋经济鱼类，增长幅度较大。60 年代中期至 80 年代初，捕捞量逐渐达到海洋生物资源的自然增长量。80年代中期水产品价格放开，捕捞行业较高的经济收益吸引大批渔民造船下海捕鱼，渤海渔船数量激增，捕捞能力超过海域资源承受能力使近海渔业资源受到过度利用。随着技术进步，捕捞设备日渐先进，单船生产效率明显提高。这些原因叠加在一起导致了整个渤海主要渔业资源恶化，经济品种所占比重下降。

3.2.1.2 海水养殖的负面影响

海水养殖自身污染是由于养殖过程中固液态废物的排放，而导致养殖水体及其邻近水域污染物含量迢过正常水平，使水体生态功能受到影响的状况。网箱和池塘养殖中，饵料的投入和残饵的生成是促成养殖自身污染的一个重要因素。据相关报道，人工投饵输入虾池的氮占总输入氮的90%左右，其中，仅19%转化为虾体内的氮，其余大部分（62%～68%）积累于虾池底部淤泥中，此外尚有8%～12%以悬浮颗粒氮、溶解有机氮、溶解无机氧等形式存在于水中。即使是在管理得最好的养虾场，也仍会有多达30%的饲料从未被虾摄食，其中，所溶出的营养盐和有机质是影响养殖水环境营养水平甚至造成虾池自身污染的重要因子。新生残饵溶出的氮、磷营养物质是对虾养殖水环境及其邻近浅海环境的主要污染源。鱼类除了残饵以外，还包括鱼类的粪便及其排泄物，这些物质中所含的营养物即氮、磷和有机质，进一步导致水体和底泥富营养化。贝类养殖海区自身污染的形成主要是由于生物沉降作用和由此引起的养殖水域营养物滞留，并进而诱发该养殖区及近邻海域水体的底质缺氧和水质恶化，同时养殖区筏架对海流的阻碍造成水体交换和物质循环减慢，也使局部污染加重，增加了赤潮产生的条件。总体来说，养殖自身污染属于有机污染，其形式主要是增加了氮、磷的环境负荷量。此外，开放性养殖加大了养殖种类形成生物入侵种的风险。

1）对虾养殖的负面影响

对虾养殖的负面影响主要表现在以下两个方面：一方面是导致水质恶化。对虾养殖密度过大，池水恶化，迫使注排水加频，污染的池水排入近海，污染的海水又重新注入虾池，形成恶性循环。当这种受污染的海水抽进虾池后，轻则影响对虾生长，重则引起病害发生。当养殖污水排放导致附近海域赤潮发生时，由于浮游植物的异常暴发性增殖，造成海水pH值升高，赤潮生物的内毒素和外毒素，赤潮生物大量死亡后其尸体在分解过程中造成的水质进一步恶化等，能使赤潮发生区域的生物和养殖对象严重受损害。一旦将赤潮水抽进虾池，将会不可避免地引发虾池生态灾害；另一方面是病原微生物的传播感染。连续交换的海水还是病害传播的媒介。据相关报道，人工投饵输入虾池的氮占总输入氮的90%左右，其中仅19%转化为虾体内的氮，其余大部分（62%～68%）积累于虾池底部淤泥中，此外尚有8%～12%以悬浮颗粒氮、溶解有机氮、溶解无机氧等形式存在于水中。即使是在管理得最好的养虾场，也仍会有多达30%的饲料未被虾摄食，其中所溶出的营养盐和有机质是影响养殖水环境营养水平甚至造成虾池自身污染的重要因子。新生残饵溶出的氮、磷营养物质是对虾养殖水环境及其邻近浅海环境的主要污染源。近年来，由于对虾病害严重，不少业主在潮上带和陆地兴建虾池或改造原有的虾池，利用地下水养殖对虾，虽然获得了短期的经济效益，却造成地下水趋向枯竭，导致局部地面下沉，进而导致海水倒灌。

2）贝类养殖的负面影响

贝类养殖海区自身污染的形成主要是由于生物沉降作用和由此引起的养殖水域营养物滞

留，造成该养殖区及近邻海域水体的底质缺氧水质恶化，同时养殖区筏架对海流的阻碍造成水体交换和物质循环减慢，从而使局部污染加重，并且增加了赤潮产生的水动力条件。贝类形成的生物沉积物经矿化和再悬浮后又可使营养盐重新进入水体。而营养盐的再生是滤食性贝类养殖污染的另一重要体现。生物性沉积导致了有机沉积物的增加，增加了氧的消耗，加速了硫的还原，由于微生物活动的增强，加速了贝床沉积物中营养盐的再生（张福绥、杨红生，2010）。

近年来，在渤海西南部沿岸滩涂，养殖引种泥螺分布范围扩大至养殖区以外，靠自然繁殖成为滩涂优势种，挤占了托氏昌螺等土著种类的分布区域，受自然增殖和养殖投苗的双重影响，2009 年泥螺在渤海湾西岸海河口以南滩面成为优势种，其分布范围较 2008 年进一步扩大（图 3.9）。有人认为，泥螺在该地区已成为入侵种。但因泥螺是经济贝类，在我国沿海泥质海滩较广泛分布，因此称其为入侵种值得讨论。

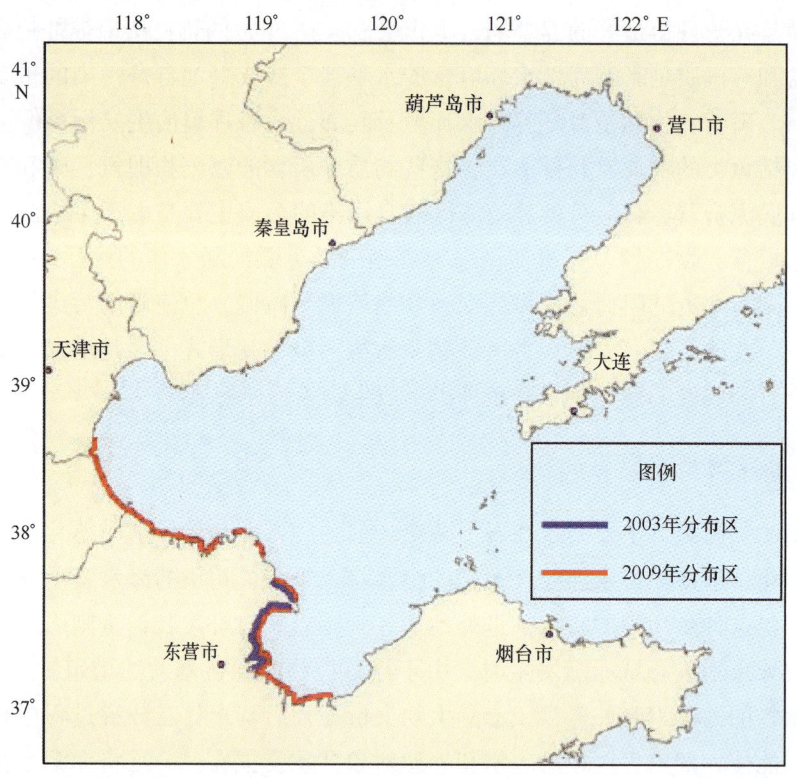

图 3.9　2009 年黄河口附近海域滩涂泥螺分布

3）鱼类养殖的负面影响

饲料是鱼类养殖的主要营养来源，但仅有部分被消化吸收，未摄食部分和鱼类粪便及排泄物进入水体，沉积到底层。底部有机物富集的效应之一便是底部异养生物耗氧的增加。鱼类除了残饵以外，还包括鱼类的粪便及其排泄物，这些物质中所含的营养物即氮、磷和有机质，对水体和底泥将产生富营养化影响。

此外，为防治养殖生物病害，大量使用抗生素药品对海洋生态系统也造成了潜在的危害。比如，在海水养殖较普遍使用的磺胺类抗生素，其进入水体后在水环境中残留，能造成的危害：一是对水生生物有潜在毒性，且通过食物链进入人体后易积累并引发抗药性，对人体健康构成潜在的威胁；二是释放到水环境中的抗生素，可能破坏正常的微生物群落，引起菌群结构失调及其功能紊乱。据那广水（2010）对大连周边海域菲律宾蛤仔的测定，在15种磺胺类中，磺胺噻唑（STZ）、磺胺喹噁啉（SQX）、磺胺嘧啶（SDZ）和磺胺甲基异恶唑（SMZ）等检出率较高，质量分数为1.39～143.29 μg/g，这表明近岸底栖生物中已经有一定量的磺胺类抗生素的残留。

3.2.2 海洋及海岸工程的生态影响

进入21世纪，环渤海地区成为我国社会经济发展的热点地带，相继有天津滨海新区、河北曹妃甸循环经济示范区、辽宁沿海经济带、黄河三角洲高效生态经济区等经济开发区被纳入国家“十一五”发展规划。大规模的海洋资源的开发利用（表3.12），对渤海的生态产生较大影响。

表3.12 渤海重点开发海域情况

<table>
<tr><th colspan="3">重点海域</th><th>规划面积/km^2</th><th>规划用海面积/km^2</th><th>在建和已建工程/个</th><th>主要产业</th></tr>
<tr><td rowspan="5">辽宁沿海经济带</td><td colspan="2">长兴岛临港工业区</td><td>129.7</td><td>33.9</td><td>24</td><td>船舶制造、大型装备制造、能源和化工</td></tr>
<tr><td rowspan="2">营口沿海产业基地</td><td>鲅鱼圈船舶工业区</td><td>18</td><td>18</td><td>2</td><td rowspan="2">化工、冶金、重装备工业等</td></tr>
<tr><td>盘锦船舶工业园区</td><td>100</td><td>60</td><td>2</td></tr>
<tr><td rowspan="2">锦州湾沿海经济区</td><td>锦州西海工业区</td><td>146.8</td><td>4</td><td>1</td><td rowspan="2">港口、石油勘探开发、石油化工、金属（锌）冶炼等</td></tr>
<tr><td>葫芦岛北港工业区</td><td>35</td><td>15.1</td><td>29</td></tr>
<tr><td colspan="3">河北曹妃甸循环经济示范区</td><td>310</td><td>129.7</td><td>29</td><td>码头、钢铁、化工、电能等</td></tr>
<tr><td colspan="3">天津滨海新区</td><td>2 270</td><td>265.5*</td><td>7</td><td>港口、物流、重装备制造、石油化工等</td></tr>
<tr><td colspan="3">河北沧州渤海新区</td><td>3 321</td><td>117.2</td><td>8</td><td>化工、装备制造、能源、新型材料、物流</td></tr>
<tr><td colspan="3">山东黄河三角洲高效生态经济区</td><td colspan="4">初步规划面积约4 400 km^2，尚未进入高效开发阶段</td></tr>
</table>

注：“*”该数据统计不全面。

大规模的围填海工程将不可避免地占用重要的生态岸线，产业的发展占用了大面积的海域空间资源，导致物种原生境破坏，重要生态系统完整性遭到破坏。围填海造地工程通过改变滩涂湿地生境中的多种环境因子，如滩涂面积、高程、水动力、沉积物特性、底栖生物群落及多样性特征等的综合作用，导致滩涂湿地生境退化。同时，部分高耗水、高耗能、高排放的产业的发展，对渤海海洋环境质量造成了较大的威胁。海洋环境质量逐年下降，保护与开发的矛盾日益突出。如唐山海域的曹妃甸通路工程、沧州海域的大港油田进海路工程以及黄骅港建设工程的实施，使其临近的部分水域水动力条件发生改变，成为弱流区，部分区域内底质的沉积物类型将会产生一定程度的变化，对局部区域底栖生物尤其是贝类的栖息环境、幼虫的附着、变态等生长规律将产生不利的影响，造成底栖生物群落优势种、群落结构的改变和生物多样性的降低。再如辽宁省庄河市蛤蜊岛有一块被誉为“北方贝库”的海滩，1986年以前年产贝类5×10^4 t，产值2 000万元。1986年，地方投资120万元，在蛤蜊岛与海岸之间建成1 200 m的引堤，供渔船停靠。此海堤的修建，截断了陆地至蛤蜊岛之间的东西侧的水体交换，加速了细粒物质的淤积，“北方贝库”变成了烂泥潭，贝类完全绝收。虽然在靠近蛤蜊岛处留有9个直径2 m的海水通道，但纳潮量仍然减少1/3，对于维持贝类正常的生存无济于事。

3.2.2.1 辽宁省沿海经济带建设对海洋生态的影响

辽宁沿海经济带在渤海滨海有三个“点”，包括：长兴岛临港工业区、营口沿海产业基地、锦州湾沿海经济区。

1）长兴岛临港工业区

长兴岛临港工业区规划面积129.7 km^2，规划用海面积33.9 km^2，主要产业有船舶制造及配套产业、大型装备制造业、能源产业和化工产业。该工业区邻近大连斑海豹自然保护区，该自然保护区是我国唯一以保护斑海豹为主的国家级自然保护区。长兴岛临港工业区的开发活动将影响到斑海豹栖息与繁殖环境。因此，工业区建设开发应制定有效的保护措施和必要的生态补偿方案，减少开发建设活动对斑海豹的栖息环境和洄游路线的影响。尤其是在长兴岛北侧岸线海域（邻近保护区核心区）应限制开发对斑海豹栖息环境产生影响的建设项目。

2）营口沿海产业基地

营口沿海产业基地所在海域位于辽东湾底部，包括鲅鱼圈船舶工业区、盘锦船舶工业园区，规划面积118 km^2，规划用海面积78 km^2。邻近双台河口水禽自然保护区。至2008年，约2/3岸线成为人工岸线。营口沿海产业基地主要产业有化工、冶金、重装备等。开发活动对营口沿海的湿地、岸线和环境质量产生影响。建议开发过程中应按照集约原则进行密集规划，减少对滩涂、芦苇田的占用，并按照海域的环境容量确定周边各排污口的排污份额，实行主要污染物总量控制。

3）锦州湾沿海经济区

锦州湾沿海经济区包括锦州西海工业区、葫芦岛北港工业区，规划面积182 km^2，规划用海面积19.1 km^2。因工业迅速发展，锦州湾海水环境和沉积物环境均受到铜、镉、砷等重金属污染，潜在生态风险较高（图3.10）。锦州港主要规划产业有石油化工和金属冶炼等，开发过程中应加大产业技术升级和改造，采用先进的清洁生产工艺，减少重金属污染物排放。

锦州湾沉积物环境污染现状

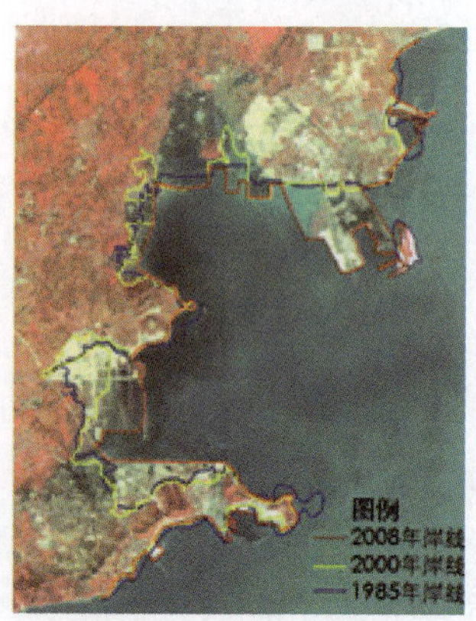

锦州湾岸线年度变化情况

图3.10 锦州湾沉积物及围填海岸线变化

3.2.2.2 河北曹妃甸循环经济示范区

河北曹妃甸循环经济示范区规划面积310 km^2，规划用海面积129.7 km^2。伴随着首钢的迁入，曹妃甸循环经济示范区开始了大规模填海造陆（图3.11），至2008年底，围填海总面积达109.6 km^2。曹妃甸附近大面积海域丧失海洋自然属性，曲折的自然岸线变成了平直的人工岸线，沿岸海岛变成了陆连岛。曹妃甸附近海域已无自然岸线，填海区域向海最大延伸长度为18.5 km。海岸形态和海底地形的大幅度变化对周边海域流场、沉积物冲淤环境产生显著影响；规划的钢铁、化工等产业可能加剧环境污染，开发建设中应按照海域的环境容量确

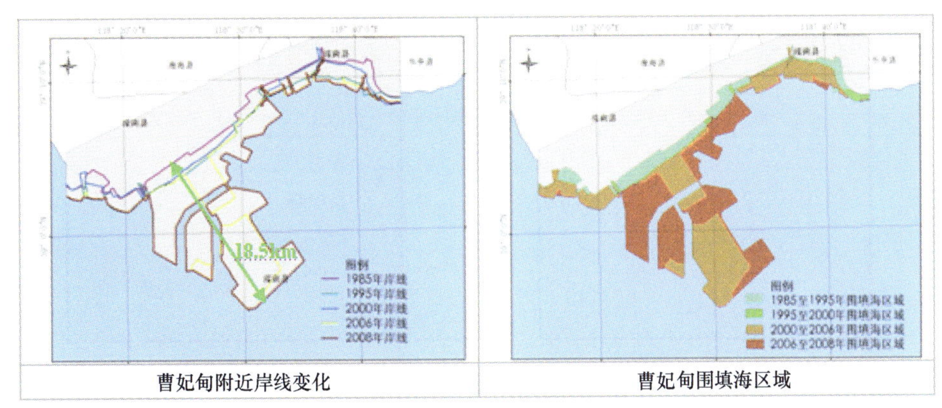

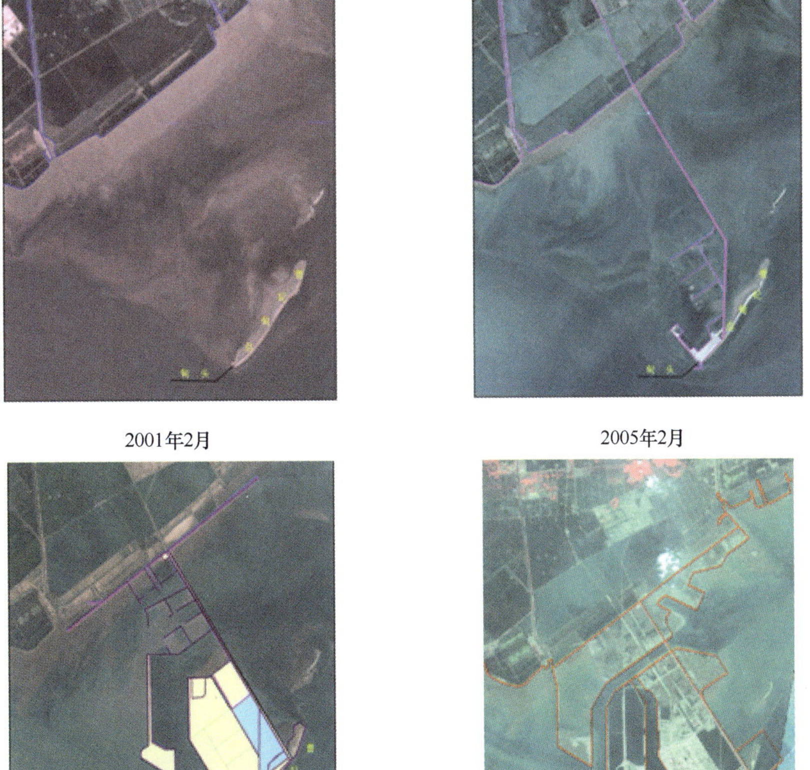

图3.11 曹妃甸围填海岸线变化

定周边各排污口的排污份额，实行主要污染物总量控制。

3.2.2.3 天津滨海新区

天津滨海新区陆域规划面积 2 270 km^2。自 1995 年起天津已无自然岸线，均为人工岸线（图 3.12）。在建海洋工程项目用海总体呈现垂直于海岸的向海延伸突进的开发态势，向海延伸距离为 3.8～16 km，造成了天津近海海域纳潮量降低。天津近岸海域海水环境中氮、磷超标面积较大，天津需建立并实施陆源污染物排污总量控制制度，确定各类污染物排海总量控制时空分配指标和方案。在规划的港口、物流、重装备制造、石油化工等产业开发过程中，应全面推进节水、节能、节地、节材和综合利用，确保引进项目为低消耗、低排放、低污染和高效益的企业和产品，促进海洋环境的可持续利用。

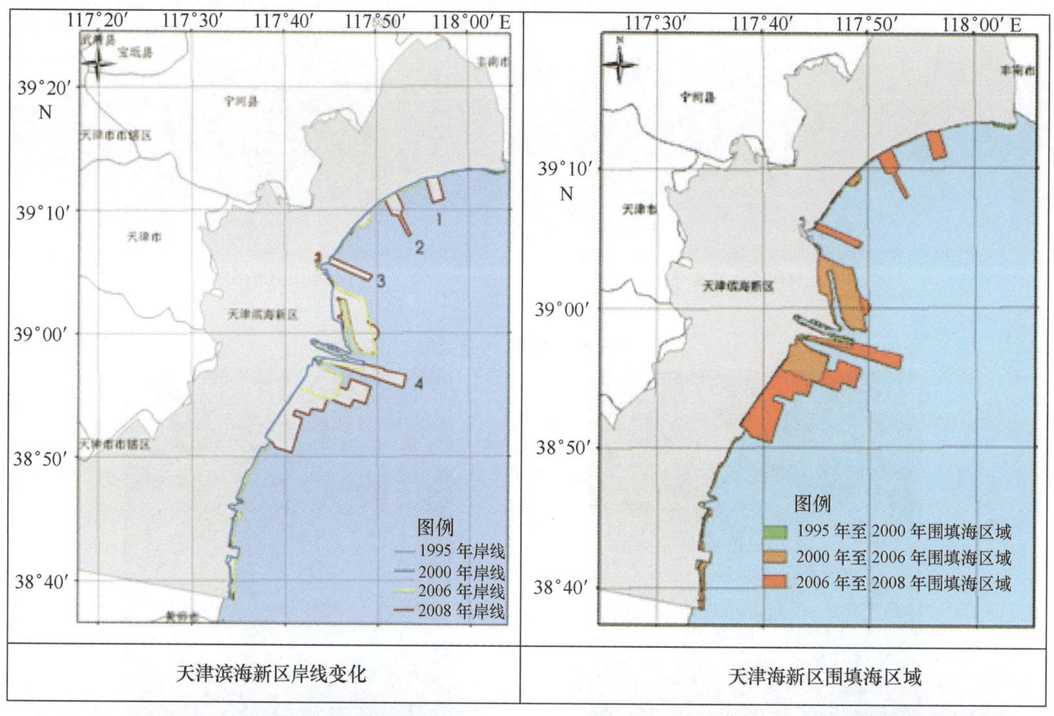

天津滨海新区岸线变化	天津海新区围填海区域

海河口附近海域 (1987年3月)

海河口附近海域 (2008年11月)

图 3.12　天津滨海新区围填海岸线变化

3.2.2.4 沧州渤海新区

沧州渤海新区规划面积3 321 km^2，规划用海面积117.2 km^2，其中，规划填海造地用海面积为74.6 km^2。利用岸线北起南排河口、南至大口河口全长约37.1 km。在工程施工过程和工程完工后，应加强对岸滩冲淤变化的监测，掌握岸滩的变化情况，以改进填海方案，降低用海风险。沧州渤海新区依托黄骅港的港口资源，建立化工业、装备制造业、电力能源、铁合金及新型材料、新型建材与现代物流等产业，建设过程要加大废水、废气、废物的回收利用，对该海域制定严格的入海污染物总量控制制度，以确保海洋环境质量。

3.2.2.5 黄河三角洲高效生态经济区

近几年，黄河口及邻近海域海洋生态系统处于亚健康状态，预测未来两年该地区的生态系统仍处于亚健康状态。

考虑到黄河三角洲正处于大规模综合开发的起步阶段，因此，环境保护要与经济开发并举，重点开发区要着力发展生态产业和循环经济。将海水淡化、雨水收集和中水利用作为产业给予重点支持；适度发展养殖业，有序发展原盐业，加快发展滨海旅游业，合理开发滩海油田和风能，严禁发展污染严重的产业，限制设立海洋倾废区；重点保护好自然保护区内具有重要意义的湿地，保证资源的可持续利用。

3.2.2.6 海岸工程

1）河口大量建闸，阻断了溯河产卵生物的生殖洄游通道

因沿海地区防潮和调蓄淡水的需要，渤海沿岸多数入海河口处修建了防潮闸。入海河口防潮闸只在汛期泄洪时开启，非汛期一般处于关闭状态。河口建闸阻断了中国对虾、刀鲚等溯河产卵生物的洄游通道，并使河口邻近海域失去淡水补充，导致许多依赖河流冲淡水发育的生物面临毁灭威胁。河口区是重要的海洋生物产卵场和育幼场，对渤海生态系统健康具有重要作用，大量的河口建闸致使河口生态功能退化，应引起我们的高度重视，加强对河口建闸的管理（图3.13）。

图3.13 海河入海口防潮闸

2）滨海天然湿地面积缩减，对生态系统健康构成严重威胁

随着渤海沿岸经济开发步伐加快，围填海规模迅速增大。2009 年渤海围填海面积达 60 km^2 以上，约占近 10 年渤海沿岸总填海造陆面积的 1/4，滨海湿地面积萎缩对渤海生态系统健康构成了严重威胁（图 3.14）。由于围海造地项目、环海公路工程及盐田和养殖池塘修建等开发利用活动，渤海大量滨海湿地永久丧失其自然属性，或成为生物群落较为单一、生态功能较为低下的人工湿地。诸多恶化湿地的现象，导致湿地生态功能、社会效益得不到正常发挥，渤海近岸污染加剧、渔业资源下降和生物多样性丧失等问题均与湿地面积萎缩存在一定联系。

图 3.14 黄河口滨海湿地

3.3 海洋生物灾害的危害

3.3.1 赤潮和绿潮

自 20 世纪 70 年代以来，随着环渤海区域经济的发展，工业企业废水排放、港口城市生活污水排放、违章倾废等使渤海海域的生态环境恶化，海洋环境和资源遭到破坏。2009 年，渤海沿岸实施监测的陆源入海排污口（河）共 100 个，每年至少要承受来自陆地的 28×10^8 t 污水和 70×10^4 t 污染物，污染物总量约占整个中国海域接纳污染物总量的 1/2。仅天津市和唐山市每年排入渤海湾生活污水 1.4×10^8 t，工业废水 5.28×10^8 t。另外，北京市每年排入渤海湾的污水量高达 4×10^8 t。

由于渤海是内海且水深较浅，其湾口窄、内径大，环境容量有限，海水交换一次至少需 16 年甚至更长时间。近年来，渤海水体中污染物超标的海域逐年扩大，国家海洋局发布的《2009 年中国海洋环境质量公报》显示：渤海海域未达到清洁海域水质标准的面积约 2.2×10^4 km^2，约占渤海总面积的 28%。严重污染、中度污染、轻度污染和较清洁海域面积分别约为 0.3×10^4 km^2、0.4×10^4 km^2、0.6×10^4 km^2 和 0.9×10^4 km^2。

在整个渤海海区中，辽东湾、渤海湾和莱州湾污染最为严重，三者纳污量之和占整个渤海的 92%。据统计（《中国海洋环境质量公报》，2009 年），渤海湾无机氮的超标率达 50%，无机磷超标率 38%。含氮总量（TN）、含磷总量（TP）超标严重。且渤海海岸带地区的 TN 和 TP 浓度高于中部海区。由于海岸带地区比中部海区更容易受到不同频率和程度陆域活动的

影响，因此，在辽东湾、渤海湾和莱州湾各海岸带地区，TN 和 TP 浓度变化剧烈，中部海区的 TN 和 TP 浓度较稳定，变化平缓。另外，海洋水文和海洋动力学特性对污染物的扩散起到重要的作用，在海流较弱的物质输移作用下，大部分受污染海区靠近海岸带地区，尤其是在河口地区。所以，陆源污染是造成渤海中部海区水质下降和富营养化的主要原因。

渤海水质的恶化，导致其生态环境遭到破坏，海洋生物大量中毒、死亡，一些经济鱼类濒于灭绝。污染物的底质溶出和生物尸体氧化分解，又补充了渤海营养盐，进一步促使海水富营养化。根据全国海洋污染监测网的调查表明，渤海已变成富营养化海域，河口区正逐渐向高度营养化过渡，加之近年来气候日渐变暖，为赤潮的形成提供了条件，使渤海成为赤潮灾害频发海域。

3.3.1.1 赤潮

赤潮（red tide）是海洋中的一些浮游生物在适宜的条件下大量繁殖、聚集，导致海水变色的生态异常现象。能够形成赤潮的生物主要是微藻以及部分细菌和原生动物。渤海最早发现赤潮的记录是 20 世纪 50 年代。据统计，截至 2009 年底，渤海总共发现赤潮 121 次，赤潮累计面积约 46 681 km^2（表 3.13）。其中，在 1952—1989 年的 37 年中，渤海共记录到赤潮 3 次，累计赤潮发生面积 3 320 km^2。进入 90 年代，渤海赤潮发生的频率和面积明显增加，10 年共记录到赤潮 27 次，赤潮面积累计 17 530 km^2，分别为 1952—1989 年的 9 倍和 5.3 倍。进入 21 世纪以来，渤海发生赤潮的频率和面积进一步明显扩大，从 2000—2009 年的 10 年中共记录到赤潮 92 次，累计赤潮面积约 25 781 km^2，分别是 90 年代的 3.4 倍和 1.5 倍。值得注意的是，1998 年至今，渤海还发生了多起大面积有毒藻赤潮，且 2009 年 6—7 月份秦皇岛附近海域发生的微型鞭毛藻赤潮是我国首次纪录（《中国海洋环境质量公报》，2000—2009 年）。

表 3.13 渤海海域历年发生赤潮情况统计

赤潮发生年份	赤潮次数	赤潮面积/km^2
1952—1989 年	3	3 320
1990—1999 年	27	17 530
2000 年	7	2 000
2001 年	14	2 270
2002 年	14	300
2003 年	12	460
2004 年	12	6 520
2005 年	9	5 320
2006 年	11	2 980
2007 年	7	672
2008 年	1	30
2009 年	4	5 279

通过对近年赤潮的总结发现，渤海几乎所有的近岸海域都发生过赤潮，辽东湾北部海域（特别是锦州湾）和渤海湾是赤潮多发区。渤海海域的赤潮主要发生在 6—8 月，并且高发期集中、持续时间延长。赤潮的最后发生时间延迟，10 月底仍有赤潮发生。渤海赤潮灾害明显呈现出发生时间段延长、发生次数和面积增加、分布空间扩大、优势种类增多的发展趋势。赤潮发

生区域已经从近岸局部海域向整个渤海近岸海域蔓延（《中国海洋灾害公报》，2001—2004 年）。

根据对我国渤海赤潮灾害有潮种记录的统计结果显示（《渤海海洋环境质量公报》，2008—2009 年），渤海赤潮主要优势种类为：夜光藻、球型棕囊藻、红色中缢虫、叉角藻、裸甲藻、中肋骨条藻、微小原甲藻、利马原甲藻等。其中，球型棕囊藻、米氏凯伦藻、利马原甲藻等均为有毒赤潮种。

如表 3.14 所示，夜光藻赤潮在发生次数（31 次）和累计面积（15 280 km^2）两方面均居首位，分别占统计总数的 37.3% 和 35.3%。发生次数位居第二的是球型棕囊藻（8 次），累计面积 3 960 km^2，分别占总数的 9.6% 和 9.2%。发生次数位居第三的是红色中缢虫（5 次），占统计总数的 6.0%，但其累计面积（1 107 km^2）相对较小，占统计总数的 2.6%。赤潮累计面积位居第二的优势种是叉角藻（5 030 km^2），发生次数（4 次），分别占统计总数的 11.6% 和 4.8%。赤潮累计面积位居第三的优势种是赤潮异弯藻（4 525 km^2），发生次数（4 次），分别占统计总数的 10.5% 和 4.8%。

表 3.14　渤海赤潮主要优势种类及比例

优势种类	次数	次数比例/%	面积/km^2	面积比例/%
夜光藻	31	37.3	15 280	35.3
球型棕囊藻	8	9.6	3 960	9.2
红色中缢虫	5	6.0	1 107	2.6
叉角藻	4	4.8	5 030	11.6
赤潮异弯藻	4	4.8	4 525	10.5
中肋骨条藻	4	4.8	3 512	8.1
裸甲藻	3	3.6	4 302	10.0
微小原甲藻	3	3.6	569	1.3
海洋卡盾藻	3	3.6	120	0.3
利马原甲藻	2	2.4	3 208	7.4
角毛藻	2	2.4	45	0.1
圆筛藻	2	2.4	35	0.0
米氏凯伦藻	2	2.4	17	0.0
丹麦细柱藻	1	1.2	770	1.8
微型鞭毛藻	1	1.2	500	1.2
舟形藻	1	1.2	130	0.3
浮动弯角藻	1	1.2	100	0.2
海洋褐胞藻	1	1.2	20	0.0
塔玛亚历山大藻	1	1.2	3	0.0

赤潮是一类重要的海洋生态灾害，赤潮生物在特定的适宜环境条件下突发性的急剧增殖，使海域生态平衡遭到破坏，食物链中断。大量赤潮生物的呼吸作用，严重消耗水体内的溶解氧，溶解氧由正常的 5 mg/L 以上迅速下降至 1 ~ 2 mg/L 左右，使鱼、虾、蟹、贝类因严重缺氧窒息而死亡。赤潮生物个体体积小，密度大，达 $1 \times 10^6 \sim 1 \times 10^7$ 个/mL，堵塞鱼鳃，使呼吸受阻，引起窒息死亡。有毒赤潮生物分泌的外毒素和分解产生的内毒素，使生物中毒死亡。赤潮生物急剧繁殖，耗尽水体内的氮、磷营养盐，死亡的赤潮生物残骸经细菌分解，产生硫化氢、甲烷等有害气体，使水体腐败，水质恶化。赤潮生物毒素通过食物链蓄积造成海洋生

物或人类中毒，增加了海产品的食用安全风险。渤海赤潮的频繁发生对海水增养殖业、滨海旅游业等海洋经济主导产业产生了严重的影响，造成巨大的经济损失（《中国海洋灾害公报》，1989—2008年）。有关赤潮的发生机理、危害和防治等内容，可参见本书东海篇。

3.3.1.2 绿潮

2009年6月23日至7月中旬，天津附近海域发生小规模浒苔（*Entermorpha prolifera*）绿潮，引发绿潮的藻类与2008年青岛绿潮种同为绿藻纲石莼目浒苔属，这已是该海域连续第三年发生浒苔绿潮。浒苔绿潮持续时间20余天，分布海域面积约90 km²，覆盖率较低，且多为1 m²以下的小团块，绿潮严重程度明显低于2008年青岛绿潮，未对附近海域水质环境和沿岸养殖区造成明显影响（图3.15）。

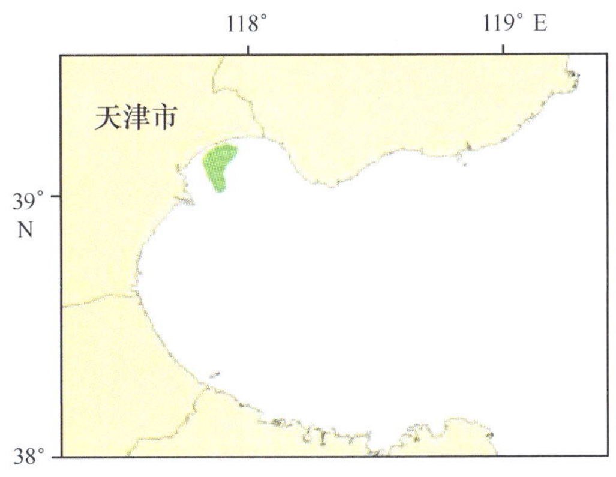

图3.15 2009年天津附近海域绿潮发生示意图

浒苔没有毒，但有着潜在的危害。其潜在的危害有以下三个方面：第一，堆积在海滨和沙滩上的浒苔腐烂，会产生污水和臭气，对环境造成不小的威胁，尤其对旅游业影响巨大；第二，没有漂到岸边的浒苔在天气不好（阴天、大风）的情况会下沉，这些下沉的浒苔可能会造成底层水环境的恶化；第三，浒苔暴发会减少滩涂贝类及各类水产养殖的产量。

3.3.2 外来种入侵

人类对海洋的开发活动，如渔业捕捞、水产养殖、水生生物贸易、科学研究、开辟航道和船舶运输等，可能有意或无意引入该区域历史上并未出现过的新物种。这些物种被称为外来物种，倘若当地环境适于其生存和繁衍，外来物种种群数量增加，分布区逐渐扩大，就构成了生态入侵。

3.3.2.1 大米草

20世纪60年代，我国从英国引进大米草，在江浙海滩试种成功。经过人工种植和自然繁殖扩散，目前，我国已成为世界上种植大米草最多的国家。在我国北起辽宁锦西，南至广西合浦的100多个县市的沿海滩涂以及黄河三角洲、渤海湾等处，大米草大量繁殖蔓延。大米草为我国沿海地区抗风护堤、促淤造陆确实起过积极作用，并产生了一定的生态经济效益。但是近几年来，大米草在渤海海岸带地区疯狂蔓延，覆盖面积越来越大，已到了难以控制的地步。大米草的疯狂生长，导致贝类、蟹类、藻类、鱼类等多种生物窒息死亡，并与海带、紫菜等争夺养分；堵塞航道，影响海水的交换能力，导致水质下降，诱发赤潮；与沿海滩涂的本地植物竞争，致使大片树林消亡。

3.3.2.2 球形棕囊藻

入侵物种中海洋微小型藻类的代表是球形棕囊藻。1997 年在我国海域首次纪录有球形棕囊藻，而如今球形棕囊藻在渤海至南海海域均有分布。棕囊藻有毒，系金藻门，定鞭藻类，在渤海海域曾多次引发赤潮。该藻球形群体外围具有一层柔软的胶质被且藻体含多糖，当大量繁殖形成赤潮时，含胶质和糖的藻体便紧紧贴在鱼鳃上，影响鱼的呼吸和摄食，致使鱼类窒息，缺氧而死亡；而且，该藻巨大的生物量（尤其是黎明和傍晚时）可造成水体缺氧导致灾害。再加上藻体和藻细胞死亡腐烂后会产生溶血毒素等有毒物质，对水体环境的破坏将持续一定时间，严重时会导致鱼类大面积死亡，对网箱养殖和对虾育苗危害更大。

海洋入侵生物对遭受入侵海域的特定生态系统的结构、功能及生物多样性产生严重的干扰与破坏，降低了区域生物的独特性，打破了维持全球生物多样性的地理隔离。原来的生态系统食物链结构被破坏、生态位点均势被改变，入侵种的生物学优势造成本土物种的数量减少乃至灭绝，引起生态系统结构缺损、组分改变，威胁生物多样性，导致生态系统单一和退化。

3.3.3 病原微生物

因受到陆源生活污水污染，近岸贝类养殖区和海水浴场引发甲型肝炎流行的事件在国内外频频发生。甲肝病毒感染者排出的粪便中含有甲肝病毒 $1\times10^{6}\sim1\times10^{10}$ 个/g，未处理的生活污水中有甲肝病毒 $1\times10^{3}\sim1\times10^{5}$ 个/g，即使经过处理的生活污水中仍有大量的病毒存在。由于甲肝病毒能在海水中生存几天至几个月，因而排污口附近的贝类养殖区和海水浴场均有被污染的可能。相关资料显示，葫芦岛浴场、鲅鱼圈港及二界沟沿岸海水样品中甲肝病毒检测结果均为阳性。这不仅危害水产养殖，且影响人类健康。如滤食性双壳贝类能将水环境中的甲肝病毒富集在体内，当人类食用，尤其是生食了这种贝类，极易导致甲肝病毒的感染。

在渤海辽东湾近岸表层海水样品的调查显示，海水中甲肝病毒的检出率约为 33.3%，粪大肠菌群含量超过渔业水质二类标准近半，超标率 46.2%，此类海水不适宜水产养殖。其中，春季采集的水样中没有检出甲肝病毒，但是夏秋两季采集的样品中全部检出甲肝病毒。在春季采集的样品中粪大肠菌群全部符合渔业水质二类标准，而夏、秋两季采集的样品全部超过渔业水质二类标准，尤其是大雨后的夏季，菌数高达 24 000 个/L，超过渔业水质二类标准 12 倍有余。表明夏秋季节辽东湾近岸海域水环境受近岸生活污水影响严重（樊景凤等，2004）。

此外，外来物种在迁移的过程中也极可能携带病原微生物，而由于当地的动植物对它们几乎没有抗性，因此很容易引起病害流行，甚至可能对人类造成严重的伤害。从 1993 年起，我国海水养殖对虾开始流行大规模病毒病害。对虾白斑病（White spot disease，WSD）是由白斑病毒（WSV）引起的一种对虾传染性疾病，是全世界养殖对虾中危害最为严重的对虾病毒病之一。由于其严重性和广泛性，已被国际兽疫局（OIE）列为必报疾病之一。该病 1993 年在日本的养殖对虾中首先暴发，同年，在中国也报道了渤海海区养殖的中国对虾暴发白斑病。占我国对虾养殖达 80% 比重的中国对虾在 1993 年受白斑病毒冲击，减产 70%，损失惨重。2000 年我国北方滩涂养殖菲律宾蛤仔暴发性大规模死亡，主要原因是一种世界性的海洋污染生物——帕金虫的危害。近年来，北方养殖海参暴发疾病，病因也可能与引种带来的病毒有关。由于病原微生物形体微小，极易通过各种途径入侵、扩散，而目前的检疫、检测措施又难以及时发现和阻隔。因此，对人类健康、经济发展乃至社会稳定和国家安全均构成的威胁更严重。

渤海局部海域生态灾害发生频率上升、新型生态灾害增多，预示着渤海生态系统健康受到外来压力的干扰加重，海洋环境保护形势依然严峻。

3.4 海岸侵蚀和海水入侵

海岸侵蚀是指海水动力的冲击造成海岸线的后退和海滩的下蚀，是世界范围内普遍存在的一种海岸地质灾害。我国是侵蚀灾害最为严重的国家之一。自20世纪50年代末期以来，我国海岸线已发生逆向迁移变化。多数沙岸、泥岸由淤进或稳定转为侵蚀，导致岸线后退。

海水入侵是由于自然或人为原因，使海滨地区含水层中的淡水与海水之间的平衡状态遭到破坏，导致海水或与海水有水力联系的高矿化地下咸水沿含水层向陆地方向扩侵的现象。海水入侵可导致地下水咸化，致使土壤产生不同程度的盐渍化。土壤盐渍化是土壤中积聚盐分形成盐渍土的过程，盐渍化程度可分为非盐渍化、轻盐渍化、中盐渍化、重盐渍化和盐土。

我国70%左右的砂质海岸线以及几乎所有开阔的淤泥质岸线均存在海岸侵蚀现象。总体上看，长江以北的海岸侵蚀重于长江以南。海岸侵蚀造成海滩减少、破坏防风林带造成土地流失，冲毁房屋、道路、沿岸工程和旅游设施，给沿海地区的社会经济带来较大损失。

3.4.1 海岸侵蚀

渤海海区是我国海岸侵蚀的重灾区，国家海洋局2009年继续重点海岸现场监测和航空遥感比对监测的结果表明，龙口至烟台岸段和海口长流镇镇海村岸段的砂质海岸侵蚀速度加快；营口盖州—鲅鱼圈岸段和葫芦岛绥中岸段海岸侵蚀速度减缓（表3.15）。

表3.15 2003—2009年渤海重点岸段海岸侵蚀状况及变化趋势

监测岸段	海岸类型	监测内容	2003—2006年	2006—2009年	变化趋势
辽宁营口盖州—鲅鱼圈岸段	砂质	侵蚀岸线长度/km	15.0	13.5	↘
		最大侵蚀速度/（m/a）	2.0	1.5	↘
		平均侵蚀速度/（m/a）	0.7	0.5	↘
辽宁葫芦岛市绥中岸段	砂质	侵蚀岸线长度/km	40.8	30.0	↘
		最大侵蚀速度/（m/a）	4.1	5.0	↗
		平均侵蚀速度/（m/a）	3.0	2.5	↘
山东省龙口至烟台岸段	砂质	侵蚀岸线长度/km	28.8	49.7	↗
		最大侵蚀速度/（m/a）	19.0	25.0	↗
		平均侵蚀速度/（m/a）	4.4	4.6	↗

注：↗升高；↘降低。

3.4.1.1 辽宁省岸段侵蚀状况

辽河三角洲已普遍发生了海岸泥沙匮缺，导致海岸和湿地被侵蚀现象。其原因有二：一是最近几十年来，各大河流上游兴修水库和河口建闸，使河流入海的泥沙减少；二是在海滩大量挖砂。

辽河三角洲湿地发育的是粉砂淤泥质活淤泥质海岸。由于这种海岸的细粒沉积物很易被波浪搅动进入悬浮状态并被潮流运走，因此它们在沉积和地貌动态上很不稳定，发育与否完全依赖泥沙来源，即泥沙的收支变化。因此，一旦泥沙来源减少、匮缺，海岸带特别是发育在淤泥岸上的湿地就会被迅速侵蚀掉。因河流上游修水库和河口建闸，使河流入海的泥沙显著减少。

2009 年《国家海洋环境质量公报》指出，在营口盖州—鲅鱼圈岸段长 60.0 km 的岸线中，近 13.5 km 的岸段受蚀后退，最大侵蚀宽度位置在腾房身海岸附近，侵蚀速度约 1.5 m/a；在葫芦岛市绥中岸段长 82.0 km 的岸线中，六股河南至新立屯 30 多千米岸线遭受侵蚀，最大海岸侵蚀宽度位置在南江屯附近，长达 2.0 km 的岸线，侵蚀速度约 5.0 m/a，主要是由于六股河口门外海底大量采砂和岸上突堤工程拦截泥沙所致（图 3.16、图 3.17）。

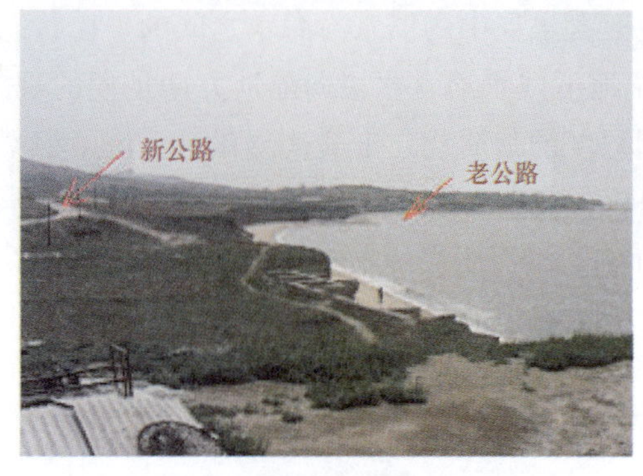

海岸侵蚀造成公路改道

海岸侵蚀陡坎达8 m

图 3.16　营口市盖州海岸侵蚀

图 3.17　绥中南江屯砂质海岸侵蚀状况（2009 年 8 月）

3.4.1.2　河北省岸段海岸侵蚀状况

20 世纪 80 年代以来，秦皇岛—滦河口一带岸线平均后退 100 m，目前仍以每年 2 ~ 3 m 的速度后退；狼坨子一带自 1939 年以来，已后退 500 m，修建在大河口堡的龙王庙已坍入海中。秦皇岛毗邻海域古潟湖沉积—古砾石堤，随着秦皇岛油码头和其他海岸工程对海洋动力环境的改变，有的被冲刷露出滩面，有的已完全遭到破坏，海滩变窄、变陡、砂质粗化。秦皇岛岸线汤河口至东堡岸段平均海蚀速度约为3.6 m/a；油码头至沙河口岸段，平均海蚀速度为3～4 m/a；北戴河中直浴场平均海蚀速度约为2～3 m/a。

3.4.1.3 山东省岸段海岸侵蚀状况

1）黄河口附近海岸侵蚀

在老黄河入海口地区，1976年黄河改道后，0 m水深线蚀退10.5 km，年均437 m。黄河三角洲北缘和山东半岛砂质海岸地段侵蚀剧烈（图3.18）。

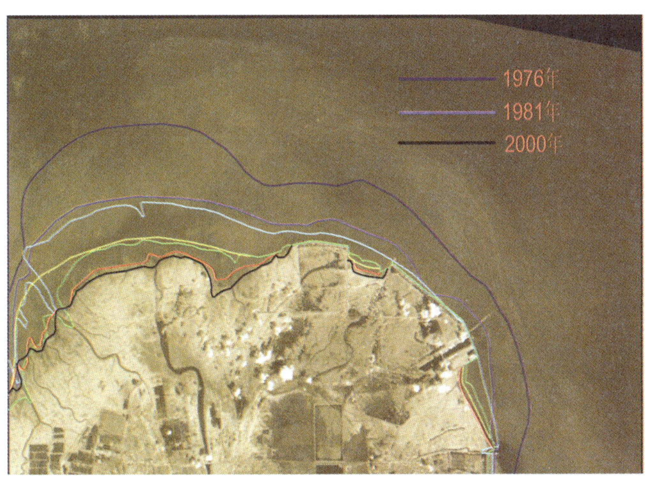

图3.18 黄河口附近海岸侵蚀

黄河三角洲是黄河河口流路不断改道摆动延伸淤积而成的新生陆地，在海岸推进扩大造陆的过程中，河水流路走水的岸区明显淤进。而废弃不走水的故道，在海洋动力作用下，其岸则会蚀退。因此，在三角洲造陆过程中，既有淤进也有蚀退。

过去黄河来水来沙量大，淤进大于蚀退。1976—1996年的20年间，黄河三角洲地区共淤进556.97 km^2，其中，1976—1986年年均造陆37.65 km^2，1992—1996年年均造陆13.00 km^2，1997年10月至1998年10月造陆面积10.98 km^2。黄河中、下游自1972年开始，经常发生断流现象，1997年利津水文站断流226 d。1999年以后，黄河不再断流，但径流量仍比较低。2008年黄河入海径流量与20世纪50年代相比明显降低（图3.19、图3.20，表3.16）。由于黄河入海泥沙锐减，造陆率明显减小。黄河尾闾也出现严重的侵蚀现象。国家“973”项目研究成果表明，近30年来，黄河三角洲淤积速率显著减慢，整个黄河三角洲表现为不同程度的侵蚀，整体为蚀退。据山东省地矿局测算，1996年以来黄河三角洲正以平均7.6 km^2/a的速度在蚀退。至2004年，累计减少陆地面积68.2 km^2，岸线蚀退率之高世界罕见。孤东、飞雁滩是黄河三角洲胜利滩海油田的两大高产油区，但所处位置也是黄河三角洲侵蚀最严重的岸段。1976—2000年的24年间，0 m等深线冲刷后退1 050 m，年均蚀退437 m。孤东堤前水域8 m水深以内，由于得不到黄河来沙的补给，岸滩已经表现为侵蚀。由于黄河改道，飞雁滩区域泥沙来源断绝，向海凸出的地形也受到了强烈侵蚀，岸滩和水下岸坡遭受强烈冲刷后退，侵蚀后退速率大于100 m/a。水线目前已经进入油田内部，严重影响到飞雁滩油田的生产建设。

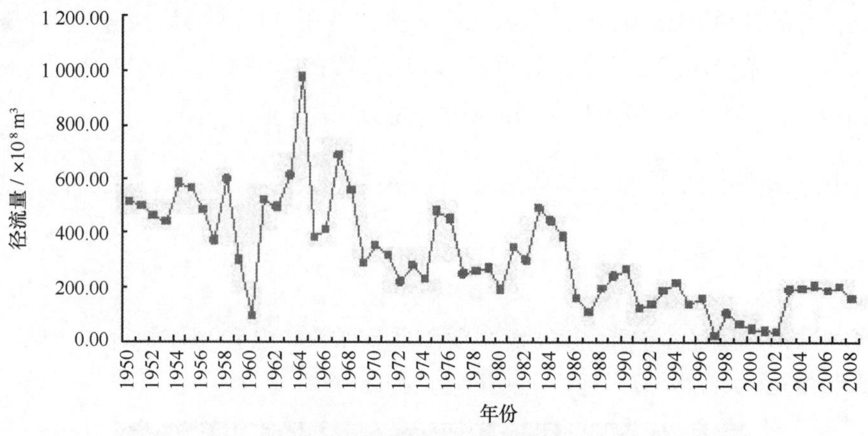

图 3.19 黄河历年径流量变化

引自黄河利津水文站

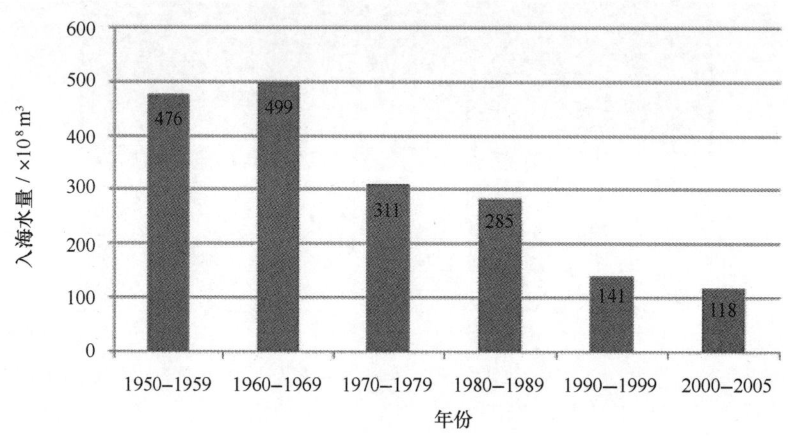

图 3.20 黄河年均入海水量变化

表 3.16 不同年代黄河断流情况统计

年份	1970—1979	1980—1989	1990—1999
最早断流时间	4 月 23 日	4 月 4 日	1 月 1 日
断流年数/a	6	7	9
断流天数/d	86	105	901
平均断流天数/d	14	15	100
年最大断流天数/d	21（1979 年）	36（1981 年）	226（1997 年）
年平均断流长/km	242	256	418
年最大断流长/km	316（1974 年）	662（1981 年）	704（1997 年）

现代黄河三角洲海岸侵蚀具有明显的时空分布特征。以黄河港为界，北部的刁口河岸段侵蚀强烈，以南的行水岸段呈现出堆积趋势。1953 年黄河改道神仙沟，1964 年 1 月改道刁口河，神仙沟口至甜水沟口从 1964—1976 年蚀退面积达 166 km^2，岸线蚀退速率为 3.82 km/a。1976 年 5 月黄河改走清水沟流路后，刁口河故道入海口岸线迅速蚀退，刁口河入海口目前已

经后退10 km，刁口河岸线附近侵蚀平均13 km/a（图3.21、图3.22）①。时间上，改道初期该岸段侵蚀速度很快，近10年来蚀退明显减缓。1976—1984年，岸线蚀退年均约为400 m，1984—1992年年均约为300 m，1992—2004年年均约为120 m。

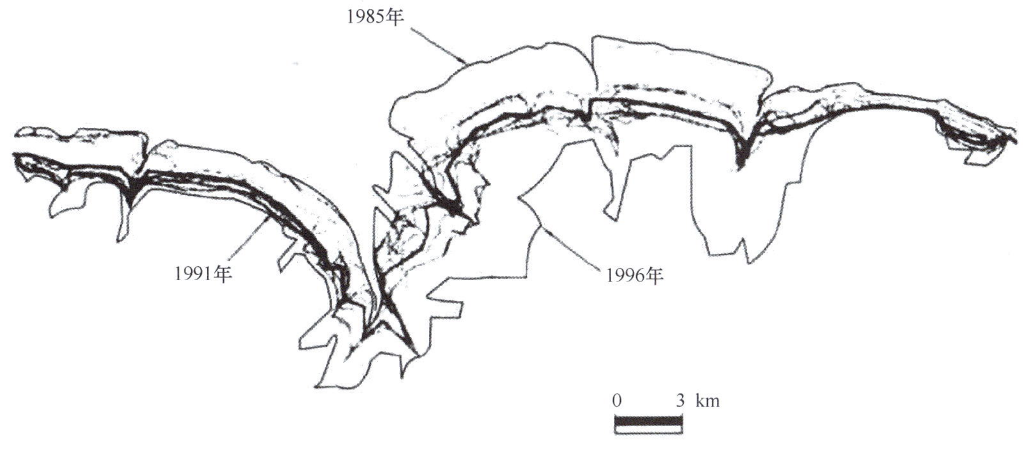

图3.21 刁口河地区岸线变迁（张士华，2003）

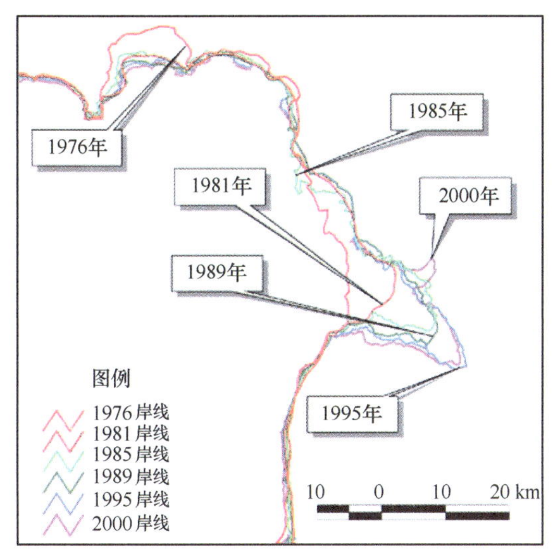

图3.22 1976年改道后刁口河地区岸线蚀退和清水沟岸线生长

2000—2004年，北部刁口河岸段蚀退面积约2 222.4 hm^2，黄河港南共蚀退4 058.5 hm^2；而同期仅新河口有限区域内造陆614.2 hm^2，4年间净蚀退5 666.7 hm^2，年均蚀退约1 416.7 hm^2。

2）莱州湾沿岸

潍北平原海岸，莱州湾南岸，淄脉沟河口至白浪沙口岸段，近30年来，海岸后退了200～300 m，平均速率为6～10 m/a；胶莱河河口至虎头崖段，1954—1976年岸线后退1.5～2.0 km，平均速率为68～100 m/a。195—1984年26年中，莱州湾南岸侵蚀岸线长度合计107.7 km，平均侵蚀速率为36 m/a。莱州湾南岸5 m等深线位置基本无变化。0 m等深线在

① http://www.dahe.cn/xwzx/zt/ss/gbhg/tp/t20091216_1715638.htm

小清河口、潍河口和胶莱河口两侧变化幅度较大。小清河口两侧 0 m 等深线后退达 1 700 m，后退速率为 65 m/a；潍河和胶莱河口附近 0 m 等深线后退 1 200 m 左右，后退速率约为 46 m/a。胶莱河口东部至白沙河口附近，0 m 等深线平均后退了 500 m，后退速率约为 27 m/a。河口附近岸线后退较其他区域严重（表 3.17），如虞河口西侧，最大后退幅度为 2 700 m 侵蚀速率为 104 m/a，北胶莱河口两侧平均蚀退 1 200 m，侵蚀速率 46 m/a。

表 3.17　1958—1984 年莱州湾南岸海岸侵蚀状况统计（丰爱平等，2006）

侵蚀岸段	长度/km	侵蚀速率/（m/a）	平均侵蚀速率/（m/a）
小清河口至弥河分流口	26.4	19 35	24
新弥河口西侧	16.1	31	31
新弥河口至虞河口	11.4	42 104	65
虞河口至潍河口	28.8	31 92	41
潍河口至北胶莱河口	9.8	46	46
北胶莱河口至沙河口	15.2	23 46	27
合计	107.7		36

通过对 1963 年与 2004 年小清河口水深地形图进行海底地形剖面的对比可知，40 多年来，小清河口南侧 0 m 等深线向岸迁移 1.0 km 多，－2.0 m 线仅向岸迁移 200 m 左右，－3.0 m 和－4.0 m 线变化甚微，－4.5 m 等深线向岸迁移 1.5 km；海区 5 m 水深以内侵蚀远大于淤积，最大侵蚀厚度可达 1.0 m，平均为 0.43 m；最大侵蚀速率为 2.4 cm/a，平均为 1.04 cm/a。1958—1984 年，小清河口南侧平均下蚀速率为 1.2 cm/a；而 1963—2004 年为 1.04 cm/a；岸滩下蚀速率有所下降。海区不同水深范围海底冲淤变化不尽相同（表 3.18，图 3.23、图 3.24），在 2 m 水深以浅和 4 m 水深以深，海底侵蚀较为强烈，为侵蚀段；在 2.5～4 m 水深之间，海底侵蚀并不明显，局部甚至有淤积发生，为平衡段。

表 3.18　I—I′ 剖面水深变化

自 I 点距离/m	621	1 294	2 260	2 945	3 824	4 538	5 118	5 756	6 792	7 876	8 918
2004 年水深/m	1.0	1.3	1.7	2.0	2.8	3.7	4.0	4.4	4.8	5.2	5.6
1963 年水深/m	0.0	0.5	1.5	1.9	2.9	3.6	4.0	3.5	4.2	5.0	4.7
侵蚀厚度/m	－1.0	－0.8	－0.2	－0.1	+0.1	－0.1	0.0	－0.9	－0.6	－0.2	－0.9
侵蚀速率/（cm/a）	－2.4	－2.0	－0.5	－0.2	+0.2	－0.2	0.0	－2.2	－1.5	－0.5	－2.2

注：“+”表示淤积；“－”表示侵蚀。

莱州湾东岸的界河口至刁龙咀岸段，分为 3 段：界河口—石虎咀段，以蚀退海岸为主；石虎咀—三山岛段，多年稳定，属平衡海岸；王河口—刁龙咀段，为淤长海岸，南岸的侵蚀更为明显，东岸则相对较弱，龙口湾内的界河口水下三角洲沉积体保存完好，最宽处约 3.5 km。但海岸在近几十年中的侵蚀速度明显加快（表 3.19），从 20 世纪六七十年代开始，海岸带滩涂、沙滩不断受到侵蚀、后退。近 40 年来，刁龙咀南侧海岸蚀退，使灯塔基座远离现代海岸近 100 m。

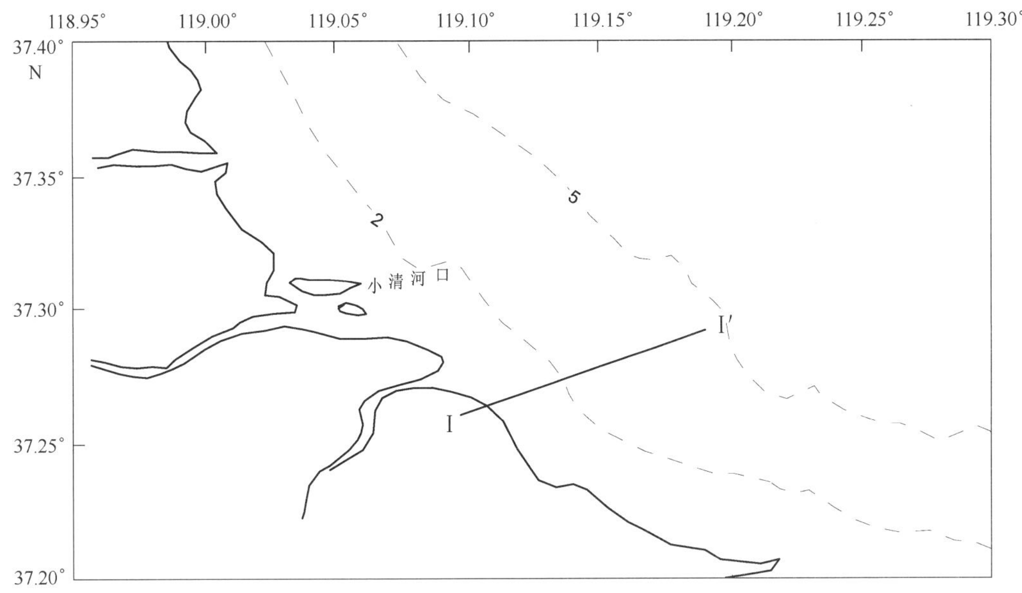

图 3.23 水深对比剖面位置

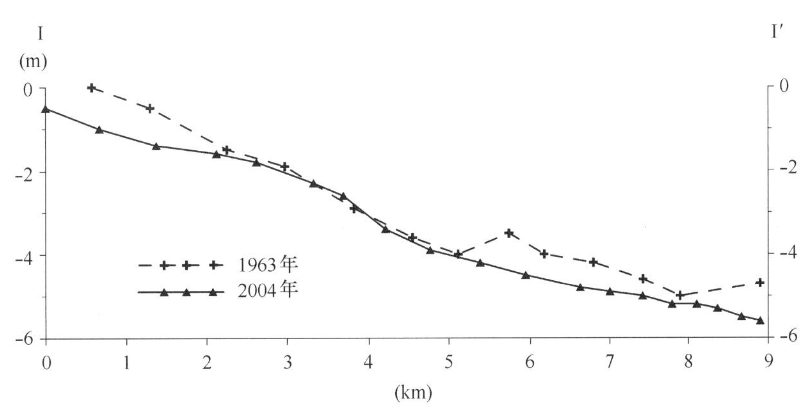

图 3.24 水深剖面变化

表 3.19 莱州湾东岸近期海岸侵蚀（杜国云等，2008）

市（县、区）	岸线长度/km	侵蚀岸线长度/km	时间/a	蚀退速度/（m/a）	土地损失速度/（km^2/a）	损失土地/km^2
莱州	106.94	100.00	近20	2.5	3.00×10^5	6.0×10^6
招远	15.22	15.22	近30	2.0	3.04×10^4	9.31×10^7
龙口	86.12	36.30	近10	3.0	1.08×10^5	1.08×10^6

3）龙口至烟台岸段

龙口至烟台岸段为基岩海岸，海岸线全长约203.9 km。1996—2003年，该岸段侵蚀的岸线长度约28.8 km，侵蚀总面积0.31 km^2，年最大侵蚀宽度6.7 m，年平均侵蚀速度1.4 m。2003—2006年，该岸段侵蚀的岸线长度约35.6 km，侵蚀总面积0.47 km^2，年最大侵蚀宽度19 m，年平均侵蚀速度4.4 m。2006—2009年，该岸段侵蚀的岸线长度约49.7 km，侵蚀总面积0.68 km^2，年最大侵蚀宽度75.0 m，年平均侵蚀速度4.6 m（表3.20）。海岸侵蚀导致该岸段部分海滨浴场和渔港遭到严重破坏，沿岸农田和居民区受到威胁。海滩和海底的海砂开采、海岸工程修建的不合理是海岸侵蚀的主要原因。

表 3.20　1996—2009 年龙口—烟台海岸侵蚀状况及变化趋势

监测内容	1996—2003 年	2003—2006 年	2006—2009 年	变化趋势
侵蚀岸线长度/km	28.8	35.6	49.7	升高
侵蚀总面积/km^2	0.31	0.47	0.68	升高
年最大侵蚀宽度/m	6.7	19.0	75.0	升高
平均侵蚀速度/（m/a）	1.4	4.4	4.6	升高

蓬莱市登州镇西庄村岸外有一著名的浅滩——登州浅滩。1985 年以后，由于在浅滩上挖沙，至 1990 年共损失泥沙 5.72×10^6 m^3，浅滩迅速变小（夏东兴，2008），1990 年 5 m 水深以浅的面积仅存 0.5 km^2，该范围以内平均水深为 4.3 m，浅滩消浪作用消失，自栾家口到蓬莱西庄海岸，使岸线以每年后退 5 m 的速度崩塌。截至 1994 年，海岸侵蚀毁农田 20 hm^2 以上，多处工厂、养殖场的设施被冲毁，公路被迫由蓬莱西庄村北迁到村南。自 1993 年，西庄村投入 700 万 ~800 万元用于修建护坡堤。至 2000 年 1 月，西庄村海岸侵蚀的岸段仍长达 20 080 m，受损岸段海岸后退的距离最大处达 200 m。建设的人工土石海堤，在一定程度上虽阻止了西庄附近侵蚀的速度，但人工海堤外水下侵蚀剧烈。现在蓬莱林格庄附件海岸黄土的侵蚀速率非常快，2003 年以来，每年的侵蚀速率可达 2 ~3 m/a，记录山东地区第四纪气候环境演化的良好载体正在逐渐消失（图 3.25）。

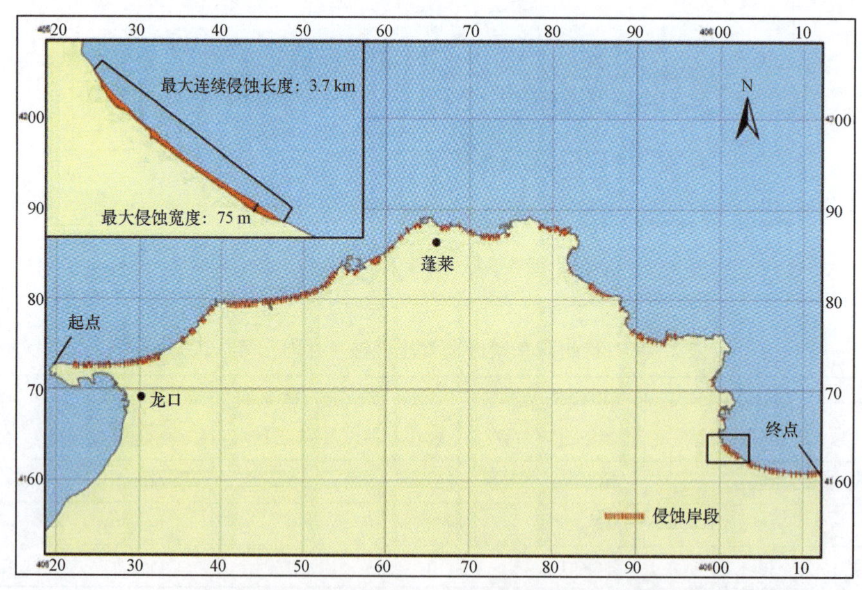

图 3.25　2006—2009 年龙口—烟台海域海岸侵蚀示意图

资料来源：2009 年中国海洋环境质量公报

3.4.2　海水入侵

2009 年，国家和地方海洋行政主管部门继续对全国沿海地区进行海水入侵和土壤盐渍化监测。监测与评价结果表明，渤海滨海地区大部分监测区域海水入侵和土壤盐渍化范围有所增加（表 3.21）。

表3.21　2009年渤海沿岸海水入侵和土壤盐渍化范围及变化趋势

监测断面位置	海水入侵		土壤盐渍化	
	入侵距离/km	与2008年比较	距岸距离/km	与2008年比较
大连甘井子区和金州区	1.50	↘	—	—
辽宁营口盖洲团山乡西崴子	2.94	⇔	2.59	↗
辽宁营口盖洲团山乡西河口	4.61	⇔	4.61	↗
辽宁盘锦荣兴现代社区	17.76	⇔	23.29	↗
辽宁盘锦清水乡永红村	24.20	⇔	2.10	⇔
辽宁锦州小凌河东侧何屯村	3.82	↗	3.64↗	
辽宁锦州小凌河西侧娘娘宫镇	7.43	↗	7.28	↗
辽宁葫芦岛龙港区北港镇	1.02	↗	0.42	⇔
辽宁葫芦岛龙港区连湾镇	2.36	↗	2.16	⇔
河北秦皇岛抚宁	12.62	↘	9.66	↘
河北秦皇岛昌黎	18.63	↗	6.56	↘
河北唐山梨树园村	21.80	↗	14.20	⇔
河北唐山南堡镇马庄子	17.50	↗	31.55	↗
河北黄骅南排河镇赵家堡	33.23	↗	24.37	↘
河北沧州渤海新区冯家堡	53.46	↗	52.65	⇔
天津市汉沽区大神堂	—	—	3.48	↗
天津市汉沽区蔡家堡	—	—	33.50	⇔
山东滨州无棣县	13.36	⇔	13.29	↗
山东滨州沾化县	29.50	⇔	24.29	↗
山东潍坊滨海经济开发区	17.30	↘	28.10	↗
山东潍坊寒亭区央子镇	30.10	↗	30.10	↗
山东潍坊昌邑卜庄镇西峰村	23.87	↗	23.87	↗
山东烟台莱州海庙村	4.06	↗	0.50	↘
山东烟台莱州朱旺村	2.53	↗	0.40	↘

注：↗升高；↘降低；⇔基本稳定；—无监测项目。

3.4.2.1　海水入侵状况

海水入侵严重地区分布于渤海沿岸辽宁盘锦、河北秦皇岛、唐山和黄骅、山东滨州和潍坊滨海平原地区，海水入侵距离（地下水中氯度大于250 mg/L）一般距岸20～30 km。与2008年监测结果相比，辽宁锦州、葫芦岛，山东滨州、潍坊寒亭区央子镇和昌邑卜庄镇西峰村、烟台莱州朱旺村的监测区海水入侵范围扩大，氯度增加。辽宁营口、河北秦皇岛抚宁滨海地区与上年相比基本一致，山东潍坊滨海经济开发区监测区呈下降趋势。

1）辽宁省海水入侵状况

2009年，辽宁省沿岸海水入侵重点监测地区主要分布在营口、盘锦、锦州、葫芦岛、丹东和大连沿岸。监测结果表明，上半年的海水入侵状况明显高于下半年，海水入侵范围增加，海水入侵状况严重。与2008年监测结果相比，锦州和葫芦岛监测区海水入侵范围增大，其中，锦州监测区域海水入侵严重，氯度含量增加，大部分监测区域属于严重入侵；营口、盘锦和丹东监测区海水入侵范围与2008年相比基本一致，营口监测区氯度含量有所降低，盘锦监测区域属于严重入侵和轻度入侵区域；大连监测区域海水入侵较轻，2009年上半年主要为轻度入侵，2009年下半年为无入侵。

2）河北省海水入侵状况

1993年，秦皇岛市抚宁县洋河和戴河的入海口处，已形成面积为27.33 km^2的海侵区，由于海水入侵使抚宁县枣园水源地逐渐报废，2000年监测资料表明，秦皇岛海岸海水入侵长度已达32 km，入侵面积近300 km^2。致使沿岸地下水源受到海水入侵影响，并导致地面沉降。滦河口至捞鱼尖沿海平均累计沉降量达80 mm（1983—1996年），平均下降速率为6.15 mm/a；捞鱼尖至涧河口平均累计沉降量达400 mm（1975—1996年），平均沉降速率为19.05 mm/a；沧州沿海地区平均累计地面沉降450.7 mm（1970—1997年），平均沉降速率达16.69 mm/a。2007年，河北省首次启动了海水入侵和土壤盐渍化监测试点工作。检测结果显示，大部分监测站位海水入侵程度属轻微入侵，但秦皇岛地区本年度监测的三个断面海水入侵距离约达6 km，个别监测站位呈现较严重的入侵情况；唐山市海水入侵距离最远已超过10 km；沧州地区海水入侵距离最远已超过18 km。

3）山东半岛海水入侵概况

海水上溯入侵范围更大。在水文地质上，山东滨海平原多系第四纪含水层，蓄水及导水性好，含水沙层厚度大，渗透系数高，一般达30～150 m/d，致使海水（或咸水）与淡水间边通性良好，滨海地下水位下降，破坏了海淡水之间的平衡关系，海水便通过含水层迅速向内陆淡水区侵染。20世纪70年代以来，山东半岛特别是莱州湾地区海水入侵灾害迅速扩展，成为山东省比较突出的生态环境问题之一。

（1）东营市

东营市地处黄河入海口的黄河三角洲腹地，为黄河入海之地，由于成陆时间短，土地碱化严重，淡水资源非常贫乏。随着近年来东营市地下水位逐步降低，地下水位漏斗中心标高与海平面的高差不断加大，引起渤海咸水南侵，近10年来平均南侵1.5 km左右，漏斗区海水入侵已达14.5 km^2。2002年，东营市对沿海海水入侵情况进行了监测，海水入侵线东起稻庄镇长行官庄，西至石村镇小清河入境处，全长25.75 km，监测断面15个，化验水样90个。与2001年同期相比，海水向南入侵了1.16 km，海水入侵线平均南移76 m。近期海水入侵的总体趋势：西部（小清河入境—石村镇张庄村）保持稳定；中部（石村张庄—广饶镇北徐楼）和东部（广饶镇北徐楼—稻香镇长行官庄）整体南侵，入侵面积1.32 km^2，仅西毛和闫口一带略有后退，后退面积0.16 km^2。

（2）莱州湾

莱州湾海水入侵于1979年发现。从20世纪70年代以来，海水入侵以惊人的速度不断扩张。70年代末入侵速率为每年45 m，80年代初达到每年90 m左右，4～5年入侵速率增长一倍；80年代末猛增至每年400 m左右，90年代以来，由于人为治理海水入侵趋势有所控制，90年代末稳定在180 m/a。尽管入侵的速率有所控制，然而入侵的面积依然是呈逻辑线增长。70年代末入侵面积为15.8 km^2，80年代初增至23.4 km^2，4～5年增长了0.5倍；80年代中期海水入侵面积达98.5 km^2，80年代末猛增至267.9 km^2，4～5年增长2.5倍；90年代初入侵面积 435 km^2，90 年代末以来，海水入侵速度虽然有所控制，但入侵面积仍逐年扩大，海水入侵依然继续向南扩展，入侵范围距岸可达 20 km，入侵面积达 520 km^2。

《2007 年山东省海洋环境质量公报》显示，莱州湾海水入侵面积已达 2 500 km^2，其中，莱州湾东南岸入侵面积约 260 km^2，莱州湾南侧（小清河至胶莱河范围）海水入侵面积已超过 2 000 km^2，其中，严重入侵面积为 1 000 km^2，氯度最高值为 92 397 mg/L，矿化度最高值为 121.4 g/L，莱州湾南侧海水入侵最远距离达 45 km。

2007 年 7 月至今，国家“908”专项对莱州湾东南沿岸海水入侵严重地区进行了为期两年的海水入侵灾害监测，分别在广饶、寿光、昌邑、寒亭、平度、莱州等县市区布置了 10 多个剖面，共计 120 多个井。目前，莱州湾地区海水入侵范围已达 2 500 km^2，其中，莱州湾东南岸（胶莱河以东）入侵面积约 250 km^2，莱州湾南侧（小清河至胶莱河范围）地下卤水侵染面积（氯度 >250 mg/L）已超过 2 000 km^2，其中，重度入侵（氯度 >500 mg/L）达 1 200 km^2（图 3.26）。

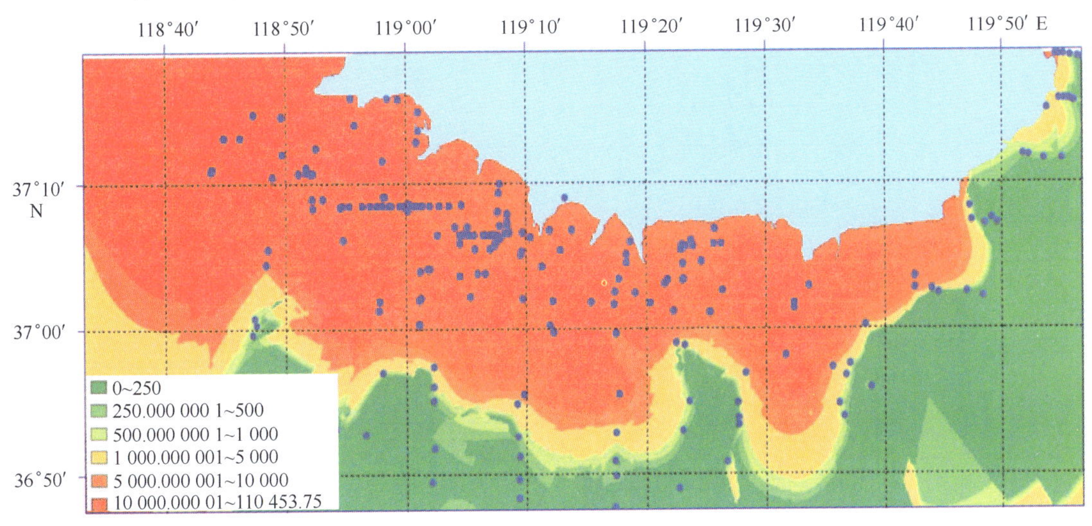

图 3.26　2008 年莱州湾海水入侵分布

图例中数据为氯离子浓度（mg/L），蓝点为监测井位置

莱州湾地区海水入侵灾害主要与超采地下水有关；丰水期地下水氯度大于枯水期地下水氯度；丰水期由于超采地下水，水位下降，氯度升高。目前，莱州湾南部由于超采地下水，海水入侵（卤水侵染）灾害有加重趋势，莱州湾东南部海水入侵灾害略有减弱趋势。

（3）烟台市

烟台市海水入侵区主要集中于烟台市开发区的夹河河谷和滨海平原一带。本区海水入侵始于 20 世纪 70 年代后期，至 1985 年末，入侵区的主体规模已基本形成，海水入侵范围自北部滨海平原区向南顺夹河河谷上溯至西牟、仁山家一带，入侵区南部边界距离海岸 8.93 km，入侵区面积达到 47.87 km^2。之后的 20 多年，入侵范围无明显变化，2003 年入侵面积达到最大，也仅比 1985 年扩展了 5.01 km^2。从入侵距离看，2001 年海水入侵达西牟水厂以南，海水最远侵染点距海岸超过 10 km，侵染距离为 2004 年以前的历史之最。其余年份海水入侵的南部边界基本徘徊于南上仿和西牟水厂之间，入侵距离约 8 ~ 9 km（表 3.22）。

表 3.22　1985—2004 年烟台市开发区海水入侵区面积统计（姚普等，2006）

年份	1985	1989	1994	1997	1999	2001	2003	2004
入侵面积/km^2	47.87	43.90	45.91	43.81	50.57	50.76	52.88	49.69
入侵距离/km	8.93	8.61	8.47	8.91	8.63	10.42	8.77	8.45

2002 年烟台市对整个烟台地区进行了一次大范围的海水入侵调查，共采取地下水样 445 个，其中，简分析 144 个，氯离子 301 个（表 3.23）。

表 3.23　2002 年烟台市海水入侵特征值统计

县市区	海水入侵面积/km^2		入侵速率 /（km^2/a）	入侵线至海岸最大距离/km	
	1992 年	2002 年		1992 年	2002 年
芝罘区	16.4	26.4	1.0	8.6	8.9
福山区	9.0	19.2	1.78	8.3	8.6
开发区	14.3	21.9	—	—	—
莱山区	—	20.1	—	—	3.1
牟平区	—	14.9	2.0	2.8	3.5
蓬莱市	27.3	65.0	3.8	2.2	3.2
龙口市	90.8	102	1.1	4.9	5.3
招远市	15.6	18.1	0.3	2.8	3.4
莱州市	234	298	6.4	8.9	8.9
莱阳市	22.3	37.5	1.5	3.8	6.5
海阳市	47.8	122.7	7.5	3.9	4.5
长岛县	2.51	5.02	0.3	0.66	1.3
合计	495.01	750.82			
说明	1. 福山区、开发区按合并后的入侵面积计算福山区入侵速度 2. 莱山区、牟平区按合并后的入侵面积计算牟平区入侵速度				

注：引自李希国等，2005。

3.4.2.2　土壤盐渍化

土地盐渍化是在一定的水文气象、土质、地形地貌、海潮等自然条件作用下形成的，海岸外延或海潮入侵，海水退后，土壤中残留大量盐分，使土壤发生盐渍化。环渤海沿岸在暖温带半湿润气候下，春季蒸发作用强烈，地下水中的盐分沿土壤毛细管，随水分上升到地表，水散盐存，易在平原微域地貌引起积盐。尤其是滨海地区，成土母质含在大量盐分，加之海水的入侵，土壤在强烈蒸发下，表层强烈积盐，因此盐渍化土壤较多。

目前，渤海海域呈现平均盐度升高，低盐区面积减少趋势。2008 年 8 月，渤海低盐区（<27）面积为 1 900 km^2，与 1959 年 8 月相比减少了 80%，与 2004 年同期相比，减少了 70%。在 20 世纪 80 年代以前，渤海三大湾底部均有较大面积的低盐区分布，2008 年 8 月，仅莱州湾底部分布有较大面积的低盐区，渤海湾、辽东湾底部低盐区面积严重萎缩。2009 年《中国海洋环境质量公报》统计显示，土壤盐渍化较严重的区域主要分布在辽宁、河北、天津和山东的滨海平原地区，分布范围一般距岸 20～30 km，主要类型为氯化物型和硫酸盐－氯化物型盐土、重盐渍化土。与 2008 年监测结果相比，土壤盐渍化范围和含盐量增加的区域

主要在辽宁营口团山乡、盘锦荣兴现代社区、锦州小凌河东西两侧，河北唐山南堡镇马庄子，天津市汉沽区大神堂，山东滨州和潍坊监测区，其他监测区呈稳定状态（表3.24）。

表3.24 2008年渤海沿岸主要监测区土壤盐渍化分布状况

监测断面所在地	断面长度/km	监测时间	距岸距离/km	盐渍化主要类型
辽宁丹东东港长山镇	4.97	2008-03	2.33	硫酸盐-氯化物型、硫酸盐型
		2008-09	4.97	硫酸盐-氯化物型、硫酸盐型
辽宁丹东东港西	8.09	2008-03	8.09	氯化物型、硫酸盐型
		2008-09	8.09	氯化物型、硫酸盐型
辽宁小凌河西侧娘娘宫镇	7.28	2008-03	2.83	硫酸盐型
		2008-09	7.28	氯化物型-硫酸盐型、硫酸盐型
辽宁锦州小凌河东侧何屯村	3.64	2008-03	3.64	硫酸盐型、硫酸盐-氯化物型
		2008-09	3.64	硫酸盐-氯化物型、氯化物型
河北秦皇岛抚宁	16.11	2008-03	16.11	氯化物型、氯化物型-硫酸型
		2008-09	9.12	氯化物型-硫酸盐型
河北秦皇岛昌黎	12.54	2008-03	9.91	氯化物型-硫酸盐型
		2008-09	—	—
河北唐山市梨树园村	27.21	2008-03	12.10	氯化物型、氯化物型-硫酸盐
		2008-09	17.57	氯化物型、硫酸盐型
河北唐山市南堡镇马庄子	22.62	2008-03	17.15	氯化物型-硫酸盐型、硫酸盐型
		2008-09	22.49	氯化物型-硫酸盐型、硫酸盐型
山东潍坊市滨海经济开发区	28.10	2008-03	21.94	硫酸盐-氯化物型、硫酸盐型
		2008-09	28.10	氯化物型、硫酸盐型
山东潍坊市寒亭区央子镇	30.10	2008-03	21.48	硫酸盐-氯化物型、硫酸盐型
		2008-09	30.10	氯化物型、硫酸盐型
山东潍坊昌邑市卜庄镇西峰村	23.87	2008-03	7.30	氯化物型
		2008-09	23.80	硫酸盐型

3.4.2.3 海（咸）水入侵、盐渍化造成的危害

（1）对沿海地区经济发展的影响

山东省由于海水入侵造成的损失达几十亿元。莱州湾地区因海水入侵造成工业产值平均每年损失2亿~3亿元，至今累计损失已达30亿~45亿元；每年粮食减产（2~3）$\times 10^8$ kg，累计减产（30~45）$\times 10^8$ kg。

（2）对农业发展的影响

海水入侵及土壤盐渍化使土壤结构变差，理化性能恶化，生态肥力降低。随着耕层土壤盐分的积累，耕地生产力下降，甚至完全丧失生产能力，成为荒地。山东沿海海水入侵区有超过3.33 $\times 10^4$ hm^2 耕地丧失灌溉条件，3 333 hm^2耕地产生了严重的盐碱化，成为盐碱荒地；蓟运河流域由于海水上朔，使江洼口以下河水含盐量大幅度提高，河两岸的树木已大批死亡，河岸两侧的土地已经不同程度的咸化，影响农作物的生产。

（3）对人民生存的影响

海水入侵导致淡水资源减少，地下水变咸，矿化度升高，使之不再适合于工农业和人畜的饮用，加剧淡水资源匮乏。长期饮用劣质水，又增加了地方病发病率。

第4章　渤海生态环境保护与管理

我国政府重视对海洋生态环境的保护与管理工作。近30多年来，基本建成了以保护海洋生态环境为中心的海洋环境保护的法律体系，加强了海洋环境污染的监测、防治和管理，并开始重视防止海洋生态破坏和对已受损海洋生态的修复工作，加大了有关海洋生态保护研究的支撑，而在我国各海域中，渤海的生态环境保护与管理又更加受到重视。

4.1　法律法规政策和规划标准

为保护海洋环境、维护海洋生态平衡，规范海洋资源开发利用秩序，促进海洋经济持续发展，中国已经制定了多部与海洋环境和资源保护相关的法律和行政法规，其中，《中华人民共和国海洋环境保护法》（简称《海环法》）（1982年制定，1999年修订）是中国海洋环境保护的根据依据。

1999年12月25日经第九届全国人民代表大会常务委员会修订的《海环法》，共10章98条，其中规定了海洋环境监督管理、防治陆源污染物对海洋环境的污染损害、防治海岸工程建设项目对海洋环境的污染损害、防治海洋工程建设项目对海洋环境的污染损害、防治倾倒废弃物对海洋环境的污染损害、防治船舶及有关作业活动对海洋环境的污染损害等各项制度。同时又规定了国家建立实施重点海域排污总量控制制度，确定主要污染物排海总量控制指标，并对主要污染源分配排放数量。特别应提出的是，经修订的《海环法》，对保护海洋生态给予了特别的关注，专门增设海洋生态保护专章（第三章）、九条规定（第二十条至第二十八条）。

《海环法》第二十条规定“国务院和沿海地方各级人民政府应当采取有效措施，保护红树林、珊瑚礁、滨海湿地、海岛、海湾、入海河口、重要渔业水域等具有典型性、代表性的海洋生态系统，珍稀、濒危海洋生物的天然集中分布区，具有重要经济价值的海洋生物生存区域及有重大科学文化价值的海洋自然历史遗迹和自然景观。对具有重要经济、社会价值的已遭到破坏的海洋生态，应当进行整治和恢复。”第二十一条、第二十二条和第二十三条对海洋自然保护区和海洋特别保护区的建设作了明确的规定。《海环法》第三章其余各条，对开发利用海洋和海岛资源、生态渔业建设和引进海洋动植物物种，都强调了不得破坏海洋生态和生态环境。这些规定是海洋生态保护的最重要法律的支撑和依据。

除了《海环法》外，涉及海洋生态环境和海洋生态保护的法律还有：《中华人民共和国海域使用管理法》，该法2001年10月27日全国人大常委会通过，2002年1月正式实施，其颁布实施较好地解决了海域使用及其资源开发中长期存在的“无序、无度、无偿”状态，该法所确立的海洋功能区划制度为科学管理海域使用，防止海岸带生态损害起了积极的作用。《中华人民共和国海岛保护法》，2009年12月26日全国人大常委会通过，2010年3月正式实施。该法强调海岛保护的核心是保护海岛的生态系统，该系统通常包括岛陆、岛滩、岛基及其周边海域，这四个部分构成海岛的系统完整性。《中华人民共和国渔业法》，该法1986年首次颁布，2000年和2004年进行了两次修订。该法对保护养殖水域生态环境、渔业资源的增殖和保护作了原则的规定。除外，与海洋生态保护相关的法律还有《中华人民共和国环境保护法》（1989年颁布实施）、《中华人民共和国环境影响评价法》（2002年10月通过，2003年9月实施）、《中华人民共和国放射性污染防治法》（2003年6月通过，同年10月施行）等。

为了保护海洋环境，维护海洋生态平衡，国务院还颁发了相关的法规，主要有：《中华人民共和国海洋倾废管理条例》（1985年）、《中华人民共和国防治海岸工程建设项目污染损害海洋环境管理条例》（1990年）、《中华人民共和国防治陆源污染物污染损害海洋环境管理条例》（1990年）、《中华人民共和国防止船舶污染海域管理条例》（1983年）、《中华人民共和国海洋石油勘探开发环境保护管理条例》（1983年）、《铺设海底电缆管道管理规定》（1989年）、《中华人民共和国自然保护区条例》（2004年），等等。2006年颁布的《中华人民共和国防治海洋工程建设项目污染损害海洋环境管理条例》，除了建立海洋工程环境影响评价制度，确立了海洋工程环境保护配套设施的“三同时”制度外，对防治海洋工程污染和生态损害也作出了明确规定。其中，第二十一条规定“严格控制围填海工程。禁止在经济生物的自然产卵场、繁殖场、索饵场和鸟类栖息地进行围填海活动”。近些年来，国务院还发布了一些有关保护海洋环境和海洋生态的重要文件，如《关于加强湿地保护管理的通知》（国办发【2004】50号）、《全国海洋经济发展规划纲要》的通知（国发【2003】13号）、《海洋事业发展规划纲要》的批复（2008年12月），等等，对海洋生态环境的保护和管理工作作了明确的指示。

4.1.1 法律法规、部门规章和技术标准

4.1.1.1 法律法规

为了贯彻国家有关保护海洋生态环境的政策，落实已颁发实施的法律、法规，促进海洋经济可持续发展，国务院有关部门也制定和颁发了一系列规章、规定。

国家环保部：《近岸海域环境功能区管理办法》、《中国近岸海域环境功能区划》等。

国家海洋局：《海洋石油勘探开发重大溢油应急计划》、《赤潮灾害应急预案》、《海洋自然保护区管理办法》、《海洋特别保护区管理暂行办法》、《关于委托签发海洋倾倒证的管理办法》等。

交通运输部：《中国海上船舶溢油应急计划》、《船舶油污染事故等级》、《渤海海域船舶污染应急联动机制》、《渤海海域船舶排污设备铅封程序规定》等。

农业部：《渤海生物资源养护规定》、《水产种质资源保护区划定工作规范（试行）》、《中华人民共和国水生野生动植物保护区管理办法》等。

住房和城乡建设部：《城市污水处理及污染防治技术政策》、《城市生活垃圾处理及污染防治技术政策》、《国务院关于加强全国城市供水节水和水污染防治工作的通知》等。

4.1.1.2 技术标准

国家已颁布实施，与渤海生态环境保护相关的国家标准和行业标准主要有《海水水质标准》（GB 3097—1997）、《污水综合排放标准》（GB 8978—1996）、《船舶污染物排放标

准》（GB 3552—83）、《海洋石油勘探开发污染物排放浓度限值》、《海洋沉积物质量》（GB 18421—2001）、《海洋生物质量》（GB 18668—2002）、《污水海洋处置工程污染控制标准》（GWK B4—2000）、《污水综合排放标准》（GB 8978—1996）、《地表水环境质量标准》、（GB 3838—2002）、《船舶污染物排放标准》（GB 3552—83）、《渔业水质标准》（GB 11607—89）、《食品卫生标准中有关海洋生物的卫生标准》、《城镇污水处理厂污染物排放标准》（GB 18918—2002）、《畜禽养殖业污染物排放标准》（GB 18596—2001）、《海洋监测规范》，《海面溢油鉴定系统规范》、《海洋溢油生态损害评估技术导则》（HY/T 095—2007）等。

4.1.1.3　地方法规规章及相关规划

辽宁省关于渤海环境保护的主要法规规章及相关规划有：《辽宁省海洋环境保护规划》、《辽宁省沿海地区污水直接排入海域标准》、《辽宁省海洋环境保护办法》、《辽河浅海油田溢海应急计划》、《辽宁省辽河口整治规划》、《辽宁省渔船管理条例》、《辽宁省环境保护条例》、《辽宁省石油勘探开发环境保护管理条例》、《辽宁省近岸海域环境功能区划》、《关于在沿海地区禁止销售和使用含磷洗涤用品的意见》、《大连市沿海水域环境保护管理规定》、《辽宁省沿海地区污水直接排放海域标准》、《辽宁省生态环境建设规划纲要》等。

河北省关于渤海环境保护的主要法规规章及相关规划有：《河北省海洋环境保护规划》、《河北省防治船舶污染水域管理办法》、《河北省渔业管理条例》、《河北省海洋功能区划》、《河北省环境保护条例》、《河北省海域使用管理办法》、《河北省水污染防治条例》、《河北省生态环境建设规划》等。

天津市关于渤海环境保护的主要法规规章及相关规划有：《天津市海洋环境保护规划》、《天津近岸海域功能区调整方案》、《天津海域环境保护管理办法》、《天津市主要污染物排放总量控制方案》、《天津市渤海碧海行动计划》、《天津市海水综合利用规划》、《天津市环境保护条例》、《天津市防止拆船污染环境管理实施办法》等。

山东省关于渤海环境保护的主要法规规章及相关规划有：《山东省海洋环境保护条例》、《山东生态省建设规划纲要》、《山东省环境保护“十一五”规划》、《山东省海洋功能区划》、《山东省近岸海城环境功能区划》、《山东省碧海行动计划》、《山东省海域使用管理条例》、《山东省水污染防治条例》、《山东省渔业资源保护办法》等。

4.1.1.4　海洋环境保护相关国际公约

与渤海环境保护相关的国际公约主要有：《73/78 国际防止船舶造成污染公约》、《国际船舶安全营运和防止污染管理规则》、《1990 年国际油污防备、反应与合作公约》、《国际海上运输危险品规则》、《联合国海洋法公约》、《生物多样性公约》、《1969 年国际油污损害民事责任公约》、《防止倾倒废弃物和其他物质污染海洋公约》及其 96 议定书、《保护海洋环境免受陆源污染全球行动方案》、《关于特别是水禽生境的国际重要湿地公约》等。

4.1.2　国家相关规划

4.1.2.1　综合性规划

进入 21 世纪以来，国家海洋环境保护政策依据沿海地区和海洋经济发展的新形势，得到进一步强化和完善。《国民经济和社会发展“十二五”规划纲要》中，首次将海洋领域提升为专章，强调要“保护海岸带、海岛和海洋生态系统”。同时，国家节能减排和应对气候变化政策中进一步明确海洋环境保护的重要意义，国务院印发《节能减排综合性工作方案的通知》和《中国应对气候变化国家方案》，都将海岸带及沿海地区列为防治海洋污染、抵御和适应气候变化的重点领域之一。

4.1.2.2 专项规划

此外，国务院有关部门根据各自职责，从不同领域制定了相关专项规划，其中涉及渤海环境保护的主要规划有：国家海洋局组织制定实施的《全国海洋经济发展规划纲要》、《重点海域环境保护规划（2006—2015）》、《海洋事业发展规划纲要》、《全国海洋功能区划》、《国家“十一五”海洋科学和技术发展规划纲要》；环境保护部制定实施的《中国生物多样性保护战略与行动计划》、《全国生态环境保护纲要》；农业部组织制定实施的《中国水生生物资源养护行动纲要》。国家林业局组织制定实施的《全国湿地保护工程规划（2002—2030）》、《全国沿海防护林体系建设工程规划（2006—2015）》、《全国湿地保护工程实施规划（2005—2010）》；水利部组织制定实施的《全国水资源综合规划》等，从不同角度包含了海洋生态环境保护相关内容。

4.1.2.3 《渤海环境保护总体规划》

2006年由国家发展改革委会国务院10个部门和环渤海三省一市政府编制《渤海环境保护总体规划》，并于2008年11月得到国务院批复。

规划近期目标（2008—2012年）：初步建立流域污染控制和综合整治系统，使13个沿海市主要污染源得到有效控制。降低海上溢油风险，减少赤潮发生频次。建立陆海统筹的污染防治体系和统一高效的协调机制。实现设市城市污水处理率不低于80%、县城污水处理率不低于60%、城镇污水处理厂运行负荷率75%、垃圾无害化处理率90%，工业污染源稳定达标率90%，农业面源污染控制面积64×10^4 hm^2，恢复湿地面积21×10^4 hm^2，增加防护林面积46×10^4 hm^2；入海COD总量削减至120×10^4 t，总氮总量削减至12.5×10^4 t，入海水量增加12.2×10^8 m^3。实现重要类型海洋功能区达标率85%。有效控制船舶、港口污染，进一步加强石油平台和倾废监管。初步缓解渔业水域生态环境恶化、渔业资源衰退、濒危水生生物物种数目减少的趋势，提高水生养护能力。建立有效覆盖典型生态区、海洋功能区、海洋生态灾害多发区的监测、监视体系和水生生物与渔业生态监测系统，并与主要入海排污口、入海河流水质及水量监测系统相衔接。统筹规划，统一管理，建立健全跨部门、跨地区、跨流域的协调机制。规划远期目标（2013—2020年）：基本形成从山顶到海洋环境保护与污染治理的一体化决策和管理体系，使海洋污染防治与生态修复、陆域污染源控制和综合治理、流域水资源和水环境综合管理与整治、环境保护科技支持、海洋监测五大系统全面发挥作用，初步实现海洋生态系统良性循环，人与海洋和谐相处。全面控制农业面源污染，有效控制新增工业点源污染，城镇污水和生活垃圾全部得到有效处理，流域节水效果全面显现。实现重要类型海洋功能区达标率90%以上。制定并实施陆海污染物总量控制方案，入海污染物排放总量COD削减至80×10^4 t。入海水量增加40×10^8 m^3。实现部门间、地区间、流域间治污与生态保护信息的共享和有效整合。

规划的主要建设任务：为实现渤海环境保护的目标，渤海治理的主要任务是建立渤海海洋污染防治与生态修复、陆域污染源控制和综合治理、流域水资源和水环境综合管理与整治、渤海环境保护科技支撑、渤海海洋监测系统。①加强重点环节和关键领域保护与防治，建立渤海污染防治与生态修复系统。②面源点源治防联动，建立陆域污染源控制和综合治理系统。③全面实施节水治污战略，建立流域水资源和水环境综合管理与整治系统。④着力攻克关键技术，建立渤海环境保护科技支撑系统。⑤强化责任分工与力量整合，建立渤海环境监测、预警和应急处置系统。

4.2 海洋环境污染防治与管理

4.2.1 陆源入海污染物控制与治理

4.2.1.1 陆源入海污染物控制目标

进入21世纪以来，国家对渤海污染控制十分重视，有关部门和环渤海各级政府积极采取各类措施，加强陆源污染物防治，遏制近岸海域环境持续恶化势头。主要控制目标为入海营养物质、重金属、油类、持久性有机污染物、放射性物质、固体废弃物、垃圾漂流物等。根据国家确定的二氧化硫、化学需氧量等主要污染物排放总量减少10%目标要求，运用综合手段完成节能减排任务。《渤海碧海行动计划》、《渤海环境保护总体规划》均设置了氮、磷、COD、石油类的入海总量，2005年由陆域进入渤海的污染物入海总量为氮 14.95×10^4 t/a、磷 10 464.8 t/a，COD 110.2×10^4 t/a。

4.2.1.2 工业与城镇污染控制与治理措施

沿海地区大力兴建生活污水、工业废水处理设施建设，新建污水处理厂应有脱氮、脱磷工艺，现有污水处理厂要创造条件提高脱氮、脱磷效率，减少营养物排海。控制沿海燃煤电厂海水脱硫及粉尘沉降携带重金属污染物入海。严格审批沿岸入海排污口和污水海洋处置工程，对不符合海洋功能区划和环境保护规定要求、污染严重的排污口要限期整改。在重金属污染重点防控海域落实排污企业建立排海污染源台账。对新建的海岸工程实行从严审批制度，并且禁止在一类和二类海区及沿岸建设污染严重的工程。对超标排放的企业分别采取目标责任制、限期治理、搬迁和关停等措施。环境保护主管部门还建立了建设项目“区域限批”制度，优化生产力布局，减少污染物排放总量。海岸工程和陆源排污口确需向海洋排放重金属的，其排放口应采用离岸深水排放方式，不得污染和损害近岸海域生态环境。加快沿海陆域内污染企业的整顿步伐，淘汰落后的生产工艺和设备，限期关闭污染严重的企业。控制沿海城市污染，禁止海岸带区域进行城镇盲目发展，做好城镇污水和固体废弃物处理，切实做到城镇垃圾减量化、资源化和无害化。辽宁、山东还规定从2000年在沿海地区限制生产、禁止销售和使用含磷洗涤用品。加强有毒有害危险物质的管理，防止其污染海洋环境。严格执行国家产业政策和相关产业调整振兴规划，发布落后淘汰海洋产业、工艺和设备目录，实行环境污染末位淘汰制度，建立各门类海洋产业的环境绩效统计指标和考核体系，探索建立海洋环境认证制度，杜绝企业利用新建项目使污染物排放转嫁进入海洋，防止高污染、高耗能的淘汰产业向沿海转移。

4.2.1.3 农业面源污染治理措施

发展高效农业和先进的施肥方式，严禁使用高毒、高残留农药。制定化肥、农药施用的限量和减量计划，推广精准施肥技术。严格控制陆地集水区畜禽养殖密度及规模，有效处理养殖污染物。严格控制滩涂养殖密度及规模，建立海水工厂化养殖废水处理设施。发展生态农业，通过应用减轻土壤侵蚀技术、减少化肥径流技术和畜禽粪便处理技术等减少径流污染负荷，开展河流生态修复，减少入海河流污染。2005 年，农业部在山东、河北、天津和辽宁建立了 40×10^4 hm^2 以上的清洁种植示范区，400 余个清洁养殖示范区，300 余个乡村清洁工程示范村，开展了以“清洁生产”和“清洁生活”为主要内容的农业面源污染防治工作。通过示范区建设，化肥和农业使用量减少了 30% 以上，畜禽粪便综合利用率达到了 80% 以上，示范村生活垃圾和生活污水收集、处理率达到 80%。

4.2.2 海上污染防治和管理

4.2.2.1 海洋工程环境保护监管

各级海洋行政主管部门加大了渤海海洋工程环境保护的管理力度，按照“科学论证、从严审批”的原则，严格海洋工程环境影响报告书、海洋倾废的核准和审批，将落实国家节能减排政策的情况作为受理的前置性条件，依据国家有关法律法规和标准对排放的主要污染物加强管理和检验。通过严格执行海洋功能区划、严把建设项目海洋环境影响评价等环节严格控制主要污染物增量，实现从海洋工程和海洋倾废的环境影响评价、“三同时”制度、施工运营、污染物排放、后评估等全过程监管，确保环保设施在工程投产前能够达到规定要求。认真落实围填海工程的听证制度，对非法严重改变海洋自然属性的围、填海活动进行立案查处，促进了渤海海洋环境的保护。

进一步加强海洋石油勘探开发的环境保护管理力度，对新建油田实行含油污水零排放制度，有效地减少了海洋石油勘探开发污染物的入海量，各油田附近海域的环境质量符合经批准的环境影响报告书的要求，海上各平台的防污染设备保持良好运行状态，确保了各类排海污染物达标排放。在海洋油气勘探开发设施的生产生活污水排放口安装流量计和主要污染物浓度检测装置和报警装置，设置溢油报警装置。利用高科技的监测技术和远程视频及数据传输技术，对排放口的主要污染物实施在线监测和视频监控，并将其传送到监管中心进行实时有效的监管。渤海已有三个油田实现了采出水零排放，一个油田实现了泥浆、钻屑零排放，有效地控制和减少了海洋石油勘探开发对海洋环境和资源的损害。同时，通过加强海上平台化学消油剂使用的管理，避免和减少了由于使用化学消油剂给海洋环境带来的二次污染。通过对海上油气开发区进行监测评价，及时掌握其石油开发区的环境状况及油气开发对邻近海域的环境影响。中国海监专门建立了渤海石油勘探开发定期巡航制度，定期对渤海海洋石油勘探开发平台实施环境保护全面登检，及时发现处理海洋环境保护违法行为。

由于海砂开采严重改变海域的自然状况，海洋部门采取了一系列严格的管理措施。在海砂开采前，实行严格的海洋环境影响评价制度，了解开采活动对海洋资源和环境的影响程度；海砂开采过程中，对其进行全程跟踪监督，及时掌握开采活动动态和可能出现的问题。由于管理严格，措施得力，海砂开采项目均能按照法律法规办理有关手续，严格按照批准的区域、时间、开采方式等进行开采，没有对海洋资源和环境造成大的损害。

4.2.2.2 海洋倾废监督管理

各级海洋行政主管部门按照“科学、合理、经济、安全”的原则，严格审批新的倾倒区，减少倾倒废弃物对环境和资源的影响。禁止违规物质的海上倾倒，合理规划和使用倾倒区范围和数量，优化海域倾倒区的区域布局，合理利用海域的纳污能力，完善海洋倾废月报统计制度，统计各类重金属的疏浚量及倾倒量，开展疏浚或倾倒疏浚物中重金属的环境影响评估，鼓励对废弃物的无害处理并减少倾倒量。为掌握倾倒活动对海洋环境的影响情况，组织开展海洋倾倒区的跟踪监测，并对倾倒量较大、倾倒时间较长的海洋倾倒区进行回顾性评价。目前，渤海90%以上倾倒区的环境状况未发生显著变化，倾倒活动未对倾倒区附近的环境敏感区或其他功能区产生影响，海洋倾倒区的基本功能得以继续维持。对海洋倾废活动不断加大执法力度，通过规范报表制度、现场核实倾倒物质、增加执法检查频率、随船监督、定期核查倾废数据记录仪和查处违法倾废活动等方式，减少了海洋倾废活动对海洋的损害。

4.2.2.3 船舶污染控制

海事部门启动了船舶油污水“零排放”计划，自2003年6月1日起对在渤海海域内航行、停泊、作业且一个月内不驶离渤海海域的各类船舶（军事船舶和渔业船舶除外）实施了油污水排放系统铅封，禁止在渤海海域内直接向水体排放油污水，船舶产生的含油污水全部由陆上接收处理。

打击船舶违法排污行为。加强了对船员的管理，通过培训、考试、评估、发证等各个环节的严格把关，大力提高船员的环保意识，同时带动了客运船舶乘客的环保意识。海事部门加大了现场巡查力度，建立了污染事故举报奖励制度和协查机制，开展了船舶及有关作业活动防污染操作性监督检查，严厉打击船舶及有关作业活动违反规定向海洋排放污染物。

海事部门开展了压载水危险性评估和港口生物基线调查，制定了减少有害水生物传播所必需的、实际可行的压载水管理措施。在渤海地区的4个主要港口启用了IMO标准格式的压载水申报表，开展了船舶压载水处理设备的研究工作。海事部门禁止船舶在港区水域排放生活污水，相关船舶必须安装生活污水处理装置，使排放的生活污水水质指标达到标准，并须在距最近陆地4 n mile以外排放。交通部门要求相关船舶应张贴公告标牌向船员和旅客展示关于垃圾处理的要求，配备垃圾管理计划、垃圾记录簿等文书，并严格遵照执行，每次排放或焚烧作业都应按规定记录。

海事部门采取多项措施对载运有毒有害物质的船舶严格管理，要求载运有毒有害物质的船舶，其设计、结构、设备、设施应满足有关国际公约、技术规范和标准的要求，配备《货物记录簿》、《船上海洋污染应急计划》、《程序与布置手册》等操作规程，对装卸货、洗舱、压载、处置残余物质等作业进行详细记录。船舶载运具有污染危害性货物，经批准后方可进出港口、过境停留或者装卸作业。载运有毒有害物质的船舶，洗舱水、液货舱压载水的处理，应严格遵守有关国际公约和有关法律法规的规定等。为有效应对渤海海域散装有毒液体物质泄漏事故，海事部门建立了有毒液体物质溢漏应急反应专家库，部分地区发布实施了有毒液体物质溢漏应急计划或将溢油应急反应的内容扩大到有毒液体物质的应急反应，以有效应对有毒液体物质溢漏事故的发生。

海事部门针对渤海海域的船舶流量和通航环境，在成山头水域、大三山岛水域、老铁山水道水域实施了船舶定线制和报告制，有效防止了水上船舶交通事故的发生。对进出渤海海域的油轮等重点船舶采取特别措施，重点强化了对油轮的安全监督管理，限制国内油轮公司进口二手油轮和加快淘汰老旧油轮，禁止不符合规定的外国籍单壳油轮进入渤海海域，有效降低了油轮溢油事故的发生。交通部门和国家环保总局于2000年联合颁布了《中国海上船舶溢油应急计划》及北方海区溢油应急计划，编制完成了环渤海各省级船舶污染应急预案，形成了国家级、省级、市级和港口级四级船舶污染应急反应体系。交通部门先后在山东烟台、河北秦皇岛建设了溢油应急技术中心和海上溢油应急处理中心。各级海事机构每年在渤海海域组织不同层面的溢油应急演习，不断完善溢油应急反应机制，提高溢油应急反应能力、训练溢油应急反应队伍。同时，环渤海四个直属海事局建立了《渤海海域船舶污染应急联动机制》，实现了信息共享，整合了溢油应急资源，提高了应急反应能力和应急行动的有效性。

4.2.2.4 港口污染防治

交通部门对现有港口、码头以及船舶修造、拆解单位加大防污染管理力度，结合各港口的实际情况，分期分批、有计划地建立健全港口污染物接收处理设施；同时大力强化港口、码头防污染现场监督，保证了防污染措施的落实。环渤海各港口加强了接收、处置船舶污染物的能力建设，所有港口都要配备了油污水回收车、船等回收装备，从事船舶污染物、废弃物、船舶垃圾接收、船舶清舱、洗舱作业活动的单位，都具备了相应的接收处理能力。港口、码头、装卸站和船舶修造厂都按照有关规定备有足够的用于处理船舶污染物、废弃物的接收设施，所接收的污油水全部按规定在岸上进行了达标处理。

为了避免有毒有害液体及其洗舱水等排入海洋，交通部门要求装卸散装有毒液体物质的港口、码头，必须完善接收含有有毒液体物质的压载水和洗舱水设施建设。对港口、码头不配备有毒有害物质洗舱水接收设施的，坚决禁止载有有毒有害物质的船舶进港。2000—2005年，渤海海域各港口共接收含有有毒液体物质的压载水和洗舱水1.8×10^{8} t，有效防止和减少了海运有毒有害物质对渤海海域的污染。

根据国际公约和交通部行业有关规定要求，港口、码头必须设置足够的船舶垃圾接收处理设施，购置或建造垃圾回收车（船），接收所有到港船舶垃圾，集中运至城市垃圾卫生处理系统处理。2000—2005年，渤海海域各港口船舶垃圾接收数量达到13.5×10^{4} t，有效控制了船舶垃圾排海带来的环境污染。

4.2.2.5 海上养殖污染防治

渔业主管部门为减轻海上养殖污染，制定了海水养殖投饵标准，控制养殖药物投放，依据养殖环境容量合理布局养殖规模和模式，不断推广应用先进生物技术，创建生态养殖模式。

4.2.3 海洋污染物排海总量控制

实施污染物排海总量控制制度是控制海洋污染的根本途径。具体做法是，综合考虑各地海洋环境质量状况、环境容量、排放基数、海洋经济发展水平和削减能力等，按照“海洋环境污染通量—海洋环境容量评估—污染物控制分配—构建污染物排海监管联动机制”的思路，建立跨行政区域、跨管理部门的污染物排海总量控制体系，实现对主要污染源的分配排放控制，实施对重点污染物总量削减情况的考核制度。环渤海地区的天津已经按照这一思路启动了污染物排海总量控制试点工作。

4.3 海洋环境调查监测与科技支撑

4.3.1 海洋环境调查监测

4.3.1.1 渤海海洋环境监测机构与业务

1972年当环境问题在我国开始引起关注时，我国首次海洋污染调查便已付诸实施之中，1972—1973年开展了“渤海黄海北部部分海域污染调查”。此后，1976年黄渤海沿岸四省市又联合对渤海实施了我国第一次海洋污染基线调查。1979—1981年，国务院环境保护办公室组织并开展了“渤黄海海域污染防治研究”。此外，在1982—1983年开展了“渤海增殖环境调查”。从1982—1985年进行了渤海“海岸带和海涂资源综合调查”。1989—1992年开展了渤海“海岛资源综合调查”。1996—1998年实施了包括渤海在内的“全国第二次海洋污染基线调查”。2004年起，实施了包括渤海在内的“全国近海资源环境综合调查（‘908’专项）”。

自20世纪70年代末开始，国家有步骤地在环渤海地区相继建立了3级海洋环境监测业务机构。包括国家海洋环境监测中心、北海监测中心、4个海洋环境监测中心站、10个海洋环境监测站，加上辽宁、河北、天津、山东、江苏5省（市）沿海地（市）环境监测部门，共同组成渤黄海环境监测网。经过连续15年定期对河口、港湾及近海海域进行常规污染监测，获各类监测数据20余万个，完成了《渤海、黄海污染源及其初步评价》和《渤海、黄海近海污染状况和趋势》等科研成果报告。目前，各级海洋环境监测业务部门依据各自的职责，在所辖区域内开展工作，具备了覆盖渤海海域的监测能力。

1）国家监测机构

国家海洋局从20世纪60年代起，陆续在环渤海地区成立了国家海洋环境监测中心、北海监测中心以及大连、秦皇岛、天津、烟台4个海洋环境监测中心站，专业从事海洋环境的监测工作。国家海洋环境监测中心负责全国海洋环境监测的业务管理、海洋环境保护科学技术研究、海域使用管理技术支持等项工作；北海海洋环境监测中心是国家海洋局在北海区（渤海、黄海）实施海洋综合管理的技术保障单位；海洋环境监测中心站及所属监测台站负责进行近岸海洋气象和环境要素的监测。

2）地方监测机构

环渤海三省一市及地级市和部分县通过自建和共建两种形式，成立了海洋环境监测业务机构。现有监测业务机构有山东省海洋环境监测中心站、辽宁省海洋环境监测预报总站、河北省海洋环境监测中心（共建）、天津市海洋环境监测预报中心（共建）4个省级监测中心；滨州市海洋环境监测站（共建）、东营市海洋环境监测站（共建）、潍坊市海洋环境监测站（共建）、烟台市海洋环境监测站、大连市海洋与渔业环境监测中心、葫芦岛市海洋环境监测站、锦州市海洋环境监测中心站（共建）、盘锦市海洋环境监测中心站

(共建)、营口市海洋环境监测中心站、唐山市海洋环境监测预报中心、沧州市海洋环境监测站、秦皇岛市海洋环境监测站（共建）12 个市级监测机构，主要开展海洋环境污染监测工作。

4.3.1.2 渤海海洋环境监测的主要内容

1）监测内容历史演变

渤海海洋环境监测工作自20 世纪 70 年代初至今，先后经历了污染调查、污染监测和海洋环境监测与生态健康监测并重的三个发展阶段。20 世纪 70 年代，在渤海率先开展了海洋环境污染调查和环境监测工作，主要以海洋污染调查为主。1984 年，依据《中华人民共和国海洋环境保护法》，国家对渤海开展了统一设计、统一组织实施的业务化海洋污染监测工作，监测介质包括水质、底质和生物，监测项目覆盖 COD、溶解氧、营养盐、重金属和部分有机污染物等。

2000 年，随着《中华人民共和国海洋环境保护法》的修订，对渤海的监测工作又做出较大调整，为切实履行各级政府的海洋管理法定责任，采取中央与地方相结合的原则，根据需求，在原有大尺度趋势性监测的基础上，增加了中、小尺度的监测。监测内容和服务对象得到全面拓展，加大了包括海水浴场、滨海旅游度假区、增养殖区、倾倒区、油气田区等重要海洋功能区和陆源入海排污口监测力度，开展了包括海洋赤潮和海岸侵蚀等海洋灾害的监测工作，并全面启动了海洋生态监测，从过去较单一的海洋环境污染监测扩展到海洋生态、海洋功能区质量和海洋生态灾害等多种监测并存的复合型监测。海洋环境监测及手段更加多样化，由岸基监测站、监测船、海监飞机和海洋卫星等组成的立体监测系统已见雏形。从2004 年起在渤海沿海地区重要海洋生态环境系统分布区域建立了6 处海洋生态环境监控区，依据各生态系统的关键生态过程设定环境指标、生物指标及生态压力指标进行监测，评价海洋生态系统的健康与安全状况。为落实《国务院关于印发中国应对气候变化国家方案的通知》精神，进一步增加了海水入侵和土壤盐渍化、二氧化碳等与气候变化相关要素的监测内容。

目前，海洋环境监测产品丰富多样，服务领域极为广泛，分为年度报、半年报、月报、旬报、日报以及专报等，以新闻发布会、电视、广播、网络、报刊等多种媒体公开向社会发布《中国海洋环境质量公报》、《中国海洋灾害公报》和《中国海平面公报》，沿海地区所有省级和计划单列市、半数以上的地级市都发布了本地近岸海域环境公报。

2）渤海海洋环境监测主要项目

目前，渤海海洋环境监测工作现已从过去较单一的海洋环境污染监测扩展到海洋生态状况、海洋功能区质量和海洋生态灾害等多种监测；监测手段已经初步形成了由海洋卫星、飞机、岸基监测站和志愿观测船组成海洋环境立体监测系统。渤海各项海洋环境监测项目及频率见表4.1《渤海海洋环境监测项目》。

表 4.1 渤海海洋环境监测项目列表

监测项目		站位布设	监测频率	监测要素
渤海污染现状与趋势性监测（含渤海专项）	海水质量	152 个	每年 5 月、8 月	水质化学要素、叶绿素 a、水文气象
	贻贝和沉积物质量	50 个	每年 8 月	石油烃、总汞、镉、铅、砷、六六六、DDT、PCB
	葫芦岛放射性监测	6 个	每年 8 月	水质、沉积物、生物体放射性
	江河入海污染物总量监测（11 条）	33 个	5 月、8 月、10 月每月监测 1 次	油类、COD 、氨氮、磷酸盐、铜、铅、砷、锌、镉、汞及年径流量
海洋功能区监测	海水浴场（4 个）	12 个	6 月 24 日—10 月 7 日	水温、浪高、涌高、现在天气现象、风向、风速、总云量、降水量、气温、能见度、粪大肠菌群、pH、透明度、水色、溶解氧、盐度、漂浮物质
	海水增养殖区（21 个）	147 个	养殖高峰期内水质监测每月不少于一次	水质（粪大肠菌群、水温、透明度、pH、溶解氧、盐度、氨氮、硝酸盐氮、亚硝酸盐氮、活性磷酸盐、叶绿素 a）、沉积物（总汞、铅、砷、硫化物、有机质、粪大肠菌群、总磷、总氮）、养殖生物质量（石油烃、总汞、镉、铅、砷、铜、DDT、PCB、粪大肠菌群、腹泻性贝毒、麻痹性贝毒）
	海洋自然保护区监测	11 个		自然保护区总面积、核心区面积、缓冲区面积、主要保护对象、环境状况等
	滨海旅游度假区监测（1 个）	6 个	4 月 24 日—10 月 7 日	水质（粪大肠菌群、令人厌恶的生物、危险的生物、赤潮、透明度、色、臭、味、漂浮物质、化学耗氧量、无机氮、活性磷酸盐）、气象（气温，海面能见度，现在天气现象、风向、风速、总云量、降水量、气温）、景观参数（海底景观、景观要素）、沙滩地质要素（沙滩长度、涨潮线上宽度、面积、前滨坡度、滩肩坡度、沙质颗粒成分）
	海洋倾倒区（4 ~ 5 个/年）	12 个	视倾倒区具体情况确定	底栖生物数量与种类、倾倒区内水深变化情况
	海上油气开发区（2 个/年）	14 个	每年 8 月	油类、COD、悬浮物、石油烃、底栖生物种类和数量
	重点岸段海岸侵蚀监测	5 个重点岸段	5—10 月进行一次监测	年海岸侵蚀的长度、最大侵蚀宽度、平均侵蚀宽度、侵蚀总面积等侵蚀监测数据
生态监控区监测	双台子河口生态监控区	潮间带底栖生物调查设 8 个断面，24 个调查站位；海洋生物质量设 3 个监测区域；海上设 30 个站	每年 5 月、8 月两次	渔业资源、湿地水禽、海洋生物、水环境（水温、透明度、溶解氧、盐度、pH、亚硝酸盐、硝酸盐、氨、无机磷、活性硅酸盐、油类、叶绿素 a）、沉积环境（硫化物、有机碳、粒度）、海洋生物质量（石油烃、总汞、砷、镉、铅、多氯联苯、多环芳烃、六六六、滴滴涕）、湿地、滩涂、油田开发

续表 4.1

监测项目		站位布设	监测频率	监测要素
生态监控区监测	锦州湾生态监控区	潮间带底栖生物调查设 5 个断面，15 个调查站位；海洋生物质量设 2 个监测区域；海上设 30 个站	每年 5 月、8 月两次	渔业资源、海洋生物、水环境（水温、透明度、溶解氧、盐度、pH、亚硝酸盐、硝酸盐、氨、无机磷、活性硅酸盐、叶绿素 a）、沉积环境（硫化物、有机碳、粒度）、生物质量（石油烃、总汞、砷、锌、铜、镉、铅、多氯联苯、多环芳烃、六六六、滴滴涕）、海岸、滩涂、海岸侵蚀
	滦河口－北戴河生态监控区	潮间带底栖生物调查设 8 个断面，30 个调查站位；海洋生物质量设 3 个监测区域；海上设 30 个站	每年 5 月、8 月两次	珍稀生物、海洋生物、水环境（水温、透明度、溶解氧、盐度、pH、亚硝酸盐、硝酸盐、氨、无机磷、活性硅酸盐、叶绿素 a）、沉积环境（硫化物、有机碳、粒度）、生物质量（石油烃、总汞、砷、锌、铜、镉、铅、多氯联苯、多环芳烃、六六六、滴滴涕）
	渤海湾生态监控区	潮间带底栖生物调查设 5 个断面，20 个调查站位；海洋生物质量设 3 个监测区域；海上设 30 个站	每年 5 月、8 月两次	渔业资源、海洋生物、水环境（水温、透明度、溶解氧、盐度、pH、亚硝酸盐、硝酸盐、氨、无机磷、活性硅酸盐、油类、叶绿素 a）、沉积环境（硫化物、有机碳、粒度）、生物质量（石油烃、总汞、砷、镉、铅、多氯联苯、多环芳烃、六六六、滴滴涕）、海岸、滩涂
	莱州湾生态监控区	潮间带底栖生物调查设 5 个断面，20 个调查站位；海洋生物质量设 3 个监测区域；海上设 30 个站	每年 5 月、8 月两次	渔业资源、海洋生物、水环境（水温、透明度、溶解氧、盐度、pH、亚硝酸盐、硝酸盐、氨、无机磷、活性硅酸盐、油类、叶绿素 a）、沉积环境（硫化物、有机碳、粒度）、生物质量（石油烃、总汞、砷、镉、铅、多氯联苯、多环芳烃、六六六、滴滴涕）、海岸、滩涂
	黄河口生态监控区	潮间带底栖生物调查设 10 个断面，30 个调查站位；海洋生物质量设 2 个监测区域；海上设 33 个站	每年 5 月、8 月两次	湿地和水下水生植物、三角洲湿地、河口淤积、海岸侵蚀、渔业资源、海洋生物、水环境（水温、透明度、溶解氧、盐度、pH、悬浮物、亚硝酸盐、硝酸盐、氨、无机磷、活性硅酸盐、叶绿素 a、输沙量）、沉积环境（硫化物、有机碳、粒度）、生物质量（石油烃、总汞、砷、镉、铅、多氯联苯、多环芳烃、六六六、滴滴涕）
赤潮监控区（4 个）		24 个	5—10 月，每月监测两次	常规项目（色、味、嗅及漂浮物、表层水温、透明度、风速、风向、气温、光照、pH 值、盐度、溶解氧、溶解氧饱和度、叶绿素 a、化学需氧量、磷酸盐、亚硝酸盐－氮、硝酸盐－氮、氨－氮、硅酸盐、粪大肠菌群、弧菌总数、赤潮生物细胞总数、优势种种类与细胞数量）、贝毒（麻痹性贝毒、腹泻性贝毒）、沉积物（粒度、硫化物、有机碳、总汞、铜、镉、铅、砷、石油烃、滴滴涕、多氯联苯、粪大肠菌群）、养殖生物质量（总汞、砷、铜、镉、铅、石油烃、滴滴涕、多氯联苯）

续表 4.1

监测项目	站位布设	监测频率	监测要素
海洋断面监测（5条）	1条断面10个站	2月、8月每月监测1次	海洋水文（水深、水温、海浪、水色、透明度、海发光、海况）、海洋气象（气温、气压、湿度、风、云、能见度、天气现象）、海洋化学（盐度、溶解氧、总碱度、pH、硅酸盐、磷酸盐、硝酸盐、亚硝酸盐、氨氮）
陆源入海排污口及其邻近海域环境质量监测	112个排污口；20个重点排污口的邻近海域，共140个监测站点	3月、5月、6月、7月、9月、10月每月监测1次，邻近海域只在9月份监测1次	污水： 市政及生活污水类：COD、氨氮、磷酸盐、粪大肠菌群、BOD_5、悬浮物、油类 工业废水类：COD、氨氮、磷酸盐、粪大肠菌群、BOD_5、悬浮物、挥发酚、油类、砷、汞、铅、镉，该排污口的其他特征污染物（主要包括有毒有害物质、国际公约禁排物质等）3~5种 海水： 水质（盐度、温度、pH、COD、BOD_5、悬浮物、亚硝酸盐-氮、硝酸盐-氮、氨-氮、磷酸盐、石油类及除此之外该排污口的必测项目）、沉积物（有机质、硫化物、石油类及除此之外该排污口的必测项目）、生物质量（石油烃、粪大肠菌群及除此之外该排污口的必测项目）、大型底栖生物种类鉴定
建设项目跟踪监测	每年根据建设项目情况而定		
污染事件应急监测	视每年污染事件情况		

4.3.1.3 深化渤海海洋环境监测业务

进一步提高渤海海洋环境质量状况、海洋环境监管、海洋环境突发事件和专项服务四大海洋环境监测工作，提高海洋环境监测与评价的覆盖率、时效性和反应能力。针对重金属污染重点防控等海域，实施重点海域环境质量的预报警报。加强对海洋工程、海岸工程、海洋倾废、船舶活动及港口环境开展跟踪监督，对海洋工程和长期倾倒区增加水动力环境和海底地形地貌动态监视，及时掌握建设项目对海洋环境的整体演变影响，为沿海地区产业结构调整和优化布局提供决策支持。建立完善行政管理、环境监测、行政执法及保护区管理等海洋生态监控综合机制，利用信息技术结合海洋生态系统的结构和功能，开展海洋生态监控区数据集成和分析。综合分析历史监测数据，评价近岸海域重金属等各类海洋污染的现状与趋势，全面准确掌握我国近岸海域各类污染来源、分布、主要种类及污染排放量。建立完善海洋环境突发事件的快速监测和预警工作机制。

针对当前海洋环境保护新趋势，拓展海洋水文动力及地形地貌、海洋放射性、河口内湾贫氧区、大气沉降、持久性有机污染物、生物激素等及严重威胁人体健康的致畸、致残、致癌污染物等新型监测领域，开展近海生态健康和生物多样性状况监测和定期评价，针对气候变化开拓二氧化碳、海水酸化等监测方向，开展气候变化海洋生态敏感区的脆弱性与适应性评价。根据沿海地区核电站的大规模建设的新形势，充实海洋放射性监测力量。深化海洋生态监控区工作，对海洋生态敏感海域实施定期定点监视监测。要结合近岸重金属等污染物高风险区域分布规律建立重金属污染风险评估体系，评估近海环境中重金属污染对生态环境和人类健康的影响和风险，分析评价重金属在不同海洋经济生物以及食物链不同等级之间的传递和富集特点，估算人体从海洋直接和间接摄入的重金属含量，评估沿海区域重金属对生态安全和人类健康的风险特点，合理调整海水养殖产业布局。

4.3.2 渤海环境突发事件应急响应

4.3.2.1 海洋环境突发事件应急响应体系

目前，全国海洋环境突发事件的应急监测体系已经实现良性业务化运转。在国家海洋行政主管部门出台的《赤潮灾害应急预案》的框架下，各海区和沿海地方政府编制了本海区、地区的《海洋赤潮灾害应急执行预案》。为应对海上油气资源开发溢油事故导致的环境灾害，国家海洋局组织制定实施了《全国海洋石油勘探开发重大海上溢油应急计划》及《海洋石油勘探开发溢油应急响应执行程序》，组成了溢油应急协调机构。《赤潮灾害应急预案》和《海洋石油勘探开发重大溢油应急计划》经国务院批准，纳入了国家灾害应急管理体系。沿海地区各级海洋部门据此制定了各地区的海洋灾害应急预案，初步建立了海洋灾害应急监测机制。

在各类海洋环境突发事件应急响应体系中，要建立完善海洋环境突发事件的监测、预警和应急响应机制，提高现场数据实时自动采集能力及传输能力。在岸站、浮标、船舶、卫星遥感、航空遥感的基础上，建立多手段、高频率、高覆盖的全天候海洋灾害监测系统，实现数据采集自动化、数据传输程控化，数据处理计算机化，为准确、快速预报海洋环境灾害提供基础。要根据监测与评估结果，强化应急通报机制，建立重金属污染重点防控海域定期监测和报告制度。对海洋生态风险较大的区域、行业和污染物，建立完善生态破坏突发事故风险管理和应急响应机制。对于重金属污染排放及事故风险较大的涉海建设项目，要建立海洋生态隔离带。

4.3.2.2 赤潮、绿潮应急响应

为保障人民生命安全和身体健康，国家海洋局先后在渤海建立4个赤潮监控区，组织开展高频率、高密度的监视监测，做到监控区内赤潮发现率百分之百，发布养殖区环境质量通报，指导养殖生产。目前由国家和地方相结合、专业和群众相结合的赤潮监测监视网络已初步形成，每年在赤潮多发期5—9月，利用海洋卫星、海监飞机、海监船舶和岸基站等多种手段对赤潮发生情况开展连续监控，准确掌握赤潮发生动态，加强对赤潮发生海域水产品的贝毒检测，及时发布赤潮通报，保障公众的身体健康和海上养殖活动的正常进行，有效预防和减轻赤潮灾害。

为完善赤潮、绿潮等海洋灾害应急预案体系，必须建立健全职责明确、流程规范、沟通顺畅、反应快捷的海洋灾害应急管理机制。强化海洋灾害监视监测能力，增加现场监测设备和可视化监控系统，提高早期预警能力，建立健全赤潮、绿潮信息的汇集、报告、通报、发布制度。建立海洋应急管理沟通协调工作机制，强化地方各级政府和涉海部门在海洋灾害事件的交流合作，加强志愿者监测监视队伍建设，推动基层赤潮、绿潮应急响应机制和体制的建设和完善。

4.3.2.3 海上溢油应急监视监测

近年来，根据《北海分局海洋溢油污染应急预案》组织开展了胜利油田 CB6A 井喷溢油、胜海八号平台溢油、绥中 36－1 油田溢油、“塔斯曼海”轮溢油、长岛海域油污染事故等重大污染事件应急监测和处置行动，对突发性海洋污染损害事件及时组织实施应急监视和调查取证工作，督促和指导责任单位及时采取有效措施，及时通报有关部门，最大限度地降低事故对渤海生态敏感区的影响。并充分发挥技术支持系统的作用，对溢油漂移轨迹进行模拟、计算溢油量、进行油指纹分析鉴定、评估溢油对海洋环境造成的损害，为迅速查清污染源和消除、减轻海洋污染损害及事故的处理提供了科学依据，同时也为行政处罚和环境损失索赔提供第一手证据资料。

为加强海上溢油事故风险防范，必须完善海上溢油监视监测体系，建立包括卫星、飞机、船舶等多种手段结合的海上溢油立体监视系统，建设全海区海洋石油勘探开发原油标准指纹库，开发油指纹快速鉴别系统和溢油路径预测与溯源系统，提高对海域无主溢油事故的快速鉴定和排查能力。加强全国溢油监测信息网络平台建设，建立定期巡航制度，建立溢油事故的预防制度，加强溢油事故风险和生态损害评估。加强海上溢油应急响应核心技术研究，制定科学的减轻、治理溢油灾害的技术措施。建立海上溢油事故快速反应队伍，提高装备水平，及时清除溢油、有效控制溢油蔓延。规范海洋石油勘探开发企业应急设施配置，统筹应急能力建设，设立海洋石油污染赔偿基金，确立溢油应急响应联动机制，按照市场化运行机制调配和整合应急资源，实现资源共享，优势互补。

4.3.3 渤海环境科技支撑

近年来，针对渤海环境问题，国家重点科研项目、国家科技攻关、高新技术发展计划（“863”计划）、攀登计划、国家自然科学基金以及地方和行业重大海洋科研项目都实施了相关科技项目。

污染控制机理研究项目主要有：“渤海生态系统动力学与资源可持续利用研究”、“渤海海岸带生态环境演化及环境容量研究”、“渤海重点海域总量控制研究”、“大连湾、胶州湾陆源排污入海总量控制研究”、“我国近岸海域污染物总量控制可行性研究”以及海水养殖容量研究，海湾环境容量及对环境影响研究等研究项目。自 2007 年，国家启动了海洋公益性行业科研专项项目，每年都有有关渤海的科研项目，如“基于环境承载力的环渤海经济活动影响监测与调控技术研究”、“黄河口及邻近海域生态系统管理关键技术研究与应用”，等等。生态修复技术研究项目主要有：“渤海综合整治关键技术——秦皇岛旅游海岸环境退化监测、评价及其环境修复研究”、“渤海生态综合整治技术示范研究”、“渤海重点海域总量控制研究”、“莱州湾地区海水入侵机理、海岸带侵蚀与防治技术”等研究项目。

为了探索未来海洋环境监测的模式，在国家“863”高科技计划的支持下，开展“渤海海洋生态环境海空准实时综合监测示范系统”研究，将国家海洋局在渤海已拥有和即将拥有的船载快速监测系统、航空遥感、无人自动监测站、生态浮标系统、无人机遥感、卫星遥感和常规监测系统集成在统一的平台下，充分发挥多源多时相数据的优势，增加对渤海的监控能力。此外，还开展了难降解有机污染物分析方法和监测技术、典型污染物生物效应监测技术、赤潮毒素监测技术、赤潮灾害监测与评估技术、沉积物和生物监测标准参照物质研制技术、近海污染预测技术、溢油污染对海洋环境影响研究、近海富营养化评价和赤潮预测技术、海岸带环境污染监测、预测及防治技术等监测评价技术等研究项目。

在信息服务方面，国家已在渤海初步建立了一定规模的信息传输网络和共享机制，积累了大量的有关渤海的历史资料，如渤海监测调查资料、渤海普查资料、渤海海岸带和海岛综合调查资料、污染基线调查资料、卫星遥感资料和环渤海经济信息等。相继建立了各类数据库以及部分数字化海洋基础图件等。另外，环渤海三省一市和20余个涉海单位在多年的管理、生产、开发、经济活动中也积累了大量的现场和分析资料，初步具备了对定时海洋环境监测数据的收集、处理、存储和信息服务的能力。

4.4 海洋生态保护与修复

4.4.1 海洋保护区建设

4.4.1.1 海洋自然保护区

渤海地区现有海洋类型自然保护区24处，总面积达134.34 $\times 10^4$ hm^2。其中，国家级8处（附录A），面积为52.43 $\times 10^4$ hm^2；地方级19处，面积81.91 $\times 10^4$ hm^2。这些保护区的建立对保护典型湿地生态系统、主要河流入海口、珍稀海洋生物、候鸟繁殖和越冬栖息地、海洋自然历史遗迹与自然景观以及维护沿海地区的生态安全等发挥了极其重要的作用。

4.4.1.2 海洋特别保护区

根据《海洋环境保护法》，各级海洋部门在渤海海域建立了8处国家级海洋特别保护区（附录B），主要保护滨海湿地生态系统、各种海洋生物资源和特殊海洋地貌景观等。

4.4.1.3 渤海渔业种质资源保护区

根据《渔业法》和《中国水生生物资源养护行动纲要》，国家和各地方渔业主管部门，新建了一批渔业种质资源保护区（表4.2）。

表4.2 渤海渔业种质资源保护区

序号	保护区名称	类别	面积/hm^2	建立时间	主要保护对象
1	长岛皱纹盘鲍、光棘球海胆国家级水产种质资源保护区	国家级		2007年	皱纹盘鲍、光棘球海胆
2	莱州湾单环刺螠、近江牡蛎国家级水产种质资源保护区	国家级		2007年	单环刺螠、近江牡蛎
3	辽东湾、渤海湾、莱州湾国家级水产种质资源保护区	国家级		2007年	各类水产资源
4	莱州梭子蟹种质资源保护区	市级	3 200	2006年	三疣梭子蟹
5	长岛紫海胆种质资源保护区	市级	2 600	2007年	光棘球海胆
6	长岛皱纹盘鲍种质资源保护区	市级	2 600	2007年	皱纹盘鲍
7	长岛县栉孔扇贝种质资源保护区	市级	4 000	2007年	栉孔扇贝
8	莱州市三山岛鱼虾蟹种质资源保护区	市级	15 000	2007年	鱼虾蟹

续表 4.2

序号	保护区名称	类别	面积 /hm^2	建立时间	主要保护对象
9	潍坊市莱州湾近江牡蛎	市级	1 528	2005 年	近江牡蛎
10	潍坊市星虫	市级	2 367	2006 年	星虫
11	潍坊市三疣梭子蟹	市级	12 000	2005 年	三疣梭子蟹
12	滨州青蛤自然保护区	市级	1 500	2006 年	青蛤
13	滨州文蛤种质资源保护区	市级	4 000	2007 年	文蛤
14	辽宁兴城杂色蛤亲贝自然保护区	县级	3 500		杂色蛤

4.4.1.4 海洋保护区建设与管理基本措施

1）制定海洋保护区建设与发展规划与政策标准

根据近年全国海洋生态调查、“908”专项调查及历年全国海洋环境监测、重点海洋环境保护规划及渤海环境保护总体规划等重大调查、监测和规划等相关成果，全面分析典型海洋生态系统存在状况和现有保海洋保护区建设管理现状及存在问题，调查研究重要海洋生态系统、栖息地、自然景观及濒危海洋野生动植物的集中分布区和主要栖息地情况的基础上，客观评估气候变化和中国沿海地区社会经济发展需求，科学、合理地分析海洋保护区发展的适宜性和迫切性，提出符合国情海情的、具有可操作性的海洋保护区发展思路，明确各个海域海洋保护区建设的布局、类型、数量及面积等具体目标及海洋保护区建设的保障措施。同时，制定海洋保护区管理制度和标准，包括“海洋保护区生态保护管理政策”、“海洋保护区资源可持续开发利用政策”、“海洋保护区生态补偿政策”、“海洋保护区生态修复技术”、“海洋保护区管护设施建设配置标准”、“海洋保护区生态监测技术指南”、“海洋保护区管理成效评估导则”等。

2）选划建立海洋保护区网络

根据海洋保护区建设与发展规划，按照海洋自然保护区和特别保护区管理规章制度和相关标准，对亟待保护的滨海湿地、河口、海湾、海岛等重要海洋生态系统分布区域，有目标、有重点、有计划地选划建设一批海洋自然保护区和特别保护区，迅速填补海洋生态保护的空白点，加快构建布局合理、规模适度、类型齐全、管理完善的海洋保护区体系。同时，对地方级海洋保护区符合国家级条件的，要积极推进海洋保护区升级。

3）提高已建海洋保护区的管理水平

对已建海洋保护区加强监管管理和能力建设，落实保护区海域使用权属、建立海洋保护区中国海监执法队伍、开展海洋保护区执法工作、落实海洋保护区内开发项目的规范管理、建立健全海洋保护区内各项规章制度、抓紧编制并报批海洋保护区总体规划、根据主要保护对象的生态特征，分区域实施科学有效管理。对于海洋自然保护区，实行严格保护与生态涵养相结合的管理政策，一般禁止开展海洋开发活动；对海洋特别保护区，根据其分类性质，在自然保护的前提下，分别开展生态经济、适度利用和生态旅游活动，实行限制开发与生态保护相结合的管理政策。各类海洋保护区要积极开展海洋监测和科研调查、适时实施生态恢复和建设项目、采取多种形式开展宣传教育和公众参与、积极开展国际合作。要加强海洋保护区管理机构和队伍建设，对保护区管理人员进行技术培训，加大对海洋保护区资金投入，提高海洋保护区管护基础能力，开展保护区管理绩效评估。

4.4.2 海洋生态系统修复

4.4.2.1 海洋水生生物资源恢复

1）人工渔礁建设

人工鱼礁为鱼、虾、贝、藻和各种海洋生物提供稚鱼庇护，同时成为鱼类栖息、索饵和产卵的场所，因而成为渔业生态环境修复的重要方法之一。2005 年黄渤海区建设各种人工鱼礁 19 处，其中，辽宁省投建人工鱼礁 11 处，山东省投建人工鱼礁 7 处，天津市投建人工鱼礁 1 处。人工鱼礁建设总体积为 40×10^4 m^3 以上。截至 2005 年，全国共建设各种类型的人工鱼礁 61 处。

2）人工增殖放流

渔业部门积极组织天然渔业水域的增殖放流活动，大力发展生态渔业，促进渔业资源及其环境的尽快恢复。经过多年的实践，中国海洋经济生物增殖放流技术日臻成熟，放流规模不断扩大，目前适合增殖放流的种类已达到近 20 个，其中不乏珍稀保护种类。在黄渤海地区，2005 年，黄渤海区共放流虾类 11.36 亿尾、海蜇 3.23 亿头、三疣梭子蟹 6 016.14 万只、牙鲆 296.35 万尾、其他鱼类 582.55 万尾、菲律宾蛤仔 16 亿粒、毛蚶 1.02 亿粒等多品种增殖。

4.4.2.2 保护和修复典型海洋生态系统

1）防止大规模海洋开发对各类典型海洋生态系造成破坏

依法行政、严格管理、强化监督，严格控制特殊海岸自然、人文景观及海岛生态的开发强度。对典型海洋生态系统实施统一监管，实施典型海洋生态系统监控，加大海洋生态执法力度，防止涉海工程项目侵占、破坏或污染重要海洋生态系统。在海域使用审批过程中，禁止拍卖国家公布的海洋自然保护区、重要渔业区以及生态脆弱区等水域。对于围填海和海砂开采等改变海域自然属性的行为，将严格控制和管理。在重要海洋生物的产卵场、索饵场、越冬场及栖息地禁止采砂。各类涉海工程项目均不得侵占、破坏或污染重要海洋生态系统。此外，加强对无居民海岛的保护与管理，严禁非法炸岛毁礁和开采、加工、销售珊瑚制品。在各类海洋开发活动中，将严格执行海洋环境保护管理制度，包括环境影响评价制度、海洋工程环境保护设施监管制度、海洋开发行为的环境监测监视制度等，避免海洋开发活动导致海洋环境污染和生态破坏。

2）开展海洋生态修复和建设工程

选择在典型海洋生态系统集中分布区、外来物种入侵区、重金属污染严重区、气候变化影响敏感区等区域开展一批典型海洋生态修复工程，建立海洋生态建设示范区，因地制宜采取适当的人工措施，结合生态系统的自我恢复能力，在较短的时间内实现生态系统服务功能的初步恢复。制定海洋生态修复的总体规划、技术标准和评价体系，合理设计修复过程中的人为引导，规范各类生态系统修复活动的选址原则、自然条件评估方法、修复涉及相关技术及其适合性、对修复活动的监测与绩效评估技术等。开展以下一系列生态修复措施：滨海湿地退养还滩、植被恢复和改善水文，大型海藻底播增殖，海草床保护养护和人工种植恢复，实施海岸防护屏障建设，逐步构建我国海岸防护的立体屏障，恢复近岸海域对污染物的消减能力和生物多样性的维护能力，建设各类海洋生态屏障和生态廊道，提高防御海洋灾害以及应对气候变化的能力，增加蓝色碳汇区。通过滨海湿地种植芦苇等盐沼植被和在近岸水体中以大型海藻种植吸附治理重金属污染。通过航道疏浚物堆积建立人工滨海湿地或人工岛，将疏浚泥转化为再生资源。

4.4.2.3　滨海景观建设与防护林建设

1）滨海湿地保护

近年来，环渤海沿海各地认真开展湿地保护工作，沿海湿地保护力度明显加强，野生动植物种群数量有所回升，生物多样性更加丰富。根据《中国湿地保护行动计划》和《全国湿地保护工程规划》的国家重要湿地名录（共173块），渤海区域范围共有9块国家重要湿地（表4.3）。除此之外，区内辽宁大连斑海豹栖息地湿地和辽宁双台河口湿地两块湿地分别于2002年和2004年加入了国际重要湿地名录（Ramsar List）。

表4.3　渤海区域的国家重要湿地名录

序号	名单编号	国家重要湿地名称
1	23	辽河三角洲湿地
2	25	昌黎黄金海岸湿地
3	26	天津古海岸湿地
4	27	天津北大港湿地
5	28	滦河河口湿地
6	30	北戴河沿海湿地
7	31	沧州南大港湿地
8	40	黄河三角洲和莱州湾湿地
9	41	庙岛群岛湿地

自20世纪50年代以来，有关部门、大专院校和科研院所就环渤海地区湿地调查、分类、形成演化、生态保护、污染治理、合理开发利用与管理等领域开展了多方面的科学研究。对滨海湿地、沼泽、湖泊等生态系统进行了深入的研究，积累了大量资料；在一些珍稀水鸟的地理分布、种群数量、生态习性、饲养繁殖、致危因素以及保护对策等方面做了大量研究；通过鸟类环志，对我国鸟类特别是水鸟的迁徙活动有了深入了解；并开展了黄、渤海区海域与流域的污染治理研究；在丹顶鹤、斑海豹等物种的保护与研究领域中处于领先地位。

2）保护和营造滨海生态景观

滨海景观是指临海的、海陆相互作用而产生的具有一定景观价值的带状区域。在海岸带开发中，严禁盲目填海筑坝，采石挖砂，适当控制人工堤坝等“硬”护岸，建设人工湿地等“亲水”护岸，保持景观区块之间的自然连接。在海岸实施建设活动，要限制建筑物的容积率、高度以及与海岸线的距离，拆除不合理海滩建筑，使其与周围植被与景观相协调。综合运用自然恢复与人工措施，防治海岸侵蚀。开展海岸带清洁整治工程，清理海滩海底垃圾，防治海上漂流废弃物。开展浴场环境监测预报，实施生态浴场建设。通过人工沙滩养护、生态景观设计、滨海湿地公园建设、构建公众亲海空间、建设优美的滨海社区。

3）造林绿化

通过多年的造林绿化，环渤海地区森林覆盖率达到26.33%，海岸基干林带初步实现了合拢；沿海地区村镇绿化进一步加快，极大地改善了当地的人居环境，基本上构建起了以村镇绿化为“点”，以海岸基干林带建设为“线”，以荒山荒滩绿化、农田林网建设为“面”，点线面相结合，立体配置的沿海防护林体系建设基本框架。环渤海地区已界定生态公益林 $90.61\times10^4\ hm^2$，占有林地总面积的10.02%，其中，国家重点公益林 $46.73\times10^4\ hm^2$，地方公益林 $49.45\times10^4\ hm^2$。通过实施以防护林体系建设等生态工程建设，沿海地区森林生态功能效益开始发挥，工程区水土流失面积明显减少。有效地抵御风暴潮等自然灾害的危害。

4.4.3 防治海洋外来入侵物种

海洋部门已经完成海洋外来物种调查，发布了海洋外来物种相关信息。在此基础上，需要建立海洋外来入侵物种的防御体系和早期预警体系，对外来物种进行入侵生态风险评估。制定海洋生物外来物种名录，使外来物种的鉴别具有科学的依据。建立完善的海洋生物外来物种的鉴定制度和专门机构，对有意引种实施效益和生态风险评价、土著种的可替代性、有效的引种指南、引种的筛选程序、减少引种的负面影响等，在人工可控范围内进行足够时间的观察研究，以确定对引入海洋生态的潜在影响。在外来入侵种暴发之前，尽早地探测到其入侵的可能性和潜力。建立物种引入后的监测和快速反应体系，加强外来物种引入地对该物种种群数量变化的监测。一旦有暴发和扩散趋势，迅速采取措施控制。一旦预防措施失败，需要制定长期治理计划，采取适当措施清除或控制外来物种的入侵。

4.4.4 保护珍稀海洋物种

渤海区域需要重点保护的主要是滩涂生物、鱼类资源及沿岸珍稀动物，重点保护物种主要有松江鲈、海豹、江豚等11种，稀有种类有文昌鱼、中华鲟、长须鲸、座头鲸、灰鲸、黑露脊鲸等36种。另外还应保护在海岛上栖息的迁徙鸟类，主要有大天鹅、斑嘴鹈鹕、白鹳、丹顶鹤、小天鹅、蜂鹰、苍鹰、燕隼、大鸨、短耳鸮等。

4.5 渤海海洋环境管理机制与体制

4.5.1 海洋功能区划制度

4.5.1.1 渤海海洋功能区划

海洋空间规划是基于生态系统的海洋管理的重要方法，中国在这个领域作出了深入探索，结合中国海洋开发和生态环境保护实际建立了海洋功能区划制度，并将海洋功能区划以法律形式明确下来。国务院于2002年8月22日批准了《全国海洋功能区划》。之后，省级海洋功能区划工作全面开展。目前，山东、辽宁、河北、天津等省市的海洋功能区划已获国务院批准。生态环境保护和可持续利用是海洋功能区划的基本原则之一，全国海洋功能区划和各省海洋功能区划均提出海洋环境保护的目标和海洋环境管理的具体要求。《全国海洋功能区划》中确定了渤海辽东半岛西部海域、辽河口邻近海域、辽西—冀东海域、天津—黄骅海域、莱州湾及黄河口毗邻海域、庙岛群岛及邻近海域、渤海中部海域7个重点海域的海洋功能（图4.1）。

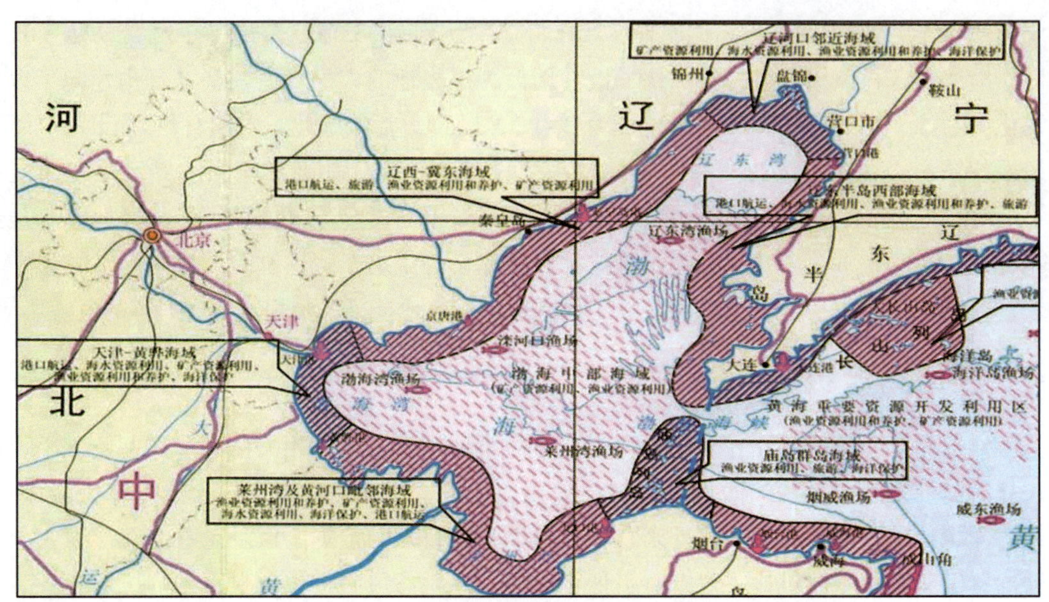

图4.1　全国海洋功能区划——渤海

1）辽东半岛西部海域

该区自大连市老铁山角至营口市大清河口毗邻海域。该区主要功能为港口航运、海水资源利用、渔业资源利用和养护、旅游。重点功能区有营口、旅顺、长兴岛等港口区，复州湾、金州盐田区，盖州、长兴岛等养殖区，营口市风景旅游区、仙浴湾、长兴岛旅游区，大连斑海豹、蛇岛—老铁山、营口海蚀地貌景观、浮渡河口沙堤自然保护区。该区应发展港口及海上交通运输业、渔业资源利用和养护，保护和保全沙质海岸和岛屿生态环境，建立滨海特殊景观地貌海洋保护区。

2）辽河口邻近海域

包括辽宁省营口市大清河口至锦州市后三角山的毗邻海域，属沉积性退海平原，主要河流有大凌河、双台河、大辽河、大清河等。海岸湿地与沼泽地是辽河三角洲乃至我国海岸湿地沼泽的典型区域，保存原始湿地生态系统40 km^2，有国家重点保护动物33种。该区主要功能为矿产资源利用、海水资源利用、渔业资源利用和养护、海洋保护。重点功能区有笔架岭、太阳岛等油气区，营口、锦州盐田区，盖州滩、二界沟等养殖区，双台子河口、大凌河口自然保护区。该区应加强滩海油气资源的勘探开发与合理利用，增殖和恢复渔业资源，保护湿地生态环境，强化盐区的挖潜和技术改造，加强对辽东湾及毗邻河口海域的环境综合治理。

3）辽西—冀东海域

包括辽宁省锦州市后三角山至河北省唐山市涧河口的毗邻海域。该区主要功能为港口航运、旅游、渔业资源利用和养护、矿产资源利用。重点功能区有秦皇岛、京唐、锦州等港口区及相关航道，北戴河、南戴河、山海关、兴城海滨、锦州大小笔架山等旅游区，昌黎、菊花岛附近海域、滦河口等养殖区，昌黎、北戴河、石臼坨—月坨诸岛珍稀鸟类自然保护区，绥中、锦州、冀东等油气区，滦南、大清河等盐田区。该区应重点保证油气资源勘探开发和渔业资源利用的用海需要，发展滨海旅游，保护和保全海岸生态环境。

4）天津—黄骅海域

地处渤海西岸，海河水系与蓟运河水系的尾闾，是海陆交互作用强烈的地区。该区主要功能为港口航运、海水资源利用、矿产资源利用、渔业资源利用和养护、海洋保护。重点功能区有天津、黄骅等港口区及相关航道，长芦、汉沽、沧州盐田区，新港、马东等大港油田油气区，塘沽、汉沽等增殖和养殖区，汉沽、大港、北塘河口特别保护区，塘沽和大港区外海、塘沽区驴驹乡潮间带、汉沽区近海等资源恢复增殖区，天津古海岸与湿地自然保护区的上古林、青坨子贝壳堤核心区、沧州黑龙港贝壳堤自然保护区。该区应重点保证天津港、黄骅港专业化码头建设，滩海油气开发用海需要，保护渔业资源，建立滨海湿地保护区，大力发展海水综合利用。

5）莱州湾及黄河口毗邻海域

包括冀鲁交界至烟台市的龙口市毗邻海域。该区主要功能为渔业资源利用和养护、矿产资源利用、海水资源利用、海洋保护和港口航运。重点功能区有黄河口滨州与东营、莱州湾东南岸、屺母岛养殖区，黄河口西部、蓬莱油气区，淄脉河—虎头崖盐田区，无棣贝壳堤与湿地、黄河口湿地自然保护区，莱州湾东岸的矿产区和港口区。该区应重点保证油气勘探开发、养殖、港口和自然保护区的用海需要，保护湿地生态系统，实施莱州湾海域环境综合治理。

6）庙岛群岛及邻近海域

该区主要功能为渔业资源利用、旅游和海洋保护。重点功能区有南五岛、北四岛等养殖区。蓬莱、长岛国家森林公园、半月湾、九丈崖、宝塔礁、车由岛等旅游区，群岛周围海域生态和海珍品自然保护区，蓬莱港口区。该区应重点建设长岛水产养殖基地，发展海岛特色旅游，加强生态环境保护，完善岛陆交通运输，严格限制近岸海砂开采。

7）渤海中部海域

渤海中部位于渤海三个海湾与渤海海峡之间，属于大陆架上的浅海盆地，该区主要功能为矿产资源利用和渔业资源利用。重点功能区有渤中油气区，渤海中部渔业资源利用和养护区。该区应重点保证油气资源开发用海需要，加强海域污染整治，合理利用、增殖和恢复渔业资源。

4.5.1.2 各类海洋功能区环境质量管理要求

依据国家标准《海洋功能区划技术导则》（GB/T 17108—2006），各类海洋功能区海洋环境保护要求见表4.4。

表4.4　海洋功能区环境保护要求

一级类		二级类		海水水质	海洋沉积物质量	海洋生物质量	生态环境
代码	名称	代码	名称				
1	港口航运区	1.1	港口区	不劣于第四类	不劣于第三类	不劣于第三类	尽量减少对海洋水动力环境、岸滩及海底地形地貌形态的影响，防止海岸侵蚀，不得对毗邻海洋生态敏感区、亚敏感区产生影响
		1.2	航道区	不劣于第三类	不劣于第二类	不劣于第二类	
		1.3	锚地				
2	渔业资源利用和养护区	2.1	渔港和渔业设施基建设区	不劣于第三类	不劣于第二类	不劣于第二类	
		2.2	养殖区	不劣于第二类	不劣于第一类	不劣于第一类	不得造成外来物种侵害，防止养殖自身污染和水体富营养化，维持海洋生物资源可持续利用，保持海洋生态系统结构和功能的稳定，不得造成滨海湿地和红树林等栖息地的破坏
		2.3	增殖区				
		2.4	捕捞区	不劣于第一类	不劣于第一类	不劣于第一类	
		2.5	重要渔业品种保护区				
3	矿产资源利用区	3.1	油气区	维持现状	维持现状	维持现状	尽量减少对海洋水动力环境、岸滩及海底地形地貌形态的影响，防止海岸侵蚀，不得对毗邻海洋生态敏感区、亚敏感区产生影响
		3.2	固体矿产区	不劣于第四类	不劣于第三类	不劣于第三类	
		3.3	其他矿产区				
4	旅游区	4.1	风景旅游区	不劣于第三类	不劣于第二类	不劣于第二类	不得破坏自然景观，严格控制占用海岸线、沙滩和沿海防护林的建设项目和人工设施，妥善处理生活垃圾，不得对毗邻海洋生态敏感区、亚敏感区产生影响
		4.2	度假旅游区	不劣于第二类	不劣于第一类	不劣于第一类	
5	海水资源利用区	5.1	盐田区	不劣于第二类	不劣于第一类	不劣于第一类	防止造成滩涂湿地的破坏，不得对毗邻海洋生态敏感区、亚敏感区产生影响
		5.2	特殊工业用水区				
		5.3	一般工业用水区	不劣于第三类	不劣于第二类	不劣第二类	
6	海洋能利用区	6.1	潮汐能区	不劣于第二类	不劣于第一类	不劣于第一类	避免对海洋水动力环境产生影响，防止海岛、岸滩及海底地形、地貌形态发生改变
		6.2	潮流能区				
		6.3	波浪能区				
		6.4	温差能区				
7	工程用海区	7.1	海底管线区	维持现状	维持现状	维持现状	尽量减小对海洋水动力环境、岸滩及海底地形地貌形态的影响，防止海岸侵蚀，加强岛、礁的保护，避免对毗邻海洋生态敏感区、亚敏感区产生影响
		7.2	石油平台区				
		7.3	围海造地区				
		7.4	海岸防护工程区				
		7.5	跨海桥梁区				
		7.6	其他工程用海区				

续表 4.4

一级类		二级类		海水水质	海洋沉积物质量	海洋生物质量	生态环境
代码	名称	代码	名称				
8	海洋保护区	8.1	海洋自然保护区	不劣于第一类	不劣于第一类	不劣于第一类	维持、恢复、改善海洋生态环境和生物多样性，保护自然景观
		8.2	海洋特别保护区	不劣于各区域使用功能的海水水质要求	不劣于各区域使用功能的沉积物质量要求	不劣于各区域使用功能的生物质量要求	
9	特殊利用区	9.1	科学研究试验区	维持现状	维持现状	维持现状	防止对海洋水动力环境条件改变，避免海岛、岸滩及海底地形地貌形态的影响，防止海岸侵蚀，避免对毗邻海洋生态敏感区、亚敏感区产生影响
		9.2	军事区				
		9.3	排污区	不劣于第四类	不劣于第三类	不劣于第三类	
		9.4	倾倒区	不劣于第四类	不劣于第三类	不劣于第三类	
10	保留区	10.1	保留区	维持现状	维持现状	维持现状	维持现状

依据海洋功能区环境质量保护要求，将各级海洋功能区按不同环境质量要求分类，编制形成渤海海洋功能区环境保护要求示意图（图4.2）。其中，要求符合水质、沉积物、生物质量第一类标准的功能区主要是海洋自然保护区、重要渔业品种保护区、捕捞区；要求符合水质质量第二类标准，沉积物、生物质量第一类标准的功能区主要是养殖区、度假旅游区、盐田区；要求符合水质质量第三类标准，沉积物、生物质量第二类标准的功能区主要是航道锚地等港口水域、渔港等；要求符合水质质量第四类标准，沉积物、生物质量第三类标准的功能区主要是港口水域、倾倒区、排污区。

4.5.1.3 渤海海洋环境功能区划

为执行《海洋环境保护法》和《海水水质标准》，环境保护部门根据海域水体的使用功能和地方经济发展的需要对海域环境划定的按水质分类管理的区域，称为近岸海域环境功能区。一类环境功能区适用于海洋渔业水域、海洋自然保护区和珍稀濒危海洋生物保护区等，其水质执行国家一类海水水质标准；二类环境功能区适用于水产养殖场、海水浴场，人体直接接触海水的海上运动区或娱乐区以及与人类食用直接有关的工业用水区等，其水质执行不低于国家二类的海水水质标准；三类环境功能区适用于一般工业用水区，滨海风景旅游区等，其水质不低于国家三类的海水水质标准；四类环境功能区适用于海洋港口水域，海洋开发作业区等，其水质不低于国家四类的海水水质标准。渤海近岸海域具体环境功能区划概述如下：

一类环境功能区（10处）：辽宁：葫芦岛渔业区、锦州渔业区、蛇岛自然保护区、双岛湾自然保护区、老铁山自然保护区；河北：秦皇岛珍稀濒危海洋生物保护区、唐山珍稀濒危海洋生物保护区；天津：天津鱼虾贝类增养殖区；山东：黄河口自然保护区、垦利自然保护区。

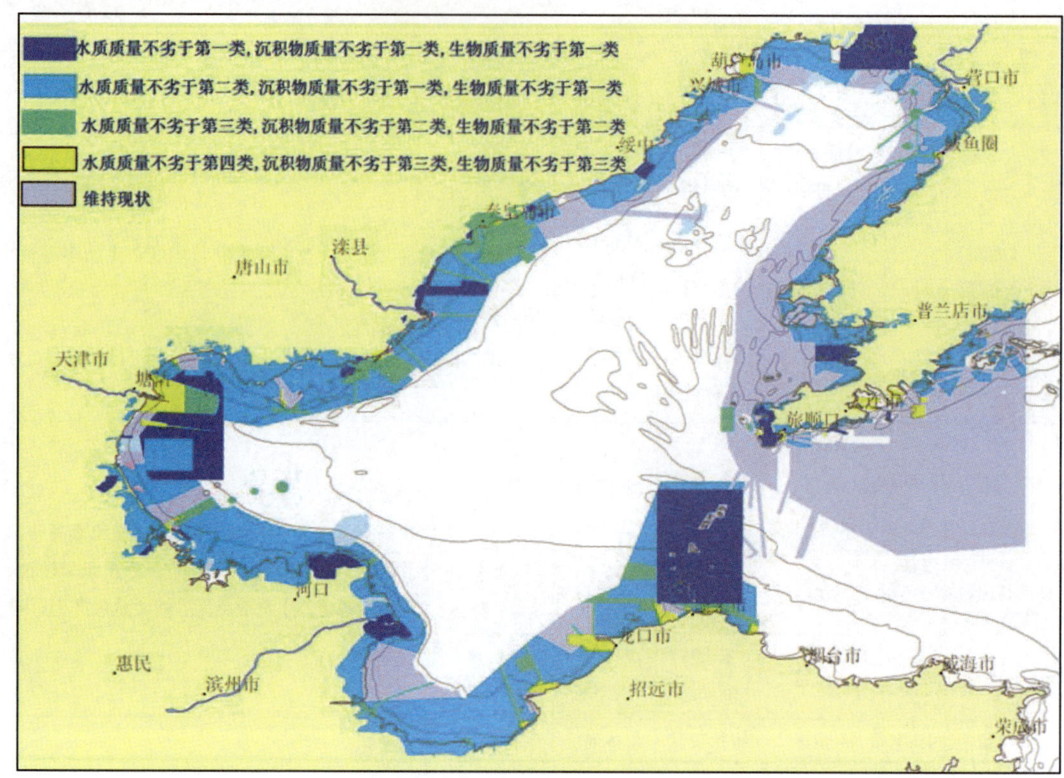

图 4.2　功能区环境保护要求示意图

二类环境功能区（32 处）：葫芦岛养殖盐业旅游区、小白马石养殖区、锦州养殖盐业西区、锦州海水浴场区、锦州养殖盐业东区、锦州养殖区、盘锦养殖区、盘锦蛤蜊岗子水产养殖区、营口养殖盐业旅游区、红河口养殖旅游区、东嘴子养殖区、唐家屯养殖盐业区、石坨子盐业区、双岛湾养殖区；河北：沙河口养殖浴场盐业区、新开河口养殖浴场盐业区、汤河口养殖浴场盐业区、滦河口养殖浴场盐业区、大清河口养殖浴场盐业区、涧河口养殖浴场盐业区、马棚口养殖浴场盐业区；天津：天津海水浴场盐业区；山东：滨州盐业养殖区、新户盐业养殖区、孤东盐业养殖区、小清河口盐业养殖区、白浪河口养殖区、屺坶岛海水浴场区、龙口湾海水浴场区、辛庄旅游区、莱州湾盐业养殖区、砣矶岛养殖区。

三类环境功能区，包括 11 处滨海旅游区和工业用水区。四类环境功能区，包括 28 处港口区、渔港区、海洋开发作业区、航运区、石油开采区。

4.5.2　渤海海洋环境保护管理体制

4.5.2.1　海洋主管部门

国家海洋局于 1964 年成立，1965 年在渤海和黄海设立了其派出机构——国家海洋局北海分局，其主要职能之一是保护渤海环境。国家海洋局还建立了国家级的海洋环境监测中心、预报中心、信息中心、标准计量中心及国家级的技术中心、卫星海洋应用中心和第一海洋研究所等科学研究机构。中国海监队伍是海洋环境保护工作的主要力量，由国家和地方队伍组成，北海总队总部设在青岛，下设三个海监支队（青岛、天津、大连）和中国海监航空支队（青岛），一个海监船基地（青岛）和通信指挥系统（青岛）。此外，环渤海三省一市均组建了省（市）级海监总队，沿海 13 个（地）市有市海监支队。国家在环渤海建立了隶属于国家海洋局北海分局的海区级海洋环境监测中心、预报中心、信息中心、标准计量中心和 4 个海洋环境监测中心站（预报台）、10 个基层的海洋环境监测站。20 世纪 90 年代以后，随着国家和地方政府对海洋管理工作的重视，环渤海三省一市也逐步建立了隶属于地方政府的海洋行政管理机构，并与国家海洋局北海分局共建了监测预报业务体系。环渤海海洋管理机构包括：辽宁省海洋与渔业厅、山东省海洋与渔业厅、河北省海洋局、天津市海洋局和 12 个地市海洋与渔业局（海洋局）。2001 年由国家海洋局北海分局牵头，与三省一市海洋管理部门成立了北海区工作协调指导委员会。目前，环渤海地区海洋主管部门已初步形成了层次分明的管理与业务支撑体系，初步具备了对渤海的环境监测、执法管理、预测预警、信息和科技服务等能力，并针对渤海逐步开展了常规的业务工作。

4.5.2.2 海事主管部门

交通行业对全国海上交通安全和防治船舶污染海域实施统一监督管理的主管部门是交通部海事局，在渤海海域设有辽宁、河北、天津、山东 4 个直属海事局、56 个分支及派出机构，负责渤海海域的船舶污染防治工作。大连港、秦皇岛港、天津港等环渤海主要港口都设有专门的环保机构，负责贯彻执行关于环境保护的政策、法规，编制港口环境保护规划和年度计划，组织开展港口环境监测，建立港口环保技术档案，并对港口范围内的环境污染进行监督管理和污染事故的调查处理等工作。为实现对渤海海域船舶的动态监视覆盖，交通部在渤海海域主要港口建设了 9 个船舶交通管理系统（VTS）中心站、14 个基站，基本形成对渤海海域船舶的全面监控。为了快速查处海面溢油污染源，交通部在烟台溢油应急技术中心设立了海事执法鉴定实验室，配备了高科技分析仪器。为支持渤海及我国其他管辖海域的海洋环境保护工作，交通部在环渤海地区设置了众多的科研机构。包括交通部科学研究院、交通部规划研究院、交通部天津水运工程科学研究所、大连海事大学、交通部大连危险货物运输研究中心、中国海事局烟台溢油应急技术中心、国际海事研究委员会危防分委会等。

4.5.2.3 渔业主管部门

渔业部门在渤海海域行使管理职能的机构主要是黄渤海渔政监督管理局。渔业部门建立了全国渔业生态环境监测网和 5 个海区、流域级渔业资源监测网，截至 2005 年底，在环渤海地区目前共有渔业生态环境监测机构 21 家，其中，纳入全国渔业生态环境监测网络管理的单位有 5 家。从 2003 年开始，农业部黄渤海区渔政渔港监督管理局组织黄渤海区渔业生态环境监测中心、辽宁省海洋渔业环境监督监测站、山东省渔业环境监测站和天津市渔业生态环境监测中心在辽东湾、渤海湾、莱州湾、黄海北部、胶州湾和海州湾 6 个重要渔业水域开展统一的渔业环境监测工作。为规范渔业水域污染事故的调查和处理，渔业部门对从事渔业污染事故调查鉴定的单位和个人实施资格认证，全国从事渔业事故调查鉴定工作的资质单位共有 82 家，其中，环渤海三省一市计有 17 家。渔业部门在渤海还实施海洋伏季休渔、海洋捕捞渔船控制等保护管理制度，开展水生生物资源增殖放流活动，建立水生生物自然保护区，开展濒危水生野生动物救护，实施渔业生态养殖计划，减少养殖对海洋环境的污染。实施渔业资源修复行动，开展人工鱼礁建设、渔业资源增殖放流浅海低播、海洋牧场建设等一系列渔业生态环境保护措施。

4.5.3 渤海海洋环境保护国际合作

渤海的问题已引起国际社会的极大关注，有关国际组织和技援机构正以多种形式参与保护渤海的行动。目前，在渤海已启动有关渤海综合管理方面的国际援助项目，如全球环境基金会资助的“全球环境基金东亚海项目渤海示范区计划”项目以及亚洲开发银行资助的“渤海沿海资源保护与环境管理”项目、“西北太平洋行动计划”等。

由 GEF/IMO/UNDP 组织实施，国家海洋局承担的“建立东亚海域环境伙伴关系——渤海环境管理示范区”项目，是以促进环渤海地区之间合作，减少跨行政边界的废物排放和海洋污染为目标。项目主要内容包括建立国家和地方相结合的环渤海环境和资源管理协调机制，研究建立渤海环境综合管理最佳模式，制定渤海环境综合管理行动计划，建立渤海环境综合监视监测系统等。根据项目框架，2000 年 8 月 10 日国家海洋局与辽宁省、山东省、河北省和天津市人民政府共同签署和发布了《渤海环境保护宣言》，宣言就渤海环境问题的重要性，拯救渤海的指导思想、原则和目标以及措施与行动，作出了明确表态，其中包括：组建跨行政区的渤海综合管理协调机构；确定和控制该海域排污总量；筹集专项治理基金、培养人才；用现代科学和信息技术改善渤海环境等，希望能最终实现渤海经济与社会和海洋环境与资源整体协调、持续发展的目标。

2000—2005 年，交通运输部积极配合国家环保总局等有关部门实施“西北太平洋行动计划”，加强了与韩国、日本、俄罗斯等国在溢油应急领域的交流与合作。通过制定《西北太平洋区域海洋溢油应急计划》、签署《西北太平洋区域溢油应急合作谅解备忘录》，建立了中国与三国的区域溢油应急合作机制，对加强我国渤海海域的环境保护工作起到积极的推进作用。

4.5.4 强化渤海环境管理的保障措施

4.5.4.1 强化海洋环境监管与执法

各级海洋环境保护主管部门要对典型海洋生态系统实施统一监管，加大海洋生态执法力度，坚决查处各类侵占、破坏或污染海洋生态环境的违法行为。各级海洋执法机构应将重金属污染等严重危害海洋环境的违法违规案件作为海洋环境保护专项执法的重点内容。加强各级执法执法队伍建设，进一步完善执法监察程序，明晰和规范日常监管和现场执法的对象、内容、环节及程序，形成行政管理部门和执法队伍共同参与、分工负责、协调配合、齐抓共管的“全员监管”和“全程监管”，提高海洋环境保护行政管理工作和执法监督工作的效率和效能。不断改善执法手段和执法设施，提高海洋环境管理和执法人员素质，培养和充实大量优秀的基层人员。建立完善与相关部门的海洋环境保护联合执法工作机制。

4.5.4.2 建立综合协调的海洋环境管理体制机制

努力推进基于生态系统的海洋管理，打破产业部门和行政区划界限，以共同的海洋生态系统要素为依据划分海洋管理区域，一个管理区就是一个生态单元，实现海洋生态环境管理与资源管理的统一。在管理模式和服务方式进一步开阔视野、转变观念，在机制上要进一步理清关键环节，对外统筹协调，加强海洋、环保、海事、渔业、水利等海洋环境保护相关部门之间的联系与沟通，各部门之间要建立重大事项决策相互通报和协调机制，完善海洋生态环境数据共享与信息沟通机制。着力构建充满活力、更加开放的海洋环境保护工作新体制和新机制，海洋部门要与环境保护部门建立海洋污染防控协调联动机制，加强与发展改革、财政、科技、教育、中科院等部门之间的沟通配合，争取综合部门对海洋环境保护工作的配合和支持。

4.5.4.3 完善海洋环境保护技术支撑

把海洋环境生态的研究开发和应用作为发展前景广阔的重要领域，组织专门力量，增加项目投入，开展海洋生态保护与建设关键技术的研究与推广，特别是在海洋生态系统管理、海洋生态恢复、污染物总量控制、重金属污染防治、海洋生态灾害防治、海洋生态监测与评价等领域不断创新研究新理论、新技术、新工艺和新方法。加快科技成果在海洋环境保护和生态建设工作中的应用，提高成果转化率。要大力培养造就得力的海洋生态保护与建设人才队伍建设，充实海洋生态保护与管理机构和人员，加大培训和交流力度，加强人才、理论与技术储备，不断提高海洋生态管理队伍、执法队伍、技术支撑队伍的能力与素质。采取多种方式吸纳国内各方面技术力量参与到海洋生态环境保护工作中来。

4.5.4.4 建立稳定的海洋环境保护资金投入机制

要把海洋生态环境保护的主要任务、重点项目落实到国民经济和社会发展的计划中去，统筹安排。各级主管部门要完善海洋环境资金机制，不断增加投入力度，保证稳定的投资渠道。积极探索海洋生态补偿机制，依法向企业收取的排污费和海域使用金，要有一定比例投入海洋生态环境保护工作中。建立健全各类海洋环境经济政策，引进市场机制吸纳社会资金，拓展海洋环境保护的融资渠道。要积极引导和鼓励社会各界投身和投入于海洋环境保护项目中来，依靠群众投工投劳，按照“谁投资、谁经营、谁受益”的原则，调动集体和个人投资海洋环境保护的积极性，对海洋生态建设工程中有收益的部分允许投资人直接受益。

4.5.4.5 提高公众海洋环境保护意识

切实保障人民群众对良好海洋环境的合理诉求，健全海洋环境保护政务公开、民意反馈、社会评议、信访接洽、投诉申诉制度，依法落实人民群众的环境知情权、参与权、表达权、监督权。建立生态环境监督网络和举报机制，形成点面结合、专业执法与群众参与相结合的环境保护公众参与和监督体系，认真及时地处理影响居民生活质量的环境事件。充分调动社会公众、特别是沿海基层社区群众参与海洋生态环境保护活动的积极性和主动性，加强宣传教育和舆论监督，开展海洋环境保护法制教育、危机教育、道德教育、责任教育、科普教育，提高公众的海洋生态环境意识和法制观念。普及海洋环境污染防治知识，转变人们的消费模式、传统观念和行为习惯，采取群众喜闻乐见的形式，推动海洋生态文明建设和海洋文化建设的有机结合，形成全社会关注海洋、爱护海洋、支持海洋工作的良好局面。

4.5.4.6 开展海洋环境保护国际合作与交流

进一步加强海洋环境保护国际合作，广泛借鉴国际上环境保护的新理念和新技术，不断拓宽视野、创新理念、把握趋势。积极加入国际重要湿地、人与生物圈网络、珊瑚礁保护、红树林保护等国际海洋生态保护行动。与世界各国、国际组织、非政府组织、民间团体等在人员、技术、资金、管理等方面建立广泛的联系和沟通，积极争取国际上对海洋环境保护资金和技术援助。

4.6 国际海洋环境管理趋势展望

4.6.1 日益重视海洋环境保护与流域管理的综合协调

从20世纪90年代末起，国际社会为防止陆地活动对海洋环境日益严重的影响，提出“从山顶到海洋”的海洋污染防治策略，强调将海洋综合管理与流域管理的衔接和统筹，推行海岸带及海洋空间规划，对跨区域、跨国界海洋污染问题建立区域间协调机制。与此同时，国际社会更加重视一些新型海洋污染问题，例如，海漂垃圾治理、近岸水体贫氧区（全球范围已经从2003年的149个增加到2006年的200多个）整治、海洋噪声对海洋哺乳动物习性的影响、近岸海域病原体防治、预防海水养殖带来的各种环境问题等。对于原有的海洋污染问题，运用综合管理和生态修复手段予以应对，例如，对陆地非点源污染、重金属、持久性有机污染物（POPs）等实施综合防治，对受损珊瑚礁、红树林、滨海湿地、海草床、潮下带等海洋生态系统和区域开展生态修复工程。并且不断研发新的监测和预测技术应对赤潮、溢油等海洋环境突发事件，实施生态损害赔偿制度。

4.6.2 基于生态系统管理的海洋自然保护策略

从21世纪初起，世界主流自然保护组织及美国、欧盟等发达国家，日益倡导基于生态系统管理的海洋自然保护策略，这一策略已经作为新的基石被纳入这些组织和国家海洋综合管理总体政策之中。通过以海洋与海岸带自然生态系统的结构、过程和功能为基础，整合相关的管理机构和机制，发挥跨学科、跨部门、跨区域的综合优势，特别是基层政府和社区群众的作用，并将海洋自然保护纳入国家海洋经济开发的主流决策和规划之中，构建海洋自然保护新格局。建立和维持有效的海洋保护区网络也是国际社会近年来积极推动的海洋保护措施，2002年世界可持续发展首脑峰会提出要在2012年前建立一个有代表性的世界海洋保护区网络，《生物多样性公约》大会要求各国应有效保护每类生态区至少10%的面积，海洋保护区已经成为保护典型海洋生态系统、各种珍稀濒危海洋物种以及海洋生物资源最直接有效的手段，但是目前全球只有不到0.65%的海洋面积建立了共计4 435处保护区，而且这些保护区并没有实现有代表性、综合性、充足和有效的管理，特别是在外海、专属经济区空白更多，公海栖息地更加缺乏保护。国际组织还提出了将全球海域划分为若干“大海洋生态系”的概念，综合海洋、海岸带、河口、流域和渔业资源管理，以生态系统为基础调动跨部门力量，鼓励相关国家间的海洋环境保护区域合作，共同保护海洋生物资源。与此同时，国际社会还对海洋外来物种入侵问题予以高度重视，包括船舶压载水及污损生物、海水养殖和水族馆贸易等途径带来的外来物种，已经对生物多样性、生物生产力、渔业资源造成严重威胁，而且外来入侵物种在环境污染、过度捕捞、栖息地破坏及主要航线等区域出现频率更高，气候变化又加剧了这一过程，因此将其作为海洋生态安全的重大挑战之一。

4.6.3 海洋环境对气候变化的响应与适应

海洋作为全球各类地理单元中最大的碳汇，其生物地球化学过程与全球气候变化密切相关。气候变化已经对海洋生态系统产生影响。随着气候变化的日益加剧，国际社会近年来十分关注海洋环境对气候变化的响应和适应。主要表现在海平面上升导致海岸带栖息地丧失、海洋灾害加剧，水温升高导致珊瑚礁漂白等问题。此外，随着更多二氧化碳进入海洋导致海水酸化，进而造成造礁石珊瑚、带有钙质的浮游植物和原生动物中的有孔虫与放射虫、甲壳类、软体动物等海洋生物的生物钙化过程受阻或壳体腐蚀。气候变化还将改变大洋洋流、水体交换、温盐分布等基础海洋学条件，将会影响大尺度的营养盐分布及输送、海洋洄游动物的迁移、加剧海洋缺氧区的影响，进而通过食物网链错综复杂的作用改变整个海洋生态系统的物质循环与能量流动。因此，对气候变化造成的海洋渔业资源、海岸防护、碳吸收和全球气候调节等海洋生态系统的评估、影响和适应问题，已经成为国际社会应对气候变化的重要话题，在海洋环境保护各项策略中必须考虑气候变化因素。

4.6.4 国际海洋环境保护的政策与措施

世界各国特别是发展中国家在海洋环境保护中还存在一系列政策障碍，主要表现在缺乏保护海洋的政治意愿和承诺，缺乏将海洋环境保护纳入经济社会主流并实施综合管理；管理体制与政策障碍；人力、资金与技术资源短缺；基础数据不足；众意识薄弱，基层参与不足，缺乏激励机制等。为此，国际社会就海洋环境保护提出以下一些政策措施：强化跨部门协调，将海洋环境保护纳入社会经济发展主流决策和规划中，发挥各级政府特别是地方政府的积极性，鼓励和培育公众参与网络，开展海洋生态社会经济价值的示范；对相关政策和法律执行情况进行定期评估，提高人力、资金、技术和数据保障条件；实施示范项目，加强区域和国际合作等。

参 考 文 献

毕洪生，孙松，高尚武，等. 2000. 渤海浮游动物群落生态特点 I. 种类组成与群落结构. 生态学报，(5)，4 – 10.

邴欣. 2003. 久效磷对雄性金鱼环境雌激素效应研究. 中国海洋大学硕士论文.

车宏宇. 2006. 营口港扩建工程悬浮物对海域环境影响分析. 水资源保护. 22 (2)：48 – 50.

陈华，徐兆礼. 2010. 杭州湾洋山工程群对邻近水域浮游动物数量分布的影响. 中国水产科学. 17 (6)：1317 – 1325.

陈江麟. 2004. 渤海表层沉积物重金属污染评价. 海洋科学. 28 (12)：98.

陈尚，李涛，刘键，等. 2008. 福建省海湾围填海规划生态影响评价. 北京：科学出版社.

陈友媛. 2006. 生物活动对黄河口底土渗流特性的影响研究. 中国海洋大学博士研究生毕业论文.

程济生，俞连福. 2004. 黄、东海冬季底层鱼类群落结构及多样性变化. 水产学报. (1)：31 – 36.

程晓浩，汝少国. 2008. 有机磷农药遗传毒性研究. 海洋科学. 32 (9)：88 – 92.

崔廷伟，张杰，马毅，等. 2009. 渤海悬浮物分布的遥感研究. 海洋学报. 31 (5)：10 – 18.

邓耀辉，王树功，陈桂珠. 2010. 滨海红树林湿地生态系统健康的诊断方法和评价指标. 生态学杂志. 29 (1)：111 – 116.

丁德文，石洪华，张学雷，等. 2009. 近岸海域水质变化机理及生态环境效应研究. 北京：海洋出版社.

丁兰平，栾日孝. 2009. 浒苔 (Enteromorpha prolipera) 的分类鉴定、生境习性及分布. 海洋与湖沼. 40 (1)：68 – 71.

丁明宇，黄建，李永祺. 2001. 海洋微生物降解石油的研究. 环境科学学报. 21 (1)：84 – 88.

丁跃平，金彩杏，郭运明，等. 2002. 三唑磷对海水虾类、蟹类的急性毒性试验. 浙江海洋学院学报. 21 (2)：116 – 118.

窦亚卿，杨筱珍，吴旭平，等. 2009. Cu^{2+} 和 Zn^{2+} 对日本新康虾生长、蛋白含量和体内磷酸酶的影响. 海洋

环境科学 . 28 (6): 611 - 614.
16. 杜国云，刘俊菊，王竹华，等 . 2008. 海岸缓冲区研究——以莱州湾东岸为例 . 鲁东大学学报：自然科学版 . 24 (2): 172 - 178.
段昌群 . 2004. 环境生物学 . 北京：科学出版社 .
樊景风，宋立超，张喜昌，等 . 2004. 辽东湾沿岸水域甲肝病毒和粪大肠菌群分布 . 海洋环境科学 . 23 (4): 35 - 37.
范凯，李清雪 . 2007. 渤海湾浮游动物群落结构及水质生物学评价 . 安徽农业科学 . (6): 135 - 137.
范永胜，陈江麟，刘文新，等 . 2008. 渤海沿岸底栖贝类体内微污染物残留 . 海洋环境科学 . (1) .
房恩军，李军，马维林，等 . 2006. 渤海湾近岸海域大型底栖动物初步研究 . 现代渔业信息. 21 (10): 11 - 15.
丰爱平，夏东兴，谷东起，等 . 2006. 莱州湾南岸海岸侵蚀过程与原因研究 . 海洋科学进展. 24 (1): 83 - 90.
冯金良，张稳 . 1997. 滦河现代三角洲演变的几何学特征 . 黄渤海海洋 . (3): 22 - 25.
冯志权，郭皓，马明辉，等 . 2005. 滦河口近岸海域浮游植物群落结构 . 海洋环境科学 . (1): 42 - 44.
甘志芬，赵兴茹，梁淑轩，等 . 2010. 天津塘沽滨海浴场沉积物中 POPs 的垂直分布 . 环境科学研究 . 23 (2): 152 - 157.
高振会，杨建强，王培刚，等 . 2007. 海洋溢油生态损害评估的理论、方法及案例研究 . 北京：海洋出版社 .
关春江，卞正和，滕丽平，等 . 2007. 水母暴发的生物修复对策 . 海洋环境科学 . 26 (5): 492 - 494.
郭一羽，李丽雪 . 2006. 海岸生态景观环境营造 . 台北：明文书局 .
国家海洋局北海分局 . 2009. 2008 年渤海海洋环境公报 .
国家海洋局海洋发展战略研究所课题组 . 2007. 中国海洋发展报告 . 北京：海洋出版社 .
国家海洋局海洋发展战略研究所课题组 . 2010. 中国海洋发展报告 (2010) . 北京：海洋出版社 .
韩洁，张志南，于子山 . 2001. 渤海大型底栖动物丰度和生物量的研究 . 青岛海洋大学学报. 11 (1): 20 - 27.
韩洁，张志南，于子山 . 2003. 渤海中、南部大型底栖动物物种多样性的研究 . 青岛海洋大学学报 . 11 (1): 20 - 27.
韩清波 . 2005. 海河口治理方式初探 . 港工技术 . (1): 11 - 19.
何兴元 . 2004. 应用生态学 . 北京：科学出版社 .
胡宁静，石学法，黄朋，刘季花 . 2010. 渤海辽东湾表层沉积物中金属元素分布特征 . 中国环境科学 . (3): 380 - 388.
黄海大海洋生态系统项目专家组 . 1999. 黄海大海洋生态系项目中华人民共和国国家报告 .
黄良民 . 2007. 中国海洋资源与可持续发展 . 北京：科学出版社 .
黄小平，等 . 2007. 中国南海珠江口污染防治与生态保护 . 广州：广东经济出版社 .
纪大伟 . 2006. 黄河口及邻近海域生态环境状况与影响因素研究 . 中国海洋大学硕士研究生毕业论文 .
季如宝 . 1998. 贝类养殖对海湾生态系统的影响 . 黄渤海海洋 . 16 (1): 21 - 26.
贾俊涛，李伟才，赵丽青，等 . 2010. 山东主要港口入境船舶压载水中细菌组成的等级聚类分析 . 海洋环境科学 . 29 (4): 541 - 544.
贾晓平，林钦，李纯厚，等 . 2004. 南海渔业生态环境与生物资源的污染效应 . 北京：海洋出版社 .
姜明，吕宪国，刘吉平，等 . 2005. 湿地生态系统观测进展与展望 . 地理科学进展 . 24 (5): 41 - 49.
焦玉木，田家怡 . 1999. 黄河三角洲附近海域浮游动物多样性研究 . 海洋环境科学 . (4): 34 - 39.
金春华，李明云，刘伟成，等 . 2010. 镉胁迫对大弹涂鱼 (*Boleophthalmus pectinirostis*) 血细胞遗传损伤的研究 . 海洋与湖沼 . 41 (1): 80 - 83.
金相灿，等 . 1995. 中国湖泊环境：第一册 . 北京：海洋出版社 .
阚文静，张秋丰，石海明，等 . 2010. 近年来渤海湾营养盐变化趋势研究 . 海洋环境科学 . 29 (2):

238 – 241.
孔红梅，赵景柱，马克明，等 . 2002. 生态系统健康评价方法初探 . 应用生态学报：(04)：486 – 490.
李广楼，陈碧鹃，崔毅，等 . 2006. 莱州湾浮游植物的生态特征 . 中国水产科学 .（2）：128 – 135.
李海明，郑西来，刘宪斌 . 2006. 渤海滩涂沉积物中石油烃迁移特征 . 海洋学报 . 28（1）：163 – 168.
李瑾，安树青，程小莉，等 . 2001. 生态系统健康评价的研究进展 . 植物生态学报 . 25（6）：641 – 647.
李瑾 . 2001. 营养素对水生生物免疫的影响 . 饲料广角 .（06）22 – 23.
李娜，石玉新，齐树亭，等 . 2006. 渤海主要重金属污染物对卤虫无节幼体的毒性 . 河北渔业 .（2）：14 – 16.
李文华，张彪，谢高地 . 2009. 中国生态系统服务研究的回顾与展望 . 生态环境与保护 . 5：18 – 25.
李希国，谭鼎山，于培强，等等 . 2005. 烟台滨海平原海水入侵现状研究 . 山东水利 . 11：12 – 13.
李永祺，丁美丽 . 1991. 海洋污染生物学 . 北京：海洋出版社 .
李永祺 . 1999. 海水养殖生态环境的保护与改善 . 济南：山东科学技术出版社 .
李月 . 2008. 海洋生态健康胁迫因子分析 . 辽宁师范大学硕士研究生毕业论文 .
李泽刚 . 2000. 黄河口附近海区水文要素基本的特征 . 黄渤海海洋 . 18（3）：20 – 28.
李张伟，韩雅莉，简如君 . 2006. 性畸变疣枝螺体内保护酶系统活力的研究 . 海洋环境科学 . 25（4）：36 – 38.
林钦，贾晓平 . 1995. 溢油事故对水产资源及渔业生产的影响 . 1995 年大连油溢事故处理论文集：49 – 53.
林秀梅，刘文新，陈江麟，等 . 2005. 渤海表层沉积物中多环芳烃的分布与生态风险评价 . 环境科学学报 . 25（1）：70 – 75.
刘爱江，吴建政，姜胜辉，寿玮玮 . 2009. 双台子河口区悬沙分布和运移特征 . 海洋地质动态 .（8）：12 – 16.
刘成，王兆印，隋觉义 . 2007. 我国主要入海河流水沙变化分析 . 水利学报 . 38（12）：1444 – 1452.
刘德文 . 2006. 海河流域入海河口生态问题及对策 . 河北水利 .（11）：37 – 38.
刘广远，贺伟，邵秘华，等 . 1998. 疏浚物对栉孔扇贝急性致死量的实验研究 . 海洋环境科学 . 17（3）：19 – 23.
刘国亭，阎新兴 . 1998. 小清河河口地貌调查及沉积物分析 . 水道港口 .（3）：33 – 36.
刘洪滨，刘康 . 2007. 海洋保护区—概念与应用 . 北京：海洋出版社 .
刘娟，孙茜，莫春波，郭乃立 . 2008. 大辽河口及邻近海域的污染现状和特征 . 水产科学 .（2）：19 – 22.
刘兰 . 2006. 我国海洋特别保护区建设的理论与实践研究 . 中国海洋大学博士论文 .
刘录三，孟伟，郑丙辉，等 . 2008. 辽东湾北部海域大型底栖动物研究Ⅰ，种类组成与数量分布 . 环境科学研究 . 21（6）：118 – 123.
刘霜，张继民，杨建强，等 . 2009. 黄河口生态监控区主要生态问题及对策探析 . 海洋开发与管理 . 26（3）：49 – 52.
刘素娟，李清雪，陶建华 . 2007. 渤海湾浮游植物的生态研究 . 环境科学与技术 .（11）：10 – 15.
刘伟成，李明云，黄福勇，等 . 2006. 镉胁迫对大弹涂鱼肝脏黄嘌呤氧化酶和抗氧化酶活性的影响 . 应用生态学报 . 17（7）：1310 – 1314.
刘文新 . 2005. 渤海表层沉积物中 DDTs、PCBs 及酞酸酯的空间分布特征 . 环境科学学报 . 25（1）：58 – 63.
刘学海，袁业立 . 2008. 渤海近岸水域近年生态退化状况分析 . 海洋环境科学 .（5）：531 – 536.
刘宗峰，郎印海，曹正梅 . 2008. 黄河口表层沉积物多环芳烃污染源解析研究 . 环境科学研究 . 21（5）：79 – 84.
卢芳，高振会，贾永刚，等 . 2010. 锦州 9 – 3 油田海域环境现状及其评价 . 海洋学报（中文版）.（01）：161 – 169.
卢敬让，赖伟，堵南山 . 1989. 镉对中华绒螯蟹肝 R – 细胞亚显微结构及血清谷丙转氨酶活力的影响 . 青岛海洋大学学报 . 19（2）：61 – 67.

卢晓东，刘艳霞，严文文.2008. 莱州湾西岸岸滩冲淤特征分析. 海洋科学.32（10）：39－43.

吕福荣，熊德琪，张金亮，等.2008. 石油烃污染对海胆胚胎及浮游幼虫生长发育的影响. 海洋环境科学.27（6）：576－579.

吕福荣，熊德琪.2010. 消油剂对马粪海胆污染效应的影响. 海洋环境科学.29（3）：328－331.

罗民波，陆健健，沈新强，等.2007. 大型海洋工程对洋山岛周围海域大型底栖动物生态分布的影响. 农业环境科学学报.26（1）：97－102.

马克明，孔红梅，关文彬，等.2001. 生态系统健康评价：方法与方向. 生态学报.21（12）：2106－2116.

马明辉，张志南，冯志权，王真良，段新玉，宋云香，吴之庆.2005. 滦河口青岛文昌鱼分布与栖息地底质特征. 海洋环境科学.（2）：40－43.

马绍赛，辛福言，崔毅，乔向英.2004. 黄河和小清河主要污染物入海量的估算. 海洋水产研究.25（5）：47－51.

马元庆，秦华伟，李磊，等.2010. 海湾扇贝体内重金属含量研究. 海洋湖沼通报.（1）：47－51.

马媛.2006. 黄河入海径流量变化对河口及邻近海域生态环境影响研究. 中国海洋大学硕士毕业论文.

孟春霞，邓春梅，姚鹏，张欣泉，米铁柱，陈洪涛，于志刚.2005. 小清河口及邻近海域的溶解氧. 海洋环境科学.24（3）：25－28.

孟伟，万峻，雷坤.2009. 渤海湾潮间带湿地物质交换功能的历史比较. 海洋通报.28（5）：7－12.

明红霞，樊景风，吴利军，等.2008. 四种人肠道病毒在大连金石滩浴场中的分布. 海洋环境科学.27（6）：584－587.

慕芳红，张志南，郭玉清.2001. 渤海底栖桡足类群落结构的研究. 海洋学报.（6）：121－128.

慕芳红，张志南，郭玉清.2001. 渤海小型底栖生物的丰度和生物量. 青岛海洋大学学报.31（6）：897－905.

穆景利，王菊英，张志锋.2011. 我国近岸海域优先控制有机污染物的筛选. 海洋环境科学. 30（1）：114－117.

那广水，周传光，王震，等.2010. HPLC－MC/MS 法同时测定近岸底栖生物中 15 种磺胺类抗生素残留量. 环境科学研究.22（4）：434－437.

聂利红，刘宪斌，刘占广，等.2009. 天津大沽沙航道水域浮游植物分布特征及富营养化评价. 海洋湖沼通报.（3）：53－59.

农业部“海洋生态、生物资源及其环境影响”专题组.2000. 中华人民共和国农业部“渤海碧海行动计划”专题报告——渤海生态、生物资源及其环境影响.

潘桂娥.2005. 辽河口演变分析. 泥沙研究.（01）：57－62.

潘鲁青，任加云，吴众望.2004. 重金属离子对中华绒螯干胰脏和鳃丝 SOD、CAT 活动的影响. 中国海洋大学学报.34（2）：189－194.

潘鲁青，吴众望，张红霞.2005. 重金属对凡纳滨对虾组织转氨酶活动的影响. 中国海洋大学学报.35（2）：195－198.

庞家珍，姜明星.2003. 黄河河口演变（Ⅰ）—（一）河口水文特征. 海洋湖沼通报.（3）：1－13.

彭俊，陈沈良.2009. 近60年黄河水沙变化过程及其对三角洲的影响. 地理学报.64（11）：1353－1362.

齐雨藻，等.2003. 中国沿海赤潮. 北京：科学出版社.

钦佩，左平，何祯祥.2004. 海滨系统生态学. 北京：化学工业出版社.

秦延文，郑丙辉，张雷，等.2010. 2004－2008 年辽东湾水质污染特征分析. 环境科学研究.（8）：987－992.

秦延文.2010. 2004－2008 年辽东湾水质污染特征分析. 环境科学研究.23（8）：987－992.

丘君，赵景柱，邓红兵，等.2008. 基于生态系统的海洋管理：原则、实践和建议. 海洋环境科学.27（1）：74－77.

汝少国，李永祺，刘晓云，等.1997. 久效磷对中国对虾细胞超微结构的影响Ⅲ，对鳃的毒性效应. 应用生态学报.8（6）：655－658.
尚龙生，戴云丛，刘现明，等.1994. 水中爆破对双台子河口浴场的影响. 海洋环境科学.13（3）：23－32.
沈春宇，崔毅，陈碧鹃，等.2009. 胜利原油对褐牙鲆（Paralichthys olivaceus）幼鱼鳃 $Na^{+}-K^{+}$－ATPase 活性的影响. 海洋环境科学.28（6）：660－663.
沈善敏.2004. 发展中的应用生态学. 中国科学报，1994年10月28日.
盛连喜.2002. 环境生态学导论. 北京：高等教育出版社.
施华宏，黄长江.2001. 有机锡污染与海产腹足类性畸形. 生态学报.21（10）：1711－1717.
施华宏，朱小兰，王蕾，等.2009. 腹足类性畸变研究进展. 海洋环境科学.28（4）：463－468.
宋伦，周遵春，王年斌，等.2007. 辽东湾浮游植物多样性及与海洋环境因子的关系. 海洋环境科学.（04）：365－367.
宋伦，周遵春，王年斌，等.2010. 辽东湾浮游动物多样性及其与海洋环境因子的关系. 海洋科学.（3）：35－39.
宋秀凯，刘爱英，杨艳艳，杨建敏，任利华，刘丽娟，孙国华，刘小静.2010. 莱州湾鱼卵、仔稚鱼数量分布及其与环境因子相关关系研究. 海洋与湖沼.（3）：378－385.
宋秀凯，马建新，刘毅豪，等.2009. 隍城岛海域塔玛亚历山大藻赤潮进程及其成因. 海洋与湖沼通报.（4）：93－98.
宋志文，夏文香，曹军.2004. 海洋谁有污染物的微生物降解与生物修复. 生态学杂志.23（3）：99－102.
孙军，刘东燕，杨世民，郭健，钱树本.2002. 渤海中部和渤海海峡及邻近海域浮游植物群落结构的初步研究. 海洋与湖沼.（5）：461－471.
孙振兴，王慧恩，王晶，等.2009. 汞、镉、硒对刺参（Apostchopus japonicus）幼参的单位毒性与联合毒性. 海洋与湖沼.40（2）：228－234.
孙振兴，张梅珍，徐炳庆，等.2009. 重金属毒性对刺参幼参SOD活性的影响. 海洋科学.33（2）：27－31.
索安宁，赵冬至，卫宝泉，等.2009. 基于遥感的辽河三角洲湿地生态系统服务价值评估. 海洋环境科学.28（4）：387－381.
汤鸿，李少菁，王桂忠，等.2000. 铜、锌、镉对锯缘青蟹仔蟹代谢酶活力影响的实验研究. 厦门大学学报.39（4）：521－525.
唐学玺.1995. 久效磷对海洋微藻的毒性及其机理研究. 青岛海洋大学博士后出站研究报告.
唐议，邹伟红.2009. 海洋渔业对海洋生态系统的影响及其管理的探讨. 海洋科学.33（3）：65－70.
田家怡，王秀凤，蔡学军，等.2005. 黄海三角洲湿地生态系统保护与恢复技术. 青岛：中国海洋大学出版社.
田金，宋伦，王年斌，等.2007. 辽东湾北部海域营养状况与趋势评价. 海洋通报.26（6）：113－118.
王斌.2002. 海洋生态环境保护管理—理论与方法研究. 中国海洋大学博士论文.
王超，于仁诚，周名江.2011. 浒苔提取物对太平洋牡蛎受精卵孵化的抑制效应. 中国水产科学.18（1）：202－207.
王焕松，雷坤，李子成，等.2010. 辽东湾海域水体富营养化的模糊综合评价. 环境科学研究.23（4）：413－419.
王继龙，郑丙辉，秦延文，等.2004. 辽河口水域溶解氧与营养盐调查与分类. 海洋科技.（3）：95－99.
王璟，王春江，赵冬至，等. 2010. 渤海湾和黄河口外表层海水中芳烃的组成、分布及来源. 海洋环境科学，29（3）：406－410.
王丽平，郑丙辉，孟伟. 2007. 重金属Cu对两种海洋微藻的毒性效应. 海洋环境科学，26（1）：6－9.
王琪，陈贞.2009. 基于生态系统的海洋区域管理. 海洋开发与管理.26（8）：12－16
王泰，张祖麟，黄俊，等. 2007. 海河与渤海湾水体中溶解态多氯联苯和有机氯农药污染状况调查. 环境科学，28（4）：4730－4735.
王泰.2010. 海河河口水环境中POPs的污染特征及来源解析，清华大学博士研究生毕业论文.

王修林，李克强 . 2006. 渤海主要化学污染物海洋环境容量 . 北京：科学出版社 .

王修林，杨茹君，祝陈坚 . 2004. 石油烃污染物存在下旋链角毛藻生长的粒度效应初步研究 . 中国海洋大学学报，34（5）：849 - 853.

王瑜，刘录三，刘存歧，等 . 2010. 渤海湾近岸海域春季大型底栖动物群落特征 . 环境科学研究，23（4）：430 - 436.

王真良，冯志权，林凤翱，等 . 2009. 河北沿岸硬骨鱼鱼卵和仔稚鱼分布 . 海洋环境科学，28（4）：392 - 394.

王志远，蒋铁民 . 2003. 渤黄海区域海洋管理 . 北京：海洋出版社 .

温随群，邢焕政 . 2004. 海河口水沙特征及运动规律分析，《海河水利》，(02)，32 - 35.

吴燕燕，李来好，刁石强，等 . 2008. 环境激素对水产品安全性的影响及预防 . 海洋学报，32（1）：94 - 96.

吴英海，朱维斌，陈晓华 . 2005. 围滩吹填工程对水环境的影响分析 . 水资源保护，21（2）：53 - 56.

熊治廷 . 2010. 环境生物学，北京：化学工业出版社 .

徐兆礼，张凤英，陈渊泉 . 2007. 机械卷载和余氯对渔业资源损失量评估初探 . 海洋环境科学，26（3）：246 - 251.

薛秀玲，袁东星，樊国峰 . 2007. 两种有机磷农药对缢蛏（Sinonovacula constncta）鳃超微结构的影响 . 海洋环境科学，26（6）：568 - 572.

杨佰娟，郑立，陈军辉，等 . 2009. 黄、渤海漂移浒苔（Enteromorpha prolipera）脂肪酸组成及聚类分析的研究 . 海洋与湖沼，40（5）：627 - 632.

杨东方，高振会 . 2010. 海湾生态学（下册）. 北京：海洋出版社

杨东方，苗振清 . 2010. 海湾生态学（上册）. 北京：海洋出版社

杨世民，董树刚，窦明武，等 . 2007. 渤海湾海域生态环境的研究Ⅱ，水体富营养化的评价分析 . 海洋环境科学，26（6）：541 - 545.

杨小玲，杨瑞强，江桂斌 . 2006. 用贻贝、牡蛎作为生物指示物监测渤海近岸水体中的丁基锡污染物 . 环境化学，25（1）：88 - 91.

叶属峰，纪焕红，刘星 . 2007. 海洋工程对近岸海域生态系统服务的影响研究 . 中国科技成果，16：34 - 35.

于萍，刘汝海，王艳，等 . 2010. 葫芦岛南岸海域沉积物重金属生态风险评价 . 中国海洋大学学报（增刊），40：151 - 156.

于祥，田家怡，李建庆 . 2009. 黄河三角洲外来入侵物种米草的分布面积与扩展速度 . 海洋环境科学，28（6）：684 - 686.

袁兴中，刘红，陆健健 . 2001. 生态系统健康评价——概念构架与指标选择 . 应用生态学报，12（4），627 - 629.

翟世奎，孟伟，于志刚，等 . 2008. 三峡工程一期蓄水后的长江口海域环境 . 北京：科学出版社 .

战玉杰 . 2005. 渤海重金属污染状况及对典型浮游植物生长影响的初步分析 . 中国海洋大学博士论文 .

张达娟，阎启伦，王真良 . 2008. 典型河口浮游动物种类数及生物量变化趋势研究 . 海洋与湖沼，39（5）：536 - 540.

张福绥，杨红生 . 海水养殖自身污染：现状与对策，http：//china. findlaw. cn/falvchangshi/huanjingbaohu/haishuiyangzhi/zishenwuran/20347_ 2. html.

张蕾，王修林，韩秀荣 . 2002. 石油烃污染物对海洋浮游植物生长的影响——实验与模型 . 中国海洋大学学报，32（5）：804 - 810.

张丽岩，宋欣，高玮玮，等 . 2010. Cd2 + 对青蛤（Cyclina sinensis）的毒性及蓄积过程研究 . 海洋与湖沼，41（3）：418 - 421.

张明辉，袁秀堂，柳舟，等 . 2009. 长海海域浮筏养殖虾夷扇贝生物沉积速率的现场研究，海洋环境科学，29（2）：233 - 237.

张鹏，邹立，姚晓，等 . 2009. 黄河三角洲潮间带营养盐的分布特征及其影响因素 . 中国海洋大学学报 . 39

(sup.): 381 - 388.

张庆林. 2007. 辽东湾东南海域浮游植物类群与富营养化状况, 国家海洋局第一海洋研究所硕士研究生毕业论文.

张士华. 2003. 黄河三角洲岸线变迁和保护措施的研究. 海洋科学. 27 (10): 38 - 41.

张淑娜, 唐景春. 2008. 天津海域沉积物重金属潜在生态风险危害评价. 海洋通报, 27 (2): 85 - 90.

张旭, 张秀梅, 高天翔, 等. 2009. 黄河口海域弓子网渔获物组成及其季节变化, 渔业科学进展. 30 (6): 118 - 124.

张玉凤, 王立军, 霍传林, 等. 2008. 锦州湾表层沉积物重金属污染状况评价. 海洋环境科学, 27 (3): 258 - 260.

赵维文, 魏华, 贾红, 等. 1995. 镉对罗氏沼虾组织转氨酶活力及组织结构的影响. 水产学报, 19 (1): 21 - 27.

赵章元, 孔令辉. 2000. 渤海海域环境现状及保护对策. 环境科学研究. 13 (2): 23 - 27.

郑建平, 王芳, 华祖林. 2005. 辽东湾北部河口区生态环境问题及对策, 东北水利水电, (10), 49 - 52.

郑琳、崔文琳、贾永刚, 等. 2009. 海洋围隔生态系中疏浚物倾倒对养殖贝类的生态效应研究, 海洋环境科学, 28 (6): 672 - 675.

郑耀辉, 王树功, 陈桂珠. 2010. 滨海红树林湿地生态系统健康的诊断方法和评价指标. 29 (1): 111 - 116.

中国工程院环境委员会, 2000. 渤海环境整治与资源开发战略研究总结报告.

中国科学院海洋研究所, 1999. 渤海碧海行动计划海洋生态系统结构与动态变化专题报告.

中国水产科学研究院, 1998. 渔业生产对海洋环境影响的调查报告.

周红, 华尔, 张志南. 2010. 秋季莱州湾及邻近海域大型底栖动物群落结构的研究. 中国海洋大学学报, 40 (8): 80 - 87.

周珂. 2011. 北京: 生态环境法论, 北京: 法律出版社, 第14页.

周艳荣, 张巍, 温国义. 2009. 辽东湾海域富营养化评价指标体系的构建, 海洋开发与管理, (8), 47 - 50.

周勇, 马绍赛, 曲克明, 等. 2009. 悬浮物对半滑舌鳎稚鱼的急性毒性效应, 海洋环境科学, 29 (2): 229 - 232.

周勇, 马绍赛, 曲克明, 等. 2010. 悬浮物对半滑舌鳎 (Cynoglossus semilaevis) 幼鱼肝脏溶菌酶、超氧化物歧化酶和腮丝 Na^+—k^+—ATPase 活力的影响, 海洋与湖沼, 40 (3): 367 - 372.

朱明远, 邹迎麟, 吴荣军, 等. 2003. 栉孔扇贝体内麻痹性贝毒的累积与排出过程研究. 25 (2): 75 - 83.

朱鸣鹤, 丁永生, 郑道昌, 等. 2005. 潮滩植物翅碱蓬对 Cu、Zn、Pb 和 Cd 累积及其重金属耐性. 海洋环境科学, 24 (3): 13 - 16.

邹景忠. 2004. 海洋环境科学. 济南: 山东教育出版社.

Carney MW, Erwin K, Hardman R, et al. 2008. Differential development toxicity of naphthoic acid isomers medaka (Oryziaslatipes) embryos. Mar. Poll. Bull. 57: 255 - 266.

Carr M. H, Neigel J. E, Estes J A, et al. 2003. Comparing marine and terrestrial ecosystems: implications for the design of coastal marine reserves. Ecological Applications, 13 (1): 90 - 107.

CCICED, 2011, 生态系统管理与绿色发展, 北京: 中国环境科学出版社.

Costanza R, d' Arge, de Groot R, et al. 1997. The value of the world' s ecosystem services and natural capital. Nature. 387: 253 - 260.

Costanza R, Norton B. G, Hashell B. D. 1992. Ecosystem health: New goals for environmental management. Washington D. C. Island Press. 23 - 41

Costanza, R., d' Arge, R., de Groot, R., et al. 1997. The value of the world' s ecosystem services and natural capital, Nature 387, 253 - 260.

Dobbs FC. 2005. Ridding ship's ballast water of microorganisms. Environmental Science & Technology. 3: 259 - 264.

Douvere, F., 2008. The importance of marine spatial planning in advancing ecosystem - based sea use management. Marine Policy, 32 (5): 762 - 771.

Fan Lu, Zizhen Li, 2003. A model of ecosystem health and its application. Ecological Modelling, 170: 55 - 59.

Filigsson HL, Bjork G, McQuiod MR, et al. 2005. A major change in the phytoplankton of a Swedish sill pjord - A consequence of engineering work? . Estu. Coast shelf Sci. 63: 551 - 560.

GESAMP, 1996, Monitoring the ecological effects of coastal aquaculture wastes, No. 57, FAO, Rome.

GESAMP, 1996, The contributions of science to integrated coastal management, No. 61, FAO, Rome.

GESAMP, 1997, Marine biodiversity: Patterns, threats and conservation needs. No. 62, IMO, London.

GESAMP, 2000, Report of the thirtieth session, Monaco, 22 - 26 May 2000, No. 69, IAEA Vienna.

Glibert P and Pitcher G. 2001. Global Ecology and Oceanography of Harmful Algal Blooms, Science plan. SCOR and IOC, Baltimore and Paris. 86pp.

Hood D. W. ed, 1971, Impingement of man on the oceans. Wiley - Interscience.

Hua Tian, Shaoguo Ru, Wei Wang et al. 2010. Effects of monocrotophos on the reproductive axis in the female goldfish (Crassius auratus) . Comparative Biochemistry and Physiology, Part C 152: 107 - 113.

Hua Tian, Shaoguo Ru, Xin Bing et al. 2010. Effects of monocrotophos on the reproductive axis in the male goldfish (Crassius auratus): Potential mechanisms underlying vitellogenin induction. Aquatic Tixicology 98: 66 - 73.

Hua Tian, Shaoguo Ru, Zhenyu Wang et al. 2009. Estrogenic effects of monocrotophos evaluated by vitellogenin mRNA and protein induction in male goldfish (Crassius auratus) . Comparative Biochemistry and Physiology, Part C 150, 231 - 236.

IGBP, 2003, Marine Ecosystem and Global Change. IGBP Science No. 5.

IGBP, 2005, China and Global Change, Global Change News Letter, No, 62.

Jackson JBC, Kirby MX, Berger WH, et al. 2001. Historical overfishing and the recent collapse of coastal ecosystem. Science. 293: 629 - 638.

John G. . Field eds. 2002. Oceans 2020 science, Trend, and the challenge of sustainability. Island Press. Washington.

Johnston R. 1984. Oil Pollution and its management, see: Marine ecology Ed. O. Kinne, Vol. V Ocean Management. Part 3. John Wiley & Sons Ltd.

Ma M. H. , Feng Z. Q. , Guan C. J. , et al. 2001. DDT, PHA and PCB in Sediments from the Intertidal Zone of the Bohai Sea and the Yellow Sea (J) . Marine Pollution Bulletin. 42: 132 - 136.

Ma MH, Feng ZQ, Guan CJ, et al. 2001. DDT, PAH and PCB in sediments from the intertidal zone of the Bohai sea and the Yellow sea. Mar. Poll. Bull. 42: 132 - 136.

MA, 2005, 生态系统与人类福祉，生物多样性综合报告，北京：中国环境科学出版社.

MA, 2007, 千年生态系统评估报告集（一），北京：中国环境科学出版社.

Naylor RL, Goldburg RJ, Primavera JH, et al. 2000. Effect of aquaculture on world fish supplies. Nature. 405: 1 017 - 1 024.

Naylor, R. L. et al. 2000. Effect of aquaculture on world fish supplies, Nature 405: 1017 - 1024.

Nelson TA, Lee DJ, Smith BC, et al. 2003. Are "green tides" harmful algal blooms? Toxic properties of water - soluble extracts from two bloom - forming macroalgae Ulva fenestrate and Ulvaria obscura. J. Phycol. 39: 874 - 879.

Nybakken J. W. , 1982, Marine Biology An Ecological Approach. Harper & Row, Publishers, New york.

Olson M. H. , 1984, Questions and answers at the jinterface of basic and applied ecology. Trends in Ecology and Evolution, 13: 469.

Parikha SJ, Choroveral J, Burgos WD. 2004. Interaction of phenanthrene and its primary metabolite (1 - hydroxy - 2 - naphthocic acid) with estuarine sediments and humic praction. J. Contam. Hydrol. 72: 1 - 22.

Pew Oceans Commission 编，周秋麟，牛文生，等译. 2005. 规划美国海洋事业的航程，上册. 北京：海洋出版社.

Pew Oceans Commission 编，周秋麟，等译，2005，规划美国海洋事业的航程，上、下册．北京：海洋出版社．

Pomponi SA. 2001. The oceans and human health: the discovery and development of marine - derived drugs. Oceanography. 14: 78 - 87.

Rapport DJ, Costanza R, Mcmichael AJ. 1998. Assessing ecosystem health. Trend in Ecology & Evolution. 13: 397 - 402.

Rigby GR, Hallegraeff GM, Sutton C. 1999. Novel ballast water heating techniques offers cost - effective treatment to reduce the risk of global transport of harmful marine organisms. Mar. Ecol. Prog. Ser. 191: 289 - 293.

Robert Costanza, Bryan G. Norton, Benjamin D. Haskell, Ecosystem health: new goals for environmental management, 1992.

Sherman BH. 2000. Marine ecosystem health as an expression of morbility, mortality and disease events. Mar. Poll. Bull. 41: 232 - 254.

Sherman. B. H. 2000. Marine ecosystem health as an expression of morility, mortality and disease events. Mar. Poll. Bull. 41: 232 - 254.

Smaoui - Damak W. Rebai T, Berthet B, et al. 2006. Does cadmium pollution effect reproduction in the calm Rudita pes decussates? A one - year case study. Comparative biochemistry and physiology, Part C. 143 (2): 252 - 261.

Suter GW. 1993. Ⅱ Critique of ecosystem heath concepts and indexes. Environmental Toxicology and Chemistry. 12 (9): 1533 - 1539.

Waldock MJ. 1983. The effect of organometallic compounds on marine organisms. Mar. Poll. Bull. 6: 411 - 415.

Wang XH, Chao F, Hong HS, et al. 2010. Gender differences in TBT accumulation and transformation in Thais after aqueous and dietary exposure. Aquatic Toxicology. 99: 413 - 422.

Zhou H, Zhang ZN, Liu XS, et al. 2007. Changes in the shelf macrobenthic community over large temporal and spatial scales in the Bohai sea China. Journal of Marine System. 67: 312 - 321.

第2篇　黄　海[①]

① 黄海篇：唐学玺教授主编，参编人员王悠、周斌、琪翔、谭海丽、周文礼。

第5章 黄海生态系统特征及人类开发活动

5.1 生态系统的类型及其特征

黄海位于中国大陆和朝鲜半岛之间，为一半封闭性的浅海，西北经渤海海峡与渤海相通，南以长江北角的启东嘴与朝鲜济州岛西端连线为界（图5.1）。所跨经纬度为31°40′~39°50′N；119°10′~126°50′E。黄海南北长约870 km，东西宽约556 km，最窄处为193 km，总面积为38×10^4 km^2，平均水深为44 m，最深处在济州岛西北，可达140 m。一般以山东半岛最东端成山角与朝鲜半岛长山串为界，将黄海分为北黄海与南黄海。黄海生态系统类型多样，特征明显。在本区域内分布有众多海湾、河口及湿地。特殊的海流、地形及营养盐条件使许多区域（如河口、海湾等）成为洄游性和本地海洋生物的理想产卵场和育幼场。同时，沿岸湿地也是东北亚水鸟迁徙的重要中转站和越冬地。本节选取黄海的海湾、河口、滨海湿地和浅海四类生态系统进行阐述。

5.1.1 海湾生态环境特征

我国黄海沿岸面积大于10 km^2的重点海湾主要有24个（表5.1）。其中，北黄海共有10个，包括辽宁省的5个海湾（由北向南依次为青堆子湾、常江澳、小窑湾、大窑湾和大连湾）和山东省北部的5个海湾（分别为套子湾、芝罘湾、双岛湾、威海湾和朝阳港）；南黄海共有14个海湾，包括山东省东部和南部的13个海湾（由北向南依次为桑沟湾、石岛湾、靖海湾、险岛湾、乳山湾、丁字湾、横门湾、北湾、小岛湾、胶州湾、唐岛湾、崔家潞和琅琊湾）和江苏省的海州湾。这些海湾成因各异，海岸类型多样，生物种类丰富，具有独特的生态环境特征。

表5.1 黄海沿岸主要海湾

序号	海湾	口门位置	隶属	成因	海岸类型	面积/km^2	岸线长度/km	最大水深/m	开发现状
1	青堆子湾	39°41′59″N，123°11′41″E 39°49′31″N，123°26′06″E	大连庄河市	河口湾	淤泥质海岸，部分基岩岸	156.80	193.00	2.0	养殖
2	常江澳	39°04′01″N，122°01′18″E 39°08′27″N，122°04′49″E	大连金州区	构造湾	基岩港湾岸	18.00	27.00	10.0	养殖
3	小窑湾	39°01′09″N，121°52′06″E 39°04′43″N，121°57′42″E	大连金州区	构造湾	基岩港湾岸	19.00	26.00	10.0	盐业、养殖
4	大窑湾	38°59′14″N，121°49′06″E 39°02′57″N，121°54′48″E	大连金州区	构造湾	基岩港湾岸	33.00	24.00	15.0	港口、养殖
5	大连湾	38°54′12″N，121°34′48″E 39°03′18″N，121°49′41″E	大连市	构造湾	基岩港湾岸	174.00	125.00	20.0	港口

续表 5.1

序号	海湾	口门位置	隶属	成因	海岸类型	面积/km^2	岸线长度/km	最大水深/m	开发现状
6	套子湾	37°41′55″N，121°08′54″E 37°37′40″N，121°19′28″E	烟台芝罘区、福山区	连岛沙坝湾	基岩、沙质	184.00	44.22	20.0	养殖
7	芝罘湾	37°35′48″N，121°25′24″E 37°32′07″N，121°25′47″E	烟台芝罘区	连岛沙坝湾	基岩、沙质	34.60	21.14	10.0	港口、养殖
8	双岛湾	37°08′11″N，121°56′56″E 37°29′02″N，121°57′40″E	威海环翠区、文登市	泻湖	基岩、沙质	18.74	22.95	5.0	盐业、滩涂养殖
9	威海湾	37°31′26″N，122°09′29″E 37°27′29″N，122°13′57″E	威海环翠区	基岩侵蚀湾	基岩、沙质	59.50	29.00	35.0	港口、养殖
10	朝阳港	37°24′28″N，122°27′18″E 37°24′21″N，122°29′28″E	荣成市	泻湖	基岩、沙质	10.80	19.60	1.5	盐业、滩涂养殖
11	桑沟湾	37°08′49″N，122°34′32″E 37°02′32″N，122°34′14″E	荣成市	基岩侵蚀湾	基岩、沙质、泥质	163.20	74.40	15.0	养殖、港口
12	石岛湾	36°53′33″N，122°29′27″E 36°52′31″N，122°26′18″E	荣成市	构造湾	基岩、沙质、泥质	38.79	33.10	11.0	港口、养殖
13	靖海湾	36°53′47″N，122°02′10″E 36°50′45″N，122°10′59″E	荣成市 文登市	原生构造湾	基岩、泥质、沙质	139.43	89.40	8.0	港口、养殖、盐业、捕捞
14	险岛湾	36°44′48″N，121°35′55″E 36°44′03″N，121°34′01″E	乳山市	原生湾	基岩、沙质、泥质	17.76	19.17	6.0	养殖、渔港
15	乳山湾	36°46′25″N，121°28′58″E 36°46′14″N，121°28′21″E	乳山市	原生溺谷湾	基岩、沙质、泥质	48.69	68.00	18.4	港口、养殖、盐业
16	丁字湾	36°34′56″N，121°00′48″E 36°32′23″N，120°57′30″E	海阳、莱阳、即墨	原生构造湾	基岩、沙质、泥质	143.75	94.12	21.5	港口、养殖、盐业
17	横门湾	36°26′54″N，120°56′05″E 36°24′51″N，120°54′43″E	即墨市	原生湾	基岩、沙质、泥质	18.26	18.21	2.0	养殖
18	北湾	36°22′11″N，120°51′12″E 36°20′00″N，120°44′00″E	即墨市	原生湾	基岩、沙质、泥质	164.02	64.59	13.0	盐业、养殖
19	小岛湾	36°19′42″N，120°43′43″E 36°16′41″N，120°40′41″E	即墨市 崂山区	原生湾	基岩、沙质、泥质	35.98	30.36	8.0	养殖
20	胶州湾	36°02′36″N，120°16′49″E 36°00′53″N，120°17′30″E	青岛市区、胶州、胶南	原生构造湾	基岩、沙质、泥质	397.00	187.00	64.0	港口、养殖、盐业
21	唐岛湾	35°53′26″N，120°10′00″E 35°54′31″N，120°08′55″E	黄岛、胶南	原生构造湾	基岩、沙质、泥质	16.16	21.05	6.0	港口、养殖
22	崔家潞	35°44′24″N，119°57′42″E 35°43′32″N，119°56′36″E	胶南市	原生湾	基岩、沙质	21.21	14.03	4.0	养殖
23	琅琊湾	35°37′23″N，119°49′51″E 35°37′16″N，119°47′23″E	胶南市	原生构造湾	基岩、沙质、泥质	14.53	6.46	5.0	港口、养殖
24	海州湾	35°05′55″N，119°21′53″E 34°45′25″N，119°29′45″E	连云港市 日照市	次生湾	基岩、沙质、泥质	876.39	86.81	12.2	港口、养殖、盐业

图5.1 黄海（中国）区域卫星影像

资料来源：Yellow Sea large Marine Ecosystem project，Image Courtesy of NASA Visible Earth

5.1.1.1 环境特征

从成因来看，黄海的海湾以原生湾为主，海岸类型主要包括基岩类、砂质和泥质。黄海区注入海湾的河流均较小。海湾的水文状况受湾外潮汐、潮流和沿岸径流等因素的共同影响。潮汐方面，黄海沿岸大部分海湾以半日潮为主。辽东半岛东部沿岸海湾和黄海西部沿岸的海湾（除威海至靖海角和灌河口以外）均为规则半日潮。威海至靖海角之间的威海湾、朝阳港、桑沟湾和灌河口等为不规则半日潮。

海湾的温度、盐度主要取决于太阳辐射和沿岸淡水注入，但湾外潮汐潮流等也对其产生影响。黄海区海湾的水温易受到大陆气候的影响，季节变化大。夏季表层水温为22.3（大连湾）~28.2℃（吕四岸段）。而到了冬季，受北方冷空气的影响，各湾表层水温降至最低，为－1.3（青堆子湾）~4.4℃（吕四岸段）。辽宁省和山东北部黄海沿岸海湾冬季均有冰期，其中，青堆子湾冰期最长，从11月中下旬至翌年3月。盐度方面，陆地径流入湾后的冲溢扩散和湾内外海水的交换对盐度的分布与变化起着重要的作用。黄海沿岸海湾年均表层盐度为28.4（朝阳港）~31.8（桑沟湾），一般夏季表层盐度最低，冬季最高。

5.1.1.2 生物生态特征

海湾区域由于独特的地形及地表径流等环境因素，使海湾海水和沉积物中营养盐类和有机碎屑含量相对较高。这为生物的生长繁殖创造了良好的条件，并使海湾水域具有较高的生产力水平，许多海洋生物从而将海湾作为产卵场和育幼场。但海湾水域环境条件变化剧烈，动植物区系组成比较简单，种类不如陆架中、下部或某些陆坡上丰富。

1）浮游植物

黄海海湾共记录浮游植物272种，其中，硅藻201种，约占总数的73.90%，甲藻61种，约占22.43%。从浮游植物种类上看，黄海山东沿岸海湾浮游植物种类较多，辽宁省海湾（大连湾）次之，海州湾最低，仅为148种；从浮游植物细胞数量上看，黄海海湾平均为728.2×10^4个/m^3，冬季最高，春季最低。辽宁省东部海湾浮游植物细胞数量最高，全年平均为1 330.7×10^4个/m^3，北黄海山东沿岸海湾最低，为121.4×10^4个/m^3，从浮游植物平面分布来看，北黄海鸭绿江口西侧春、夏季浮游植物密集，分别以密连角毛藻（*Chaetoceros densus*）和短弯角藻（*Eucompia zoodiacus*）为主，南黄海山东省沿岸海湾和海州湾在冬季都是浮游植物密集区，优势种以角毛藻（*Chaetoceros* sp.）、圆筛藻（*Coscinodiscus*）和具槽直链藻（*Melosira sulcata*）为主。

2）浮游动物

黄海海湾共记录浮游动物126种，以甲壳动物种类最多，为65种，约占总数的51.59%。甲壳动物中又以桡足类占多数，为67.69%。北黄海浮游动物以温带近岸低盐种、广布性种和温带外海性种为主，代表性种有强壮箭虫（*Sagitta crassa*）、墨氏胸刺水蚤（*Centropages mcmurrichi*）、长腹剑水蚤（*Oithona sinicns*）和中华哲水蚤（*Calanus sinicus*）等。南黄海海湾除温带近岸种和温带外海性种外，还有少数暖水种，如精致真刺水蚤（*Euchaeta concinna*）等。从生物量季节变化来看，北黄海海湾平均生物量为125.7 mg/m^3，较南黄海低，但各季节比较稳定。南黄海海湾春、夏、秋三季生物量均较高，春季最高，冬季最低。从生物量分布上看，北黄海鸭绿江口和大洋河口外，各季都是大于500 mg/m^3的高生物量区。南黄海的北湾和琅琊湾全年平均生物量均在300 mg/m^3以上，海州湾最低，全年平均仅为57.4 mg/m^3。

鱼卵、仔鱼是海湾浮游动物中的重要组成部分。海湾区域是许多海洋生物的产卵场和育幼场。黄海海湾的鱼卵、仔鱼种类组成及数量变化有明显的区域性和显著的季节变化。总的来看，春季是鱼卵数量的高峰期，夏季次高峰，秋季显著下降，冬季几乎绝迹。例如，乳山湾6月为产卵高峰，共采到35种鱼卵、仔鱼，其中，鱼卵22 642粒，仔鱼839尾。而到了9月份，仅采到鱼卵2粒，仔鱼5尾。

3）底栖生物

黄海海湾底栖生物的生物量在我国四个海区中处于最低水平，种类组成上以软体动物占优势。软体动物生物量约占总生物量的一半，棘皮动物居第二位。我们以海州湾为例说明底栖生物的变化特征。海州湾区域以软体动物中的毛蚶（*Scapharca subcrenata*）和棘皮动物中的海地瓜（*Acaudina Molpadioidea*）为优势种。从生物量的季节变化来看，海州湾区域入春以后生物量逐渐增高，至8月达最高峰，11月趋于下降，翌年2月降至全年的最低水平；从栖息密度的季节变化来看，2月最高，11月最低。2月份，由于棘皮动物海地瓜的幼体大量增加，使其密度跃升至首位。

5.1.2 河口生态环境特征

河口通常是指河流生态系统（淡水）与海洋生态系统（咸水）的交汇区。黄海沿岸主要的河流及河口分布（见表5.2）。从中可知，共有10条主要河流注入黄海，其中，鸭绿江是沿岸最大的河流，年均流量为$289.47\times10^8 m^3$，其余的河流均较小，多半属于季节性河流。由于河口所处的地形地貌、潮汐、海流等环境不同，黄海主要入海河流的河口区域形成了独特的生态环境特征。

表5.2 我国黄海沿岸主要入海河流情况

河流	河长/km	流域面积/km^2	河口位置	年均流量/$\times10^8 m^3$	年均输沙量/$\times10^4$ t
鸭绿江	790	$61\ 889\times10^4$	辽宁丹东市东沟县	289.47	113
碧流河	159.1	2 817	辽宁大连城子坦	8.76	50.3
五龙河	124	2 653	山东莱阳	5.63	84
大沽河	179	4 631	山东胶州	7.08	56.4
临洪河	—	—	江苏临洪口	—	—
灌 河	74.5	640	连云港市灌云县	15	70
中山河	—	—	江苏头窖	31.55	—
苏北灌渠总渠	—	—	江苏六垛	31.93	—
射阳河	—	—	江苏射阳黄沙港	48.31	—
东台河	—	—	江苏东台	20.05	—

注：所列河流仅为河长大于100 km。

资料来源：中国海湾志，第十四分册。

5.1.2.1 环境特征

咸淡水汇合与直接或间接的潮汐影响是河口生态系统的最基本的环境特征，也正是这两个基本特征导致了河口生态系统与其他生态系统的显著差异，并对其中的生态过程有显著的影响。

盐度方面，河口区的盐度存在周期性和季节性的变化。周期性变化与潮汐有密切关系，其变化范围从高潮区至低潮区递减。季节性变化与径流、降雨、冰雪融水、蒸发等因素有关。例如对鸭绿江口区域的环境监测显示，夏季8月份径流量最大，达 $44.02\times10^{8}\,m^{3}$，当月的盐度值为17.66～31.24。而在径流量较小的5月份（$21.31\times10^{8}\,m^{3}$），河口区的盐度值为22.99～30.57。

温度方面，相比开阔海域和相邻的近岸区，河口区的温度变化较大。河水冬冷夏暖的性质，使河口水温在冬季比周围的近岸水温低，而夏季则比周围近岸水温高。同时，表层水比底层水温度变化范围大。

潮汐、潮流方面，黄海沿岸的多数河口属规则半日潮，潮差相对较大。例如，鸭绿江口为强潮河口，其潮汐属规则半日潮，潮差较大，平均为4.6 m，最大潮差6.7 m；灌河口区情况有所不同。其潮汐属不规则半日潮，并受制于黄海驻波系统。灌河干流全程均处潮流界面，口门潮差较大。

营养物质的富集方面，河口区除了有来自地表径流的营养盐补充之外，其本身还具有滞留营养物的水文和生物机制。河口区距海岸较远的向海一侧，由于河流带来的充足营养盐和相对较厚的真光层，浮游植物生长旺盛。由这些浮游植物死亡及分解产生的营养盐，通过底层潮流向岸输送，并和表层的入海径流相混合，不断补充被表面流带走的营养盐。这就使河流带来的营养盐长时间滞留在河口区域，为生物提供了较好的营养环境。

5.1.2.2 生物生态特征

河口区的环境条件变化比较剧烈，生物种类组成相对较贫乏。广温性、广盐性和耐低氧性是河口生物的重要生态特征。

1）浮游植物

黄海区主要河口的浮游植物以硅藻为优势种，并以近岸广布种和近岸低盐温暖种为主。鸭绿江口区域的硅藻占藻类种数的83.3%，优势种为成列菱形藻，其细胞数量在 26×10^{4}～$38\,750\times10^{4}$ 个/m^{3}，平均数量为 $6\,462\times10^{4}$ 个/m^{3}，占浮游植物细胞总数的76.7%。灌河口的主要藻类为骨条藻、角毛藻属、布氏双尾藻和菱形海线藻等。

浮游植物种类的时空分布主要受盐度的影响。在河口的低盐度区域，甲藻占主导地位。到了中盐度区域，硅藻和甲藻同等重要，硅藻在冬季和春季占优势，而甲藻在夏季占优势。这是由于夏季甲藻具有较高的最适光照强度和较短的繁殖周期，并且是能游动（具鞭毛）的，而冬季硅藻具有较低的最适光照强度和较长的繁殖周期，并且有较大的能量储备能力。当盐度达到海水盐度时，河口区的浮游植物群落就和海洋中的群落相似。

在数量的平面分布方面，大体上呈现浮游植物数量随着与河口距离的增加，数量逐渐下降的趋势。这主要与河流携带的营养盐分布有关。例如，鸭绿江口水体中磷酸盐含量近岸高，浅海低。浮游植物数量也呈现类似分布，东部数量较低，河道与河口西部总数量较高。

2）浮游动物

桡足类（copepoda）是黄海主要河口区域浮游动物的优势种，并以暖温带和近岸低盐种为主。鸭绿江口6月的调查显示，桡足类占浮游动物种数的65.4%。其中，短角长腹剑水蚤（*Oithona brevicornis*）为鸭绿江口最优势种，平均数量为4 045个/m^3。灌河口区域，中华哲水蚤（*Calanus sinicus*）和真刺唇角水蚤（*Labidooera enchaeta Giesbrecht*）等也为该区优势种。

在河口区，由于受水体混合、扰动的影响，浮游动物的水平分布与垂直分布均呈现多变性。例如：短角长腹剑水蚤（*Oithona brevicornis*），在鸭绿江口区域均分布于河口区南部，且平面分布呈斑块状。而同样在鸭绿江口区域，双刺纺锤水蚤（*Acartia bifilosa*），除在远离河口国境线附近有一高密集区（7 563个/m^3）外，其他区域均在2 500个/m^3左右。

河口区的浮游动物通常是季节性浮游动物种类较多。例如，鸭绿江口海区，阶段性浮游幼虫的数量较大。其个体数量占大型浮游动物总个体数的75%，主要种类以短尾类的蚤状幼虫、长尾类幼虫和磁蟹的蚤幼虫为主。

3）大型底栖动物

河口区具有与阳光照射的表层水体强烈相互作用的底质。这就为很多固着、挖掘、爬行甚至游泳生物提供了栖息地。同时，河口区底部有大量的有机碎屑，因而底栖动物的碎屑食性和滤食性种类较多，但也有不少捕食性动物。

在河口的潮间带区域，甲壳类和软体类动物是大型底栖动物的主要种类。在鸭绿江口潮间带区域，甲壳类（37.5%）和软体类（37.5%）共占大型底栖动物种类的75%，主要种类有豆型拳蟹、日本关公蟹等。而潮下带则以多毛类和甲壳类为主。

从个体数量来看，软体动物占优势。鸭绿江口区域的中潮带以菲律宾蛤仔为优势种（20个/m^2）。潮下带区域，菲律宾蛤仔（43个/m^2）和光滑蓝蛤（15个/m^2）更占有绝对优势。从生物量来看，软体动物同样占据主要地位。灌河口区，灌云和响水两县的潮间带年总生物量为34.22 g/m^2，软体动物就占了82.9%，为28.38 g/m^2。

5.1.3 滨海湿地生态环境特征

滨海湿地是水陆相互作用形成的特殊生态系统，是陆地和海洋相互连接的纽带，既是缓冲区，又是脆弱区。滨海湿地是生物多样性最丰富、生产力最高、最具价值的湿地生态系统之一。滨海湿地的重要性在于其既具有巨大的水文和营养元素循环功能，又具有巨大的食物网和支持多样性的生物，在调节气候、涵养水源、均化洪水、促淤造陆、净化环境、保护生物多样性等方面起着重要的作用，并且向人类提供大量的生产和生活原料。黄海地跨温带和亚热带，拥有丰富的滨海湿地资源，面积大、分布广、类型多样（表5.3）。这些湿地除了部分基岩质海岸、砂质与砂石海滩外，大部分为盐沼湿地，其中，最具代表性的主要有盐城滨海湿地和鸭绿江口湿地。

表5.3 黄海沿岸主要湿地

序号	湿地	位置	面积/hm^2	海拔/m	特征
1	鸭绿江口	39°40′N，123°10′E	21 730	1~3	中朝边界鸭绿江下游河口及毗邻海滩以西延伸约80 km处的潮间滩涂、低露小岛、盐沼和盐滩、海滨有苇田11 000 hm^2
2	庄河县滩涂	39°20′N，122°15′E	22 070	0~5	庄河河口至碧流河口的几个小河口，曲折的潮间滩、几个小的咸水湖和一些盐滩

续表 5.3

序号	湿地	位置	面积 /hm²	海拔 /m	特征
3	大连湾区域	38°43′—38°57′N 121°02′—121°15′E	1 700	0～465. 6	三面临海的老铁山及附近的几个小岛。有多处港湾，广阔的滩涂、沼泽和盐田，岸上有草甸和山林
4	长岛列岛地区	37°53′—38°23′N 120°35′—120°56′E	5 257	0～5	渤海海峡中20多个岛屿，大都低而平坦，有锯齿状潮间滩涂、沙堤和沙滩
5	福山、芝罘、夹河和伟山地区	37°25′—37°36′N 121°12′—121°46′E	30 000	0～5	山东半岛北岸沿海60 km包括夹河在内的几个小河口及小海滩的潮间滩涂
6	母猪河河口和搓山海湾地区	37°00′N，120°00′E	100 000	0～10	山东半岛东南面，母猪河下游和河口的河滩沼泽地、潮间泥滩、盐场和带沙滩和大片潮间滩涂的锯齿状海湾
7	黄垒河和乳山河河口地区	36°48′N，121°30′E	10 000	0～5	山东半岛南面山区，两条小河河口，东面的黄垒河和西面的乳山河汇合在浅海湾，大片潮间滩涂及狭窄的出海口
8	五龙河河口和招虎山沼泽区	36°25′N，121°00′E	35 000	0～5	山东半岛南面海滩五龙河下游和河口的河滩沼泽、滩涂盐沼、潮间滩涂和盐场以及毗邻海湾的几条小河河口及潮间滩涂
9	大沽河口和胶州湾地区	36°10′N，120°10′E	50 000	0～5	大沽河口淡水到微淡水沼泽地及胶州湾的大片潮间滩涂和沙滩，海湾北面有大面积盐场
10	日照海滩	35°04′N，119°20′E	22 300	0～8	日照境内沿黄海约70km的海滩，包括几个小河口，滩涂盐沼地，沙丘，盐场及大片潮间泥滩
11	盐城海滩地区	32°32′—34°25′N 119°55′—121°50′E	243 000	0～4	吕四港口到灌河口300 km海滩的永久性的淡水到微咸水水塘和沼泽地，大片芦苇和潮间泥滩，并有许多河道、潮湾和一些鱼塘和盐场

资料来源：陆健健，1990。

5.1.3.1 环境特征

黄海的盐沼湿地主要分布在潮间带和河口三角洲地区，盐度和水分的变化是该类型生态系统的重要环境特征。同时，特殊的地形及植被使盐沼湿地能够有效地消减风浪的冲击力。这也是其重要的环境特征。

受潮汐及沿岸径流的影响，盐沼湿地的盐度由陆向海逐渐升高。潮汐的涨落和地表径流的大小决定着湿地生态系统不同区域的水分变化。盐沼湿地盐度和水分的变化与潮沟密切相关。潮沟是盐沼湿地的一个显著地形特征。一些不规则的水流不断偏向某一特定的水道即形成潮沟。地表径流及潮汐沿潮沟交替影响湿地生态系统。它是湿地与周围水体物质和能量交换的重要通道，对湿地生态系统的稳定发挥起着重要作用。黄海沿岸的湿地大多具有典型的潮沟系统（图5.2）。潮沟的大小、数量会随着水体、植被条件和人类开发活动的改变而发生变化。

一般来说，盐沼湿地能够经受潮汐的冲刷，削弱海浪的冲击力。具有这种特征的原因

图 5.2　盐城湿地的潮沟

资源来源：Google 卫星影像，2004 年 2 月 9 日

是盐沼湿地对沉积物具有的强积聚作用和湿地植被对海浪有消减作用。在黄海区，湿地对沉积物产生积聚作用的原因主要有以下两个方面：①岬、近岸沙洲和岛屿的掩蔽可以阻挡海浪的冲击，使悬浮物易于沉积。例如，盐城湿地的向海一侧的浅海区就分布着东沙等 70 多个辐射沙洲，总面积 1 268 km^2。②港湾和河口的保护。黄海的鸭绿江口湿地、大沽河口湿地、五龙河、黄垒河、乳山河等湿地均有大小不等的河流注入。这些河流携带的泥沙等沉积物往往在河口区大量沉积。同时，如大沽河口湿地位于胶州湾内，海湾也可以减少海浪对湿地的侵蚀。

湿地植被对海浪及风暴潮具有明显的消减作用。首先，湿地植被发达的根系及其堆积的植物体对土壤有稳固作用，如大米草（*Spartina anglica*）根系的生物量是地上部分的 30 倍，且通过分泌有机质将土壤颗粒联结起来，起到稳固作用；其次，一些湿地植被的植株可以削弱海浪的冲击力。表 5.4 显示，米草带随着宽度的增加，其对海浪的削弱能力不断增强。200 m 宽的互花米草（*Spartina alterniflora*）带可以完全消减小于 5 m 的海浪，对于 11 m 的巨浪，仍可消减其能量的 39%。

表 5.4　米草的消浪效果（钦佩等，1998）

米草带宽度/m	对应水体总高度的消浪量/%						
	5	6	7	8	9	10	11
0	0	0	0	0	0	0	0
50	45	30	18	9	3	0	0
100	97	81	65	49	33	20	10
150	100	96	81	70	58	47	36
200	100	98	84	72	60	49	39

5.1.3.2　生物生态特征

潮汐及盐度的变化是影响黄海沿岸盐沼湿地的主要环境因素。潮汐的规律性决定了湿地植被的带状分布格局和相对稳定的演替序列：从以盐生的地下芽植物为主的群落逐步演变到以地面芽或一年生植物为主的群落，其他生物群落也随着潮汐和植被的变化而改变。表 5.5 列出了盐城滨海湿地的生物特征。从中我们可以看出在中低潮区及潮下带的生物主要以海洋软体生物为主，包括泥螺、锥螺、青蛤、四角蛤蜊和沙蚕等。在高潮区主要生长着耐盐的先锋物种（大米草等）及潮间带底栖生物（锯脚泥蟹、绒毛近方蟹、泥螺、托氏帽螺、海蚯蚓等）。再往陆一侧，则主要生长着呈花斑状的盐蒿植株，海洋生物稀少。最后则由海洋环境完全转变为陆地环境，形成由白茅、獐茅草组成的滩涂湿地。

表 5.5　盐城滨海湿地生态系统的生物特征

方向	名称	生物特征
自陆向海	草滩湿地沉积带	主要为陆上环境，由白茅、獐茅草组成的滩涂湿地
	泥滩沉积带	盐蒿，常沿鬼裂纹生长而呈花斑状
	泥－粉砂沉积带	平均高潮位多为大米草种植带：有锯脚泥蟹、绒毛近方蟹、泥螺、托氏帽螺、海蚯蚓
	砂－细砂沉积带	泥螺、锥螺、青蛤、四角蛤蜊、沙蚕

注：刘奕琳，南京林业大学硕士学位论文，2006，盐城海滨湿地生态系统的研究。

黄海沿岸湿地是水鸟南北迁徙的重要中转站，也是东亚—澳大利亚水鸟迁徙路线的重要组成部分。不仅这些湿地成为迁徙水鸟优良的中转站，而且江苏沿海一带湿地也是迁徙候鸟理想的越冬地（陈克林，2006）。其中，盐城滨海湿地共有各种鸟类379 种，属国家一级保护的鸟类主要有丹顶鹤、白头鹤、白鹤、白鹳、黑鹳、白肩雕等 9 种。同时盐城滨海湿地还是世界上丹顶鹤最大的越冬地，每年来此越冬的丹顶鹤达 1 020 只（1997 年统计数），占世界野生丹顶鹤总数的 65% 以上；鸭绿江口湿地共有鸟类 241 种。其中，黑嘴鸥和斑背大尾莺属世界濒危鸟类，白鹳（*Ciconia boyciana*）、黑鹳（*Ciconia nigra*）、金雕（*Aquila chrysaetos*）、白肩雕（*Aquila heliaca*）、丹顶鹤（*Grus japonensis*）、白头鹤（*Grus monacha*）、大鸨（*Otis tarda dybowskil*）为国家一级保护鸟类。

5.1.4 浅海生态环境特征

5.1.4.1 环境特征

黄海属于陆架边缘海，海底地形总体上由西、北、东三面向东南及偏东部倾斜，平均坡度0.39‰（图5.3）。北黄海区似一平行四边形的洼地，中部平坦，地势向南黄海倾斜。在南黄海区，一个由东南向北的长条洼地纵贯整个南黄海，这被称为黄海槽。南黄海西部，自海州湾往南至长江口一带，等深线向海突出，是一片广阔的浅水区。在这一区域北部为废黄河三角洲，地势平坦，水深10~20 m。中部为苏北浅滩，以弶港为中心，呈辐射状发育有沙洲和水下沙脊群。南部为长江现代水下三角洲的外侧区。

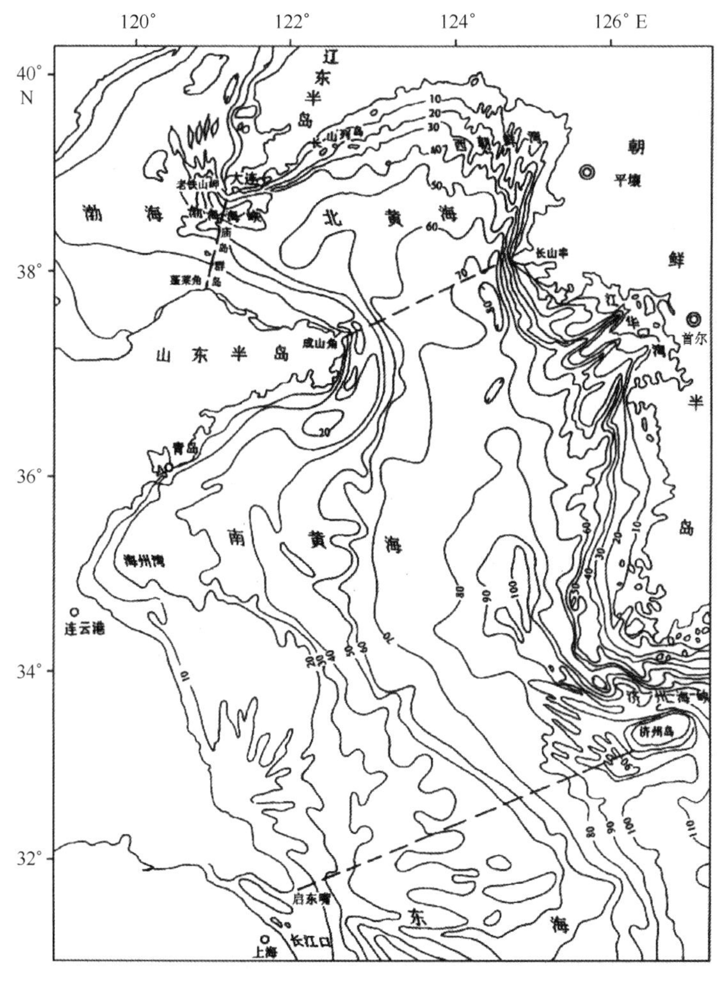

图5.3 黄海海底地形

郭炳火，黄振宗，李培英等．中国近海及邻近海域海洋环境．北京：海洋出版社，2004

沿岸、浅海区的海流通常包括沿岸流和受大洋流系侧支影响的海流。在黄海区，主要存在黄海北岸沿岸流、鲁北沿岸流和苏北沿岸流等沿岸流系和黄海暖流。黄海北岸沿岸流自鸭绿江口向西流向渤海海峡北部，夏季较强，冬季较弱。鲁北沿岸流自渤海的莱州湾流入南黄海。苏北沿岸流源自苏北沿岸水。这些沿岸流除了与沿岸河流的径流量有关外，还受海区季风、温度、盐度等因素的影响。

黄海暖流与黄海冷水团的变化是影响黄海生态系统的重要因素。同时，它们也与黄海特殊的海底地形与气候因素密切相关。黄海暖流是由偏北季风所诱导的一种补偿流，其强弱与风场有关，是一支季节性海流。在冬半年，黄海暖流的路径偏于黄海槽的西侧，少数年份沿黄海槽北上。而在夏季，黄海暖流势力很弱，甚至不存在。与黄海暖流在冬季势力较强相反，黄海冷水团则在夏季扮演重要角色；黄海冷水团一般位于北黄海中部向南至黄海槽区域。海流、水团的变化导致海水温度、盐度的变化，进而影响海洋生物的迁徙与分布。

一般来说，近岸温度、盐度的变化比外海大。温度变化受大陆的影响，并与纬度有关。除此之外，黄海区的水温变化还有其自身的特点。黄海水温的分布趋势基本上由冷、暖水团的相互消长变化决定，尤其在冬季更为明显。冬季，黄海暖流的暖水舌沿其流轴朝西北方向凸入黄海，与黄海西部的冷水流相对运行，使得水温水平梯度达9℃/100 km，沿岸水温低于外海。入春以后，水温逐渐回升，沿岸增温较快。5月，上层水温迅速升高，底层冷水连成一片，形成冷水团。夏季，近岸水温高于外海，温度水平梯度不大。9月以后，水温逐渐下降。

在盐度方面，浅海区也不同程度地受降水和径流的影响而呈季节性变化。总的来说，这些变化的程度从近岸向外海方向逐渐减弱。黄海区因入海的大河少，其盐度的变化主要取决于黄海暖流高盐水的消长。除鸭绿江口附近和黄海南部受长江入海径流影响的局部区域盐度偏低以外，其余海域的盐度分布随着高盐水的分布由南向北凸出。

5.1.4.2 生物生态特征

1）浮游植物

从黄海区有调查记录以来，共记录了491种浮游植物，它们隶属于7个门。最大的是硅藻门（多达418种），占85.13%，其次是甲藻门（65种）。这些浮游植物中广温近岸种最多，其代表种是中肋骨条藻（*Skeletonema costatum*）。黄海浮游植物丰度的分布表现出明显的板块特征，总的分布趋势是3个典型的高值区，分别位于北黄海辽宁近岸至渤海海峡东侧海域、青岛附近海域以及长江口以北大沙渔场海域。各季浮游植物丰度的分布也不尽相同。总的来说，黄海浮游植物的季节变化一年有两个高峰期，主峰在冬季或初春，次峰在夏季，春秋两季都较低。

2）浮游动物

与低纬度海区相比，黄海浮游动物的种类组成较简单，但比渤海复杂。据历史资料统计，黄海有记录的浮游动物共257种，分属于11个类群。这些浮游动物既有由沿岸流带来的暖温带近岸种，又有受低温高盐冷水团控制的寒温带低盐种，由黄海暖流带来的暖水种和热带种。这反映了黄海作为温带-亚热带过渡性的半封闭浅海的生态特征。这三类浮游动物中以近岸低盐类群种类最多、数量最大、分布最广，其代表种有中华哲水蚤（*Calanus sinicus*）等。黄海浮游动物生物量一般春季最高，夏季次之，秋冬最低，其分布因区域和季节而异。春季高生物量分布区多在南黄海，向北逐渐递减。冬季北黄海明显高于南黄海。夏季和秋季黄海中部由于受黄海冷水团的控制和水系的不稳定性，浮游动物生物量的分布呈明显的板块特点。

3）底栖生物

据不完全统计，黄海的底栖生物种类有1 069种（不包括大型藻类），它们隶属于14个门类。种类最多的门是软体动物门类，有412种，其次是多毛类339种，甲壳动物和棘皮动物分别197种和49种，其他类别包括腔肠动物、扁形动物、纽形动物、线形动物、星虫动物、拟软体动物、原索动物、脊索动物共72种。黄海大多数底栖生物属于广温低盐种类，其代表种有长吻沙蚕（*Glycera chirori*）、鹰爪虾（*Trachypenaeus curvirostris*）、哈氏仿对虾（*Parapenaeopsis hardwickii*）等。黄海大型底栖生物的生物量春季最高（50.75 g/m^2），冬季最低（29.94 g/m^2），夏季和秋季接近。与相邻海域比较，黄海底栖生物属于高生物量水平。生物量分布呈板块状。高生物量区出现在黄海南部、成山头以东外海和北黄海顶部，最高生物量可超过50 g/m^2。黄海中部为低生物量分布区，一般在0~25 g/m^2之间。冬季除靠近北朝鲜海域有一小范围的超过100 g/m^2的高生物量区外，其他区域都较低。底栖生物栖息密度的分布与生物量不完全吻合。春季高密度区在黄海南部、北部和成山以东外海，最高密度可达500 ind/m^2；夏季，高密度区出现在黄海中部海州湾外侧，中心区可达250 ind/m^2以上；秋季，栖息密度呈近岸向远岸递减的趋势，最高密度区可达500 ind/m^2；冬季，高密度区在黄海中部偏南的区域，最高密度为250 ind/m^2。

5.2 影响生态系统演变的人为因素

黄海海洋生态系统在全球海洋中具有独特的地位和价值。与西北太平洋其他陆架海相比，黄海的初级生产力相对较低，大约为60 $g/m^2/a$（以碳计），然而约6亿人口（超过地球人口总数的10%）生活在黄海沿岸。黄海提供的食物、资源、空间等生态系统服务在沿岸的社会进步中发挥了巨大的支撑作用。同时，伴随着人口的增长和经济的快速发展，来自人为因素对黄海海洋生态系统造成的压力越来越大。这已经使黄海发生了改变：不断减少的生物种类，数量锐减、质量下降的渔业资源，大面积的赤潮。究竟有哪些主要的人为因素影响着黄海海洋生态系统呢？本节将主要回答这一问题。

5.2.1 化学品污染及其来源①

化学品污染是各种海洋污染物中数量较大、危害较重、对海洋生态系统影响较深、造成损失较严重的一种。由于污染，2001年以来，黄海平均每年有33 526 km^2未达到清洁海域水质标准（图5.4）。造成海洋污染的主要化学污染物有无机氮、无机磷、COD、POPs、石油类、挥发酚、硫化物、氰化物、重金属等。这些污染物主要通过陆源排污口、入海河流、地表径流冲刷、港口、船舶、倾倒区及沿岸海水养殖等方式排入黄海。表5.6、表5.7分别列出了黄海1980年和1996年主要污染物的入海量。

表5.6 1980年黄海主要污染物的排海情况 单位：t

化学污染物的种类	污染物来源						合计
	陆上污染点源			海上污染源			
	直排口	混排口	入海河流	港口	船舶	养殖区	
COD	52 339	159 784	170 598	1 129	—	—	383 850
石油类	1 945	640	3 160	5 465	—	—	11 210

①本节所用数据若无特别标明外，均基于《黄海环境污染基线调查报告》和《渤海黄海海域污染防治研究》中的数据。

续表 5.6

化学污染物的种类	污染物来源						合计
	陆上污染点源			海上污染源			
	直排口	混排口	入海河流	港口	船舶	养殖区	
无机氮	—	—	—	—	—	—	19 120*
无机磷	—	—	—	—	—	—	
挥发酚	142	128	645	13	—	—	928
硫化物	—			—	—	—	
氰化物	131	27	200	—	—	—	358
铅	2.3	24.3	103.7	—	—	—	130.3
镉	—		0.7	—	—	—	0.7
汞	1.2	0.9	3.3	0.1	—	—	5.5
砷	9	3	205	—	—	—	217
锌	—		1 156	—	—	—	1 156
合计	54 569.5	160 607.2	176 071.7	6 607.1	—	—	397 855.5

注：* 取 1986—1989 年的均值。

数据来源：渤海黄海海域污染防治研究。

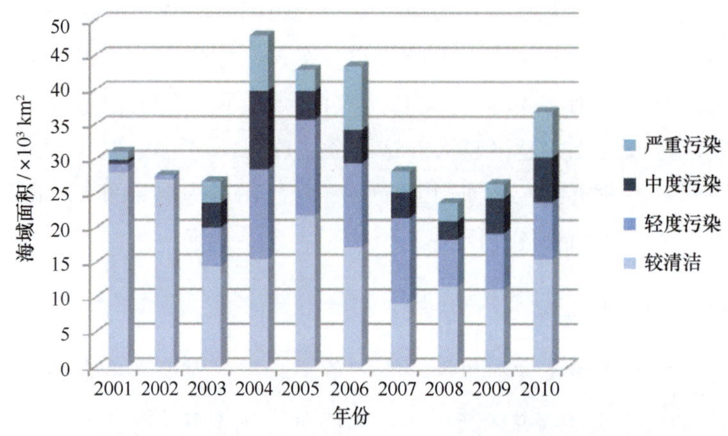

图 5.4　黄海 2001—2010 年未达到清洁海域的面积（单位：km^2）

表 5.7　1996 年黄海主要污染物的排海情况　　单位：t

化学污染物的种类	污染物来源						合计
	陆上污染点源			海上污染源			
	直排口	混排口	入海河流	港口	船舶	养殖区	
COD	33 461.62	174 782.97	825 069.86	—	—	10 136	1043450.45
石油类	743.52	6 699.55	7 502.93	1 573.53	2 562.51	—	19 082.04
无机氮	3 851.53	10 515.18	29 164.97	—	—	13.04	43 544.72
无机磷	—	—	617.66	—	—	2.63	620.29
挥发酚	85.09	129.33	146.9	—	—	—	361.32
硫化物	258.6	139.93	25.06	—	—	—	423.59
氰化物	53.74	227.49	106.66	—	—	—	387.89

续表 5.7

化学污染物的种类	污染物来源						合计
	陆上污染点源			海上污染源			
	直排口	混排口	入海河流	港口	船舶	养殖区	
铅	5.04	169.55	253.02	—	—	—	427.61
镉	—	2.37	96.89	—	—	—	99.26
汞	—	2.93	5.02	—	—	—	7.95
砷	101.01	2.25	—	—	—	—	103.26
锌	—	19.46	—	—	—	—	19.46
合计	38 560.15	192 691.01	862 988.97	1 573.53	2 562.51	10 151.67	1 108 527.8

数据来源：黄海环境污染基线调查报告。

5.2.1.1 COD

1980 年，黄海区 COD 年排放量为 383 850 t。到 1996 年，COD 排放量增长到 1 043 450.5 t，为 1980 年的 2.72 倍。COD 主要通过陆上污染点源、港口和养殖区排入黄海。1980 年，陆上污染点源的排放量占总排放量的 99.71%，其中，入海河流为首要污染源，占排放总量的 44.4%。1996 年，陆上污染点源同样为主要污染源，占总排放量的 99.03%，其中，入海河流以占总排放量 79.07% 的比重列 COD 污染源第一位。这一比重相比 1980 年，增长了近一倍。

5.2.1.2 石油类

黄海的石油类污染，1980 年主要来自海上污染源。当年排海石油污染量共 11 210 t，其中，来自港口的石油污染量为 5 465 t，占石油类排放总量的 48.75%。陆源污染中又以入海河流为主要污染源，其排放量为 3 160 t，占总排放量的 28.19%。1996 年的情况有所不同，陆上污染点源成为石油类污染的主要来源。当年黄海受纳的石油类污染物共 19 082.04 t，通过陆上污染点源排放的有 14 946 t，占海域石油类污染总量的 78.32%。入海河流成为石油类的首要污染源，其排放量为 7 502.93 t，占排放总量的 39.32%。1996 年港口排放的石油相比 1980 年有明显降低，为 1 573.53 t，约为 1980 年的 28.79%，占石油类排放总量的比重从 1980 年的 48.75% 下降到 1996 年的 8.25%。

5.2.1.3 营养盐类

无机氮方面，1996 年排入黄海的无机氮总量为 43 544.72 t，比 80 年代后期的排海总量增加了 1.28 倍。陆上污染点源以占排放总量 99.97% 的比重成为黄海区无机氮的主要污染源。其中，入海河流排放 29 164.97 t，占总量的 66.98%，是无机氮的首要污染源。通过养殖区排海的无机氮为 13.04 t，仅占排海总量的 0.03%。

无机磷方面，1996 年排入黄海的无机磷共 620.29 t，其中，入海河流排放 617.66 t，占排放总量的 99.58%。养殖区仅排放了 2.63 t。

5.2.1.4 挥发酚

陆上污染点源是黄海挥发酚的主要污染源。1980 年通过陆上污染点源进入黄海的挥发酚共915 t，占当年挥发酚排海总量的98.60%。1996年则全部通过陆源排海，挥发酚的排海量为361.32 t，相比1980年的928t减少了61.06%。入海河流是挥发酚排海的首要污染源。1980年通过入海河流排放645 t，占当年排海总量的69.50%。1996年入海河流排放了146.9 t，占总量的40.66%。

5.2.1.5 硫化物

1996年排入黄海的硫化物共423.59 t，且全部通过陆源排海。其中，直排口是硫化物的首要污染源，占当年硫化物排海总量的61.05%。混排口排放139.93 t，占总量的33.03%。入海河流排放相对较少，仅为25.06 t。

5.2.1.6 氰化物

排入黄海的氰化物数量1980年和1996年差别不大。1980年为358 t，1996年仅增加了29.89 t，为387.89 t。两个年份均以陆源污染为主要污染源。1980年入海河流为首要污染源，共排放氰化物200 t，占当年排放总量的55.87%。而1996年混排口为首要污染源，共排放氰化物227.49 t，占总量的58.65%。

5.2.1.7 重金属

排入黄海的重金属主要有铅、镉、汞、砷、锌等。这些重金属几乎均通过陆源排海。铅的首要污染源为入海河流。1980年排入黄海的铅为130.3 t，通过入海河流排放了103.7 t，占总量的79.59%。1996年排入黄海的铅为427.61 t。其中，入海河流排放了253.03 t，占总量的59.17%。1996年排入黄海的铅总量增加了2.28倍。直排口、混排口和入海河流1996年的排铅量分别比1980年增加了1.19倍、5.98倍和1.44倍。

1996年排入黄海的镉为99.26t，是1980年黄海镉排入量的141.8倍。入海河流是镉的首要污染源。1980年镉全部通过入海河流排入黄海。1996年入海河流的排镉量依然占到总量的97.61%。其余约2.39%的镉通过混排口进入黄海。

1980年和1996年黄海汞的排入量均处于较低水平。1980年汞的总排海量为5.5 t，1996年为7.95 t，增加了44.55%。入海河流是汞的首要污染源。1980年入海河流排放3.3 t汞，占当年总排放量的60%。1996年，5.02t汞通过河流进入黄海，占总量的63.14%。

1980年，排入黄海的砷共217 t，其中，94.47%（205 t）通过入海河流排入。1996年，砷的排放量减少52.41%，为103.26 t。首要污染源从入海河流变为直排口。直排口的排放量占1996年砷排放总量的97.82%。16年间，直排口的排放量从1980年的9 t，增加到1996年的101.01 t，增长了10.22倍。

1980年和1996年锌的排海量差别较大。1980年共排入黄海1 156 t锌，均通过入海河流排入。1996年则仅通过混排口排入黄海19.46 t锌。1996年锌的排海量仅为1980年的1.68%。

就这7类主要化学污染物来说，1996年排入黄海的化学污染物总量是1980年的2.78倍，为1.11×10^6 t。其中，COD、石油类、无机氮、氰化物、铅、镉和汞的排海量比1980年增多（图5.5）。镉的排海量以增长140.8倍位列第，挥发酚、砷和锌的排海量比1980年减少。锌的减少最为明显，16年间共减少了98.32%。

从主要污染源方面看，陆源污染是黄海化学品污染的主要来源。其中，入海河流是多数

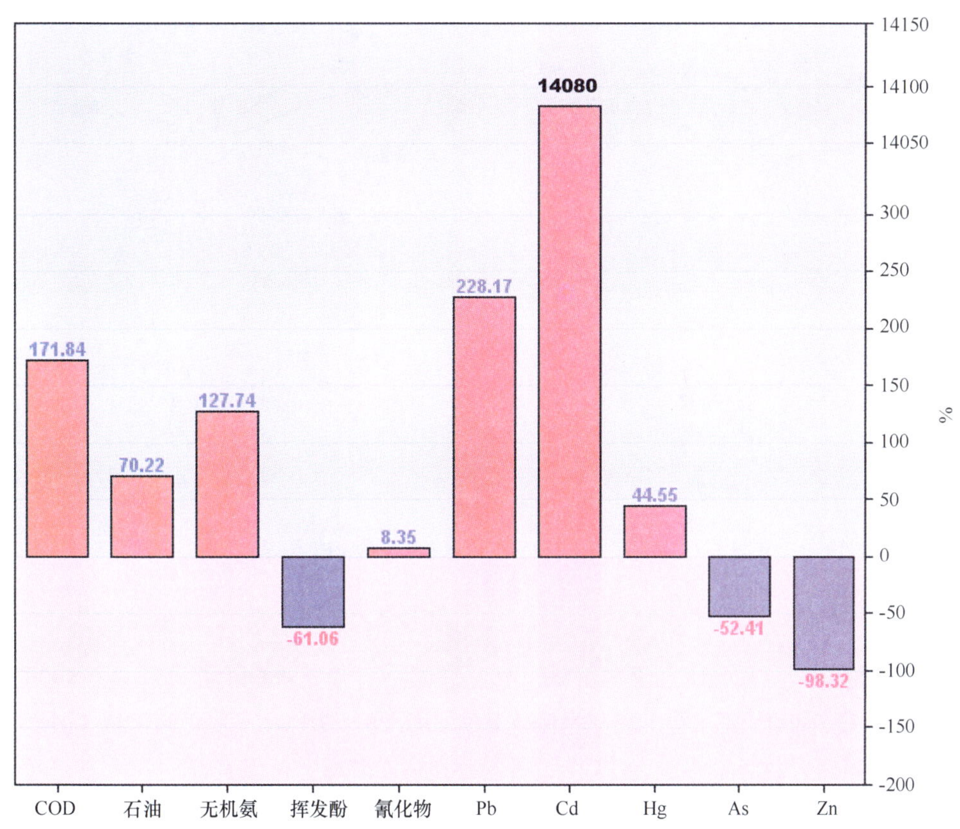

图 5.5 1996 年排入黄海的主要化学污染物量相对于 1980 年的变化百分比

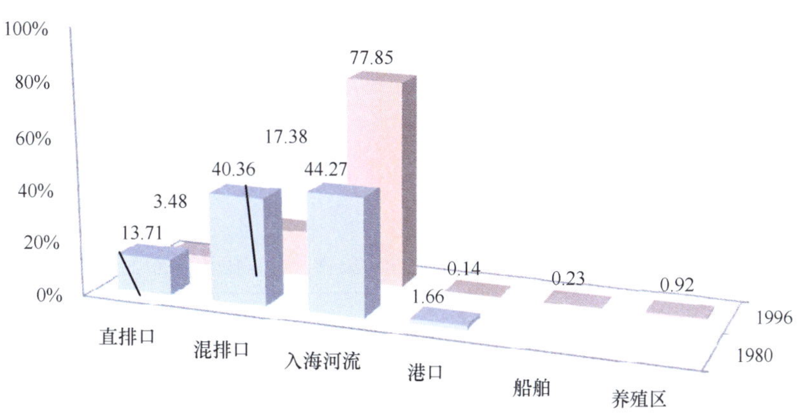

图 5.6 1980 年和 1996 年黄海主要污染源的排污量比重

污染物的首要污染源（图 5.6）。1980 年通过河流排入黄海的污染物量占总污染物排海量的 44.27%，而到了 1996 年 77.85% 的污染物通过河流入海。海上污染源排污量所占比重相对较小，1980 年为 1.66%，1996 年仅为 0.14%。对比 1980 年和 1996 年的数据，各污染源的排污量也发生了明显的变化，1996 年混排口和入海河流的污染物排放量比 1980 年增多。其中，入海河流的排污量比 1980 年增加了 3.90 倍。直排口和港口的排污量比 1980 年减少。其中，港口的排污量减少了 76.18%。

从主要污染物方面看，COD、无机氮和石油类不管在 1980 年还是 1996 年，都是黄海的主要污染物（图 5.7）。这三类污染物的总和分别占当年污染物排海总量的 99.25%（1980

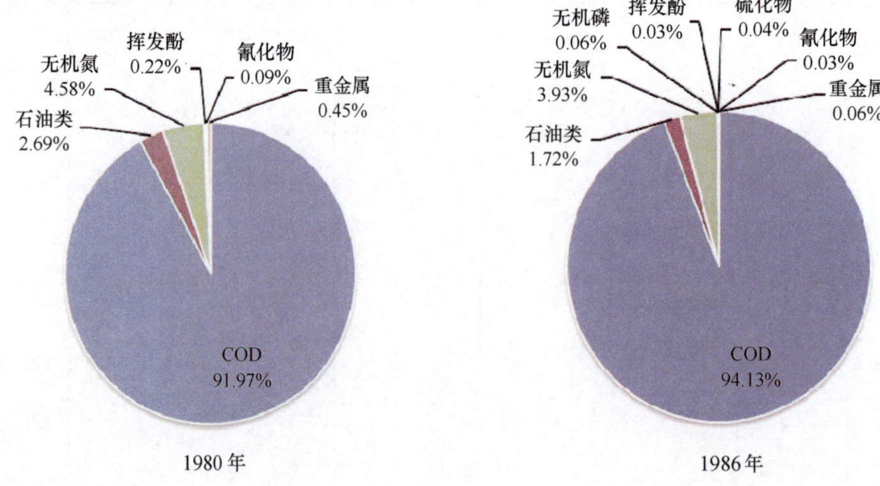

图5.7　1980年和1996年黄海主要污染物排海量比重

年）和99.78%（1996年），其余各类污染物的排海总量均不足污染物总量的1%。

需要补充的是，海洋倾废和大气沉降也是黄海部分化学污染物的重要来源。1996年黄海沿岸海域共有22个倾倒区，当年废弃物倾倒量为309.28×10^4 m^3，主要倾倒物为疏浚物。黄海山东沿岸的倾倒区数量最多，为18个，占总量的81.82%。黄海辽宁沿岸和江苏沿岸各有两个倾倒区。黄海沿岸大气污染评价表明，在黄海近海海域中，重金属和营养元素的大气沉降已成为海域污染主要来源之一。大气中总有机污染物的浓度在11.4～31.5 $\mu g/m^3$。近海海域的大气质量，除鸭绿江口海域为外，其余均属于中度污染。

综合上述分析并结合李永祺等的研究结果，我们将黄海主要化学污染物及其来源和危害性列于表5.8。从中可以看出陆上污染源，特别是入海河流和直排口，是化学品污染的主要来源。港口和船舶是石油类污染物的重要来源。大气沉降在POPs和重金属污染来源中占有重要地位。这些化学污染物均不同程度地对海洋生物造成损害，POPs和汞还对人体健康产生严重危害。

表5.8　进入黄海的主要化学污染物及其来源和危害性

化学污染物的种类	污染物来源									有害生物资源	有害人体健康
	陆上污染源			沿岸排海面源	海上污染源				大气沉降		
	直排口	混排口	入海河流		港口	船舶	倾倒区	养殖区			
COD	▲	▲▲	▲▲▲	▲	—	△	—	▲	—	▲▲	—
POPs	▲▲▲	▲	▲▲▲	▲▲	—	△	—	△	▲▲▲	▲▲	▲▲
石油类	▲	▲▲	▲▲	—	▲▲	▲▲▲	—	—	—	▲▲	▲
无机氮	▲	▲▲	▲▲▲	▲▲	—	—	—	▲▲	▲	▲	—
无机磷	▲▲▲	▲	▲▲	▲▲	—	▲	—	▲▲	▲	▲▲	▲
挥发酚	▲▲	▲▲	▲▲▲	▲	▲	▲	—	—	?	▲	—
硫化物	▲▲▲	▲▲	▲	▲	—	—	—	—	▲	▲	—
氰化物	▲	▲▲▲	▲▲	▲	—	▲	—	—	?	▲	▲
铅	▲	▲▲▲	▲▲▲	?	—	—	—	—	▲▲▲	▲	▲
镉	▲▲▲	—	▲▲▲	?	—	—	—	—	▲	▲	▲

续表 5.8

化学污染物的种类	污染物来源									有害生物资源	有害人体健康
	陆上污染源			沿岸排海面源	海上污染源				大气沉降		
	直排口	混排口	入海河流		港口	船舶	倾倒区	养殖区			
汞	▲▲▲	▲▲▲	▲▲▲	?	—	△	—	—	▲▲▲	▲▲	▲▲
砷	▲▲▲	—	▲▲▲	?	—	△	—	—	▲▲	▲	▲
铜	▲▲	?	▲▲▲	?	—	—	—	—	—	▲	—

注：①▲表示重要程度，▲▲▲表示最重要；②△表示潜在重要；③—表示可以忽略；④？表示未确定。

参考李永祺、丁美丽，海洋污染生物学，1991，北京：海洋出版社。

5.2.2 海岸、海洋工程建设

海岸及海洋工程建设是人们开发利用海洋的重要方面。随着陆地资源的日益稀缺，人们把目光转移到了海洋。通过建设各种类型的海岸、海洋工程，人们从海洋中获取了经济和社会发展的空间及资源。海岸工程是指在滨海河口、海湾等海岸带区域开展的岸滩防护、海港工程、围填海工程及河口水利工程等的统称。海洋工程则是指以开发、利用、保护、恢复海洋资源为目的，并且工程主体位于海岸线向海一侧的新建、改建、扩建工程，包括围填海、海上堤坝工程，人工岛、海上和海底物资储藏设施、跨海桥梁、海底隧道工程，海底管道、海底电（光）缆工程，海洋矿产资源勘探开发及其附属工程，海上潮汐电站、波浪电站、温差电站等海洋能源开发利用工程，大型海水养殖场、人工鱼礁工程，盐田、海水淡化等海水综合利用工程和海上娱乐及运动、景观开发工程等。各种海岸及海洋工程在利用海洋的同时，均不同程度地对海洋生态系统产生或好或坏的影响。根据工程的不同，这些影响的程度、方式、途径等均不同。

随着经济发展、资源开发及环境保护的需要，人们在黄海沿岸进行了不同类型海岸、海洋工程的建设。图 5.8 显示了 2001—2005 年黄海沿岸省份海洋工程建筑业的增加值变化情况。其中，山东省 2001 年海洋工程建筑业的增加值为 0.84 亿元，而到 2005 年，这一数值增长了 37.6 倍。海洋工程建筑业增加值的变化可以从侧面反映出黄海沿岸海岸、海洋工程规模和数量的增长。

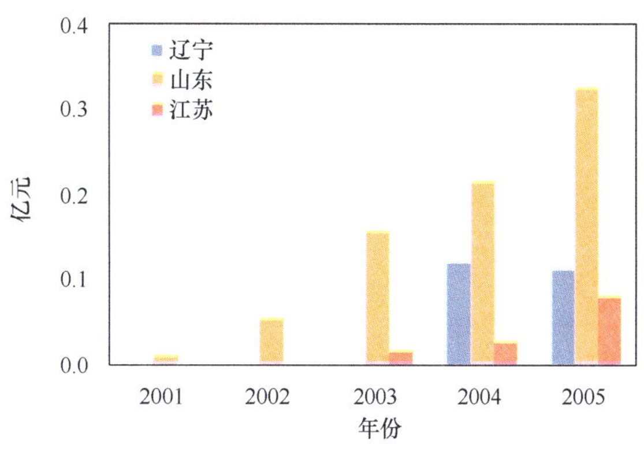

图 5.8 2001—2005 年辽宁、山东、江苏三省海洋工程建筑业增加值

5.2.2.1 海港工程

海港工程是指为沿海兴建水陆交通枢纽和河口兴建海河联运枢纽所修建的各种工程设施，主要包括防波堤、码头、修造船建筑物，陆上装卸、储存、运输设施和港池、泊地、进港航道及其水上导航设施等。黄海沿岸的主要港口有大连港、丹东港、青岛港、烟台港、威海港、日照港、连云港港和射阳港，其中，大连港、青岛港、烟台港、日照港和连云港港的年货物吞吐量均超亿吨。随着这些港口的发展，相应的海港工程建设量也在持续增长。港口岸线长度及泊位数量的变化可以反映这一增长趋势。从图 5.9 中我们可以看出，1999 年黄海沿岸主要港口的岸线总长为 43.25 km，共有泊位 248 个；2006 年岸线长度增长到 73.42 km，泊位数增加到 415 个。这 8 年间，岸线长度增加了 69.74%，泊位数量增长了 69.34%。

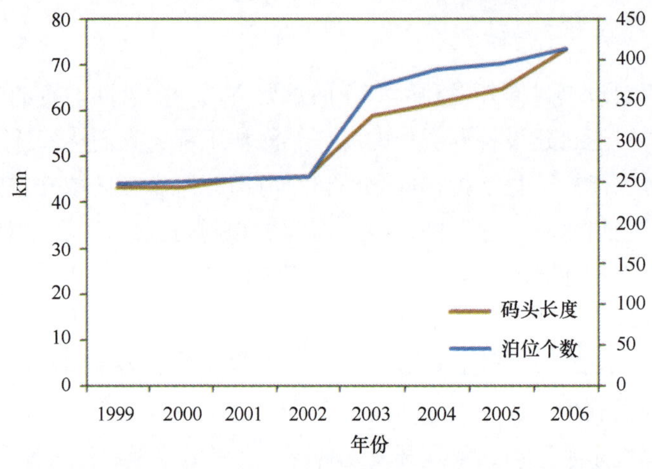

图 5.9 1999—2006 年黄海沿岸主要港口的码头长度和泊位个数

数据来源：2000—2007 年中国海洋统计年鉴

由于海港工程具有永久性或长期性，故大多数海港工程能够对海洋生态环境产生长期影响。位于海州湾南侧连云港港区的拦海大堤（西大堤）工程就是黄海区典型的海港工程（图 5.10 中 A 框所示区域）。西大堤工程酝酿于 20 世纪 80 年代中期并于 1996 年建成（1994 年合龙），为一封闭式实体的大堤，西连黄石嘴，东接连岛之江家嘴，全长 6.7 km。修建西大堤的目的是阻挡西北风浪，减轻涨潮时来自峡道东西两侧的潮流顶托作用，减少泥沙淤积，使原来的连云海峡（东西连岛与云台山之间的峡道，又称鹰游峡）变为一个 30 km^2 半封闭式的优良港湾，为修建北港区，促进港口的进一步发展提供空间。

但是，西大堤的修建也给连云港周边海域生态系统带来了巨大的环境压力。其中，最重要的是大堤改变了海湾内外的水动力与沉积环境。湾内潮波由前进波转变为驻波，水体交换能力减弱，湾内水质污染加重。新淤积的泥沙已在西大堤内侧形成新的潮滩，并导致位于湾顶的老海滨浴场被淤废。同时，大堤使湾外的泥沙折向东西连岛方向，对大沙湾和苏马湾海滨浴场产生影响，并威胁到周边海岸与水利设施的正常运作。

5.2.2.2 围填海工程

填海造陆古已有之，但因其规模极小，所以产生的环境效应微乎其微。随着近代人类活动的加剧，围填海规模越来越大，加之施工方式简单粗放，已经对海洋生态环境造成了严重的影响。广义地讲，海港工程、海岸防护工程均需部分围填海。这里所称的围填海工程主要

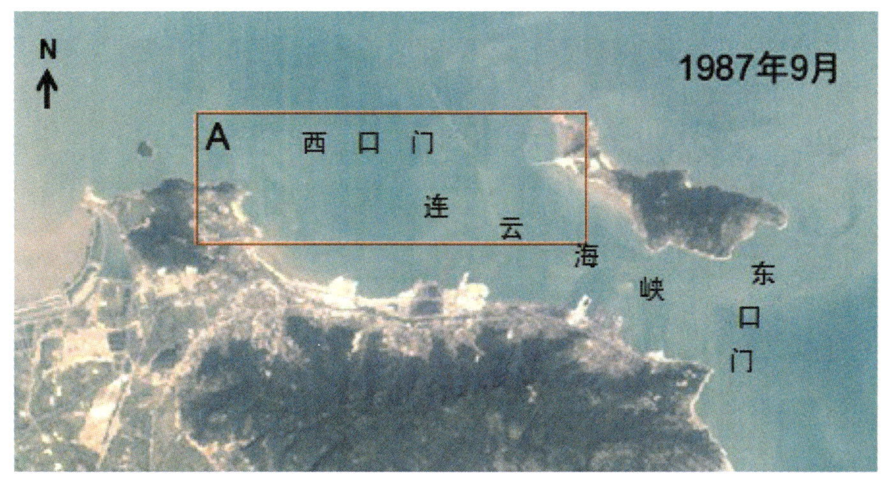

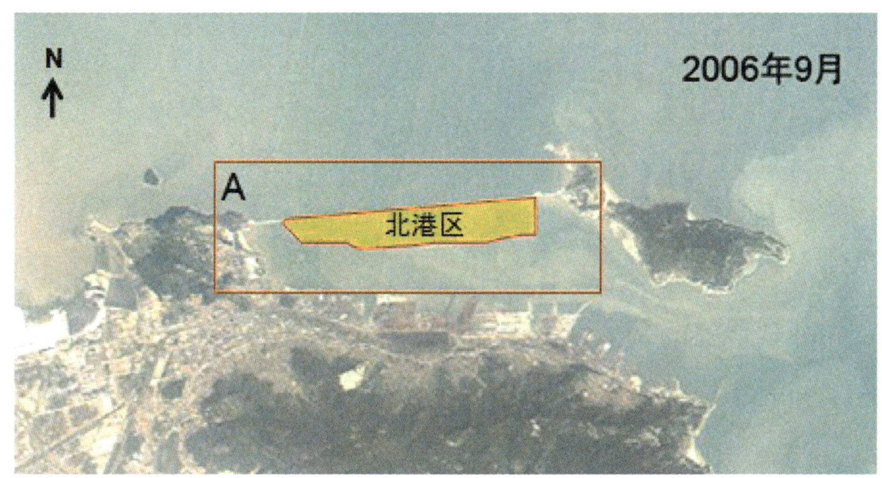

图5.10 黄海连云港海域1987年和2006年卫星遥感图

注：1. 上图为1987年9月连云港ETM影像，下图为2006年9月CBERS影像；2. 下图A区为拦海大堤工程

指滩涂围垦和以工农业及城市建设为目的的，使原有生境的主要功能发生转变及丧失的围填海活动，包括圈围及圈填部分滩涂、围割及围填部分海域等。黄海区的围填海工程主要位于海湾、河口、滨海滩涂湿地等区域。围填后的区域以养殖、城市建设和工业用途为主。

胶州湾区域的围填海活动在黄海区具有典型性和代表性。胶州湾是一个综合开发型海湾，工业、航运业、渔业和旅游业等分布在超过190 km长的岸线上。近50年来，胶州湾经历了20世纪50年代的盐田建设，70年代前后的填湾造陆，80年代以来的围建养殖池塘、开发港口、建设公路和工厂等围填海高潮。这些围填海活动使海湾面积由1952年的559 km^2，缩减到2006年的353 km^2（图5.11）。

胶州湾的围填海活动对生态环境的影响主要体现在以下两个方面：第一，对海区水动力条件的改变。由于海湾围填海，1992—2005年整个胶州湾的水动力条件有较明显的变化，湾内海水流速普遍减小，特别是胶州湾东岸海泊河口附近最为显著，流速下降了一个数量级。这些变化削弱了海区污染物自净能力，降低了海区生态系统承载力。第二，滨海湿地面积减小及生物多样性降低。潮间带等滨海湿地为许多海洋生物繁殖、育幼和生长提供了关键生境。围填海活动造成了滨海湿地面积的减少，使胶州湾潮间带海洋生物多样性呈明显下降趋势。例如，胶州湾东部沧口潮间带，20世纪30—60年代生物种类数在34～141种，生态环境比较

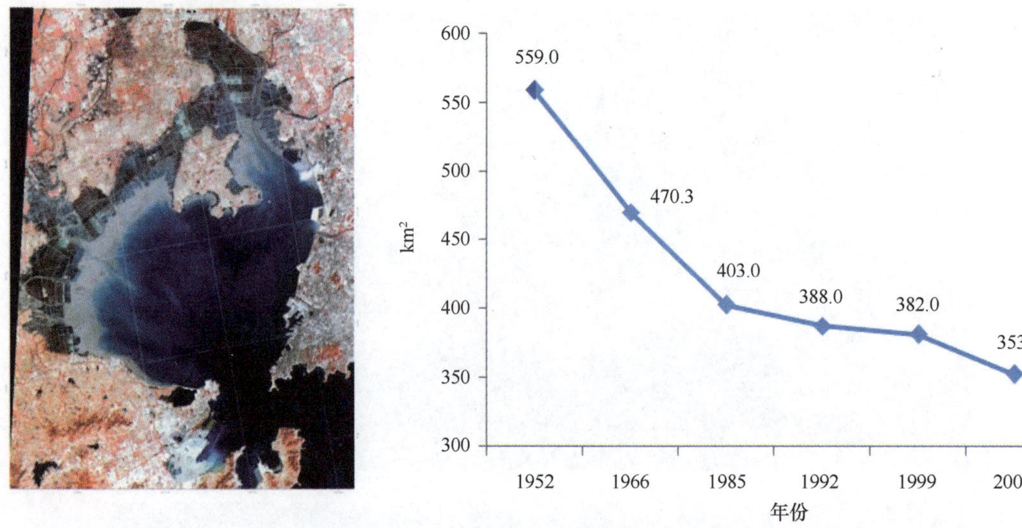

图 5.11 1952—1999 年胶州湾面积的变化

数据来源：山东海情李乃胜等，2006；卫星影像时间为 2003 年

稳定，调查生物种类数呈递增趋势。70—80 年代调查生物种类数量显著下降为 30 ~ 17 种。90 年代至今因大规模填海造地，如建设青黄高速公路等设施，潮间带滩面基本消失，生物种类遭到毁灭性破坏（表 5.9）。

表 5.9 胶州湾沧口潮间带生物种数的历年变化

类别	1935—1936 年	1947 年	1950 年	1957 年	1963—1964 年	1974—1975 年	1980—1981 年
腔肠动物	1		3		2	1	1
多毛类	4	1	9	12	41	3	2
软体动物	14	11	20	18	40	11	10
甲壳类	12	6	11	28	52	13	4
腕足类	1	2	1	1	1		
棘皮动物	1	2	4	2	3	1	
原索动物	1		6	2	2	1	
总计	34	22	54	63	141	30	17

数据来源：吴耀泉，1999。

5.2.2.3 河口水利工程

入海河流的河口段主要由径流和潮流相互作用，咸水和淡水混合控制。在河口区修建水利工程是根据排洪、航运、灌溉、围垦的需要，采用整治、疏浚和其他措施改造河流入海段的基本建设项目，主要包括疏浚挖槽、水道整治、筑闸挡潮等方案和设施。

黄海沿岸为了防止海潮逆河入侵，在多处入海河口处修建了挡潮闸。筑闸挡潮工程江苏数量多，规模大，是黄海区域该类工程的代表（图 5.12）。该省近千千米的海岸线，约有大小 100 条河流入海，平均每 10 千米就有一条海水道。自 20 世纪 50 年代兴建挡潮闸以来，入海口门除灌河、龙王河外，均已建闸，其中，流量在 100 m^3/s 以上的有 58 座。

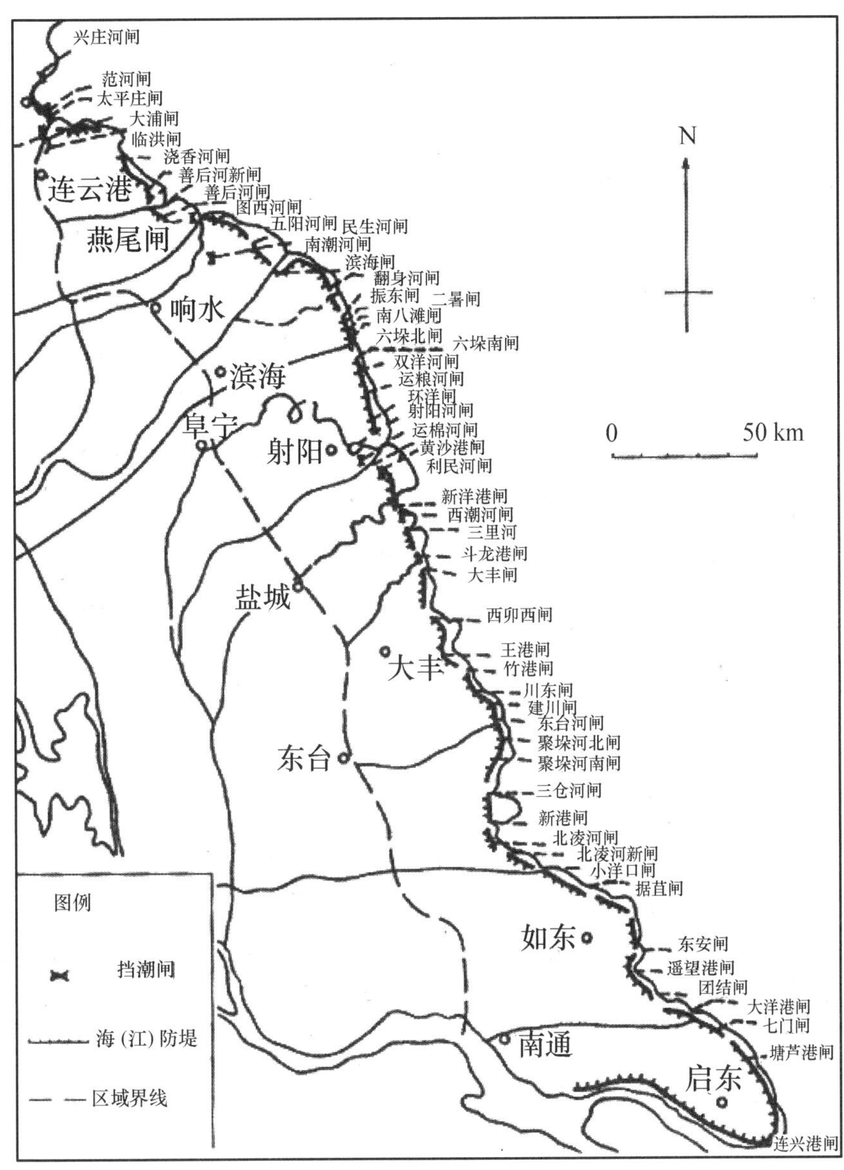

图5.12 江苏沿海主要挡潮闸和海堤（引自薛鸿超，2003）

5.2.2.4 海岸防护工程

海岸防护工程是保护沿海城镇、工业、农田、盐场和岸滩，防止风暴潮的泛滥淹没，抵御波浪与水流的侵蚀与冲刷的各种工程设施，主要包括海堤、护岸和保滩工程。南黄海江苏沿岸90.5%的海岸为粉砂淤泥质海岸，在该岸段修建的海堤是典型的海岸防护工程。海堤北起赣榆县绣针河口，南至长江口启东嘴，全长703.9 km。目前堤顶宽8 m左右，高5.5 ~ 9.0 m，超过实测高潮水位1.5 ~2.0 m（图5.12）。

5.2.3 海洋资源开发

渔业活动是黄海区海洋资源开发的主要形式，也是影响海洋生态系统的重要人为因素。该区域主要的渔业活动包括两大部分：海洋捕捞和海水养殖。

图5.13显示了1979—2005年黄海海洋捕捞和海水养殖的产量变化。1979—1997年，黄

海的捕捞产量和养殖产量大体保持同一增长趋势。1998 年之后，黄海海域的捕捞产量基本维持在每年 320×10^4 t 左右，但海水养殖产量却平均每年增加 36×10^4 t。2005 年，黄海的养殖产量接近捕捞产量的 2 倍。

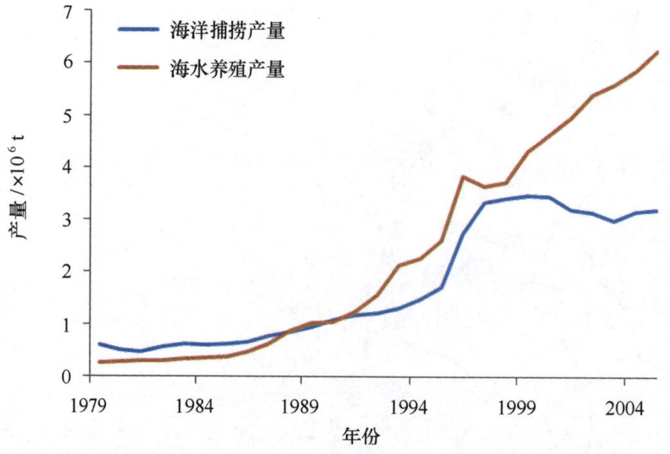

图 5.13　黄海 1979—2005 年海洋捕捞和海水养殖产量变化

分析这一现象的原因，我们还需要结合图 5.14。1979—1999 年，黄海的渔获量基本上是随着海洋机动渔船的拥有量增长而增长的。1999 年之后，虽然机动渔船的拥有量继续保持增长，但黄海的渔获量却出现了下降。这就明显地表明：黄海海洋生态系统已无法支撑过量的捕捞能力。

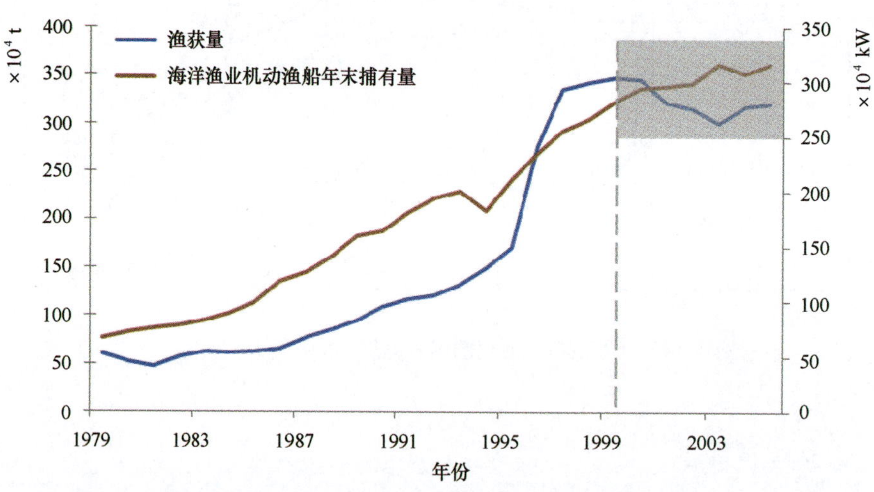

图 5.14　黄海的渔获量与黄海沿岸三省海洋渔业机动渔船年末拥有量的关系

过度捕捞就是 1998 年后黄海捕捞产量没有明显增长的原因。但过度捕捞对黄海海洋生态系统造成的影响却远远早于 1998 年。不同历史时期的底拖网调查结果表明：黄海渔业资源趋向于小型化、低值化。图 5.15 显示，20 世纪 50—60 年代，黄海的底层渔获种类以小黄鱼、大黄鱼、带鱼、鲆鲽类和鲷类等优质鱼类为主，蓝点马鲛和中国对虾也是主要的捕捞对象。70 年代以后，这些优质渔获物的渔获量明显下降，有的种类几乎在渔获物中消失。1986 年，小黄鱼从主要渔获物的名单中消失，而鳀鱼则以 57% 占据主要渔获物之首。至 1998 年，这一状况仍没有大的改观。

相对于海洋捕捞面临的问题，海水养殖业在黄海渔业开发活动中异军突起。黄海沿岸的

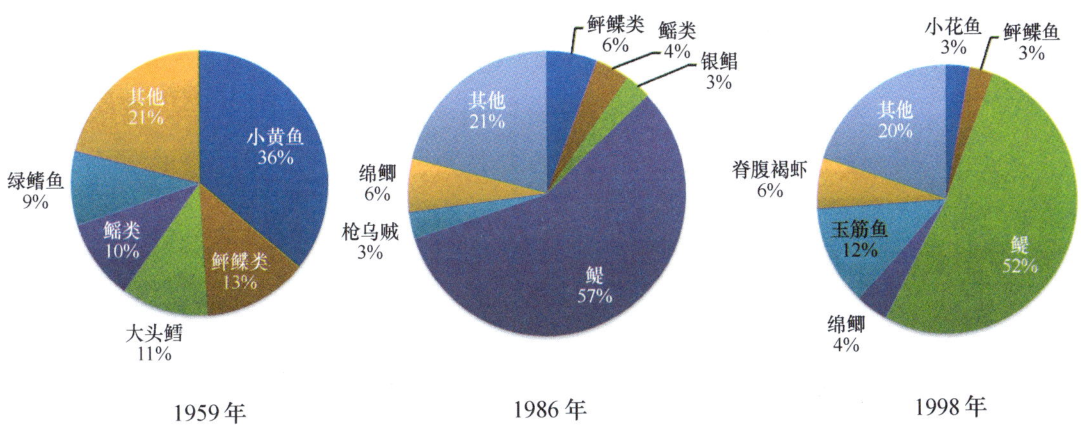

图5.15　1959年、1986年、1998年黄海海洋捕捞的渔获物组成（金显仕，2005）

养殖品种以贝类和藻类为主。贝类主要包括牡蛎、蛤、扇贝、贻贝和蛏等，以筏式养殖和底播养殖为主（图5.16）；藻类的养殖品种主要包括海带和紫菜，多采用筏架养殖（图5.17）。

图5.16　贝类的筏式养殖（桑沟湾）

1958年，黄海沿岸三省（辽宁、山东、江苏）的海水养殖产量为7 704 t，仅占当年全国海水养殖总量的9.17%。从1972年到1996年，黄海沿岸三省的海水养殖产量一直保持占全国50%以上。其中，1976年的产量占当年全国海水养殖总量的69.58%。从1997—2006年，黄海的养殖产量占全国的比例一直维持在45%左右，2006年为45.41%，当年产量为6.57×10^6 t。

海水养殖活动在为人们提供大量海产品的同时，也对黄海海洋生态系统造成影响。黄海的桑沟湾海域是典型的养殖密集区。大面积的贝类养殖所产生的生物沉降作用加速了该湾内水体的营养盐循环，将大量的悬浮物搬运到底层。通过实测数据估计，整个海湾贝类年产粪便将近4×10^4 t。这一过程使得湾内养殖水体具备了营养物滞留机制，减少了养殖区内营养元素的外移。同时，大面积的养殖筏架，降低了海湾的潮流速度。实测数据显示，养殖以后的潮流速度比养殖前减小了35%～40%，从而减缓了海湾内外海水的交换，并加速了颗粒物的沉降。

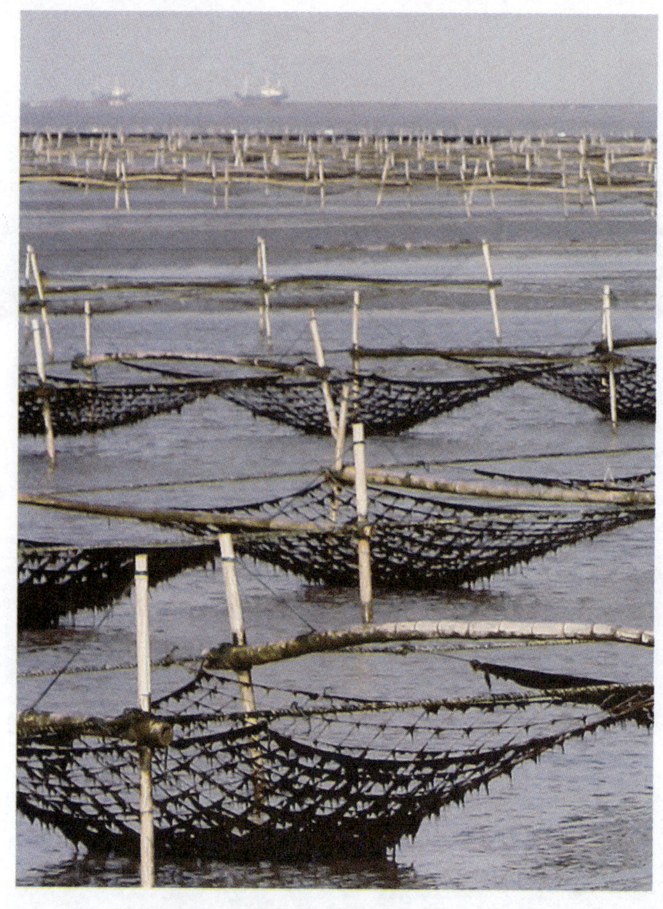

图 5.17 紫菜的筏架养殖（如东）

生物沉降使养殖也影响了海湾的物种多样性。1989—1990 年的调查数据显示，桑沟湾养殖后，底栖动物种类数为 59 种，比养殖前的 215 种少了 156 种，其中，多毛类生物量的比例大幅上升，软体动物则大大下降。

同时，养殖也影响着海湾的初级生产。孙耀等研究表明，水产养殖状况的分布已成为桑沟湾初级生产力的制约因素。在养殖期间，该海域的扇贝养殖区初级生产力 > 扇贝海带混养区 > 湾外非养殖区 > 海带养殖区。养殖的季节性也增大了湾内初级生产力的变化幅度。

第6章 黄海环境污染和生态受损状况

6.1 生物栖息环境（生境）质量状况及评价

6.1.1 生物生境多样性

生物生境，又称生物栖息地，是指生物的个体、种群或群落生活地域的环境，包括必需的生存条件和其他对生物起作用的生态因素。海洋作为一个连续的生物栖息环境，跨越较为广阔的经纬度，受各种因素影响较大，使其生境情况较为复杂。而对于自由运动的海洋生物，温度、盐度和深度是主要的阻碍。各类海洋生物为了能在不同生境中栖息，形成了适应特定环境的习性，从而形成了丰富的生物多样性。目前，从海洋学和环境生态学角度看，海洋生物生境基本上可分为水层生境和沉积物生境两个不同的环境区域。

黄海是太平洋西部的边缘海，为半封闭大陆架浅海，平均水深 44 m，最大水深 140 m，其直接入海河流主要有鸭绿江、大洋河、登沙河、临洪河等，海水低温、低盐、高含沙量，呈浅黄色，温度和盐度地区差异显著，季节变化和日变化较大，海水质量受陆源等污染源的影响，具有明显的陆缘海特性。由于经纬跨度大，栖息于此区域的生物种类繁多，数量巨大，生物多样性丰富，对各种人为因素的反应较敏感。

黄海底质南北分布特点不同，也对生境多样性有重要影响。黄海的沉积环境以细砂为主。北部底质分布不规则，其东部分布有细砂和粗粉砂，向西变细，并被黏土质软泥所代替。南部底质呈规则的带状分布，除近岸带和河口处分布着细粒的粉砂质黏土软泥和黏土质软泥外，沉积物颗粒都随离岸的远近由粗到细规则变化，平行于岸线呈南北向的带状分布。黄海的海底地貌以宽阔的大陆架为其特点，由于一些海底潮流脊，形成环陆的岛屿、水下三角洲及一系列的小岩礁，造就了黄海具有丰富的生物生境多样性，同时为生物的多样性提供了基础。栖息于此的底栖生物种类很多，生态类型复杂，其群落组成结构及其变化与黄海的沉积基质、质量以及沉积作用之间都有着极其密切的相互关系。

海洋面积辽阔，容水量巨大，很长一段时间被认为是地球上最稳定的生态系统，具有较强的纳污与净化能力，但随着人口密集的增加和世界工业的发展，大量的废水和固体废物被排入海洋，使局部海域环境发生巨大变化，造成海洋污染日益严重，海洋生物生存面临巨大威胁，一些物种灭绝或濒临灭绝。

6.1.2 黄海海水环境质量状况

海水是海洋环境的主体，也是大多数海洋生物的栖息场所。通过不同途径进入海洋的污染物首先在海水中扩散，然后一部分沉积于海底，另一部分被海洋生物吸收，在食物链中传递，进而影响人体。

随着人类对生存环境的不断认识与重视，人类已经意识到一些工业、生活行为严重影响到其生存环境，各国政府通过颁布各项法令、签署各项环保条约，共同保护我们生存的空间。在此基础上，我国也加强了对陆地和海洋的环境监管力度，在很大程度上控制了污染物的入海排放量。但黄海是一个半封闭的海洋，沿岸大约有60条河流注入，主要有鸭绿江、大洋河、大沽河等，其中，鸭绿江最大，这些河流均是黄海主要的陆源污染源。此外，黄海沿岸城市中具有众多的优良港口和养殖区，大量船只的游弋、偶然事故造成的溢油以及过度养殖等问题的存在，也对黄海造成巨大的污染压力，尤其是一些沿岸的工业、生活污染也对水体产生了较大的影响。

综观我国自20世纪70年代到现在的国家海洋环境质量报告，我国近岸海域水质主要污染物是无机氮、无机磷和石油烃。表6.1监测结果显示，黄海受污染海域面积在逐年扩大。2001年，我国黄海受污染的海域面积为31 120 km^2，其中，严重污染为1 260 km^2；2006年，总污染海域为43 430 km^2，其中，严重污染达到9 230 km^2。但自2007年以来，在各方部门的协作与监管下，黄海受污染海区开始得以修复和控制，受污染面积开始逐年降低，尤其是严重污染海域的情况有了较大的好转。其中，2008年的中国海洋环境质量公报显示，黄海的污染海域已降至12 030 km^2，其中，严重污染面积为2 550 km^2，严重污染海区主要集中在胶州湾、大连湾、海州湾、江苏洋口和启东近岸，主要污染物为无机氮、石油类和活性磷酸盐。2009年，海洋环境质量公报指出，黄海严重污染海区面积降到2 150 km^2，严重污染海域范围也逐渐减少，主要集中在大连湾和江苏沿岸，主要污染物为无机氮、活性磷酸盐和石油类。

表6.1　黄海海域历年污染面积　　单位：km^2

年 度	较清洁	轻度污染	中度污染	严重污染	合计
2001	28 110	1 160	590	1 260	31 120
2002	27 110	560	—	—	27 670
2003	14 440	5 700	3 520	3 200	26 860
2004	15 600	12 900	11 310	8 080	47 890
2005	21 880	13 870	4 040	3 150	42 940
2006	17 300	12 060	4 840	9 230	43 430
2007	9 150	12 380	3 790	2 970	28 290
2008	11 630	6 720	2 760	2 550	23 660
2009	11 250	7 930	5 160	2 150	26 490
清洁海域	符合国家海水水质标准中一类海水水质的海域，适用于海洋渔业水域、海上自然保护区、珍稀濒危海洋生物保护区				
较清洁海域	符合国家海水水质标准中二类海水水质的海域，适用于水产养殖区、海水浴场、人体直接接触海水的海上运动或娱乐区以及与人类食用直接有关的工业用水区				
轻度污染海域	符合国家海水水质标准中三类海水水质的海域，适用于一般工业用水区				
中度污染海域	符合国家海水水质标准中四类海水水质的海域，仅适用于海洋港口水域和海洋开发作业区				
严重污染海域	劣于国家海水水质标准中四类海水水质的海域				

6.1.2.1 营养盐

海水中的各类营养物质是海洋动植物生长繁殖的必要元素，适合的营养盐浓度有利于海洋初级生产力的提高，有利于海洋生物间的动态平衡；而过量的营养盐会导致水体的富营养化，破坏生物的生长繁殖和生态环境。无机氮是重要的营养盐，是整个海洋生态系统的重要物质基础，但过高的无机氮又会使海域呈现富营养化，导致浮游动物等繁殖蔓延，发生赤潮，破坏平衡。

1986—1997 年无机氮的监测结果可以看出，黄海近岸海域无机氮含量 11 年来呈上升趋势。1986 年黄海沿岸无机氮平均浓度为 65.31 mg/L，1997 年无机氮平均浓度为 196.03 mg/L，增长率为 300%。第二次黄海基线调查的监测结果显示，黄海海水中无机氮的平均值为 356 mg/L，超标率为 56.17%，呈逐年升高的趋势。黄海海域无机氮浓度主要受硝酸盐的影响，其分布基本呈近岸明显高于外海，5 月份高于 9 月份的趋势，黄海沿岸三省无机氮平均浓度以江苏省最高、山东省次之。“908”项目对山东沿岸的监测表明，无机氮的均值为 79.20 mg/L，较第二次黄海基线调查有很大幅度的降低，好于国家规定的无机氮一类水质标准，表明无机氮污染得到了一定的缓和。

总磷的污染程度较无机氮轻，但总磷仍然是目前造成黄海海域富营养化的重要因素。海水中总磷的平均值在 90 年代一直表现为逐年升高，1986 年黄海沿岸总磷平均浓度为 5.08 μg/L，1997 年为 20.37 μg/L，增长了 3 倍；第二次黄海基线调查时，总磷的平均值达到 44 μg/L，黄海海域总磷浓度分布基本呈近岸高于外海，5 月高于 9 月的趋势；黄海海域三省沿岸总磷浓度的高低顺序为江苏省、山东省、辽宁省。总磷的污染情况近年来也有所好转，“908”项目对山东近岸的调查结果表明，该区域的总磷平均值为 21μg/L，污染已被基本控制。

6.1.2.2 有机物污染

由于有机污染物的成分多样、测定方法复杂，一般用化学耗氧量和溶解氧来表示有机物的含量。由历年的黄海海水中化学耗氧量的含量均值变化（见表 6.2），表明黄海海水中化学耗氧量的含量普遍较低，有机污染较轻，但化学耗氧量仍有逐年上升的趋势，且高值区范围不断扩大，2007 年化学耗氧量均值为 1.3 mg/L，好于一类水质标准。

表 6.2 黄海沿岸历年各污染物平均浓度汇总

时间	无机氮 (mg/L)	总磷 (μg/L)	油类 /mg/L	溶解氧 /mg/L	化学需氧量 /mg/L	汞 /μg/L	铜 /μg/L	铅 /μg/L	镉 /μg/L
1979—1981 年	0.118	—	0.066	8.64	0.94	0.02	—	1.9	—
1986 年	65.31	5.08	0.03	8.35	0.68	—	—	20	0.08
1987 年	49.38	6.39	0.016	8.43	0.72	0.055	—	8.52	0.04
1988 年	3.27	0.16	0.031	8.58	0.84	0.022	—	12.023	0.494
1992 年	92.7	13.82	0.03	—	—	—	—	—	—
1993 年	103	15	0.06	8.18	0.94	0.13	2.09	1.41	0.14
1994 年	138	11	0.04	7.71	0.4	0.02	1.41	1.11	0.11
1995 年	159.72	16.06	0.05	7.73	0.78	0.05	2.35	2.29	0.017
1996 年	231.01	17.32	0.07	8.06	1.14	0.05	2.13	1.06	0.15

续表 6.2

时间	无机氮（mg/L）	总磷（μg/L）	油类/mg/L	溶解氧/mg/L	化学需氧量/mg/L	汞/μg/L	铜/μg/L	铅/μg/L	镉/μg/L
1997 年	196.03	20.37	0.05	7.26	0.89	0.04	1.98	2.54	0.23
第二次黄海基线调查	356	44	0.065	8.58	0.88	0.030 4	—	3.35	0.101
“908”山东近岸	79.20	21	0.031 7	9.9	—	0.003	1.6	0.34	0.21

黄海溶解氧的历年监测结果也表明，该区域的有机污染较轻，近30年来溶解氧均值的浮动都不大，一直保持在国家要求的一类水质以上，“908”检测的山东近岸溶解氧均值为9.9 mg/L，明显好于一类水质标准。

但是我们仍应注意到，一些近岸河口和港湾的化学耗氧量和溶解氧浓度很高，如排入青岛地区和烟台地区的主要河流河口区的化学耗氧量平均值高达200 mg/L。因此，虽然目前水质状况良好，但近岸海域，尤其是重要港湾有机污染问题不容忽视。

6.1.2.3 pH 值

自20世纪80代至今，南黄海海域pH值总体呈现降低的趋势，在季节变化上，高pH值季节由秋、冬季演变为春季，低pH值季节没有发生变化，均为夏季。80年代秋、冬季的pH值最高，而春、夏季相对较低；“908”调查结果中，春季pH值为一年中最高，而夏季最低，秋、冬两季居中。

在山东近岸黄海海域水平分布上，80年代pH高值为8.2，低值为8.1；而“908”调查的峰值区分布也是比较分散，pH高值为8.1，低值为8.0。因此山东半岛黄海海域的pH总体平面分布的历史演变规律不是很明显，但是峰值区的分布变化比较明显，原先的高值区除烟台附近海域外均已发生改变，而低值区也是仅有荣成湾和乳山湾附近与历史资料保持一致。

6.1.2.4 *石油类污染*

石油是一种组成和结构都十分复杂的物质，在精炼过程中可分馏出多种产品，对海洋造成污染的主要是原油、各种燃料油和润滑油，它们是海洋中最普遍和最容易观察到的污染物质。

石油一直是我国近海的主要污染物之一，其特点是污染普遍，局部严重。海上船只排污泄露和陆源排污是近海油类污染的重要原因。由表6.2可以看出，黄海水体中的石油浓度基本表现为逐年升高，1996年的石油污染均值达到0.07 mg/L，超过了国家的二类水质标准。黄海水域中主要的石油污染区有大连湾、胶州湾和海州湾。根据第二次基线调查，1998年5月，海州湾最大值达1.696 mg/L，平均值为0.41 mg/L，属于海水水质中的第四类；9月份，油类最大值则出现在胶州湾，达0.567 mg/L，超出了国家规定的第四类水质的含量标准。

国家海洋局发布的2005年至2007年的监测结果显示，黄海三省近岸油类浓度的高低顺序一般为辽宁省、江苏省、山东省，引起石油高污染的主要原因，可能是海区内的石油开采以及一些大的港湾船只的排放或偶然的溢油事件。黄海内并无较大的石油开采平台，因此较渤海等海区，石油污染相对较低，同时在近年国家海洋系统的监管下，石油污染有下降的趋势。“908”对黄海部分的山东近岸的监测显示，2008年水体中石油污染浓度平均值为

0.032 mg/L，好于一类水质标准。表明黄海海域水质中石油污染情况得以好转，污染水平逐年下降，石油污染得到初步控制。

6.1.2.5 重金属

海洋是陆源污染物的最终收纳区域。重金属污染特点主要有：天然水中的微量重金属就可产生毒性效应；生物体对重金属有富集作用；某些重金属在一些生物或微生物的作用下，毒性有放大趋势，等等。重金属的主要污染源为工业污染、矿山污水和废水以及被污染的大气。工业污水和矿山废水多通过河流直接或间接排入海洋，因此，近岸海区，特别是工矿企业集中的海湾和河口区域，重金属的污染较为严重。重金属含量的变化直接反映了一个地区或水域的环境质量，是目前环境评价中的一个重要指标。我国对重金属的监测主要集中在对汞、铜、铅、隔的测定上。

铅在自然界多数以硫化物和氧化物存在，仅少数为金属状态，在水中不易溶解，岩石的风化、人类的生产活动，使铅不断由岩石向大气、水、土壤、生物转运，使人类的生存环境含铅量增高。20世纪80年代全球铅年产量为$340\times10^4\sim400\times10^4$ t，其中，50%可循环利用，剩下一半则以不均匀形式进入环境中。水体铅的暴露途径可来自土壤、岩石、飘尘和机动车的废气，包括土壤径流、大气远程传输及沉降等过程使铅进入水体环境。

汞是各种金属元素中毒性较高的元素之一，它广泛分布于生物圈，构成对生物体的污染暴露。汞被广泛应用于氯碱工业，塑料工业，电器工业、油漆工业以及农药、造纸和医疗卫生等行业。汞通过挥发、溶解、甲基化、沉降、降水冲洗迁移等过程，在大气、水体和土壤间，不断进行着交换和转移。各种工业排放的含汞废水成为水体中汞污染暴露的主要途径与来源。

镉属于积蓄毒性元素，引起慢性中毒的潜伏期可达10~30年之久。镉也是一种稀有分散元素，在微量水平广泛地分布于各环境介质中。一般说，环境中镉的暴露来源包括天然暴露来源和人为暴露来源。矿石和矿物中的镉是镉的天然暴露来源；而电镀、燃料、塑料稳定剂，镍镉电池工业、电视显像管制造中隔的广泛使用，这些生产过程是镉的人为暴露来源。进入环境中的镉可在大气、土壤、水不同界面循环、迁移，导致镉对生物体更大范畴的污染暴露。

黄海海域近岸的重金属污染总体上不高，自1979年至今基本变化不是很大，不属于黄海的主要污染问题。从表6.2的数据显示，山东近岸黄海海域的汞均值含量除1993年、1995年和1996年含量高于0.05 μg/L以上外，处于国家二类海水水质标准，其他时期均低于0.05 μg/L，达到国家一类海水水质标准。“908”调查中山东近岸黄海海域水体中汞含量为0.003 μg/L，含量远低于国家的一类水质标准；铜的均值含量在1.6~2.35 μg/L之间，整体较为平稳，早期我国并未将铜列入监测范围，从1993年开始对铜进行监测；铅作为一种对人体毒性作用极大地重金属，20世纪80年代末至90年代初和90年代初之后，前期铅的含量是后期的7倍左右，浓度水平仅达到国家三类海水水质标准，1988年甚至仅为国家四类海水水质标准，1993年之后，铅的含量显著降低，浓度水平仅为国家二类海水水质标准，其他年份均值含量维持在一个较低的水平，好于我国对一类水质的要求；黄海近岸镉的均值含量在0.04~0.494 μg/L之间。在20世纪80年代后期，镉的含量有一个比较高的时期，进入90年代后，镉的含量虽然有所降低，但是还是高于80年代，而2006—2007年调查得到的镉的含量在这段时期中处于中等水平。此次“908”调查结果表明水体中隔含量好于我国一类水质标准。可见，我国近岸水体中的重金属含量总体水平不高，好于国家一类水质的要求，表明重金属目前还不是黄海的主要污染物。但是我们也应该看到，重金属的含量也有逐步升高的趋势，主要原因可能是近岸一些工业废水等排入量逐年增加。据报道，一些海湾、河口等的重金属含量也出现超标的现象，因此我们仍应通过一些行政政策等限制各类污染物的排入量，做到防患于未然。

6.1.3 黄海沉积环境质量状况及评估

从各种途径进入黄海海域的污染物质，在迁移过程中不断发生各种物理、化学的变化。某些污染物直接溶于水并随水迁移、扩散，某些污染物质（如重金属和非粒子性有机物）通过吸附、沉淀等过程迅速转入沉积物，某些难溶性化合物（如 PCB、DDT）则通过絮凝等过程与水体分离，最后亦沉淀于海底沉积物中，因而底质中的重金属和难溶性有机物的含量常比海水高几个数量级。同时，近岸海域由于长期受陆源污染物和渔业养殖废水的影响，海底沉积物中的污染物含量和污染程度远比外海区高，其水平分布是从排污口、河口或潮间带向浅海逐渐减少。

近年的国家海洋环境公报表明，近海和外海沉积物质量总体良好，综合潜在生态风险低。辽宁省，2005 年沉积物质量总体良好，综合潜在生态风险低，大连湾海域沉积物受到石油类的污染；2007 年沉积物质量总体一般，综合潜在生态风险中等，大连近岸海域沉积物普遍受到石油类和滴滴涕的污染，局部海域石油类污染严重；2008 年沉积物质量总体良好，综合潜在生态风险低，大连近岸海域个别站位石油类污染严重。江苏省，沉积物质量总体良好，综合潜在生态风险较低，2005 年苏北浅滩海域沉积物受到镉的污染；2006 年南通近岸海域沉积物受到多氯联苯的污染；2007 年近岸局部海域沉积物受到汞的污染；2008 年苏北浅滩近岸海域沉积物普遍受到多氯联苯的轻微污染，局部海域受到汞的轻微污染，个别站位受到石油类和铜的轻微污染；近岸海域沉积物质量状况良好。山东省，沉积物质量历年总体良好，综合潜在生态风险低，其中烟台至威海近岸、青岛近岸和苏北近岸海域沉积物质量状况良好。总体而言，黄海北部近岸沉积物质量状况较差，主要污染物为石油类和滴滴涕，南部近岸略好。

“908”调查表明，我们以黄海海域青岛近海海域沉积物为例，总氮平均值为 499.8×10^{-6}，超标率为 30.43%；总磷平均值为 240.5×10^{-6}，超标率为 0%；沉积物中油类平均值为 20.98×10^{-6}，超标率为 0%；沉积物中硫化物平均值为 12.67×10^{-6}，超标率为 0%；沉积物中重金属砷平均值为 9.51×10^{-6}，重金属汞平均值为 0.066×10^{-6}，重金属铜平均值为 12.21×10^{-6}，重金属铅平均值为 32.88×10^{-6}，重金属镉平均值为 0.191×10^{-6}，重金属锌平均值为 55.7×10^{-6}，重金属总铬 41.79×10^{-6}，重金属超标率均为 0%，好于国家对沉积物要求的一类标准。表明青岛近海海域沉积物质量状况总体良好，沉积物污染的综合潜在生态风险较低。

6.2 黄海生物生态环境质量分析及评价

6.2.1 黄海生物质量状况及评价

6.2.1.1 黄海近岸生物体内污染物含量分析

不同动物类群重金属含量存在一定差异，比如以沉积物为主要饵料的杂食性底栖动物体内重金属含量大于鱼类，其原因可能是由于陆地径流排入海洋的重金属在河口浅海区大量沉积于淤泥中，由于动物本身的特性以及重金属的梨花状态，使底栖生物具有选择摄取重金属的能力，重金属通过复杂的食物链再被鱼类富集，因此近岸生物污染物含量水平分析对某一海区污染情况有着重要的指示作用。

根据国家国家海洋质量公报显示，我国贻贝监测计划在近年稳步推进。监测范围覆盖了我国近岸海域，监测的贝类品种主要有菲律宾蛤仔、蓝蛤、文蛤、四角蛤蜊、泥螺、紫贻贝、翡翠贻贝、毛蚶、缢蛏、僧帽牡蛎、近江牡蛎、栉孔扇贝、泥蚶和香螺等。监测结果显示，我国近岸海域部分贝类体内的铅、镉和砷等污染物的残留量较高，并存在超标现象，部分地点贝类体内石油烃和滴滴涕的残留量超标。表明上述海域环境受到铅的轻微污染，局部海域环境受到镉、砷、石油烃和滴滴涕（DDT）等的污染。多年监测结果显示，我国近岸海域贝类体内的滴滴涕、铅、砷、镉和石油烃的残留水平总体呈下降趋势，尤以滴滴涕的下降幅度显著。根据表 6.3，1997—2007 年，黄海近岸海域贝类体内的石油烃、镉、铅、砷、滴滴涕均呈现逐年降低的趋势，而总 Hg、PCBs 则有轻微上升的表现。

表 6.3　1997—2007 年黄海近岸海域贝类体内污染物的残留水平变化趋势

海　域	石油烃	总Hg	Cd	Pb	As	DDT	PCBs
大连近岸	↘（显著降低）	↗（升高）	+（轻微升高）	+（轻微升高）	↗（升高）	+（轻微升高）	
烟台威海	⇔（基本不变）	↘（显著降低）	⇔（基本不变）	·（轻微降低）	↘（显著降低）	↘（显著降低）	+（轻微升高）
青岛近岸	↘（显著降低）	+（轻微升高）	↘（显著降低）	↘（显著降低）	↘（显著降低）	↗（升高）	+（轻微升高）
苏北浅滩	⇔（基本不变）	+（轻微升高）	↘（显著降低）	↘（显著降低）	↘（显著降低）	⇔（基本不变）	+（轻微升高）
南通近岸	⇔（基本不变）	+（轻微升高）	↘（显著降低）	↘（显著降低）	↘（显著降低）	↘（降低）	⇔（基本不变）

↗ 显著升高	↗ 升高	+ 轻微升高	⇔ 基本不变
· 轻微降低	↘ 降低	↘ 显著降低	数据年限不够

注：数据来源于 2007 年中国海洋环境质量公报。

根据第二次黄海基线调查，黄海近岸和外海海洋生物的石油烃检出率均为 100%，其中，近岸石油烃平均值为 19.45 mg/L，外海平均值为 7.06 mg/L；黄海近岸的重金属均值含量汞为 0.012 μg/L，镉为 0.584 μg/L，铅为 0.107 μg/L，砷为 0.408 μg/L，外海的重金属均值含量汞为 0.019 μg/L，镉为 0.084 μg/L，铅为 0.105 μg/L，砷为 0.409 μg/L；近岸海洋生物多环芳烃含量为 44.7×10^{-9} mg/L，肽酸脂类含量为 134.4×10^{-9} mg/L，外海的多环芳烃含量为 29×10^{-9} mg/L，肽酸脂类为 66.5×10^{-9} mg/L；各组数据对比可见，外海的海洋生物污染物含量一般低于近岸的含量。海洋生物体内污染物的含量主要与水体和沉积物中污染物的含量有直接关系，离岸远，生物污染情况相对较轻。

6.2.1.2　黄海经济生物质量评估及危害

海洋动物在海洋生态系统中分布广泛，活动范围大，数量多，在食物链中处于较高的位置，对水环境中发生的各种物理、化学和生物的变化反应十分灵敏。

浮游植物和浮游动物与介质接触的比表面积较大，污染物质吸附在动物的体表、腮和肠道，造成生物对污染物质的直接或间接吸收。污染物质一旦越过表皮细胞膜，就能进一步转运到其他器官和组织。如浮游植物和浮游动物与介质接触的比表面积较大，因而能很快摄取有害物质。而鱼类、无脊椎动物和大型藻类摄取水中污染物的速率通常比小生物低很多，一般是非线性的，分阶段摄取：初期的快速吸附（如体表吸附）和继之的慢性累积（如金属转入体内组织），摄取率一般是递减的，直到生物体内的元素与水环境中的含量达到动态平衡，并且有些物种体内污染物会远高于水环境中的含量，产生富集效应。

在生态系统中，食物链的各个环节为不同营养级，能量流动由低营养级向高营养级单方向流动，不能逆转。有资料表明，大多数污染物都有食物链传递现象，但只有少数污染物才有食物链放大作用。

重金属由于性质稳定，不易分解，脂溶性强，与蛋白质或酶有较高的亲和力，在环境中进行迁移时，一旦进入食物链，就可能由于生物浓缩和生物放大作用在生物体内蓄积。由于重金属在海洋生物体中富集并沿食物链传递，近岸水体的重金属生物污染问题是重要的研究方面。生物对重金属的行为有两方面：积累和释放。某些水生生物对水体中的重金属具有很强的富集能力，这些生物死后下沉引起沉积物中重金属的积累。

据1984年的海洋环境监测结果，鱼和软体动物体内铅和铜的含量分别增加了1倍到3倍，螃蟹等甲壳类动物体内的镉含量增加了2倍。1989年的监测结果表明，蛤蜊和牡蛎贝壳类动物体内的汞含量超过允许值的十多倍。根据第二次黄海基线调查表明，黄海海域生物体内石油类污染稍高，属于国家二类生物质量标准，其他均好于一类生物质量标准，表明黄海海洋生物体内污染物毒性正在逐步降低。“908”调查中，以青岛近岸底栖经济生物为例，秋季，青岛近海生物体内有害有毒物质残留量中，油类污染指数为0.929，超标率为45.45%；砷污染指数是0.396；汞污染指数为0.68；铜污染指数为0.116；铅污染指数为2.52；镉污染指数是2.157，超标率为70%，其中，ZD－QD239站测得值为2.177 mg/kg，属于国家生物质量三类标准；锌污染指数为1.199 5，超标率为50；总铬污染指数是1.3，表明经济贝类体内污染物含量总体较低，经济生物质量基本良好。

虽然近年来经济生物体内污染物含量水平有所降低，但是一些河口和海湾等近岸的海域站位，仍有高污染案例的出现，尤其是人类对鱼类、贝类等海洋经济生物的摄入量不断增加，使我们在肯定这些年工作成果的同时，仍然要加强监管力度与措施，为人们的身体健康提供保障。

6.2.2 黄海近岸生物要素水平及评价

6.2.2.1 初级生产力和叶绿素a

20世纪50年代，南黄海近岸海域叶绿素a含量的年平均值为0.72 mg/m^3，80年代调查的叶绿素a含量的年平均值为1.14 mg/m^3，“908”调查南黄海近岸海域叶绿素a含量的年平均值为2.77 mg/m^3。由此可见，南黄海近海海域的叶绿素a含量呈现不断升高的趋势。

80年代，南黄海近岸海域初级生产力年平均值约为231 mg/（m^2·d）（以碳计），“908”调查南黄海海域初级生产力年平均值为438 mg/（m^2·d）（以碳计）。由此可见，其初级生产力水平也呈升高的趋势。

6.2.2.2 浮游植物群落变化

20世纪50年代，南黄海海域浮游植物细胞丰度为$0.44\times10^3 \sim 12.21\times10^3$个/L，80年代浮游植物细胞丰度为$0.78\times10^3 \sim 18.48\times10^3$个/L，本次“908”调查中浮游植物细胞丰度为$1.32\times10^3 \sim 22.42\times10^3$个/L。由此可见，南黄海海域中浮游植物细胞丰度呈现不断上升的趋势。

从20世纪80年代至今，山东半岛黄海海域内浮游植物的种类也呈现增多的趋势。80年代，山东半岛黄海海域共检出浮游植物118种，其中，硅藻104种，甲藻11种，绿藻2种，金藻1种；本次“908”调查中共检出浮游植物161种，其中，硅藻124种，甲藻33种，金藻3种，蓝藻1种。其中，甲藻所占的比例有所上升。山东半岛黄海海域浮游植物的优势种也有比较明显的变化（见表6.4）。

表6.4 山东半岛黄海海域浮游植物优势种历史演变

调查时间	优势种
1950s	尖刺菱形藻、柔弱角毛藻、三角角藻、沟直链藻
1980s	尖刺菱形藻、具槽直链藻、丹麦细柱藻、斯氏根管藻、刚毛根管藻、中心圆筛藻、舟形藻
2006—2007	尖刺菱形藻、具槽直链藻、丹麦细柱藻、斯氏根管藻、菱形海线藻、柔弱根管藻、虹彩圆筛藻、新月菱形藻

本次“908”调查中，南黄海山东近岸海域春季浮游植物群落的生物多样性指数（H）平均值为2.79，均匀度指数（J）平均值为0.82，物种丰富度指数（d）均值为2.00；夏季浮游植物群落的生物多样性指数（H）均值为2.88，均匀度指数（J）均值为0.69，物种丰富度指数（d）平均值为2.37；秋季浮游植物群落的生物多样性指数（H）平均值为3.14，均匀度指数（J）平均值为0.80，物种丰富度指数（d）平均值为2.38；冬季浮游植物群落的生物多样性指数（H）平均值为2.89，均匀度指数（J）平均值为0.85，物种丰富度指数平均值为1.87。

6.2.2.3 浮游动物群落变化

从20世纪80年代至今，山东半岛黄海南部海域内浮游动物的生物量呈现增多的趋势。80年代四个季度平均总生物量为176.8 mg/m^3，而四个季度平均总生物量为605.025 mg/m^3，生物量显著增加。80年代的调查中，三个航次的浮游动物丰度均值为1 202个/m^3，而本次“908”调查中该海域浮游动物的丰度均值为3 425个/m^3。浮游动物丰度有明显的提高。

在调查获得的种类上，80年代，山东半岛黄海海域共采到浮游动物77种和无脊椎动物的浮游幼体17类，而本次“908”调查中，共鉴定浮游动物126种，其中，原生动物3种，腔肠动物45种，枝角类2种，桡足类32种，涟虫类1种，端足类2种，十足类1种，软甲类3种，毛颚类1种，浮游被囊类3种，浮游幼虫33种，另外还有线虫类1种，浮游动物的种类有了明显的增多。山东半岛黄海海域浮游动物的优势种也有比较明显的变化（表6.5）。

表6.5 山东近海浮游动物优势种及丰度变化

调查时间	1950s		1980s		“908”调查	
	种	个/m^3	种	个/m^3	种	个/m^3
春季航次	强壮剑虫	—	强壮剑虫	44.2	强壮剑虫	79.9
			刺尾歪水蚤	103.1	小拟哲水蚤	1 930.4
	莫氏胸刺水蚤	—	中华哲水蚤	77.2	太平洋纺锤水蚤	1 560
			双刺纺锤水蚤	16.3	长腹剑水蚤	1 260.2
			真刺唇角水蚤	9.3		

续表 6.5

调查时间	1950s		1980s		本次调查	
	种	个/m^3	种	个/m^3	种	个/m^3
夏季航次	强壮剑虫	—	强壮剑虫	107.6	强壮剑虫	157.2
			真刺唇角水蚤	84	小拟哲水蚤	538.2
	双毛纺锤水蚤	—	中华哲水蚤	18.7	强额拟哲水蚤	943.4
			刺尾歪水蚤	10.1	长腹剑水蚤	386
					真刺唇角水蚤	30.8
秋季航次	强壮剑虫	—	强壮剑虫	20.7	强壮剑虫	26.5
			真刺唇角水蚤	51.1	小拟哲水蚤	182.5
	真刺唇角水蚤	—	太平洋纺锤水蚤	1.9	强额拟哲水蚤	103.3
					长腹剑水蚤	91.7

6.2.2.4 底栖动物群落变化

20 世纪 50 年代至 80 年代，山东半岛黄海南部海域的大型底栖生物的丰度呈下降趋势。从 80 年代至本次“908”调查，大型底栖生物的丰度又呈现上升的趋势，而生物量的变化趋势则较为复杂，没有明显规律；底栖生物种类数从 80 年代到“908”调查呈现出减的趋势；从 80 年代到“908”调查底栖生物优势种也表现出明显的变化（表 6.6）。

表 6.6 底栖生物群落优势种的变化情况

调查时间	多毛类	软体动物	甲壳类	棘皮动物
1950s	长吻沙蚕、海不倒翁和索沙蚕	扁玉螺、织纹螺、镜蛤、白樱蛤、拟泥螺、娥螺、薄甲蛏	水虱、等足类、蝶蠃蜚	心形海胆、蛇尾、棘锚海参
1980s	异足索沙蚕、锥唇吻沙蚕、无疣齿吻沙蚕	凸壳肌蛤、光滴形蛤、壳樱蛤、明樱蛤	端虫类、链虫	三种倍棘蛇尾，阳遂足、棘刺锚参、心形海胆、细雕刻肋海胆
2006—2007 年	深沟毛虫、寡鳃齿吻沙蚕、含糊拟刺虫、小头虫、不倒翁虫	竹蛏、银白壳蛞蝓、橄榄胡桃哈、微型小海螂	细长涟虫、绒毛细足蟹	细雕刻肋海胆、近辐蛇尾

6.3 黄海重要物种和栖息地受损状况

6.3.1 黄海重要物种

黄海属于典型的季风气候，四季温差明显，季风和环流影响显著。黄海海流是由太平洋黑潮暖流和沿岸流与季风漂流组成。黄海沿岸的海洋岛、烟威外海、石岛外海、胶州湾、海州湾以及吕泗外海均是比较重要的产卵场。但是近年来，由于污染等因素，一些重要的经济物种呈现出产量大幅下降的趋势。以青岛沿海为例，1963 年总共有 144 种海洋动物生活在这一海域，到了 1988 年，仅剩下 24 种，并且数量也大不如前。著名的大黄鱼、小黄鱼在市面上已很少见到就是证明。李新正等、毕洪生等，发现胶州湾的大型底栖生物在20世纪90年代初较80年代在种类和生物量方面有所减少，而从90年代中期开始又有所回升，且对菲律宾蛤仔等经济种的过度捕捞可潜在造成湾内底栖生物群落结构的演替和优势种的改变。刘瑞玉等（2001）对多年的平均捕获量研究显示，1981—1993年胶州湾大型无脊椎动物数量呈明显下降趋势，可见黄海的一些区域存在较严重的污染，破坏了生态环境。

此外，虽然我国沿海生物多样性丧失情况迄今尚无系统、全面的调查研究，但从一些报告中可以看出，潮间带、近岸海域生物多样性的减少情况相当严重。例如，青岛胶州湾沧口潮间带，在50年代约有150种生物。60年代以后因附近化工厂的建设和排污的影响，到70年代初该海滩生物种类大大减少，只采到30种，至80年代只有17种，大型底栖生物尚难发现。

黄海生物资源种类繁多，资源丰富，其中，本地种主要是多腮孔舌形虫、黄岛长吻虫、青岛文昌鱼和中华鲟。多腮孔舌形虫和青岛长吻虫均属于濒危生物。青岛文昌鱼属于脊索动物门，头索动物亚门，文昌鱼纲，文昌鱼目，文昌鱼科，文昌鱼属的鱼形动物，俗称双尖鱼或海矛等。青岛文昌鱼主要分布于胶州湾、大公岛等浅海区。文昌鱼是比鱼类低等的动物，其生理构造甚为奇特。它和一般鱼儿不同，没有鱼类常有的鳍，它的鳍只有一层皮膜，虽然也用腮呼吸，但腮却被皮肤和肌肉包裹起来，形成了特殊的围腮腔，它也没有鳞，没有分化的头、眼、耳、鼻等感觉器官，也没有专门的消化系统，只有一个能跳动的、内有无色血液的腹血管和一条承接口腔及肛门的直肠。因此，文昌鱼属无脊椎动物进化至脊椎动物的过渡类型，有人称之为“鱼类的祖先”，具有重要的生物学和进化论研究价值。根据“908”调查显示，沙子口文昌鱼的栖息密度峰值出现在秋季（表6.7），冬季次之，春夏两季较低，这与文昌鱼夏季繁殖的特性相符。但胶州湾群体在秋季仅略高于夏冬两季（表6.8），春季的栖息密度则远高于其他季节，导致此现象的原因尚待进一步分析。

表6.7 沙子口文昌鱼栖息密度、生物量和体长的季节变化

采样时间	栖息密度/（尾/m^2）	总生物量/g	生物量/（g/m^2）	平均体长/（mm ± SD）
春季（2007-05-23）	23.1	32.82	4.10	35.86 ± 0.99
夏季（2006-09-25）	23.8	127.21	2.54	36.79 ± 0.60
秋季（2007-11-12）	31.4	14.44	2.89	32.88 ± 1.41
冬季（2007-01-12）	28.5	38.86	2.43	32.67 ± 0.96

表6.8 胶州湾文昌鱼栖息密度、生物量和体长的季节变化

采样时间	栖息密度/（尾/m^2）	总生物量/g	生物量/（g/m^2）	平均体长/（mm ± SD）
春季（2007-05-27）	101.1	50.86	6.36	31.17 ± 1.16
夏季（2006-09-06）	23.0	28.16	1.41	31.33 ± 0.88
秋季（2007-11-12）	36.5	7.66	1.91	27.88 ± 1.47
冬季（2007-01-12）	19.2	27.35	1.09	29.50 ± 0.89

此外，斑海豹也是黄海的重要濒危物种，在分类上属于食肉目犬形亚目鳍足目（*Pinnipedia*），海豹科（*Phocidae*），斑海豹属（*Phoca Linnaeus*）。斑海豹为广食性，它的食物多样性主要取决于季节、海域及栖息环境，其中，栖息环境对食物的选择性影响较大。在黄海，斑海豹春季捕食鲱、玉筋鱼、小黄鱼等，秋冬季多以梭鱼为食。其他食物包括各种甲壳类、头

足类等海洋动物。近年来，由于斑海豹具有较高的经济价值，人们为了获取斑海豹的皮张和生殖器而大量捕杀，特别对幼仔的猎捕，使资源遭到严重破坏，数量急剧减少。1979 年下降到 2 267 头，从 1979 年到 1982 年稳定在 2 300 头，1990 年恢复到 4 500 头，此次“908”调查发现斑海豹数量有所回升。

黄海沿岸具有众多的优良养殖区，主要包括经济藻类、经济鱼虾贝类。黄海的生物区系属于北太平洋区东亚亚区，为暖温带性，其中，以温带种占优势，但也有一定数量的暖水种成分，在水团和洋流的影响下，成为我国重要的幼体繁殖场和饵料供应场，形成烟威、石岛、海州湾、连青石、吕泗和大沙等良好的渔场。黄海中游泳动物中鱼类占主要地位，共约 300 种，主要经济鱼类有小黄鱼、带鱼、鲐鱼、鲅鱼、黄姑鱼、鳓鱼、太平洋鲱鱼、鲳鱼、鳕鱼等。此外，还有金乌贼、枪乌贼等头足类和鲸类中的小鳁鲸、长须鲸和虎鲸。浮游生物中，以温带种占优势。其数量一年内出现春、秋两次高峰。海区东南部，夏、秋两季有热带种渗入，带有北太平洋暖温带区系和印度——西太平洋热带区系的双重性质，基本上以暖温带浮游生物为主，多为广温性低盐种，种数由北向南逐渐增多。最主要的浮游生物资源是中国毛虾、太平洋磷虾和海蜇等。在黄海沿岸浅水区，底栖动物在数量上占优势的主要是广温性低盐种，但在黄海冷水团所处的深水区域，则为以北方真蛇尾为代表的北温带冷水种群落所盘踞。因此，从整个海区来看，底栖动物区系具有较明显的暖温带特点。底栖动物资源十分丰富，可供食用的种类，最重要的是软体动物和甲壳类。经济贝类资源主要有牡蛎、贻贝、蚶、蛤、扇贝和鲍等。经济虾、蟹资源有对虾（中国对虾）、鹰爪虾、新对虾、褐虾和三疣梭子蟹。棘皮动物刺参的产量也较大。黄海的底栖植物可划分为东、西两部分，也以暖温带种为主。西部冬、春季出现个别亚寒带优势种；夏、秋季还出现一些热带性优势种。底栖植物资源主要是海带、紫菜和石花菜等，其中，黄海是我国最重要的海带养殖基地，全国大部分食用和出口的海带均产自黄海，是黄海各沿岸省市重要的养殖产业。

但是近年来由于养殖业的迅速发展，养殖面积不断扩大，盲目地扩大各类经济生物的放养密度，使养殖水体发生富营养化，导致某类浮游植物量短时间的急剧上升，特别是一些浮游植物排出毒素，干扰和危害了养殖对象的正常生理功能及生长，引起养殖生物的大量死亡，养殖经济效益有逐年降低的趋势，且一些经济物种自然生长能力退化，产量大幅度降低，有些甚至有消失的危险。

6.3.2 栖息地

栖息地即生物出现的环境空间范围，一般指生物居住的地方，或是生物生活的地理环境。生物栖息的生境影响其生长、发育和繁殖。生物为了满足自身个体或群体的生存目的，如觅食、迁移、繁殖或逃避敌害等，在可到达的生境中，寻找某一相对适宜的生境。随着人类活动对自然生态系统的干扰和人口数量的日趋增加对栖息地带来了直接的破坏，主要表现在栖息地面积丧失、栖息地的破碎化及栖息地的退化。

黄海是我国重要的幼体繁殖场，饵料场。黄海主要产卵场可划分为：烟威近海产卵场，乳山近海产卵场和海州湾产卵场等。“908”调查烟威近海产卵场面积约为 $1.02 \times 10^4\ km^2$，乳山近海产卵场面积约为 $1.02 \times 10^4\ km^2$，海州湾产卵场面积约为 $0.89 \times 10^4\ km^2$。产卵场主要有长距离洄游种类和短距离洄游种类，黄海的大多数渔业生物资源属于短距离洄游种类，包括鱼类、虾类和头足类，主要有青鳞小沙丁鱼、太平洋鲱、中国对虾等。其中，太平洋鲱、大头鳕、褐牙鲆等为冷温性种类，越冬场靠北，在黄海冷水团内。黄海沿岸共建有自然保护区41个，包括生态系统自然保护区7个、珍稀与濒危动植物自然保护区8个，历史遗迹自然保护区17个和典型海洋自然景观保护区9个。其中，鸭绿江滨海湿地保护区、江苏浅滩保护区为比较重要的两个保护区。

6.3.2.1 鸭绿江口滨海湿地保护区

鸭绿江口滨海湿地位于辽宁省东部东港市境内，东起中朝海域分界限，南临黄海，西与大连庄河接壤。整个湿地沿东港市境内的海岸线，从东向西呈带状分布。其主要生态环境为芦苇沼泽、碱蓬盐沼、潮滩盐沼（滩涂）和近海海域等生态类型。鸭绿江口滨海湿地共有低等植物55种，高等植物302种，其中，国家重点保护的濒危植物1种，为野大豆。经济价值较大的植物为芦苇。鸭绿江口滨海湿地共有低、高等动物625种，其中，鱼类265种，类属于38目107科197属，占辽宁省鱼类种数的82.6%，主要捕捞对象有35~40种；鸟类241种，其中，国家一级保护鸟类6种，它们是白鹳、黑鹳、金雕、白肩雕、丹顶鹤、白鹤，国家二级保护鸟类30种，中日两国共同保护的候鸟121种和世界濒危物种黑嘴鸥；浮游动物54种。无脊椎动物74种，其中，经济价值较高的种类有杂色蛤子、四角蛤蜊、文蛤、竹蛏、泥螺等；两栖类3种和哺乳类1种海豹。

80年代初芦苇面积为$0.82\times10^4\ hm^2$，1989年为$0.64\times10^4\ hm^2$，随着东港市新经济开发区建设，华能电厂建设和黄土坎至孤山公路建设，到1995年芦苇面积仅为$0.4\times10^4\ hm^2$，减少了51.2%。滩涂面积1968年为$3.28\times10^4\ hm^2$，目前为$2.42\times10^4\ hm^2$，减少了26.2%，并有继续减少的趋势，保护区内由多种多样的生境类型组成的自然湿地被改造为单一的稻田、虾田后，生境的多样性降低，依赖于湿地生存的生物种类将大大减少。

20世纪80到90年代，鸭绿江河口海域的污染物基本都是石油烃。据报道，1991年在该地区已出现过小范围赤潮，1994年由于海水污染严重而造成了对虾养殖、贝类养殖的严重减产。2001年到2005年的监测结果表明，该海域主要污染物——石油类和活性磷酸盐呈下降趋势，化学耗氧量和无机氮呈上升趋势，表明该海域的污染类型发生了变化。但鸭绿江河口和邻近海域水质均符合国家标准，具有一定的环境容量，分析原因可能是近年来丹东市区的许多重污染企业被关闭，向鸭绿江的排污量减少，污染情况得到控制。

工业的发展和人类的干扰、影响，目前造成鸭绿江口滨海湿地保护区核心范围的日趋缩小，珍稀、代表性种类及数量不断减少，生态环境类型减少，生物丰富度降低，自然生态系统变得更加脆弱。据算，目前鸭绿江口滨海湿地中现存的生物种类可能仅为原来的75%或更少。大面积的湿地尤其是芦苇田和滩涂的围垦给湿地的生态环境和生物多样性带来巨大的威胁。

6.3.2.2 苏北浅滩保护区

根据连云港市环境质量报告书（1991—1995）报道，海州湾海域在80年代末期开始出现赤潮，但赤潮覆盖面积较小，持续时间也短，对渔场和养殖业的破坏不大。此后发生渐多，特别是近年来，几乎每两年就有一次，多发生在夏季暴雨之后。2000年9月，连云港港口水域又发生严重赤潮，面积达30多平方千米，部分港口海域及西大堤附近水域均呈黄褐色，给赤潮发生区域的海洋环境带来了灾难性的破坏。可能的原因是，近岸海洋工程的建设及扩建工程改变了泥沙的运移路径和水动力条件，引起了近岸海域高悬浮泥沙和底质类型的改变，导致了冲淤变化，危及底栖生物的生境。此外，1991年，近岸环境质量公报指出，江苏省北部沿海区域，海水水质污染日趋严重，使该地区对虾养殖业遭受重大的损失，江苏省赣榆县沿岸仅对虾养殖损失近千万元。连云港市有关部门反映，海州湾近海海域大量鱼类死亡，海洋对虾捕捞量减少约三分之二。造成海水严重污染的原因，主要是沿岸一些工厂违反有关协议，在4月潮汛时继续排污。并且黄海中部渔场由于水质污染日趋严重，再加围海造田等，使一些鱼类的饲料来源和觅食区域缩小等原因，这里鱼的种类和数量大减，捕捞量降低。

6.3.2.3 黄海重要产卵场

渔业资源是一种可再生的资源，但必须是在适宜的产卵场、索饵场进行繁殖、育肥，才可以使其得到最大程度的繁衍生息和有效的补充。产卵场和索饵场的保护是渔业资源养护与修复的关键环节，是渔业经济可持续发展的重要基础。黄海产卵种类繁多，产卵期比较集中，资源发生量大，是我国重要的产卵场和索饵场的分布区，主要有烟威渔场、石岛至青岛沿岸、海州湾等。产卵、育肥的品种主要有蓝点马鲛、小黄鱼、带鱼、中国对虾、三疣梭子蟹等。

近年来，由于陆源污染物增加，水体富营养化、赤潮等生态灾害频繁发生，生态环境质量明显下降。同时，海洋工程等围海造田活动的频繁，对渔业资源栖息地的侵占，过度捕捞等都导致了渔业资源特性产生了适应性的改变，很多种类性成熟提前，死卵等明显增多，孵化率降低，渔业资源呈现衰退趋势。

根据陈昌海报道，玉筋鱼在黄海的3个产卵场：黄海北部产卵场、黄海西部产卵场及黄海东部产卵场面积均减小，产量下降，且区域内生殖力也较早年有所降低。1998年，山东省玉筋鱼产量为22.6×10^4 t，到2000年的49.6×10^4 t，已至极限。这种高强度、大规模的捕捞，导致亲体严重不足，资源衰退非常快。

可见，我们应采取各种保护措施，严格规定禁渔期和禁渔区，加强水质管理，保证水体及沉积环境健康，逐步恢复黄海渔业资源。

6.3.2.4 胶州湾生态系统质量及健康状况评估

胶州湾位于山东半岛的南岸，黄海之滨，是一个典型的温带半封闭型海湾。改革开放以来，随着青岛市经济的持续快速发展，胶州湾四周形成了高度密集的产业区。湾口西南方为黄岛油码头，是中国三大专用原油输出码头之一。工业化程度的提高，城市化进程的加快，人口的增长，港口开发，交通运输，旅游观光，居民生活等无一不对胶州湾产生频繁而深刻的影响。大量富含氮、磷及重金属的工业废水和城市污水被直接或间接排入胶州湾，导致胶州湾污染日趋加重，生态环境逐步退化，传统的渔业生物产卵场变迁甚至消失，天然渔业资源的下降甚至枯竭，养殖效益严重滑坡，病害严重。此外，由于经济发展需要，胶州湾近年来不断进行围填海工程，对湾内生态系统平衡造成了一定的影响。因此，长期以来，胶州湾被认为是黄海近海的主要污染海域之一。

1）胶州湾海水质量状况及评价

表6.9为本次“908”胶州湾的调查结果。无机氮的浓度变化范围在82 ~ 321.94 μg/L，1995年，无机氮的浓度为321.94 μg/L，污染严重，属于国家水质三类标准。1996到1997年，该海域海水水质有轻微好转，但总体仍然处于国家二类水质标准；总磷的浓度变化范围在12.3 ~ 30.44 μg/L，除1996年外，胶州湾的磷污染浓度长期处于国家二类水质标准；石油类污染的浓度变化在0.04 ~ 0.087 mg/L之间，污染面较大，处于国家的三类海水水质；化学

需氧量和溶解氧均处于国家一类海水水质标准内，有机污染并不严重；重金属类污染较轻，除1982年铅浓度为14.57 μg/L，为二类水质，其他年份均好于一类水质标准，各年重金属浓度随时间变化趋势不大。综上所述，胶州湾中无机氮，总磷和石油类污染较为突出，是该海域的主要污染类型。

表6.9 胶州湾各年度海水污染物平均含量

年份	无机氮/（μg/L）	总磷/（μg/L）	油类/（mg/L）	溶解氧/（mg/L）	化学需氧量/（mg/L）	汞/（μg/L）	铜/（μg/L）	铅/（μg/L）	镉/（μg/L）
1979—1981	82	—	0.087	8.16	1.21	0.08	—	4	0.15
1992	111.36	21.62	0.04	7.12	1.15	0.03	—	14.57	0.56
1993	187	26	0.08	7.26	0.81	0.03	2.65	1.37	0.13
1994	275	23	0.05	7.05	0.57	0.02	1.31	0.84	0.12
1995	321.94	30.44	0.07	6.99	1.15	0.02	2.72	1.62	0.16
1996	235.04	12.3	0.07	8.34	1.32	0.04	2.19	0.94	0.17
1997	235.67	26.01	0.04	7.45	0.71	0.05	2.06	1.22	0.16

根据资料，胶州湾的污染源主要是陆源型污染源和海上型污染源。胶州湾的陆源型污染源主要有工厂直接排污、市政排污管道、入海河流和各种垃圾。这些污染源排放的废水、废渣等有的没有经过处理或处理得不彻底就被排入胶州湾中，造成湾内水质下降，形成氮磷污染严重的状况。此外，氮磷污染可能也与胶州湾内的渔业养殖有关，海湾内的一些养殖户为了效益，盲目地扩大养殖面积，造成一些海域的养殖污染十分严重。

胶州湾内还有我国的主要大港之一——青岛港，它位于胶州湾的东岸，有大量的船只往来于此，包括以客、货运输为对象的大中型吨位船舶和以渔业生产为对象的中小型渔船、机帆船等。它们在锚地停留、靠港装卸、海上航行或作业过程中排出含油污水及压舱水，构成海域石油类污染的严重污染源和一些外来种的引入；据报道，胶州湾自1979年至2006年来，共发生溢油事故200多起，是造成海湾石油污染的重要因素。

因此，要改善胶州湾的水质状况，就要从多方面下手，不但要考虑胶州湾的半封闭型地理特点，更要通过对污染源的控制，逐步净化胶州湾的水质，恢复胶州湾的生态环境。

2）胶州湾沉积环境质量状况

本次“908”对胶州湾沉积物质量状况调查发现，秋季，胶州湾沉积物中，总氮的污染指数为0.948，超标率为40%；总磷污染指数为0.385，油类的污染指数为0.148；硫化物的污染指数0.288；重金属砷的污染指数为0.505，汞的污染指数为0.352 5，铜的污染指数为0.344，铅的污染指数为0.457，镉污染指数为0.439；锌污染指数为0.337，总铬污染指数为0.607。除总氮外，其他均无超标现象，各类污染物含量较低，表明胶州湾近岸海域秋季沉积物未遭到污染，污染物对该海域沉积环境不存在威胁，沉积物质量状况总体良好，沉积物污染的综合潜在生态风险低。

在对胶州湾沉积物含量水平的大量研究上表明，胶州湾河口区表层沉积物中，从河口向外，重金属含量也依次递减，呈舌状分布，且东部高于西部，其原因可能是胶州湾的污染源绝大部分集中于东岸，且胶州湾的环流系统使动物的污染物很难向西扩散。

3）胶州湾生物体内污染物含量

根据崔毅等（1997）的研究表明，胶州湾海洋生物体内重金属含量主要受沿岸工业排放水的影响，同时季节对生物体内重金属浓度也有一定的影响，头足类中镉影响较大，其次分别为铅，铜，锌。

本次“908”调查表明，秋季胶州湾生物体内有害有毒物质残留中，油类污染指数为2.25，超标率为100%，属国家生物质量二类标准。

4）胶州湾健康评价状况

根据标准中生态系统健康指数计算方法，将水环境、沉积环境、生物残毒、栖息地、生物等指数相加，得到胶州湾生态系统健康指数为 $CEH_{\text{indx}}=56.65$（表6.10）。当 $50 \leqslant CEH_{\text{indx}} < 75$ 时，生态系统处于亚健康状态。因此，从本次调查的结果看，胶州湾生态系统健康状况为亚健康。影响胶州湾生态系统健康的主要因素是沉积环境、栖息地和生物类指标，尤以生物类指标最为严重。沉积环境出现的亚健康状态主要是因为沉积物中有机碳含量过高，造成有机碳指标赋值偏低。由于胶州湾近年来填海造地速度过快，栖息地指标也呈现亚健康。胶州湾浮游生物和底栖生物监测结果超标是本次评价生物类指标不健康的主要原因。

表6.10 胶州湾生态环境健康评价汇总

指标	水环境	沉积环境	生物残毒	栖息地	生物	生态系统
指数	14.01	5.50	10	10	17.14	56.65
评价	健康	亚健康	健康	亚健康	不健康	亚健康

第7章 黄海环境问题的生态效应分析

7.1 海洋环境污染因素的生态影响

进入海洋的污染物会影响海洋生物的生长、发育、繁殖等生理功能和生态习性。由于影响海洋生物的环境因素复杂多变，要科学地查明并评价由于污染导致生物个体、种群、群落的变化，需要长期系统地现场观察，并配合必要的生态模拟实验，才能揭示其变化规律。

7.1.1 人为富营养化的生态效应

黄海海域的富营养化主要是工农业废水和生活污水污染的径流、人工海水养殖投放饵料的残体、海底沉积物中营养物质的释放以及大气沉降等引起的氮磷污染。

7.1.1.1 氮磷污染状况

1）历年无机氮和无机磷的浓度变化

1979—1981 年，黄海海域无机氮年平均浓度为0.118 mg/L；1986—1989 年，无机氮平均浓度为0.041 8 mg/L；20 世纪 90 年代以后，无机氮浓度逐渐上升，整个 90 年代无机氮年平均浓度为0.15 mg/L；2000—2008 年，尤其是2006 年以来，黄海海域无机氮浓度上升更加明显，2000—2008 年的全黄海无机氮平均浓度达0.231 mg/L，超过国家Ⅰ级海洋水质标准（0.2 mg/L）（图7.1）。20 世纪 80 年代、90 年代和 2000 年以后无机磷平均浓度分别为0.006 4 mg/L、0.014 9 mg/L 和0.019 5 mg/L，上升的趋势明显。

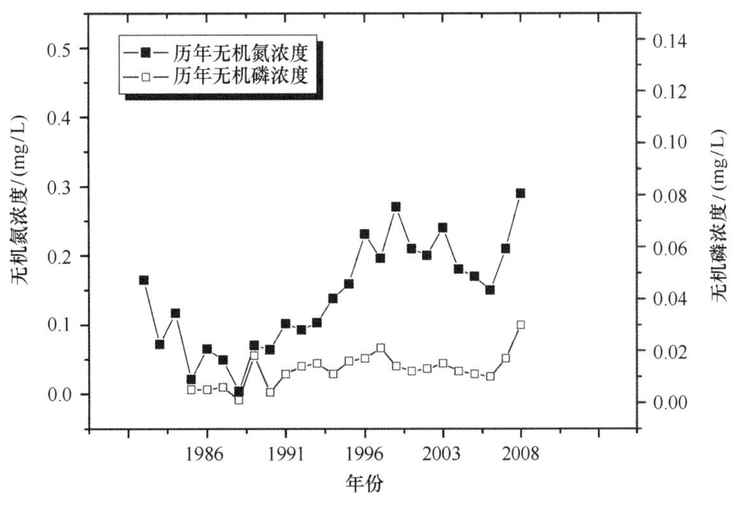

图7.1 历年黄海海域无机氮和无机磷平均浓度变化

注：数据源自黄海环境污染基线调查报告、渤海黄海海域污染防治研究、历年近海海域环境质量公报及“908”专项，下同

黄海北部、胶州湾和黄海南部的无机氮和无机磷不同年份间虽有波动，但总体上处于上升趋势。黄海北部历年无机氮和无机磷的平均浓度为0.119 mg/L和0.012 4 mg/L；胶州湾海水中历年无机氮平均浓度为0.223 mg/L，无机磷为0.018 mg/L；黄海南部历年无机氮和无机磷的平均浓度为0.076 mg/L和0.014 9 mg/L。(图7.1)。胶州湾无机氮和无机磷的污染最重(图7.2~图7.4)。

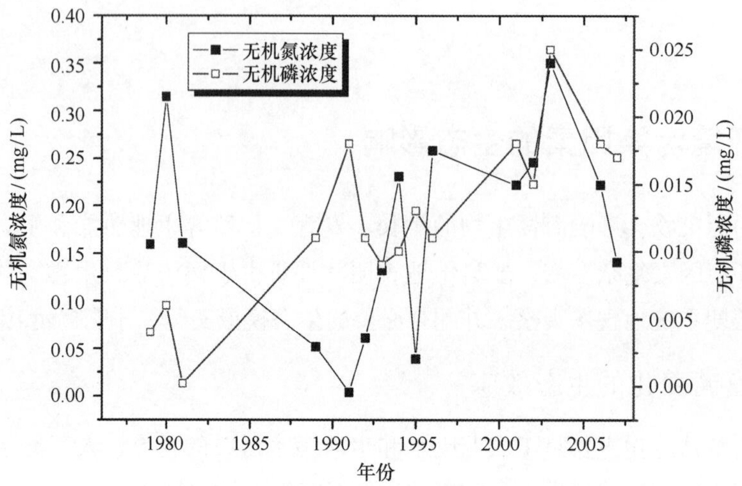

图7.2 历年黄海北部湾无机氮和无机磷平均浓度变化

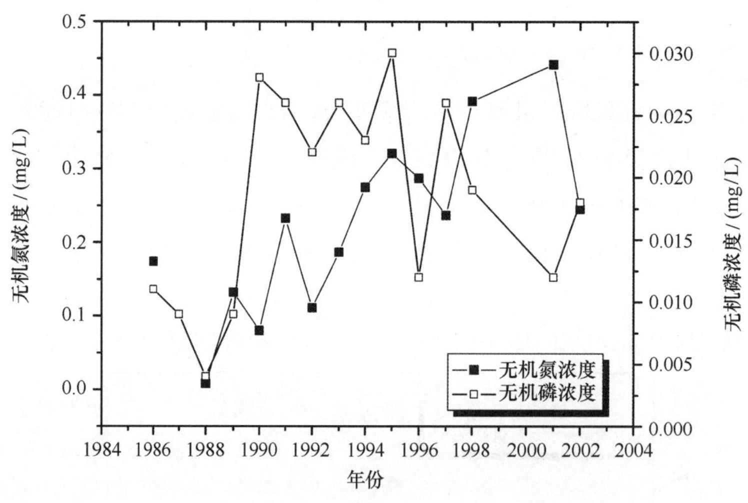

图7.3 历年胶州湾无机氮和无机磷平均浓度变化

2) 氮磷污染物入海量与黄海海域氮磷浓度变化的相关性

1979年，黄海海域年接纳无机氮为2 9551 t，到80年代中期略有下降，1988年为19 120 t。20世纪90年代以来，无机氮的入海量逐年增加，1998年和2008年无机氮的入海量分别为43 531.68 t和80 400 t。伴随着无机氮入海量的增加，海区无机氮平均浓度也随之增加。与无机氮相比，无机磷的入海量增加幅度更大，1985年、1998年和2008年的入海量分别为121 t、617.66 t和8 058 t。

通过对不同年代氮、磷入海量与海域平均浓度进行对比分析，氮磷评价指数的变化与污染物的入海量呈现显著正相关（r 分别为0.943和0.902）（图7.5、图7.6）。说明外源氮、磷污染物入海是造成是黄海海域氮、磷污染的重要原因。

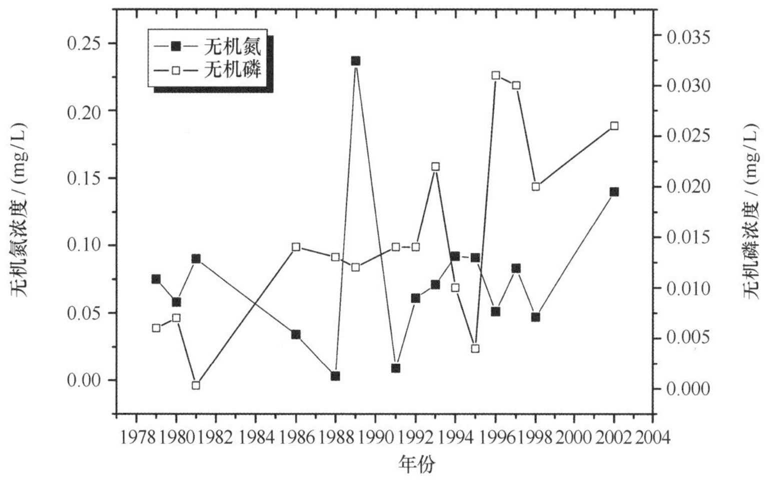

图 7.4　历年黄海南部湾无机氮和无机磷平均浓度变化

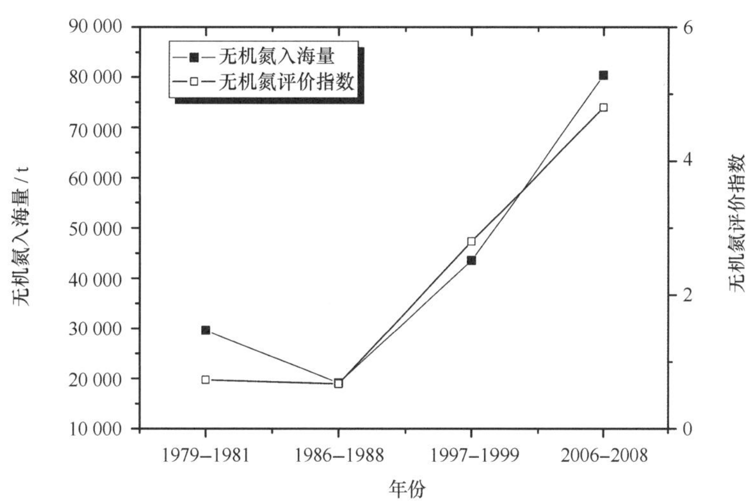

图 7.5　无机氮排放量的变化与黄海海域无机氮评价指数变化的相关性

诸多入海营养盐来源中，大气沉降对海洋生态系统贡献的氮应该受到重视。一些观测数据已经清楚地表明了有机氮在大气氮沉降中的重要作用。目前，对大气有机氮入海量的估计仍然存在很大的不确定性，这不仅是由于大气有机氮的分析方法还没有很好地确定，而且海洋大气有机氮的数据也非常有限，另外对有机氮沉降认识的缺乏也阻碍了准确评价大气有机氮的入海通量。表 7.1 描述了氮、磷和硅通过大气和河流输入到黄海的量，可以发现，大气沉降在氮和磷的输送中起到非常重要的作用。大气有机氮沉降具有潜在的生物可利用性，能够对海洋生态系统产生影响。但大气有机氮对海洋生态系统将会产生怎样的短期和长期影响至今无法准确回答。因此，建立大气有机氮准确的分析方法，研究大气有机氮的化学组成及其迁移、转化、降解过程，在近海和大洋开展大气沉降中有机氮的研究是十分必要的，对解答大气有机氮在海洋生态系统中的短期和长期作用这一关键问题具有重要意义。

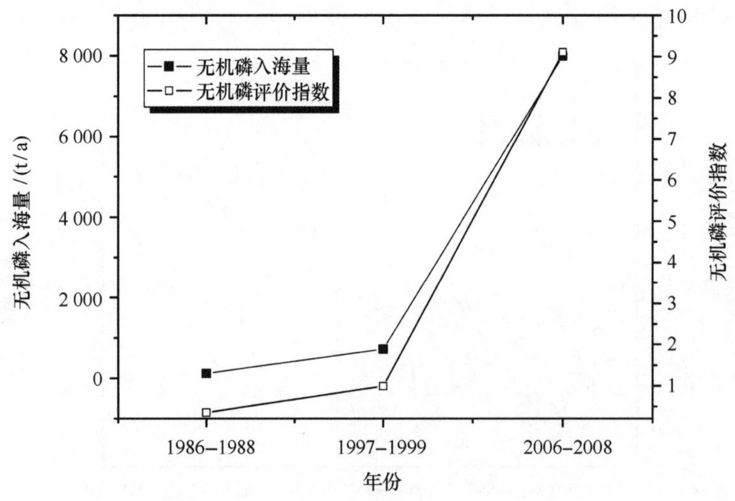

图 7.6　无机磷排放量的变化与黄海海域无机磷评价指数变化的相关性

表 7.1　营养元素通过大气、河流向黄海西部地区的输送　　单位：$\times 10^9$ mol/a

路径	NO_3^-	NO_2^-	NH_4^+	PO_4^{3-}	SiO_2
大气	1.90	0.04	5.62	0.09	0.55
河流	2.38	0.12	1.75	0.04	5.75

注：引自 Jing Zhang，1994。

7.1.1.2　氮磷污染对生物的影响

1）氮磷污染对赤潮发生的影响

自 1984 年起，进入黄海的氮磷污染物的量开始呈上升趋势，1990 年左右略有下降，以后入海污染物的量逐年增加。黄海赤潮自 1988 年开始，连续发生，且暴发面积越来越大。赤潮暴发的机制虽然尚不清楚，但大量氮、磷入海，加重了近海的环境负荷，是导致赤潮连续大规模暴发的主要原因之一。历年黄海海域无机氮和无机磷平均浓度与赤潮发生次数的相关系数（r）分别为 0.725 和 0.641（图 7.7 和图 7.8），说明黄海海域氮、磷污染与赤潮发生有明显的影响，可促进赤潮的发生。

2）氮磷污染对黄海海域对虾资源变化的影响

黄海氮磷浓度的变化与对虾资源变动的相关性分析结果表明，黄海无机氮浓度变化与对虾捕捞产量变动的相关系数（r）为 −0.847 9；无机磷与对虾产量变动的相关系数（r）为 −0.796 3。说明黄海无机氮和无机磷的污染与对虾资源变动有密切的关系，是对虾资源的制约因素，污染程度越大，对虾资源量越少（图 7.9）。

3）氮磷污染的生态效应分析

为验证氮磷污染对生物的影响，运用实验室研究的相关资料进行分析对比。结果发现不同氮磷条件下，一些赤潮生物通过产毒、吸收速度取得竞争优势。尤其是氮磷比率的变化对种间竞争的影响非常明显，自然条件下，营养供应比率维持在一个相对平衡状态，人类活动

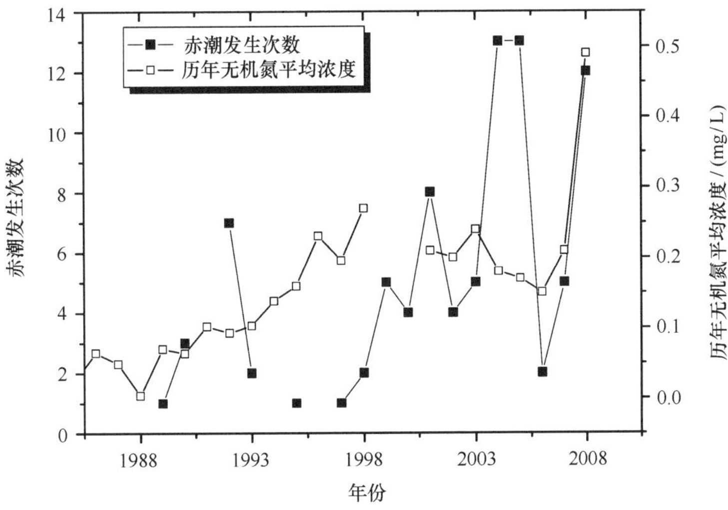

图 7.7　历年无机氮平均浓度与赤潮发生的相关性

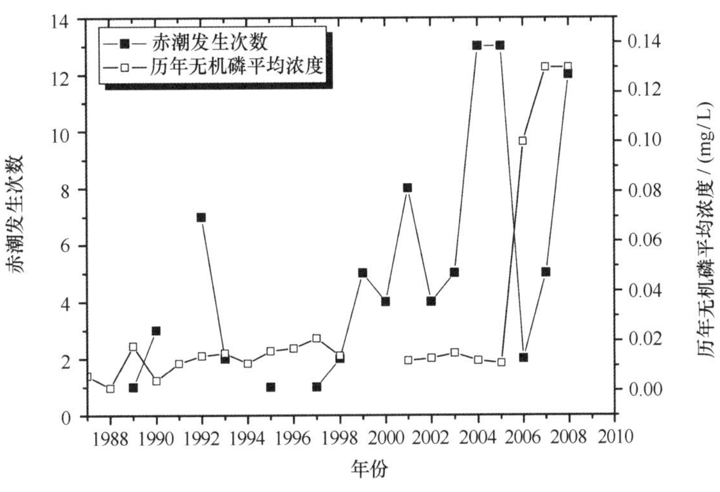

图 7.8　历年无机磷平均浓度与赤潮发生的相关性

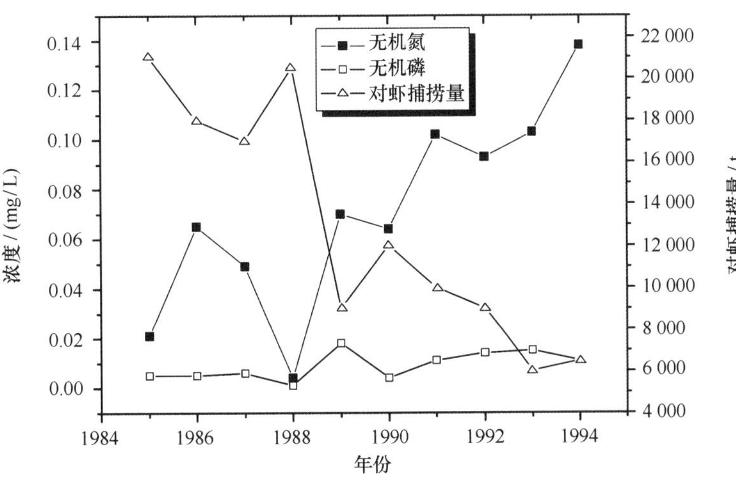

图 7.9　氮磷浓度变化与对虾资源变动的相关性

引起的营养输入增加（或减少）改变了原有的营养供应比率，其结果可能有利于有害或潜在有害的生物种类（表7.2）。

表7.2 氮磷污染对生物影响的效应分析

影响类别	效应分析	引用文献
浮游植物的种类组成	氮磷浓度越高，氮磷比离Redfield比越远，浮游植物种类越少，Shannon指数越低	曲克明等，2000
种间竞争	高Si: N比率（氮限制）和高Si: P比率（磷限制）条件下，硅藻胜过非硅藻而占据优势；当硅的含量较少时，蓝藻在低N: P比率条件下占据优势，而绿藻在高N: P比率时胜出	Anderson，2002
	N: P比率从20: 1降至11: 1，浮游植物群落中的赤潮生物（主要是甲藻）代替硅藻成为优势种	Hodgkiss，1997
	营养盐充足的环境里中肋骨条藻具有竞争优势，营养盐限制的环境中，东海原甲藻是竞争的优胜者	王宗灵等，2006
产毒	磷限制条件下塔玛亚历山大藻（*Alexandrium tamarense*）产生的saxitoxin毒素比氮限制条件下多5～10倍；渐尖鳍藻（*D. acuminata*）则在氮限制条件下的毒素（okadaic acid）产量比磷限制条件要高出6倍	徐宁等，2005

富营养化水体中浮游植物生产量增加，对水体的初级生产力和生态的平衡具有直接的影响。浮游植物对某些病原菌有一定的抑制作用，所以浮游植物种类和数量的相对稳定对养殖对象的正常生理功能及生长具有直接的影响。因此，一定意义上说，适度的富营养化对水产养殖业是有利的。在某些河口区和上升流区由于营养盐来源丰富而成为大渔场便是例子。但是这种情况仅限于某些由自然过程引起的富营养化水体，因为人为因素往往会引起水体的过度营养化而产生负面效应。它通过改变生态系统中藻类间竞争关系，并经一系列物理、化学和生物作用，最终导致水质恶化、水生生物生理受阻、水生生物群落结构改变、水生生态系统结构破坏和功能受损等一系列连锁效应，从而影响水资源的利用，给水产养殖、旅游以及水上运输等带来巨大损失，并对人体健康构成危害。

D. Tilman等的资源竞争理论认为，浮游植物对限制性营养的竞争是决定浮游植物群落组成的重要因素。在营养限制条件下，那些对限制性资源需求最低或者利用能力最强的浮游植物种类会在竞争中胜出。资源竞争理论的延伸是对资源比率的假设：共同生存的生物种类的相对丰度取决于限制性资源的比率，而不是绝对浓度。依据这一理论，处于最适营养比率的浮游植物在群落中占据优势。而营养比率改变后，则由别种浮游植物取代，即营养比率决定浮游植物群落的演替方向。营养比率在浮游植物的营养竞争中发挥着关键作用。研究表明（Anderson D. M. 等，2002），在高Si/N比率（氮限制）和高Si/P比率（磷限制）条件下，硅藻胜过非硅藻而占据优势。当硅的含量较少时，蓝藻在低N/P比率条件下占据优势，而绿藻在高N/P比率时胜出。人类活动引起的营养输入增加（或减少）改变了原有的营养供应比率，其结果可能有利于有害或潜在有害的种类。Hodgkiss J等研究证实，随着N/P比率从20: 1降至11: 1，浮游植物群落中的赤潮生物（主要是甲藻）代替硅藻成为优势种。王宗灵等采用半连续培养方法研究了营养盐（N和P）限制对东海原甲藻和中肋骨条藻种间竞争的影响。在营养盐充足的环境里中肋骨条藻具有竞争优势，相反，在营养盐限制的环境中，东海原甲藻是竞争的优胜者，也表明了营养盐变化能够改变浮游植物种间竞争关系。

需要注意的是，人类活动引起的水体富营养化经常伴随着有机营养的增加。随着研究工作的不断深入，营养比率的概念已延伸至有机形式的营养对浮游植物群落演替的贡献。美国学者 Glibert 等观测到微小原甲藻（*Prorocentrum minimum*）赤潮发生高峰期水体 DOC: DON 比率均明显升高。具体机理尚待进一步研究。实验表明，大约一半鞭毛藻类具有混合营养或异养倾向，使其在无机营养或光线不足时得以生存。例如常见的有害赤潮种类赤潮异弯藻（*Heterosigma akashiwo*）、塔玛亚历山大藻（*Alexandrium tamarense*）以及 *Karlodinium micrum* 均是混合营养的。显然，对于那些具有混合营养倾向的藻类而言，营养库中的有机成分比无机成分更为重要。

限制性营养盐与藻毒素含量有密切关系。有毒藻类的产毒机制一直是各国学者关注的热点和难点。研究发现，在磷限制条件下塔玛亚历山大藻（*Alexandrium tamarense*）产生的 saxitoxin 毒素比氮限制条件下多 5 ~ 10 倍；渐尖鳍藻（*D. acuminata*）则在氮限制条件下的毒素（okadaic acid）产量比磷限制条件要高出 6 倍。而拟多纹菱形藻（*Pseudo - nitzschia multiseries*）仅在硅限制条件下才开始积累多莫酸（domoicacid）。另外，营养组成对有毒藻类的毒性也会产生影响。Shimizu 等的研究显示，尿素能使短凯伦藻（*K. brevis*）的毒素（brevetoxin）产量明显增加。目前，营养与毒素的关系研究处于起步阶段，因为营养与水产养殖生产密切相关，需要引起广泛关注。

水体富营养化可能对捕食动物（浮游动物、贝类等）产生不利影响，反过来促进有害藻类的增殖。如河口水域某些浮游植物释放的代谢产物能激发海胆和贻贝产卵。随着水体富营养化程度的增加，硅藻等有益浮游植物数量下降，微型浮游生物（nanoplankton）及鞭毛藻数量增加，从而影响了捕食动物的繁殖。

大型底栖动物和游泳动物的物种多样性与水体营养水平呈相反趋势，富营养化导致多样性明显降低，这主要归因于由于有机物大量分解而造成的低氧甚至缺氧环境。生活于深层水体的水生动物，如鱼类和底栖生物，由于得不到适量的氧而使呼吸作用受到抑制，无法进行正常的代谢活动，最终导致死亡。

富营养化过程往往伴随着有机物浓度的增加，可能会引起细菌群落结构的变化。某些细菌大量繁殖消耗氧和有机物，形成厌氧环境，厌氧细菌进行有机物分解，产生硫化氢，水域呈现白色（白潮），随后引发赤潮。因此，水体中细菌数量和种类的变动可以预报海域富营养化程度和赤潮的发生。

在一般正常的情况下，水生生态系统中各种生物都处于相对平衡的状态。水体一旦受到污染而呈现富营养状态时，正常的生态平衡就会被扰乱，而使水生生态系统的结构和功能受到破坏。在营养水平较高时，水体中产生表面积/体积比低的浮游动物不能摄食的大型藻类，且水体浑浊不利于靠视觉定位的凶猛性鱼类捕食，从而减轻了对摄食浮游动物和底栖生物的鱼类的捕食压力，导致滤食效率较高的大型浮游动物（如枝角类）的种群减小，减少了其对藻类的滤食。此外，大型藻类消失后，为大型浮游动物、螺类和鱼类等提供附着基质、隐蔽所和产卵场所的功能随之消失，引起附生生物和着生动物的减少，最终致使水生态系统的生物多样性下降。而生物多样性的降低必将导致水生生态系统稳定性下降，从而破坏水生生态系统的生态平衡。

7.1.2 石油烃污染的生态效应

7.1.2.1 石油烃的污染状况

1）历年黄海不同海域石油烃浓度的变化

1979—2008 年，黄海海域海水石油烃平均浓度为 0. 035 mg/L。从年代变化看，20 世纪 80 年代海域石油烃浓度相对较低，90 年代以后逐渐增加。黄海不同区域石油烃浓度变化规律基本类似，以胶州湾污染最为严重（图 7. 10、表 7. 3）。黄海石油污染除了来自沿海港口和海上运输外，来自渤海的石油由北向南迁移及溢油事故的发生也可能是重要原因。

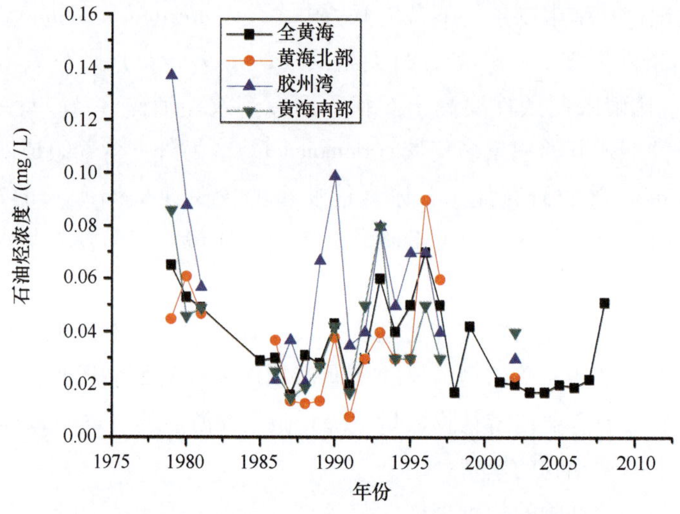

图 7. 10 黄海不同海域石油烃污染状况

表 7. 3 黄海各海域不同年份石油烃平均浓度变化 单位：mg/L

年份	全黄海	黄海北部	胶州湾	黄海南部
1979—1981	0. 055 7	0. 051	0. 094	0. 060
1985—1989	0. 026 8	0. 020	0. 037	0. 022
1990—1999	0. 042 2	0. 041	0. 061	0. 043
2000—2008	0. 034 0	—	—	—

2）石油入海量与黄海海域环境变化的相关性

1979 年，黄海海域年接纳石油烃为 11 210 t。80 年代略有增加，1988 年为 23 193 t。20 世纪 90 年代以来，石油烃的入海量逐年增加，1999 年为 36 000 t，2000 年后逐渐下降，2008 年石油烃的入海量为 4 266 t。

通过对不同年代石油烃入海量与海域平均浓度进行对比分析，石油烃评价指数的变化与污染物的入海量呈现显著正相关 $r = 0.963$（图 7. 11）。说明外源石油烃污染物入海是造成黄海海域石油烃污染的主要原因。

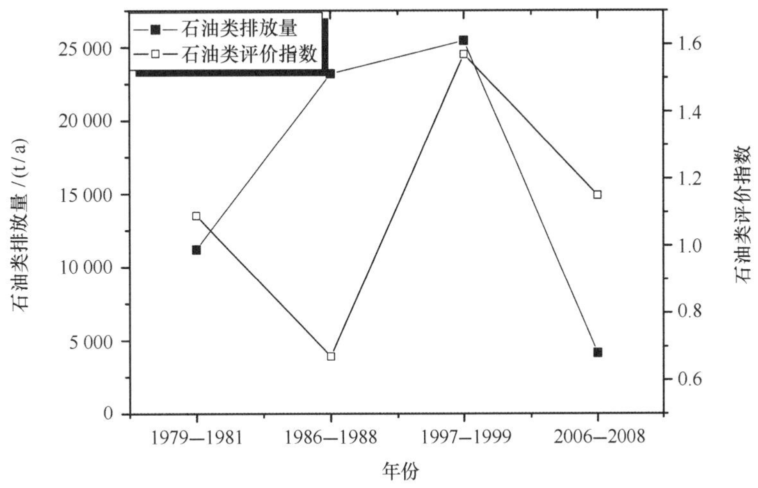

图 7.11　石油类排放量的变化与黄海海域石油类评价指数变化的相关性

7.1.2.2　石油烃污染的生态效应

1）石油烃污染对赤潮发生的影响

黄海海域石油烃浓度变化与赤潮的相关性分析结果显示，石油烃与赤潮的相关系数（r）为 0.343，说明黄海石油烃浓度与赤潮发生有一定的关系，可在一定程度上促进赤潮的发生（图 7.12）。

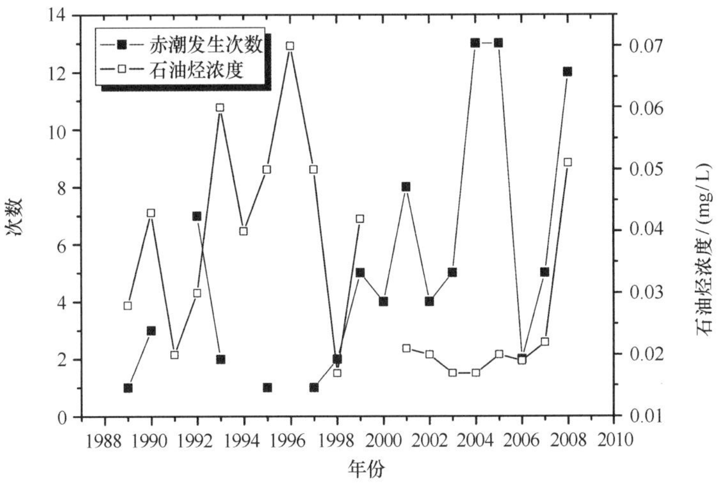

图 7.12　石油烃浓度与赤潮发生的相关性

2）石油烃污染对黄海海域对虾资源变动的影响

黄海海域石油烃浓度变化与对虾资源变动的相关性分析结果显示，石油烃与对虾捕捞量变动的相关系数（r）为 -0.271，说明黄海石油烃浓度与对虾资源变动有一定的负相关关系，是对虾资源的制约因素（图 7.13）。

3）石油烃污染对黄海海域生物体残留量的影响

黄海海域石油烃浓度变化与菲律宾蛤仔体内残留量的变动的相关性分析结果显示，石油

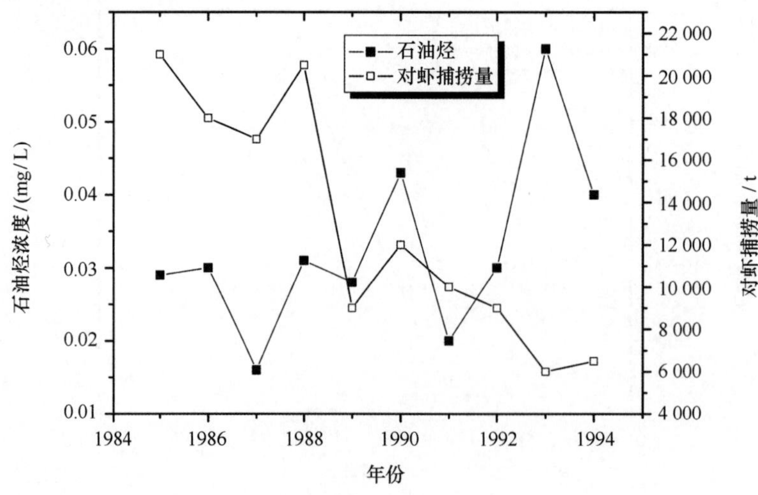

图 7.13　石油烃浓度变化与对虾资源变动的相关性

烃与对虾捕捞量变动的相关系数（r）为 0.863，说明黄海石油烃浓度与菲律宾蛤仔体内残留量变动存在显著的正相关的关系（图 7.14）。入海的石油烃增加将对海洋生物产生不利影响。

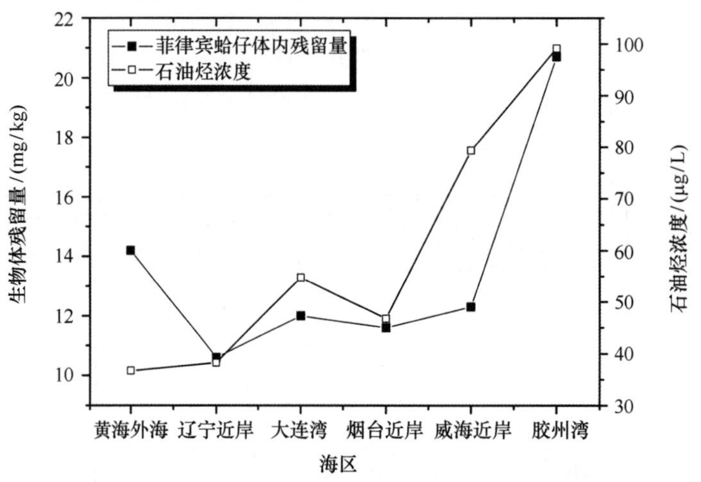

图 7.14　不同海域石油烃浓度与菲律宾蛤仔体内残留量的相关性

4）山姆（MMM GALVESTON）油轮溢油对烟台崆峒岛生物多样性的影响

2007 年 3 月，在黄海海域烟台崆峒岛附近，马来西亚籍化学品油轮“山姆（MMM GALVESTON）”因风暴潮的影响，发生燃料油和其他船用油品的泄露（图 7.15）。泄露各种油品约 50 t。对该区域溢油前后生物种类组成的调查和多样性指数分析表明，石油泄露对该海域的生物产生了一定的影响。

溢油后，附近海域的浮游植物种类数比溢油前减少了 33%，其中，硅藻下降至溢油前的 19%。从浮游植物数量变化看，溢油前浮游植物数量很高，达到 197×10^4 个/m^3，而溢油后总数下降到 0.45×10^4 个/m^3，数量上相差近 440 倍；从浮游动物数量变化看，溢油前浮游动物数量很高，达到 87×10^4 个/m^3，而溢油后总数下降到 0.31×10^4 个/m^3；从底栖生物数量分布上看，平均由溢油前的 1.465×10^4 个/m^3 减少到溢油后的 0.652×10^4 个/m^3。浮游植物、浮游动物和底栖生物的物种多样性指数均不同程度下降（表 7.4 ~ 表 7.11）。

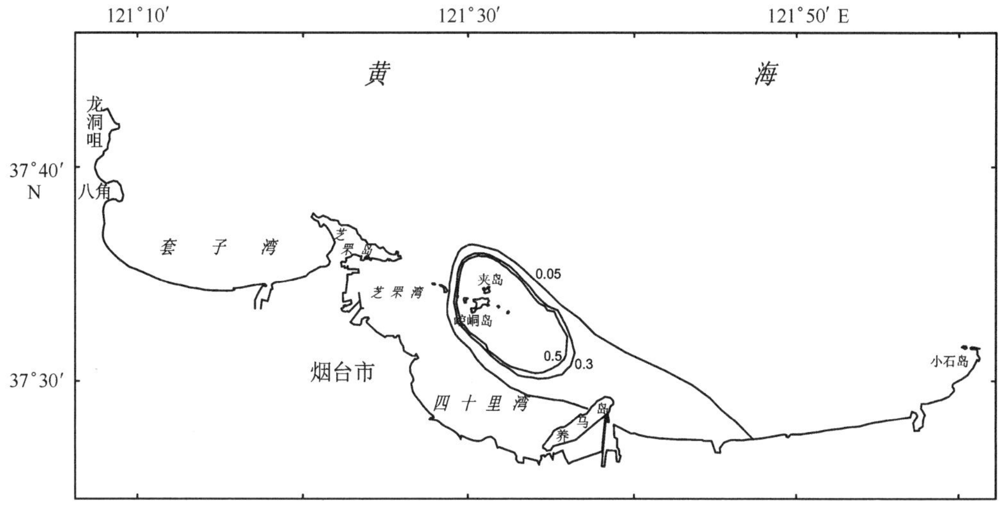

图 7.15 溢油后石油类扩散浓度分布

表 7.4 溢油前后调查海域的生物变化

调查指标		污染前	污染后
叶绿素 a/（μg/L）		1.09	0.82
浮游植物	种类数	28	18
	密度/（个/m³）	197×10^4	0.45×10^4
	多样性指数（H′）	1.125	0.472
浮游动物	种类数	22	15
	密度/（个/m³）	87×10^4	0.31×10^4
	多样性指数（H′）	1.037	0.365
底栖生物	种类数	75	29
	密度/（个/m³）	1.465×10^4	0.652×10^4
	多样性指数（H′）	2.42	1.39

表 7.5 浮游植物调查群落结构参数

站位	多样性指数	均匀度指数	优势度指数	丰富度指数
1	0.532 438	0.154 755	0.514 14	0.598 956
2	0.463 695	0.139 593	0.031 92	0.460 959
3	0.355 281	0.096 159	0.536 94	0.667 014
4	0.571 026	0.180 12	0.516 99	0.441 066
5	0.725 667	0.196 08	0.491 34	0.700 473
6	0.472 587	0.149 112	0.527 25	0.472 074
7	0.505 647	0.146 148	0.532 95	0.484 557
8	0.185 136	0.058 425	0.558 6	0.398 145
9	0.524 001	0.151 449	0.532 95	0.491 397
10	0.305 862	0.096 501	0.548 34	0.367 593
11	0.649 173	0.195 396	0.517 56	0.480 624
12	1.501 038	0.433 884	0.330 6	0.788 538

表 7.6 浮游植物种类名录

中文名	拉丁名
硅藻门	Bacillariophyta
棘冠藻	*Corethron criophilum* Castracane
威利圆筛藻	*Coscinodiscus wailesii* Gran & Angst
圆筛藻	*Coscinodiscus*spp.
辐射列圆筛藻	*Coscinodiscus radiatus* Ehrenberg
星脐圆筛藻	*Coscinodiscus asteromphalus* Ehrenberg
布氏双尾藻	*Ditylum brightwellii* (West) Grunow
离心列海链藻	*Thalassiosira excentrica* (Ehr.) Cleve
羽纹藻	*Pinnularia* spp.
卡氏角毛藻	*Chaetoceros castracanei* Karsten
劳氏角毛藻	*Chaetoceros lorenzianus* Grunow
密连角毛藻	*Chaetoceros densus* Cleve
膜状缪氏藻	*Meuniera membranacea* (Cleve) Silva
薄壁几内亚藻	*Guinardia flaccida* (Castracane) Peragallo
格氏圆筛藻	*Coscinodiscus granii* Grough
细弱圆筛藻	*Coscinodiscus subtilis* Ehrenberg
诺氏海链藻	*Thalassiosira nordenskiöldii* Cleve
甲藻门	Dinophyta
梭角藻	Ceratium fusus (Ehrenberg) Dujardin
三角角藻	Ceratium tripos (Müller) Nitzsch

表 7.7 浮游动物调查群落结构参数

站位	多样性指数	均匀度指数	优势度指数	丰富度指数
1	0.498 181	0.134 637	0.447 302	0.521 092
2	0.403 415	0.121 446	0.027 77	0.401 034
3	0.309 094	0.083 658	0.467 138	0.580 302
4	0.496 793	0.156 704	0.449 781	0.383 727
5	0.631 33	0.170 59	0.427 466	0.609 412
6	0.411 151	0.129 727	0.458 708	0.410 704
7	0.439 913	0.127 149	0.463 667	0.421 565
8	0.161 068	0.050 83	0.485 982	0.346 386
9	0.455 881	0.131 761	0.463 667	0.427 515
10	0.266 1	0.083 956	0.477 056	0.319 806
11	0.564 781	0.169 995	0.450 277	0.418 143
12	1.305 903	0.377 479	0.287 622	0.686 028

表 7.8 浮游动物种类名录

中文名	拉丁名
原生动物	Protozoa
夜光虫	*Noctilucidae scientillans*
厦门拟铃虫	*Tintinnopsis amoyensis*
腔肠动物	Coelenterata
球形侧腕水母	

续表

中文名	拉丁名
节肢动物	Arthropoda
桡足类	Copepoda
中华哲水蚤	*Calanus sinicus*
太平洋纺锤水蚤	*Acartia pacifica*
克氏纺锤水蚤	*A. clausi*
背针胸刺水蚤	*Centropages dorsispinatus*
拟长腹剑水蚤	*Oithona similis*
真刺唇角水蚤	*Labidocera euchaeta*
端足类	Amphipoda
细拟长脚 虫戎	*Parathemisto gracilipes*
糠虾类	Mysidacea
糠虾	Mysidacae
十足类	Decapoda
中国毛虾	*Acete chinensis*
毛颚动物	Chaetognatha
强壮箭虫	*Sagitta crassa*
被囊动物	Pelagic Tunicata
异体住囊虫	*Oikopleura dioica*
浮游幼虫	Pelagic larva
多毛类幼体	Polychaeta larva

表 7.9　底栖生物群落结构的参数

站号	丰富度指数	多样性指数	均匀度指数	优势度指数
2	1. 567 7	2. 488 8	0. 517 89	0. 183 61
3	1. 372 5	1. 476 2	0. 303 78	0. 467 26
4	1. 098	1. 329 8	0. 298 29	0. 444 69
5	0. 616 1	1. 262 7	0. 340 99	0. 439 2
6	1. 653 1	2. 208 2	0. 445 91	0. 279 38
7	1. 488 4	2. 574 2	0. 553 88	0. 145 79
8	1. 726 3	2. 629 1	0. 547 17	0. 140 3
9	1. 421 3	2. 421 7	0. 528 87	0. 176 9
10	1. 555 5	2. 385 1	0. 508 13	0. 212 28
11	1. 573 8	2. 507 1	0. 522 16	0. 198 86
12	1. 488 4	2. 037 4	0. 423 95	0. 347 09

表 7.10　底栖生物丰度和生物量

站号	丰度/（个/m^2）	生物量/（g/m^2）
2	890. 6	10. 571 3
3	3 422. 1	5. 715 7
4	2 000. 8	13. 975 1
5	2 372. 9	2. 854 8

续表 7.10

站号	丰度/（个/m^2）	生物量/（g/m^2）
6	1 305.4	6.880 8
7	561.2	2.086 2
8	451.4	2.806
9	567.3	2.586 4
10	542.9	4.27
11	860.1	5.703 5
12	1 287.1	7.649 4

表 7.11 底栖生物种类名录

门类	中文名	拉丁名
扁形动物	涡虫	Turbellaria
纽形动物	纽虫	Nemertinea
多毛类	半突虫	*Anaitides* sp.
	背蚓虫	*Notomastus latericeus*
	笔帽虫科一种	Pectinaridae
	寡节甘吻沙蚕	*Glycinde gurjanovae*
	寡鳃齿吻沙蚕	*Nephthys oligobranchia*
	海稚虫科一种	Spionidae
	尖叶长手沙蚕	*Magelona cincta*
	尖锥虫	*Scoloplos armiger*
	柔弱索沙蚕	*Lumbrinereis debilis*
	双栉虫	*Ampharete acutifrons*
	双栉虫科一种	Ampharetidae
	丝鳃虫科一种	Cirratulidae
	丝线沙蚕	*Drilonereis filum*
	索沙蚕	*Lumbrinereis* sp.
	吻沙蚕	*Glycera* sp.
	五岛短脊虫	*Asychis gotoi*
	西方似蛰虫	*Amaeana occidentalis*
	狭细蛇潜虫	*Ophiodromus anguotifrons*
	小头虫	*Capitella capitata*
	叶须虫科一种	Phyllodocidae
	异蚓虫	*Heteromastus filiformis*
	缨鳃虫科一种	Sabelliidae
	蛰龙介科一种	Terebellidae
	真节虫	*Euclymene* sp.
	指节扇毛虫	*Ampharete anobothrusiformis*
	稚齿虫	*Prionospio* sp.
	中蚓虫	*Mediomastus* sp.
	足刺拟单指虫	*Cossurella aciculata*

续表 7.11

门类	中文名	拉丁名
软体动物	脆壳理蛤	*Theora fragilis*
	双壳类幼体一种	Bivalvia
	银白壳蛞蝓	*Philine argentata*
甲壳类	背尾水虱	Anthuridea
	双眼钩虾	*Ampelisca* sp.
	梭形驼背涟虫	*Campylaspis amblyoda*
	太平洋方甲涟虫	*Eudorella pacifica*
	滩拟猛钩虾	*Harpiniopsis vadiculus*
	异足目一种	Anisopoda
棘皮动物	日本鳞缘蛇尾	*Ophiophragmus japonicus*
	日本浪漂水虱	*Cirolana japonensis*

5）石油烃污染对海洋生物的毒性效应分析

石油烃进入海洋后，通过多种形式对海洋生物生长、发育、繁殖等生理习性和生态特性产生影响。因此，要准确了解污染物对生物种群、群落和生态系统的影响，必须配合必要的生态模拟实验，才能揭示其变化规律。

实验室条件下进行的石油烃对浮游植物、浮游动物、鱼类、软体动物等实验结果显示，低浓度的石油烃可刺激浮游植物的生长，对赤潮发生有一定促进作用。印证上述赤潮发生与海水石油烃浓度的相关性。高浓度条件下通过有毒成分、窒息等方式对海洋生物产生急慢性毒性作用。表 7.12 到表 7.23 列出了石油烃对黄海海域某些生物的毒性效应。从中可以发现，石油烃可以对不同层次的生物类群产生影响，其危害是广泛存在的，并且这些有毒物质可以通过生物富集和放大作用，最终在人体内积累，从而威胁人类健康。

表 7.12　实验条件下石油烃对浮游植物的影响

石油烃成分	目标生物	效应	引用文献
蒽	*Isochrysis galbana* 8701；*Skeletonem acostatum*）	1.5 ~ 6 μg/L 有生长刺激作用	王悠等，2000
石油烃	Chaetoceros curvisetus	0.1 ~ 10.0 mg/dm^3 使藻粒度增大，引发赤潮	王修林等，2004
汽油	*Chlorella vulgaris*	96 EC50 1.75 mg/L	刘娜，2006
20 号柴油		96 EC50 5.69 mg/L	
0 号柴油		96 EC50 12.11 mg/L	
燃料油		96 EC5018.73 mg/L	

表 7.13　石油类对中华哲水蚤的急性毒性效应　　单位：LC50，mg/L

暴露时间	大港原油	直馏柴油	70 号汽油	航空柴油
24 h	—	19.7	7.3	6.6
48 h	19.8	15.6	6.1	3.5

续表 7.13

暴露时间	大港原油	直馏柴油	70 号汽油	航空柴油
72 h	16.3	6.7	5.0	22.0
96 h	14.7	4.3	4.7	1.8
96 h 安全浓度	1.47	0.43	0.47	0.18

表 7.14　石油类对卤虫的急性毒性效应　　单位：48 h LC50，mg/L

油品	EC50（mg/L）	95% 置信区间（mg/L）
汽油	0.34	0.19～0.63
20 号柴油	13.48	8.03～22.62
0 号柴油	30.25	15.20～60.20
0 号船用柴油	58.21	45.44～70.97
船用燃料油	38.75	31.19～48.14

表 7.15　石油类对海洋鱼类的急性毒性效应　　单位：mg/L

种类	0 号柴油	20 号柴油	南海原油	胜利原油	东海原油
黄鲫鲷	3.47	8.51	10.60		
黑鲷	0.71	2.34	5.89	10.7*	
真鲷	—	—		6.4*	
鲻鱼	2.19	6.03	7.08		2.88
牙鲆	—	—		1.6	

表 7.16　燃料油对幼鱼的急性毒性效应

生物种类	水温/℃	48 h LC50（95% 可信限）/mg/L	96 h LC50（95% 可信限）/mg/L
黑鲷幼鱼	22～23	7.8（6.43～9.57）	
鲻鱼幼鱼	22.5～24		2.34（1.87～2.93）

表 7.17　石油对不同对虾的急性毒性效应　　单位：48 h LC50，mg/L

种类	0 号柴油	20 号柴油	胜利原油	东海原油	南海原油
中国对虾	—	0.72	8.6/11.1	1.67	—
斑节对虾	0.28	3.02			3.55
日本对虾	0.95	—			2.40
刀额新对虾	0.17	1.71			4.09

表 7.18　对虾受精卵幼体在不同油浓度的孵化率和变态成活率

<table>
<tr><th rowspan="4">油浓度/（mg/L）</th><th rowspan="4">受精卵孵化率/%</th><th colspan="11">不同发育阶段幼体</th></tr>
<tr><th rowspan="3">无节幼体变态率/%</th><th colspan="6">蚤状幼体</th><th rowspan="3">糠虾幼体变态率/%</th><th colspan="3">仔虾幼体成活率/%</th></tr>
<tr><th colspan="3">成活率/%</th><th colspan="3">变态率/%</th><th rowspan="2">24</th><th rowspan="2">48</th><th rowspan="2">96</th></tr>
<tr><th>48</th><th>96</th><th>144</th><th>96</th><th>144</th><th>192</th></tr>
<tr><td>0</td><td>95</td><td>100</td><td>98</td><td>90</td><td>85</td><td>85</td><td>80</td><td>85</td><td>77</td><td>97</td><td>96</td><td>91</td></tr>
<tr><td>0.01</td><td>89</td><td>100</td><td>100</td><td>93</td><td>90</td><td>90</td><td>83</td><td>88</td><td></td><td></td><td></td><td></td></tr>
</table>

续表 7.18

油浓度/(mg/L)	受精卵孵化率/%	不同发育阶段幼体										
		无节幼体变态率/%	蚤状幼体						糠虾幼体变态率/%	仔虾幼体成活率/%		
			成活率/%			变态率/%				24	48	96
			48	96	144	96	144	192				
0.032	93	100	95	93	93	88	73	88	90			
0.1	83	100	98	95	93	90	70	90	90			
0.32	92	100	95	85	45	23	0	5	80	100	100	95
0.56									97	100	100	95
1.0	90	98	46	25	5	0	0	0	55	100	100	100
1.8									67	100	99	90
3.2	93	95	0	0	0	0			32	100	99	91
5.6		80							20	99	94	61
10	95		0	0	0	0			35	97	86	46
18										95	26	33
32	92	73	0	0	0	0				89	69	17
56	83									70	65	0
100		35	0	0	0	0						

表 7.19　不同油浓度中扇贝幼体的死亡率（%）

油浓度	0	0.1	0.32	1.0	3.2	10.0	32.0
48 h 死亡率	3.2	3.3	2.0	5.5	18.6	57.6	84.3
96 h 死亡率	1.3	3.3	8.3	29.0	77.4	94.7	99.1

表 7.20　石油类对软体双壳类的毒性效应

生物种类	石油种类	96 h LC50
海湾扇贝	胜利原油	1.54
栉孔扇贝	胜利原油	3.40
栉孔扇贝幼贝	水溶性芳香烃	3.40
四角蛤仔	东海原油	3.47
四角蛤单轮虫幼虫	20#柴油	6.73
四角蛤 D 型幼虫	20#柴油	29.0

表 7.21　不同浓度油对海参幼体发育的影响

油浓度/(mg/L)	育出稚参数/头				影响状况（体长/μm）
	实验组 1	实验组 2	实验组 3	平均值	
0	903	1 110	1 528	1 180	发育正常（800 ~ 960）
0.03	1 159	1 030	1 125	1 105	发育正常（800 ~ 960）
0.05	1 197	1 114	808	1 040	发育正常（800 ~ 960）
0.07		991	816	904	发育正常（800 ~ 960）
0.1	429	486	55	344	部分耳状幼体滞育（500 ~ 600）

续表 7.21

油浓度/（mg/L）	育出稚参数/头				影响状况（体长/μm）
	实验组 1	实验组 2	实验组 3	平均值	
0.3	25	448	19	164	出现畸形樽形
0.5	2	102	5	36	7 天后收缩（480 ~ 640）
1.0	0	5	0	2	5 天后收缩（400 ~ 640）
3.0	0	0	0	0	2 天后收缩（320 ~ 480）
5.0		0	0	0	

表 7.22　不同浓度的石油对稚参的影响

油浓度/mg/L	稚参量（头）		死亡率/%	影响状况
	实验数	23 天后		
0	170	163	4.1	发育正常
0.1	170	170	0	发育正常
0.5	170	155	8.8	发育正常
1.0	170	170	0	发育正常
3.0	170	37	78.2	部分管足失去吸附能力
5.0	170	80	52.9	部分管足失去吸附能力
10.0	170	42	75.3	部分管足失去吸附能力

表 7.23　石油类对发光菌的急性毒性效应（20 min）　　单位：mg/L

油品	EC50	EC0
0 号船用柴油	10.13	0.53
船用燃料油	27.29	1.05

石油烃在浓度较低时对生物生长有促进作用。石油主要成分中多环芳烃之一的蒽在低浓度（1.5 ~ 6 μg/L）时对金藻 8701（*Isochrysis galbana* 8701）和中肋骨条藻（*Skeletonem acostatum*）生长呈现出较明显的“毒物兴奋效应”，表现为细胞密度增加，粒度增大，蛋白质、叶绿素 a、类胡萝卜素含量增加等（王修林等，2004）。多数情况下，石油烃对浮游植物生长具有抑制作用，其抑制作用包括急性毒性作用和慢性毒性作用。石油烃对海洋浮游植物的生长影响不仅可通过降低 CO_2 的吸收、阻止细胞分裂、减小光合作用和呼吸作用速率，由此导致生长速率降低，而且使细胞中 Chl - a、类脂色素、糖脂、甘油三酸酯等含量降低。

石油污染通过影响浮游植物的生长，从而影响浮游植物—云层气候反馈体系。浮游植物由浮游动物捕食，细胞内 DMSP 被释放到海水中，或借助微生物的活动，通过酶促反应，将 DMSP 转化成 DMS（二甲基硫，Dimethylsulfide），维持海水中相对稳定的 DMS 含量。DMS 有控制和调节气候的作用，但这方面的研究报道还较少。

石油对浮游植物的间接危害也不可忽视，如 1952—1962 年，整个北大西洋和北海海面受油污损害的海鸟达 45 万只。油污杀死了大量海鸟，海鸟种类和数量减少的同时，作为其饵料的上层鱼类数量就会增加，上层鱼类的增加又引起浮游植物数量的减少。

石油污染影响昼夜垂直移动。海洋浮游动物普遍存在昼夜垂直运动，在浮游甲壳类如磷虾、桡足类中特别显著。昼夜垂直移动和光度变化相符合。乌克兰科学家对石油污染后，浮游动物的运动进行跟踪观察，许多浮游动物如小虾会错把白天视为夜幕降临，本能地从海水深处游向表层。被石油薄膜大面积覆盖着的海域，浮游小虾会不分昼夜地滞留于海水表层，石油薄膜改变了浮游动物的正常活动习惯。

7.1.3 重金属污染的生态效应

7.1.3.1 黄海重金属污染状况

1）历年黄海重金属平均浓度的变化

1979—2008年，黄海海域汞年平均浓度为0.052 μg/L。从1979年到80年代后期，汞平均浓度呈现逐渐下降的趋势，90年代汞浓度平均水平较高。2000年以后趋于平稳，2008年实测汞浓度为0.037 μg/L。

黄海北部、胶州湾和黄海南部海水中的汞浓度历年平均分别为：0.074 8 μg/L、0.032 5 μg/L和0.044 5 μg/L，以黄海北部汞含量最高（图7.16）。

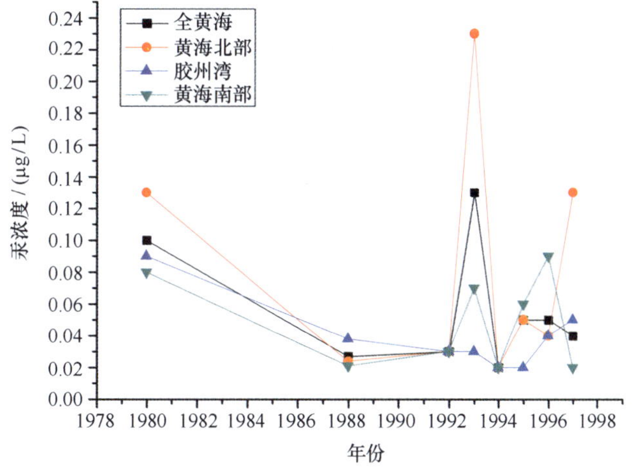

图7.16 黄海不同海域汞污染状况

黄海海域历年镉浓度平均为0.224，黄海北部、胶州湾和黄海南部海水中的镉浓度历年平均分别为：0.248 μg/L、0.251 μg/L和0.079 μg/L，以胶州湾镉含量最高（图7.17）。

黄海海域历年铅浓度平均为3.231 μg/L，黄海北部、胶州湾和黄海南部海水中的铅浓度历年平均分别为：4.386 μg/L、2.939 μg/L和3.522 μg/L，以黄海北部铅含量最高（图7.18）。

黄海海域历年铜浓度平均为1.975 μg/L，黄海北部、胶州湾和黄海南部海水中的铜浓度历年平均分别为：1.596 μg/L、2.817 μg/L和1.968 μg/L以胶州湾铜含量最高（图7.19）。

通过对重金属进行评价，黄海各个海域铅和黄海北部的汞浓度超过了国家一级海水水质标准（铅：1 μg/L；汞：0.05 μg/L），其余重金属均没有超过国家一级海水水质标准。

2）重金属入海量与评价指数变化的相关性

对汞、镉、铅的年入海量与评价指数变化进行相关性分析，3种重金属的排放量与评价指数变化的相关性系数分别为：0.753，0.837和0.235（图7.20到图7.22），说明汞和镉的入海量与海水中的浓度密切相关。

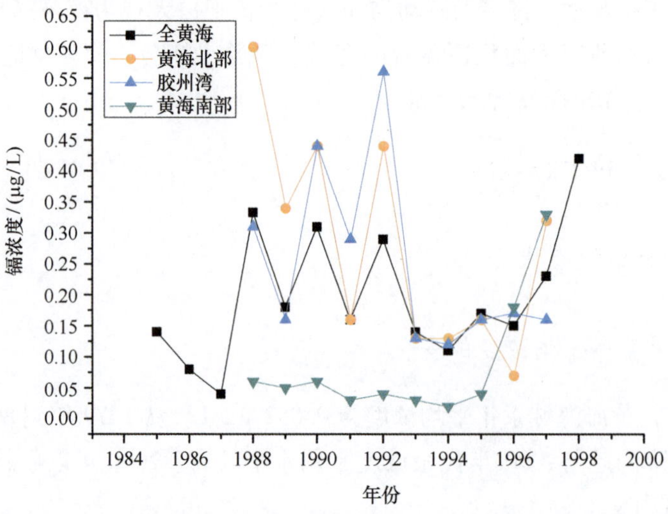

图 7.17　黄海不同海域镉污染状况

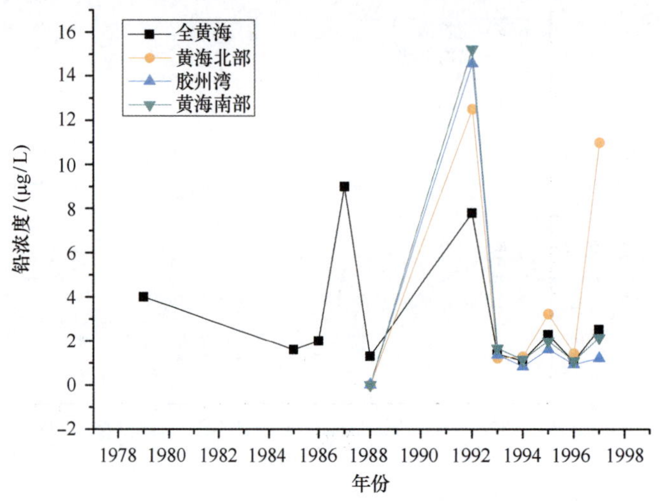

图 7.18　黄海不同海域铅污染状况

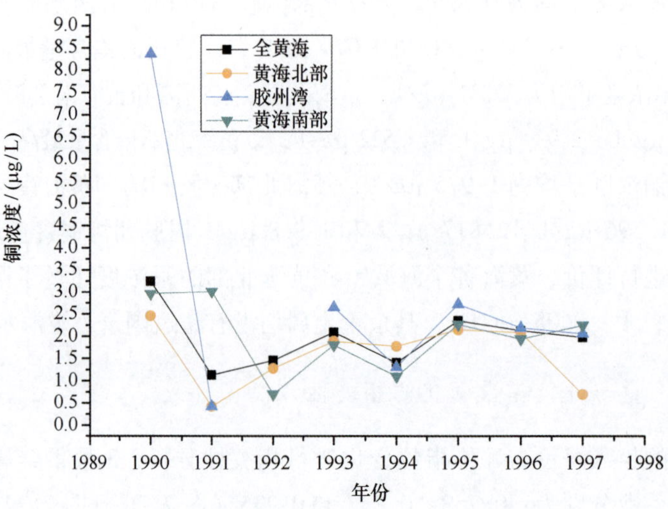

图 7.19　黄海不同海域铜污染状况

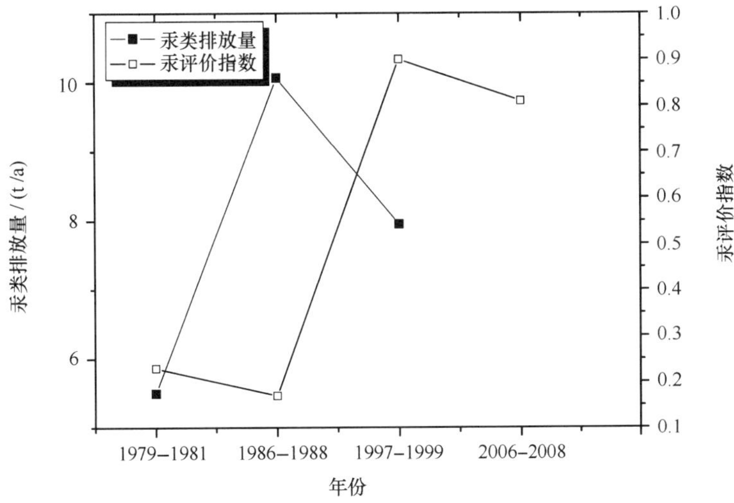

图7.20 汞排放量的变化与黄海海域汞评价指数变化的相关性

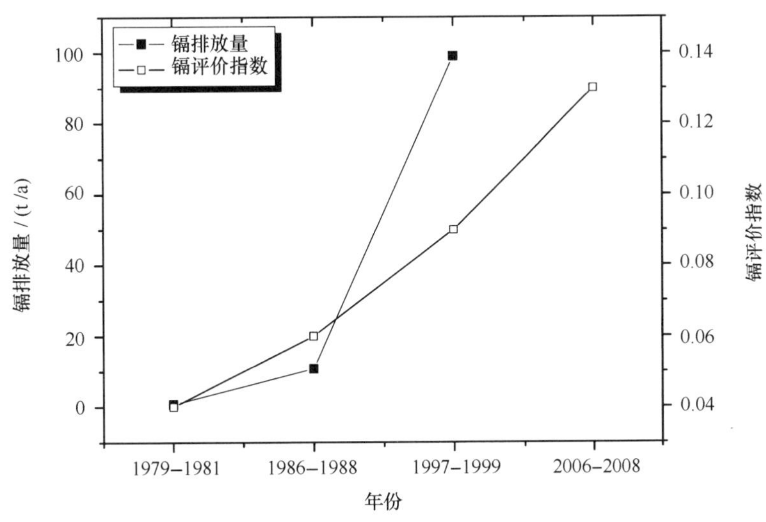

图7.21 镉排放量的变化与黄海海域镉评价指数变化的相关性

7.1.3.2 重金属污染的生态效应

重金属指比重大于4或5的金属，约有45种，如铜、铅、锌、铁、钴、镍、钒、铌、钽、钛、锰、镉、汞、钨、钼、金、银等。尽管锰、铜、锌等重金属是生命活动所需要的微量元素，但是大部分重金属如汞、铅、镉等并非生命活动所必需，而且所有重金属超过一定浓度都对人体有毒。

重金属一般以天然浓度广泛存在于自然界中，但由于人类对重金属的开采、冶炼、加工及商业制造活动日益增多，造成不少重金属如铅、汞、镉、钴等进入大气、水体和土壤，引起严重的环境污染。以各种化学状态或化学形态存在的重金属，在进入环境或生态系统后就会存留、积累和迁移，造成危害。如随废水排出的重金属，即使浓度小，也可在藻类和底泥中积累，被鱼和贝的体表吸附，产生食物链浓缩，从而造成公害。如日本的水俣病，就是因为烧碱制造工业排放的废水中含有汞，在经生物作用变成有机汞后造成的；又如痛痛病，是由炼锌工业和镉电镀工业所排放的镉所致；汽车尾气排放的铅经大气扩散等过程进入环境，

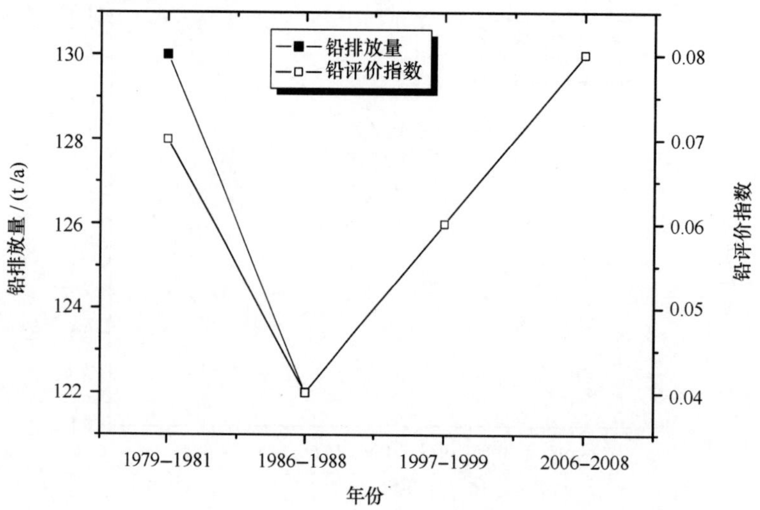

图 7.22 铅排放量的变化与黄海海域铅评价指数变化的相关性

造成目前地表铅的浓度已有显著提高，致使近代人体内铅的吸收量比原始人增加了约 100 倍，损害了人体健康。

1）重金属污染与赤潮发生的关系

黄海汞浓度的变化与对虾资源变动的相关性分析，结果显示，黄海汞、镉、铅浓度变化与赤潮发生的相关系数（*r*）分别为 -0.069、0.777、 -0.068 9、0.066 2，说明黄海镉浓度的变化与赤潮发生有密切的关系，汞和铅略呈负相关，铜为正相关，但相关性不大，说明这些金属离子浓度的波动对赤潮发生影响不大（图 7.23 到图 7.26）

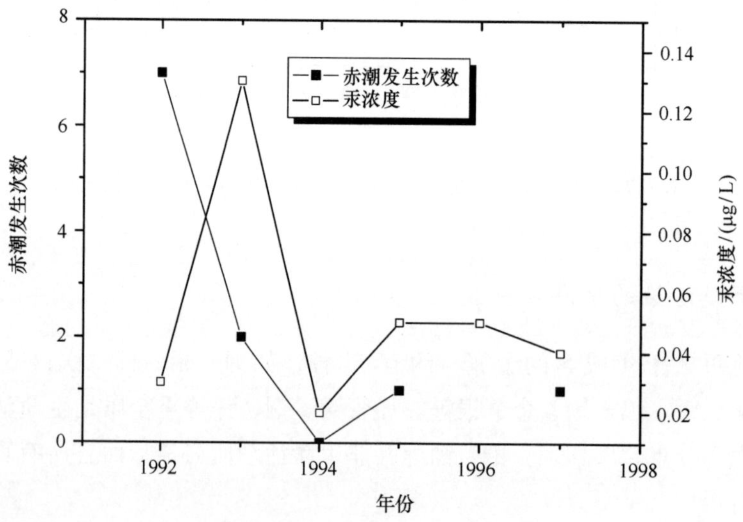

图 7.23 汞浓度与赤潮发生的相关性

2）重金属污染与生物体残留量变化的关系

对黄海海域重金属的浓度变化与菲律宾蛤仔体内残留量进行相关性分析，结果显示，海水中汞、镉、铅浓度变化与菲律宾蛤仔体内残留量变动的相关系数（*r*）分别为 0.361 mg/kg、0.523 mg/kg 和 0.648 mg/kg，说明重金属浓度变化与生物体内残留量变动有密切的关系，随海水中重金属浓度的增加，生物体内残留量相应增加（图7.27到图7.29）。

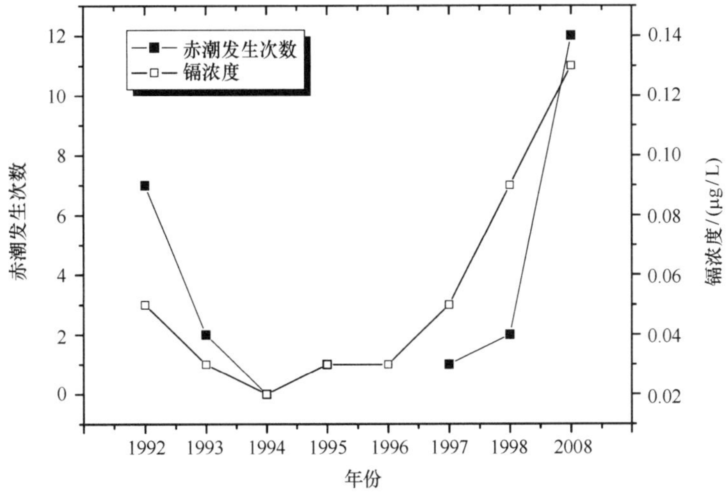

图7.24 镉浓度与赤潮发生的相关性

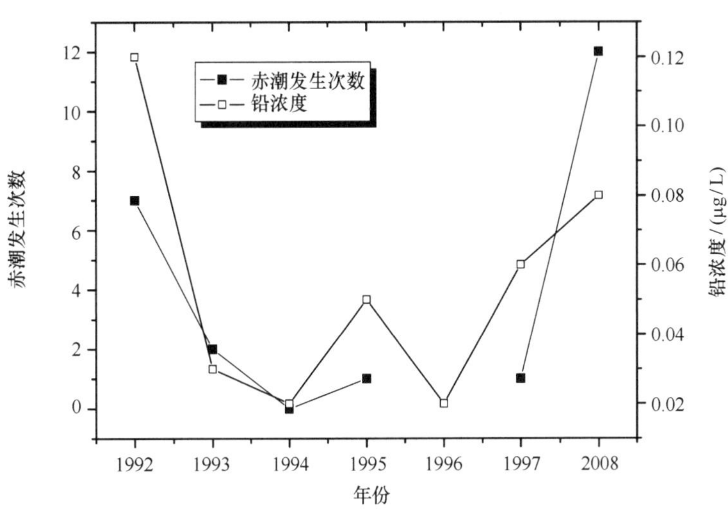

图7.25 铅浓度与赤潮发生的相关性

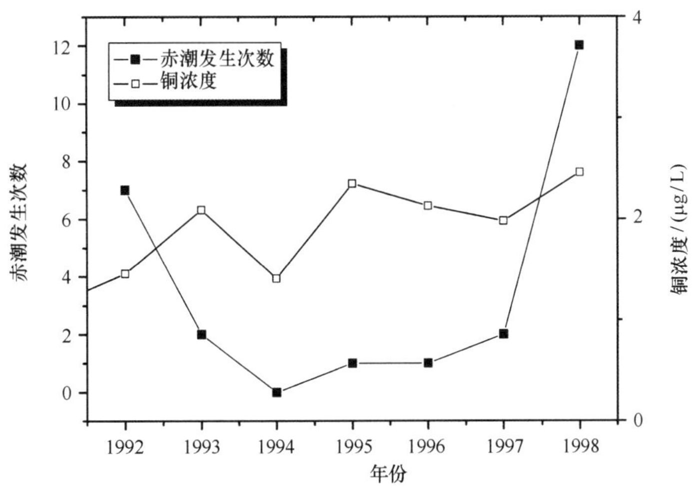

图7.26 铜浓度与赤潮发生的相关性

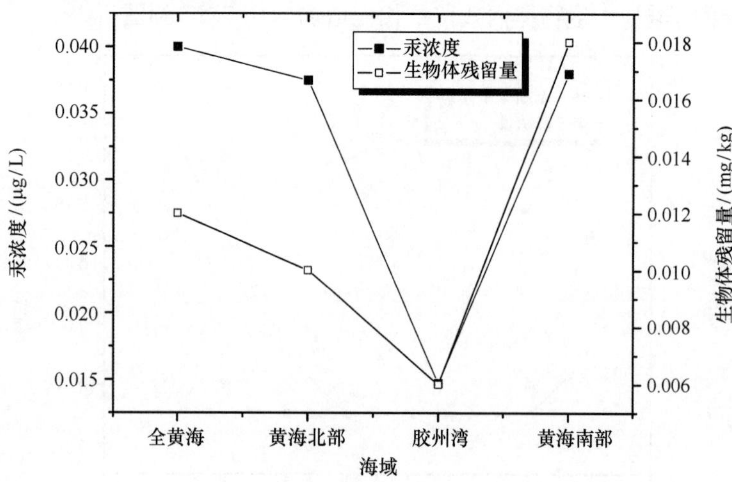

图 7.27　不同海域汞浓度与生物体残留量变化的相关性

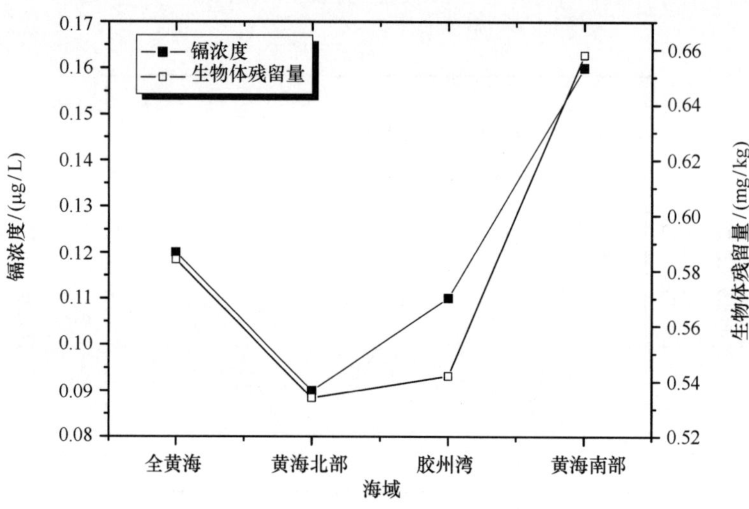

图 7.28　不同海域镉浓度与生物体残留量变化的相关性

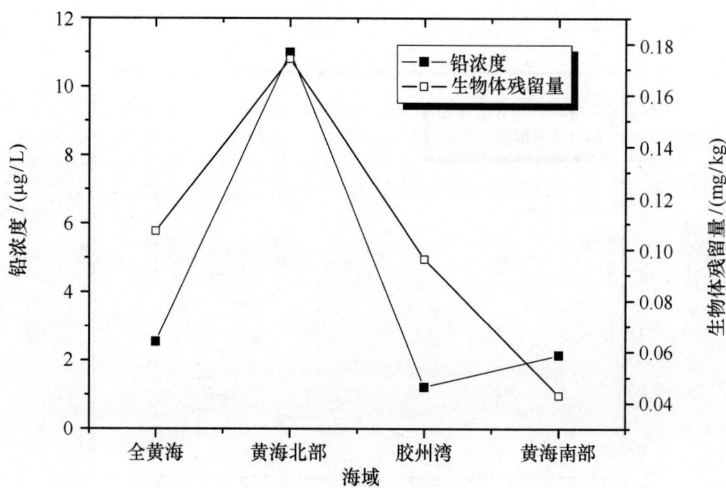

图 7.29　不同海域铅浓度与生物体残留量变化的相关性

3）重金属对海洋生物的毒性效应分析

重金属可以在不同层面上对藻类、浮游动物、软体动物、鱼类等产生影响，对分子、细胞和个体水平上的毒性效应会最终在种群、群落层次上体现出来。因此，实验室条件下研究重金属对海洋生物生理生化的影响对了解其在生态系统中的作用有重要的参考价值。

表7.24到表7.30对比了不同重金属对海洋生物的行为、发育和生长的影响。可以发现，同一重金属对不同生物，对同一生物的不同发育时期作用不同，同一生物对不同重金属也有不同的响应。它们通过急慢性毒性作用，在生物体内积累，并通过食物链和食物网的传递放大作用，改变生态系统结构和功能。

表7.24 重金属对海洋生物的毒性效应（48 h LC50，mg/L）

生物类别	Hg	Cd	Pb	Zn	Cu
三角褐脂藻	—	0.410	0.890	0.741	0.075
半滑舌鳎仔鱼	0.09	0.331	1.959	2.692	0.057
牙鲆胚胎	—	62.3	8.0	6.6	0.48
梭鱼成鱼				24.0	4.75
黑鲷稚鱼	0.01	4.8	0.78	0.602	0.25
长毛对虾糠虾幼体	0.02		2.00	0.05	0.016
紫贻贝匍匐期幼体	0.04	3.2	4.47	2.9	0.07
海湾扇贝稚贝		1.39	1.80	1.44	0.077

表7.25 重金属对贝类行为和生理生化的影响

种类	发育时间	重金属	观察反应
Mytilus. deulis	成体	Cu	瓣膜关闭
Scrobicularia. plana	成体	Cu Zn	瓣膜关闭
M. edulis	成体	Cu Zn Hg	抑制足丝的产生
M. galloprovincialis	成体	Cu	抑制蛋白质合成，ATP含量和氨
M. edulis	成体	Zn	抑制初级卵母细胞的生长和卵黄的合成
M. edulis	成体	Cu Zn	抑制呼吸作用

表7.26 汞对贻贝卵子受精、孵化和幼体变态、成活的影响

浓度/mg/L	4 h受精率/%	24 h孵出担轮幼虫率/%	48 h D虫变态率/%	72 h D虫成活率/%
对照组	90	94	90	93
0.003 2	95	92	90	64
0.005 6	97	77	64	26
0.01	26	23	12	2
0.018	14	1	0	0
0.032	2	0	0	0
0.056	0	0	0	0

表 7.27　铜对贻贝卵子受精、孵化和幼体变态、成活的影响

浓度/（mg/L）	4 h 受精率/%	24 h 孵出担轮幼虫率/%	48 h D 虫变态率/%	72 h D 虫成活率/%
对照组	94	91	89	94
0.003 2	96	86	36	75
0.005 6	96	84	84	68
0.01	92	77	74	67
0.018	92	41	1	1
0.032	80	3	0	0
0.056	53	0	0	0
0.1	41	0	0	0
0.18	26	0	0	0

表 7.28　锌对贻贝卵子受精、孵化和幼体变态、成活的影响

浓度/（mg/L）	4 h 受精率/%	24 h 孵出担轮幼虫率/%	48 h D 虫变态率/%	72 h D 虫成活率/%
对照组	95	95	76	94
0.003 2	88	89	78	88
0.01	83	83	68	70
0.032	76	66	53	70
0.1	75	30	30	27
0.32	58	10	0	0
1	49	1	0	0
3.2	1	0	0	0

表 7.29　铅对贻贝卵子受精、孵化和幼体变态、成活的影响

浓度/（mg/L）	4 h 受精率/%	24 h 孵出担轮幼虫率/%	48 h D 虫变态率/%	72 h D 虫成活率/%
对照组	89	97	89	95
0.56	95	88	20	70
1	89	91	17	13
1.8	94	90	14	0
3.2	92	67	2	0
5.6	90	39	0	0
10	85	5	0	0
18	66	1	0	0
32	41	0	0	0
56	31	0	0	0

表 7.30 镉汞对贻贝卵子受精、孵化和幼体变态、成活的影响

浓度/（mg/L）	4 h受精率/%	24 h孵出担轮幼虫率（%）	48 h D虫变态率/%	72 h D虫成活率/%
对照组	97	94	90	93
1	95	88	87	87
1.8	97	88	79	53
3.2	97	81	65	52
5.6	97	69	26	5
10	97	32	0	0
18	92	5	0	0
32	82	1	0	0
100	65	0	0	0

在已研究的金属中，Cu和Zn是很特殊的，它们起着双重作用，既为生物代谢必须的微量营养元素，又是一种高毒的重金属，一旦超过了有益的浓度，它们对藻类的生长就产生较大的毒性作用。Zn在保持蛋白核的完整性方面起着重要的作用，在缺Zn的条件下，裸藻蛋白核便消失，当添加Zn之后，蛋白核又恢复。但高浓度的Zn能抑制藻类的生长，降低叶绿素含量及光合作用。适量的Cu是藻类代谢过程中所必需的，但高浓度的Cu对藻类具有毒害作用。Cu是一种强烈的细胞代谢抑制剂。某些Cu化合物（含$CuSO_4$）被用作为杀藻剂（作为控制和防止水华的除藻剂）。用含Cu 0.05 mg/L的溶液培养海洋藻类观察到最初几天细胞数迅速降低，其后分裂速率略有增加，但在实验开始7天后仍低于对照30%～40%。斜生栅藻在第4天细胞分裂就完全停止，且明显出现褪色。

7.1.4 持久性有机污染物的生态效应

POPs是指人类合成的能持久存在于环境中、通过生物食物链（网）累积，并对人类健康及环境造成有害影响的化学物质。POPs具有很强的亲脂憎水性，可以沿食物链逐级放大。低浓度存在于大气、水、土壤中的POPs，通过食物链对处于最高营养级人类的健康造成严重损害。而同时，因其具有半挥发性，能在大气环境中长距离迁移，并通过所谓的“全球蒸馏效应”和“蚱蜢跳效应”沉积到地球的偏远极地地区，导致全球范围的污染传播。

在所有因人为因素每年向环境释放的污染物中，最危险的是POPs。几十年来，这些高毒性的化学物质已经因致癌和破坏神经、生殖和免疫系统等使人和动物死亡及患病，它们还导致了不计其数的出生缺陷。在这个世界上，每个人的体内都携带有微量的POPs。已有证据显示，POPs与生物体损害、癌症的发病率和男性精子减少等有直接关系。

7.1.4.1 持久性有机污染物污染状况

黄海海域持久性有机污染物主要检测项目有六六六、PCBs、DDT、酞酸酯类和多环芳烃等。其中，六六六自20世纪80年代被禁用以来，海水中六六六的平均浓度从1979年的0.182 μg/L下降到1989年的0.035 μg/L（图7.30）。

PCBs、DDT、酞酸酯类和多环芳烃的分布趋势均呈现呈近岸高、外海低（表7.31）。PCBs分布近岸三省含量水平为江苏近岸 > 辽宁近岸 > 山东近岸。黄海近岸的平均值为0.65 g/kg，最大值出现在大连湾，为24.2 g/kg。黄海外海的平均值为0.495 g/kg，最大值出

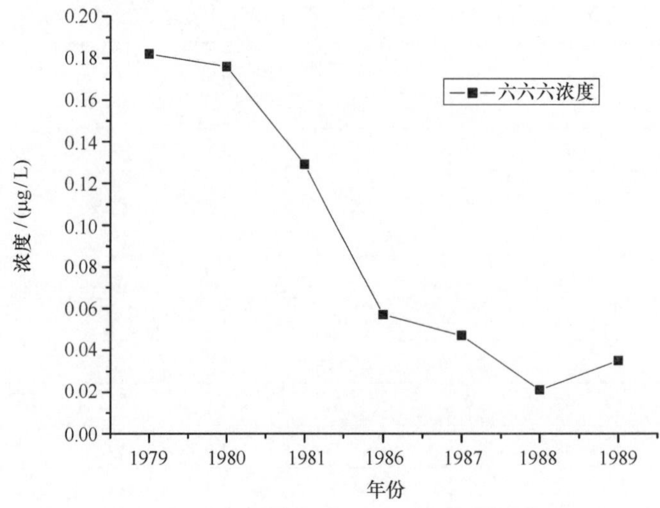

图 7.30　不同年份海水中六六六浓度变化

现在南黄海外海。DDT 分布近岸三省含量水平为辽宁近岸 > 山东近岸 > 江苏近岸。最大值出现在山东近岸；黄海外海的最大值出现在南黄海外海。酞酸酯类分布近岸三省含量水平为山东近岸 > 江苏近岸 > 辽宁近岸。黄海近岸的最大值出现在辽宁近岸，为 $1\,928 \times 10^{-2}$ g/kg；黄海外海最大值出现在南黄海外海，为 363×10^{-2} g/kg。多环芳烃分布近岸三省含量水平为辽宁近岸 > 山东近岸 > 江苏近岸。黄海近岸的最大值出现在大连湾，为 $8\,294 \times 10^{-2}$ g/kg；黄海外海的最大值出现在南黄海外海，为 116×10^{-2} g/kg。

表 7.31　黄海海域沉积物中持久性有机污染物　　单位：g/kg

项目	类别	江苏省近岸	山东省近岸	辽宁省近岸	黄海近岸	黄海外海
PCBs	检出率/%	85	19.2	62.5	51.6	36.4
	最小值	0.15	0.15	0.15	0.15	0.15
	最大值	14.6	9.26	24.2	24.2	37.3
	平均值	2.98	0.29	0.74	0.65	0.49
DDT	检出率/%	45	42.3	68.8	50	24.2
	最小值	0.35	0.35	0.35	0.35	0.35
	最大值	31.7	63.9	7.63	62.9	46.4
	平均值	0.87	1.08	1.81	1.0	0.61
酞酸酯类	检出率/%	46.2	100	93.8	83	56.5
	最小值	1.15	10.5	1.15	1.15	1.15
	最大值	387	599	1 928	1 928	363
	平均值	87.5	200	73	55.2	6.84
多环芳烃	检出率/%	30.8	88.9	100	76.6	56.5
	最小值	24.6	24.7	28.9	24.6	24.6
	最大值	110	664	8 294	8 294	116
	平均值	33.4	75.9	152	74.1	38.3

资料来源：第二次黄海污染基线调查。

7.1.4.2 持久性有机污染物与生物体残留量的相关性

黄海海域 PCBs 和 DDT 浓度变化与生物体体内残留量的变动的相关性分析结果（图 7.31、图 7.32）显示，PCBs 浓度变化与生物体体内残留量的变动的相关系数（r）为 0.493，黄海 PCBs 浓度与生物体体内残留量变动存在正相关的关系。入海的 PCBs 增加将会对海洋生物产生不利影响。DDT 浓度变化与生物体体内残留量的变动的相关系数（r）为 0.174，也存在一定的正相关关系。

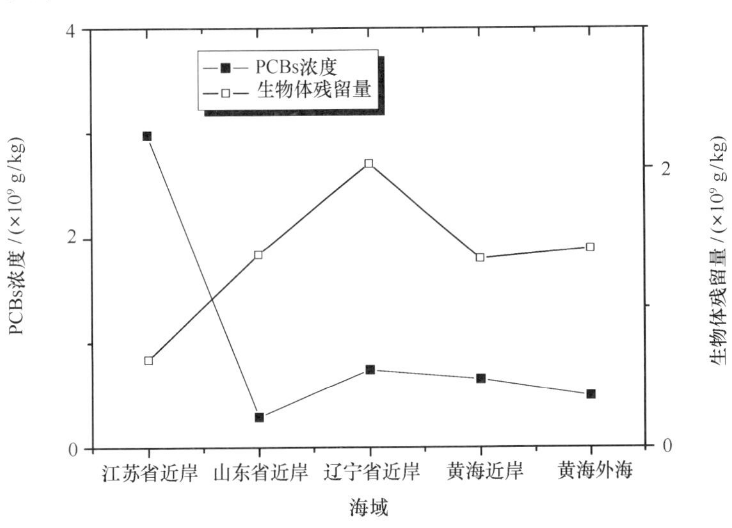

图 7.31 黄海不同海域 PCBs 浓度与生物体残留量的相关性

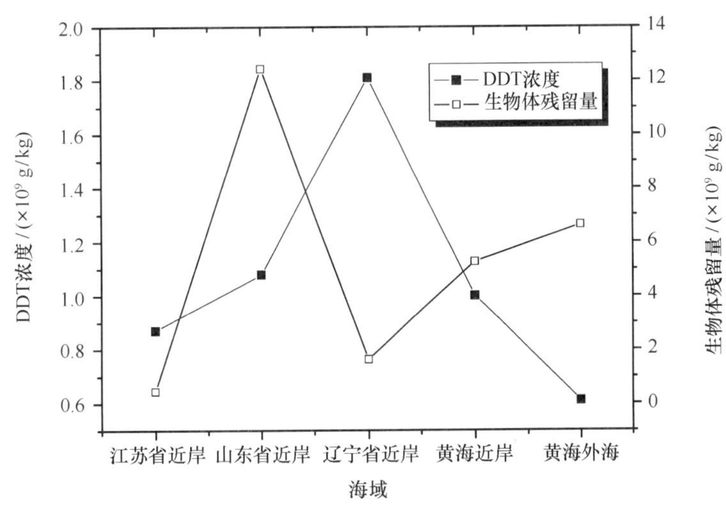

图 7.32 黄海不同海域 DDT 浓度与生物体残留量的相关性

7.1.4.3 持久性有机污染物的生态效应分析

持久性有机污染物可引起藻类生长受阻、细胞活力降低，抑制色素体恢复，阻止细胞分裂，破坏细胞团放散，畸变细胞形态，加速细胞衰亡等（表 7.32）。且由于其难降解，易于在生物体内蓄积，并沿食物链传递，对生物和人类产生不利影响。

表 7.32 持久性有机污染物对海洋生物的影响

污染物种类	目标生物	效应	引用文献
DDT	小新月菱形藻	生长受阻、降低细胞活力	帅莉等，2008
多环芳烃	小新月菱形藻 > 甲藻，三角褐指藻，中肋骨条藻，小球藻，亚心形扁藻	甲苯、萘、2－甲基萘、菲的 72 h－EC50 分别为 34.1－114，3.9－7.3，1.69－3.03，0.6－1.92（mg/L）	江玉等，2002
蒽、多氯联苯、三丁基氧化锡	坛紫菜	抑制色素体恢复，阻止细胞分裂，破坏细胞团放散，畸变细胞形态，加速细胞衰亡	杨堃峰，2006

7.2 海洋非环境污染因素的生态影响

7.2.1 渔业生产的生态影响

与人类的其他海洋活动一样，海洋渔业活动对海洋生态系统也造成了许多不利的生态影响，且随着渔捞技术的进步和渔捞努力量的加大，这种影响有继续加大的趋势。人们曾经认为海洋渔业活动除了对目标生物有影响外，对海洋生态系统的结构和功能的影响非常小。最新的研究和实践活动都表明，海洋渔业对海洋生态系统的影响被严重低估。

海洋渔业活动主要包括传统海洋捕捞生产、海洋游钓渔业。当前，世界大多数海洋渔场都有开发过度的迹象，现在的海洋渔捞渔获物中，大个体鱼、优质鱼少，而低龄鱼、低值鱼却占总渔获物的80%甚至90%以上。而据联合国粮农组织估计，在世界200余种主要渔业资源中，有10%已经严重枯竭，18%开发利用过度，资源出现衰退，47%已被充分利用，25%适度开发或者开发利用不足，被充分利用的种类几乎均朝向过度利用的方向发展。可以说，世界海洋渔业生产已经发生了巨大的改变，几乎走到崩溃的边缘。

7.2.1.1 黄海区域各渔业生产区的养殖及捕捞情况

黄海是我国海水养殖的主产区之一，1985—1994 年，黄海海域的辽宁省、山东省、江苏省在养殖产量和养殖面积上均有较大幅度的提高（表 7.33）。

表 7.33 黄海海域沿岸各省海水养殖情况

年份	辽宁		山东		江苏	
	产量/ $\times 10^4$ t	面积/ $\times 10^4$ 亩①	产量/ $\times 10^4$ t	面积/ $\times 10^4$ 亩	产量/ $\times 10^4$ t	面积/ $\times 10^4$ 亩
1985	16.73	83.59	18.71	47.64	1.52	72.83
1986	24.46	89.44	16.36	54.32	2.23	94.33
1987	32.15	94.53	23.30	66.79	2.92	97.91
1988	43.25	99.45	38.18	96.23	3.26	106.27
1989	48.13	105.16	47.80	96.11	3.45	104.41
1990	51.40	107.18	46.37	82.22	3.17	100.34
1991	54.94	110.01	62.12	102.62	3.57	105.11
1992	55.52	127.58	83.75	105.58	3.34	107.34
1993	73.80	168.25	127.24	171.21	4.95	115.56
1994	76.52	188.43	165.73	172.17	6.05	114.73

① 1 亩 = 0.066 7 hm^2。

我国在黄海区的平均渔获量从50年代的36×10^4 t增加到90年代初的113×10^4 t，再到目前的320×10^4 t，产量虽然增加了近10倍，但渔业资源的结构却发生了很大的变化，资源趋于小型化，低龄化、劣质化、主要鱼类资源从利用不足到充分利用，最后走上了捕捞过度的道路。图7.33说明了黄海海域和全国近30年渔获量的变化。从中可以看出，近几年渔获量增加逐渐放缓。

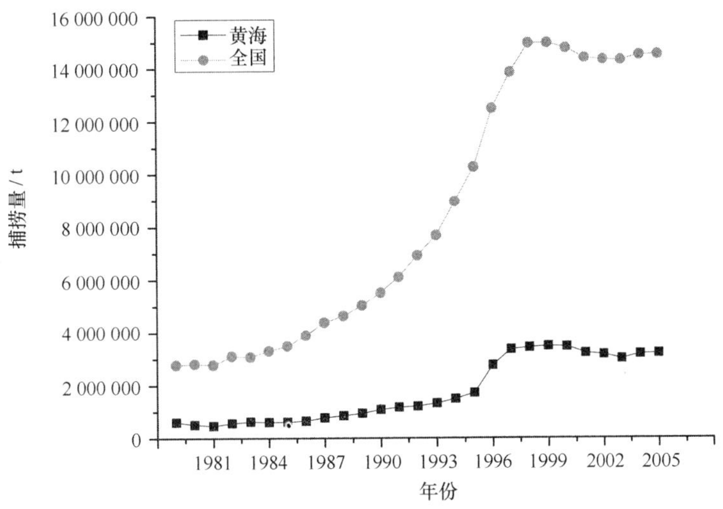

图7.33 不同年份黄海及全国海洋渔业资源捕获量

7.2.1.2 渔业生产的生态效应

与世界渔业生产衰退相对应的是世界海洋生态环境的持续恶化。海洋渔业的生产会严重破坏海洋生态系统的完整性，而海洋生态系统的退化又加剧了渔业的衰退。渔业生产导致海洋中目标种类的生物量减少，由于目标生物有一定的分布区域或者洄游路线，有针对性的、高强度的海洋捕捞往往使目标生物迅速减少以致趋于枯竭。生态系统中价值高、个体大的种类被过度捕捞后，人们的捕捞目标必然转向其他一些价值较低的物种，而当这些价值较低的物种生物量枯竭后，捕捞目标随之转向价值更低的种类，这样依次将使生态系统的所有物种都被过度利用，造成渔业资源的系列性枯竭和物种品种的退化。

1）黄海滩涂养殖发展对环境质量变化的影响

对黄海沿岸对虾养殖产量和养殖区域COD、无机氮和无机磷浓度变化的相关性分析结果（图7.34）表明，对虾养殖量的变化与COD、无机氮和无机磷浓度变化的相关系数（r）分别为0.634、-0.053和0.115。说明对虾养殖业的发展对COD的污染有相当大的促进作用，对无机氮和无机磷污染相关性较小。

2）捕捞能力的发展对渔业资源的影响

伴随着渔业产量的增加，捕捞力量迅速增加。对1985—1994年间山东省捕捞力量的发展与对虾资源变动的发展相关性分析表明（图7.35），渔船马力发展与对虾资源变动的相关系数（r）为-0.735，渔船数量发展与对虾资源变动的相关系数（r）为-0.767，可以说，捕捞业的发展对黄海海域对虾资源有着重要的制约作用（图7.36）。

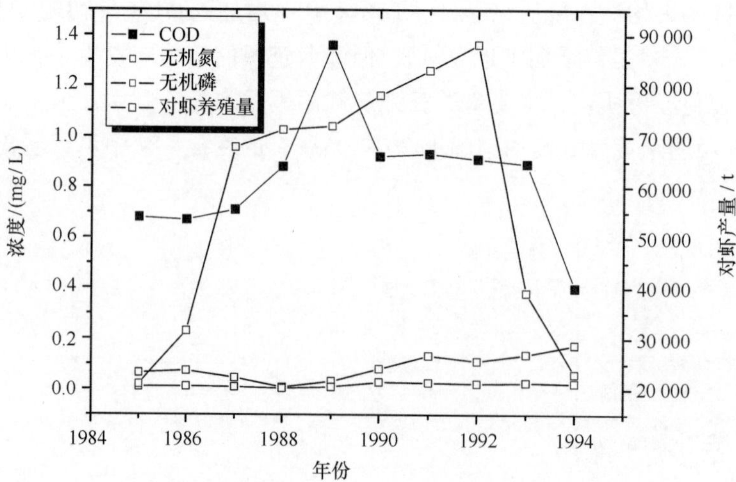

图 7.34 对虾养殖产量与环境质量变化的相关性

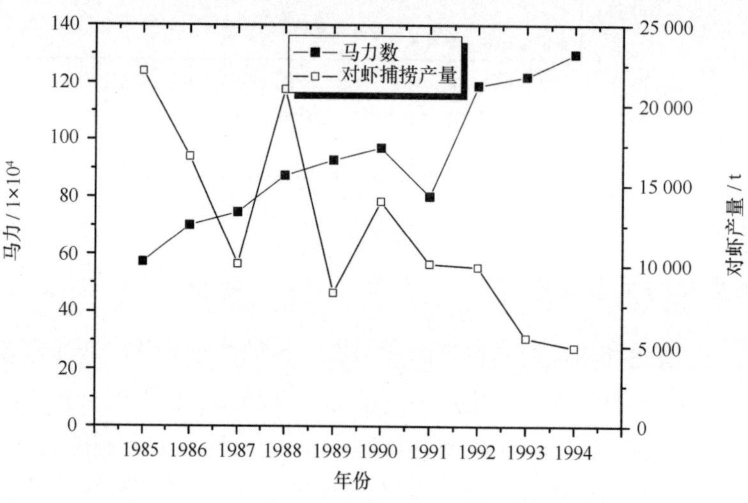

图 7.35 山东省捕捞力量发展对对虾资源变动的相关性

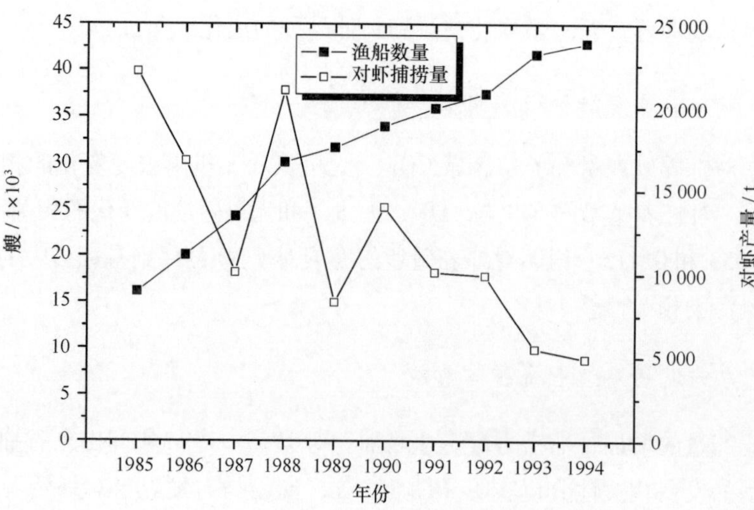

图 7.36 山东省渔船发展对对虾资源变动的相关性

3）主要经济渔获量的变化

（1）底层渔获量的变化

黄海区底层鱼类中的小黄鱼、带鱼、鳕鱼、真鲷、大黄鱼、黄姑鱼、牙鲆、高眼鲽、海鳗九种主要经济鱼类的合计产量，1985—1994 年，波动在 217 144 ~ 324 341 t，1988 年产量最低，1994 年最高（表 7.34）。

表 7.34 1985—1994 年主要底层经济鱼类渔获量 单位：t

年份	1985	1986	1987	1988	1989	1990	1991	1992	1993	1994
大黄鱼	13 937	2044	4383	6964	4378	3865	6007	10551	11333	17 191
小黄鱼	12 587	13 409	16 806	20 790	12 939	18 648	36 412	45 624	61 569	74 762
带鱼	99 570	43 351	7 383	73 883	85 247	95 001	111 770	120 246	111 033	164 247
鲷鱼	34	38	60	646	193	94	209	866	2 100	1 252
马面豚	115 241	152 129	160 474	96 238	162 251	96 793	106 470	44 839	17 399	10 281
海鳗	2 274	1 860	2 123	2 552	1 901	2 442	3 282	4 610	4 079	8 986
梭鱼	4 011	4 176	5 724	7 957	5 932	5 113	10 808	5 704	14 301	23 919
白姑鱼			550	407	2 708	3 575	2 475	4 130	124	746
鲆鲽类	3 621	4 205	8 360	7 707	11 313	16 345	12 727	19 793	23 338	22 957
合计	251 275	221 212	205 863	217 144	286 862	241 876	290 160	256 363	245 276	324 341

（2）中上层鱼类渔获量的变化

鳓鱼、太平洋鲱鱼、马鲛、鲐鱼、鲳鱼、鳀鱼、远东拟沙丁鱼 7 种主要经济中上层鱼类合计产量 1985—1994 年呈逐年增加的趋势，从 1985 年的 11 806 t 增至 1994 年的 581 898 t，增长了 3.9 倍。太平洋鲱鱼和远东拟沙丁鱼呈现减少趋势（表 7.35）。

表 7.35 1985—1994 年主要中上层经济鱼类渔获量 单位：t

年份	1985	1986	1987	1988	1989	1990	1991	1992	1993	1994
马鲛	56 609	54 843	61 047	74 494	75 743	132 290	114 508	68 260	66 073	104 848
鲐鱼	30 941	40 465	51111	67 425	58 738	43 304	64 031	71 440	75 885	98 062
鲱鱼	2 550	1 729	3 354	2 408	798	834	1 065	89		98
鳓鱼	4 535	3 721	3 407	2 876	3 231	7 741	5 736	3 927	4 762	3 804
鲳鱼	24 171	26 911	26 295	14 338	12 816	20 749	31 953	13 239	22 140	31 933
拟沙丁					14 051	12 761	19 667	10 832	7 191	6 269
鳀鱼					20 035	43 706	68 459	162 273	272 923	336 884
合计	118 806	127 669	145 214	161 541	185 412	261 385	305 455	330 060	448 974	581 898

目前处于严重衰退状态的鱼类包括：大黄鱼、小黄鱼、带鱼、红娘鱼、黄姑鱼、鳕鱼、鳐类等，只有中小型的中上层鱼类和头足类尚可捕捞。

4）胶州湾渔业生产的变化

胶州湾有着丰富的基础饵料，是黄海多种鱼、虾、蟹类的产卵场、索饵场、育幼场，具有重要的生态价值。近年来，随着两湾生态环境的恶化，海洋生物资源急剧衰退，优质鱼虾类已形不成鱼汛。

最近40年间胶州湾生物种类明显下降。胶州湾东部沧口潮间带的生物种数由60年代的141种下降到80年代的17种，90年代由于潮间带滩面基本消失，生物种类少于10种，中潮带上部已成为无生物区。

20世纪80年代以来，胶州湾内渔业资源大幅度下降，特别是历年来渔业的主要经济鱼虾蟹等种类濒临消失，资源量趋向枯竭。据资料统计，胶州湾渔获种类已经由80年代的109种降至90年代的58种，减少了46.3%，90年代的网获量仅占80年代的10%左右，尤其是牙鲆、真鲷、梭鱼、半滑舌鳎鱼等优质鱼种数量锐减。

胶州湾生物优势种已发生了较大的变化。20世纪50年代，渔业种类主要是优质底层和近底层鱼类，如：鲅鱼、带鱼、黄姑鱼、鳓鱼、墨鱼、对虾等20多种经济鱼类，而这些经济鱼种目前在湾里却几乎绝迹了。80年代，有113种鱼类，主要优势种为牙鲆、寿南小沙丁鱼、斑鰶、鲮、长绵鳚等。然而2003—2004年，在胶州湾及其邻近水域仅捕获75种鱼类，主要以鰕虎鱼科鱼类、鱼衔科鱼类、六线鱼、鳀、赤鼻稜鳀、方氏云鳚的幼鱼为主。

7.2.2 海洋与海岸工程的生态影响

目前沿海各地围海、填海活动呈现出速度快、面积大、范围广的发展态势，无序、无度的填海造地已对毗邻海域资源和生态环境造成一系列严重破坏，表现为海岸线急剧缩短。我国大部分围填海工程均位于海湾内部，其直接后果就是，海岸线经截弯取直后长度大大缩短。近期的历史遥感图像对比则发现，围海、填海活动导致山东省的自然海岸线比20年前减少了500多千米。海岸生态系统退化，缺乏合理规划的大规模围填海活动，导致滨海湿地、红树林、珊瑚礁、河口等重要生态系统严重退化，生物多样性降低。比如，因为围填海和滩涂开发，广西有2/3的红树林已经消失；上海市崇明东滩湿地鸟类资源丰富，已进入国家首批重点保护湿地名录，但几次围垦，致使在此越冬的3 000多只小天鹅丧失了栖息地；重要渔业资源衰退。大面积的围填海工程改变了水文特征，影响了鱼类的洄游规律，栖息地、产卵场等鱼类生存的关键环境遭到破坏，渔业资源锐减。辽宁省庄河市蛤蜊岛附近海域生物资源丰富，但连岛大堤的修建彻底破坏了海岛生态系统，由此引发的淤积造成生物资源严重退化，原先的“中华蚬库”不复存在；海岸防灾减灾能力降低。海岸带系统，尤其是滨海湿地系统具有防潮消波、蓄洪排涝的作用。由于围填海工程改变了原始岸滩地形地貌，海岸带的防灾减灾能力降低，海洋灾害的破坏程度加剧。山东省无棣县、沾化县的围填海工程使其岸线向海洋最大推进了数十千米，潮间带宽度锐减。1997年、2003年两县连续遭受特大风暴潮袭击，直接经济损失超过28亿元，如此密集和大规模的海洋灾害在当地历史上是绝无仅有的。

7.2.2.1 连云港近岸海域海洋工程概况

连云港作为我国重要的港口城市，是全国八大渔场之一。在港口建设、临海工业、沿海旅游和近海养殖等海洋开发活动方面发展迅速，近岸海洋工程不断增多。1989年在海州湾顶建成了国家一类重点化工企业——连云港碱厂；连云港港口规模不断扩大，其扩建的骨架工程——西大堤是我国最大的拦海大堤；1999年开工的我国目前单机容量最大的核电站——田湾核电站于2005年10月正式投入运行。这些近岸工程对连云港的经济发展具有十分重要的作用，但不可忽视的是，这些海洋海岸工程也带来了一些生态影响。

7.2.2.2 连云港近岸海域海洋工程的生态影响

2005年10月，连云港进行了近岸工程对生态环境的影响评价。调查海域的大型底栖生物的丰度和生物量总平均值分别为754.2 ind/m^2和29.637 g（w.w）/m^2，其中，碱厂海域平均丰度最高，为1 024 ind/m^2，核电站和港口海域的丰度值较低，分别为754.2 ind/m^2和585.2 ind/m^2。港口和碱厂海域的生物量较高，分别为38.986 g（w.w）/m^2和36.937 g（w.w）/m^2，核电站外海的生物量最低，为29.637 g（w.w）/m^2。

从种类组成上看，多毛类、软体动物和甲壳类为主要类群，分别占总种数的41.5%，27.5%和22.5%，碱厂、港口和核电站分别出现大型底栖动物51种、49种和40种。

多样性指数的平均值为2.967，港口海域多样性指数最大，为3.033，碱厂最低，为2.785（表7.36到表7.40）。

表7.36　碱厂海域底栖生物参数

样品号	丰度	生物量	种数	丰富度	多样性	均匀度
JC01	545.3	1.942	9	0.88	1.41	0.444
JC02	304	11.432	18	2.06	3.94	0.944
JC03	784.7	7.407	19	1.87	3.87	0.911
JC04	837.9	9.948	21	2.06	3.85	0.877
JC05	478.8	29.167	14	1.46	3.41	0.896
JC06	199.5	23.993	9	1.05	3.06	0.965
JC07	319.2	1.28	9	0.862	2.64	0.832
JC08	465.5	2.564	12	1.24	2.9	0.809
JC09	970.9	8.061	20	1.91	3.37	0.779
JS04	5 971.7	315.917	16	1.2	1.16	0.29
JS05	465.5	28.877	11	1.13	2.9	0.838
JS06	1 715.7	20.11	17	1.49	2.26	0.553
JS08	252.7	19.485	6	0.626	1.44	0.558
平均值	1 024	36.937	13.923	1.38	2.785	0.746

表7.37　港口海域底栖生物参数

样品号	丰度	生物量	种数	丰富度	多样性	均匀度
GK01	1 090.6	111.8	16	1.49	2.99	0.747
GK02	212.8	0.865	8	0.905	2.52	0.841
GK03	545.3	6.182	18	1.87	3.68	0.882
LH07	585.2	12.848	14	1.41	2.98	0.782
LH08	93.1	0.24	5	0.612	2.24	0.963
LH09	984.2	101.982	23	2.21	3.79	0.838
平均值	585.2	38.986	14	1.416	3.033	0.842

表7.38　核电站海域底栖生物参数

样品号	丰度	生物量	种数	丰富度	多样性	均匀度
H03	279.3	1.197	12	1.35	3.27	0.912
H06	172.9	0.519	8	0.942	2.65	0.885
H07	970.9	17.197	18	1.71	3.54	0.85

续表 7.38

样品号	丰度	生物量	种数	丰富度	多样性	均匀度
H08	425.6	30.258	11	1.15	2.79	0.807
H09	545.3	13.367	13	1.32	2.93	0.792
H10	172.9	7.865	10	1.21	3.24	0.975
H14	961.6	24.553	19	1.91	3.57	0.84
H15	412.3	1.303	14	1.5	3.46	0.844
H16	372.4	19.471	14	1.52	3.46	0.909
平均值	449.2	12.85	13.222	1.401	3.184	0.868

表 7.39　三个海域各类群丰度的百分含量组成

丰度	腔肠动物	纽形动物	多毛类	软体动物	甲壳类	棘皮动物	毛颚类	腕足类	鱼类
碱厂	0.279	5.722	42.703	46.085	3.483	1.216	0	0	0.512
港口	0	0	51.352	38.145	9.624	0.225	0.225	0.202	0.225
核电站	0	3.753	56.03	32.034	6.829	1.355	0	0	0

表 7.40　三个海域各类群生物量的百分含量组成

丰度	腔肠动物	纽形动物	多毛类	软体动物	甲壳类	棘皮动物	毛颚类	腕足类	鱼类
碱厂	5.964	3.139	8.822	49.997	15.212	11.963	0	0	4.904
港口	0	0	12.403	44.351	28.18	10.629	0.011	0.036	4.391
核电站	0	4.557	15.281	36.352	13.801	30.011	0	0	0

7.2.3　倾废

7.2.3.1　海洋倾废概况

海洋倾废是人类有意识、有目的地利用海洋环境容量和迁移能力，处置废弃物的一种活动，具体是指利用船舶、航空器、平台或其他载运工具向海洋处置废弃物和其他有害物质的行为，包括弃置船舶、航空器、平台及其辅助设施和其他浮动工作的行为。

我国的海洋倾废主要是倾倒航道、港池的疏浚物。1950 年以后，随着国民经济和海上对外贸易的发展，我国港口和航道建设也得到了长足的发展，利用海洋空间处置废弃物的规模也迅速扩大。港口、航道疏浚物海洋倾倒从 50 年代初的 300×10^4 m^3 发展到 60 年代的近 800×10^4 m^3，70 年代初上升到近 $2\ 000\times10^4$ m^3，80 年代初全国的海洋倾废量已发展到近 $4\ 000\times10^4$ m^3。到 2008 年疏浚物的量达到 $12\ 445.87\times10^4$ m^3。

1986 年 3 月 12 日，国家海洋局根据沿海倾倒的需要选划了第一批海洋倾倒区。此后，国务院分别多次批准国家海洋局上报的海洋倾倒区。至此，中国共有国务院批准的海洋倾倒区 41 个，各海区海洋管理部门批准的临时海洋倾倒区 25 个。近 10 年的倾废量及使用倾废区的数量见表 7.41。从表中可以看出，黄海海域使用倾废区的数量变化不大，但总倾废量总体趋势是上升，而且有个别倾倒区已经存在轻微淤浅。随着倾废量的不断增加，底栖生物密度下降、生物量减少和群落结构趋于简单的现象很有可能加重。由此引发的生态灾害不应忽视。

表 7.41 黄海海域近10年倾废量

年份	倾废量/×10^4 m^3	倾废区个数
1999	803.4	19
2000	1 676	17
2001	1 479	17
2002	1 990	18
2003	3 525	21
2004	3 010	25
2005	4 749	20
2006	3 815	24
2007 *	5 351	19
2008 *	3 213	13

注：表中数据为前一年12月至当年11月统计结果。带＊者为黄渤海倾废量。

7.2.3.2 北黄海5号倾废区生态环境状况

北黄海5号倾废区主要接受大连化工业排放的固体废弃物，以大连化学工业公司的无毒碱渣为主。碱渣来源于原料石和石灰石。

1）水产资源

倾废区附近海域具备鱼、虾、贝、藻栖息和繁殖的良好条件，水产资源丰富，汛期长，分布广。著名的海洋岛渔场和烟威渔场就在附近，主要经济种类如带鱼、对虾、青鱼、鲐鱼、鲅鱼和鲆鲽类在附近越冬、产卵、生殖、索饵等。

2）细菌

北黄海5号倾倒区水和沉积物中异养细菌和硫化细菌、硝化细菌的数量分布，分析了其菌属组成和季节变化。结果表明，本海区表层水中异养细菌平均丰度为2.8×10^4个/L，表层沉积物为3.6×10^4个/L。异养细菌数量垂直分布以表层水菌数最高，30 m层次之，10 m和45 m水层菌数最低且相似，一般比表层少1个数量级，比30 m层少近半个数量级，而且该分布趋势四季一致。夏季表层水中菌数比其他季节高约1个数量级，其他三季则没有明显季节变化。表层沉积物中细菌数量的季节变化四季基本无差异。本海区异养细菌菌群由17个菌属组成。其中，革兰氏阴性细菌在表层水中占优势，优势菌属为黄杆菌属、菊萄球菌属、不动细菌属、假单胞菌属和黄单胞菌属。在表层沉积物中，革兰氏阴性和阳性细菌所占比例相近，优势菌属为黄杆菌属、葡萄球菌属、棒状杆菌属和肠杆菌科。

硫化细菌在水样和沉积物样品中的检出率均为100%，但数量比异养细菌少1个数量级，在表层海水中平均为4.8×10^3个/L，表层沉积物中平均为1.4×10^3个/L，且分离的硫化细菌菌株都隶属于硫杆菌属（*Thiobacillus* sp）。

硝化细菌在该海域检出率较低，表层水样检出率为26.9%，数量在60个/L以下；表层沉积物为22.2%，数量在250个/L。硝化细菌由硝化球菌属（*Nitrococcus*. sp）、硝化刺菌属（*Nitrospina*. sp）和硝化杆菌属（*Nitrobacter*. sp）三个属组成。春季检出率最高，硝化杆菌属在表层和沉积物中均为优势菌属。

3）浮游植物

倾废区共鉴定出浮游植物71种，种群结构以温带近岸和广布种为主。数量的平面分布差异及季节变化幅度均较小，多样性指数最高值在秋季，四季平均值为2.11。

4）浮游动物

共鉴定浮游动物30种，主要种类有：中华哲水蚤，强壮箭虫，小拟哲水蚤，近缘大眼剑水蚤，拟长腹剑水蚤，夜光虫等。此外，墨氏胸刺水蚤，克氏纺锤水蚤，太平洋磷虾（幼体）在不同月份也占有一定比例。数量上以小型桡足类所占比例较大。温度和跃层对浮游动物的垂直移动有阻碍作用。

7.2.3.3 青岛倾倒区

青岛海洋倾倒区位于胶州湾口外，是专门用于接受港口、航道疏浚物的海区，于1986年启用至今，已接受约5.0×10^7 m^3疏浚物。该海区紧邻航道、养殖和旅游度假区，是环境敏感区和经济开发的热点区，疏浚物倾倒对该海域海洋资源和环境的影响日益受到人们的密切关注。

1）青岛倾倒区海水水质变化

青岛倾倒区海水水质年际变化趋势为下降—上升—缓慢下降的起伏过程（表7.42）。1985年至1991年，海水水质处于下滑阶段，1991年为历年最差水质，综合指数仅为2.995，之后水质趋于好转，至1997年水质与1985水平相当，随后水质更加趋于好转，到2000年水质达到最优，之后水质略有下降。总之，90年代水质整体质量较差，进入21世纪后基本维持良好状况。

表7.42 1985—2003年青岛倾倒区海水水质变化

年份		1985	1991	1997	2000	2003	2003
隶属度	1	0.369	0.119	0.351	0.861	0.876	0.514
	2	0.632	0.759	0.623	0.123	0.124	0.495
	3	0	0.122	0.026	0	0	0
	4	0	0	0	0	0	0
综合指数		3.372	2.995	3.325	3.813	3.876	3.538
水质级别		2	2	2	1	1	1

2）青岛倾倒区生物群落变化

（1）浮游植物的变化

2002—2003年青岛倾倒区共鉴定出浮游植物74种。其中，硅藻的种类数最多，达60种，占总种数的81.1%；其次为甲藻门，共有13种，占总种数的17.6%；金藻门仅出现1种。硅藻以角毛藻属（*Chaetoceros*）（20种）、圆筛藻属（*Coscindiscus*）（13种）和菱形藻属（*Nitzschia*）（6种）种类较多；甲藻中以角藻属（*Ceratium*）种数较多（15种）。与1985年和1991年调查数据对比发现，浮游植物群落发生了较大的变化。2002年，浮游植物总种数明显增加，春季硅藻、甲藻各增加了4种，秋季硅藻增加了4种，甲藻增加了7种。硅藻在种类组成中所占比重有所下降，春季由87%下降至83%，秋季由92%降至81%，甲藻比重明显增加，细胞数量明显下降，尤其是硅藻细胞数量下降严重。2002年，硅藻细胞数量只达到1985、1991年同期调查的1/3；甲藻细胞数量增加明显，尤其是2002年春季调查中细胞数量增加了6倍，所占比重达到了8.7%。

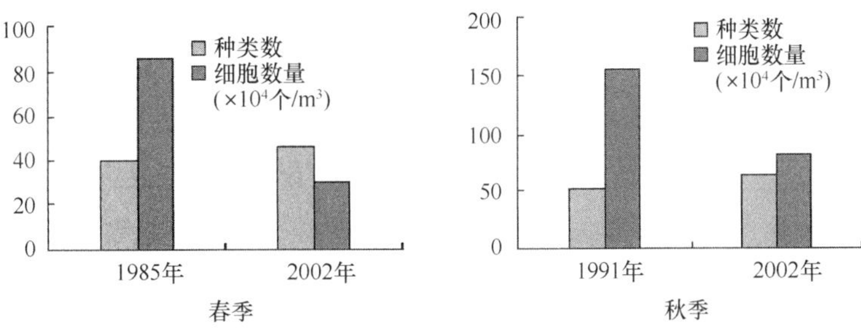

图7.37 青岛倾废区浮游植物种类和数量的变化

浮游植物优势种发生较大变化。根管藻种类（Rhizosolenia）的优势地位逐渐被圆筛藻、膜状舟形藻代替；优势种种类组成及其细胞数量呈下降趋势，在高峰月份优势种由4~6种减少到2~4种，细胞数量也下降了50%。

（2）浮游动物的变化

2002—2003年调查中共鉴定出浮游动物21种及10类幼虫或幼体，其中，桡足类11种，占总种数的36.7%；水母类6种，占总种数的19.4%；毛颚类，被囊类、等足类、端足类、磷虾类、毛虾类、原生动物各1种，占总种类的3.2%；幼虫及幼体10种，占总种数的32.3%。

与1985年和1991年调查资料相比，该海域浮游动物群落发生了较大的变化。2002年，总种数明显减少，其中，春季减少了6种，秋季减少了4种。种数减少原因是幼虫、幼体及桡足类数目减少，可能是一些种类繁殖期不同造成。同时，种类组成发生变化，桡足类、毛颚类所占比重增加，春季由39%、6%增至46%和8%，秋季由52%、6%增至62%和8%（图7.38）。浮游动物优势种种数减少，一些优势种如克氏纺锤水蚤（*Acartia clause*）、汤氏长足水蚤（*Calanopia thompsoni*）被取代，优势种趋于种类少，强壮箭虫的个体密度及所占比重明显增加。该海域浮游动物多样性指数、均匀度、优势度均变化不大，但多样性指数较低，处于非健康状态。可以看出，倾倒使该海域浮游动物群落结构趋于简单。

3）底栖生物的变化

2002—2003年共鉴定出底栖生物105种，且全部为底栖动物，隶属于腔肠、扁形、纽形、环节、软体、节肢、棘皮、头索8个动物门。多毛类出现的种类数最多，共43种，占总种数的41%；甲壳类次之，共出现37种，占总种数的35%；软体动物20种，占总种数的19%；棘皮动物3种，占总种数的2.9%；腔肠、扁形、纽形、头索动物各1种，分别占1%。

与1985和1991年资料相比，底栖生物总种数、栖息密度明显增加，而总生物量却呈下降趋势（图7.39）。春季总种数增加了34种，其中，多毛类增加了16种，甲壳类增加了12

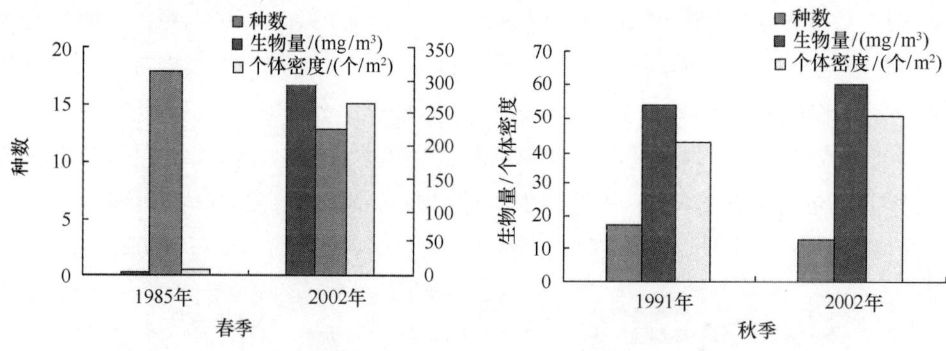

图 7.38 青岛倾废区浮游动物种类和数量的变化

种，软体类增加了 8 种；秋季总种数增加了 18 种，其中，甲壳类增加了 12 种，多毛类增加了 4 种，软体类增加了 3 种。从种类组成看多毛类所占比重略有下降，2002 年秋季，多毛类只占到 45%。甲壳类和软体类所占比重有所增加，甲壳类所占比例达到 30% 以上。

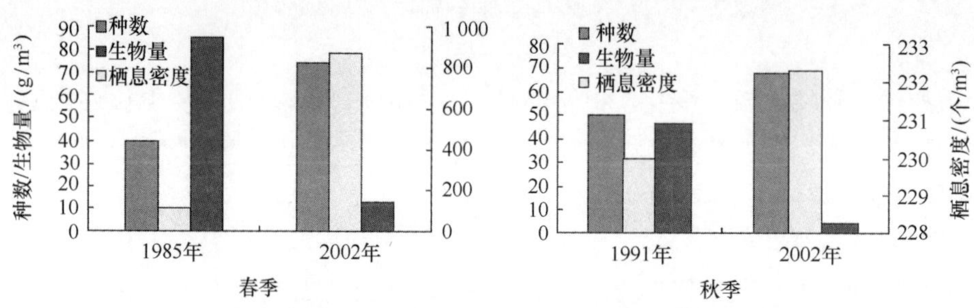

图 7.39 青岛倾废区底栖生物种类和数量的变化

与 1985 年、1991 年相比，2002 年出现了大量的小头虫、不倒翁虫、寡鳃齿吻沙蚕、拟特须虫等以摄食有机质和碎屑为主的种类，尤其是春季调查中小头虫站位出现率达到了 100%，栖息密度达到了 79 个/m^2，而棘皮类的金氏真蛇尾（*Ophiura Kinbergi Ljungman*）、海蛇尾（*Ophiuroiden*）和腕足类的酸浆贝（*Terebratella coreanica*）在 2002 年的调查中没有出现。

2002 年，总生物量下降显著，春季减少了 85%，秋季减少了 90%，生物量几乎殆尽。从生物量类群组成看软体类和甲壳类所占比重均增加显著，其中，软体类春季由 1% 增至 60%；秋季由 4.8% 增至 26%，甲壳类由 9.3% 增至 41%。生物种类组成季节变化及棘皮动物的消失可能对生物量变化有一定影响。

2002 年，底栖生物春季总栖息密度增加显著，增加了 7 倍；其中，多毛类、软体类增加了 12 和 20 倍。秋季总栖息密度变化不大，多毛类增加了 99%，而软体和甲壳类下降了 51% 和 31%。栖息密度组成比例中，多毛类增加了 79% 和 97%，而甲壳下降了 44% 和 31%，文昌鱼（*Branchiostoma belohgi. tsingtauense*）栖息密度下降明显。

对比发现，倾倒区海域底栖生物群落变化较大，一些摄食有机质和碎屑的种类增加，但是底上动物和对环境变化敏感的棘皮动物消失。甲壳和软体类在种类组成和生物量组成中所占比重增加，但是多毛类在栖息密度组成中所占比例增加显著，优势地位明显。同时春季和秋季所占比例差别明显，说明有机会种出现，形成了低生物量和高栖息密度的群落特点。

7.3 海洋生物灾害的危害

7.3.1 赤潮

7.3.1.1 概况

黄海海域赤潮的研究始于20世纪70年代后期。进入90年代以后，在国家科委的“八五”攻关专题“近海富营养评估和赤潮预测技术研究”（1990—1995）、国家攀登计划B专题“有机污染诱发有机赤潮及危害机理研究”（1994—1998）以及国家基金“九五”重大项目“中国沿海典型增养殖区有害赤潮发生动力学及防治机理研究”（1997—2000）等项目资助下，各项工作才得到系统开展。表7.43和图7.40记录了自有记录以来黄海发生赤潮的频次及各年代发生赤潮比例，可以看出自90年代以后，黄海海域的赤潮暴发才呈现显著增长的态势。这个时期正是我国经济快速发展期，伴随着工农业生产和生活污水的大量排放，船舶交通引发的溢油事故时有发生，养殖活动造成营养物质的增加。这些活动满足了赤潮暴发的外部环境条件，为赤潮暴发成为可能。

表7.43 黄海海域不同年代赤潮发生频次（1952—2008年）

年份	发生频次
1952—1959	—
1960—1969	—
1970—1979	5
1980—1989	7
1990—1999	26
2000—2008	66

资料来源：邹景忠（2004），不同年份中国海洋环境质量公报。

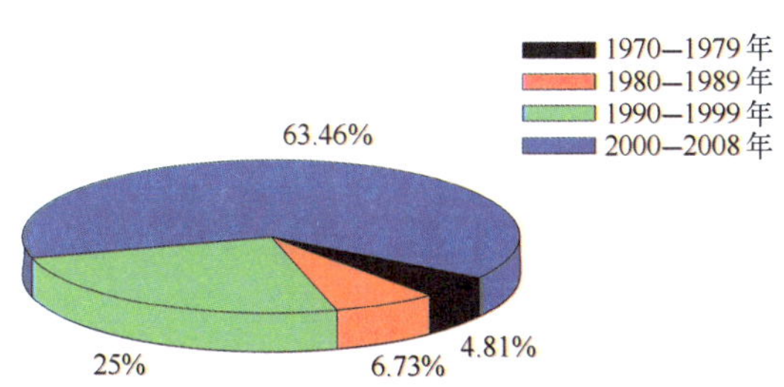

图7.40 不同年份黄海海域发生赤潮的比例

资料来源：中国海洋环境质量公报

根据邹景忠（2004）整理的《中国沿海水域赤潮生物名录》，结合近年中国海洋环境质量公报，整理出分布于黄海的有害赤潮名录（表7.44）。黄海海域有记录赤潮藻类82种，其中，甲藻28种，硅藻48种，针胞藻2种，金藻2种，隐藻和原生动物各1种，包括尚未引发赤潮，但危害性较大或有暴发可能的赤潮生物种类。从中可以看出，黄海海域赤潮生物的种类以硅藻为主，占总赤潮生物的58.54%（图7.41）；表7.45说明了近10余年发生在黄海海域的较大规模的赤潮优势种类，从表中可以看出，硅藻同样占据着明显优势，发生时间相对集中且有毒赤潮藻的种类不多。

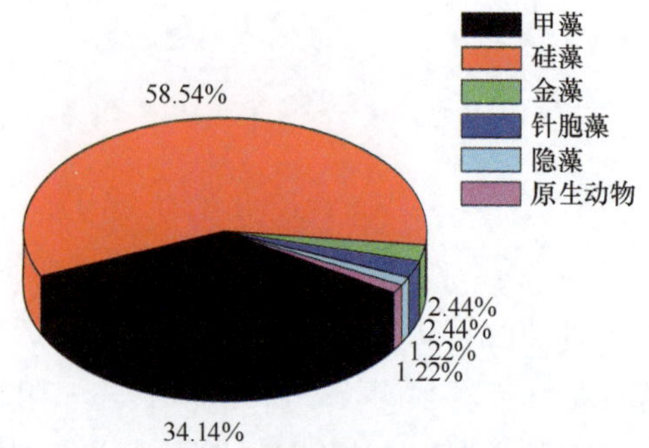

图 7.41　黄海海域不同门类的赤潮生物所占比例

表 7.44　黄海赤潮生物种名录

纲	种类名称	拉丁名称
甲藻	夜光藻	*Noctiluca scintillans* (Macartney) Kofoid & Swezy
	塔玛亚历山大藻	*Alexandrium tamarense* (Lebour) Balech
	海洋原甲藻	*Prorocentrum micans* Ehrenberg
	微小原甲藻	*Prorocentrum minimum* (Pavilard) Schiller
	短裸甲藻	*Gymnodinium breve* Davis
	链状裸甲藻	*Gymnodimium catenatum* Graham
	米金裸甲藻	*Gymnodinium mikimotoi* Miyake & Kominami ex Oda
	叉状角藻	*Ceratium furca* (Ehr.) Claparide et Lachmann
	相关亚历山大藻	*Afexandrium affine*
	链状亚历山大藻	*Alexandrium catenella*
	梭角藻	*Ceratium fusus* (Ehrenberg) Dujardin
	三角角藻	*Ceratium* tripos
	渐尖鳍藻	*Dinophysis acuminata* Claparède & Lachmann
	具尾鳍藻	*Dinophysis caudata*
	倒卵形鳍藻	*Dinophysis fortii*
	尖头鳍藻	*Dinophysis acuta* Ehrenberg
	多纹膝沟藻	Gonyaulax *polygramma*
	具指膝沟藻	Gonyaulax digitale (*Poucher*) *Kofoid*
	具刺膝沟藻	*Gonyaulax spinifera* (Claparede er Lachmann) Diesing
	血红哈卡藻	*Hakashiwo sanguineum* Hirasaka
	裂隙环沟藻	*Gyrodinium fissum* (Levander) Kofoid&swezy
	齿状原甲藻	*Prorocendrum dentatum* Stein

续表 7.44

纲	种类名称	拉丁名称
甲藻	锥形原多甲藻	*Protoperidinium conicum* (Gran.) Ostenfled et Schmidt
	扁形原多甲藻	*Protoperidinium depressum* (*Bailey*) *Balech*
	叉状原多甲藻	*Protoperidinium divergens* (*Ehr.*) *Balech*
	五角原多甲藻	*Protoperidinium pentagonum* (*Gran*) *Balech*
	灰甲原多甲藻	*Protoperidinium pellucidum Bergh*
	斯氏扁甲藻	*Pyrophacus steinii* (Schiller) Wall et Dale
	锥状斯克利普藻	*Scrippsiella trochoidea* (Stein) Loeblich Ⅲ
针胞藻	赤潮异弯藻	*Heterosigma akashiwo* (Hada) Hada
	海洋卡盾藻	Chattonella marina (Subrahamanyan) Hara & Chihara
硅藻	中肋骨条藻	*Skeletonema costatum* (*Greville*) *Cleve*:
	尖刺菱形藻	*Pseudo-nitzschia pungens* (*Grunow ex Cleve*) *Halse*?
	丹麦细柱藻	*Leptocylindrus danicus Cleve*
	旋链角毛藻	*Chaetoceros curvisetus Cleve*
	拟旋链角毛藻	*Chaetoceros pseudocurvisetus Mangin*
	中华盒形藻	*Biddulphia sinensis Greville*
	浮动弯角藻	*Eucompia zoodiacus Ehrenberg*
	日本星杆藻	*Asterionella japonica Cleve*
	加拉星杆藻	*Asterionella kariana Grunow*
	奇异棍形藻	*Bacillaria parillifera* (*Muell*) *Hendey*
	长耳盒形藻	*Biddulphia aurita Brebisson et Godey*
	窄隙角毛藻	*Chaetoceros affinis Lauder*
	扁面角毛藻	*Chaetoceros compressus Lauder*
	柔弱角毛藻	*Chaetoceros debilis Cleve*
	双突角毛藻	*Chaetoceros didymus Ehrenberg*
	垂缘角毛藻	*Chaetoceros laciniosus Schuett*
	洛氏角毛藻	*Chaetoceros lorenzianus Grunow*
	假弯角毛藻	*Chaetoceros pseudocurvisetus Mangin*
	秘鲁角毛藻	*Chaetoceros peruvuanus Brightwell*
	冕孢角毛藻	*Chaetoceros subsecundus* (*Grunow*) *Hustedt*
	聚生角毛藻	*Chaetoceros socialis Lauder*
	星脐圆筛藻	*Coscinodiscus asteomphalus Ehrenberg*
	中心圆筛藻	*Coscinodiscus centralis Ehrenberg*
	辐射列圆筛藻	*Coscinodiscus radiatus Ehrenberg*
	格氏园筛藻	*Coscinodiscus granii Gough*
	琼氏圆筛藻	*Coscinodiscus jonesianus* (*Grev.*) *Ostenfeld*
	威氏圆筛藻	*Coscinodiscus wailesii Gran et Angst*
	条纹小环藻	*Cyclotella striata* (*Kuetz*) *Grunow*
	新月筒柱藻	*Cylindrotheca closterium Reimann et Lewin*
	布氏双尾藻	*Ditylum brightwelii* (*West.*) *Grunow*
	浮动弯角藻	*Eucampia zoodiacus Ehrenberg*

续表 7.44

纲	种类名称	拉丁名称
针胞藻	萎软几内亚藻	*Guinardia flaccida* （*Castr.*） *Peragallo*
	柔弱几内亚藻	*Guinardia delicatula* （*Cleve*） *Hasle*
	条纹几内亚藻	*Guinardia striata* （*Stolterfoth*） *Hasle*
	尖刺拟菱形藻	*Pseudo – nitzschia pungens Grunow*
	长菱形藻	*Pseudo – Nitzschia longissima Rabenhorst*
	菱形海线藻	*Thalssionema nitzschiodes Grunow*
	佛氏海线藻	*Thalssionema frauenfeldii* （*Grun.*） *Hallegraeff*
	圆海链藻	*Thalassiosira rotula Meunier*
	太平洋海链藻	*Thalassiosira pacifica Gran et Angst*
	透明海链藻	*Thalassiosira hyalina* （*Grun.*） *Gran*
	诺氏海链藻	*Thalassiosira nordenskioldi Cleve*
	细弱海链藻	*Thalassiosira subtilis*
	伏恩海毛藻	*Thalassiothrix frauenfeldii Grunow*
	半棘钝根管藻	*Rhizosolenia hebetata f. semispina*
	笔尖形根管藻	*Rhizosolenia styliformis Brightwell*
	海洋角管藻	*Cerataulina pelagica* （Cleve） Hendy
	短角弯角藻	*Eucampia zoodiacus* Ehrenberg
金藻	小等刺硅鞭藻	*Dictyocha fibula* Ehrenberg
	小三毛金藻	*Prymnesium parvum* Carter
隐藻纲	波罗的海隐藻	*Cryptomonas* baltica Karsten
原生动物	红色中缢虫	*Mesodinium rubrum* Lohmann

资料来源：邹景忠，2004；近年各海域环境质量公报。

表 7.45　黄海海域赤潮暴发的种类及时间

暴发时间	发生区域	优势种类
1997 年 7 月	胶州湾	中肋骨条藻
1998 年 7 月	胶州湾	中肋骨条藻
1999 年 7 月	胶州湾	中肋骨条藻、浮动弯角藻
2002 年 8 月	胶州湾	中肋骨条藻、夜光藻
2005 年 9 月	海州湾	中肋骨条藻、链状裸甲藻
2006 年 8 月	大连湾	窄细角毛藻
2006 年 10 月	海州湾	短角弯角藻、链状裸甲藻
2007 年 5 月	海州湾	赤潮异弯藻
2007 年 7 月	海州湾	海链藻
2008 年 2 月	大连湾	诺氏海链藻、中肋骨条藻
2008 年 5 月	海州湾	赤潮异弯藻、短角弯角藻
2008 年 6 月	丹东海域	夜光藻
2008 年 6 月	青岛近海	浒苔
2008 年 8 月	江苏南通吕四港	日本星杆藻

资料来源：引自各年度中国和地方环境质量公报。

7.3.1.2 胶州湾和青岛近海的赤潮

胶州湾海域最早记录的赤潮在1978年，但是，对于赤潮生物和赤潮影响范围没有明确记录。20世纪80年代以前，青岛近海很少发生赤潮。随着沿海社会经济发展，所记录的赤潮次数不断增加（图7.42），从1990年至今，几乎每年都有14次赤潮记录。

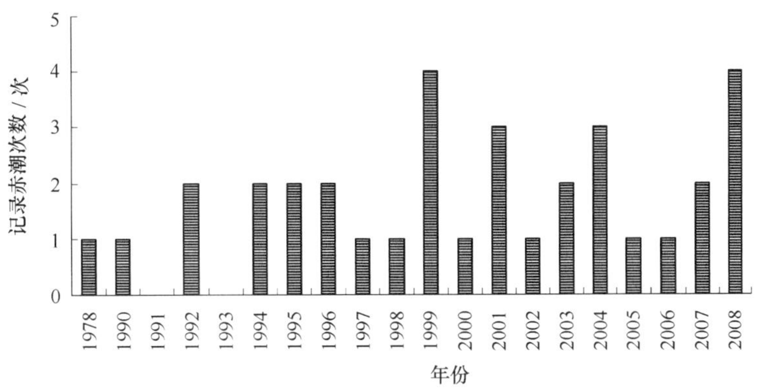

图7.42 胶州湾海域赤潮发生情况

在胶州湾和青岛近海，曾有16种生物形成赤潮的记录，包括硅藻7种，甲藻5种，针胞藻2种，隐藻1种，原生动物1种，主要赤潮生物为红色中缢虫 *Mesodinium rubrum*，夜光藻 *Noctiluca scientillans* 和中肋骨条藻 *Skeletonema costatum*（图7.43）。该海域的赤潮多发区是胶州湾底部和青岛前海一线。赤潮高发期为6—8月份（图7.44）。该海域的赤潮尽管发生频率很高，但赤潮面积小、持续时间短，而赤潮生物大多为无毒的藻类或红色中缢虫，因此，胶州湾和青岛近海的赤潮到目前为止尚未造成显著的经济损失。

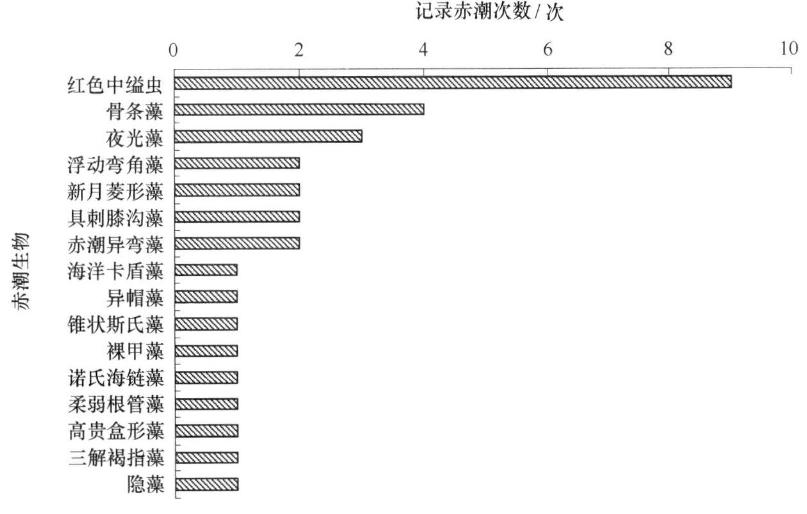

图7.43 胶州湾海域赤潮生物情况

胶州湾及青岛近海海域高频率、小范围的赤潮资料与对该海域高密度的研究和监测工作密不可分。驻青高校、研究所和海洋监测管理机构一直将胶州湾和青岛近海作为重要的研究对象，定期在胶州湾及青岛近海开展研究和调查。因此，常常会发现在该海域出现的小规模赤潮现象，这在一定程度上造成了该海域赤潮发生频率高、赤潮生物种类多这一现象。

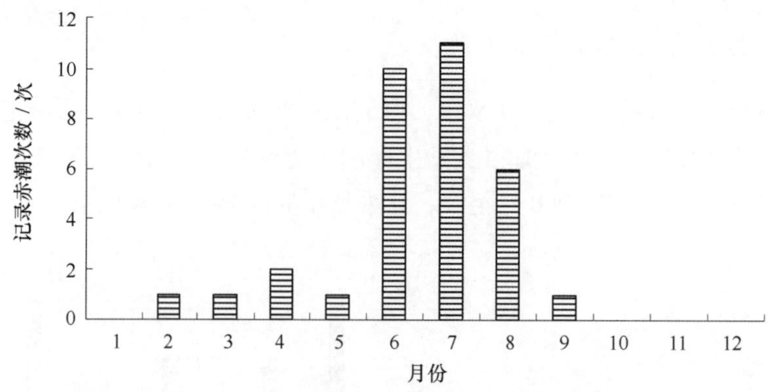

图 7.44　胶州湾海域赤潮季节分布特征

此外，胶州湾及青岛近海的富营养化也为赤潮的发生打下了一定的物质基础。根据调查，从20世纪60年代到21世纪初，胶州湾中的溶解无机氮（包括硝酸盐、氨氮等）浓度提高了近4倍，磷酸盐浓度增加了约1.4倍，而硅酸盐浓度仍保持较低的水平。海水中氮磷浓度的提高改变了营养盐的结构，并导致浮游植物群落结构的改变。从60年代到21世纪初，海水中大型硅藻类丰度不断降低，浮游植物类群呈现出小型化的趋势。这有可能是该海域卡盾藻、赤潮异弯藻、异帽藻等微型甲藻形成赤潮的重要原因。此外，青岛前海一带还多次出现红色中缢虫赤潮，其形成机制尚未得到科学解释。但是，红色中缢虫种群的消长有可能与个体更小的隐藻种群波动有密切关系，这是否也受到浮游植物小型化的影响还不得而知。

胶州湾和青岛近海的赤潮分布特征受到该海域的水动力学特征和水体污染状况的影响。胶州湾是一个半封闭的海湾，平均水深仅有 7 m，除了湾口附近的水体，其他水域海水交换不畅，尤其是在湾底和东部区域，来自陆源排放的污染物很难被及时稀释，使得这一海域的营养盐水平相对较高，这也是胶州湾湾底和东部经常出现赤潮的原因之一。

胶州湾高密度的贝类养殖业对于该海域的赤潮可能也有一定的下行控制作用，胶州湾菲律宾蛤仔的养殖产量高达 20×10^4 t，参照菲律宾蛤仔的清滤率，如此高产量的养殖蛤仔能够在不到一周的时间内将整个海湾的藻类过滤一遍。高密度的贝类养殖对赤潮藻类的增殖可能也具有一定的控制作用。

7.3.1.3　赤潮的危害

赤潮的发生不仅对养殖业产生直接的影响，也间接对人类的健康和旅游景观产生影响。山东沿海烟台－威海海域的赤潮对养殖业的发展构成了威胁，烟台海域1998年一次赤潮对养殖业的危害就达1.07亿元。在山东半岛南部海域，胶州湾和青岛近海的赤潮多以小规模、短时间的无毒赤潮为主。赤潮对养殖业的破坏并不显著，至今未出现大规模的赤潮现象，对沿海地区养殖业的发展没有造成巨大的影响。但是，近期在该海域出现的一些新的赤潮生物种类，如赤潮异弯藻、异帽藻等，应当引起科研人员的关注。

2006年，在长岛首次出现了有毒塔玛亚历山大藻形成的赤潮，并且直接影响到养殖生物的存活。塔玛亚历山大藻能够产生高毒性的麻痹性贝毒，而且毒素可以在贝类中累积，人类食用后会引起中毒，严重的还会造成死亡。长岛附近海域是我国重要的贝类养殖区，有毒赤潮对贝类品质乃至人类健康的影响不容忽视。

赤潮形成过程中导致海水变色，或产生大量的泡沫，或者产生刺激皮肤的化学物质，影响海水浴场的水质等等。这不仅危害养殖业和人类健康，还破坏自然景观，对旅游业的发展造成影响。青岛是我国重要的滨海旅游城市，曾承接过奥帆赛和残奥帆赛等大型水上比赛活动，近海小型的赤潮也会对城市的旅游形象造成不良影响。目前，青岛近海的赤潮以小规模、短时间的无毒赤潮为主，赤潮的直接危害不是特别显著，但也应加强监测，防范赤潮对旅游业的不良影响。

7.3.2 浒苔

7.3.2.1 概况

浒苔也叫绿藻（俗称青苔），是一种大型底栖丝状藻类，藻体呈草绿色，管状中空，具有主枝但不明显，分枝细长众多，苔条无根无茎亦无叶片，只有许多柔软的丝状体，对人体无害。这种海藻在我国沿海均有分布，主要固着生长在潮间带的滩涂、岩石上。

浒苔的生殖力非常强。浒苔在生长过程中，一些细胞会变大变圆，表面也逐渐变得不规则，几天后，这些细胞便成为配子囊，配子囊成熟后释放出雄雌配子（雌配子稍大）。配子顶端长着两根鞭毛，可以自由游动，有趋光性，会向水面聚集。当雌雄配子在阳光下合二为一后，就会变成一个球形细胞——合子。合子沉入水底，在礁石上固定下来，长成浒苔幼苗。如果雌雄配子没有遇到自己的另一半，同样可以分裂生长。而没有释放出来的配子会在母体上生长成新的浒苔。成熟后浒苔还会长出孢子囊，释放出孢子进行繁殖。浒苔藻体断裂形成新的藻体，甚至任何一个从藻体上脱落的细胞，在合适的情况下都可以发育成新的藻体。灵活高效的繁殖策略，让浒苔在合适的条件下能以几何级数迅速生长。

浒苔在阳光照射和平静的海面生长良好，在阴天时和大风时会下沉。实验结果表明，下沉的浒苔能存活很长时间，天气好转时还会漂浮起来。通常情况下，浒苔暴发是很少发生的，往往还没等到它生长，赤潮就先行发生了。但是，浒苔可以分泌一些特殊的化学物质，阻止赤潮生物的繁殖。如果遇到水体中碳、氮、磷等营养物质、大气二氧化碳含量的增加，海水盐度降低以及水温比较适宜（低于25℃）等环境条件，就会导致浒苔的暴发。也有人认为，漂浮的浒苔团块内的小环境中，营养盐是缺乏的，因此可能有固氮机制。

黄海海域的浒苔最早出现在春季的苏北浅滩，随后在向北漂移的过程中不断生长，在环境条件合适时暴发。浒苔的主要漂移途径是沿江苏、山东近岸由西南向东北漂移。漂移途径受到水动力学和气象条件制约。6月、7月份的风向和风力对浒苔漂移途径和最终堆积区域影响很大。

7.3.2.2 青岛附近海域的浒苔暴发

2007—2009年，连续三年在黄海北部海域发生浒苔大规模暴发，其中，2008年最为严重。2008年5月30日，中国海监在青岛东南150 km的海域发现大面积浒苔，覆盖面积为100 km^2。从6月中旬开始，浒苔漂移至青岛附近海域。浒苔一度对2008年夏季奥运会帆船比赛的运动员海上训练造成影响。漂向岸边的绿潮在海滩上越积越多，使得第一海水浴场和第二海水浴场无法使用。6月底，浒苔的影响面积达到最大，约为25 000 km^2，实际覆盖面积为650 km^2。8月以后影响面积逐渐减少，8月底，黄海海域浒苔影响面积降至1 km^2以下（图7.45）。

2009年的情况与2008年类似，7月初，浒苔的分布面积和实际覆盖面积分别比2008年

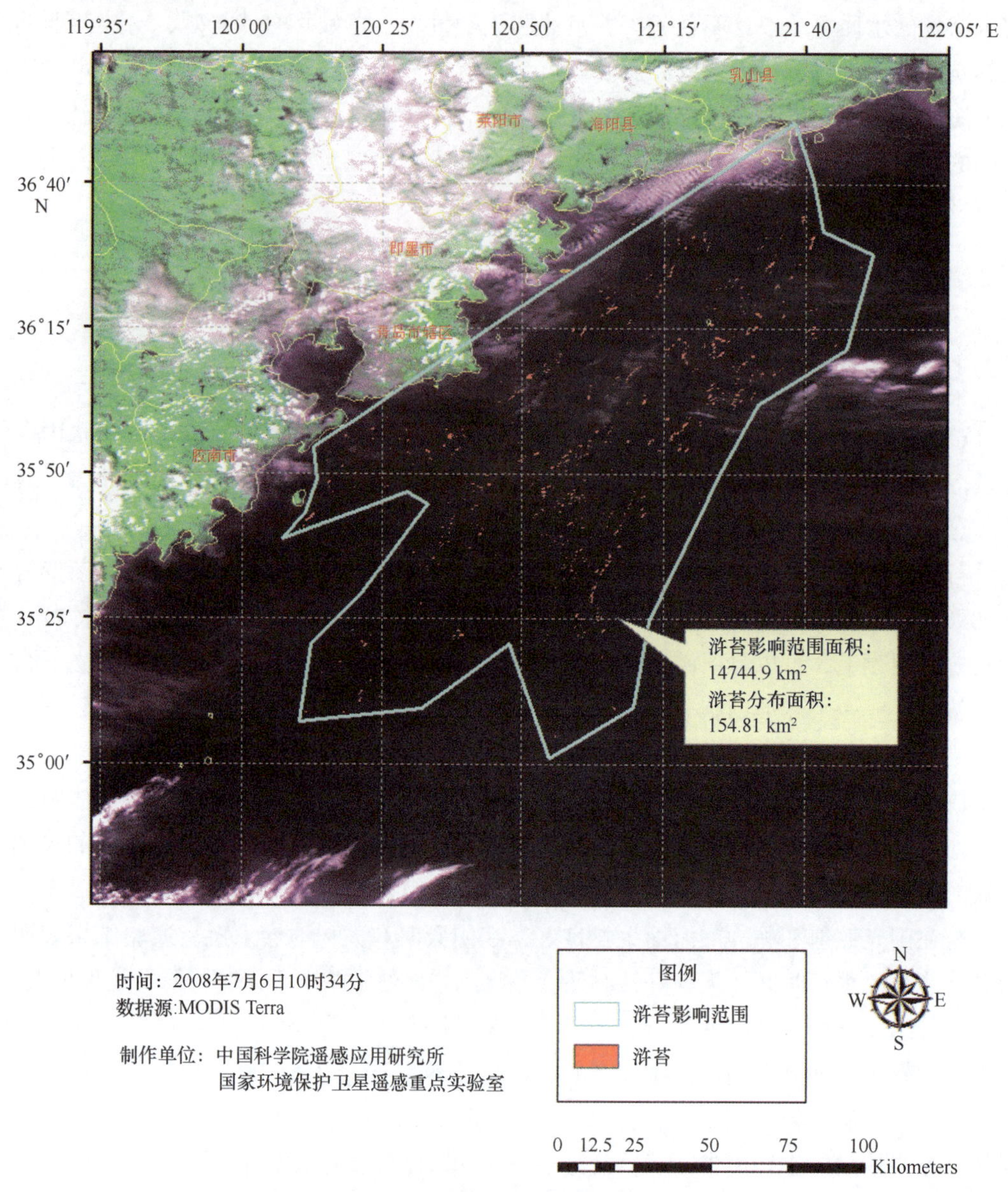

图 7.45　2008 年 7 月 6 日卫星监测结果

增加 132% 和 223%（图 7.46）。但 2009 年浒苔没有在青岛靠岸，而是漂流到半岛北部的威海和烟台附近海域。进入 8 月份以后，黄海浒苔逐渐减少，至 8 月下旬，山东近岸海域浒苔消失。

7.3.2.3　浒苔的危害

浒苔达到一定的量后，轻者造成水体贫瘠，缺乏浮游生物，影响养殖生物生长，重则长满养殖区域，将营养盐迅速耗尽，藻体衰竭，大量死亡，腐败变质，水底变黑发臭，水质恶化，引发养殖生物患病或死亡。因此，一旦浒苔繁殖，不仅影响养殖的鱼、虾、蟹、海蜇等的生长，造成刚放养的幼苗被困藻体中死亡，还会危及养殖生物的生存。

大量繁殖的浒苔也能遮蔽阳光，影响海底藻类的生长，死亡的浒苔也会消耗海水中的氧气。浒苔分泌的化学物质对其他海洋生物造成不利影响还需要进一步研究。

2008 年的浒苔暴发对海洋环境、景观、生态服务功能和沿海社会经济产生了严重影响，

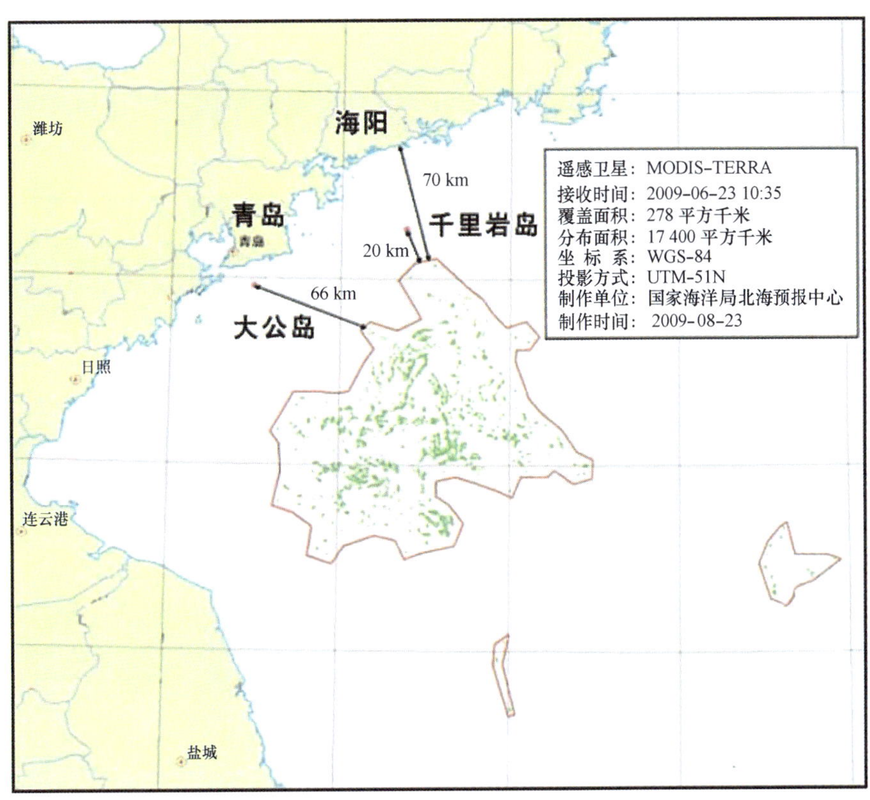

图 7.46 2009 年 7 月 12 日卫星监测结果

在全国造成直接经济损失 13.22 亿元，山东的损失高达 12.88 亿元。其危害主要表现在两个方面：第一，浒苔覆盖面积太大，影响了沿岸景观和海水浴场的使用，影响帆船等海上运动赛事；第二，堆积在海滨和沙滩上的浒苔腐烂，会产生污水和臭气，对环境造成不小的危害，尤其对旅游业影响巨大。

浒苔事件对山东沿海黄海海域的养殖业造成了很大损失，影响的主要方式包括浒苔发生时的影响和腐烂后对水质和底质的破坏。受浒苔影响的养殖方式包括海参和鲍鱼围堰养殖，扇贝、牡蛎、紫菜的筏式养殖，滩涂贝类养殖。从胶南到乳山的围堰养殖影响较重，尤其是海参养殖，使 2006—2008 年投放的苗种和即将收获的成参颗粒无收。对围堰养殖的影响主要是因为浒苔随海浪不断涌进养殖池内，数量过大，无法及时打捞，最终腐烂导致鲍鱼和海参全部死亡。浒苔腐烂产生的影响可持续 2 个多月。

乳山具有较平缓的滩涂岸线，大量的浒苔在岸上堆积，很多不能及时清理，腐烂的浒苔改变了水体营养盐的结构，造成赤潮，导致筏式养殖出现较严重的损失。乳山宫家岛扇贝养殖死亡率 80% 左右。对紫菜养殖的危害主要是与紫菜竞争营养和空间，紫菜养殖筏架上浒苔的附生面积超过 10% 就会影响紫菜的产量，超过 30% 紫菜没有收获的价值。

浒苔事件使滩涂贝类的产量大大减少。正常年份，乳山宫家岛菲律宾蛤仔的产量为 1 000 ~ 1 500 kg/亩，浒苔影响后的产量仅为 100 ~ 150 kg/亩。而在日照刘家湾某养殖场滩涂养殖四角蛤蜊 200 亩，往年生产四角蛤蜊 200 t 左右，2008 年仅产出 50 t。

7.3.3 水母

7.3.3.1 概况

20 世纪 80 年代后，世界上陆续发生几起罕见的水母生态入侵和数量暴发事件。1989 年，德国 Bight 湾发生五角水母的入侵和暴发，最高密度达到每立方米 500 个，而湾内浮游动物种群密度随之降至几乎为零。黑海在 20 世纪 60 年代时有 26 种经济鱼类，是重要的渔业场所，由于捕捞和水体污染与富营养化，导致大型捕食性鱼类向小型捕食性鱼类转化，进入 80 年代时只剩 5 种经济鱼类，几乎全部的浮游动物生产都进入小型食浮游动物的鱼类。1982 年，美国东海岸的指瓣水母由船只压舱水带入黑海，几年后进入与其相邻的亚速海。现在几乎已经完全取代了亚速海的食浮游动物的鱼类，成为浮游动物的终极消费者，并且成为整个黑海生态系统中的重要角色，导致黑海渔业的全面衰退。近年来，全球性的渔业衰退过程恰好伴随着水母类资源量的剧增，人们开始认识到水母类在生态系统体制转换中扮演着重要的角色。水母类在海洋生态系统中的作用正成为新兴的研究热点，但这方面的研究才刚起步，对水母类在生态系统中的作用及机制存在很多的观点。

7.3.3.2 黄海水母的组成与分布

近年来，我国东海北部和黄海南部海域出现了大量的水母，分布面广，持续时间长，严重影响了海洋渔业生产。水母为腔肠动物，营浮游性生活，它的大量出现及数量变动与渔业的关系研究。

1）海州湾

对 1990—1991 年在江苏海州湾水域（34°30′～35°10′N，119°10′～120°10′E）采集的标本进行鉴定，共有 18 种，隶属 12 科 14 属，其中，水螅水母类 16 种，栉水母类 2 种，其种类组成以暖温带近岸低盐种为主。在海州湾四个季度均有水母出现，分布范围较广，密集区位于34°40′～35°00′N，119°20′～119°30′E 之间的海域。分布面以 5 月和 8 月最广，密集度也高，尤以 5 月的个体生物量最高，8 月次之，11 月和 2 月较少（表 7.46、表 7.47）。

表 7.46　海州湾水母类名录

中文名	拉丁名
水螅水母类	Hydromedusae
灯塔水母	*Turritopsis nulricula McCrady*
双球水母	*Dlcodoalum jeffersol*
八斑芮氏水母	*Rathkea octopunctata Mars*
八束水母	*Kollokerina fasciculate Peron&Lesueur*
薮枝水母	*Obelia spp*
半球杯水母	*Phialidium hemispeaericum Linne*
盘状杯水母	*Phialidium discoildum Mayer*
嵊山杯水母	*Phlalucium chengshanense Ling*
四手触丝水母	*Lovarzlle assimillis Brown*
拟杯水母	*Phlaluciumcarclinae Mayer*
真拟杯水母	*Phlalucium mbenga Agassiz et Mayer*

续表 7.46

中文名	拉丁名
短腺和平水母	*Eirene brevigona Kramp*
锡兰和平水母	*Eirene ceylonemsis Browne*
四肢管水母	*Proboscidactyla flavicirrata*
五角水母	*Muggiaea atlantica Cunningham*
栉水母类	*Ctenophora*
球型侧腕水母	*Pleurobrachia globosa Moser*
瓜水母	*Beroe cucumis Fabricius*

表 7.47 海州湾水母类个体生物量

站位	2月	5月	8月	11月
11	2	115	2.5	2.5
12		19		12
21	9	595	1	
22	1	513		
23	28	98	1	2
24	1	47	1	7
25	2	4	8	2
26		4	5	2
31		17	1	
32		127		
33		17		
34	1	4	7	1
35			1	1
41		1	17	
42		1	9	2
51		4	10	4
52	2	1	18	1
加1	1	95		5
加2		210	1	
平均值	3	99	5	3

2）胶州湾

根据2003年5月—2004年9月胶州湾水母的调查资料，胶州湾共采集水母34种（表7.48），其中，水螅水母类31种，管水母类2种，钵水母类1种。结合历史记录，胶州湾累计记录共60种，其中，水螅水母类52种，管水母3种，钵水母4种，栉水母1种。其群落特征结果表明，全年共有9种优势种，各月份水母的优势种类不尽相同，薮枝螅水母和半球美螅水母为春季和夏季的主要优势种，五角水母为秋季的主要优势种，八斑芮氏水母为冬季的主要优势种；水母的总丰度在调查时期内有3个高峰，分别为2003年6月、9月份、2004年3月份，3月份作为最高峰丰度高达120.42 ind/m^3；总种类数以2003年5月、6月份为最多，共14种，一年中，5～11月份的群落多样性指数较高；2003年12月到2004年3月各月优势种到下个月的更替基本是完全的（更替率为100%），其他月份优势种的更替或者部分更替（0 < 更替率 < 100%），或者没有更替（更替率为0）（表7.49）。胶州湾水母总种类数比20世纪90年代有所增加，但未达到1984年、1985年的水平；水母的总丰度水平高于20世纪80、90年代。

表7.48　不同月份胶州湾水母的种类分布

种类组成	2003年								2004年								
	5月	6月	7月	8月	9月	10月	11月	12月	1月	2月	3月	4月	5月	6月	7月	8月	9月
盘形美螅水母	+								+		+						
八斑芮氏水母	+	+					+		+	+	+	+	+				
薮枝螅水母	+	+	+	+	+	+	+	+		+	+	+	+	+	+	+	+
日本长管水母	+			+			+		+		+	+					
半球美螅水母	+	+	+	+	+	+	+	+	+	+	+	+	+	+	+	+	+
灯塔水母	+	+								+							
直囊水母	+	+	+										+	+	+		
耳状囊水母	+			+									+	+			
真拟杯水母	+	+		+										+			
卡玛拉水母	+	+	+	+		+	+			+	+	+	+	+			
杜氏拉肋水母	+	+	+								+				+	+	
四枝管水母	+	+		+								+	+	+			
嵴状镰嵴水母	+	+	+	+	+	+							+		+	+	
乘山秀氏水母		+	+	+	+				+					+			
锡兰和平水母		+	+	+	+	+					+			+	+	+	
八蕊真瘤水母		+		+									+				
黑球真唇水母			+				+	+									
多手帽形水母			+				+										
细颈和平水母			+														
双生水母				+		+	+	+									
五角水母				+	+	+	+	+	+								
皱口双手水母				+	+										+		
四手触丝水母					+	+							+				+
四叶小舌水母					+												
锥形多管水母					+												
子茎美螅水母															+		
八肋斜球水母																+	
双高手水母																+	
束状高手水母																+	
双手外肋水母																	+
红斑游船水母													+				
日本真瘤水母		+	+	+	+								+	+	+	+	+
刺胞水母							+										

注：+表示出现。

表 7.49 各月份水母群落种类多样性（H'）、均匀度（J）、优势种更替率（R）

时间	种类多样度（H'）			均匀度（J）			优势种更替率
	平均值	最大值	最小值	平均值	最大值	最小值	（R,%）
2003 年 5 月	0.652	2.133	0.000	0.540	0.919	0.230	
2003 年 6 月	0.899	1.759	0.000	0.658	0.999	0.131	66.67
2003 年 7 月	0.633	1.459	0.000	0.908	0.971	0.803	66.67
2003 年 8 月	1.293	2.277	0.000	0.755	0.992	0.414	33.33
2003 年 9 月	1.442	2.323	0.811	0.733	0.966	0.529	50.00
2003 年 10 月	0.793	1.500	0.000	0.797	0.946	0.514	50.00
2003 年 11 月	1.035	2.252	0.000	0.939	1.000	0.875	50.00
2003 年 12 月	0.486	1.459	0.000	0.921			66.67
2004 年 1 月	0.250	1.000	0.000	1.000			100.00
2004 年 2 月	0.051	0.559	0.000	0.321	0.559	0.108	100.00
2004 年 3 月	0.169	0.592	0.000	0.232	0.592	0.041	0.00

7.3.3.3 水母的危害

2009 年 7 月，胶州湾畔的某发电公司海水泵房取水口涌进了大量的海月水母，严重堵塞海水循泵的过滤网，发电机组循环水系统随时有停工的可能，直接影响青岛市三分之一的工业和居民用电及部分企业的用热（图 7.47）。

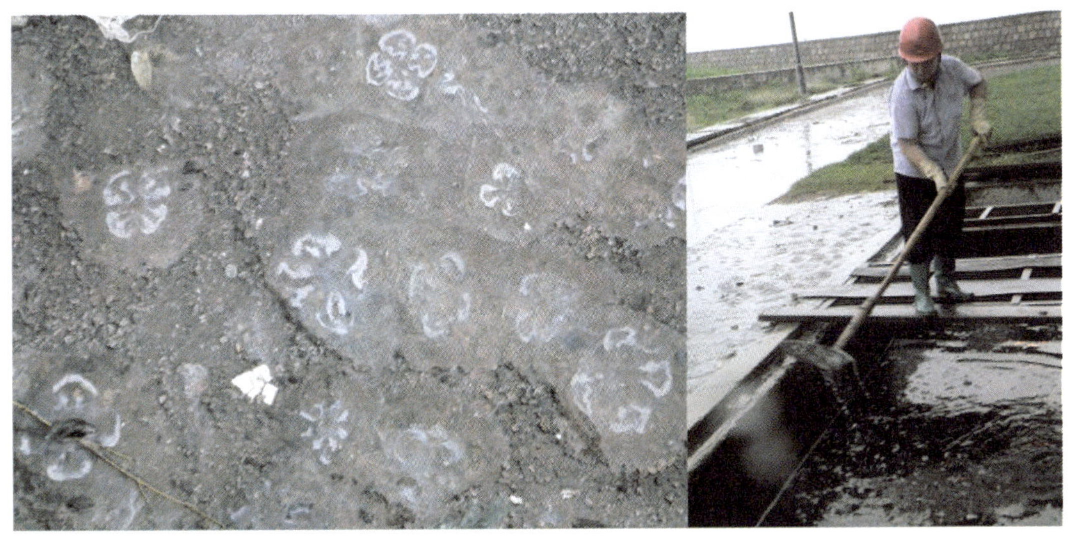

图 7.47 胶州湾某电厂水母暴发（图片来源：张光涛）

海月水母是世界性的广布种，数量极大，体型略小于海蜇。该种能在近岸和很多外洋性的环境中生存，对人类的影响主要是负面的。它能在近岸的半咸水中生活，可以耐受盐度极低的环境。最适宜的温度范围在 9 ~ 19℃之间，但在某些情况下可以耐受 30℃的高温和接近冰点的冷水。气候变化、水体富营养化导致食物较为充沛是水母暴发的重要因素。沿岸或者近海，一些人工的建筑或者筏架为它的幼体提供了栖息场所，同时缓冲了潮流的冲刷作用，使得大量的幼体能够安全度过寒冷的冬季是水母暴发的直接原因。

7.3.4 外来物种入侵

生物入侵（biological invasions）是指非本地物种由于自然或人为因素从原分布区域进入一个新的区域（进化史上不曾分布）的地理扩张过程。典型的入侵过程包括四个阶段：侵入、种群建立、扩散和造成危害。当非本地种，即外来种，已经或即将对本地经济、环境、社会和人类健康造成损害时，称其为“入侵种”。

海洋外来生物入侵、海洋污染、渔业资源过度捕捞和生境破坏，已成为世界海洋生态环境面临的四大问题之一。我国生物入侵的相关研究多集中于陆地生物入侵的研究，对海洋生物入侵关注很少。我国海岸线漫长，跨越 5 个气候带，生态系统类型多，这种自然特征使我国容易遭受入侵种的侵害。另外，随着我国海洋运输事业的发展、海水养殖品种的传播和引入，外来海洋物种数量越来越多，使得我国海洋环境面临的入侵压力越来越大，防治形势越来越严峻。

7.3.4.1 海洋外来入侵生物的种类

迄今为止，我国已从国外引进大菱鲆（*Scophthalmus maximus*）、眼斑拟石首鱼（*Sciaenops ocellatus*）、虹鳟（*Salmo gairdneri*）、欧洲鳗（*Anguilla anguilla*）、红鳍东方鲀（*Fugu rubripes*）、莫桑比克罗非鱼（*Oreochromis mossambicus*）、尼罗罗非鱼（*Oreochromis nilotica*）、奥利亚罗非鱼（*Oreochromis aureus*）、美洲条纹狼鲈（*Morone saxatilis*）、尖吻鲈（*Lates calarifer*），日本对虾（*Penaeus japonicus*）、南美白对虾（*Penaeus vannamei* Boone），海湾扇贝（*Argopecten irradians* Lamarck）、墨西哥湾扇贝（*Argopecten irradians*）、虾夷扇贝（*Patinopecten yessoensis*）、长牡蛎（*Crassostrea oysters*）、红鲍（*Haliotis rufescenst*）、绿鲍（*Haliotis fulgens*）、象拔蚌（*Panopea abrupta*）、硬壳蛤（*Mercenaria mercenaria*）、欧洲大扇贝（*Pecten maximus*），虾夷马粪海胆（*strongylocentyotus intermedius*），日本长叶海带（*Laminaria Longissima*）、裙带菜（*Undaria pinnatifida*）、巨藻（*Macrocystis Pyrifera*）、麒麟菜（*Eucheuma muricatum*）等近 30 种海水养殖生物进行养殖或试验养殖，生产规模达到万吨以上级别的有 10 余种（表 7.50）；引进大米草（*Spartina anglica*）、互花米草（*Spartina. alterniflora*）、无瓣海桑（*Sonneratia apetala*）、北美海蓬子（*Salicornia Bigelovii* Torr.）等滩涂植物进行栽培；大连、蓬莱、青岛、日照、台州、厦门、深圳、北海、海口、三亚等海洋水族馆引进了近百种观赏性海洋生物；航运业中的船体附着及压舱水排放，无意中带入的外来海洋生物。其中，引进大米草和互花米草已经对我国沿海生态系统造成显著的负面效应。

表 7.50 主要的引进海洋经济物种（何培青，2005）

50 万～100 万吨级	10 万～50 万吨级	1 万～10 万吨级
扇贝	南美白对虾	斑点叉尾
尼罗罗非鱼	罗氏沼虾	加州鲈
克氏原螯虾		淡水白鲳
		斑节对虾
		虹鳟
		大菱鲆
		革胡子鲇
		美国红鱼

7.3.4.2 大米草和互花米草入侵的生态危害

1）大米草和互花米草在我国的发展

出于保滩护岸、促淤造陆等目的，我国于1963年由南京大学的仲崇信教授等从英国南海岸引进大米草，于1979年又从美国东海岸引进互花米草。它们具有耐盐、耐淹、耐瘠和繁殖力强、根系发达等特点，被认为是保滩护堤、促淤造陆的最佳植物。大米草目前我国仅在辽宁、河北、山东、江苏和广东发现其分布，总面积约65 hm^2，其中，分布面积较大的为河北和山东。大米草面积有逐年减少的趋势。据2008年国家海洋局对全国滨海湿地外来生物互花米草分布现状调查结果显示，目前互花米草在我国滨海湿地的分布面积达34 451 hm^2，分布范围北起辽宁，南达广西，覆盖了除海南岛、台湾岛之外的全部沿海省份。江苏、浙江、上海和福建四省市的互花米草面积占全国互花米草总分布面积的94%，为我国互花米草分布最集中的地区。其中，江苏省分布范围最广，面积最大，达18 711 hm^2，其次为浙江、上海和福建三省，分别达4 812 hm^2、4 741 hm^2和4 166 hm^2。图7.48为互花米草在我国沿海的分布状况。

大米草和互花米草引入我国后，表现出良好的滩涂改良作用（图7.49）。在抗风防浪、保滩护岸、促淤造陆、提供新生土地资源、提供高生产力、抑制温室效应、吸收营养盐、分解污染物等方面发挥了重要作用。如互花米草草带具有较强的消浪能力，5 m高的风浪通过100 m宽草带时，草带消浪能力为97%；6 m高的风浪通过100 m宽草带时，其消浪能力为81%；7 m高的风浪通过100 m宽草带时，其消浪能力为65%。又如，根据江苏东台辐射沙洲淤长的最新资料，互花米草草滩的淤长速度是光滩的3～5倍。从2002—2004年，江苏盐城围垦互花米草草滩获得新生陆地10 000 hm^2。此外，互花米草具有很高的生产力，每年高达3 000 g（dw）$\times m^{-2}$以上。据估测，我国5×10^4 hm^2的互花米草2004年可以固定278×10^4 t的二氧化碳和释放202×10^4 t的氧。

2）大米草和互花米草的生态效应

大米草和互花米草为海滨湿地的保护和生态修复提供了先锋植物种质资源，但同时在一些地区的海滨滩涂生态系统中，其生长影响了本地物种的生存，造成了负面效应，其典型的“两面性”引起了学术界的广泛关注和热烈争论。关于该植物对侵入地的生物多样性、海岸带生态系统过程及功能的影响研究迫在眉睫。2003年初，国家环保总局公布了首批入侵我国的16种外来入侵种名单，互花米草作为唯一的海岸盐沼植物名列其中。

（1）对潮滩沉积和地貌演变的影响

人工引种互花米草对海岸潮滩沉积地貌演化有较大影响。通过计算江苏潮滩不同时期的沉积速率，结果表明，互花米草的引种加快了潮滩沉积速率，它使潮滩沉积地貌演化脱离了原来的渐进函数关系。互花米草易使细颗粒沉积物沉积，大米草滩和盐蒿滩表层沉积物主要来自潮水沟输送。根据野外调查并结合遥感分析，互花米草滩内潮水沟宽深比小，密度大，水道稳定，有别于光滩或大米草滩的潮水沟形态。

（2）盐沼土壤有机质分布特征的影响

2006年对江苏东台笆斗垦区外互花米草盐沼5个地点分层采集的土壤样品进行有机质含量分析，结合采集部位的互花米草生长年数，分析和探讨了互花米草盐沼土壤有机质分布的

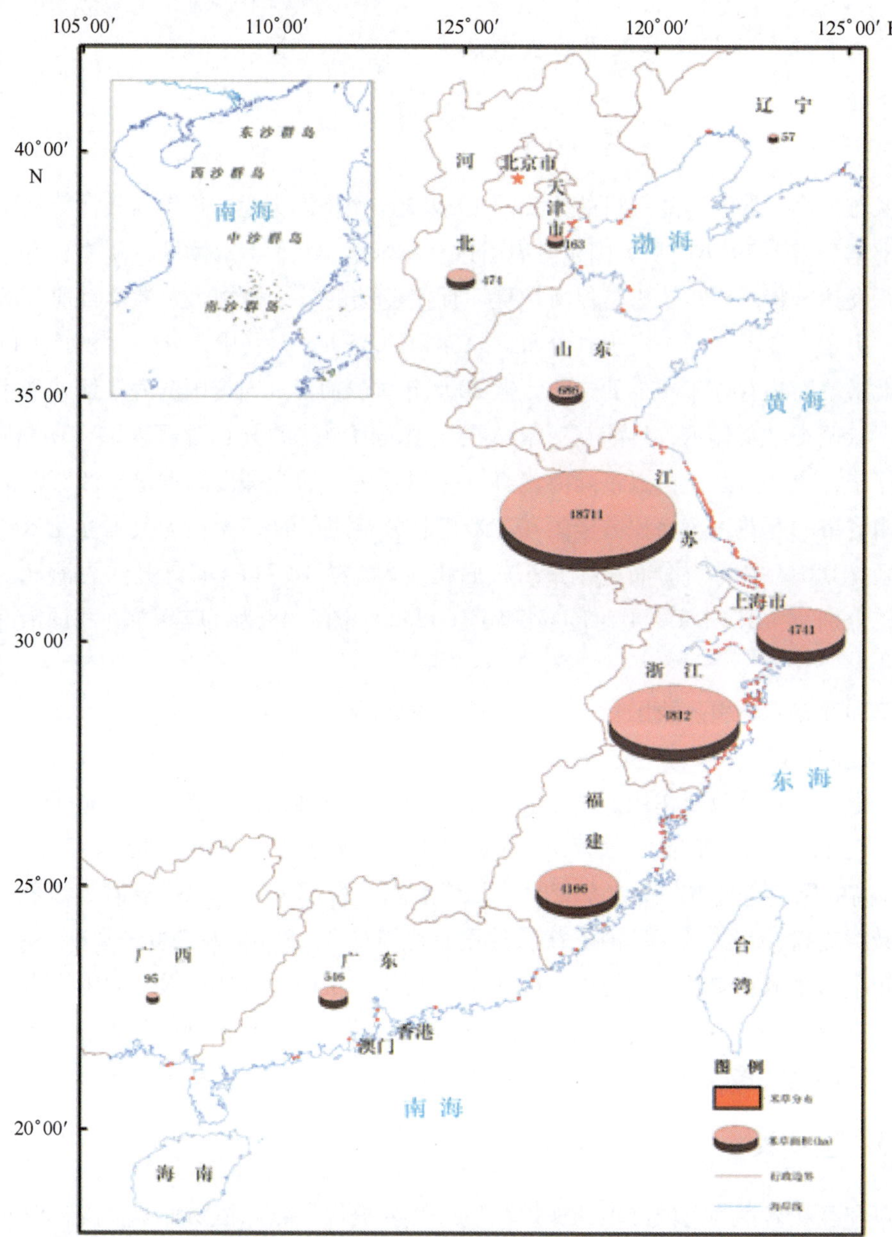

图 7.48　2008 年互花米草在我国沿海的分布

特征。结果表明：在水平方向上，互花米草盐沼土壤有机质含量有从靠近海堤的内侧向靠海的外侧逐渐减少的趋势，且到达一定位置后，土壤有机质含量不再受互花米草盐沼的影响；在垂直方向上，互花米草盐沼土壤有机质含量有从表层向下逐渐减少的趋势，越向下含量越低，有效影响深度超过 80 ~ 100 cm；互花米草盐沼土壤有机质含量与互花米草的株高、盖度、生物量等生长状况关系不大，而主要与生长年数有关；互花米草盐沼土壤有机质含量在垂直方向上的变化梯度明显大于水平方向上的变化梯度，垂直梯度一般为水平梯度的几百倍。大米草可使土壤中 $NH_4^+ - N$ 含量降低，有机质含量增高，土壤空隙增加，对土壤有明显改良作用，改善了双齿围沙蚕的生境条件。

大米草（*Spartina anglica*）

互花米草（*Spartina alterniflora*）

图 7.49 大米草和互花米草

（3）对底栖动物群落的影响

2006 年对沿海的盐城、日照、潍坊和丹东滩涂米草属底栖动物群落结构进行了研究，共发现大型底栖动物 20 种，以甲壳类和软体动物占优势，分别为 8 种和 7 种，占 40% 和 35%，环节动物为 4 种，其他的 1 种，其中，以绯泥沼螺分布最为广泛。在种类数和多样性方面：日照最高，分别为 9 种和 2.03；生物量最高的是盐城为 92.5 g/m^2。盐城虽具有最大的生物量，但日照底栖动物群落多样性指数最高，与盐城互花米草的入侵有关。

（4）对微生物群落的影响

2005 开展了江苏滨海外来种互花米草的生长对潮间带土壤微生物特征的影响研究。与原有光滩相比，互花米草的大面积生长，使当地潮间带土壤微生物量增加，并随植被的生长状况发生变化。互花米草盐沼微生物利用的碳源种类多于光滩，并且不同季节土壤微生物群落碳源利用类型存在差异；微生物群落功能多样性增加。外来种互花米草在滨海潮间带的大面积生长，改善了土壤理化性质，为该处土壤微生物提供了不同的碳源，增强了土壤微生物的活动，改变了土壤微生物群落生理功能结构。

（5）对滨海芦苇湿地的影响

高氮水平下互花米草在竞争中占据优势，使滨海芦苇湿地面积大大减少，它改变了正常的滨海芦苇湿地的生态系统结构和功能。

（6）对海岸湿地生态演化的影响

以江苏王港潮间带作为研究区域，选取横跨盐蒿滩、大米草滩及互花米草滩的典型剖面作为研究对象，比较两种米草影响下的盐沼生态系统的差异性。结果表明，互花米草滩的生物量远大于盐蒿滩和大米草滩；单位面积上动物洞穴数量相近，但洞穴大小有一定差异，互花米草滩动物洞穴稍大，数量也相对较多，这可能与初级生产力的提高有关。表层底质的粒径以互花米草滩为最细，盐蒿滩最粗，这种分布状况与互花米草引种前不同，说明互花米草促进了细颗粒物质的堆积。互花米草的引种在江苏海岸具有促淤和提高初级生产力的作用。

互花米草入侵的控制和管理是一个国际性的难题，目前尚无有效和环境友好的控制方法，因此，有关互花米草控制方面的研究具有重要意义。

7.3.5 病原微生物

海洋环境中存在着大量的病原微生物，其中既有导致海洋生物疾病的病原微生物、人类传染病病原微生物，亦有导致人与海洋生物共患的病原微生物。这些病原微生物的存在和散播，对海水养殖业构成了很大威胁，同时又可通过食物链进入人体，导致人传染病暴发流行。因此，开展海洋病原微生物的监测，对于评估海产食品安全，进行疾病的早期预警预报，减少生态、经济损失，具有重要的应用推广价值。

随着我国海水养殖集约化程度不断提高，水产养殖中疾病的危害出现了日益严重的趋势，尤其是虾类、贝类和鱼类养殖业受到病原微生物的影响更为严重。因此，了解这些病原微生物的生态影响和作用机制，可以使我们快速准确预测和诊断水产动植物疾病，及时采取相应的调控措施。

国家根据病原微生物的传染性、感染后对个体或者群体的危害程度，将病原微生物分为四类：第一类病原微生物，是指能够引起人类或者动物非常严重疾病的微生物以及我国尚未发现或者已经宣布消灭的微生物；第二类病原微生物，是指能够引起人类或者动物严重疾病，比较容易直接或者间接在人与人、动物与人、动物与动物间传播的微生物；第三类病原微生物，是指能够引起人类或者动物疾病，但一般情况下对人、动物或者环境不构成严重危害，传播风险有限，实验室感染后很少引起严重疾病，并且具备有效治疗和预防措施的微生物；第四类病原微生物，是指在通常情况下不会引起人类或者动物疾病的微生物。第一类、第二类病原微生物统称为高致病性病原微生物。

7. 3. 5. 1　副溶血弧菌

副溶血弧菌通过污染的海产品（鱼、虾、贝）和水以及活体甲壳类动物贸易，压舱水传播，主要栖息于河口海岸海水中。已知副溶血弧菌有 12 种 O 抗原及 59 种 K 抗原，据其发酵糖类的情况可分为 5 个类型。各种弧菌对人和动物均有较强的毒力，其致病物质主要有分子量 42 000的致热性溶血素（TDH）和分子量 48 000 的 TDH 类似溶血毒（TRH），具有溶血活性、肠毒素和致死作用（中国海洋外来物种基础信息数据库，2007）。

副溶血弧菌常存在于海产品贝鱼的粪便中，是最常见的食物中毒病原菌，主要引起急性胃肠炎。副溶血性弧菌食物中毒也称嗜盐菌食物中毒，是进食含有该菌的食物所致，主要来自海产品或盐腌渍品，常见者为蟹类、乌贼、海蜇、鱼、黄泥螺等，其次为蛋品、肉类或蔬菜。临床上以急性起病、腹痛、呕吐、腹泻及水样便为主要症状。1950 年，日本大阪发生了一起集体食物中毒事件，原因是食用副溶血弧菌污染的青鱼干。这次中毒造成 272 人中毒，其中，20 人死亡。在日本、东南亚，每年都有相当多的病患是因食用被该弧菌污染的海鲜发生食物中毒。

副溶血弧菌通过感染经济养殖生物，使其发病甚至死亡，对水产养殖业造成严重危害。研究发现，1.0×10^9 cell/mL 可造成 100% 感染率，40% 死亡率；表 7. 51 和表 7. 52 说明了副溶血弧菌对牙鲆和对虾和致病效应（张建设，2004）。副溶血弧菌胞外产物（ECP）感染中国对虾后发现具有明显的致病效果，24 h 内对虾死亡率达到 87. 5%，病虾表现症状与菌悬液感染的病虾基本一致，即附肢、尾扇变红，血淋巴凝固能力差等。

表 7. 51　副溶血弧菌 LPS 对牙鲆的致死效应

组别	注射物	浓度/（mg/mL）	注射量/mL	死亡率/%
1	LPS	250	0. 2	100
2	LPS	140	0. 2	57. 1
3	LPS	80	0. 2	14. 3
4	LPS	45	0. 2	0
5	LPS	25	0. 2	0
对照	生理盐水	0	0. 2	0

表 7.52 副溶血弧菌及胞外产物对中国对虾致病性的比较

感染成分	注射量	48 h 死亡率/%
菌悬液	2×10^6 cell/尾	100
ECP	0.04 ml/尾	87.5
ECP 蛋白	10 μg/尾	0
	20 μg/尾	40
	50 μg/尾	100
洗涤后菌体细胞	2×10^6 cell/尾	25
对照（0.01 mol/L PBS）	0.04 ml/尾	0

7.3.5.2 白斑综合症病毒（WSSV）

白斑综合症病毒20世纪90年代初首先在中国发现，主要分布于亚洲和太平洋海岸国家，是1993年中国对虾暴发性流行病（explosive epidemic disease of prawn，EEDS）的主要病毒病原。随后，1994—1995年又在泰国、印度、朝鲜、日本及太平洋海岸国家酿成暴发性流行病。目前尚无有效药物防治白斑综合症病毒。

世界上所有的人工养殖对虾种类、大部分野生虾蟹类等都是WSSV的宿主。养殖对虾等敏感载体除自身对WSSV敏感外，其喜好残食的生活习性进一步加速了WSSV的横向传播。野生虾、蟹等WSSV的无症状携带者广泛分布于对虾养殖场，它们的可感染性在WSSV的水平传播中起着重要作用。

感染WSSV后的症状包括养殖虾厌食，摄食减少或停止摄食，死虾空胃。行动迟钝，弹跳无力，静卧不动或游动异常（在水面兜圈或在水中翻滚），这种异常行为可在几小时内重复出现，直到最后无力活动，腹面朝上慢慢沉到水底，或被其他对虾吃掉。

随着对虾等海鲜产品在市场上日益走俏，对虾养殖规模不断扩大。对虾暴发性流行病给野生对虾种质资源的潜在冲击已引起高度重视。野生对虾生活周期（或发育阶段）中有相当长一段时间生长在海湾口滩涂地带，而近海对虾加工处理场废渣、废水、苗种运输时压舱水不合理排放；虾农将病虾用作鱼类饵料或钓饵，使得野生对虾资源直接或间接地受到病原体的感染与威胁。大量事实表明（Lo CF Ho CH et al.，1997），野生捕捞的对虾已普遍感染WSSV。如不采取有力措施阻止外来病原（新病原）的进一步引入，获得野生无毒亲虾将会越来越困难。

WSSV不仅能感染大多数对虾品种之外，还能感染其他非对虾种类，如端足类、介形类、蟹类、龙虾类、桡足类、水蝇类等甲壳纲动物。这些动物中多数感染WSSV而不出现特殊的病理症状，在海洋生态系统可充当WSSV传播的中间宿主，给养殖对虾及野生甲壳纲动物资源构成严重威胁。

7.3.5.3 淋巴囊肿病毒（LCDV）

1995年，该病毒首次在威海地区报道。初步判断该病病源来自韩国。韩国和我国各自分离的LCDV主要衣壳蛋白基因的同源性达95%以上。我国沿海均有报道，该病易感鱼类广泛，可感染野生养殖的海水及淡水鱼类100余种。当水温在15~20℃时，发病鱼较多，囊肿物生长也较快，皮肤有外伤的鱼易发病。

该病传染性强、潜伏期长，在养殖条件下病鱼较难自愈，即便自愈、体质也很弱。因此，它应属一种危害严重的慢性病毒病。病鱼症状是眼睛、口腔内外、鳃及上下体表各部位有大小不一的囊肿物，囊肿物小如念珠，大如菜花，颜色有白色、粉红色和黑色，较大的囊肿物上有肉眼可见的红色小血管。观察发现，口中出现囊肿的牙鲆，因不能闭口而妨碍摄食；鳃上发生囊肿的牙鲆，因气体交换受阻而缺氧。鱼鳍发病最为普遍和严重，经常造成鳍条缺失。患病严重的牙鲆，囊肿物遍布体表，当囊肿物破裂时，会形成开放性溃面。牙鲆轻微发病时，摄食正常、但生长缓慢；疾病严重时，病鱼基本不摄食、部分死亡。

7.3.5.4 肝胰腺小 DNA 病毒 HPV

HPV 病原直径 22 ~ 24 μm 的含 DNA 球状病毒，少数为三角形。作为细小病毒科的成员，其基因组与核衣壳蛋白构型有以下两个特征（Bonami，1995）：其一，病毒包裹正链和负链比例差别很大，这一点类似细小病毒属而不像节肢动物的浓核症病毒属，然而 HPV 在宿主细胞内形成嗜碱性肿胀的核包涵体这一特征又与浓核症病毒属相吻合；其二，HPV 只含有一条 54 KD 的多肽，这在细小病毒科中是非常特殊的（细小病毒属和依赖性病毒属有三条多肽，浓核症病毒属有四条多肽，大小范围为 60 ~ 90 KD）；主要侵犯肝胰腺及中肠。

HPV 最早在中国对虾（*Penaeus chinensis*）成虾体内发现，主要感染日本对虾、中国对虾、斑节对虾、墨吉对虾、短沟对虾、长毛对虾。带病亲虾是对虾育苗和养成期发病的根源，病毒多以脱落包涵体的形式在不同虾体之间水平传播分布。1993 年，中国对虾出现暴发性流行病，在东南亚、澳大利亚和海湾地区都有此病发生，呈世界性分布（陈宪春等，1995）。

感染 HPV 病虾表现出厌食、虾体瘦弱、蜕皮少、行动不活泼、生长缓慢，很易发生弧菌等的二次感染。病毒浸染的靶细胞是对虾肝胰腺盲官运端细胞和前中肠后段上皮细胞，并在细胞核内进行复制。虾苗肝胰腺肿大、中肠道变红、变宽，逐渐出现黑、小、瘦、软病症。民间称之为“软壳病”、“黑瘦病”。组织切片可见肝胰腺小管上皮及中肠上皮细胞中有病毒包涵体，上皮细胞被破坏，有细菌并发感染。甲壳外常有聚缩虫之类附着，多死于深水，不易发现死虾，民间称之为“偷死”。病毒靶器官为对虾肝胰腺和中肠后段上皮细胞，形成核内包涵体，对该病目前尚无有效药物防治。

第8章 黄海生态环境保护与管理

海洋生态环境保护与管理是国家海洋管理工作的重要方面，是维护国家海洋生态安全、保障海洋经济可持续发展、构建和谐人海关系、建设海洋生态文明的重要途径和措施。健全的法律法规体系是海洋生态环境保护与管理工作的依据；丰富的海洋生态环境调查、监测、评价及科学研究成果是海洋生态环境保护与管理工作的基础；合理、有效的海洋生态保护与修复是海洋生态环境保护与管理工作的重要实践。

8.1 法律法规政策和规划标准

8.1.1 法律法规

目前，我国尚无专门针对黄海环境问题而制定的法律、法规，但适用于包括黄海在内的我国管辖海域的海洋环境保护法律体系已经形成，并且正在逐步发展和完善。我国海洋环保法体系以1982年颁布的《中华人民共和国海洋环境保护法》为核心，包括该法的一系列实施细则和与海洋环保有关的其他法律。与黄海生态环境保护相关的法律法规主要有：《中华人民共和国环境保护法》、《中华人民共和国海洋环境保护法》、《中华人民共和国领海及毗连区法》等多部法律法规，具体见渤海篇相应内容。

8.1.2 国务院及其有关部门的规章和规范性文件

国务院及有关部门针对包括黄海在内的全国海洋生态环境保护与管理工作出台了若干规章和规范性文件。其中，与黄海环境保护相关的国务院规章和规范性文件主要有：国务院《关于进一步加强海洋管理工作的若干问题的通知》（国发［2004］24号）、《国务院关于落实科学发展观加强环境保护的决定》、国务院关于印发《全国海洋经济发展规划纲要》的通知（国发［2003］13号）、国务院关于《全国海洋功能区划》的批复（2002年8月22日）、国务院关于《海洋事业发展规划纲要》的批复（2008年2月）等。

国务院有关部门也出台了许多与黄海环境保护相关的规章和规范性文件。其中，国家环境保护部出台的主要包括：《近岸海域环境功能区管理办法》、《中国近岸海域环境功能区划》、《核电厂环境辐射保护规定》等，国家海洋局出台的主要包括：《海洋石油勘探开发重大溢油应急计划》、《赤潮灾害应急预案》、《海洋自然保护区管理办法》、《海洋特别保护区管理暂行办法》等，交通运输部出台的主要包括：《中国海上船舶溢油应急计划》、《船舶油污染事故等级》等，农业部出台的主要包括：《水产种质资源保护区划定工作规范（试行）》、《中华人民共和国水生野生动植物保护区管理办法》等，住房及城乡建设部出台的主要包括：《城市污水处理及污染防治技术政策》、《城市生活垃圾处理及污染防治技术政策》等。

8.1.3 技术标准

国家海洋行政主管部门、环境行政主管部门及其他有关行业行政主管部门针对海洋生态环境保护的需要，发布了各类关于海洋环境保护的国家标准与技术规范。与黄海生态环境保护相关的国家标准主要有《海水水质标准》（GB 3097—1997）、《海洋沉积物质量》（GB 18421—2001）、《海洋生物质量》（GB 18668—2002）、《渔业水质标准》（GB 11607—1989）《污水综合排放标准》（GB8978—1996）、《船舶污染物排放标准》（GB 3552—1983）等。与黄海生态环境保护相关的技术规范主要包括：《海洋调查规范》（第1～11部分，GB/T 12763.1—2007～GB/T 12763.11—2007）、《海洋监测规范》（第1～7部分，GB 17378．1—2007～GB 17378．7—2007）、《海洋工程环境影响评价技术导则》（GB/T 19485—2004）、《海水综合利用工程环境影响评价技术导则》（GB/T 22413—2008）、《海洋功能区划技术导则》（GB/T 17108—2006）、《海洋自然保护区管理技术规范》（GB/T 19571—2004）等。

8.1.4 地方法规规章及相关规划

黄海沿岸各省关于黄海生态环境保护出台了许多地方法规规章及相关规划。辽宁省出台的主要有：《辽宁省海洋环境保护规划》、《辽宁省沿海地区污水直接排入海域标准》、《辽宁省海洋环境保护办法》、《辽宁省水功能区划》、《辽河浅海油田溢海应急计划》、《辽宁省辽河口整治规划》、《辽宁省渔船管理条例》、《辽宁省环境保护条例》、《辽宁省石油勘探开发环境保护管理条例》、《辽河流域水污染防治"九五"计划及2010年规划》、《辽宁省辽河流域水污染防治条例》、《辽宁省近岸海域环境功能区划》、《关于在沿海地区禁止销售和使用含磷洗涤用品的意见》、《辽宁省沿海地区污水直接排放海域标准》、《辽宁省生态环境建设规划纲要》等。

山东省关于黄海环境保护的主要法规规章及相关规划有：《山东省海洋环境保护条例》、《山东生态省建设规划纲要》、《山东省环境保护"十一五"规划》、《山东省半岛城市群生态建设与环境保护规划》、《山东省海洋功能区划》、《山东省近岸海城环境功能区划》、《山东省碧海行动计划》、《山东省辖海河流域水污染防治"十一五"规划》、《山东省海域使用管理条例》、《山东省水污染防治条例》、《山东省渔业资源保护办法》、《山东省海洋渔业资源增殖区划与规划》、《山东省海洋与渔业保护区发展规划》等。

江苏省也相应出台了多项关于黄海生态环境保护的法规规章及相关规划，主要包括：《江苏省海洋环境保护条例》、《江苏省海洋功能区划》、《江苏省海域使用管理条例》、《江苏省水产种苗管理规定》、《江苏省渔业管理条例》等。

8.1.5 国家相关规划

我国从国家层面制定了多项关于海洋生态环境保护的规划。不同部门根据自身的职责，制定了针对不同领域的相关规划。其中，涉及黄海生态环境保护的主要规划有：国家海洋局组织制定实施的《全国海洋经济发展规划纲要》、《重点海域环境保护规划（2006—2015）》、《海洋事业发展规划纲要》和《全国科技兴海规划纲要（2008—2015）》等；国家环境保护总局制定实施的《中国生物多样性保护战略与行动计划》和《全国生态环境保护纲要》等；农业部组织制定实施的《中国水生生物资源养护行动纲要》等；国家林业局组织制定实施的《全国湿地保护工程规划（2002—2030）》、《全国沿海防护林体系建设工程规划（2006—

2015)》、《全国湿地保护工程实施规划（2005—2010)》等；水利部组织制定实施的《全国水资源综合规划》等。

8.1.6 相关国际公约、协定

涉及黄海生态环境保护的国际公约及协定主要包括：《联合国海洋法公约》、《联合国气候变化框架公约》、《生物多样性公约》、《防止倾倒废弃物及其他物质污染海洋公约》、《1972年防止倾倒废物及其他物质污染海洋公约1989年修订案》、《1969年国际油污损害民事责任公约》、《濒危野生动植物种国际贸易公约》、《濒危野生动植物种国际贸易公约第二十一条的修正案》、《1969年国际油污损害民事责任公约的议定书》、《关于1973年国际防止船舶造成污染公约的1978年议定书》、《1969年国际干预公海油污事故公约》、《1973年干预公海非油类物质的污染议定书》、《执行1982年12月10日〈联合国海洋法公约〉有关养护和管理跨界鱼类种群和高度洄游鱼类种群的规定的协定》和《关于特别是作为水禽栖息地的国际重要湿地公约》等。

8.2 海洋环境污染防治与管理

8.2.1 海洋污染防治

1999年3月31日，国务院将渤海环境保护工作纳入了全国环保工作重点。国家环保总局提出了“以渤海为突破口，实施渤海碧海行动计划，全面推动海洋环境保护工作”，制定了《渤海碧海行动计划编制大纲》。2002年，国家环保总局根据《国家环境保护“十五”计划》中“以实施碧海行动计划为载体，加强对近岸海域水质和生态环境保护”的主要任务要求，编制了《碧海行动计划编制指南》。随后，沿海各省市结合本地实际情况，制定了适合本地区海洋及海岸带生态环境特征的碧海行动计划，并陆续批准实施。

8.2.2 黄海海洋功能区划

2002年8月22日，国务院批准了《全国海洋功能区划》。黄海区规划了36种海洋功能区类型，536个功能区，其中开发利用区348个，治理保护区87个、自然保护区41个、特殊功能区44个，保留区16个（图8.1）。黄海区的整体功能为：通过沿海港口体系、交通运输网络、经济开发区、沿海城镇体系以及旅游事业的发展，使黄海海区成为商品生产和流通发达的多功能外向型经济基地；通过对沿海港口条件的充分利用，丰富矿产资源的开发，新建和扩建高技术型工业企业，使黄海海区成为重要的工业基地；通过利用优越的自然条件、丰富的土地和海洋资源、海上牧业化建设，巩固和提高黄海海区作为粮、棉、水产及其加工业为主的传统农副产品基地的地位。根据全国海洋功能区划及其他相关法律法规，黄海沿岸的山东、江苏、辽宁等省也制定了切合各省具体情况的省级海洋功能区划。

8.2.3 黄海海洋环境保护的国际合作

保护黄海的海洋环境需要沿岸各国的共同参与，解决黄海的环境问题同样也需要沿岸各国的共同努力。国际社会及沿岸各国已经以多种形式参与保护黄海海洋环境的行动。目前正

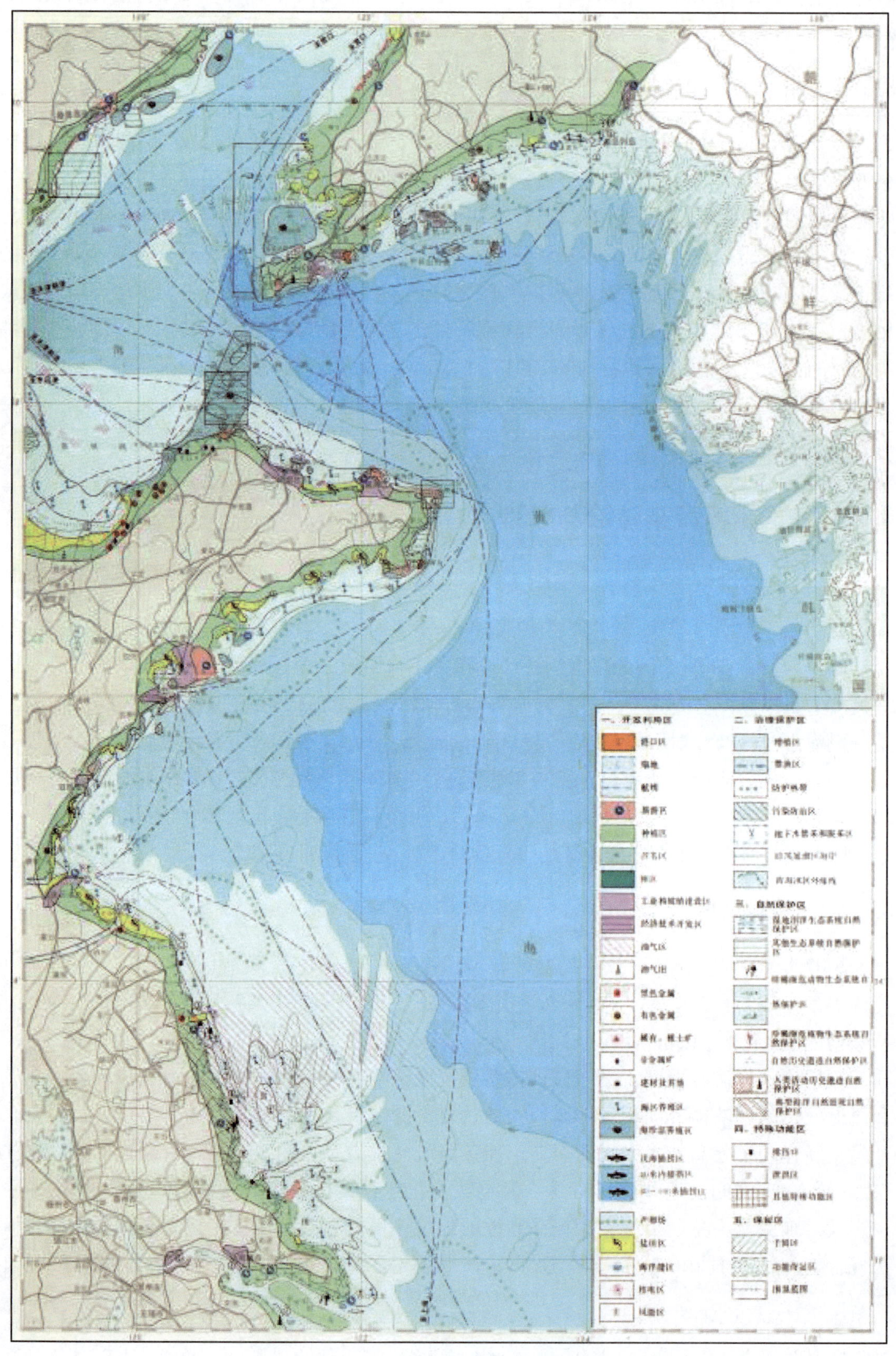

图 8.1　全国海洋功能区划——黄海部分

在实施和已经完成的关于黄海海洋环境保护的国际合作项目主要有：联合国开发计划署（UNDP）和世界环境基金资助（GEF）的“黄海大海洋生态系项目”，世界自然基金会（WWF）开展的“黄海生态区保护支援项目”系列项目，亚洲开发银行资助的“西北太平洋行动计划”以及中韩、中朝的双边合作项目等。

UNDP/GEF 黄海大海洋生态系项目于2005 年正式启动，计划执行期为5 年。该项目将进行跨边界诊断分析、确定黄海大海洋生态系所面临的问题（如资源数量锐减、水质下降、生物种类减少、沿海栖息地退化），从而形成国家和区域的黄海战略行动计划，并推动区域战略行动计划的实施，解决跨边界诊断分析及国家黄海战略行动计划中的跨边界重点问题。

WWF 于2002 年就启动了黄海生态区规划项目，通过科学分析保护生物多样性所需的关键栖息地，来确定优先保护区域。作为该研究项目的成果，黄海生态区潜在保护区域图于2006 年12 月公布。目前，该图已被联合国开发计划署采纳。同时，WWF 与中、日、韩三国的科学家历时两年，于2008 年合作完成了《黄海生态区生物多样性评估报告》。2007 年9 月，中、日、韩三国共同启动了为期7 年的黄海生态区保护支援项目。该项目将采用国际标准的栖息地管理方法，在中国和韩国各建立相应的示范项目区，与当地社区共同开展保护工作，并将成果在中韩两国及世界其他国家地区介绍推广。

2000—2005 年期间，交通部积极配合国家环保总局等有关部门实施“西北太平洋行动计划”，加强了与韩国、日本、俄罗斯等国在溢油应急领域的交流与合作。通过制定《西北太平洋区域海洋溢油应急计划》、签署《西北太平洋区域溢油应急合作谅解备忘录》，建立了中国与三国的区域溢油应急合作机制，对加强我国在黄海、渤海海域的环境保护工作起到积极的推进作用。

中韩两国的合作项目主要有：黄海沉积动力学于古环境合作研究（1998—2000），黄东海海域换流和气旋发展合作研究（1998—2000），中韩水色卫星的辐射模拟成像的研究（1997—1999），黄海沉积物的污染研究（1998—2000），黄海污染减轻对策研究（1998—2000），海气相互作用和气旋爆炸研究（1998—2000），东海暖、咸水入侵黄海的研究，海洋资料技术合作、交换及资料开发利用及黄海地质——地球物理综合研究等。中朝两国合作的项目主要包括浅海潮汐风暴潮合作研究等。

8.3 海洋环境调查监测

8.3.1 黄海海洋调查监测历史

新中国成立以来，我国对黄海生态环境的监测及调查逐步加强，监测的区域、项目、频次不断增多，监测调查的技术装备不断更新，对监测调查人员的培训、管理日益正规化。对黄海的环境调查大致可分为两类：一类是以科学研究为主要目的，包括研究黄海的生态环境演变等；另一类是重点为海洋管理服务，包括对海区的日常环境监测。本节仅对与海洋环境监测相关的调查进行回顾。

黄海区较大型的海洋环境监测调查主要包括：全国海洋综合调查（1958—1960）（表8.1）、第一次全国海洋污染基线调查（1976—1982）、全国海岸带和海涂资源综合调查（1980—1987）、全国海岛资源调查（1988—1995）、第二次全国海洋污染基线调查（1996—

2000）、我国近海海洋综合调查与评价（2005—2009）、中韩黄海环境联合研究（1997—2007，中韩合作）和黄海大海洋生态系项目（YSLME）黄海联合调查（2007—2008，中韩合作）等。

表 8.1　与黄海海洋环境相关的主要监测与调查

时间	名称
1958—1960 年	全国海洋综合调查
1976—1982 年	第一次全国海洋污染基线调查
1980—1987 年	全国海岸带和海涂资源综合调查
1988—1995 年	全国海岛资源综合调查
1996—2000 年	第二次全国海洋污染基线调查
1997—2007 年	中韩黄海环境联合研究
2005—2009 年	我国近海海洋综合调查与评价
2007—2008 年	YSLME 项目黄海联合调查

除此之外，为海洋管理服务的海区日常监测，主要依托黄海沿岸省市的环境监测站。1978 年 6 月，我国在黄渤海区组建了由国家海洋局所属单位和辽宁、河北、天津、山东、江苏 5 省（市）沿海地（市）环境监测部门共 16 个单位组成的渤黄海环境监测网，这是我国第一个区域环境监测网。经过连续 15 年定期对河口、港湾及近海海域进行常规污染监测，获各类监测数据 20 余万个；同时以监测数据资料为基础，完成了《渤海、黄海污染源及其初步评价》和《渤海、黄海近海污染状况和趋势》等科研成果报告。通过这些调查监测，积累了黄海海洋生态环境的大量宝贵的第一手资料，为黄海海洋环境管理及相关科学研究提供了有力支持。

8.3.2　黄海海洋环境监测体系

黄海的海洋环境监测体系包括由海洋部门负责的海洋环境监测网，农业部门负责的渔业环境监测网和其他部门（例如：交通、石油、海军等）组建的环境监测网。

全国海洋环境监测网成立于 1984 年，是由国家海洋局负责组织，沿海省、自治区、直辖市、国务院有关部门和海军等 100 多个单位参加的全国性海洋环境监测的专业网络，是全国环境监测网的组成部分。其基本任务是对中国管辖海域和入海污染源进行长期监测，掌握污染状况和变化趋势，为海洋环境管理、经济建设和科学研究提供基础资料。这一网络体系由国家海洋环境监测中心、海区环境监测中心、沿海省（自治区、直辖市）海洋环境监测总站（中心）、沿海市（地）海洋环境监测中心（站）、国家海洋局所属海洋环境监测中心站和海洋环境监测站等监测机构组成。黄海区的海洋环境监测体系见图 8.2。

全国渔业环境监测网成立于 1985 年，由三级监测业务机构构成。一级站为农业部渔业环境监测中心，主要负责网络的组织协调和技术指导与技术支持；二级站包括渤黄海海区渔业环境监测站，其主要任务是对所辖海域渔业水域环境进行监测，掌握海洋渔业环境质量、相关的底质状况、经济鱼类与环境的关系等，为渔政管理和渔业发展提供基础依据；三级站主要工作是对渔业环境进行经常性的监测、对重要养殖区和保护区进行监测、对渔业水域的赤潮进行监测、对渔业环境污染损害进行调查监测等。

除全国渔业环境监测网外，交通、石油、海洋等行业和部门也先后建立了相应职能需要

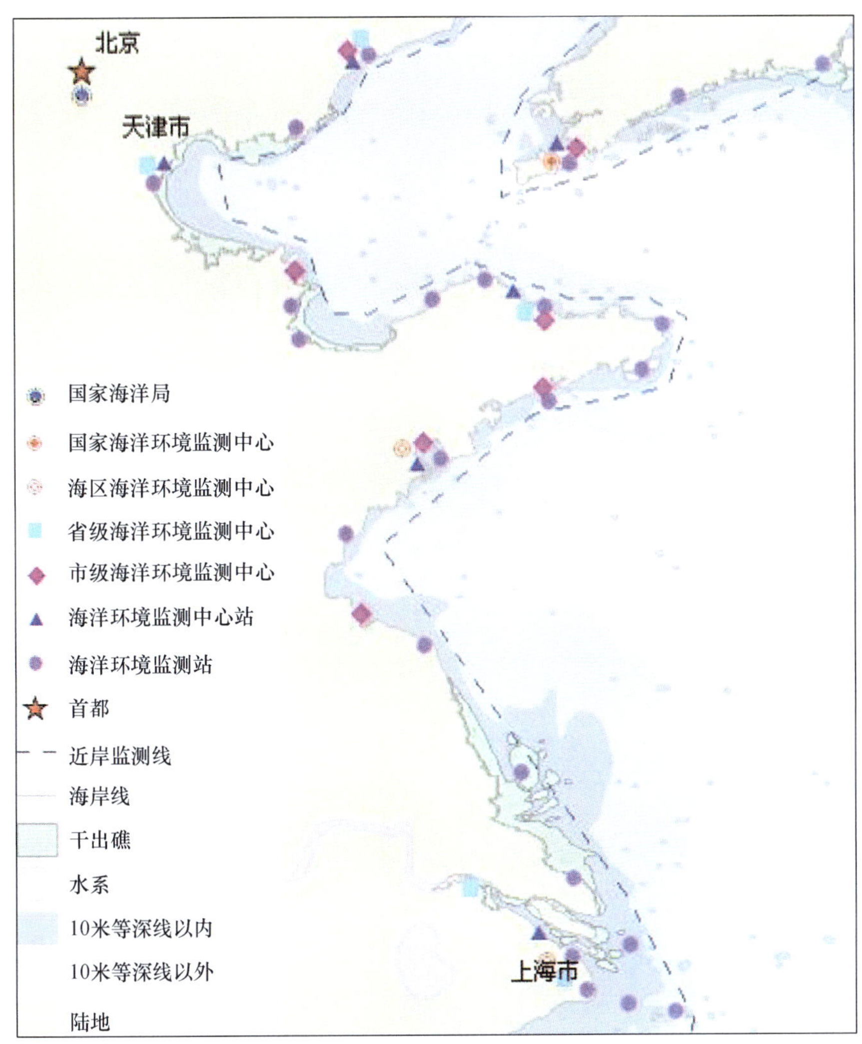

图 8.2 黄海海洋环境监测体系

资料来源：http：//www.mem.gov.cn/mapOrga.html

的监测网络。海军所属主要军港也相继建立了海洋环境监测业务系统，对军港水域和军用船舶进行经常性的监测。环境保护系统并于1994年组建了由沿海11个省、直辖市和自治区54个环境监测站组成的中国近岸环境监测网，进行近岸海域水质和陆地污染源的监测。

8.4 海洋生态保护与修复

8.4.1 海洋自然保护区

黄海区现有各级海洋自然保护区21个，其中，国家级海洋自然保护区5个（附录A），地方级海洋自然保护区16个，面积为1 290.32 km^2（表8.3）。这些保护区的保护对象主要包括典型滨海湿地、海岛等海洋生态系统，濒危海洋生物及其生境和典型海洋地质地貌等。

表 8.2　黄海区地方级海岸和海洋自然保护区

序号	名称	地点	面积/km²	主要保护对象	类型	建区时间	级别	主管部门
1	海王九岛海洋生态自然保护区	辽宁大连	21.43	海滨地貌、海岸景观及鸟类	海洋海岸生态系统	2000 年	市级	海洋
2	大连老偏岛海洋生态自然保护区	辽宁大连	15.80	海珍品及海洋生态系统	海洋海岸生态系统	2000 年	市级	海洋
3	三山岛海珍品自然保护区	辽宁大连	11.03	海参、鲍鱼等海洋生物	海洋生物多样性	1986 年	市级	海洋
4	金石滩地质自然保护区	辽宁大连	39.60	地质遗迹、古生物化石	海洋自然历史遗迹	1986 年	市级	其他
5	长海海洋珍稀生物自然保护区	辽宁长海	2.20	刺参、皱纹盘鲍、栉孔扇贝等海珍品	海洋生物多样性	1985 年	省级	环保
6	长山列岛珍稀鱼类资源自然保护区	辽宁大连	4.33	皱纹盘鲍、刺参、光棘球海胆、栉孔扇贝	海洋生物多样性	2004 年	市级	海洋
7	青岛大公岛海岛生态系自然保护区	山东青岛	16.03	海岛生态系统、鸟类	海洋海岸生态系统	1994 年	省级	海洋
8	胶南灵山岛自然保护区	山东青岛	8	海岛生态系统	海洋海岸生态系统	2001 年	市级	海洋
9	青岛文昌鱼及水生野生动物自然保护区	山东青岛	61.81	文昌鱼及其生境、海洋生物资源	海洋海岸生态系统	2004 年	市级	海洋
10	庙岛群岛斑海豹自然保护区	山东长岛	57	斑海豹及其生境	海洋生物多样性	2001 年	省级	环保
11	千里岩海岛生态系统自然保护区	山东海阳	18.23	岛屿与海洋生态系统	海洋海岸生态系统	1999 年	省级	农业
12	荣成成山头海洋生态自然保护区	山东荣成	63.66	海洋生态系统	海洋海岸生态系统	2002 年	省级	海洋
13	前三岛	山东日照	412	海洋生态系统、海洋渔业资源	海洋海岸生态系统	1991 年	市级	海洋
14	崆峒列岛自然保护区	山东烟台	76.90	水产原种产地、岛礁地貌	海洋生物多样性	2003 年	省级	海洋
15	启东长江口（北支）湿地保护区	江苏启东	477.30	丹顶鹤、白头鹤等珍稀鸟类	海洋海岸生态系统	1985 年	省级	环保
16	东台中华鲟自然保护区	江苏东台	5	中华鲟等	海洋生物多样性	2000 年	县级	环保

表 8.3　黄海海域的濒危物种

序号	分类	中文名	拉丁文名	濒危等级	趋势↓或↑	主要原因	IUCN 红色名录	中国物种红色名录
	多毛类							
1		双齿围沙蚕	*Perinereis aibuhitensis* Grube		↓	过度捕捞		

续表 8.3

序号	分类	中文名	拉丁文名	濒危等级	趋势↓或↑	主要原因	IUCN红色名录	中国物种红色名录
	半索动物							
2		三崎柱头虫	*Balanoglossus misakiensis*	Endangered EN A2acd	↓	生境退化		√
	贝类							
3		四角蛤蜊	*Mactra veneriformis Reeve*		↓	过度捕捞，生境污染		
4		文蛤	*Meretrix spp.*		↓	过度捕捞，生境污染		
5		缢蛏	*Sinonovacula constricta*		↓	过度捕捞，生境污染		
6		栉孔扇贝	*Chlamys farreri*		↓	过度捕捞，生境污染		
	虾							
7		中国对虾	*Penaeus chinensis*		↓	过度捕捞		
	腕足动物							
8		海豆芽	*Lingula anatina Lamarak*		↓	生境退化		
9		酸桨贝	*Terebratella eoreanica Adams et Reeves*		↓	生境退化		
	鱼类							
10		小黄鱼	*Larimichthys polyactis*	Vulnerable VU A2d +4d	↓	过度捕捞		√
11		日本鲭	*Scomber japonicus*	Vulnerable VU A2d +4d	↓	过度捕捞		√
12		鳕	*Gadus macrocephalus*	Vulnerable VU A2d +4d	↓	过度捕捞		√
13		太平洋鲱	*Clupea pallasi*	Endangered EN A2d；C2b	↓	过度捕捞		√
14		大黄鱼	*Larimictthys crocea*	Vulnerable VU A2d +4d	↓	过度捕捞		√
15		松江鲈	*Trachidermus fasciatus*	Endangered EN A2de +4bcde	↓	生境退化		√
	海龟							
16		绿海龟	*Chelonta mydas*	Critically Endangered CR D	↓	产卵场破坏		√
17		玳瑁	*Eretmochetys imbricata*	Critically Endangered CR D	↓	产卵场破坏		√

续表 8.3

序号	分类	中文名	拉丁文名	濒危等级	趋势 ↓或↑	主要原因	IUCN 红色名录	中国物种红色名录
18		太平洋丽龟	*Lepidochelys olivacea*	Critically Endangered CR D	↓	产卵场破坏	Ver 2.3 (1994)	√
19		棱皮龟	*Dermockelys corlacea*	Critically Endangered CR D	↓	产卵场破坏		√
	哺乳动物							
20		江豚	*Neophocaena phocaenoides*	Endangered EN A1acd	↓	商业捕捞	Ver 2.3 (1994)	√
21		斑海豹	*Phoca largha*	Endangered EN C2a (i, ii); E	↓	产卵场破坏		√
	鸟类							
22		丹顶鹤	*Grus japonensis*	Endangered EN C1	↓	湿地生境退化	Ver 3.1 (2001)	√
23		白头鹤	*Grus monacha*	Vulnerable VU C1	↓	湿地生境退化	Ver 3.1 (2001)	√
24		白枕鹤	*Grus vipio*	Vulnerable VU A2ce; C1	↓	湿地生境退化	Ver 3.1 (2001)	√
25		黑脸琵鹭	*Platalea minor*	Endangered EN A2ce; C1 + 2b; D1	↓	湿地生境退化	Ver 3.1 (2001)	√
26		黄嘴白鹭	*Egretta eulophotes*	Near Threatened NT nearly met VU A1bd + 2bd; C1	→	湿地生境退化	Ver 3.1 (2001)	√
27		花脸鸭	*Anas formosa*	Vulnerable VU A1cd + 2cd	↓	越冬湿地退化	Ver 3.1 (2001)	√
28		大天鹅	*Cygnus Cygnus*	Near Threatened NT nearly met VU A1acd + 2acd	↓	越冬湿地退化		√
29		黑嘴鸥	*Laurs saundersi*	Vulnerable VU A2c; C1	↓	越冬湿地退化		√

注：IUCN 为 World Conser vation Union（世界自然保护联盟）简称。

8.4.1.1 鸭绿江口滨海湿地国家级自然保护区①

鸭绿江口滨海湿地自然保护区，既有内陆湿地和水域生态系统类型，又有海洋和海岸生态系统类型。例如芦苇沼泽生态系统、河流水生生态系统、海岸滩涂生态系统及海洋水生生态系统，各种生态系统结构完整、功能稳定，形成一个巨大的复合生态系统。区内一些生态

① 保护区介绍，除特别注明外，均来自国家海洋局网站。

系统尚未或很少受人类活动影响，仍保持着良好的自然性和完整性，为多种生物提供了适宜的生存环境。这里是丹顶鹤、黑鹤、白鹳、大天鹅、白枕鹤、灰鹤等多种珍稀鸟类迁徙中的停歇地，整个保护区内共发现动植物千余种，还有繁多的昆虫和微生物。众多的生物种类，使该保护区成为一座庞大的生物基因库。

8.4.1.2 城山头国家级自然保护区

城山头自然保护区位于大连市金州区，1989 年建立，总面积 1 350 hm^2，其中，核心区 210 hm^2，缓冲区 60 hm^2，实验区 1 080 hm^2，海域面积 750 hm^2，陆地面积 600 hm^2。该区以保护海滨喀斯特地貌（包括海岸潮间带海滨喀斯特石林、10～13 m 海岸阶地和阶地土层下的埋藏喀斯特石林）、古生物化石及地质遗迹为主。

8.4.1.3 荣成大天鹅国家级自然保护区

该保护区以保护大天鹅等濒危鸟类和湿地生态系统为主，是鸟类南迁北移的重要中转站和越冬栖息地。每年有近万只大天鹅来此越冬，是世界上已知最大的大天鹅越冬种群栖息地。区内有芦苇沼泽、滩涂和浅海及潟湖四种湿地类型。沙坝—潟湖体系是保护区内典型的海岸地貌，其中，马山港是中国现存最为完整、最为典型的潟湖之一。该保护区的景观属于海陆过渡带，具有显著的生态系统多样性和特殊的保护与科研价值。

8.4.1.4 盐城珍稀鸟类国家级自然保护区

盐城珍稀鸟类自然保护区于 1983 年建立，1992 年经国务院批准晋升为国家级自然保护区，同年 11 月被联合国教科文组织世界人与生物圈协调理事会批准为生物圈保护区，并纳入“世界生物圈保护区网络”。1996 年，该区又被纳入“东北亚鹤类保护区网络”。该区主要保护丹顶鹤等珍稀野生动物及滩涂湿地生态系统。该区域有黄海沿岸典型的滨海湿地生态系统，是多种珍稀濒危鸟类的重要生境，是东北亚与澳大利亚候鸟迁徙的重要中转站，也是水禽重要的越冬地。每年春秋有近 300 万只岸鸟迁飞经过盐城，有 20 多万只水禽在保护区越冬。其中，来该区越冬丹顶鹤达到千余只，占世界野生种群 40% 以上。该保护区已发现的鸟类有 29 种被列入世界自然资源保护联盟的濒危物种红皮书。

8.4.1.5 大丰麋鹿国家级自然保护区

该保护区位于江苏省中部的滨海湿地，建于 1986 年，面积 7.8×10^4 hm^2。1995 年被列入“中国人与生物圈保护网络”、1996 年成立“苏北珍稀动物救护中心”、1997 年晋升为“国家级保护区”、1998 年被中科院认定为“保护生物学博士研究生实验基地”、2001 年被联合国列为国际重要麋鹿自然保护区。该保护区生物多样性丰富，发现动植物品种近 900 种，其中，麋鹿种群为世界最大（819 头，占世界 25%），具有很高的科研价值和旅游价值。

8.4.2 海洋特别保护区

截至 2010 年，黄海区域有文登海洋生态国家级海洋特别保护区、江苏海州湾海洋生态特别保护区和江苏海门市蛎岈山牡蛎礁海洋特别保护区等 5 个国家级海洋特别保护区（附录 B）。其中：

文登海洋生态国家级海洋特别保护区位于山东文登青龙河口、靖海湾区域，总面积

518.77 hm^2。该保护区内水浅、滩宽、滩涂平坦，属于典型的河口海湾生态系统，集中分布有数量较大的松江鲈鱼等丰富的海洋生物资源。

江苏海州湾海洋生态特别保护区主要保护海州湾特有的生态系统与自然遗迹，面积49 076 hm^2。该保护区内有江苏独有的基岩海岛、40 km沙滩、30 km基岩海岸、泥质海岸及海岛森林，是典型的海洋海岸岛礁自然地貌区。同时，该区域为亚热带与暖温带的交界处，生物资源十分丰富，既有近岸低盐品种，又有远岸高盐类群，分布着数百种鱼、虾、贝、蟹等珍贵生物资源和100多种海岛鸟类。

江苏海门市蛎岈山牡蛎礁海洋特别保护区，面积3 687 hm^2，位于海门市东灶港东南。该区的牡蛎礁由牡蛎活体和各种海洋生物构成，是世界上罕见的在淤泥质滩涂上出现的大规模生物礁，具有极高的科学考察和旅游开发价值。

8.4.3 海洋濒危物种保护

濒危物种的保护主要是结合各类海洋保护区的工作开展。黄海区的濒危物种主要有29个（表8.3），分属9类。多毛类一种为双齿围沙蚕（*Perinereis aibuhitensis Grube*）；半索动物有一种是三崎柱头虫（*Balanoglossus misakiensis*）；贝类有四种，分别是：四角蛤蜊（*Mactra veneriformis Reeve*）、文蛤（*Meretrix* spp.）、缢蛏（*Sinonovacula constricta*）和栉孔扇贝（*Chlamys farreri*）；有一种虾：中国对虾（*Penaeus chinensis*）；腕足动物有两种：海豆芽（*Lingula anatina Lamarak*）和酸桨贝（*Terebratella eoreanica Adams* et Reeves）；鱼类有六种：小黄鱼（*Larimichthys polyactis*）、日本鲭（*Scomber japonicus*）、鳕（*Gadus macrocephalus*）、太平洋鲱（*Clupea pallasi*）、大黄鱼（*Larimictthys crocea*）和松江鲈（*Trachidermus fasciatus*）；海龟有四种：绿海龟（*Chelonta mydas*）、玳瑁（*Eretmochetys imbricata*）、太平洋丽龟（*Lepidochelys olivacea*）和棱皮龟（*Dermockelys corlacea*）；两种海洋哺乳动物：江豚（*Neophocaena phocaenoides*）和斑海豹（*Phoca largha*）；八种鸟类：丹顶鹤（*Grus japonensis*）、白头鹤（*Grus monacha*）、白枕鹤（*Grus vipio*）、黑脸琵鹭（*Platalea minor*）、黄嘴白鹭（*Egretta eulophotes*）、花脸鸭（*Anas formosa*）、大天鹅（*Cygnus Cygnus*）和黑嘴鸥（*Laurs saundersi*）。通过分析发现，威胁这些物种的原因中41.4%是由于生境退化造成，17.2%是由于产卵场破坏引起的，37.9%是由于过度捕捞引发的。

8.4.4 海洋外来物种入侵防治

人类对海洋的开发活动，如渔业捕捞、水产养殖、水生生物贸易、科学研究、开辟航道和船舶运输等，可能有意或无意引入该区域历史上并未出现过的新的物种。这些物种被称为外来物种，也称作引入种、迁入种。

海洋外来物种入侵的途径主要有两种：一种是有意引入。例如以科研的目的引入，作为海水养殖新品种引入以及作为水族馆生物引入；另一种是无意引入。这主要包括物种通过附着在船舶底部引入（如藤壶、软体动物、水螅、固着多毛类和藻类，也包括移动性生物如蟹、虾、螺和鱼）和船舶压舱水携带的生物（各种浮游生物）。自19世纪70年代以来，从海上运输的压舱水中，全世界都有新物种的侵入记录。如亚洲桡足类生物出现在美国太平洋沿岸；日本的肉球近方蟹（*Hemigrapsus sanguineus*）已在美国大西洋沿岸栖居；西北太平洋栉水母类侵入了黑海；加拿大、美国和澳大利亚的研究发现在大型货船的压舱水中有几百种活的浮游生物。

我国对海洋外来物种已开展了部分研究。通过青岛海洋科学数据共享平台建设专项“中国外来海洋生物物种基础信息数据库”和科技部社会公益基金专项“外来海洋物种入侵影响及其风险评估和应用”项目，青岛市科技局、国家海洋局第一海洋研究所、国家海洋局海洋生物活性物质重点实验室于2007年共同建成“中国外来海洋生物物种基础信息数据库”网站。

与其他大陆边缘海类似，黄海也面临着外来物种入侵的威胁。调查显示，黄海海域约有34种外来物种，包括4种海藻、3种维管植物、1种多毛纲生物、10种软体动物、6种甲壳类生物、3种尾索动物生物和7种鱼类（表8.4）。这些外来生物中73.53%是人工引入的，主要是用作海水养殖。23.53%是随船只引入。这些外来物种在黄海海域均发现了其野生种群。它们对原有的海洋生态系统已经产生了影响。例如：如东海洋沿岸滩涂，原有海洋生物200多种，引进大米草以后，海洋生物濒临绝迹。

8.4.5 渔业资源修复

黄海是我国传统的渔业作业海域，渔业资源丰富，分布于该海区的鱼类约300种，虾蟹类41种，头足类20种。主要经济生物资源包括：蓝点马鲛（*Scomberomorus niphonius*）、鲐鱼（*Pneumatophorus japonicus*）、银鲳（*Stromateoides sinensis*）、鳀鱼（*Engraulis japonicus*）、黄鲫（*Setipinna taty*）、鳓鱼（*Ilisha elongata*）、小黄鱼（*Pseudosciaena polyactis*）、黄姑鱼（*Nibea albiflora*）、中国对虾（*Penaeus orientalis*）、鹰爪虾（*Trachypenaeus curvirostris*）、乌贼等。我国的许多重要渔场如海洋岛渔场、烟威渔场、石岛渔场、连青石渔场、海州湾渔场、吕泗渔场、大沙渔场等均分布于此。近年来，由于捕捞强度大、海域污染及渔业资源生境破坏等原因，主要渔获物中的优质品种比重降低，低龄化、小型化、低值化现象日趋明显。许多重要经济生物已不能形成鱼汛，局部水域生态呈现荒漠化，对渔业的可持续发展构成重大威胁。

为了应对这一威胁，黄海沿岸各省均开展了不同形式的渔业资源修复行动，主要包括渔业资源增殖放流、人工鱼礁和海洋牧场建设、渔业资源与濒危生物保护区建设、渔船削减与渔民转产等措施。

黄海海域增殖放流的品种包括中国对虾、日本对虾、三疣梭子蟹、日本蟳等甲壳类；牙鲆、黑鲷、半滑舌鳎、梭鱼和真鲷等鱼类；文蛤、青蛤、菲律宾蛤仔、西施舌、虾夷扇贝、毛蚶、魁蚶、鸟蛤、牡蛎、大竹蛏、缢蛏和泥螺等贝类；刺参、马粪海胆和皱纹盘鲍等海珍品及幼海蜇、单环刺螠和金乌贼。截至2008年，仅山东省就分别增殖放流中国对虾、日本对虾、三疣梭子蟹、牙鲆和海蜇141.13亿尾、18.47亿尾、5.41亿只、0.24亿尾和12.58亿头。

增殖放流已取得明显效果。以山东为例，2005—2008年，全省4年共投入增殖放流资金2.22×10^{8}元，其中省级财政投入1.14×10^{8}元。其中，在黄渤海共增殖放流鱼虾蟹贝等苗种近70亿尾（粒），累计秋汛回捕增殖资源12.3×10^{4} t，实现产值35亿多元，海洋增殖放流的综合直接投入与直接产出之比达到1∶17。

黄海区的人工鱼礁建设也取得明显成效。辽宁省编制了《辽宁省沿海人工鱼礁建设总体规划（2008—2017）》，仅2010年在盘锦市双台子河口，投放钢筋水泥预制件海蜇繁殖保护型渔业资源增殖礁体1 257座，合计10 182空立方米。截至2007年底，山东省共建成大型人工鱼礁区12处，礁区面积1 318.6 hm^2，累计投放报废渔船731艘，大料石74×10^{4} m^3，混凝

表 8.4　黄海主要的外来物种

中文名	拉丁名	引入途径	引入目的	引入时间	来源地	本地是否存在野生种群	野生种群分布
海藻	Algae						
日本真海带	*Laminaria japonica*	随船只引入	无意引入	1927 年	日本、朝鲜	是	辽宁、山东的基岩海岸
裙带菜	*Undaria pinnatifida*	科技人员引入	海水养殖	1990 年	日本、朝鲜	是	辽宁、山东的基岩海岸
巨藻	*Macrocystis pyrifera*	科技人员引入	海水养殖	1978 年	墨西哥	是	辽宁、山东的基岩海岸
舌状酸藻	*Desmarestia ligulata*	无意引入	无意引入	○	日本	是	辽宁近岸水域
维管植物	Tracheophyta						
大米草	*Spartina anglica*	科技人员引入	护岸护堤	1963 年	英国	是	主要分布于辽宁、江苏的沿海泥滩，同时也少量分布于山东沿海
孤米草	*Spartina patens*	科技人员引入	护岸护堤	1980 年	美国	是	江苏海岸泥滩
互花米草	*Spartina alterniflora*	科技人员引入	护岸护堤	1979 年	美国	是	主要分布于辽宁、江苏的沿海泥滩，同时也少量分布于山东沿海
多毛纲	Polychaeta						
华美盘管虫	*Hydroides elegans*(*Haswell*)	随船只引入	无意引入	○	○	是	黄海沿岸潮间带和潮下带
软体动物	Molluscs						
海湾扇贝	*Argopecten irradians*	科技人员引入	海水养殖	1981 年	美国	是	辽宁、山东近岸水域
虾夷扇贝	*Patinopecten yessoensis*	科技人员引入	海水养殖	20 世纪 80 年代初	日本	是	辽宁、山东近岸水域
长牡蛎	*Crassostrea gigas*	科技人员引入	海水养殖	20 世纪 80 年代初	日本	是	辽宁、山东近岸水域
大西洋浪蛤	*Spisula solidissima*	科技人员引入	海水养殖	2006 年	美国	是	青岛近岸水域
红鲍	*Haliotis rufescens*	科技人员引入	海水养殖	20 世纪 80 年代中期	美国	是	青岛近岸水域
绿鲍	*Haliotis fulgens*	科技人员引入	海水养殖	20 世纪 80 年代中期	美国	是	青岛近岸水域
象拔蚌	*Panopea abrupta*	科技人员引入	海水养殖	1998 年	美国	是	辽宁、山东近岸水域
硬壳蛤	*Mercernaria mercernaria*	科技人员引入	海水养殖	1997 年	美国	是	辽宁、山东近岸水域
大扇贝	*Pecten maxima*	科技人员引入	海水养殖	20 世纪 90 年代末	法国、挪威	是	青岛近岸水域

续表 8.4

中文名	拉丁名	引入途径	引入目的	引入时间	来源地	本地是否存在野生种群	野生种群分布
虾夷马粪海胆	*Strongylocentrotus intermedius*	科技人员引入	海水养殖	1989 年	日本	是	黄海北部基岩海岸区域
甲壳纲	Crustacea						
象牙藤壶	*Balanus eburneus*	随船只引入	无意引入	○	○	是	黄海沿岸均有分布
致密藤壶	*Balanus improvisus*	随船只引入	无意引入	○	○	是	黄海沿岸均有分布
纹藤壶	*Balanus amphitrite amphitrite*	随船只引入	无意引入	○	美国	是	黄海沿岸均有分布
虾	Shrimps						
日本对虾	*Penaeus japonicus*	科技人员引入	海水养殖	1994—1996 年	日本	是	黄海沿岸均有分布
南美白对虾	*Penaeus vannamei Boone*	科技人员引入	海水养殖	1991 年	厄瓜多尔	○	○
凡纳对虾	*Penaeus vannamei*	科技人员引入	海水养殖	1998 年	美国	○	○
尾索动物门	Urochordata						
玻璃海鞘	*Ciona intestinalis*	随船只引入	无意引入	○	美国	是	黄海沿岸均有分布
乳突皮海鞘	*Molgula manhattensis*	随船只引入	无意引入	○	美国	是	黄海沿岸均有分布
冠瘤海鞘	*Styela canopus*	随船只引入	无意引入	○	美国	是	黄海沿岸均有分布
鱼	Fish						
大菱鲆	*Scophthalmus maximum*	科技人员引入	海水养殖	1992 年	英国	是	黄海沿岸均有分布
眼斑拟石首鱼	*Sciaenops ocellatus*	科技人员引入	海水养殖	20 世纪 90 年代初	美国德克萨斯州	是	黄海沿岸均有分布
虹鳟	*Salmo gairdnerii*	科技人员引入	海水养殖	1959 年、1983 年	朝鲜、美国、日本	是	黄海沿岸均有分布
红鳍东方鲀	*Fugu rubripes*	科技人员引入	海水养殖	1991s	日本	是	黄海沿岸均有分布
美洲条纹狼鲈	*Morone saxatilis*	科技人员引入	海水养殖	○	○	是	黄海沿岸均有分布
尖吻鲈	*Lates calcarifer*	科技人员引入	海水养殖	○	○	是	黄海沿岸均有分布
大西洋牙鲆	*Altantic flounder*	科技人员引入	海水养殖	2002 年	美国	是	黄海沿岸均有分布

注:○ 表示数据不足。数据来源:UNDP/GEF,2007。

土构件 32.5 × 10^4 m^3。江苏省于 2002 年启动了人工鱼礁工程，在连云港的海州湾海域建设 5 座人工鱼礁，总面积 7.5km^2。经过对比调查发现，人工鱼礁投放的效果明显。山东省礁区单位水体藻类生物量是未投礁前的 3.2 倍，海洋底栖生物恢复和生长速度明显加快，鱼类由投礁前的 5 种增加到 28 种，每百平方米存鱼量由投礁前的 0.48 kg 增加到 52 kg。连云港海州湾处人工鱼礁投放后，鱼礁区生物多样性指数和丰度均有所增加；鱼礁区 CPUE 比投礁前增加 1 倍左右，其中，鱼类的 CPUE 增加最多。

参考文献

安数青 . 2003. 湿地生态工程 – 湿地资源利用与保护的优化模式 . 北京：化学工业出版社 .

陈海燕，周红，慕芳红，等 . 2009. 北黄海小型底栖生物丰度和生物量时空分布特征 [J] . 39 (4)：657 – 663.

曹文卿，刘素美 . 2010. 东、黄海柱状沉积物中有机磷与无机磷的含量与分布研究 [J] . 40 (1)：69 – 74.

柴心玉，张志南，孙军 . 2004. 胶州湾北部水域叶绿素 – a 含量和初级生产力 . 青岛海洋大学学报，30 (2)：45 – 52.

陈碧鹃，陈聚法 . 2000. 胶州湾北部沿岸浮游植物生态特征的研究 . 海洋水产研究，21 (2)：34 – 40.

陈克林 . 2006. 黄渤海湿地与迁徙水鸟研究 . 北京：中国林业出版社 .

陈则实 . 1998. 中国海湾志 . 第十四分册 . 北京：海洋出版社 .

陈则实，王文海，吴桑云，等 . 2007. 中国海湾引论，北京：海洋出版社 .

崔毅，陈碧鹃，陈聚法 . 2005. 黄渤海海水养殖自身污染的评估 . 应用生态学报，16 (1)：180 – 185.

高爽，李正炎 . 2009. 北黄海夏、冬季叶绿素和初级生产力的空间分布和季节变化特征 . 中国海洋大学学报，39 (4)：604 – 610.

郭旭鹏，金显仕，戴芳群 . 2006. 渤海小黄鱼生长特征的变 [J] . 中国水产科学，13 (2)：243 – 248.

何培青，刘晨临，胡晓颖，等 . 2005. 我国引进海洋经济物种对本土资源遗传多样性的影响. In：中国外来海洋生物物种基础信息数据库 .

贺志鹏 . 2008. 南黄海重金属的演变特征及控制因素 [D] . 中国科学院海洋研究所 .

李淑媛，苗丰民，刘国贤 . 1994. 北黄海沉积物中重金属分布及环境背景值 [J] . 13 (3)：21 – 24.

刘瑞玉，等 . 1992. 胶洲湾生态学和生物资源 . 北京：科学出版社 .

刘娜 . 2006. 油污染对小球藻和卤虫的急性毒性效应研究 [D] . 大连：大连海事大学 .

刘青松，李杨帆，朱晓东 . 2003. 江苏省海岸带 N，P 污染特征分析与控治对策 [J] . 环境导报，9：4 – 5.

刘文新，胡璟，陈江麟，等 . 2008. 黄海近岸底栖贝类体内典型有机污染物分布 [J] . 环境科学，29 (5)：1336 – 1341.

陈一宁，高抒，贾建军 . 2005. 米草属植物 Spartina angilica 和 Spartina alterniflora 引种后江苏海岸湿地生态演化的初步探讨 [J] . 海洋与湖沼，36 (5)：394 – 403.

胡亮，赵凤梅，于兰萍，李艳，等 . 2008. 副溶血弧菌对养殖大菱鲆致病性研究 [J] . 水产科学，27 (7)：340 – 343.

胡小猛，陈美君 . 2004. 黄东海表层海水溶解氧时空变化规律研究 [J] . 地理与地理信息科学，20 (6)：40 – 43.

黄道建，黄小平，岳维忠 . 2005. 大型海藻体内 TN 和 TP 含量及其对近海环境修复的意义 . 台湾海峡，24 (3)：316 – 321.

江玉，吴志宏，韩秀荣，张蕾，等. 2002. 多环芳烃对海洋浮游植物的生物毒性研究 [J] . 海洋科学，26 (1)：46 – 50.

贾怡然 . 2006. 填海造地对胶州湾环境容量的影响研究 . 中国海洋大学硕士论文 .

金显仕，邓景耀．2000. 莱州湾渔业资源群落结构和生物多样性的变化．生物多样性，8（1）：65－72.
金显仕．2003. 山东半岛南部水域春季游泳动物群落结构的变化．水产学报，27（1）：19－24.
陆健健，何文珊，童富春，等．2006. 湿地生态学，北京：高等教育出版社．
陆健健．2003. 河口生态学，北京：海洋出版社．
李正宝，朱夔昌．北黄海碱渣倾废海区选划及其可行性初步研究［J］．海洋环境科学．7（2）：50－57.
李玉．2005. 胶州湾主要重金属和有机污染物的分布及特征研究［D］．中国科学院海洋研究所．
李超伦，张芳，申欣，杨波，等．2005. 胶州湾叶绿素的浓度、分布特征及其周年变化．海洋与湖沼，36（6）：499－506.
李新正，于海燕，王永强，等．2001. 胶州湾大型底栖动物的物种多样性现状．生物多样性，9（1）：80－84.
李艳，李瑞香，王宗灵，等．2005. 胶州湾浮游植物群落结构及其变化的初步研究．海洋科学进展，23（3）：328－334.
李宝泉，李新正，王洪法，等．2010. 乳山近海六种重要经济动物重金属含量现状与评价［J］. 29（3）：392－395.
李新正，于海燕，王永强，等．2001. 胶州湾大型底栖动物的物种多样性现状［J］．生物多样性，9（1）：80－84.
林龙山，姜亚洲，刘尊雷. 2010. 黄海南部和东海小黄鱼资源分布差异性研究［J］．中国海洋大学学报，40（3）1－6.
林凤翱，贺杰，于占国．1989. 北黄海三类废弃物试验倾倒区海洋细菌的生态学研究——海洋异养细菌的分布［J］．海洋环境科学，8（3）．
林凤翱，贺杰，于占国．1989. 北黄海碱渣及三类废弃物试验倾倒区海洋细菌的生态研究Ⅱ海洋硫化细菌、硝化细菌的分布［J］．8（4）：8－13.
马绍赛，崔毅，李秋芬，等．2003. 胶州湾外南沙水域渔业资源与文昌鱼数量调查评估及其栖息环境保护［J］．海洋水产研究，24（3）：10－14.
马成东．1997. 黄海海域水质现状与趋势评价［J］．海洋环境科学，16（4）：33－37.
牟海津，李筠，包振民，等．2000. 副溶血弧菌胞外产物对中国对虾的致病性分析［J］．海洋与湖沼，31（3）：273－280.
曲凌云，张进兴，孙修勤．1999. 养殖牙鲆淋巴囊肿病流行状况与组织病理学研究［J］．黄渤海海洋，17（2）：43－47.
曲克明，陈碧鹃，袁有宪，等．2000. 氮磷营养盐影响海水浮游硅藻种群组成的初步研究［J］．应用生态学报，11（3）：445－448.
钦佩，安树青，颜京松．1998. 生态工程学．南京：南京大学出版社．
孙修勤，张进兴．2000. 牙鲆淋巴囊肿病毒的病原性与免疫原性［J］．高技术通讯，9：19－2.
沈文周．2006. 中国近海空间地理，北京：海洋出版社．
孙湘平．2006. 中国近海区域海洋，北京：海洋出版社．
孙湘平，汤毓祥．1993. 黄海海洋环境调查及其主要结果［J］．黄渤海海洋，11（3）：19－26.
苏纪兰．2005. 中国近海水文，北京：海洋出版社．
苏翠荣，徐家铸，李忠武．1996. 江苏海州湾浮游动物的种类组成和分布［J］．南京师大学报（自然科学版），19（1）：64－67.
沈永明，刘咏梅，陈全站．2003. 互花米草盐沼土壤有机质分布特征［J］．海洋通报，22（6）：43－48.
孙松，张永山，吴玉霖，等．2005. 胶州湾初级生产力周年变化，海洋与湖沼，36（6）：481－486.
帅莉，邵丽艳，杨永亮．2008. DDT 及其衍生物对 2 种单细胞藻的毒性效应［J］．生态环境，17（3）：891－897.
唐启升，叶懋中．1990. 山东近海渔业资源开发与保护［M］．北京：农业出版社，70－80.
王极刚，等． 2008. 2001—2005 年鸭绿江河口及邻近海域水质评价［J］．海洋环境科学，27（5）：

499 - 501.
王恺 . 2003. 中国国家级自然保护区（中）. 合肥：安徽科学技术出版社 .
王恺 . 2003. 中国国家级自然保护区（上）. 合肥：安徽科学技术出版社 .
王悠，唐学玺，李永祺，等 . 2002. 低浓度蒽对两种海洋微藻生长的兴奋效应［J］. 应用生态学报，13（3）：343 - 346.
王修林，杨茹君，祝陈坚 . 2004. 石油烃污染物存在下旋链角毛藻生长的粒度效应初步研究［J］. 中国海洋大学学报，34（5）：849 - 853.
王文海 主编 . 1993. 中国海湾志第四分册 . 北京：海洋出版社 .
王宗灵，李瑞香，朱明远，等 . 2006. 半连续培养下东海原甲藻和中肋骨条藻种群生长过程与种间竞争研究［J］. 海洋科学进展，24（4）：495 - 503.
王爱军，高抒，贾建军 . 2006. 互花米草对江苏潮滩沉积和地貌演化的影响［J］. 海洋学报，28（1）：92 - 99.
王荣，焦念志，李超伦，等 . 1995. 胶州湾的初级生产力和新生产力，海洋科学集刊，36：181 - 194.
王真良，刘晓丹. 1991. 北黄海域碱渣及三类废弃物处置海区浮游动物基线调查研究［J］. 海洋环境科学，10（1）：29 - 36.
韦钦胜，等 . 2010. 2007 年春季南黄海溶解氧的分布特征及影响因素［J］. 海洋科学进展，28（2）：179 - 185.
王保栋，王桂云，郑昌洙，等 . 1999. 南黄海溶解氧的垂直分布特征［J］. 海洋学报，21（5）：72 - 77.
王丕烈，韩家波，马志强 . 2008. 黄渤海斑海豹种群现状调查［J］. 野生动物杂志，29（1）：29 - 31.
王极刚，赵杰 . 2008. 2001 ~ 2005 年鸭绿江河口及邻近海域水质评价 . 海洋环境科学，27（5）：499 - 501.
王其翔 . 2009. 黄海海洋生态系统服务评估［D］. 中国海洋大学 .
王保栋，刘峰，王桂云 . 1999. 南黄海溶解氧的平面分布及季节变化［J］. 海洋学报，21（4）：47 - 53.
王年斌，马志强，薛克 . 2003. 黄海北部河 IZl 海域无机氮含量的分布动态与环境质量评价［J］. 大连水产学院学报，18（4）：282—286.
王菊英 . 2004. 海洋沉积物的环境质量评价研究［D］. 中国海洋大学 .
吴耀泉 . 1999. 胶州湾沿岸带开发对生物资源的影响［J］. 海洋环境科学，2（18）
徐宁，段舜山，李爱芬，等 . 2005. 沿岸海域富营养化与赤潮发生的关系［J］. 生态学报，25（7）：1782 - 1787.
徐晓军，曹新，由文辉 . 2006. 中国北方大米草属植被中大型底栖动物群落的初步研究［J］. 江苏环境科技，19（3）：6 - 9.
徐军 . 连云港西大堤工程建设影响作用评价［J］. 海洋通报，24（5）：67 - 73
许东禹，等 . 1999. 中国近海地质，北京：地质出版社 .
夏斌，马绍赛，崔毅，等 . 2009. 黄海绿潮（浒苔）暴发区温盐、溶解氧和营养盐的分布特征及其与绿潮发生的关系 . 渔业科学进展，30（5）：94 - 101.
薛鸿超 . 2003. 海岸及近海工程 . 北京：中国环境科学出版社 .
徐明德，韦鹤平，张海平 . 2006. 黄海南部近岸海域水质现状分析［J］. 中北大学学报，27（1）：66 - 70.
叶乃好，张晓雯，毛玉泽，等 . 2008. 黄海绿潮浒苔（Enteromorpha prolifera）生活史的初步研究［J］. 中国水产科学，25（5）：853 - 859.
郁万鑫 . 2008. 江苏盐城湿地遥感动态监测与景观变化分析 . 中国地质大学硕士学位论文 .
赵曾春，黄文祥 . 1991. 北黄海五号倾废区浮游植物生态初探［J］. 海洋环境科学，10（4）：7 - 13.
郑琳 . 2006. 青岛倾倒区生态环境变化研究［D］. 青岛：中国海洋大学 .
张芳，孙松，杨波 . 2005. 胶州湾水母类生态研究 I . 种类组成与群落特征［J］. 海洋与湖沼，36（6）：507 - 517.
张建设 . 2004. 致病性副溶血弧菌脂多糖对牙鲆的免疫效应及其抗原性研究［D］. 青岛：中国海洋大学 .

张国政，李显森，金显仕，等. 2010. 黄海南部小黄鱼生长\死亡和最适开捕体长［J］. 中国水产科学，17（4）：839－846.
张存勇. 2006. 连云港近岸海域海洋工程对生态环境的影响及其研究［D］. 中国海洋大学硕士学位论文.
张绪良，张朝晖，徐宗军，等. 2009. 胶州湾海岸湿地的生物多样性特征. 科技导报［J］，27（13）：36－41.
张绪良. 2004. 山东省海洋灾害及防治研究［J］. 海洋通报，23（3）：66－72.
张士璀，郭斌，梁宇君. 2008. 我国文昌鱼研究50年［J］. 生命科学，20（1）：64－68.
张艳. 2006. 南黄海小型底栖生物群落结构与多样性的研究［D］. 中国海洋大学.
周虹霞，刘金娥，钦佩. 2005. 外来种互花米草对盐沼土壤微生物多样性的影响－以江苏滨海为例［J］. 生态学报，25（9）：2304－2311.
赵聪蛟，邓自发，周长芳，等. 2008. 氮水平和竞争对互花米草与芦苇叶特征的影响［J］. 植物生态学报，32（2）：392－401.
邹景忠. 2004. 海洋环境科学. 济南：山东教育出版社.
朱爱美. 2007. 青岛胶州湾环境质量研究与生态风险评估［D］. 吉林大学硕士学位论文.
张晓收. 2005. 南黄海鳀鱼产卵场小型底栖动物生态学研究［D］. 青岛：中国海洋大学.
赵淑江. 2002. 胶州湾生态系统主要生态因子的长期变化［D］. 中国科学院海洋研究所.
朱爱美，叶思源，卢文喜. 2006. 胶州湾海域大型底栖生物的调查与研究，海洋地质动态，22（10）：24－27.
曾晓起，朴成华，姜伟，等. 2004. 胶州湾及其邻近水域渔业生物多样性的调查研究. 中国海洋大学学报，34（6）：977－982.
中国海洋外来物种基础信息数据库，副溶血弧菌. 2007.
黄海大海洋生态系项目专家组，1999. GEF/UNDP 黄海大海洋生态系项目中华人民共和国国家报告.
江苏省海岸带和海涂资源综合调查报告，1986，北京：海洋出版社.
山东省海洋与渔业厅. 山东省近岸产卵场与索饵场综合评价. 山东省海洋与渔业厅出版，2010.
杨东方，苗振清等. 海湾生态学（上，下）. 2010. 北京：海洋出版社.
山东省海洋与渔业厅. 2008. 山东省近岸经济生物资源调查与评价调查研究报告.
中国海洋环境公报. 1973 年至 2010 年.
中国海洋灾害公报. 1998 年至 2010 年.
山东省海洋环境公报. 2005 年至 2009 年.
国家海洋局北海分局. 2000. 黄海环境污染基线调查报告.
国家环保局《水生生物监测手册》编委会. 1993. 水生生物监测手册［M］. 南京：东南大学出版社.
海水水质标准. 中华人民共和国国家标准. 1997.
海洋沉积物标准. 2002. 中华人民共和国国家标准.
有机磷类农药工业水污染物排放标准. 2008. 中华人民共和国国家标准.
邹景忠. 2004. 海洋环境科学，山东教育出版社.
杨堃峰，戴继勋，刘红全，等. 2006. 三丁基氧化锡对坛紫菜体细胞生长的影响，中国海洋大学学报（自然科学版），（s2）：73－77.
帅莉，邵丽艳，杨永亮. 2008. DT 及其衍生物对 2 种单细胞藻的毒性效应. 生态环境，（3）：15－21.
江玉，吴志宏，韩秀荣，等. 2002. 多环芳烃对海洋浮游植物的生物毒性研究. 海洋科学，（1）：48－52.
江玉，韩秀荣，张军，等. 2002. 海洋浮游植物对 2－甲基萘的生物富集研究，青岛海洋大学学报（自然科学版），（1）：106－111.
金显仕，赵宪勇，孟田湘，等. 2005. 黄渤海生物资源与栖息环境，北京：科学出版社.
王悠，唐学玺，李永祺. 蒽与有机磷农药对海洋微藻的联合毒性，海洋科学，2000（4）：5－7.
Shen ZL，2001. Historical Changes in Nutrient Structure and its Influences on Phytoplantkon Composition in Jiaozhou Bay. Estuarine，Coastal and Shelf Science，52：211－224.

Xiao YJ, Ferreira JG, Bricker SB, Nunes JP, Zhu MY and Zhang XL, 2007. Trophic Assessment in Chinese Coastal Systems – Review of Methods and Application to the Changjiang (Yangtze)

Lo C F Ho C H, Chen C H, Liu K F, et al Detection and tissue tropism of white spot syndrome baculovirus (WSBV) in captured brooders of Penaeus monodon with a special emphasis on reproductive organs [J]. Dis Aquat Org. 1997, 30: 53 – 72.

Wang C H Lo C F, Leu J H, et al. Purification and genomic analysis of baculovirus associated with white spot syndrome (WSBV) of Penaeus monodon [J]. Dis Aquat Org. 1995, 23: 239 – 242.

Jing Zhang Min Guang – liu. Observations on nutrient elements and sulphate in atmospheric wet deposition over north – west Pacific coastal oceans – Yellow sea [J]. Marine Chemistry. 1994, 47: 173 – 189.

UNDP/GEF. The Yellow Sea: analysis of environmental status and trends, Volume 2, Part 1: National Report – China. UNDP/GEF Yellow Sea Project, Ansan, Republic of Korea, 2007.

Roseth S., Edvardsson, T., Botten, T. M., Fuglestad, J., Fonnum, F. & Stenersen, J. Comparison of acute toxicity of process chemicals used in the oil refinery industry, tested with the diatom Chaetoceros gracilus, the flagellate Isochrysis galbana, and the zebra fish, Brachydanio rerio [J]. Environmental Toxicology and Chemistry. 1996, 15: 1211 – 1217.

Shimizu Y N Watanabe and Wrensford G. Biosynthesis of brevetoxins and heterotrophic metabolism in Gymnodinium breve. In: Harmful Marine Algal Blooms. Paris: Lavoisier Publishing; 1993: 351 – 357.

Anderson D M Glibert P M, Burkho lder J M.. Harmful algal bloom s and eutroph ication: nutrient sources, compo sition, and consequences [J]. Estuaries. 2002, 25 (4b): 704 – 726.

Hodgkiss J Hok C. Are changes in N: P ratios in coastalwaters the key to increased red tide bloom s [J]. Hydrobiologia. 1997, 852: 141 – 147.

D Tilman. Resource competition between phytop lanktonic algae: An experimental and theoretical approach [J]. Ecology 1977, 58: 338 – 348.

Glibert P M Magnien R E, Lomas M W, et al. Harmful algal bloom s in the Chesapeake Bay and coastal bays of Maryland, U SA: comparison of 1997, 1998 and 1999 events [J]. Estuaries. 2001, 24 (6A): 875 – 883.

第3篇　东　海[①]

① 东海篇：邹景忠研究员主编，参编人员韩笑天。

海洋对人类的贡献主要来自于其生态系统的产出与服务功能。近海生态系统是由近海各生态类群生物群落与非生命环境相互作用而形成的功能组合的动态整体，全球有1/3以上人口的生计依赖近海生态系统。但是，近海生态系统的服务功能在近几十年里普遍退化并恶化。特别是环境污染、围海造地、过度捕捞和不合理的养殖开发活动、外来物种入侵、工程建设和全球变化等因素都严重影响着近海生态系统的产出和服务功能。在我国沿海，普遍出现海洋生态系统安全问题。由于生态安全是海洋经济可持续发展的核心基石和追求目标，而我们人类对海洋认识的速度，又远远赶不上海洋被改变或破坏的速度，至今还不能制定有效的保护环境、防止生态破坏的管理对策。尽管过去我国对近海生态环境开展大量调查与研究，但无论在深度还是广度上都很不够，人类活动与生态安全相关的研究正处于起步阶段。2000年12月29日，国务院发布了《全国生态环境保护纲要》，在我国首次明确提出了《维护国家生态环境安全》的目标，并强调要保障国家生态安全是生态保护的首要任务以后，才日益受到人们的关注。

东海区地处暖温带和亚热带，是一个大陆架宽阔的边缘海，西傍上海、浙江、福建二省一市，东至台湾省鹅銮鼻岛连线。大陆岸线长约5 100 km，岛屿3130个。其近海生态环境变化复杂，既受大陆影响特别是人类活动——排污和开发活动的影响，又受海洋自然因素如海水温、盐度、波浪、海流和潮汐水动力、无机和有机化学物质和沉积环境因素的影响，干扰破坏因子复杂多样。同时，东海区也蕴藏着极其丰富的生物资源，是我国海洋渔业的重要渔场，包括长江口、舟山、闽东等15个主要渔场，还有养殖区17个，养殖面积$18.6\times10^4 hm^2$，包括分布于浙江沿海的象山港、三门湾、乐清湾、舟山对虾海塘养殖区和分布于福建沿海福鼎沙埕港以南至闽江口的闽东虾藻鱼贝养殖区、闽江口以南至九江口以北的闽中鱼虾贝养殖区和闽南鱼虾及海珍品增养殖区。这些区域都是生态敏感区或海洋保护区。如何解决海洋经济发展与近海生态环境退化的矛盾是摆在我国海洋环境生态学家的首要任务。从当前海洋环境生态学的发展趋势看，国内外学者将更加关注人为干扰的方式及强度，区分自然因素与人为因素影响作用，退化生态系统的特征判定，人为干扰的生态演替规律，受损生态系统恢复和重建技术，生态系统服务功能评价，生态系统管理以及生态规划和生态效应预测等科学问题的研究。

东海海域海洋生物生态研究的历史悠久。早在1933年，在三门至舟山一带海域第一次记载了赤潮事件；1949年，史若兰（Sproston，N. G.）发表了《舟山群岛浮游生物之调查》，首次在东海记录了160种浮游生物，并推测该海域浮游生物之丰富，是形成舟山渔场中心主要原因之一。但有组织有计划进行大规模海洋生态调查研究是近50年的事；1958年，原国家科委首次组织进行的包括东海区在内的全国海洋综合调查（通称全国海洋普查），对东海区的各生态类群生物的生态状况有了较全面的了解，积累了大量丰富的有关浮游动、植物、鱼类浮游生物和游泳生物以及底栖生物的生态分布和群落组成特点的基础资料，为东海区海洋环境生态学的研究提供了研究背景和对比资料。

但需要着重指出的是，我国从海洋环境污染和生物效应角度开展东海污染综合调查始于20世纪70年代中期，1976年，江苏、上海和浙江三省市协作，首次对东海近岸海区、港湾及舟山群岛附近海域的环境污染和海洋生物质量进行调查。这次调查初步摸清了东海近岸海域生物体内汞等重金属和有机氯农药的残留量状况。1978—1979年，国家海洋局联合江苏、上海、浙江、福建四省市，又对海州湾至罗源湾近海区$1.365\times10^5 km^2$的水域进行了污染综合调查。此次调查（即第一次东海海洋污染基线调查）进一步摸清了东海近海主要污染物质及其分布特征、含量，对其入海通量、途径及入海后的过程进行了深入探索，这对于开展东海近海的污染控制、治理以及加强环境综合管理，都有重要意义，为三省市海洋环境保护工作的开展奠定了基础。之后，同全国各沿海省市一样，上海、浙江和福建三省市开展的《东海海岸带和海涂资源调查》（1980—1982）和东海三省市《海岛资源综合调查》中都进行了环境质量和海洋生物体内毒物残留量的分析研究。

但从人类开发活动与生态环境效应角度，开展海岸工程与生物生态关系的研究始于20世纪80年代中期。率先由中国科学院组织开展的《三峡工程对长江口区生态环境的影响及其对策研究》，通过1985年8月至1986年10月13个航次的综合调查与研究，比较系统、全面地阐明了三峡工程潜在影响下的长江口及邻近的东海海域生态环境的基本特点、现状和存在的问题，出版了《三峡工程与河口环境》等3部专著。

1988年春，甲型肝炎流行于上海、江苏、浙江、山东4省市，罹患41万多人，造成了极大的经济损失和社会危害。国务院有关部门经过一系列调查研究认为，该次甲肝大流行与生食吕泗海域被污染的毛蚶有关。国家海洋局东海分局和东海水产研究所分别于1990年10月和1991年10月在该海域进行了毛蚶甲肝病毒污染状况调查。调查结果表明，除南通市一些海区沉积物样品呈甲肝病阳性反应外，其余样品均为阴性；从流场分析结果看，长江冲淡水对吕泗近岸海域的影响不大。

为了解长江口及其邻近海域海洋污染物和营养盐生物地球化学循环规律，并参与以全球碳循环为研究核心问题的国际地圈——生物圈计划（IGBP）中设立的“全球海洋通量联合研究（JGOFS）计划”、“沿岸带陆海相互作用（LOICZ）计划”1985—1986年，国家海洋局与法国国家海洋研究中心联合开展了“东海长江口及其邻近海域污染物及营养盐生物地球化学过程研究”，出版了《Biogeochemical study of the Changjiang Estuary》（Yu G and Zhou J, 1990）专著，1992—1999年，中国科学院海洋研究所与青岛海洋大学等单位进行了“东海陆架边缘海洋通量研究”（1992—1995）和“东海海洋通量关键过程研究”（1996—1999），取得了一批研究成果，出版了《Margin Flux in the East China Sea》（Hu D and Tsunogaig，1999）和《东海海洋通量关键过程》（胡敦欣，杨作升等，2001）等专著；1996年，中国科学院下属海洋研究所、南海所和地理所率先联合开展了“中国海陆海相互作用及其环境效应研究”（1997—1999），出版了《长江、珠江口及邻近海域陆架相互作用》（胡敦欣等，2001）等专著。

为了进一步加强海洋环境保护工作，为给21世纪提供海洋环境“零点”资料，国家海洋局于1996年组织开展第二次包括东海区在内的全国性的基础性海洋污染基线调查。通过调查，进一步掌握进入东海区的主要污染物种类和数量，基本了解新型污染特点，查明主要污染物在东海环境各介质中的空间分布，评价其环境质量状况，探讨污染发展趋势，对资源和人体健康的影响。研究成果对于推进东海沿岸经济与环境、资源开发与保护持续协调发展都具有重要的战略意义。这些成果也为本书编写提供了研究背景和对比资料。

第9章 东海生态特征及人为干扰因素

9.1 海洋生态系统的类型及其特征

生态系统是指自然界一定空间的生物与环境之间的相互作用、相互制约、不断演变、达到动态平衡、相对稳定的统一整体，是具有一定结构和功能的单位，通常概括为生物群落与其栖息环境相互作用所构成的自然整体。整个海洋是一个大生态系统，包括众多不同等级或特点的生态系统，每个生态系统都占据一定的空间，包括生物和非生物两大部分，通过能量流动和物质循环，构成具有一定结构和功能的统一体。但迄今我国乃至国际上对于千差万别的生态系统特别是海洋生态系统的类型划分尚没有统一的原则。大部分学者是按生态系统空间环境性质把生态系统分为陆地生态系统、淡水生态系统和海洋生态系统等。也有按人类对生态系统影响的大小分为自然生态系统（Natural ecosystem）、人工生态系统（Artifical ecosystem）。受干扰生态系统或污染生态系统，主要指人类的活动和生产所产生的污染物输入量超过生态系统净化能力或生态破坏不可逆而形成的系统。

跟其他生态系统一样，海洋生态系统也具有明显的区域特征，不同空间环境有着不同的生态条件，栖息着与之相适应的生物类群。生命系统与非生物环境系统的相互作用以及生物对非生物环境的长期适应结果，使生态系统的结构和功能反映了一定的地区特征。不过，任何系统都是动态功能系统、开放的自持系统和具有自我调节功能的基本特征，但其空间边界大小是不确定的，其空间范围在很大程度上往往是依据人们所研究的对象、研究内容、研究目的或地理条件等因素确定的。

1991 年，Sherman 首先从全球区域海洋环境特征角度将世界海洋分为49 个大海洋生态系统，包括中国近海的黄海大海洋生态系统、东海大海洋生态系统、南海大海洋生态系统和黑潮流域大海洋生态系统。为了方便讨论，我们主要根据东海区的自然环境属性、功能和人为影响大小，将东海生态系统划分为河口生态系统（Esturine ecosystem）、滨海湿地（滩涂、潮间带）生态系统（Littoral wetlands ecosystem）、海湾生态系统（Harbor ecosystem）、浅海生态系统（含上升流生态系统）（Neritic ecosystem）和外（远）海生态系统（Ciralittoral ecosystem）等。外海生态系统水深 200m 以上，大陆架以外远离陆地的深海水域与之相连的海底，受陆地排污和人类开发活动的影响相对较少，环境比较稳定，海水含盐量基本稳定，溶解氧含量高，阳光充足，透明度大。高温高盐生态类型的生物是这个生态系统生物群落中的主要类型，其中以亚热带和热带外海高盐性类群生物占较大比例。其生物多样性、数量变动与自然因素变化关系密切，受人为影响较少，因而其生态环境特点不作详细介绍。

9.1.1 河口生态系统特征

入海河口水域是河水与海水相混合、海水盐度变淡的区域。由于大量的淡水和陆源物质的注入，加以河口生态因子复杂多变，形成了独特的河口类型生态系统。咸淡水汇合与直接或间接的潮汐影响是河口生态系统的基本的生境特征。由于河口生境的特殊的理化条件，河口生物具有广盐性、广温性、耐低氧性和以碎屑食性为主的特点。这些长期在河口生活的生物具有明显的适应特征，它们能够躲避恶劣多变的非生物因素，又能充分利用外界条件，在大环境中通过自身和代谢活动营造出一个相对稳定、有利的小生境（Micro - habitat），这是河口生态系统河口生物的一个重要特征。

东海沿岸是河流较多的地区，河长超过500 km的有长江和闽江。长江是我国流域面积和年径流量最大的河流，分别在上百万平方千米和千亿立方米以上（$9\ 240 \times 10^8\ m^3$）。流域面积在上万平方千米以上的还有瓯江、闽江和九龙江，年径流量在百亿立方米以上的有闽江、钱塘江和九龙江，各主要河流的河口位置、年输水沙量和河口滩涂面积列于表9.1。

表9.1 东海区入海河流及特征

特征 河名	河长 /km	流域面积 /km^2	河口位置	年径流量 /$\times 10^8\ m^3$	年输沙量 /$\times 10^4$ t	河口滩涂面积 /km^2
长 江	6 300	1 800 000	上海崇明	9 051	43 300	551
钱塘江	605	499	浙江杭州湾	386	659	442
瓯 江	198	6 519	浙江台州湾	67		
椒 江	388	17 859	浙江温州	196	83	113
曹娥江	192	6 519	浙江三江口	45	129	
甬 江	121	4 294	浙江镇海	34	36	
飞云江	185	3 717	浙江瑞安	45	69	
闽 江	2 872	60 990	福建福州	620	745	1 800
晋 江	182	5 275	福建泉州	51	223	
九龙江	263	13 600	福建厦门、龙海	148	307	46
淡水河	144	2 705	台湾八里			
浊水溪	186	3 155	台湾大埔		59	
高屏溪	171	32 567	台湾林园			

在东海沿岸众多的河口中，长江口及其邻近海域由于受长江来水来沙的直接影响，这一水域既是多种经济鱼虾、蟹类繁殖、孵化场所，又是多种经济鱼虾类的重要发源地和重要入海进江通道，既有重要经济鱼种和珍贵品种，又有许多养殖苗种资源。舟山渔场受长江淡水影响显著，是我国海洋渔业生产力高水域和重要生产作业渔场。沿岸滩涂和湿地又是发展养殖业的重要基地。因此，这一带水域在渔业上具有特殊的生态经济价值。由于受人为活动的影响比较大，因此，我们选择长江河口生态系统作为河口生态系统典型代表分析其环境和生态特征。

9.1.1.1 长江河口生态系统特征

长江全长6 300 km，是中国第一大河，也是注入西太平洋最大的河流。长江多年平均入海径流量为$9\ 322.7 \times 10^8\ m^3$，占全国入海总流量的51%以上；入海的输沙量为$4.86 \times 10^8$ t，占全国入海输沙量的23%；入海离子径流量为1.48×10^8 t，占全国入海离子量的43%（沈焕庭等，2001）。长江的入海水量、沙量和离子量不仅量大，且进入与太平洋直接相连的东海。

因而，它不仅对沿海海洋的水文、沉积、生物等产生重要影响，且直接或间接影响着沿海渔业（特别是舟山渔场和吕四渔场），对西太平洋的物质循环也有着重要的影响。

长江河口位于北亚热带，属于季风气候，四季分明，气候温和。它是以高浊度和黏性细颗粒泥沙而著称的世界级河口。其河口区分三个区段：近口段—安徽省大通至江苏江阴，长400 km，受径流控制；河口段—江阴至口门（拦门沙滩顶），长240 km，径流、潮流相互作用；口外海滨段—口门至30～50 m等深线附近，以潮流作用为主。江阴下游80 km处的徐六泾河段，1985年大量围垦，河宽13 km缩窄到5.8 km，形成节点河段；徐六泾至口门160 km，口门启东至南汇江面宽达90 km。

长江口的河道呈3级分汊、4口入海的形势：由崇明岛分为南支和北支，南支由长兴岛和横沙分为南港和北港，南港再由九段沙分为南槽和北槽。长江口的这些岛屿和沙滩都是长江带来的泥沙淤积而成的。崇明岛面积1 086 km^2，是我国第三大岛。长兴岛是长江口第二大岛，是近年来经人工围垦、堵汊，合并若干小沙岛而成的。至20世纪中叶，长江口水动力条件发生明显变化，北支成为以涨潮流占优势的河槽，长江径流除汛期有少量进入北支外，一般已不进北支，使北支日益淤浅，渐趋衰亡，海轮早已不能通航。反之，涨潮时，潮水却带着泥沙、盐水通过北支向南支倒灌，不利于南支航道的整治，盐水还影响黄浦江口的水质。

1）环境特征

长江口环境的一个重要特点是盐度的周期性和季节性变化。周期性变化与潮汐有密切的关系，其变化范围从高潮区至低潮区递减。盐度的季节性变化与降雨有关，低盐一般出现在春、夏的雨季，高盐出现在秋、冬的旱季。长江口的夏季温度为20～28℃之间，冬季在5～15℃之间，其变化也较开阔海区和相邻的近岸大。底质基本上是柔软的泥质底，富含有机质，是河口生物的重要食物来源。长江河口是一个丰水、多沙、有规律分汊的三角洲河口，其入海径流量存在明显的季节性变化，5—10月为洪季，占全年的71.7%，以7月为最大；11月至翌年4月为枯季，占28.3%，以2月为最小。

长江口是中等强度的潮汐河口，口外为正规半日潮，口内为非正规半日浅海潮，口门附近的中浚站多年平均潮差为2.66 m，最大潮差为4.62 m，南支的潮差一般由口门往里递减；北去呈喇叭形，潮差比南支大，由口门往西潮差逐渐递增。

由于受潮汐和陆地径流的共同影响，长江口水中有大量的营养盐和悬浮颗粒，其浑浊度较高，特别是在有大量河水注入的季节，其生态效应是透明度下降，浮游植物和底栖植物的光合作用率也随之下降。在混浊度很高时，浮游植物的产量能达到忽略不计的程度。

潮流在长江口为往复流，一般为落潮流速大于涨潮流速，出口门后逐渐向旋转流过度，旋转方向多顺时针向。在上游径流接近年平均流量、口外潮差近于平均潮差的情况下，河口退潮量达26.63×10^4 m^3/s，为年平均流量的8.8倍。进潮量枯季小潮为13×10^4 m^3/s，洪季大潮达53×10^4 m^3/s。

长江冲淡水的影响最远可达济洲岛附近，盐淡水混合北支为垂向均匀混合型，在南支口门附近枯水期大潮出现垂向均匀混合型，洪峰流量大并遇到特小潮差时，出现高度呈层型外，全部及部分混合型出现几率最多。在南槽、北槽、北港下段存在上层净流向海，下层净流向陆的河口环流，滞流点附近有最大混浊带。

长江冲淡水与台湾暖流、黄海冷水、南北近岸流在此交汇、混合，加上气候变化、潮汐潮落、波浪运动的影响，使其理化条件瞬间万变，给生物提供了一个混合、过渡与复杂多变的非生物环境，它与生物群落构成了一个结构复杂、形态多变、功能独特的河口生态系统，据陆健健等（2001）初步估算，长江河口生态服务功能价值至少在40亿美元以上，其中仅崇明东滩湿地的效益价值就达1.95亿元/a。近年随着长江三角洲沿海城市、产业的发展而来的各种事业的扩大，给河口生态系统带来种种影响，使之成为一个生态环境恶化，服务功能低效的生态系统。

2）生物群落特征

长江口环境条件比较恶劣，生物种类组成比较贫乏。广盐性、广温性和耐氧性是河口生物的重要生态特征。河口区的生物组成主要是来自近岸低盐性的海洋种类，其次是已适应于低盐条件的半咸水中的特有种类，少数是广盐性淡水生物种类。生活在河口区的动植物多是广盐性种类，能忍受盐度较大范围的变化，如中肋骨条藻、火腿许水蚤、泥蚶、牡蛎和蟹等主要经济种类都是营河口生活的。许多端足类和沙蚕原来就是半咸水种类。

游泳生物终生生活在河口区的只有鲻科鱼类的一些少数种类，而阶段性生活在河口区的却是大量的，许多浅海种类在洄游过程中常以河口区作为索饵育肥的过渡场所，特别是许多海洋经济动物的产卵场和索饵肥育场都在河口附近水域，如鳗鲡等降海洄游鱼类和梭鱼、对虾和大黄鱼等在河口区进行生殖的鱼类。

由于河口的温度、盐度等环境条件比较严酷，生物种类多样性较低，而某些种群的丰度很大是长江口生物群落的特征之一，能适应在河口生活的种类比较少，很多海洋和淡水种类无法忍受盐度变化的压力难以在河口生存。

3）河口与人类的关系

长江口受人类和自然因素的双重影响，与人类的活动密切相关，因此，对长江口生态系统的研究越来越受到人们的重视。

长江三角洲地区是我国工农业和交通运输最发达、经济实力最强的地区之一，是我国最重要的经济中心之一。长江口扼长江的咽喉，是我国最大港口——上海港的门户。由于城市化、筑坝、施肥、引水等人类活动的影响和高速的经济发展使长江的污染逐年加重，河口及近海的水环境已面临许多挑战。此外，为了利用长江丰富的资源，一批重大工程正在或拟将建设，如三峡工程、南水北调东线和中线工程、河口深水航道整治工程、污水排放工程和越江大通道工程等。特别是三峡工程和南水北调工程，这两项载入世界水利发展史的巨大工程的建设将在很大程度上改变河口及邻近海域的各种动力学过程。显然，随着长江流域经济的发展、三峡工程的建设、长江三角洲地区的进一步开发、人类社会活动对河口的影响日益严重，河口生态环境演变和安全问题愈来愈突出，研究长江口海区的生态变化已经成为一个非常严峻的课题（刘瑞玉和罗秉征，1992）。

9.1.1.2 其他河口环境生态特征

1）椒江河口环境生态特征

台州市椒江河口区位于浙江省中部海域，台州湾入海口，东临东海，西接黄岩，北界临海，海岸线长22.7 km，拥有大小岛屿97个，海域总面积343.58 km^2，其中，滩涂53.23 km^2。它是浙江省第三大河流。

椒江干流全长197.7 km，流域总面积6 519 km^2，多年平均径流量为66.6 $\times 10^8$ m^3，平均输沙量123.4 $\times 10^4$ t，汛期径流对河口区造成影响较大。椒江河口属于山溪性强潮河口，水动力条件较强，为不规则半日潮。台州沿海滩涂宽广，海洋自然资源丰富。近海水产生物有鱼类、甲壳类、软体动物等150余种。近年发展海水养殖，海域底质以泥沙质为主，滩涂泥质松软，适于贝类养殖。椒江口以南的椒江、路桥滩涂是台州市的重要滩涂养殖区，可养面积2 400 hm^2。2001年在养面积1 070 hm^2，主要养殖品种有缢蛏和红蚶。近年取得了显著的经济效益，为台州市经济发展作出了重要贡献。

同时，椒江又是浙江中部崛起的新兴海港城市，工业发展很快，现已形成电力、医药、化工、机械、电子及食品加工为主的工业体系，成为台州市重要的工业基地。资料显示，该区域工业废水通过直排口和椒江排入河口的大量污染物如有毒有害的二氯甲烷、二氯乙烷、氯仿、苯、甲苯、对二甲苯、烷烃类、苯胺等造成椒江排污口海域环境严重污染，总氮、总磷和有机氮100%超过水质标准，铅在养殖区附近水域超标率达50%以上，出现海域各生态类群生物多样性降低。渔业污染事故和赤潮灾害频频发生，使该河口生态系统的服务功能日趋受损，石油烃、锌、铅和砷等污染物在海产贝类体中的含量100%超标，甚至在滩涂养殖区局部海域还出现无底栖生物现象。显然，该河口区生物种类贫乏，生物群落结构简化是目前椒江工业区排污口附近海域生态系统的最大特征。沿海工业区排污造成环境污染与河口生态安全矛盾是阻碍台州市海洋经济持续发展的瓶颈，需要研究提出有效的防控对策。

2）闽江河口环境生态特征

闽江河口位于福建省中部长乐市沿海，西起闽江南北港汇合处及敖江入海口，北起黄岐半岛，与敖江口、定海湾相接，南至长乐漳港湾。该河长2 872 km，流域面积60 966 km^2，它是福建省入海河流最大河流，属于山溪性强潮三角洲形河口。年径流量和年输沙量分别为620 $\times 10^8$ m^3和745 $\times 10^4$ t。海域内有海岛28个，岸线长146.70 km，海岛面积75.02 km^2，海域面积400.97 km^2，其中滩涂面积约140.11 km^2。水深大多在10 m等深线以内，适于港口建设条件。闽江口海水主要超标因子为无机氮、活性磷酸盐、溶解氧和汞。其中，无机氮污染较严重，为劣四类水质，活性磷酸盐为四类水质。部分汞含量超二类水质，重金属中只有汞含量在局部水域出现了超标现象。目前，沉积环境质量和生物质量尚良好。闽江口的围填海项目始于1955年用于农业的亭江围垦工程和1961年用于水产养殖的金沙围垦工程。据不完全统计，至今闽江历史围垦共计13项，总面积越过2 000 hm^2（表9.2）。其中，云龙、蝙蝠洲、雁行洲等是已建的用于水产养殖和农业用地的典型围垦项目（图9.1）。围垦开发除了用于种植、养殖外，兼顾盐、林、城镇建设、工业用地。到1990年共围垦了2 000多公顷（张珞平等，2008）。

表9.2　闽江口地区历史围垦情况

工程名称	位 置	建成时间	围垦面积/hm^2	围垦后主要用途
亭江围垦	亭江	1955年	673	农业为主
南屿、南通、义序等	南港南北两岸	1990年以前	不详	耕地、种植业
浦下、建新、鳌峰洲等	北港南北两岸	1990年以前	不详	耕地、种植业
魁岐围垦	魁岐一块洲	1973年	180	农业、建设

续表 9.2

工程名称	位 置	建成时间	围垦面积/hm^2	围垦后主要用途
蝙蝠洲、三分洲、雁行洲	梅花水道	1990 年以前	207（雁行洲）	耕地、种植业
鳌峰洲围垦沿江部分	北港	1990 年以前	不详	鳌峰洲港口工业区
青洲围垦	马尾	1990 年以前	213	农业、工业、港口
快安围垦	马尾	1990 年以前	不详	快安开发区
金沙围垦	金沙	1961 年	287	水产养殖
云龙围垦	琅岐	1991 年	136	水产养殖
道沃	连江县	1980 年	17	水产养殖
百胜	连江县	1990 年以前	22	水产养殖
晓澳围垦	连江县	在建	207	水产养殖

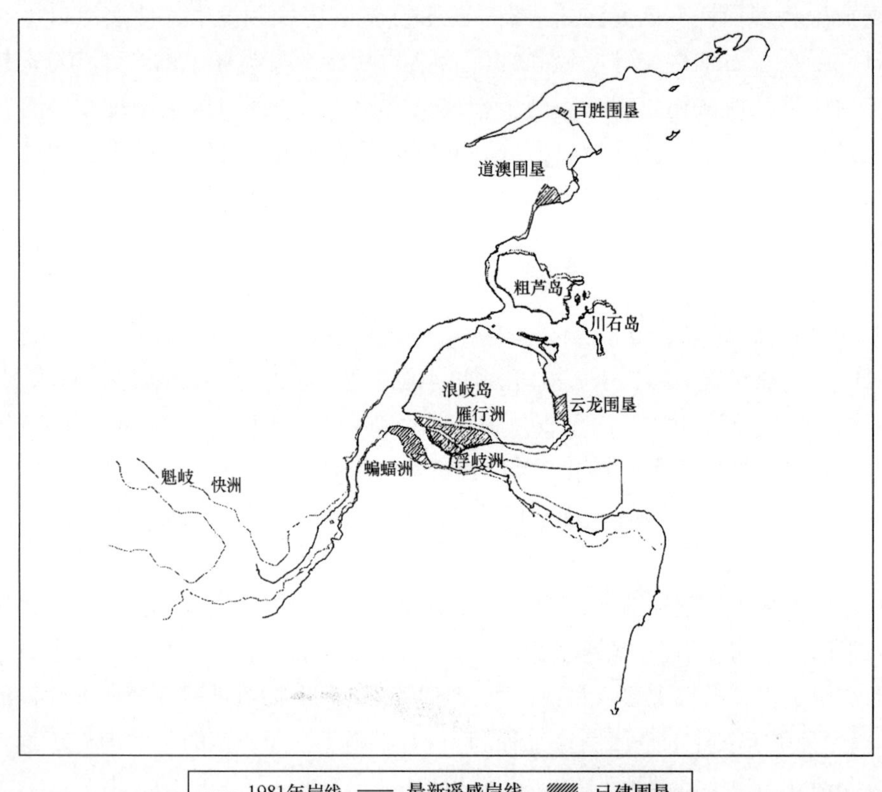

图 9.1　闽江口历史围垦工程图

栖息于闽江河口的浮游植物有 104 种，浮游动物 72 种，底栖生物 26 种，潮间带生物 140 种。这些生态类群生物绝大多数是广温广盐广分布生态类群种类，适盐较高的外海暖水性种在闽江口较少。与其他河口海湾相比，闽江口的浮游植物数量偏低，浮游动物数量偏高，底栖生物丰度较低，潮间带生物生物量相对较高。闽江口主要生态敏感区为河口湿地即珍稀濒危鸟类（如黑脸琵鹭、黑嘴鸥等）和长乐海蚌资源增殖区以及出现在鳝鱼滩湿地保护区的中华鲟。处于咸、淡水交汇的闽江口海域天然饵料丰富，湿地面积广阔，生态环境复杂多变，植物生物茂盛。分布于沙、泥滩和泥滩草洲上的双壳类、甲壳类、鱼类和鸟类品种繁多，资源十分丰盛，尤其是闽江口南岸长乐漳港一带海蚌（西施舌）为我国沿海质量最优的海珍品，俗称“闽江蚌”。发展港口航运和保护海蚌增养殖区是闽江三角洲地区海域的主导功能。今后，如何加强闽江口通航疏浚整治、港区发展与闽江口渔业发展、养殖保护区的统筹协调管理是海域开发利用面临的重要任务。

9.1.2 滨海湿地生态系统特征

湿地生态系统（Wetland ecosystem），是指地表过湿或常年积水，生长着湿地植物的地区。滨海湿地或海岸带湿地是指天然或人工、长期或暂时之沼泽地，带有淡水、咸淡水或咸水的水域，包括低潮位下不超过6 m的海域。它是河口海湾开放水域与陆地之间过渡性的生态系统，兼有水域和陆地生态系统的特点，具有其生物多样性和高生产力等独特的结构和功能特征。它在抵御洪水、调节径流、改善气候、控制污染、稳定环境和维护区域生态平衡等方面具有其他生态系统所不能替代的作用和功能，被称为“地球之肾”、“生命基因库”和“人类的摇篮”。目前，湿地研究已成为国际学术界及公众十分关注的热点研究课题。

根据《湿地公约》对湿地的分类，从湿地系统分为天然湿地和人工湿地，天然湿地又有海洋海岸湿地和内地湿地之分；而从海洋湿地地型分，在浅海水域有海草床、珊瑚礁，在河口水域有盐沼、滩涂、红树林沼泽和咸水潟湖等湿地类型。据报道，在中国共有海岸沿岸和河口的湿地50块，其中，上海、浙江和福建的沿岸分别有5块、7块和6块，共有18块（表9.3）（陆健健，1990）。根据东海滨海湿地的地理位置以及所处海岸特征，主要分为：浅海

表9.3 东海区沿岸和河口的湿地

省（市）、区	名称	面积/hm^2	盐碱植物	已记录鸟及生态
上海	崇明东部滩涂区	16 000	芦苇，三棱藨草	重要驿站，繁殖地，299种
	长兴岛和横沙岛	12 000	芦苇，三棱藨草	繁殖和越冬地，115种
	南汇滩涂区	1 800	芦苇，三棱藨草	驿站
	奉贤滩涂区	1 250	芦苇，三棱藨草	驿站
	前三岛地区	32		繁殖地，驿站，100多种
浙江	杭州湾地区	62 500	芦苇，藨草	驿站，越冬和繁殖地
	庵东沼泽区	11 000	芦苇，藨草，盐蒿	驿站和越冬地
	象山港地区	3 000	海三棱藨草	驿站和越冬地
	三门湾地区	3 600	苔草，海三棱藨草	越冬地和驿站
	台州湾地区	4 500	苔草	越冬地和驿站
	乐清湾地区	3 200	光滩	越冬地和驿站
	灵昆岛东滩	1 599	苔草	越冬地和驿站
福建	三沙湾地区	45 100	秋茄	驿站
	罗源湾地区	14 500	秋茄	驿站和越冬地
	福清湾地区	1 500	秋茄	繁殖和越冬，208种
	晋江河口和泉州湾地区	1 200	桐花杈，白骨壤，秋茄	繁殖和越冬
	九龙江河口地区	6 000	秋茄等种红树植物	繁殖和越冬
	东山湾地区	21 400	6种红树植物	繁殖和越冬

滩涂湿地、河口湾湿地（如长江口、晋江河口、泉州湾、象山湾等）、海岸湿地、红树林湿地（如九龙江口中、漳江口泥质湿地发育的红树林湿地）、珊瑚礁湿地（如东山湾发育有热带特色的珊瑚礁湿地）和海岛湿地6种类型。在这6种类型的滨海湿地中，除红树林湿地和珊瑚礁湿地外，其他4种类型的空间分布均呈现相互重叠、相互交叉的特征。

至2002年，在中国105块湿地中被列为国际重要的有21块，有8块是海洋海岸的湿地，其中上海市崇明东滩湿地是东海沿岸唯一的一个。下面以崇明岛东滩湿地作为东海区沿岸滨海湿地生态系统类型的典型代表分析其环境与生态特征。

9.1.2.1　崇明东滩湿地生态系统特征

崇明东滩是代表东海海岸滩涂和河口湿地生态系统主要类型，其面积3 600 km^2，主要保护对象是河口湿地生态系统及候鸟。

1）环境特征

崇明东滩湿地位于长江口区，是一个较独立的生态系统，同时与周围其他生态系统相互联系，相互作用，发生物质和能量交换，有其自身的形成发展和演化规律。它是陆地和水域之间的过渡区域，是一种生态交错带。它既是海岸带具有多种效益，具有重要保护价值的生态系统，又是各种环境资源系统中受人类活动影响威胁最大的生态系统之一。特别是20世纪以来，湿地面积丧失和质量下降的速度发展更快，造成生物多样性持续下降的趋势。据水质调查评价结果表明，该水域环境质量恶化，Cu和石油基本为三类水质，无机氮和无机磷几乎为四类水质，发现其沉积物中TIN和TP含量也较高，Cu和Cd超标。2004年秋，全为民等（2006）调查显示，东滩湿地沉积物中TN和重金属的分布与累积特征为：芦苇带 > 互花米草带 > 海三棱藨草带 > 光滩，即随着高程的增加，沉积物中TN和重金属的含量逐步上升，但沉积物中TP含量变化不大，基本维持在0.06%左右。

2）生物群落特征

崇明东滩的植物群落具有明显的分带现象，潮位3.8 m以上的植被以芦苇为主，面积49 km^2；潮位3.8～2.7 m的植被以藨草、海三棱藨草、灯心草为主；面积47 km^2，潮位2.7 m以下至低潮线为光滩、淤泥表面有底栖硅藻。湿地有各种各样的无脊椎动物。

据报道，至今上海记录的鸟类有299种及亚种鸟，其中有水鸟118种，留鸟39种及亚种，夏候鸟36种及亚种、冬候鸟90种及亚种。旅鸟127种及亚种，其他5种（李致勲等，1959）。上海崇明就有鸟类214种，其中，繁殖鸟67种，越冬鸟84种近10万只，夏候鸟31种，旅鸟85种，数量在200万只以上。每年，在崇明越冬的小天鹅3个种群的总数约3 500只，鹬鸻类春、秋季迁徙过境，每年数量约200万只。其中，有国家一级保护的鸟7种，二级保护的9种（上海市野生动物保护管理站，1996）① 以及珍稀动物中华鲟（*Acipenser sinensis*）。

崇明东滩保护区受铜、石油和氮、磷污染的影响，海洋生物的生物量和个体密度有一定程度的下降，生物多样性指数偏低，优势种及一些小型生物种群数量有一定的变化，近江牡蛎体内重金属锌、铜、镉和石油含量都出现不同程度的超标。

---

① 上海野生动物保护管理站.1996. 上海市崇明岛东滩鸟类资源及其栖息环境的情况汇报.//中国湿地保护研讨会文集.北京：中国林业出版社，390～392.

3）湿地与人类的关系

湿地与人类的关系密切。一是湿地本身是一种自然资源，具有开发利用的价值；二是有调蓄水资源的功能，减轻、控制洪涝灾害；三是净化环境，可以减缓水流，沉降物质，吸附、降解污染物；四是保护生物多样性，湿地是众多珍稀濒危动物的栖息地和繁衍场所，为鱼类等动物提供良好的生存环境。然而，包括崇明东滩湿地在内的许多湿地，由于人类开发活动的影响，丧失了大面积天然湿地、现存的湿地受人类强烈干扰，其生态健康状态不断恶化，功能严重退化，直接威胁到区域可持续发展。因此，既要开展保护海洋湿地的科学研究，又要开展湿地环境和生态的监测，更科学合理地利用湿地资源，按照国务院颁布的《全国湿地保护计划》进行湿地生态系统保护和建设进行科学管理。

9.1.2.2 泉州湾河口湿地生态系统特征

泉州市是福建省三大中心城市之一。泉州湾位于市沿海中部，湾口北起类安县浮山岛南端，南至石狮市祥芝角，湾内有晋江和洛阳江入海。泉州湾总面积211.24 km^2，其中，滩涂面积84.84 km^2，滩涂湿地面积占总面积的96%。湿地占海湾面积的比例之大，在中国海湾中也是少有的。2003年，已建成泉州湾河口湿地省级自然保护区，主要保护生态系统及生物多样性。泉州湾岸线已形成5个作业区，后渚岸线已建港口泊位9个，石湖作业区岸为深水港口岸线。目前，已建4座泊位，拟建的5×10^4 t泊位1座。至2005年，泉州湾内已经建成的围垦工程为2 857 hm^2，占泉州湾内滩涂面积的40.46%，主要用于农业用地的约占59%，用于水产养殖的约占13.1%，用于其他的占27.9%（表9.4）。

表9.4 泉州湾海域的主要围垦区

项目名称	时间	位置	农业/亩	水产/亩	其他/亩	合计/亩	围垦前利用情况
五一围垦	1970年5月—1972年6月	洛阳江下游后海埭，分布于洛阳、东园、百崎三个乡镇	9 600	3 100	7 700	20 400	荒废湿地，有个体户捕鱼
七一围垦	1970年2月—1972年6月	位于泉州湾东北角入口一个拐弯处，属张坂公社	11 000	2 100	4 360	17 460	荒废湿地，有个体户捕鱼
城东围垦	1970年4月—1978年8月，至今还在建设	泉州市丰泽区洛阳江南侧城东	2 980	2 700	220	5 900	以农业为主，近来已建成城镇
玉兰海堤	1969年	泉州市玉兰			1 270	1 270	挡潮排涝
后渚海堤	1978年	泉州市后渚			150	150	挡潮排涝
西滨军垦	1967年完工	晋江市西滨	5 066		1 664	6 730	以农业种植为主
西滨农场	1951年后完工	晋江市陈埭	2 750		1 450	4 200	以农业种植为主
洋埭溪边围垦	1998年2—12月	晋江市陈埭洋埭溪边	2 020			2 020	农业种植
鹏头围垦	1989年1月—1991年3月	晋江市陈埭鹏头村	465			465	农业种植

续表 9.4

项目名称	时间	位置	农业/亩	水产/亩	其他/亩	合计/亩	围垦前利用情况
江头围垦	1991 年 1 月—1992 年 4 月	晋江市陈埭江头村	615			615	农业种植
陈埭二期围垦	1992 年 1 月—1995 年 2 月	晋江市陈埭镇	710			710	农业种植
仙石围垦	1996 年 6 月—1997 年 5 月	晋江市陈埭镇仙石村	390			390	农业种植
总数/亩			35 596	7 900	16 814	60 310	
百分比			59.0	13.1	27.9	100	

资料来源：福建省水利厅和泉州市发展和改革委员会的围垦规划．泉州市水利局．泉州市丰泽区城东东海堤加固工程初步设计书。

泉州湾海水环境主要超标因子为无机氮、活性磷酸盐、石油类和砷。其中，无机氮和活性磷酸盐超标严重，为劣四类水质，石油类为三类水质，其他指标均可满足国家二类海水水质标准。沉积物环境质量尚属良好。海洋生物质量稍差，铜、铅、锌、镉、砷、六六六、DDT 等在不同生物体中均有不同程度地超出一类海洋生物质量标准。

泉州湾浮游植物共记载 104 种，其年际变化不大，浮游动物出现 82 种，其种数和丰度都有一定程度的减少，而底栖动物和潮间带生物因港口建设和围垦工程的影响。至 2005 年，无论其种数、生物量和丰度，都严重下降。近年，国家一级保护动物中华白海豚在泉州湾外很少见。仅在中国乃至西太平洋分布最北界的泉州湾两种红树植物—桐花树、百骨壤和秋茄，在湾内仅存 17.1 hm^2分布面积。

泉州湾是鱼、虾、蟹、贝、藻的主要养殖基地。海水养殖密集区主要位于晋江河口南侧滩涂，洛阳江口两侧滩涂。2004 年，全区海水养殖面积 1 139 hm^2。其中，浅海养殖153 hm^2，海湾养殖 45 hm^2，滩涂养殖 841 hm^2，养殖品种主要是牡蛎、缢蛏、青蟹和对虾等。显然，泉州湾是一个多功能有开发前景的内湾。目前，存在海湾河口湿地保护、水产养殖与周边日益增长的经济建设所需用地的矛盾，严格控制污染物排放和严格控制围垦项目是泉州湾目前面临的主要问题。

9.1.3 海湾生态系统特征

海湾地处陆地边缘，是深入陆地形成明显水曲的海域。湾口两个对立岬角的连线是海湾与海的分界线。《联合国海洋法公约》（联合国第三次海洋法会议，1992）第 10 条第 2 款规定："海湾是明显的水曲，其凹入程度和曲口宽度的比例，使其有被陆地环抱的水域，而不仅为海岸的弯曲。但水曲除其面积等于或大于横越曲口所划的直线作为直径的半圆形的面积外，不应视为海湾"。中国惯例以平均高潮线为海岸线，海岸线作为海湾水域的边界。

东海区域的 29 个海湾均为原生湾，其海水性质一般与其相邻海区的海水性质相同，但由于其深度和宽度向陆地逐渐变小，潮差一般较大。这是海湾的共性。但各个海湾都具有特定的地理位置、地质和地形条件，有的面积很大，有的面积较小，有的水深浪小，有的地势平坦，潮间带辽阔。不同海湾的环境特点和生物群落不同，形成了各具特色的海湾生态系统。各个海湾的海岸线长度、海岸类型、面积大小、潮汐状况列于表 9.5。

表9.5 东海区的主要海湾

<table>
<tr><th rowspan="2">名称</th><th rowspan="2" colspan="2">隶属</th><th colspan="2">海岸</th><th colspan="2">面积/km^2</th><th colspan="2">K20</th></tr>
<tr><th>岸线长/km</th><th>类型</th><th>总面积</th><th>滩涂面积</th><th>类型</th><th>最大潮差</th></tr>
<tr><td>杭州湾</td><td>上海</td><td>浙江</td><td>258. 0</td><td>泥、岩</td><td>5 000</td><td>550. 0</td><td>正规半日潮</td><td></td></tr>
<tr><td>宁波—舟山</td><td rowspan="13">浙江省</td><td>宁波、舟山</td><td>392. 0</td><td>岩、泥</td><td>993. 0</td><td>81. 5</td><td>正规半日潮</td><td>2. 00</td></tr>
<tr><td>象山湾</td><td>宁波、象山等</td><td>280. 0</td><td>泥</td><td>563. 0</td><td>171. 0</td><td>正规半日潮</td><td>5. 65</td></tr>
<tr><td>三门湾</td><td>宁波、台山等</td><td>304. 0</td><td>泥、砂</td><td>775. 0</td><td>295. 0</td><td>正规半日潮</td><td>7. 75</td></tr>
<tr><td>象山东海湾</td><td>宁波、象山</td><td>120. 0</td><td>岩、泥</td><td>105. 0</td><td>90. 8</td><td>正规半日潮</td><td>5. 16</td></tr>
<tr><td>浦坝湾</td><td>台州三门</td><td>56. 2</td><td>泥、岩</td><td>57. 0</td><td>39. 6</td><td>不正规半日潮</td><td>5. 20</td></tr>
<tr><td>台州湾</td><td>台州温岭等3市</td><td>138. 5</td><td>泥</td><td>911. 6</td><td>258. 8</td><td>正规半日潮</td><td>6. 30</td></tr>
<tr><td>隘顽湾</td><td>台州玉环等</td><td>93. 6</td><td>泥、岩</td><td>340. 8</td><td>116. 9</td><td>正规半日潮</td><td>7. 00</td></tr>
<tr><td>漩门湾</td><td>台州玉环</td><td>37. 6</td><td>泥、砂</td><td>78. 6</td><td>43. 0</td><td>正规半日潮</td><td>7. 00</td></tr>
<tr><td>乐清湾</td><td>台州、温州</td><td>184. 7</td><td>泥、岩</td><td>463. 6</td><td>220. 8</td><td>正规半日潮</td><td>8. 34</td></tr>
<tr><td>温州湾</td><td>温州市5县市</td><td>98. 6</td><td>泥、岩</td><td>1 473. 7</td><td>459. 4</td><td>正规半日潮</td><td>7. 00</td></tr>
<tr><td>大渔湾</td><td>温州苍南</td><td>47. 2</td><td>岩、砂</td><td>47. 0</td><td>27. 0</td><td>正规半日潮</td><td></td></tr>
<tr><td>渔寮湾</td><td>温州苍南</td><td>20. 1</td><td>岩、砂</td><td>17. 2</td><td>1. 0</td><td>正规半日潮</td><td></td></tr>
<tr><td>沿浦湾</td><td>温州苍南</td><td>22. 4</td><td>泥、岩</td><td>21. 6</td><td>14. 6</td><td>正规半日潮</td><td></td></tr>
</table>

下面着重讨论海洋资源比较丰富、开发价值高而人类活动比较频繁、影响生态环境质量较为明显的两个海湾作为典型代表。

9.1.3.1 象山湾生态系统特征

象山湾地处浙江省中部沿海，是东北—西南向的、深入陆地的一个狭长半封闭海湾，海岸线总长280 km，总面积为563 km^2，其中，水域面积约占70%，滩涂面积约占30%，水深10 ~20 m，湾中部20 ~55 m，具有深水湾的自然条件。

象山湾海岸曲折，岸线总长280 km。海底地形复杂，而且湾中有港，港中有湾。西沪港、黄墩港、铁港是象山湾的三大支港。湾中有大小岛屿65个，注入湾内的主要河川溪流有37条，年平均径流量12.89×10^8 m^3，年平均输沙量14.5×10^4 t。溪流输入湾内的营养盐量多、生物饵料丰富，适合于生物栖息生长和繁殖，成为浙江省最重要的水产养殖基地之一，是宁波市最重要的养殖海湾。近几年来，投饵网箱养鱼迅速发展，每年养鱼网箱成倍增加到2000年6月已达4万余只。目前已达万余只，已对局部养殖生态环境和养殖生物本身带来负面影响。

1）环境特征

象山湾属季风亚热带温湿气候区，湾内气候温和，雨量充沛，四季分明。湾口门主要受湾外沿岸水影响，湾顶主要受陆地径流的影响，中间为过渡带。湾内全年水温分布范围6. 14 ~29. 15℃，年平均温度在16. 4℃。盐度变化范围为21. 37 ~28. 4。

象山湾属半日潮流区，湾内平均潮差为2. 7 ~3. 3 m，最大潮差可达5. 7 m以上，属强潮海湾。湾区的水体交换受涨、落潮流控制，资料显示，90%的水被交换在湾口附近大约需15 d，大列山附近大约需65 d，说明该湾是一个水体交换缓慢的海湾，对入海污染物和养殖废水废物的稀释扩散影响很大。

象山湾 pH 变化范围为 7.84 ~ 8.15，尚属正常。溶解氧（DO）变化范围在 6.12 ~ 10.43 mg/L，随季节水温，氧的溶解度降低。COD 浓度的变化范围在 0.46 ~ 2.91 mg/L，一般高值出现在网箱养殖区。总无机氮（TIN）年浓度变化范围为 0.194 ~ 2.212 mg/L，年平均值（0.59 mg/L）已超过四类海水水质标准（0.4 ~ 0.5 mg/L），高值区亦出现在网箱养殖区。无机磷（PO_4-P）的年变化范围为 0.015 ~ 0.110 mg/L，全湾年平均值为 0.04 mg/L，居全国 25 个主要河口、海湾值的首位（国家海洋局，2000）。全年 N/P 比值都很高，春季 40.9，夏季 38.0，秋季 36.5，冬季最低也达 20.4，均超过 N/P 的自然平衡（16%）。

水质综合评价结果显示，象山湾是一个超过富营养化阀值的重富营养化类型的海湾，这种过富的营养和高 N/P 比虽不能满足海水功能区划对水质的要求，但为浮游植物的生长繁殖和赤潮的频繁发生提供了物质基础，有利也有害。

2）生物群落特征

随着象山湾理化环境的剧烈变化，栖息湾内的各生态类群生物群落也相应发生了演变。2000 年，象山湾初级生产力为 3.14×10^4 t/a，比 1992 年观测结果（4.80×10^4 t/a）低 35%。在营养盐丰富的湾内，以微型和微微型浮游生物占优势。2000 年，它们对总叶绿素 a 和总初级生产力的贡献分别为 85% 和 90%，比 1992 年分别为 75% 和 87% 贡献为大，显示象山湾浮游植物群落的粒度结构有进一步向微型和微微型方向发展的趋势（宁修仁等，2002）。在记录的 209 种浮游植物中，沿岸内湾广布性类群成为象山湾的优势类群，而且浮游植物双周期型的变动形式具有独特的区域特点，明显不同于典型温带海区春季为高峰，秋季为次高峰的双周期型变动模式。

在记录的 112 种浮游动物中，以近岸低盐类为该湾的优势类群，半咸水河口类、暖水性外海种和广布性类群的数量都很少。浮游动物种类数和数量有明显的季节变化。湾顶部网箱养殖区的浮游动物生物量和丰度明显低于非养殖区，可能与网箱养殖区水质变差有关。湾内出现 11 种底栖生物，以多毛类占比例（43.7%）最大。底栖生物数量分布与底质环境和水文条件关系密切，在含泥量和含氮 量较高，有机质较丰富的区域底栖生物数量较高，而在养殖区的特点是鱼类和牡蛎养殖区的数量显著高于海带养殖区和非养殖区，但在养殖鱼排中心区极少，甚至无底栖生物分布，显然后者是严重污染的厌氧沉积环境，已超出底栖生物生存的承受度所致。

3）海湾与人类的关系

象山湾既是一个天然的深水良港，又是生物资源比较丰富、生态服务功能高、生态经济价值大的浙江省宁波市重要水产养殖海湾。充分而合理开发利用海湾资源对浙江省宁波市海洋经济持续发展具有重要战略意义。然而，象山湾又是一个水交换能力较差、生态环境较脆弱的富营养化海湾，投饵网箱养鱼对环境的污染十分严重，这些影响已充分体现在生物群落和生态特征的改变。诸如如前所述的浮游植物现存量和初级生产力的降低，微型和微微型浮游生物在浮游植物群落中所占比重的增加，浮游动物丰度与生物量的降低，网箱鱼排下底栖生物量、栖息密度和生物多样性的大大降低等，极大地影响生物资源的繁衍与持续发展，如果再加上湾顶国华宁海电厂内湾大唐以及乌沙山电厂建设以及拟建长约 65 km 宽 300 m 的深水航道，这些工程和使用对象山湾的生态环境将产生什么样的影响，为众人所关注。为此，国家海洋局在该湾设置生态监控区和赤潮监控区，并以此作为养殖海域生态环境监测、研究基地。

9.1.3.2 罗源湾生态系统特征

罗源湾位于福建省东北部沿海，福建省六大深水港之一。罗源湾形似倒葫芦状，由鉴江半岛和黄岐半岛环抱而成。湾东西长 20 km，南北宽 16 km，海域总面积 216.44 km^2，其中，滩涂面积 78.18 km^2，围垦面积 53.82 km^2，岸线长 172.60 km。海湾内有大小岛屿 32 个。罗源湾港区现规划有碧里作业区、牛坑湾作业区和可门作业区三个港区，北岸已建成或在建的杂货码头 6 个，南岸已建的有华电可门火电厂及配套码头，在建的可门作业区码头和拟建的香港天龙国际投资集团有限公司 2 个 5 万吨级集装箱码头。这些已建成或在建的港区码头和火电厂建设施工过程和运营后潜藏着对湾内生态环境的影响，深受关注。

值得特别提出的是，罗源湾边缘地区为了解决土地不足的难题。早在 20 世纪 60 年代就开始围海造田，用于粮食生产和海水养殖。20 世纪 80 年代，随着海洋开发热以后，又新围填了许多用于发展港口运输、工业、城市建设等的垦区。据不完全统计，目前在罗源湾共建围垦工程 17 处，围垦面积总计 71.96 km^2，其中，大型围填活动主要有大官板围垦、松山围垦和白水围垦。白水围垦工程是一项综合利用滩涂资源的开发性工程，是福建省“十五”期间六大围垦工程之一（表 9.6）。目前垦区用于水产养殖面积约占垦区面积的 43.9%。作为典型的白水围垦工程已经使湾内水域面积缩小，红树林分布区基本消失，珍稀濒危动物白鹭和苍鹭的棲栖息地和分布减小而降低了数量。虽然，自 20 世纪 90 年代以来，由于围垦和滩涂养殖的发展，渔业养殖的面积和产量迅速提高，得到明显的经济效益，但围垦后潜在长期效益如何，更是需要加强生态监测才能作出准确判断。

表 9.6 20 世纪罗源湾部分围垦工程概况

围垦工程名称	行政区域	围垦面积/亩	动工时间	完工时间	工程总投资	用途/亩		
						农业	水产	其他
白水围垦	罗源县	12 000	1998 年 3 月	2003 年 7 月	1.02 亿元	6 000	5 000	1 000
松山围垦	罗源县松山镇	34 600	1975 年	1993 年	7 200 万元	5 000	18 000	11 600
岐余围垦	罗源县东郊	1 280	1960 年	1970 年		1 280		
岐后围垦	罗源县东南部	1 976	1950 年	1985 年		882	1 154	
小荻垦区	罗源县东南部	1 243		1990 年		833	410	
大荻垦区	罗源县东南部	3 500	1954 年	1990 年				
巽北垦区	罗源县东南部	2 050	1964 年	1965 年	30 万元			
濂澳塘垦区	罗源县壁里乡	700 *	1965 年	1981 年	55.5 万元		700	
泥田垦区	罗源县	1 680		1987 年				
大官坂垦区	连江县官坂、坑园	41 300	1978 年	1982 年	1.15 亿元	3 000	16 000	22 300
北营燕窝围垦	连江县官坂	50	70 年代	70 年代				
合丰围垦	连江县马鼻	300	60 年代	60 年代				
尖墩围垦	连江县马鼻	500	60 年代	60 年代				
驻军师官坂军垦	连江县马鼻	5 000	60 年代	60 年代				

续表 9.6

围垦工程名称	行政区域	围垦面积/亩	动工时间	完工时间	工程总投资	用途/亩		
						农业	水产	其他
龙头围垦	连江县马鼻	90	70 年代	70 年代				
南门围垦	连江县马鼻	110	70 年代	70 年代				
上宫围垦	连江县坑园	1 554		1988 年				
合计	107 933（71.96 km^2）							

注："＊"指垦为水田 700 亩（0.467 km^2），用作水产养殖。由于缺少详细统计资料，围垦总面积统计为 700 亩。

目前，罗源湾海水环境主要超标因子为无机氮和活性磷酸盐和石油类。其中，活性磷酸盐污染较严重，基本能满足四类海水水质标准，无机氮为四类水质，石油类为三类水质，沉积环境中的有机碳、硫化物、石油类、铜、铅、锌、镉、砷和汞含量均满足一类沉积物质量标准，质量良好。生物体内重金属、农药等污染物含量均可能满足一类海水生物质量标准，生物质量尚可。资料显示，生活污水是湾内氮、磷和有机污染物的主要来源和超标原因。

湾内现有浮游植物 134 种，浮游动物 192 种。近年种数和丰度都有明显变化，底栖生物 96 种，受围垦的影响，2000 年以后，其种数和丰度均呈下降趋势。红树林和珍稀濒危动物白鹭、苍鹭也因围垦破坏使其出现数量降低或分布区逐渐消失的现象。

罗源湾周边地区规划该湾的主导功能是港口航运，临海工程发展。目前，港口开发、围海活动已经与传统的水产养殖业形成突出的矛盾。如何妥善保护海湾生态环境安全和顺利实现水产业的转业转产问题将是今后面临的主要问题。

9.1.4 浅海生态系统特征

浅海生态系统是介于海滨低潮带以下的潮下带至 200 m 等深线大陆架边缘之间的区域环境，其面积相当广阔，除了河口近岸、滩涂湿地、海湾生态系统以外的所有空间都属于浅海生态系统范围。其沿岸有长江、钱塘江、闽江等河川径流注入，陆坡还有强盛的太平洋西部边界流黑潮过境以及台湾海峡、对马海峡及冲绳海槽地形及海洋上空大气变化的影响，使浅海区和陆架水体的环流表现出复杂性和多变性，成为浙闽沿岸流、黄海沿岸流和冷水团、台湾暖流与对马暖流、黑潮和南海高温高盐水的交汇混合区。这里水质肥沃，饵料丰富，为不同生态类群生物和不同习性生物提供了良好的生存空间，成为东海底层鱼类的主要栖息索饵场和一些经济鱼类的重要产卵场。舟山、吕泗、大沙和闽东渔场是中国近海黄花鱼、带鱼等经济鱼类的主要作业渔场，在中国海洋渔业中占有极其重要的位置。另外，系统中有子系统，又是东海浅海生态系统另一特点。

9.1.4.1 浅海区域生态系统特征

1）环境特征

尽管东海区区域环境是一个完整、独特的海洋生态系统，但由于受大陆和各种环流交互影响程度的不同，浅海不同区域环流的水文、物理、化学和生物因素的分布变化也显示出明显的区域差别。在紧靠大陆沿岸本部浅海区，由于受大陆影响相对较大，其水文、化学、物理要素的变化复杂多变，温度变化比河口海湾小但比外远海大，盐度一般都较低但亦不同程度受河流径流和降水的影响呈季节变化。在水深大于150 m的东南部和东北隅区域环境，远离大陆沿岸，受污染影响小，主要受黑潮和对马暖流的影响，显示具有大洋水的特性，透明度大，海水成分比较稳定，温度、盐度高，生物种类贫乏和种群密度都较低。

2）生物群落特征

东海浅海区域环境地处暖温带和亚热带。由于受黄海冷水、长江冲淡水和黑潮暖水的交互影响，水文状况比较复杂，生物种类多样，生态类型复杂，有近岸低盐性、广温广盐性和包括温带高盐、热带高盐与广盐性等生态类在内的外海高盐生态类群。在70 m水深以内的西部浅海区，由于不同水系交互影响，形成一个复杂多变的水质交汇区特点的混合生物群落，栖息在这个群落的生物种类主要以温带近岸性种和暖温带外海性种和亚热带近岸性种为主，基本属于印度—西太平洋暖水区与北太平洋温带区系混合区生物区系；而在水深超过150 m的黑潮和对马暖流影响的东南部区和东北隅，主要以热带外海高盐性和高温高盐广布性种组成的具有生物种类贫乏、数量颇少的典型热带性特点的生物群落，基本上属于印度—西太平洋暖水区亚热带区系亚区。

3）浅海区与人类的关系

同河口海湾生态系统一样，浅海生态系统也受到人类和自然的双重影响，与人类的活动密切相关。东海浅海区历来就是人类开发利用海洋资源的重要活动场所，具有很高的生态服务功能，但也是最容易受人类活动破坏的区域。东海陆架盆地是主要含油气构造单元。目前，正在开发或未开发但勘探程度较高，已初步探明有丰富油气储量的含油气构造区有平湖、新竹、残雷、台西南盆地和北港隆起五个油气区。海上石油平台开发施工过程和运营期对浅海生态环境的影响已引起人们的广泛关注。同时，东海浅海区的生物资源非常丰富，渔业捕捞产量占全国的一半，是我国沿海最重要的渔业区域之一。自70年代以来，由于人为开发过度和人为排污的双重影响，使渔场环境和渔业资源每况愈下，有些重要的渔业资源如大黄鱼、带鱼等已经枯竭，面对东海浅海区渔业资源日趋衰退和人类开发活动与生态安全矛盾的严重形势，如何有效控制和有计划、有步骤地缩减过于庞大的捕捞力量，如何有效地养护和管理好渔业资源是目前一项迫切解决的复杂而又艰巨的任务。

9.1.4.2 上升流区生态系统特征

上升流（Upwelling）是深层海水涌升到表层的过程。在东海的浙江近岸和台湾海峡都存在上升流现象。赵保仁（1992）率先研究指出，在浙江沿岸存在的上升流是由台湾暖流深层水由南向北逆波前进过程中受到鱼山列岛附近海底地形的阻挡而向岸输送爬坡涌升形成的，命名为浙江近岸上升流；而在台湾海峡存在的上升流是位于海峡东北陆架坡折处，由地形而诱发的黑潮次表层水的季节性涌升而形成的闽南—台湾浅滩上升流（洪华生等，1991）。这两股上升流把从营养盐含量高的底层水输送至表层，从而叠加补充陆源营养盐的数量使之局部水域成为水质超标的富营养区域环境和赤潮多发区。同时，也因这里的水质肥沃，生物生产力高，成为许多经济鱼虾类的渔场。特殊的生物群落与特殊的上升流区环境构成特殊的上升流生态系统。

1）环境特征

浙江近岸上升流生态系统和闽南—台湾浅滩上升流区生态系统共同的环境特征是表层水温

低、低溶解氧、高盐度、高密度和高营养盐含量，而且具有明显的季节变化。据估计，夏季上升流输送的$PO_4^{3-}-P$、NO_3^--N、$SiO_3^{2-}-Si$的通量分别为13.2、88.5和274.3 mg/（m^2·d）。近岸上升流所输送的氮、磷营养物质分别为真光层生物光合作用所需营养盐的91%和55%左右。浙江近岸上升流输入东海的活性磷酸盐是一重要来源，对东海赤潮的形成起着推波逐流的作用。

2）生物群落特征

通过富含营养盐的深层水涌升过程，使上升流区表层水变得肥沃，从而提高生物的生产力，形成特殊的生物群落。它的主要生态特征包括：生物群落多样性降低，食物链环节变少，浮游动、植物（如圆头形角藻 *Ceratium gravidum*、长头形角藻 *C. praelongum*、鼻锚哲水蚤 *Rhincalanus nasutus*、放射虫叶丽中虫 *Callimitra emmae* 等）偏低温高盐或冷水性种类和数量比例增加，从而形成以这些浮游生物为食性的上层鱼类（如金色小沙丁鱼、蓝圆鲹、竹荚鱼）渔场。

9.2 影响生态系统演变的人为干扰因素

人类与自然界之间相互协调的作用，使人类选择了一条包括改变、开发、破坏在内的利用海洋自然资源的道路。任何违背海洋生态规律的各种经济活动，都具有超过近岸河口海湾生态系统承载能力的影响力。凡是这种能造成海洋物理、化学和沉积环境异常变化，对生物或生态系统产生影响或破坏的人为排污及由此引起的环境污染和那些非污染性的开发活动及影响因子，我们统称为人为干扰因素。在人类足迹几乎遍布全球的今天，已经找不到不受人为干扰影响的原生生态了。

东海由于其独特的地理位置、便利的交通条件以及丰富的生物资源，从来就是人类重要的聚居地。在利用近海生态系统服务功能的同时，人类活动势必对区域生态系统的结构和功能产生影响或者干扰。

根据干扰产生后果或者说生态系统响应情况的不同，可以分为正干扰和负干扰。正干扰促进生态系统的恢复和健康发育，而负干扰则是导致系统健康受损、退化甚至崩溃。近海生态系统的人为干扰主要来自区域内和流域两个方面。区域内的人为干扰主要包括发展航运、水产捕捞、滩涂圈围、岸线利用和引种等，而流域的人为干扰则主要是污染物排放、大型水利工程建设等等。许多干扰本身并不具有正面或负面特征，而是随着干扰的施工方式、干扰强度的变化而呈现生态系统响应的性质。

9.2.1 化学品污染及其来源

海洋环境质量的形成、变化和发展，主要取决于污染物的来源、组成和入海通量。东海近海的污染源具有来源广、入海途径方式多样、污染物种类多和入海量大的特点，各种污染物主要来源于陆地和海上各种生产、生活活动产生的废弃物。来自大气的相对较少。文中数据主要是引用国家海洋局编著的《第二次全国海洋污染基线调查报告2004》和历年的《中国环境统计年鉴》、《中国海洋统计年鉴》、《中国近海环境质量年报》及相关论文报告等。

9.2.1.1 陆源污染源

1）陆源污染源类型及污水入海量

东海区主要陆源污染源类型有：沪、浙、闽沿海地区生产和生活的废污水、固体废弃物、废气。其中，工业废水和生活污水一部分排入各河流后入海，部分城市将污水集中直排河口或海洋，临海企业或城镇，则直接排入海洋；沿海水产养殖废水基本上就地排放；农业上使用化肥、农药的流失则通过冲刷、渗浙到各地河道最终进入海洋；部分固体废弃物通过河流、港口装卸散落以及海洋倾倒进入海洋；沿海工业和生活产生的废气通过大气沉降从不同途径进入海洋。

入海的主要陆源污染物以工业废水和生活污水为主，其入海通量历来缺乏统一的调查统计，现据不完全统计，每年排入东海区的工业废水和生活污水总量1980年约21.8×10^8 t，输入污染物总量为77×10^4 t（中国海岸带和滩涂资源调查报告，1989），1998年增为27.78×10^8 t（其中，上海市政混合排污口和大型企业直排废水总量达12×10^8 t/a）（表9.7），比80年代初和1992年分别增加了10×10^8 t和8×10^8 t。此外，由于长江干流流经11个省（市）并汇集沿江大量废污水入海，所携带的各种污染物占整个海区入海污染物总量约81%（国家海洋局东海监测中心，2000）。

表9.7 东海沿海地区陆源废水、污水入海量 单位：$\times10^8$ t/a

项目／地区	工业废水	生活污水	总量
上海市			11.57
浙江省	6.873	2.685	9.558
福建省	2.1565	4.4965	6.653
（其中，宁波市）	（1.093）	（0.715）	（1.808）
（其中，厦门市）	（0.379）	（0.310）	（0.689）
合计			27.78

2）主要陆源污染源及其污染物入海量

根据东海区沿海各河流监测计算，由长江河流输入海域的各种污染物总量平均约791×10^4 t/a，2008年度812×10^4 t/a，分别占河流入海污染物总量的82%和70.5%；其次是闽江、钱塘江、瓯江、九龙江等。另外，河流携带的悬浮物达3亿多吨，长江携带的约占92%。从城市混直排入海的污染物总量约38×10^4 t/a，以上海市混直排入海污染物最多，约占全海区混直排入海污染物总量的98.5%，其他沿海城市如福州、杭州、宁波、厦门等各占数量相对较小。可见，进入东海区的陆源排海污染物主要集中在长江口和杭州湾海域。

（1）河流和直排入海污染物

根据调查资料显示，每年由河流携带入海的791×10^4 t污染物主要为：COD占92.7%、氨氮占6.0%、石油类占0.6%、磷酸盐占0.4%，这四类共占总量的99.6%。此外，3亿多吨悬浮物中除大部分为泥沙类外，也含有不少污染物质。

据不完全资料统计显示，每年从东海沿岸各城市、企业混、直排入海的污染物约38×10^4 t，其中，上海市占85%。

总之，通过河流输送及市政、企业混直排入海的污染物总量每年达829×10^4 t，主要入海污染物为：COD 767.6×10^4 t，占总量近92.6%；氨氮49.3×10^4 t，占6.0%；石油类5.7×10^4 t，占0.7%；磷酸盐3×10^4 t，约占0.4%。上述主要污染物占总量的99.0%。其他入海污染物：锰1.5×10^4 t、砷0.45×10^4 t、铅0.25×10^4 t、铬0.19×10^4 t、氰化物0.1×10^4 t、挥发酚0.1×10^4 t、锌0.1×10^4 t、铜0.1×10^4 t、硫化物540 t、镉427 t、汞50 t。此外，还有约3亿多吨悬浮物。

（2）陆源非点源污染物排海量

陆源非点源污染物排海量是指溶解的或固体的污染物（如村、镇生活污水、农田化肥农药、畜禽养殖粪尿和城市垃圾等）从非特定的地点通过雨刷汇入河流和部分直排入海的污染物总量。

农业污染物包括农田化肥、农药的使用及畜禽养殖废水排放等，也是海洋污染物的重要来源之一，尤其是海洋中氮、磷、六六六、有机磷等的主要来源。东海沿海地区，尤其浙、沪是重要的粮、棉、油、蔬菜产区，农田化肥和农药施用量较多，水产养殖业发达，通过各种途径进入海洋的该类污染物的数量也相当可观。

农田化肥使用：根据统计资料显示，东海沿岸化肥施用面积111.6×10^4 hm^2，化肥施用量131.4×10^4 t，占总量的15.1%，平均施用强度1 176.9 kg/hm^2。其中，浙江省沿海地区化肥使用量年达93.7×10^4 t，施用强度平均为534.6 kg/hm^2，也高于全国施用水平。所施用的氮肥、磷肥、钾肥和复合肥分别占73.7%、11.3%、4.3%和10.7%。福建省沿海六地市1995年共使用化肥（折纯量）约77.4×10^4 t，其中，漳州市施用量最大，约占该沿海地区施用化肥总量的40%。施用的化肥主要有氮肥、磷肥、钾肥和复合肥，其中，氮肥施用量约占70%。

根据《福建省水土流失普查报告》，该省沿海地区大部分属强度流失区，水土流失严重，施用化肥利用率低，大部分吸附于土壤后经各种途径汇入河流、湖泊等最终相当部分进入海洋。由此可见，农用化肥过分使用并大量流失，是造成东海区近岸海域无机氮、无机磷严重污染的主要原因之一。

农药使用：根据调查资料统计显示，浙江省农药施用量年达9 396 t，其中，有机磷类占79.1%，有机氯类占0.77%，其他农药占20.1%。福建省沿海地区农药施用量也不断增加，农药品种主要由六七十年代使用有机氯农药转为高效、低残留的有机磷、氨基甲酸脂类、除虫菊酯杀虫剂、苯吡咪唑等内吸性杀虫剂，该省沿海六地市各类农药施用量年达15 918 t。

工业固体废物：由于仅有部分地区的不完整调查统计，因此，仅简要叙述。根据1993年中国环境年鉴统计：上海市工业固体废弃物排放量为153×10^4 t，浙江省沿海地区（杭州、宁波等）约670×10^4 t，其中，粉煤灰、炉渣约占86%，尾矿约占14%。另据海洋统计年鉴，1998年浙江沿海杭州、宁波、温州三个地区工业固体废物排放量为5.15×10^4 t，福建省福州和厦门两地为2.16×10^4 t。

9.2.1.2 海上污染源

海上污染源主要是各类船舶在航行、锚地和港口随意排放的含油机舱污水和机器循环废水以及生活污水和垃圾等。此外，海上石油平台排放的含油废水、污泥及生活污水以及三类废弃物和三类疏浚物倾倒。

1）船舶及港口

浙江省近岸海域拥有各类型客轮 49 299 艘、货轮 1 446 艘、渔轮 23 835 艘以及其他各类船舶 10 587 艘，年排除机舱污水和机器循环废水 2 637 × 10^4 t，入海油量 3 314 t。港口污水年入海量 2 663.7 × 10^4 t。

福建全省有大小港口 141 个，港口污水年入海量 29 × 10^4 t，渔轮 3 852 艘，船舶在港口停泊、作业中，年排放含油污水折油量 1 431 t。

2）海上污染事故

仅厦门市统计较大的事故有：1996 年 3 月 8 日，一油轮在台湾海峡近厦门海域（23°04′71″N，118°03′77″E）因碰撞造成溢油事故，除部分溢油得到了回收外，估计约有 900 t 左右 0 号柴油溢入海中。其他各种较小的事故数次，有油类数十千克至几吨在港口、锚地等溢入海中。此类泄漏事故在各海域中，发现或未被发现的时有发生。从 1993 年至 1996 年，发生的溢油事故详见溢油对渔业生态和资源的影响。

3）海上石油平台

东海区目前仅有一个海上生产平台于 1999 年开始石油和天然气生产，年排放含油污水 8.8 × 10^4 t，折入海油量 3.8 × 10^4 t。到 2008 年，东海区有海上油气田 5 个。监测结果显示，入海油量甚少，油气田周边海域质量良好。

4）海洋倾倒

东海区 1996 年使用的海洋倾倒区 29 个（其中，11 个临时倾倒区），三类疏浚物倾倒量 1 263.7 × 10^4 m^3，三类废弃物（隧道渣土等）3.43 × 10^4 t。其中，长江口倾倒疏浚物 729.1 × 10^4 m^3，倾倒隧道渣土 2.93 × 10^4 t。

浙江甬江口、舟山倾倒疏浚物 297.1 × 10^4 m^3；福建厦门、泉州、湄洲湾倾倒疏浚物 117.5 × 10^4 m^3、废弃物 0.5 × 10^4 t。1998 年倾倒量为 1 550.09 × 10^4 m^3，而 1999 年倾倒量达 2 372.0 × 10^4 m^3，其中，上海因长江口航道整治工程，倾倒量达 1 811.7 × 10^4 m^3，至 2008 年增加为 6 579.0 × 10^4 m^3，比 1999 年增加 1 倍。东海区的海洋倾倒总量中，三类疏浚物占 99.7% 以上。所有倾倒物均经检测属允许倾倒并经海洋行政部门批准后进行，但因数量较大且分别较集中倒在海区各个较小海域范围里，对局部沉积环境有一定影响，但影响不大。

5）沿海养殖区

自 20 世纪 80 年代以来，沿海地区水产养殖业发展迅速。浙江省沿海养殖面积达 3.06 × 10^4 hm^2。福建省 1996 年统计，水产养殖面积达 9.21 × 10^4 hm^2。沿海地区的水产养殖方式有以岸边围堤内引海水进行鱼虾类养殖的，有潮间带滩涂贝类养殖，有岸边浅海挂养和吊养海带、紫菜、扇贝等以及网箱养殖经济价值较高的鱼类等。由于养殖面积大，投饵量过剩，养殖生物代谢产物集中等，造成有机物的积累，其 COD 的入海量也是不可忽视的。

据调查显示，1996 年由浙江沿海养殖区排放入海的废水量达 360.0 × 10^4 t，占全国养殖废水入海总量的小于 0.1%。福建沿海养殖区排放量较大为 43 700.0 × 10^4 t，占全国总输入量的 3.2%。东海区受纳的养殖废水量为 44 060 × 10^4 t，占全国沿海养殖区排放量的 3.2%。

9.2.1.3 大气污染源

如前所述，东海沿海工业、农业和生活产生的废气通过大气沉降从不同途径进入东海。

据统计资料显示，1996 年上海市工业废气排放总量达 47 544.9 $\times 10^8$ m^3/年，废气中 SO_2 为 1.59 $\times 10^8$ t，废气处理基本能达标排放。浙江省 1996 年废气排放总量为 3 278.92 $\times 10^8$ m^3/年，其中，燃料燃烧废气排放量约占 60%，生产工艺废气处理率为 68%。浙江沿海地区的废气排放量约占全省总量的 78%，其中，宁波、杭州分别约占全省总量的 27%、22%。

大气沉降过程是化学物质进入海洋的一个重要途径。大气沉降是自然界发生的雨、雪、冰雹等降水过程，它通过雨除作用和雨刷作用将大气中的污染物质带回地面或海面。研究表明，雨水中富含营养盐对海洋的输入不可忽视。据张国森（2006）等在浙江嵊泗群岛 2000 年 5 月至 2004 年 4 月，对该水域大气湿沉降营养盐年输入量做了比较研究。结果表明，大气沉降的营养盐年输入通量比长江和钱塘江的年输入量要小得多，TIN 约是长江的 1% ~2%，钱塘江的 14.8%；PO_4-P 约是长江的 0.12%，钱塘江的 0.66%；SiO_3-Si 约是长江的 0.06%，钱塘江的 0.78%。与河流相比，降水对长江口及其邻近海域的营养盐年输入通量有些微不足道。从年际输入量变化看，近年，随着长江河口三角洲的经济发展，城市规模不断扩大，人口不断增长，人类活动加剧，对大气污染也在加剧，从而也影响到降水中的营养盐含量。以上海为例，如图 9.1 所示，从 1991 年到 1997 年，NO_3-N 和 NH_4-N 基本上呈上升趋势，随后有所回落，但两者之和平均在 158 μmol/L，仍保持在一个较高的浓度水平（赵卫红等，2007）。

综合以上分析可以清楚地看出，东海区海洋污染源及其入海方式具有明显的区域特性，河流入海为其主要入海途径和来源。评价表明，在东海区乃至全国河流中，长江的等标排放量最大，达 1 120 087 $\times 10^6$t，占全国河流等标排放量的 40.2%，占各类污染源入海污染物等标排放总量的 39.8%，占东海全海域污染物等标排放总量的 48.1%。其中，氨氮 714 199 $\times 10^6$，占东海污染物等标排放总量的 56.3%；COD 290 156 $\times 10^6$，占 22.9%；磷酸盐 63 780 $\times 10^6$，占 5%；汞 47 459 $\times 10^6$，占 3.7%；砷 44 510 $\times 10^6$，占 3.5%；油类 41 957 $\times 10^6$，占 3.3%。东海的重要污染物依次是氨氮、COD、磷酸盐、汞、砷和油类（马德毅等，2004）。

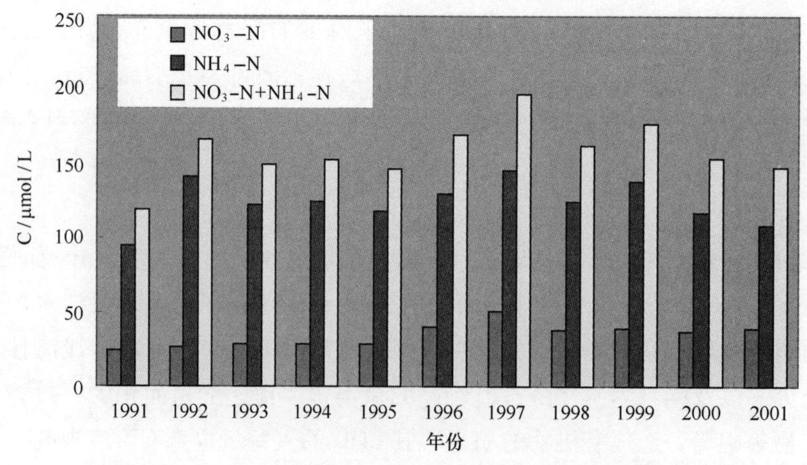

图 9.1 上海历年降水中 NO_3-N 和 NH_4-N 的含量变化（数据取自邓焕广等）

9.2.2 海岸、海洋工程建设

人类利用海洋的历史悠久，初期以渔业之利、舟楫之便为主。随着社会经济的发展和科技水平的提高，人类对海洋功能的认识不断深化，开发利用强度不断提高，海洋已成为人类重要的依赖领域。海岸工程是人类求生存，求发展，开发利用和保护海岸带的必要手段，是人类为海岸防护、海岸带资源开发和空间利用而采取的各种工程设施，具体包括：大型水库水坝、港口航道、滩涂围垦、促淤造陆、临海工矿企业的取水排污、油气开发海岸防护、河口治理、河口建闸挡潮御咸蓄淡工程。而海洋工程是指以开发、利用、保护、恢复海洋资源为目的，并且工程主体位于海岸线向海一侧的新建、改建、扩建工程。具体包括：海上堤坝工程；人工岛、跨海桥梁、海底隧道工程；海底管道、海底电缆工程；海洋矿产资源勘探开发及其附属工程；海上潮汐电站、波浪电站、温差电站等还有能源开发利用工程；大型海水养殖场、人工鱼礁工程以及国家海洋主管部门规定的其他海洋工程等。许多研究和工程环境影响评价结果表明，任何一项工程实施都有可能对周边区域带来有利或不利的影响，可能在利用某些资源的同时，制约甚至损害其他资源，导致生态环境退化。它的影响方式、损害程度和范围，因工程类型而异。

9.2.2.1 大型水利工程

长江是我国第一大河，也是注入西太平洋最大的河流，流域内居住着大量人口和分布着众多的工农业区。近年，随着西部大开发战略的实施，长江流域及其河口三角洲地区的工农业发展和城市化进程明显加快，形成了我国经济最发达的长江三角洲城市群，流域排污量以及耗水量快速增长，再加以正在建设实施中的长江三峡与南水北调等重大工程，不仅将进一步影响入海水沙的数量与组成，而且将改变水沙入海的时序，对河口—近海的生态环境将产生更为深远的影响。

尽管正在建设中的世界最大的水利工程——长江三峡工程和南水北调工程，既关系着我国全面建设小康社会宏伟目标的实现，也联系着中华民族的复兴，是一项福祉当代、惠及子孙的事业。但从国外兴建大型水电工程的经验教训看，任何大小水利工程对生态环境既产生有利影响也带来不利影响。对举世瞩目的三峡水库巨大工程，究竟其益害如何，其远期潜在生态影响如何，人们不得不认真从各个方面权衡其利弊得失。为了加强三峡工程对生态与环境的影响和对策的研发，国家科学技术委员会于1984年委托中国科学院组织了一支多学科综合性科技队伍，开展了全面、系统的调查研究工作。2003年6月，三峡水库一期蓄水，坝前水位提升到135 m，已经在防洪、供电、航运等方面显现出巨大的经济效益，但对三峡水库一期蓄水及建成后新引起的生态环境问题依然是国内外学者十分关注的问题。为此，科技部于2006年又针对三峡水库工程的环境生态效应问题，设立资助了一项“973”计划项目《中国典型河口——近海陆海相互作用及其环境效应》，进一步开展综合调查研究，将为全面评估三峡工程对东海特别是长江河口生态环境的影响提供科学依据。

9.2.2.2 港口工程

东海岸线曲折，港湾、岛屿密布，入海河流众多，宜建港深水岸线之长居全国首位，港口资源极其丰富。这里适合建设万吨级以上泊位的港址有18个，千吨级至万吨级泊位的港址21个。其中上海港、宁波港均属全国沿海十大港口之列。

上海港是我国最大的港口，目前管辖的岸长约 173.2 km，港务活动设计面积 3 618 km^2。为实现构建上海国际集装箱枢纽的战略目标，进行了长江口航道整治、外高桥港区建设、五号沟港区和金山嘴港区规划，以满足第三代集装箱船满载进出；为了适应未来第四、第五代集装箱船进出，目前，在洋山港址已开辟了具有 15 m 水深港区和航道，以确立上海港成为国际航运中心的地位。

宁波市港口资源丰富，水深大于 10 m 的岸线达 234 km。特别是北仑港区的岸线达 121 km，可建各类生产性泊位 285 个，其中，深水泊位 152 个，15×10^4 t 级船舶可自由进出；象山港也具备发展远洋和近海运输深水港条件，石浦港是我国四大著名渔港之一，这些港口资源组合条件好，分布既宽广又集中，为建设多层次、多功能的组合港口提供了有利条件。福建沿海港口资源也较丰富，由南向北分布有厦门港、湄洲港、福州港、三都澳和沙埕等港口码头。

此外，东海区有较大的锚地 19 个，沿岸渔港遍布，共有 20 多个，其中，沈家门港区是全国最大渔港。

无论是上述已建的上海港、宁波港、舟山港、大麦屿、石浦港、温州港、福州港、三都澳和东山港，或在建、拟建的港口，在其修建、扩建、新建或航道整治的施工过程甚至是营运或船舶运输过程中，都有可能对生态环境造成不利的影响，是破坏近海河口海洋生态平衡的重要干扰因素之一。

9.2.2.3 滩涂圈围与岸线利用

具有高悬沙输入的河口，其潮滩往往具有成长性特征，有不断向口外淤长的趋势。随着滩涂发育和生物群落的演替，“滩老成陆”以后，适当的圈围，不仅可以为邻近的城市提供发展空间，而且可以促进河口生态环境的稳定。如长江口的横沙岛在历史上就有“南坍北淤”的记录，从 1886 年开始到 1950 年前后，南面岸线后退了 5.25 km。1950 年以后，通过巩固海堤，也使陆域更加稳定。

而对于绝大多数的河口，由于其所处的独特的地理位置，往往成为许多国家和地区对外联系的水上枢纽。河口区域的岸线利用往往以货物港、贸易港等港口建设为主。许多基岩质河口还可以成为重要的深水良港。港口的发展可以促进区域对外交流与合作，推动地方经济的发展，但是高的运输流量以及航运本身会给区域生态系统带来负面影响。在 1999—2000 年长江口调查中，就曾多次发现受船只碰撞受伤的江豚；船只排放的含有重金属、油污的压舱水，会对区域水体造成污染，而随船而来的外来生物，往往会成为区域生态系统的入侵种。

跟港口建设一样，滩涂圈围与岸线利用对生态环境也会产生有利或不利的影响，也是破坏生态系统结构与功能的主要人为干扰因素之一。

9.2.3 海洋资源开发活动

东海区海洋资源非常丰富，种类较多，除上述的港口资源外，有比较丰富的水产资源、宽广的滩涂土地资源和海洋油气资源等。改革开放以来，东海沿岸的海洋产业取得了令人瞩目的成绩。无论是传统的海洋产业，还是新兴的海洋产业，都有了新的发展，形成了以海洋水产业、海洋交通运输业、海洋油气业为支柱产业的海洋产业群。海洋经济对推动东海沿海地区社会经济的发展，发挥着日益重要的作用。但不合理的开发也会对东海近海生态环境造成负面影响，是破坏生态系统平衡、损害海洋渔业资源的重要干扰因素之一。

9.2.3.1 渔业捕捞

据记载，东海有15个渔场，面积约 $58.0\times10^4\ km^2$，舟山渔场和嵊山冬汛带鱼渔场都是我国最大和群众渔业规模最大的渔场。它的主要的水产资源种类有大小黄鱼、带鱼、马面鲀、银鲳、鲐鱼、海鳗、鲽鱼、鲻鱼、三疣梭子蟹、石斑鱼、墨鱼、枪乌贼、海马、对虾、鹰爪虾、文昌鱼、黄鲫、棘头梅童鱼、鳓鱼、刀鲚、灰鲳等。适度的捕捞强度不仅可以为人类提供水产品，并且能够使资源生物类群维持在增长阶段。

在没有科学管理的情况下，由于市场杠杆的作用以及捕捞技术的大幅度提高，捕捞强度明显加大，往往导致许多资源水产的衰退。据联合国粮农组织对鱼类资源进行的全球监测估计，由于人类的过度捕捞已致使70%的商业渔场枯竭。在东海，被称为我国的四大海产的大黄鱼、小黄鱼、带鱼和墨鱼，由于过度捕捞，其资源都有不同程度的衰退，其中，大、小黄鱼，已经多年形不成鱼汛，年产量由几 10×10^4 t下降到 $3\times10^4\ t\sim5\times10^4$ t。与此同时，优质鱼种的分布密度逐年降低，而营养级位较低的劣质鱼种增加，其生物学特性也发生了显著的变化。因此，不合理的过度捕捞对浅海生态系统和渔业资源的破坏也是不可忽视的人为干扰因素。

9.2.3.2 养殖活动

东海区滩涂面积广阔，岛屿众多，海域上升流活跃，营养物质丰富，为海水养殖提供了良好的条件。养殖区分布主要集中于浙江省沿岸的象山港、三门湾、乐清湾以及舟山对虾海塘养殖、洞头滩紫菜养殖。外侧海岛如鲍鱼、扇贝、海参等海珍品养殖则主要分布在嵊山枸杞、东极和南麓；滩涂贝藻养殖种类主要有缢蛏、牡蛎、泥蚶、毛蚶、文蛤、菲律宾蛤仔和紫菜等。而福建省养殖区更多，几乎分布于所有港湾，其中，以网箱养殖大黄鱼、真鲷为主的三都澳（养殖面积约24 810 hm^2），以底播和半浮筏方式养殖鲍、牡蛎、缢蛏和海带等为主的闽江口（养殖面积约3 400 hm^2），以网箱和底播养殖鱼类、贝类和紫菜为主的平潭（养殖面积约650 hm^2）和以底播和吊养方式养殖牡蛎、菲律宾蛤仔、泥蚶和缢蛏为主的厦门近岸养殖区，以罗源湾、东山湾等养殖区的养殖规模较大，产量较高。

近年来，由于养殖业的迅速发展，养殖面积不断扩大。在粗放养殖中，放养鱼虾贝的密度不大，鱼、虾、贝的排泄物相对量少，往往能依靠水体的自净作用净化。但精养水体因放养密度大，随着养殖时间的延长和投饵量的增加，残饵、排泄物以及死亡的水生生物遗骸产生积累，这些有机物质分解时消耗大量氧气，一旦在底层溶氧供应不足时，就要形成还原层，使底质变黑、产生硫化氢以及过量的氨态氮等，危害养殖生物，恶化生境、破坏生态平衡。因此，养殖水体的自身污染现象给养殖环境和养殖业本身造成的巨大危害，也是引起养殖水体富营养化的一个重要因素。

9.2.3.3 海洋油气资源开发

东海地质自西向东划分为浙闽隆起区、东海陆架盆地、钓鱼岛隆褶带、冲绳海槽盆地和琉球隆褶区5个构造单元。其油层地质条件和油气资源量以东海陆架盆地最优，冲绳海槽盆地次之。东海陆架盆地是主要含油气构造单元，它是以新生代沉积为主的大型沉积盆地，面积约 $28.4\times10^4\ km^2$。自北而南分布有福江、浙东、台北、台西4干扰凹陷。其中，浙东凹陷面积最大，约 $11.1\times10^4\ km^2$，油气开发远景最好；台北凹陷面积次之，约 $4.1\times10^4\ km^2$。目前正在开发或未开发但勘探程度较高，已初步探明有丰富油气储量的含油气构造区有平湖、新竹、残雪、台西南盆地和北港隆起5个油气区。

总之，东海海洋石油和天然气产业尚处在开拓阶段，未形成规模。仅上海市1998年自营地震测线4 604 km，预探井1口，合作地震线12 945 km，拥有采油井4口。无论是开发的油井还是计划开发的5个油气区，在营运或施工开发过程中，都有可能产生石油的污染，这也是破坏海洋生态系统的因素之一，不可忽视。

第10章 东海环境污染及其生态状况

10.1 生物栖息环境（生境）质量状况

10.1.1 生物生境多样性

海洋环境是一个非常复杂的系统，类型多种多样；目前尚未形成统一的分类方法。一般可按照海洋环境的区域性、海洋环境的要素和人类对海洋环境的利用管理或海洋环境的功能等进行分类。按海洋环境的区域性可分为河口、海湾、沿岸、近海、外海、大洋等；按海洋环境要素，可分为海水、沉积物、海洋生物及海洋大气环境等；从海洋环境功能和管理的角度，可分为旅游区、海滨浴场区、自然保护区、渔区、养殖区、石油开发区、港口、航道环境等。不同的功能区环境，栖息着不同的生物种类，对环境质量的要求不同，保护的程度、管理的方式和要求也不相同。

生境（habitat）是指生物栖息、生存的环境类型，通称生物栖息环境。生物生活空间和生活方式多样，不同生境栖息着不同生态类型的生物，形成各具特色的生物群落。从海洋学和环境生态学角度看，生物栖息环境基本上可分成水层环境和水底环境两个不同的环境区域；根据海水的不同深度和底部的变化，水层和水底环境又可分为若干不同生态带（图10.1），栖息着不同习性的海洋生物种类（图10.2）。

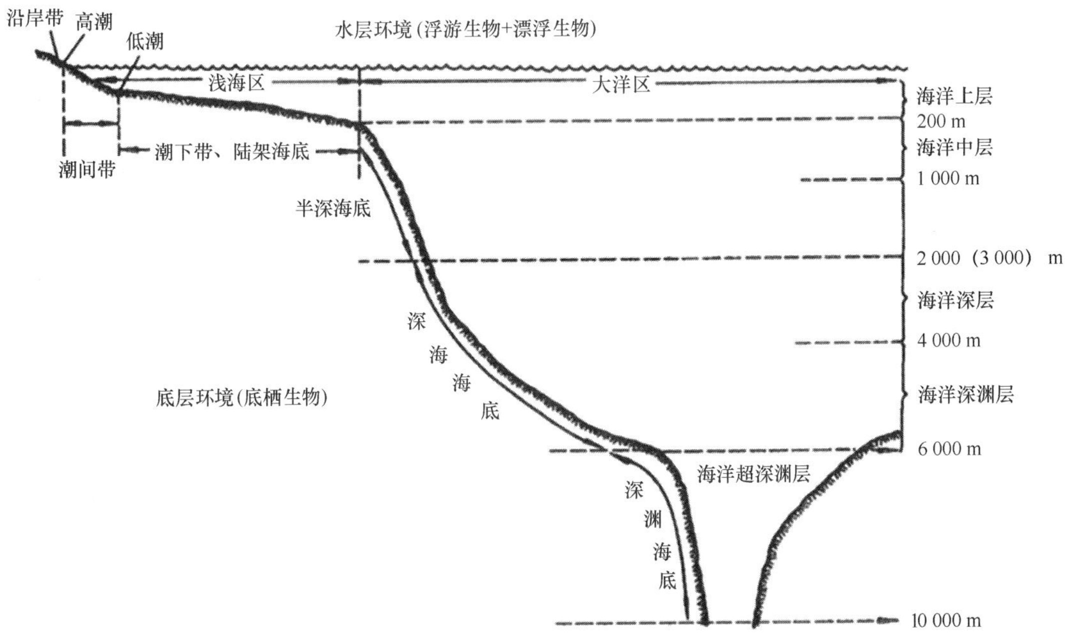

图10.1 海洋生物环境区带示意图

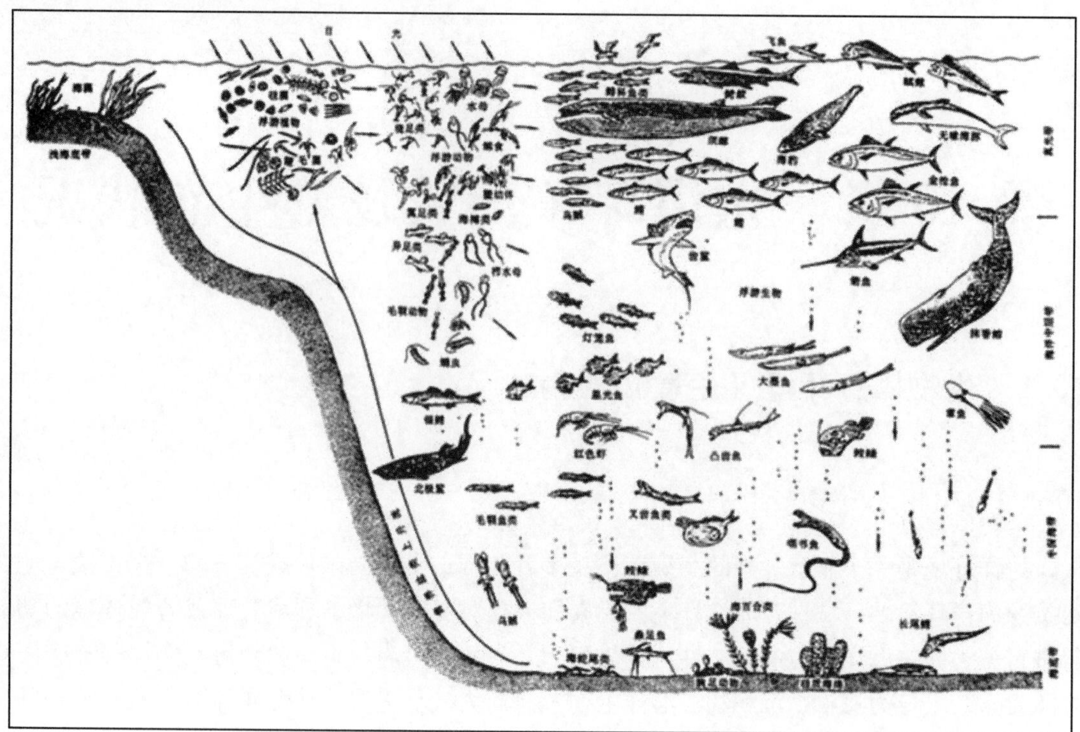

图 10.2　海洋生物生态类群分布——海洋食物网基本结构

东海区是全球海洋具有明显特色的区域大海洋生态系统之一，是西北太平洋北部的一个较开阔的陆缘海，也是我国最大最宽的陆架海区，陆架面积 570 000 km^2，大部分水深 60 ~ 140 m，平均水深 72 m，海底地形地貌较为复杂。对东海海洋生物栖息环境的宏观性区分，从水平方向可分为近海区（Neritic，也称大陆架区）（Continental shelf）和大洋区（Oceanic）两个部分。

10.1.1.1　水层环境特征

水层环境是指从海水的表层到大洋的最大深度即覆盖了海底之上的全部海域。东海区水层环境以近海区、面积大、范围最广，其海水的盐度变化幅度较大，一般低于外海和大洋水。环境理化因素具有明显的季节性和突然性变化的特点。栖息在近海区的生物种类多样，数量较大，主要以营浮游生活和游泳生活的广温广盐性浮游生物和游泳生物为群落组成，它们对外界压力的忍受能力较强。东海大洋区的主要环境特点是空间范围狭小，垂直幅度不大，只有上层（epipelagic zone），没有中层（mesoplagic zone）、深层（bathypelagic zone）、深渊层（abyssopelagic zone）和超深渊层（hadalpellagic zone）等水层。海水透明度大，化学成分比较稳定，盐度普遍较高，人为的干扰压力较小，生物种类和种群密度都较贫乏，以外海高温高盐生态类群生物为主要组成。微型和超微型浮游生物对海洋初级生产力贡献较大。它们对人为干扰因素的反应比较敏感。

10.1.1.2　水底环境特征

水底环境是包括所有海底以及高潮时海浪所能冲击到的全部海域底部。东海区的水底环境，一般分为潮上带（supralidal zone）、潮间带（Intertidal zone）和陆架海底，没有深海带（bathyal zone）和深渊带（abyssal zone）。而潮上带又是底栖环境中最小的一个生态带，栖息在这个带的生物很少。潮间带是交替地暴露于空气和海洋水淹没的空间，是高潮线至低潮线之间的空间。由于生境的多样性和底质性状的复杂性，潮间带有岩底、砾石底、沙底和泥底及其过渡类型的底质，栖息在潮间带的底栖动物种类繁多，生态类型复杂，有固着生物、底埋生物、穴居生物、爬行动物和钻蚀动物等，其群落组成结构及其变化与沉积的基质、质量以及沉积作用之间有着极其密切的相互关系。它们首当其冲受到人为干扰因素的影响和危害。而陆架区海底是处于低潮线至大陆架的外缘，受人为干扰因素影响较小，环境相对比较稳定。

10.1.2　生物栖息水环境质量状况

海水是海洋环境的主体，也是大多数海洋生物的栖息场所。通过不同途径输入海洋的污染物首先进入海水并在其中扩散，污染海洋生物和海底沉积物，破坏生态系统安全，进而危害人体健康。因此，了解海水水质优劣程度或健康度，测定污染物入海通量及其在海水中的含量水平及效应，评价海水质量优劣程度，提出控制和改善恶化水质的对策措施是海洋环境保护工作的首要任务。决定和判断海水水质优劣程度是否适用于不同生态系统功能和各类型功能区的要求，主要是根据水质要素的浓度或含量是否超过国家海水水质标准来表示的。

为了便于分析和评价，我们根据东海区自然地理，距离陆地远近和环境质量状况，按照国家海洋局规定的划分原则，把整个东海区区分为三个海区：近岸区、外海区和远海区。近岸区为沿大陆岸线至离岸线 10 ~ 20 km 范围内的海域，主要包括河口、海湾、岛屿及其邻近海域，该海域有来自江河输入的大量污染物的影响，是生态和环境的敏感区，外海区指近岸区外部界限平行向外 20 n mile 的海域，虽受陆地影响，但影响程度较小，其环境质量相对比较稳定；远海区为外海区以外至可能划为我国管辖海域的外缘，该区受人类活动影响较少，环境基本处于自然本底状态。

本节所引用数据主要参考第二次全国海洋污染基线调查报告（马德毅，2004）、历年国家海洋局编辑的《中国海洋年鉴》、《中国海洋环境质量公报》和沪、浙、闽海洋与渔业局编辑的《上海海洋环境质量公报》、《浙江海洋环境质量公报》、《福建海洋环境质量公报》以及《象山港养殖生态和网箱养鱼的养殖容量研究与评价》（宁修仁等，2002）、《乐清湾、三门湾养殖生态和养殖容量研究与评价》（宁修仁等，2005）、《福建渔业环境质量状况》（杜琪等，1999）、《福建主要海湾水产养殖容量研究报告》（福建省水产研究所，2003）、《福建省围填海规划环境影响回顾性评价》（张珞平等，2008）等专题报告以及“908”专项海洋化学调查报告和“908”专项海洋生物与生态调查报告及有关论文。

10.1.2.1　全海域水质总体状况

东海区域环境特殊，它不但拥有我国第一大、世界第三大的长江等 13 条河流和我国第一大的世界级上海港等 15 个港口，而且其沿海地区又是我国人口最为密集、工业发达、交通便利、经济发展快速的地带。然而，过去由于人们对东海近岸海域资源开发缺乏宏观认识、综合观点、长远规划和保护生态环境的意识，把未经处理或处理不达标的工农业废水和生活污水排放入海，导致东海成为我国最大的陆源污染物纳污场所和高污染的海区。

据调查资料显示，1980 年东海沿岸工矿企业污水排放量高达 15.6×10^{8} t/a，1996 年猛增为 28.4×10^{8} t/a，比 1980 年增加了 1 倍，2008 年又增加为 72.36×10^{8} t/a，比 1996 年增加了

3.1 倍多，使东海大部分近岸海域和部分外海水域都遭受到不同程度的污染，成为我国近海水质污染最为严重的海区。通过河流输入和市政、企业混直排入海的污染物总量 1979 年为 348×10^4 t，占全国排放污染物总量的 62.7%，1998 年也猛增为 829×10^4 t，比 1979 年增加了 1 倍多（表 10.1）。至 2008 年 7 条主要入海河流入海的污染物总量约为 812×10^4 t，比 1998 年略有减少，其中，长江入海的污染物总量约为 572×10^4 t，约占入海总量的 70.5%。与以往相比，长江入海污染物总量呈逐年下降趋势，比 2007 年总量减少了约 10.6%，其中，重金属、CODcr、油类的通量分别减少了 34.1%、11.6% 和 11.2%；营养盐通量也有不同程度的减少（表 10.1）（2008 年东海区海洋环境质量年报）。入海的主要污染物依次为营养盐（无机氮、磷酸盐）、油类、重金属汞、铅和有机质（COD、TOC）。

表 10.1　2005—2008 年长江入海污染物比较

单位：t

年份	CODcr	营养盐	油类	重金属	砷	合计
2005	4 740 000	1 850 000	33 586	30 000	2 613	6 656 199
2006	5 047 978	1 215 409	16 690	29 416	1 765	6 311 259
2007	4 912 731	1 426 835	20 928	36 401	2 162	6 399 057
2008	4 343 733	1 331 198	18 594	23 981	2 418	5 719 924

据历年监测数据显示，东海区近岸水域无机氮、磷酸盐平均含量很高，位居全国首位，1985—1988 年四年无机氮、磷酸盐的平均值分别为 0.477 mg/L 和 0.017 1 mg/L，超标率分别为 84.93% 和 66.8%。至 1998 年无机氮和磷酸盐的平均含量仍高居不下，分别为 0.401 mg/L、0.414 mg/L（6 月）和 0.019 mg/L、0.039 mg/L（9 月），超标率分别为 65% ~ 80% 和 54.8% ~ 87.4%（表 10.2），2008 年仍维持在 0.43 mg/L 和 0.021 mg/L，超标率分别为 64% 和 46%。油类各年都有不同程度的超标，但污染程度有所减轻，平均含量有逐年下降趋势。而化学耗氧量入海量虽颇高，占入海污染物总量的 92% 以上，但在整个东海区海水中的含量水平普遍不高，平均值为 1 mg/L 左右，超标率在 10% 以下。东海区重金属汞污染物相对较小，仅局部河口、港湾有超标现象。“908”专项调查表明，东海区汞污染情况并没有得到较大的改善（暨卫东等，2011）。与汞相比，东海区局部海域铅污染相对较重，且有逐年加重趋势（表 10.2）。

表 10.2　东海区海水主要污染物含量水平及超标率

污染物	资料年限		含量范围	平均值	超标率/%	超标概率/%
无机氮（mg/L）	1985—1988 年平均值		0.036 ~ 5.17	0.477	84.93	74.55
	1998 年	5—6 月	0.015 ~ 2.797	0.401	65.0	
		9—10 月	0.011 ~ 4.007	0.414	80.0	
	2007 年（“908”专项）	春	0.004 ~ 2.54	0.269		
		夏	0.004 ~ 2.85	0.250		
		秋	0.004 ~ 2.32	0.256		
		冬	0.023 ~ 2.41	0.310		
	2008 年		0.007 ~ 1.822	0.43		

续表 10.2

污染物	资料年限		含量范围	平均值	超标率/%	超标概率/%
磷酸盐 /（mg/L）	1985—1988 年平均值		0.007 2 ~ 0.077	0.017	66.80	50.3
	1998 年	5—6 月	0.000 7 ~ 0.176	0.019	54.8	
		9—10 月	0.000 7 ~ 0.198	0.039	87.4	
	2007 年（“908”专项）	春	0.000 3 ~ 0.056	0.012 4		
		夏	0.000 3 ~ 0.09	0.015		
		秋	0.000 3 ~ 0.077	0.019 8		
		冬	0.001 5 ~ 0.073	0.019 8		
	2008 年		低于检出限 ~ 0.132	0.021	46.2	
化学耗氧量 /（mg/L）	1978—1979 年		0.17 ~ 4.70	1.38	10.0	10
	1985—1988 年平均值		0.077 ~ 6.70	1.048	4.0	5.6
	1998 年	5—6 月	未检出 ~ 2.85	0.82	1.3	
		9—10 月	0.11 ~ 4.75	1.10	9.0	
	2008 年		0.10 ~ 4.52	0.89	1.58	
油类 /（mg/L）	1978—1979 年		0.001 ~ 0.980	0.068	69.6	45
	1985 年		0.001 ~ 3.619	0.047	43.9	23.8
	1986 年		（–） ~ 9.319	0.016	23.3	23.8
	1987 年		（–） ~ 0.720	0.028	20.4	25.4
	1988 年		0.0 ~ 0.110	0.026	10.6	23.4
	1985—1998 年平均值		0.0 ~ 3.442	0.029	24.6	29.4
	1988 年	5—6 月	0.001 ~ 0.061	0.056		
		9—10 月	未检出 ~ 0.06	0.029		
	2007 年（“908”专项）	春	0.0043 ~ 0.082	0.020		
		夏	0.0039 ~ 0.649	0.049		
		秋	0.0018 ~ 1.726	0.134		
		冬	0.0047 ~ 0.123	0.037		
	2008 年		未检出 ~ 0.028	0.023	6.32	

污染物		资料年限		含量范围	平均值	超标率/%
重金属 /（μg/L）	汞	1986—1988 年平均值		（–） ~ 0.256	0.025	0
		1998 年	5—6 月	0.002 ~ 0.117	0.028	10.3
			9—10 月	未检出 ~ 0.159	0.043	11.5
		2007 年（“908”专项）	春	0.011 ~ 0.35	0.083	
			夏	0.004 ~ 0.432	0.073	
			秋	0.004 ~ 0.260	0.064	
			冬	0.004 ~ 0.232	0.055	
	铅	1985—1988 年平均值		0.43 ~ 57.93	12.32	2.8
		1998 年	5—6 月	0.06 ~ 17.10	2.96	35.9
			9—10 月	0.40 ~ 11.20	2.94	56.4
		2007 年（“908”专项）	春	0.002 ~ 6.08	0.861	
			夏	0.004 ~ 3.005	0.861	
			秋	0.015 ~ 4.92	0.713	
			冬	0.002 ~ 2.69	0.80	

通过各类污染物综合指数计算结果表明，东海近岸区、外海区和远海区各个污染因子污染程度依次为营养盐 > 油类 > 重金属汞、铅和有机质趋势未变，与各类污染物入海通量的大小相吻合。远海区各污染物中，除了有机碳标准指数较高（1.2）外，其余因子标准指数都很低，均在0.2以下，表明未对远海海域的水环境造成影响。

进入21世纪以来，由于上海、浙江和福建政府采取有效的环境管理措施，东海区海域环境质量有明显改善。根据国家海洋环境质量公报，2008年较清洁海域面积34 140 km^2，比2007年增加11 710 km^2。污染海域面积32 470 km^2，比2007年减少15 780 km^2，严重污染、轻度污染海域面积均比2007年有所减少。严重污染海区主要集中在长江口、杭州湾、舟山群岛、象山湾、洋口以北和厦门海域。主要污染物仍是无机氮和活性磷酸盐。与前7年相比，东海区未达到清洁海域的面积呈逐年下降趋势（表10.3）。

表10.3　2001—2008年东海区未达到清洁海域水质标准的面积　　单位：km^2

海区	年度	较清洁	轻度污染	中度污染	严重污染	合计
东海	2001	48 750	22 840	13 790	27 380	112 760
	2002	38 160	15 370	15 190	21 610	91 330
	2003	32 370	5 440	8 550	17 170	63 530
	2004	21 550	13 620	12 110	20 680	67 960
	2005	21 080	10 490	10 730	22 950	65 250
	2006	20 860	23 110	8 380	14 660	67 010
	2007	22 430	25 780	5 500	16 970	170 680
	2008	34 140	9 630	6 930	15 910	66 610

注：清洁海域：符合国家海水水质标准中一类海水水水质的海域，适用于海洋渔业水域，海上自然保护区和珍稀濒危海洋生物保护区。

较清洁区：符合国家海水水质标准中二类海水水水质的海域，适用于水产养殖区、海水浴场、人体直接接触海水的海上运动或娱乐区以及与人类食用直接有关的工业用水区。

轻度污染海域：符合国家海水水质标准中三类海水水质的水域，适用于一般工业用水。

中度污染海域：符合国家海水水质标准中四类海水水质的水域，仅适用于海洋港口水域和海洋开发作业区。

严重污染海域：劣于国家海水水质标准中四类水质的海域。

总之，东海区污染物和水质污染的区域分布呈北高南低，近岸高、外海远海低的趋势。水质污染程度及范围有明显的季节变化，秋季（10月）大于春季（5月），4—6月无机氮和磷酸盐含量超过国家海水水质标准的面积占海区的一半左右，而8—10月则占60%～70%。劣四类水质区所占比重更大。长江口和杭州湾是东海乃至全国近岸海域营养盐污染最为严重的河口、海湾。无论是4—6月还是8—10月，全部水域为四类或劣四类水质区（图10.3）。

10.1.2.2　重要河口、海湾水质污染及评价

河口、海湾与人类息息相关。由于它处于陆地和海洋相交的纽带地位，开发环境优越，自古就是人类通往海洋的桥头堡，在人类社会发展中占有非常突出的地位。另外，河口、海湾资源非常丰富，是港口建设和海洋农牧化的重要场所，人类对其开发的历史比较悠久，居住在海边的远古人类早就以渔猎为生。自明朝初期即15世纪初期，伟大的航海家郑和下西洋始，就启迪了无数沪、浙、闽沿海地区百姓兴起发展海上运输业和开发、利用河口、海湾海洋资源的浪潮。可以这样说，没有昔日的上海港、宁波港、厦门港和长江口渔业资源开发利

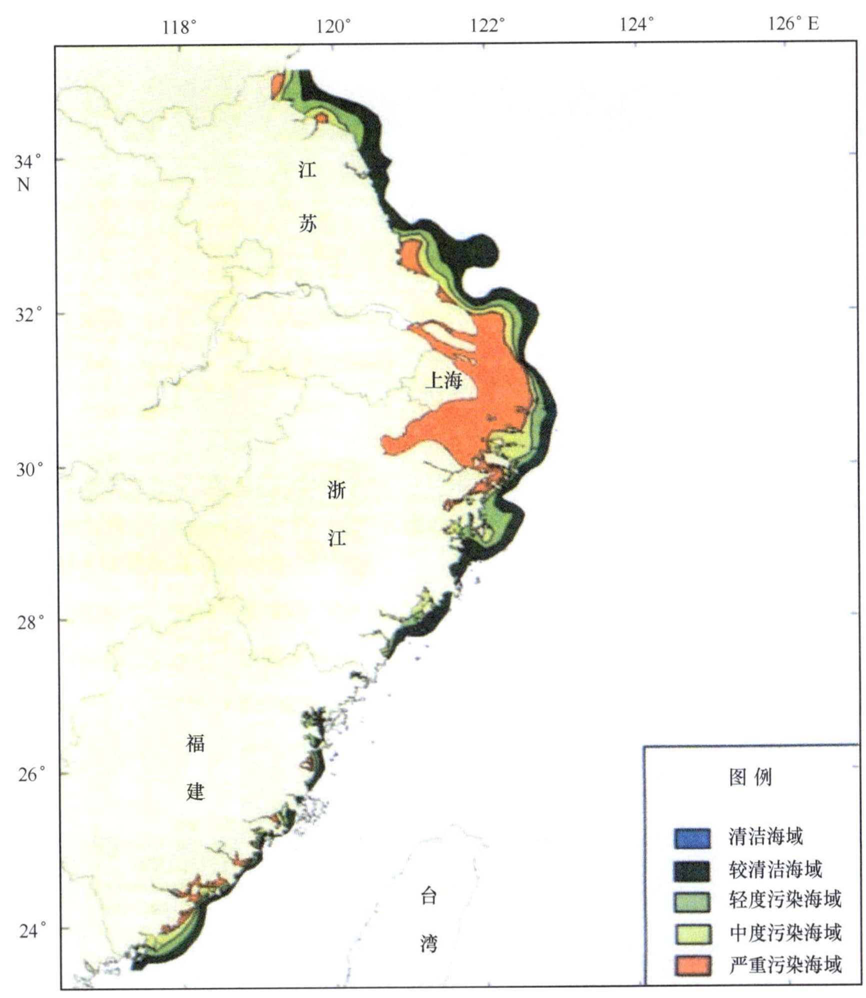

图 10.3 2008 年东海区污染海域分布示意图

（引自国家海洋局东海分局环境质量年报）

用的成就，就没有今日的繁荣、社会进步的大上海、杭州、宁波和福州、厦门等城市。长江口和杭州湾等河口、海湾的资源开发利用在促进沿海地区城市经济发展方面起到了重要作用。然而，在长期工农业发展和资源开发的历史长河中，人们排放的未经处理的工农业和生活废污水入海，发展违背生态规律的围海造地，过度捕捞渔业和水产养殖业，以致出现近岸环境污染，破坏资源、生态的不良后果。营养盐污染、有机质污染、石油污染和重金属污染是引发河口、海湾生态系统退化，破坏系统服务功能的主要污染因素。

为了解东海区河口、海湾海水质量背景和污染状况，从 20 世纪 70 年代起，国家海洋局、国家环保总局、上海、浙江、福建省海洋与渔业局和有关科研院校先后对长江口、杭州湾、象山湾、三门湾、乐清湾、三都澳、闽江口、兴化湾、湄洲湾和厦门港等进行定期环境监测。2002 年，国家海洋局在东海赤潮多发区建立了浙江嵊泗、浙江岱山、浙江象山港、浙江洞头、福建三都澳、福州闽江口、福建厦门港等 8 个赤潮监控区，着重监测其养殖环境质量；2003 年国家海洋局又在东海区环境污染比较严重、生态比较敏感或脆弱区和自然保护区建立了长江口、杭州湾、乐清湾和闽东沿岸 4 个生态监控区，进行定期环境监测，积累了比较完整系统的环境参数数据资料。

为方便比较，以下表中营养盐、石油类、有机质和重金属数据主要是引用基准年 1998 年第二次东海海洋污染基线调查资料，并参考福建主要海湾环境调查结果和历年生态、赤潮监控区监测数据。

1）营养盐污染

海水中的氮、磷、硅等营需物质是海洋藻类植物生长繁殖必需的元素，适度浓度有益于海洋初级生产力，过量排入则会污染水质，形成富营养化，损害生态环境。因而营养盐含量及其结构变化是反映海水水质优劣程度的一个很好指标。自20世纪80年代以来，一方面随着东海沿海地区工农业的发展和人口骤增，一方面工农业废水和生活污水的年排放量逐年增大。如1979年排放入东海的无机氮量为1.4×10^4 t，至1998年猛增为49.3×10^4 t，造成近岸海域氮污染；另一方面，由于沿海养殖业的发展，片面追求高密度养殖并大量投饵，导致大量含氮的养殖废水排入养殖海湾。这两方面的原因使东海近岸河口、海湾水域海水富营养化问题十分突出，严重危害养殖业和渔业资源，破坏正常的河口、海湾生态系统，引起我国政府和海洋科技界的高度重视。

值得庆幸的是，自20世纪50年代末，我国国家科委组织全国海洋科技力量开展的包括东海区在内的史无前例的全国海洋综合调查（通称全国普查）以来，我国学者顾宏堪等（1959、1981）、沈志良（1991、2004、2007）、胡明辉等（1989）、王正方（1983）、孙秉一等（1986）、黄自强（1994）、周家义等（1995）、王保栋（1998、2002）、沈焕庭（2001）、胡敦欣、詹宾秋（1993、2001）、叶仙森等（2000）、刘新成等（2002）、王修林等（2004）对东海区特别是长江口及其邻近海域的营养盐入海通量、时空分布及其与浮游植物、初级生产力的关系进行了大量调查研究，积累了许多宝贵数据资料，出版了许多著作和报告论文，为评价长江口及其邻近海域水质和富营养化水平提供了背景对比资料。本节主要侧重从氮、磷污染水质角度，叙述人为活动输入东海的营养盐增量及其超标情况，以反映海水质量状况。

（1）无机氮

综合历年调查与监测结果表明，东海区自1985年以来，全海域及其各河口、海湾海域无机氮含量呈逐年增高（图10.4）、超标面积逐年扩大的趋势。例如，1986年海水无机氮含量为0.33 mg/L，超标率为78%，到1995年平均含量为0.677 mg/L，增长1倍多，超标率达94%，至2008年平均含量仍居高不下达0.414 mg/L，超标率为87%。

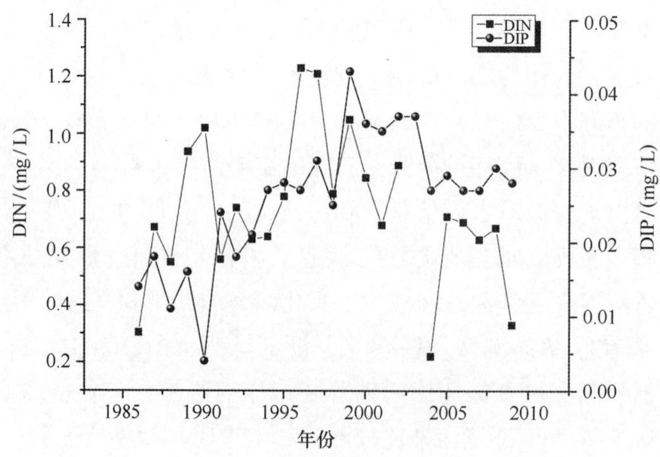

图10.4　长江口海域20世纪90年代初以来营养盐（DIN，DIP）浓度年际变化

从其区域污染程度分布上看，无机氮标准指数范围为0.00～20.04，污染水平较高的为杭州湾，单点最高标准指数和最高平均标准指数出现在杭州湾，分别为20.14和5.17，其次为长江口和厦门湾。在11个重要河口、海湾中无机氮均有不同范围超标，其中，杭州湾、象山湾、三门湾、乐清湾超标率均达到或接近100%，表明受氮污染比较严重。其污染程度大小依次为杭州湾>长江口>象山湾>三门湾>闽江口>厦门湾>乐清湾>三都澳>兴化湾>湄洲湾。分析显示，无机氮污染主要受陆源排污的影响（表10.4）。

表10.4 重要河口、海湾海水无机氮含量水平及超标率

名称	含量范围/（μg/L）		平均含量/（μg/L）		超标率/%		最大值超标倍数	
	5—6月	9—10月	5—6月	9—10月	5—6月	9—10月	5—6月	9—10月
长江口	390.4～2 431	1 332～2 062	1 567.0	1 147.6	100	98	10.2	10
杭州湾	685.9～2 048	381.3～4 007	1 395.9	1 256.9	100	100	10.2	20
象山湾	273.3～605.8	600～830.9	480.4	724.1	100	100	3.0	4.1
三门湾	303.1～2 797	453.9～956.2	601.1	635.9	100	100	13.9	4.7
乐清湾	198.1～591.5	378.7～654.9	379.7	500.0	100	100	2.9	3.2
三都澳	72.3～239.5	197.5～469.9	143.5	309.2	22	89	1.2	2.3
闽江口	41.9～598.7	279.9～1 001	329.7	644.6	67	100	2.9	5.0
兴化湾	18.0～311	199.3～421.1	100.85	270.3	14	86	1.5	2.1
湄洲湾	19.9～157.6	102.9～404.9	54.09	264.3	0	62	—	2.0
厦门湾	88.5～704.2	197.0～1 151	319.2	588.6	63	90	3.5	5.5

（2）磷酸盐

从图10.4可以看出，东海区及其分海区海水中的磷酸盐含量也呈逐年增高的趋势。1986年海水磷酸盐含量为0.014 mg/L，超标率只有62%，到1995年平均含量升高为0.026 mg/L，增加了1倍，超标率达到85%，至2008年平均含量仍高居不下，为0.029 mg/L，超标率达87%。

从磷酸盐污染程度评价看，其标准指数范围为0.05～13.23，单点指数最高出现在乐清湾，为13.23，污染水平最高为象山港，平均标准指数为2.91. 其余河口、海湾平均标准指数均大于1.0，都受到不同程度的污染，几乎全部超标，其中，以象山湾（100%）、乐清湾（98.3%）、三门湾（98.2%）最高。污染程度区域分布由大到小依次为象山湾>乐清湾>杭州湾>三门湾>厦门湾>长江口>三都澳>湄洲湾>兴化湾>闽江口（表10.5）。分析表明，磷酸盐污染主要受海水养殖和陆源排污的双重影响。

表10.5 重要河口、海湾海水磷酸盐含量水平及超标率

名称	含量范围/（μg/L）		平均含量/（μg/L）		超标率/%		最大值超标倍数	
	5—6月	9—10月	5—6月	9—10月	5—6月	9—10月	5—6月	9—10月
长江口	4.0～38.5	31.5～59.6	32.2	45.9	93	100	5.2	3.9
杭州湾	21.1～48.9	17.4～135.2	40.0	55.8	100	100	3.3	9
象山湾	20.0～34.1	35.1～89.9	27.6	56.2	100	100	2.3	6
三门湾	8.7～80.6	39.7～127.0	26.9	65.6	92	100	5.4	8.5
乐清湾	12.0～43.4	37.1～198.4	28.4	70.6	3	100	2.8	13.2
三都澳	5.0～16.1	22.63～71.2	11.85	33.27	33	100	1.1	4.7

续表 10.5

名称	含量范围/（μg/L）		平均含量/（μg/L）		超标率/%		最大值超标倍数	
	5—6 月	9—10 月	5—6 月	9—10 月	5—6 月	9—10 月	5—6 月	9—10 月
闽江口	2.00～13.7	18.6～35.2	7.78	27.52	0	100	—	2.3
兴化湾	2.9～21.0	2.5～39.7	7.86	26.48	14	85	1.4	2.6
湄洲湾	2.0～12.0	17.7～40.7	4.39	25.51	0	100	—	2.6
厦门湾	2.0～174.0	28.5～88.8	34.6	44.94	64	100	9.8	5.8

2）石油污染

石油是一种组成和结构都十分复杂的物质，在精炼过程中可分馏出多种产品，对河口、海湾造成污染的主要是原油、各种原料油和润滑油，它们是海洋中最普遍和最容易观察到的污染物质。

调查显示，20 世纪 80 年代排入东海的石油类年平均为 6×10^4 t，21 世纪初以后呈下降趋势，至 2006 年和 2007 年，长江口和钱塘江的入海量分别为 3.4×10^4 t/a 和 4.0×10^4 t/a（中国海洋统计年鉴，2007）。

据国家海洋局监测结果表明，东海近海油类污染主要来自沿海工业含油废水排放和船舶含油废水排放。东海区全海域及其分区海域石油污染的特点是污染普遍，局部较严重，并呈逐年下降趋势。在近岸海域，污染最重的是长江口和杭州湾，平均标准指数分别为 1.26 和 1.55；超标率最大的为杭州湾，污染最轻为三都澳，平均指数只有 0.31。

由标准指数统计结果显示，油污染程度区域分布由大至小依次为长江口 > 杭州湾 > 象山湾 > 三门湾 > 乐清湾，其余河口、海湾均在海水水质标准以下（表 10.6）。

表 10.6　重要河口、海湾海水油类含量水平及超标率

名称	含量范围/（μg/L）		平均含量/（μg/L）		超标率/%		最大值超标倍数	
	5—6 月	9—10 月	5—6 月	9—10 月	5—6 月	9—10 月	5—6 月	9—10 月
长江口	18.5～610.5	18.5～243.3	82.9	56.3		35	79.0	4.9
杭州湾	18.5～80.3	37.0～624.3	28.9	86.3			1.6	12.5
象山湾	18.5～186.8	18.5～43.2	77.7	24.3			3.7	1.0
三门湾	32.4～85.2	18.5～51.9	52.7	29.1			1.7	1.0
乐清湾	18.5～129.8	18.5～50.1	49.2	28.4			2.6	1.0
三都澳	11.0～18.5	8.8～18.5	16.0	15.1				
闽江口	18.5～33.9	18.5～38.9	21.7	25.8				
兴化湾	12.4～18.5	10.9～18.5	16.6	16.2				
湄洲湾	12.5～18.5	12.8～18.5	16.7	17.2				
厦门湾	13.2～21.8	13.2～37.3	17.2	19.6				

3）有机质污染（COD、总有机碳）

（1）化学耗氧量（COD）

由于有机污染物质的成分多样，测定方法复杂，环境学者一般用化学耗氧量来表示有机污染物的含量。据统计，COD 标准指数范围为 0.02~2.44. 在 11 个河口、海湾平均标准指数均小于 1.0，说明这些水域水质 COD 污染比较轻。区域污染分布差异较小，除乐清湾污染较重外，其他均在国家海水标准以下（表 10.7）。

表 10.7 重要河口、海湾海水化学耗氧量含量水平及超标率

名称	含量范围/（μg/L）		平均含量/（μg/L）		超标率/%		最大值超标倍数	
	5—6月	9—10月	5—6月	9—10月	5—6月	9—10月	5—6月	9—10月
长江口	0.81~4.69	0.61~2.75	1.71	1.36	0	3	2.3	
杭州湾	0.66~2.52	0.99~4.75	1.32	1.63	14	19	1.2	
象山湾	0.25~0.58	0.23~0.99	0.40	0.45	0	0	—	
三门湾	0.25~1.02	0.50~3.14	0.52	1.78	0	50	—	
乐清湾	0.59~1.61	0.51~3.32	1.10	1.87	0		—	
三都澳	0.14~0.54	0.08~0.55	0.33	0.25	0	0	—	
闽江口	0.63~2.08	0.35~1.69	1.35	1.09	16	0	1.0	
兴化湾	0.20~0.54	0.22~1.01	0.40	0.51	0	0	—	
湄洲湾	0.04~0.50	0.23~0.46	0.26	0.35	0	0	—	
厦门湾	0.21~1.66	0.63~3.11	0.79	0.99	0	11	—	

（2）总有机碳（TOC）

总有机碳是表示水体中有机物含量的一项综合指标。海水中的有机物质种类很多，如碳水化合物、蛋白质、脂肪、腐殖质、水生物排泄物及残骸等。这些物质转化和降解过程中消耗水中溶解氧，在缺氧条件下会产生腐败和发酵，并使水质恶化。

据国家海洋局环境监测中心评价结果表明，东海区 TOC 标准指数范围为 0.39~4.20，单点最高指数出现在长江口，为 4.20，最低出现在三门湾，为 0.39；平均标准指数最高为厦门湾，为 1.19，最低为湄洲湾和乐清湾，均为 0.72。11 个河口、海湾中有 5 个标准指数超过 1.0，说明这些河口、海湾 TOC 污染已较严重。其污染程度区域分布由大至小依次为厦门湾 >象山湾 >长江口 >三都澳 >杭州湾 >三门湾 >兴化湾 >闽江口 >乐清湾 >湄洲湾（表 10.8）。

表 10.8 重要河口、海湾海水总有机碳含量水平及超标率

名称	含量范围/（μg/L）		平均含量/（μg/L）		超标率/%		最大值超标倍数	
	5—6月	9—10月	5—6月	9—10月	5—6月	9—10月	5—6月	9—10月
长江口	1.33~4.29	1.85~12.6	2.6	3.6	30	60	1.4	4.2
杭州湾	1.42~10.6	1.28~4.21	3.0	2.6	36	28	3.5	1.4
象山湾	2.16~3.57	2.69~4.62	3.1	3.7	80	80	1.2	1.5
三门湾	1.67~3.64	1.17~3.86	2.6	2.2	33	25	1.2	1.3
乐清湾	1.70~3.17	1.40~3.65	2.1	2.2	20	20	1.0	1.2
三都澳	2.60~3.52	1.63~3.59	3.1	3.3	50	100	1.2	1.1
闽江口	1.79~2.60	2.09~2.81	2.5	2.5	0	100	—	1.2
兴化湾	2.07~2.93	2.09~2.81	2.5	2.5	0	0	—	—
湄洲湾	1.99~2.14	2.01~2.55	2.1	2.3	0	0	—	—
厦门湾	1.81~8.04	1.98~4.72	4.6	3.6	70	55	2.7	1.5

4）重金属污染

海水中重金属以多种形态存在，有可溶态、悬浮态、残渣态等。其中，可溶态含量在重金属总量中所占比重甚少，大多以 μg/L 计。

据各项因子和综合指数计算结果表明，东海区重金属污染最重的为厦门湾，综合指数为 2.54；最轻为三门湾，污染综合指数为 0.37。各个河口、海湾污染程度由大至小依次为厦门湾 > 杭州湾 > 象山湾 > 乐清湾 > 长江口 > 闽江口 > 三都澳 > 兴化湾 > 湄洲湾 > 三门湾。值得提出的是，汞在 11 个河口、海湾的平均标准指数都小于 1.0，说明汞污染相对较轻，仅在排污口附近海域有局部污染（表 10.9）。与汞相比，铅在东海各河口、海湾污染较重，标准指数范围为 0.01 ~ 17.10，单点最高指数（17.10）出现在厦门。杭州湾污染较重，平均标准指数为 3.08；湄洲湾污染较轻，平均标准指数为 0.50。污染程度大小次序与汞污染相同（表 10.10）。

表 10.9 重要河口、海湾海水汞含量水平及超标率

名称	含量范围/（μg/L）		平均含量/（μg/L）		超标率/%		最大值超标倍数	
	5—6 月	9—10 月	5—6 月	9—10 月	5—6 月	9—10 月	5—6 月	9—10 月
长江口	0.001 ~ 0.009	0.030 ~ 0.098	0.025	0.017	23	7	1.8	1.9
杭州湾	0.002 ~ 0.058	0.007 ~ 0.158	0.019	0.036	5	19	1.1	3.1
象山湾	0.021 ~ 0.060	0.034 ~ 0.089	0.037	0.050	17	33	1.2	1.8
三门湾	0.002 ~ 0.018	0.020 ~ 0.071	0.010	0.039	0	33	—	1.4
乐清湾	0.005 ~ 0.066	0.018 ~ 0.088	0.024	0.048	20	20	1.3	1.7
三都澳	0.010 ~ 0.035	0.015 ~ 0.054	0.023	0.035	0	50	—	—
闽江口	0.013 ~ 0.033	0.021 ~ 0.098	0.021	0.055	0	33	—	1.9
兴化湾	0.028 ~ 0.045	0.04 ~ 0.065	0.037	0.053	0	50	—	1.3
湄洲湾	0.028 ~ 0.062	0.031 ~ 0.062	0.045	0.047	50	50	1.2	1.2
厦门湾	0.023 ~ 0.060	0.026 ~ 0.070	0.047	0.05	78	44	1.2	1.4

表 10.10 重要河口、海湾海水铅含量水平及超标率

名称	含量范围/（μg/L）		平均含量/（μg/L）		超标率/%		最大值超标倍数	
	5—6 月	9—10 月	5—6 月	9—10 月	5—6 月	9—10 月	5—6 月	9—10 月
长江口	0.02 ~ 5.84	0.66 ~ 7.09	2.16	2.50	58		5.8	
杭州湾	0.43 ~ 8.25	0.73 ~ 7.97	2.91	3.38	71.9		8.2	
象山湾	0.08 ~ 4.51	0.29 ~ 3.53	2.13	2.29	67.0		4.5	
三门湾	0.02 ~ 0.54	0.98 ~ 1.88	0.29	1.29	0		—	
乐清湾	0.08 ~ 1.31	0.36 ~ 2.05	0.74	1.29	0		—	
三都澳	0.70 ~ 1.40	0.45 ~ 0.47	1.05	0.46	50		1.4	
闽江口	0.60 ~ 1.39	0.41 ~ 4.0	1.00	1.63	67		1.4	
兴化湾	0.89 ~ 1.00	0.46 ~ 0.50	0.95	0.48	50		1.0	
湄洲湾	0.32 ~ 0.72	0.39 ~ 0.40	0.52	0.40	0		—	
厦门湾	0.81 ~ 17.1	0.54 ~ 6.90	8.39	2.31	55.11		17.1	

10.1.2.3 典型生态系统健康状况

2004年至2008年间，国家海洋局对东海4个典型生态系统监控区进行了生态监控，并就环境质量、生物群落结构、产卵场功能以及开发活动等检测结果和标准进行生态系统健康评价（表10.11）。

表10.11 东海典型生态系统健康基本情况

典型生态系统	所在地	面积/km^2	生态系统类型	主要开发活动	健康状况
长江口	上海市	13 668	河口	港口航运、海洋工程、渔业、围垦	亚健康
杭州湾	上海市 浙江省	5 000	海湾	港口航运、围垦、海洋工程、渔业	不健康
乐清湾	浙江省	464	海湾	渔业、围垦	亚健康
闽东沿岸	福建省	5 063	海湾	港口航运、渔业、围垦、旅游	亚健康

生态健康评价指标及等级如下。

海洋生态健康：指生态系统保持其自然属性，维持生物多样性和关键生态过程稳定并持续发挥其服务功能的能力。近岸海洋生态系统的健康状况评价依据海湾、河口、滨海湿地、珊瑚礁、红树林、海草床等不同生态系统的主要服务功能、结构现状、环境质量以及生态压力指标。海洋生态系统的健康状况分为健康、亚健康和不健康三个级别，按以下标准予以评价。

健康：生态系统保持其自然属性。生物多样性及生态系统结构基本稳定，生态系统主要服务功能正常发挥；环境污染、人为破坏、资源的不合理开发等生态压力在生态系统的承载能力范围内。

亚健康：生态系统基本维持其自然属性。生物多样性及生态系统结构发生一定程度变化，但生态系统主要服务功能尚能发挥。环境污染、人为破坏、资源的不合理开发等生态压力超出生态系统的承载能力。

不健康：生态系统自然属性明显改变。生物多样性及生态系统结构发生较大程度变化，生态系统主要服务功能严重退化或丧失。环境污染、人为破坏、资源的不合理开发等生态压力超出生态系统的承载能力。生态系统在短期内无法恢复。

1）长江口生态系统

生态系统处于亚健康状态。水体富营养化严重，氮磷比严重失衡，春季和夏季，大部分水域无机氮和活性磷酸盐含量超第四类海水水质。全部生物残毒检测样品中石油烃和铅含量偏高，部分生物体内砷、镉和总汞含量偏高。生物群落结构异常，生物多样性和均匀度较差。

连续5年（2004—2008年）的监测结果表明，长江口生态系统健康状况总体稳定，但始终处于不健康和亚健康之间的临界状态。长江口水体富营养化、氮磷比失衡严重，水体溶解氧含量呈下降趋势，局部出现溶解氧低于2 mg/L的低氧区。部分生物体内铜、锌、砷、镉含铅含量偏高。长江口生物群落结构状况总体上仍然较差，长江冲淡水区域生物群落结构基本保持稳定；长江口门以内区域生物群落结构趋于简单，生物种类减少，生物多样性降低；渔业生物资源衰退等生态问题严重。陆源排污、长江来水量不足、各类海洋海岸工程建设和滩涂围垦等是威胁长江口生态系统健康的主要因素。

2）杭州湾生态系统

生态系统处于不健康状态。水体呈严重富营养化状态，氮磷比失衡，全部水域无机氮含量超第四类海水水质标准。栖息地面积缩减。生物群落结构状况较差。

连续5年（2004—2008年）的监测结果表明，杭州湾生态系统始终处于不健康状态。水体始终呈严重富营养化状态，氮磷比失衡。沉积物中多氯联苯含量增加。每年滩涂湿地减少10%以上，湿地水生生物和水禽栖息面积不断缩减。浮游植物群落趋向简单，渔业生物资源衰退。滩涂围垦、各类海洋海岸工程建设和陆源排污是威胁杭州湾生态系统健康的主要因素。

3）乐清湾生态系统

生态系统处于亚健康状态。水体富营养化严重，氮磷比失衡。20%水域活性磷酸盐含量超第三类海水水质标准。春季，全部水域无机氮含量超第四类海水水质标准；夏季，40%水域无机氮含量超第四类海水水质标准。部分生物体内镉、砷和铅含量较高。生物群落结构状况异常。乐清湾受到外来物种互米花草侵害，目前湾内共有9 323 km^2面积。

连续5年（2004—2008年）的监测结果表明，乐清湾生态系统基本保持稳定，生态系统健康指数变化不大。乐清湾水体始终处于严重的富营养化和氮磷比失衡状态，无机氮和活性磷酸盐含量持续偏高。部分生物体内石油烃含量下降，铅含量始终偏高。生物群落结构异常，浮游植物、浮游动物和底栖生物多样性指数始终处于较低水平。围填海导致湾内流场改变，海水交换能力下降，海湾淤积状况严重，底质环境发生变化。影响乐清湾生态系统健康的主要因素是陆源排污、围海造田、不合理的海岸工程和海水养殖。

4）闽东沿岸生态系统

生态系统处于亚健康状态。水体有富营养化的倾向，40%水域无机氮含量超第二类海水水质标准，10%水域活性磷酸盐含量超第三类海水水质标准。部分生物体内砷、镉、铅、滴滴涕和石油烃含量较高，70%的生物残毒检测样品中砷含量偏高，50%检测样品中铅和滴滴涕含量偏高。生物群落结构状况一般，生物多样性和均匀度处于一般水平。

连续5年（2004—2008年）的监测结果表明，闽东沿岸生态系统健康状况呈下降趋势。水体无机氮和活性磷酸盐含量持续增高，超海水水质标准面积不断扩大；pH值呈上升趋势。沉积环境中，总磷、总氮、硫化物和有机碳含量也呈上升趋势。部分生物体内砷、铅、镉含量持续偏高。围填海导致滩涂湿地面积不断减少，生物多样性降低，生境受损，珍稀物种生存和候鸟迁徙受到威胁。外来物种互花米草分布面积持续增加，危害不断扩大。影响闽东沿岸生态系统健康的主要因素是陆源排污、围海造田、外来物种入侵和资源过度开发。

10.1.3 生物栖息沉积环境质量状况

从各种途径进入东海海域的污染物质，在迁移过程中不断发生各种物理、化学和生物化学变化。某些污染物直接溶于水并随水迁移、扩散，某些污染物质（如重金属和非粒子性有机物）通过吸附、沉淀等过程迅速转入沉积物，某些难溶性化合物（如PCB、DDT）则通过絮凝等过程与水体分离，最后亦沉淀、归宿于海底沉积物中，因而底质中的重金属和难溶性有机物的含量常比海水高几个数量级，其水平分布是从排污口、河口或潮间带向浅海逐渐减少。

10.1.3.1 全海域沉积环境质量总体状况

多年监测结果表明，东海区沉积环境质量总体尚属良好，综合潜在生态风险低。但近岸海区尤其是一些河口、海湾的沉积物已受到营养盐、硫化物、重金属和有机物等的污染，其中，以总氮和总磷的污染较为严重，总氮和总磷的超标率分别高达63.9%和27.8%。硫化物综合指数为1.14，超标率为16.4%，也是东海沉积物中主要污染物之一。其他污染物几乎没有超标，污染程度较轻。外海区除了营养盐综合指数为1.10，特别是总氮分指数1.79，超标率达到100%外，其他各类污染物均未对外海区沉积环境造成污染，与历史调查数据相比，东海区沉积物中的营养盐的污染有加重的趋势。但所有测站，硫化物含量平均值均符合一类国家海洋沉积物质量标准（暨卫东等，2011），这可能与908专项调查范围广且测站离岸较远有关。

10.1.3.2 近岸海域沉积环境质量状况

东海近岸海域由于长期受陆源污染物和海源养殖废水的影响，海底沉积物中的污染物含量和污染程度远比外海区高。据统计，东海近岸区沉积物中的总氮、总磷污染指数分别为1.34和0.77，超标率分别为70.6%和39.2%，这说明近岸区沉积环境已受到营养盐的污染（表10.12）。

表10.12 东海区沉积物主要污染物指数

污染物		分布范围	平均值			超标率/%		
			近岸	外海	全海区	近岸	外海	全海区
硫化物		0.007～1.85	0.27	0.47	0.30	7.1	9.1	7.3
有机碳		0.03～0.63	0.26	0.20	0.25	0	0	0
总氮		0.015～2.67	1.34	1.79	1.39	70.6	100	74.1
总磷		0.037～1.57	0.77	0.40	0.72	39.2	0	34.5
油类		0.002～0.97	0.10	0.009	0.09	0	0	0
重金属	Cd	0.04～0.57	0.24	0.15	0.23	0	0	0
	Hg	0.01～1.26	0.34	0.26	0.33	1.01	0	0
	Pb	0.13～0.60	0.33	0.25	0.32	0	—	0
	As	0.02～0.79	0.23	0.19	0.23	0	0	0
难降解有机物	PCB	0.008～2.45	0.15	0.045	0.14	2.3	0	2.0
	DDT	0.02～1.12	0.12	0.031	0.11	1.2	0	1.0
	多环芳烃	0.001～0.046	0.009	0.004 3	0.008	0	0	0
	肽酸酯类	0.000 6～0.91	0.20	0.19	0.19	0	0	0

从营养盐污染程度区域分布看，长江口、杭州湾、象山湾、乐清湾、三门湾和闽江口等重要河口、海湾沉积物总氮最为严重，其平均标准分指数分别为1.48、1.20、1.55、1.16、1.43、1.68，超标率分别为78.6%、66.7%、66.7%、66.7%、100%、100%。显然这与这些河口、海湾高密度海水养殖废水排放有关。相比中，湄洲湾沉积物难降解有机物含量较高，DDT和PCB分指数分别为0.55和0.52，超标率均为33.3%。另外，厦门湾沉积物中有机质、

硫化物含量也相对较高，超标率均为16.7%，说明对该湾沉积物形成污染。其余各类污染物在各重要河口、海湾沉积物含量均较低，尚未形成明显影响。

10.2 海洋生物质量状况

作为海洋环境质量综合评价三项因素之一，海洋生物质量状况在一定程度上比水质和底质指标更加重要，因为它直接体现了海洋污染物和生物之间的关系。对海洋生物质量状况的分析是出于两个方面的原因：首先，对生物体内污染物的分析有助于了解水产品品质，决定水产品是否可以供消费者安全食用；其次，从海洋污染的生物效应和生物监测角度来看，由于海洋环境中污染物往往浓度较低，通常又以不同形式和形态存在，并表现出不同的生物可利用性或称生物可利用性（bioavailability），因此，对生物体内污染物含量的分析可以直接体现出作用于生物体的污染物剂量，这也是对环境中污染物有效浓度的一种衡量尺度，对污染物生物效应的评价和污染物的生物指示都很有帮助。

我国对于海洋生物质量状况的调查始于20世纪70年代末期。邹景忠、李永祺等已经对中国沿海生物质量的状况进行了一些总结。到目前为止，有关海洋生物质量状况的资料主要来自三个方面，即科研单位自选特定海域，对海洋生物体内污染物状况进行专门调查。如中国科学院海洋研究所对东海大陆架、长江口及其附近海域、胶州湾、渤海湾、黄河口等，中国水产科学院东海水产研究所、国家海洋局东海环境监测中心和国家海洋局第三海洋研究所对长江口、浙江、福建近岸海域进行的生物体污染物残留量的分析测定；国家组织的海区污染综合调查，如中国海岸带和海涂资源综合调查，包括了对生物质量的调查；国家海洋主管部门组织开展的针对特定海洋生物体内污染物含量的调查，如1990—1992年国家海洋局组织的主要经济贝类污染物残留量调查，在鸭绿江口至广西北仑河口

在这之间的73个采样点共采集了23个种类经济贝类，133份样品，对污染物的含量进行了分析。从上述各项调查来看，调查的主要生物是鱼类、甲壳类、贝类和棘皮类生物。调查的污染物包括石油烃、有机农药和重金属等。值得特别提出的是，过去国内报道的生物毒物残留量分析结果，在分析的生物样品来源上，包括采样的时间、地点上存在着差异，因而数据缺乏可比性，所以本节主要引用1998年国家海洋局开展的全国海洋第二次基线调查生物质量的测定结果，并以历史同一时间、地点和同一类别生物测定的数据作为对比。

根据1998年在东海近岸海域采样分析生物样品包括贝类、鱼类、甲壳类、和藻类等四类生物，分析的污染物有石油烃、重金属（汞、镉、铅、砷）、难降解有机污染物（肽酸脂类、多环芳烃类、有机氯类）、麻醉性贝毒和微生物等。分析测定的生物种类列于表10.13中。

表10.13　东海区生物质量分析的生物种类名录

生物类别	生物种类
软体动物	紫贻贝 *Mytilus galloprovincialis*、翡翠贻贝 *Perna viridis*、僧帽贻贝 *Saccostrea cucullata*、长牡蛎 *Crassostrea gigas*、褶牡蛎 *Mactra veneriformis*、毛蚶 *Scapharca subcrenata*、唇毛蚶 *S. labiosa*、四角蛤蜊 *Mactra veneriformis*、青蛤 *Cyclina sinensis*、文蛤 *Meretrix meretix*、菲律宾蛤仔 *Ruditapes philippinarum*、皱纹巴菲蛤 *Paphia exarata*、大竹蛏 *Solen grandis*、缢蛏 *Sinonovacula constricta*、河蚬 *Corbicula fluminea*、玉螺 *Natica vitellus*、扁玉螺 *Neverita didyma*、泥螺 *Bullacta exarata*、乌贼（墨鱼）*Laligo* sp.

续表 10.13

生物类别	生物种类
甲壳动物	日本鲟 *Charylodis japonica*、梭子蟹 *Portunus sp.* 口虾蛄 *Oratosquilla orator*、日本毛虾 *Acetes japonicus*、白虾 *Exopalaemon carinicauda*、中国毛虾 *Acetes chinensis*、日本对虾 *Penaeus joponica*、长毛对虾 *P. penicillatus*
鱼类	银鲳 *Pampus argenteus*、刀鲚 *Colila ectenes*、舌虾虎鱼 *Glossogobius giuris*、矛尾刺蝦虎鱼 *Chaeturichthys stigmatias*、半滑舌鳎 *Cynoglossus semilaevis*、无鳞舌鳎 *C. macrdepidotus*、鲻鱼 *Magil cephalus*、前鳞鲳 *Osteomugil ophuyseni*、带鱼 *Trichiurs haumele*、石斑鱼 *Epinephelus*、黄鳍鲷 *Sparus latus*、六指马鲅 *Polynemus plebdius*
藻类	坛紫菜 *Porphyra haitanensis*

10.2.1 经济生物体内污染物的残留水平①

10.2.1.1 石油烃

分析结果列于表10.14，从表中可见石油烃在东海区不同类群生物体内的含量差异较大，以贝类含量最高，为（0.22～178）$\times10^{-6}$，平均为33.1$\times10^{-6}$，超标率19%，石油含量超标的样品均在贝类生物体中；主要超标区域及生物种类分别为上海白龙港的田螺，上海金山嘴的缢蛏，浙江嵊泗的菲律宾蛤仔，闽江口的长牡蛎和僧帽牡蛎，泉州湾和厦门杏林的僧帽牡蛎；鱼类含量次之，为（0.29～5.8）$\times10^{-6}$，平均为1.73$\times10^{-6}$；甲壳类含量最低，为（0.33～8.31）$\times10^{-6}$，平均为1.73$\times10^{-6}$。各海区贝类石油烃含量由高到低依次为上海、福建、浙江。2007年"908"专项生物体内石油烃测定含量均符合一类海洋生物质量标准（暨卫东等，2011）。

表10.14 东海区生物体石油烃残留水平

生物种类	海域	平均值 /（$\times10^{-6}$·湿重）	最小值 /（$\times10^{-6}$·湿重）	最大值 /（$\times10^{-6}$·湿重）	超标率 /%
贝类	上海	94.97	53.20	178.0	100
	浙江	12.84	0.42	83.30	17
	福建	16.02	0.22	81.10	23
	东海区	33.29	0.22	178.0	19
鱼类	浙江	0.29	0.29	0.29	0
	福建	2.39	0.80	5.80	0
	东海区	1.73	0.29	5.80	0
甲壳类	浙江	0.87	0.33	1.40	
	福建	0.41	0.41	0.41	
	东海区	1.37	0.33	8.31	
藻类	福建	0.22	0.22	0.22	

10.2.1.2 重金属（汞、镉、铅、砷）

1）汞

汞是一种重要的重金属污染物。分析结果显示，汞在东海区各类生物体内的含量均较低：贝类为（0.001～0.08）$\times10^{-6}$，平均为0.019$\times10^{-6}$；鱼类为（0.000 5～0.08）$\times10^{-6}$，平

① 此节中污染物残留量单位均为每湿重$\times10^{-6}$。

均为0.020 4 $\times 10^{-6}$；甲壳类为（0.000 5 ~ 0.124）$\times 10^{-6}$，平均为0.029 8 $\times 10^{-6}$。均没有超过生物质量标准。

不同海区贝类含量水平由高到低依次为福建海域（平均为0.027 $\times 10^{-6}$），浙江海域（平均0.020 $\times 10^{-6}$），上海海域（平均为0.016 $\times 10^{-6}$）。

2）镉

同汞一样，镉是非常引人关注的重金属污染物，镉在东海区不同类别生物体中的含量存在一定差异，以贝类含量较高为（0.019 ~ 14.1）$\times 10^{-6}$，平均为0.745 $\times 10^{-6}$；鱼类含量为（0.001 ~ 0.099）$\times 10^{-6}$，平均为0.033 $\times 10^{-6}$；甲壳类含量为（0.019 ~ 5.918）$\times 10^{-6}$，平均为0.419 $\times 10^{-6}$。镉含量最高值出现在宁波象山港西泽测站的唇毛蚶（含量达14.1 $\times 10^{-6}$）、浙江嵊泗菲律宾蛤仔和唇毛蚶以及浙江三门湾健跳唇毛蚶和浙江岱山的大脚毛蚶，其超标率高达22%。各海区镉含量由高到低依次为浙江、福建、江苏和上海。

3）铅

铅也是一种重要重金属污染物，溶解度低，通常存在于沉积物中，进入生物体中的铅也不容易排出体外，对生物危害大。东海区的贝类都不同程度受到铅的污染。分析结果表明，贝类铅含量为（0.02 ~ 4.51）$\times 10^{-6}$，平均为0.57 $\times 10^{-6}$；鱼类（0.001 ~ 0.75）$\times 10^{-6}$，平均为0.16 $\times 10^{-6}$；甲壳类（0.009 ~ 0.873）$\times 10^{-6}$，平均为0.18 $\times 10^{-6}$。主要超标区域及生物种类分别为上海白龙港田螺（33%），宁波象山港西泽唇毛蚶，温州敖江僧帽牡蛎，泉州湾僧帽牡蛎、坛紫菜和福建漳浦旧镇坛紫菜。各海区贝类体内铅含量由高到低依次为上海、福建、浙江和江苏。

4）砷

砷在东海区各类生物体中的含量普遍较高，贝类含量为（0.06 ~ 6.14）$\times 10^{-6}$，平均为1.24 $\times 10^{-6}$；鱼类含量为（0.09 ~ 0.75）$\times 10^{-6}$，平均为0.73 $\times 10^{-6}$；甲壳类含量为（0.3 ~ 4.27）$\times 10^{-6}$，平均含量为1.52 $\times 10^{-6}$，超标率高达38%。来自浙江松门的毛虾和福州泉州湾的日本对虾，虾的主要超标高达2倍多，值得引起注意。四类生物体内砷含量由高到低依次为藻类、甲壳类、贝类和鱼类，其中，最高值出现于福建泉州湾测站的坛紫菜样品中，含量高达20.4 $\times 10^{-6}$。各海区贝类体内砷含量由高到低依次为福建（平均为1.94 $\times 10^{-6}$）、浙江（平均为1.73 $\times 10^{-6}$）和上海（平均为0.44 $\times 10^{-6}$）。

10.2.1.3 难降解有机物

1）有机氯类

（1）DDT

DDT在东海区各类生物体中含量普遍较低，贝类为（0.000 3 ~ 0.1）$\times 10^{-6}$，平均为0.084 $\times 10^{-6}$；鱼类为（0.000 4 ~ 0.097）$\times 10^{-6}$，平均为0.019 $\times 10^{-6}$；甲壳类为（0.000 2 ~ 0.089）$\times 10^{-6}$，平均为0.011 $\times 10^{-6}$，几乎都不超标。四大类群生物体DDT含量由高到低依次为贝类、藻类、鱼类和甲壳类。其中，含量最高值出现在福建泉州湾的僧帽牡蛎（0.11 $\times 10^{-6}$）和福建平潭竹屿口德褶牡蛎（0.105 $\times 10^{-6}$）。

(2) PCB

PCB在东海区各类生物体中的含量均较低，而且都没有超标。贝类PCB含量为 $(0.000\,2 \sim 0.12) \times 10^{-6}$，平均为 0.027×10^{-6}；鱼类为 $(0.000\,1 \sim 0.075) \times 10^{-6}$，平均为 0.021×10^{-6}；甲壳类为 $(0.000\,3 \sim 0.007\,5) \times 10^{-6}$，平均为 $0.004\,4 \times 10^{-6}$。四大类群生物体PCB含量由高到低依次为藻类、贝类、鱼类和甲壳类。

2）肽酸酯类及多环芳烃

调查海域中肽酸酯类及多环芳烃在不同种类生物体中均有检出，其中，肽酸酯类在贝类中含量明显高于鱼类和甲壳类，多环芳烃含量在贝类、鱼类及甲壳类中基本处于同一水平。

10.2.2 沿岸经济生物质量评价

东海区各类生物质量指数示于表10.15。

表10.15 东海区生物体各类污染物质量指数

生物种类	海域	质量指数						
		汞	镉	铅	砷	油类	DDT	PCB
贝类	上海	0.053	0.17	0.760	0.437	4.748	0.482	0.261
	浙江	0.065	0.682	0.486	1.732	0.642	0.165	0.101
	福建	0.091	0.2245	0.447	1.065	0.801	0.317	0.164
	东海区	0.063	0.358	0.526	1.023	1.665	0.264	0.113
鱼类	浙江	0.035	0.580	0.140	1.010	0.015	0.013	
	福建	0.106	0.237	0.290	0.486	0.120	0.278	0.198
	东海区	0.068	0.330	0.161	0.730	0.087	0.190	0.103

10.2.2.1 贝类

据统计显示，东海区贝类的镉超标率为8%，铅超标率为7%，砷超标率为35%，DDT超标率3%，PCB超标率3%，油类超标率19%。从污染物质量指数看，上海近岸海域石油烃污染比较严重，平均污染指数达4.7，其中，白龙港河蚬超标达8.9倍；重金属和有机氯类含量水平都较低平均质量指数均未超标。

浙江海域已受到砷的严重污染，平均质量指数达1.73，而重金属（汞、镉、铅）、有机氯类和石油烃的评价质量指数均未超标，但局部海域如浙江泗洲测站的菲律宾蛤仔中砷、镉、石油烃超标，象山西泽测站唇毛蚶镉含量为东海区最高值，超标7.1倍。

福建海域主要受到砷污染，砷的平均质量指数为1.065。重金属（汞、镉、砷）、有机氯类和石油烃的平均质量指数均未超过1。但泉州湾的僧帽牡蛎和福建平潭竹屿口德褶牡蛎体中的DDT有超标现象。总之，绝大部分贝类质量符合《无公害食品、水产品中有毒有害物质限量》的规范。

10.2.2.2 鱼类

游泳生物对污染物具有很强的回避能力，而且在渔场环境的重金属含量相对较低，因而东海区中镉、铅无一超标，砷超标率23%。浙江海域除了砷平均质量指数达1.01，已有所污染外，其余项目均未超标。福建海域有机氯、石油烃及重金属平均质量指数均未超过1，鱼类质量较好。

10.2.2.3 甲壳类

参照贝类标准，浙江、福建海域除砷普遍超标外，其他污染物含量均处于较低水平。

另外，值得一提的是，产于福建藻类体中的砷和铅含量明显高于其他类群生物。调查海区所有生物样品汞、PCB含量均无一超标。

10.2.2.4 麻痹性贝毒和细菌

麻痹性贝毒共检测样品53个，检出3个，检出率5.7%。在检出的3个样品中全部超标，平均浓度为625.4 Mμ/100 g。

在检测65个样品中，有62.5%的样品超过粪大肠菌群标准，粪大肠菌群总数范围为125～24 000个/100 g，平均浓度为3 306个/100 g，最高浓度在温州湾的缢蛏中。异养菌总数和弧菌的最高值都出现在福建厦门高琦的菲律宾蛤仔中，分别为8.8×10^7个/100 g和8.4×10^5个/100 g。粪大肠菌群和异养菌总数在贝类中的含量最高，其次为甲壳类和鱼类；而弧菌在甲壳类中的含量最高，其次为贝类和鱼类。

与历史调查相比，东海近岸海域贝类体内污染物（石油烃、总汞、Cd、Pb、As、六六六、DDT、PCB）残留水平，除宁德、闽江口至厦门近岸贝类体内的Pb有显著下降外，其余污染物的含量基本不变。

10.3 海洋环境污染因素的生态影响

海洋污染生态效应（Ecological effect of marine pollution）是指海洋环境污染因素对生物的个体、种群群落乃至生态系统造成的有害影响。海洋生物通过新陈代谢同周围环境不断进行物质和能量的交换，使其物质组成与环境保持动态平衡，以维持正常的生命活动。然而，海洋污染会在短时间内改变环境理化条件，干扰或破坏生物与环境的平衡关系，引起生物发生一系列的变化或负反应，甚至构成对生态系统安全和人类安全的严重威胁。

海洋污染对海洋生物的效应，有的是直接的，有的是间接的；有的是急性损害，有的是非急性或慢性损害。污染物浓度与效应之间的关系，有的是线性，有的是非线性。对生物的损害程度主要取决于污染物的理化特性、环境状况和生物富集能力与耐受能力等。海洋污染与生物生态的关系是错综复杂的。生物对污染有不同的适应范围和反应特点，表现的形式也不尽相同（邹景忠，1987）。

研究海洋污染对海洋生态影响的方法，大都采用水污染的生物测试法（bioassay）即利用海洋生物的反应测定某种污染物的毒性或危害，确定生物安全浓度；现场围隔生态系统污染实验法或称微宇宙实验法和海洋污染生态调查监测与评价方法，以了解高浓度、低浓度污染物或污染水平对个体生物的生理、生化、行为和遗传的影响，受污染环境改变生物种群、群落的组成、结构和功能状况。研究的污染因素包括：生源要素（氮、磷等）、污染物（重金属、石油烃、农药）和生物性污染因子（病原微生物等）（图10.5）。

近几年，由于长江三角洲海岸带地区经济的发展，东海近岸海域污染严重，资源开发活动频繁，致使近岸河口生态系统受到极大地干扰，生态系统结构退化，生态系统功能失调，

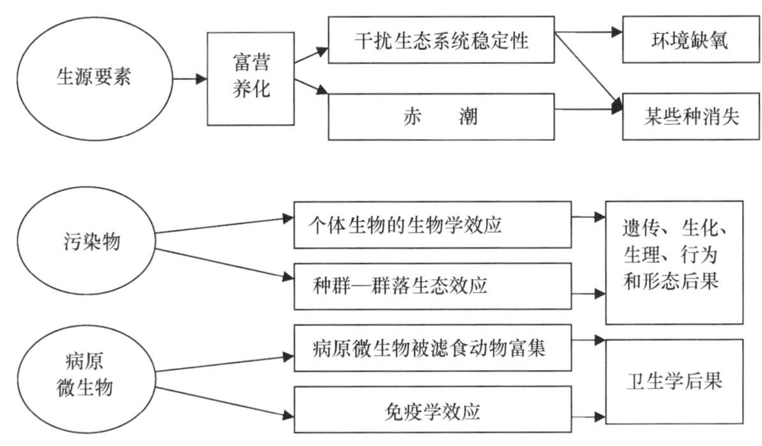

图 10.5　海洋污染生态效应启示图（引自邹景忠，1987）

生物栖息环境受到破坏，生物种类和数量日趋减少，敏感种类消失，耐污种增加，渔业资源衰退，我们大都采用定性和定量的方法对这种生态效应表现作出评估。早期的污染生态效应评价主要是根据不同生物种群在污染条件下的变化反应来评估。20 世纪 50 年代以来，许多学者应用简单的生物指数和物种多样性指数的方法来评价水质。从 80 年代开始，主要通过研究包括群落结构与功能在内的生物完整性指数来对水质进行整体性生物评价。到了 90 年代，环境学家开始从整个系统角度来评价污染或开发活动对生态系统的影响。目前，国际上用于海域污染生态效应的评估方法主要有：群落结构效应评估法，包括指示生物法、生物指数法、多样性指数法、对数正态分布作图法、生物量丰度比较法和相似指数法等；而群落功能效应评价法，即用生产力法、生物量法、群落代谢比值法及生态系统能量指标等方法，虽然它是一个较有效的方法，但很难在实际中推广应用。目前，我国环境生态学家主要侧重于从污染对生态系统结构的效应进行评估。尽管这种方法直观，能较好的反映实际海域污染或污染累积状态，但大多数指标只能反映海域质量的变化，较难评价污染对整个生物群落及生态系统的影响，无法判别系统的健康状态。相对其他结构指标，我们认为采用多样性指数法，从生物种类的丰度和个体在种内均匀度的变化两个方面对污染生态效应进行评估，能较好地反映生态系统受到环境压力的状况，适用性较广，便于操作，比较符合国情。

10.3.1　人为富营养化及其生态效应

富营养化（Eutrophication）是指由于人类的活动，水体中营养物质增加，引起浮游植物过量生长和整个水体生态平衡的改变，因而造成的一种污染现象（刘建康，2000；邹景忠，1983，2004，2007；俞志明等，2011）。营养物质主要指无机态的氮、磷和硅。这是一个水环境恶化、水生生态系统异常的复杂过程。广义地讲，富营养化过程包括从贫营养型、中营养型、富营养型到超富营养型。狭义的富营养化往往指富营养型或超富营养型。

引起海水富营养化的原因可分为自然因素和人为因素。从生态学上考虑，自然因素引起的自然富营养化是一个相对较慢的过程，这使得生态系统中的物种有足够的时间适应这种变化，整个生态系统不遭受破坏。而由人为因素引起的人为富营养化是一个突发性的过程，使得生态系统得不到补偿平衡，造成极大的环境生态影响或损害。现在人们所指的富营养化，几乎都是指由人类活动造成的人为富营养化。由于近岸海域和海湾沿岸是人类居住生活的密集区和工业的生产基地，受陆源排污的影响较为严重，所以，人为富营养化一般都出现在近岸浅海和海湾，尤其是河流入海口。

富营养化已经在世界范围内对近岸和近海生态系统产生了严重影响，引起了普遍关注。在一些生态系统中，一定程度的富营养化能使浮游植物生物量和初级生产力显著增加（Capriulo，1996；Smith，1998），但严重的水体富营养化对水生生态系统产生一系列危害性影响，包括有害赤潮发生、氧的消耗、鱼类大量死亡、海草床和其他水生植被破坏、珊瑚礁退化、生物多样性降低以及一些经济水产品受到影响。同时，富营养化也严重破坏了海洋资源，影响海洋产业（水产品加工业、水产养殖业和旅游业等）的可持续发展（Smith，1998）。

近20多年来，由于人类活动的影响，东海近岸海域特别是河口、海湾已受到营养盐的严重污染，致使水体富营养化日趋严重，赤潮发生频繁，对生态环境、海洋渔业和养殖业及人类健康构成严重威胁，引起了社会的广泛关注。人为富营养化是东海近海最为突出和严重的水质污染问题。

10.3.1.1 富营养评价研究现状

关于我国近海富营养化及其危害的研究开展比较晚，20世纪70年代末期，邹景忠等于1978年率先在渤海湾开拓了富营养化和赤潮的研究，首先提出了单项指标和多项指标的营养状态指数（E值）的评价方法和评价指标参数及其标准（邹景忠等，1983）。之后，蒋国昌等（1987）率先应用邹景忠提出的评价方法和参数及其标准，对浙江沿海的富营养化程度进行了评估，并首次指出，浙江沿海大部分海域为富营养型，局部海区为贫营养型和中营养型，并有明显的季节变化，冬季为过营养型。以杭州湾富营养化程度最为严重。直至21世纪至今，多数学者仍应用营养状态指数法评价各主要河口海湾，如全为民等（2005）应用该法评价了长江口及其邻近水域的富营养化现状及变化趋势，并与营养状态质量指数法（A值）作了方法比较，认为两种方法的评价结果具有一致性，也就是说这两种方法都适合于在东海区使用，宁修仁等（2002，2003）也应用该法评价了象山湾、乐清湾和三门湾的富营养化状况。近10年，随着东海区近海富营养化研究不断深入，我国许多学者致力于应用不同方法，如模糊综合评价法和改进的模糊综合评价法及其模糊线性加数法、模糊二级综合评判法、模糊分析优选法、灰色聚类法和综合指数权重矩阵法、神经网络法以及被广泛应用的河口和沿岸海域富营养评价方法：综合评价法（OSAR－COMPP）和河口营养状况评价法（ASSETS）进行试用研究（王保栋，2005）。

1）近海富营养化指标体系及评价方法

几十年来，国内外许多学者对近海富营养化评价方法进行了大量研究，提出了评价河口、海湾近岸水域富营养化程度的几十种方法，但迄今国际上尚未有一个统一的近海富营养评价标准或模型。

从评价参数的选择方面，现有的第一代评价方法可分为单因子法和综合指数法。

（1）单因子法

包括物理参数法如透明度、水色等，化学参数法如单一的氮值或磷值溶解氧和COD等作为富营养化指标和生物参数法如叶绿素a（Chl a）、多样性指数、藻类增殖潜力等。

（2）综合指数法

（a）营养状态质量法

$$A = (COD/CODs) + (TN/TNs) + (TP/TPs) + (Chla/Chlas)$$

式中CODs、TNs、TPs、Chlas分别为COD、TN、TP、Chla的标准值。A值大于3为富营养水平，在2~3之间为中营养水平，小于2为贫营养水平。

（b）富营养化指数法（邹景忠等，1983）

$$EI = (COD \times DIN \times DIP) \times 10^6 / 4500$$

式中要素单位均为mg/dm^3。EI大于等于1即为富营养化，并根据A值大小再分中度和超富营养类型。此法在我国近海的富营养化评价中应用最为广泛。但建议应用者根据评价海区功能类型，选择水质标准。

（c）氮/磷比值法

郭卫东等（1998）根据浮游植物生长时对氮、磷吸收的比值提出了评价海域潜在性富营养化程度的方法。他们将水体富营养化分为九类，即贫营养、中度营养、富营养、磷限制中度营养、磷中等限制潜在性富营养、磷限制潜在性富营养、氮限制中度营养、氮中等限制潜在性营养、氮限制潜在性富营养。

（3）其他方法

（a）模糊数学综合评判法

如隶属度法和聚类分析法，一般根据COD、TN、TP、Chla等进行综合分析（彭云辉等，1991），但这些运算会丢失许多信息，使结果显得粗糙。熊德琪等（1993）在此基础上，运用模糊集合论中权距离的概念，根据最小二乘法推导出一种富营养化模糊评价理论模型。另外，模糊二级综合评判法，模糊分析优选法、灰色聚类法等有望能在评价海水富营养化中得到应用。

鉴于海水富营养化的复杂性及评价等级之间的模糊性，有学者认为以模糊数学理论为基础的评价方法更能客观、科学地反映海水富营养化程度的实际情况。但模糊评判法也存在很大的缺点，如需要数据量大、计算繁琐等。迄今，在对东海乃至全国沿海进行实际评价时，使用单项指标和综合指标中的富营养化指数法和营养状态质量法比较多。

（b）人工神经网络评判法

新近，苏畅等（2008），采用人工神经网络模型中多层前馈神经网络模型的B-P算法（back propagateion algorithm）简称为BP神经网络模型。此评价模型特别适用于机理复杂、影响因素较多以及难以建立有效数学模型等的非线性问题。评价因子选取COD、DO、PO_4-P、DIN和Chl. a五个主要指标。取海水水质标准作为富营养化评价标准。以此模型评价了长江口及其邻近海域富营养化水平，结果认为，富营养化区域主要集中在长江口门附近，富营养化程度由口门向东和东北方向递减。5月和8月的富营养化程度比较严重，影响富营养化的主要评价指标是溶解无机氮。

（c）综合评价法（Comprhensive Procedure）和河口营养状况评价法（ASSETS）

近年来，由于对富营养化问题认识上的进步以及环境管理部门决策的需要，催生了若干以富营养化症状为基础的河口及沿岸海域富营养化多参数评价模型，即当前的第2代河口及沿岸海域富营养化评价模型。最为著名的和正被广泛应用的有美国的“国家河口富营养化评价”（NEEA）（Bricker et al.，1999）和欧盟的“综合评价法”（OSPAR-COMPP）（OSPAR，2001）。其中，NEEA最近被扩展和优化为“河口营养状况评价”综合法（即ASSETS）（Bricker et al.，2003）。

综合评价法是由欧盟于2001年提出并应用于所有欧盟国家之沿岸海域的富营养化状况评价。一般根据盐度将评价海域分为沿岸海域和近岸海域。

综合评价法由4类评价因子及标准构成：

Ⅰ类：营养盐过富程度（致害因素）：

A. 河流和直排总氮（TN）、总磷（TP）能量：输入量增加和/或趋势增加（较以前年份高出50%以上）；

B. 冬季无机氮（DIN）和/或无机磷（DIP）浓度：浓度增加（高出与盐度相关的和/或区域专属背景值的50%以上）；

C. 冬季N/P比值：N/P比值增大（>25）。

Ⅱ类：富营养化的直接效应（生长期）：

A. 叶绿素a浓度最大值和平均值：浓度增加（高出区域专属背景值50%以上）；

B. 区域专属浮游植物指示种：水平增加（和持续期延长）；

C. 大型植物包括大型藻类（区域专属）：如从长期生长种转变为短期生长有害种。

Ⅲ类：富营养化的间接效应（生长期）：

A. 缺氧程度：含量降低（<2 mg/L为急性危害，4~5 mg/L为危害-缺乏，5~6 mg/L为不足）；

B. 底栖动物改变/死亡和鱼类死亡：死亡（与缺氧和/或有毒藻有关），底栖动物生物量和种类组成的长期变化；

C. 有机碳/有机物：含量增加（适用于沉积区）。

Ⅳ类：富营养化可能产生的其他效应

如藻类毒素DSP/PSP贻贝传染事件，等。

综合评价法使用区域专属的营养盐和叶绿素自然背景值。偏离背景值50%以上即为趋势增加/水平提高/转变或改变。本方法适用“预防原则”（Precaution principle）和“一损俱损”原则（One out，all out）。最后综合分级为“问题海域”（Problem Area，PA）：有证据表明由于人为的富营养化已经对海洋生态系统造成不良干扰的海域；“潜在问题海域”（Potential Problem Area，PPA）：人为的营养盐输入有时可能对海洋生态系统造成不良干扰的海域；“无问题海域”（Non Problem Area，NPA）：没有证据表明由于人为的富营养化已经或将来可能对海洋生态系统造成不良干扰的海域。

（d）河口营养状况评价（ASSETS）

河口营养状况评价（ASSETS）是在美国提出的“河口富营养化评价”（NEEA，National Estuary Eutrophication Assessment）的基础上精炼而成。NEEA已被应用于美国138个河口、葡萄牙的10个河口、德国沿岸海域以及中国的几个典型河口、海湾的富营养化评价（Bricker et al.，1999，2003；Ferreira et al.，2003；Brockmann et al.，2004；Wang，2007）。一般将河口分为3个盐度区：感潮淡水区（$S<0.5$），混合区（$S=0.5\sim2.5$），海水区（$S>25$）。

评价因子包括3类，即：压力—状态—响应。

总的人为影响：即系统致害压力，用人为的DIN浓度比率表达；

总富营养状况：描述系统的状态，包括初级症状（叶绿素a，附生植物，大型藻类）和次级症状（缺氧状况，水下植被损失，有害和有毒赤潮）；

未来前景展望：人类活动的响应，即预期的未来营养盐压力和系统的敏感性分析。

评价标准：不同的参数具有不同的定义和使用方法。

压力评价只用人为的无机氮（DIN）浓度与预期的总浓度的比值来衡量。

叶绿素评价使用藻华期叶绿素a最大浓度（Chla>60 μg/L：过度富营养化；20<Chla<

60 μg/L：高；5 < Chla < 20 μg/L：中；Chla < 5 μg/L：低）。

溶解氧评价利用底层溶解氧浓度（0 mg/L 为缺氧，0 < DO < 2 mg/L 为低氧，2 < DO < 5 mg/L 为生物胁迫）。

水下植被（SAV）损失评价使用空间覆盖度的量化指标（0% ~10% 为很低，10% ~25% 为低，25% ~50% 为中，>50% 为高）。其他指示种，如大型藻类、大型植物、有害和有毒藻华的评价则根据是否观测到，表达为“问题/无问题”。

预期未来营养盐压力则根据预期的营养盐排放表示为 3 个级别：减少，不变，增加；河口敏感度分析主要依据河口水动力状况（冲刷和稀释扩散能力）表达为高、中、低 3 个级别。

最后，综合 3 大类别即压力—状态—响应中每个类别的评价分值，得到评价海域富营养化状况总级别（5 级：优—良—中—差—劣）。状态和压力类别的分值在最后的综合评级中占主导地位。

以上两种富营养化评价方法均属以富营养化症状为基础的多参数评价体系，能比较全面地评估富营养化的致害因素及其引起的各种可能的富营养化症状，反映了当前对河口和沿岸海洋生态系统富营养化问题的认识水平和科学研究水平。两种方法在科学思想和评价体系等方面基本相同或相似，如均包括富营养化的致害因素、初级症状和次级症状，评价参数也大都相同或相似。但是，这两种方法也有一些差别，归结起来主要有以下几点。

（1）评价区域侧重点不同。虽然这两种方法均可用于河口和沿岸海域富营养化状况评价，然而，ASSETS 侧重于河口体系，OSPA – COMPP 则侧重于沿岸海域。

（2）评价因子的侧重点不同。OSPAR – COMPP 给予致害因素（即营养盐浓度、比值及输入能量）与症状（直接和间接效应）相同的权重；而 ASSETS 给予症状（初级症状和次级症状）较大的权重，压力评价只考虑人为的无机氮（DIN）浓度比率而未涉及其他。

（3）评价原则不同。OSPA – COMPP 适用“一损俱损”原则，即各类别的分级和最终的定级取决于其中最差的级别；ASSETS 则适用 3 类（压力—状态—响应）分值的加权综合定级。

（4）评价标准的参考值不同。OSPA – COMPP 使用区域专属的背景值作为评价标准，即不同的区域分别有不同的背景值；ASSETS 则使用统一的评价标准。

此外，这两种评价方法既有其各自的优点，也存在一些不足。OSPA – COMPP 使用区域专属的背景值作为评价标准是其优点，因为这样可以比较准确地区分人为影响和自然变化，充分体现了富营养化问题的人为性；但这同时也是其主要缺点之一，因为区域专属背景值的确定是一个非常复杂的过程，需要较长时间序列的资料，尤其是早期的资料以及深入、细致地科学研究，而且，目前尚缺乏统一的操作程序，因而其可操作性较差；另外，OSPA – COMPP 只有 3 个最终级别，且未考察描述症状的数据资料的时空代表性（如空间覆盖率，持续时间，频率等）。ASSETS 则可使用统一的评价标准，且具备较完善的一系列分值计算方法和公式，具有较好的可操作性。然而，其对人为影响（即压力）的评价以及考查河口中人为的无机氮（DIN）浓度比率，及把河流输入通量通通视为人为影响的结果，而忽略河流的自然背景值（王保栋，2006）。

另外，值得特别提出的是，近年，我国一些学者开展了利用海洋微藻生理生化指标指示海水富营养化状况研究，如陈鸣渊（2006）通过中肋骨条藻对 N、P 的响应研究，提出单细胞中的叶绿素 a、RNA/DNA 比值和碱性磷酸盐的活性三个指标，既能反映环境中的营养盐的衰减，又能体现生物的变化，可能可以更准确地评价富营养化。这是今后重要的研究方向。

2）河口、海湾富营养化状况分析

目前关于对东海河口、海湾的富营养化状况评价，主要是利用综合指数法进行评价，而其中绝大多数都是使用富营养化指数法进行。如，叶仙森等（2000）利用富营养化指数法对长江口海域富营养化状况评价结果指出，该海域平均营养指数高达15.5，处于严重的富营养化状态。张传松等（2003）根据调查资料，应用富营养化指数法对整个东海赤潮高发区进行了评价，指出东海的大部分海域，特别是123°E以西海域均处于富营养化状态。朱建荣等（2005）也应用富营养化指数法对长江口及其邻近海域进行了富营养化评价，指出长江口及其邻近海域已经普遍处于富营养化状态，近岸水体的富营养化程度很高，外海海域相对较低。全为民等（2005）根据2000—2002年5月、8月共6个航次对长江口及其邻近水域富营养参数调查资料，采用有机污染指数（*A*值）和富营养化指数（*E*值）等评价法，分析研究了其富营养化现状及其变化趋势，发现使用有机污染指数法和富营养化指数法评价结果颇为一致，*A*值与*E*值之间呈明显的正相关，相关系数为0.83，发现60%调查水域氮磷污染严重，达到富营养化水平，20%水域处于中等污染（中度富营养水平），20%水域受氮、磷轻度污染，其程度呈现从西向东，从北向南逐渐降低分布趋势。另外，章守宇等（2001）运用模糊集合论中的权距离概念结合隶属度的模糊评价法，对浙江北部近海（包括杭州湾、长江口南部）的富营养化评估结果表明，浙江北部近海的76.6%调查海域处于中营养和中富营养状态之间，低于中营养和高于中富营养状态的分别占16.6%和6.7%。评价指标为COD、总无机氮、活性磷酸盐和叶绿素a，评价标准分为贫营养（I）、贫中营养（II）、中营养（III）（COD、TN、P和Chla分别为2.0 mg/L，0.635 mg/L，0.021 mg/L，0.739 mg/L）、中富营养（IV）（COD、TN、P和Chla分别为3.0 mg/L，1.21 mg/L，0.035 mg/L，2.00 mg/L）、富营养（V）（COD、TN、P和Chla分别为4.5 mg/L，2.14 mg/L，0.054 mg/L，5.46 mg/L），但文中所应用的指标参数没有说明调查的年、月以及测定方法，很难评价其方法的适用性。

在海湾富营养化评价方面，章守宇等（2001）也应用营养状态指数法对杭州湾富营养化评价结果认为，该湾属于典型富营养化海湾，其营养状态指数由近岸向外海递减，COD、DIN和DIP在杭州湾富营养状态指数的构成比例中分别占64.3%，34.6%和1.1%，COD起决定作用。秦铭俐等（2009）根据2007年4月、8月调查结果并结合2004年至2006年调查资料进行分析和评价，也认为杭州湾已处于严重的富营养化状态，丰水期、枯水期平均富营养化指数分别为21.7和15.3。富营养化状态指数中DIN占优势，其次为COD。

近年，宁修仁等（2002，2003）也应用富营养指数法分别评价了象山湾、乐清湾和三门湾等水体富营养状况，结果指出，象山湾，春、夏、秋、冬四季富营养化评价指数E值分别为2.05，2.78，7.90和10.14，均超过富营养化的阈值，尤其是冬季*E*值为该阈值的10倍，属重富营养化海湾。乐清湾春、夏、秋、冬四季表层*E*值均大大超过富营养化的阈值，属重富营养化海湾，表明这些海湾的水质已不能满足海洋功能区的要求，严重影响这些海湾海水养殖业的可持续发展（宁修仁，2003；徐国绛等，2009），而三门湾冬季表层、底层平均营养状态指数值在1.3～3.7，虽呈富营养化状态，但富营养化程度相续较低。

从以上研究可以看出，对长江口和海湾富营养化评价模型和方法尚停留在以营养盐为基础的第一代评价体系，即根据无机氮、无机磷、COD和叶绿素浓度计算富营养化指数的各种数学公式。这一现状已不适应于长江口富营养化问题的科学研究和管理的需求。因此，需要应用最新的以富营养化症状为基础的第二代富营养化评价模式，对长江口的富营养化状况进行评价，是十分必要和有意义的。

2006年，王保栋等率先应用欧盟的综合评价法，利用1958—2003年长江口生物、化学调查资料进行评价，结果示于表10.16。结果表明，长江向长江口海域输送总氮和总磷能量持续增大，长江口及其邻近海域无机氮浓度持续增高而硅浓度持续下降，并由此导致N/P/Si比值的显著变化；该海域叶绿素a浓度持续增大，浮游植物群落结构也发生了显著变化；该海域底栖生物种类和生物量都大大减少，底层水低氧面积也显著扩大；该海域赤潮事件无论是规模还是频率都大大增加，藻类毒素DSP/PSP贻贝传染事件也时有发生。综合以上4类评价因子的评价结果得出结论：长江口及其邻近海域属于富营养化“问题海域”，即有充分证据表明，人为的富营养化已经对长江口及其邻近海域的海洋生态系统造成不良干扰。

表10.16 河口区和海水区富营养化评价参数和评价结果汇总

类别	评价因子	评价标准	本底值（1959—1962年）	现状值（1997—2003年）	增长率	评价结果
Ⅰ类：营养盐过富程度（致害原因）	长江TN、TP浓度/（mg/L）	高出本底值50%以上	TN：0.84±0.13	TN：1.9±0.3	+126%	+
			TP：0.06±0.01	TP：0.14±0.05	+133%	+
	评价海域冬季DIN和DIP浓度/（μmol/L）	高出本底值50%以上	S<30：N：19.4±5.3	S<30：N：36.0±12.5	+85%	+
			P：0.86±0.25	P：0.71±0.1	-18%	-
			（Si：64.3±18.6）	（Si：28.6±11.1）	-56%	+
			S<30：N：9.1±4.8	S<30：N：7.7±2.6	-16%	-
			P：0.69±0.22	P：0.46±0.11	-33%	-
			（Si：29.1±10.0）	（Si：9.0±4.6）	-69%	+
	冬季N/P比值	N/P>25	S<30：22.5	S<30：50.7	+125%	+
			S>30：13.3	S>30：16.7	+26%	-
	冬季Si/N比值	Si/N<1	S<30：3.3	S<30：0.79	-76%	+
			S>30：3.2	S>30：1.2	-63%	+
Ⅱ类：富营养化的直接效应（生长期4—10月）	叶绿素a平均浓度/（μg/L）	高出本底值50%以上	S<30：2.1±0.3*	S<30：4.2±4.0	+100%	+
			S>30：0.4±0.1*	S>30：2.4±4.0	+500%	+
	浮游植物指示种	水平增加（和持续期延长）	甲藻	甲藻	水平增加	+
	大型植物	种类改变	无观测资料	无观测资料	/	/
Ⅲ类：富营养化的间接效应（生长期4—10月）	缺氧程度	含量降低**	DO<2（mg/L）面积3 500 km^2	DO<2（mg/L）面积13 700 km^2	+290%	+
	底栖动物改变/死亡		总种数：320种	总种数：19种	-94%	+
			总生物量：40（g/m^2）	总生物量：5.7（g/m^2）	-86%	
Ⅳ类：富营养化产生的其他效应	赤潮	是否观测到	<1次/a	30次/a	频率剧增	+
	藻毒贻贝传染事件	是否观测到	无	时有发生	频率剧增	+

注：“+”表示趋势增加/水平提高/墨迹或改变；“-”表示否，“/”表示无信息；*指20世纪80年代平均值；**指底层水缺氧程度级别降低或面积扩大（<2 mg/L为贫氧，3~5 mg/L为生物胁迫，5~6 mg/L为不足）。

引自（王保栋等，2006）。

由表 10.16 中的评价结果可以看出，对长江口及其邻近海域营养盐过富程度、富营养化的直接效应、间接效应以及可能产生的其他效应四类评价因子的评价结果为“趋势增加/水平提高/转变或改变/观测到”。根据“综合评价法”的综合分级别标准，将长江口河口区和海水区均判定为富营养化“问题海域”。另外，在评价过程中发现了一些数据方面的缺陷，如缺乏长江口大型藻类的调查资料。因此，建议今后加强对长江口大型植物和有关评价参数的调查研究。

最近几年，王保栋及其课题组又将美国的 ASSETS 方法应用于我国主要河口和海湾的富营养化状况评价。先后对我国北起黄河口南至珠江口等 9 个典型河口（黄河口、长江口、珠江口）、海湾（桑沟湾、胶州湾、黄墩港、三门湾、厦门湾、大亚湾）的富营养化状况进行了评价，取得了初步效果（图 10.6，表 10.17）。

●优●良●中●差●劣

图 10.6　我国部分典型海域富营养化综合评价（引自王保栋未公开发表的资料）

左：富营养化压力，中：富营养化症状，右：富营养化程度总体评价

表 10.17　长江口海域富营养化现状评价结果汇总

<table>
<tr><th>指标类别</th><th>方法</th><th>参数</th><th>参数得分</th><th>症状级别</th><th>得分/级别</th></tr>
<tr><td>总人为影响（OHI）</td><td>DIN</td><td>DIN</td><td>0.89</td><td>1/高</td><td>1/高</td></tr>
<tr><td rowspan="6">总富营养化状况（OEC）</td><td rowspan="3">初级症状</td><td>叶绿素 a</td><td>0.5</td><td>0.5/中</td><td rowspan="6">1/高</td></tr>
<tr><td>附生植物</td><td>未知</td><td rowspan="2">不纳入评价</td></tr>
<tr><td>大型藻类</td><td>未知</td></tr>
<tr><td rowspan="3">次级症状</td><td>底层溶解氧</td><td>0.5</td><td rowspan="3">1/高</td></tr>
<tr><td>底栖植被</td><td>未知</td></tr>
<tr><td>赤潮情况</td><td>1/高</td></tr>
</table>

续表 10.17

指标类别	方法	参数	参数得分	症状级别	得分/级别
未来前景展望（DFO）	敏感度	稀释潜力	中	中	1/高度恶化
		冲刷潜力	中		
	未来营养盐压力	营养盐输入变化情况	营养盐压力增大	营养盐压力增大	
总富营养化状况级别：劣					

引自：王保栋，2007

新近，俞志明和沈志良等（2011）根据承担完成的国家重点基金项目<长江口水域富营养化特性及对策研究>和中国科学院知识创新工程重要方向项目《长江口水域富营养化关键过程与机制研究》连续10年，每年四个季度对长江口口门内外环境因素和生物因素（浮游植物等）调查结果，结合历史调查资料，比较系统深入地研究了长江口富营养化的现状、特性、形成的关键过程和机制，对比研究了第一代、第二代富营养化评价方法和应用，建立了适用于我国河口类型的富营养化评价模型，提出了长江口富营养化宏观调控机理和对策等，取得了具有重要的科学意义和参考价值的成果，并总结编写《长江口水域富营养化》专著，现已经出版。这对促进我国今后近海富营养化研究和发展将起重要作用。

10.3.1.2 富营养化的生态影响

大量研究表明，近海富营养化的危害主要表现为：促进浮游植物、细菌的异常增殖，导致水体中的悬浮物增加，透明度降低；死亡的藻类分解释放，使水体的pH上升，产生有异味的有机物质；影响水体的溶解氧，造成底层水缺氧或无氧，破坏生境导致质量退化。更重要的是，过量的营养盐能破坏藻类生态平衡，导致藻类多样性降低，有益物种减少，有害赤潮生物种异常增殖，引发赤潮，并通过有毒赤潮种释放毒素，危害生物安全和人体健康，同时，富营养化还会影响不同生态类群生物的生长，影响其种类组成，对整个海洋生态系统造成严重影响（图10.7）。

近年，随着危害研究的不断深入，人们发现河口—近海生态系统对过富（Nutrient enrichment）的响应具有更为显著的系统属性差别和更为复杂的直接和间接响应（图10.8）。这些对营养盐过富的初级的、直接的响应还可以引起更复杂的次级、间接响应的变化，如水体透明度，锥管植物的分布和丰度，浮游和底栖无脊椎动物的生物量、群落组成、生长和再生产速率，鱼类和无脊椎动物的自然生境及其灾难性干扰造成的动物大规模死亡，沉积物中有机碳的输入导致氧化还原状态以及沉积物的生物地球化学的改变，关键生态功能（如初级生产）季节模式的改变，等等。可见，人为富营养化的危害和其他海洋环境灾害一样，具有巨大的破坏性和衰退效应，切不可小视。

1）对浮游植物生长的影响

海洋中的光合作用包括浮游植物、底栖微藻、底栖大型藻、种子植物以及与珊瑚等共生的藻细胞。其中，浮游植物的生产力占所有海洋生产力的95%左右（Nybakken，1997）。浮游植物作为海洋中最主要的初级生产者，是物质和能量进入海洋食物链的入口，其生存状况受到某种或某些环境因素的制约。这些环境因素可以分为生物因素（如捕食、竞争、寄生等）

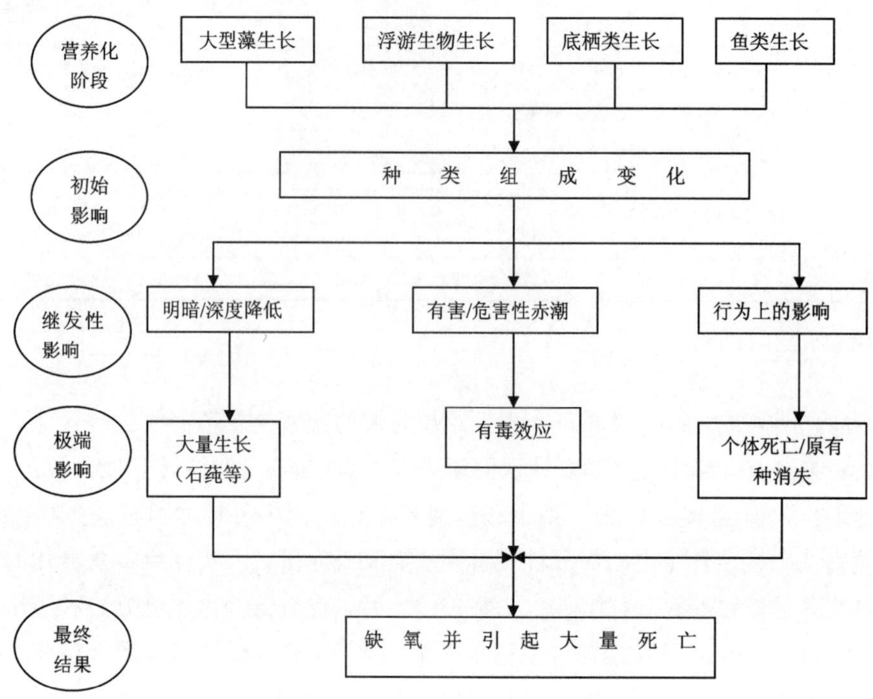

图 10.7　富营养化对海洋生态系统影响模型（引自 Gray，1992）

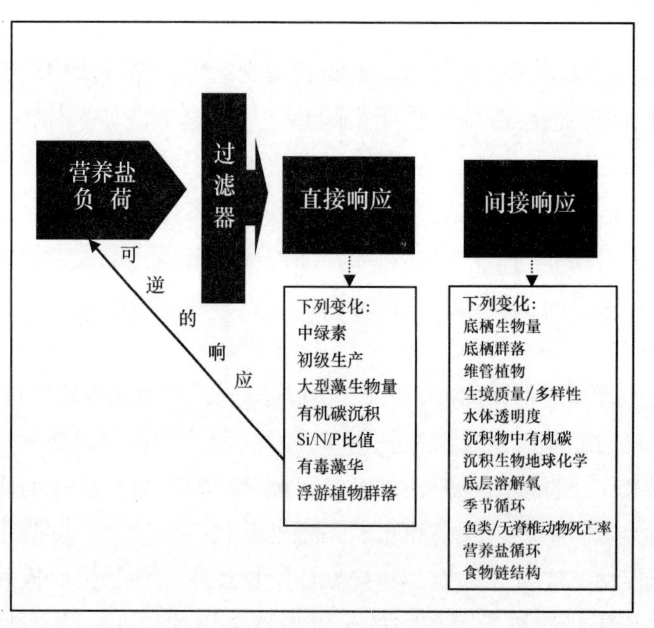

图 10.8　第二代河口及沿岸富营养化生态系统效应模型示意图（Cloern，2001）

和非生物因素（如温度、辐射、压力、pH 值、盐度、海流、营养盐等）。其中，营养盐可分为主要营养盐（碳、氮、磷、硫、硅）和微量营养盐（各种金属、维生素、激素等）。在这些环境因子中，对浮游植物的生长和繁殖影响最大就是其生长的限制因子。营养的限制因子则是对浮游植物的生长、生理、形态、行为影响程度最大的某一种营养盐。

浮游植物的生长可能受营养盐限制，营养盐的限制作用主要体现在两个方面：一方面是营养盐浓度很低，限制了浮游植物的生长，另一方面是营养盐之间的比例关系和浮游植物的吸收比例不一致而导致某种或某几种营养盐对浮游植物的生长起限制作用。

Justic 等（1995）建立了评估海水每一种营养盐化学计量的限制标准，即：若 Si/P > 22 和 DIN/P > 22 则可能受到溶解无机磷的限制；若 DIN/P < 10 和 Si/DIN > 1 则可能受到溶解无机氮的限制；若 Si/P < 10 和 Si/DIN < 1 则可能受到溶解无机硅的限制。

但根据化学计量计算出浮游植物受某种因子限制，实际上还要通过比较环境营养盐浓度与可能限制营养盐吸收的浓度后才能确定。根据营养盐吸收动力学研究，Si = 2 μmol/L，DIN = 1 μmol/L，P = 0. 1 μmol/L 可作为浮游硅藻生长的最低阀值（Nelson et al. , 1990）。

（1）N、P 的生长限制

如果没有其他因子的限制，如光照、温度等，并且在环境中可供浮游植物吸收的无机氮和无机磷比值接近 16，浮游植物就有合适的生长条件，在这种情况下，营养盐就能被浮游植物充分合理的利用，因为环境中的 N/P 比接近细胞中的比例（Redfield et al. , 1963）。在贫营养的海洋环境中，浮游植物的种群生物量随营养盐的增加而增加（Smith，1984；Graneli et al. , 1990）。同时，直接测定的 C/N/P 值接近 Redifeld 值（Redifeld，1958），这表明浮游植物的生长率接近最大值。自然海区浮游植物群落生长率也能适应不同的营养盐，并接近潜在的最大值（Laws et al. , 1984）。

现有研究表明，N 往往是海洋生态系统中浮游植物生长的限制因子（Oviatt et al. , 1995），而 P 却在淡水生态系统中扮演重要角色（Schindler，1974）。

东海所在的厦门湾的围隔实验表明，该海域浮游植物的生长受磷限制，而不是氮。因为实验开始时的 N/P 比约为 80∶1，这高出正常值的 5 倍。中国沿海的其他河口区其 N/P 值在 30∶1 ~ 80∶1 之间（Harrison，1990）。这主要与中国沿海有几条大的河流入海有关，每年都能带入大量的营养盐入海。

我国台湾省海域的无机氮浓度小于 5 μmol/L，无机磷浓度小于 0. 6 μmol/L，N/P 比小于 10（Hung 和 Tsai，1980；Hung et al. , 1982，1986），同时香港海域的 N/P 值也小于 10，表明 N 是台湾和香港海域初级生产力的限制因子（Wear et al. , 1984；Chiu et al. , 1985）。

（2）Si 的生长限制

Officer 和 Ryther（1980）认为，改变海洋中营养盐的组成，可以影响海洋浮游植物的群落组成。而 Si 在限制藻类生长和调节群落结构的研究中受到越来越多的重视。硅藻和一些甲藻的生长需要 Si，其余的藻类不需要 Si，因此，Si 对硅藻的生长就有潜在的限制作用。Hecky 和 Kilham（1988）认为硅不能限制浮游植物的总生物量，不会对整个浮游植物群落产生影响，但可以调节浮游植物的群落组成。硅藻大多是良好的饵料藻，当 Si 缺乏时受到限制，而使其他的藻类获益，因此，Si 在调节浮游植物的群落组成方面发挥重要的作用。在中北海地区最近的几十年间，N、P 的含量有显著的增加，而 Si 的含量却维持原状甚至降低，而在同期，甲藻的含量却得到显著的增加，硅藻含量不变甚至降低（Smayda，1990）。Egge（1992）用围隔实验研究 Si 对浮游植物群落组成的影响，表明只要 Si 的浓度高于 2 μmol/L，硅藻就是优势种。

硅酸盐一般在海洋环境中有较大量的存在，对赤潮生物的数量影响不大，但硅酸盐在浮游植物群落由硅藻型向鞭毛藻型演变的过程中发挥了重要的作用。海水中的硅酸盐含量，制约着硅藻这一优势种的可能持续时间。Parsons（1978）应用可控生态实验系统研究了浮游植物群落演替的过程，发现在实验初期，硅酸盐浓度较高，这时硅藻迅速繁殖，形成优势种；随后，硅酸盐的大量消耗导致浓度降低，硅藻这一优势群落逐渐被鞭毛藻类群所取代。

2）对赤潮形成与种群演替的影响

赤潮是伴随富营养化形成而出现的一个普遍现象。赤潮在某些海岸地区的暴发频率和强度可以看做是这个海区富营养化的良好指示。在长江口及其邻近海域，夜光藻赤潮的首次纪录是在20世纪30年代。此后，关于赤潮没有任何记录，直到1972年报道的束毛藻（*Trichodesmium* spp.）赤潮的发生（Chen，1982）。然而，从20世纪80年代到2000年，随着中国经济的迅猛发展，赤潮暴发的频率猛烈增长（图10.9）。从2001—2005年，中国海洋环境质量公报显示，在东海每年大约有30～80起赤潮事件记录（国家海洋局，2005）。长江口和浙江省沿海地区的赤潮大部分通常在5—6月份暴发。

2000年，在长江口和邻近海域发生了由东海原甲藻（同名于该海域中的*P. dentatem*）引起的大规模赤潮（Wang, 2002）。此后，每年的同一季节和相同的海域时有暴发同样规模的东海原甲藻赤潮。据周名江等（2008）报道，从2002年开始，据每年调查航次发现，在2004年和2005年暴发的大规模赤潮可从长江口一直延续到福建省沿岸海域，涉及面积达10 000 km^2（图10.8）。其间，东海原甲藻细胞密度每升可高达10^7～10^8个。除东海原甲藻外，其他藻如中肋骨条藻，米氏凯伦藻，亚历山大藻，夜光藻和锥状斯氏藻也在不同的时段和不同的区域达到了极高的密度。这种大规模赤潮暴发事件通常可持续大约1个月时间，即从4月下旬持续到6月上旬。

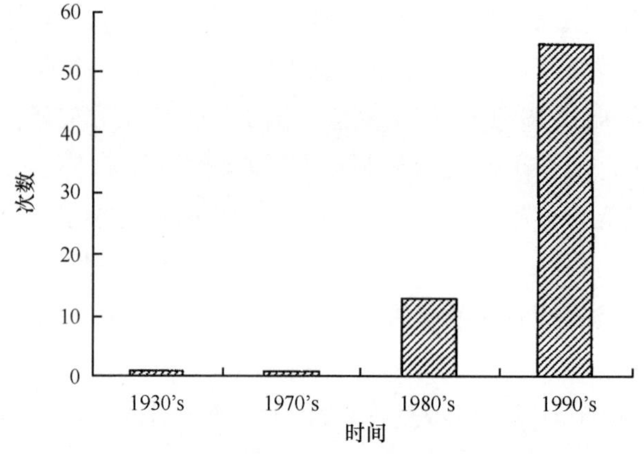

图10.9 1930—1990年长江口及其邻近海域赤潮发生次数

引自周名江等，2008

从20世纪80年代起，在长江口及邻近海域就有赤潮原因种明显演替的现象（Ye and Huang, 2003）。从20世纪80年代到90年代，典型的赤潮原因种是中肋骨条藻和捕食中肋骨条藻的异养型夜光藻。但是，到了90年代后期，典型的赤潮原因种就演变成了鞭毛藻，包括随同夜光藻一起的东海原甲藻，米氏凯伦藻，亚历山大藻。这种赤潮原因种的演变是由长江所输入的N的增加造成的高N/P比及P限制的结果（周名江等，2008）。Egge（1998）报道说，水域中发生的有害鞭毛藻赤潮就是高N/P比和P缺乏的表现。

通过模拟实验，Egge（1998）证实在营养盐限制不存在时，硅藻在生长季节前期大量增生，而其他藻则在一些营养盐比如Si消耗掉以后才开始生长起来。但是，在长江口及其邻近海域，硅酸盐限制并没有出现（Wang et al.，2003）。但当磷酸盐浓度降低时，鞭毛藻东海原甲藻就可以在中肋骨条藻的竞争中占据优势地位，这也验证了东海模拟实验的结果（Li et al.，2003）。实验发现，海水中当P的浓度低于0.3 μM时，中肋骨条藻的生长受到限制（Li

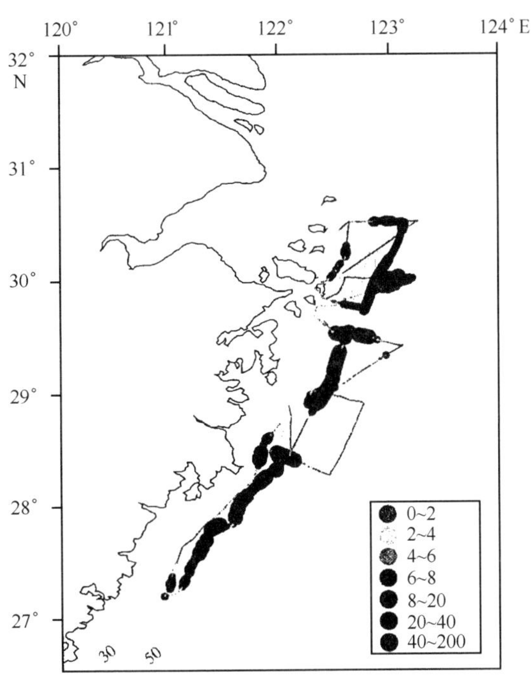

图 10.10 长江口及其邻近海域大规模东海原甲藻赤潮的空间分布
引自周名江等，2008

et al.，2003)。2005 年航次调查中，在硅藻赤潮暴发后不久，磷酸盐的浓度降低到大约 0.2 μM，表层水的 N/P 比升高到 30～90，这证明海水中硅藻的生长受到低浓度磷酸盐的影响。在这种情形下，适应于低磷酸盐浓度生长的鞭毛藻就可以利用原先硅藻赤潮留下的“过剩 N”来进行增殖扩散从而形成大规模赤潮。在 2005 年航次中，就发现了此种形式的赤潮演替，即中肋骨条藻赤潮过后出现了大规模的东海原甲藻和米氏凯伦藻赤潮。因此，P 限制和由长江口及其邻近海域输入的越来越多的 N 产生的“过剩 N”共同推动了春季鞭毛藻赤潮的大规模暴发，并引起了主要赤潮原因种由硅藻向鞭毛藻的转变。但是，这些鞭毛藻类能够在磷酸盐浓度较低时生长的机制还有待进一步的研究。鞭毛藻类能够在磷酸盐浓度较低的情况下繁盛生长的原因可能包括其固有的对磷酸盐的高吸收量，及其通过碱性磷化物利用磷化合物的能力（Huang et al.，2005）。某些鞭毛藻的混合营养及垂直运动能力也可能是其暴发赤潮的重要因素。另外，徐姆楠等（2007），以浙江 1997 年至 2004 年赤潮调查统计资料为基础，采用灰色系统关联分析法研究了赤潮发生频率与人类活动引起的营养盐输入的关系，结果表明，各相关因子对赤潮发生频率影响的关联序为：海水养殖产量（0.703）>海水养殖面积（0.699）>工业废水（0.689）>生活污水（0.688）>生活 COD（0.679）>总悬浮颗粒物（0.675）>工业 COD（0.672）>降雨量（0.671）>粉尘（0.669）>烟尘（0.668）。认为赤潮发生与人类活动关系密切，其中，海水养殖自身污染是浙江近岸海域赤潮发生频率高的主要原因。陆源和大气湿沉降也起着重要作用。

3）对浮游生态系统结构与功能的影响

（1）对浮游植物群落的影响

现场试验和模拟试验两项都表明营养盐输入的改变，会导致浮游植物丰度和群落结构的变化（Domingues et al.，2005；Furnas et al.，2005；Paerl，2006）。尽管如此，但是由于缺乏长期的数据资料，要确认浮游植物群落对长江口和邻近海域营养盐输入增加的特定响应仍是困难的。

据周名江等（2008）报道，夏季长江口和邻近海域中的浮游植物现存量，以 Chla 表示，在过去的 20 年中呈增加的趋势（表 10.18）。这些数据来自于同一个区域，即淡水锋面的前部。此区域中，营养盐输入的增加可能是导致 Chla 增加的一个原因。但是，尚需要更多的数据来确定营养盐输入及浮游植物丰度对此响应的一个明确的关联。

表 10.18　长江口及邻近海域水体中 20 年来 Chla 浓度趋势

时间	位置	最大 Chla 浓度 /（mg/m^3）	平均 Chla 浓度 /（mg/m^3）	参考文献
1984－08	28°～32°N，124°E	6.6	－	Ning et al.（1986）
1988－08	30°30′～31°50′N，124°30′E	13.0	－	Shen and Hu（1995）
1995－09	30°30′～31°30′N 121°30′～123°38′E	13.8	2.80	Liu et al.（2001）
2002－08	29°00′～32°00′N 122°00′～123°30′E	24.2	3.94	Zhou et al.（2003b）

资料来源：周名江等，2008。

过去的几年中，春末季节，在长江口沿岸水体和浙江省沿海地区水体中，从暴发的大规模赤潮中可以明显看出浮游植物现存量的增加（Zhou and Zhu，2006）。

此区域中浮游植物群落对营养盐输入改变的另一个响应就是，伴随着鞭毛藻出现增加的趋势，其硅藻的数量在相对减少。对前期数据的再次分析表明，硅藻类在长江口及邻近海域中所占比例，由 20 世纪 80 年代中 85% 下降到了 2002 年的 64%（表 10.19）。更值得注意的是，春季末期，大规模赤潮暴发期间，鞭毛藻类以细胞密度计算的话，其可以达到 99% 之多（周名江等，2008）。据报道（Smayda，1990）全球性随着沿岸水体和内海水体中营养盐的富营养化，非硅藻浮游植物赤潮呈增加的趋势。在非限制性条件下，作为一种生长速度快的种类，硅藻类很容易成为优势种。但是，据 Egg（1998）论证，相比于鞭毛藻类，硅藻很容易受到磷限制的影响。Egg 提出，高磷满足了硅藻类生长的需求，但鞭毛藻类对高磷的高效吸收，是这类硅藻生长受其营养限制重要原因（Egg，1998）。许多学者同时指出高 N/P 比和磷限制是春季长江口及其邻近海域水体的特征（Wong et al.，1998；Pu et al.，2001；Ning et al.，2004）。然而，长江海域高 N/P 比是源于其氮输入的增多，这或许也是影响硅藻类相对数量的一个可能原因。

表 10.19　近 20 年长江口及其邻近海域硅藻所占比重的年际变化

时间	地点	硅藻所占比重	参考文献
1984	30°00′～32°10′N，121°21′24″～124°00′E	85	Wang（2002a）
1985－01—1986－10	30°20′～32°00′N，121°10′～124°00′E	80	Guo and Yang（1992）
1996－08—09	31°10′～31°55′N，121°10′～122°15′E	63	
Shen et al.，1995			
1996－09	31°00′～31°30′N，121°30′～122°34′E	56	Xu et al.，1999
1998－05—1999－02，03，08	30°00′～32°10′N，121°21′～124°00′E	64	Wang（2002）
2003－03			

资料来源：周名江等，2008。

在中国的其他大型江河口中也发现了磷酸盐限制和高 N/P 比的状况，例如黄河口和珠江口（Zhang et al., 1999；Yin et al., 2001），其主要归根于江河输入的大量 N。然而，在这些江河口中浮游植物群落对营养盐结构长时间改变的响应资料在文献中并不多。这说明，近年来在渤海中，硅藻被鞭毛藻取代是浮游植物群落改变的表现特征，这与 N/P 比的不断升高和 Si/N 比的持续下降有很大关联（Wei et al., 2004）。在珠江流域中，同样认为 P 限制和 Si 消耗殆尽可能导致鞭毛藻或生长不需 Si 的其他种类（Yin et al., 2000）。

根据国家海洋局于 1976—2000 年的对渤海黄河口横断面的季节性调查，证实了浮游植物群落营养盐浓度和结构的长期改变的响应（Lin et al., 2005）。硅藻所占的比例由 1986 年的 88.9%降低到 1998 年的 69.5%，而鞭毛藻则由 11.1%上升到 30.5%。种类转变的主要原因被认为是基于 P 或 N 限制，而造成 P、N 限制则是由于 DIN 浓度和 P、Si 浓度的增加。与此同时，在此区域中发现了浮游植物现存量和生产力持续增长的趋势，在很大程度上也是由 P 限制的影响（Lin et al., 2005）。但是，在渤海的这种趋势，与我们在长江口及邻近海域中所观测的并不相同，此处高生物量的赤潮/有害藻华已成为春末季节一个重要的现象。

（2）对浮游生态系统结构的影响

组成浮游生态系统中浮游动植物在正常情况下都处于相对平衡的状态，但当水质受到氮磷污染而呈富营养状态时，正常的生态平衡就会被打乱。一些生物种类显著增加而某些种类则明显减少，物种的多样性显著降低，从而破坏生态平衡。

国外一些学者对北海 German Bight 湾和波罗的海的富营养化问题进行了比较系统的研究，主要研究富营养化对浮游生物群落结构的影响。在 German Bight 湾，由于受 Elbe 河的影响，氮磷比（N/P）季节变化较大，春季 N/P 超过 30，如此高的 N/P 有利于硅藻取得竞争优势，而低的 N/P 有利于鞭毛藻取得竞争优势（Radachm 1990）。而在 1997 年，Koester 对波罗的海南部的 Bodden 湾研究发现，从湾外到湾内存在明显的富营养化梯度，叶绿素 a、有机碳、有机氮以及细菌的生物量都随营养盐的增加有显著的增加趋势。Hillbrand（2000）在波罗的海西部海域进行富营养化对硅藻多样性的影响进行了研究，认为富营养化降低硅藻类的多样性。

利用围隔实验研究富营养化对海洋浮游生态系统的影响，能很好地反映出浮游生态系统的变化。一些研究表明，围隔中增加无机氮和无机磷会提高浮游植物叶绿素 a 的含量和初级生产力水平（蔡子平等，1991；吕瑞华，2000），促进浮游植物生长、繁殖并形成水华，群落演替加速，改变浮游植物群落结构，甚至引起位于较高营养级的浮游动物生物量和群落结构的变化（林昱等，1994；Vander，1994）。富营养化还会导致浮游生态系中颗粒有机碳（POC）、颗粒氮（PN）和总悬浮颗粒物（TPM）的增加，引起细菌数量和生产力的增加，同时影响底栖生物群落的种类组成（Vander，1994；Help，1995）。

富营养条件下，围隔中浮游植物演替顺序与初始优势种有关（林昱等，1994），中日合作项目在长江口的秋季加磷围隔实验中，初始优势种为硅藻，在富营养条件下先形成硅藻水华，然后出现甲藻水华（Watanabe 和 Zhu，1999）。但是，春季在同一海区的加磷围隔实验却相反，由于初始优势种是甲藻，先形成甲藻水华，然后才演替为硅藻水华（Watanabe 和 Zhu，1999）。

在营养盐丰富的水体中，繁殖速率高的硅藻易成为优势种；当营养盐缺乏时，对营养盐利用能力强的甲藻就会成长为优势种（陈慈美，1990）。在荷兰近海春季藻华期间进行的N/P浓度为 16、32、64 和 128 的围隔实验表明，磷输入的减少即 N/P 升高会引起初级生产力相应的下降，更加适合硅藻成为优势种，而当由磷限制转向硅限制时，优势种由硅藻演替为甲藻

（Escaravage，1996）。而 Escaravage（1999）在陆基围隔实验中，研究了浮游植物群落对氮输入减少即降低 N/P 值响应，当硅藻（主要是菱形藻 *Nitz. Delicatissima*）的生长受到硅限制时，鞭毛藻成了优势种，在实验的最后一星期，当氮成为限制因子时，棕囊藻（*Phaeocystis* sp.）即在鞭毛藻类群中数量上占优势，其丰度大于高氮的围隔。在另外一个围隔中，当硅藻水华因硅的限制而崩溃时，受氮限制的棕囊藻迅速繁殖，成为鞭毛藻群落的优势种，第二次硅藻赤潮，主要是丹麦细柱藻（*Leptocylindrus danicus*）发生的同时，棕囊藻藻华即崩溃，这充分说明富营养化造成的营养盐改变和种类演替的相关性。此外，浮游植物的演替顺序还与海水中水温、盐度、光照和水体稳定性等因子有关（唐森铭，1993；林昱，1994）。

另外一些研究也表明，硅藻藻华由于营养盐耗尽而结束后，鞭毛藻迅速成为浮游植物群落的优势种（Keller & Riebesell，1989）。在日本濑户内海利用直径 5m，水深 18m 的围隔进行的夏季富营养化实验研究表明，硅的耗尽导致大型硅藻优势种被小型硅藻和鞭毛藻取代；在表层 N 和 P 耗尽后，营养盐跃层以下的 N 和 P 被鞭毛藻利用使其成为优势种（Harad，1996）。在挪威 Raunef jorden 海域进行添加 N、P 的围隔实验表明，由于硅的耗尽，鞭毛藻取代硅藻优势种（中肋骨条藻）而成为优势种，同时，由于微型浮游动物控制了鞭毛藻的生长，叶绿素 a 和初级生产力并没有得到明显的增加（Jaclbsen，1995），显然，N、P 的增加并没有增加叶绿素 a 含量和初级生产力水平，而是改变了浮游植物群落的种类组成。

（3）对浮游生态系统功能的影响

富营养化对海洋浮游生态系统能量流动的影响主要体现在浮游植物—中型浮游动物的传统食物链和溶解有机物（DOM）—细菌—原生动物—中型浮游动物的微生物环上。富营养化改变了传统食物链和微生物环的能量负荷，引起了高营养级生物资源（鱼、虾、贝）的变化（Smetacek，1991）。在美国长岛湾进行的研究表明，富营养化将引起浮游生物食物网的改变，自然海水中氮富营养提高了在传统食物链和微生物环的能量负荷，特别是增加微生物环的能量流动并导致缺氧环境的出现和鱼类补充量的减少（Caprialo，1996）。

目前，关于富营养化对细菌、鞭毛藻和原生动物影响的研究很少，尤其是对关键生态过程的研究更少，如浮游动物对原生动物和细菌的摄食以及原生动物对细菌的摄食。国外的研究重点已转向了微生物环，侧重于生态过程的研究（Brockman，1990l；Koshikawa，1996；Takahashi，1990）。

微生物环对生态系统功能有着重要贡献，因为初级生产力中有相当部分直接以溶解态有机碳（DOC）的形式释放到水中（Sondergaard，1985）。这部分有机碳经自养细菌吸收转化后成为颗粒有机碳（POC），经原生动物进入高层次营养级（Pitta，1995；王荣，1995；焦念志，1995）。浮游细菌、原生动物是微生物环的组成部分（Azam et al.，1983），微生物环对浮游生态系的物质循环起着关键的作用（Weisse 和 Muller，1990）。

在波罗的海，N、P 营养盐的富营养盐化会明显增加浮游植物的生长，去除中型浮游动物（>100 μm）后，原生动物生物量明显增加，浮游植物的初级生产主要被原生动物消耗（Kivi，1993），当有中型浮游动物存在时，原生动物严重地受到浮游动物的食物竞争抑制或被浮游动物摄食（陈尚，1999）。硅富营养化促进微型浮游植物—中型浮游动物传统食物链的发展；硅缺乏抑制传统食物链上的能量传统，促进微生物环的发展。

在氮富营养化水体中，水体扰动有利于维持硅藻的微型浮游植物（nanoplankton）的优势，若水体稳定出现分层则有利于甲藻等超微型浮游植物的竞争优势。前一种情况，富营养化就会分配更多的能量到硅藻—桡足类通道，而后一种情况下更多的能量分流到超微型浮游植物（picoplankton）—原生动物—桡足类通道上（陈尚，1999）。这两条通道输送的能量比例在很大程度上取决于它们的物种组成和颗粒大小，也与水体化学性质和混合程度有关。传统食物链和微生物环的能量负荷比例还与N/P有关。高N/P会维持微型硅藻的优势，桡足类主要摄食硅藻，分配更多的能量到传统食物链上，而且流动到微生物环的能量增加（陈尚，1999）。

我国近岸和近海水域在最近的几十年中已受到营养盐的严重污染，特别是长江口、珠江口海区和浙江沿岸等。富营养化是赤潮形成的物质基础，丰富的营养盐促使浮游植物短期内大量繁殖，形成水华。由于浮游动物的反应较慢，在浮游植物到浮游动物能量通道形成阻塞，大量能量流到微生物环能量通道。由于细菌分解有机物消耗大量氧气，造成水体缺氧，在高温和水体运动缓慢的地方，缺氧就会加剧，并从底层扩展到表层，造成鱼虾贝等生物资源死亡和生态系统破坏。对于健康的生态系统，传统食物链和微生物环的能量负荷比应保持在一定范围，这个比值的显著改变意味着生态系统受到严重的破坏。

10.3.2 石油烃污染的生态影响

石油污染及其危害是全球海洋环境最为严重的环境问题之一，也是国际上最早开展海洋环境污染的内容之一。我国开展石油污染研究始于20世纪70年代初期，为探明南黄海采油的来源及其对海洋生物各个生态类群生物的影响，原国务院环境保护办公室于1973年组织中国科学院海洋研究所、中国海洋大学（原山东海洋学院）、国家海洋局北海分局共同实施完成了我国第一个石油污染专项调查研究项目。东海区开展石油污染调查研究相对较晚，是于1976年东海首次开展的海洋污染综合调查才开始的。

石油类是一种组成和结构都十分复杂的物质，在精炼过程中可分馏出多种产品，对海洋造成污染的主要是原油、各种燃料和润滑油，它们是海洋中最普遍和最容易观察到的污染物质。石油及其各种精炼产品进入海洋环境的主要途径包括：沿海工业含油废水排放、船舶含油废水排放、海上石油开采活动。从20世纪90年代以来，随着世界临海国家防止石油污染管理条例实施和科学研究的深入，业界普遍认识到石油污染对海洋生态环境危害最大的是突发事故的溢油，如油气管泄漏、油轮事故等，一次泄漏的石油量少则数吨，多则数十万吨，它们对生物栖息环境的破坏显而易见。当海上出现这种情况时，大片油膜覆盖于海面上，污染海滩，造成局部“海洋沙漠”化。有人曾计算过，如果1 t原油排入海中，以每小时扩散100～300 m的速度飘散，最终可覆盖12 km^2的海面。这样的污染通常可持续3～12个月。

石油污染的危害是由石油的化学组成、特性及其在海洋里存在形式决定的。其对海洋生态的危害主要表现在以下几个方面：①当海面漂浮油膜时，表层海水的回光辐射性降低，这妨碍浮游植物的光合作用，引起浮游植物数量的减少，对海洋食物链（网）和海洋生态系统造成影响。②由于海面形成油膜，油膜将大气与海面隔开，使空气中的氧气不能进入海水中以及石油类化合物在氧化分解过程中还要消耗大量溶解氧，于是就会引起海水缺氧，导致海洋生物大量死亡。③能使水产品带石油类的异臭、异味而失去食用价值，引起水产品异味、异臭的阀值范围大致是50～100 mg/kg。④石油类所含的烷烃和芳香烃对海洋生物都有毒性，溶解于海水中的脂烃和芳香烃对海洋生物的亚致死浓度为0.01 mg/L。⑤沉积在滩涂和海底的原油与底质混合后，将长期地停留在底中，缓慢释放，毒害底栖性鱼贝类；由石油类中的多环芳烃化合物不但对海洋生物的毒性和危害较高，而且对人类的危害也很大，这些化合物具有致癌、致畸和致害变的性质（是三致物质）。当它们被耐污的藻类吸收后，随着食物链（网）的传递，在贝类、鱼类体内富集，人类摄食了含有“三致物质”的水产品，会在脂肪组织中和肝脏内积累，均影响人体健康。⑥由于鱼虾类对油污有回避反应，在油污染海区内的渔场将会影响渔业生产，降低捕捞量。石油类污染对海洋生物生态影响有直接的也有间接的。

根据近年东海区石油污染的监测结果表明，石油类分布普遍，局部较严重，并呈逐年下降趋势，因此，我们着重从石油类及其衍生物的毒性特别是慢性毒性效应和突发性事故溢油对海洋生物栖息环境和生态的影响进行分析。

10.3.2.1 *石油烃污染的生物毒性效应*

我国关于石油及其衍生物的生物毒性效应研究，早期学者如黄海水产研究所的吴影宽、东海水产研究所陈亚瞿、南海水产研究所的贾小平和中国科学院海洋研究所周名江等主要侧重于石油的急性毒性实验，试验用的石油浓度比较高，而石油类对生物生理生化过程影响的研究于20世纪90年代初中国科学院海洋研究所刘发义等才开始的（刘发义和孙风，1991；沈孔等，1997）。从90年代末开始，厦门大学郑微云等对石油及其多环芳烃三致物质对贝类、鱼类的抗氧化酶等的活性影响进行了较系统深入的研究。

据陈亚瞿等（1993）进行的也门原油对东海的裸甲藻（*Gymnodinium sangvinium*）和鲻鱼生长繁殖的影响实验结果表明，在浓度2.0 mg/L，4.0 mg/L，20.0 mg/L，40 mg/L，200 mg/L，400 mg/L，48小时的生长率分别为0.7，0.66，0.61，0.59，0.38，0.093；半数效应浓度（EC_{50}）为94 mg/L，95%置溶限为89.3～98.7 mg/L；在10～126 mg/L也门原油浓度范围对鲻鱼的24小时LC_{50}值为71.7 mg/L，48小时LC_{50}值为25.3 mg/L，96小时LC_{50}值为8.4 mg/L。而在国内管输原油3.16～15.0 mg/L浓度下，该原油对鲻鱼的24小时LC_{50}值为12.4 mg/L，48小时LC_{50}值为10.7 mg/L，96小时LC_{50}值为6.5 mg/L。对浮游植物、浮游动物、底栖动物和鱼类成体急性中毒致死浓度范围分别为0.1～10 mg/L，0.1～35 mg/L，2.5～15 mg/L，0.8～65 mg/L。另据陈亚瞿、荣佩对20号燃料油对新月菱形藻毒性实验结果表明，低浓度0.032 mg/L的20号燃料油能刺激其生长繁殖，而高浓度320 mg/L却能抑制其繁殖生长。

据郑微云等（1999，2001）进行的0号柴油水溶性对真鲷体脏器组织中还原型谷甘肽含量、抗氧化酶活性的影响实验结果表明，随着污染时间的延长，水溶性成分对真鲷幼体内脏组织还原型谷胱甘肽（GSH）的含量先是诱导然后是抑制（P≤0.1或P≤0.01），而且不同浓度水溶性成分对GSH的诱导量与污染剂量呈负相关，而抑制量则与污染剂量正相关。而不同浓度的水溶性对抗氧化酶活性变化的影响表现为抛物线形剂量效应作用形式；同一剂量组随着污染时间的延长，过氧化物歧化酶（SOD）活力上升，硒谷胱甘肽过氧化物酶（Se－GPx）和过氧化氢酶（Ca）的活力下降，受污染幼体在污染解除之后，其抗氧化酶活性得到不同程度的恢复。另外，郑荣等（2000）根据贝类对石油烃具有很强的富集能力特点在厦门岛及其附近的轮渡码头、杏林湾、同安湾、黄厝等地现场采集牡蛎，研究其全组织石油烃含量与其消化腺、鳃超氧化物歧化酶（SOD）、过氧化氢酶（CAT）活性之间关系，结果指出，牡蛎消化腺SOD、CAT活性高于鳃，牡蛎消化腺和鳃CAT、SOD活性均随石油烃含量的增加而增强，由此得出结论：牡蛎抗氧化酶活性适合作为石油污染的生物标志物（biomorker）。

值得特别提出的是，王重刚等（2001，2001，2002）、马涛等（2001，2001）较系统研究了苯并（a）芘和芘对梭鱼肝脏抗氧化酶活性、超氧化物歧化酶活性、血红蛋白含量和大弹涂鱼肝脏还原型谷胱甘肽含量、抗氧化酶活性、超氧化物歧化酶活性、芳烃羟化酶活性的影响，结果表明在0.1～50 μg/L的苯并（a）芘和芘浓度混合物暴露对梭鱼肝脏谷胱甘肽过氧化酶（GPx）和超氧化物歧化酶（SOD）活性的影响，表现出抑制效应，在暴露过程中，抗氧化酶活性也有出现短暂的诱导，高浓度组出现诱导的时间比低浓度组早，SOD 和 GPx 活性的变化有一定的同步性，CAT 活性在暴露早期出现诱导，抗氧化酶活性的变化间接反映了环境中氧化胁迫的存在。而梭鱼暴露在 0.1，1.0，5.0，10.0，50.0 μg/L 的浓度，14 d 后，血红蛋白含量随暴露时间延长而下降（王刚等，2000 ~ 2001）。同样的，苯并（a）芘对大弹涂鱼肝脏酶的活性影响实验结果表明，在 0.5 mg/L 的 Bap 胁迫下，随暴露时间的长短，大弹涂鱼肝脏 GSH 含量的诱导快速而稳定，而大弹涂鱼肝脏对 Bap 暴露总体上表现为适应性反应，污染解除后，其肝脏 GSH 含量并不会很快降低，可能与细胞内 GSH 含量的复杂调节机制有关。而大弹涂鱼暴露在实验浓度 3d 时，不同 Bap 含量组大弹涂鱼肝脏 SOD 活性无明显差异，而暴露 7d 时，随 Bap 含量的升高，0.5 mg/L Bap 含量组 SOD 活性被显著诱导，并随暴露时间的延长，各含量组肝脏 SOD 的活性均表现出不同程度的下降趋势，污染解除后，0.5 mg/L 含量组 SOD 活性显著升高，表明大弹涂鱼具有较强的生理调节机制，这些结果表明，SOD 有可能作为大弹涂鱼受苯并芘（Bap）胁迫的生物指标（冯涛等，2001）。实验表明，0.05 mg/L 浓度的 Bap 暴露对芳烃羟化酶（AHH）活性无显著影响，而 0.2 mg/L 和 0.5 mg/L 浓度组 AHH 活性则显著被诱导。0.5 mg/L 浓度组暴露 7 d 时，AHH 活性受到一定程度的抑制，污染解除后，0.5 mg/L 浓度组 AHH 活性显著降低，恢复与对照组相近。因而也认为 AHH 适于作为大弹涂鱼受 Bap 胁迫的生物指标。这些成果填补了我国在这个领域的空白，对石油烃及其衍生物污染的防治研究有科学意义和实用价值。

10.3.2.2 石油烃污染的生态影响

进入海洋的石油主要以浮油、溶解油、乳化油、附着油和凝聚态的残余物等形式存在。许多研究表明，石油烃污染对海洋生态的危害分为两类：一类是突发性事故溢油，高浓度油污染造成海洋生物直接中毒死亡，降低生物多样性，破坏海洋生态系统结构；另一类容易被人忽视的威胁，就是长期低浓度油污染的慢性效应造成海洋生态系统平衡失调及其结构与功能的消失，这种危害往往需要经过几十年甚至上百年才能发现。

据有关文献统计，石油烃进入海洋环境中的比例数是：海上船舶运输排放含油废水占 34%，河流径流输入占 26.2%，降雨占 9.8%，自然渗出占 9.8%，工业废水、市政废水、城市污水排放占 49%，沿海炼油厂排放占 3.3%，近海石油生产占 1.3%，其他占 0.9%。其中，突发性的事故溢油可迅速释放大量的石油至局部海区，造成的危害程度要比径流、工业、市政排放的慢性效应要严重得多。

1）石油烃对生物种群生态的影响

非事故溢油进入海洋中的石油烃，除了炼制油，如重柴油等化学毒性大能直接使生物种群中毒死亡外，绝大多数情况是存在于海洋中，逐渐影响生物栖息环境，降低海水沉积环境质量，间接影响生物生存条件。例如，进入水体中的石油量较多时主要以油膜的形式存在。1 吨油任其扩散大的可形成近 12 km^2 范围厚约 0.1 mm 的油膜。油污染发生后，大片油膜切断了水下 60 ~ 90 cm 浮游植物所需要的光和氧。当海中石油达到一定程度时就会影响浮游植物的光合作用和生长繁殖，导致浮游植物种群数量减少，并影响以浮游植物为食的浮游动物的种群数量，甚至影响到更高层次的生物种群生存条件和浮游生态系统安全。存在于海洋中的乳化油、油泥在下沉底质中也会影响底栖生物栖息沉积环境质量，妨碍海水复氧过程，降低海水溶解氧含量，造成缺氧或无氧环境，破坏底栖生物种群和群落结构，进而也可能破坏底栖生态系统的结构与功能。另一种情况是存在于海洋中的溶解油被各生态类群生物吸收后轻则降低生物质量重则引起中毒死亡。生物吸收积累石油量的多寡依生物类别及其栖息环境质量而异。例如，根据王益鸣等（2008）于1998—2004年5月对舟山沿海的嵊泗、普陀、岱山、定海4个县区的潮间带滩涂、近岸海域或虾池采集的野生或养殖的主要经济鱼类、软体动物、甲壳动物等40种海洋动物体内石油烃的含量测定结果表明，以软体动物的石油烃含量最高，均值（$128 \times 10^{-6} \pm 234 \times 10^{-6}$），明显高于甲壳动物（$17.3 \times 10^{-6} \pm 21.2 \times 10^{-6}$）和鱼类的均值（$20.8 \times 10^{-6} \pm 40.4 \times 10^{-6}$）。在40种三大类群生物体中石油烃含量大小依次为：软体动物瓣鳃纲（双壳类）>软体动物复足类>甲壳动物虾类>鱼类>甲壳动物蟹类>软体头足纲。从区域分布看，软体动物石油烃含量最高区域是嵊泗县。东南部的普陀区其次，反之，鱼类和甲壳类以普陀区最高，嵊泗其次。嵊泗区的高值与该海域是航道的枢纽、上海港的主要锚地和过驳作业过程中的石油跑冒、滴、漏有关，而普陀区的高值与沈家门渔港渔船作业和船舶排污等直接影响有关。在马迹山、绿华锚地附近海域表层海水中石油烃含量近一半超标。

2）溢油对渔业生物生态和资源的危害

许多研究表明，石油烃污染对海洋渔业和养殖业的危害，不仅体现在破坏渔业生物、养殖生物栖息环境质量，降低其生存条件，而且还体现在对渔业资源、渔业产量造成损害。事故溢油对海洋渔业的危害是巨大的，它包括了直接和间接的经济损失。直接的经济损失包括天然的和人工养殖的鱼、虾、贝、藻因中毒死亡的损失，养殖和捕捞器材的污染损失，清污费用，污染调查费用。间接的经济损失有饵料生物和水产生物幼体的死亡，破坏了渔业资源，造成该水域天然渔业资源和增养殖放流资源的无法再利用，渔业产量减少，资源恢复费用巨大等问题。

据福建省海洋与渔业局监测资料统计，1993年至1996年间，在福建沿海因码头、船舶溢油事故污染造成的渔业损失共10起（表10.20）。其中，特别提出的是1996年12月29日发生在湄州湾上西油码头的溢油事故，有上千吨的原油涌入海湾，虽经围油栏多次断开，但因溢油量大，仍造成了湄州湾西岸28.6 km^2的滩涂和浅海养殖水域遭受污染，导致大量的养殖贝类、藻类、鱼类死亡，造成了2 900多万元的直接经济损失和2.9亿元的间接经济损失。

自2000年以后，溢油事故依然不断，对肇事海域生态环境和生物资源造成严重损失。例如，21世纪初（2006年）6月6日，闽油1号与海南东方洋货轮在琯头长门海相撞，造成近百吨柴油泄漏，导致大面积海域污染；2001年1月27日，南京宏油船公司所属的隆铂6号油轮载有5 360吨0号柴油，于平潭县东痒岛附近海域触礁沉没，造成柴油泄漏，对该海域环境、渔业资源和海水养殖的经济损失巨大；同年9月中海海盛（南海）股份有限公司“金海顺”轮装载4 439吨0号柴油，在霞浦县西洋岛附近触礁沉没，部分柴油泄漏入海，对附近海域生态环境和生物资源造成很大破坏和损失。又如2005年4月20日，“金太隆2号”船在晋江围头湾东南方7.8 n mile处发生碰撞，约380 t成品油泄漏，造成经济损失不小。又如2004年3月11日在闽江口发生的溢油事故，造成1 000 hm^2面积海域受灾，持续20天溢油76 t。

10.3.3 重金属污染的生态效应

重金属污染及其生态效应是现代海洋污染化学研究中的重要内容。在海洋环境污染方面所说的重金属实际上主要是指汞、镉、铅、铬和类金属砷等生物毒性显著的重元素。在海洋环境中其含量和对生态的危害虽然不像石油、营养盐那样巨大、影响范围广，但由于有些重

表 10.20 1993—1996 年石油污染造成渔业损失情况

油污事故发生时间	污染地点	污染面积 /km^2	损失种类	损失数量	系天然资源还是人工养殖	污染原因	主要污染物	经济损失情况
1993 - 08	泉州湾	0.2	贻贝、牡蛎	全部死亡	人工养殖	船舶清舱油		10 万元
1993 - 09 - 09	泉州湾		贻贝、牡蛎	50 t	人工养殖	闽捷 8#船排污	船舶含油废水	7 万元
1993 - 06	厦门杏林		青蟹、对虾、缢蛏		人工养殖	正新橡胶厂自控失灵跑油	原料油	29.5 万元
1993 - 09 - 15	永定汉城关东门桥	5	人工放流鱼苗	约 3 万尾	人工放流	永定水轮机厂柴油外漏	石油类	5 000 元
1995 - 04 - 08	厦门县后村海域	0.7	贝类	减产	人工养殖	厦门机场油库漏油	石油类	100 万元
1995 - 05	同安县西河乡市	0.33	鱼、虾、蟹	2×10^4 kg	人工养殖	银城啤酒厂重油泄漏	重柴油	30 万元
1995 - 07 - 05	福安县下白石镇	8.73	蟹、虾、鱼		天然资源	轮船废油、废水排放	石油类	1 100 万元
1996 - 02 - 29	湄州湾煤炼油厂西码头	网箱 880 个	贝、鱼	死亡、减产	天然资源	溢油事故	原油	3.2 亿元
1996 - 03 - 08	闽南渔场兄弟屿渔场		海洋生物		天然资源	中华 1 号轮与外国轮相撞溢油	柴油	1 亿元
1996 - 06 - 03	厦门杏林海域		贝、鱼类	死亡、减产	人工养殖	永昌柴油发电厂废油排入	油类	28.4 万元

金属毒性甚大，在海洋环境中只要有微量重金属即可产生毒害效应，而且生物从环境中摄取重金属可以通过食物链的生物放大作用，逐级在较高级的生物体内成千万倍地富集起来，然后通过进入人体，对人类健康造成直接危害。例如，1953 年，在日本熊本县水俣湾沿岸一带发生的因食用被汞严重污染的鱼儿引起的一种神经性疾病——水俣病。

与氮、磷污染，石油污染及其危害相比，东海区的重金属污染只局限在排污口、河口、海湾局部水域，而且缺乏对东海土著生物毒性效应及生物影响的研究数据资料，这里仅将含量较高、危害较大的汞、铅等几种重金属污染危害加以介绍。

10.3.3.1 主要重金属的生物毒性效应

1）汞的生物毒性

在重金属污染中，汞和汞的有机化合物是毒性最大的一种重金属。在东海水域中含量甚微，一般在 0.01 ~ 0.098 μg/L。研究表明，当海水中含 0.01 μg/L 乙基汞磷酸盐时，浮游植物的光合作用能被抑制。Harriss 将纤细菱形藻（*Nitzchia delicatissima*）培养在含 0.001 μg/L 醋酸汞或其他汞的有机化合物海水中，其光合作用即显著下降。资料研究表明，汞影响贻贝（*Mytilus galloprovincialis*）卵子受精、孵化和 LX 体变态，成活的浓度分别为 0.01 mg/L，0.005 6 mg/L 和 0.032 mg/L；D 型幼体 72 h LD100 为 0.018 mg/L。汞对牙鲆（*Poralichthys olivaceus*）鱼卵孵化、仔鱼的半致死浓度 96 h 分别为 1.50 mg/L 和 0.37 mg/L（邹景忠，1987）。另外，生物富集是汞迁移的另一途径。各种微藻生物对汞的富集作用随其代谢浓度而变化。实验表明，水域中藻类对汞和甲基汞的浓缩系数高达 5 000 ~ 1 000 倍。修瑞琴等（1982）研究表明，海洋硅藻在 0.001 mg/L 甲基汞溶液中，12 h 甲基汞的富集浓度可达 3.80 mg/kg，浓缩系数可达 3 809 倍。不同硅藻的富集能力和富集速度均随水温升高而升高。

2）铅的生物毒性

铅在海洋环境中是长效的，而且容易被某些海洋生物所蓄积。早期研究显示，铅影响贻贝卵子受精、孵化和幼体变态，成活的浓度分别为 18 mg/L、3.2 mg/L 和 0.56 mg/L，D 型幼体 72 h LD100 为 1.8 mg/L；铅对牙鲆鱼卵孵化、仔鱼成活 96 h 的致死浓度分别为小于 30 mg/L 和 0.75 mg/L（邹景忠等，1986）。铅对鱼类的致死浓度为 0.1 ~ 10 mg/L；某些动物在浓度超过1 mg/L 的海水中暴露很短时间即可中毒。对铅的浓缩系数在 1 400 以上。

近年，尹平和等（2010）研究不同浓度 Zn^{2+}、Pb^{2+} 对赤潮藻东海原甲藻（*Prorocentrum donghaiens*）生长影响，结果表明，Zn^{2+}、Pb^{2+} 浓度分别小于 0.027 mg/L 和 0.48 mg/L 对该藻的生长有促进，当 Zn^{2+}、Pb^{2+} 浓度分别达到 1.2 mg/L 和 6.0 mg/L 时，藻的生长受到明显的抑制。

据吕海燕等（2001）对 1998 年 5—6 月所采集的浙江沿岸 14 个测站缢蛏（*Sinonovacula constricta*）、青蛤仔（*Cylina sinensis*）、唇毛蚶（*Scapharca labiosa*）、菲律宾蛤仔（*Ruditapes philippinarum*）、文蛤（*Meretrix meretrix*）、贻贝（*Mytilus edulis*）7 种 23 个贝类生物样品中的重金属 Hg、Cd、Pb、As 含量进行了分析，结果表明，贝类生物样品中重金属平均含量：Hg 为 0.020×10^{-6}、Cd 为 1.54×10^{-6}、Pb 为 0.49×10^{-6}；Hg 的最高值出现于宁波泗洲的测站与台州大麦屿测站，平均为 0.032×10^{-6}，Pb 的最高值出现在温州鳌江测站的僧侣牡蛎（1.30×10^{-6}）和象山港西泽测站的毛蚶（1.12×10^{-6}）的含量高于 1.0×10^{-6}外，但都低于我国海洋生物（贝类）质量标准。与 1991 年温州湾潮间带资料相比，Hg 含量有显著降低、

说明近年来浙江省对 Hg 的控制已经收到效果。

10.3.3.2 重金属污染的生态效应

进入海洋的重金属对生态影响，主要是通过其毒性直接危害生物个体或种群，或通过破坏生物栖息环境而对生物群落结构、食物链（网）造成危害的。

位于东海西岸的浙江台州市椒江是浙江中部沿海经济活跃区和崛起的海港新市，现已形成电力、医药、化工、机械、电子及食品加工为主的工业体系，成为台州重要的工业基地。随着现代化工业的发展，工业排污量逐年增加，近年出现椒江工业区排污口附近海域水质下降，重金属含量超标、滩涂养殖区及其附属海域生物多样性降低等生态异常现象。2002 年 7 月调查，底栖生物量仅 12.55 g/m^2、密度 16.17 个/m^2，比 20 世纪 80 年代调查的 17.86 g/m^2，密度 53.5 个/m^2，分别降低了 29.71%、67.78%，显然与这些底栖生物生境受污染相关。2001 年 12 月初，由于化工污染事故，造成渔业污染，受害严重，出现整个养殖面积的缢蛏、红蚶养殖贝类大量死亡，造成经济损失超过 2 亿元。

2005 年 8 月，据江锦花等（2007）对椒江口海水、沉积物和生物体中 7 种重金属调查结果表明，表层海水中重金属 Cr、Cu、Pb、Cd、Zn、As 和 Hg 的平均浓度分别为 0.57 μg/L、7.37 μg/L、1.89 μg/L、0.18 μg/L、36.99 μg/L、1.57 μg/L、0.018 μg/L，其中，Pb 处于中等污染水平，Hg、Cd 污染程度较低，均未超过国家一类海水水质标准。按浓度由大到小依次为 Zn > Cu > Pb > As > Cr > Cd > Hg。表层沉积物中重金属 Cr、Cu、Pb、Cd、Zn、As 和 Hg 的含量分别为 30.11×10^{-6}、30.62×10^{-6}、32.61×10^{-6}、0.106×10^{-6}、68.56×10^{-6}、2.48×10^{-6}、0.027×10^{-6}，其中，Cu 和 Pb 含量属于中等污染水平。按浓度由大到小依次为：Zn > Pb > Cu > Cr > As > Cd > Hg。为了解重金属在不同生活习性的海洋生物中累积情况，选择椒江口有代表性的两种生物——缢蛏和鲻鱼研究了 7 种重金属在其体内的残留水平，发现除鲻鱼体内 Zn 未检出外，7 种重金属在缢蛏、鲻鱼体内均有检出，而且底栖生物缢蛏含量远高于鲻鱼体内的含量。

各采点 7 种重金属在沉积物和鲻鱼体内含量（$\times 10^{-6}$）与相应采集点海水中含量（μg/L）的比值，计算重金属在沉积物和鲻鱼体中的富集系数，缢蛏体内 7 种重金属含量与其相应栖息沉积物中重金属含量的比值，计算缢蛏对重金属的富集系数，发现各采样点表层沉积物以及生物体对各种重金属的富集系数差异较大（表 10.21）。

表 10.21 重金属在沉积物/海水和生物体/海水中的富集系数

介质	站位	富集系数						
		Cr	Cu	Pb	Cd	Zn	As	Hg
沉积物	1	54 385	4 637	14 631	371	2 166	1 406	1 857
	2	29 137	4 589	51 800	664	2 110	1 506	1 688
	3	43 865	4 047	73 577	720	1 556	1 756	1 786
	4	43 508	3 372	10 236	702	1 968	1 739	1 688
	5	58 702	4 599	11 763	695	1 760	1 547	1 647
	6	62 714	3 778	16 206	530	1 663	1 503	1 444
	平均值	52 825	4 155	17 439	589	1 853	1 580	1 688
生物体	鲻鱼	53	134	5	556	—	554	581 875
	缢蛏	4	170	3	3 679	344	371	429 630

表10.21中显示，两种生物对重金属的富集能力不同，鲻鱼对各重金属的富集能力依次为：Hg > Cd > As > Cu > Cr > Pb。缢蛏的富集能力为Hg > Cd > As > Zn > Cu > Cr > Pb。两种生物对Hg的富集系数远远高于对其他重金属的富集系数，Cd和Pb在生物体内的富集系数远远低于在沉积物中的富集系数，Hg在生物体富集系数是沉积物中的400～500倍（江锦花等，2010）。可见海洋环境中Cd和Pb主要在沉降物中累积，而Hg主要在生物体累积，结合Hg的生物学特性，海水中的Hg污染对海洋生物的危害尤应关注。

鉴于我国现行的海水水质、海底沉积物质量和生物质量标准主要是依据美国、日本等国家的水质标准和生态基准数据而制定，缺少我国土著海洋生物的重金属生态生理学数据，无法满足我国海域生态保护实际需要，有必要大量开展区域海洋特色的海洋生态毒理学试验研究，探讨主要重金属的海洋生态基准，为制定海水水质标准和生物质量评价奠定科学基础。2006年5月，王长友、王修林等（2009）通过在东海现场实验、研究了Cu、Pb、Zn和Cd重金属对东海原甲藻的生态毒性效应。计算结果表明，重金属Cu、Pb、Zn、Cd对东海原甲藻生长的非观察效应（NOEC）分别为3.7 μg/L、32.6 μg/L、133.2 μg/L和128.0 μg/L；生长抑制效应浓度EC50分别为4.6 μg/L、56.3 μg/L、142.8 μg/L和151.3 μg/L。估算了我国东海海水中重金属Cu、Pb、Zn和Cd的生长基准分别为4.6 μg/L、1.28 μg/L和0.3 μg/L。低于我国现行Cu、Pb和Cd重金属一类海水水质标准许可的浓度，因而提出我国各区域海水质量标准的制定应采用土著生物种的生态毒性数据。

10.3.4 持久性有机污染物（POPs）的生态影响

持久性有机污染物由于具有高毒性、高富集性、高残留性及其对海洋生态系统乃至人类健康的危害已日益引起人们的忧虑。其中，人们比较关注的主要是多环芳烃、多氯联苯、二恶英、有机氯农药和有机锡等高难降解有机污染物。这些有机污染物由于其低溶解性和高稳定性及一定程度的挥发性而使其能进行远程迁移，造成全球性污染，又因其高脂溶性而使其能沿着食物链富集，对各营养级的动物甚至人类产生“三致”效应和类雌激素等效应，导致海洋环境的退化，加速海洋生物多样性资源的衰竭进程，因而成为海洋生态环境监测必测的主要污染物。

以往我国学者对东海海域调查监测和生态毒理学研究的项目主要包括：多环芳烃、有机氯、有机磷农药、多氯联苯、有机锡和核酸脂类等。监测表明，这些难降解有机物在东海水域含量很低，尚属未污染级。

1）多环芳烃的生物毒性效应

多环芳烃是具有致癌性和致突变性的常见污染物，其在东海近岸沉积物中的含量范围为n. d～931.6×10^{-9}，平均值为172.8×10^{-9}，检出率达100%。王新红等（1999）研究发现，厦门西港沉积物中16种PAH的含量较高。但由于其在海洋沉积物中含量低，加以有其他因素的综合作用，难以判断多环芳烃对底栖生物生态受影响情况。

据陈奕欣等（2000）分别使用浓度为0.1 μg/L，1 μg/L，10 μg/L，20 μg/L，30 μg/L苯并（a）芘、芘对梭鱼Mugil So－iny肝脏DNA损伤研究结果认为，随着污染物浓度的增加，肝脏DNA损伤程度也增加；在相同浓度下，苯并（a）芘和芘的联合毒性大于苯并（a）芘和芘分别作用时的毒性之和，苯并（a）芘和芘对DNA损伤的联合作用应为加强作用。

2002年，王重刚、郑微云等研究表明，苯并（a）芘、芘对梭鱼肝脏抗氧化酶活性具有明显的抑制效应；而对梭鱼肝脏超氧化酶SOD活性实验结果表明，发现高浓度组（50 μg/L）造成梭鱼肝脏SOD活性先抑制后诱发的效应，低浓度组（5 μg/L）中，SOD活性未出现诱导而是抑制效应。同样在50 μg/L浓度下，苯并（a）芘暴露4 d后SOD活性出现诱导，而芘暴露在7 d后才出现诱导，间接反映了苯并（a）芘和芘的毒性大小差别。冯涛、郑微云等（2001）对大弹涂鱼的研究也有类似结果。

另外，王淑红等（2009）在国内率先开拓了性质稳定、易在环境中沉积的荧蒽、菲、芘三种PAHs对菲律宾蛤仔（*Ruditapes philippinarum*）超氧化物歧化酶（SOD）的影响研究，结果认为这三种混合污染物对SOD活性随污染物浓度和作用时间变化趋势，为一动态过程，基本上分为诱导反应和抑制反应阶段。

2）有机磷农药的生物毒性效应

有机磷农药对海洋微藻的影响近年来特别受到重视。唐学玺（1995，1999）通过久效磷对微藻的毒性效应实验，发现有机磷可以抑制藻细胞内的消除自由基的超氧化物歧化酶（SOD）和过氧化物酶（POD）的活性，降低藻细胞清除自由基的能力，使藻细胞内自由基积累。积累的自由基可以对生物造成多种损伤，导致细胞膜脂质过氧化，对光合色素的破坏等，从而使细胞表现出抗氧化酶的活力降低、膜通透性下降、光合效率降低等影响效应。而在叉鞭金藻中发现过氧化物酶抑制因子部分揭示了有机磷农药对抗氧化酶活性的抑制机理。有机磷农药对虾的毒性实验结果表明，中国对虾和南美白对虾对硫磷和甲基异硫磷的抗性均以无节幼体、蚤状幼体、糠虾阶段较强，而仔虾和幼虾抗性弱。但两者敏感性存在差异，中国对虾幼体阶段的抗性与仔虾阶段的抗性相差4 000倍左右（汝少国，1996，1990）。

3）有机锡的生物毒性效应

有机锡化合物是迄今为止人为引入海洋环境中的毒性最大的污染物之一。其中，对海洋环境生态影响最大，目前研究最多的是三丁基锡（TBT）和三苯基锡化合物（TPT）。这些有机物能危及许多生物生长甚至生存，对多种污损生物具有长期有效的杀生效果。

据周名江、李正炎等（1998）对三丁基锡和三苯基锡对微藻毒性实验结果，认为有机锡对微藻的毒性效应在10^{-9}数量级上，就可以表现出来。除对微藻生长的抑制作用，三丁基锡和三苯基锡还表现出对光合色素和光合效率的影响，在低浓度下，叶绿素含量略高于对照组，而随着有机锡浓度的增加，叶绿素含量逐渐下降，光合效率也逐渐降低。另外，周名江、李正炎等在有机锡对海洋生态系统结构和功能影响的研究中，还进行了有机锡对潮间带底栖生物群落结构的影响实验，发现沉积物中的有机锡化合物能影响底栖生物的多样性和均匀度。

必须着重指出的是，以往我国对海洋污染物的生态影响，绝大部分工作局限在实验室内的生态毒理实验，实验结果很难外推到以反映真实自然环境中的实际情况。因此，进一步推广应用现场海洋生态系统围隔实验势在必行。

第11章 东海的人类开发活动与生态受损效应分析

海洋生命系统是构成海洋生态系统的重要组成部分。任何自然的或人为的因素都有可能对组成生态系统的生物环境和物理、化学、沉积等非生物环境造成影响或破坏，研究并了解其现存生态状况、特征、动态变化过程及其与干扰因素影响的因果关系，对于推进经济与环境、资源开发与保护持续协调的发展，都具有重要的战略意义。目前，沿海各国无论在制定海洋资源的合理开发利用和环境保护的战略方案与准则，还是基于海洋环境生态学本身和全球变化研究的需要考虑，一般都把现存海洋生态系统健康及生态变化特征与生态安全研究作为重要的内容之一，研究内容包括：首先是研究现场生态状况、特征及存在问题，其次确定生态问题的性质和特征，最后是对策和问题的解决（GESAMP，1995）。

人类活动除了人为排污外，海洋非污染因素特别是不合理的人为开发活动也是造成海洋生态系统受损和生物资源衰退的主要因素之一。

11.1 非污染性破坏引起的生态效应

凡是能造成海洋物理、化学和沉积环境异常变化，对海洋生物或生态系统产生影响或破坏的那些非污染性的开发活动及影响因子，统称为干扰因素或扰动因素（distubance）。

具有影响或破坏海洋环境生态作用的直接或间接地干扰因素，主要包括：①无序、无度、不合理的海岸、海洋工程开发活动，如陆上不合理的水库水坝建设、蓄水量与引水量过大及由此引起感潮域变化、河口盐度升高、入海营养盐减少、渔场变迁以及缺乏宏观战略规划的无序、无度地填海造地、护岸堤、构筑防洪堤、桥梁、港口、码头、养殖设施、海底掘采建筑的砂石及由此引起的岸线移动、港湾面积缩小，海况、（内）纳潮量、水渠、海底形态的变化、化学环境质量的降低，生物栖息地消失和生态失衡等。②违反生态规律海洋生物资源盲目过度开发活动，如海洋渔业捕捞过度，引发渔业资源衰竭；高密度海水养殖，引发养殖自身污染，降低养殖环境水质，危害养殖生物等。由这些干扰因素所造成的环境影响和生态破坏现象，在沪、浙、闽省市乃至全国沿海多出现在20世纪80年代以前，1982年以后，随着国家颁布《海洋环境保护法》及有关海洋管理条例和实施海洋环境影响评价制度，对于沪、浙、闽地区大中型海岸，海洋工程新建、改建、扩建基本建设项目，技术改造项目，区域开发建设项目所在海域进行了环境监测现状评估及影响预测工作，有效地控制或减轻了开发活动对海洋生态环境的损害。从2003年起，为了解开发活动可能产生的远期潜在影响，国家海洋局还在东海区重要河口、海湾建立了生态监控区和赤潮监控区，开展定期定点的监测，进行回顾性评价。尽管这些举措，对控制生态环境继续恶化起到了良好效果，但影响现象还是普遍存在的，只是影响范围和程度的问题。从东海海洋资源环境持续发展战略和沪、浙、闽三省市地区经济发展速度及长期发展战略角度看，工程建设和海洋渔业资源开发利用的负面效应问题仍必须继续予以高度重视和采取有效的防控措施。2010年初，中国工程院主持召开了浙江省沿海及海岛综合开发战略研究会议，制定了研究计划，确定了研究内容和项目目标，通过一年的系统综合调查研究，完成并通过了开发方案可行性调查报告。毫无疑问，如此大型沿海岛屿综合开发工程，无论在施工过程或营运过程都将对浙江近海生态环境造成负面影响，因此，面临的生态威胁和生态安全问题将是严重的。

11.1.1 渔业生产的负面生态效应

海洋渔业（marine fishery）是海洋捕捞业、海水养殖业和海洋水产品加工业的统称。它是利用各种渔具、渔船及设备进行海上捕捞和利用滩涂、浅海、港湾养殖鱼、虾、贝藻及水产品加工的生产事业。东海区自然条件优越，渔业资源丰富，是我国沿近海重要的渔区。浙江、福建省沿海地区开发利用海洋生物资源，主要产业是海洋渔业，而且开发利用的历史悠久，因而，海洋渔业产业在这些地区的海洋经济和社会经济发展中占有重要地位。

11.1.1.1 海洋捕捞的负面影响

海洋捕捞在东海渔业生产中占有重要地位。近年来，东海的海洋捕捞业发展很快。半个世纪以来海洋捕捞产量持续上升，2000年海洋捕捞产量达625.4×10^4 t，占全国海洋捕捞产量的42.33%，居该区历史最高水平，是1950年18.2×10^4 t的34.4倍，1980年147.4×10^4 t的4.2倍；海区海洋捕捞总产量从1984年到2000年净增长了465.3×10^4 t，其增长率为290.67%，平均增长率达17.10%（图11.1）。

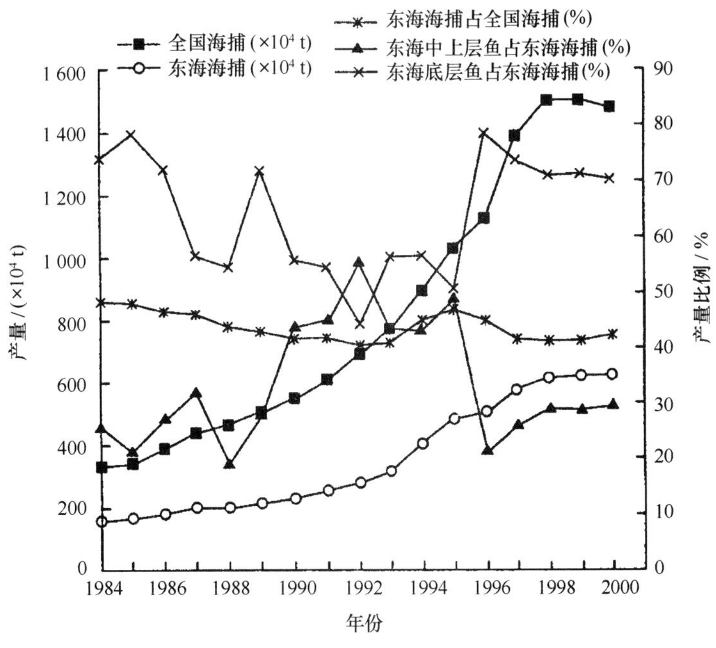

图11.1 东海区海洋捕捞、中上层鱼和底层鱼产量的比例

引自郑元甲等，2003

经郑元甲等（2003）评价结果认为，东海区海洋捕捞产量从20世纪50年代至90年代末呈增加趋势，渔获量迅速增长的主要原因是捕捞力量和强度的增大，作业渔场范围扩大，由近海到外海乃至远洋，捕捞对象营养级的明显下降、大都捕捉一些生命周期短和一年生生物

以及大量幼鱼为捕捞对象有关，并强调指出，东海区经半个世纪四个时期的开发捕捞阶段，由于严重过度捕捞，致使渔业资源特别是传统经济鱼种资源呈现全面衰退趋势。这四个阶段包括：①1950—1958 年，捕捞力量和捕捞能力低下、资源利用不足的中等开发阶段。②1959—1974 年，海洋机动渔船从 1959 年 1 320 艘、功率 6.41×10^4 kW，年平均分别增长 34 倍和 27 倍大的充分开发利用阶段。③从 1975—1983 年，过度捕捞，一些传统经济鱼种资源出现衰退阶段，这一阶段，捕捞力量继续年年上升，海洋机动渔业从 12 380 艘、功率 75.42×10^4 kW 到 1983 年达 11 305 艘、150.66×10^4 kW，年均为 22 590 艘、110.27×10^4 kW，分别增加 4.08 倍和 3.50 倍。这致使海区渔业资源呈过度捕捞状态，出现经济品种大黄鱼、小黄鱼、鲫鱼和乌贼的产量全面下降和渔获物明显小型化的现象。如，大黄鱼由 1984 年的 3.6×10^4 t 到 2000 年降为不足 1×10^4 t，20 世纪 80 年代平均年产量为 1.33×10^4 t，到 90 年代的 0.88×10^4 t，下降了 33.83%，比 70 年代下降了 13.7 倍，马面鲀从 1984—1989 年的年平均产量 17.01×10^4 t，到 90 年代降至 8.03×10^4t，下降了 1.1 倍，比 70 年代平均年产量 11.34×10^4 t 也下降了 41.2 倍。④1984—2000 年，严重过度捕捞，渔业资源利用过度，趋于衰退或枯竭阶段。这个阶段海洋机动渔船从 49 751 艘、功率 161.24×10^4 kW，发展到117 797 艘，年平均 984.747 艘，400.12×10^4 kW，年渔获量从 160.08×10^4 t 上升至 625.39×10^4 t，虽然这一时期渔获量有随着捕捞力量的上升而上升趋势，与机动渔船产量相一致（图 11.2）。但进入 21 世纪，随着农业部渔业行政管理部门 1999 年颁布实施的海洋捕捞计划产量“零增长”计划和继续实施伏季休渔等降低捕捞强度重要措施对策后，自 2001 年至 2010 年的 10 年间，东海区海洋捕捞产量呈逐年下降趋势。2001 年 612.7×10^4 t、2002 年 608.2×10^4 t、2003 年 605.6×10^4 t、2004 年 617.5×10^4 t、2005 年 609.6×10^4 t、2006 年 532.1×10^4 t、2007 年 516.5×10^4 t、2008 年 476.3×10^4 t、2009 年 511.0×10^4 t、2010 年 532.1×10^4 t，比 2000 年 625.3×10^4 t 减少了 93.2×10^4 t，表明渔业过度捕捞得到了一定遏制。

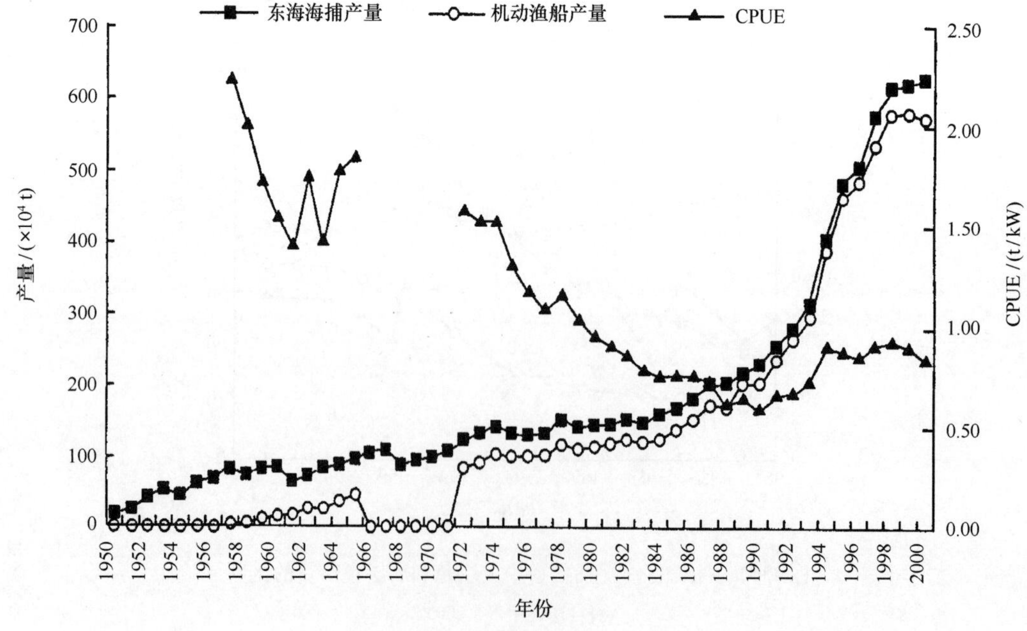

图 11.2　东海区海洋捕捞产量、机动渔船捕捞产量和平均单位功率产量

引自郑元甲等，2003

但是，资源总体仍然处于衰退状况之中。大黄鱼、小黄鱼、鲫鱼和带鱼的产量均下降到最低值，并正朝着继续衰退的方向发展，可能是近年内难以挽回的趋势。另外，由于渔业资源结构和捕捞方式的变化，捕捞对象产品结构也发生了较大变化，由20世纪60年代以前以捕捞大、小黄鱼、带鱼、鲆鲽类、鳕鱼和枪乌贼为主，到70年代以后以捕捞绿鳍、马面鲀、黄鳍马面鲀、鲷鱼和杂鱼为主，取代了大、小黄鱼。在渔获物种类中，传统经济鱼种的比例已从20世纪50—70年代的50% ~70%，到80年代的30%，90年代又降至25%。与此相反，非传统经济鱼类的低值鱼、小型鱼和一年生品种的比例却从20世纪50年代的19%逐渐上升到90年代的52%。渔获物小型化、低龄化和性成熟提早的现象普遍存在，而且日趋严重。分析认为，目前东海区海洋渔业面临的问题相当多且错综复杂，难题不少，其中最主要的问题首先是：捕捞力量过大，远远超过海区资源所能承担的程度；其次是一些传统捕捞对象的资源出现了严重衰退甚至到了枯竭的程度，而海区总体资源也出现了衰退，并朝着加重趋势发展；三是渔业环境污染状况尚未得到有效遏制，一些经济鱼种的产卵场和幼鱼索饵场的环境质量尚未得到改善，生态环境受破坏现象仍然普遍。尽管国家已经制定了重要经济鱼类的保护区、休渔区和休渔期，进行渔业环境的定期定类的环境监测，和采取增殖放流等渔业资源管理政策，但仍需要制定有效的缩减海区捕捞力量、捕捞强度和陆源污染物减排的措施和规章制度，以保障渔业资源的可持续利用和发展。

11.1.1.2 海水养殖的负面影响

蓝色农业——海水养殖业是我国大农业的重要组成部分，在国民经济中占有重要地位。东海岸线曲折绵长，生境类型复杂多样，拥有丰富的海洋生物资源。闽、浙沿海滩涂面积为 43.2×10^4 hm^2，海湾较多，水质肥沃，风浪又较小，适宜养殖，是我国主要的滩涂养殖区。沿岸地区百姓开展养殖我国传统的四大养殖贝类（缢蛏、泥蚶、菲律宾蛤仔和牡蛎）历史悠久，特别是近半个世纪以来，在充分利用浅海滩涂，因地制宜养殖增殖，鱼虾贝藻全面发展，加工运输综合经营的发展方针指导下，沪、浙、闽等省市海水增养殖业得到了长足发展，2000年，海水养殖产量为 501×10^4 t，占到水产品总产量的一半左右。然而，由于缺乏长期整体战略规划和保护生态环境的意识，出现违反生态规律的养殖种类单一、高密度养殖引发的养殖自身污染，导致养殖区病害肆虐、养殖环境恶化和生态系统失衡、破坏等生态问题，造成的经济损失严重。资料显示，仅浙江省养殖的虾、贝、鱼类死亡数量从1985年至1990年逐年增加，造成的直接经济损失也从802.55万元上升到90 695.94万元。

1）对虾养殖的生态影响

对虾养殖对养殖生态环境的影响，首先体现为为了大规模发展对虾养殖，无度无序地在海滨潮上带围海造地，大片兴建虾池，发展对虾单一种类的养殖，这种养殖模式既占用大量滩涂资源和生物栖息地，又严重破坏了大片滩涂的生态平衡。其次是对虾养殖过程中，人工合成饵料的投入，残饵的分解，对虾本身排泄物的产生和分解等，都使养殖海水富含各种营养物质以及有机碎屑。杨逸萍等（1999）研究了精养虾池主要水化学因子变化规律和氮的收支（图11.3），结果发现，人工投饵输入的氮占总输入氮的90%左右，总氮输入的19%转化为虾体内的氮，其余大部分（62% ~68%）积累于虾池底部淤泥中，这些富含有机与无机营养物质、高化学耗氧量的养殖废水大量排放到近岸水域后，这些水域营养物质增量和溶解氧降低，造成水质污染和富营养化，此外，还有8% ~12%以悬浮颗粒氮、溶解有机氮、溶解无机氮等形式存在于池水中。在养殖结束后，若把这些富含氮的池水、底泥排入临近海区，必然会对周围水域造成污染，并有可能在下一个养殖周期又重新进入虾池。

对虾养殖自身污染的危害和影响，一方面是水质恶化的影响，有时由于对虾养殖密度过大，池水恶化，迫使注排入加频，污染的池水排入近海，污染的海水又重新回注入虾池中污染池水，如此年复一年，形成恶性循环。当这种受污染的海水抽进虾池后，轻则影响对虾生长，重则可能引发病害；另一方面是病原微生物传播感染的影响。连续交换的海水是病害传播的媒介。再有，就是由于对虾病害严重，近年出现了在潮上带和陆地兴建虾池或改造原有的虾池，利用地下水养殖对虾，虽然获得了短期的经济效益，却造成了地下水趋向枯竭，导致局部地面下沉，进而导致海水倒灌。

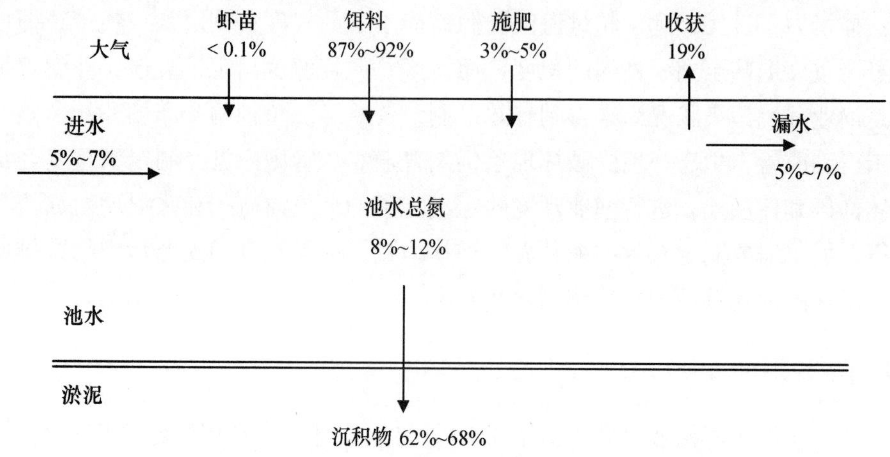

图 11.3　精养虾池氮的收支状况（杨逸萍等，1999）

2）贝类养殖的生态影响

生物性沉积是滤食性贝类养殖的主要污染物。贝类通过生物过滤作用对水体中的浮游生物和颗粒有机物产生巨大影响。贝类由于不能充分利用其滤食的食物，其中大部分以粪和假粪的形式形成生物沉积，有报道此比例可高达95%。滤食性贝类的粪便和假粪增加了沉积物的数量，改变了沉积环境的成分，并为其他生物的发展提供了环境条件。经调查与研究对比，养殖区比对照区的底栖动物种类大大减少，而耐缺氧的多毛类占优势。

贝类形成的生物沉积可以经矿化作用和再悬浮后又可重新进入水体营养盐循环。而营养盐的再生是滤食性贝类养殖污染的另一种表现形式。生物性沉积导致了有机沉积物的增加，减少间隙水中氧含量，增加氧的消耗，加速硫的还原，增强解氮作用。现场研究结果表明，由于微生物活动的增强，加速了贝床沉积物中营养盐的再生，促进或加重水体富营养化的进程。

3）鱼类养殖的生态影响

饲料是鱼类养殖的主要营养来源，但仅有部分被消化吸收，未摄食部分和鱼类粪便及排泄物进入水体，沉积到底层。底质的有机物富集的效应之一便是底质内的异养有机体耗氧增加，网箱沉积物多的海底其耗氧率高于对照区2倍多，废物沉积率高的海区，溶解氧补充不足，大多生活着厌氧生物。生物和化学作用把部分沉积物还原为无机或有机化合物，如乳酸、氨、沼气、硫化氢和还原性金属络合物。海湾网箱渔场老化的主要特征是沉积物中硫化物高和下层水体溶氧低等，威胁着底栖生物的生存。在缺氧环境中，由于厌氧微生物的作用，会产生硫化氢等有害气体，使海水发臭，养殖鱼类中毒死亡。养殖自身污染严重的东山湾八尺门附近水域，自1989年以来曾发生多起因水体有机物污染严重，水质环境恶化、缺氧而引发的死鱼事故。

浙江象山港是我国最重要的养殖基地之一。近年网箱养鱼迅速发展，2002年已有网箱64 222只，养殖水面12 844.4亩，网箱养殖年投入鲜活杂鱼饵料达30×10^4 t（包括小杂鱼1.5×10^4 t），即每平方米养殖水面的投入量达500多千克。据测试，在投喂的鲜活饵料中，只有72%的饵料被利用，其余的均沉降到海底，每年约有15 509 t残饵沉积海底，造成沉降环境严重污染（中国海洋报，2002年10月18日；宁修仁等，2002）。经国家海洋局东海环境监测中心4年监控、监测结果表明，象山湾已处于严重的富营养化状态，致使生物群落结构发生变化，出现了浮游植物群落结构均有向微型方向发展的趋势（张丽旭等，2002；宁修仁，2002）。对局部养殖生态环境和养殖生物本身带来危害。宁修仁等（2002）通过新老鱼排养殖区水质和鲈鱼生长比较实验结果表明，新鱼排区内的水质环境比老鱼排区的水质环境好，新鱼排区内的鲈鱼比老鱼排区内的鲈鱼的生长速度要快一倍多。

11.1.2 海岸、海洋工程的负面生态效应

11.1.2.1 内陆大型水利工程的生态影响

由于河口处于海陆交互作用的区域，因此，来自陆源的物质和动力的变化对河口的发育和维持有极显著的影响。例如，流域活动导致的径流水量与泥沙含量变化就是其中重要的两个因子。因此，在流域开展的各种水利工程建设都应该考虑到对河口生态系统的影响。其中最典型的就是三峡工程大坝和跨流域的南水北调调水工程。

业已完成建设的世界最大的水利工程——长江三峡工程，不仅关系着我国全面建设小康社会宏伟目标的实现，而且关系着中华民族的伟大复兴，是一项福祉当代、惠及子孙的事业。三峡工程主要用途是防洪、航运、发电。整个工程分三个阶段完成全部工程，1994年12月正式动工，2009年完工。第一阶段（1993—1997年）为施工准备及一期工程，施工5年，以实现大江截流为标志；第二阶段（1998—2003年）为二期工程，施工6年，以实现水库初期蓄水、第一批机组发电和永久航闸通航为标志；第三阶段（2004—2009年）为三期工程，施工6年，以实现全部机组发电和枢纽工程全部完建为标志。毫无疑问，三峡工程建成后将给沿江地区和长江河口三角洲地区的经济、社会带来巨大的效益，但对周边和河口的环境也将在一定程度上带来不利的影响。这种影响是长期的、潜在性的，必须及早地引起足够的重视。

我国政府对三峡工程生态环境可能影响的问题十分重视，早在20世纪80年代初三峡工程建设项目立项论证时，由国家科学技术委员会就组织中国科学院有关研究所和高教单位等38个单位、700多人的多学科科研队伍，首次开展了“三峡工程对生态与环境的影响及其对策研究”，开创了我国特大型水利工程的生态效应研究的先例。1985年至1987年，由中国科学院海洋研究所、华东师范大学河口海岸研究所和中国科学院南京土壤研究所共同承担了“三峡工程对长江口生态与环境影响的前期研究”，经过8年的考察和研究，他们取得了丰硕的成果，提出并预测可能的影响。但由于长江三峡工程对河口生态与环境影响的研究是一项极其复杂并难度很大的系统工程，其影响是在长期潜移默化中慢慢发展和变化着的。为了使三峡工程的建设做到万无一失，达到真正了解长江河口的自然变化规律，合理开发利用其自

然资源，保护和改善长江河口生态与环境的目的，从20世纪90年代以后，国家又组织有关单位相继开展了长江口及其邻近海域的营养物质变化（沈志良等，1991，2002，2003；张经等，1996，2000；林兴安，1995；王保栋等，1999，2002；石晓勇等，2003）、环境污染与生态变化的调查研究（陈亚翟等，1996；吴玉霖，1998；沈新强等，1999；徐兆礼，1998，2005；王金辉等，2004），特别是1998年国家海洋局组织完成的第二次东海海洋污染基线调查，国务院三峡工程建设委员会资助中国科学院海洋研究所开展的《三峡工程蓄水前后长江河口生态与环境》以及2002年批准实施的“国家重点基础研究发展计划”（973计划）项目——“中国典型河口——近海陆海相互作用及其环境效应”，出版了“三峡工程一期蓄水后的长江口海域环境”（翟世奎，2008）。这对于了解三峡水库蓄水开始强烈影响长江进入河口水沙的时间具有重要的现实意义和深远意义。

1）对生物栖息环境的影响

（1）入海水沙量的变化

通过三峡工程蓄水后的2003年6月、9月、11月和2004年的实测以及国家海洋局东海环境监测中心于2004—2007年5月、8月对长江口区的检测结果表明，三峡工程一期蓄水阶段（5—6月）长江进入河口的含沙量、输沙量和径流量急剧减少；蓄水后（6月以后），长江进入河口的含沙量、输沙量、径流量依然保持较低值，与2002年和2001年以及多年（1953—2000年）平均值相比，大通站年径流量变化不大，但总浮沙中值粒径含沙量、输沙量都明显减少，说明2003年蓄水期间及蓄水后长江进入河口的水沙特征明显受到三峡水库蓄水的影响。三峡水库一期蓄水完成后，强烈影响长江进入河口流量、含沙量的时间分别约为20天和18天（翟世奎等，2008）。在此我们着重讨论2003年6月三峡工程完成成功蓄水至135 m以后将对长江河口及邻近海域生态与环境可能产生什么影响？这对了解三峡水库蓄水开始强烈影响长江进入河口水沙的时间具有重要的现实意义和深远意义。

另据近半个世纪以来长江大通站的输沙资料表明，1951—1960年间平均4.652×10^8 t，1961—1970年间平均5.132×10^8 t，1971—1980年间平均3.92×10^8 t，1981—1990年间平均为4.27×10^8 t，1991—2000年间平均为3.36×10^8 t，2001年输沙量降低为2.76×10^8 t，2002年为2.75×10^8 t，2003年三峡工程蓄水后又降为2.06×10^8 t，进入2004年受三峡工程蓄水影响，更是迅速减少为1.47×10^8 t，比2000年蓄水前减少一半左右（表11.1）。进入21世纪以后，长江大通站监测的输沙量和含沙量逐年减少，至2004年输沙量和含沙量均比多年平均值小40%以上。主要原因可能是三峡水库拦截了大量泥沙。含沙量的减少使河口有机质吸附的载体减少，引起水质变化，对生物栖息环境产生影响。付桂等（2007）研究分析认为，长江入海泥沙的逐年减少，对于整个南汇嘴潮滩5 m等深线淤积外移速度减慢或出现缓冲有一定因果关系。并认为由于近年来，长江口、杭州湾大规模固滩促淤造地工程的实施，至2003年已先后被圈围31.5×10^4 km^2（约合150 km^2），又使本已减少进入长江口外海泥沙进一步减少，这必将对南汇嘴沿岸水域的水流、泥沙和地形冲淤带来不利的影响。

目前由于长江上游重大工程建设的影响，致使长江口来水来沙量减少。在水沙来源显著减少的情况下，长江口盐水入侵如何，低氧区的范围会有多大变化和影响，生物种群演替如何，潮滩湿地又会怎样淤涨问题，需要进一步研究作出相应判定。

表 11.1　近年长江大通站入海沙量的年际变化

时间	平均含沙量/(kg/m)	与多年平均含沙量比较/%	平均输沙量(10^8 t)	与多年平均输沙量比较/%
1950—2000 年	0.486		4.33	
2000 年	0.366	-24.7	3.39	-21.7
2001 年	0.366	-30.9	2.76	-36.3
2002 年	0.277	-43.0	2.75	-36.5
2003 年	0.223	-54.1	2.06	-52.4
2004 年	0.186	-61.7	1.47	-66.1

(2) 入海营养盐的变化

为了比较三峡水库蓄水前后长江口区近年来溶解无机态营养盐浓度的变化，本文选择了各年夏、秋季营养盐浓度实测的平均值（表 11.2）。尽管各年度采样时间、地点和测试方法等存在差异，使数据复杂化，难以比较，但从表中可以大致看出，由于长江口受人类活动影响较大，从 1960 年到 1980 年，长江口的 NO_3^- -N 浓度提高将近 4 倍，特别是近 20 年以来，NO_3^- -N 浓度一直呈增长趋势，居高不下，SiO_3^{2-} -Si 浓度有明显降低，PO_4^{3-} -P 浓度基本保持不变。但为了使比较大坝蓄水前后无机态营养盐变化具有代表性，我们尽量选取 31°00′N 至32°00′N、122°00′E 至 123°00′E 以西范围的调查结果进行对比。翟世奎等（2008）通过对大坝蓄水后 2003 年 9 月和 2004 年 9 月的调查数据与蓄水前 2000 年、2001 年、2002 年的资料相比，结果认为，大坝蓄水后各形态营养盐的浓度并未表现出明显变化，这可能与蓄水时间较短有关系。柴超（2006）在长江口 30.75°N 至 32°N，121°E 至 123.5°E 范围，分别于三峡工程蓄水前 2002 年 11 月，蓄水后 2003 年 10 月和 2004 年 11 月进行了三个航次调查数据的比较结果认为，蓄水后溶解无机氮浓度较高，从 2002 年的 21.48 μmol/L 上升到 2003 年的 40.63 μmol/L；硅酸盐也呈显著增加的趋势，从 2002 年的 52.55 μmol/L 上升到 2003 年的 93.3 μmol/L。与氮和硅的变化不同，磷酸盐的浓度呈显著降低的趋势，2002 年的平均浓度为 0.93 μmol/L，而 2003 年和 2004 年的浓度为 0.66 μmol/L，蓄水后浓度降低了近 1/3。蓄水后 DIN 和硅酸盐的高值区覆盖的面积较大，而蓄水后磷酸盐的高值区明显变化变小。

三峡蓄水后 N/P、Si/P 呈显著上升的趋势。相反，Si/N 在蓄水后的 2004 年显著降低。2002 年只有 28.6% 的样品具有潜在的磷限制特征，而 2003 年和 2004 年呈现磷限制特征的样品所占的比例分别为 81.2% 和 70.3%，因此，该海域潜在的磷限制区有扩大的趋势。不过，根据国家海洋局东海环境监测中心于 2004 年至 2008 年对长江口口门内外营养盐监测结果表明，从三峡大坝蓄水后 2004 年始，无机氮和硅酸盐入海通量和浓度均呈明显逐年下降趋势，只有 PO_4^{3-} -P 浓度变化不大（徐韧等，2004—2007；时俊等，2009），这与三峡工程立项论证时，沈志良（2002）曾预测，三峡工程兴建后，10 月蓄水后长江下泄流量减少，营养盐输出量将减少，必将引起长江口海区营养盐分布的变化和浓度的下降，尤其以 SiO_3^{2-} -Si、NO_3^- -N 最为显著，高浓度区域将随长江冲淡水面积减少而缩小的结论一致。作者分析认为，影响长江口营养盐浓度的变化的因素多而复杂，除了与沙水输入量有关外，沿长江口两岸排污以及调查范围宽狭和年限长短密切相关。三峡大坝蓄水后导致径流量减少，对长江口海域生态与环境的影响是一个长期潜移默化的慢性过程，很难在短时间内判断其影响程度，因此，需要做进一步深入调查和对比研究。国外一些学者早期研究结果认为，在大型河流建设大坝形成水库会产生滞留作用（人工湖作用）（Bennekom，Salomons，1981）而减少营养盐的输出通量，如法国塞纳河上游的三个大水库将进入水库的40%的氮、50%的硅以及60%的磷截留在库内（Garnier et al.，1999）。对氮和磷来说，这种减少可得到水库下游人为原因的补充，但是硅却不能（Bennekom，Salomons，1981），例如多瑙河上的铁门大坝建成后，冬季进入黑海的 $SiO_3^{2-}-Si$ 浓度由建坝前的55 μmol/dm³降到20 μmol/dm³（Humborg et al.，1997），同时由于多瑙河输入DIN的增加，导致Si/N值急剧降低，由20世纪60年代早期的42降到80年代的2.8（Cociasu.，1996）。

表11.2　三峡水库蓄水前后长江口区无机态营养盐浓度变化　　单位：mg/L

调查时间		$NO_3^- - N$	$PO_4^{3-} - P$	$SiO_3^{2} - Si$	资料来源
蓄水前	1981年9月	0.13	0.017	1.26	孙秉一等，1986
	1988年8月	0.17	0.009	1.12	胡方西，2002
	1998年8月	—	0.013	1.12	王保栋等，2003
	1998年9月	0.21	0.025	—	叶仙森等，2000
	2000年11月	0.48	0.028	2.08	沈志良，2001
	2002年8月	0.31	0.015	0.42	王修林等，2004
	2002年11月	0.30	0.028	1.47	柴超，2006
蓄水后	2003年9月	0.33	0.018	0.94	翟世奎，2008
	2003年10月	0.57	0.020	2.61	柴超，2006
	2003年11月	0.46	0.018	2.50	沈志良，2011
	2004年9月	0.29	0.017	0.88	翟世奎，2008
	2004年11月	0.38	0.020	1.77	沈志良，2011
	2005年8月	0.71	0.036	1.95	徐韧等，2006
	2006年8月	0.52	0.027	0.94	徐韧等，2007

近年国内许多学者研究认为，长江口区域 $NO_3^- - N$ 浓度的变化与长江流域氮输入通量增加有关（叶属峰等，2005；Wang，2006；傅瑞标等，2002；沈焕庭等，2001；沈志良等，2001）。长江流域农业施肥量和生活污水排放量的逐年增加是长江水中氮浓度增加的主要原因（刘新成等，2002；沈志良等，2001；Zhang et al.，1995；陈静生等，1998），而长江口区域 $NO_3^- - N$ 主要由长江径流输入。沈志良等（2001）通过统计分析提出，农业氮肥的损失、长江流域降水无机氮、农业非点源N（化肥和土壤流失的氮）和点源污水氮的输入分别占长江无机氮输出通量的62.3%、18.5%和14.4%。黄清辉等（2001）利用长江枯季大通站40年来水文 观测资料，结合历年长江流域的社会经济统计资料和降水量资料等分析，也发现长江河口硝酸盐的输入通量与流域的人口密度、农业氮肥施用量、灌溉面积以及降水量等显著正相关。90年代后期，由人类因素造成的硝酸盐通量的增加占长江河口硝酸盐输入通量的95%以上。水土流失和大气氮氧化物的沉降是硝酸盐增加的直接原因，而农业活动、燃料燃烧和污水排放等人类活动是该通量变化的主要控制因素。这就进一步证实了化肥施用量是导致长江口区域 $NO_3^- - N$ 的浓度呈逐年增加的主要因素。$PO_4^{3-} - P$ 浓度基本保持不变，这可能与长江口淡水端 $PO_4^{3} - P$ 浓度保持不变（傅瑞标等，2002）及 $PO_4^{3-} - P$ 在河口的缓冲机制有关（赵宏宾等，1994；张正宾等，1999）。由于 $SiO_3^{2-} - Si$ 主要来源于矿物风化作用，通常认为通过河流输送的硅通量受人类活动影响较小（Jickells，1998）。但实际上，目前由于兴建水

利设施（如水库、大坝）等人为因素影响，使河流发生水体逗留时间延长，水流流速减缓等水文学变化，造成水体中颗粒物沉降，硅风化背景减少，导致溶解硅入海通量降低（Humborg et al.，1997）是存在的。

（3）入海河口沉积环境状况分析

来自长江河流的污染物质通过悬浮物吸附沉积物化过程主要富集归宿于沉积物中，并通过沉积物的溶出释放再悬浮于海水中造成二次污染，因此，河口海底表层沉积物是海水中污染物的汇和源。了解对比河口表层沉积物重金属含量的变化状况，可以评估生物栖息沉积环境质量和底栖生物生态状况。

根据国家海洋局2003—2008年《中国海洋环境质量公报》报道，近年长江口沉积物质量总体良好，综合潜在生态风险较低。对比三峡工程一期蓄水后早期（2003年）与后期（2007年）长江口沉积物重金属含量分析结果表明，自2003年三峡工程一期蓄水以来，长江口及其邻近海域表层沉积物中重金属元素含量有逐渐降低的趋势（表11.3），其含量分布总体仍是南高北低，近岸高远岸低和泥质区高沙质区低的特征没有发生变化，说明重金属元素的沉积机制没有发生变化，但其物源及输入通量发生了变化。

表11.3 长江口及其邻近海域表层沉积物重金属含量 单位：μg/g

年份	值	Cu	Cr	Pb	Zn	Cd	Co	Ni	Fe
2003	最小值	5.3	46.5	16.2	39.2	0.03	10.6	27.6	3.7×10^4
	最大值	52.2	127.6	40.0	139.8	0.54	27.7	155.1	6.9×10^4
	平均值	24.5	95.7	26.9	80.0	0.20	16.9	74.1	5.4×10^4
2007	最小值	8.9	35.4	11.1	48.5	0.01	10.0	19.7	3.8×10^4
	最大值	61.0	111.0	26.5	133.3	0.34	20.2	54.1	7.2×10^4
	平均值	23.0	75.9	20.0	95.8	0.10	15.4	37.0	5.1×10^4

资料来源：翟世奎，2008。

（4）缺氧区和低氧区水环境的生态影响

海水中溶解氧含量多寡对海洋生命活动具有重要的影响作用，它是海洋生物进行呼吸作用和光合作用的基本物质，而且海水中有机残体的腐败和分解也要消耗溶解在海水中的氧，如果水层或水底环境缺氧会出现硫化物或其他有毒气体，这会使生活在该环境中绝大多数海洋生物在缺氧条件下出现窒息死亡。

自80年代后期始，随着全球气候变化加剧和因人类活动导致的富营养化过程所造成的近海水层和底层环境的缺氧，引起了海洋学家们的高度关注。国内学者顾宏堪（1980）首次研究并报道了长江口和东海的溶解氧浓度问题。近年，李道季、张经等（2002）、王保栋（2003）、徐韧等（2004）对长江口及其邻近水域的低氧（小于2 mg/L）现象有过报道。新近，翟世奎等（2008）、袁伟等（2010）对长江口缺氧区氧化还原条件及其影响因素以及对小型底栖生物的影响进行了研究。

根据1993年至2004年连续多年对长江口及其邻近大部分海域的溶解氧调查资料显示，5月平水期海水中溶解氧含量为6.08～9.22 mg/L，平均为7.94 mg/L，8月在5.30～8.12 mg/L，平均6.67 mg/L，大都在6 mg/L以上，符合国家海水一类水质标准6 mg/L以上的要求，这表明近年来长江口水体复氧条件良好，溶解氧含量基本稳定。不过，从1976年起至1985年连续的调查资料中发现除春季外，其余季节在长江口东海海域（均在31°～31.30°N，122°～

123°E）底层已出现 <4 mg/L 的低氧区。1998—1999 年，上海市污染基线调查结果也发现 5 月溶解氧含量 3.80 mg/L，10 月含量 4.1 mg/L 的低氧区。低氧区的核心区位置位于 30°51′N，122°59′E（李道季、张经等 2002）。2004 年 5 月和 8 月出现溶解氧含量最低值分别为 3.13 mg/L 和 1.32 mg/L（表 11.4）。"908" 专项于 2006 年至 2007 年对长江口（ST07 区块）调查时也发现在长江口外 122°E ~ 123.5°E，31°N ~ 32°N 范围内夏秋季底层水存在一个典型低氧区（2.0 ~ 3.0 mg/L）。一般学者认为，溶解氧含量低于 2 mg/L 为供氧不足，低于 0.1 mg/L 为缺氧。

表 11.4　2001—2004 年长江口区低氧区平均含量　　单位：mg/L

月份	2001 年	2002 年	2003 年	2004 年
5 月	3.68	4.53	4.51	4.13
8 月	3.24	2.50	2.19	3.78

关于低氧层的成因，目前国内外学者说法不一，有认为水体分层稳定所致，有认为是海洋浮游植物及其他生物死亡碎屑下层分解耗氧所致，作者分析认为，随着三峡工程、南水北调工程的建成运行，长江口入海径流量的减少，长江口冲淡水影响范围缩小，对水体扰动程度也会降低，促使更大面积的海域底层海水复氧条件变差，据此未来长江口低氧区范围可能会有所扩大，更有可能向近岸推移，其对生物资源及其栖息环境的潜在危害必须引起重视。

迄今，关于低氧区和无氧区对生物生态的影响研究尚少。据张志南（2008）等报道，2003 年 6 月在长江口外出现的无氧区（Anoxia）即溶解氧值极低（小于 0.15 mg/L）和缺氧区（Hypoxia）即溶解氧值相对较高（大于 0.15 mg/L，小于 1 mg/L），具有明显不同的粒度特征，无氧区的 Md_{Φ} 平均值为 8.15，缺氧区的 Md_{Φ} 平均值只有 5.99，显示缺氧区的沉积颗粒比无氧区的沉积颗粒粗得多。栖息在无氧区的小型底栖动物的丰度，生物量和海洋线虫的丰度，分别为缺氧区的 1.7 倍，1.4 倍和 2.3 倍，线虫的优势度均超过 90% 以上，而底栖桡足类和动物类则表现对无氧的敏感性，底栖桡足类在缺氧区的平均优势度为 11%，而在无氧急剧下降到 3.0%，动物类则由 5.9% 下降到 0.7%。这些结果与国际上一些学者如 Josefson 和 Wibtom（1988）、Austen 和 Wibdom（1991）、Cook 等（2002）和 Neira 等（2001）等研究缺氧对小型底栖动物的影响很小，线虫丰度与食物的质量呈显著正相关的结果颇为一致。分析认为，无氧群落的特征是高丰度、高生物量和线虫组成的高优势度与 chla 和 pha - a 显著相关，正是 chla 和 pha - a，而不是溶解氧是小型底栖动物丰度特别是线虫丰度的主要控制因子。与此相反，底栖桡足类的丰度、生物量和优势度与低的溶解氧呈现高度相关，表明溶解氧浓度是小型底栖类生物分布的重要因子。另据袁伟等（2010）于 2006 年 8 月调查发现长江口以南浙江沿岸低氧区是底栖动物生物量、丰度的高值区，低氧区内的多样性指数（1.71）小于低氧区外的响应值（2.53），表明低氧环境已经对大型底栖动物的生物量、丰度、群落结构、生物多样性产生了显著影响。

鉴于缺氧区和低氧区的形成及其生态影响是一个物理、化学和生物综合作用过程，仅仅依据 2003 年 6 月和 2006 年几个航次的调查资料，而缺乏不同季节、不同生态类群生物及其与栖息的无氧、缺氧环境相关关系的综合研究是不够的，而且随着三峡大坝工程、南水北调工程建成运行，长江入海径流量的减少，长江口冲淡水影响范围会减少，底层海水复氧条件变差，预计未来长江口低氧区范围可能会扩大，更有可能向近岸推移，其对生物生态的潜在危害可能性更大。因此，我们认为必须加强长江口及其邻近海区无氧、缺氧区的形成机制，氧化还原条件及其影响因素和对生物生态的影响的研究。

2）对海洋生物生态的影响

关于三峡水库建设工程蓄水前，对长江河口的浮游生物、底栖生物、游泳生物和渔业资源可能产生的影响，郭玉洁等（1992），高尚武等（1992），刘瑞玉等（1992），罗秉征等（1992），线薇薇（2004）作过周年的调查和系统的分析研究，所获大量资料和结果，为三峡工程的长期效应评估奠定了坚实的背景（基线）资料基础。2003年大坝蓄水完成后，王金辉等（2004），叶属峰等（2004），徐韧等（2008），孙军等（2007），徐兆礼等（2007），张志南（2008），吴跃泉（2007），线薇薇等（2004）进行了调查研究，为本文提供了评估资料。

三峡水体属季调型水库，它在一定程度上勾画了自然入海径流量。如前所述，三峡工程蓄水后首先是改变入海水沙量和营养盐输入量。通过生态阀门可能是放大、缩小、反馈或叠加等相互作用，影响生物群落的繁殖、发育、生长、死亡、数量和时空分布、种间关系、种群动态乃至整个河口生态系统。这是一个相互联系的众多因子相互作用的极为复杂的过程，其生态学效应需要长时间才能表现出来，因而需要长期、定期、定点调查监测和系统深入研究才能作出判断。

（1）对浮游生物的影响

三峡水库蓄水后对浮游植物的可能影响，主要是通过入海水沙量和营养盐的输入量的减少改变海水盐度和氮、磷比例结构间接起作用的。淡水量减少，盐度升高对那些河口狭盐性种类生长是不利的。而营养盐由于沿岸排污的补充，尚不致影响其生长。根据国家海洋局东海环境监测中心从三峡水库蓄水后连续5年的监测结果表明，在受人类活动干扰影响严重的长江河口门以内区域，浮游生物种类数和群落结构的变化较明显。江口门内浮游植物种类数从20世纪90年代初期的97种降至90年代末期的63种左右，21世纪初降至51种，目前基本维持在30种左右（图11.4），与90年代初期相比种数下降了约70%，而长江口门以外海域浮游植物种数近40年来变化不大。从群落结构上看，口门内硅藻从20世纪80年代占浮游植物总量的85%下降到目前的70%左右，甲藻从20世纪90年代的所占比重5%上升到目前的25%（徐韧等，2008）。

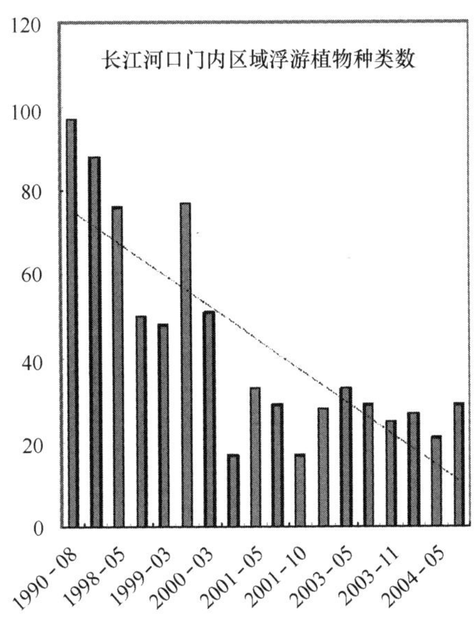

图11.4　长江河口区浮游植物种类数年际变化

引自徐韧等，2008

赵冉等（2009）通过对长江口水域三峡大坝蓄水后2006年春、夏、秋、冬季浮游植物调查，并与蓄水前2002年至2005年春、夏、秋、冬季共9个航次调查结果比较发现，截流后河口区硅、甲藻丰度比例较截流前表现出明显降低趋势，外海高盐性物种和暖水性物种丰度比例明显升高，这表明三峡蓄水使入海径流量减少，造成外海和暖水种入侵。柴超（2006）的研究结果表明，蓄水后的叶绿素a浓度较高，2002年的叶绿素a平均浓度为0.28 mg/m^3，2003年叶绿素a浓度升高显著，平均值上升到2.09 mg/m^3；2004年的叶绿素a浓度略有降低，但仍高于2002年，平均值为0.96 mg/m^3。蓄水后叶绿素a高值区覆盖的面积有增大、扩大的趋势。

同样，生活在长江口门以内水域的浮游动物种类数，也有明显下降，从20世纪80年代的105种下降到90年代初的76种，从1997年至今基本维持在30种左右，但群落结构相对比较稳定（图11.5）。

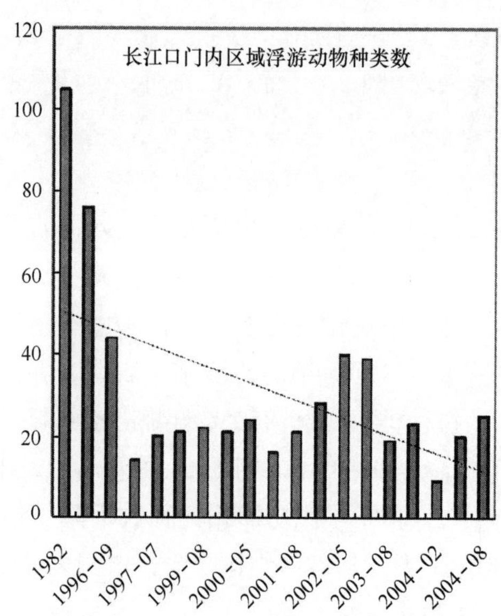

图11.5　长江河口区浮游动物种类数年际变化
引自徐韧等，2008

另外，单秀娟等（2005）也针对三峡工程蓄水前后2002年秋季（11月）和2003年秋季长江口鱼类浮游生物群落结构动态变化进行了分析研究，结果发现，蓄水后鱼类浮游生物种类和数量比蓄水前有所增加，群落结构和优势种的时空分布特征也发生了明显的变化。2003年秋季鱼类浮游生物出现14种，比2002年秋季多3种，群落组成主要以银鱼、康民小公鱼等数量占较大比重，日本鳀由原来的绝对优势降为常见种，分析认为这些变化除了与径流量减少，温度升高，盐度降低有关外，也与饵料浮游生物数量增加和鱼类浮游生物本身生物学季节分布有关。

（2）对底栖动物的影响

与水层生物不同的是，底栖动物相对定居、有较长的生命周期，缺乏防避外界压力影响的能力，许多研究表明，入海沙量变化和河口沉积环境异常变化都有可能对底栖动物产生不利影响。入海径流量的明显改变，也将导致河口环境盐度，特别是沉积速率和各种沉积物的分布范围的相应变化，进而影响同这些环境条件关系密切的底栖动物数量分布。

根据吴跃泉（2007）针对三峡水库蓄水后于2004年2月、5月、8月、11月对长江口底栖动物调查结果表明，2 月，5 月，8 月和 11 月出现的底栖动物种类数分别为 127 种，114 种，83 种和 97 种，与蓄水前 2001 年 5 月的 137 种和 2002 年 11 月的 144 种，分别减少 16.8% 和 32.6%。底栖动物平均总生物量以 2 月和 5 月较高，分别为 19.7 g/m^2 和 23.4 g/m^2，11 月为 19.6 g/m^2，8 月偏低，为 12.7 g/m^2，略低于 2001 年 5 月的 28.14 g/m^2 和 2002 年 11 月的 27.13 g/m^2。其生物多样性指数也是 2 月（2.94）和 5 月（2.76）略高于 11 月（2.60）和 8 月（2.42），略低于 2001 年 5 月（2.88）和 2002 年 11 月（3.14）。但底栖生物密度则是水库蓄水后比蓄水前高，2004 年 5 月和 11 月的平均总密度最高分别为 623.0 个/m^2 和 781.7 个/m^2，略高于蓄水前 2001 年 5 月的 411.91 个/m^2，但低于 2002 年 11 月的 1 174.26个/m^2，这可能与耐污染的指示种小头虫优势度较高有关。

从底栖生物生态年际变化比较看，1978—1979 年长江口口门以内出现底栖生物 52 种，进入 21 世纪平均约为 10 种，仅为 20 年前的 20%，可见种类数下降更明显，但长江口外冲淡水区种类较多，目前有 70 种左右，与 20 世纪 80 年代相比也有下降趋势，但下降幅度较小。

值得特别提出的是，长江口门内水域的浮游生物和底栖生物的种类数和群落生态出现复杂的变化趋势，这些变化既可能来自三峡大坝蓄水后导致入海水沙量和营养盐输入量变化的影响，又肯定会受到沿江人为排污、河口围填海和大型工程建设以及自然因素变化的影响。这些影响不仅难以完全区分，而且影响的程度更是难以量化。

11.1.2.2 滩涂围海造地和临海电力工程的负面生态影响

1）滩涂围垦造地的生态影响

滩涂也称海涂，是指淤质海岸潮间浅滩，高潮位与低潮位之间的泥滩。滩涂质地有泥沙质、砂泥质、砂质、淤泥质、卵石质、砾石质、礁石质和珊瑚礁等。

滩涂是一种重要的土地资源，同时其蕴藏着丰富的生物资源，海涂有多种资源可供开发。近 20 年来，随着东海沿岸各省市建设事业的发展和人口的增加，为了解决用地的矛盾，大量围垦滩涂，以满足沿海工业、港口城市用地，增加耕地面积和发展水产养殖及制盐和盐化工基地的用地需求。

至 1990 年已知全国实际围填海面积 8 241 km^2，到 2008 年实际填海面积为 13 380 km^2，年增 285 km^2（付之斌，2010）。至 2007 年，上海市长江口区共围垦面积为 448.24 km^2，平均年围垦 20.36 km^2。浙江省全省共围垦海涂 211.5 万亩。至 2000 年底福建省共建成大小围垦工程 979 处，围垦总面积 130.3 万亩。据统计，全国 13 个主要海湾已围填海面积占海湾现状面积的 13.8%。（表 11.5）

表 11.5 福建省主要海湾历史围填海情况

海湾	海湾现状面积/km^2	历史围填海情况			
		个数	总面积/km^2	1949—1979 年面积/km^2	1980 年至今面积/km^2
沙埕港	76.62	24	26.33	14.54	9.51
三沙湾	738.04	40	77.88	38.02	39.05
罗源湾	226.7	17	71.96	6.25	65.70
闽江口①	1 800	13	19.98	11.40	8.58
福清湾	161.95	19	143.06 87.97	55.09	
兴化湾②	622.18	5	122.08 24.03	56.35	

续表 11.5

海湾	海湾现状面积/km²	历史围填海情况			
		个数	总面积/km²	1949—1979 年面积/km²	1980 年至今面积/km²
湄洲湾	444.60	37	121.07 65.88	55.19	
泉州湾	70.6	12	40.21	37.29	2.80
深沪湾③	29	3			
厦门湾	1281.21	62	125.74 108	17.74	
旧镇湾	52.68	12	17.67	9.8	7.87
东山湾④	247.89	15	22.3		
诏安湾	221.73	14	40.84	18.71	22.13
合计	5 973.2	273	829.12 421.89	340.01	

注：①闽江口多处围垦因其面积不详未统计；②兴化湾的围垦工程数量及不同年代面积仅统计万亩以上围垦区；③深沪湾无围填海面积资料；④东山湾资料不全。

许多研究表明，围填海活动的直接负面影响主要表现在：

①有些围垦进而筑堤行为改变或降低海湾的水动力条件，改变原有的地貌形态和底质分布，使局部环境恶化，进而危及生物的生存。如 1953—1955 年，厦门修建（崎）集（美）海堤以及邻近的同安湾策槽等多处围垦，改变了海流方向，使原来中砂底淤积淤泥，导致世界唯一、年最高产量达 200t 的珍稀生物文昌鱼几乎绝迹（赵大昌，1996）。

②直接占用浅海湿地和红树林滩涂，丧失湿地资源，损坏红树林，改变底栖生物及栖息环境。围填海活动对湿地资源产生重要影响的是厦门湾，历史围填海面积占整个厦门西海域面积的 49%，导致大量湿地和红树林资源的丧失。同时，底栖生物大量损失，同安湾的渔场消失。三沙湾、福清湾、泉州湾和旧镇湾的历史围填海面积也占到海涂面积的 1/3 以上。如三沙湾因大规模围填海导致滩涂湿地面积不断减小，造成生态功能退化，环境质量下降，重要经济鱼虾贝栖息地面积锐减，珍稀物种生存和候鸟迁徙受到影响，管井洋大黄花鱼产卵场基本消失，互花米草蔓延。福清湾因围垦使中国鲎生息繁衍的场所减少了 50%，鲎资源严重减少，已成为濒危物种。

③改变了海洋生物栖息环境，降低了海湾的环境容量，造成环境质量和物种多样性下降，濒危和珍稀物种退化或消失。

过度的圈围，同样也会对河口生态系统产生负面影响。在长江口，从 20 世纪 70 年代后期开始，为了能够获取更多的土地资源，圈围建坝高程逐渐降低，从高潮位降至中潮位，继而降至低潮位（陈吉余，2000）。将各种生物生长、觅食的主要区域——潮间带湿地也被围入堤内。

（1）长江口滨海湿地生境受损状况

80 年代以后，随着上海市城市建设向滨海地区扩展，为满足市政府交通、工业用地和休闲旅游用地的迫切要求，向海洋滩涂湿地要地的内地驱动力加大，围垦边滩湿地的规模不断扩大，造成长江口区生境损失明显。据资料显示，1989 年至 2007 年间，长江口区共匡围了 448.24 km²边滩湿地，其中，1989 年至 2001 年间围垦滩涂 243.99 km²，平均每年围垦 20.33 km²，在崇明东滩新增加前哨农场等农业土地，在长江口南岸浦东新区沿岸新建了多座集装箱运输码头，南汇边滩南段建成了芦潮港人工半岛一期工程，北段为浦东国际机场工程建设提供了新的土地。2001 年至 2005 年间，共围垦边滩湿地 164.05 km²，平均每年围垦 41.01 km²，围垦速度明显加快，是 1989—2001 年围垦速度的 2 倍（表 11.6）。2005 年至

2007年由于受边滩湿地资源增生能力的限制和崇明东滩鸟类国家级自然保护区和九段沙湿地国家级自然保护区不允许围垦活动的限制，围垦速度有所减慢（张正龙等，2008）。

表 11.6　1989—2007年长江口区滩涂围垦状况

时段	围垦区域	围垦面积 /km²	总围垦面积 /km²	年围垦面积 /（km²/a）	围垦集中区
1989—2001	北支北侧边滩	39.85	243.99	20.33	崇明东滩、长江口南岸边滩
	崇明岛	137.77			
	长兴岛	4.78			
	横沙岛	1.05			
	长江口南岸边滩	60.54			
2001—2005	北支北侧边滩	1.20	164.05	41.01	南汇边滩、崇明东滩
	崇明岛	39.13			
	长兴岛	5.17			
	横沙岛	0.74			
	长江口南岸边滩	117.81			
2005—2007	长兴岛	1.41	40.20	20.10	横沙东滩
	横沙岛	36.07			
	长江口南岸边滩	2.72			

资料来源：张正龙等，2008。

许多研究表明，围填海对滨海湿地海洋生态、环境的影响是长期潜在而深远的。围填海不但占据了生物栖息生存环境而且在随后的开发活动过程中产生的污染物，会导致生物栖息环境质量下降，破坏渔业生物的产卵场、育幼场、索饵场，甚至会导致珍稀濒危生物失去赖以生存和繁衍的栖息地，造成生物多样性下降，生态系统退化。下面我们着重分析崇明岛潮滩地、南汇嘴潮滩生态受损状况。

- 崇明岛潮滩湿地生境受损状况

崇明岛潮滩湿地总面积为580 km²，以东滩湿地和西沙湿地发育最好，东滩位于崇明岛最东端，是长江径流泥沙在该岛的主要沉降区域之一。是全岛淤涨最快的部分，目前仍以每年200～300 m的速度向延伸。生长有茂盛的海三棱藨草以及藨草、野灯芯草、糙叶薹草等。

东滩湿地的高潮滩已被围垦改造成鱼塘。中潮滩向海侧发育直脊链状波痕，常有鸟类停息留下的足迹和鸟粪。它是“潮滩型”剖面的典型代表，是近20年来形成的一块年轻湿地。上海市很早就开始了对崇明岛湿地的围垦。1966年以来，已经有四次较大规模的围垦，从1964—2001年前后共圈围湿地达20次之多，圈围面积达14 198.4 hm²。海堤向外推进了10 km多。围垦使得滩面宽度变窄，自然植被遭到破坏，影响了自然促淤，淤涨速率明显减慢。围堤外的海三棱藨草所剩无几。围垦滩涂使盐沼湿地生境退化，加剧了海三棱藨草等盐生植物向陆生植物的演替，不但影响了底栖动物的生存，也使迁徙鸟类的栖息地和饵料受到破坏。例如，白头鹤，它的主要食物是海三棱藨草的地下球茎和藨草的根茎，1998年滩涂围垦后，堤内海三棱藨草逐渐被芦苇杂草所替代，不能再维持白头鹤的越冬觅食活动。2002年冬季白头鹤完全觅食于“98堤”外，而仅在堤内芦苇草滩夜宿。至2001年秋季，“98堤”内的夜宿地被全部开垦为蟹塘，白头鹤夜宿地也逐渐消失（张雯雯等，2008）。显然目前，东滩湿地主要面临的生态和环境问题，是过度围垦侵占湿地鸟类的栖息地，影响了鸟类的迁徙越冬，对崇明岛东滩的生态系统结构也带来了不可预见的影响。对此，必须采取补救措施，否则崇明东滩的白头鹤越冬地会被完全破坏。

- 长江口南汇嘴潮滩生境受损状况

上海市南汇嘴潮滩位于长江口和杭州湾的交汇地带，是长江口入海泥沙南下扩散和进入杭州湾的主要泥沙通道，也是上海市未来资源开发和经济发展的要地，保护和整治该潮滩的生态环境对于发展长江三角洲的经济具有重要的科学和现实意义。但近年来，随着长江水沙入海量的逐年减少和长江口、杭州湾大规模围滩促淤造地工程实施的双重影响，致使本已减少的进入长江外海的泥沙进一步减少，这必将对南汇嘴沿岸水域的水流、泥沙和地形冲淤带来深刻的影响。据粗略统计，自1995—2002年在南汇嘴两侧，自长江口一侧的浦东国际机场经南汇至东滩至杭州湾一侧南汇嘴南滩长约45 km岸线0 m以上的大片浅滩已先后被筑堤促淤圈围，至2003年已先后被圈围31.5×10^4 hm^3（约合150 km^2），其中包括浦东国际机场、南汇东滩一、二期，人工半岛一、二期以及芦潮港两侧的临港工程（图11.6及图11.7）。如此大范围0 m以上浅滩，在工程建设期间由于促淤堤拦沙、落潮时低含沙水流下泄冲刷。堤外取土等因素加剧了进入长江口外海泥沙的进一步减少，导致近岸潮滩及海域海床的冲刷强度的进一步加大。分析认为1993—1998年为南汇嘴潮滩的淤涨期；1998—2003年为南汇嘴潮滩的冲淤调整期，2003年围堤工程结束后新岸线形成，这有利于泥沙落淤和滩地发育，也促使南汇嘴潮滩出现淤涨而南滩远岸冲刷的发育过程，呈现淤积外涨的态势，由此说明南汇嘴促淤圈围工程、挖泥吹填工程等局部工程的影响是局部的，地形的重塑过程比较短暂，并不改变南汇嘴潮滩淤积外涨的总趋势（付桂等，2007）。

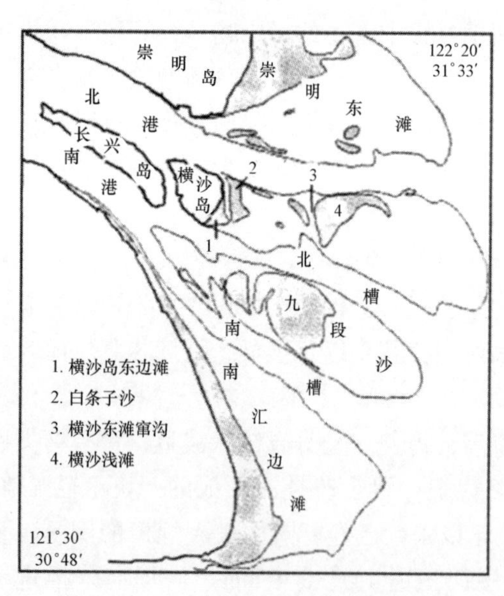

图11.6　长江口区滨海湿地边滩

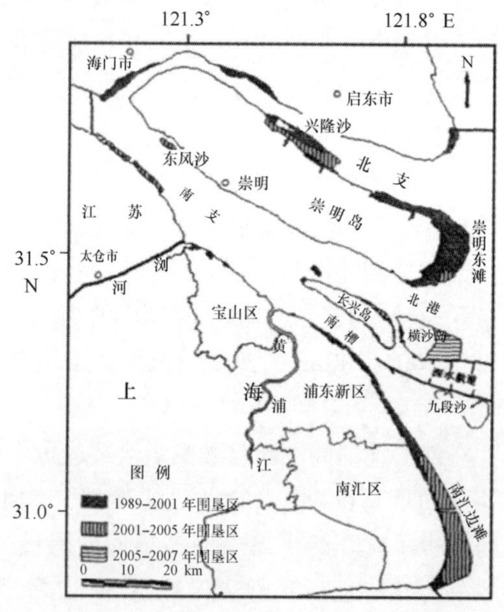

图11.7　1989—2007年长江口围垦区

但据袁兴中等（2001）1999年3—11月对围垦对长江口南岸潮滩底栖动物群落结构和物种多样性影响的调查发现，围垦后底栖动物群落组成发生变化，甲壳动物种类明显减少，由7种减少到1种，随着围垦时间延长，多毛类种类减少，由4种减少到3种，直到最后消失，软体动物种类相对有所增加，由占总数的29.41%增加到50%，这反映了围垦干扰破坏的程度。

潮间带是首当其冲受人为资源开发活动影响的最为敏感和脆弱的生态系统。“908”专项通过与历史相同的几条断面潮间带生物调查结果与20世纪80年代的“中国海岸带与海涂资源调查”比较，发现“908”专项调查的潮间带生物种类有明显减少，由80年代的811种减少到2007年的471种，表明潮间带生物多样性和生物栖息环境遭受到干扰和破坏，也认为围填海过度是造成多样性降低的主因之一（王春生等，2011）。

（2）围填海对湿地生态服务功能的影响

海洋生态服务功能是指一定时间内特定海洋生态系统及其组分通过一定的生态过程向人类提供的赖以生存和发展的产品和服务。近年来随着社会的发展和人口的增长，土地需求量急剧增加，围填海活动也愈来愈频繁。然而，围填海活动在产生巨大社会和经济效益的同时对滨海滩涂生态系统的破坏也在增强，对生态功能产生不可逆的影响，如生产力降低、生物多样性下降、调节和恢复功能衰退等，现在，这些情况已经引起越来越多的海洋环境科学学家和管理人员的重视。因此，科学地评估包括湿地生态系统在内的任何生态系统服务及其价值，研究围填海等人类活动对湿地生态系统服务的影响，对于合理开发和利用滩涂资源，促成湿地生态系统的可持续发展具有重要的战略意义。

近年来，国内学者对海洋生态系统服务功能与价值评估（张朝辉等，2007）；评估方法（彭本荣等，2006）；研究进展（张朝辉等，2007）和研究计划（陈尚，2006）等作了详细论述；有些学者对红树林生态系统服务价值（赵晟等，2003），海南岛沿岸带生态系统服务价值评估（杨清伟等，2003），上海市九段沙湿地生态系统服务功能价值评估（马翠欣等，2004），三垟湿地生态系统服务多功能及其价值（王仲等，2005）等进行研究。但从宏观层面上研究区域多个围填海项目或工程的生态服务的累积影响尚不多见。新近，俞纬纬等（2008）利用GIS技术，借鉴Costanza等（1997）研究生态服务功能单位价值系数，评估了福建兴化湾近40年来围填海所造成的生态服务损失，并根据兴化湾的围填海相关规划，预测到2020年围填海活动可能对生态服务造成的累积影响。评价结果认为，围填海对兴化湾滩涂湿地生态服务造成的损失巨大，围填海规划实施完成后的损失将会更大。分析指出，50年代至今兴化湾围填海总面积约为122.08 km^2，1959—2000年间，兴化湾滩涂面积减少了21.35%，生态服务的年总价值由1959年的5.31×10^9元降至2000年的4.45×10^9元，损失达8.63×10^9元，损失幅度为16.35%；2000—2020年，围填海相关规划的实施将导致兴化湾滩涂面积急剧下降，生态服务的年总价值由2000年的4.45×10^9元降至2020年的3.48×10^9元，损失达9.68×10^9元，损失幅度为21.77%，其损失量和损失幅度均高于1959—2000年40余年的损失（表11.7）。

表11.7 不同时期生态服务功能价值

生态系统类型	1959年		1986年		2000年		2020年	
	价值/（×10^4元/a）	比例/%	价值/（×10^4元/a）	比例/%	价值/（×10^4元/a）	比例/%	价值/（×10^4元/a）	比例/%
农田	0	0	49.264	0.01	88.848	0.02	89.2	0.026
养殖池	6 175.313	1.163	12 578.136	2.6	27 610.144	6.207	31 916.608	9.172
盐田	1 535.704	0.289	5 086.512	1.052	5 338.408	1.2	4 728.992	1.359
草林地	0	0	72.312	0.015	77.64	0.017	76.312	0.022
裸地	0	0	0	0	0	0	0	0

续表 11.7

生态系统类型	1959 年		1986 年		2000 年		2020 年	
	价值/（×10^4 元/a）	比例/%	价值/（×10^4 元/a）	比例/%	价值/（×10^4 元/a）	比例/%	价值/（×10^4 元/a）	比例/%
岛屿	164.92	0.031	164.92	0.034	164.92	0.037	164.92	0.047
滩涂	523 212.368	98.517	465 732.328	96.289	411 525.592	92.518	311 011.96	89.374
总计	531 088.304	100	483 683.472	100	444 805.552	100	347 987.984	100

注：引自俞炜炜等，2008。

显然，滩涂围填海开发造成生态服务价值损失的主要表现为高生态服务功能价值的滩涂生态系统向低生态服务功能价值的农田、盐田、裸地等生态系统转变。同时，由于滩涂生态系统具有远远高于其他生态系统的单位生态服务功能价值，滩涂生态服务价值在研究区域总价值中的贡献率远远高于其他生态系统类型，在一定程度上，滩涂湿地面积萎缩是围填海造成生态服务价值损失的根本原因。

值得一提的是，尽管俞炜炜等引用 Costanza 等（1977）的评估方法和价值估算系数还有争议，但近年这种方法广泛被应用，在目前尚没有提出更完善的方法和系数时，我们认为俞炜炜等成功地应用 Costanza 的系数评估围填海对兴化湾滩涂湿地生态服务功能损失的评估法可为我国同类型海湾围填海的生态损失评价提供借鉴作用。

2）临海电力工程的影响

近年来，为适应经济快速发展对电力的需要，各沿海省市兴起了火力发电厂建设的高潮。在“十五”期间，仅浙江省沿海立项或已开工建设的滨海电厂就有嘉兴发电厂（二期 4×600 MV）、宁波 LNG 发电厂、大唐乌沙山电厂（一期 4×600 MV）、国华宁海电厂（一期 4×600 MV）、三门核电厂（一期 2×1 000 MV）、北仑电厂（三期 2×1 000 MV）、浙江乐清电厂（一期 4×600 MV）、五环发电厂（4×1 000 MV）和福建福清核电站等。火力发电厂的建设、煤炭场堆放以及电厂运行后的温排水都将给近海域的生态环境产生一定影响。底栖生物由于栖息地相对稳定，活动范围较小，因此，对海域的环境变化反应敏感度较高，其种类组成、数量分布及其生物群落多样性等将直接反映该海域的生态环境状况。

据刘莲等（2008）对位于象山港乌沙山大型火力发电厂（4×600 MW 临界燃煤机组）附近海域底栖生物（建厂前和试运行后）变化对比研究表明，电厂试运行后（2006 年底）厂址附近水域底栖生物种类数有明显下降，与 2004 年、2005 年、2006 年相比，2007 年的底栖生物数分别下降了 63%、22%、42%，其中，多毛类、软体动物、甲壳类、棘皮动物的种类数分别下降了 56%、50%~80%，67%~83% 和 50%。底栖生物的优势种种类已明显减少，群落比较发生了较大变化。底栖生物的总栖息密度也呈下降趋势，2007 年为 130 个/m^2，较 2004 年、2005 年、2006 年分别下降了 75%、31%、67%。群落生物多样性指数、均匀度和种类丰富度均呈明显下降趋势，表明厂址附近海域底栖生物的生境已受损。底栖生态系统受到明显扰动，显然这与厂温排水形成的强增温区的影响有关。

近年，浙江大学资源与环境工程学院（2008）采用现场调查、实验生态学、生态毒理学、化学动力学与三维数值模拟相结合的方法，研究了滨海电厂温排水水温升和余氯对象山港、乐清湾、沙埕港亚热带近海生态系统的影响。结果表明，适度温升能够提高亚热带海洋浮游植物的生产力，对应于夏季、冬季28℃、12℃的海水温度，浮游植物群落生产力最适的温升幅度分别为2℃、12℃。浮游动物的耐热性强于浮游植物，并存在种间差异，温升基本不影响受纳海域的浮游动物存活。不同鱼类的适宜温度存在差异，适度温升会加快鱼卵孵化时间，但超出一定幅度，会造成鱼卵孵化失败和畸形率升高，四种试验鱼卵最适孵化温度分别为鮸鱼（24.2℃）>大黄鱼（23.1℃）>真鲷（22.2℃）>黑鲷（21.0℃）；四种试验仔鱼的24 h LT_{50}温度分别为鮸鱼（33.4℃）>黑鲷（30.3℃）>大黄鱼（29.4℃）>真鲷（28.5℃）。

在余氯短期冲击（加氯浓度为1.0~3.2 mg/L）的条件下，浮游植物群落恢复能力为春季（4~6 d）、秋季（3~4 d）、冬季（3~9 d）、夏季（8 d~无法恢复），与亚热带海域生物多样性的自然变动规律基本相符。浮游动物对余氯的耐受程度同样受物种类型、个体大小影响，并存在季节性差异。余氯对浮游动物的毒性随着物种的个体增大而减弱，小个体物种对余氯耐受性弱；余氯的半致死浓度随季节温度升高而下降。

从保护海洋生态角度看，在亚热带海区，夏季滨海电厂冷却系统内的海水温度不能超过8℃，春、秋、冬季冷却系统内的海水温度不超过12℃为宜，各个季节冷却水的加氯不应超过1.8 mg/L。

同样，位于象山港底部的国华宁海电厂2006年投入商业运行后，在温水排放口增温区底栖生物多样性和优势种数均呈现减少趋势，均匀度也明显高于运行前2005年，而丰度（0.49）却低于运行前的2005年（2.1）（杨耀芳等，2008）。

另据国家海洋局东海环境监测中心于2008年对位于杭州湾内的秦山核电站附近海域监测结果表明，^{137}Cs、^{238}U和^{232}Th放射性比活度均值均为三年来最高值，生物体内的^{232}Th和^{232}Ra放射性比活度比2007年有上升趋势。

3）大型海洋工程的生态影响

东海区大型海洋工程区主要集中在上海、浙江和福建沿海河口海湾等水域。这些大型工程包括长江口深水航道治理工程、洋山深水港工程和长兴岛造船基地建设工程等。

（1）长江口深水航道治理工程的生态影响

长江口是我国的一个特大型淤泥质三角洲河口。上海市为建立上海国际航道中心进行了备受瞩目的长江口深水航道治理工程建设。工程包括长江口南港北槽内建筑南、北导堤和丁堤等整治建筑物、疏浚航道近80 km。全部工程分三期实施10年完成。一期工程于1998年1月27日开工建设，2000年7月完成；二期工程于2002年5月全面开工，2005年10月完成；三期工程2006年5月开工，2009年完工（图11.8）。

工程对工程海域生态环境产生影响的因素，主要是整治工程和疏浚工程在施工期间与营运期期间，因疏浚取沙使局部水域悬浮物增加，生物栖息环境面积减少和所携带污染物对生物造成影响。由于在深水航道施工期内，因悬浮物略增影响水质和水层生物生态，但这种影响不是永久的，是可逆的并会随施工结束而逐渐恢复，影响不大。而疏浚取沙会因改变水动力对泥沙冲刷或淤积产生影响，直接对底栖生物栖息环境造成破坏。

（a）对生物栖息环境的影响

为了开辟长江口深水航道，工程选择整治与疏浚相结合的北槽方案着重对拦门沙河段进行治理，即在横沙东滩和铜沙浅滩修建一条长为49.2 km的北导堤，在九段沙上修建一条长为48.0 km的南导堤，在南北导堤之间两侧分别修建束水丁坝。为了解长江口深水航道治理

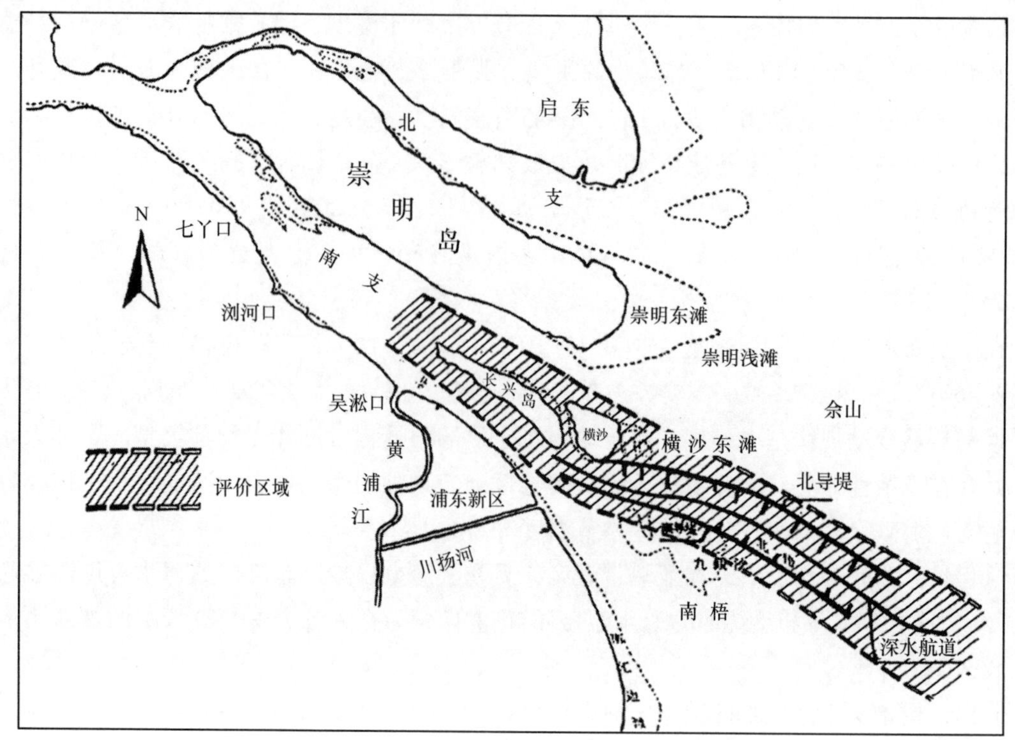

图 11.8　长江口深水航道治理工程评价区域示意图

一、二期工程对南槽横沙东滩和铜沙浅滩局部地区冲淤演变的影响，杜景龙等（2007）利用 GIS 软件及相关统计方法进行分析研究，结果表明，横沙东滩在长期的自然演变过程中滩地面积相对稳定，但 20 世纪 90 年代中期以来，由于长江来沙量减少，滩地面积出现减少（表 11.8）；1994—1998 年横沙东滩滩地面积减少了 3.4 km^2，而横沙浅滩的面积基本没有发生变化。深水航道北导堤工程（1998—2000 年）使横沙东滩的冲淤形势发生了较大的变化：横沙东滩窜沟扭曲、萎缩，白条子沙及其以东浅水区域淤积加剧；促淤工程实施后，形成了一个有利泥沙沉积的环境，过境泥沙的大量淤积及人工吹泥上滩使得横沙东滩淤长速度显著加快（杜景龙等，2007）。

表 11.8　横沙东滩滩地面积的年际变化　　单位：km^2

年份	横沙岛东边滩	白条子沙滩	横沙浅	小计
1977	13.28	5.28	41.04	59.60
1983	13.46	8.63	43.18	65.27
1994	7.50	21.74	41.71	70.95
1996	7.40	21.68	39.83	68.91
1998	7.21	21.39	38.95	67.55
1999		北槽深水航道工程建设		
2000	7.98	37.21	42.12	87.31
2002	7.64	37.18 横沙东滩促淤工程建设	41.61	86.43
2004		83.57	30.01	113.58

资料来源：杜景龙等，2007。

（b）对底栖动物的影响

底栖动物与其生活的沉积环境具有密切关系，许多研究表明，人类活动对河口底栖动物群落结构与生物多样性影响是显而易见的。为了解长江口深水航道治理一期工程对底栖动物的影响，叶属峰等（2004）于一期工程完成后的2002年5—6月对工程区海域进行了专项调查研究，结果表明，一期工程前后，长江口深水航道治理工程海域底栖动物种类减少和生物量下降趋势明显。种类数比20世纪70年代末（1978—1979年）、80年代初（1982—1983年）、90年代初（1990—1991年）、90年代中期（1996）和90年代末（1998）分别减少了87.6%，87.6%，45.7%，36.7%和20.8%，其中，多毛类、软体动物、甲壳动物、底栖鱼类等种类数均有大幅度减少，优势种为纽虫和沙蚕，出现率分别达32%和24%，动物栖息密度平均为21.8个/m^2，比1998年下降了65.9%，年均生物量为5.68g/m^2（湿重），比1988年下降了80.0%，比一期工程前（1996）减少34.4%。此外，调查区域各类生物的生物量组成也发生了明显变化，比历史调查结果均低（表11.9）。1982—1983年棘皮动物和软体动物年平均生物量分别占总生物量的34.4%和11.8%（徐兆礼等，1999）；而本次调查结果为：棘皮动物占18.5%、多毛类占8.4%、甲壳动物占6.1%、软体动物占45.1%。2004年1月至2006年12月期间，全为民等（2008）通过对上海市6个典型潮滩湿地——崇明东滩、崇明北滩、九段沙、青草沙、南江边滩和杭州湾北岸的大型底栖动物生态调查结果表明，6个潮滩湿地中大型底栖动物生物量的空间分布均呈现高潮区＞中潮区＞低潮区，随着高程的降低，大型底栖动物生物量呈逐渐下降趋势。与20世纪80年代和90年代的调查结果相比，近20年来海洋潮滩湿地中大型底栖动物的密度约降低了70%，群落结果组成也发生了根本改变，优势种由个体较少的软体动物转变为平均体重较大的甲壳动物，这也反映了上海市包括崇明东滩在内潮滩湿地的环境质量和生态功能正在逐步下降的趋势。

表11.9 长江河口区底栖生物种类组成和种群密度的年际变化

年月	总种数	平均密度/（个/m^2）	平均生物量/（g/m^2）	其他					其他	文献
				多毛类	软体动物	甲壳动物	棘皮动物	底栖鱼类		
1978—1979年	153			52 （34.0）	35 （22.9）	41 （26.8）	0 （0）	25 （16.3）		东海污染调查协作组，1984
1982—1983年	153		24.20*	51 （33.3）	33 （21.6）	37 （24.2）	3 （2.0）	27 （17.6）	2 （1.3）	陈吉余等，1988
1990年8—9月	32			5 （15.6）**	5 （15.6）	8 （25.0）	1 （3.2）	9 （28.1）	4 （12.5）	徐兆礼等，1999
1990—1991年	35			6 （17.1）	5 （14.3）	9 （25.7）	1 （2.9）	10 （28.6）	4 （11.4）	陈吉余等，1996
1996年9月	30	36.88	8.66	5 （16.7）	8 （26.7）	7 （23.3）	1 （3.3）	8 （26.7）	1 （3.3）	徐兆礼等，1999
1998年	24	64	4.79	6 （25）1）	2 （8.3）	9 （37.5）	0 （0）	6 （25）	1 （4.2）	3）
2002年5月	19	21.6	5.68	6 （31.6）	6 （31.6）	3 （15.8）	1 （5.3）	1 （5.3）	2 （10.5）	叶属峰等，2004

注：*5月份生物量；**括号内的数字表示种类组成比例%；1）含寡毛类颤蚓一种；2）含阿氏拖网样品；3）上海市环境科学研究院，长江口深水航道治理工程二、三期工程环境影响报告书（修订稿），2001。

资料来源：叶属峰等，2004。

如前所述，长江口深水航道治理工程建设过程中，无论是堤坝建筑、航道疏浚，还是现场取沙作业，都会在一定程度上对工程所在海域中的底栖生物带来一定的损失和危害，甚至是毁灭性的。由于工程作业区范围广，因此底栖生物损失量相当大，由此对该地区底栖生物群落结构带来较大的改变。据调查统计资料表明，工程海域内底栖生物年平均总生物量为29.4 g/m^2，若以这个平均生物量来计算，则在工程施工中，仅在治理的主航道范围内将损失934.92 t底栖生物，倘若加上南北导堤、束水丁坝及分流口工程的建设，底栖生物量损失将会超过500 t以上。治理工程建设结束，在很大程度上还会改变原来长江口赖以沙泥底质为栖息地的底栖生物生存条件，由此还会使一些管栖的和穴居的以沙泥底为主的底栖生物的生境发生变化，种类组成也会发生相应的变化。在深水航道治理工程中，为建导堤而就地取沙约300×10^4 t，即南、北导堤各取150×10^4 t，从而在一定程度上会使取去的沙中底栖生物遭受全部毁灭、破坏，并且是不可逆的，南、北导堤取沙量平均分别挖3.1 m宽和1 m深时，也按工程水域底栖生物量29.4 mg/m^2计算，南、北导堤被破坏的生物量分别为4 408.86 kg，4 408.17 kg，共计损失为8 817.08 kg。若加上其他工程的影响破坏，底栖生物量受损失约在10～12 t。另外，工程施工过程对中华绒螯蟹的产卵场，中华鲟肥育场均会产生不利的影响，但此影响是可逆的。南、北导堤建成后，资源会逐渐得到恢复。由于整个工程持续10年，其对工程海域生态环境产生的影响是一个缓慢的叠加过程，而且在工程建成营运期间，还有其他人为活动和污染因素的叠加影响。因此，我们认为对于像长江口这样一个处于多种人为活动干扰的地区，必须进行区域环境影响评价和回顾评价，以判别大型海洋工程在长江口破坏生态环境的作用和大小。

（2）洋山深水港工程的生态影响

上海港地处国际航运主干线上。为了适应国际航运市场的发展趋势，尽快把上海港建设成为国际集装箱枢纽港，使之成为全球集装箱运输干线网络的重要节点，必须建设具有15 m水深、能够满足第五、第六代大型集装箱运输船进出港需要的深水良港，而规划实施中的洋山深水港区是距离上海最近的符合上述水深要求、具有良好建港条件的港址。

洋山深水港位于杭州湾口，长江口外的浙江嵊泗崎岖列岛上，是一个深水新港开发和岛桥式集疏运连接的港口工程系统，是我国首个在海岛建设的港口，工程包括洋山港区建设工程、芦洋跨海大桥工程和洋山港区航道工程三个既相对独立、又紧密联系的分工程。设计年吞吐能力$1\ 500\times10^4$ TEU以上（图11.9）。目前洋山港深水港区一期工程于2002年6月正式开工建设，2005年12月已经完成建设投产运营，二期工程于2006年底完工投产运营。三期工程在一、二期工程的基础上，拟建设包括7个7万～15万吨级深水泊位的港区工程，占地面积约105×10^4 m^2的芦潮辅助工程和约11 km长主流航道拓宽至550 m的航道工程，年吞吐能力500×10^4 TEU。工程2008年已投产4个泊位，形成能力280×10^4 TEU，预计2010年7个泊位全部建成投产。2008年在一、二期港区安全高效运行的基础上，深水港区三期工程（一阶段）在上海通过国家竣工验收。

（a）对生物栖息环境的影响

根据洋山深水港工程施工期间对工程海域水质、沉积环境的监测结果表明，随着一期和二期工程建设的进行，水质和沉积物中各污染因子均有一定的增加，这与施工期港区陆域吹填、航道疏浚、大桥钻桩和运输船只活动等工程施工有一定关系，但施工结束后各因子基本恢复到施工前的水平，说明工程对水质和沉积环境的影响是暂时性的,。唯有化学耗氧量（COD）因小洋山当地居民全部搬迁减少了其生产和生活污水的排放，无论是丰水期或枯水

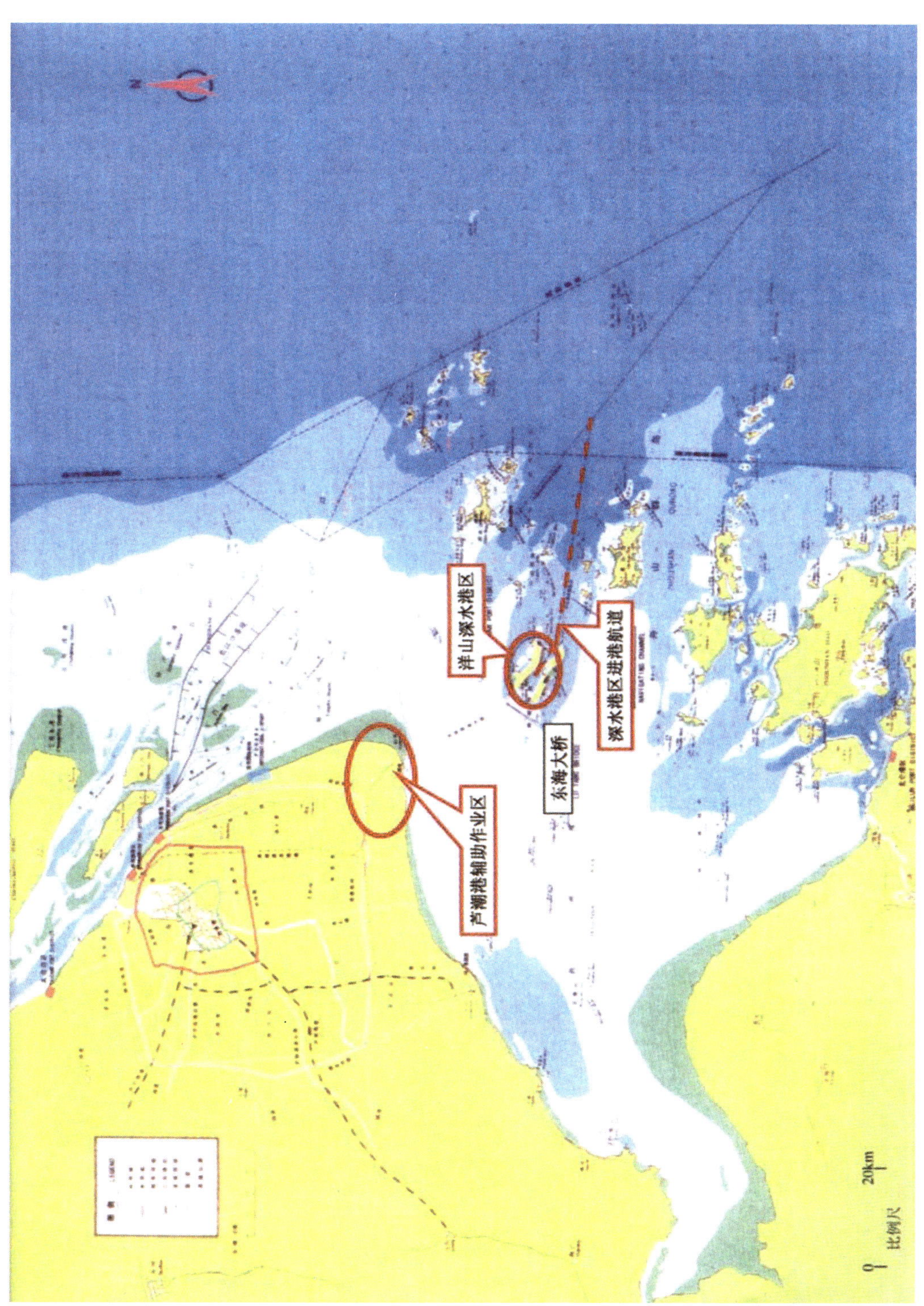

图11.9 洋山深水港区三期工程区域分布图

期较施工前分别下降为0.7 mg/L和2.7 mg/L。据国家海洋局东海环境监测结果表明，2008年洋山深水港工程及邻近海域水质活性磷酸盐、化学耗氧量、溶解氧、酸碱度监测指标均符合功能区的要求，无机氮超标严重与长江排污有关，工程局部海域偶有油类污染现象。采砂、吹泥、劈山等作业导致工程附近局部海域海水悬浮物增加，但都影响不大。

（b）对海洋生态和渔业的影响

工程建设对工程海域的生态影响主要发生在施工期，施工期生态影响包括直接影响和间接影响两个方面。间接影响主要指由于挖掘、爆破、打桩、疏浚抛泥、海底采砂等致使施工水域的悬浮物浓度增加，施工过程带来油污和重金属对工程区域海洋生物造成毒害等。而进入运营期，挖掘、打桩和抛泥作业停止，对海洋生态和渔业直接的影响基本消失，生态影响主要表现在维持性疏浚造成生态损失和船舶运输造成环境污染事故的破坏。

通过国家海洋局环境监测中心对洋山施工海域连续三年的生态跟踪监测结果显示（图11.10），洋山港区建设施工对水层生物生态都有不同程度的影响，其影响主要表现为生物量下降，生物群落组成结构基本没有改变，影响程度随着施工的结束在逐步减缓，但对底栖生物生态影响是比较明显的。据东海水产研究所监测结果显示：一期工程施工期，底栖动物的种类数逐年减少，2003—2005年种类数分别为21种、17种和16种；底栖动物栖息密度逐年下降，2003年（31.10 ind/m^2）>2004年（11.00 ind/m^2）；底栖动物平均总生物量总体表现为逐年降低，2003年（4.26 g/m^2）>2005年（2.18 g/m^2）>2004年（0.62g/m^2），2004年生物量下降尤为显著，2005年生物量略有回升；生物多样性指数也逐年降低，2003—2005

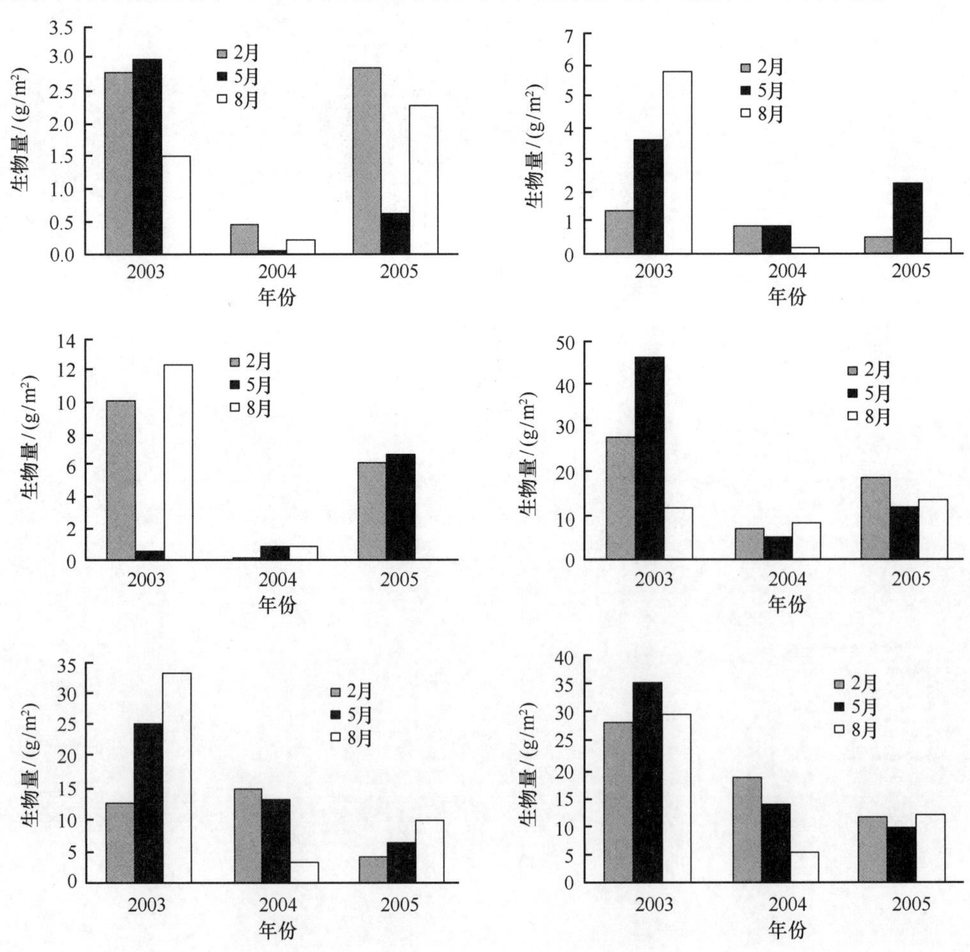

图11.10 洋山工程监测海域底栖动物生物量和密度变化

年分别为0.81、0.36和0.16。三年监测结果表明，洋山深水港一期工程海域施工期底栖动物种类数、总生物量、栖息密度以及多样性指数总体呈逐年下降趋势，群落结构趋于简单化，说明工程海域施工期对大型底栖动物产生了一定程度的影响，至工程完成营运后，还看不到恢复迹象（卜秋兰等，2007）。

作为底栖动物的主要生境，尤其是底内的软体动物，不同的底质栖息的软体动物种类、生物量和栖息密度有较大差异。Gray 认为底栖动物群落的分布同沉积类型密切相关，泥沙等混合型沉积环境的多样性高于泥或砂等匀质的环境；Sander 认为控制底栖动物分布和丰度的重要因子是底质的特征。洋山港海域属高含沙量区域，其泥沙来源主要为长江口直接扩散泥沙和潮流携来的海域泥沙，泥沙运动以悬沙为主，颗粒较细，属黏性泥沙范畴。港区的底质最常见沉积物为黏土，航道所在水域的底质大多为亚黏土，均适合生物生长。但是洋山港一期工程的施工，特别是进港航道和港池的疏浚作业，破坏了底质环境，导致了栖息于这一范围的底栖动物全部丧失。此外，工程中东海大桥设置的599座桥墩，在打桩过程中也破坏了底质环境，打入海底的管柱截面积范围内的底栖动物全部死亡，一部分的底栖动物在大桥施工期受到伤害而死亡。

施工过程对底栖生物的主要影响是填海、挖掘和抛泥作业等施工毁坏了底栖生物的栖息地和掩埋了底栖生物而直接导致死亡。根据有关影响机理分析和实测资料，取施工水域底栖生物量高值2.86 mg/m^2，按照每吨底栖生物价值2万元进行估算，计算了底栖生物损失量（表11.10）。

表11.10 底栖生物损失量

区域	影响面积 /×10^4 m^2	死亡率 /%	恢复时间 /年	单价 /（元/km）	损失量 /t	价值损失 /万元	备注
陆域形成	489.97	100	0	20	14	560	永久损失的经济价值按照20年累积进行估算
水工构筑物	17.16	100	0	20	0.49	19.6	
	51.49	30	5	20	2.2	2.2	
东围堤	5.88	100	0	20	0.17	6.8	
	8.82	30	5	20	0.3	0.3	
进港外行道疏浚	491.4	100	5	20	70.3	25.3	
	1474.2	30	2	20	25.3	12.3	
港内疏浚	86	100	5	20	12.3	12.3	
	258	30	2	20	4.4	4.4	
疏浚土吹填区	59.5	100	0	20	1.7	68	
总计底栖生物损失					131.16	769.2	

* 资料源于交通部科学研发所编制的“上海国际航运中心洋山深水港区三期工程环境影响报告”（2006）。

从表11.10中可见，结合几个方面的影响，工程施工期底栖生物损失共计约131.16 t，经济价值损失约769.2万元。

工程施工过程对渔业资源的损失主要包括两个方面：一是陆域形成，水工构筑等海工程造成的鱼类资源永久损失；二是施工过程造成悬浮物浓度增高可能导致的渔业资源损失。工程占海总面积为572.51×10^4 m^2，占海区域内由于生态系统功能的损失，引起相应的鱼卵、仔鱼全部死亡。若工程水域鱼卵、仔鱼的实际成活率为1%，则占海工程造成这些鱼卵和仔鱼全部死亡，其中，鱼卵损失量为 1.1×10^5 个，仔鱼损失量为 2.3×10^5 尾。若每条成鱼的重量按 100 g 计算，则相应的渔业资源损失为 34 t，若每吨鱼经济价值为 1.5 万元，估算渔业经济损失为 51 万元。根据悬浮物浓度场影响模拟预测评估结果，悬浮物高浓度区距离工程附近生态敏感目标较远，工程引起的悬浮物增量不会对舟山渔场产卵场、越冬场、索饵场、洄游通道产生影响。

（3）长兴岛造船基地建设的生境状况

长兴岛造船基地位于长江入海口处长兴岛南岸新前港下游，于 2006 年 1 月开始建设。岸线总长达 8 km，水深 12.16 m，计划 2015 年实现造船能力 800×10^4 t，其中，一期工程长 4.5 km，工程完成后其将成为有百年历史的江南船厂的新家。工程海域悬浮物高于全海域平均值，石油和铅分别比全海域平均值高 20% 和 44%，总汞和铜含量分别比全海域各自平均值低 20% 和 30%。迄今尚未收集到有关生态监测和评价资料。

11.1.3　海上倾废与船舶交通运输的负面生态影响

11.1.3.1　海上倾废的生态影响

海上倾废（dumping at sea）亦称海洋倾倒（marine dumping），是利用船舶、航空器、平台或其他运载工具向海洋处置废物及其他物质的行为。包括向海洋弃置船舶、航空器、平台和海上人工构造物的行为。但这类运载工具正常作业产生的废弃物的弃置不属于倾废。倾废与传播排污有着本质的区别。倾倒的废弃物多数是在陆地上或港口岸边产生的，由船舶及其他运载工具运送到海上处置，而处置又是唯一的目的。由于海洋倾废具有倾倒的地点是人为选划的，污染范围也不固定，倾废物有陆源和海源的特点，因而防控需要区域或全球范围内进行合作，与陆源污染治理不同。

由于海洋具有很大的净化能力，长期以来，上海、浙江、福建三省市早已经常将大量港口、航道疏浚物及城市废弃物倾倒到海上，海洋倾倒区是专门用于接受这些废弃物的海区。从全球来看，疏浚物是海洋倾倒废弃物中数量最大的一类，占每年向海洋倾废废物的 80% ~ 90%。疏浚物的大量倾倒会对海洋生态环境造成一定程度的影响和危害，国内外许多学者研究表明，大量倾倒疏浚物容易造成海水悬浮物浓度增大，从而降低水体透光性，直接影响生物的光合作用，降低初级生产力，大颗粒悬浮物对海洋生物呼吸器官产生堵塞影响，致使生物窒息死亡。倾倒物在短时间内的大量倾倒，直接掩埋了大量底上动物，加之覆盖了原有底质，破坏了底栖生物尤其是定居性的贝类的栖息环境，造成大量底栖动物死亡；倾倒物中的有毒物质在生物体内产生积累作用，对生物本身及食物链里的生物产生毒害作用。长期的倾倒还能改变底栖生态系统的结构和功能。据统计，2008 年东海区使用倾倒区 28 个，倾倒物为三类疏浚物，年倾倒疏浚物 $6\,579.90\times10^4$ m^3。根据国家海洋局海洋环境监测中心对吴淞口北倾倒区、象山湾临时倾倒区和厦门湾临时倾倒区 3 个海洋倾倒区监测结果表明，倾倒区沉积物完全满足海洋倾倒区海洋沉积物标准，沉积物质量状况较好，但底栖生物量稀少，这主要是倾倒的疏浚物掩埋和沉积环境变化共同影响的结果。与 2007 年相比，吴淞口北倾倒区海底地形水深有所增加，水深高低起伏大的情况仍然存在。

长江口航道整治工程是上海市国际航运中心建设重要组成部分之一。为了避免因工程施工和营运期间对施工海区及其附近滨海滩涂湿地生态环境的影响，建设单位遵照《中华人民共和国海洋倾废管理条例》（同［1985］34 号）、《中华人民共和国海洋倾废区管理暂行规定》（国家海洋局，2004）和《疏浚物海洋倾倒疏浚物生物检验技术规程》（2003）法规，进行了工程一期、二期和三期（1998—2009年）疏浚物倾倒区选划和论证及实施，委托海洋监测部门进行工程海域环境监测、疏浚物动态、生物生态和栖息生物的现状调查与影响评价，为工程的可行性，提出了比较客观、科学的结论。由于这项工程重大、疏浚物量多，而选划的倾倒区又与长江口生态敏感受体如中华鲟保护区、鳗鱼捕捞禁渔区比较靠近，倾废与生物生态的矛盾比较突出，所以，我们选择长江口深水航道整治工程疏浚物倾倒对工程海域生态环境的负面影响作为典型代表进行分析讨论。没有可能、也没有必要对每一个工程的倾废的负面影响作全面分析。

根据工程施工期和营运期在工程海域和倾倒区监测结果，我们提出的主要生态环境问题认识是：在一定海域内集中倾倒大量疏浚泥，对倾倒区及邻近海域环境产生的主要影响是倾倒行为破坏了局部区域的海床的冲淤平衡，造成局部海域水下地形的明显变化（主要是变浅）；倾倒的新泥完全覆盖了原有底栖生物的生存环境，造成倾倒区沉积环境的明显改变并直接导致底栖生物生存环境的破坏；另外，疏浚泥在水中停留过程中溶出的部分化学物质以及倾倒过程中引起的悬浮物浓度的增加将随着水流的作用影响倾倒区周边水域的水质环境。相比较而言，对沉积环境及底栖生态的影响较大，但范围小；而对水质的影响相对微弱，但范围广。

在水动力的作用下，倾倒行为对于邻近海洋功能区存在影响，特别是对敏感区的影响是应当重点关注的。比如，对于整个捕捞区以及中华鲟自然保护区的影响虽然不是立即就能显现出来的，但是由于引起水质的变化，进而会影响到鱼类及中华鲟的生活习性，并最终引起整个海域渔业资源以及中华鲟资源分布的明显变化，随着时间的推移和影响效应的累积，这种变化将滞后表现出来。

1）工程疏浚物的生态影响

（1）对生物栖息环境影响回顾分析

航道施工对局部海域水质的悬浮物、溶解氧、化学需氧量、硅酸盐含量存在一定程度影响，挖泥、疏浚等工程行为使底层沉积物中硅酸盐、重金属等重新释放，这对它们空间分布的影响很大，油类的空间分布受过往船舶的油污排放影响很大，但工程海域环境整体质量良好，并无恶化趋势。大多数水质理化指标符合一类或二类海水水质指标，无机氮和活性磷酸盐是工程海域水质的主要超标因子。无机氮含量状况均超四类海水水质标准，活性磷酸盐指标大部分海域符合二三类或四类海水水质标准，只有小部分海域超四类海水水质标准。

沉积物中的主要污染物，2003年的超标因子和单个因子超标率比2002年都有明显下降。石油类、砷、镉、铬、铅和锌的历年标准指数无显著差异；硫化物、有机质、总汞和铜的标准指数有所上升；六六六和滴滴涕的标准指数有所下降。

（2）对生态影响分析

环境评价结果显示，浮游生物的多样性指数值从1998年的2.20、1999年的1.85，下降到2000年的1.50，2002年指数为1.73，尤其在局部施工区的浮游生物多样性指数下降更明显。而底栖动物平均栖息密度明显大于一期工程，但种类有所改变；北导堤附近水域的底栖动物种类组成极为贫乏，生物量小。

航道二期工程的施工造成了附近海域水动力场的变化，航道流速加快，渔场面积减小，鱼类索饵育肥区域有所改变并缩小，洄游路线改变以及施工中疏浚泥沙和悬浮物影响鱼卵和仔鱼的发育，因此可能会对渔业资源（主要为中华鳌蟹蟹苗、中华绒鳌蟹、日本鳗鲡、凤鲚和刀鲚）造成一定的影响，可以通过人工增殖放流等生态修复工程逐步恢复。

2）对主要功能区（航道除外）生态影响预测

工程拟选划倾倒区及其附近海域共涉及的主要功能区有：九段沙湿地生态自然保护区、崇明东滩湿地候鸟保护区、长江口中华鲟自然保护区、长江口锚地、长江口捕捞区、横沙浅滩围垦区和长江口鳗鱼捕捞禁渔区。

由于各主要功能区和拟选划倾倒区的距离不一，各倾倒区周边海况差异明显，因而受倾倒区倾倒施工等活动的影响程度不同，具体影响预测见（表 11. 11）。

（1）对浮游植物的影响预测分析

工程以疏浚工程为主，对浮游植物产生的影响主要因素是悬浮疏浚物。在疏浚物吹、抛泥作业及其挖掘施工量比较大时，水体悬浮物浓度可能会超四类水质标准，会造成在一定范围内的浮游植物生长受抑制，且这不是永久的和大范围的，而是局部和暂时的。随着这些间断性和暂时性抛泥活动的终止，局部海域的水环境和浮游植物又会逐步恢复。从整体看工程建设不会对工程海域的浮游植物造成大的明显的不良影响。

（2）对浮游动物的影响预测分析

水体中浮游植物是水域中次级生产力——浮游动物的主要饵料。在数据倾倒过程中，倾倒区海域随着浮游植物数量的降低，浮游动物也会在数量和种类组成上发生一定的变化。由于疏浚活动是间歇性和暂时性的，海域环境又是可恢复的，因而这种影响会随着施工结束而逐渐减弱和消失。

（3）底栖生物的影响预测分析

工程以疏浚为主，在挖泥和抛吹倾倒过程中对底栖生物有一定的影响，在深水航道疏浚作业期间，作业段的底栖生物将随疏浚泥被挖起后完全被破坏；在倾倒和吹泥过程中，疏浚泥会将倾倒区和吹泥区的大部分底栖生物掩埋，会造成部分底栖生物没及时逃离而窒息死亡。根据抛泥倾倒区附近水域底栖生物的平均生物量（5. 45 mg/L）及倾倒区实际面积（19. 23 km^2），推选拟选倾倒区内底栖生物损失量 104. 80 t/a。随着工程疏浚施工的结束，在一定时间内，这些区域又将逐步恢复并形成新的底栖生物群落结构。

（4）对渔业生态及生产影响预测

工程疏浚泥抛、吹入倾倒区会引起局部海域悬浮物增加，导致局部范围内水体浊度增加，生物资源受影响，从而直接或间接地影响渔业资源数量和渔业生产。另外，施工中疏浚泥沙和悬浮物影响渔业资源数量和渔业生产。另外，施工中疏浚泥沙和悬浮物影响鱼卵和仔鱼的发育，因而也会对渔业资源造成一定的影响。拟选划倾倒区周围基本上都是为长江口捕捞区，新增设的 7#、7#′、8#、10#倾倒区（四选三）会占用一定原有捕捞区海域（10. 4 km^2），倾倒施工时会破坏倾倒区周围捕捞区内的渔网，对倾倒区附近的捕捞业造成一定的影响。运营区内在不同程度上会限制部分水域禁止捕捞作业，这也将减少一部分渔业产量。对海洋渔业资源损失量的估算结果表明，拟选倾倒区作业对渔业资源的损失量估计约为 345. 65 t/a。

由于长江口水域辽阔，而倾倒区的范围有限，上述对渔业资源的影响范围也是有限的，主要局限在倾倒区附近，而且这种影响是可逆的，随着倾倒活动的结束可逐步自行修复。

11. 1. 3. 2 海洋交通运输的生态影响

海洋运输业（Ocean transport）是使用船舶或其他水运工具，通过海上航道运送货物（含

表 11.11 工程选划倾倒区对主要功能区影响预测

类型		工程已用倾倒区					工程拟设倾倒区			
		2#	3#	6#	9#	吹泥站（C1、C2、C3、C4）	7#′	7#	8#	10#
保护区	九段沙湿地生态保护区	距离 14 km，涨潮时少量悬沙进入，有利促淤	距离 15 km，深水航道相隔，影响小	距离 3 km，落潮时少量泥沙进入，有利促淤	距离 7 km 鱼咀工程阻挡，无影响	平均距离 7 km，深水航道和南导堤阻挡，无影响	距离 21 km，较远，无影响	距离 25 km，较远，无影响	距离 25 km，较远，无影响	距离 3 km，南导堤和丁坝阻挡，无影响
保护区	崇明东滩湿地候鸟保护区	距离 56 km，无影响	距离 50 km，无影响	多深槽、岛屿相隔，不受影响	多深槽、岛屿相隔，不受影响	深槽，岛屿和海堤相隔，无影响	距离 56 km，无影响	距离 58 km，无影响	距离 65 km，无影响	深槽、岛屿相隔，不受影响
保护区	长江口中华鲟保护区	距离 54 km，很远，影响微弱	距离 45 km，很远，影响微弱	多深槽，岛屿相隔不受影响	多深槽，岛屿相隔不受影响	深槽，岛屿和促淤坝相隔，影响微弱	相距 51 km，很远，影响微弱	相距 52 km，很远，影响微弱	相距 57 km，很远，影响微弱	多深槽、岛屿相隔，不受影响
锚地	长江口 1、2 和 3 号锚地	平均距离 21 km，影响微弱	平均距离 22 km，影响小	相距甚远，不受影响	同 6#	同 6#	平均距离 15 km，影响小	平均距离 9 km，涨潮轻微影响	平均距离 13 km，影响较小	平均距离 38 km，影响微弱
捕捞区	长江口捕捞区	对倾倒区附近渔网有影响	同 2#	影响较小	影响小	对北槽航道附近渔网有一定的影响	同 2#	对长江口渔场有一定影响	对长江口渔场有一定影响	无影响
围垦区	横沙浅滩围垦区	距离较远，影响小	同 2#	距离远，导堤和深槽相隔，不受影响	距离 42 km，影响很小	部分泥沙进入横沙浅滩加速浅滩淤高成陆	同 2#	同 2#	同 2#	北槽相隔，北导堤阻挡，无影响

石油）和旅客而形成的一种海洋产业。海洋运输包括沿海运输和远洋运输两类。船舶是海运的主要工具，海港、海际运河是海运的主要设施。人类利用海洋从事运输的历史悠久，公元前200年至公元100年，中国沿海航线已经畅通，并开辟了通向日本、印度的航线。1405—1433年，中国明代郑和七次下西洋，最远到非洲东海岸和马达加斯加岛，之后，相继通向世界沿海各国。目前，我国海运量已超过5 400 × 10^4 t，海洋运输业也成为仅次于海洋油气业的海洋第二大产业。

沪、浙、闽沿海是我国海上交通运输最为活跃的地区，沿海运输船舶拥有量分别列全国第一、二位。1998年，沿海港口货物吞吐量在100 × 10^4 t以上的港口有上海、宁波、舟山、福州、泉州厦门等，有泊位441个，占全国33.38%，其中，万吨级泊位142个，占全国30.34%。

海上运输装卸依靠港口。我国的港口，特别是上海、宁波、厦门沿海一些重点港口，既是我国实行对外开放和对外贸易的重要门户，又是我国水陆运输的交通枢纽。自对外开放以来，港口建设发展很快，码头、泊位不断增加，港口的吞吐能力也在不断提高。如2003年，仅上海港货物总吞吐量3.13 × 10^4 t，居全国第一，世界第二，口岸集装箱吞吐量1 128万TEU，也居全国第一、跃居世界第三大集装箱港，至2003年末拥有14条国际集装箱班轮航线，与近200个国家和地区的500多个港口建立业务联系。口岸外贸进出口总额2 012亿美元，同比增长47.5%。至2001年，全国运输船舶近210 000万艘，约5 400万载重吨，而仅浙江省和福建省拥有各种运输船达61 332艘，占全国总运输船数的30%，分列全国第一、第二位。无疑，沪、浙、闽三省市沿海港湾资源的开发利用和海运业的发展具有重大意义。但在开发发展中，由于缺乏严格的科学管理，在一定程度上对海洋生态环境造成危害和损失。如果再加上从事渔业生产、渔获物冷藏加工的渔船排污的话，对生态环境的负面影响可能会更大。

许多研究表明，海洋交通运输对海洋生态环境影响和危害的方式与途径主要包括：①各类运输船舶和渔船的压舱水、含油废水的排放和事故溢油；②运输船舶压舱水、船底附着携带入侵生物；③港口建设作业和停泊港口各类型船舶的污水的排放。

1）重大溢油事故的生态影响

据统计资料显示，自20世纪80年代起在东海发生大小溢油事故多起，如1984年5月1日梅利号在沼洲海域发生溢油量达685 t的事故溢油；1988年8月8日“莲花池”号油轮在宁波镇海石化总厂码头发生293 t溢油事故；1996年2月28日“安福”号油轮在湄洲湾发生的500 t溢油事故。这些事故溢油都不同程度对事故发生海域的生态环境造成不良影响。近年来，事故溢油仍不断发生，如2004年17日，装载1 409 t 0号柴油的乐清市“振乐油Ⅱ”轮在宁波镇海14—2泊位与芜湖市“新晨光2”轮发生碰撞，造成船体破损，船上8.866 t柴油入海，造成约5 km^2油污染，持续时间84小时，造成经济损失37万元，对该海域生态环境形成长期潜在负面效应。又如2003年4月18日“浙岭渔油211”与“金石7”号船在舟山市佛渡岛附近双屿山水通发生碰撞，造成“浙岭渔油211”号船沉没，船上装载18 500 t 0号柴油泄漏造成污染，对佛渡岛海域网箱、滩涂养殖和围场养殖造成巨大危害。据统计，受污染的深水网箱19只，普通网箱3 025只，养殖成品鱼约100 t，鱼苗50万尾，价值约375万元；滩涂污染面积约450亩，受污的贝苗价值860万元，污染区内定置涨网桩头2 500只，价值25万元，围场养殖1 900亩，已投放苗种400万元，共886万元。

2）携带生物入侵种的生态危害

船舶压舱水或船底附着的生物是传播入侵生物种主要途径之一。例如，沙箭贝 Mytilopsis sallei 原产中美洲热带海域，附着在墨西哥的海滨岩石和海藻场，在委内瑞拉也有发现。1915 年巴拿马运河通航后，由船只带至太平洋和印度洋沿岸。1977 年在台湾的牡蛎上首次发现。1980 年香港吐露（Tolo）港发现一块木桩板上附着这种少量死壳，推测是越南难民船带来的。1982 年沙箭贝已在香港建立自然群落，在九龙尖沙咀西的政府船坞，几乎把土著的纹藤壶 Balanus amphitrete 等完全排斥。现已传播在广东、广西、海南和福建省都有分布。它是我国唯一记录到的压舱水外来入侵动物物种。沙箭贝入侵后，常常覆盖养鱼网箱、塑料筏子、绳缆及砖头沉子，密度可达 5 740 ~ 34 360 个/m^3，严重地影响当地的渔业生产，排挤当地物种，如藤壶 Balanus sp.、牡蛎 Crassostrea sp. 等，危害极大。

相对而言，我国对船舶压舱水引入外来的浮游生物的调查研究起步较晚，最早见于香港地区的 Chu et al（1997），该区对进入香港 5 艘外轮压舱水采样调查。随后，梁玉波等（2001）和李伟才等（2006）分别对进入大连湾和烟台港、日照港的外轮压舱水浮游植物进行了调查。2005 年，孙美琴率先对进入厦门港 14 艘船舶压舱水及沉积物中的外来藻进行了入侵研究，共检测到 12 种甲藻及孢囊，其中，3 种为有毒种类，分别为塔玛亚历山大藻（*A. tanmarense*）、渐尖鳍藻（*Dinophysis acuminata*）和多变舌甲藻（*Lingulodinium polyedrum*）。郑剑宁等（2006）对 52 艘进入宁波港的国际航行的船舶压舱水进行了生物分析与鉴定，共鉴定出 50 种浮游藻类，包括 14 种赤潮相关种类和 4 种外洋种。与赤潮有关的种类有中肋骨条藻（*Skeletonema costatum*）、旋链角毛藻（*Chaetoceros curvisetus*）、浮动弯角藻（*Eucampia zoodiacus*）、尖刺拟菱形藻（*Pseudo - nitzschia pungens*）、细长翼根管藻（*Rhizosolenia alataf. gracillima*）、具齿原甲藻（*Prorocentrum dentatum*）、海洋原甲藻（*P. micans*）和裸甲藻（*Gymnodinium* sp.）。邢小丽（2007）对进入厦门港的 13 艘外轮进行定量检测，共检测出浮游植物 155 个种和变种，硅藻 45 个属 146 个种和变种（包括 2 种角毛藻休眠孢子；裸藻 1 种；隐藻 1 种；硅鞭藻 1 种，甲藻 6 属 6 种，4 种孢囊），其中，含赤潮藻 48 种。优势种主要有骨条藻（*Skeletonema* spp.），具槽直链藻（*Melosira sulcata*）、菱形海线藻（*Thalassionemanitzschioides*）、角毛藻（*Chaetoceros* sp.）、隐藻（*Cryptomonads* sp.）、圆筛藻（*Coscinodiscus* spp.）、小环藻（*Cyclotella* spp.），同时还从压载水舱的沉积物中分离出一种外来种——沃氏甲藻（Woloszynskia sp.）。

新近，李炳乾、陈长平、杨清良等（2009）于 2006 年至 2008 年对福建沿海 4 个主要港口的 12 艘国际航船压舱水中的浮游生物样品进行了分析研究，共鉴定出浮游植物 7 个门 86 属 239 种（含多种变型），包括硅藻 50 属 174 种，绿藻 19 属 36 种，甲藻 9 属 19 种，蓝藻 5 属 6 种，黄藻 1 属 2 种，金藻和裸藻个 1 属 1 种。其中，有 60 种为赤潮藻，包括硅藻 46 种，甲藻 11 种，硅鞭藻 1 种和蓝藻 2 种。已知有 6 种为潜在产生毒素的种类，分别是产生记忆性缺失贝毒（ASP）的柔弱拟菱形藻（*Pseudo - nitzschia delicatissma*），尖刺拟菱形藻和成列拟菱形藻（*Pseudo - nitzschia seriata*）；产生麻痹性贝毒（PSP）的链状亚历山大藻（*Alexandrium catenella*）；能产生腹泻性贝毒（DSP）的具尾鳍藻（*Dinophysis caudata*）和产生溶血性贝毒（NSP）的米氏凯伦藻（*Karenia mikimotoi*）。另外，还鉴定出浮游动物 5 个门 30 属 52 种，其中，以节肢动物门的物种最多，共 44 种，包括桡足类 21 属 39 种。

通过传播压舱水排放入侵的赤潮生物、能产生溶血性毒素的米氏凯伦藻（*Karenia mikim-*

otoi)，广泛分布于东海和南海，2005年春大量繁殖，取代东海原甲藻，引发大规模有毒的赤潮，造成大量网箱鱼类死亡，直接经济损失达6 000万元之多。

需要着重指出的是，迄今我国对船舶压舱水引入外来种的主要工作是侧重于对少数港口的外来压舱水生物物种调查，对入侵机制、入侵预测和风险评估和防控措施研究甚少，因此，国家必须加大对压舱水问题的研究力度，制定适合我国国情的方针政策，减少入侵生物对我国海域生态环境的危害。

3）港口和停泊港口船舶排污的生态影响

据统计资料显示，80年代，上海、浙江和福建沿海年排放的含油废水量分别为912×10^4 t、$8\ 403 \times 10^4$ t和$6\ 372 \times 10^4$ t，1981年至1987年间排油量分别为1 801 t、2 471 t和1 371 t，整个东海为6 617 t，占全国沿海排油量的24.05%。

近年，为解决沪、浙、闽省市燃料油供需缺口的问题，宁波大榭开发区投资控股有限公司正在浙江省宁波市大榭岛的东北侧，大田湾区域建设燃料油30×10^4 t级油码头，利用委内瑞拉拥有丰富的奥里诺科重质油生产奥里乳化油。计划年吞吐量$1\ 000 \times 10^4$ t。使用岸线490 m，利用海域面积38.72 hm^2，是一项大型油码头建设工程。经调查监测与评估，工程施工期造成底栖生物损失量约0.001 5 t，损失生物个体数约11.4万个。预测营运期码头排污会造成由鱼卵、仔鱼和幼鱼长成的成鱼资源的损失量为0.3 t、54.56 t和1.76 t。需要加强日常的监测与管理，防止突发性溢油事故的发生。

11.2 重要保护物种及其栖息地受损状况

东海区的主要特点是岛屿众多，岸线曲折，生物多样性高，既有名贵珍稀物种，高贵经济物种，也有科研学术价值颇高的“活化石”物种。在浙江瓯江口以北的乐清湾有属于世界级珍稀濒危物种黑嘴鸥、越冬鸟。据报道，乐清湾最多纪录达2 900只，占世界总数（6 000只）的48%。在厦门九龙江口分布有国家I级保护动物中华白海豚、厦门文昌鱼和鲸豚、海龟、中华鲎等海洋珍稀动物以及白鹭、岩鹭、黄嘴白鹭等12种珍稀鸟类；长江口湿地是许多珍稀、经济鱼类的育肥、产卵和索饵场所；同时还分布于各主要海湾、滩涂的红树林及仅分布于东山湾的石珊瑚。国家I级保护动物中华鲟及其幼体，白鲟豚、松口鲈鱼、风鲚、日本鳗鲡、刀鲚、中华绒螯蟹等重要经济物种，都是中国人民的宝贵财产和珍贵遗产，同时这些物种也是对外界环境压力具有比较灵敏反应能力和重要生态学意义的敏感生物。它们与其栖息环境所在地统称为生态敏感受体。然而，自20世纪70年代以来，由于受人类活动、资源开发活动的影响，目前，长江口前颌间银鱼渔场已遭到破坏，溯回性鱼类凤尾鱼、鲻鱼产卵场基本消失，鲥鱼近乎濒危。中华鲟、白鲟豚、胭脂鱼、刀鲚面临灭绝的危险。真鲷、大黄鱼、小黄鱼、鳓鱼资源衰退，中华绒螯蟹和日本鳗鲡苗种产量也急剧下降。也因人为乱捕滥采，加之栖息环境受破坏，栖息于东海沿岸现有海洋各类珍稀物种的种群数量正在不断减少，面临着消失的严重威胁，为了保护和改善其环境质量，国家设立重要物种保护区（图11.11）。

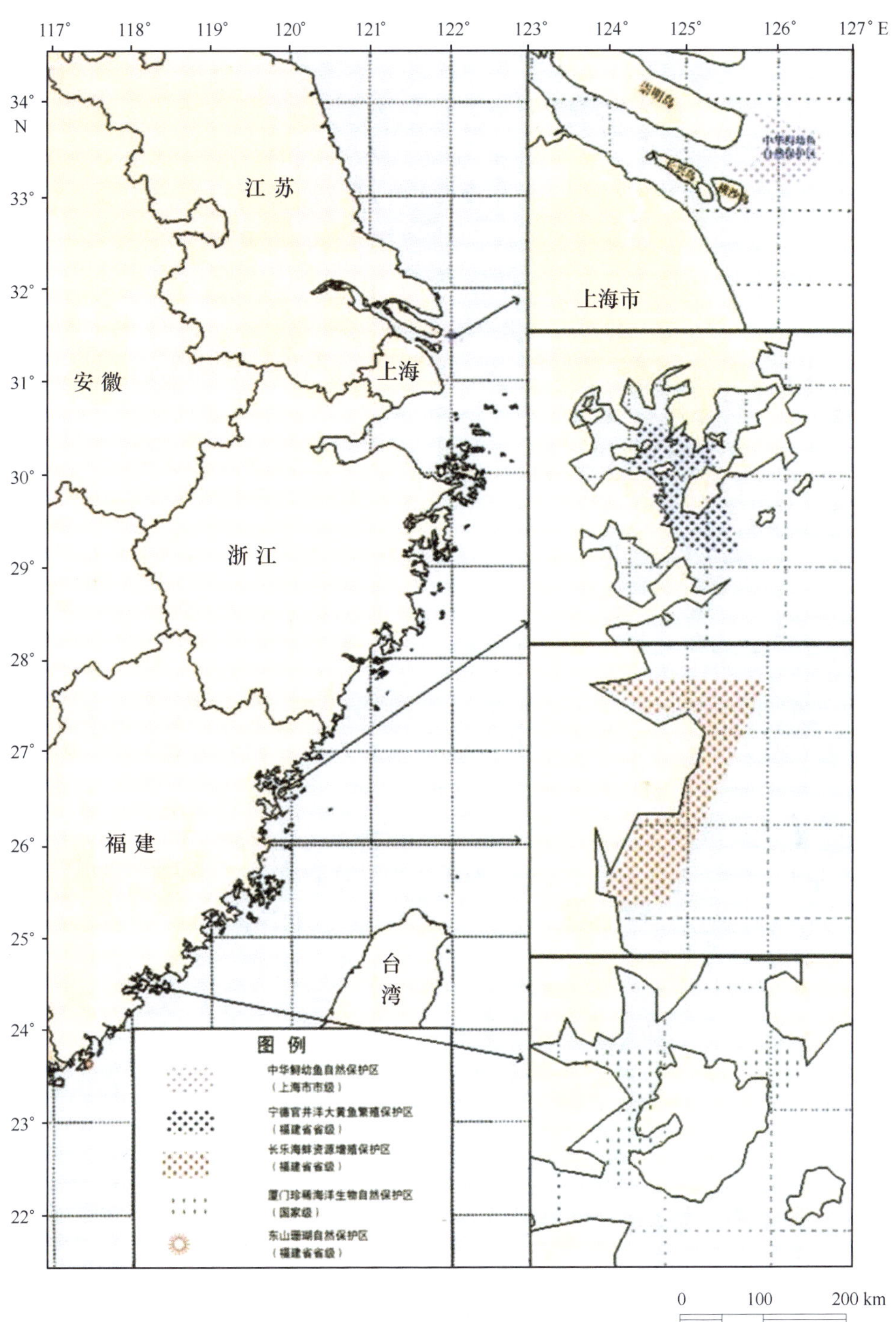

图 11.11　东海国家级及省（市）级保护区示意图

11.2.1　珍稀濒危物种生态受损状况

11.2.1.1　中华白海豚（*Sousa chinensis*）

中华白海豚是近海暖水性小型齿鲸类。隶属脊索动物门，哺乳纲，鲸目，海豚科。它是全国乃至世界的珍稀、敏感动物，是国家Ⅰ级保护动物。中国广西、广东、福建和台湾沿海均产中华白海豚，分布北限可到浙江北部近海。多栖息在内海港湾及河口一带。福建的三都澳、闽江口、兴化湾、湄洲湾、泉州湾、厦门湾和诏山湾均有分布。喜欢在宁静和稳定的环境，广阔而浅、水质良好和食物富足的环境生长、繁殖。据黄宗国（2004）、陈尚等（2008）报道，生活在厦门湾东部的大、小金门岛，大、小嶝岛，大担和青屿等岛群内海域至九龙江河口水域的白海豚，近年来，也由于填海工程、海岸工程以及陆源污染物的影响，开始外游。20 世纪 60 年代，在厦门西海域随时可见，平均每天有 3.5 次出现，1994 年出现了 383 只次，1995 年 229 只次，1996 年 531 只次，1997 年 476 只次，1998 年 516 只次，2001—2002 年在后渚港观测 10 个月，共发现 48 只次。初步估计厦门港的白海豚只有 60 头左右（黄宗国，2000；王春生等，2011）。不同季节，其数量变化明显。近几年，随着福建沿海经济建设和开发活动迅猛发展，特别是海岸、海洋工程、海上交通等人为影响致使白海豚的种群数量日益减少。据报道，1994—1999 年的 6 年间，共记录死亡的白海豚 11 头，而从 2002 年到 2004 年近 3 年就记录死亡 11 头。另外，有报道在福建近海，有发现白海豚搁浅死亡事件，而在三沙湾，港口和跨海公路建设以及海上船舶的增多，都曾对白海豚造成伤害死亡。据黄宗国（2000）等分析认为，中华白海豚死亡的主要原因包括：人为伤害，如流刺网缠绕、拖网误捕、炸鱼礁等渔业生产。人为围垦生境缩小，原有的自然生境不复存在以及人为排污使水质恶化，也导致白海豚迁移。

经综合分析，分布于福建省近海的中华白海豚种群数量降低的主要原因是人为的海洋开发活动：①渔业捕捞业的影响，尽管福建沿海渔民没有直接捕杀中华白海豚的习惯，但由于沿岸渔捞业作业十分频繁，受渔网损伤、混获可能性极大，造成死亡的多。另外，渔业捕捞过度引起白海豚食物（鱼类）减少也是重要原因；②海上运输干扰。随着福建沿海经济发展的需要，来往船只增多，船只运输干扰对中华白海豚活动的影响，直接威胁其生存条件，破坏它们自然生活环境。为保护白海豚生存、繁衍，香港、广州（珠江口）和厦门相继成立了白海豚自然保护区。

11.2.1.2 厦门文昌鱼（*Branchiostoma belcheri*）

亦称白氏文昌鱼，是暖水性潮下带名贵珍稀小型头索动物，国家 I 级保护动物。俗称蛞蝓鱼。隶属脊索动物门，头索纲，文昌鱼目。它是脊索动物过渡到脊柱动物的中间物种，在生物进化上具有重要学术意义。可食用，干制品历来是出口创汇的海珍品。中国海域已记录 4 种文昌鱼。白氏文昌鱼记录最早。

文昌鱼主要分布在厦门刘五店、前埔至黄厝，同安欧厝与大、小金门之间的苍头和南线以及大嶝岛与金门之间，小嶝岛海区和鳄鱼屿海区，汕头、青岛和秦皇岛也有发现。喜栖于水清、流暖、疏松的低潮区和潮下粗砂海底。文昌鱼不能忍受盐度低于 15 的海水，它倒卧潜居于沙质海底，前端露出沙面，进行滤食。在自然海区中，海星是文昌鱼的天敌。历史上厦门同安湾鳄鱼屿周围为文昌鱼渔场，面积近 20 hm^2，30 年代的产量高达 250 t，后因沉积环境退化、过度捕捞和围垦等种种原因，这一天然渔场逐渐消失。1970 年同安策槽围堤合龙后，鳄鱼屿周围被淤泥覆盖，每年增厚 5 cm，造成文昌鱼大量死亡和外移，渔区缩小，产量锐减。尤其是 1956 年集美—高琦海堤的建筑和 1965 年东坑围垦，使渔场流向、流速改变，渔场四周滩涂淤积升高，牡蛎养殖埕地因滩涂升高而不断向下迁移，进一步加速了渔场底质的淤积，使原来的沙质海底覆盖了淤泥，恶化了文昌鱼的栖息环境，造成文昌鱼的大量死亡和迁移。为保护文昌鱼不致遭受灭绝的厄运，2004 年 4 月，我国建立了国家厦门海洋珍稀物种自然保护区（图11.12）。

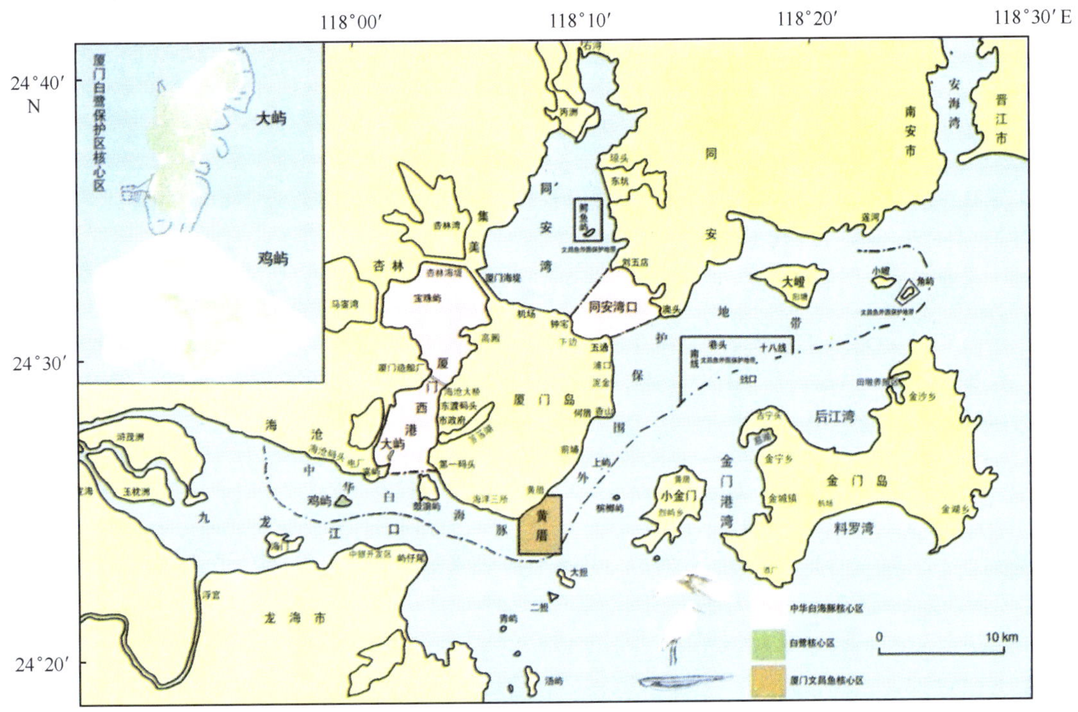

图11.12　国家厦门海洋珍稀物种自然保护区（引自陈尚等，2008）

2007年5月和2007年11月，“908”专项调查结果显示，福建海区的文昌鱼以东山湾栖息密度最高，平均密度达41.67 ind/m^2，其次为黄厝区海域，栖息密度为14.5 ind/m^2，南线区海域平均密度为5.39 ind/m^2（王春生等，2011），这些数据表明建立保护区后文昌鱼资源有一定的恢复。

11.2.1.3　中华鲟（*Acipenser sinensis*）

中华鲟是暖温性中国特有大型溯河性名贵珍稀鱼类，国家Ⅰ级保护动物。俗称鲟鱼、鳇鱼、黄鲟等。隶属脊索动物门，硬骨鱼纲，鲟鱼目，鲟科。它是世界现有的27种鲟目鱼类中个体最大的一种，体重可达500 kg以上。

中华鲟主要分布于长江干流，自金沙江以下至河口江段。其他水系，如珠江、闽江、钱塘江和我国沿海自黄海至东海各地都有少量分布，尤以长江口和舟山为多。幼鱼主要栖息在崇明岛东部近海，即北起崇明岛东滩东胜沙德西部，南达横沙岛东滩，西起陈家镇吴家港至长兴岛中部，东到东部近海、水深3 m的咸淡水交汇区，东西长约25 km，南北宽约20 km。该水域是中华鲟幼鱼洄游过程中数量最集中、栖息时间最长的天然肥育场所（图11.11），成鱼每年4—6月由海入江进行生殖洄游。中华鲟具有重要学术价值和经济价值。

中华鲟的食物组成随不同时期和地区而异，仔鱼期一般吃浮游生物，幼鱼期多以底栖的水生寡毛类、水生昆虫、小型鱼虾及软体动物为食，成鱼吃鱼类、底栖动物及动植物碎屑等。在河口生活期间摄食强度大，主食底层鱼类舌鳎类、磷虾及蚬类等。在长江下游则以虾蟹为主要食物。

70年代以前，长江口中华鲟幼鱼资源量和捕获量都较大，70年代以后，由于受人类活动的影响，资源量呈持续下降的趋势。调查资料表明，中华鲟受损害的主要原因是人为滥捕误捕和长江沿江水利建设所带来的生境破坏，如曹洲坝枢纽截流前，从1972—1980年，全长江平均年产量500余尾，截流后，中华鲟被阻于坝下江段，不往长江口迁移，之后，1982—1983年又加上葛洲坝修建的叠加影响，造成产量逐年下降。另据上海市海洋与渔业局和崇明岛渔政站提供的资料分析，每年4月至8月，体长10 cm左右的中华鲟幼鱼洄游到长江口索饵时，也正是长江口鳗鱼苗汛期，成千上万顶捕鳗鱼的网具在大肆捕捞鳗鱼的同时，往往捕获到上千尾幼鲟。鳗苗汛结束后，紧接着凤尾鱼汛和刀鱼汛时，也有上千尾幼鲟被捕获、遭到伤害。调查显示，对幼鲟资源损害严重的作业网具是插网、深水网、桃网、丝网、流网，尤其是用于滩涂、数万米长的定量插网，估计每年插网作业至少误捕5 200尾以上幼鲟、成鲟。另在福州闽江口也频频发生中华鲟误入渔网死亡的事件。据此，东海渔政局成立了中华鲟自然保护区，以保护中华鲟物种。

11.2.1.4 中国鲎（*Tachypleus tridentatus*）

鲎是暖水性近海名贵珍稀节肢动物。中国是鲎的故乡，故称中国鲎。俗称三刺鲎、海怪。隶属节肢动物门，肢口纲，剑尾目。

世界上共有5种鲎。我国是世界上少有的几个产鲎国之一。中国鲎主要分布在浙江的杭州湾、舟山群岛、福建的厦门、福州、台湾、广东、广西沿海，以福建近海最多。鲎栖息于沙质海底，大部分时间营底栖潜居生活。它的祖先出现于古生代的泥盆纪，所以鲎也是研究古生物化石的佐证，故素有“活化石”之称，在学术上有重要价值。我国福建、广东渔民历来有捕鲎的传统习惯，除供作教学研究、食用外，还大量提取鲎血，用于做检测人体致病源的鲎试剂。近年，由于无节制的大量捕捞，致使鲎的数量锐减，继续无节制捕捞下去，很容易造成资源枯竭，甚至绝种的可能。

福建平潭特别是北厝、澳前、敖东沿海是我国享誉世界的产鲎区，20世纪50年代，平潭年产中国鲎15 000～2 000对，之后，由于不合理开发利用和围海造地的影响，至21世纪初，中国鲎资源衰退非常严重，年产量仅为1 000对，已经无法形成渔业（表11.12）。

表11.12 福建平潭中国鲎产量年际变化

时间	年产量/对	下降率/%
20世纪50年代	1 500～2 000	
1984年	15 000	25.0
1995年	9 500	36.7
1998年	3 700	61.1
2002年	1 000	73.0

引自陈尚等，2008。

厦门湾在20世纪60年代以前曾经是中国鲎的产地，厦门岛东部、南部和同安湾均有大量中国鲎活动、繁衍，可形成一定规模的渔业。但之后，随着海洋生境质量的下降和大量捕采，目前中国鲎资源又近绝迹，只有偶尔能捕到零星个体。

11.2.2 重要经济稀有物种生态受损状况

11.2.2.1 溯河性海产鱼类

1）刀鲚（*Coiha nasus*）

俗称刀鱼、鲚鱼，为长距离江海洄游性鱼类，平时生活在近海，亲鱼大多数在长江下、中游干游、支流产卵。产卵后的刀鲚一般到河口和近海。幼鱼则顺流而下至河口区索饵肥育。是重要经济鱼类稀有品种。据统计资料显示，1973 年，刀鲚最高产量 3 090 t，至 1982 年，刀鲚总产量为 1 500 ~ 3 500 t，1996 年和 1997 年分别只有 147 t 和 194 t，近年则更稀少，不成渔汛（陈亚瞿等，1999）。80 年代以后，随着渔船增多加大，机动化程度不断提高以及网具日益改进，捕捞强度显著增大，刀鲚年均产量也随之下降至 65 t。显然，捕捞过度是造成刀鲚资源衰退的主要原因。

2）鲥鱼（*Tenualoosa reevesii*）

俗称时鱼，是江海中距离洄游性鱼类，平时生活于长江口，是幼鲥下海前的肥育场所。它是长江五大渔业对象之一，1974 年产量曾高达 1 577 t，现在也因捕捞过度造成鲥鱼资源逐年下降，其也成为了我国名贵的稀有鱼类品种。虽然 1987—1989 年有 3 年禁捕期，但资源未曾恢复，至目前已几乎绝产。

3）前颌间银鱼（*Hemsalanx prognathus*）

俗称面丈鱼、银鱼，也是长江河口溯河性洄游鱼类。河口区口门附近水域是银鱼仔幼鱼发育生长、索饵肥育的渔场。银鱼也是长江口区重要的经济鱼类，长江 5 大渔业对象之一。1959 年至 1963 年为银鱼旺盛期，产量在 582 ~ 949 t，平均为 769 t，1960 年最高达 944.6 t。从 1974 年以后，由于捕捞过量和污水的影响，产量也逐年减少，至 90 年代初，形不成渔汛，至今资源尚未恢复。

4）凤鲚（*Coiha mystus*）

俗称子鱼、籽鲚、烤子鱼，也是一种短距离溯河洄游性鱼类。其产卵场也主要分布在长江口以南水域，即崇明老鼠沙至九段带一带，仔幼鱼在河口区和杭州湾索饵、肥育和生长。渔场主要位于长江口拦门沙外，南支水域和南汇浅滩，东至东海余山渔场。它是目前长江口最重要的经济鱼类捕捞对象。统计资料显示，1962 年至 1995 年 40 多年中，年均产量 1 174 t，1995 年达到历史最高水平 3 252 t。与刀鲚等经济鱼类不同的是，经过 2000 年实施春季禁渔制度以来，凤鲚资源得到进一步保护，并开始恢复。

11.2.2.2 降海性淡水鱼类

1）松江鲈鱼（*Trachidermus faxciatus*）和日本鳗鲡（*Anguilla japonica*）

与溯河性洄游鱼类刀鲚、凤鲚等不同它们属于降海性营养期淡水鱼类，即平时生活在海里，到生殖季节溯江而上在淡水中产卵、生长、发育。由于松江鲈鱼洄游过境通道受到污染和捕捞过量，导致产量稀少，已被列为国家二级保护鱼类。而日本鳗鲡主要在江阴一带。其鳗苗资源是长江口的宝贵财富，旺季每个闸口可捕10余kg，最多达36 kg，但近年产量明显下降。

2）中华绒螯蟹（*Erioeheir ginensis*）

又称大闸蟹、毛蟹。它也属于长江口五大渔汛之一，是生长在长江淡水，每年秋冬之交亲蟹降海洄游到长江口之淡咸水交汇处繁殖，产卵场位于崇明东旺沙、宝山、横沙浅滩、九段河浅滩及佘山、鸡骨礁一带的广大河口和浅海区。其蟹苗种质优秀，为增养殖优良品种。据调查资料显示，1958—1970年间，上海市中华绒螯蟹苗捕捞量一直呈上升趋势，1970—1989年，维持在10 000～40 000 t之间，1981年，最高产量达20×10^4 t，1990—1998年，维持在$11 \sim 17 \times 10^4$ t之间。近年由于受沿江建闸筑坝水利建设、捕捞过度和水污染的影响，蟹的苗发区和产量都有明显的减少，至1999年产量降为12 t，近年下降更甚。

11.2.2.3 重要经济海产鱼、贝类

1）大黄鱼（*Pseudosciaena croea*）

大黄鱼是东海主要的捕捞近底层鱼类之一，1984年产量最高达3.6×10^4t，到90年代降为0.88×10^4 t，下降了34%。以往盛产大黄鱼的岱衢洋和吕四渔场已基本捕不到大黄鱼，在长江口外渔场、舟山渔场的大黄鱼越冬场也难以捕到大黄鱼。尽管在大黄鱼主要产卵场之一的吕四渔场实行了20年的休渔，但仍未见有丝毫恢复的迹象。由于东海区是复合渔场，它的产卵场分布比较广泛，从吕泗至福建南部沿海都有分布。其中位于福建三沙湾的官井洋是我国著名的大黄鱼的天然产卵场，核心产卵场面积为88 km^2，周边海域缓冲区面积为226.64 km^2，由于影响大黄鱼产卵洄游的因素较多，人为排污或围垦工程改变水流流速、流向、水质、透明度、泥沙含量，这些都会影响大黄鱼产卵。为了保护大黄鱼产卵场，1985年，福建省建立了宁德官井洋大黄鱼繁殖保护区，目前保护区的面积为280 km^2（图11.11）。

2）西施舌（*Coelomactra antiqueata*）

俗称海蚌。为大型的经济双壳贝类，其肉味鲜美、营养价值高，是一种名贵的海珍品。其资源增殖区为闽江口的生态敏感区。近年来，由于西施舌自然资源衰退严重和利用过度，为了保护西施舌资源，福建省政府于1992年建立长乐海蚌资源增殖区，增殖区位于长乐市东部海域，中心位置25°59′35″N，119°44′08″E，面积140.80 km^2。保护区内石壁、大鹤、沙尾、文武沙、江田五处海域为海蚌增殖区。

11.2.3 生态敏感受体受损状况

生态敏感受体是指敏感生物及其栖息环境，而敏感生物是指那些对环境变化或开发活动具有比较灵敏的反应能力和重要生态学意义或经济意义的物种。除前面所述的珍稀濒危物种、重要经济稀有物种之外，已辨别的生态敏感物种或生态敏感区还有以下几个。

11.2.3.1 红树林生态敏感区

红树植物（Mangrove plant）是为数不多的能耐受海水盐度的挺水陆地植物。红树林沼泽

是热带或亚热带海岸淤泥浅滩上的富有特色的生态系统。福建的红树林主要分布在沙埕湾以南的海湾河口湿地。红树林形成一道缓解或抵抗风暴、海浪对海岸冲击的天然屏障，具有防风固沙、稳定和保护海岸的重要作用，而且，红树林还能为许多海生和陆生生物提供栖息地和食物，还有净化海水、消除污染、维持红树林生态系统平衡的功能。但近年，随着人类开发活动的加剧，红树林栖息环境面积和种群数量急剧减少，生态系统结构、功能受到破坏。

据报道，沙埕湾是我国红树林分布的北界，在海湾的两侧都有分布。近年，由于围填海、滩涂养殖开发活动的影响，在杨岐围垦工程结束之后，红树林基本消失，目前，沙埕湾红树林处于退化和消亡状态。1980 年以前，三沙湾沿海滩涂湿地也有大量红树林分布，但湾内现有面积仅剩 93.2 hm^2，除白马港和盐田港有成片红树林分布外，其余都是零星分布。同样，在罗源湾的白水围垦区顶部也曾有大片红树林，现在也因白水围垦破坏，造成红树林栖息环境和红树林消失。

在厦门湾 1960 年前后，约有 320 hm^2 的天然红树林，由于受围海造田、围滩（塘）养殖、填滩造地和码头、道路建设的综合影响，红树林面积迅速下降。至 1979 年，厦门湾天然红树林面积下降为 106.7 hm^2，即为 1960 年的 1/3。到 2000 年，红树林面积仅有 32.6 hm^2，90% 以上的天然红树林已经消失，到了 2004 年达到 93%（陈尚等，2008）。林鹏等（2005）根据中国红树林生态系统价值评估（以 2000 年市场水平进行评估），红树林生态价值为 17.3 万元/（hm^2 · a）。厦门海岸红树林面积从 60 年代初的 320 hm^2 降至现在的 21 hm^2，其年生态价值从 5 536 万元/a 降至 363.3 万元/a，即每年损失 5173 万元/a。红树林的消失还严重影响了厦门湾的生态系统，导致生物多样性降低和外来物种的入侵。

特别值得提出的是，漳江口滩涂的天然红树林是福建省迄今为止种类最多的红树林群落，也是北归线北侧种类最多、生长最好的红树林天然群落。红树林植物种类有 7 种，它们是红树科的木榄和秋茄（*Kandelia candel*），马鞭草科的白骨壤（*Avicennia marina*），紫金牛科的桐花树（*Aegiceras cornicelatum*），爵床科的老鼠劳动勒（*Spinifer littoreus*），大戟科的海漆以及棉葵科的黄槿。其栖息环境已面临人类活动的威胁。

鉴于福建沿岸红树林分布面积急剧减少，红树林生态系统受损严重，自 1988 年起，福建相继建立了《福建环三都澳湿地水禽红树林自然保护区》、《福建宁德环沙埕内港红树林自然保护区》、《福建姚家屿红树林自然保护区》、《福建福安湾坞红树林自然保护区》、《福建龙海九龙江红树林自然保护区》、《福建漳浦霞美红树林自然保护区》、《福建漳浦红方埭红树林自然保护区》和《福建漳江口红树林自然保护区》8 个红树林自然保护区，进行保护管理。

11.2.3.2 石珊瑚生态敏感区

珊瑚礁是生长在热带海洋中的石珊瑚以及生活于期间的其他造礁生物、附礁生物、藻类等经历了长期生活，死亡后的骨骼堆积建造而成的。珊瑚礁生物群落是海洋环境中的种类最丰富、多样性程度最高的生物群落，具有相当高的生产力和丰富的生物多样性资源，栖息在珊瑚礁区的各类生物，是海洋四大典型生态系统之一。同红树林、海草床一样，珊瑚礁对保障生物多样性、生物生产率和生态平衡、海洋环境、经济、社会等诸多方面起着重要作用。在联合国世界环境与发展大会发表的《21 世纪议程》和《中国海洋 21 世纪议程行动计划》中，已明确将珊瑚礁生态系统列为被保护和保存稀有或脆弱的生态系统之一和《生态修复保护与管理》的优先项目。

我国珊瑚礁主要分布在亚热带、热带的南海、海南岛、西沙、南沙群岛，位于东海的福建省东山岛是我国珊瑚礁分布的最北界。在东山岛的石珊瑚主要分布在东山湾口的东门屿、虎屿、大坪屿以及湾外马銮湾附近的头屿附近。珊瑚喜欢生长在岩石底质、有较高的透明度和适宜的水动力的环境中，是一类对环境变化反应最为敏感和脆弱的稀有动物。人类活动特别是围填海活动改变海水透明度及淡水的动力条件，会对珊瑚的生长产生不利影响。据调查资料显示，1996 年以来，由于采捕石珊瑚过量达 5 000 吨，使珊瑚分布区严重缩减。来自陆地和港口活动造成的环境污染以及陆地水土流失和海底拖网导致的海水悬浮物增加对珊瑚的生长影响和破坏极其严重，至今珊瑚的退化态势尚未得到有效遏制。

11.3 海洋生物灾害的危害

海洋自然环境发生异常或激烈变化，导致在海上和海岸发生的灾害称为海洋灾害。海洋灾害主要指风暴潮灾害、巨浪灾害、海冰灾害、海雾灾害、大风灾害、地震海啸灾害、环境（污染）灾害、生物灾害等突发性的自然灾害或人为灾害。

凡是人类活动导致海洋环境条件改变引发一些灾害性生物异常增殖或聚集，危害生物安全、生物资源和海产品安全的危害称为人为生物灾害。一般包括：赤潮灾害、绿潮（浒苔或石礁等）灾害、水母灾害、海星灾害、生物性污染（病原微生物等）和外来入侵生物灾害等。

跟其他海洋灾害一样，生物灾害也是东海区发生频率高、范围广、危害严重的海洋灾种之一。

11.3.1 赤潮、水母灾害

11.3.1.1 赤潮灾害及其危害

有害赤潮亦称有害藻花（Harmful algae blooms）或红潮（red tides），是指海洋中一些微藻、原生动物或细菌，在一定环境条件下暴发性增殖或高度聚集，引起水体变色的一种有害的生态异常现象。它是当今全球海洋的一大灾害，也是国际社会共同关注的重大海洋环境问题中急需解决的前沿领域之一。

有害赤潮是随着世界范围经济发展，沿海地区大量工农业废水、生活污水和养殖废水排放入海，导致近海富营养化日趋严重，酿成的一种生态灾害。其发生不仅严重危害海洋渔业和养殖业，恶化海洋环境，破坏生态平衡，损害滨海旅游业，而且赤潮毒素还通过食物链危害人体健康。近年随着人类活动对海洋生态系统的影响逐渐增大，有害赤潮特别是有毒赤潮频繁发生，其对环境、经济和人体健康的影响也在不断增加，人们担心目前人类活动强度及由此引发的赤潮灾害的发展势态是否会导致产生不可接受的后果，我们是否能提出预测、治理或减轻影响的有效方法。为此，早在 20 世纪 90 年代初，联合国海洋环境保护专家组（GESAMP）即已把赤潮优先列入世界三大海洋环境问题之一来进行研究。1998 年，联合国政府间海洋学委员会（IOC）和海洋研究科学委员会（SCOR）赤潮专家组在丹麦制定一项全球有害赤潮生态学和海洋学研究计划（GEOHAB）。亚太经合组织（APEC）、北太平洋海洋科学组织（PICES）和我国也相应制定了地区或国家有害赤潮研究计划。

东海区既是我国近海最早有文字记载有害赤潮现象的海区，也是目前有害赤潮发生频率最高、发生规模最大、危害最重的重灾海区。1933 年，原浙江水产实验场费鸿年报道了发生于浙江镇海至台洲—石浦一带的夜光藻——骨条藻赤潮，直到1962年周贞英记述在福建平潭岛附近海域发现的两次“东洋水”即束毛藻赤潮，1972年，陈亚瞿报道发生在长江口以东外海面积约2 000 km^2的束毛藻赤潮。当时他们工作比较零星，基本上停留在赤潮现象的定性描述，尚未进行过赤潮专项调查研究。20世纪80年代中期始，随着东海长江口及其邻近海域富营养化日趋严重，有害赤潮频繁发生，我国政府和海洋科技界人士广泛关注赤潮，1987年，国家基金委资助中国科学院海洋研究所首先开拓“长江口海域赤潮形成原因研究”。农渔部渔业部资助东海水产研究所开展的“象山港赤潮防治基础研究”。以后相继由国家海洋局资助的“厦门港西海域赤潮调查研究”（国家海洋局三所，1988）、浙江省基金委和浙江省科委分别资助的“浙江沿海赤潮生物的化学环境研究”（1990）、“浙江三门湾虾池赤潮赤潮防治方法研究”（1992）和“浙江沿岸养殖水域赤潮试预报研究”（国家海洋局二所，1993）等都取得了成果。通过这些项目的研究，获得了大量有关东海赤潮生物学和生态学以及赤潮成因的基础数据资料及研究成果，大大扩展了研究覆盖面，为全方位系统地研究东海赤潮奠定了基础。

为阐明东海赤潮发生机制，提高赤潮的预测、防治能力、减轻赤潮带来的危害，科技部于2001年批准“973”项目“中国近海有害赤潮发生地生态学、海洋学机制及预测防治”重大基础规划项目立项研究。通过承担单位中国科学院海洋研究所、国家海洋局第一海洋研究所、第二海洋研究所、暨南大学、中国海洋大学和厦门大学的通力合作，该项目取得了大量基础数据资料和创新性科研成果，基本掌握了东海大规模原甲藻赤潮形成前后的变化规律和分布特征。研究人员在东海发现大规模亚历山大藻、米氏凯伦藻有毒赤潮，探明营养盐与东海大规模赤潮发生的关系，证实了关键物理过程在东海赤潮形成中的重要作用，发现环境条件改变对大规模赤潮优势种的演替的重要作用，提出了东海大规模甲藻赤潮生消过程一个初步假设和赤潮防治方法（周明江、朱明远，2006），为东海有害赤潮管理和减灾提供科学依据。

为进一步摸清东海区有害赤潮形成的特征及其生态学和海洋学机制，国家海洋局又于2002年开始在整个东海区设置了象山湾、岱山、三都澳和厦门湾4个赤潮监控区，2004年又增加浙江铜头和福建闽江口2个监控区，作为研究东海区赤潮发生机制的基地。并于2008年10月成立了国家海洋局东海赤潮主体监测与应用研究重点实验室。2009年，科技部又批准资助第二个973有害赤潮项目“我国近海藻华灾害演替机制与生态安全”立项研究。这充分显示了国家对生态灾害和生态安全的重视。

1）赤潮灾害发生的特点

多年研究表明，东海区特别是长江口及其邻近海域是中国近海赤潮高发区，自20世纪80年代以来，赤潮的发生呈现出致灾藻种类和赤潮发生频率上升，赤潮发生范围和规模不断扩大，赤潮的危害日趋加重的趋势。

（1）赤潮生物群落种类组成多样、优势种演替明显，赤潮发生频率呈明显上升趋势

据统计，在东海记录的浮游植物共有392种，包括硅藻301种，甲藻81种，兰藻、硅鞭、金藻、针胞藻和原生动物等10种，其中属于赤潮生物种，占浮游植物总种数的24%，已经引发赤潮的种类共有43种，鉴定出孢囊类型48种。通过与历史数据对比分析显示，近50年来，尽管硅藻在东海赤潮高发区浮游植物群落中仍占据优势，但甲藻种类在浮游植物群落中所占的比重增加，呈上升趋势。在浮游植物群落中形成了以甲藻赤潮原因种如东海原甲

藻（*Prorocontrum donghaiense*）、夜光藻（*Noctiluca scintillans*）和有毒的塔玛亚历山大藻（*Alexandrium tamarense*）、链状亚历山大藻（*A. catenalla*）和米氏凯伦藻（*Karenia mikimotoi*）为主要优势种的群落结构特征（周名江、朱明远，2006）。

据统计资料显示，20 世纪 90 年代以前，东海发生赤潮的种类主要是骨条藻、拟菱形藻、短角弯角藻等硅藻和夜光藻，90 年代以后，赤潮种类逐渐由以硅藻赤潮为主向以微型甲藻赤潮为主的演变发展趋势（表 11.13）。分析认为，近 50 年来，由于长江流域内众多水利工程建设、农业化肥农药使用等人类活动，长江流域 N、P 入海通量急剧增加和 DSi 的减少，长江口海域营养盐结构发生变化。N/P 比值严重失衡，可能是导致近年来甲藻赤潮发生频率增加的关键原因。

表 11.13　1980—2006 年东海主要赤潮藻年际变化

20 世纪 80 年代	20 世纪 90 年代	2001 年	2002 年	2003 年	2004 年	2005 年	2006 年
11 种	8 种	5 种	8 种	3 种	4 种	7 种	6 种
地中海指管藻 短角弯角藻 聚生角刺藻 拟菱形藻 裸甲藻 诺氏海链藻 柔弱角刺藻 三叉角藻 夜光藻 原甲藻 中肋骨条藻	二角多甲藻 海洋原甲藻 具齿原甲藻 微型蓝藻 夜光藻 原甲藻 中肋骨条藻 棕囊藻	长耳盒形藻 东海原甲藻 海洋原甲藻 角毛藻 中肋骨条藻	东海原甲藻 短凯伦藻 红色裸甲藻 红色中缢虫 聚生角毛藻 亚历山大藻 夜光藻 中肋骨条藻	东海原甲藻 裸甲藻 夜光藻	东海原甲藻 亚历山大藻 夜光藻 中肋骨条藻	东海原甲藻 聚生角毛藻 米氏凯伦藻 亚历山大藻 夜光藻 圆海链藻 中肋骨条藻	东海原甲藻 短角弯角藻 链状裸甲藻 米氏凯伦藻 旋链角毛藻 中肋骨条藻

资料来源：朱明远等，2003；中国海洋灾害公报（国家海洋局，1989—2006）。

据记载，自 1933 年首次报道在三门至舟山一带发生的夜光藻和骨条藻混合性赤潮，至 20 世纪 60 年代发生赤潮只有 2 次，70 年代 1 次，80 年代为 13 次，90 年代为 58 次，2000—2008 年 450 次，共 524 次，每 10 年递增速度显著且高于全国平均水平约 3 倍（图 11.13）。

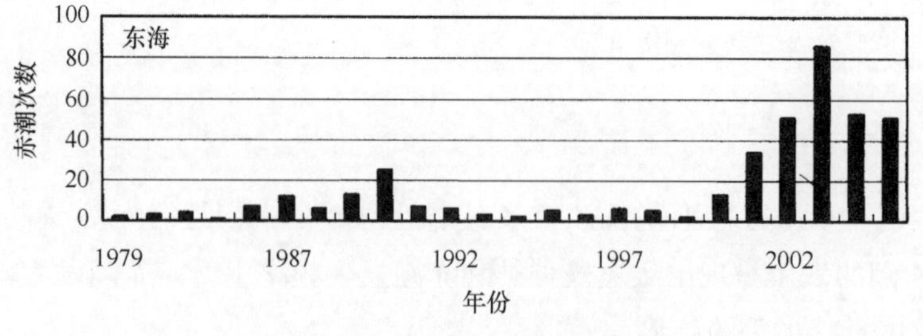

图 11.13　东海区赤潮发生次数

（2）赤潮发生规模和分布范围不断扩大，并逐渐向浙江南岸、海湾转移

20 世纪 90 年代以前，东海赤潮发生的规模不大，面积较小，发生区域相对集中，主要发生在长江口外海区、中街山海域，长江口外缘华山—嵊山，浙江舟山群岛中街山列岛海域，福建闽东沿海等地区，90 年代以后，随着长江口海域富营养化程度不断加剧和扩大，赤潮的

发生规模和分布范围也不断扩大。例如80年代，即1987年7月，在长江口及其邻近海域发生的中肋骨条藻赤潮规模和累计影响面积为700～1 000 km^2，算是80年代发生的规模宏大的赤潮（叶属峰等，2004）。至2002年，长江口海域大面积赤潮（>1 000 km^2）共发生11次，仅占已发生赤潮总数的11.5%。其中，2000年由东海原甲藻引发的一次最大规模的赤潮累计面积也只有7 000 km^2。但从2002年以后，赤潮累计面积呈逐年上升趋势，累计影响面积达1 000 km^{2}以上比较严重的赤潮事件有24次，占全国较严重赤潮事件的50%。2003年累计影响面积为12 990 km^2，2004年为17 880 km^2，2005年春季暴发了近2×10^4 km^{2}特大规模的有毒米氏凯伦藻赤潮，细胞密度高达10^6～10^7个/L，造成了海水养殖区养殖鱼的大量死亡，直接经济损失达6 000万元之多。2006年至2008年赤潮发生的累计影响面积仍在1×10^4 km^{2}以上（中国海洋环境质量公报，2000—2008）（图11.14）。

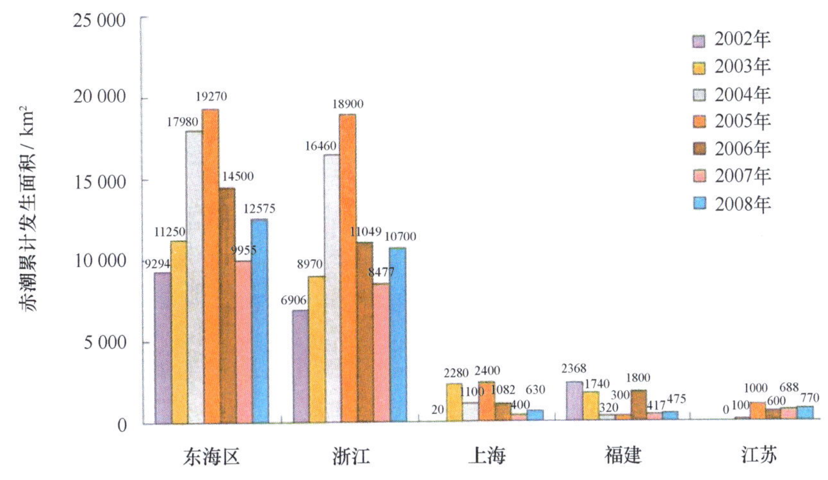

图11.14 2002—2008年东海赤潮累计发生面积比较

2008年赤潮发生次数累计面积分别约占中国全海域的72.06%和91.53%。

另外，近年由于受全球气候变暖的影响，东海海水水温也相应提前升温的趋势，90年代赤潮高发期集中在夏季（6—8月），进入21世纪，赤潮发生时间为3—9月，但高发期提前集中在5—6月（图11.15）。

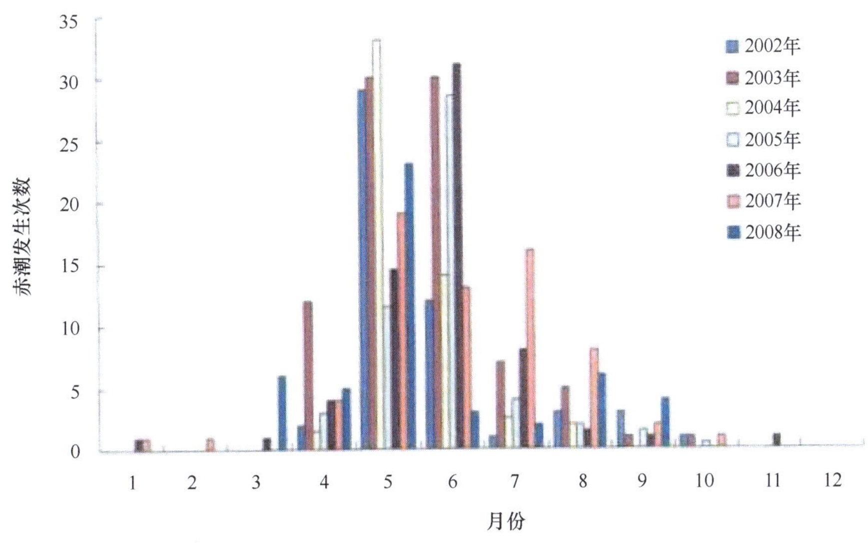

图11.15 2002—2008年东海区不同月份发生赤潮次数比较

（3）赤潮危害加重，渔业受损事件不断发生，生态安全、海产品安全和人体健康受到严重威胁

有毒有害赤潮对渔业的危害向来比较受人关注，但迄今有关危害的报道甚少，有则也比较零星，而对生态安全、海产品安全和人体健康影响的研究是近几年才开始的。

截至20世纪末期，东海海洋渔业遭受无毒赤潮危害事件的记录共14起（表11.14）。

表11.14　1982—1990年赤潮对东海海洋渔业危害的状况

发生时间	发生地点	危害面积	赤潮生物	危害和经济损失	资料来源
1972年8月	长江口以东外海及舟山外海		束毛藻	改变鲐、鲹索饵路线、渔业严重减产	引自张水浸等，1994
1979年9月	福建闽东沿海		束毛藻	紫菜育苗严重受害	引自张水浸等，1994
1981年9月	福建闽东三沙海区		夜光藻	几千亩养殖牡蛎窒息死亡，大量减产	黄祖源，1986
1984年9月	福建三沙湾		夜光藻	海带育苗严重受害	引自张水浸等，1994
1986年5月	浙江中部沿海	700 km^2	角藻、夜光藻	海洋渔业生境受到严重破坏	东海环境管理处通报（12），1986
1986年6月	福建厦门西海域		裸甲藻	养殖牡蛎、菲律宾蛤仔、缢蛏均有死亡	引自张水浸等，1994
1987年8月	浙江枸杞海域	大面积	夜光藻	海湾扇贝死亡，大小鲍鱼、岩礁贻贝均出现死亡	洪君超，1989
1988年6月	长江口外海域	1 400 km^2	夜光藻	海洋渔业生境受到严重破坏	洪君超，1989
1988年7月	长江口外海域	1 700 km^2	夜光藻	海洋渔业生境受到严重破坏	洪君超，1989
1989年4月	福建福清沿岸		夜光藻	养殖缢蛏死亡，损失1.1×10^4 t，经济损失3 000万元，对虾死亡1亿多尾，价值100多万元	转引自张水浸等，1994
1989年10月	福建东山县		威氏海链藻	网箱养鱼大量死亡，经济损失280万元以上	转引自张水浸等，1994
1990年5月	浙江东部海域	700 km^2		大量鱼、虾死亡	符文侠等，1992

近年来东海区频发的赤潮灾害，制约了江、浙、沪、闽沿海地区海洋经济的可持续发展，尤其是严重影响了水产养殖、捕捞业、滨海旅游业等海洋产业的发展，对人民身体健康造成了极大威胁，大规模赤潮对海洋生态系统安全的影响更加引人注目。

据调查，2000—2001年在东海区持续发生特大赤潮，面积均达上千平方千米，持续时间达1个多月。2000年5—6月，浙江台州地区发生的大面积赤潮造成养殖业损失达1亿多元。2001年，东海区发生的危害面积超过1 000 km^2的总次数已达5起，达到统计赤潮事件总数的1/4。2001年5月，在浙江温岭发生了一起误食受赤潮感染的贝类而造成29人中毒事件。2002年5月中旬，浙江玉环县养殖虾塘受赤潮影响直接经济损失150万元，南麂列岛自然保护区核心区的贝类在赤潮发生后大批量死亡，福建沿海几次大规模的赤潮造成渔业经济损失达800万元。2003年5月份，福建省平潭、霞浦、连江海域和浙江南麂海域都发生了野生或养殖鱼贝类的死亡，造成了巨大的经济失，其中，连江海域的赤潮引起养殖鲍鱼死亡的直接经济损失约680万元。2005年5月24日—6月19日，东海浙江沿海发生了7 000多平方千米的有毒米氏凯伦藻赤潮，有1 000余只传统网箱受到赤潮影响，网箱养殖鱼类相继发生死亡，直接经济损失达1 971.62万元。

已有大量的研究表明，赤潮藻对许多海洋生物产生一定程度的不利影响。赤潮的发生引起海洋生态过程异常变化，造成海洋食物链局部中断，破坏了海洋中的正常生态过程：营养物质→浮游植物→贝、鱼、虾等（齐雨藻，2003），威胁着海洋生物的生存。根据中科院海洋研究所生态与环境重点实验室生态毒理组的报道，东海大规模赤潮肇事藻种东海原甲藻、链状亚历山大藻和米氏凯伦藻等对实验生物，如卤虫（*Artemia Salina*）、轮虫（*Brachinous plicatilus*）、蒙古裸腹溞（*Moina mongolica*）、鲈鱼（*Lateolabrax japonicaus*）和扇贝胚胎（*Argopecten irradiants*），都有一定的不利影响，尤其是链状亚历山大藻的影响更为显著（王丽平等，2003；陈洋，2005；陈桃英，2006）；而对东海浮游动物关键种中华哲水蚤（*Cahanussincus*）的研究也表明，东海大规模赤潮的原因种对中华哲水蚤的存活、摄食和产卵等生命活动都有一定的不利影响（韩刚，2006）。由此可见，东海大型赤潮可以影响海洋生物的生长和存活等生命活动，进而可以改变不同类群生物的种群数量和结构，直接或间接导致浮游生态系统结构发生改变，同时也会影响物质沿浮游食物链的传递效率（周名江、颜天，2007），最终影响生态系统的结构和功能。

2）有毒赤潮的危害

赤潮微藻是海洋食物链网的基础，在生物量上升或发生赤潮时，它们一般对海洋生产力和海洋渔业是有益的。但是，由于一些有害、有毒微藻过量繁殖形成的有害赤潮或有毒赤潮，则是一种破坏性很大的海洋生态灾害。它的发生不仅给海洋渔业、养殖业和旅游业造成直接危害和经济损失，而且对海洋生态安全和人类健康带来危害。这类赤潮是由一些能分泌产生毒素的藻引起的。

赤潮的危害方式和危害程度依赤潮类型、规模大小、持续时间长短而有很大的差异。例如，无毒赤潮主要表现在影响水质的酸碱度（pH）和透明度，破坏生态环境；危害滤食动物，破坏食物链网；引起水体缺氧，损害生物生存空间。

近年来，随着东海区有毒赤潮原因种种数、有毒赤潮发生频率及其危害呈不断上升趋势，有毒赤潮成为危害中国东海区海洋生态安全、海产品安全和人类健康最严重的赤潮灾种。有毒赤潮的危害主要是危害海洋生物的存活和人类健康。危害的方式主要有两种：一种是有些赤潮藻能产生毒素，常常以鱼类或贝类作为传递媒介引发人类中毒事件，甚至导致死亡。二种是有些赤潮藻对人类的危害较小，但可以产生危害贝类和鱼类等海洋生物的毒素，从而引发这些海洋生物的中毒或死亡。由于大部分毒素最早是从摄食有毒藻的贝类和鱼类体内发现的。因此，这些毒素往往被称作贝毒、鱼毒而不是藻类毒素。到目前为止，常见的毒素有以下几种（周名江、于仁诚等，1999）。

（1）麻痹性贝毒（Paralytic shellfish poisoning，PSP）是四氢嘌呤毒素的总称，主要活性成分是石房蛤毒素及其衍生物。能分泌这种毒素的藻类有链状亚历山大藻、塔玛亚历山大藻和链状裸甲藻（*Gymnodium catenatum*）等，东海均有分布，在动物体内检测到PSP，且发生过赤潮和中毒事件。

（2）腹泻性贝毒（Piarrhetic shellfish poisoning，DSP）主要成分是大田软海绵酸。产腹泻性贝毒的有毒藻类有圆鳍甲藻（*Dinophysis roundata*）和利马原甲藻（*Prorocentrum lima*）等。东海区有分布，也检测到PSP，但尚未发现其赤潮发生。

（3）记忆缺失性贝毒（Amnesic shellfish poisoning，ASP）主要成分为软骨藻酸。产这类毒素的藻有多纹拟菱形藻（*Pseudonitzsdia multiseries*）、尖刺拟菱形藻（*P. pungens*）和假细纹

拟菱形藻（*P. pseudodelicatissime*）等。这些种类在东海都有分布，但尚未检测到 ASP。

（4）神经性贝毒（Neurotoxic shellfish poisoning，NSP）主要成分为短裸甲藻毒素 A（Brevetoxin A）、B（Brevetoxin B）和半短裸甲藻毒素（Hemibrevetoxins）。分布于东海、南海的短凯伦藻（*Karenia breve*）是产生这类毒素的主要赤潮藻。但尚未检测到 NSP。

（5）西加鱼毒（Ciguatera fish poisoning，CFP）是热带海洋甲藻产生的一类毒素，通常由鱼作为毒素传递媒介，引起人类中毒。产生西加鱼毒的甲藻有某些原甲藻（*Prorocentrum* spp.）及有毒冈比亚藻（*Gambieraiscus toxicus*）等。

贝毒中毒事件在东海区发生过多起。早在 1986 年 12 月，福建省东山县沼安湾顶部的瓷窒村就发生了一起严重的 PSP 中毒事件，中毒的原因是当地群众采食附近天然生长的菲律宾蛤仔（*Ruditapes Philipinensis*），导致 136 人中毒，危重者 59 人，其中 1 人死亡（张水浸等，1994）。

为探明自东海分离培养的塔玛亚历山大藻（*Alexandrium tamarense*）对饵料浮游生物、经济鱼类的毒性效应及其在食物链中的传递，新近，颜天等（2002）、谭志军等（2002）研究了塔玛亚历山大藻（*Alexandrium tamarense*）对黑褐新糠虾（*Neomysis awatshensis*）（包括对糠虾的存活、生长、繁殖）的急、慢性毒性影响、对鲈鱼（*Lateolabrax japonicus*）的急性毒性影响和藻不同组分对鲈鱼的毒性效应，通过卤虫（*arteiasalina*）、黑褐新糠虾和鲈鱼对塔玛亚历山大藻的摄食即毒素累积实验，研究了塔玛亚历山大藻 PSP 毒素在海洋食物链中的传递。结果表明：塔玛亚历山大藻对黑褐新糠虾的存活、生长、繁殖均产生不利影响，影响程度随塔玛亚历山大藻细胞密度的增加而增加。在 96 小时急性毒性实验中，塔玛亚历山大藻对黑褐新糠虾的半致死密度为 7 000 cell/mL，去藻过滤液中糠虾的死亡率为 25%。在 62 天的慢性毒性实验中，密度为 900 cell/mL 的塔玛亚历山大藻对黑褐新糠虾的繁殖有显著影响，该实验组亲虾产幼虾总数仅为对照组产幼虾数目的 16.4%；其总产幼虾天数、日最高产幼数分别只有对照的 32%、41%，其初次产虾日期也推迟了 3 天，并出现了 3 次繁殖中断。塔玛亚历山大藻对黑褐新糠虾亲虾的存活、生长也有一定的影响，处在密度为 900 cell/mL 塔玛亚历山大藻中的黑褐新糠虾亲虾的存活率只有对照的 63%，糠虾亲虾的体长和体重分别为对照组亲虾的 95.6% 和 81.9%，但差异尚不显著（$P > 0.05$）。

塔玛亚历山大藻藻液能对鲈鱼幼鱼（2.5 cm）的存活有明显的影响，96 小时的半致死密度为 4 000 cell/mL。通过藻细胞悬浮液、去藻过滤液、细胞内容物以及细胞碎片的毒性大小比较研究，发现藻细胞的毒性较强，与藻液相近，细胞内容物也有显著影响，其他组分无明显的毒性作用，结果表明摄入 PSP 毒素可能是幼鱼致死的原因。较大的幼鱼（12 cm）对毒藻不敏感，暴露在 10 000 cell/mL 10 d 后，存活率为 100%。

摄食实验结果表明，卤虫和黑褐新糠虾对塔玛亚历山大藻细胞都有一定的摄食能力，但卤虫对塔玛亚历山大藻摄食远高于黑褐新糠虾的摄食。在 70 min 时，单位体重的卤虫和糠虾体内叶绿素 a 的含量分别为：0.87 和 0.024 μg/mg，在研究中也发现鲈鱼体内存在有少量的塔玛亚历山大藻细胞，因此，卤虫、糠虾和鲈鱼都有直接摄入塔玛亚历山大藻藻细胞的能力。小鼠实验证实，卤虫能够累积塔玛亚历山大藻藻细胞内的 PSP 毒素，累积 1 d、4 d 和 5 d 的样品毒性相差不大，都略大于 2.0 摩尔/微克，虽然摄食含 PSP 毒素的卤虫后的糠虾和鲈鱼样品未能导致小鼠死亡，但也使受试小鼠表现出一定的 PSP 中毒症状。因此，PSP 毒素也能通过间接方式由卤虫传递到糠虾和鲈鱼。

11.3.1.2 水母灾害及其危害

水母灾害（Jellyfish hazard）俗称水母旺发，是指海洋中一些大型无经济价值或有毒的水母在一定条件下暴发性增殖或异常聚集，形成对近海生态环境和渔业危害的一种生态异常现象。自20世纪末期起，东海，黄海海面开始大规模出现水母以来，灾害暴发次数、分布范围、持续的时间和危害程度均呈逐年上升趋势，在历史上实属罕见。水母大范围暴发是近年中国近海出现的一种新型生态灾害，也是中国近海生态危机的一种预兆和表征，对近海生态系统安全、海产品安全和人体健康已构成严重的威胁，是不能小看、不能麻痹大意的人为海洋生态灾害的一种。

形成生态灾害的水母主要是分布我国黄、东海以及韩国、日本沿岸的霞水母（*Cyanea nozakii*）、口冠水母或称沙海蜇（*Stomolophus nomurai*）和沙水母（*Sandern* sp.）等无经济价值或经济价值很低的有毒种类，其中主要优势种为沙海蜇和白色霞水母。据记载，分布于我国沿海的霞水母有白色霞水母（*C. nazakii* Kishinougye）、发状霞水母（*C. capilata* Cdinne）、棕色霞水母（*C. peruginea* Eschscholtz）和紫色霞水母（*C. purpurea* Kishinouye）四种，其中以白色霞水母数量最多，分布范围最广，其成体伞径可达50～100 cm。

霞水母体色乳白或微带淡褐，伞体虽扁平圆盘状，生殖腺发达，发育过程中没有水螅体阶段，繁殖力强，生长速度极快。由于其运动能力很弱，随波逐流，主要受潮汐、风向、风力、海流所支配，有时会使其聚集一起，有时也会使聚集的水母群一夜之间漂得无影无踪，甚至漂到外海生活。鲜活霞水母的口柄、肩板和丝状附属物带有毒素。霞水母以小型浮游生物如硅藻、甲藻、纤毛虫和小型浮游甲壳类及浮游幼虫为饵料。每年春末夏初，沿岸水温增高，雨量充沛，浮游生物大量繁殖为霞水母的繁殖、生长提供了充足的饵料。5月底、6月初开始出现水珠般大小的霞水母幼体，8月前后，海洋表层水温约为23～26℃，大量出现于沿岸海面，9月底成体可达0.5 m^2以上。

1）水母成灾原因分析

大型水母灾害连年频繁暴发的现象，已在国际上引起了广泛的关注，水母灾害成因的研究已成为当前海洋环境生态学研究的热点和难点。Graham等（2001）研究认为，水母暴发的表现形式有两种：水母数量的快速增长，即真正的水母暴发；另一种是现有种群的重新分布，即表面的水母暴发。Parston等（2002）分析认为，气候变化是水母暴发的最主要的原因之一，而引起气候变化的主要原因是全球温室效应，Brodeur等（2002）研究认为水母数量变化，还受饵料生物丰歉的影响，当食物丰富且其他条件适宜时，水母可快速生长并发生灾害。

近年，国内外学者通过水母暴发海域的跟踪调查监测结果研究，普遍认为人类活动影响了海洋环境条件的改变是水母暴发的主要原因。水温、水团是影响水母暴发及分布的主要影响因素。如程家骅等（2005）根据实测结果认为，水母的暴发与冷暖水团有关。沙海蜇为偏冷水性、高盐种，低温年份，水母数量增多，对渔业生产危害大，反之，水温偏高年份，水母数量相对较少，对东海区的渔业生产的危害程度相对较小。而霞水母为暖水性种类，通常大量出现在东海暖水与黄海冷水团交汇峰面的南部海域，并在28°00′～34°00′N的东海海域监测范围内发现。丁峰元等（2007）根据2003—2005年东海监测结果认为，6月沙海蜇适应的表层温度为17～25℃，底层温度为10～19℃，最高密度区的表层温度为17～21℃，底层温度为15～18℃，甚至有学者认为，水母暴发与渔业资源衰退密切相关，是鱼类资源衰退降低了与水母竞争饵料的结果，也有认为是我国实施伏季休渔制度，降低了人类对它的干扰和灭杀率，从而为大型水母的大量暴发提供了有利条件。但也有人持不同的看法。新近，周名江、朱明远等（2008）根据2002—2006年对东海赤潮发生生态学和海洋学机制研究认为，近年长江口水体中营养盐结构和比例发生了较大变化，N/P值失衡，导致浮游植物群落结构发生变化，由以硅藻为优势种群落向以甲藻为优势的群落演替，推测甲藻类的异常增多，引起了食物链结构的变化，引发了以甲藻为主要食饵的霞水母、口冠水母的暴发增殖。

综上所述，水母暴发的成因非常复杂，既受环境因素的影响，又受人类活动的影响，加之水母自身生长速度快，再生能力强，并具无性繁殖快速繁殖方式，这些因素共同影响了水母的暴发。至今，对水母暴发的原因认识并不充分，因此，对其预测与防控仍有难度，需要对水母暴发优势种的生物学、生态学特征，特别是生活史进行全面深入系统的研究才可能获得了解。

2）水母灾害的危害

水母灾害是近10年来中国近海海域突出的生态问题，其严重影响生态安全、经济和社会的发展。研究显示，危害主要表现在：首先是影响经济鱼类的渔获量、阻塞渔网具。据仲霞铭等（2004）报道，在东海霞水母暴发高峰季节，主机功率50～120马力的小型拖网船只，一个潮水中进入渔网内的霞水母可达500～1 000 kg，有时多达数t，损坏网具，使捕捞生产作业无法进行。其次是沙海蜇和霞水母经济价值低，其刺胞毒性强，分泌大量毒素不仅能使海洋生物中毒死亡，损害海产品安全，而且还能伤害海滨浴场工作人员和游人等。第三，致灾水母与食用水母海蜇因食性相同而具有相生相克，种间竞争关系，凡是大型灾害性水母大量暴发的年份，食用水母海蜇的产量将大幅度下降。同时，霞水母等还能通过捕食鱼卵、仔鱼和小型浮游生物，同以仔鱼和浮游生物为食饵的经济鱼类争食，使经济鱼类资源衰退。

据美国科学基金会研究小组一份报告介绍，全球至少有14片海域常常发生水母大暴发，其中包括黑海、地中海、美国夏威夷沿岸及墨西哥湾等。在黑海海域，船舶压舱水带来的外来水母多次大量繁殖，高密度区内每平方米海水甚至聚集着千只以上拳头大小的水母，对旅游业和渔业造成经济损失每年达3.5亿美元。日本也是每年水母大暴发的重灾区之一，直径达2 m以上的巨型水母造成的渔业损失超过2 000万美元。由此可见，大型水母灾害的暴发和危害是全球性的，需要世界临海各国共同合作采取有效防控对策。

11.3.2 外来入侵种

自1992年里约热内卢联合国环境与发展大会召开以来，生物多样性保护或生态安全保障已经在当今国际社会受到越来越多地关注，其中的热点之一是外来物种入侵问题。外来入侵种是指通过有意或无意的人类活动被引入到自然分布区外，在自然分布区外的自然、半自然生态系统或生境中建立种群，并对引入地的生物多样性造成威胁，影响或破坏物种。外来入侵种对生物多样性的影响表现在两个方面：一方面是外来入侵物种本身形成优势种群，使本地物种的生存受到影响并最终导致本地物种灭绝，破坏了物种多样性，使物种单一化；另一方面是通过压迫和排斥本地物种导致生态系统的物种组成和结构发生改变，最终导致生态系统受破坏。外来入侵种对生物多样性及可持续发展所带来的生态危害和经济损失，无论是现实的或是潜在的，都不能低估。国际上已经把外来入侵种列为除栖息地破坏以外，生物多样性丧失的第二大因素。我国近海特别是东海生物多样性丰富，生态系统类型复杂多变。但由于人类活动导致自然生境和生态系统的退化，很容易遭受入侵物种的侵害，外来入侵种已经成为危害东海区生物多样性和生态安全的重要因素。

据报道，中国已引进海洋和滩涂的外来物种89种，分隶于原核生物界、原生生物界、植物界和动物界4个界12个门（黄宗国，2004；李振宇等，2002）。这些物种主要通过船底携带、压舱水和人为引进3个途径进入中国东海和黄海、南海等。据报道，至2006年，我国已从国外引进大菱鲆、日本对虾、海湾扇贝、长牡蛎、红鲍、象拔蚌、虾夷马粪海胆等近30种海水养殖生物进行养殖或试验养殖；引进大米草、互花米草、海蓬子等滩涂植物进行栽培；航运中的船体附着及压舱水排放，无意中带来了外来海水生物，严重危害了当地土著海水生物的生存；通过与亲缘关系接近的物种进行杂交，降低当地土著生物的遗传质量，造成遗传污染；也可能带来病原微生物，对生态环境造成巨大的危害。但迄今有关东海外来入侵种及其危害的报道甚为少见。

11.3.2.1 互花米草的危害

互花米草（*Spartina altemiflora*）是多年生草木，生于潮间带。植株耐盐耐淹，抗风浪。种子可随风传播，原产于美国东南海岸，在美国西部和欧洲海岸归化。1979年引入中国近海。

据国家海洋局（2008）报道，外来生物互花米草在我国滨海湿地的分布面积达34 451 hm^2。分布范围北起辽宁、南达广西，覆盖了除海南岛、台湾岛之外的全部沿海省份。江苏、浙江、上海和福建四省市的互花米草面积占全国互花米草总分布面积的94%，为我国互花米草分布最集中的地区。其中，浙江、上海和福建三省市，分别达4 812 hm^2，4 741 hm^2和4 166 hm^2。目前，分布在福建闽东北三沙湾、罗源湾和闽南的泉州湾、安海湾、厦门湾的互花米草已成为突出的外来植物种，占据牡蛎、蛏等养殖滩涂，促进泥沙洲和滩涂迅速淤高。据刘佳等（2007）调查表明，厦门西海域的互米花草主要分布在东屿湾海域和海沧海堤外侧，共有38处，面积约3 655 m^2。厦门市海洋与渔业局组织清挖了4 200 m^2，至2004年，清挖区的互花米草已经基本恢复，其分布面积仍有增无减。互花米草引入后，利用其良好促泥沙沉降功能和高生产力特征，用于固滩、护堤等方面，曾取得了一定的经济效益。但近年来在一些地区变成了害草，表现在：①侵占滩涂湿地，破坏近海生物栖息环境，影响滩涂养殖。例如，至2004年，互花米草和大米草在福建省沿海继续蔓延，仅闽东海域被侵占滩涂面积达1.03×10^4 hm^2，破坏当地红树林等生境，引起了生物多样性降低，其中，三都澳5 580.0 hm^2、东吾洋2 365.5 hm^2、罗源湾1 500.0 hm^2、福宁湾474.6 hm^2、黑山湾355.5 hm^2、三沙湾114.2 hm^2。仅宁德市滩涂因受侵荒废了31万多公顷。②堵塞航道，影响船只出港。③影响海水交换能力，导致水质下降，并诱发赤潮。④威胁本土海岸生态系统，致使大片红树林消失。但陆健健持不同看法，陆健健认为，外籍互花米草并非入侵物种，而是浙江省温州以北沿海生态工程的功臣物种，不仅不妨碍生物多样性，还具有绿化海涂，涵养淡水，净化水质，促淤保堤以及碳江等重要作用，应为“正名”（中国海洋报，2009.3.13）。李正宝等（2009）利用TM数据比较了1993年、2000年和2003年温州沿海互花米草的面积后，也认为互花米草对滩涂潮上带的促淤作用明显，因而有利于海水池塘养殖面积扩大，也有利于围海造田工程。新近，刘广平等（2010）以2006年为基准年，利用价值方法、市场价值法、专家评估法、替代市场法、防护费用法和恢复费用法等方法，评估了上海地区互花米草提供的生态服务价值，包括促淤造地、消浪护岸、大气组分调节、物质生产、水分调节、营养积累和净化功能七项价值，以反映其正面生态效益，估算出2006年上海地区互花米草提供了总价值约为15.93亿元/a，佐证了陆健健的观点，据此，我们认为关于外来种互花米草引入的利弊问题需要从生态系统远期效益的服务功能及服务价值给予综合的评估。

11.3.2.2 沙筛贝的危害

沙筛贝（*Mytilopsis salei*）隶属于帘蛤目、筛贝科、中名异名萨氏仿贻贝。壳表黑黄灰色，粗糙，具鳞片状壳皮。两壳的形状及大小不一，右壳小，凸间较大，左壳凹入，似壳莱蛤，生活在水流不畅通的内湾或围垦的浅水。性成熟早，繁殖率高，生长发育高，能适应不同温度和盐度，甚至是高污染的环境。多数以壳长10~20 mm的个体占优势，壳长30 mm以上的老个体少见。

沙筛贝原产中美洲热带海域，附着在墨西哥的岩石和海藻场，在委内瑞拉也有发现。通过对在中国香港建立的自然种群分析表明，它们是附着在船只上带入中国沿海，现主要分布在福建、广东和海南、台湾等地区海域。1992—1993年，入侵福建东山和厦门马銮湾后，覆盖了这些海域养鱼网箱，塑料筏子，绳缆及码头沉子等养殖设施，密度可达5 740~34 360个/m^3，严重影响当地的渔业生产，并排挤当地物种如藤壶*Balanus* sp.，牡蛎*Crassostrea* sp.等，因争夺饵料，许多养殖的菲律宾蛤仔（*Rudifatpes philippinarum*）、翡翠贻贝（*Perna viridis*）等产量大幅度下降。由于肌肉和生殖腺小，几乎不能食用，当地养殖渔民只好采集作为锯缘青蟹、对虾的饵料。目前尚未有治理沙筛贝的有效方法。

11.3.3 病原微生物的危害

生物污染特别是致病微生物污染是近代深受关注的海洋污染问题，迄今，在东海区已发现能导致海水养殖动物病害、危害人体健康的病原微生物，主要有病毒、细菌、真菌等。

11.3.3.1 病毒的危害

有关资料显示，目前在海洋环境中发现的人类肠道病毒有诺沃克病毒（NV）、甲肝病毒（HAV）、脊髓灰质、腺病毒、轮状病毒等，其中，诺沃克病毒、甲肝病毒流行广泛，危害最大，在我国的感染率在80%以上，对双壳贝类增养殖区造成不同程度地NV和HAV污染。近年来，由于食用被HAV污染的贝类而引起的甲型肝炎已有3次之多，1988年，HAV在上海的暴发波及30余万人，是典型案例。另外，在对虾体内检测出11种病毒，如对虾杆状病毒（BP）、肠腺坏死病毒（MBNV）、斑节对虾杆状病毒（MBV）、肝胰腺细小病毒（HPV）和对虾白斑杆状病毒（WSBV）。其中，对虾白斑杆状病毒WSBV是目前国内发现的对虾病毒中传染毒力最高的一种。21世纪初，上海市崇明县养殖南美白对虾部分区域曾相继暴发桃粒病毒，该病毒是从南美洲引进白对虾而传播到上海的。

11.3.3.2 细菌的危害

研究表明，病毒粒子、异养细菌及其中的条件致病菌是影响水产养殖区生态系统的重要因素。病毒粒子和病原弧菌、立克次式体等是造成养殖扇贝大量死亡的重要致病因子。到目前为止，全世界已经在大约30多种贝类体内发现类立克次体Rickettsia-like organisms的感染，并报道有鲍鱼、近江牡蛎、扇贝发生严重的致病或者死亡。越来越多的研究证明，贝类的大规模死亡与类立克次体的感染有很大的关系。

弧菌（*Vibrio* sp.）是条件致病菌，已知副溶血弧菌（*V. parahaenolyticus*）、溶藻弧菌（*V. Alginolyuticus*）、鳗弧菌（*V. anguillarum*）等多种细菌也可以单独或可与病毒或真菌混合感染使对虾致病，引起严重死亡。

第12章　东海生态环境保护与管理

12.1　法律法规政策和规划标准

近年来，海洋生态环境污染加剧，近海海域生态环境日趋恶化，严重的海洋污染事件有增无减。因此，如何加强保护和管理海洋生态环境是维护国家海域所有权和海域使用权人的合法权益，促进海域的合理开发和可持续利用的重中之重。目前，我国的海洋环境保护法律体系已初步形成，在国际公约方面，中国加入了《联合国海洋法公约》及其1994年执行协议等近20个有关海洋污染防治和海洋生态保护方面的国际公约，并相继制定了相关的法律法规：《中华人民共和国海洋环境保护法》、《中华人民共和国海域使用管理法》、《中华人民共和国环境影响评价法》以及《海洋工程环境保护条例》、《海洋倾废条例》、《自然保护区条例》等；政策规划有：《全国海洋经济发展规划纲要》、《海洋事业发展规划纲要》、《全国海洋功能区划》、《中国水生生物资源养护行动计划》，出台了海洋领域节能减排工作方案、海洋领域应对气候变化工作要点等专项法律、法规和政策规划等；与环境保护相关的国家标准有《海水水质标准》（GB 3097—1997）、《污水综合排放标准》（GB 8978—1996）、《海洋监测规范》等。

东海海域沿岸、上海市、浙江省和福建省均制定了相关的法规规章和规划，管理和保护东海海洋生态环境。

12.1.1　地方法规规章及相关规划

浙江省、上海市和福建省关于东海环境保护的主要法规规章及相关规划有：《浙江省海洋环境保护条例》、《浙江省海域使用管理办法》、《浙江省自然保护区管理办法》、《浙江省渔业捕捞许可办法》、《浙江省沿海船舶边防治安管理规定》、《渔业行政处罚程序规定》、《渔业水域污染事故调查处理程序规定》、《上海市海洋环境保护规划》、《上海市大比例尺海洋功能区划》、《上海市处置海洋灾害应急预案》、《福建省海域使用管理条例》、《福建省海洋环境保护条例》、《福建省自然保护区管理办法》、《防治海洋工程建设项目污染损害海洋环境管理条例》、《福建省沿海船舶边防治安管理条例》、《厦门市海域使用管理规定》、《厦门市海域环境保护规定》、《厦门市中华白海豚保护规定》、《厦门市文昌鱼自然保护区管理办法》、《厦门市无居民海岛保护与利用管理办法》、《无居民海岛保护与利用管理规定》、《海洋自然保护区管理办法》、《宁波市象山港海洋环境和渔业资源保护条例》等。

12.1.2　政策规划

12.1.2.1　《长江口及毗邻海域碧海行动计划》

环保部继2001年开始实施渤海碧海行动后，于2005年启动了长江口及毗邻海域的碧海行动计划工作。至2005年底，完成了长江口及毗邻海域陆源污染物调查、入海通量监测和海上生态环境状况调查和监测工作。调查区域包括江苏省沿江8个市、浙江省沿海6个市、上海市以及长江口外和杭州湾附近海域。涉及陆域面积 $10.36\times10^4\ km^2$，海域面积约 $3.8\times10^4\ km^2$。调查结果显示，该海域水质普遍受到无机氮和活性磷酸盐的影响，超标严重，最大超标倍数分别为11.1倍和3.1倍。海域水质类别以四类和劣四类海水为主，占79.0%。局部区域受生活废水影响明显，由于城市生活污水的集中排放，粪大肠菌群超标较为普遍。调查海域富营养化程度较为严重，赤潮频发，而且规模大，持续时间长。2005年长江口及毗邻地区排放的工业和生活污水量为 $90.72\times10^8\ t$。长江口及毗邻海域以陆源污染为主，而且流域污染负荷起到决定性作用。长江口、杭州湾及附近海域已经成为我国近岸海域污染最严重的地区，近20年来，苏、浙、沪地区经济发展快，人口集中，沿海和海洋环境压力大，导致环境问题突出。

环保部以此次调查为基础，组织中国环科院、江苏、浙江、上海环保部门以及其他有关单位共同编制的《长江口及毗邻海域碧海行动计划》、两省一市（江苏、浙江、上海）地方《碧海行动计划》以及相关的专题技术支持工作。国家环保总局于2007年11月3—4日在北京召开“长江口及毗邻海域碧海行动计划”编制工作会议，主要内容是制定三省市的污染物排海控制总量，提出共同防治区域性环境污染的措施。项目将开展长江口及毗邻海域环境污染调查评价，掌握陆域和水域生态环境状况，测算该区域的环境容量，在此基础上，提出苏、浙、沪三省市的污染物排放总量，研究制定跨区域的环境污染防治机制和措施，制订碧海行动计划。通过计划的实施，将降低主要污染物入海总量，减少东海赤潮发生频次与范围，改善长江口及毗邻海域生态环境状况。近几年的监测结果表明，长江口、杭州湾及附近海域是我国近岸海域污染最严重的地区，河口区无机氮和活性磷酸盐含量超标，营养盐比例失衡，赤潮灾害频发，生物多样性降低，渔业资源衰退，传统的渔场已经很难形成鱼汛。这些地区的生态环境问题将会严重影响长三角地区经济社会的全面、协调和可持续的发展。通过开展长江口及毗邻海域碧海行动计划，系统地实施污染控制和生态保护措施，对保护和改善该地区的生态环境状况十分重要。

12.1.2.2 《长江口综合整治开发规划》

为加强长江口整治开发、保护和管理，保障长江口地区经济社会的可持续发展，国务院于2008年批准了水利部上报的《长江口综合整治开发规划》。针对长江口地区经济社会发展新形势以及加强长江口整治开发和保护的需要，水利部在认真分析长江口演变规律和总结治理开发经验教训的基础上，全面规划、远近结合、统筹兼顾、综合治理，正确处理长江口治理开发与生态环境保护的关系，工程措施和非工程措施相结合，以稳定河势为重点，维护深水航道和其他基础设施的安全运行，合理开发利用水土资源和岸线资源，保障防洪（潮）安全，保护生态环境，加强河口河道的管理，促进长江口地区资源、环境和经济社会的协调发展。

《长江口综合整治开发规划》提出了综合整治开发目标：近期到2010年，基本稳定南支上段河势，初步形成相对稳定的南、北港分流口；减缓北支淤积速率，减轻北支咸潮倒灌南支，改善南支淡水资源开发利用条件；在深水航道治理工程的基础上，分阶段地使深水航道向上游延伸，适时启动白茆沙水道整治工程，满足近期航运发展对航道建设的需要；加快防洪工程和排灌工程建设步伐，使防洪（潮）及排灌达到规划标准；对水源地和自然保护区进行重点保护，初步抑制局部水域水质恶化和生态环境衰退的趋势；结合河势控制工程，改善岸线利用条件，合理开发新的岸线资源；适度圈围滩涂，基本满足社会经济发展对土地资源的需求；基本完成水文水质站网建设任务，初步构建长江口地区水利信息化系统框架。远期到2020年，进一步稳定白茆沙河段北岸边界，逐步建成新的人工节点，进一步稳定和改善南北港分流口及北港的河势；消除北支咸潮倒灌南支，改善南、北支淡水资源开发利用条件；进一步改善北港、南槽及北支的航道条件，达到远期航道建设标准；进一步改善河口地区生态环境；全面达到长江口地区的防洪（潮）及排灌规划标准；基本建成较为完善的长江口地区水利信息化系统。

12.2 海洋环境污染防治与管理

2001—2009年，东海海洋环境污染状况表明，东海目前属于中度污染程度，主要污染区域相对集中，主要集中在长江口、杭州湾、象山港、舟山群岛、乐清湾等海域，未达到清洁海域水质标准的面积中，严重污染和中度污染比重相对较大。根据2009年中国海洋环境质量公报（表12.1），未达到清洁海域水质标准的面积为68 190 km^2，其中，较清洁海域面积30 830 km^2，轻度污染海域面积9 030 km^2，中度污染海域面积8 710 km^2，严重污染海域面积19 620 km^2。其中，中度污染面积和严重污染海域面积均比2008年高，总污染面积为37 360 km^2。据2009年东海海洋环境质量公报，严重污染海域主要集中在长江口、杭州湾、象山港和乐清湾海域。结果表明东海区超标污染物分别为无机氮、活性磷酸盐，近岸海域超标污染物还包括铅和汞。无机氮和活性磷酸盐的严重污染海域主要集中在射阳河口、长江口、杭州湾、舟山群岛、乐清湾等海域。铅的超标区域主要集中在长江口和杭州湾局部海域；汞的超标区域主要集中在长江口海域。

表12.1　2004—2009年东海海域较清洁和污染海域面积　　单位：km^2

海区	年度	较清洁海域	轻度污染	中度污染	污染海域	
					严重污染	合计
东海	2004	21 550	13 620	12 110	20 680	46 410
	2005	21 080	10 490	10 730	22 950	44 170
	2006	20 860	23 110	8 380	14 660	46 150
	2007	22 430	25 780	5 500	16 970	48 250
	2008	34 140	9 630	6 930	15 910	32 470
	2009	30 830	9 030	8 710	19 620	37 360

引自2004—2009年中国海洋环境质量公报。

保护东海海洋环境、防治海洋环境污染是保障东海海岸各省市及国家海洋事业可持续发展的基本前提。东海沿岸各省市目前都高度重视海洋环境污染的防治工作，各省市将陆源污染防治和海上污染防治相结合，减轻和控制对海洋环境的污染损害。

12.2.1 海洋污染防治

12.2.1.1 陆源污染防治

东海海域面积770 000 km^2，流入东海的河流主要有长江、钱塘江、闽江及浊水溪等。

2009年，东海区共监测入海河流21条，入海主要污染物总量为$1\ 216.7\times10^4$ t，主要超标污染物（或指标）为化学需氧量（COD_{Cr}）、磷酸盐、悬浮物和氨氮等。四个海区中，东海沿岸超标排放的排污口比例依然较高。鉴于东海所面临的陆源污染及全国海域的陆源污染问题，目前国家、区域以及地方政府都已编制相关规划和实施相关整治行动，以便有效防治东海面临的陆源污染问题。

1）保护海洋环境免受陆源污染——中国行动计划

1995年，由联合国环境规划署（UNEP）倡导的“保护海洋环境免受陆源污染全球行动计划”（Global Programme of Action for the Marine Environment from Land - based Activities，简称GPA）是一项由多个涉海国家和地区签署的国际协定。该计划是基于各海区的区域行动计划（Regional Programme of Action，简称RPA）和各成员国的国家行动计划（National Programme of Action，简称NPA）制定的，我国是108个成员国之一。2004年1月国家环境保护总局会同国土资源部、交通运输部、建设部、水利部、农业部、国家林业局、国家海洋局、国家旅游局、海军环办、中国海洋石油总公司以及各沿海省（自治区、直辖市）等部门，完成了“中国保护海洋环境免受陆源污染工作现状”的国家报告、各部门和各沿海省（自治区、直辖市）的专题报告。2005年8月，启动编制《保护海洋环境免受陆源污染——中国行动计划》中国NPA的编制准备工作，计划于“十一五”初期开展并完成中国NPA的编制工作。

我国的NPA将突出重点污染物——氮、磷、COD和石油类，突出重点控制区域——沿海陆域和近岸海域，抓住重点污染源——陆源（污水、垃圾），解决重点环境问题——近岸海域水质污染及生态环境破坏。该计划与“三河”、“三湖”等流域水污染防治规划的内容协调衔接；与渤海、长江口、珠江口等海湾及河口碧海行动计划的内容协调衔接；与沿海省市的国名经济与社会发展规划的内容协调衔接。

2）长江口及毗邻海域海洋环境保护规划

江苏、浙江、上海3省（市）编制长江口及毗邻海域海洋环境保护规划，该规划项目被命名为“长江口及毗邻海域碧海行动计划”，主要内容为编制长江口及毗邻海域碧海行动计划，制订3省市的污染物排海控制总量，提出共同防治区域性环境污染的措施。项目将开展长江口及毗邻海域环境污染调查评价，掌握陆域和水域生态环境状况，测算该区域的环境容量，在此基础上，提出苏、浙、沪3省市的污染物排放总量，研究制订跨区域的环境污染防治机制和措施，制订碧海行动计划。整个项目计划将降低主要污染物入海总量，降低东海赤潮发生频次与范围，改善长江口及毗邻海域生态环境状况。近几年的监测结果表明，长江口、杭州湾及附近海域是我国近岸海域污染最严重的地区，河口区无机氮和活性磷酸盐含量超标，营养盐比例失衡，赤潮灾害频发，生物多样性降低，渔业资源衰退，传统的渔场已经很难形成鱼汛。这些地区的生态环境问题将会严重影响长三角地区经济社会的全面、协调和可持续发展。通过开展长江口及毗邻海域碧海行动计划，系统地实施污染控制和生态保护措施，对保护和改善该地区的生态环境十分重要。

3）浙江省“811”环境污染整治行动

目前，东海沿岸省市已经实施海洋环境污染整治行动，也已在陆源污染控制上取得了一定的效果。例如，2004—2007年，浙江省开展“811”环境污染整治行动，组织实施了钱塘江、甬江、椒江水污染防治规划，整治了重点流域、重点区域、重点行业和企业，并先后出台《固体废物污染环境防治条例》、《建设项目环境保护管理办法》、《环境污染监督管理办法》等15部地方性法规和规章。浙江省委、省政府出台了《关于落实科学发展观加强环境保护若干意见》等20多个综合性文件。全面建成县以上城市污水、生活垃圾集中处理设施以及环境质量和重点污染源自动监控网络，控制污染物排放总量。通过整治行动，钱塘江流域Ⅲ类以上水质监测断面比例达到71.1%，比2004年同期提高17.8个百分点。全省县以上城市污水处理厂日处理能力已达600×10^4 t，污水处理率达59%，比2004年提高8.6个百分点。2008年启动的“811”环境保护新三年行动（2008—2010年），将加大力度整治包括沿岸入海流域的环境整治。

NPA、长江口碧海行动计划与地方政府的环境污染整治行动相结合，将会卓有成效地控制和改善目前东海所面临的陆源污染问题，保护和改善海洋生态环境，促进沿海地区的经济持续、快速、健康发展。

12.2.1.2 海上污染防治

1）制定和实施“碧海行动计划”

“长江口及毗邻海域碧海行动计划”，主要制订污染物排海控制总量，共同防治区域性环境污染措施。该计划开展长江口及毗邻海域环境污染调查评价，掌握陆域和水域生态环境状况，测算该区域的环境容量，提出苏、浙、沪三省市的污染物排放总量，研究制定跨区域的环境污染防治机制和措施。通过计划实施，将降低主要污染物入海总量，减少东海赤潮发生频次与范围，改善长江口及毗邻海域生态环境状况。通过开展长江口及毗邻海域碧海行动计划，系统地实施污染控制和生态保护措施，从而保护和改善该地区的生态环境状况。2008年1月，浙江省发改委和浙江省海洋与渔业局联合发文出台“浙江省碧海生态建设行动计划”，该计划主要内容包括海洋环境整治与污染控制工程、海洋生态恢复与建设工程和碧海行动计划能力保障体系建设。

2）防止、减轻和控制船舶污染物污染海域环境

启动船舶油类物质污染物“零排放”计划，实施船舶排污设备铅封制度，加强渔港、渔船的污染防治。建立大型港口废水、废油、废渣回收与处理系统，实现交通运输和渔业船只排放的污染物集中回收，岸上处理，达标排放。上海市制定了“上海海上搜救和船舶污染事故专项应急预案”，浙江省发布了“浙江省海上突发公共事件应急预案”、“浙江省船舶综合监管系统应急预案”和“浙江省渔业船舶重特大事故应急处理预案”，最大限度减少海上船舶突发事件造成的环境污染。近年来，东海各省市积极完善预案体系，建立协调机构。船舶污染应急预案的编制和发布，对处理突发事件起到了积极作用。近一年来，海事部门也有效地处理了多起船舶污染事故，2010年8月，中海发展股份有限公司所属“锦河”轮装载原油61 550 t从曹妃甸驶往舟山，在舟山马岙港区航行时发生搁浅，浙江海事局立即启动“浙江省海上突发公共事件应急预案”，及时的应急处置有效防止和控制了船舶污染事故的发生。

3）防止、减轻和控制海上养殖污染

海上污染主要是一些海洋产业发展缺乏环保措施产生的自身污染。海水养殖业的迅速发

展和缺乏科学技术，使海洋环境富营养化程度加重，海水自净能力下降。海水养殖污染主要来源是喂养的有机物、施放的化肥以及养殖户放养前的清塘药物。喂养的有机物、施放的化肥使海水富养化，导致产生赤潮；清塘药物在杀灭塘内生物的同时，残留药物放出后也杀死了塘外的海生生物。如宁海县缆头村，对虾、青蟹仍喂养小带鱼、虾子为主，蛏、蚶等由尿素、复合肥、烂鱼等喂养；但养殖户放养前的清塘药物较乱，以前海涂养殖户大多用三唑磷、“一死光”（不知成分）、“山娜”（氰化物）、重金属盐等药物，这些药物易残留、易破坏海水环境，同时会通过食物链传递到海洋生物体内，最后这些海洋生物又出现在餐桌上，在人体内进行累积。虽然经过政府有关部门整治，这些药物使用在逐步减少，但也有部分养殖户在偷偷使用。虽然海水养殖不是海水污染的主要原因，但也引起足够的重视。我国海水养殖主要位于水交换能力较差的浅海滩涂和内湾水域，养殖自身污染已引起局部水域环境恶化。今后，应建立海上养殖区环境管理制度和标准，编制海域养殖区域规划，合理控制海域养殖密度和面积，建立各种清洁养殖模式，控制养殖业药物投放，通过实施各种养殖水域的生态修复工程和示范，改善被污染和正在被污染的水产养殖环境，减轻或控制海域养殖业引起的海域环境污染。

4）防止和控制海上石油平台产生石油类等污染物及生活垃圾对海洋环境的污染

2002年，国家海洋局制定并发布了《海洋石油开发工程环境影响评价管理程序》、《海洋石油平台弃置管理暂行办法》，2003年，部分海洋油气区专项环境监测结果显示，油气田及周边区域的环境质量符合该类功能区环境质量控制要求，未对邻近其他海洋功能区产生不利影响，开发过程中无重大溢油事故发生。在钻井、采油、作业平台应配备油污水、生活污水处理设施，使之全部达标排放。海洋石油勘探开发应制定溢油应急方案。

5）防止和控制海上倾废污染

严格管理和控制向海洋倾倒废弃物，禁止向海上倾倒放射性废物和有害物质。2003年，主要倾倒区及其周边环境监测表明：所监测倾倒区的底质环境状况总体保持正常，倾倒区尚有底栖生物存在，其优势类群主要为软体动物和节肢动物，倾倒区环境质量基本满足倾倒区的环境功能要求。今后应加强对倾倒区的监督管理和监测，严格执行倾废区的环境影响评价和备案制度，及时了解倾倒区的环境状况及对周围海域环境、资源的影响，防止海洋倾倒对生态环境、海洋资源等造成损害。

12.2.1.3 近海富营养化和有害赤潮的防治

东海沿海水环境恶化已引起了上海、浙江、福建省各级政府的高度重视，并采取了一系列措施，在一定程度上缓解了氮、磷污染的加剧。但针对河口、海湾富营养化和近海有害赤潮治理方面仍然存在较大问题。近年随着长江口及其邻近海域富营养化发展日益严重，赤潮频繁发生，生态受损日趋严重的趋势，中国科学院海洋研究所和中国海洋大学等单位的科学家，大力开展人为富营养化和有害赤潮防治方法的研究，他们从长江口水域富营养化和赤潮的宏观调控和综合整治两个方面，研究了长江口水域富营养化、有害赤潮的控制原理，提出了该水域营养盐环境容量以及长江径流营养盐总量控制的估算原理与方法，建立了有害赤潮预测和防治方法，以化学、底栖贝类、大型海藻等综合整治方法为基础，研究各种方法对营养盐的吸收、有害赤潮藻的生长抑制或杀灭的作用，提出了一些改善长江口水体富营养化和有害赤潮的调控防治措施和治理方法。

1）半封闭型内湾富营养化的防治对策

目前，国内外防治河口内湾富营养化的措施方法主要包括：氮、磷入海通量的控制，养殖环境自身污染的控制，生物净化和改善底质污染等。控制近海富营养化的根本方法，一是预防，二是治理。

（1）氮、磷入海通量的控制

如前所述，引起河口、海湾富营养化的营养盐类主要来源于陆源排污。由于富营养化的防治是一项非常复杂的系统工程，包括如何通过宏观控制（或削减）形成富营养化各种条件来达到防治的目标和如何在富营养化水域采取有效的措施和方法进行治理，以减少或避免造成损失。因此，首先就应根据各个河口、海湾氮磷发生源，研究设定水域氮、磷的环境容量或允许排出量，提出氮磷入海总量控制或削减率及其控制方法，如提高家庭粪便，家畜粪便的处理技术，缩减化肥的使用量和流失量。

（2）养殖环境自身污染的控制

内湾或半封闭型海湾的自身污染主要来自水体养殖。由水产养殖引起的局部地域富营养化导致有害赤潮频繁发生所造成的损失已有大量报道。因此，控制养殖过程对养殖地域造成的氮磷负荷已成为东海乃至全国海湾控制养殖环境富营养化刻不容缓的主题之一。有大量实践证明，控制养殖面积，科学投饵，建立生态养殖系统等是养殖自身污染行之有效的控制途径。

目前，在环境治理富营养化的有效方法有两种：一种是向水中撒放一些黏土矿物，吸附水中大量的氮磷，并沉降到海底，阻止沉积物中磷的再释放（俞志明等，1995）；另一种是养殖大型海藻以吸收海水中的大量氮磷。

（3）生物净化

针对富营养化现象比较严重，经常发生赤潮的海域，利用各种不同生物的吸收、捕食、固定、分解等功能来达到净化富营养化环境的目的，例如，利用海洋大型海藻吸收过剩的营养盐类，利用浮游动物摄食浮游有机物，利用底栖动物摄食沉积物中的有机物碎屑，利用细菌分解有机物等。近年，在养殖区开展海藻栽培对营养吸收的技术开发试验，取得可喜效果。值得提出的是在富营养化的内湾或浅海有选择地养殖海带、裙带菜、羊栖菜、红毛藻、紫菜、江蓠等大型经济海藻，是一举两得的好办法，既可净化水体，又有较高的经济价值。

（4）改善底质环境

改善氮磷有机质污染的养殖沉积环境，目前有采用疏浚法，耕耘法和覆盖法，如将黏土矿物，石灰匀浆或砂等撒布于海底，将受污染严重的底泥覆盖，阻断或减少底泥中有机物，硫化物，营养盐溶出达到改善水质和底质的目的。

2）有害赤潮的防治

在有害赤潮防治方面，俞志明（1992，1994）早在20世纪90年代初，在国内率先开展化学防治法治理有害赤潮的研究，他针对矿物黏土存在絮凝效率低、使用量大和淤渣多等关键科学问题，研究提出了改性黏土矿物絮凝法，制备出高效、对生态环境无副作用的改性黏土，成功应用于全运会玄武湖淡水藻华和奥运会青岛近海海水藻华的治理，取得了显著的社会与经济效益。

目前国际上研究应用于治理有害赤潮的生物方法，包括利用藻类之间和与微生物间的相互作用抑制赤潮原因种的生长、利用浮游动物捕食抑制赤潮生物的生长和利用大型海藻抑制和防止赤潮发生的方法等。这些方法具有化学和物理方法不具备的优点，是一种极有前景的防治方法。中科院海洋研究所是国内率先开拓生物法治理赤潮研究的单位。90 年代，张诚、邹景忠等主持完成的国家基金项目“典型养殖水域中有害藻菌相互作用研究”和山东省基金项目“有害赤潮生物防治基础研究”，率先在国内筛选分离出具有生物相克作用的菌株和赤潮原因种藻株，发现有菌株与共培养的骨条藻竞争有限的营养盐而抑制骨条藻的生长，发现骨条藻与微型原甲藻有明显竞争现象。2005 年，林伟以抗生素为工具，在成功获得浮游微藻——中肋骨条藻、微小原甲藻、锥状斯氏藻、褐胞藻、前沟藻和扁藻品系的除菌藻株和四株底栖性除菌藻株基础上，首次研究了海洋底栖性微藻与弧菌的相互关系，进一步证明了海洋微藻——共栖细菌系统普遍具有排斥弧菌的能力；郑立等（2006）通过细胞活性荧光测定方法，研究了 15 株海洋生物共栖细菌对赤潮异弯藻、海洋原甲藻生长的抑制作用，结果表明，7 株细菌的代谢产物对 2 种微藻具有不同程度的抑制作用，并表现出一定的选择性，其中，3 株海洋细菌 Nj6 - 3 - 2，QDI - 2，ATCI01 - 4 的代谢产物对 2 种赤潮藻的生长具有抑制作用；郑天凌等（2002）为探索获得具有抑杀有害微藻而不损害其他优良浮游微藻繁殖生长的海洋细菌，通过菌 - 藻单独或共培养下发现菌 - 藻胞外酶活性变化明显，细菌的加入是胞外酶活性升高的主要原因，在菌 Z7 和 Z10 与塔玛亚历山大藻共培养下，两者胞外酶活性变化趋势相似，并推断，胞外酶活性的高低是藻细胞衰老程度和赤潮藻赤潮发展阶段的一个重要指数；21 世纪初，韩笑天主持的“典型微藻种间化感效应及其响应的研究”，通过现场围隔实验和室内共培养模拟实验，选择骨条藻和浮动弯角藻两种硅藻；微型原甲藻、强壮前沟藻、锥状斯氏藻三种甲藻和赤潮异弯藻一种针胞藻作为研究对象，研究观测了它们之间的种间竞争现象，发现中肋骨条藻与微型原甲藻间存在相生相克作用，通过实验，在国内首次从微型原甲藻的胞外分泌物中分离提取了苯甲酸类化感物质，为进一步开展微藻种间关系和赤潮生物治理奠定了良好基础（韩笑天、王璐，2007）。

陈玫玫、赵卫红（2007）在实验室内将不同生长期的东海原甲藻培养滤液用切向超滤技术分级处理后，培养中肋骨条藻，发现东海原甲藻的滤液对中肋骨条藻的生长具有促进作用，不同生长期的东海原甲藻分泌物在粒级 100 kn ~ 0.45 μm 的培养液中对中肋骨条藻的促进作用最明显，表明东海原甲藻可以产生大小不同的可促进中肋骨条藻生长的他感物质。

张善东、宋秀贤等（2005）研究了大型海藻龙须菜与赤潮生物锥状斯氏藻营养竞争的关系，发现二者共培养时，由于龙须菜的影响，锥状斯氏藻的生长周期以及所能达到的最大细胞密度与对照组相比都有所下降，受抑制程度随龙须菜起始浓度的增加而增强，而锥状斯氏藻对龙须菜的生长不构成明显的影响。可见龙须菜可作为有效吸收营养盐的大型海藻，用以降低近海水域富营养化程度及有害赤潮发生的几率。同样地，研究发现，龙须菜与东海原甲藻共培养时，能降低培养体系中营养盐而导致东海原甲藻消亡（张善东、俞志明，2005）。王悠、俞志明等（2006）通过共培养体系中石莼和江蓠对赤潮异弯藻生长的影响研究发现石莼和江蓠均能明显影响赤潮异弯藻的生长，鲜组织的作用更明显，能在短时间内完全灭杀共培养中的赤潮异弯藻，石莼的影响强于江蓠的作用。研究认为，石莼可能通过相生相克作用影响共培养体系中的赤潮异弯藻的生长，而相生相克和营养竞争的共同作用是导致江蓠作用的根本原因。而共培养体系中石莼和江蓠对东海原甲藻和塔玛亚历山大藻生长影响实验结果发现，石莼和江蓠均能明显影响与其共培养的微藻的生长，石莼对微藻生长的影响强于江蓠的作用，而在东海原甲藻与塔玛亚历山大藻共培养体系中，发现塔玛亚历山大藻的培养滤液能明显抑制东海原甲藻的生长，东海原甲藻滤液对塔玛亚历山大藻的生长几乎没有影响。这些研究结果为养殖区利用大型海藻进行赤潮的生物防控提供基础依据。

12.2.2 实施海洋综合管理

12.2.2.1 东海海洋功能区划

为了合理使用海域、保护海洋环境、促进海洋经济的可持续发展，依据《中华人民共和国海域使用管理法》、《中华人民共和国海洋环境保护法》及国家有关法律法规和方针、政策，制定《全国海洋功能区划》。海洋功能区划是根据海域区位、自然资源、环境条件和开发利用的要求，按照海洋功能标准，将海域划分为不同类型的功能区，目的是为海域使用管理和海洋环境保护工作提供科学依据，为国民经济和社会发展提供用海保障。

东海海岸线北起江苏省启东角，南至福建省诏安铁炉港。重点海域包括以下几个。

1）长江口—杭州湾海域

包括江苏省启东角至浙江省宁波市区的毗邻海域。重点功能区有长江口南岸及毗邻海域、杭州湾两岸及毗邻海域、崇明岛及周围海域、太仓、外高桥、金山嘴、北仑、乍浦等港口区及相关航道，南汇汇角、崇明东滩、长江口、镇海、慈溪、平湖海底管线区，钱塘江、平湖九龙山、海盐南北湖等旅游区，长江口捕捞、养殖和水产种质资源保护区，崇明东滩、金山三岛、九段沙湿地、长江口中华鲟、海宁黄湾等自然保护区。本区应重点保证上海国际航运中心和杭州湾大桥建设用海需要，发展滨海旅游，强化对海底管线及其登陆区的规划和保护，增殖、恢复渔业资源，逐步遏制海域环境污染加剧的趋势，保护河口、湿地、海湾和海岛生态环境，挽救保护长江口中华鲟等濒危生物物种，合理、适度围涂造地，提高海岸防灾、抗灾能力。

2）舟山群岛海域

包括浙江省舟山市毗邻海域。重点功能区有舟山渔场捕捞区，舟山群岛养殖区，普陀、嵊泗列岛、岱山等旅游区，包括洋山、定海、岱山、岙山、嵊泗等在内的舟山港口区及相关航道，舟山、岱山盐田区。本区应重点保证洋山集装箱深水港区、航道、芦洋跨海大桥及其他大型专业化中转码头建设用海需要，发展养殖业，增殖渔业资源，限制近海捕捞强度，建立我国最大的渔业生产基地，进一步发挥海岛旅游资源优势，保护海底管线，保全海岛生态系统，加快舟山连岛工程建设。

3）浙中南海域

包括浙江省宁波市的鄞县至闽浙交界的毗邻海域。重点功能区有象山港、三门湾、乐清湾等养殖区，温州、台州等港口区及相关航道，南麂列岛海洋自然保护区，洞头列岛旅游区，乐清湾、三门湾潮汐能区。本区应重点保证增养殖业用海需要，建立贝类等水产资源种质库，推进以温州港和台州港为重点的浙中南沿海港口群建设，合理规划和开发浙南沿海和海岛地区旅游资源，形成区域旅游网络，严格控制港湾区域的围垦，加快沿海标准海塘和防护林的建设和维护，提高海岸防灾抗灾能力，加快温州（洞头）半岛工程建设。

4）闽东海域

包括闽浙交界至福建省宁德市三沙湾南岸的毗邻海域。重点功能区有：沙埕港和三沙湾等养殖区，闽东渔场捕捞区，官井洋大黄鱼繁殖保护区，台山列岛及福瑶列岛等海洋特别保护区，三沙湾红树林生态系统自然保护区，沙埕、三沙等港口区，太姥山滨海旅游区，福鼎八尺门潮汐能区。本区应建立渔业资源增养殖基地，增殖和恢复渔业资源，合理布局商港、渔港，积极发展水产加工业。

5）闽中海域

包括三都湾南岸至泉州市湄州湾南岸的毗邻海域。重点功能区包括：闽江口、罗源湾、福清湾、兴化湾、湄州湾等港口区及相关航道，湄洲岛、平潭岛旅游区，兴化湾、湄洲湾等养殖区，长乐海蚌资源增殖保护区，平潭中国鲎、闽江口鳝鱼滩湿地自然保护区，闽中渔场捕捞区。本区应重点保证福州港及毗邻港区码头泊位建设和湄洲湾的港口建设及渔业资源利用和养护的用海需要，加强闽江口航道整治，进一步开发湄州岛、海坛岛旅游资源，建立海水增养殖基地，增殖和恢复渔业资源。

6）闽南海域

包括湄州湾南岸至闽粤分界的毗邻海域。重点功能区有厦门、漳州、泉州等港口区及相关航道，东山等地的养殖区，厦门鼓浪屿—万石岩、泉州海上丝绸之路、漳州滨海火山国家地质公园、东山岛等旅游区，晋江深沪湾海底古森林自然遗迹保护区，厦门珍稀海洋物种自然保护区、东山珊瑚礁自然保护区、九龙江口及漳江口红树林生态系统自然保护区，闽南－台湾浅滩上升流渔场。本区应重点保证厦门港、漳州港、泉州港海上交通运输网络建设和渔业资源利用的用海需要，发展滨海旅游，防止海岸侵蚀，保护珍稀濒危生物物种及海洋生物多样性，发展现代渔业。

7）东海重要资源开发利用区

东海大陆棚海底平坦，水质优良，又有多种水团交汇，为各种鱼类提供良好的繁殖、索饵和越冬条件，是中国最主要的良好渔场，盛产大黄鱼、小黄鱼、带鱼、墨鱼等。舟山群岛附近的渔场被称为中国海洋鱼类的宝库。

12.2.2.2 各类海洋功能区环境质量管理要求

依据国家标准《海洋功能区划技术导则》（GB/T17108—2006），海洋功能区海洋环境保护要求见渤海部分（表4.4）。

其中，要求符合水质、沉积物、生物质量第一类标准的功能区主要是海洋自然保护区、重要渔业品种保护区、捕捞区；要求符合水质质量第二类标准，沉积物、生物质量第一类标准的功能区主要是养殖区、度假旅游区、盐田区；要求符合水质质量第三类标准，沉积物、生物质量第二类标准的功能区主要是航道锚地等港口水域、渔港等；要求符合水质质量第四类标准，沉积物、生物质量第三类标准的功能区主要是港口水域、倾倒区、排污区。

12.2.2.3 东海海洋环境功能区划

近岸海域环境功能区是为适应近岸海域环境保护工作的需要，依据近岸海域的自然属性和社会属性以及海洋自然资源开发利用现状，结合本行政区国民经济、社会发展计划与规划，依据法律规定的程序，对近岸海域按照不同的使用功能和保护目标而划定的海洋区域。

分为四类：一类环境功能区适用于海洋渔业水域、海洋自然保护区和珍稀濒危海洋生物保护区等，其水质执行国家一类海水水质标准；二类环境功能区适用于水产养殖场、海水浴场，人体直接接触海水的海上运动区或娱乐区以及与人类食用直接有关的工业用水区等，其水质执行不低于国家二类的海水水质标准；三类环境功能区适用于一般工业用水区，滨海风景旅游区等，其水质不低于国家三类的海水水质标准；四类环境功能区适用于海洋港口水域，海洋开发作业区等，其水质不低于国家四类的海水水质标准。

12.2.3 东海海洋环境保护管理体制

12.2.3.1 海洋主管部门

海洋主管部门由国家海洋局、国家海洋局东海分局、上海市海洋局、沿海省（自治区、直辖市）人民政府海洋行政管理机构、沿海各市（地区）人民政府海洋环境监测管理机构、沿海大部分县（区、市）海洋环境监测管理机构组成。

12.2.3.2 海事主管部门

上海市海事局、福建省海事局、浙江省海事局。

12.2.3.3 渔业主管部门

上海市渔业海洋局、福建省海洋与渔业局、浙江省海洋与渔业局、厦门市海洋与渔业局。

12.2.4 东海海洋环境保护的宣传教育、公众参与、国际合作

目前，国家环保总局在海洋环境保护方面与20多个国家和地区进行了交流和合作；与联合国有关机构建立了合作关系；积极参加了联合国环境规划署组织的“保护海洋环境免受陆上活动污染全球行动方案”、防止难降解有机物调查评估及其旨在保护区域海洋环境的“西北太平洋行动计划”和“东亚海行动计划”，组织编写和提交了有关国家报告。通过交流与合作，了解了其他国家海洋环保的情况和经验，促进了我国海洋环境保护事业的发展。

12.3 海洋环境监测与评价

海洋环境监测管理机构主要由国家海洋行政主管部门、国家海洋局、国家海洋局北海分局、东海分局和南海分局、沿海省（自治区、直辖市）人民政府海洋行政管理机构、沿海各市（地区）人民政府海洋环境监测管理机构沿海大部分县（区、市）海洋环境监测管理机构组成。海洋环境监测管理机构是海洋环境监测管理的组织保证。

海洋环境监测业务、机构体系由国家海洋环境监测中心、海区环境监测中心、沿海省（自治区、直辖市）海洋环境监测总站（中心）、沿海市（地）海洋环境监测中心（站）、国家海洋局所属海洋环境监测中心站和海洋环境监测站等监测机构组成。

12.3.1 东海海洋环境监测体系

东海区海洋环境监测体系国家海洋局属体系下，基本形成了海区中心、海洋环境监测中

心站及海洋环境监测（台）站三级监测体系。

目前，东海区海洋环境监测系统中，国家海洋局直属海洋环境监测机构30个，其中，海区中心1个，监测中心站6个（含舟山工作站），监测站23个。所有中心站都与地方共建监测中心（站），大部分海洋站也与当地县政府共建了预报或监测站。地方海洋环境监测机构16个，其中，省级海洋环境监测机构3个，地（市）级海洋环境监测机构13个（含3个共建机构）（图12.1）。

图12.1　东海海洋环境监测网

引自东海环境监测网 http：//www. dhjczx. org/system. asp

东海海洋环境监测体系目前已经具备了东海海洋环境污染监测、全海区趋势性环境监测、海洋功能区和陆源排污口监测、海洋赤潮监控区和海洋生态监控区监测，海洋生态、海洋功能区质量和海洋生态灾害监测，并初步形成了岸基监测站、海监船、海监飞机、海洋卫星、浮标和雷达等组成的海洋环境立体监测体系。

12.3.2 东海海洋环境监测历史

我国海洋环境监测历史悠久，早在20世纪60年代国家海洋主管部门和有关海洋科研所就开始对渤海及主要海湾环境实施全面的监测，1973年8月，在北京召开第一次全国环境保护会议，之后，尤其是1974年国务院环境保护领导小组成立，各省、自治区、直辖市和国务院有关部门陆续建立环境管理机构和监测机构。1984年5月，由原城乡建设环境保护部、国家环境保护局和国家海洋局负责组织成立沿海省、自治区、直辖市、国务院有关部门和海洋等有关单位，并参加全国海洋环境监测网。为加强对近岸海域环境管理，弥补全国海洋环境监测网对近岸海域环境监测的不足，1994年12月成立了中国近岸海域环境监测网，负责对近岸海域和国家重点保护海域的环境监测。为全面了解和掌握近岸海域环境状况和变化趋势，1998年10月，国家环境保护总局组织开展了东、南海近岸海域环境综合调查。此次调查范围包括东海、南海沿海省和海南岛30 m等深线向陆一侧海域，共布设296个海上监测站位，其中，东海151个，南海145个，共采集各类样品2 440个，获得各类数据4.3万余个。同时，沿海各地还对880个企业直排口，99个混排口，数百个市政下水口，94条入海河流，13个海上石油平台和16.4万艘船舶及90.3万亩对虾养殖塘等污染源排海进行了调查、监测。此次调查行动获得了较为全面、综合的资料，为准确评价、分析这一海域环境质量，加强海域及沿岸海洋环境污染综合治理与管理提供了基础资料。

2008年，东海区开展了以海洋水质、近岸贻贝和沉积物监测为主要内容的全海域环境现状与趋势性监测；加强了江河和海水染污总量监测、陆源入海排污口及其邻近海域环境监测、海洋放射性环境质量监测和海洋大气质量监测；对海水增养殖区、海水浴场、滨海旅游度假区、海洋保护区、海洋倾倒区、海洋工程区等重要海洋功能区进行了监测；并对5个生态监控区各进行了两个航次的专项监测；在11个赤潮监控区内实施了高密度、高频率的赤潮监测。

12.3.3 东海海洋环境监测的主要监测项目

12.3.3.1 海洋污染现状与趋势监测

海洋污染现状与趋势性监测工作内容包括海水质量监测、近岸贻贝监测、底栖环境质量监测（沉积物质量监测和底栖生物监测）、海洋放射性环境质量监测、海洋大气质量监测、陆源入海排污口及其邻近海域环境质量监测、江河入海污染物总量监测等。

12.3.3.2 海洋功能区监测

海洋功能区监测工作内容包括以下几方面。

1）海水浴场环境质量监测

维护滨海旅游区的环境安全和公众健康，及时掌握海水浴场的环境质量，评价海水浴场的健康程度，监测内容包括水质和水文气象。

2）海水增养殖区环境质量监测

海水增养殖区作为重要的海洋功能区，其环境质量直接影响到养殖品种的产量、质量和公众健康及养殖区功能的持续利用。海水增养殖区监测内容包括养殖功能区概况（养殖面积、种类、数量和年投饵量、消毒药品年使用量等）、水质、沉积物和养殖生物质量。

3）海洋自然保护区环境质量监测

主要监测内容包括自然保护区总面积、核心区面积、缓冲区面积、主要保护对象、环境状况等。

4）海洋倾倒区环境质量监测

我国海洋倾倒区倾倒的废弃物主要为疏浚物，此外，还有少量的惰性无机地质废料等。监测内容主要包括底栖环境和水深。

5）海上油气开发区环境质量监测

监测内容主要包括水质、底栖环境和生物质量。

12.3.3.3 海洋生态监控区监测

进入21世纪，为准确掌握我国海洋生态环境的主要威胁、现状和变化趋势，满足实施以生态为基础的海洋管理的需求，国家海洋局于2004年开展“近岸海洋监控区监测计划”，东海区共设置5个生态监控区，分别为苏北浅滩生态监控区、长江口生态监控区、杭州湾生态监控区、乐清湾生态监控区和闽东沿岸生态监控区。其主要包括湿地、海湾和河口等生态系统类型，总监控面积达$37\ 200 \times 10^4\ km^2$，监测要素主要包括水质、沉积物质量、生物质量、粒度、浮游植物、浮游动物、底栖生物、鱼卵、仔鱼、红树林群落、珊瑚礁群落、鱼类等数据。2009年，东海海洋环境质量公报结果表明，杭州湾生态监控区生态系统处于不健康状态，其余4个生态监控区生态系统处于亚健康状态。存在的生态问题主要为水环境污染、栖息地减少、生物群落结构不稳定。

12.3.3.4 海洋赤潮监测

东海赤潮监视监测工作起始于20世纪80年代中后期，当时主要以船舶监测和飞机巡航监视为主。90年代完成了国家重大基金项目“中国东南沿海赤潮发生机理研究”两个子课题，逐步开展特定区域船舶定点和岸站定点连续的多项目、多方位赤潮专项监测及赤潮发生机理和相关基础研究（1990—2000）。在90年代中后期，在利用航空遥感监视监测外海赤潮的同时，研究重点转移到河口、港湾及养殖水体等小范围水域的赤潮监测。进入21世纪后，结合国家“973”赤潮项目“我国近海有害赤潮发生的生态学、海洋学机制及预测防治”和国家海洋局赤潮监控区专项监测，东海区赤潮监视监测进入了新的发展阶段，即赤潮监控区业务化监测运行及赤潮预警报探索研究。同时，在监测手段上，也将积极研究与开发赤潮卫星遥感监视监测的潜力。

赤潮监控区监控内容包括水环境和赤潮生物常规监测、贝毒监测、沉积环境监测和养殖生物监测等。赤潮监视监测预警内容包括全海域赤潮监测、赤潮应急跟踪监测和赤潮预测预报。赤潮监视监测体系主要由卫星遥感监测、航空遥感监测、船舶监测、应急监测以及自愿者监测。

12.3.4　东海环境突发事件应急监测

海洋环境突发事件形成的危机状态通常具有突发性、不确定性和灾害性，需要较完善的危机应对和管理体系。目前，全国海洋环境突发事件的应急监测体系已经实现良性业务化运转，《赤潮灾害应急预案》和《海洋石油勘探开发重大溢油应急计划》已纳入国家灾害应急管理体系。沿海地区各级海洋部门据此制定了各地区的海洋灾害应急预案，初步建立了海洋灾害应急监测机制。

近年来，东海区赤潮发生频率不断提高，面积有扩大之势。20 世纪 90 年代前，东海区每年发生赤潮 20 起左右。近年来，年均发生 40 起左右。2003 年，东海区赤潮发生了 70 多起，创下了历史新高。东海是中国赤潮的多发区，主要集中在浙江、福建海域。每年 4 月下旬到 6 月底，又是东海区赤潮的高发季节。因此，建立东海赤潮立体监测及预警预报机制，及时应对突发性赤潮海洋灾害，可以有效减少赤潮灾害带来的经济损失和潜在的人体危害。赤潮监视监测预警在上海、浙江、江苏、福建建立了 9 个东海赤潮监控区，明确各有关单位在监控区赤潮监视监测、信息传递和应急响应的职责。通过卫星遥感、航空遥感、海洋环境监测站监测、赤潮志愿者（渔民、养殖专业户、海上作业人员）观测等途径，及时掌握赤潮发生区、可疑区、中心经纬度、边界坐标和赤潮面积等信息。赤潮信息发布按照“及早通报、防控并举”原则，建立赤潮信息通报制度。在发生赤潮时，及时将赤潮发生、变化、消长及灾情趋势预测等有关信息及时通报政府主管部门，并适时通过新闻媒体告知社会，以引起各方的关注和警惕。

12.3.5　海洋环境评价

国务院第 148 次常务会议审议通过，以国务院第 475 号令公布实施的《防治海洋工程建设项目污染损害海洋环境管理条例》中规定“兴建海岸工程建设项目的建设单位，必须在可行性研究阶段，编制环境影响报告书（表）”，完善了海洋工程环境影响的评价制度，针对实践中存在的问题，加强了对海洋工程建设，海洋工程运行过程中污染损害海洋环境的监管，加强对海洋工程运行后排污行为的监管，细化了有关海洋工程污染事故的预防和处理措施。

以评价需求为牵引，加快发展海洋环境监测业务，突破海洋环境评价技术，避免监测与评价相脱节。进一步强化以海洋工程建设项目的生态安全监测（包括生态风险评估、生态系统健康评价和生态系统服务价值评估）和海洋功能区监测为核心的复合型监测，在综合性生态评价体系构建与业务化软件应用示范上实现突破，提高监测评价结果的准确性、实效性和针对性，为海洋环境管理与综合决策提供强有力的技术支持。

开展东海区内控制排放区的海域环境容量评估研究，依据海域自然特征、环境目标及特征污染物，确定控制排放区所能容纳的污染物的最大负荷、排污削减量、各排污口排污控制量的分配。强化对陆源入海排污口及邻近海域的评价，确定重点排污口的最大日排放量，重点开展陆源排污对近岸海洋生态环境损害程度和对重要海洋功能区影响程度的评价工作，开展排污特征污染物对目标指示物的生物效应评价，加强河流污染物入海通量和大气污染物沉降通量的评价工作，评估特定海域不同污染源的贡献率。

鉴于浙江省、福建省重点养殖海湾面临的生态环境问题，2000 年，福建省海洋与渔业局和浙江省海洋与渔业厅分别开展了“福建省主要港湾水产养殖容量研究”（杜琦，2003）和“乐清湾和三门湾养殖生态和养殖容量研究与评价”与“象山港养殖生态和网箱养鱼的养殖容量研究与评价”（宁修仁，2002，2005）。福建水产研究所通过对三沙湾（东吾洋、官井洋、三都澳）、罗源湾、福清湾、兴化湾、湄洲湾、大港湾、泉州湾、深沪湾、围头湾、大嶝海域、同安湾、佛县湾、旧镇湾、东山湾、绍安湾15个养殖海湾评价，计算了贝类和藻类的养殖容量，提出了贝类、藻类的适养面积，实施生态养殖避免趋负荷养殖，确保港湾水产养殖的可持续发展（杜琦，2003）。同样的，国家海洋局二所通过象山湾乐清湾和三门湾的生态参数的调查研究，确定了该网箱养鱼的养殖容量和滩涂贝类的养殖容量，为这些海湾海水养殖基地投饵网箱养鱼业和滩涂贝类养殖业的可持续发展提供了有效的管理措施、科学依据和技术支撑（宁修仁，2002，2005）。

特别值得提出的是，近年来，随着港口、修造船只、电力、石化等海洋工业的大规模建设，导致福建省围填海需求剧增，这加大了海洋生态环境和资源保护的压力。对此，福建省海洋与渔业局组织科研机构和高校科研人员对全省13个重点海湾开展“数值模拟与环境研究”项目，针对各个海湾围填海的环境影响开展了包括“福建省海湾围填海规划环境影响回顾性评价”（张珞平等，2008）、“福建省海湾围填海规划生态影响评价”（陈尚等，2008）等6个专项研究，所取得成果为福建省各级部门在海湾开发、环境整治方面的科学决策提供了技术支撑。

12.4　海洋生态保护与修复

12.4.1　海洋自然保护区

东海区域目前有多处海洋自然保护区，其中，国家级海洋自然保护区6处（附录A），分别为南麂列岛海洋自然保护区、福建深沪湾海底古森林遗迹国家级自然保护区、厦门珍稀海洋物种国家级自然保护区、崇明东滩湿地自然保护区、上海九段沙自然保护区、漳江口红树林自然保护区等。

12.4.2　海洋特别保护区

东海区有国家级海洋特别保护区4处（附录B），分别为普陀中街山列岛国家级海洋特别保护区、浙江嵊泗马鞍列岛国家级海洋特别保护区、宁波渔山列岛国家级海洋生态特别保护区和浙江乐清西门岛国家海洋特别保护区。

12.4.3　典型海洋生态系统修复

12.4.3.1　长江口生态系统修复

长江口是一个丰水、多沙、三级分叉、四口入海的特大型河口，其邻近水域包括杭州湾—崎岖列岛、嵊泗列岛等舟山群岛附近海域以及南黄海部分海域。这一海域受长江径流作用明显，且年际及季节变化显著。长江口及邻近水域另一显著特点是受流域内人类活动影响较大。长江流域是人口密集、经济发达区域，各种经济活动对水域水质有明显的影响，如长江口区的深水航道建设、洋山深水港工程等，这些破坏活动导致这些水域生态平衡机制极其脆弱；沿岸缺乏规范的水产养殖区，有机污染问题严重，赤潮频发，对渔业资源亦造成较大影响。长江口生物多样性非常丰富。丰富的营养盐、多变的盐度和水流条件给浮游生物、鱼类提供了良好的生存环境，长江口多变异质的环境孕育了丰富的浮游植物达400种左右。鱼卵、仔鱼是渔业资源发生的基础，但近年长江15区许多优良产卵场已消失或退化，这主要与水质变化及产卵场海草资源被破坏有关，由此造成了资源种群的消失或退化。

对生态系统进行有效的管理是系统保护与恢复的重要基础，实施管理的重要前提之一是管理者主体与被管理主体尺度的确定，例如，渔政部门应在渔业水域对捕捞进行限制管理，水利部门可以控制进入河口区的污染物总量，而渔政部门无法控制如航道建设对渔业资源的影响和排污，产卵场、底栖生物资源的破坏等。水域内生态系统并不会因管理主体的不同，出现相应功能划分，生态系统具有自身的行为特征，既然是人类活动干扰了生态系统，就应从生态系统整体考虑进行有效的管理。如美国 Delaw re 河口的管理涉及了土地利用管理、水利、渔业、航运、海军、动物保护等部门，由各部门遴选出一个专门的管理委员会，制定统一的管理及修复计划和各领域子计划，提出可行的工作计划。

2002年，国家海洋局东海分局在上海主持召开了“长江口、杭州湾海洋生态环境修复工程研讨会”，并正式启动了长江口、杭州湾海洋生态环境修复工程。这一修复工程的目标是：长江沿岸陆域达标排放，重点江河达到初步整治，海洋污染有所控制；初步遏制重点海岸、海洋工程对海洋生态环境的破坏；通过渔业资源修复，增加近海生物的多样性；及时预测赤潮等海洋灾害，从而有效保护长江三角洲地区近岸海洋生态环境。

针对长江口水质日趋恶化、生物资源快速枯竭、鱼类生境不断破坏或减少、河口生态系统不断衰退的严峻形势，从2001年起，中国水产科学院东海水产研究所陈亚瞿、全为民等（2003，2005，2006，2007）为了修复长江河口生态系统，率先在长江口开展了包括河口生境的重建与修复、河口生物资源（包括濒危物种）的增殖与种群恢复、生态修复效果监测和生态动力学研究。首次选择长江口深水航道整治工程的水工建筑物南北导堤丁坝等作为礁体底物。筛选和优化适宜生长于长江口区的放流物种，通过直接放养人工培育的成年巨牡蛎，补充牡蛎种群数量，从而构建了面积约为14.5 km^2特大型人工牡蛎礁系统（图12.2和图12.3）。重建的牡蛎礁系统相当于河口环境的天然净化厂，对河口水质的改善特别是大量去除水体中的N、P与重金属Cu和Zn起着重要的作用。据计算，长江口导堤上的巨牡蛎每年能滤食438 t藻类（干重），能净化河流污水总量约为731×10^4 t/a，相当于一个日处理能力约2万t、投资规模约为3 000万元的大型城市污水处理厂，巨牡蛎礁生态系统的环境效益价值约为317万元/a。监测结果显示，构建的人工牡蛎礁系统发挥了重要的栖息地功能，生长在牡蛎礁上大型底栖动物数量快速增长。2004年4月仅发现6种，2005年6月发现有19种，目前人工牡蛎礁上大型底栖动物的种类数量增长至50种，附近水生生态系统的结构与功能得到了明显的改善，据估算，巨牡蛎提供的栖息地价值为每年510万元（全为民，陈亚瞿等，2006，2007）。

长江口又是中华鲟性成熟亲鱼进行溯河生殖洄游和幼鱼降河洄游入海的必经唯一通道。从1982年幼鱼资源量呈直线下降，至今补充群体仍呈减少趋势。为保护我国一级保护水生动物——中华鲟种群，2001年6月，陈亚瞿等（2003）于2001年首次开展大规模中华鲟种群的增殖放流实验研究，共放流驯化的中华鲟3 080尾，提高了放流中华鲟在自然水域中的成活率，补充了长江口中华鲟的种群资源，为中华鲟保育开辟了新的途径。

中华绒螯蟹是长江口区最重要的经济水产品之一，其蟹苗也是长江口区主要的苗种资源之一。为恢复受损中华绒螯蟹资源和产量，交通部长江口航道管理局与东海水产研究所于2004年12月率先在长江口区放流2.5万只亲蟹。2005年至今上海市水产主管部门每年投放3

图 12.2 长江口南北导堤丁坝中的混凝土构件（作为牡蛎固着的硬底物）

引自陈亚瞿等，2011

万只亲蟹，放流收到良好效果，年均产量逐年上升，由 2000 年 1.33 t（0.8 ~ 2.0 t）至 2010 年增为 13 t（10 ~ 15 t）。

在保护恢复长江口及附近海域渔业资源方面，沪、浙、闽海洋渔业主管部门除了继续实施伏季休渔、渔业资源增殖放流和人工鱼礁建设外，为了尽快扭转捕捞强度盲目“增长”的局面，农业部渔业行政主管部门经过深入研究，还决定自 1999 年开始实施海洋捕捞计划产量“零增长”计划，从注重数量的扩张转向注重质量效益的提高，促进渔业经济增长方式的转变，渔业发展战略因此产生重大调整。“零增长”是一个指导性计划目标，采取这一措施的目的是为了降低捕捞强度、恢复渔业资源。另外，为保障渔业资源的合理利用，2000 年，修改后的《渔业法》还规定“国家根据捕捞量低于渔业资源增长的原则，确定推行资源的总可捕捞量，实行捕捞限额制度”。

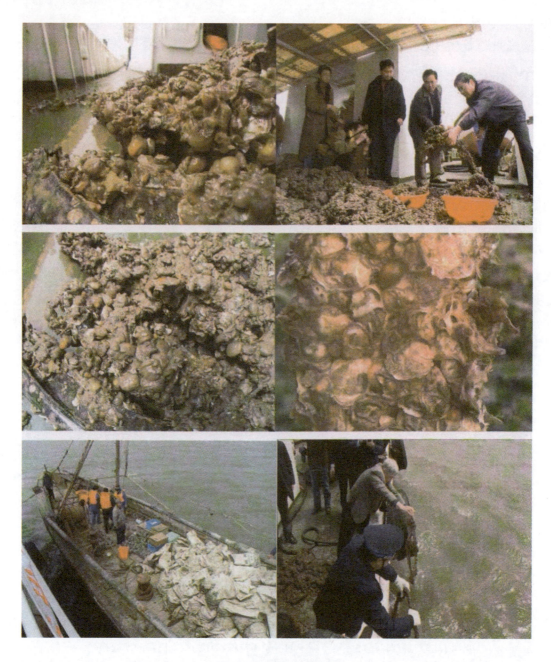

图 12.3　养殖牡蛎的增殖投放

引自陈亚瞿等，2011

12.4.3.2　杭州湾生态系统修复

多年连续监测结果表明，杭州湾生态环境始终处于不健康状态，水体始终呈严重富营养化状态，氮磷比失衡，全部水域无机氮含量超第四类海水水质标准，是全东海乃至全国近岸海域水质最差的海湾。栖息地面积不断缩减。

2004 年，为进一步加强近岸海洋生态系统保护工作力度，国家海洋局在浙江省近岸海域设立了杭州湾生态监控区，监控区监控面积约 5 000 km^2。实施了海洋生态业务化监测。杭州湾是世界典型强潮河口湾生态系，具有很高的生态价值。建立杭州湾生态监控区旨在通过对典型强潮河口湾生态系统中海洋生态环境的变化、湿地与海岸带变迁、渔业资源对海洋开发的响应和海洋生物多样性与生物量的关系四方面的监测调查，掌握该区域的生态变化背景，合理调整和控制该区域的海洋开发活动，防止该区域生态环境进一步恶化，为杭州湾区域环境与经济的可持续发展提供科学依据。陆源排污、围填海及海岸工程建设等是导致杭州湾生态系统不健康的主要因素。

2007 年，中国水产科学院东海水产研究所渔业环境研究室根据《金山城市沙滩人工潟湖建设项目》的需要和要求，为保护金山城市沙滩水域的水质，防止水质富营养化，维护金山城市沙滩水域水系的景观功能，恢复并保持金山城市沙滩水域生态系统的功能，课题组遵循了自然法则、地域性原则、生态系原则、本地化原则、可持续发展原则、风险最小和效益最大原则以及保水渔业原则，首次在杭州湾开展了人工潟湖生态修复研究，进行了水生生态与环境监测和鱼虾贝藻水生动植物养殖等一系列生态修复工程实验，包括放养水生动物大黄鱼7 万尾、黑鲷 1 万尾、鲻梭鱼 22 万尾、脊尾白虾 700 kg、刀额新对虾 230 万尾、三疣梭子蟹6 kg、牡蛎 4 t、四角蛤蜊 1 t、菲律宾蛤仔 50 万粒、泥蚶 2 t、缢蛏 1 t、辣螺 1 t、沙蚕100 kg；水生植物江篱 9. 7 t、300 万株海三棱藨草、千丝草 128 万株、狐尾草 4 万株及芦苇等。并应用稳定同位素示踪整个食物网能量迁移，进而根据营养动态模型和 Cushing 模型评估城市沙滩水质鱼类平均生态容量约为 8. 5 t/a，为营造一个新的水生生态系统提供了科学依据和示范。

通过雨污水收集系统、物理沉降、水生生态修复及科学管理，一年来，水域内水质有明显的提升，由原来三类 ~ 四类水质，总体提升到二类水质，水体无机磷已处于“耗尽”状态，限制了富营养化的发生与发展。粪大肠菌群数已由 > 2 400 个/100 ml 下降至 2 个/100 ml，优于国家海水浴场一类水质标准值（ <100 个/100 ml）。

通过水质改善，人工潟湖生态系统结构也得到改善，浮游生物、底栖生物生物量均明显增加，物种数已增加至 159 种，其中，浮游植物 60 种，浮游动物 36 种，潮下带大型底栖生物 26 种，新鉴定小型底栖生物 16 种，鱼类由 12 种增加至 21 种。

大型藻类（江篱）等水生植物、牡蛎等多种贝类以及鲻鱼、大黄鱼、黑鲷等养殖成功，这些已逐步构建和改善了种群结构，发挥其水质净化功能和生态功能，富积水体中的氮4. 8 t/a，磷 0. 78 t/a，使水体中 DIN/DIP 达到 35 ~ 113，为抑制赤潮，防止富营养化发生起了很大的作用（根据陈亚瞿等提供的未发表的研究成果）。

12. 4. 3. 3 乐清湾生态系统修复

乐清湾是浙江省一重要的海湾生态系，也是我国水产贝类缢蛏、牡蛎、蚶等的苗种基地。2004 年乐清湾生态监控区成立，监控面积为 463. 6 km^2，通过对乐清湾海洋生态环境、渔业生物资源、水动力情况及水环境要素等监测，掌握乐清湾海洋生态环境的动态变化趋势，为海洋生态建设、减轻海洋生态灾害损害、区域性海洋生态环境保护和管理提供科学依据。

2004 年生态监测结果表明：乐清湾生态系统处于亚健康状态。受陆源排污影响，春季全部海域受无机氮严重污染，同时，60% 以上的海域受活性磷酸盐严重污染，夏季近 40% 的海域受无机氮中度或严重污染，同时，60% 以上的海域受活性磷酸盐中度或严重污染。乐清湾生态监控区海洋生物多样性下降，海洋生物群落结构发生改变，20 世纪 70 年代末和 80 年代初浮游植物有 102 种，浮游动物有 94 种，底栖生物栖息密度为 86 个/m^2；2004 年生态监测结果为浮游植物 54 种，浮游动物 79 种，底栖生物栖息密度为 41 个/m^2。乐清湾大规模的筑堤围垦和堵港蓄淡工程使海岸逐渐趋于平直，曲折率变小，流场改变，水动力减弱，海水交换能力下降，环境容量减少；水流携沙能力降低，海湾沉积速率加剧，海湾淤积状况严重，底质环境发生变化。乐清湾滩涂作为养殖的利用率已由20世纪80年代初的60%提高到现在的90%以上，这导致经济价值不高的贝类缺少生存空间，总生物量和种类数逐年下降，海洋食物链已经遭到严重破坏，赤潮现象时有发生。围填海、陆源排污和养殖自身污染等是威胁乐清湾生态系统健康的主要因素。

针对乐清湾生态系统处于亚健康状态，养殖自身污染严重，海洋生物多样性下降，鱼、贝类养殖产量不断下滑趋势状况，浙江省海洋与渔业局目前除了采取控制陆源排污、开展养殖容量研究、提高海洋自身的净化能力、调整优化养殖结构、养殖底质耕耘沉积辅沙等措施恢复受损生态系统及其服务功能外，目前，主要研究建立生态修复方法，如，利用“利生素”等生物修复技术，特别是利用微生物降解消除底质中有机污染物来抑制微生物的繁殖，以改善养殖环境生态质量。近几年，宁修仁等（2005）研究利用藻类的复合养殖（紫菜与网箱养鱼混养）生态修复法，通过栽培紫菜来迅速有效吸收氮、磷营养盐，降低网箱养殖水体中过量的营养盐，达到改善海水环境质量。据初步计算结果表明，对于乐清湾，如果要通过藻类坛紫菜年产量达到4 600 t干品，即栽培面积要达到4.6万亩左右，但目前乐清湾的坛紫菜养殖面积（5 000亩）是远远不够的，必须进行更加合理的养殖布局。

12.4.4 防治海洋外来入侵物种

海洋外来入侵生物对入侵海域特定生态系统的结构、功能及生物多样性产生严重的干扰与破坏。外来海洋生物的入侵降低了区域生物的独特性，打破了维持全球生物多样性的地理隔离。原生态系统食物链结构被破坏、生态位点均势被改变，入侵种的生物学优势造成本土物种数量的减少乃至灭绝，进一步导致生态系统结构缺损，组分改变，即导致生物多样性的丧失。

米草属的大米草（Spartina anglica）是我国引入的最典型海洋生物入侵种，是列入2003年我国首批16种外来入侵物种名单中唯一的海洋入侵种。目前，沙筛贝在福建一些海湾已大量繁殖，已造成虾贝等本土底栖生物的减少，甚至绝迹，对当地生态系统造成巨大打击。

一个物种的成功入侵是生物学、生态学和人类活动的共同作用结果。而人类活动使得一些不可能的入侵成为可能，使得一些本需要几十年或更长时间形成的入侵在短时间内完成，或者使一些潜伏着的入侵突然暴发。外来物种的入侵中，经济和社会因素常常与生物学因素同样重要。因此，预防和治理入侵种的蔓延和暴发，必须首先注意人类行为，着力于国家能力、监测与管理能力和研究能力三大体系的建设。完善相关立法，强化国家管理职能，健全管理体系，加强执行能力，系统化研究体系。

迄今，我国对防治外来入侵种的方法尚处于探索阶段，很少见到报道。最近，许珠华报道（2010），福建省海洋环境与渔业资源监测中心，针对外来入侵植物互花米草在福建沿海滩涂蔓延，制约沿海经济、社会和环境的可持续发展情况，根据闽科鉴字［2006］第187号“治理滩涂互花米草修复湿地生态”的技术，开展治理互花米草试验研究，采用“滩涂互花米草清除控制”稀释液（主要成分是N－膦膦羧甲基甘胺酸）喷洒互花米草的茎叶，15 d后其茎叶由绿转淡黄，30 d后逐渐枯死，80 d后根系开始腐烂，180 d后彻底灭除。这种治理方法具有环境安全、简便、快速、彻底的特点，有望得到普遍认可和扩大使用的可能。

东海区幅员宽广，地处暖温带和亚热带，受长江等入海河流和台湾暖流的影响，形成多种典型生态系统，具有丰富的生物资源，其环境复杂多变，干扰影响因子多样，既受自然因素，也受人为排污和不合理的海洋资源开发活动双重压力的影响，导致近岸（河口、海湾）生物生境恶化，生态系统受损、系统结构演变简化、服务功能下降，生物多样性降低和渔业资源衰退，生态安全受到严重威胁。多年来的调查监测结果表明。

（1）近岸海域生境恶化，水体富营养化和赤潮灾害严重

近20年来，随着东海沿岸各省市建设事业的快速发展和人口的骤增，大量未经处理或处理不达标的工农业废水和生活污水排放入海，致使东海区成为我国最大的陆源污染物纳污场所和高污染的海区。严重污染海域主要集中在长江口、杭州湾、舟山群岛、象山湾、三门湾、乐清湾、闽江口、厦门湾等河口、海湾，主要污染物是无机氮和活性磷酸盐。局部海域油污染和铅、汞重金属污染较突出。主要排污口和养殖区的底质污染也很严重。受污染影响严重的长江口、椒江口和象山湾、杭州湾等海域出现各生态类群落生物多样性降低、经济生物质量下降、渔业污染事故和赤潮灾害频频发生，生态安全和人体健康受到严重威胁。人为富营养化和有害赤潮是东海近海最为突出严重的水质污染和生态问题，进入21世纪，东海每年发生30~80起赤潮事件，对东海浮游生态系统结构和功能造成巨大破坏与退化效应。

（2）海岸开发区域生境丧失，典型生态系统受损严重，优质渔业资源明显衰退

近20年来，随着东海沿海城市经济发展的需要，有关单位部门不惜代价甚至不合理地进行海岸、海洋工程建设和海洋资源开发活动，大量侵占海岸带和海域，招致生物栖息地丧失，对海洋生态产生严重的影响和损害。港口建设、海岸带滩涂湿地的不合理围海造地开发利用已导致近岸生境严重变化，改变水动力状况，影响防洪排涝、减少纳潮量，使海洋生态环境退化，海洋珍稀、濒危动物和经济鱼、虾、蟹、贝类生息繁衍的场所锐减，种群数量急剧减少。严重过度捕捞，致使渔业资源特别是传统经济鱼种资源呈现全面衰退趋势，出现经济品种大黄鱼、小黄鱼、鲳鱼和乌贼的产量全面下降和渔获物明显小型化。违反生态规律的海水养殖及其产生的自身污染，引起浮游生物异常增殖，病害和赤潮频发，严重影响了海水养殖业可持续发展。

（3）加强海洋生态系统管理力度，初步建立受损生态系统生态修复方法

近年来，沪、浙、闽地方政府，及有关海洋主管单位，针对近岸特别是河口、海湾环境处于不健康、亚健康和典型生态系统受损情况，加强生态环境监测管理力度，进一步探讨制定生态规划和海洋工程生态设计，研究提出了具有实用价值的一些生态修复方法与技术。

进入21世纪以来，由于沪、浙、闽省市地方政府和涉海单位，提高了保护生态环境的意识，采取有关防治污染措施和海岸、海洋工程建设和海洋资源开发的管理对策，海洋环境质量得到明显的改善，生态破坏有所减轻。

鉴于东海区域海洋环境生态学研究正处于探索阶段，对海洋生物与受污染破坏环境的相互关系和动态机制的研究还相当薄弱，因此，建议建立海区以及从流域到海洋的综合管理机制和协调机制，进一步强化海洋环境生态学的基础研究。

参 考 文 献

保护中国的生物多样性，http：//www. wwfchina. org/csis/shwdyx/ruq/ruq7 – table3. htm.

柴超 . 2006. 长江口水域富营养化现状与特征研究［D］. 中国科学院海洋研究所博士论文 .

柴超，俞志明，宋秀贤，等 . 2007. 三峡工程蓄水前后长江口水域营养盐结构及限制特征［J］. 环境科学，28（1）：64 – 69.

苍方勇 . 1997. 南水北调东线工程对长江口渔业资源的影响［J］. 长江流域资源与环境，6（2）：168 – 172.

陈玫玫，赵卫红 . 2007. 东海原甲藻对中肋骨条藻他感作用初探［J］. 海洋科学，31（4）：62 – 67.

陈吉余，徐海根. 1995. 三峡工程对长江河口的影响［J］. 长江流域资源与环境，4（3）：242－246.

陈吉余，杨启伦，赵传姻. 1988. 上海市海岸带和海洋资源综合调查报告［M］. 上海：上海科技出版社.

陈伊俊，万建平. 1994. 崇明岛周围水域环境状况特征分析［J］. 海洋通报，13（5）：7－13.

陈达森. 1996. 渔业水域环境保护［M］. 北京：海洋出版社，共 108 页.

陈清潮. 2006. 中国海洋生物多样性的保护［M］. 北京：中国农业出版社，共 70 页.

陈奕欣，王重刚，郑微云，等. 2001. 苯并［a］芘和芘对梭鱼肝脏 DNA 损伤的研究［J］. 海洋学报，2：90－96.

陈尚，等. 2008. 福建省海湾围填海规划生态影响评价［M］. 北京：科学出版社，共 328 页.

陈尚，朱明远，马艳，等. 1999. 富营养化对海洋生态系统的影响及其围隔实验研究［J］. 地球科学进展，14（6）：571－576.

陈西碧，徐兆礼. 1999. 长江口生态渔业和资源合理利用研究［J］. 中国水产科学，6（5）：83－86.

陈亚瞿. 1982. 东海 1972 年一次毛丝藻（束毛藻）赤潮的分析［J］. 水产学报，6（2）：181－189.

陈亚瞿，荣佩. 1992. 燃料油对新月菱形藻的毒性效应［J］. 水产学报，16（2）：180－185.

陈亚瞿，等. 1993. 上海浦东炼油厂环境影响报告书——海洋渔业环境影响评价［M］. 104.

陈亚瞿. 2003. 长江口滨海湿地的生态特征及修复［M］. 上海湿地的开发利用保护（汪松年主编），上海：上海科技出版社，115－121.

陈亚瞿，金缪，谈泽炜. 2003. 长江口生态系统生物修复工程二——底栖动物的增殖放流［M］. 海峡两岸水资源与水环境保护论坛（韦鹤平，汪松年，洪浩主编），西安：陕西人民出版社，241－245.

陈亚瞿，李春菊，徐兆礼，等. 2005. 长江口生态修复［M］，上海市水生态修复的调查研究（汪松年主编），上海：上海科技出版社，129－134.

陈亚瞿，陈渊泉. 1999. 长江河口渔业资源利用新模式及可持续利用的探讨［J］. 中国水产科学，6（5）：72－74.

陈亚瞿，施利燕，全为民. 2007. 长江口生态修复工程底栖动物群落的增殖放流及效果评价［J］. 渔业现代化，2007（2）：35－39.

陈渊泉，等. 1999. 长江口渔业资源特点、渔业现状及其合理利用的研究［J］. 中国水产科学，6（5）：48－51.

陈洋. 2005. 有害赤潮对海洋浮游生态系统结构和功能影响的初步研究［D］. 中国科学院海洋研究所学位论文.

秦铭俐，蔡燕红，王晓波，等. 2009. 杭州湾水体富营养化评价及分析［J］. 海洋环境科学，28（增刊）：53－56.

程家骅，李圣法，丁峰文，等. 2004. 东、黄海大型水母暴发现象及其可能成因浅析［J］. 现代渔业信息，19（5）：10－12.

程家华，丁峰元，李圣法，等. 2005. 东海区大型水母数量分布特征及其与温盐度的关系［J］. 生态学报，25（3）：440－445.

崔力拓，李志伟. 2006. 海水养殖自身污染的现状与对策［J］. 河北渔业，10：4－6.

崔姣. 2008. 陆源污染对海洋环境的影响及其防治. 金卡工程：经济与法，12（9）：36－37.

丁峰元，严利平，李圣法. 2006. 水母暴发的主要因素［J］. 海洋科学，30（9）：79－83.

丁峰元，程家骅. 2007. 东海区沙海蜇的动态分布［J］. 中国水产科学，14（1）：83－89.

东海污染调查监测协作组. 1984. 东海污染调查报告（1978—1979）［M］. 北京：海洋出版社.

杜景龙，杨世伦，张文祥. 2005. 长江口北槽深水航道工程对九段沙冲淤影响研究［J］. 海洋工程，2005（2）：64－68.

杜琦，等. 1999. 福建省渔业环境质量状况［M］. 厦门：厦门大学出版社，共 168 页.

杜琦，等. 2003. 福建主要港湾水产养殖容量研究报告［M］. 厦门：福建省水产研究所.

冯涛，郑微云. 2001. 苯并［a］芘对大弹涂鱼肝脏还原型谷胱甘肽含量的影响［J］. 厦门大学学报，40

(5)：1095－1099.
冯涛，郑微云，洪万树，等. 2001. 苯并［a］芘对大弹涂鱼肝脏抗氧化酶活性影响的研究［J］. 应用生态学报，12（3）：422－424.
冯涛，郑微云，郭祥祥，等. 2001. 苯并［a］芘对大弹涂鱼肝脏超氧化物歧化酶活性影响的研究［J］. 台湾海峡，20（2）：182－186.
冯涛，郑微云，郭祥祥，等. 2001. 苯并［a］芘对大弹涂鱼肝脏过氧化氢酶活性影响的研究［J］. 生态学报，20（5）：73－75.
冯涛，郑微云，洪万树，等. 2001. 苯并［a］芘对大弹涂鱼肝脏谷胱甘肽过氧化物酶活性的影响［J］. 中国水产科学，7（4）：19－21.
福建省海洋与渔业局. 2000—2007 福建省海洋环境质量公报［M］.
付桂，李九发，应铭，等. 2007. 长江河口南汇嘴潮滩近期演变分析［J］. 海洋学报，26（2）：105－112.
付瑞标，沈焕庭，刘新成. 2002. 长江河口潮区界溶解态无机氮磷的通量［J］. 长江流域资源与环境，11（1）：69－68.
付瑞标，沈焕庭. 2002. 长江河口淡水端溶解态无机氮磷的通量［J］. 海洋通报，24（4）：34－43.
关春江，卞正和，滕丽平，等. 2007. 水母暴发的生物修复对策［J］. 海洋环境科学，26（5）：492－494.
郭卫东，章小明，杨逸萍，等. 1998. 中国近岸海域潜在性富营养化程度的评价［J］. 台湾海峡，17（1）：64－69.
国家海洋局第三海洋研究所. 1993. 厦门港赤潮调查研究论文集［M］. 北京：海洋出版社.
国家环境保护总局. 2000. 全国近岸海域环境功能区划报告［M］，共 268 页.
国家海洋局. 2001—2009 年中国海洋环境质量公报［M］.
国家海洋局东海分局. 2010. 2009 年东海区海洋环境质量公报［M］.
国家海洋局. 1993. 中国海洋功能区划报告［M］. 北京：海洋出版社，共 744 页.
国家环境保护局自然保护司. 1999. 中国生态问题报告［M］. 中国环境科学出版社，共 129 页.
国家环境保护总局. 2000. 中国国家生物安全问题［M］. 北京：中国环境科学出版社.
国家海洋局海洋环境保护研究所，国家海洋局第三海洋研究所. 1993. 我国沿海经济贝类污染物残留量调查研究［M］. 海洋出版社，共 40 页.
国家海洋局东海监测中心. 2000. 东海区第二次海洋污染基线调查报告［R］. 共 144 页.
国家环境保护总局. 2006. 中国保护海洋环境免受陆源污染国家报告. 环境保护，10B：15－21.
国家环境保护总局. 1999—2008 中国近岸海域环境质量公报［M］.
胡敦欣，韩舞鹰，等. 2001. 长江、珠江口及邻近海域陆海相互作用［M］. 北京：海洋出版社，共 218 页.
胡敦欣，杨作升，等. 2001. 东海海洋通量关键过程［M］. 北京：海洋出版社，共 204 页.
胡文佳，杨圣云，朱小明. 2007. 海水养殖对海域生态系统的影响及其生物修复［J］. 厦门大学学报（自然科学版），46（增刊）：197－202.
黄良民. 2007. 中国海洋资源与可持续发展［M］. 北京：科学出版社，共 347 页.
黄宗国，刘文华. 2004. 厦门的中华白海豚及其他鲸类［M］，厦门：厦门大学出版社. 共 525 页.
黄宗国. 2004. 海洋河口湿地生物多样性［M］. 北京：海洋出版社，共 386 页.
黄宗国，刘文华. 2000. 中华白海豚及其他鲸豚［M］，厦门：厦门大学出版社，共 163 页.
高尚武. 1982. 东海水母类的研究［J］，海洋科学集刊，19：33－42.
黄自强，暨卫东. 1999. 长江口水中总磷、有机磷、磷酸盐的变化特征及相互关系［J］. 海洋通报，16（1）：51－60.
黄韦艮. 2000. 赤潮监测与预报研究论文选编［M］. 国家海洋局第二海洋研究所.
黄清辉，沈焕庭，刘新成，等. 2001. 人类活动对长江口硝酸盐输入通量的影响［J］. 长江流域资源与环境，10（6）：564－569.
顾宏堪. 1991. 长江口无机氮和磷酸盐的分布及转移［M］. 渤、黄、东海海洋化学，北京：科学出版社，

423 - 458.

华尔，张志南，张艳 . 2005. 长江口及其邻近海域小型底栖生物丰度和生物量［J］. 生态学报，25（9）：2234 - 2242.

华春娟，陈松楼，许世远，等 . 2006. 长江口潮滩大型底栖动物对重金属的累积特征，应用生态学报，17（2）：309 - 314.

黄周英，陈奕欣，赵扬，等 . 2005. 三丁基锡对文蛤鳃酸性磷酸酶、碱性磷酸酶和 Na^+、K^+、ATP 酶活性的影响［J］. 海洋环境科学，24（3）：56 - 59.

洪华生 . 1994. 海洋生物地球化学研究论文集（1986—1993）（M）. 厦门：厦门大学出版社 .

冀晓青，韩笑天，郑立，等 . 2011. 共培养条件下强壮前沟藻与中肋骨条藻的相互作用［J］. 海洋学报，2011，33（1）：146 - 152.

暨卫东，黄自强，黄尚高，等 . 1996. 厦门西海域水体富营养化与赤潮关系的研究［J］. 海洋学报，18（1）.

暨卫东，等 . 2011. 我国近海海洋化学调查研究报告［M］. 国家海洋局第二海洋研究所 .

计新丽，林小涛，许忠能 . 2000. 海水养殖自身污染机制及其对环境的影响［J］. 海洋环境科学，19（4）：66 - 71.

焦念志，等 . 2006. 海洋微型生物生态学［M］. 北京：科学出版社 .

金德祥 . 1991. 海洋硅藻学［M］. 福建：厦门大学出版社 .

金岚 . 1992. 环境生态学［M］. 北京：高等教育出版社 .

蒋国昌，王玉衡，董恒霖 . 1987. 浙江沿海富营养化程度的初步研究［J］. 海洋通报，6（4）：38 - 46.

江锦花，江正玲，陈希方，等 . 2007. 椒江口海域重金属分布及在沉积物和生物体中的富集，海洋环境科学，26（1）：58 - 62.

孔繁翔 . 2000. 环境生物学［M］. 北京：高等教育出版社 .

李道季，张经，张大吉，等 . 2002. 长江口外氧亏损［J］. 中国科学（D 辑），32：686 - 694.

李金涛，2004. 长江口邻近海域营养盐对浮游植物生长的影响［D］. 中国海洋大学硕士论文 .

李永祺，丁美丽 . 1991. 海洋污染生物学［M］. 北京：海洋出版社 .

李永祺，鹿守本 . 2002. 海域使用管理基本问题研究［M］. 青岛：青岛海洋大学出版社，.

李永祺，邹景忠，李德尚 . 1999. 海水养殖生态环境的保护与改善［M］. 山东：山东科学技术出版社，共 261 页 .

李伟才，孙军，宋书群，等 . 2006. 烟台港和邻近锚地及其入境船舶压舱水中的浮游植物［J］. 海洋湖沼通报，4：70 - 77.

李炳乾，陈长伟，杨清良，等 . 2009. 福建外来船舶压舱水中的浮游植物种类组成与丰度及其影响因素的初步研究［J］. 台湾海峡，28（2）：228 - 237.

李正炎，颜天，周名江 . 1996. 三苯基氯化锡（TPT）对海洋微藻群落结构的影响［J］. 海洋科学集刊，37：136 - 141.

林伟 . 2005. 海洋微藻与细菌相互关系的研究［D］. 中国科学院海洋研究所博士学位论文 .

李福东，张诚，邹景忠 . 1996. 细菌在浮游植物生长过程中的作用［J］. 海洋科学，6：30 - 34.

林昌善，吴聿明 . 1986. 环境生物学［M］. 北京：中国环境科学出版社 .

林福申，高祥琮 . 1987. 中国各类珍稀水生动物［M］. 浙江：浙江科学技术出版社 .

刘芳明，缪锦来，郑洲，等 . 2007. 中国外来海洋生物入侵的现状、危害及其防治对策（J）. 海岸工程，26（4）：49 - 57.

刘洪滨，刘康 . 2007. 海洋保护区 - 概念与应用［M］. 北京：海洋出版社 .

刘莲，任敏，陈丹琴，等 . 2008. 象山港乌河山电厂附近的底栖生物状况［J］. 海洋环境科学，27（增刊）：19 - 22.

刘瑞玉，罗秉征，等 . 1987. 三峡工程对河口生物及渔业资源的影响［M］. 长江三峡工程对生态与环境影响及其对策研究论文集，北京：科学出版社．

刘瑞玉．1992. 长江口底栖生物及三峡工程对其影响的预测，海洋科学集刊，33：213－248.

刘新成，沈焕庭，黄清辉．2002. 长江入河口区生源要素的浓度变化及通量估算［J］．海洋与湖沼，33（5）：332－340.

刘亚林，刘洁生，俞志明，等．2007. 陆源输入营养盐对赤潮形成的影响［J］，海洋科学，30（6）：66－72.

龙华，周燕，余骏，等．2008. 2001～2007年浙江海域赤潮分析［J］．海洋环境科学，27（增刊）：1－4.

陆健健，1998. 中国湿地研究和保护［M］．上海：华东师范大学出版社．

陆健健．2003. 河口生态学［M］．北京：海洋出版社．

罗秉征，沈焕庭，等．1994. 三峡工程与河口生态环境［M］．北京：科学出版社．

罗民波，庄一平，沈新强，等．2008. 长江口中华鲟保护区及邻近海域大型底栖动物研究［J］．海洋环境科学，27（6）：618－623.

吕彩霞．2003. 中国沿岸湿地保护计划［M］．北京：海洋出版社．

吕海燕，曾江宁，周青松，等．2001. 浙江沿岸贝类生物体中Hg、Cd、Pb、As含量的分析，东海海洋，19（3）：25－31.

梁玉波，王斌．2001. 中国外来海洋生物及其影响［J］．生物多样性，9（4）：458－495.

林昱，唐森铭．1994. 海洋围隔生态系中无机氮对浮游植物演替的影响［J］，生态学报，14（3）：323－326.

林昱，陈孝麟，庄栋法．1992. 围隔生态系内富营养化引起赤潮的初步研究［J］，海洋与湖泊，23（3）：312－317.

马翠欣，袁峻峰，董凤丽．2004. 上海市九段沙湿地生态系统服务功能价值评估评［J］．上海师范大学学报，33（2）：98－101.

马德毅，等．2004. 第二次全国海洋污染基线调查报告［M］．国家海洋局．

宁修仁，胡锡钢，等．2002. 象山港养殖生态和网箱养鱼的养殖容量研究与评价［M］，北京：海洋出版社．

宁修仁，等．2005. 乐清湾、三门湾养殖生态和养殖容量研究与评价［M］，北京：海洋出版社．

彭本荣，洪华生．海岸带生态服务价值评估理论与应用研究［M］．北京：海洋出版社．

卜秋兰，沈新强，罗民波．2007. 洋山深水港海域大型底栖生物初步研究［J］．海洋渔业，29（3）：245－250.

齐雨藻，邹景忠，梁松．2003. 中国沿海赤潮［M］．北京：科学出版社．

全为民，沈新强，韩金娣，等．2005. 长江口及邻近水域富营养化现状及变化趋势的评价与分析［J］．海洋环境科学，24（3）：13－16.

全为民，沈新强，罗民波，等．2006. 河口地区牡蛎礁的生态功能及恢复措施［J］．生态学杂志，25（10）：1234－1239.

全为民，赵云龙，朱江贵，等．2008. 上海市潮滩湿地大型底栖动物的空间分布格局［J］．生态学报，28（10）：5179－5187.

全永波．2008. 论我国海洋环境突发事件的应急管理．海洋开发与管理，25（1）．

任海，彭少麟．2002. 恢复生态学导论［M］．北京：科学出版社，1－144.

上海市海洋与渔业局．2000—2007上海市海洋环境质量公报（R）．

沈焕庭，等．2001. 长江河口物质通量［M］．北京：海洋出版社．

沈国英，施并章．2002. 海洋生态学［M］．北京：科学出版社．

沈焕庭，等．2001. 长江河口物质通量［M］．北京：海洋出版社．

沈新强，袁麒．2002. 长江口附近水域环境质量现状与变动趋势［M］．（海峡两岸水资源及环境保护，上海论坛论文集）．西安：陕西人民出版社，268－272.

沈志良．1991. 三峡工程对长江口海区营养盐分布变化影响的研究［J］．海洋与湖沼，22（6）：540－546.

沈志良，陆家平，刘兴俊．1992. 长江口区营养盐的分布特征及三峡工程对其影响［J］．海洋科学集刊，33：107－129.

沈志良，刘群，张淑美. 2001. 长江及长江口高含量 IN 的主要控制因素［J］. 海洋与湖沼，32（5）：465－473.

沈志良，石晓勇，王修林，等. 2003. 长江口邻近海域营养盐分布特征及其控制过程的研究［J］. 应用生态学报，14（7）：1086－1092.

时俊，刘鹏霞. 2009. 三峡蓄水前后长江口水域营养盐浓度特征和通量估算［J］. 海洋环境科学增刊，28（增刊）：16－20.

盛连嘉. 2002. 环境生态学导论［M］. 北京：高等教育出版社，共329页.

舒廷飞，罗琳，沼琰茂. 2002. 海水养殖对近岸生态环境的影响［J］. 海洋环境科学，21（2）：74－79.

苏纪兰. 2005. 中国近海水文［M］. 北京：海洋出版社.

苏畅，沈志良，姚云，等. 2008. 长江口及其邻近海域富营养化水平评价［J］. 水科学进展，19（1）：101－105.

孙铁珩，等. 2002. 污染生态学［M］. 北京：科学出版社.

孙秉一，于圣睿，郝恩典. 1986. 长江口及济州岛邻近海域综合调查研究报告［J］. 山东海洋学院学报，16（1）：132－210.

孙美琴. 2005. 厦门近岸海域外来甲藻的入侵研究［D］. 厦门大学硕士论文.

孙亚伟，曹恋，秦玉涛，等. 2007. 长江口邻近海域大型底栖生物群落结构分析［J］. 海洋通报，26（2）：66－70.

谭志军. 突发环境事件应急监测的问题分析及对策初探. 环境科学与技术，2007；30（1）：58－62.

谭志军，颜天，周明江，等. 2002. 塔玛亚历山大藻对黑褐新糠虾存活、生长以及种群繁殖的影响［J］，生态学报，22（10）：1635－1639.

唐启升. 2006. 中国专属经济区—海洋生物资源与栖息环境［M］. 北京：科学出版社.

屠建波，王保栋. 2004. 长江口营养元素生物地球化学研究［J］. 海洋环境科学，23（4）：10－13.

屠建波，王保栋. 2006. 长江口及邻近海域富营养化状况评价［J］. 海洋科学进展，24（4）：532－538.

王保栋. 2006. 长江口及邻近海域富营养化状况及其生态效应［D］. 中国海洋大学博士论文.

王保栋，战国，藏家业. 2002. 长江口及其邻近海域营养盐的分布特征和输送途径［J］. 海洋学报，24（1）：53－58.

王保栋. 2003. 黄海和东海营养盐分布及其对浮游植物的限制［J］. 应用生态学报，14（7）：1122－1126.

王斌. 1999. 中国海洋生物多样性的保护与管理对策［J］. 生物多样性，7：347－350.

王斌. 海洋特别保护区建设的理论与实践［M］. 生物多样性保护与区域可持续发展，15－20.

王长友，王修林，孙百晔，等. 2009. 东海主要重金属生态基准浓度初步研究，海洋环境科学，28（5）：544－548.

王重刚，郑微云，余群，等. 2002. 苯并［a］芘和芘的混合物暴露对梭鱼肝脏抗氧化酶活性的影响［J］. 环境科学学报，22（4）：529－533.

王重刚，陈纪新，赵杨，等. 2001. 苯并［a］芘和芘对梭鱼血红蛋白含量的影响［J］，应用环境学报，7（5）：494－495.

王重刚，余群，郁昂，等. 2002. 苯并［a］芘和芘暴露对梭鱼肝脏超氧化物歧化酶活性的影响［J］. 海洋环境学报，21（4）：10－13.

王凡，许炯心，等. 2004. 长江、黄河口及邻近海域陆海相互作用若干重要问题［M］. 北京：海洋出版社，共231页.

王焕校. 2000. 污染生态学［M］. 北京：高等教育出版社.

王金辉，黄秀清，刘阿成，等. 2004. 长江口及邻近水域的生物多样性变化趋势分析［J］. 海洋通报，23（1）：32－39.

王金辉. 2002. 长江口邻近水域的赤潮生物［J］. 海洋环境科学，21（2）：37－41.

王宪，张元标，李凌云，等. 2002. 福建省沿岸水体和沉积物中油的分布特征［J］. 厦门大学学报，39

(3): 370 – 374.

王金辉. 2002a. 长江口3个不同生态学的浮游植物群落 [J]. 青岛海洋大学学报, 32: 422 – 428.

王丽莎, 石晓勇, 祝陈坚, 等. 2008. 春季长江口邻近海域营养盐分布特征及污染状况研究 [J]. 海洋环境科学, 27 (5): 466 – 469.

王春生, 等. 2011. 我国近海海洋生物与生态调查研究报告. 国家海洋局第三海洋研究所.

王重刚, 郑微云, 余群, 等. 2002. 苯并 [a] 芘和芘的混合物对梭鱼肝脏谷胱甘肽过氧化酶活性的影响 [J]. 海洋科学, 26 (6): 35 – 38.

王丽平, 颜天, 谭志军, 等. 2003. 有害赤潮藻对浮游动物影响的研究进展 [J]. 应用生态学报, 14 (7): 1191 – 1196.

王云峰, 张清春, 于仁诚, 等. 2006. 东海有毒亚历山大藻赤潮的分布特征和毒素研究 [M]. 南中国海红潮的研究 (何建宗等主编), 香港, 南中国海赤潮学会出版.

王伟, 陆健健. 2005. 三垟湿地生态系统服务功能及其价值 [J]. 生态学报, 25 (3): 404 – 408.

王云龙, 沈新强, 李纯厚, 等. 2005. 中国大陆架及邻近海域浮游生物 [M]. 上海科技出版社.

王悠, 俞志明, 宋秀贤, 等. 2006. 共培养体系中石莼和江蓠对赤潮异弯藻生长的影响 [J]. 环境科学, 27 (2): 246 – 252.

王悠, 俞志明, 宋秀贤, 等. 2006. 大型海藻与赤潮微藻以及赤潮藻之间的相互作用研究 [J]. 环境科学, 27 (2): 274 – 280.

吴跃泉. 2003. 长江口区底栖生物群落多样性特征, 甲壳动物论文集 [J]. 北京: 科学出版社, 281 – 287.

吴跃泉. 2007. 三峡库区蓄水期长江口底栖生物数量动态分析 [J]. 海洋环境科学, 26 (2): 138 – 141.

吴颖, 李惠玉, 李圣法, 等. 2008. 大型水母的研究现状与展望 [J]. 海洋渔业, 30 (1): 80 – 87.

线薇薇, 刘瑞玉, 罗秉征. 2004. 三峡水库蓄水前长江口生态与环境 [J]. 长江流域资源与环境, 13 (2): 119 – 123.

相建海. 2002. 中国海情 [M], 北京: 开明出版社.

邢小丽. 2007. 船舶压舱水与沉积物中的微藻类及对厦门港浮游植物群落动态的潜在影响 [D]. 厦门大学博士论文.

徐韧, 王金辉, 张正龙, 等. 2005. 2004年长江口生态监控区监测报告 [Z]. 上海: 国家海洋局东海环境监测中心.

徐韧, 纪焕红, 张正龙, 等. 2006. 2005年长江口生态监控区监测报告 [Z]. 上海: 国家海洋局东海环境监测中心.

徐韧, 纪焕红, 张正龙, 等. 2007. 2006年长江口生态监控区监测报告 [Z]. 上海: 国家海洋局东海环境监测中心.

徐韧, 纪焕红, 张正龙, 等. 2008. 2007年长江口生态监控区监测报告 [Z]. 上海: 国家海洋局东海环境监测中心.

徐国锋, 龙绍桥, 秦铭俐. 2009. 乐清湾养殖区富营养化现状分析与评价 [J]. 海洋环境科学, 28 (增刊): 59 – 61.

颜天, 付萌, 王云峰, 等. 2002. 塔玛亚历山大藻对栉孔扇贝胚胎和平期幼虫的影响 [J], 环境科学学报, 22 (2): 241 – 246.

颜天, 谭志军, 于仁诚, 等. 2002. 塔玛亚历山大藻对鲈鱼幼鱼毒性效应研究 [J], 环境科学学报, 22 (6): 749 – 753.

姚伟民, 郑爱榕, 邱进坤. 2007. 浙江洞头列岛海域水体富营养化及其与赤潮的关系 [J]. 海洋环境科学, 26 (5): 466 – 469.

杨逸萍, 王增焕, 孙健, 等. 1999. 精养虾池主要水化学因子变化规律和氮的收支 [J]. 海洋科学, 1: 15 – 17.

杨耀芳, 蔡燕红, 魏水杰, 等. 2008. 象山港国华宁电厂附近海域底栖生物调查研究 [J]. 海洋环境科学,

27（增刊）：79－82.
叶属峰，纪焕红，曹恋，等．2004. 河口大型工程对长江河口底栖动物种类组成及生物量影响的研究［J］．海洋通报，23（4）：32－37.
叶仙森，张勇，项有堂．2000. 长江口海域营养盐的分布特征及其成因［J］．海洋通报，19（1）：89－92.
叶属峰，纪焕红，黄秀清，等．2004. 长江口海域赤潮成因及其防治对策［J］．海洋科学，28（5）：26－32.
叶属峰，黄秀清．2003. 东海赤潮及其监视监测［J］．海洋环境科学，22（2）：10－14.
袁伟，金显仕，戴芳．2010. 低氧环境对大型底栖动物的影响［J］．海洋环境科学，29（3）：293－296.
袁骐，蒋玫，王云龙．2005. 长江口及邻近海域油污染分布特征［J］．海洋环境科学，24（2）：17－19.
袁兴中，陆健健，刘红，等．2002. 长江口新生沙洲底栖生物群落多样性组成及多样性特征［J］．海洋学报，24（2）：133－139.
袁兴中、陆健健．2001. 围垦对长江口南岸底栖动物群落结构及多样性的影响［J］．生态学报，21（10）：1642－1647.
余辉，郑微云，翁妍，等．2001. 0 号柴油水溶性成分对真鲷幼体抗氧化酶活性的影响［J］．环境科学学报，20（增刊）：171－175.
俞志明，邹景忠，马锡年．1992. 治理赤潮的化学方法［J］．海洋与湖沼，24（3）：314－317.
俞志明，邹景忠，马锡年．1994. 一种去除赤潮生物学有效的粘土种类［J］．自然灾害学报，3（2）：105－109.
俞志明，邹景忠，马锡年．1994. 一种提高粘土矿物去除赤潮生物能力的新方法［J］．海洋与湖沼，25（2）：226－232.
俞志明，沈志良．2011. 长江口水域富营养化［M］．北京：科学出版社．
俞炜炜，陈彬，张珞平．2008. 海湾围填海对滩涂湿地生态服务累积影响研究—以福建兴化港为例［J］．海洋通报．27（1）：88－92.
翟世奎，孟伟，于志刚，等．2008. 三峡工程一期蓄水后的长江口海域环境［M］．北京：科学出版社，共366 页．
赵燕，黄绣，余志堂．1986. 中华鲟幼鱼现状调查［J］．水利渔业，（6）：38－41.
赵卫红，王江涛．2007. 大气湿沉降对营养盐向长江口输入及水域富营养化的影响［J］．海洋环境科学，26（3）：208－210.
赵晟，洪华生，张珞平，等．2003. 中国红树林生态系统服务功能的价值［J］．资源科学，29（1）：147－154.
张锦平，平仙隐，施利燕，等．2007. 巨牡蛎对长江口环境的净化功能及其生态服务价值［J］．应用生态学报，18（4）：871－876.
张朝辉，王宗灵，朱明远．2007. 海洋生态系统服务的研究进展［J］．生态学杂志，26（6）：925－932.
张善东，宋秀贤，王悠，等．2005. 大型海藻龙须菜与锥状斯氏藻间营养竞争研究［J］．海洋与湖沼，36（6）：556－561.
张善东，宋秀贤，王悠，等．2005. 大型海藻龙须菜与东海原甲藻间营养竞争研究［J］．生态学报，25（10）：2676－2680.
张培军，邹景忠．2004. 海洋生物学［M］．山东：山东教育出版社．
张水浸，杨清良，等．1994. 赤潮及其防治对策［M］．北京：海洋出版社．
张璐平，等．2008. 福建省海湾围填海规划环境影响回顾性评价［M］，北京：科学出版社．
张正龙，徐韧，范海梅．2008. 近 20a 以来长江口生态监控区海滩湿地变化的研究［J］．海洋环境科学，27（增刊）：5－8.
张丽旭，夏越．2004. 象山港赤潮监控区水质状况的动态变化［J］．海洋环境科学，23（1）：25－28.
张丽旭，蒋晓山，马越．2004. 东海四个赤潮监控区水质状况比较的初步研究［J］．海洋通报，23（4）：

44－49.
张丽旭，蒋晓山，赵敏．2007. 长江口海域表层沉积物污染及其潜在生态风险评价［J］．海洋通报，24（2）：92－96.
张丽旭，蒋晓山，蔡燕红．2008. 象山港海水中营养盐分布与富营养化特征分析［J］．海洋环境科学，27（5）：488－491.
张有份，汪惠昌．1995. 东海海域环境质量状况和发展趋势［J］．海洋环境监测文集，北京：海洋出版社，73－78.
张诚，邹景忠．1997. 尖刺拟菱形藻氮吸收动力学及氮限制下的增殖特征［J］．海洋与湖沼，28（6）：599－603.
张朝辉，叶属峰，朱明远．典型海洋生态系统服务及价值［M］．北京：海洋出版社．
张雯雯，段勇，黄家祥，等．2008. 崇明岛现代潮滩地貌和生态环境问题［J］．海洋通报，27（4）：80－87.
张利永．2007. 东海大规模赤潮对微型浮游动物群落结构影响的研究［D］，中国科学院海洋研究所博士博文．
章守宇，邵君波，戴小杰．2001. 杭州湾富营养化及浮游植物多样性问题的探讨［J］．水产学报，25（6）：512－517.
章守宇，杨红，焦俊鹏，等．2001. 浙江北部沿海富营养化的评价与分析［J］．水产学报，25（1）：74－78.
郑天凌，徐美珠，俞志明，等．2002. 菌－藻相互作用下胞外酶活性变化研究［J］．海洋学报，26（12）：41－45.
郑立，韩笑天，俞志明，等．2006. 海洋生物共栖细菌抑藻活性的初步研究［J］．海洋科学进展，24（4）：511－519.
郑元甲，陈雪忠，程家骅，等．2003. 东海大陆架生物资源与环境［M］．上海：上海科技出版社，共835页．
浙江省海洋与渔业局，2006—2007年浙江省海洋环境公报（R）．
浙江近海渔业资源调查协作组．1964. 浙江近海渔业资源调查报告－海洋生物［M］．浙江省水产资源调查委员会．
郑云龙，朱红文，罗益华．2000. 象山港海湾水质状况评价［J］．海洋环境科学，19（1）：56－59.
郑剑宁，裘炯良，薛新春．2006. 宁波港入境船舶压舱水中携带浮游生物的调查与分析［J］．中国国境卫生检疫杂志，29（6）：358－360.
郑微云，翁妍，余群，等．1999. 0号柴油水溶性成分对真鲷幼体脏器组织中还原型谷甘肽含量的影响［J］．水产学报，23（增刊）：64－68.
浙江省环境保护局．浙江“811”环境污染整治行动综述．环境污染与防治期刊，2008：3－15.
曾呈奎，邹景忠．1979. 海洋污染及其防治研究现状和展望，环境科学，5：1－10.
中国海湾志编辑委员会．1998. 中国海湾志第14分册——重要河口［M］．北京：海洋出版社．
中国水利学会围垦开发专业委员会．2000. 中国围垦工程［M］．北京：中国水利水电出版社．
中国科学院海洋研究所浮游生物组．1964. 全国海洋综合调查报告第八册，中国近海浮游生物的研究［M］．海洋综合办公室出版．
中国海岸带编写组．1991. 中国海岸带和海涂资源综合调查报告［M］．北京出版社．
邹景忠，周名江，俞志明．2004. 海洋环境科学［M］．山东：山东教育出版社．
邹景忠．2003. 中国赤潮灾害［M］．中国海洋志（曾呈奎等主编），河南：大象出版社．802－826.
邹景忠，张树荣．1985. 海洋污染生态学调查研究现状和发展主要趋向［J］．海洋环境科学，4（2）：34－43.
邹景忠，吴玉霖．1992. 海洋环境生物学研究［M］．中国海洋科学研究及开发（曾呈奎主编）．青岛出版社，275－292.

邹景忠，张景镛 . 1988. 渤海湾污染的生态影响［J］. 海洋科学集刊，29：175 – 190.

邹景忠，吴彰宽，等 . 1990. 渤海、黄海及其主要海湾污染对海洋生物和水产资源的影响［M］. 渤黄海污染防治研究，科学出版社，141 – 197.

邹景忠，董丽萍，秦保平 . 1983. 渤海湾富营养化和赤潮问题的初步探讨［J］. 海洋环境科学，2（2）：41 – 54.

邹景忠 . 1992. 赤潮生物与赤潮灾害研究［M］. 中国海洋科学研究与开发（曾呈奎主编），青岛出版社，284 – 287.

邹景忠，等 . 1999. 养殖水体富营养化和有害赤潮，海水养殖生态环境的保护与改善［M］（李永祺等主编）. 山东科学技术出版社 .

邹景忠，李永祺，俞志明，等 . 1999. 中国海洋环境保护研究［M］. 中国海洋志（曾呈奎等主编），大象出版社，827 – 892.

邹景忠 . 1998. 海洋环境质量生物检测技术［M］. 海洋生物技术（曾呈奎主编）. 山东科学技术出版社，389 – 400.

邹景忠，周名江，俞志明 . 2005. 渤黄东海赤潮研究论文集（上下册）［M］. 中国科学院海洋研究所 .

周名江，颜天，邹景忠 . 2003. 长江口邻近海域赤潮发生区基本特征初探［J］. 应用生态学报，14（7）：1031 – 1038.

周名江，朱明远 . 2006. 我国近海有害赤潮发生地生态学和海洋学机制及预测防治研究进展［J］，地球科学进展，21（7）：673 – 679.

周名江，李正炎，颜天，等 . 1994. 海洋环境中的有机锡及其对海洋生物的影响［J］. 环境科学进展，2（4）：67 – 76.

周名江，于仁成 . 2007. 有害赤潮的形成机制、危害效应与防治对策［J］. 自然杂志，29（2）：72 – 77.

朱明远，等 . 2000. 海水贝类养殖对生态资源的影响［J］. 青岛海洋大学学报，（4）：53 – 57.

Cociasu A, Dorogan L, Humborg C et al. , 1996. Long term ecological changes in the Romanian coastal waters of the Blark Sea. Mar. pollut. Bull, 32: 32 – 38.

Cloern, J. E. , 2001. Our evolving conceptual model for the coastal eutrophication problem. Mar, Ecol, prog, ser. 210: 223 – 253.

Dkaichi, T. , 2003. Red Tides [M], Terra Scientitic Publishing Company, Tokyo, pp 439.

GESAMP, 1990. The state for marine environment, Rep. & Stud. , 39: 111p, UNEP.

GESAMP, 1977. Impact of oil on the manine environ ment, Rep. & stud. , 6: 248p, FAO.

GESAMP, 1991. Reducing environment impacts of coastal aquaculture, Rep. & stud. , 47: 35p, FAO.

Garnier leporco B, Sanchez N, et al. , 1999. Biogeochemical mass – balance (C. N. P. Si) in three large reservoirs of the Seine Basin (France) . Biogeochemistry, 47: 119 – 146.

Garcia , S. M. and New C H. , 1994. Responsible fisheris – On overview of FAU policy development, Mar. pol. Bull. , 29: 528 – 536.

Humborg C, Ittekkot V, Coclasu A et al. , 1997. Effect of Danube river dam on Black Sea biogeochemistry and ecoisystem structure, Nature, 386: 385 – 388.

Holmes B. 1994. Biologists sort the lessons of fisheres collapse, Science, 264 (1): 252 – 253.

Landsberg, J. H. 2002. The effects of Harmful Algae Blooms on Aquatic Organisms, Reviews in Fisheries Science (ed. R. R, stickney), D (2): 113 – 390.

Parsons T R. , Lalli C M. , 2002. Jellyfish population explosions: revisiting a hypothesis of possible causes [J], Mer, 40: 111 – 121.

Sproston, N. G. , 1949. A preliminary survey of the plankton of the Chu – san region, with a review of the relevant Literature [J], Sinensia 20 (1 – 6): 58 – 161.

Wang B D, 2007. Assessment of trophic status in Changjiang (Yangtze) River estuary [J] . Chinese

Jour. Ocean. limn. 25 (3): 261 - 269.

Wong, John, 1996. Chinese resident Dalphins whih Dolphin, Finless Dorpoise &Baiji.

Yu G, & Zhou J. , 1990. Biogeochemical study of the changjiang estuary, China Ocean Press. Pp. 898

Yu Guohu & Zhou Jiayi, 1990. Biogeochemical study of the changjiang estuary, China Ocean Press. 1 - 15.

Zhou J. , ed 1997. Sources, transport and environmental impact of contaminants in the coastal and estuarine areas of China. China Ocean Press. Pp. 155.

Zhou, M. J. Shen Z. L. and R. C. Yu, 2008. Responses of a coastal phytoplankton community to increased nutrient input from the Changjiang (Yangtze) River , Continental Shelf Research, 28: 1483 - 1489.

Zou. J. Z. , M. J Zhou and C. Zhang, 1993. Ecological features of toxic Nitgschia pungens Grunow in Chinese Waters, In: Toxic phytoplankton Blooms in the Sea, J. J. Smayda and Y. shimizu , (eds.) Elsevier science publications B V. , 347 - 352.

Zou. J. Z. , Dong L. P. , Qin, B D. , 1985. Preliminary on entrophication and red tide problems in Bohai Bay [J]. Hydoobiologia , 127: 27 - 30.

第4篇　南　海[①]

① 南海篇：黄良民研究员主编，参编人员程远月、黄晖、黄洪辉、黄小平、李纯厚、李开枝、李涛、连喜平、刘永、龙爱民、宋星宇、孙典荣、唐森铭、谭烨辉、王汉奎、王友绍、严岩、尹健强、朱艾嘉，协助人员程小倪、谢学东、周林滨。

第13章 南海主要生态系统类型及人类开发活动

13.1 生态系统的类型及其特征

南海是我国四个海区中面积最大的半封闭型边缘海，其生态系统类型多种多样，具有沿岸河口、海湾、陆架和深海生态系统，又有典型特色生态系统，如珊瑚礁、红树林、海草床等。随着科学技术发展和人类海洋意识增强，尤其陆地资源的日益枯竭，促使人们向海洋要食物、要能源、要空间等活动越来越加剧，造成海洋环境压力越来越大，迫切需要引起政府和社会各界的高度关注。

13.1.1 沿岸河口、海湾生态系统*

1）河口生态系统

河口是河流的终段，是河流和受水体的结合地段。受水体可能是海洋、湖泊、水库或河流等，因而河口可分为入海河口、入湖河口、入库河口和支流河口等。就入海河口而言，多数是一个开放型或半开放型的海岸水体，与海洋自由沟通，海水在其中被陆源径流所冲淡。入海河口的许多特性影响着近海水域，且由于水体运动的连续性，测验方法和分析技术上的相似性，往往把河口和其邻近海岸水体综合起来研究，因此它是海岸带的组成部分。根据动力条件和地貌形态的差异，一般把河口分为河流近口段、河口段和口外海滨。河流近口段以河流特性为主，口外海滨以海洋特性为主，河口段的河流因素和海洋因素则强弱交替地相互作用，形成河海交汇区，有其独特的性质。

南海周边有诸多河流，珠江河、湄公河、北沦河、韩江、榕江等，沿岸最大的河口有珠江河口，其次湄公河口、北沦河口、韩江河口等。这些河口区受径流、沿岸流和外海水的交互作用，形成独特的生态区，是咸淡水生物的集散地，其生态系统受人为活动影响剧烈，季节演替明显。河口区的生物群落、种群动态、生产机制、生态功能与生物资源变化等，历来是学界和管理部门关注的焦点。

珠江口位于南海北部，是典型的喇叭形河口湾——伶仃洋河口湾。珠江年径流量3 281 × 10^8 m^3，其中，80%径流出现在洪水季节（4—9月），年径流泥沙7 100 × 10^4 t。珠江径流从八大口门流入南海，其中，东部四个口门汇入伶仃洋，西部四个口门直接与南海相接。香港与澳门特别行政区分别位于珠江主河口的东西两侧。珠江口海域沿岸陆架区属堆积型陆架，地层发育完整，海岸形成许多断块构造，使岸线曲折，海岛众多。伶仃洋河口湾纵长约

* 作者：严岩、朱艾嘉。

50 km，宽度由北向南逐渐增大，其虎门口门附近宽仅为 8 km，内伶仃岛附近宽达 30 km。珠江口海域位于北回归线以南，夏季炎热多雨，冬季温暖少雨，属于我国南方典型的亚热带海洋性季风气候。潮汐属不正规半日潮。珠江口海域受珠江径流、广东沿岸流和南海外海水的综合影响，水动力条件复杂，咸淡水交汇现象明显，生物群落组成独特，渔业资源丰富。珠江口海域的珠江三角洲海岸带长 1 059.1 km，占广东省海岸线总长的 31.4%，拥有海岛 395 个，海岛岸线 1 060.5 km，拥有面积广阔的海涂、湿地及丰富多样的野生动植物资源。海岸带是海洋与陆地相互作用或交互影响的地区，又是海洋经济活动和陆地经济活动交叉影响的地带，属于海洋与陆地之间的生态交错带，是生态环境的敏感区和脆弱区。珠江口的海涂主要属河口型海涂，其形成是水沙作用的结果，海涂的泥沙主要来源于河流输入，部分来自海域涨潮时带入。珠江口海域每年承接珠江入海径流量 $3\ 281 \times 10^8\ m^3$，入海悬移质输沙量为 $7\ 100 \times 10^4$ t。这给海涂发育提供了丰富的沙源。

目前在珠江三角洲经济快速发展的情况下，珠江口生态系统承受着前所未有的压力。陆源排污导致珠江口富营养化程度严重，营养盐比例失衡，耐污种类成为浮游生物优势种，赤潮时有发生。过度捕捞使渔获物中优质鱼比例下降，渔业资源状况欠佳。虽然休渔期后渔业资源有所增长，但休渔过后夜以继日的地毯式捕捞导致次年春季渔获量急剧下降。海洋开发和围填海等人为活动导致珠江口湿地丧失严重，生态功能退化。珠江口西岸还保留少量湿地，东岸几乎完全变成人工海岸。海岸湿地的消失，使潮间带生物灭绝，也给许多鸟类等珍稀动物的生存造成严重威胁。同时，随着经济发展和城市化进程加速，大量工业废水和生活污水未经有效处理直接排放以及沿岸的农药、化肥及水产养殖废水等大量排入珠江口，远远超出湿地的自净能力，造成湿地的许多污染物超标，湿地整体质量恶化，功能丧失或退化。国家一级重点保护的濒危野生动物中华白海豚的生存环境仍受到威胁，死亡事件不断出现。主要危害因素有：爆破工程产生的震荡和发出的强烈声波，中华白海豚的生存受威胁；珠江口天然渔场和产卵场缩小，影响了中华白海豚的食物来源；白海豚体内有重金属富集；填海造地、天然的红树林被毁灭，海滩蚕食及潮间带生物和浅海鱼类减少，使海豚的生存地缩小；船只来往频繁影响海豚的正常生活；渔业资源过度捕捞，降低了海豚的食物资源量，海豚数量必然减少。珠江口岸线变迁的速度有越来越快的趋势。珠江三角洲沿海和周边地区由于经济的高速发展，基建工程需要大量的海砂，每天都有几十艘挖砂船在三角洲湿地作业。挖砂操作不仅破坏了海床，且严重破坏了底栖生物的栖息环境，鱼、虾、贝类都一揽子被挖砂机抽走，导致部分海域荒芜，底栖生物、鱼虾繁殖区的生态环境受到严重破坏。可见，珠江口水域生态系统目前的状况不容乐观，为了珠三角经济的可持续发展，对珠江河口的综合治理势在必行。

2）*海湾生态系统*

海湾是海洋伸入陆地的部分，属海洋生态系统的子系统。南海北部沿岸海湾诸多，且拥有许多优良的港湾，如广东的柘林湾、红海湾、大亚湾、大鹏湾、海陵湾、湛江港、流沙湾，广西的廉州湾、钦州湾、防城港、珍珠港，海南的陵水湾、三亚湾等。海湾类型多样化，生态特征各有异同点。根据海湾的开敞程度可将南海北部沿岸的海湾分成 4 个类型：开敞型海湾、半开敞型海湾、半封闭型海湾和封闭型海湾。

开敞型海湾在南海北部沿岸广泛分布，包括广东的海门湾、红海湾、广海湾、雷州湾，广西的廉州湾和海南的牙龙湾、海口湾和榆林湾等，其中，海南三亚湾是该类型海湾的典型代表。

三亚湾地处我国第二大岛——海南岛的最南端，位于18°11′~18°18′N，109°20′~109°30′E，面积约120 km²，是我国典型的热带开阔型浅水海湾，周围分布着珊瑚礁、红树林、岩礁，还有沙滩和泥沙滩等多种海岸类型，尤其是热带海岸生长的珊瑚礁和红树林，形成了热带海域特有的生态景观，具有特殊的资源价值和生态意义，对沿海地区的社会与经济可持续发展显得十分重要。珊瑚礁和红树林以其丰富的生物多样性和生产力被人们视为海洋中的绿洲，对于调节和优化热带海洋环境具有重要意义，是近20年来国际上广泛关注的关键生态区。三亚湾是目前受人类活动影响相对较小的热带海湾之一，但是近年来，由于三亚市经济的迅速发展，人为活动的加剧，特别是旅游业的迅猛发展，生活污水的排放与日俱增，三亚河径流输入，港口和海湾中星罗棋布的船只及网箱养殖是直接的污染源，海域生态环境受到了前所未有的压力（王汉奎等，2002；陈志强等，1999；何雪琴等，2000）。

三亚湾海域水温空间分布特点是东低西高，在东瑁洲以东水域终年存在一个相对低温区。三亚湾的潮汐性质为不规则全日潮；潮流性质既有不规则全日潮流，也有规则全日潮流。海岸线对潮波影响明显，而底摩擦效应似乎不太明显（黄良民等，2007）。

20世纪60年代前，三亚湾珊瑚礁基本上处于未受人为干扰的自然群落状态。60—80年代受到广泛的人为破坏，包括人们大量地滥采乱炸珊瑚及珊瑚礁用作垒墙铺路石料和烧制石灰，采挖珊瑚、贝类制作观赏工艺品，在礁区采用炸鱼等破坏性手段捕鱼，礁区经济性动物海产品过度捕捞造成生态系统失衡，来自陆地和海洋活动的污染物和沉积物的干扰等。导致三亚湾珊瑚礁广泛的人为破坏的根本原因是沿海地区人口的急剧增长及其带来的生态环境压力。珊瑚礁是三亚湾重要的资源要素和生态环境要素，但在1998—1999年对三亚湾进行的调查结果表明，三亚湾珊瑚种类比过去记录的明显减少，仅记录35种，只有20世纪60年代的43.2%，为1993—1994年的60%；珊瑚礁面积也在逐年减少（黄良民等，2007）。

半开敞型海湾在南海北部沿岸占有一定的比例，如广东的碣石湾、大亚湾、镇海湾、水东港，海南的清澜湾、洋浦湾，广西的铁山港等。其中，大亚湾是我国目前对该类型海湾研究较为全面和系统的海湾。位于大亚湾西南的中国科学院临海实验站——大亚湾海洋生物综合实验站，经过20多年来的长期监测和各项专题研究，已积累了大量有关大亚湾生态环境的资料。不仅对该海湾的生态环境和生物资源有了深入了解，而且对生态系统的结构、功能、生产过程以及能量流动和物质循环、环境自然变异和人类活动胁迫等亦已有研究积累，而且取得了一些重要成果。

大亚湾位于珠江口东侧，地理位置介于约23°31′12″~24°50′00″N，113°29′42″~114°49′42″E，被深圳大鹏半岛、惠阳南部沿海及惠东平海半岛三面环绕，西南邻香港，南接广阔的南海。大亚湾水域面积600 km²，最大水深为21 m，平均为11 m，是南海北部一个较大的半封闭型深水海湾。湾内生物资源丰富、生境多样，红树林和珊瑚群落使该亚热带海湾显示出热带生境的特色，是我国亚热带沿岸的重要海湾之一（王友绍等，2004）。

依据中国科学院南海海洋研究所大亚湾海洋生物综合实验站20年来获得的大量现场观测数据和资料，王友绍等（2004）提出了“大亚湾生态环境动态变化模式”，即大亚湾海域由贫营养状态发展到中营养且局部已发现有富营养化的趋势，N/P平均值由20世纪80年代的1/1.5上升到近年的超过50，大亚湾营养盐限制因子已由80年代的N限制过渡到90年代后期的P限制，到近年来Si和P交替限制；生物群落组成明显的小型化、生物多样性降低，生物资源衰退；大亚湾海域主要为受人类活动影响驱动的复合生态系。大亚湾具有珊瑚礁、红树林、岩礁等多种海岸类型，但近年出现了石珊瑚白化现象，珊瑚礁群落的优势种发生了改变，在大亚湾的澳头港附近水域多次发生赤潮。这些研究结果表明大亚湾生态系统正经历着快速的退化过程。

在南海北部沿岸还有一类海湾属半封闭型海湾，如广东的柘林湾、大鹏湾、海陵湾，广西的钦州湾、防城港，珍珠港等。目前对该类型的生态系统已有一定认知的是广东柘林湾和海陵湾。

柘林湾位于广东省东北部闽、粤两省的交界处，23°31′～23°37′N，116°58′～117°05′E，是一个稳定性比较好的半封闭小型河口湾，具有典型的亚热带特色。柘林湾内水深1～20 m，受潮汐影响为主，属不正规半日潮，大潮高3.1 m，小潮高2.3 m，平均水深为2.5 m，三百门最高潮位达4.8 m。主要潮汐通道为大金门、小金门。湾内水流速度缓慢，大金门至湾口流速较急，具有较强的冲刷能力。由于屏障条件好，据历史记载的特大台风，其最大浪高也仅为2.5～3.0 m，是良好的避风港湾（蔡爱智，1994）。由于其良好的避风条件，该湾水产养殖业发展迅速，是广东典型的大规模密集养殖区。不断增长的养殖规模已导致该海湾富营养化的加剧及生态群落结构的改变，有害赤潮频发给水产养殖业及海湾生态带来了很大的危害（黄长江等，1999）。

黄长江所在研究组于2000—2005年曾对柘林湾的水化学指标、浮游植物、浮游动物、沉积物等方面进行了系统的研究。结果表明，柘林湾的富营养化程度比较高，但湾外水域尚处于贫营养状态；水体的富营养化加剧已造成浮游动物小型化趋于明显，浮游植物的生物多样性和均匀度下降，而个别优势种类的优势度极高的现状（杜虹，2003）。

钦州湾位于北部湾顶部，广西沿岸中段，21°33′20″～21°54′30″N，108″28′20″～108°45′30″E，该湾中间狭窄，两端开阔，东、西、北三面为陆地环绕，南面与北部湾相通，是一个半封闭型天然海湾。韦蔓新等（2002，2008，2010）对钦州湾近20年来水化指标、浮游生物、重金属、有机污染物等进行了系统的研究，发现随着钦州湾沿岸工农业生产及海水增养殖业的发展，该湾营养盐水平呈明显上升趋势，水体营养程度由明显的贫营养状态上升为中营养和富营养状态；他们还发现该湾盐度具有随时间变化而下降的演化趋势，水温则多以上升趋势，pH值则多以下降趋势出现；浮游植物生物量随该海湾开发热潮的兴起变化显著，在开发初、中期（1983—1990年），浮游植物生物量呈现出明显上升趋势，开发盛期（1998—2003年）的浮游植物生物量虽出现明显下降趋势，仍保持一定的量值，说明该湾浮游植物丰富，而且足以满足该湾增养殖业的发展所需。

封闭型海湾在南海北部沿岸分布较少，如广东省的湛江港，海南的小海湾和新村湾。小海湾位于海南万宁县东部沿海，是海南省面积最大的潟湖湾。由于潟湖处于海、陆交汇的特殊地理位置，受河流和海水交互影响，因而其生态系统上具有其特殊性。潟湖具有高生产力的特点，是优良的水产养殖场所，但从20世纪70年代以来。小海湾周边围海造田，水面积大大减少，在口门内侧弯道深槽附近布设大量鱼排网箱，使涨落潮流受阻，有利于涨潮三角洲的发育，减少涨潮的进潮量，使小海湾水环境受到影响（喻国华等，2002）。

13.1.2 南海特色生态系统

南海地处热带、亚热带，生态系统类型和生境多样化，珊瑚礁、红树林、海草床、滨海湿地等是其典型的特色生态系统，为各种各样的生物生长繁殖提供了十分有利的自然环境。

13.1.2.1 南海珊瑚礁生态系统*

南海海域面积约356×10^4 km^2，大于500 m^2的岛屿有1 827个，珊瑚礁星罗棋布（邹仁林，2001）。台湾海峡（25°N以西）、海南岛、东沙群岛、中沙群岛、西沙群岛一直到曾母暗沙（4°N）均有珊瑚礁分布（邹仁林，1983，2001）。研究表明，中国大陆沿海自福建东山岛（23°45′N）至广西北部湾都有造礁石珊瑚分布，但未有发育成典型的岸礁（曾昭璇，1997）。海南岛南岸和台湾岛南岸有典型的岸礁。西沙、南沙、东沙和中沙都有典型的环礁。此外，我国南海珊瑚礁可分为大洋典型分布型、过渡型和边缘型三种类型（表13.1）。

南海诸岛珊瑚礁总面积约3×10^4 km^2，占世界珊瑚礁总面积的2.57%（Huang，2005）。中国海域造礁石珊瑚种类十分丰富，迄今为止已记录的我国造礁石珊瑚50多属300多种。东沙群岛有造礁石珊瑚34属101种，西沙群岛有38属127种和亚种，南沙有46属124种，台湾岛58属230种，海南岛有34属110种和亚种，广东雷州半岛造礁石珊瑚共13科25属48种，广西涠洲岛为21属45种，香港沿岸水域有21属49种（黄晖，2007）。

表13.1 我国南海珊瑚礁资源的分布（引自Huang，2005）

珊瑚礁类型	分布	面积/km^2
大洋典型分布型	西沙群岛，中沙群岛以及南沙群岛	26060
过渡型	海南岛	500
边缘型	主要在华南沿海：徐闻（广东省西南，雷州半岛）；南澳岛和大亚湾（广东省东南部）；涠洲岛和斜阳岛（广西壮族自治区）；东山湾（福建省）	30
总计		26 590

近年来随着全球气候变化导致的珊瑚白化和近年来日益增加的珊瑚疾病以及过度渔业捕捞、沿岸污水污物排放及海岸带开发和海滨旅游等人类活动，影响范围不断扩大和强度日渐增加（Hoegh－Guldberg，2007），从20世纪70年代后期始，珊瑚礁生态系统及相关海洋环境明显退化的个例越来越多（Bellwood，2004）。

我国珊瑚礁资源虽然丰富，但同样面临着严重危机。“我国近海海域环境调查与评价”最新调查显示，福建海域石珊瑚主要分布在东山，是我国珊瑚礁分布的最北缘，珊瑚种类少，核心区域内珊瑚覆盖率较低，靠近东山湾内沿岸和岛屿已经极少有珊瑚分布了，湾内珊瑚资源退化严重；广东海域石珊瑚主要分布在深圳的大亚湾、珠江口和徐闻西海岸，珊瑚礁资源受到一定的破坏，仍需进一步保护；广西海域石珊瑚主要分布在涠洲岛，石珊瑚死亡情况严重，原因仍在调查；海南岛及其离岛的珊瑚礁生长状况较好，但是由于过去大量破坏珊瑚礁，使得海南有的地方的珊瑚覆盖率低，恢复缓慢，同时也发现许多炸鱼、毒鱼的情况，珊瑚礁保护宣传仍然迫在眉睫。过去我们认为离岸的珊瑚礁应该很好，但是目前西沙群岛有些海域珊瑚礁死亡情况也相当严重，珊瑚覆盖率低，尤其是珊瑚礁贝类、鱼类已经受到大量破坏，也发现许多炸鱼、毒鱼的现象。因此，对我国珊瑚礁资源的保护工作急需加强。

---

* 作者：黄晖。

13.1.2.2 红树林生态系统*

红树林生态系统是指热带、亚热带海岸潮间带的木本植物群落及其环境的总称。在热带、亚热带地区，红树林生态系统是我国海岸带湿地生态系统的重要类型之一，沿海岸带分布的红树林由于其特殊的结构与特定的生态系统功能而受到广泛关注。

1）红树林的植物种类和分布

我国南海红树林植物根据其种类组成、外貌结构和演替特征，可分为7个植物群系，即木榄群系、红树群系、秋茄群系、桐花树群系、白骨壤群系、海桑群系和水椰群系。其中，木榄群系和红树群系主要分布于海南、雷州半岛和广西钦州地区，海桑群系和水椰群系仅分布于海南；秋茄群系、桐花树群系和白骨壤群系分布最广。就面积而言，我国红树林主要分布于海南、广东和广西的海岸，占全国红树林总面积的97%，而海南的红树林几乎包括了我国红树植物的全部种类（表13.2）。从地域分布来看，海南省红树植物种类最丰富，有24种，占我国红树植物种类的92%，是我国红树植物多样性的中心。其次为广东省，有10种。

表13.2 南海半红树植物的种类及其分布

序号	科名	种名	省/自治区/特别行政区				
			海南	香港	澳门	广东	广西
1	Acrostichaceae	卤蕨（*Acrostichum aureum*）	+	+	+	+	+
		尖叶卤蕨（*A. speciosum*）	+		+	+	
2	Apocynaceae	海芒果（*Cerbera manghas*）	+			+	
3	Bignoniaceae	海滨猫尾木（*Dolichandronspathacea*）	+			+	
4	Compositae	阔苞菊（*Plucheaindica*）	+				
5	Hernandiaceae	莲叶桐（*Hernandia sonora*）	+				
6	Leguminosae	水黄皮（*Pongamia pinnata*）	+			+	
7	Lythraceae	水芫花（*Pemphis acidula*）	+				
8	Malvaceae	黄槿（*Hibiscus tilisceus*）	+	+		+	+
		杨叶肖槿（*Thespesia populnea*）	+			+	+
9	Verbenaceae	钝叶臭黄荆（*Premna obtusifolis*）	+			+	+
总计			11	2	1	8	5

资料来源：林鹏等，1997；王文卿等，2007。

2）红树林生态系统保护现状

国家为了保护我国数量不多的红树林，在红树林分布区域建立了自然保护区，如海南的东寨港红树林保护区、福建漳江口红树林保护区、广东湛江红树林保护区、广西北海山口红树林保护区、香港米埔红树林鸟类自然保护区以及台湾淡水河口红树林自然保护区等。我国各省（区）红树林的面积及主要分布状况如下（表13.3）。

* 作者：王友绍。

表 13.3 中国分布的主要红树林自然保护区

序号	名称	地点	红树林面积/hm²	成立时间	级别	主管部门
1	东寨港红树林自然保护区	海南琼山	1 733	1980	省级	林业
				1986	国家级	
2	北仑河口红树林自然保护区	广西防城	1 131. 3	1990	省级	海洋
				2000	国家级	
3	山口红树林生态自然保护区	广西合浦	806. 2	1990	国家级	海洋
4	湛江红树林自然保护区	广东湛江	933	1991	省级	林业
			12 423	1997	国家级	
5	福田红树林鸟类自然保护区	广东深圳	82	1984	省级	林业
				1988	国家级	
6	清澜港红树林自然保护区	海南文昌	1 223. 3	1981	省级	林业
7	米埔红树林鸟类自然保护区	香港米埔	85	1975	省级	WWW（香港）基金会
8	惠东蟹洲湾红树林自然保护区	广东惠东	543. 3	2000	市级	林业
9	花场湾红树林自然保护区	海南澄迈	150	1983	县级	海洋
10	新盈红树林自然保护区	海南临高	67	1983	县级	林业
11	彩桥红树林自然保护区	海南临高	85. 8	1986	县级	林业
12	新英红树林自然保护区	海南儋州	79. 1	1983	市级	林业
13	儋州东场红树林保护区	海南儋州	478. 4	1986	县级	林业
14	三亚河口红树林自然保护区	海南三亚	59. 7	1990	市级	林业
15	青梅港红树林自然保护区	海南三亚	63	1989	市级	林业
合计			19 943. 1			

我国红树林的破坏主要是由于20世纪60年代以来的毁林围海造田或造盐田，毁林围塘养殖，毁林造海搞城市建设等人类不合理开发活动，使红树林面积剧减，环境恶化，红树林湿地资源濒危。尽管前一阶段围垦毁林的恶果有所遏制，红树林社会价值和生态价值已为较多人所认识，并已开始采取保护红树林的措施。然而受局部利益和短期效益的驱使，仍然难以制止毁林建塘或毁林搞工程建设等事件的发生。转换性开发等人类干扰使全国红树林湿地面积剧减65%，而且减少趋势至今尚未被制止，特别是改革开放初期，滩涂养殖和近海水产养殖的迅速发展，导致红树林湿地严重破坏。红树林湿地的管理和保护（以及整个海岸带的综合管理）已成为全社会乃至全人类十分紧迫的任务，因为红树林转换性开发导致的红树林湿地资源濒危及其后果在东南亚（世界红树林分布中心区）及世界其他各地均存在。

13. 1. 2. 3 海草床生态系统*

1）概述

海草是南海重要生态系统之一，全球50多种海草中，南海就分布了20多种。海草在海

* 作者：黄小平。

洋生态系统中的作用非常重要：通过降低悬浮物和吸收营养物质来达到净化水质的目的，同时也改善了水的透明度；为许多种类的动物提供了重要的栖息地、育苗场所和庇护场所，尤其为一些具有商业价值的动物提供了育苗场所；是许多生物的重要食物来源（以碎屑形式）；海草稠密的根系成簇地扎在松软的海底上，起着固定底质的作用；具有抗波浪与潮流的能力，是保护海岸的天然屏障；海草在全球 C、N、P 循环中扮演着非常重要的角色（Fortes，1998）。

但长期以来，海草在海洋中的重要作用没受到足够的重视，海草床面积已在全球范围内下降，其消失的原因是多方面的，一方面“自然病害”和巨大风暴及气候变化，但更多的方面是由于人类的活动引起的，例如富营养化、沉积物的增加、填海造地；由于城市化的扩展，使沿岸许多当地自然海岸受损，生态系统被破坏；同时海水受到污染，海水高浑浊度和富营养化，也是海草消失的主要原因（Walker，1992）。

我国对海草方面的研究还相当薄弱，以往国内很少有海草研究方面的报道；对海草资源的地理分布、种类数量、密度、生产力、生物多样性、生境多样性、生态价值和经济价值等情况的了解还很肤浅。人们对海草在海洋生态系统中的重要性认识不足，缺乏保护海草及其生境的意识，更缺乏保护海草的管理。2002 年起，中国科学院南海海洋研究所在国际合作项目（UNEP/GEF）的支持下，对华南地区的海草床展开了较系统的研究。

2）南海海域的海草床

（1）广东的海草床

广东的海草床主要分布在粤西，包括雷州半岛的流沙湾、湛江东海岛和阳江海陵岛等。其中，流沙湾海草床分布面积约为 900 hm^2，主要种类包括喜盐草（*Halophila ovalis*）和二药藻（*Halodule uninervis*），二者分布的区域相对独立，优势种为喜盐草，分布面积占98%以上，整个海草床基本上呈连续分布。湛江东海岛海草的种类为贝克喜盐草（*Halophila beccarii*），面积约为 9 hm^2。阳江海陵岛海草的种类主要为喜盐草，分布面积小，约为 1 hm^2（黄小平等，2005）。2008 年，通过对广东沿岸的海草资源进行的再次调查，新发现 8 处海草床，主要分布在柘林湾、汕尾白沙湖、惠东考洲洋、大亚湾、珠海唐家湾、上川岛、下川岛和雷州企水湾；其海草种类主要包括喜盐草、贝克喜盐草和矮大叶藻（*Zostera japonica*）3 种；海草覆盖率为 6.67% ~53.33%（黄小平等，2010）。

（2）广西的海草床

广西的海草床主要分布在合浦附近海域和珍珠港海域等。其中，合浦海草床主要分布于铁山港和英罗港的西南部，基本上分成 8 块斑状分布，各斑块的面积为 20 ~250 hm^2不等，总面积约为 540 hm^2。底质类型为细砂质。主要种类为喜盐草和二药藻，还有少量的矮大叶藻和贝克喜盐草；其中，喜盐草为优势种。珍珠港海域的海草种类主要为矮大叶藻，还有少量的贝克喜盐草，海草床的面积为 150 hm^2左右（黄小平等，2005）。

（3）海南的海草床

海南的海草床主要包括黎安港、新村港、亚龙湾和三亚湾等。其中，黎安港海草床的面积为 320 hm^2，分布在该潟湖四周 0 ~3 m 水深的海域，底质类型为沙 - 泥质；海草的种类包括海菖蒲（*Enhalus acoroides*）、泰来藻（*Thalassia hemperichii*）、海神草（*Cymodocea rotundata*）、喜盐草和二药藻等；其中，海菖蒲为优势种，而喜盐草和二药藻的分布面积之和小于10%。新村港海草床主要分布在该潟湖的南部，面积约为 200 hm^2，底质类型为沙 - 泥质；主要种类包括海菖蒲、泰来藻、海神草和二药藻等；海菖蒲为优势种，而二药藻的分布面积小于8%。亚龙湾海草床分布于珊瑚礁坪的内侧，呈带状分布，底质类型为细沙；主要为泰来藻、海菖蒲和喜盐草，分布稀疏，面积为350 hm^2左右。三亚湾的海草主要为泰来藻和海菖蒲，底质类型为细沙，面积小于1 hm^2（黄小平等，2005）。

（4）香港地区的海草床

香港地区的海草床面积相对较小，主要种类为矮大叶藻、喜盐草（*Halophila*）、贝克喜盐草和川蔓藻（*Ruppia maritima*）。主要分布在深圳湾海域和大鹏湾海域，底质类型以泥质沙为主（Fong，1999）。

13.1.3 南海上升流生态系统*

上升流是指深层海水在季风和海流作用下向上涌升而形成的海洋现象。海洋中的上升流可分为近岸上升流和大洋上升流。南海近岸上升流区已进行了许多研究，例如吴日升等（2003）对近40年来南海北部陆架区上升流进行了综合研究，刘羿等（2009）研究表明琼东上升流近百年期间整体呈加强趋势，庄伟等（2005）利用卫星遥感数据和航次资料对粤东沿岸2000年7月上升流现象进行了综合分析，陈昭章等于2005年7月研究表明东山海域、南澳海域以及台湾浅滩东南侧海域存在明显的上升流（陈昭章等，2008），经志友等（2008）采用三维斜压非线性数值模式并结合卫星遥感资料，对南海北部陆架区夏季上升流进行研究。曾流明于1979年夏季对粤东沿岸上升流的结构特征进行研究，指出该上升流区位于大鹏湾至神泉湾沿岸，中心位置位于115°E断面附近（曾流明，1986）。于文泉（1987）进一步证实了汕头、琼南沿岸近海和湛江港外附近海域存在着上升流。韩舞鹰等根据1982—1983年广东省海岸带调查资料，指出粤东夏季上升流的中心位置紧靠岸边，一般位于20 m水深海域（韩舞鹰，1988）。韩舞鹰等（1990）还研究了琼东沿岸上升流，并与粤东沿岸上升流进行比较，指出琼东上升流一般在30 m以浅出现，并分析了琼东上升流的流速大于粤东沿岸的原因。

此前，有关南海北部陆架区上升流的研究最早为管秉贤等（1964），首次系统地指出在南海北部近岸存在3个上升流区，其位置分别在海南岛东岸，汕头沿岸一带及湛江湾以南雷州半岛以东海域。从研究结果看，南海近岸上升流区的研究主要集中在南海北部陆架区。尤其以《闽南-台湾浅滩渔场上升流区生态系研究》报道最为全面（洪华生，1991）。该海区的上升流范围出现于从甲子到礼仕列岛一带和台湾浅滩南部的广大区域。郭允谋（1991）认为台湾浅滩位于台湾海峡南部，毗邻南海陆架及陆坡，为东海与南海的区界。台湾浅滩与东沙及澎湖列岛等组成东沙-澎湖地形隆起区，水深从十几米到三十几米，外缘斜坡水深30 m以下，地形等深线沿NEE—SWW走向延伸，坡度较大。这里的底层终年有一支朝NE方向海流，此海流和地形等深线形成较大交角，存在较大向岸分量，导致深层海水沿陆架外缘斜坡爬行。台湾浅滩南部上升流主要由底层海流受到地形阻隔而沿着陡坡朝台湾浅滩爬升引起，该海区除了东北向流外，还有一支海流朝台湾浅滩方向后，又在附近转向西南。由此可见，该海区上升流的形成与台湾浅滩北隆南斜独特地形地貌有密切关系。但是，对于上升流的形成，风的作用因素是主要的。柯雪惠、胡建宇（1991）认为冬季海区在强劲东北季风的作用下，上层水体向海区的西岸附近海域输送，并在粤东、闽南近岸海域堆积，西岸附近海域的上层海水必然下沉，海区中部海域的下层海水必然上升以补偿上层海水的流失。台湾浅滩附

* 作者：王汉奎。

近海域冬季可能出现风生上升流。夏季常见风为南风和西南风，有利于近岸上升流的产生。无论是近岸或台湾浅滩东南的上升流均随西南风的消长而消长。孙振宇等（2008）通过2006年9月南海北部开放航次的观测，认为闽南近岸和台湾浅滩南部表层具有低温高盐特征，表明台湾浅滩区域存在上升流，观测期间此处的上升流由海流－地形因素所形成。吴日升和李立（2003）认为南海北部陆架区上升流是一种季节性上升流，该上升流的形成与消亡主要取决于南海北部陆架区的风势变化。庄伟和王东晓等（2005）通过研究证实该海域上升流与风势变化的关系，指出福建东山至汕头沿岸海域存在稳定的上升流。海面风势平行岸分量的变化是夏季该上升流强度发生改变的重要原因。上升流强度较大时，同期的海表风向大都是西南风；而上升流较弱时，同期风势多为东南风或东北风。受其影响，2000年夏季粤东沿岸上升流的总体变化趋势表现为强－弱－强三个阶段。于文泉（1987）、韩舞鹰（1988）和吴日升等（2003）通过对粤东近岸夏季风势和上升流区表层水的流动特征分析指出，形成上升流的主要动力是西南风，而地形、河流、海流、潮汐等因素只是使上升流变得复杂而已。洪华生（1991）也提出出现于从甲子到礼仕列岛一带夏季近岸上升流主要为风生上升流，这是由于夏季盛行西南季风从而造成近岸水体的离岸运动，引起底层水向上涌升补偿所形成的。因此，其消长与范围变动，主要受劲吹的西南风强度大小所制约。经志友和齐义泉等（2008）利用卫星遥感表层温度揭示南海北部陆架区夏季海表温度存在着明显的低值区，主要存在于海南岛东部沿岸、雷州半岛以东湛江湾东南部直至珠江口南部一带海域。其中，琼东沿岸强上升流区主要位于从三亚以南至七洲列岛以西呈带状分布的沿岸海域，该上升流区海表温度普遍低于外海1～2℃。研究资料表明，琼东沿岸强上升流和粤西沿海上升流在分布形态上表现为一个整体。韩舞鹰等（1998）研究琼东沿岸上升流认为粤东沿海上升流流速比琼东沿岸上升流流速小，造成琼东近岸上升流流速大于粤东近岸的原因，除了风的因素外，还有水深，岸线较平直，因而较粤东沿岸更易形成海水的离岸运动。

由于近岸上升流区的底层或近底层海水的向上涌升，一般说来，其表层形成一个低温、高盐、低氧、高pH值和高营养盐含量的独特理化环境，因此，这些理化特征常作为识别上升流的重要依据之一。吴丽云和阮五崎（1991）综合分析了1987年12月至1988年11月在闽南－台湾浅滩6个航次的资料指出，该海区存在着多处上升流，又由于受到地形、季风和多种水系的影响，上升流的消长有着季节和区域性变化，使溶解氧的时、空变化更为复杂。洪华生认为从礼仕列岛到甲子一带海域出现上升流是以低温、高盐为主要特征，与外缘水比较，表层温度可偏低2～4℃，盐度偏高0.5～1.5。

台湾海峡中北部上升流中心区的特征是低温、高盐、低氧且不饱和。DIP、TDP、PP、TP含量高，而DOP低，DIP/DOP比值高（约为1），NO_3－N和SiO_3－Si含量高。闽南－台湾浅滩夏季是西南季风的盛期，浮游植物数量很大，但由于底层低氧水涌升的结果，沿岸一带仍有不饱和区出现。上层浮游植物的大量繁殖，有机质也相应增加，其死亡个体和碎屑在下沉过程中分解，消耗了大量的氧，底层氧饱和度平均只有80%左右，平均耗氧量大于1.0 ml/L，缺氧范围比较大，不饱和测站几乎占全区的80%以上。夏季该海区近岸出现的低含氧量和低饱和度，应是外海底层海水向岸涌升的结果。

粤东沿岸上升流区夏季形成一个低温、高盐、低氧、高pH和高PO_4－P的独特理化环境。由于粤东沿岸出现上升流，南海次表层水爬坡而上，占据了粤东沿岸底层。粤东沿岸上升流区溶解氧平均值仅为3.33 ml/L。在湾内5 m以浅的浅水区，表层海水由于发生离岸运动，短缺海水主要由大陆径流补充。表层水高生产力，颗粒有机物下沉到达底层，有机物分解却消耗底层水中的氧，这样使在粤东沿岸上升流区形成了贫氧区。琼东沿岸上升流从陵水湾至清澜港50 m以浅水深海区，夏季形成了一个低温、高盐、低氧和高 PO_4-P 的理化环境（韩舞鹰等，1998）。

洪华生等（1991）对闽南－台湾浅滩上升流区的浮游植物和初级生产力研究结果表明，闽南－台湾浅滩上升流区平均初级生产力为550 mg/（m^2·d）（以碳计），这一数值高于全球沿岸平均值［270 mg/（m^2·d）（以碳计）］，但低于全球上升流区平均值［820 mg/（m^2·d）（以碳计）］。庄伟于2000年7—8月调查期间，在东山至惠来沿岸海域证实存在明显的低温高盐区，表层温度为26.2℃，盐度为33.8，而且低温高盐区的叶绿素a浓度较周围海域的高出许多。

近岸上升流区中心在南澎列岛，春季和秋季初级生产力较低。从6月开始，西南季风引起表层海水的离岸运动，促使底层海水涌升，把底层丰富的营养盐带到真光层，促进了浮游植物的生长繁殖，从而使近岸区初级生产力显著提高。台湾浅滩西南部上升流区是三个上升流区生产力最高的区域，4月份达到1.75 g/(m^2·d)（以碳计），8月份达到1.37 g/(m^2·d)（以碳计），11月份也达到0.91 g/（m^2·d）（以碳计）。这是由于强盛的西南季风形成对台湾西南部的影响，这一带受南海水的影响，台湾浅滩上升流区初级生产力终年都较高。与台湾浅滩西南上升流区相比，台湾浅滩东南上升流区不仅夏季初级生产力较低，而且4月份和11月份初级生产力都较低。

闽南－台湾浅滩上升流区的浮游植物种类繁多，已鉴定有64属298种，其中，有5种为中国沿岸的首次纪录，种类组成以暖水种居多，占60%以上；甲藻所占比例较高，为35%，优势种多而比较突出的特点（冯季芳，1991）。

南海近岸上升流除了上述提及的几个上升流区外，从有限资料可以证明，越南东部沿岸夏季存在上升流，其强度可能超过南海北部。1979—1982年中国科学院南海海洋研究所在南海东北部海区的调查中，发现东沙群岛西南海域有一个明显的低温区，这个“冷中心”区的温度一般都比周围海域低2～3℃以上的终年气旋型涡旋（仇德忠等，1985）。总之，南海上升流现象是比较普遍的。许多研究表明，南海近岸上升流大多为风生上升流，除受风影响外，还受到地形地貌、潮汐海流的影响。上升流区一般具有低温、高盐、低氧、高营养盐含量的特征，促进了浮游植物的生长与繁殖，从而促使海区初级生产力显著提高。

13.1.4 南海深海生态系统*

1）南海生态系统地理特征

南海总面积为 356×10^4 km^2，几乎是渤海、黄海、东海三大海区面积总和的3倍。在美国国家海洋与大气局的大海洋生态系统（LMEs）计划中，南海生态系统是全球划定的64个大海区生态系统之一，大部分为深海水域。南海生态系统同时是世界上高生物多样性水域之一。

南海平均水深1 212 m，最大深度5 559 m，其中部介于中沙群岛与南沙群岛之间，是一个呈东北—西南向的深海盆地，大部分水深超过3 600 m。南海大陆坡较为宽广，是位于南海大陆架与南海中央海盆之间的过渡海域。在南海北部、西北部和南部的大陆坡上，有台阶和

* 作者：宋星宇。

分割台阶的海槽和海谷。在台阶上还发育了珊瑚礁群岛。渤海、黄海、东海及台湾海峡基本上属大陆架结构，与之相比，南海拥有宽广的陆坡和海盆区，这为南海孕育出别具特色的深海生态系统奠定了基础。

深海区涵盖范围包括了大陆架之外的整个水体和海底。各深海区生态系统往往有其相似的环境特征。相对于近岸浅海区而言，深海区的环境相对稳定。在表层水和深层水之间，常存在着温跃层，其深度范围可从几百米到几千米不等。在温跃层下方，水温低且变化幅度小。1 500 m 以深的水温基本上是恒定的低温。表层溶解氧含量高，盐度基本恒定，压力随深度增加而增加。

深海区根据不同深度水体环境的差别，可以分为不同的亚区。其上层水体（epipelagic zone）从海洋表层直到 200 m 左右的深度并涵盖了真光层水体，因此是初级生产过程相对活跃的水域，并维持了该水域及深层水体更高营养阶层生物的生存。真光层海区常常存在极低的营养盐含量，而上升流等输送作用可将富含营养盐的底层水体输送至上层，并提升相应水域的初级生产力。这里所述的南海深海生态系统也主要针对此部分水体阐述。

2）南海生态系统环境特征

南海具有半封闭型特征，在南海北部，菲律宾海西部海域的北太平洋水是进入南海的主要大洋水来源。巴士海峡两侧的水文和化学特征差异显著，南海次表层极高盐水的盐度明显较菲律宾海西部海域的低而中层极低盐水的盐度值则明显较菲律宾海西部海域的高（苏纪兰等，2001）。

在南海南部早期调查中，将南海表层水（50 m 以浅）分成了 3 种不同特性的水体，分别是南海赤道陆架水、混合水和南沙中央水；而就整个南海深海生态系统而言，其环境主要受到沿岸流、南海暖流、中尺度涡旋、黑潮分支等水文因素的影响，例如在南海中北部海区综合调查中发现在东沙群岛西南海域出现一个经常性的冷涡，与此相应的是营养盐及叶绿素出现高值（中国科学院南海海洋研究所，1984）。这些水文环境因素或通过水动力过程直接作用，或通过改变营养盐等水化环境特征，对南海海洋生物的种群结构和数量分布产生重要影响。

（1）营养盐

南海深海区上准均匀层水体海水营养盐贫乏，成为浮游植物生长的限制因子。其中，表层水体磷酸盐 4 个季节平均含量常低于 0.3 μmol/dm^3。在南海南部水域，氮磷比在不同水层变化不大，但氮和硅的比值在不同水层有较明显差别。真光层上层水体氮磷比值常低于 16，氮对浮游植物生长具有潜在限制作用。75 ~ 100 m 范围存在一个富含亚硝酸盐的水层，其含量在 0.05 ~ 0.5 μmol/dm^3，位置在溶解氧最大值下界，与叶绿素最大值相一致。主要营养盐含量均随深度增加而升高，其中，磷、硅的垂直分布随深度的增加有明显的分层现象，在 0 ~ 75 m 含量低且变化幅度小，而从均匀层往下，其含量快速增加（中科院南沙综合科学考察队，1989；《南沙海域环境质量研究》专题组，1996；林洪瑛等，2001）。

（2）溶解氧

南海溶解氧（DO）的垂直分布变化明显，DO 一般在 0 ~ 50 m 呈饱和状态，75 m 左右水深水体 DO 过饱和（《南沙海域环境质量研究》专题组，1996）。南海海域常存在 DO 的次表层最大值现象，这一现象在夏季较为明显，最大值深度常出现在 20 ~ 75 m 深度，一般认为次表层 DO 高值区与浮游植物光合作用有关，其所在深度常与叶绿素 a 的最大值深度相一致；

而表层海水溶解氧含量则主要由大气中的氧和海水中的氧平衡所决定（中国科学院南海海洋研究所，1982，1991；《南沙海域环境质量研究》专题组，1996）。南海DO含量及其垂直分布特征存在季节性差异（中国科学院南海海洋研究所，1984；韩舞鹰，2001）。

（3）pH值

南海南部水域的pH值与太平洋相近而远小于大西洋，0～100 m范围是高pH值的海水，pH值大于8.2，随深度增加，海水pH值逐渐下降，最大值出现深度与DO相对应（《南沙海域环境质量研究》专题组，1996）。

3）南海生态系统生物特征

南海生态系统有着典型的热带、亚热带大洋性特征，其生物区系基本属印度－西太平洋区系，生物种类丰富，分布有优良的渔场。无论是微小的单细胞浮游生物还是较大型的游泳生物，其分布特征和群落结构与我国其他几个海区有着较明显的差异。

（1）细菌

早期南海生态系统调查中，细菌丰度的调查主要通过培养法获得，细菌丰度平均值一般在$1\times10^{4}\sim1\times10^{5}$ cells/dm^{3}（国家海洋局，1988）。南海南部海域沉积物中细菌的优势菌群为革兰氏阴性菌，优势菌主要是气单胞菌属和弧菌属，其种类和优势菌种类组成与水深的关系密切（中科院南沙综合科学考察队，1989）。

近年来采用荧光显微镜技术和流式细胞技术对南海浮游异养细菌的调查结果表明，南海外海水体中的浮游异养细菌较以往可培养的细菌数量高出2～3个数量级，达到1×10^{8} cells/dm^{3}，与高纬度海区相比，细菌生物量季节差异的规律不明显，主要受底物浓度的限制（焦念志等，2006）。南海深海区细菌次级生产过程是基础营养阶层碳循环不可缺少的环节之一，其单位水体的细菌生产力虽然低于近岸及陆架水域，但水柱积分值相对较高；细菌生产力占相应水体或水柱的初级生产力的比值也明显高于近岸及陆架水域的平均水平（刘诚刚等，2007；宋星宇等，2010）。

（2）叶绿素及初级生产力

南海深海区叶绿素a分布受光照和营养盐等环境因子影响。在上层水体普遍存在叶绿素a的次表层最大值现象（黄良民，1992，1997），次表层叶绿素高值层基本上位于温跃层范围内，其峰值区深度也与营养盐的垂直分布突变点深度相近，多出现在50～75 m水深处。在南海南部水域，75 m层水体多年叶绿素平均值为0.21 mg/m^{3}，高于其他水层平均值，而表层平均叶绿素值仅为0.08 mg/m^{3}（中科院南沙综合科学考察队，1989，1991；黄良民等，1997；吴成业等，2001）。

模拟实验表明，与许多大洋水体一样，南海远岸水体存在光照的表层抑制作用，这导致初级生产力最大值层常不出现在表层，而且初级生产力的垂直结构也存在周日变化（黄良民，1997）。多年调查结果表明，南海南部真光层深度可达100 m以上，但其水柱初级生产力平均值常低于500 mg/（m^{2}·d）（以碳计）；在南海北部深海区，真光层平均深度常浅于南海南部水体，水柱初级生产力平均值也常处于较低水平，水柱初级生产力现场调查的平均值常低于400 mg/（m^{2}·d）（以碳计）（黄良民，1997；吴成业等，2001；贾晓平等，2005；刘诚刚等，2007；宋星宇等，2010）。

理论上南海水体初级生产受氮营养盐的潜在限制。尽管主要营养盐均有随着水深增加而升高的趋势，但受真光层深度及温盐跃层深度的影响，南海初级生产过程受限制主要出现在营养盐含量较低的浅层水体。南海初级生产过程与水文物理过程关系密切，例如大尺度水团活动、受季风驱动的沿岸流以及季节性的中尺度涡旋等都将对水体初级生产力分布过程产生重要影响。除相对近岸的海区受沿岸流等影响可能出现高值分布外，远岸也会出现中尺度冷涡现象等引起的高初级生产力水域；而在一些反气旋控制的水域，叶绿素含量呈明显的低值分布（中国科学院南海海洋研究所，1982；黄良民，1997；Ning et al.，2005a）。

通过粒级结构等分析可以发现，南海深海区水域主要以微微型浮游植物为主，这与近岸水体初级生产者主要以小型和微型浮游植物为主的结构特征有着明显的差异。与我国其他海域相比，南海深海生态系统有较典型的热带海域特征，其叶绿素 a 及初级生产力分布的季节变化幅度小，受温度直接影响的规律不明显。

（3）浮游植物

南海的浮游植物明显属于热带生物区系范畴，其种类以亚热带和热带性为主，其中，外海群落与河口群落及沿岸群落有明显不同，其生活环境的盐度一般大于 34，四季保持高温高盐性质，群落结构比较稳定。此群落以耐温、盐度变化范围稍宽的热带外海种为主，如硅藻类的短刺角毛藻等。个体数量少，优势种数量不突出（中国科学院南海海洋研究所，1982，1984）。

从总体来看，南海深海区网采浮游植物种类和数量主要以硅藻居多，甲藻次之，甲藻的物种多样性明显高于我国其他海域。在南海南部部分调查航次中甲藻种类数量接近甚至高于硅藻（宋星宇等，2002；李开枝等，2005；孙军等，2007；李涛等，2010）。除硅藻和甲藻外，具有固氮作用的蓝藻，特别是红海束毛藻在南海深海区广泛分布，成为南海深海真光层水体常见的浮游植物类群之一，在某些水域甚至可能成为优势种（李涛等，2010）；一些金藻门的种类也可能在南海海域存在较高数量的分布（孙军等，2007）。

南海深海区浮游植物生物量与相应水体营养盐分布的关系较密切，其数量的季节变化与温跃层及温度的季节性变化有关。浮游植物水平分布常受中尺度涡旋及密度环流等水文因素的影响，因此，其分布特征常常可反映所在水团的特征。例如，在秋季，东沙群岛西部的浮游植物密集区与该水域高盐水的涌升现象相对应；在南海南部水域，巴拉巴克海峡至南沙海槽附近的浮游植物数量密集区与该区域得到富含营养盐的沿岸水补充有关，其浮游植物优势种也多为近岸种和广分布种（中国科学院南海海洋研究所，1984；李涛等，2010）。

近年来通过对浮游植物粒级结构的研究以及流式细胞术等新的检测方法的引用，一些个体微小的浮游植物种群，特别是微微型浮游植物在南海大洋生态系统的生态地位得到了重视（Ning et al.，2005b；焦念志等，2006）。在南海深海区，微微型浮游植物对叶绿素及初级生产力的贡献很大（可达 80% 以上），其主要类群包括原绿球藻、聚球藻及真核微微型浮游植物。其中，原绿球藻的丰度可达 $1\times10^{7}\sim1\times10^{8}$ cells/dm^{3}，其垂直分布特征与叶绿素次表层最大值分布相一致；与黄东海和渤海相比，其数量的季节变化不明显。聚球藻的丰度低于黄东海和渤海，在南海的分布可能主要受光照和营养盐的调控。南海微微型真核自养生物在南海深海区数量分布同样低于黄东海和渤海，其分布相对稳定，季节变化不明显，常比相应海区的微微型原核生物的丰度低 2～3 个数量级，其分布同样可能受到光照和营养盐限制的共同调控（焦念志等，2006）。

（4）浮游动物

南海深海区浮游动物种类组成季节变化不大，冬季种类数较少，从种类数的丰富程度来看，桡足类是南海深海海域最具优势的浮游动物类群，此外常见的优势类群为毛颚类、被囊类、磷虾类、端足类等，其中，磷虾类的种数远比我国其他海域的多，特别在南海中部深水区种类更为丰富。南海深海区浮游动物主要以外海暖水类群为主，尽管浮游动物群落受低盐水团注入、下层低温高盐水涌升等水文环境因素的影响，导致海区浮游生物生态类群的多样化，但该海域的基本属性为热带大洋性，高温高盐类群占绝对的主导地位（中国科学院南海海洋研究所，1984；中科院南沙综合科学考察队，1989；李纯厚等，2004；尹健强等，2006）。此外还有外海深层高盐低温群落，该群落主要生活在深海低温高盐的环境，并可以垂直移动到上层；适应高温低盐的暖水近岸类群、广盐暖水生态类群也是南海常见的浮游动物类群。受水动力及其他环境因素的影响，上述类群的分布并非仅局限于最适合生长的区域或季节，而是广泛分布于不同的时空尺度（中国科学院南海海洋研究所，1984；李纯厚等，2004；尹健强等，2006）。南海深海区浮游性幼体数量以甲壳动物的幼体居首位，其他还包括软体动物、腔肠动物以及棘皮动物的部分种类等（中科院南沙综合科学考察队，1989）。

南海浮游动物个体普遍比寒带、温带的种小，而数量等级也较黄海、东海和南海北部陆架区为低，但浮游动物群落结构复杂，从群落的组成来看，南海浮游动物种类远超过黄东海和渤海。黄海和东海一般由少数2～3种占主要数量构成优势种，而南海优势种不突出，常由10～12种共同形成优势群体。这一特点与太平洋、印度洋热带区情况基本相似（中国科学院南海海洋研究所，1982，1984；中科院南沙科学考察队，1989；尹健强等，2006）。

南海浮游动物数量分布的季节变化特征与黄东海和渤海有较大区别，其季节变化规律往往不受温度因素调控，而与季节性水动力和化学因素有关。南海中部浮游动物数量在100 m上层季节变化不显著。浮游动物的高生物量分布区受水文环境条件和本身生物因素的双重影响，同时，其分布还可能与光照、降雨量、季风转换和飓风等因素有关。南海在中尺度冷涡范围内经常有较高数量的浮游动物密集，还可以发现一些较深层种类上升至上层水体（中国科学院南海海洋研究所，1982，1984；尹健强等，2006）。

近年来南海深海区微型浮游动物生态学研究以及浮游动物对低营养阶层生物的摄食及能量转化研究日益受到关注，但相关研究尚不系统。Su等（2007）对南海深海海区的微型浮游动物及其对浮游植物的摄食压力进行了研究，发现秋季南海北部纤毛虫数量在9～100 ind/L，平均值45.5 ind/L；对浮游植物现存量及初级生产力的摄食压力平均值分别为16.88%和67.52%。谭烨辉等（2003）对南海南部夏季浮游动物次级生产力及转化效率进行了估算，其中，在100 m以浅的水柱范围内浮游动物平均次级生产力为72.9 mg/（m^2·d）（以碳计），对初级生产力的平均转化效率为18%，其转化效率高于南海北部海区（11%）；张武昌等（2007）研究了南海北部桡足类对浮游植物现存量的摄食压力，结果表明冬季和夏季摄食压力分别为9.63%和13.51%。

（5）大型生物

南海深海鱼类以大洋性和底栖性深海鱼类为主，海区复杂多样的地形及典型的热带水域环境，使该海区的鱼类区系比较丰富，种类繁多，且其生态类群也显示出多样性的特点，最主要的生态类群包括：陆架浅水鱼类、深海鱼类和珊瑚礁鱼类，其中主要的经济种类有花斑蛇鲻、大头狗母鱼、大鳞短额鲆、高体斑鲆、日本瞳鲬等，具有一定的开发利用价值（邱永松，1988；中科院南沙综合科学考察队，1991b；钟智辉等，2005）。

南海深水底栖生物以多毛类为主；蟹类的种类具有明显热带特点，主要由热带、亚热带暖水性种类和热带广温性种类组成（中科院南沙综合科学考察队，1991b）。

13.2 影响南海生态系统演变的人为干扰因素

13.2.1 化学品污染及其来源*

影响生态系统的人为干扰因素主要是人们随着工业化的发展而制造的化学品污染，以下部分将重点介绍这些化学品污染的特征及其在南海近岸河口和邻近海域的分布。

13.2.1.1 主要的化学品污染

联合国专家组（1982）把海洋污染定义为：由于人类活动，直接或间接向大洋和河口排放的各种废物或废热，引起对人类生存环境和健康的危害，或者危及海洋生命（如鱼类）的现象。其他一些自然因素，如水土流失、海底火山爆发以及自然灾害等，引起海洋环境的损害则不属于海洋污染的范畴。根据污染物的性质和毒性以及对海洋环境造成的危害方式，把海洋化学品污染物主要分为以下几类。

（1）碳氢化合物，主要是指石油。石油含有多种致癌作用的稠环芳香烃，在海洋生物体内富集，最后进入人体，危害人体健康。石油污染已引起世界各国科学工作者的重视。

郭炳火等（2004）专项调查的“石油类”，主要指海水中溶解态、乳化态和吸附在悬浮颗粒物上的、能被石油醚或正己烷、环己烷、二氯甲烷等有机溶剂萃取的石油烃化合物；根据调查资料表明（表13.4），南海表层海水石油类含量的变化范围和平均值分别为0.0~3.3 μg/dm³、1.1 μg/dm³。分析零值的数据占总站位数的16.1%。夏季变化范围和平均值（0.0~3.3 μg/dm³、1.2 μg/dm³）均高于冬季的相应值（0.3~2.1 μg/dm³、0.9 μg/dm³）。其调查海区的表层海水石油类含量测值均远低于一类海水水质标准值，其均值也明显低于广东近海表层水、南海北部和东北部海域海水的石油类含量均值，反映出南海开阔海域未受石油污染。近海石油类污染现状及引发的生态效应详见第3.1节。

表13.4 南海海区表层海水污染物含量与有关数据的比较

资料来源	样品	油类	Cu	Zn	Pb	Cd	Hg
“908”资料	南海北部海域表层水（2007年春季）	3.5~83（22.76）	0.08~6.06（0.72）	0.08~24.02（8.34）	0.004~6.06（0.68）	0.002~0.19（0.06）	0.01~4.80（0.21）
“908”资料	南海北部海域表层水（2007年秋季）	0.6~98（15.24）	0.115~2.53（1.02）	0.37~20.97（5.78）	0.005~2.80（0.61）	0.001~0.200（0.07）	0.006~0.059（0.024）
“908”资料	南海北部海域表层水（2006年冬季）	3.1~164（30.00）	0.04~9.29（1.04）	0.14~17.00（5.10）	0.01~6.54（0.66）	0.00~0.29（0.08）	0.01~0.09（0.02）
“908”资料	南海北部海域表层水（2006年夏季）	2.7~69.0（17.99）	0.00~3.91（1.18）	0.00~25.88（4.87）	0.00~4.13（0.78）	0.00~0.35（0.70）	0.00~0.096（0.02）
郭炳火等	南海调查区表层水（1998）	0.0~3.3（1.1）	0.014~0.410（0.100）	0.013~0.350（0.086）	0.006~0.270（0.058）	0.001~0.072（0.007）	0.00~0.425（0.020）

* 作者：程远月、龙爱民。

续表 13.4

资料来源	样品	油类	Cu	Zn	Pb	Cd	Hg
文献	广东近海表层水（1989—1991）	ND～996（34）	ND～17.70（0.27）	ND～121.4（21.4）	ND～33.8（3.4）	ND～3.8（0.6）	ND～0.227（0.043）
文献	南沙海域表层水（1987）	—	—	2.1～28.2（11.1）	0.9～11.2（3.57）	0.2～0.8（0.49）	0.008～0.334（0.103）
文献	南海中部表层水（1984—1985）	8～127（47）	ND	3.0～56.9（12.2）	0.5～19.2（3.8）	ND～7.4（2.9）	ND～0.113（0.020）
文献	南海东北部表、底层水（1982）	（52.5）	（0.76）	（16.6）	（1.40）	（0.062）	（0.035）
文献	珠江口海水	（76）	（4.3）	（53.0）	（24.0）	（0.8）	—
我国Ⅰ类海水水质标准（1997年）		≤50.0	≤5.00	≤20.0	≤1.00	≤1.00	≤0.050

部分资料来源：郭炳火等，2004。

注：ND为未检出；（）内数据为平均值；所有数据的单位均为μg/dm^3。

（2）重金属污染，尤其是毒性较大的金属如汞（Hg）、铅（Pb）、镉（Cd）、铬（Cr）、钴（Co）、镍（Ni）、钒（V）、银（Ag）等以及对生物生长起双重作用的铜（Cu）和锌（Zn）；砷、硒是非金属，但其毒性及某些性质类似于重金属，所以在环境化学中多把它们列为类金属研究。

重金属污染物在迁移转化的过程中，常与悬浮物或沉积物紧密结合，重金属在悬浮物和沉积物中时常发生吸附与解吸作用、溶解与沉淀作用、分配作用、离子交换作用、氧化还原反应和生物作用等。钦州湾海域重金属来源于陆源输入、沉积物向上覆水释放输入、生物体循环转化过程的输入影响及沉积类型和沉积环境的影响（韦蔓新等，2004）。

由于重金属不能被降解而从环境中彻底消除，只能从一种形态转化为另一种形态，从高浓度变为低浓度，并且易于在生物体内积累富集，这对生物的危害更大。

综上所述，郭炳火等（2004）专项调查海域重金属含量低于国家一类海水水质标准，因此调查区域未受重金属污染（表13.5），但是近岸海区重金属染污的生态效应详见第3.1节。

表13.5　南海海区表层海水重金属污染物含量　　单位：μg/dm^3

金属	铜	铅	锌	镉	汞
夏季平均值	0.095	0.059	0.091	0.008	0.021
冬季平均值	0.105	0.058	0.082	0.006	0.017

（3）过量氮磷等营养盐，如硝酸盐、磷酸盐等，是海洋生物生长所必需的，一般海水中的磷酸盐会成为藻类生长的限制因子。但随着大量含洗衣粉等合成洗涤剂的污水排放入海，往往引起局部海区的富营养化，形成“水华”，从而暴发赤潮，因此会严重破坏海洋生态平衡。

关于氮、磷等化学物质在南海近岸的分布特征及引发的生态效应详见第3.1节。

（4）持久性有机污染物（Persistent Organic Pollutants，POPs），具有持久性、生物蓄积

性、半挥发性和长距离迁移性及高毒性，能够在大气环境中长距离迁移并能沉积到地球，对人类健康和环境具有严重危害的天然或人工合成的有机污染物质。由于它们对人类及其居住的环境具有破坏性的影响，近几年来已成为人们研究的热点。

根据张正斌等（2004）统计资料，有机氯农药在南海北部沿海海域的含量分布大多超过 1.00 μg/dm^3，珠江口以北（含珠江口三角洲）地区的有机氯农药含量分布范围 1.00 ~ 2.00 μg/dm^3。关于 POPs 在南海近岸的现状及引发的生态效应详见第 3.1 节。

13.2.1.2 主要来源

随着社会经济的发展，人口的不断增长，在生产和生活过程中产生的废弃物也越来越多。海洋化学品污染的主要来源途径大致分 3 种，分别是：

①陆源，主要是指受污染河流径流携带大量农药残留和含磷洗涤剂等及沿海城市污水、工业废水大量排入近岸海域，再通过海水交换，最终汇入海洋。陆地径流是所有化学品污染的主要来源。例如，珠江三角洲海域沿岸陆源污染源类型主要有工业污染源、城镇生活污染源以及农业污染源。各类陆源污染源排放废水大部分是通过河流（珠江八大口门）排入沿岸海域。此外工厂企业混合排污口和独立排污口、市政污水直排口以及污水海洋处理工程排污口等也是废水排放入海的途径。陆源排海污染物中，有机污染物排海量占绝对大部分，其次为营养盐类、石油类、重金属、硫化物等，挥发酚、氰化物等的排海量较低。

②海源，指海上船舶运输或海上开采或海底开发或海水倾倒废物等泄漏大量污染物质入海，如石油。从海底自然溢出的油，相当于因海上溢油事故而进入海洋油的总量。

珠江口海域海上污染源类型有海洋油气开采、海洋倾废、海洋船舶和水产养殖等。海上污染源排海污染物有石油平台排放的原油、含油废水、钻屑垃圾以及泥浆等；倾废区的疏浚物等；船舶排放的含油机舱水、生活废水及垃圾等；水产养殖排放的残余饵料和生物排泄物等。

③气源，是指通过风吹附近陆地的含重金属的粉尘或气溶胶以及大气的干、湿沉降过程飘入大洋，尤其是对一些持久性有机化合物，通过大气扩散，汇入海洋。例如有机氯农药、PCBs 和 PAHs 在天然环境中性质稳定，难于降解，它们可以通过大气、降雨和河流等搬运入海，人类活动频繁与经济发达的河口、海湾成为它们的最主要的汇集地。POPs 等污染物通过径流大量进入海域环境，但大气的干、湿沉降也是不容忽视的重要部分。POPs 在天然环境中难于降解，同时具有较强的挥发性，形成气溶胶后，可随大气以及降雨的作用而广泛存在于整个生物圈中，远至极地均能检测到。另外，自从 1924 年开始使用四乙基铅作为汽油抗暴剂以来，大气中的 Pb 浓度急剧增高。通过大气输送的 Pb 是污染海洋的重要途径，经气溶胶带入开阔大洋中的 Pb、Zn、Cd、Hg、Se 等较陆地输入总量还多 50%。

总之，海洋污染具有污染源广、持续性强、扩散范围广、防治难和危害大的特点。海洋污染有很长的积累过程，不易及时发现，一旦形成污染，需要长期治理才能消除影响，且治理费用较大，造成的危害会波及各个方面，特别是对人体产生的毒害更是难以彻底清除干净。20 世纪 50 年代中期，震惊中外的日本“水误病”，是直接由汞这种重金属对海洋环境污染造成的公害病。通过几十年的治理，直到现在也还没有完全消除其影响。“污染易、治理难”，它严肃地告诫人们，保护海洋就是保护人类自己。

13.2.2 海岸工程和海洋工程建设*

大量研究和实践表明，海岸工程是人类生存和发展的基础，也是开发利用和保护海岸带的必要手段，是人类为海岸防护、海岸带资源开发和空间利用而采取的各种工程设施，主要包括大型水库水坝、港口航道、滩涂围垦、取水排污、河口治理、河口建闸等工程。而海洋工程是指以开发、利用、保护、恢复海洋资源为目的，并且工程主体位于海岸线向海一侧的新建、改建、扩建工程，包括海上堤坝工程；人工岛、跨海桥梁、海底隧道工程；海底管道、海底电缆工程；海洋矿产资源勘探开发及其附属工程；海上潮汐电站、波浪电站、温差电站等工程；大型海水养殖场、人工鱼礁工程等。任何一项工程实施都有可能对周边区域带来有利或不利的影响，可能在利用某些资源的同时，制约甚至损害其他资源，导致生态环境退化。不合理的人为活动已严重影响并破坏了南海及沿岸海洋自然景观和生态环境，造成了大范围的海岸侵蚀或淤积，湿地及红树林面积减少，破坏了典型的海洋生态系统，海珍品濒于绝迹，渔业产量大幅度下降。为了拓展海洋空间，除传统的港口和海洋运输外，人们正在向海上人造城市、发电站、海洋公园、海上机场、海底隧道和海底仓储的方向发展。现已在建造或设计海上生产、工作、生活用的各种大型人工岛、超大型浮式海洋结构和海底工程，估计到21世纪中叶，可能出现能容纳10万人的海上人造城市。目前，南海北部大型海岸和海洋工程主要有港口、码头、桥梁、电厂、石油钻井平台、海底电缆以及围填海等。香港、澳门已在海上建成了人工岛海上机场。这些工程建设，直接改变了海岸或海底地形，占用了海洋空间，导致生态环境被破坏。

1）*沿岸与近海的海洋工程与海岸工程*

海岸带和近岸海域是各种动力因素最复杂的地区，但同时又是经济活动最为发达的地区，海上工程建设如果考虑不当将会在一定程度上引发生态环境灾害。工程设施可能破坏原有海岸带的动态平衡，影响岸滩的冲淤变化。海上回填和疏浚会改变海岸的形态，破坏某些海洋生物赖以生存的栖息地，若对含有污染物的疏浚污泥倾抛处理不当则会造成二次污染。海上石油生产中的溢油事故将对海洋环境造成极其严重的污染。日益增多的海上退役工程设施如果不及时处理也将会逐渐成为海上障碍物以致引起公害。

海洋工程和海岸工程项目的开发建设，在改变了海洋生态环境的同时向海洋排放大量的污染物，也影响了海水水质。南海近海工程建设的污染源具有来源广、入海途径方式多样、污染物种类多和入海量大的特点，各种污染物主要来源于陆地和海上各种生产、生活活动产生的废弃物。以三亚湾为例，该区拥有丰富的旅游资源，“阳光、沙滩、海水、椰林、珊瑚”等海南热带特色在这里得到了极为充分的体现。近年来，三亚湾的海岸工程所产生的污水由于历史的原因未能接入污水管网，而经雨水管道直排入海。粤东、粤西近海和珠江口设立的倾倒区、围填海工程等都将对海洋生态环境产生影响。按照2008年颁布的《广东省海洋功能区划》，“十一五”期间，广东省为30多个重大项目划定了146 km^2（1.46×10^4 hm^2）的围海造地区，面积相当于5.5个澳门，围填海地区主要集中在珠海、汕头、深圳等地。其中，珠海将拥有7个围海造地区块，总面积约为62 km^2，相当于从大海中“围”出两个澳门。2008年10月，深圳市政府常务会议审议并原则通过了《深圳港总体规划》。深圳海岸线全长约

---

* 作者：詹文欢。

257.3 km，其中，东部156.7 km、西部100.6 km。根据规划，深圳港口岸线将达到66.9 km，可形成码头及临港工业岸线81.8 km，其中，深水岸线54.8 km。而目前已开发利用（含部分在建工程）的港口岸线长约35.1 km，成码头及临港工业岸线52 km，其中深水岸线38.5 km。

南海北部沿海拥有许多优良的港湾，如广东的大亚湾、大鹏湾、海陵湾、雷州湾，广西的廉州湾、大风江口、钦州湾、北仑河口，海南的月亮湾、高隆湾、冯家湾、春园湾、南燕湾、石梅湾、日月湾、香水湾、陵水湾、三亚湾等。海南三亚湾部分岸段环境的恶化，早已引起了各方的高度关注并专门研究部署了三亚湾沙滩治理问题。岸边修筑的水泥防护堤也被海水冲刷、侵蚀得支离破碎，还造成近岸土地大量流失，海岸带地区生态环境受到严重影响。三亚湾市区地段的沙滩严重泥化，昔日洁白、松软舒适的沙滩不复存在，沙滩含泥量增加沙滩变黑。海防林基干林带多次被撕开，造成断带。海岸侵蚀加剧，岸线后退明显。海岸侵蚀比较严重的是在三亚湾西岸，以平均1~2 m/a的速度向近岸推移。三亚湾海坡段海岸50年代修筑的碉堡几年前距离最高潮位线有4~5 m，几座人工碉堡已有一座轰然倒塌，融入海中。岸边修筑的水泥防护堤被海水侵蚀得支离破碎，近岸土地大量流失。海岸侵蚀、岸线后退形成落差较大的陡坡，成行的椰子树根部被冲成大坑，大部分根系悬垂在陡坡上，严重影响了海岸景观。三亚湾海岸沙滩、沙堤、沙坝遭到污染与破坏，沙滩泥化现象严重。珊瑚礁、红树林、海防林等保护我们美丽的岛屿的立体生态屏障，已经遭遇或正在遭遇严重的人为破坏。

2）河口区的海洋工程与海岸工程

珠江河口由于其巨大的输沙量及其两侧的基岩海岸，使其处于稳定或者淤涨状态，海岸自然侵蚀不明显。其余的一些三角洲如韩江三角洲、漠阳江三角洲，鉴江三角洲等由于泥沙来源减少和波浪水动力增强等因素影响，在沿岸发生或者增强海岸侵蚀现象。尤其是近数十年来，人类活动的加强使其遭受普遍的显著侵蚀。

据近年中国海洋环境质量公报报道，由于陆源污染物排海、围填海侵占海洋生态环境及生物资源过度开发，南海北部沿岸韩江口、漠阳江口及珠江口生态系统均处于不健康状态；沿海开发程度的增高和海水养殖业的扩大，也带来了海洋生态环境和养殖业自身污染问题。海洋生态环境质量的好坏，主要取决于污染物的入海通量。过去河口生物量高，生物多样性丰富，包括浮游植物、浮游动物、底栖生物、游泳生物、潮间带生物和红树林等，以低盐性和广盐性热带、亚热带种类为主，形成了一个独特的河口内湾类型的海洋生态系统。近20年来，珠江口围填海项目众多，人工岸线变迁范围广、速度快。据调查显示，从2003年到2008年，广东省有63个围填海项目上马，填海面积超过1×10^4 hm^2。近年来广州、东莞、深圳、珠海、中山等市沿海围垦总面积已达7 000 hm^2，导致现在珠江口伶仃洋的水域面积比1977年以前少了近1/10。

近年来，大量的码头建设工程，使得深圳蛇口地区的岸线不断向海延伸，天然岸线消亡殆尽。珠江口围填海多采用截弯取直的方式，致使人工岸线形态较为单一，对生态环境影响较大。珠江口大多数区域对围填海工程平面设计的考虑还较粗浅，平面设计的优化还没有引起足够重视，目前的围填海工程基本采取截弯取直，自岸线向外延伸、平推的方式。如果围填海工程继续以粗放的方式快速推进，在整体上将大大降低珠江口海岸资源的利用效率，削弱海洋对国民经济和社会发展的巨大潜力。在未来几年，珠江口人工岸线变迁仍将保持较快的速度。有关海洋工程和海岸工程的生态环境影响详见第13.2.1节的阐述。

为维护沿岸河口海湾和近海生态环境的可持续发展，必须开展海岸与河口调查评价，制定海岸与河口利用和保护规划，科学合理利用岸线资源，解决竞争性利用导致的岸线资源破坏等问题。严格保护深水岸线，优先保证重要港口建设需要。加强保护具有特色的海岸自然和人文景观，优先发展成为城镇生活岸线和旅游景观。保护护岸植被，严禁非法采砂，加强对侵蚀岸段的治理和保护。加强海洋环境监测体系建设，健全海洋环境监测、生物资源监测、重大生态灾害监测和海洋环境预警预报等体系，提高技术装备支撑能力，形成有效覆盖沿岸海域的资源环境监测网络，实施有效监测，做好预警预报服务。

13.2.3 海洋资源开发

13.2.3.1 南海油气开发

南海蕴藏着丰富的能源、生物和环境资源。其石油地质储量估算为（230～300）$\times 10^8$ t，占我国总资源量的三分之一，被誉为世界五大油气产区之一，其中，70%蕴藏于深水区。自20世纪60年代发现石油以后，越南、菲律宾、马来西亚和新加坡等国家都相继加入了开采南海石油的行列。近年来，菲律宾、马来西亚和文莱进一步向1 000 m的深水区推进，开始实施深水油气开采计划和水合物探测。美国、法国、德国、俄罗斯、挪威等国家也以多种方式开展了南海地质构造与油气、水合物等多方面的考察活动和研究工作。

南海发育了一系列中新生代盆地，面积宽阔，这些盆地包括台西南盆地、珠江口盆地、莺歌海－琼东南盆地、北部湾盆地以及南海中部的中建南盆地和南沙群岛诸盆地。珠江口盆地西江、惠州、流花、陆丰油田、琼东南盆地文昌油田、莺歌海崖13－1、东方1－1气田和北部湾涠洲油田，探明原油储量，开发潜力巨大。此外，台湾西南盆地也显示了良好的油气前景。南沙群岛海域位于太平洋板块、印度洋板块与欧亚板块的接合处，介于大陆岩石圈与大洋岩石圈的过渡带，蕴藏着丰富的油气及水合物资源；20世纪80年代以来，已对曾母盆地、万安盆地、北康盆地、礼乐盆地、南沙海槽盆地进行了初步勘探和评估，初步查明石油资源量（200～300）$\times 10^8$ t、天然气10×10^{12} m^3，是全球少有的海上油气富集区之一。目前南沙海域油井已超过1 000口，每年开采的石油超过$7\ 000\times 10^4$ t，超过大庆油田一年的产油量。莺歌海－琼东南海域将发展成为中国近海天然气储量和产量增长的主要基地之一。珠江口盆地和琼东南盆地的陆架浅水区已经成为我国重要的海洋油气基地，年产油气超过$1\ 000\times 10^4$ t。2006年在珠江口盆地1 500 m深水陆坡的LW3－1－1钻井发现了$1\ 000\times 10^8$ m^3深海天然气，2007年在珠江口盆地深水陆坡的神狐隆起上多口钻井发现天然气水合物。另外，在西沙台地附近近年还有块状多金属结核的发现，更证明这一地区的深水盆地也有良好的油气、水合物与金属矿潜力。

南海具有形成天然气水合物的良好动力学环境和丰富的烃类气体来源。南海北部陆缘为张裂大陆边缘，除分布有多处含油气盆地、常规油气资源十分丰富外，具有适合于天然气水合物形成和保存的诸多有利因素。根据有关调查，姚伯初（2001）认为南海的天然气水合物矿藏总量为（6.435～7.722）$\times 10^{13}$ m^3；马在田等（2002）初步估计南海地区天然气水合物的资源量为8.45×10^{13} m^3，相当于845×10^8 t的油当量；曾维平等（2003）利用GIS辅助估算的南海南部天然气水合物资源量（6.13～10.215）$\times 10^{12}$ m^3；陈多福等（2004）估算的琼东南盆地天然气水合物资源量大约为1×10^{10} m^3。

可见，目前南海南部和北部的油气资源开发活动日益活跃，油气开采对海洋环境影响也日益显现。随着勘探工作的深入和开采活动的加剧，对海洋环境的影响必须引起关注。

13.2.3.2 南海渔业捕捞*

1）捕捞作业类型

南海渔业发展迅速，渔具渔法不断更新改造，渔具种类多种多样。根据中国渔具的分类原则，南海区海洋渔具可分刺网、围网、拖网、地拉网、张网、敷网、抄网、掩网、陷阱、钓具、耙刺、笼壶12大类。其中，拖网、刺网、围网和钓具依次为南海北部捕捞作业的主要渔具类型。

在南海进行渔业捕捞生产的广东、海南和广西三省区作业渔船中，除少部分大功率底拖网及刺、钓渔船有能力到南海北部外海及南海中南部作业外，绝大部分作业渔船集中分布在南海北部浅海及近海，对其生态环境形成较大的人为干扰压力，尤其是大功率底拖网作业。

底拖网是南海北部的主要渔具。目前三省区共有拖网渔船约1万艘，平均单船功率154 kW，长期以来，底拖网渔船主要在浅海及近海作业，1980年之后才有部分大功率渔船到水深100～200 m的外海和南沙西南部海域作业。虾拖网也属底拖网类型，其作业渔场集中在水深40 m以浅的河口和沿岸水域。

刺网是沿海的重要作业类型，目前三省区刺网渔船数量达5.2万艘，平均单船功率仅20 kW。小舢板一般在港湾内及近岸浅海作业；主机功率在88.2 kW以下的小机船，主要分布于60 m以浅的近海区；部分主机功率在110～220 kW的大机船，主要分布于100 m以深的外海区和南沙、西沙海域。

围网主要分布于浅海及近海区，以捕捞蓝圆鲹等中上层鱼类为主；钓具的分布较为广泛，沿岸港湾及水深20～80 m的浅、近海区均有分布，目前已发展到台湾浅滩、南沙、西沙、东沙等渔场作业，作业的水深已超过120 m；其他渔具类型主要是分布在沿海或岸边的杂渔具。

拖网、围网、刺网和钓业是南海北部海洋捕捞作业的主要方式，4类渔具的捕捞产量合计占海洋捕捞总产量的90%左右，不同时期这4种渔具的产量比例有所变化（表13.6）。近三年来南海底拖网产量占总产量的比例为46%左右，刺网产量基本保持在28%，围网产量维持在11%左右，而钓业的产量目前大约占6%。

表13.6 1978—2007年南海区海洋渔业主要渔具渔获量比例（%）

年度	拖网	围网	刺网	钓具	其他
1978	63.91	25.31	9.94	0.84	—
1980	68.10	13.42	9.70	2.52	6.25
1985	61.13	8.74	17.89	4.61	7.63
1990	62.87	7.63	17.57	4.42	7.51
1995	58.22	8.41	18.61	6.97	7.78
2000	50.32	9.81	23.99	5.59	10.29
2005	46.23	11.13	27.89	1.83	6.74
2006	45.53	11.53	27.57	1.90	6.60
2007	47.11	11.45	27.85	1.69	6.05

* 作者：李纯厚、孙典荣。

2）捕捞产量及其历史变化

南海北部的渔业资源主要为广东、海南和广西三省区渔民所利用，根据广东省海洋与渔业局对该省海洋捕捞产量的抽样估计和三省区的捕捞作业量推测，目前三省区在南海北部的捕捞年产量（210~250）$\times 10^4$ t；港澳渔船的捕捞产量主要在广东的浅、近海区和南沙、西沙、中沙海域，1989年产量最高时有24×10^4 t，之后呈下降趋势，目前的年产量约17×10^4 t；福建省渔船1998年在台湾浅滩及邻近海域的实际产量约36×10^4 t，主要渔场在南海一侧，因此粗略估计福建渔船目前在南海北部的年产量超过20×10^4 t；台湾近年来只有少量拖网渔船在南海北部作业；目前越南渔船在北部湾西部的年产量约20×10^4 t。据最近的评估（袁蔚文，1999），南海北部大陆架和北部湾的潜在渔获量合计为（180~190）$\times 10^4$ t，近年来我国各省区和越南在南海北部的年渔获量合计达（270~300）$\times 10^4$ t，已大大超过该海域的潜在渔获量（图13.1）。

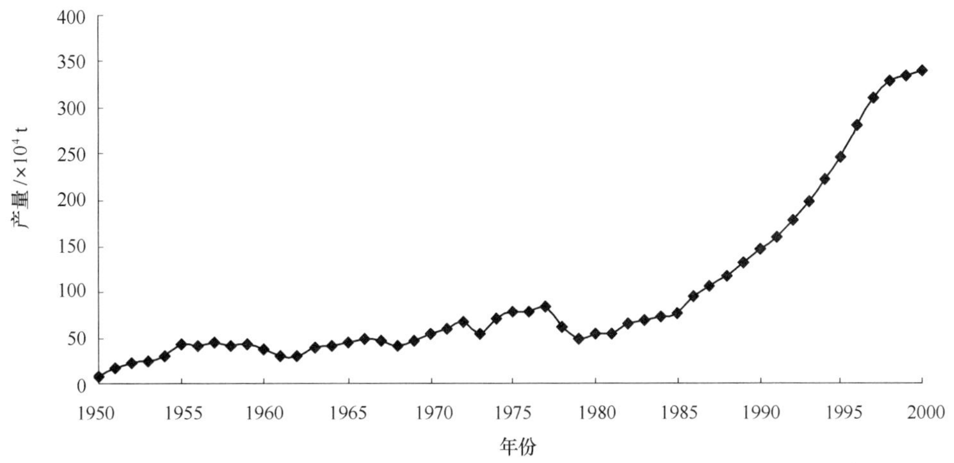

图13.1 南海区海洋捕捞产量的变化

广东、海南和广西三省（区）捕捞强度的增加使渔获质量明显下降，目前南海北部渔场的渔获物以小型低值鱼类为主。各省区的捕捞产量变化见表13.7。

表13.7 南海区海洋捕捞产量的历史变化 单位：$\times 10^4$ t

年份	总产量	广东	广西	海南	香港和澳门
1980	—	463 554	78 620	—	—
1985	970 091	638 307	121 188	—	210 596
1990	1 674 908	1 107 413	199 324	141 351	226 820
1995	2 649 503	1 614 200	498 192	340 508	196 603
2000	3 402 051	1 914 781	888 417	598 853	—
2005	3 643 544	1 720 459	843 286	1 079 766	—
2006	3 151 254	1 534 015	669 602	842 137	—
2007	3 210 594	1 501 581	669 591	907 114	—

以2007年为例，广东省的海洋捕捞产量为150×10^4 t，主要作业渔场较广，包括台湾浅滩，粤东海域，北部湾和南沙，西、中沙海域；广西的主要作业渔场为北部湾海域，近年来有少部分渔船到海南岛以东海域和南沙群岛陆架区生产，捕捞产量为67×10^4 t；海南省的海

洋捕捞产量约 91×10^4 t，主要作业渔场为海南岛周围海域，北部湾和西沙、中沙岛礁。

13.2.3.3 海水养殖*

1）海水养殖发展历史

南海沿海省市的海水养殖发展可以简单分为缓慢发展和迅猛发展两个时期。20 世纪 80 年以前，是南海海水养殖发展缓慢期。20 世纪 50 年代中后期由于生产体制的多变，南海区的养殖产量基本上徘徊在 2×10^4t 左右。到了 20 世纪 60 年代，大力推广水泥附着器养殖牡蛎，逐步实现牡蛎养殖的规模化，趋向于稳产、高产；同时“坛紫菜”试养成功，并形成一定规模的养殖生产，珍珠养殖从小规模试验生产转入成批生产。

70 年代的海水养殖生产基本上呈逐年下降趋势，1980 年降至历史最低点，养殖产量只有 9 000 t。产量下降的主要原因在于围海造田减少了养殖面积，破坏了生态平衡，投入的资金也少。

在 1958—1987 年这一时期，南海海水养殖产量主要来自广东省（包括现在的海南省），广西海水养殖面积小，产量一直处于 1 000 t 以下。

南海区海水养殖从 1988 年开始一直稳步发展，进入 20 世纪 90 年代，产量大幅度增加，此后海水鱼类养殖得到了迅速的发展，尤其是 90 年代后期以来，一批海水鱼类人工繁殖成功，使海水鱼类养殖成为整个南海区沿海水产业中的一个重要领域，并得到了迅速的发展。据统计，2007 年南海三省（区）海水鱼类养殖产量达 28.7×10^4 t，占全国海水鱼类养殖产量 68.86×10^4 t 的 41.7%。主要养殖种类有三种石斑鱼、鲻、花鲈、尖吻鲈、鮸状黄姑鱼、浅色黄姑鱼、断斑石鲈、真鲷、平鲷、黑鲷、黄鳍鲷、紫红笛鲷、红笛鲷、斜带髭鲷、花尾胡椒鲷、星斑裸颊鲷、眼斑拟石首鱼、青弹涂鱼、大弹涂鱼、篮子鱼、军曹鱼、大海马、卵形鲳鲹、中华乌塘鳢、暗纹东方鲀等。

2）海水养殖现状

（1）海水养殖品种结构

南海区海水养殖生产的主要特点是养殖品种繁多，经济价值高，海水养殖品种结构以鱼、虾、贝为主，兼顾藻类。2007 年南海区海水养殖品种面积结构见表 13.8，产量结构见表 13.9。

表 13.8　2007 年南海区海水养殖品种和面积构成　　单位：$\times10^4$hm²

品种	全国		南海区		广东		广西		海南	
	产量	%	面积	%	面积	%	面积	%	面积	%
鱼类	6.1	4.6	2.6	12.0	2.4	15.1	0.1	2.1	0.07	7.8
虾蟹类	28.0	21.0	8.1	37.8	5.8	36.5	1.7	36.1	0.62	68.8
贝类	79.2	59.5	9.6	44.7	6.9	43.4	2.6	55.2	0.11	12.2
藻类	7.8	5.9	0.3	1.4	0.2	1.3	0.01	0.2	0.1	11.1
其他	12.1	9.1	0.9	4.2	0.6	3.8	0.3	6.4	0.01	0.1
合计	133.2	100.0	21.5	100.0	15.9	100.0	4.71	100.0	0.91	100.0

从表 13.8 和表 13.9 可以看出，南海区海水养殖鱼类和虾蟹类比较发达，鱼类养殖面积

* 作者：李纯厚、孙典荣。

表 13.9　2007 年南海区海水养殖品种产量构成　　单位：$\times 10^4$ t

品种	全国		南海区		广东		广西		海南	
	产量	%	产量	%	产量	%	产量	%	产量	%
鱼类	68.9	5.3	97.6	7.8	23.6	10.6	2.2	2.9	2.9	16.7
虾蟹类	91.9	7.0	145.6	12.6	29.3	13.1	13.8	18.1	10.6	60.9
贝类	993.8	76.0	1221.2	77.1	165.6	74.3	60.1	78.8	1.7	9.8
藻类	135.6	10.4	141.5	1.9	3.7	1.7	0.01	0.01	2.2	12.6
其他	17.2	1.3	18.1	0.6	0.7	0.3	0.2	0.3	0.00	0.00
合计	1 307.4	100	1 624.0	100	222.9	100	76.31	100	17.4	100

占12.0%，虾蟹类占37.8%，还有贝类和藻类等。从养殖产量的构成来看，也是鱼类和虾蟹类所占的比重较大，鱼类占总产的7.8%，虾蟹类占12.6%，贝类产量占总产的77.1%，藻类仅占1.9%。从南海三省（区）的品种结构来看，广东鱼类和虾蟹类所占比重较大，广西贝类所占比重较大，而海南则是虾蟹类所占比重最大。

（2）海水养殖水面类型结构

南海区海水养殖水面类型结构，无论从养殖面积还是从养殖产量来看，均存在较大的差异。从养殖面积结构看，以滩涂养殖面积最大，达到9.9×10^4 hm^2，占45.8%；其次是海上养殖面积为6.3×10^4 hm^2，占29.2%；陆基养殖面积最少，只有5.4×10^4 hm^2，占25.0%。从养殖产量看，滩涂养殖产量为146.4×10^4 t，占46.2%；海上养殖产量为124.1×10^4 t，占39.2%；陆基养殖产量最低，产量为46.1×10^4 t，仅占14.6%。但是陆基养殖主要是高位池和工厂化养殖，所占面积、产量虽然较小，但产量比较高，是海上、滩涂养殖的几倍甚至十几倍。滩涂养殖和海上养殖以贝类为主，平均单产几乎相等，约为14.7 t/hm^2，但陆基养殖以鱼虾类为主，单产较低，只有8.5 t/hm^2（表13.10）。

表 13.10　2007 年南海区养殖水域类型、面积及产量

水面类型	养殖面积		养殖产量		养殖单产 / (t/hm^2)
	面积/$\times10^4$ hm^2	占有量/%	产量/$\times10^4$ t	占有量/%	
海上	6.3	29.2	124.1	39.2	19.7
陆基	5.4	25.0	46.1	14.6	8.5
滩涂	9.9	45.8	146.4	46.2	14.8
合计	21.6	100.0	316.6	100.0	14.7

南海三省（区）养殖水面的类型结构也存在差异。广东以滩涂和海上养殖为主，面积分别为7.2×10^4 hm^2和4.9×10^4 hm^2，陆基养殖面积有3.8×10^4 hm^2；广西滩涂养殖面积为2.1×10^4 hm^2，海上和陆基养殖面积分别为1.3×10^4 hm^2和1.4×10^4 hm^2；海南则以陆基养殖为主，面积0.3×10^4 hm^2，滩涂和海上养殖面积分别为0.5×10^4 hm^2和0.1×10^4 hm^2。

由于大规模的滩涂和海水养殖业的迅猛发展，养殖海域的海洋生态环境发生显著改变；养殖废水、残饵造成海水有机污染和富营养化；大规模的网箱养殖需要大量的饵料生物，使浅海区的幼鱼、幼虾遭到大量的捕捞，渔业资源受到破坏，大量采捕滩涂贝类，破坏了正常的食物链关系；大面积的海水养殖明显改变了海区的生物群落结构，生物种类趋于单一性，降低于海区的生物多样性，导致渔业生态结构被破坏。

第 14 章　南海海洋生物及其生境污染状况和评价

14.1　海洋生物栖息环境（生境）质量状况

14.1.1　南海生物生境多样性*

14.1.1.1　华南沿岸的主要生境

南海是我国的三个边缘海之一，北濒我国华南大陆，东邻菲律宾，南达加里曼丹岛，西靠中南半岛和马来半岛，面积约占整个中国海的3/4。南海和东海的分界线是福建、广东两省大陆海岸交界处至台湾岛南端猫头鼻的连线。

华南沿海，大陆海岸线长约5 800 km，约占全国海岸线的32%。诏安湾至湛江港，海岸曲折，湾湾相连，形成许多港湾锚地。海岸以沙岸为主，海角附近为岩石岸，湾澳首部有人工岸和泥岸。雷州半岛和桂南海岸也较曲折。雷州半岛以沙岸为主，泥岸、人工岸、岩石岸次之。桂南海岸大都陡峭，多岩石岸、人工岸和泥岸，其次为沙岸和磊石岸。海南岛周围海岸大多平坦，以沙岸为主，泥岸和岩石岸次之（黄良民等，2007）。

珠江口以东，只有少数海湾为泥滩和沙滩。珠江口及以西多沙滩及泥滩，少数地段为岩石滩。桂南沿海为较宽的沙滩。海南岛沿海，铜鼓咀至博鳌港及峻壁角至后水湾为珊瑚滩，南山角和临高角附近为岩石滩，大洲岛至三亚、铜鼓咀以北及琼州海峡南岸有狭窄的沙滩。

粤东沿海和海南岛沿海主要以泥沙、泥底为主，兼有少量沙、砾、贝壳、岩石底。北部湾则以泥、沙、泥沙底为主，并有珊瑚、贝壳、岩石底出现。中南半岛东部近岸以泥沙底为主，远海以泥、泥沙底为主，兼有岩石底、珊瑚礁底。中南半岛东南部近岸主要是岩石、沙、砾、泥沙底，远海主要是沙、岩石底，兼有砾底。东沙群岛附近多岩底、珊瑚礁底。西沙群岛附近为岩石底，有少量珊瑚礁底，中沙群岛附近为珊瑚礁底、岩石底。西沙群岛和中沙群岛之间为泥沙底。台湾岛西南、黄岩岛以西、东沙群岛以南及海区中部以泥底为主。南沙群岛北部主要是岩石底，兼有泥、沙底，中部和南部主要是沙、泥沙底，伴有岩石、泥底，兼有少量珊瑚礁底。曾母暗沙附近及以南多沙、泥沙、珊瑚礁底。

华南沿海的通海江河较多，比较大的有20余条，但大部分源短水浅，河口被泥沙淤塞，无通航价值；常水期水流缓慢，雨季河水暴涨，容易泛滥和改道。目前通航价值较大的有韩江、榕江、珠江、潭江4条，通航价值最大的是珠江。

粤桂沿海东起闽粤交界处，西到中越交界的北仑河口，海岸线曲折多湾，其面积大于

* 作者：谭烨辉、黄良民、朱艾嘉。

50 km^2 的主要有柘林湾、广澳湾、海门湾、碣石湾、红海湾、大亚湾、大鹏湾、深圳湾、广海湾、镇海湾、海陵湾、雷州湾、流沙湾、廉州湾和钦州湾。其中大部分海湾的面积超过 100 km^2，雷州湾面积最大超过 1 600 km^2。这些湾中，大部分建有港口，多数为渔港，只有大亚湾、大鹏湾、深圳湾、海陵湾和钦州湾内建有万吨级泊位。

该海岸线全长超过 4 900 km，分布着 80 多个大、中、小型港口。其中，主要港口有汕头港、汕尾港、惠州港、广州港、维多利亚港、江门港、中山港、新会港、太平港、深圳港、珠海港、茂名水东港、阳江港、湛江港、海安港、北海港、防城港、钦州港等，拥有泊位 1 000 多个，其中，万吨级以上深水泊位 70 多个，千吨级泊位近 200 个。从地理位置、自然条件、港口现状及其在能源、外贸运输中的作用来看，广州港、湛江港、深圳港、汕头港、防城港五港在粤桂沿海交通运输中，发挥着重要的支柱作用。

香港的维多利亚港具有国际航运中心的地位，随着粤桂沿海及广大腹地的经济发展，港澳地区的经济繁荣，香港的地位将进一步得到巩固。

海南省是我国最大的经济特区，北隔琼州海峡与广东省雷州半岛相对，西濒北部湾与越南遥遥相望，南临南海和太平洋。环岛岸线长达 1 500 km，有 60 多个天然港湾，主要商港有海口、清澜、三亚、八所、洋浦等多个，大中小泊位 60 多个，万吨级以上泊位 10 多个，在陆岛交通和货物运输中发挥着重要的作用。

南海北部沿岸港口众多，除珠江口地区港口比较密集外，其余各地分布比较均匀，共有国家一类开放港口、港区 40 多个。其中，最大靠泊能力过千吨级的港口、港区有南澳港、汕头港、惠州港、广州港、深圳港、珠海港、茂名水东港、阳江港、湛江港、北海港、防城港、钦州港、海口港、清澜港、三亚港、八所港、洋浦港。深圳港分为东、西两部分，最大靠泊能力过万吨的港区有盐田港区、蛇口港区、赤湾港区和妈湾港区。

拥有集装箱泊位的港口有汕头港、惠州港、广州港、深圳港、珠海港、茂名水东港、湛江港、海口港、洋浦港。其中，集装箱吞吐量较大的港口有广州港、深圳港和珠海港。

香港和澳门为自由港。香港的维多利亚港是世界上最大的集装箱吞吐港口，最大靠泊能力达 6×10^4 t。

14.1.1.2 不同生境生物多样性

1）粤东中西部和粤西大陆沿海

本区为南亚热带的南缘至热带过渡地带。其中，雷州半岛属北热带地区，海域温、盐度较高，周年变化较小。根据“908”调查资料，潮间带生物不仅有大量亚热带暖水性种类，而且在雷州半岛沿岸，热带性生物种类的数量有所增加。在这些沿岸潮间带采获的滩涂生物有 742 种，其中，腔肠动物 10 种，环节动物 66 种，软体动物 268 种，节肢动物 173 种，棘皮动物 42 种，鱼类 38 种，藻类 139 种，其他生物 6 种。

2）海南岛沿海

海南岛沿海属于热带海洋区域，滩涂生物群落组成以热带性的种类为主，种类组成多样，一般种类群体的数量不大。根据“908”调查资料，海南岛滩涂调查采获的种类有 825 种，其中，腔肠动物 43 种，环节动物 53 种，软体动物 316 种，节肢动物 148 种，棘皮动物 54 种，鱼类 10 种，藻类 197 种，其他生物 4 种。

14.1.1.3　不同底质类型滩涂生物种类组成

广东省海岸绵长复杂，岬角、海湾相间，不仅岸礁、泥质、砂质、泥沙质海岸交错分布，而且具有红树林海岸和珊瑚礁海岸。不同底质类型滩涂的生物种类组成各有不同。

据1981—1986年中国海岸潮间带生态调查，广东（包括海南岛）潮间带生物种类丰富多样，调查共采获1539种（表14.1），种类最多的是软体动物（546种），其次是节肢动物以及藻类和鱼类。广东沿岸潮间带生物共记录1 431中，海南岛沿岸1 140种，不同底质类型则以岩礁海带种类最多，其次为珊瑚礁海岸。广西沿岸潮间带生物共记录了605种。

表14.1　华南各海区潮间带生物的种数（1981—1986年）

调查海区	腔肠动物	环节动物	软体动物	节肢动物	棘皮动物	鱼类	藻类	其他	总计
广东	56	107	546	270	91	208	258	3	1 539
广西	12	101	180	116	22	12	147	15	605

据“908”调查，广东沿岸潮间带共采获生物标本605种，其中，腔肠动物8种，环节动物26种，软体动物280种，节肢动物101种，棘皮动物40种，藻类136种，其他生物14种。岸礁海岸不仅生物种类较多，而且生物群落的成带分布最为显著，岩面多为一些附着能力强的生物，自由活动的生物多栖息于岩隙、石缝等较为掩蔽的场所。潮间带生物种类数及各类群、生物种类组成与20世纪80年代比较均有较大变化。

14.1.2　南海水环境质量状况及评估*

为研究方便，我们将南海分为南海北部海域和包括东沙、西沙、中沙、南沙四大群岛以及黄岩岛等在内的南海中南部海域。南海北部海域主要分为南海北部近海海域和南海北部近岸海域。本节主要对近30年来南海各海域海水环境状况进行分析，进而从局部至宏观角度更好地认识南海海洋水环境质量状况。

14.1.2.1　南海中南部海域

1）海水环境现状及其评估

由南海中南部海域的南沙、西沙群岛海域海水中无机氮和活性磷酸盐含量数据统计及其分布状况（图14.1）可知，南沙群岛海域无机氮和活性磷酸盐含量均显著高于西沙群岛海域，可能是由于南沙群岛海域更靠近大陆，陆地径流所带入的营养盐含量更高所致；但南沙和西沙群岛海域无机氮和活性磷酸盐含量较低，均符合海水一类水质标准（GB 3097—1997，下同）。

2）南沙群岛海域海水环境变化趋势

通过对比南沙群岛海域海水中主要污染物历史变化，发现南沙群岛海域表层海水中无机氮和活性磷酸盐含量均有逐渐增大的趋势（表14.2），到2009年，两者含量仍显著低于一类水质标准值。总体上，南沙群岛海域营养盐含量虽比较低，但逐年增大；陆源输入通常是无

* 作者：黄小平、汪飞。

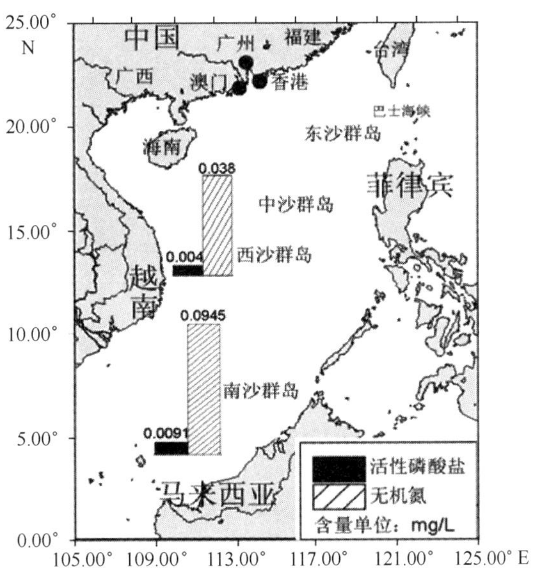

图 14.1 南沙和西沙群岛海域海水中无机氮和活性磷酸盐含量分布

数据来源：林洪瑛等，2001；李颖虹等，2004

机氮含量增加的主要原因之一，随着南沙群岛海域周边国家经济的发展，周边陆地上城市及人口规模扩大，城市污水以及工农业废水等随河流进入南沙群岛海域，导致无机氮含量的持续升高。

表 14.2 南沙群岛海域表层海水中营养盐含量变化情况 单位：mg/L

年份	活性磷酸盐	无机氮
1990[a]	0.005 89	0.014 14
1999[b]	0.007 44	0.089 88
2009①	0.009 03	0.093 38

数据来源：a：南沙海域环境质量研究专题组，1996。

b：林洪瑛等，20011。

14.1.2.2 南海北部近海海域

南海北部近海海域主要分为广东近海海域（包括粤东近海海域、粤西近海海域和珠江口近海海域）、海南近海海域和广西近海海域。

1）海水环境现状及评估

根据“908”调查资料分析得知，珠江口近海海域海水环境质量相对较差，海水中无机氮、活性磷酸盐以及油类含量均为最高（表 14.3），其中，活性磷酸盐含量超过了一类水质标准，而其他因子均未超标；其他近海海域海水环境质量总体较好，但粤西近海海域海水中 Pb 含量较高，超过了一类水质标准；图 14.2 是无机氮在不同近海海域空间分布状况，可以看出无机氮分布特征为：珠江口 > 粤东 > 粤西 > 海南 > 广西，珠江的径流输入以及珠江口地区经济的高速发展导致的污染物排放量增大可能是珠江口近海海域无机氮含量相比其他海域高的主要原因之一。

表 14.3 主要环境因子在南海北部近海不同海域含量分布情况

海域	溶解氧/(mg/L)	无机氮/(mg/L)	活性磷酸盐/(mg/L)	油类/(mg/L)	Pb/(μg/L)
粤东	6.87	0.094	0.012 2	0.022	0.51
珠江口	6.89	0.133	0.015 7	0.031	0.84
粤西	6.81	0.067	0.006 2	0.024	1.31
海南	6.70	0.026	0.004 0	0.016	0.99
广西	7.02	0.022	0.003 8	0.018	0.44

数据来源：908 - ST06、908 - ST07、908 - ST08、908 - ST09。

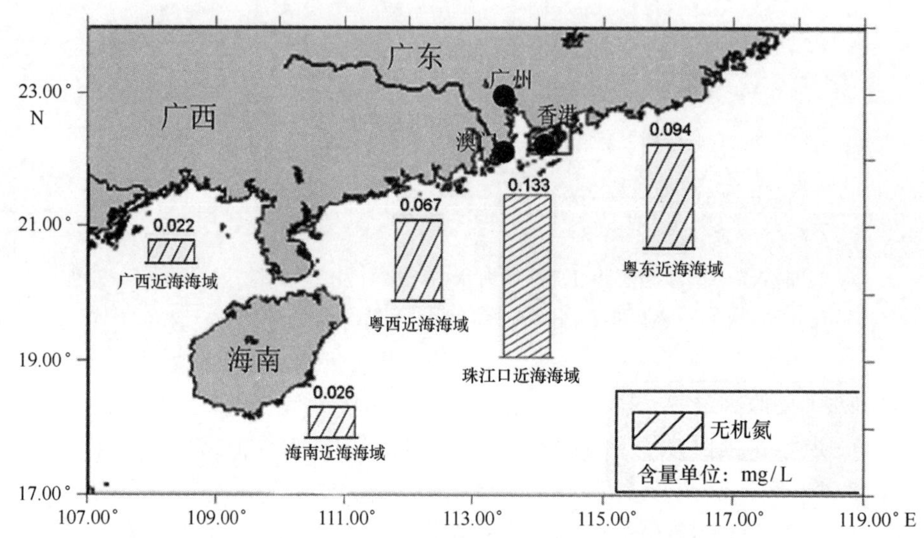

图 14.2 无机氮在不同近海海域空间分布状况

数据来源：908 - ST06、908 - ST07、908 - ST08、908 - ST09

2）海水环境历史变化趋势

（1）广东近海海域

相关资料研究表明，无机氮和油类含量在广东近海不同海域均呈现出不同的时间变化规律；粤东、粤西和珠江口近海海域无机氮含量总体上均表现出随时间逐步增大的趋势（图 14.3）；图 14.3 还显示出油类含量在 3 个近海海域随时间变化的趋势，粤东、粤西近海海域

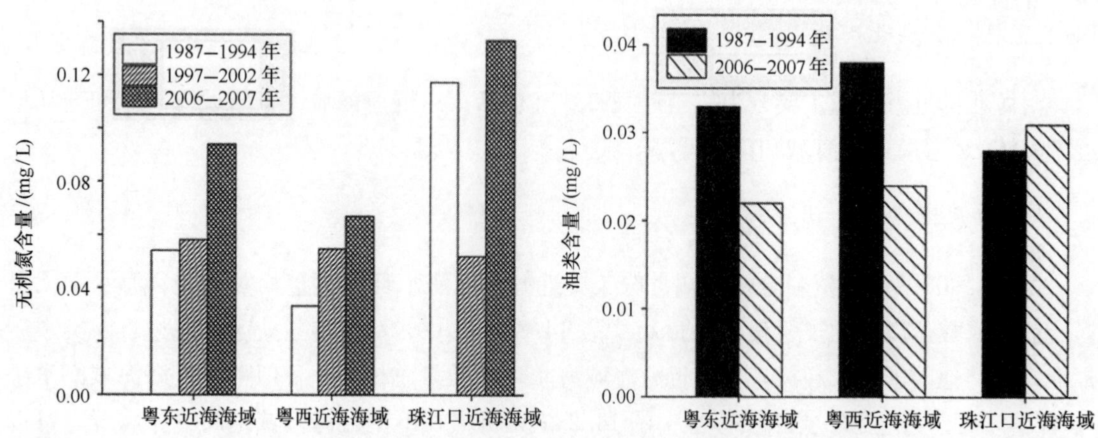

图 14.3 广东近海不同海域无机氮和油类含量的历史变化状况

数据来源：广东省海岸带和海涂资源综合调查大队等，1988；广东省海岛资源综合调查大队等，1995；贾小平等，2005；908 - ST06、908 - ST07、908 - ST08

均有小幅降低，而珠江口近海海域则有增大的趋势；从以上分析可以得出，3个近海海域无机氮含量和珠江口近海海域油类含量增大可能是由于近年来广东沿海地区经济快速发展，城市和人口规模扩大，工农业的废水和城市生活污水的排放以及其他形式的人为污染导致近海环境污染加重。

（2）海南和广西近海海域

海南近海海域海水中Hg呈增大趋势，而Cu、Pb和Zn含量则表现出波动变化现象；而广西近海海域海水中的无机氮和活性磷酸盐含量均有降低，原因尚待分析（表14.4）。

表14.4 海南和广西近海海域海水中重金属和营养盐含量历史变化状况

年份	海南近海海域				广西近海海域	
	Hg /（μg/L）	Cu /（μg/L）	Pb /（μg/L）	Zn /（μg/L）	无机氮 /（mg/L）	活性磷酸盐 /（mg/L）
1980—1986[a]	0.017	4.00	11.00	6.00	—	—
1989—1991[b]	0.026	0.20	0.38	14.40	—	—
1997—2002[c]	—	—	—	—	0.043	0.005 6
2006—2007[d]	0.061	0.89	0.99	7.71	0.022	0.003 8

数据来源：a：广东省海岸带和海涂资源综合调查大队等，1988。

b：海南省海洋厅等，1996。

c：贾小平等，2005。

d：908 - ST08、908 - ST09。

14.1.2.3 南海北部近岸海域

南海北部近岸海域主要包括珠三角近岸海域、粤东近岸海域、粤西近岸海域、海南近岸海域和广西近岸海域。

1）珠三角近岸海域

（1）海水环境现状及评估

据“908”调查资料（908 - ST07）分析可知，2006—2007年珠三角近岸海域海水中溶解氧、pH值、无机氮、活性磷酸盐、油类、Cu、Pb、Zn、Cd、Cr、Hg和As均值分别为6.16 mg/L、7.88 mg/L、1.07 mg/L、0.037 mg/L、0.045 mg/L、1.94 μg/L、0.76 μg/L、7.49 μg/L、0.16 μg/L、0.37 μg/L、0.029 μg/L和2.67 μg/L；除无机氮和活性磷酸盐有超标外，其余因子质量较好，均未超标；其中，无机氮超标最为严重，超过了四类水质标准，活性磷酸盐亦超过了二、三类水质标准；珠江径流以及陆源输入很可能是导致珠三角近岸海域营养盐含量增高及其分布的主要原因之一。

根据“908 - ST07”区块海洋化学调查结果显示，珠江口近岸水质富营养化现象较为严重。在珠江口内海区溶解无机氮含量多属劣四类水质，活性磷酸盐则多属于四类水质；pH和溶解氧含量比较理想，一般能达到一类水质；珠江口内海域石油类污染属于轻度污染，珠江口内及其近岸海域海水石油类多为一、二类水质，个别区域出现三类水质；珠江口内海域海水重金属含量较低，Hg、As、Cu、Pb、Cd、Zn和Cr含量大多符合一类水质标准，仅Pb和Zn在个别区域出现二类水质。

（2）海水环境历史变化趋势

珠三角近岸海域海水中无机氮和活性磷酸盐含量总体上均表现出随时间逐渐增大的现象（表14.5），到2006—2007年“908”调查期间，无机氮和活性磷酸盐含量显著增加。这主要是由于珠三角地区经济迅速发展，城市和人口规模扩大，工农业废水和城市污水排放量以及其他人为污染输入量增大，造成污染加重。

表14.5 珠三角近岸海域不同年份海水中各因子含量的比较 单位：mg/L

环境因子	1977—1988[a]年	1993[b]年	1999[c]年	2006—2007[d]年
无机氮	0.32	0.82	0.73	1.07
活性磷酸盐	0.013	0.021	0.016	0.037

数据来源：a：马应良，1989。
b：陈炳禄等，2002。
c：林以安等，2004。
d：908 - ST07。

2）粤东近岸海域

粤东近岸海域主要港湾有大亚湾和汕头港等。

（1）海水环境现状及评估

根据2006—2007年开展的“908”调查资料（表14.6）分析显示，汕头港海域海水中无机氮含量超过了一类水质标准，活性磷酸盐含量达到了一类水质标准界限值；而大亚湾海域无机氮和活性磷酸盐含量较低，符合一类水质标准；两个海域的油类含量均符合一类水质标准，均未超标。

表14.6 粤东近岸海域主要港湾海水中主要环境因子含量分布 单位：mg/L

海 域	无机氮	活性磷酸盐	油类
大亚湾	0.061	0.004	0.033
汕头港	0.273	0.015	0.036

数据来源：GD908 - 01 - 03。

（2）海水环境历史变化趋势

①大亚湾海域

1986—2007年，大亚湾海域海水中活性磷酸盐含量表现出较为明显的减小趋势（表14.7），而无机氮则从1986年的0.021 mg/L增加到1997年的0.068 mg/L，但是从1997年到2006—2007年的“908”调查期间其含量基本保持不变，但无机氮含量总体上有增大的趋势；大亚湾海水氮、磷营养盐含量的年际变化与含磷洗涤剂的限制使用以及沿岸人口和水产养殖量的大幅增加有关；富含氨氮的生活污水和养殖排泄物导致水体溶解无机氮含量上升，氮供应量的增加，加速了浮游植物的生长，导致活性磷酸盐更快地被消耗，致使该湾水体氮含量升高，磷含量下降（丘耀文等，2005）。

大亚湾海域海水4种重金属含量均有增大（表14.8），尤其是Hg和As含量，增大了约4倍；Pb和Cd含量亦有明显增加；近年来大亚湾周边经济发展及人为活动的增加可能是重金属含量增加的主要原因之一。

表 14.7 大亚湾海域海水中主要营养盐含量的变化 单位：mg/L

年份	无机氮	活性磷酸盐
1986[a]	0. 021	0. 035
1997[a]	0. 068	0. 007
2002[a]	0. 057	0. 007
2006—2007[b]	0. 061	0. 004

数据来源：a：丘耀文等，2005。

b：GD908 - 01 - 03。

表 14.8 大亚湾海域海水中主要重金属含量的变化 单位：μg/L

年份	Pb	Cd	Hg	As
1996[a]	1. 690	0. 037	0. 049	0. 78
2006—2007[b]	2. 642	0. 083	0. 168	2. 765

数据来源：a：丘耀文等，1997。

b：GD908 - 01 - 03。

②汕头港海域

对比 1983 年和 2006—2007 年汕头港海域海水中营养盐含量（表 14.9），可以看出，硝酸盐和亚硝酸盐含量变化幅度较小，表明 20 多年来，无机氮含量来源较为稳定，但含量比较高；而活性磷酸盐含量有很大幅度的升高，到 2006—2007 年，活性磷酸盐含量已经超过了一类水质标准值。

表 14.9 1983 年和 2006—2007 年汕头港海域海水中营养盐含量的对比 单位：mg/L

年份	硝酸盐	亚硝酸盐	活性磷酸盐
1983[a]	0. 282 1	0. 014 1	0. 008 5
2006—2007[b]	0. 210 3	0. 016 8	0. 015 1

数据来源：a：彭云辉，1993。

b：GD908 - 01 - 03。

3）粤西近岸海域

粤西近岸海域主要代表性的港湾有海陵湾和湛江港等。

（1）海水环境现状及评估

由“908”调查资料（表 14.10）可知，粤西近岸海域中，湛江港海域海水中重金属 Hg 含量高于海陵湾海域，而活性磷酸盐和 Pb 含量则是海陵湾较高，两个海域海水中无机氮和 Cd 含量相当；其中，两个海域的无机氮、Hg 和 Pb 以及海陵湾海域的活性磷酸盐含量均超过了一类水质标准，其中，湛江港海域的 Hg 含量甚至超过了二类水质标准；湛江港海域海水中的活性磷酸盐以及两个海域海水中的 Cd 含量均符合一类水质标准。

表 14.10 粤西近岸海域主要港湾海水中主要环境因子含量分布

海域	无机氮/（mg/L）	活性磷酸盐/（mg/L）	Hg/（μg/L）	Pb/（μg/L）	Cd/（μg/L）
海陵湾	0. 238	0. 032	0. 080	2. 84	0. 075
湛江港	0. 234	0. 014	0. 323	1. 41	0. 077

数据来源：GD908 - 01 - 03。

（2）海水环境变化趋势

①海陵湾海域

近年来，经济的发展和人口城市化，海陵湾的海洋生态环境发生了较大的变化。从2001年到2006—2007年，海陵湾海域无机氮和活性磷酸盐含量均呈现出较为明显的增大趋势（图14.4）。

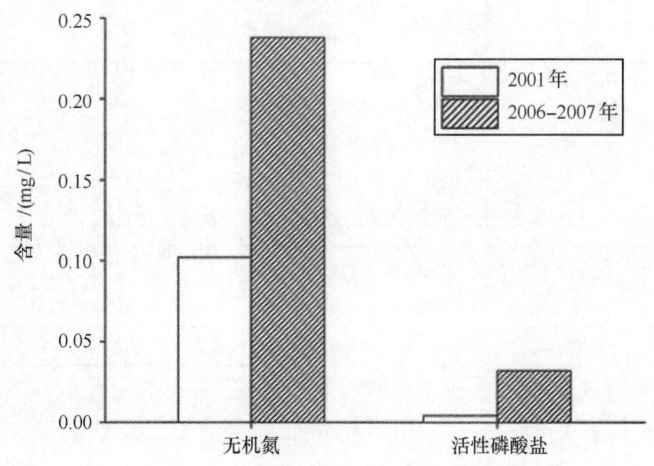

图14.4　2001年和2006—2007年海陵湾海域海水中营养盐含量对比

数据来源：丘耀文等，2006；GD908－01－03

②湛江港海域

通过研究相关历史资料可知，湛江港海域海水中无机氮和活性磷酸盐含量均有逐年增大的趋势（图14.5）（王海等，2002），且无机氮含量较高，均超过了四类水质标准；这可能是由于港湾沿岸湛江市区的各类污染源排污、港湾内数百艘各类船泊的排污、水产养殖投料等造成污染，而且近300 km^2的港湾水体，仅主要靠约3 km宽的大黄河口与外海进出，交换和自净能力较差（王海等，2002）。

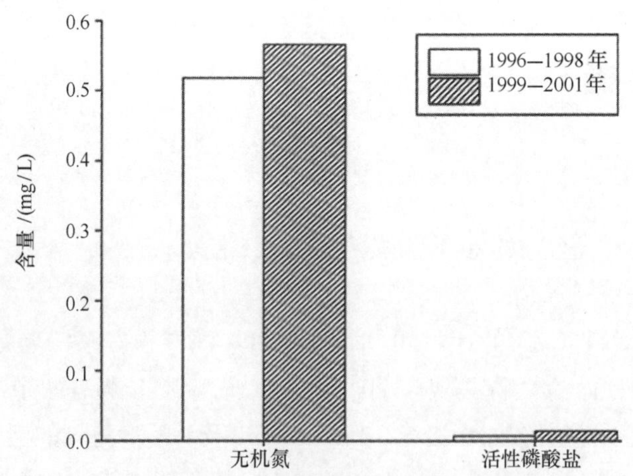

图14.5　湛江港海域海水中无机氮和活性磷酸盐含量的对比

数据来源：王海等，2002

4）海南近岸海域

海南近岸海域主要港湾包括海口湾和三亚湾等。

(1) 海水环境现状及评估

相关资料（车志伟，2007；岳平，2008）研究表明，海口湾海域溶解氧、化学需氧量和无机氮含量分别为6.0 mg/L、0.62 mg/L和0.231 mg/L。而三亚湾海域海水中溶解氧、化学需氧量、无机氮含量则分别为6.7 mg/L、0.88 mg/L和0.027 mg/L；三亚湾海域海水中溶解氧和化学需氧量含量均高于海口湾海域，但无机氮含量在两个海域有相当大的差别，原因有待分析；利用国家海水质标准进行评价可知，海口湾海域海水中无机氮含量超过了一类水质标准。

(2) 海水环境历史变化趋势

①海口湾海域

图14.6反映的是海口湾海域海水中溶解氧和无机氮不同年份的含量变化情况。可以看出，溶解氧含量逐年减小，而无机氮含量则表现出增大的现象，海口湾海域海水污染有加重的趋势。

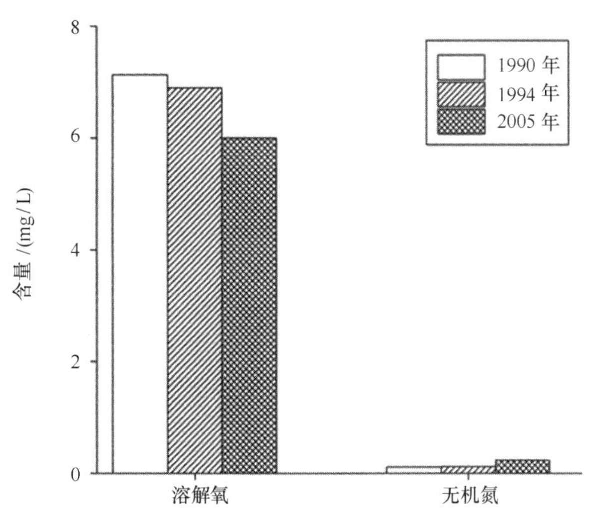

图14.6　海口湾不同年份溶解氧和无机氮含量变化

数据来源：陈春华等，1996；岳平，2008

②三亚湾海域

对比1996年、2001—2003年和2006年三亚湾海域氮、磷含量资料，如图14.7所示。从图中可以看出，无机氮含量基本稳定；而2006年的活性磷酸盐含量较往年则有很大幅度的升高，已经接近一类水质标准值。

5）广西近岸海域

广西近岸海域的港湾主要有防城港、廉州湾和钦州湾等。

表14.11为1990年、1997年和2006—2007年防城港海域海水中溶解氧、无机氮、活性磷酸盐含量分布情况。溶解氧含量无明显变化，较为稳定；而无机氮含量有明显减小；活性磷酸盐含量则从1990年的0.003 mg/L增加到1997年的0.022 mg/L，增长了7倍多，然后又出现大幅减低的现象，原因有待进一步分析。可以看出，防城港海域海水呈波动变化的趋势。

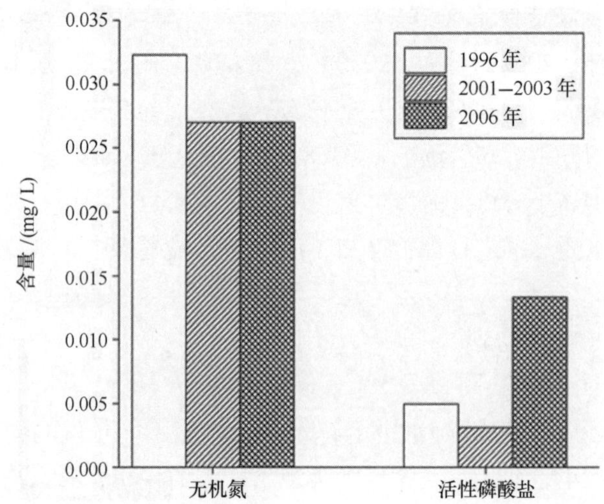

图 14.7　三亚湾不同年份无机氮和活性磷酸盐含量的变化

数据来源：陈志强等，1998；王汉奎等，2005；车志伟，2007

表 14.11　1990—2007 年防城港海域海水中主要环境因子含量分布　单位：mg/L

年份	溶解氧	无机氮	活性磷酸盐
1990[a]	7.16	0.176	0.003
1997[b]	6.59	0.166	0.022
2006—2007[c]	6.83	0.048	0.002

数据来源：a：戴培建，1996。

b：赖廷和等，2002。

c：GX908 - 01 - 01。

1996—2007 年廉州湾海域海水中，除了 1996 年以外，溶解氧和化学需氧量含量基本符合一类水质要求，含量较为稳定（表 14.12）；但无机氮的平均含量为 0.39 mg/L，超过二类水质标准，而活性磷酸盐的平均含量为 0.007 5 mg/L，符合一类水质标准；无机氮含量到 2006—2007 年显著增加，而活性磷酸盐含量年度变化基本稳定，无明显变化；可见，随着社会经济的发展，廉州湾海域无机氮污染可能在加大。

表 14.12　1996—2007 年廉州湾海域主要环境因子含量状况　单位：mg/L

年份	溶解氧	化学需氧量	无机氮	活性磷酸盐
1996[a]	5.6	1.63	0.54	0.005
1997[a]	6.7	1.34	0.38	0.017
1998[a]	7.4	1.74	0.53	0.005
1999[a]	6.7	1.51	0.37	0.008
2000[a]	7.7	1.40	0.38	0.005
2006—2007[b]	6.5	—	0.11	0.005

数据来源：a：陈群英，2001。

b：GX908 - 01 - 01。

钦州湾海域海水中无机氮含量呈明显上升趋势，但到 2006—2007 年则有降低；而活性磷酸盐和溶解氧含量均在1990年度出现污染减轻的现象，但1990年以后又呈现出加重的变化趋势；1990年度的这种变化可能与1990年度浮游植物异常丰富有关，因为强烈的光合作用使氧含量增加，浮游植物明显偏高会消耗较多无机磷（韦蔓新等，2002）。表14.13即为1983年到2006—2007年钦州湾海域中溶解氧和营养盐含量分布情况，从1983—2007年，钦州湾海域溶解氧和营养盐总体上呈现出明显的波动变化现象。

表14.13 1983—2007年钦州湾海域溶解氧和营养盐含量分布 单位：mg/L

年份	溶解氧	无机氮	活性磷酸盐
1983[a]	6.76	0.056	0.027
1990[a]	7.03	0.154	0.005
1999[a]	6.44	0.361	0.009
2006—2007[b]	6.84	0.133	0.006

数据来源：a：韦蔓新等，2002。
b：GX908-01-01。

14.1.3 南海沉积物质量状况及评估*

本节海域同14.1.2，主要分析近30年来南海各海域沉积物环境质量状况。

14.1.3.1 南海中南部海域

根据1987—1994年的海岛资源调查和南沙群岛及其邻近海域综合调查资料，得到了南沙群岛海域不同年份的沉积物中各种环境因子含量情况（表14.14）及南沙，西沙群岛海域沉积物中重金属Pb、Cd和油类的对比情况（图14.8）。从中可以看出，南沙群岛海域沉积物中各环境因子均无明显变化规律；除所有年份的Cd含量和1989年的Cu含量超过一类沉积物标准（GB 18668—2002，下同）外，其余各年份环境因子均符合一类沉积物标准，其中，所有年份的Cd含量甚至只符合三类沉积物标准，可以得出南沙群岛海域沉积物中重金属Cd污染较为严重，这可能是由于调查区域的周围大陆排放含Cd的污水进入南沙海域所致；对比1987—1994年南沙与西沙群岛海域沉积物中Pb、Cd和油类，可以发现，西沙群岛海域沉积物中Pb、Cd和油类含量均显著高于南沙群岛海域，其中，西沙群岛海域沉积物中Cd含量超过了三类沉积物标准，反映出西沙群岛海域沉积物中Cd污染也较为严重。

表14.14 南沙群岛海域不同年份的沉积物中各环境因子含量变化

年份	Cu /(mg/kg)	Pb /(mg/kg)	Zn /(mg/kg)	Cd /(mg/kg)	Hg /(mg/kg)	油类 /(mg/kg)	有机质 /(%)	硫化物 /(mg/kg)
1987	13.4	39.0	103.4	3.8	0.053	48.50	0.94	—
1989	35.4	32.1	137.5	3.1	0.064	13.29	1.43	27.25
1990	15.0	30.6	70.9	1.8	0.062	21.25	0.78	—
1994	18.9	35.4	132.3	3.6	0.047	18.21	1.15	9.23

数据来源：南沙海域环境质量研究专题组，1996。

* 作者：黄小平、汪飞、连喜平。

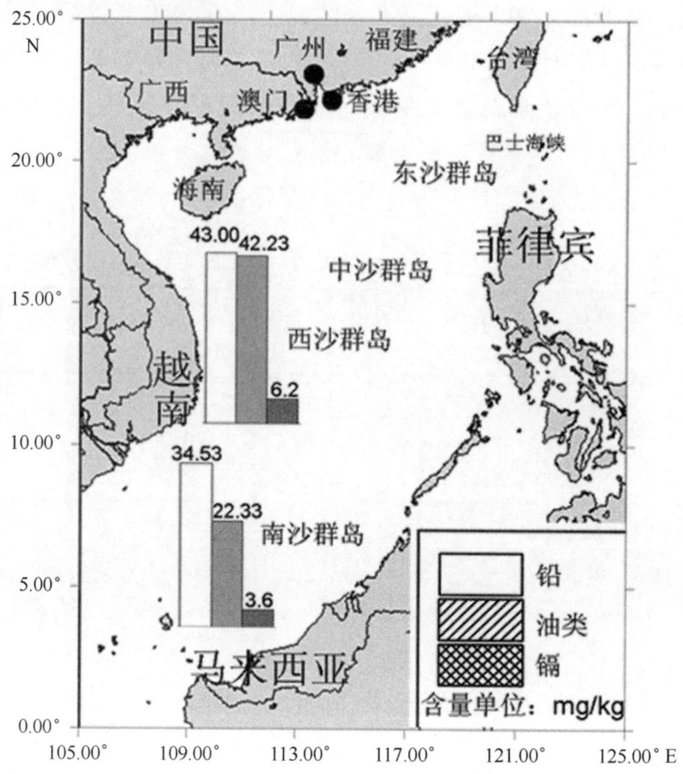

图 14.8　南海中南海域沉积物中铅、镉和油类含量分布

数据来源：南沙海域环境质量研究专题组，1996；海南省海洋厅等，1999

14.1.3.2　南海北部近海海域

1）沉积物环境现状及评估

由图 14.9 可知，南海北部近海海域中，珠江口近海海域沉积物污染比其他近海海域较为严重；但总体上，Cu 和油类含量均符合沉积物一类标准；空间分布上，Cu 含量的分布顺序为珠江口 > 广西 > 粤西 > 粤东 > 海南，油类含量同样在珠江口海域最高，在海南最低，而在广西近海海域次低，反映出海南、广西近海海域污染较轻。

2）沉积物环境历史变化趋势

（1）广东近海海域

图 14.10 显示的是重金属 Cu、Pb、Zn、Cd 和 Cr 在广东近海海域的含量变化情况。由图中可以看出，三个近海海域沉积物中 Cd 含量的时间变化较小，基本保持稳定；珠江口近海海域沉积物中 Cu 和 Pb 有明显增加，而 Zn 和 Cr 则有小幅降低；粤东近海海域 Cu、Pb 和 Zn 均有较大增加，Cr 有降低；而粤西近海海域 Cu、Pb、Zn 和 Cr 含量均有明显增加；总之，近年来由于人为污染物排放量的增大，广东近海海域沉积物中重金属污染有加重的趋势。

（2）海南和广西近海海域

1980—1987 年到 2007 年，海南近海海域沉积物中 Pb 和 Hg 含量总体均呈现出增大的趋势，而 Cd 和油类均显出波动变化，两者均在 1987—1994 年出现峰值，具体见表 14.15。对于广西近海海域，历史资料甚少。

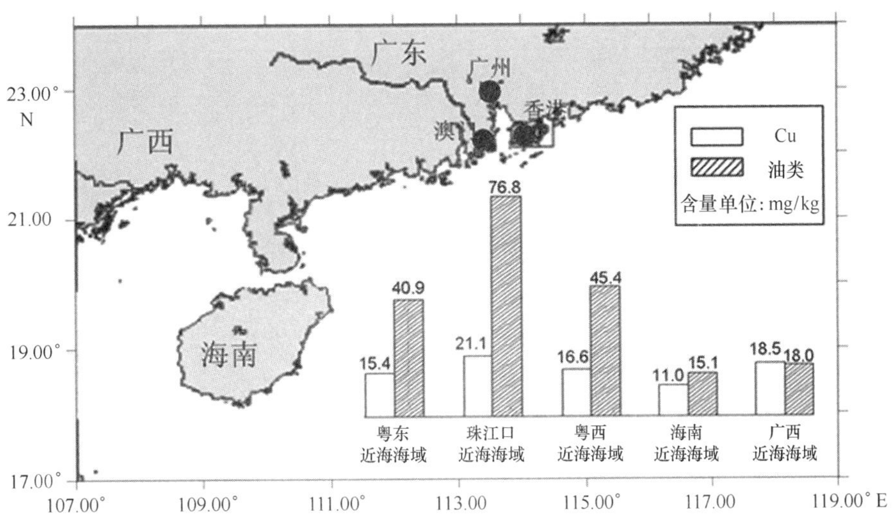

图 14.9 南海北部近海海域沉积物中 Cu 和油类含量分布情况

数据来源：908 - ST07、908 - ST08、908 - ST09

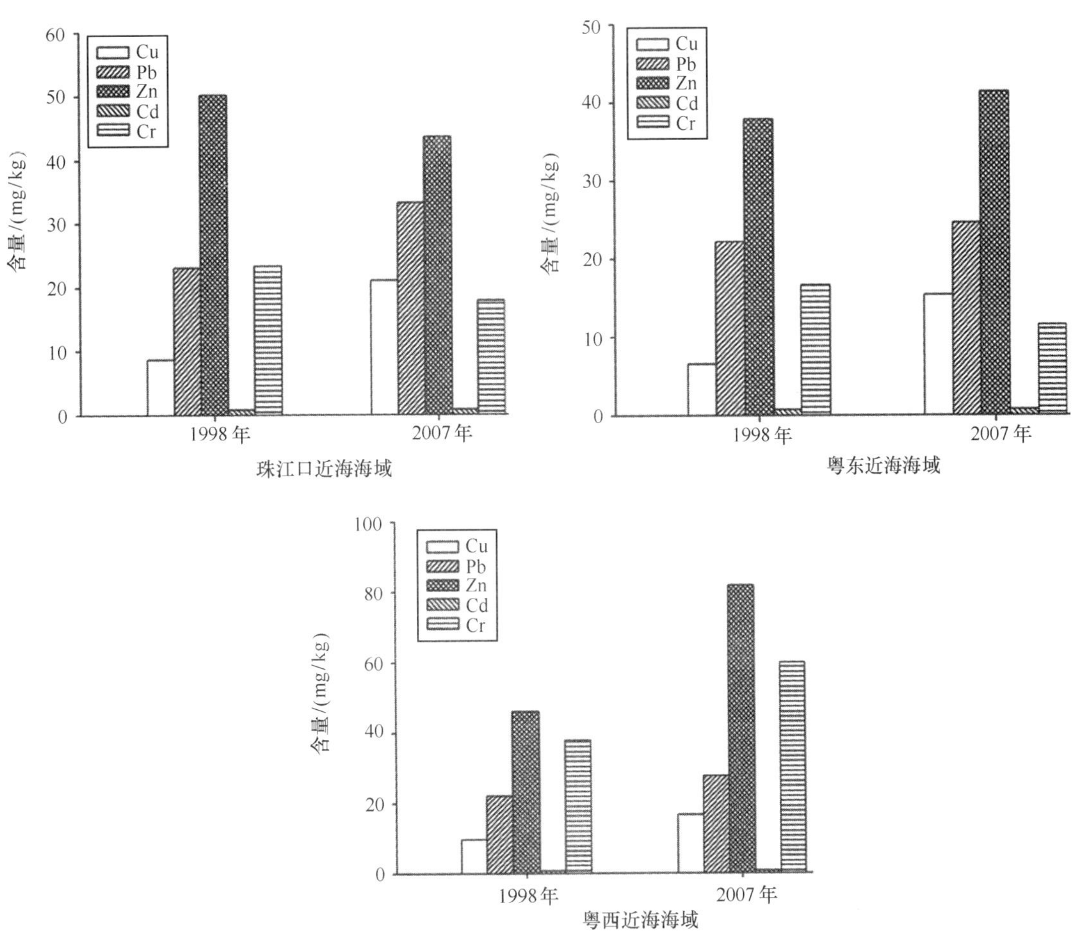

图 14.10 广东近海海域沉积物中主要污染物含量历史变化情况

数据来源：甘居利等，2003；908 - ST07、908 - ST08

表 14.15 海南近海海域沉积物中主要环境因子含量的时间变化 单位：mg/kg

年 份	Pb	Cd	Hg	油类
1980—1987[a]	20.0	0.20	0.020	21.0
1987—1994[b]	24.0	1.42	0.030	68.0
1998[c]	24.8	0.98		
2007[d]	23.1	0.27	0.037	15.1

数据来源：a：广东省海岸带和海涂资源综合调查大队等，1988。
b：广东省海岛资源综合调查大队等，1995。
c：甘居利等，2003。
d：908 - ST08、908 - ST09。

14.1.3.3 南海北部近岸海域

南海北部近岸海域主要分为粤东近岸海域、粤西近岸海域、珠三角近岸海域、海南近岸海域和广西近岸海域。

1）珠三角近岸海域

（1）沉积物环境现状及评估

珠三角近岸海域沉积物中 Hg、As、硫化物、油类和有机质含量分别为 0.12 mg/kg、25.71 mg/kg、86.5 mg/kg、164.26 mg/kg 和 1.91%（908 - ST07）；所有因子均未超标，均符合一类沉积物标准；根据“908”调查结果显示，珠江口内及其近岸海区沉积物中总有机碳、硫化物、Hg、Cr、石油类、PCBs、六六六、DDT 和 PAHs 均没有超过《海洋沉积物质量》（GB 18668—2002）规定的第一类标准值，Cd 和 As 的超标率为50%，Cu、Pb 和 Zn 三项重金属的超标率分别为11.1%、8.3%和5.6%。其中，个别区域沉积物中 Cd、Cu 和 Pb 达到第三类标准。有研究指出（刘芳文等，2003）珠江口表层沉积物中 Zn、Cr、Cu、Cd 等重金属含量由西北逐渐向东南递减，可能主要受大城市陆源污染物的影响，同时也与水动力条件如强径流和潮汐的变化有关。另外，表层沉积物有害重金属的生态风险评价结果显示，珠江口有害重金属超出背景值的程度为 As > Hg > Zn > Cd，说明 As、Hg、Zn、Cd 重金属的污染程度较为严重（黄向青等，2006）。

（2）沉积物环境历史变化趋势

表14.16为20世纪80年代到2007年珠三角近岸海域沉积物中主要因子的含量变化情况。由表可知，珠三角近岸海域沉积物中 As、油类和有机质含量从80年代到2007年处于增加趋势，而 Hg 则显示出较小的波动变化，基本保持稳定；总体上珠江口近岸海域呈现出污染加大的变化趋势。随着珠三角地区经济的发展，工农业和城市生活污水排放量的增加可能是污染加重的主要原因之一。

表 14.16 珠三角近岸海域沉积物中主要环境因子含量的时间变化

年 份	Hg/（mg/kg）	As/（mg/kg）	油类/（mg/kg）	有机质/%
1980—1987[a]	0.124	16.7	68.0	1.55
1987—1994[b]	0.116	—	—	1.70

续表 14.16

年份	Hg/（mg/kg）	As/（mg/kg）	油类/（mg/kg）	有机质/%
2004[c]		21.1	—	—
2007[d]	0.121	25.7	164.3	1.91

数据来源：a：广东省海岸带和海涂资源综合调查大队等，1988。
b：广东省海岛资源综合调查大队等，1995。
c：黄向青等，2006。
d：908－ST07。

2）粤东近岸海域

粤东近岸海域主要港湾有大亚湾和汕头港等。

（1）沉积物环境现状及评估

大亚湾和汕头港海域沉积物中Pb、Cd、Hg、硫化物和有机质含量的比较见表14.17。从中可以得出，大亚湾和汕头港海域沉积物中所有因子含量均较低，均符合国家沉积物一类标准。

表14.17 粤东近岸海域主要港湾沉积物中主要环境因子含量比较

海域	Pb/（mg/kg）	Cd/（mg/kg）	Hg/（mg/kg）	硫化物/（mg/kg）	有机质/%
大亚湾	24.5	0.06	0.04	168.1	1.91
汕头港	57.3	0.24	0.06	98.7	1.51

数据来源：GD908－01－03。

（2）沉积物环境变化趋势

①大亚湾海域

由图14.11可知，大亚湾海域沉积物中重金属Cd含量从1988年到1998—1999年有较大幅度的增加。而Cr则总体表现出波动变化现象，并在1998—1999年出现峰值，且到1998—1999年，Cd和Cr含量均已超过了沉积物一类标准值。

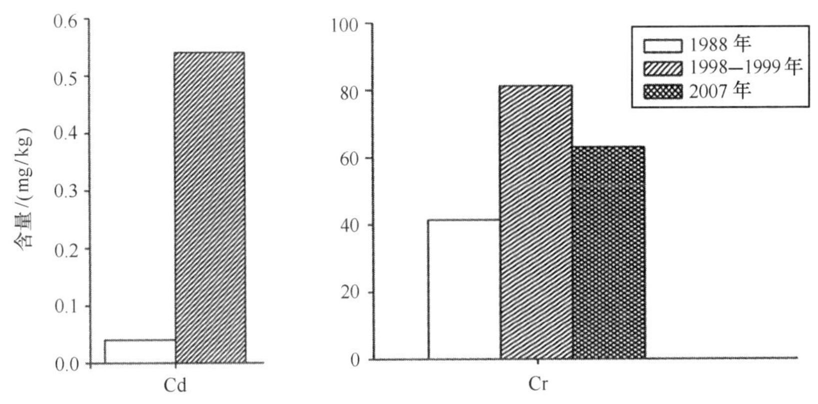

图14.11 大亚湾海域沉积物中Cd和Cr含量历史变化比较
数据来源：郑庆华等，1992；李学杰，2003；GD908－01－03

②汕头港海域

图14.12是2002年和2007年汕头港海域沉积物中重金属Pb和Cr含量对比结果。相比

2002 年，2007 年 Pb 和 Cr 含量均有小幅度的升高。

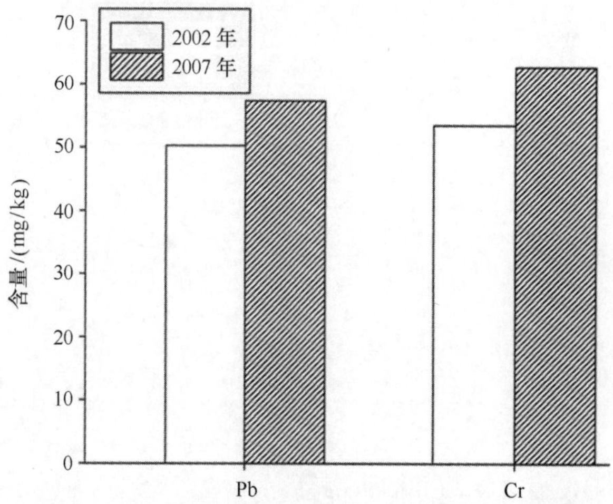

图 14.12　汕头港海域沉积物中重金属 Pb 和 Cr 含量的比较

数据来源：乔永民，2004；GD908－01－03

3）粤西近岸海域

粤西近岸海域主要港湾包括海陵湾和湛江港等。

2007 年海陵湾海域沉积物中 Cu、Pb、Zn、硫化物和有机质含量分别为 13.0 mg/kg、19.5 mg/kg、59.5 mg/kg、81.2 mg/kg 和 0.84%；而湛江港海域表层沉积物中相应因子含量除有机质比海陵湾较高外，其余因子含量均相近；两港湾所有因子均符合国家沉积物一类标准；相比 1980—1987 年资料，除 Pb 略低外，湛江港海域沉积物中其余因子均有较大幅度增加（表 14.18、表 14.19）。

表 14.18　海陵湾海域沉积物中主要环境因子含量

年份	Cu/（mg/kg）	Pb/（mg/kg）	Zn/（mg/kg）	硫化物/（mg/kg）	有机质/%
2007	13.0	19.5	59.5	81.2	0.84

数据来源：GD908－01－03。

表 14.19　湛江港海域沉积物中主要环境因子含量变化

年份	Cu/（mg/kg）	Pb/（mg/kg）	Zn/（mg/kg）	硫化物/（mg/kg）	有机质/%
1980—1987[a]	7.9	19.0	39.3	50.9	1.14
2007[b]	12.0	15.0	64.0	84.7	1.42

数据来源：a：广东省海岸带和海涂资源综合调查大队等，1988。

b：GD908－01－03。

4）海南近岸海域

2000 年海南三亚湾海域沉积物中 Cu、Pb、Zn、Cd 和 Cr 含量分别为 36.0 mg/kg、17.4 mg/kg、145.0 mg/kg、0.10 mg/kg 和 16.8 mg/kg（张宇峰等，2003），其中，Cu 含量略微超过了国家沉积物一类标准，其余重金属含量均未超标，沉积物环境质量较好。

5）广西近岸海域

2003—2004年与2006年广西近岸海域沉积物中污染因子含量特征见表14.20。从表中可以看出，两个时间段广西近岸海域沉积物中各环境因子均未超标，符合一类沉积物标准。其中，2003—2004年广西近岸海域沉积物中Hg、Pb和有机碳高于2006年，其余因子均是2006年较高；蓝锦毅等（2006）研究指出，广西近岸海域中污染物含量最高是北海港口区，其次为钦州市的水井坑红树林保护区，最低是钦州市的天堂滩旅游区和防城港市的大平坡海水浴场区，各港口区和倾废区各种污染物含量明显高于其他海域。

表14.20 广西近岸海域沉积物中主要环境因子含量变化

年份	Hg/（mg/kg）	Cd/（mg/kg）	Pb/（mg/kg）	Cu/（mg/kg）	As/（mg/kg）	有机碳/%	硫化物/（mg/kg）
2003—2004[a]	0.026	0.025	19.0	5.0	6.2	0.46	13.49
2006b	0.016	0.056	9.9	16.6	11.4	0.23	28.96

数据来源：a：蓝锦毅等，2006。
b：908－GX海岛。

14.2 南海海洋生物质量状况*

根据1990年至2009年在南海海域采样分析的生物样品，包括贝类、鱼类、头足类、甲壳类和哺乳类五类海洋动物，分析的污染物有重金属（铜、铅、锌、镉、汞和镊）和砷，石油烃，难降解有机污染物（多氯联苯、六六六和滴滴涕）以及麻醉性贝毒等。分析测定的生物种类见表14.21。

表14.21 南海区生物质量分析的生物种类名录

生物类别	生物名称
贝类动物	泥东风螺（*Babylonia lutosa*）、棕带仙女蛤（*Callista chinensis*）、华贵栉孔扇贝（*Chlamys nobilis*）、太平洋牡蛎（*Crassostrea gigas*）、近江牡蛎（*C. rivularis*）、文蛤（*Meretrix meretrix*）、波纹巴非蛤（*Paphia undulate*）、翡翠贻贝（*Perna uiridis*）、细长裂江珧（*Pinna attenuate*）、栉江珧（*P. pectinata*）、菲律宾蛤仔（*Raditapes phili－ppinarum*）、马氏珠母贝（*Pteria artensii*）、毛蚶（*Scapharca subcrenata*）
头足类动物	中国枪乌贼（*Loligo chinensis*）、剑尖枪乌贼（*L. edulis*）、田乡枪乌贼（*L. tagoi*）
甲壳动物	脊尾白虾（*Expalacmom carinicauda*）、刀额新对虾（*Metapennaeus ensis*）、周氏对虾（*M. joyneri*）、斑节对虾（*Penaenus monodn*）、长毛对虾（*P. penicillatus*）
鱼类	大鳞蛇鳎（*Cynoglossus melampeialus*）、蓝圆鲹（*Decapterus maruadis*）、叫姑鱼（*Johnius belengerii*）、大甲鲹（*Megalaspis cordyla*）、深水金线鱼（*Nemipterus bathy－loius*）、日本金线鱼（*N. japonicas*）、金线鱼（*N. viragatus*）、六齿金线鱼（*N. hexodon*）、黑口白姑鱼（*Paragyrops edita*）、短尾大眼鲷（*Priacantus macracanthus*）、长尾大眼鲷（*P. tayenus*）、刺鲳（*Psenopsis anomala*）、长蛇鲻（*Saurida clongata*）、花斑蛇鲻（*S. undosquomis*）、黄鳍鲷（*Sparus latus*）、黑鲷（*S. macrocephalus*）、银鲳（*Stomateoides argenteus*）、带鱼（*Trichiurs haumele*）
哺乳动物	银杏齿喙鲸（*Mesoplodon ginkgodens*）、糙齿海豚（*Steno bredanensis*）、中华白海豚（*Sousa chinensis*）

* 作者：黄洪辉、刘永。

14.2.1 重金属污染

重金属（heavy metal）在海洋的水体和沉积物中的污染加剧以及在海洋生物体内的积累等由于人类活动而造成的污染问题越来越受到关注。

具体到南海养殖水域，近年推广的网箱养殖技术虽能收到良好的经济效益，但过于密集的网箱养殖也给环境承载带来一定程度的威胁。根据南海区大鹏湾海水网箱养殖区表层沉积物的 Cu 和 Pb 调查报道，网箱养殖区沉积物的金属铅（Pb）含量范围是 33.73 ~ 42.51 mg/kg（平均值为 38.23 mg/kg），稍高于平均值分别为 29.12 mg/kg 和 30.82 mg/kg 的贝类区和对照区（柯常亮等，2007a）；而网箱养殖区沉积物的金属铜（Cu）含量范围是 20.63 ~ 78.53 mg/kg（平均值为 55.08 mg/kg），显著高于对照区域的 20.68 ~ 23.68 mg/kg（平均值为 21.87 mg/kg），并且调查的 8 个网箱养殖区站位中，有 4 个站位 Cu 超过质量一类标准，且有两个站位劣于一类标准（柯常亮等，2007b），可见，大鹏湾养殖区海域已经受到网箱养殖带来的重金属污染，因此，对南海区水产品的质量检测十分必要。

据报道，对大亚湾的鱼类、虾类和蟹类的肌肉组织以及头足类的软组织进行 Cu、Pb、Hg 和 Cd 四种金属浓度（表 14.22）（杨美兰等，2004；王增焕等，2009）和珠江口附近海域的经济动物可食用部分的 Cd、Cu、Pb 和 Zn 的浓度（表 14.24）（王增焕等，2003）分别进行调查研究发现，除 Hg 外，各种重金属在虾蟹等甲壳类动物体内的浓度均高于头足类，而鱼类最低。大亚湾和珠江口附近海域的各类动物体内的重金属浓度处于相当的水平。参照中华人民共和国农业行业标准"无公害食品水产品有毒有害物质限量"衡量，目前，大亚湾和珠江口附近的经济鱼类、虾、蟹类和头足类生物体中 Cu、Pb、Cd 、Hg 和 Zn 的平均含量均未超标准。总体来讲，这些区域的各种经济种类生物体重金属安全卫生质量尚好。

表 14.22 大亚湾各类经济动物体内重金属含量 单位：mg/kg

动物种类	Cu	Pb	Cd	Hg
鱼类	0.16 ~ 1.37（0.55）	0.17 ~ 0.39（0.29）	0.02 ~ 0.07（0.04）	0.017 ~ 0.048（0.026）
蟹类	3.08 ~ 11.85（7.62）	0.36 ~ 0.51（0.44）	0.04 ~ 0.25（0.11）	0.008 ~ 0.055（0.025）
虾类	3.16 ~ 6.69（5.69）	0.34 ~ 0.54（0.43）	0.05 ~ 0.07（0.06）	0.022 ~ 0.037（0.032）
头足类	0.31 ~ 7.33（3.19）	0.17 ~ 0.44（0.30）	0.03 ~ 0.23（0.07）	0.013 ~ 0.057（0.029）

对广东沿海四个样点的四种贝类调查研究发现，对于 Cd、Cu、Pb 和 Cr 的体内平均浓度，菲律宾蛤仔分别为 0.32 mg/kg、1.14 mg/kg、0.25 mg/kg、0.41 mg/kg；太平洋牡蛎分别为 0.28 mg/kg、4.76 mg/kg、0.22 mg/kg、0.13 mg/kg；近江牡蛎分别为 1.46 mg/kg、95.41 mg/kg、0.21 mg/kg、0.18 mg/kg；翡翠贻贝分别为 0.28 mg/kg、1.44 mg/kg、0.33 mg/kg 和 0.26 mg/kg。其中，菲律宾蛤仔、太平洋牡蛎和翡翠贻贝均未受到污染，但部分近江牡蛎已经受到 Cd 和 Cu 污染（王许诺等，2008）。而实验室内暴毒试验中，通过三种贝类对 Hg、Pb 和 Cd 的富集系数进行研究发现，近江牡蛎对三种金属的富集系数分别为 2 435.6、11.3 和 76.5，远远高出菲律宾蛤仔（53.7、18.5、19.6）和翡翠贻贝（121.8、1.1、15.2），此外，近江牡蛎对于重金属 Pb、Cu、Ni、Cd、Cr 和 Hg 的富集能力较强，但是对于 Zn 和 As 的富集能力较弱（陈海刚等，2008）。由于近江牡蛎对重金属富集能力的特殊性，一系列调查研究工作围绕其开展。

表 14.23　珠江口附近水域各类经济动物体内重金属含量　　单位：mg/kg

动物种类	Cd	Cu	Pb	Zn
鱼类	n. d. ~0.06 (0.02)	0.24 ~0.85 (0.53)	n. d. ~0.11 (0.03)	1.55 ~8.16 (3.92)
甲壳类	0.02 ~0.46 (0.22)	4.13 ~11.85 (6.81)	0.02 ~0.07 (0.04)	5.46 ~18.36 (10.64)
头足类	0.04 ~0.14 (0.07)	6.09 ~9.50 (7.88)	0.01 ~0.26 (0.13)	5.88 ~10.30 (7.47)

1989—1997 年，一系列调查研究围绕对环境污染敏感的指示生物——近江牡蛎进行展开，这些调查研究结果发现，对于重金属 Zn、Cd，珠江口附近牡蛎体内的浓度显著高于其他水域（贾晓平等，2000a；贾晓平等，2001）；对于类金属 As，则广东东部沿海的高于其他海域（贾晓平等，1999）；而金属 Cu 则广东西部沿海的最高（贾晓平等，2000b）；金属 Cr、Pb 和 Ni 在全海域的牡蛎体内的浓度地区性差异不明显（表 14.24 ~ 14.30）（蔡文贵等，1998；贾晓平等，2000c；贾晓平等，2000d）。从整体上来看，除个别区域的特定金属外，南海全区近海的水域牡蛎体不同程度地受到了重金属的轻微污染，这一方面指示了南海近海养殖环境正遭受重金属污染的威胁，另一方面警示了对南海养殖区域的重金属的检测和污染控制的必要性。

表 14.24　1989—1997 年对近江牡蛎 Zn 的调研结果

调研海域	Zn 平均浓度范围 /（$\times10^{-6}$·湿重）	Zn 污染评价参数范围（平均值）	Zn 污染状况
广东东部	161 ~294	0.05 ~0.50 (0.21)	洁净 - 微污染
珠江口	223 ~447	0.17 ~0.77 (0.31)	微污染 - 轻污染
广东西部	131 ~235	0.07 ~0.32 (0.20)	洁净 - 微污染
南海广东近海全区	—	0.05 ~0.71 (0.24)	洁净 - 微污染

表 14.25　1989—1997 年对近江牡蛎 Pb 的调研结果

调研海域	Pb 平均浓度范围 /（$\times10^{-6}$·湿重）	Pb 污染评价参数范围（平均值）	Pb 污染状况
广东东部	0.34 ~1.20	0.17 ~0.60 (0.34)	轻污染
珠江口	0.54 ~1.10	0.27 ~0.60 (0.41)	轻污染
广东西部	0.22 ~2.06	0.11 ~1.03 (0.42)	轻污染
南海广东近海全区	0.77（平均）	0.11 ~1.03 (0.39)	轻污染

表 14.26　1989—1997 年对近江牡蛎 Cr 的调研结果

调研海域	Cr 平均浓度范围 /（$\times10^{-6}$·湿重）	Cr 污染评价参数范围（平均值）	Cr 污染状况
广东东部	0.12 ~0.76	0.02 ~0.14 (0.05)	基本洁净
珠江口	0.14 ~0.60	0.03 ~0.12 (0.07)	基本洁净
广东西部	0.14 ~0.94	0.02 ~0.17 (0.06)	基本洁净
南海广东近海全区	0.22 ~0.57	0.02 ~0.07 (0.06)	基本洁净

表 14.27　1989—1997 年对近江牡蛎 As 的调研结果

调研海域	As 年平均浓度范围 /（×10^{-6}·湿重）	As 污染评价参数范围（平均值）	As 污染状况
广东东部	1.49～1.84	0.11～0.25（0.17）	洁净
珠江口	0.89～1.29	0.08～0.16（0.11）	洁净
广东西部	0.90～1.42	0.03～0.17（0.11）	洁净
南海广东近海全区	—	0.03～0.25（0.13）	洁净

表 14.28　1989—1997 年对近江牡蛎 Cd 的调研结果

调研海域	Cd 年平均浓度范围 /（×10^{-6}·湿重）	Cd 污染评价参数范围（平均值）	Cd 污染状况
广东东部	0.08～1.29	0.01～0.28（0.12）	基本洁净
珠江口	1.04～7.81	0.15～1.42（0.64）	轻污染 - 污染
广东西部	0.56～3.98	0.10～0.72（0.29）	微污染

表 14.29　1989—1997 年对近江牡蛎 Cu 的调研结果

调研海域	Cu 平均浓度范围 /（×10^{-6}·湿重）	Cu 污染评价参数范围（平均值）	Cu 污染状况
广东东部	2.70～78.1	0.03～0.85（0.30）	轻度污染
珠江口	71.5～352	0.17～2.09（0.72）	中度污染
广东西部	17.0～209	0.48～3.52（1.80）	重度污染

表 14.30　1989—1997 年对近江牡蛎 Ni 的调研结果

调研海域	Ni 平均浓度范围 /（×10^{-6}·湿重）	Ni 污染评价参数范围（平均值）	Ni 污染状况
广东东部	0.19～0.87	0.03～0.16（0.08）	微污染
珠江口	0.20～2.37	0.06～0.43（0.12）	微污染 - 轻污染
广东西部	0.22～2.20	0.03～0.40（0.11）	微污染 - 轻污染
南海广东近海全区	0.42（平均值）	0.03～0.43（0.11）	微污染 - 轻污染

14.2.2　有机物污染

相比重金属污染，有机污染情况复杂得多，进入环境的污染物中 90% 以上是有机物。有机污染物中有一部分由于具有难降解、高毒性、生物积累和放大、半挥发性等特征，称为持久性有毒物质（Persistent Toxic Substances，PTS），其中大部分具有“致癌、致畸、致突变”的三致效应和遗传毒性（黄铭洪等，2003）。由于农业、工业、海洋交通运输业等产业兴起和发展，海洋接纳了来自沿岸陆地、入海径流、和海洋自身的污染物。南海水域尤其是渔业养殖区域正在遭受有机污染物的威胁。根据现有对南海区有机污染的相关研究，主要包含了石油污染、多氯联苯（PCBs）、有机氯农药［主要是六六六（BHCs）和滴滴涕（DDTs）］和麻痹性贝毒素四大类。其中，PCBs 和 DDTs 被列入《斯德哥尔摩公约》中 12 种优先控制的有机污染物。

14.2.2.1 石油烃

20世纪80年代以来，南海北部水域污染调查、检测和研究结果表明，石油污染是南海北部水域中最严重的污染物之一（广东近海环境质量调查报告，1976—1985年），其污染主要来源于沿海工业污水、海上油气田开发工程废水、船舶废水、沿海城镇生活污水、事故性溢油和大气沉降等，其中，尤其以工业污染源、船舶污染源和生活污水污染源的量最大（贾晓平等，2004）。

1）石油烃污染的环境背景

1992—1994年，对南海北部近海的不同海域的水质调查研究发现，除1994年海南海域的样本未超标，其余年份的各海域均有不同程度的石油烃超标（表14.31）。

表14.31 南海北部近海各海域海水中石油类污染物浓度 单位：mg/L

海区	1992年	超标	1993年	超标	1994年	超标
珠江口	0.02～0.14（0.07）	67%	0.01～0.51（0.07）	54%	ND～0.15（0.04）	26%
广东东部	0.02～0.15（0.07）	68%	0.02～0.84（0.08）	76%	ND～0.11（0.04）	36%
广东西部	0.03～0.17（0.11）	45%	0.02～0.12（0.06）	75%	ND～0.07（0.04）	23%
北部湾	0.03～0.10（0.07）	75%	0.02～0.14（0.07）	75%	0.02～0.07（0.04）	29%
海南海域	0.04～0.11（0.06）	57%	0.03～0.07（0.05）	71%	ND～0.04（0.03）	0
南海北部	0.02～1.17（0.08）	62%	0.01～0.84（0.07）	69%	ND～0.15（0.04）	29%

此外，对南海北部近海各海域表层沉积物石油类污染物调查发现，各海域的石油烃含量分别为：珠江口海域38～891 mg/kg（平均值为124 mg/kg）、广东东部海域22～521 mg/kg（平均值为110 mg/kg）、广东西部海域9～787 mg/kg（平均值为50.9 mg/kg）。从整体水平来看，南海北部近海表层沉积物石油烃的水平在局部海域积累的浓度较高，但所有研究样点的测定结果显示其石油烃的浓度水平均未超标（沉积物石油烃评价标准值为1 000 mg/kg）。对南海北部8个重点海湾的石油污染状况调查发现，海水石油浓度平均浓度范围为0.02～0.04 mg/L，总平均值为0.03 mg/L，均未超过我国渔业水质标准的最高限制0.05 mg/L；表层沉积物年度平均值范围是152～1 514 mg/kg，总平均值为563 mg/kg。局部海域超标，超标率为12.5%～72.2%，尤其湛江湾的石油平均含量高达1 514 mg/kg（贾晓平等，2004）。

2）石油烃在生物体内的残留及产品质量评价

对南海区广东近海的近江牡蛎（对环境污染较为敏感的监视生物）体内的石油烃调查研究发现，珠江口浓度显著高于东部和西部海域，年度变化有曲折波动（表14.32），由于目前暂无对石油烃的无公害限制浓度，但各站位的牡蛎体内石油烃浓度均超过了由贾晓平等提出的评价标准［贝类10 mg/kg（湿重）］。此外，对南海广东沿岸的16个站位的调查研究结果显示，16个站位的牡蛎体石油烃的清洁率为0，基本清洁率为25%，微污染率为43.7%，轻污染率为12.5%，污染率为18.8%（贾晓平和林钦，1990，1992；林钦等，1991；贾晓平等，2004）。

表 14.32　南海北部近海水域中近江牡蛎体内石油烃平均含量　　单位：mg/kg（湿重）

调研海域	1989 年	1991 年	1992 年	1993 年	2003 年
广东东部	24.1	53.7	54.8	56.3	37.6
珠江口	50.7	50.7	72.6	69.5	48.5
广东西部	22.6	22.6	31.1	17.2	25.4
南海广东近海全区	43.8	43.8	53.0	48.3	38.0

目前，很多的研究调查围绕南海不同海区的多种生物体内石油烃含量展开进行（林钦等，1990；贾晓平等，1990；林钦和贾晓平，1991；甘居利等，2006a），其调查结果综述如表 14.33 所示。从这些调查研究的结果可知：①对于不同的生物种类，其体内石油烃积累浓度最高的为贝类和甲壳类，其次为头足类，而鱼类最低；②环境污染相对较严重的珠江口水域的生物体内的石油烃含量显著高于其他海域，其生物体内的石油烃浓度平均值均接近或超过由贾晓平等提出的农产品安全评价标准［三类生物的质量评价标准分别为：鱼类 15 mg/kg（干重）、贝类 70 mg/kg（干重）、甲壳类 25 mg/kg（干重）］，而其他海域的经济动物虽能检测出石油烃但未超过安全标准。这些也提示着对南海海域的水产品体内的石油烃的安全监测工作有必要持续进行。

表 14.33　南海各区生物体体内石油烃平均含量　　单位：mg/kg（干重）

生物分类	海域	海区污染状况	生物种类数	含量范围	平均值
鱼类	北部湾	慢性轻污染	17 科 32 种	3.34 ~ 25.7	7.8
	大亚湾	慢性轻污染	7 种	0.12 ~ 2.67	0.96
	湛江港附近	污染	14 种	7.2 ~ 19.3	12.1
	红海湾	慢性轻污染	10 种	4.9 ~ 15.0	8.62
	台湾浅滩	轻污染	9 种	1.47 ~ 19.2	3.84
	油田开发区	—	—	0.12 ~ 7.79	2.80
	珠江口	污染	14 种	5.3 ~ 22.5	10.4
头足类	北部湾	慢性轻污染	2 科 2 种	18.2 ~ 22.4	20.3
	大亚湾	慢性污染	1 种	0.90 ~ 8.97	3.07
	红海湾	慢性轻污染	1 种	—	11.2
	台湾浅滩	轻污染	1 种	—	5.51
	油田开发区	—	—	4.57 ~ 22.6	12.0
	珠江口	污染	1 种	—	16.6
贝类	北部湾	慢性轻污染	1 种	—	9.27
	大亚湾	慢性轻污染	3 种	0.12 ~ 5.17	2.76
	湛江港附近	污染	—	24.4 ~ 45.2	36.4
	红海湾	慢性轻污染	1 种	—	21.4
	珠江口	污染	1 种	37.2 ~ 114.0	75.8
甲壳类	北部湾	慢性轻污染	1 种	—	23.4
	大亚湾	慢性轻污染	2 种	0.77 ~ 3.42	2.04
	台湾浅滩	轻污染	1 种	—	5.07
	油田开发区	—	—	0.21 ~ 7.66	4.16
	珠江口	污染	4 种	13.9 ~ 45.9	30.1

资料来源：林钦等，1990；贾晓平等，1990；林钦和贾晓平，1991；甘居利等，2006a。

注：1. "—"表示未检出；

2. 湛江港附近海域调查了 14 种鱼类，浓度范围和平均浓度包括了 13 种鱼类，另一种鱼类长尾大眼鲷的石油烃最高浓度高达 52.9 mg/kg（干重），未列入平均系列。

14.2.2.2 多氯联苯（Polychlorinated Biphenyl，PCBs）

多氯联苯（PBCs）主要为精细化工产品，广泛用于电力和电子设备。20多年前虽被许多国家明令禁止生产和使用，但实际上目前还难以被完全禁用，在变压器和电容器设备上暂时还没有完全可以替代的产品。PCBs的水溶性差但脂溶性较强，因此，容易在动物体内含有脂肪的组织中富集，还可经食物链（网）进入人体。

在不同年份对南海区广东近海的近江牡蛎体内的总PCBs调查研究发现，珠江口浓度显著高于东部和西部海域，随着年份而在不同海域均出现浓度下降的趋向（表14.34）。目前对PCBs的无公害水产品限制浓度为0.2 mg/kg（即200 ng/g），目前南海广东近海的牡蛎体PCBs均未超过此标准（甘居利等，2006a）。

表14.34 南海近海水域中近江牡蛎体内PCBs平均含量 单位：ng/g（湿重）

调研海域	1989年	1991年	2003年
广东东部	0.45	0.41	0.38
珠江口	0.88	0.67	0.40
广东西部	0.38	0.38	0.28
南海广东近海全区	0.61	0.51	0.36

此外，对南海各区的生物体的不同组织的PCBs的监测调查，发现小海豚类动物的体表受到PCBs的污染相对较重，而且在组织内的毒性当量较高，对这些逐渐稀少的动物群体的生长造成了较大的威胁（黄健生等，2007a，2007b，2008；刘会等，2009a）；而对不同海域的三种线鱼调研发现其可食用部分的背肌部总PCBs的浓度远低于我国和其他国家的水产品质量限量，污染较轻（表14.35）（孙成等，2003；甘居利等，2007a）。

表14.35 南海各区生物体体内总PCBs含量

动物种类	采样地点	采样组织	PCBs含量/范围/（ng/g湿重）	毒性当量 TEQs/（pg/g）	污染/毒性状况
糙齿海豚	大鹏湾	10种组织	19.6～1 326.3	44.9～2 393.95	污染较重
银杏喙豚	红海湾	鲸脂	3.8～4.9（4.4*）	3 862	毒性相对较高
中华白海豚	珠江口	10种组织	25.1～85 567.3	55.9～68 191.0	污染严重
印度洋瓶鼻海豚	珠江口	皮脂	4 945.9*	2 394	毒性相对较高
翡翠贻贝	香港海域	可食部分	303*	4.96	低于FDA标准
深水金线鱼 金线鱼 日本金线鱼	南海北部陆架区	背肌	6.21* 5.26* 4.83*	台湾浅滩略高于广东；远岸略高于近岸	远低于国内外水产品质量限量（200 ng/g）

资料来源：孙成等，2003；甘居利等，2007a。

注："*"标记为平均浓度。

总体说来，PCBs虽然在我国曾经生产和使用过，但数量和范围远不如发达国家，在我国海域的污染还不算严重，但也报道过局部地区可能由于特殊原因造成严重污染事件（余刚等，2001）。就目前而言，PCBs在南海的污染除对哺乳类的小海豚生长和繁殖造成了威胁外，各种水产品中的PCBs含量还是远低于食品安全限量。

14.2.2.3 有机氯污染物（主要为 BHCs、DDTs）

我国禁止使用六六六（BHCs）和滴滴涕（DDTs）已有近 20 年，但是由于这两种有机氯污染物及其代谢产物在环境中很稳定且生物富集能力强，现在仍然是值得关注的一类污染物。在珠三角河床和海床沉积物中均能不同程度地检测出这两种有机氯污染物（Connell et al.，1998），因此，对于南海水域中的这两种污染物的检测十分必要。

通过对牡蛎的调研发现：①随着农业上禁止 BHCs 的使用，其含量在牡蛎体的积累浓度随年份的延长而持续下降，但 DDTs 的积累浓度在 1989—1993 年下降后在 2003 年反弹；②珠江口的牡蛎体的两种有机氯农药残留值均显著高于广东东部和西部沿岸的牡蛎体；③除了个别年份珠江口的样本外，BHCs 和 DDTs 在南海近海的牡蛎体的浓度远低于无公害农产品的安全限量（BHCs 和 DDTs 的安全限量值分别为 2.0 mg/kg 和 1.0 mg/kg）（表 14.36）（甘居利等，2006a）。

表 14.36 南海近海水域中近江牡蛎体内 BHCs 和 DDTs 平均含量 单位：ng/g（湿重）

污染物	调研海域	20 世纪 80 年代	1989 年	1991 年	1992 年	1993 年	2003 年
BHCs	广东东部	123.0	31.5	4.1	2.8	1.3	0.59
	珠江口	1 699.0	29.2	4.7	3.1	2.1	0.32
	广东西部	11.3	21.6	2.8	1.3	1.3	0.47
	近海全区	589.0	26.9	3.8	2.4	1.5	0.47
DDTs	广东东部	99.3	11.8	1.2	0.8	0.2	4.8
	珠江口	1 164.0	6.3	3.7	2.4	1.1	1.6
	广东西部	5.4	7.4	1.6	1.1	0.3	3.6
	近海全区	413.0	8.3	3.1	1.5	0.6	3.4

此外，对 1991—1993 年和 2003—2005 年 10 个海湾的近江牡蛎体内的 BHCs 和 DDTs 进行调查研究发现，2003—2005 年牡蛎体内的 DDTs 平均含量为 68.7 ng/g（干重），是 1991—1993 年平均含量的 5.54 倍，而 BHCs 平均含量为 3.27 ng/g（干重），是 1991—1993 年的 16% 左右（贾晓平等，1996）。

在对南海北部陆架区的头足类枪乌贼体内的 BHCs 和 DDTs 的积累的研究发现，BHCs 的积累含量范围是 0.0278 ~ 0.2 ng/g（湿重）（平均值为 0.101 ng/g），DDTs 的含量范围是 0.193 ~ 4.74 ng/g（湿重）（平均值为 0.941 ng/g）。其中，珠江口的枪乌贼体内富集的两种有机氯污染物残留显著高于广东东部和西部海域，但两种污染物残留浓度均低于农产品安全限量（甘居利等，2006b）。

不仅如此，研究还发现，南海北部陆架区的三种金线鱼类的肌肉组织中的 BHCs 和 DDTs 的含量范围分别为 0.04 ~ 0.89 ng/g（湿重）（平均值为 0.26 ng/g）和 0.71 ~ 8.0 ng/g（湿重）（平均值为 3.1 ng/g），其含量也低于农产品安全限量值（甘居利等；2007b）；而另有报道位于大鹏湾的糙齿海豚体内虽有 DDTs 的分布，但是尚未对其生存的安全构成影响（刘会等，2009b）。

因此，从整体上而言，两种主要的有机氯农药 BHCs 和 DDTs 在南海区域的污染以珠江口最为严重，但是其在鱼类、头足类和贝类等经济动物体内的积累浓度低于无公害水产品限制浓度，尚属于安全食品。

14.2.2.4 麻痹性贝毒素

麻痹性贝毒素（Paralytic Shellfish Poisoning，PSP）是目前世界上分布最广，发生毒害频率最高的一类贝毒，主要源自形成赤潮的有毒甲藻（华泽爱，1992；林燕棠等，2001），贝类和鱼类通过滤食能产生PSP的有毒藻类而能在体内聚集，进而产生毒性并进入食物链造成潜在的威胁（邹仁林，1997）。

20世纪90年代分两次对南海区的贝类进行了PSP重点调查。其中，1990—1992年，对南海区8个海湾和4个海域共12个区域采集了贝类等35种生物进行了PSP普查，结果表明，南海沿海的35种生物体PSP的含量范围从未检出（n. d.）至5040 MU/100 g肉，检测结果主要分为三个量值组，即：PSP含量小于400 MU/100 g肉的安全食用限制值组，有16种贝类；PSP的最高含量超过400 MU/100 g肉限制值组，有14种贝类；PSP的最高含量和平均含量均超过400 MU/100 g肉限制值的有细长裂江珧（*P. attenuate*）、栉江珧（*P. pectinata*）、华贵栉孔扇贝（*C. nobilis*）、翡翠贻贝（*P. viridis*）和棕带仙女蛤（*C. chinenis*）5种贝类。此外，在1996—1999年再次调查，表明只有大亚湾海域的贝类出现了PSP超标现象，PSP含量从未检出至802 μg STX/100 g肉（PSP含量的另一个表达单位），最高含量超过安全食用限制值80 μg STX/100 g肉的10倍，且超标率为10.4%，而大鹏湾、深圳湾、唐家湾等海域的贝类虽检测出PSP但未出现毒素超标的现象（贾晓平等，2004）。

由于牡蛎对于渔业养殖环境具有监视效应，因而常被选作环境检测的模式生物。杨美兰等（2005）对南海区15个重要渔业养殖水域的牡蛎调查发现，1991年夏季牡蛎体内PSP含量从180～1 610 MU/100 g肉不等，多个养殖水域的牡蛎体内PSP含量超过食用安全限值；1991年冬季牡蛎体内PSP含量范围则下降为未检出至275 MU/100 g肉，均达到安全食用的标准；1996年、1997年、2002年和2003年的牡蛎样本中均未检测出PSP。

综合1990—1997年对广东沿海近江牡蛎的PSP含量调查来看（表14.37）（杨美兰等，1999），1990年和1991年PSP含量显著高于其他年份，尤其是1991年，牡蛎体的PSP最高含量不但高达1 610 MU/100 g肉，而且检出率为95%，超标率为18.7%。由此，虽然PSP污染并非常年出现，但是由于其高毒性和污染的不确定性，更应加强对PSP污染的长期检测和防治，才能达到水产品质量安全的标准。

表14.37 南海各海域近江牡蛎中PSP含量 单位：MU/100 g

调研海域	1990年	1991年	1992年	1996年	1997年
广东东部	ND～360	ND～1610	—	ND	ND～196
珠江口	ND～740	ND～968	183～365	—	ND～191
广东西部	—	ND～395	—	ND	ND

第15章　南海海洋生态系统受损状况及评估

15.1　海洋环境污染的生态效应*

发展中国家目前正普遍面临着严峻的环境污染问题，我国也不例外，如何在保持经济高速增长的同时有效地控制污染是各国和各级政府的一个非常重要而迫切的任务。2001年底，在广州召开的第三届亚太环境地球化学会议上，许多专家的研究报告指出，随着经济的发展，珠江三角洲的环境污染明显呈上升趋势。珠江三角洲是我国人口分布最稠密、经济发展最迅速、开放历史最早的地区之一，也是我国外向型经济和乡镇工业比重最大的地区之一。珠江三角洲的自然资源在历史上已为广泛开发，改革开放以来步入经济起飞阶段并为世人所注目，但是经济的快速增长常常又以牺牲环境质量为代价。正是因为人类对自然界干预的日益加深，全球变化以及海陆相互作用引起的一系列问题在本区十分敏感，人类活动带来的自然环境变化及其反馈于人类本身的作用在这一地区也表现得十分深刻。

根据《2003年中国海洋环境质量公报》：2003年，全国海域未达到清洁海域水质标准的面积约为$14.2\times10^4\ km^2$，其中，轻度污染海域面积约为$2.2\times10^4\ km^2$，中度污染海域面积约为$1.5\times10^4\ km^2$，严重污染海域面积约为$2.5\times10^4\ km^2$。20世纪90年代以前珠江口水质以重金属污染为主，而进入90年代后珠江口水质基本以营养盐污染为主。水质综合污染指数从90年代初的0.90上升至2002年的1.53，水质污染等级由四类跃升到劣四类。在陆源污染的影响下，珠江口成为高氮磷比区域，磷对浮游植物生长有限制作用。尤其在夏季，盐度跃层使底层沉积物释放的磷酸盐难以补充到表层，导致表层磷缺乏更严重，这种现象有可能导致浮游植物群落向微型甲藻方向演替（蔡昱明等，2002）。也有研究指出，珠江口氮磷比例分布特点为：在珠江口内氮磷比高，可达300∶1，而在水舌峰面外小于10∶1。这样的营养盐比例分布造成了浮游植物在珠江口水舌锋面之内出现磷限制，而在锋面之外由氮限制的局面，或形成了一个由P限制的珠江口水影响区域和南海水N限制占优势的区域（Yin et al., 2001）。根据国家海洋局南海环境监测中心近5年来的监测结果表明，珠江口浮游植物的多样性指数有下降的趋势，夏季浮游植物数量明显下降，春季赤潮种比例在上升。另外，2008年浮游植物的优势种发生了较大改变，过去常见优势种中肋骨条藻不再是优势种，而且优势种中出现了甲藻（其余均是硅藻），这是继2004年春季优势种中出现过甲藻以来的第一次出现。说明浮游植物群落对活性硅酸盐含量下降，无机氮含量上升等营养盐结构的改变发生了响应。而浮游动物优势种中一直存在耐污种鸟喙尖头溞，也反映出珠江口的水质问题。根据珠江口沉积物的分析结果，与近50年来生产力的迅速提高趋势相对应，沉积物中生物硅沉积通量的增加幅度逐渐超出水生有机碳沉积通量的增加幅度，表明硅藻是富营养化的敏感藻类。

* 作者：程远月、龙爱民。

目前，Si相对于N、P还不是珠江口水域的限制性营养元素，但若不对水域的营养物质进行有效管理以平衡营养元素间的比例关系和减弱富营养化趋势，珠江口的浮游生物种群结构和底层水的溶解氧含量将受到严重影响（贾国东等，2002）。

据2000年环境公报显示：珠江流域28个水质监测断面中，一类、二类、三类和四类水质比例分别为57.1%、28.6%、3.6%和10.7%，广东境内部分江段有机污染指标超过四类标准；海水中的主要污染物是油类、无机氮、磷酸盐以及汞、铅等。珠江口水域是赤潮多发区。1980—1990年，珠江口至大亚湾一带共发生大型灾害性赤潮22次，20世纪90年代以来赤潮发生更加频繁。1998年3月底至4月中下旬，广东沿海赤潮蔓延，其来势之猛，规模之大，为广东历年之最，给粤港两地造成的经济损失达3.5亿元。总之，在珠江口海域赤潮多发区，海洋生态环境已受到较严重的污染影响，在一定程度上破坏了该海域原有的浮游生物生态平衡，影响了生物资源的合理开发和有效利用（柯东胜，2005）。近年来该水域散装液化的船舶运输、港口装卸和存储的过程中散装油类、化学品的溢漏事故，屡有发生。这些现象表明，包括珠江口在内的南海海域正面临着日益严重的环境污染问题，南海的生态环境和生态平衡也将面临严重的影响。

15.1.1 氮磷污染的生态效应

近几十年来，由于人类生产和生活向海洋排放的N、P等营养盐大量增加而导致的近海水域富营养化已成为沿海国家的一个重要的水环境问题。王友绍等（2004）根据中科院南海海洋研究所大亚湾海洋生物综合实验室20年来获得的大量现场观测数据和资料，对大亚湾生态环境和变化趋势进行了分析，结果发现由贫营养状态发展到中营养状态，局部海域已呈现富营养化的趋势，N/P的平均值由20世纪80年代的11.5上升到近年的大于50，大亚湾营养盐限制因子由80年代的N限制过渡到目前的P限制；生物群落组成明显小型化，生物多样性降低，生物资源衰退。

营养盐污染是最普遍和最广泛的海洋污染现象，对海洋生态产生的影响如下。

1）造成近岸海域海水富营养化，破坏正常的海洋生态环境

大量的生活污水和工农业废水直接或间接排入近岸海域，这些污水和废水中的氮、磷等营养物质造成一些近岸海域海水严重富营养化，增加海洋生态环境的压力，对海洋渔业资源带来不利影响。海水富营养化造成近岸海域藻类密度增加，在没有引发赤潮的情况下也会对海洋生态环境造成危害。一方面，藻类密度增加降低了海水的透明度，对生活于底层和近底层的鱼、虾、蟹、贝类危害很大，破坏了鱼、虾、贝类的产卵场、索饵场，造成底层的海洋生物无法生存、繁殖甚至死亡，对鱼、虾、贝类的卵和幼苗的危害更大；另一方面，海水富营养化导致海水中的细菌总数增加，造成水产养殖业病害发生频繁。

2）引发赤潮的发生

沿海地区持续的经济发展造成近岸水体水质越来越差，水体富营养化程度越来越高，如深圳西部海域（深圳湾和珠江口东南海域）1991—2001年的总氮含量均超过《海水水质标准》（GB 3097—1997）的第四类标准，总磷含量均超过第三类标准，且1998年后，总氮和总磷含量呈现明显增加趋势，这种环境质量状况为赤潮生物的过度增殖提供充足的物质条件（吴瑞贞等，2008）。赤潮在南海各岸段均有出现，但大部分出现在珠江口（深圳、珠海和惠

州海域）一带，约占总数的77%；主要是自然地理环境和海域海水质量状况所造成的。

南海自1980年至2004年7月发生赤潮事件164次，多发生在香港近海、粤东沿岸等水域，不但面积越来越大，持续时间也越来越长。其中某些赤潮生物属有毒藻类（如链状亚历山大藻、裸甲藻），已对水产养殖业和天然渔业资源造成较大经济损失。赤潮对渔业资源的危害和海洋生态环境的破坏是严重的，有些赤潮藻类分泌黏液黏附于鱼类等海洋生物的鳃上，妨碍其呼吸使其窒息死亡；有些赤潮生物能分泌硫化氢等有害物质，有些赤潮生物能渗透出高浓度的氨和磷，诱发有毒的微小原甲藻大量繁殖乃至发生赤潮；有毒赤潮生物能分泌毒素直接毒死其他海洋生物并引起摄食者中毒乃至死亡；赤潮生物死亡后，在分解过程中大量消耗水中溶解氧，使鱼、虾、贝类等因缺氧而大量死亡，赤潮生物在缺氧情况下分解还会产生大量硫化氢和甲烷等有害物质，对海洋生态环境造成严重的危害；赤潮生物一般密集于表层几十厘米以内，使阳光难于透过表层，水下其他生物因得不到充足的阳光而影响其生存和繁殖，严重时可造成底层海洋生物死亡。

15.1.2 石油烃污染的生态效应

近年来，随着全球石油需求的日益增长，石油的海运量和进出港油轮不断增多，溢油事故时有发生，海上溢油污染也日趋严重。据统计，每年通过各种途径泄入海洋的石油和石油产品约占世界石油总产量的0.5%，其中以油轮遇难造成的污染最为突出。由于事故发生难以预测，带有偶然性和突发性，且泄油量往往又很大，对局部海域环境和海洋生物的损害大多比较严重，也破坏了海洋生态系统的平衡，使得石油泄漏被称为海洋污染的超级杀手。估计每年总共约有320×10^4 t石油进入海洋。随着中国经济的高速发展，中国已经成为仅次于美国的第二大原油进口国。2003年全年进口原油8×10^7 t，其中，四分之一是从南海进入我国的，仅珠江口运输油品船舶每年就有近20万艘次，是我国油品运输船舶最多的水域。因此石油污染对于南海海洋生态系统的影响，已成为我国相关部门和机构一个亟须通盘考虑的问题。

南海所受的石油烃污染主要为近岸港口、船舶污染和海底油气开发。据分析，珠江口水域石油污染2/3是来自船舶排污，1/3是来自陆域工业排污。南海北部近岸沿海海域油浓度大多为50～100 μg/dm^3，海南岛近岸约为小于50 μg/dm^3（张正斌等，2004）。珠江口海域平均油浓度约为70 μg/dm^3，1990年和2000年达到0.13 mg/dm^{3}和0.16 mg/dm^3，超过二类水质标准。北部湾海水油浓度高达200 μg/dm^3（张正斌等，2004），其沉积物油浓度高达757 mg/dm^3，均为中国近海中的最高者（Zhou，1997）。南海东部海域自1990年底进入开发生产以来也多次发生溢油事件，仅1997年达10次，溢油量约4.4 t。1996年曾发生过由于拖网渔船拉断海底管线，导致约1 000 t溢油的大型事故。近10年来，在珠江附近发生重大溢油事故达8次之多。尤以1999年的"闽燃供2号"油轮事故最为严重，使香洲淇澳岛12.4 km^{2}养殖场、淇澳头至九州的白观护养增值区113.39 km^{2}受到污染，大量鱼、虾、蟹、文蛤、牡蛎等海水养殖产品因污染而死亡，直接经济损失964.8万元，尚不包括后期治理费用。2004年12月初珠江口海域再次发生了我国历史上最大的溢油事故，1 200 t余燃油大量外泄，事故造成珠江口海域水质遭受大面积严重污染，直接和间接经济损失至今还难于定论。

近岸海域，特别是近岸港口区附近海域受油类污染比较严重，油类对海洋生态环境的影响主要表现在以下5个方面。

（1）对初级生产力的影响

不透明的油膜降低了光在水下的通透性并破坏了水体中 O_2 和 CO_2 的平衡，同时，分散和乳化油侵入海洋植物体内，破坏叶绿素，阻碍细胞正常分裂，堵塞植物呼吸孔道，使受污染海域藻类的光合作用受到严重的影响，其结果一方面是海洋产氧量减少（据估计，海洋藻类光合作用放出氧气占全球产氧量的1/4）；另一方面是藻类生长不良也影响和制约了海洋动物的生长和繁殖，从而对整个海洋生态系统产生影响。Stekoll 和 Deysher（2000）研究了“Exxon Valdez”溢油事故对墨角藻（*Fucus gardneri*）种群的影响，结果表明，在溢油区域，连续几年墨角藻的生物量和覆盖率都比发生事故前低，具繁殖性的孢子和花托密度低，且藻多营附着生活。

（2）对浮游生物和鱼类的影响

由于浮游生物生活在海洋表层，很容易接触到高浓度的水溶性脂肪烃化合物，因此浮游生物最容易受到石油污染的毒害。1977 年，“Tsesis”号油轮在瑞典海域沉没，其直接的影响就是事故后的5 天内，该海域的浮游动物大量死亡和逃逸（Silva et al.，1997）。也有研究表明，少量的石油也可能对浮游植物的生长起到促进作用。Corsolini 等（2005）的研究显示，当海水中的石油浓度低于 50 ng/g 时，将对浮游藻类的光合作用起到刺激作用。石油污染通常不会直接对成鱼产生大的影响，因为在开放性的海域，成鱼可以比较轻易逃离受到石油污染的海域，但是石油可以直接杀死鱼卵和小鱼，因为它们生活在海面上，最易受害（Reed and Spaulding，1978）。鱼类早期生命发育阶段的胚胎和仔鱼是整个生命周期中对各种污染物最敏感的时期，石油污染使鱼类受精卵成活率降低、孵化仔鱼的畸形率和死亡率增高，从而直接影响到鱼类的种群繁殖（田立杰等，1999）。Corsolini（2005）研究发现，当海水中石油的浓度仅为 10～25 ng/g 时，香鱼（*Mallotus villosus*）受精卵的孵化将受到严重的影响，而当浓度达到 250 μg/g 时，好几种鱼类的发育都显示出异常症状，甚至导致鱼类的死亡。另外，由于石油污染致使鱼类洄游路线改变，而直接引起受污染海区渔获量减少的影响也不容忽视（Heintz et al.，1999）。

（3）对海鸟的影响

石油对海鸟的毒害主要是由于石油污染物进入海鸟羽毛之间的空隙，破坏了羽毛的保温性能，使得海鸟容易受冷而死。同时，被石油脏污了羽毛的海鸟，因失去飞行能力只好长期浮漂于水面上，只能靠消耗原来体内储存的能量来维持余生，体质便很快下降而死亡。此外，海鸟还常把石油以及其衍生物吞进肚子里，使得其内部功能，包括神经系统受到致命损伤（Сатина，1995—1999）。人们通常以点岸上海鸟尸体的数量来评价石油污染对海鸟的破坏程度，然而这种方法并不可行，因为岸上海鸟尸体的数量和石油污染破坏程度的相关性不大（Kingston，2002）。例如，“Exxon Valdez”号油轮溢油 35 000 t，导致 35 000 只海鸟死亡（Erikson，1995），而“Braer”号油轮溢油 85 000 t，但所找到的海鸟尸体只有1 500 具（Heubeck，1997）。石油污染对海鸟的影响往往是长期的，Lance 等（2001）的研究显示，“Exxon Valdez”号事件之后的9 年，该海域的大多数种类海鸟尚没有恢复到事故前的数量。

（4）对珊瑚和底栖生物的影响

珊瑚礁是由珊瑚在其生命活动中分泌的大量碳酸钙经过世代不断地交替堆积而形成的，是独特的底栖生物类型。南海的四大群岛主要就是由珊瑚礁构成的岛群。珊瑚礁是地球上生物多样性最高的生态系统之一。珊瑚虫对石油污染特别敏感，因为它们既不能以逃跑的形式摆脱石油污染，也没有任何的防护能力（Negri et al.，2000）。漂浮在海面上的油类在低潮时通常会沉降到珊瑚礁表面，而在水体中的油滴也会通过扩散或吸附到悬浮物表面而转移到珊瑚礁表面，从而对珊瑚虫造成危害（Teal et al.，1984），导致珊瑚虫的硬壳被破坏，产卵量下降，幼体的存活率降低，并使成体的生长缓慢。珊瑚虫的生殖组织的生长也会受到影响（Guzman et al.，1991，1994）。溢油对生活珊瑚礁附近的生物的影响也是灾难性的。据研究，溢油发生几天之后，珊瑚礁低潮线 1～3 m 宽的空间几乎不存在任何生物；在溢油重污染区，水下 1～2 m 内，珊瑚礁的生物死亡率在 17%～30%，其恢复时间约为几年。石油污染对海洋底栖生物的危害也是严重的，Mitchell 和 Bennett（1972）的研究显示，石油污染发生后的 24 小时和 48 小时之后，底栖生物（*Sphaerium sp.*）的死亡率分别为 10% 和 38%。贝类生物在摄食时通常会将油滴摄入体内，油滴在胃里破乳后相互结合成大油滴，最终充满胃中不能排泄体外而导致贝类死亡（田立杰等，1999）。

（5）对中华白海豚的影响

中华白海豚（Sousa chinensis）属国家一级重点保护的野生濒危动物，被誉为“海上国宝”。它在军事、医疗、仿生、物种进化以及生物多样性等方面具有很高的科研价值。珠江口是中华白海豚最重要的栖息地之一，也是目前中华白海豚存活数量最多的海域。2003 年 6 月，经国务院批准，珠江口中华白海豚自然保护区正式成为国家级自然保护区，保护区内有 1 000 条左右的中华白海豚活动。近年来，珠江口碰撞漏油事故时有发生，有研究表明，溢油污染对于白海豚的生理、生态活动有较大的负面影响，影响范围包括回音定位、摄食、呼吸、繁殖、地域分布和生命安全（戴明新等，2005）。其中最直接的影响就是白海豚的呼吸系统。由于中华白海豚用气孔呼吸，气孔位于头顶，直接连接肺部，如果白海豚碰上油污染，其上浮呼吸过程中肯定要接触油污，呼吸时就存在把油污吸入肺部的可能，其后果必然危害白海豚的生存健康。

15.1.3 重金属污染的生态效应

近年来，各种工业（如采矿、冶炼、电镀等）废水和固体废弃物的渗出液直接排入水体，致使水体中有毒重金属元素的含量越来越高，甚至一些近岸海域海水中重金属含量超标。重金属对海洋环境的污染日益严重，举世闻名的“公害病”——水俣病和骨痛病，就是分别由汞污染和镉污染引起的。

随着南海沿海城镇的经济发展，使大量工农业废水和生活污水排入河口，这使得华南近海环境压力增大。河口地区以其独特的物理、化学和水文条件，致使重金属易于在河口地区随水体颗粒物沉积，并且重金属的稳定性使其可在环境中积累并长期存在。人类活动和自然变化都可能使沉积物中的重金属重新释放进入水体，造成严重的环境问题。近年来，南海近岸海域的环境问题日益受到重视，有关学者对南海沿岸附近重金属的分布、来源、形态、转化及其与人类活动的关系等相关问题进行大量研究（甘居利等，2003；王艳等，2005；杨永强等，2006；郭笑宇等，2006）。这些研究表明，南海沿岸海域均受到不同程度的部分重金属污染，例如，珠江口附近的南水岛水域受重金属 Cd、Cu、Zn 和 Pb 的污染较严重；伶仃洋沿岸沉积物中受重金属 Cr、Ni 和 Cd 的污染，沙井水域受 Pb 污染较严重；大亚湾东山珍珠场沉积物较少受重金属污染。这些重金属不仅影响附近居民的生产和生活用水，而且还会影响邻近海域的生态系统，并已威胁到海洋生物和海洋生态的平衡。

铜是生物体必需的微量元素，但是，过量的铜对生物体有明显的毒害作用，0.06 mg/dm^3 的铜能抑制大型藻类的光合作用。过量的铜会使鱼类的鳃部受到广泛的破坏，出现黏液、肥大和增生，使鱼窒息，另外，还可造成鱼体消化道的损害。海洋浮游植物对铜的浓集系数为3万倍，海洋鱼类为1 000倍。锌作为微量元素在生物代谢中有重要作用，但浓度较高时能降低鱼类的繁殖力，如0.18 mg/dm^3的锌使雌性鱼产卵次数明显减少，锌对海洋水生生物的有害值为0.1 mg/dm^3，最低有害值为0.02 mg/dm^3；铅是蓄积性毒物，铅对海洋生物的有害值为0.05 mg/dm^3，最低有害作用值为0.01 mg/dm^3，铅可导致红细胞溶血、肝肾损害，雄性性腺、神经系统和血管等的损害。镉是高毒和蓄积性物质，可产生“致畸、致癌、致突变”作用，牡蛎能将周围水域中非常低的镉浓集起来，对海洋生物的有害值为0.01 mg/dm^3，最低有害影响值为0.2 $\mu g/dm^3$；铜、锌的存在能增加镉的毒性。汞易在生物体中富集，在底泥中可发生生物甲基化作用，使得水中持续含有毒性更强的甲基汞，生物体内汞通常以甲基汞形式存在，汞对鱼卵有毒害作用。所有铬合物都是有毒的，六价铬是一种“致畸、致癌、致突变”物质，铬对无脊椎动物的毒性比对于鱼类的毒性大得多，牡蛎对铬最敏感，10 ~ 12 $\mu g/dm^3$的铬可致牡蛎死亡，某些浮游植物可将水中铬浓缩2 300倍，铬对海洋生物的有害值为0.1 mg/dm^3，最低有害作用值为0.05 mg/dm^3（对牡蛎为0.01 mg/dm^3）。

一般重金属产生毒性的范围为1 ~ 10 mg/dm^3，毒性较强的金属汞和镉产生毒性的范围在0.01 ~ 0.001 mg/dm^3以上。重金属在水体中不能被生物降解，某些重金属还可在微生物作用下转化为毒性更强的重金属化合物，如甲基汞，在进入生态系统后，经食物链的生物放大作用，逐级在较高级的生物体内富集，引起生态系统中各级生物的不良反应（即生态效应），当生物体内重金属积累到一定数量后，就会出现受害症状，生理受阻、发育停滞，甚至死亡，整个水生生态系统结构、功能受损，崩溃，甚至危害包括人体在内的各种生命体的健康与生存。

重金属元素通过阻碍生物大分子的重要生理功能，取代生物大分子中的必需元素，影响并改变了生物大分子所具有的活性部位的构象，这三条途径致使生物体的生长发育和生理代谢受到影响。因此，人们可以利用水生生物的敏感性来监控水体的重金属污染（刘勇等，2001）。例如，Rashed（2001）通过鱼体内各器官重金属含量的测定来监控纳赛尔湖水环境的重金属，Oertel（1995）使用植物和动物作为多瑙河水生生态系统重金属水平的生物监测器。此外，研究重金属污染物对生态系统各组分的毒性效应，还可为制定水质排放标准和进行水质评价方面提供科学依据。

在珠江口湿地土壤中，主要潜在生态危害金属为Cd，达到中度生态危险水平，除部分样点的铜外，锌、铬和铅处于低度潜在生态危险水平。湿地重金属污染已经对珠江口滩涂围垦、水产养殖和生态保护构成了比较严重的威胁（楚蓓等，2008）。

15.1.4 持久性有机污染物（POPs）的生态效应

随着人们对有机污染物的全球迁移认识的不断深化，亚洲热带和亚热带地区持久性有机污染物对全球环境的贡献及其在全球持久性有机污染物再循环中所起作用越来越受到人们的关注（杨清书等，2004）。世界各国纷纷采取措施或颁布禁令，限制使用含DDT等部分POPs的农用杀虫剂以及电器设备、油漆和塑料工业中产生的副产品——PCBs。研究表明，PCBs在1970—1980年虽然已被许多国家禁止使用，但据估计现在仍有120×10^4 t的PCBs在环境中存在。在我国PCBs在水体、大气、沉积物和底栖生物中均能检出。珠江广州段水体PCBs质量浓度为1 113 ~ 3 111 ng/dm^3，珠江广州段底栖生物PCBs质量分数为13 010 ~ 288 145 mg/kg，珠江广州段底泥PCBs质量分数为15 135 ~ 51 139 mg/kg。国内在水体环境中有机污染物方面研究起步较晚。许多学者对南海近岸河口海域附近大气、海水、沉积物以及生物体内的 POPs 做了大量的研究（祁士华等，2000；丘耀文等，2004；罗孝俊等，2005 a，2005b；甘居利等，2006；丘耀文等，2007；王艳等，2008；罗孝俊等，2008），发现南海近海海域受不同程度部分 POPs 的污染。大亚湾海域水体 PAHs 污染严重而表层沉积物污染较轻（丘耀文等，2004），表明尚有较大量的 PAHs 的输入。罗孝俊等（2005 a）对珠江三角洲河流、河口及南海北部近海区域 PAHs 研究表明，整体上污染水平处于中偏低下水平，珠江广州段是高污染区，西江、伶仃洋及珠江部分站点石油污染比重大，南海近海则受燃烧来源比重大；与 1997 年样品对比发现，PAHs 污染程度无明显下降。罗孝俊等（2008）研究表明，河流径流、悬浮颗粒物含量及光降解程度是控制水体 PAHs 浓度的主要因素。甘居利等（2006）推测南海北部陆架海域近年没有六六六（BHC）类污染物输入，但局部可能有 DDT 类污染物输入。可见，南海近海海域已受到 POPs 潜在威胁，应采取措施实时检测，及时治理，以避免产生生态危害。

POPs 一旦通过各种途径进入生物体后就会在生物体内的脂肪、胚胎和肝脏等器官中积累下来，累积到一定浓度就会对生物体造成伤害。POPs 可对生物体生殖能力造成影响、损伤 DNA 以及引起神经系统紊乱等。如有机氯杀虫剂特别是 DDE（DDT 的一种代谢产物）可影响食肉鸟类蛋壳的厚度。Rychman 等（Rychman et al.，1998）研究了 POPs 对加拿大安大略湖等地区的鸬鹚的影响时发现：1995 年鸬鹚蛋壳的平均厚度为 0.423 ~ 0.440 mm，比 DDT 污染发生前降低了 2.3%，他们同时对 16 群鸬鹚进行调查，发现有 21% 的鸬鹚的嘴发生了畸变。POPs 还可能使卵的孵化率下降，从而影响子代的生存甚至使某些动物灭绝（Crisp et al.，1998）。据 Sonnenschein 报道狄氏剂、多氯联苯、毒杀酚等还具有雌激素的作用，能干扰内分泌系统，甚至会使雄性动物雌性化（Sonnenschein 和 Soto，1998）。赵红斌等（2003）在多氯联苯对海马神经系统影响的实验研究中发现：随着 PCB 量的增加，海马神经元显微结构发生明显变化，表现为细胞核明显浓缩，胞浆有空泡产生，神经元细胞结构排列紊乱。持久性有机污染物也会损坏免疫系统（Brouwer et al.，1989），诱导机体发生癌变等（Kocipa et al.，1978）。

POPs 都有“致癌、致畸、致突变”作用。在环境中难于降解，一般属于水溶性低而脂溶性高的化合物极易在生物体内富集，对水生动植物和人体产生毒害影响，这种毒害影响一般不是在短期内发生效应，大都是经过较长时间的毒性物质积累达到一定浓度后才能体现出人体及动物的毒害影响。POPs 含量低而毒性大。例如四氯二恶英（TCDD）是一种毒性很大的化合物，允许量仅为 0.01×10^{-12}（每 1×10^{8} t 水中含 1 g），致癌量为 0.1×10^{-12}（傅家谟等，1996）。越来越多证据表明，包括杀虫剂和 PCBs 在内的有机化合物在结构及生理功能上与动物和人类性激素极为相似，这些非动物合成的性激素（被称为环境激素）损害生物体的免疫系统和生殖系统，特别是处于食物链顶端的人类健康，极大地危害海洋生态系统。PCBs 对动物肝脏、免疫系统、神经系统、皮肤及生殖系统可造成伤害（徐晓白，1996）。有机氯农药可导致痢疾、伤寒和乳腺癌疾病（Patlak，1996）。有机氯污染物可导致高级捕食性生物如鹰等繁殖力下降（Harris et al.，2003；Barnthouse et al.，2003）。

珠江口重金属和持久性有机污染物的污染导致该海域生物质量现状令人担忧。根据海洋局南海环境监测中心 2008 年的监测结果，该海区的贝类超标现象最严重，石油烃、总汞、As、Pb、Cd、DDT、多氯联苯（PCBs）和多环芳烃（PAHs）的超标均有出现。鱼类和甲壳类的质量较好，鱼类中仅出现石油烃和 Pb 超标，甲壳类中仅出现 Pb 超标。各种污染物中，

Pb的超标最为严重，超标样最多。所有检测生物中未出现“六六六”超标。与以往相比，鱼、贝、甲壳类生物体内总汞的含量比以往均有所上升，鱼类体内的石油烃和DDT含量上升较明显，贝体内的DDT含量有上升趋势。但目前对珠江口各类经济品种对不同污染物的富集能力和积累效应尚缺乏了解。

珠江口水体中的重金属和持久性有机污染物会对该海域内的高等海洋生物造成影响。研究表明，水体中的污染物能通过食物链的传递和长期富集作用积累在濒危野生动物中华白海豚体内，其中，白海豚对汞的富集作用较高，这些重金属和有机氯化物等污染物积累过多会损害其免疫系统，并导致新生白海豚的高死亡率（周斌等，2007）。

15.2 人为开发活动的生态影响

15.2.1 海洋工程与海岸工程的生态影响*

近年来，由于受到水域环境污染、各类涉海工程的建设等因素影响，水生生物生存的空间被大量的挤占，水域生态环境朝着不断变劣的趋势发展，水域生态荒漠化趋势日益明显。具体表现为潮间带和潮下带底栖生物的生物量、栖息密度和生物多样性进一步锐减，浮游植物、浮游动物的群落结构基本保持不变，但优势种发生变化，种类数和多样性继续趋于减少（郑磊夫，2007）。

15.2.1.1 围填海等海洋空间资源开发利用的生态影响

滩涂湿地丰富的藻类和有机碎屑支持无脊椎动物的生长繁衍，从而支持渔业的发展；滩涂湿地不但为水涉禽、鸟类、鱼类提供重要的索饵、觅食、产卵、繁衍和越冬场，同时也是水涉禽的驿站；湿地红树林有重要护岸作用，并为渔业提供养殖和育苗环境；湿地植被、特有植物具有很高的药用价值，许多种类还是轻纺织、造纸原料及饲料，具有很大的经济和社会价值。而围海筑坝、填海造地等行为破坏了滩涂湿地的生态环境，如围垦使微咸水潮滩转变为永久性淡水沼泽的自然演替中止；围垦造成洄游通道阻隔，导致洄游性鱼类迁移路线改变或被破坏；围垦使入海径流量减少，引发河口下游生物种群生存栖息环境变化，导致水域生态系统变化。同时围垦后改造利用不完善，还会引起航道阻塞和海岸侵蚀，影响排洪泄涝。

1950—1997年，珠江三角洲沿海滩涂围垦和填海造地面积累计达到79 712 hm^2，相当于现有滩涂面积的70.2%。由此造成珠江三角洲地区海岸带生态破坏严重，近几十年来红树林面积大幅度减少。根据广东省林业局的调查资料，1980年以来珠江三角洲被损毁和占用的红树林面积高达1 082 hm^2，比现存红树林面积（996 hm^2）还要多86 hm^2。其中绝大部分为挖塘养殖所占用，面积为1 040.9 hm^2，占被损毁红树林地的96.2%；其余为工程建设占用，面积为41.1 hm^2，占被损毁红树林地的3.8%（韩永伟，2005）。从2003年到2007年，广东省有63个围填海项目上马，填海面积超过10 000 hm^2。近年来广州、东莞、深圳、珠海、中山等市沿海围垦总面积已达6 666.7 hm^2，导致现在珠江口伶仃洋的水域面积比1977年以前减少了近1/10。

陈凌云等（2005）利用ENVI图像处理软件对广西沿海红树林的5个时相遥感数据和图

* 作者：黄小平、樊敏玲。

像进行处理、分析并进行解译，结果得出，1955 年至 2004 年，近 50 年间，由于沿海滩涂围垦开发利用，累计减少红树林面积达 2 284.74 hm^2，平均每年减少 46.63 hm^2，尤其在 1977—1988 年，为大规模围海造田时期，人为砍伐或自然消亡，致使沿海红树林生长面积锐减。在 20 世纪 90 年代以来，沿海红树林得到了较有效的保护。1998—2004 年期间红树林也有局部受围垦养殖破坏，但在养殖场附近的红树林生长速度相当快，这可能与养殖场排放富营养化水质有关。

李天宏等（2002）通过对深圳河河口地区 6 个时相卫星遥感图像的分析，得到了该地区 10 多年来红树林湿地而积的变化，结果表明，从 1989 年到 1996 年，深圳河河口红树林湿地而积总体上呈增长趋势，在 1996 年以后面积变化不明显，而在空间分布上有变化。植被指数大的区域主要分布在多年被红树林占据的部位，深圳福田一侧的红树林空间消长变化不显著，而主要的变化部分集中于香港米埔红树林保护区靠近深圳河河口的南侧。

至 2000 年，深圳市围海造地面积已达 2 680 hm^2，这给海洋环境带来不少的负面影响，主要表现在：①西部海岸地区滩槽演变剧烈，不稳定性加强，给今后西部港区运作环境带来威胁；②纳潮量迅速减少，经过 20 年的围垦，西部伶仃洋海岸地区纳潮量减少 20% ~30%，深圳湾纳潮量减少 15.6%，纳潮量的锐减使得潮流流速降低，流向发生变化，更加不利于污染物的稀释与扩散；③沿海水环境污染加重，深圳市西海岸海水普遍达不到三类水质标准；④海岸生态承载力下降，仅 1988—2000 年深圳湾沿岸围垦占用红树林保护区面积达到 147 hm^2，占整个保护区面积的 48.8%，使得生物多样性降低，物种数量大幅减少。目前有机物和营养盐已成为深圳西部海域主要污染因素，并且上升幅度很大，导致水体富营养化程度提高，也是该水域赤潮频发的重要原因（林洪瑛，2001）。近些年深圳海域赤潮频繁发生，而且从发生频率、影响范围都有明显扩大的趋势。如 1998 年，西部沿海赤湾至后海暴发赤潮，面积超过 100 km^2。2001 年 6 月，深圳后海湾、东角头渔港、蛇口港附近海域暴发大规模的赤潮（郭伟，2005）。

海南会文原有 2 000 hm^2红树林，20 世纪 70 年代由于围海造田，砍伐大量红树林，导致土地盐碱化（周祖光，2004）。随着广西沿海红树林区的大量围垦，滩涂经济动物自然产量已下降 60% ~90%，近海鱼苗资源明显下降，海岸侵蚀和港口淤积率提高，台风暴潮经济损失剧增，海岸围垦闲置土地增多，海岸景观单调等一系列问题已逐步显现（梁维平，2003）。

15.2.1.2 海上油气开采活动对生态影响

海上油气开采使海水中石油烃和悬浮物含量增加。浮游植物对油非常敏感，会因油的毒性及溶解氧缺少和光照减少而受到抑制或死亡；泥屑和水基泥浆对浮性鱼卵和仔鱼有一定的伤害；长期的累积效应会使局部鱼类的种群结构发生变化，鱼体内石油烃含量会增高；钻屑和泥浆在海底对表层沉积物的覆盖导致沉积物中大型底栖生物缺氧和污染而无法生存，同时改变底栖生物种类组成，导致群落结构的改变。

油气开采过程中，若发生井喷、输油管道破裂等突发性溢油事故，形成的油膜能造成海鸟死亡外，海洋生物会因缺氧而死亡；因影响光合作用，一些成鱼会因为供氧不足而游不到产卵场；使得一些海洋生物数量急剧减少。原油中某些非烃类组分，对微生物有抑制作用，从而降低海洋自净能力。溢油对水生生物的危害和影响较为严重。溢油不仅会阻碍浮游植物细胞的分裂和生长速率，也有可能刺激藻类大量繁殖而引发赤潮。溢油会使鱼卵和仔、稚鱼中毒死亡，如 1969 年“拖里海各”沉船事件后，沙丁鱼产卵受到石油和乳化剂的双重毒素影响，死亡率高达50%～90%。石油污染会造成大型经济藻类海带、紫菜等完全毁灭，或使其带有油臭味难以销售。海水中石油通过生物体富集经食物链传递，水产品体内石油烃含量不断提高，最终威胁人体健康。

由于溢油事故发生难以预测，带有偶然性和突发性，且泄油量往往又很大，对局部海域环境和海洋生物的损害大多比较严重，也破坏了海洋生态系统的平衡。2004年12月7日，两艘万吨级集装箱船在珠江口担杆岛东北约8 n mile处发生碰撞，泄出了约1 200 t燃油，在海面形成了长9 n mile、宽200 m的油污带，另外还在碰撞点以西120 n mile发现了一条长600 m、宽50 m的油污带。这桩事故是新中国成立以来最大的船舶碰撞溢油事故和海洋石油污染事故之一，形成的巨大油污带，不仅影响其相近的海面浅水区和海岸带，还会通过食物链把危害扩大到包括深海在内的整个海洋生态体系。

油轮事故、海上油井管道泄漏、船舶航行时的排污是石油污染海洋的主要方式。分散态是石油对海洋生物产生直接危害的形式，它的毒性取决于石油组分的性质及其分散程度，其中芳香类化合物的毒性较大，尤其是一些多环芳烃（PAH）如苯并（a）芘、芘、蒽（李言涛，1996）。底栖动物除了可以通过直接取食沉积物颗粒而累积吸附于颗粒上的有机污染物以外，还可以直接从水体或者沉积物空隙水中吸收石油烃类污染物的水溶性成分（Bhattacharyya S，2003）。研究表明，贻贝等底栖动物对石油烃类污染物的累积非常明显。不同种类的海洋动物对石油烃类物质的累积程度差异很大，一般呈双壳类>头足类>甲壳类>鱼类的趋势；另外，底栖动物对石油烃类污染物的累积也和季节变化有关。Lavarias等用轻质原油的水溶性成分（WSF）对处在不同生活史阶段的沼虾（*Macrobrachium borellii*）进行毒性试验，发现沼虾生活史早期不易受到WSF毒性的影响，而成体吸收和排除WSF的速度很快。Hellou等研究了海岸潮间带排污管附近的贻贝有机污染物累积量与污水中溶解态有机污染物的关系，发现在春季污水中汽油、柴油等石油烃类污染物含量增加的同时，它们在贻贝体内的累积量也相应增加。石油烃类污染物对底栖动物的影响比较复杂，有待于进一步的研究（覃光球，2006）。

有机污染物对生物的影响研究也稳步推进。近年来，对生物样品中的有机污染物报道在不断增加。Chen等（2002）对厦门岛和闽江口的贝壳内生物的研究表明，生物体内已受到了有机氯农药的污染，特别是滴滴涕类农药污染值得关注，聂湘平对珠江广州河段沉积物及底栖生物多氯联苯的研究表明，生物富集放大作用明显。Fang（2004）对珠江河口海域翡翠贻贝中有机化合物的检测，发现生物均受到了污染。张伟玲等（2003）对珠江河口的鱼类研究表明，该区河口鱼类也受到了不同程度的有机氯农药污染。

15.2.1.3 海洋渔业养殖的生态影响

池塘养殖中会由于饵料直接溶入或经生物排泄出无机营养盐类碳、氮、磷；用于鱼、虾养殖和育苗生产的消毒物（生石灰、熟石灰、漂白粉等）也会污染水体。网箱养殖中，残饵及鱼类代谢物使养殖区水体中悬浮物、化学需氧量、生化需氧量、碳、氮、磷含量增加，残饵、鱼类代谢物中的非溶解部分会沉积在养殖区海底，增加有机碳含量和底质耗氧量，降低底质氧化还原能力，释放硫化氢、甲烷，增加氮、磷、重金属等含量，导致底栖生物种类组成和数量分布发生变化。贝类养殖中，贝类排泄物（假粪）沉积于海底，会导致底质环境质量下降，从而威胁底栖生物。藻类养殖中，有些地方为了提高产量，进行人工施肥，多余和流失的肥料有可能增加水域的富营养负荷。上述污染物将导致水域富营养化，易引发赤潮暴发。将滩涂湿地大规模改造为鱼塘与虾池会破坏湿地生态平衡。

在养殖操作过程（如换网、药浴、收获等）中，养殖鱼类的逃逸时有发生，有的量还很大，已引起了人们的关注。大量养殖鱼类的逃逸，必然会影响到渔场附近的生态环境。逃逸鱼与土著鱼竞争食物和生境，极大地影响了土著鱼类。另外，还可能造成鱼类病害的流行；更为严重的是，许多鱼类寄生虫病是人畜互传的，对人类的健康将造成威胁（徐永健，2004）。

一些研究揭示了网箱养殖活动与藻华形成的关系。网箱养殖导致水体的富营养化，造成养殖区发生藻华。养殖海区不平衡的 N、P 比例还会导致丝状藻类的大量形成，如在一个养殖网箱附近的水体中，总 N/P 比为 7/5，而溶解性部分比例高达 28/1，在这一比例下，蓝绿藻容易大量繁殖。在网箱养殖的沿岸海域中，由于藻类密度的增加，造成水体中高叶绿素含量，高混浊度，昼日溶解氧大幅度波动及水体中藻类毒素含量的升高；室内研究也发现，在水体中添加生物素 VB12 及鱼类的粪粒等，某些单胞藻数量疯长。水柱中的浮游动物并不摄食这些低值的藻类，从而造成了浮游动物摄食者的减少。可以认为，赤潮的发生是浮游生物多样性极端降低的集中表现，尽管它是暂时性的（徐永健，2004）。

15. 2. 1. 4　海洋航运资源开发的生态影响

海洋航运资源开发中的航道治理工程对海洋生态环境影响分建设期和营运期。建设期污染物主要是疏浚、抛泥作业和船舶油污水排放，营运期污染物为航行船舶的含油污水、生活污水、生活垃圾等。疏浚、抛泥作业产生的弃土悬沙及其溶出物，使得局部水域悬浮物浓度增加，水体透明度下降，抑制浮游植物繁殖生长，导致水域初级生产力下降，从而引起水域食物链的变化。疏浚、就地取沙、抛泥作业和导堤建设，使底栖生物赖以生存的栖息地遭受破坏，导致底栖生物量下降。航道工程实施会改变鱼、虾、蟹类洄游路线和渔场位置，也会对某些水生珍稀动物的栖息地带来一些影响。

疏浚物海洋倾倒对水环境的影响主要表现在两个方面：一是倾倒过程中悬浮物质对水环境的影响；二是疏浚物中所含污染物对水质的影响。由于海水中的悬沙量增加，混浊度也随之加大，透明度则随之降低，这将影响到浮游植物的光合作用。浮游植物在海洋生物链中处于最底层，因此，整个海洋生态系统都会受到影响。疏浚物的海洋倾倒过程是一间隙性活动，悬沙对水环境的影响也是暂时的，随着倾倒活动的结束，悬沙对水环境的影响也将慢慢消失。疏浚物中有害物质的溶出对水环境也能产生一定的影响。曾秀山（1991）用围隔实验研究了厦门港疏浚物在海水中的溶出，发现在围隔实验期间（21 天），石油类、六六六、DDT、Hg、Pb、Cu 的净释出甚微，只有 Cd 有较大程度的释放。研究还发现，在疏浚物加入的第二天，硝酸盐和可溶性磷酸盐达到瞬时最大释放速率。

疏浚物倾倒对海洋生物的影响最受研究者关注，也是研究最多的。倾倒导致的悬浮物质浓度增加对浮游生物、游泳生物和底栖生物均会产生不同程度的影响。余日清等（1998）定量地分析了珠江口航道疏浚对海洋生态影响，研究表明航道施工对邻近水域悬浮物的影响均低于海水水质一类标准（10 mg/L），因而其对航道两侧邻近水域海洋生态的影响可能并不明显，但航道开挖将彻底改变航道及其邻近区底面原有的底栖生态环境，其底栖生物群落的恢复估计至少需 3 ~ 4 年，疏浚工程造成主要经济底栖生物资源损失量为 1 397. 7 t。疏浚物中有害物质的溶出对生物可能产生一定的毒性。李纯厚等（1997）所做的南海海港疏浚物悬浮物质毒性试验表明，悬浮物对浮游甲壳类的致死效应明显，对卤虫无节幼体 96 小时 LC50 为

71.6 mg/L，对浮游桡足类48小时LC50为61.3 mg/L，而对前鳞鲻幼鱼96小时LC50为556.3 mg/L。

湛江港30万吨级航道工程疏浚泥的倾倒对海洋生态环境及渔业资源的影响虽然难以用经济损失金额定量评定，但该项影响是客观存在的。倾倒活动对生态环境的影响主要表现在以下三个方面：①倾倒活动产生的悬浮物改变生态环境中的海水质量。海水中悬浮物的增加，将影响海域的生物繁殖和幼体生长，某些鱼类的临界值为75～100 mg/L，超过临界值的繁殖速率大大降低。②倾倒将覆盖倾倒区内原有的底栖生物栖息环境。底栖生物赖以生存的海底沉积环境的改变，将在倾倒结束后几年才能使底栖生物得到一定恢复。③倾倒使倾倒区生态环境中的海底地形和流场改变（戴明新，2005）。

广州港出海航道疏浚施工前和施工期进行监测，施工时对珠江口附近海洋生态环境基本没有产生大的影响。由于航道挖掘将改变原有底栖生态环境，与疏浚前相比，疏浚工程施工期间同一季节内底栖生物生物量有所下降，栖息密度则明显上升，种类组成发生一定变化，但优势种变化不明显（王超，2001）。

珠江口海域的倾倒、航道和疏浚等海洋工程对珠江口内的底栖生物的栖息环境造成了明显影响，导致底栖生物在珠江口内形成低密度区。珠江三角洲湿地每天几十艘挖砂船的作业，不仅破坏了海床，且严重破坏了底栖生物的栖息环境，鱼、虾、贝类都被挖砂机抽走，海域一片荒芜，底栖生物、鱼虾繁殖区的生态环境受到严重破坏。

珠江口的海洋工程对生活在珠江口的国家一级重点保护的濒危野生动物中华白海豚的保护造成影响。逐一上马的港珠澳大桥工程、深圳港铜鼓航道工程和广州港航道疏浚工程刚好从珠江口中华白海豚国家级自然保护区穿过，这些工程的施工作业会影响到中华白海豚的栖息、觅食和繁殖等生理行为。航道疏浚施工造成水体透过率下降会间接影响白海豚的食物来源，而施工船舶活动产生的噪声会干扰白海豚的回声定位系统而影响其觅食和交配等正常活动，严重的会损害其听觉系统甚至导致白海豚个体死亡（周斌等，2007）。另外，保护区内往来频繁的渔船和挖砂船作业度都会对其生活及繁殖造成影响。为了不让中华白海豚步白鳍豚后尘，全社会应当行动起来，强化中华白海豚保护区的建设和管理，提高执法监管力度；禁止海域的非法渔业活动，严格控制沿岸各地生活和工业污水的排放，保护海洋生态环境、改善中华白海豚的栖息环境。

海洋航运资源开发中的港口、码头、桥梁等建设使原有的滩涂湿地不复存在，潮间带生物被破坏，围堤以内潮间带生物基本上绝迹。在港口、航道开挖、桥梁打桩、水下爆破及疏浚所涉及范围内，将对海洋生物造成不同程度的致死效应，致使底质中污染物再悬浮，影响海洋生物生长，局部区域生物群落结构将会受到一定的影响。由于对海底泥沙的扰动，会对所在区域的底栖生物的生存环境产生影响。如广东省大亚湾在进行港口开发中，采用水下爆破技术，致使鱼类大量死亡，后经技术鉴定确定为水下爆破所致，最后建设单位向渔业部门一次性赔偿人民币数百万元，然而对生态环境造成的间接损失无法获得赔偿。

15.2.1.5 滨海电厂工程的生态影响

电厂工程（火力发电）产生的温排水使水温升高，会在一定程度上促进水中有机污染物加速分解，并加快水生生物的呼吸，使耗氧量增加。而水中饱和溶解氧会使水域复氧困难和缺氧增加（林昭进，2000）。而在缺氧状态下，很容易导致内源性磷的增加，即加速底泥中磷的释放，导致区域内海水磷浓度的增高，使原来的N/P比缩小而趋于藻类生长的最适比例，加剧水体的富营养化（许炼烽，1990）。火力发电中的原煤、粉煤灰浸出液对水生生物呈微毒或无毒性质，但大量向海洋倾倒会使局部水域悬浮物增加，抑制浮游植物生长，导致初级生产力下降（金腊华，2003）。在电厂循环冷却水中，为防止有机体的附着、繁殖而影响冷却设备降热效果和真空度，通常需设置循环水加氯装置，每日定时加氯。急性毒性试验表明，鱼、虾类对余氯较为敏感，水体中余氯质量浓度超过0.01 mg/L时，对鱼、虾就会产生影响；余氯质量浓度超过0.05 mg/L则对贝类成体有毒性作用。另据国外报道，即使在质量浓度为0.005 mg/L下，对敏感鱼类亦能发生危害。余氯离子对鱼、虾、贝的毒性主要表现在其能直接氧化，使生物体内酶类活性消失，这一致毒作用是不可逆的，生物遭受到致毒作用后即使恢复正常环境也不能恢复其体内酶类活性。

1）温排水的热影响

（1）对水体理化性质的影响

水环境中溶解氧的状况在很大程度上决定着水生生物的生命活动，是新陈代谢过程所必需的物质条件之一。研究表明，水温与溶解氧含量的相关系数相当高。当水温从0℃升高到40℃时，水温与溶解氧含量呈负相关。水温每升高6～10℃，溶解氧含量要减少0.5～3.0 mg/L。当水温升高至35℃时，溶解氧含量仍高于5.0 mg/L。当水温低于40℃时，溶解氧含量大于4.0 mg/L，就是说一般情况下，非污染水体中的增温所造成的溶解氧含量改变不会低于鱼类对溶解氧的最低要求（徐镜波，1986）。热排放还有可能使水色变浊，透明度降低，氨氮含量增高，水质矿化度加强，总磷、总氮含量偏高，会加重受纳水体的富营养化进程。

（2）对底栖动物的影响

底栖动物长期栖息在水底底质表面或底质的浅层中，它们相对固定，迁移能力弱，在受到热排放冲击的情况下很难回避，容易受到不利的影响，主要反映在底栖动物在强增温区的消失。多数亚热带地区一年当中7—9月自然水温在26℃以上，高时可达30℃以上，在高自然水温情况下若再升高水温，动物生长有可能受到抑制或导致死亡。因此，在夏末至中秋季节，热排放对底栖动物造成的不利影响最大，动物极度减少的区域会向中增温区扩展。然而，在其他季节里，自然水温在26℃以下，其中，弱增温区内的底栖动物丰度可能都会高于自然水体。王友昭（2004）根据中国科学院南海海洋研究所大亚湾海洋生物综合实验站20年获得大量现场观测数据，发现大亚湾特别是西部水域（核电站附近）底栖生物种类明显减少，尤其是夏季。1991—2004年，核电站附近平均生物量从317.9 g/m^2减少到45.24 g/m^2，低栖生物种类数从250种减少到177种（Wang，2008）。

（3）对浮游植物的影响

温排水会改变局部海区的自然水温状况，浮游植物最易受影响。浮游植物处于整个食物链的底端，其结构变化必然会影响整个生态系统。

刘胜等（2006）以受温排水影响最直接的大鹏澳为研究对象，重点关注环境变化对浮游植物群落结构的影响，结果表明，核电站运行后浮游植物种类较丰富，数量通常是春、夏季较高，就种群组成而言，甲藻与暖水性种类的数量有增多的趋势，同时网采型浮游植物数量明显减少，但叶绿素a的含量变化不大，间接地反映了群落组成的小型化趋向。彭云辉等（2001）对核电站运行前后邻近海域初级生产力的调查结果显示，初级生产力的年生产量在核电站运转前（1992—1993）为88 $g/(m^2 \cdot a)$（以碳计）；运转后分别为180 $g/(m^2 \cdot a)$（以碳计）（1994—1995）和236 $g/(m^2 \cdot a)$（以碳计）（1998），说明核电站运转后温排水的升温效应对受纳水体中浮游植物的初级生产力无抑制作用，相反还有促进作用，且冬季特别明显，核电站运转前影响初级生产力的主要因子是水温，而运转后为透明度。

（4）对鱼类的影响

在表层水中，温度是影响鱼类分布的最重要的环境因子。热排放进入受纳水体后，会改变鱼类等水生生物在水体中的正常分布，引起群落结构的变化。不同增温区对鱼类的影响也不同，通常增温幅度大于3℃对某些鱼类的危害比较明显，例如大亚湾核电站运行后临近水域中银汉鱼科的仔鱼消失，河鲈的数量迅速减少，有些种群变化会表现出滞后效应；增温幅度小于3℃对鱼类则表现出有利的影响，一定范围内种群数量随水温升高而提高，并且鱼类的迁入增多、迁出减少，其个体数量也增加。

林昭进等（2000）研究了温排水对大亚湾鱼卵、仔鱼的影响，结果发现温排水对整个大鹏澳水域鱼卵和仔鱼的总数量及其季节变化均无明显影响，对鱼卵死亡率的影响也不显著，但对鱼类的产卵活动影响较为明显，鱼类一般避开温升1.0℃以上水域而趋于在进水口水域以及温排水的边缘区域（温升0.5～1.0℃）产卵，鱼类的种群结构也发生了一定的改变，小沙丁鱼（*Sadinella* spp）鱼卵和仔鱼数量明显增多，斑鰶（*Clupanodon punctatus*）和鲷科（*Sparidae*）鱼类的鱼卵和仔鱼数量显著减少，并且未见鳀鱼（*Engraulis japonicus*）和小公鱼（*Anchoviella* sp）鱼卵以及鳀科（*Engraulidae*）和银汉鱼科（*Atherinidae*）仔鱼的出现。蔡泽平等（1999）对大亚湾3种重要经济鱼类进行热效应模拟实验，并结合其生殖生态习性和水域环境进行研究，结果表明，大亚湾核电站温排水热效应对黑鲷和平鲷等种群资源没有明显的不利影响。湛江电厂温排水引起的温升使夏季强增温区的浮游生物和鱼类的种类和数量减少（金腊华，2003）。

2）余氯排放的影响

余氯对水生动物的毒性影响与余氯的形态浓度、胁迫时间以及动物对氯敏感性等因素有关。张穗等（2000）对大亚湾核电站冷却水排放口及邻近海域海水中余氯污染状况进行了调查，结果表明，大亚湾核电1站冷却水排放口及邻近海域海水余氯的含量为0.01～0.04 mg/L，各季节平均水平为0.01～0.02 mg/L，冬季较高。余氯在水体中的垂直分布则较一致，表、底层水体中余氯的含量无明显差异。在调查过程各站点水样检测中，检出的余氯均为NH_2Cl，未检出游离态余氯。游离态余氯的毒性较强，大约为化合态余氯的6倍。平鲷、黑鲷对余氯胁迫的敏感性远大于斑节对虾，这可能是因为余氯对水生动物的毒性机制主要是破坏动物从水中吸取溶解氧的能力。游离态和化合态余氯对合浦珠母贝受精卵卵裂都有抑制作用。由于核电站邻近水域余氯含量水平较低，尚不致于对生态环境产生明显的影响。

3）冷却水取水对水生生物的卷吸和冲撞影响

电厂冷却水取水冲撞影响是指电厂取水引起冷却水源取水口局部区域某些水文条件的改变，使鱼类和大型水生生物的成体或大的幼体失去自主运动能力但又不能通过滤网系统而造成的各种损害。显然，冲撞影响的危害主要是物理性损伤，同取水口附近水流流速、滤网材质和网格大小有关。电厂冷却水取水卷吸影响和冲撞影响是一个取水过程引发的两个问题，二者既有联系又有区别。根据国外的研究结果，电厂卷吸影响对浮游生物数量损伤率为10%～30%。根据我国科研工作者的研究，电厂冷却系统对海水浮游藻类数量的损伤率变化范围为11.98%～27.08%，均值为19.82%；卷吸对浮游动物数量的损伤率较浮游藻类高。

4）放射性影响

核电站是利用原子核在裂变时产生的巨大能量来发电的。这些核材料在裂变过程中会产生放射性裂变产物，因此在核电站排出物中，不可避免地会带有一些放射性物质。若不加以限制地将之排放入海洋，势必会对海区中的生物环境造成影响。

不过，现在的核电站对放射性物质有严格的限制和管理措施。根据有关规定，压水堆核电站的设计标准应保证核电站附近的居民通过空气和水两个主要途径，接受的辐射剂量不超过3.9 mS V/a。一般而言，只要对人的辐射照度在安全范围内，就不会对海洋生物造成危害。在对已运行的核电站的放射性排出物质的调查中，均发现放射性水平较低，并不会对生物造成明显的损伤。刘广山等（1998）用光谱法测定了大亚湾核电站运行前和运行后1年中大亚湾海域一些海洋生物、海水和沉积物中的137Cs的含量。结果显示，核电站运行1年后和运行前相比，海洋生物、海水沉积物中的137Cs含里没有明显变化。

15.2.2 海洋资源开发活动的负面生态效应*

被认为是海洋产业经济增长点的海水养殖，在带来重大经济效益的同时，也引起了一系列环境问题（李永淇，1999）。2006年在北海市召开的全国近岸海域环境监测会议上提出，海水养殖正成为近岸海域重要的污染源，必须以法律规范海水养殖活动并实施监督监测，以确保海洋产业的可持续发展。近年来，随着沿海经济的高速发展和海洋资源开发力度的不断加大，污染程度日益加剧，海水三类水质以上占近海56.8%以上，一类水质仅为14.7%，赤潮发生由20世纪70年代的每年1~2次增加到90年代的每年20多次。

15.2.2.1 养殖对水环境的影响

1）营养盐

随着我国海水养殖业的发展，尤其是广东海水鱼类和对虾的高密度养殖，养殖海域自身污染问题已较严重。海水养殖废水的大量排放是海水养殖区邻近海域赤潮大面积发生的一个不可忽视的重要因素。

从广东“908”生物生态专题对广东养殖海湾的调查结果显示，汕头港、柘林湾和水东湾、海陵湾是各海区中硝酸盐浓度较高的区域，但汕头、汕尾海区除了夏季之外其他季节保持高值，水东湾、海陵湾则在夏季出现高值；根据《海水水质标准》，采用单因子标准指数法进行评价，从DIN浓度来看，汕头海域表层海水，超标率为64%~100%，秋季最高，其中柘林湾和莱芜岛达四类水质标准。汕惠海域从碣石湾到大亚湾超标率平均为0%~10%，夏季大亚湾口外海域较高，达到二类或三类水质标准，其余季节符合一类水质标准。水东湾，海陵湾超标率为73%，达到二类或三类水质标准，其中，沙扒港最高。湛江海域较汕惠海区稍高，超标率为13%~38%，汕头、汕尾海区较其余三个海区浓度值稳定，四个季度之间波动不强烈，其余各区则均于夏季出现全年最高值；磷酸盐浓度全年的波动比较强烈，各海区大部分季节均符合一类水质标准，汕头港、柘林湾海区和湛江港、雷州湾、流沙湾的雷州半岛海区分别在冬季、秋季和春季出现磷酸盐高值，最高可达0.025 mg/L以上（汕头、汕尾海

* 作者：谭烨辉、连喜平、黄良民。

区冬季），超标率91%～100%，达到三类或二类水质标准，大亚湾、大鹏湾海区和水东湾、海陵湾阳江海区常年保持0.08 mg/L以下低值，符合一类水质标准；除汕头、汕尾海区之外，其他海区硅酸盐浓度值较接近，四个季度的平均值保持在1.0 mg/L以下，且波动不大，而汕头、汕尾海区由于受榕江径流影响，硅酸盐浓度明显高于其余3个海区，季节变化明显，于夏季达到全年最高值，而在春季降至最低。

汕头港、柘林湾海区全年DIN浓度低于0.2 mg/L，其中，柘林湾附近海域DIN夏季为高值区，平均值大于0.02 mg/L，夏季和春季均小于0.01 mg/L。大亚湾、大鹏湾海区N类营养盐在夏季达0.040 9 mg/L左右，约是其他季节的2倍；水东湾、海陵夏季铵盐浓度也较其他季节有较大增加。活性磷酸盐在本海域大部分站点均未检测出。湛江港、雷州湾、流沙湾的N类营养盐在夏季浓度最高，冬季和秋季偏低；活性磷酸盐夏季值极低，其余三个季节浓度均高于夏季值5倍以上。

林东年（2004）对广东网箱养殖相对水质较好的水东湾网箱养殖区进行评价，无机氮平均浓度达到0.372 mg/L，超过国家二类海水水质标准；活性磷酸盐浓度为0.027 2 mg/L，均达到国家二类海水水质标准。杜虹等（2003）2001年对柘林湾周年调查结果显示，DIN、PO_4-P和COD的周年平均值分别达到27.02、1.26 μmol/L和1.15 mg/L。与国家标准GB 3097—1997）相比，氮、磷含量超过了无机氮为21.4 μmol/L（0.3 mg/L）和无机磷为0.97 μmol/L（0.03 mg/L）的二类标准，COD达到国家一类标准（2 mg/L）。用隶属度法对柘林湾水域进行营养化评价的结果表明，柘林湾的营养现状已达中营养以上，其指标相当于国家二类海水标准，海水富营养程度已达相当高水平，这与该湾大规模水产养殖有密切关系。2001年该湾网箱已增加至40 000个左右，贝类养殖近20 km^2，而且还有不断扩大的趋势。水产养殖过程中产生的残饵、粪便等悬浮颗粒有机物及其他排泄物是水体富营养化的一个重要因素，富营养化程度的加剧将加大赤潮的发生机会，给养殖业及近岸生态环境带来危害。许忠能（2002）在2000年夏季选择柘林湾、大亚湾小桂、珠海桂山十五湾堤内、阳江闸坡旧澳湾、湛江硇洲岛斗龙作为养殖区，5个点中除湛江硇洲岛斗龙有5个鲍鱼养殖场排水口外，其余各点均有超过5 000 m的鱼类养殖网箱；选择汕头浦尾以东、惠阳大亚湾小鹰、珠海桂山十五湾堤外、阳江闸坡马尾岛滩外、湛江硇洲岛南角尾以北作为相对应的非养殖区，对水体中氮、磷和浮游动物、浮游植物等指标进行测定，分析夏季海水养殖给海区水环境造成的压力。结果表明，养殖区总氮、颗粒态总氮、总磷、颗粒态总磷含量分别为0.506～1.244 μmol/L、0.367～1.066 μmol/L、0.112～0.232 μmol/L和0.054～0.157 μmol/L，这些指标在养殖区高于非养殖区。广东沿海夏季养殖区TN、TP含量高于非养殖区，表明海水养殖对自然海区造成可检测的营养负荷。由于广东“908”水体调查站位与上述研究站位相比，都比较偏外海，所以难以直接比较变化趋势。

2）溶解氧

溶解氧（DO）是评价水质的重要指标之一，其含量变化反映了海域水环境的质量状况。整体来说，各海区秋季DO最高，基本都达到一类海水水质标准。汕头海区表层海水DO的标准指数平均为0.26，超标率0%～9%，符合国家一类水质标准，但是汕头港中层和底层水中超标率较高，达到四类或三类水质标准。而大亚湾夏季表层海水已经达到三类水质标准，其他季节二类水质标准。阳茂海区除夏季海陵湾和沙扒港超标18%左右，达到III类水质标准外，其他都是一类水质标准。流沙湾海区常年都一类水质标准。

在对柘林湾、大鹏湾和深圳湾等养殖水体的调查中发现（何锐强等），DO浓度经常偏低，这是由于鱼类等水生动物的呼吸耗氧和养殖生产所排出的废物分解耗氧所致。DO的垂直分布通常是随水深的增加而减少。

15.2.2.2 沉积物评价

根据“908”调查资料，各海区沉积物有机质统计结果如下（表15.1）。

表15.1 海洋沉积物平均值

海区	有机质/%	油类/(mg/kg)	总氮/(mg/kg)	总磷/(mg/kg)	铜/(mg/kg)	铅/(mg/kg)	锌/(mg/kg)
汕头	1.55	131.2	808.0	259.0	26.0	49.0	109.0
汕惠	1.78	161.7	1 051.0	288.0	16.0	33.0	89.0
阳茂	0.97	43.9	647.0	177.0	20.0	25.0	77.0
湛江	0.80	18.5	1129.0	80.0	15.0	29.0	76.0
流沙湾	1.49	14.3	825.0	274.0	21.0	52.0	91.0
平均值	1.35	94.3	940.0	216.0	18.0	34.0	87.0
海区	氧化还原电位/mV	镉/(mg/kg)	铬/(mg/kg)	汞/(mg/kg)	砷/(mg/kg)	硫化物/(mg/kg)	
汕头	-87	0.16	62.0	0.055	7.25	100.5	
汕惠	9	0.06	63.0	0.038	5.73	176.5	
阳茂	-33	0.16	55.0	0.051	7.85	57.3	
湛江	-101	0.40	60.0	0.066	12.53	21.6	
流沙湾	-96	0.05	63.0	0.043	5.34	59.3	
平均值	-45	0.17	61.0	0.049	7.79	101.0	

汕头港-柘林湾沉积物中重金属Cu、Pb和Zn也表现出较为明显的波动变化，均在1989—1992年测值较高，其含量分别为33.0 mg/kg、74.7 mg/kg和144.0 mg/kg，其中，Cu和Zn符合第一类沉积物标准，而Pb则超过了第一类沉积物标准；到2007年，汕头港-柘林湾海域沉积物中Cu、Pb和Zn含量均符合沉积物一类标准。

大亚湾海域沉积物中Cu含量总体保持稳定，无明显变化，但Pb和Zn含量则呈明显降低趋势。

大鹏湾沉积物中的Zn含量表现出增加的趋势，污染物含量的增加，一个重要的原因在于生产生活污水等越来越大量的排放，这也是发展工农业生产对环境带来的负面影响之一；Pb在2001年测值较低，其含量为9.4 mg/kg，但2007年和1991年相比，Pb则无明显变化，处于相对稳定状态。

海陵湾海域2007年沉积物中重金属Cu和Pb含量均较低，与以往年份相比表现出降低的变化趋势；而Zn含量呈现波动变化；海陵湾海域沉积物重金属呈现出不同的历史变化趋势，可能主要与海陵湾海域重金属来源有关。丘耀文等（2004）研究表明，海陵湾海域陆源污染不是该海域重金属污染的最主要途径，外海海水可影响海陵湾海水的清洁度。因此，海陵湾海域沉积物中重金属的历史变化趋势呈现复杂的波动变化。

水东港海域沉积物中Zn无明显变化，基本保持稳定；相比1990年，2007年海域沉积物中Cu、Pb均表现出较大幅度的降低，很多因素能够导致这种变化，如污染排放管理措施的实施，再加上沉积物本身的地球化学循环等共同作用，可能导致沉积物中污染物降低或迁移至更深层次的沉积物中，但具体原因还需进一步研究分析。

与20世纪80年代相比，2000年后湛江港海域沉积物中Cu、Pb、Zn均有较大的升高，湛江港海域沉积物重金属污染有增大的趋势；21世纪后，在西部大开发的带动下，湛江经济发展迅速，而且湛江港是一个封闭性很强的海域（郭笑宇和黄长江，2006），因此，人为活动的加大可能造成湛江港海域污染的加重。

雷州湾沉积物中油类在1990年出现峰值，含量为39.7 mg/kg，仍符合一类沉积物标准；Cu含量有较小幅度的减小，但变化趋势较小，而Pb含量有较大幅度的增加，反映出污染加重的趋势。

15.2.2.3 浮游生物评价

据“908”调查资料，由图15.1可以看出，广东近海年平均叶绿素a湛江港和流沙湾超过6 mg/m^3，其他海区也都在2 mg/m^{3}以上。

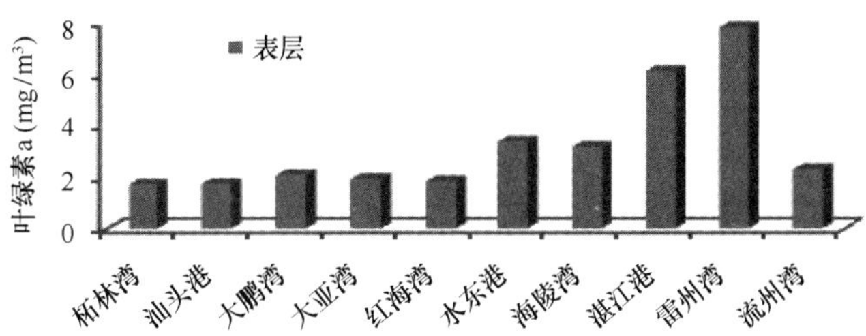

图15.1 广东海湾年平均叶绿素a的分布

从广东“908”调查结果来看，汕头港浮游植物密度最高为7.71×10^5 cell/L，其次是柘林湾3.6×10^5 cell/L，柘林湾主要是受鱼类网箱养殖的影响，浮游动物丰度偏低，浮游植物丰度很高。浮游植物各海湾一般在10×10^5 cell/L左右，较低的有大亚湾和海陵湾分别为1.1×10^5 cell/L和1.3×10^5 cell/L。浮游动物除海陵湾和水东湾在1 000 ind/m^{3}左右以外，其他海湾都在100～200 ind/m^3（图15.2）。

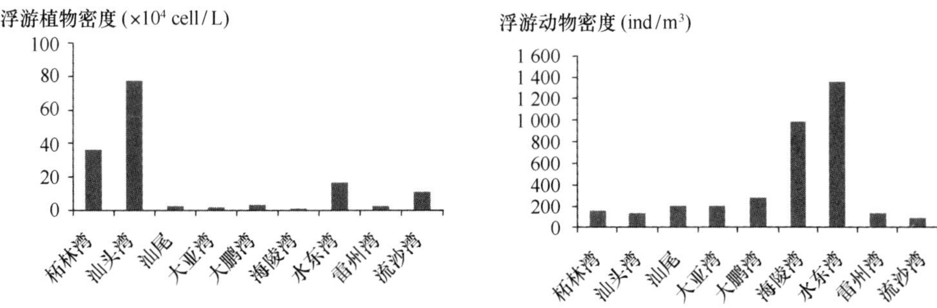

图15.2 2007年春季广东海湾浮游生物生物量

广东省各海湾浮游生物的优势种有明显的差别（图15.3），柘林湾，汕头和汕尾海区以及大鹏湾浮游动物都以肥胖箭虫为第一优势种，中华哲水蚤在柘林湾和大亚湾是优势种，而夜光虫在粤西海湾为优势种。中肋骨条藻在汕头海区，柘林湾、大鹏湾和流沙湾都是优势种，海陵湾、水东湾和雷州湾的优势种都是根管藻属的种类。固氮的铁氏束毛藻仅在大亚湾和大鹏湾为优势种，反映出这两个湾可能存在潜在的氮限制。甲藻类的三角棘原甲藻仅在流沙湾为优势种。其余海湾的优势种大部分为硅藻。有研究表明，由于营养盐的不断增加，浮游动物的种类组成发生了很大变化，增加的营养盐促使浮游植物大量繁殖，同时浮游动物由于有充足的食物，丰度和生物量也同时增加。杜飞雁对大亚湾浮游动物生物量进行了调查，指出浮游动物湿重生物量从 1992 年开始有大幅度的上升，这是因为到 1988—1989 年 N/P 值为 17.7，最接近 Redfield 比值，所以在 1987 年和 1990—1991 年，浮游植物种类和数量都增加。由于受浮游植物的影响，浮游动物生物量从那时起有大幅度的上升。2004 年浮游动物生物量达到历史最高，年平均值为 424.3 mg/m^3。根据“908”调查资料表明，浮游动物生物量（湿重）年平均值为 477.75 mg/m^3，与 2004 年的调查相比略有增加。

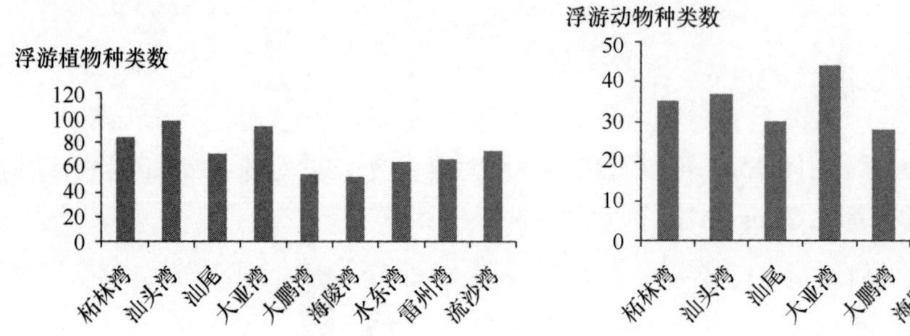

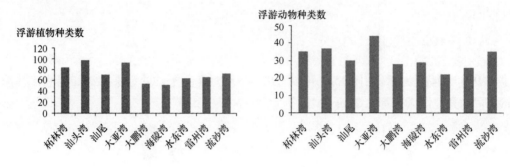

图 15.3　2007 年春季广东海湾浮游生物的种类变化

15.2.2.4　海洋生物质量评价

广东省沿岸各养殖海区生物体中除重金属 Cd 和石油烃有超标外（表 15.2），生物体质量较为良好。Cd 的超标主要出现在 A 海区和 B 海区的鱼类中，而石油烃含量超标主要在湛江港、雷州湾和流沙湾湾外海域的软体动物中。

表 15.2　各海区生物体中超标因子评价结果

海区			A	B	C	D
站位数（个）			5	12	6	9
Cd	鱼类	样品数（个）	5	12	6	9
		超标率（%）	60	25	0	0
	软体动物	样品数（个）	5	3	5	6
		超标率（%）	0	0	0	0
石油烃	鱼类	样品数（个）	5	12	6	9
		超标率（%）	0	0	0	0
	软体动物	样品数（个）	5	3	5	6
		超标率（%）	0	0	0	50

A：汕头海区，B：汕尾—惠州海区，C：阳江—茂名海区，D：湛江海区。

15.2.2.5　水域环境整体评价

1）溶解氧

“908”调查结果说明，各海区秋季 DO 最高，基本都达到一类海水水质标准。汕头海区表层海水DO的标准指数平均为0.26，超标率0%～9%，符合国家一类水质标准，但汕头港中层和底层水中超标率较高，达到四类或三类水质标准。而大亚湾夏季表层海水已经达到三类水质标准，其他季节二类水质标准。阳茂海区除夏季海陵湾和沙扒港超标18%左右，达到三类水质标准外，其他都是一类水质标准。流沙湾海区常年都为一类水质标准。

2）营养盐

从水体营养盐水平来看，汕头海区以及湛江港和广海湾一带是全海域最高的。从DIN浓度来看，汕头海域表层海水，秋季最高，其中，柘林湾和莱芜岛达到四类海水水质标准。夏季大亚湾口外海域较高，达到二类或三类水质标准，其余季节符合一类水质标准。根据近几年对大亚湾营养盐调查，由于大亚湾沿岸的大型工业和养殖业迅速发展，使大亚湾海域近20年的溶解无机氮（DIN）持续上升，大亚湾营养盐由原来的N限制转变为P限制。1985—1986年调查N/P值为1.4，随后开始上升，到1999年竟高达100以上，营养盐的变化对大亚湾浮游生物产生了很大的影响。水东湾，海陵湾阳茂海区超标率为73%，达到二类或三类水质标准，其中沙扒港最高，湛江海域较汕惠海区稍高，超标率为13%～38%，磷酸盐浓度全年的波动比较强烈，各海区大部分季节均符合一类水质标准，汕头港、柘林湾海区和湛江港、雷州湾、流沙湾分别在冬季、秋季和春季出现磷酸盐高值，最高可达0.025 mg/L以上（汕头、汕尾海区冬季），超标率91%～100%，达到三类或二类水质标准；大亚湾、大鹏湾海区和水东湾、海陵湾常年保持0.08 mg/L以下低值，符合一类水质标准。

3）异养细菌与浮游生物

异养细菌的调查结果表明，粤东海区汕头港内异养细菌数量高于1×10^6数量级，异养细菌丰度由内向外降低；大亚湾和汕尾港海区异养细菌数量由内向外呈递增趋势，从1×10^4数量级增加到1×10^5数量级；粤西海区的流沙湾异养细菌为1×10^5数量级；雷州湾异养细菌为1×10^4数量级，由内向外递减变化；海陵湾异养细菌数量为1×10^4数量级；而水东港异养细菌仅为100数量级，明显低于其他海区。

从“908”调查结果，并结合养殖海区的养殖品种和养殖方式分析，网箱养殖对浅海生态系统的影响主要表现为养殖水域营养负荷增加，如大鹏澳，柘林湾等海区，海域养殖密度过高、饵料投放过多引发局部富营养化，施用饵料，水体中营养物质逐渐增多，养殖水域高浓度的N、P加快了浮游植物的生长，所以浮游植物的数量明显高于其他海区，开始时浮游植物大量繁殖，但随着时间的延伸和养殖规模的不断扩大，营养物质富集，水质恶化，光照下降，浮游植物的数量又趋向减少。形成了养殖的自身污染，不同藻类对营养元素的需求是不同的，在水质不断恶化过程中，藻类的优势种群往往由硅藻变为蓝藻。

养殖自身污染对浮游植物影响最为明显的为柘林湾，其网箱鱼排超过4万格，贝类养殖面积近20 km^2，是广东省海水增养殖密度最大的海湾之一，同时也是赤潮多发区。周凯等于2000年5月至2001年5月对柘林湾进行了周年调查。结果表明，柘林湾是一个营养盐全面超标，富营养化程度很高的海湾，其溶解态无机N、P的年平均值分别为22.64 μmol/L、1.95 μmol/L，均超过三类海水水质标准；无机硅含量的年平均值更高，达59.7 μmol/L。柘林湾共有浮游植物54属153种。其中，硅藻为优势类群，共37属114种，占总种数的74.51%；甲藻15属36种；其他2属3种。浮游植物种数和丰度的平面分布表现为湾内低于湾外，东部低于西部的基本格局，季节波动模式则为单峰型，全年数量最高峰位于盛夏7月份。中肋骨条藻（*Skeletonema costatum*）为该湾的全年优势种，在群落总细胞数中的百分比年平均高达58.7%。该海域浮游植物多样性指数（H'）平均为1.68～2.30，全年平均值为1.9；均匀度指数（J）年平均值为0.41～0.51，整个海区年平均值为0.46。对水温、营养盐、浮游植物群落的多样性指数和均匀度以及中肋骨条藻的种群密度等进行相互之间的回归分析，发现调查海区浮游植物数量与水温呈显著的正相关关系，而浮游植物数量与溶解无机氮、溶解无机硅呈显著负相关关系，与无机磷无显著相关性。柘林湾是一个营养盐全面过剩的海湾，营养盐对浮游植物生长繁殖的调控作用自然相对减弱，而其他因素的作用则会相对加强。大规模的增养殖渔业和高强度的排污排废引起的富营养化已在很大程度上改变了该湾浮游植物的群落结构及时空分布，使生物多样性与均匀度明显下降，中肋骨条藻等少数种类则大量增殖。因此，硅藻赤潮，尤其是中肋骨条藻赤潮的发生机会明显增多，但发生甲藻赤潮的可能性较小。柘林湾水体生态系统处于严重的不健康状态，对大规模赤潮和病害的抵抗能力弱。柘林湾底质污染程度虽然较轻，但主要污染物的潜在威胁不容忽视，底质N、P的再溶出及其对海水养殖业造成的影响也必须引起关注。

从叶绿素的分析结果也可以看出，叶绿素高的海区富营养化比较严重，叶绿素高值主要分布于柘林湾、汕头港和大亚湾海区。大亚湾湾内西部高，东部低，与Song等（2004）、Sun等（2006）及Wang等（2006）的研究结果一致，高值位于养殖区及污染较为严重的大鹏澳和澳头湾。大鹏湾表现为湾内高、湾外低。粤西海区分布较为规律，等值线几乎与岸线平行，海陵湾、水东港附近海域叶绿素a浓度相对较高。海陵湾海区呈现明显的近岸高，外海低的趋势，水东港西部海区高于东部海区，湛江港则呈现港内高，口门和外部海区逐渐下降趋势。雷州湾在硇洲岛西南部海区出现一个低值区。流沙湾在湾口附近叶绿素a浓度较高。

4）养殖区沉积环境变化

网箱养殖废物（有机质）沉积到海底，导致氧化还原电位降低；微生物的活动增加了底质的需氧量造成缺氧环境；厌氧状态下，异养细菌将有机质分解转化为H_2S和NH_3，从而引起底质中硫化物含量的升高，对网箱内鱼类造成危害。沉积物中有机物的含量很高并且随着离网箱距离的增加，浓度降低。沉积物中硫化物的丰度对于海水养殖的海底生态环境的可持续发展有着相当重要的意义。大亚湾研究资料表明，网箱养殖区鱼排沉积物中硫化物含量较对照区高2～3倍。何国民等的研究表明，沉积硫化物高是海湾网箱渔场老化的主要特征之一。甘居利等对网箱渔场老化风险评估中也选定底质硫化物为主要影响之一。大鹏澳网箱养殖区的调查结果显示，网箱区内底质硫化物含量在春夏（694 mg/kg）与秋冬（554 mg/kg）之间的差异显著（$P<0.02$），而春与夏、秋与冬之间的差异不显著（$P>0.10$），认为这种季节变化特征主要是由于不同季节投饵量、风浪、底层水温、溶解氧浓度等因素差异的影响。网箱下有机物富集的程度和范围以及影响效应的大小和尺度取决于饲料系数和环境的物理、化学、生物特性的共同作用。一些研究表明，和化学特性相比，底栖生物对网箱养殖区底质环境的改变更为敏感。

养殖自身污染的危害性主要表现在以下两个方面：一方面是导致水质恶化，养殖密度过大，池水恶化，迫使注排水频率加大，污染的池水排入近海，近海污染的海水又重新注入池内，引起池水污染，形成恶性循环。当受污染的水进入池内，轻则影响生物的生长，重则引起病害发生。当养殖污水排放导致附近海域赤潮发生时，由于浮游植物的异常暴发性增殖，造成海水pH值升高，赤潮生物的内毒素和外毒素以及赤潮生物大量死亡后其尸体分解造成水质恶化等，都能使赤潮发生区域养殖对象全军覆没。一旦将赤潮水抽进池内，其后果可想而知；另一方面是病原微生物的传播感染，连续交换的海水还是病害传播的媒介。

目前，我国近海水域污染日趋严重，其主要原因是由于大量工农业和城市废水排入所致，但不容置疑，海湾的养殖活动已成为污染的重要来源之一。从目前情况看，滩涂面积用于养殖生产已近40%；港湾利用率已高达90%，部分内湾、近岸水域养殖已属过密、过度，这些海域的养殖活动应根据环境容纳量进行必要的结构和规模调整。随着社会经济的发展，大量的工业和城市生活污水进入海洋，还有农药、化肥等直接导致水域环境的污染，影响海水养殖业的发展。另外，海水养殖的自身污染也不容忽视，要避免盲目追求高产、布局不合理、滥用药物等现象。对我国赤潮灾害记录分析表明，河口型赤潮的发现次数占总数30%，海湾型赤潮占29%，养殖型赤潮占27%，沿岸流型和上升流型均各占6%，外海型赤潮最少，只占2%（赵冬至等，2003）。这些养殖型赤潮多发生在辽宁省丹东市鸭绿江口至庄河市青堆子海域；山东省龙口至蓬莱海域和烟台海域；浙江省象山港、三门湾；福建省福宁湾、三沙湾和东山沿海；广东柘林湾和大亚湾养殖海域。养殖区发生的赤潮不仅对养殖业造成严重损失，有的藻类能产生毒素并积累到贝类体内，进而引起食用者中毒甚至造成人员死亡。养殖区经常以高营养盐浓度为特点，尤其是N的含量相当高；网箱养殖使养殖水体中各形态的N都有不同程度的增加，总无机氮（TIN）中以NH_4-N的增加更为显著，在养殖鱼类快速生长的夏秋季节，NH_4-N的含量增长最大，同时有机氮（TON）（如尿素）的含量也相对增加，短期网箱养殖对水体中各形态N的影响较小，长期养殖对水体中各形态N产生明显的影响。因此，高浓度N的存在对有害赤潮发生起重要作用，从而对水产养殖业产生不利影响。在营养物与有害赤潮间的联系上，N的研究是对有害赤潮成因研究的关键因素之一。

从1998年广东省海洋与渔业环境监测机构成立以来，对发生在广东省海域的所有赤潮都进行了跟踪监测，共计47宗，主要分布在珠江口、大鹏湾、大亚湾和柘林湾等海域。这些都是广东省主要养殖水域。以柘林湾为例，柘林湾湾内的富营养化程度比较高，湾外水域尚处于低营养状态。这种湾内外营养盐浓度存在较大差异的原因是多方面造成的，但与湾内大规模的网箱鱼排和牡蛎养殖区造成的污染密不可分。柘林湾海水增养殖业，尤其是网箱养殖业，对海区造成严重的二次污染。海水养殖自身污染，包括虾、蟹、鳗鱼养殖池所排出的废水；各网箱养殖（鱼排）上所用的动力、照明等均需用到柴油发动机，其废气及使用过程产生的废水；各种水产养殖的饲料残渣，多数直接沉降在海床上，经腐化后对养殖海区产生的二次污染等。此外，大量网箱鱼排在柘林湾内的集中排列，必然会造成海流流速的减小，水体交换能力变差，从而在一定程度上加剧海域的污染。而柘林湾周边各镇的小型机动船舶所排放的含油污水则是海区海水中石油类的主要来源。实际上水体富营养化程度的加剧已造成该湾浮游动物小型化（姜胜等，2003），浮游植物的生物多样性和均匀度下降，出现个别优势种类（中肋骨条藻）的优势度极高的现状（周凯等，2002）。富营养化程度的加剧造成的最严重的后果就是发生赤潮，像柘林湾这样脆弱的生态系经常发生赤潮也是在所难免的。所以柘林湾是赤潮多发区。1997年11—12月，在饶平县拓林湾发生的普氏棕囊藻（*Phaeocystis Lagerheim*）赤潮，受灾面积超过1 667 hm^2，死鱼约200 t，主要品种有青鲈、真鲷和金枪鱼等优质鱼类，直接经济损失6 556万元，1999年7月中旬，棕囊藻赤潮卷土重来，受灾面积400 hm^2，直接经济损失150万元。对柘林湾海水增养殖渔业和生态环境造成了严重的危害。

大亚湾初次发现赤潮是在1983年3月，发生在范和港附近水域，造成20多种鱼类死亡，漂浮海面。据鉴定，此次赤潮的引发生物是裸甲藻。接着，1983年4月在大亚湾澳头港等海区又发生了细长翼根管藻赤潮，造成鱼虾贝大量死亡，仅惠阳县就失收鱼获 75 t，网箱养殖鱼类死亡达 1 t。1985 年 5 月在大亚湾又发生夜光藻赤潮，海水呈红褐色转黑褐色，发现鱼类死亡。1987 年 8 月中旬在大亚湾大辣甲岛以南至大鹏澳水域发现束毛藻赤潮，海水呈浅黄色带、具米汤状漂浮物。1998 年 5 月、9 月、11 月分别发生米氏裸甲藻、锥状斯氏藻和红中益虫赤潮。2000 年 8 月 18 日深圳大亚湾发生赤潮，面积约 6 600 hm^2，赤潮生物密度高达每升 120 万个，赤潮海域已有鱼虾死亡情况。2001 年 7 月在哑铃湾内发生了斯氏藻赤潮，面积约 30 km^2。2002 年 5 月在大鹏澳东山湾内发生了小面积束毛藻赤潮。以往的赤潮发生，有因为发生死鱼或规模较大、持续时间较长或随着研究工作的开展而被记录在案（李涛等，2005）。还有一些赤潮发生，是事后据渔民反映才知道，就很难准确判别是否发生赤潮或由什么种类引起赤潮。大亚湾自 20 世纪 80 年代初在范和港水域发现赤潮以来，总体上说，赤潮发生频次有所增加，但损失并未见明显加重。而且，已有记录的几次赤潮大多数是发生在港口、养殖区，其发生原因显然与养殖活动引起水域环境恶化、富营养化关系密切。何玉新等（2005）对大亚湾养殖海域营养盐的周年变化及其来源分析结果表明，大鹏澳海域无机氮主要来源于养殖区本身和地表径流，磷酸盐主要来源于养殖区本身，而硅酸盐则主要来源于地表径流。大鹏澳是广东省网箱养殖的主要海域之一。据近年统计，养殖鱼排有 148 个，养殖网箱 1 300 多个，养殖面积约 12 000 m^2。近年来，大亚湾 N 含量逐年上升，营养盐结构也发生了改变，对水体中浮游植物生长而言，由 N 限制向 P 限制转变，甲藻等鞭毛藻类出现数量、频率增加，甲藻赤潮也频繁发生（王友绍等，2004）。

近年来，随着养殖产业规模的不断扩大，养殖方式由半集约化向高度集约化发展，养殖水体的富营养化问题逐渐显露并日益突出。在世界的某些地区，如日本，太平洋东南部，富营养化已经被看做是养殖业影响环境的主要形式，成为人们首要关注的问题。

15.3 人为富营养化和赤潮灾害的危害*

15.3.1 人为富营养化水平评估及其生态效应

富营养化（eutrophication）通常是指生物所需的氮、磷等营养物质大量进入湖泊、河口、海湾等相对封闭、水流缓慢的水体，引起藻类和其他浮游生物迅速繁殖，水体溶解氧含量下降，水质恶化，鱼类及其他水生生物大量死亡的现象。

15.3.1.1 南海区域人为富营养化水平评估

引起海水富营养化的原因可分为两大类：自然因素和人为因素。由自然因素引起的富营养化情况很少，而且这一过程非常缓慢，而人为排放含营养物质的工业废水和生活污水所引起的水体富营养化则可在短时间内出现。陆源径流输入包括地表径流输入和地下水输入，大量工农业废水和城市生活污水排入海湾、河口和近岸海域，其中富含氨、磷的有机质进入水体后，经海洋微生物作用发生降解，形成各种无机盐类，成为海水中营养盐的主要来源；大气输入也是近岸海域营养物质的一种重要来源，一部分通过径流间接带入海洋，另一部分直接降入沿岸近海水域；养殖活动自身产生的有机物如残饵和养殖生物的排泄物，也会影响周

* 作者：李涛、黄良民。

边海水环境质量。此外，海底沉积物中氮、磷等物质的溶解、富含营养物质的深层水与表层水的混合，也可引起浅海海域营养物质增加，尤其是暴风雨等恶劣天气过后。海水在正常情况下，由于受海流、潮汐和扩散等因素的影响，混合良好，海水中各化学要素的分布趋于均匀。因此，海水的富营养化往往发生在近岸、河流入海口、海湾等受人类活动影响比较强烈而水体交换不良的地区。

《2009年南海区海洋环境质量公报》显示，2005年至2009年，南海海区未达到清洁海域标准的面积从1.12×10^4 km^2增加到3.075×10^4 km^2，污染海域面积显著增加，严重污染海域主要集中在珠江口海域以及江门、阳江和湛江等城市近岸局部水域，主要污染物为无机氮、活性磷酸盐和石油类；南海沿岸实施监测的入海排污口主要超标污染物（或指标）为总磷、化学需氧量（COD_{Cr}）、悬浮物和氨氮等，2009年由入海河流排海的化学需氧量（COD_{Cr}）为102.42×10^4 t，营养盐（氨氮、总磷）为6.65×10^4 t；大量工业和生活污水排放入海，对排污口邻近海域环境影响严重，造成近岸海域水体营养盐污染严重、富营养化程度日益加剧，其中，广东近岸海水中无机氮和磷酸盐的含量多年处于较高水平，且呈上升趋势。

粤东污染海域主要分布于汕头近岸和大亚湾，其中，汕头港为严重污染海域。海水中的主要污染物为无机氮和活性磷酸盐。

珠江口属严重污染海域，海水中的主要污染物为无机氮、活性磷酸盐和石油类。珠江口海域水体富营养化严重，无机氮的含量普遍超第四类海水水质标准。

粤西污染海域主要分布于台山、阳江和雷州半岛近岸，其中，严重污染海域主要分布在江门、阳江和湛江等城市近岸。海水中的主要污染物为无机氮和活性磷酸盐。

北部湾污染海域主要分布在北海和钦州近岸。海水中的主要污染物为无机氮。

海南岛污染海域主要分布在海口近岸。海水中的主要污染物为无机氮。

重要河口海湾人为富营养化水平评估

（1）珠江口

珠江口与广州市、中山市、珠海市、江门市、东莞市、深圳市以及香港地区和澳门地区毗邻，是东江、北江和西江的入海口，接纳了毗邻沿岸地区直接排放的污水，还接收通过各种大小径流携带入海的污染物。同时，珠江口海域大规模的水产养殖，也是重要的污染物来源之一。水产养殖投喂的饵料以及养殖对象的排泄物等，给珠江口海域带来大量的营养盐和有机污染物。除珠江口东南面边缘海区和南面外缘海区外，其他水域的无机氮浓度基本上超过了四类海水水质标准（0.5 mg/L）。在伶仃洋河口湾的矾石水道和伶仃水道上取样分析结果，有33%的样品无机氮浓度超过1.0 mg/L；无机磷浓度约70%超过一类海水水质标准值（0.015 mg/L），约20%超过二类海水水质标准值（0.030 mg/L）。可见，珠江口海域的营养盐浓度有不断增高的趋势，耗氮有机物和无机氮的迅速增加是导致珠江口富营养化的主要原因，而人为排污在富营养化过程中起着决定性作用（黄良民等，1997；黄小平等，2002）。2003—2005年春秋季对珠江八大口门水域的调查结果表明，水体中无机氮的形态主要以硝酸态氮（$NO_3^- - N$）为主；无机氮平均含量范围为1.986～5.070 mg/L；虎门、鸡啼门无机氮含量相对于其他口门偏高，横门、磨刀门则相对偏低。活性磷酸盐含量较低，符合一类水质标准；该水域富营养化比较严重，属于N超标富营养化型（高鹏等，2007）。

珠江口沉积柱状样测定结果显示，与水体初级生产力有关的水生有机碳、生物硅和总氮的沉积通量在20世纪初以前相对较低，从1920年开始各组分沉积通量呈现明显增大的趋势

（贾国东等，2002）。20 世纪末珠江口的初级生产力已经达到该世纪之初的数倍，这也是水体富营养化趋势的体现。因此，珠江口近百年来存在富营养化加剧的趋势，海域的污染及富营养化造成赤潮发生越来越频繁，同时对渔业资源造成威胁。

《2008 年深圳市海洋环境质量公报》显示，深圳大部分海域海水水质总体保持良好状态。严重污染海域主要分布在珠江口附近海域和深圳湾，主要污染物是无机氮和活性磷酸盐。其中，珠江口属严重污染海域，主要污染物为无机氮，超标率达 100%；在珠江入海口处出现低氧区，最低值为 0.52 mg/L；活性磷酸盐符合国家二类海水水质标准。珠江口生态监控区生态系统处于不健康状态，水体呈严重富营养化状态，氮磷比失衡，90% 以上水域无机氮含量超第四类海水水质标准。连续 5 年的监测结果表明，珠江口生态系统基本保持稳定，始终处于严重的富营养化和氮磷比失衡状态，丰水期无机氮平均含量均超第四类海水水质标准。珠江口主要生态问题为富营养化、环境污染、生物群落结构异常、渔业资源衰退和生境改变。主要影响因素是陆源排污、围填海和资源过度开发。深圳湾海区海水水质超过国家四类海水水质标准，主要污染物是无机氮和活性磷酸盐，超标率分别是 100% 和 33.3%。

（2）大鹏湾

大鹏湾位于珠江口东部，面向南海，是香港和深圳特区环绕的一个半封闭海湾，沿岸无大的河川径流注入。随着大鹏湾周边地区现代工业的建立和人口密度的增加，工业废水和生活污水的排放以及网箱养殖的自身污染也给该湾带来一定的环境压力。沿岸的主要污染源包括：沙头角的生活污水、盐田港的港口废水、葵涌的工业废水和生活污水、南澳生活污水以及吐露港沿岸的生活污水、工业废水和农业污水等。大鹏湾近岸局部海域的水质已受到一定程度的污染，吐露港海域和沙头角海域的富营养化问题尤为突出。

根据 2001 年 7—9 月的水质调查结果（黄小平等，2003），无机氮的平均浓度为 0.11 mg/L，符合国家一类海水水质标准；而在沙头角和盐田一带海域可达 0.25 ~ 0.35 mg/L，超过 0.20 mg/L 的一类海水水质标准；吐露港无机氮的平均浓度为 0.18 mg/L，最高值为 0.60 mg/L。无机磷的平均浓度为 0.002 mg/L，在沙头角和盐田一带海域为 0.005 ~ 0.010 mg/L，符合 0.015 mg/L 的一类海水水质标准；吐露港无机磷的平均浓度为 0.02 mg/L，最高值为 0.05 mg/L。可见，污染物的平面分布表现为湾内向湾外递减，近岸向远岸递减的趋势；大鹏湾北部的沙头角和盐田一带以及香港海域的吐露港等湾顶与封闭性高的海域，水质状况最差。由于主要污染源集中在沙头角、盐田港、南澳和吐露港等沿岸和湾顶地区，同时这些湾顶和内湾的水流缓慢，海水交换周期长，这些水动力条件都使得湾顶和内湾海域的污染物难以迁移扩散，导致海水水质恶化。

根据大梅沙水域 1995 年 4 月至 1997 年 1 月海水营养盐的监测结果（杨美兰等，1999）：无机氮含量变化幅度为 0.42 ~ 18.24 μmol/L，无机磷含量为 0.03 ~ 13.15 μmol/L。与国家一类海水水质标准比较，无机氮表层水超标率为 37.5%。底层水为 41.7%；无机磷表层水超标率为 68%，底层水为 25%。N/P 值监测期间为 2.0 ~ 47.6，随季节变化而变化。表层水富营养指数 $E>1$ 的占 56%，底层水占 58%。

黎广媚等（2004）根据 1993—2003 年 7—9 月在大鹏湾海区 3 个站位的表、底层水样现场监测资料，分析了大鹏湾海区氮、磷营养盐的年际变化趋势，并运用营养状况综合指数法进行了营养状况评价。结果表明，大鹏湾海区夏季的氮、磷营养盐水平较低，N/P 值介于 7 ~ 30，大鹏湾海区的海水质量较好，未达到富营养化的水平。

《2008 年深圳市海洋环境质量公报》显示，大鹏湾海区水质状况良好，无机氮、活性磷酸盐、化学耗氧量均符合国家一类海水水质标准。与2007年相比，轻度污染海域面积明显增加。

（3）大亚湾

大亚湾位于珠江口东侧，西临大鹏湾、东靠红海湾，是一个亚热带半封闭型海湾。据20世纪80年代大亚湾本底调查结果，大亚湾海水的营养盐含量与其他海湾相比是属“低营养型”海湾，但叶绿素含量和初级生产力却是高的（徐恭昭等，1989；Huang et al.，1989），即所谓“低营养盐－高生产力”现象。一般而言，海洋生态系统的生产力与营养盐是正相关的。大亚湾的这种异常现象，说明大亚湾的营养动力学及其调控机制存在其特殊性。

测量资料表明，80年代以来该湾生态环境变化较大，其营养状态与结构均发生了显著的改变：该湾的营养盐含量虽低于国内其他港湾，但其总体营养水平并不低，目前已由贫营养状态发展到中营养状态，局部水域如哑铃湾、大鹏澳等养殖区和范和港等港口区水质较差，已出现富营养化迹象，并有加剧的趋势（王肇鼎等，2003）。具体而言，无机氮含量逐渐增加，而活性磷酸盐与硅酸盐的含量却逐年减少，尤其从20世纪90年代后期更为明显；N/P值从1985年的1.5上升至1999年的59.8，Si/P也同样呈上升趋势。这一营养结构的变化造成在该海区水体中，浮游植物生长的潜在限制因子也由80年代的氮限制转变为近期的磷限制（Liu et al.，2003；刘胜等，2006）。

《2008年深圳市海洋环境质量公报》显示，大亚湾海水环境质量状况较优，无机氮和活性磷酸盐符合国家一类海水水质标准。但《2008年中国海洋环境质量公报》显示，大亚湾生态监控区生态系统处于亚健康状态，海水N/P比失衡。春季水质状况良好；夏季15%水域无机氮含量超二类海水水质标准，90%水域活性磷酸盐含量超一类海水水质标准。连续5年的监测结果表明，大亚湾生态系统基本保持稳定，水质状况基本保持良好。大亚湾生态系统存在的主要生态问题为生境改变、生物群落结构异常和环境污染。主要影响因素是围填海、工业排污和海水养殖。

（4）柘林湾

柘林湾位于闽粤两省交界处，该海区营养盐的平面分布呈湾内向湾外、近岸向离岸递减趋势，湾内西部高于东部，这主要与湾顶黄冈河和湾周边陆源物质排放、湾内与外界水体的交换能力及湾内海水增养殖业的结构3个因素相关（周凯等，2002；黄长江等，2004）。

2000年5月至2001年5月柘林湾及湾外附近海域溶解性无机氮、磷、硅含量全面偏高，年平均值分别为22.64 μmol/L、1.95 μmol/L和59.7 μmol/L，其中，氮、磷含量超过三类水质标准。其海水富营养化程度较高，DIP和硅酸盐的含量远远高于国内外大多数海湾。就Redfield比而言，DIN为该湾浮游植物生长的主要潜在限制因子（周凯等，2002）；相比之下，2001年5月至2002年5月该海域DIN的含量略有上升，而磷、硅含量则显著下降，浮游植物生长的潜在限制因子有向磷转变的趋势（黄长江等，2004）；2003年4月无机氮总体含量属于较高水平，超过三类水质标准，表明春季柘林湾海域浮游植物生长的潜在限制因子是磷（周凯等，2004）。N/P值呈上升趋势，Si/N则呈下降，柘林湾海域呈现富氮趋势。

（5）汕头港

据《2008年汕头市海洋环境质量公报》，汕头市大部分近岸海域海水属较清洁海水。但是，仍有部分近岸海域海水受到一定程度污染，无机氮超二类水质标准，污染海域面积比2007年有所增加。近岸海域海水水质受韩江、榕江、练江、濠江等河流携带入海污染物和城市生活污水影响较大，主要污染物是无机氮。对近岸15个监测站位的监测结果显示，受到无机氮轻度污染的监测站位占6.7%，中度－严重程度污染占40%；活性磷酸盐轻度污染占6.7%，严重污染占6.7%。汕头港外海域和韩江、榕江、练江、濠江入海口及附近海域受污染比较明显，部分网箱养殖区和港内贝类养殖区、市区附近受陆源排污直接影响，部分时段水质超二类水质标准。汕头港外至澄海莱芜海域大部分属较清洁和轻度污染，主要污染物为无机氮、石油类。无机氮是汕头市近岸海域海水的主要污染物，无机氮严重污染海域占20%，中度污染占13.3%，轻度污染占20%，清洁和较清洁海域占46.7%。近岸海域海水磷酸盐超标主要区域为汕头港外海域，偏外海域受磷酸盐污染较轻。磷酸盐严重污染海域占6.7%，中度污染占6.7%，清洁和轻度污染占86.6%。由于榕江接纳沿岸地区生活污水和工业废水，流经汕头港入海，排海污染物约0.81×10^4 t，其中，排入汕头港约0.38×10^4 t，主要污染物有COD、氨氮、石油类，对汕头市近岸海域污染比较明显，也是造成海水富营养化的主要原因。

（6）湛江港

湛江港位于雷州半岛东北部，该港湾深入市区内陆，受近3.0×10^3 km^{2}集水区内城乡居民生活、工农业、交通等排污的污染，其中，富营养要素主要来自港湾沿岸湛江市区的各类污染源。经统计，2000年全市区年排生活污水5.66×10^7t、工业废水2.02×10^7 t、畜禽养殖污水（含畜禽粪便）1.0×10^6 t，施用折纯农用化肥超过2.9×10^4 t，其中，氮肥近1.2×10^4 t，磷肥5.5×10^3 t的流失；其次从湾顶流入的遂溪河，汇集了遂溪、廉江、化州等县市部分城镇的各类污染物；再次是停留在港湾内数百艘各类船泊的排污以及水产养殖投料等造成的污染等（王海等，2002）。其中，仅湛江市区排入的生活污水、工业废水及从遂溪河年流入港湾的COD、DIN、DIP量，概算分别为1.96×10^4 t、2 700 t和260 t，加上农用化肥的流失，成为港湾富营养化的主要原因（王海等，2002）。同时，港湾水体交换和自净能力较差，也是造成湛江港湾富营养化的重要因素。

根据1996—2001年6年对湛江港湾的定点监测资料（王海等，2002），港湾水中COD、DIP大体符合海水水质一类标准，DIN超过三类甚至四类标准，各年在0.307～0.717 mg/L，6年平均值达0.541 mg/L；水体处于高N低P状态，N污染较重；该湾多数年份处于富营养化状态并逐年递增，DIN是富营养化主要贡献因子；富营养化程度：平水期>丰水期>枯水期，同时从湾顶到湾口逐步递降。

湛江港海水营养盐1998年4月至2000年4月监测结果（唐谋生等，2000）表明：DIN含量变化幅度为0.258～0.301 mg/L，平均含量为0.299 mg/L；DIP含量变化幅度为0.016～0.043 mg/L，平均含量为0.029 mg/L；与国家一类海水水质标准比较，DIN超标率为49.5%，DIP超标率为93.0%；DIN含量表层高于底层，DIP含量表层低于底层；1998年冬季和1999年春季海水为中营养化状态，而1999年冬季和2000年春季为富营养化状态。1998年11月至2001年5月监测结果（路静等，2002）同样表明，该海域水质处于高氮状态，目前已处于中度富营养化水平阶段。

15.3.1.2 人为富营养化的生态效应

海水中营养成分的增加，使浮游植物初级生产力增加，进而导致次级生产力的增加。所以，适度的富营养化是有益的，尤其是对于海水养殖和渔业生产而言。然而，在现实中这种理想状态很难出现，人为因素引起的富营养化过程无法与环境中所需要的富营养化相匹配，一旦引起了水质的富营养化就会导致负面效应。

人类活动引起的营养盐输入通量的增加和营养盐比值的改变是造成河口及沿岸海域富营养化的根源。富营养化是天然水体面临的最为严重的环境问题，它通过促使海洋生态系统中藻类以及其他海洋生物的异常繁殖，经一系列物理、化学和生物作用，最终导致水质恶化、水生生物生理受阻、海洋生物群落结构改变、海洋生态系统结构破坏和功能受损等一系列连锁效应，从而影响水资源的利用，给饮用、工农业供水、海水养殖、旅游以及水上运输等带来损失，并对人体健康构成危害（黄萌，2006）。

1）对水质的影响

（1）使水体散发臭味。在富营养状态的水体中，一些藻类能够散发出腥味异臭，给人以不舒适的感觉，也大大降低了水体质量。

（2）增加水体的色度。在富营养状态的水体中，生长着大量藻类，这些藻类浮在海水表面，使水质变得混浊，色度增加，透明度明显降低。

（3）水体的溶解氧含量降低。在富营养水体的表层，藻类可以获得充足的阳光，从空气中获得足够的二氧化碳进行光合作用而放出氧气，因此，表层水体有充足的溶解氧。然而，在富营养水体深层，首先，表层的密集藻类使阳光难以穿透水层，射入水体深层，从而限制深层水体中藻类的光合作用和氧气的释放，使溶解氧来源减少；其次，藻类大量繁殖消耗了水中大量的氧，使水中溶解氧严重不足，藻类死亡后不断向水体底部沉积，不断地腐烂分解，也会消耗深层水体大量的溶解氧，使得需氧生物难以生存。如果一旦出现溶解氧为零，会引起一系列严重后果。例如，有机物无机化不完全，产生甲烷气体；硫酸盐还原形成硫化氧气体；底泥中铁、锰溶出，在底泥附近形成硫化铁等，从而影响海水水质。

（4）向水体释放有毒物质。富营养化对水质的另一个影响是某些藻类能够分泌、释放有毒性的物质，如蓝藻能释放蓝藻毒素，主要包括作用于肝脏的肝毒素、作用于神经系统的神经毒素等，甲藻产生的生物毒素（如石房蛤毒素、西加鱼毒等）。这些有毒物质进入水体后，可以使鱼类等水生动物中毒、病变和死亡，使渔业生产受到影响，同时这些有毒物质也将通过食物链的传递作用使人类健康受到严重威胁。

2）对海洋生物生理的影响

富营养化所带来的一系列水质问题将严重影响海洋生物的正常生理活动，使它们的生长受到限制，甚至停止生长并大量死亡。

（1）对浮游生物的影响：富营养化的海水加上合适的温度和光照等条件，浮游植物就会大量繁殖（尤其是鞭毛藻类），以浮游植物为食的浮游动物也会随之大量增加（尤其是桡足类）。由于海水中存在跃层使海水的垂直对流受阻，导致水体中的有机物在海水表层大量堆积，而无机营养物质则被逐渐消耗，随后藻类大量死亡、水体中有机物大量向底层转移。

（2）对海洋植物的影响：富营养化能促进海水表层浮游藻类的生长繁殖，并覆盖于水体表面，使得阳光难以穿透水层，从而影响生长于沿岸海洋植物（如海草）的光合作用。此外，在富营养水体中，浮游藻类的生产力提高，除了遮光作用外，附生藻类还可在海草表面形成一个高 O_2、高 pH、低 CO_2的环境，也不利于沉水植物的光合作用，使其生长受到限制。同时，也使得水体中养分循环加快，水体沉积物稳定性下降，不利于海草扎根。富营养水体中的厌氧菌及化能合成菌的代谢产物对海草根系有毒害作用，也不利于海草的种子萌芽。

（3）对底栖生物的影响：富营养化增加了底栖动植物的食物，也增加了真光层氧气的供应量。但水体中藻类大量繁殖降低了水体的透明度，从而限制了大型藻类的繁殖。同时，从上层水体中沉降下来的有机物大量增加，腐烂过程中消耗大量的氧，使底层水体处于厌氧状态，厌氧细菌通过消耗硫酸盐和硝酸盐来进行新陈代谢，导致水体中出现如硫化氢和氨等有毒气体，使底层生态环境恶化，从而影响底栖生物的生长，甚至大量死亡。

（4）对海洋动物的影响：在富营养水体中，深层水体中的溶解氧不断被大量死亡藻类的分解所消耗，而光合作用微弱无法补充溶解氧，使得深层的溶氧水平极低，有时甚至出现缺氧状态，导致生活于深层水体的海洋动物因得不到适量的氧而使呼吸作用受到抑制，无法进行正常的代谢活动，最终导致死亡。另外，富营养水体中的一些藻类分泌和释放的毒素，可使海洋动物中毒而引起生理失调或死亡，许多海鸟、海狮、海鲸均可因赤潮生物毒素的积累和食物链传递作用而生长繁殖受到影响或中毒死亡。

3）对海洋生物群落结构的影响

在水体富营养化过程中，首先改变了浮游植物的群落结构，通过食物链的传递作用，海洋动物群落都会发生演替，致使原有群落结构发生改变，进而影响整个生态系统的结构和生物分布，也改变了整个生态平衡。

在水体富营养化之前，通常是硅藻占支配地位，随着水体富营养化的发生和发展，生态环境变得越来越只适应少数种类的生长，耐受性强的物种（如鞭毛藻类）得到大发展，取代了原有的优势物种形成单优势群落，群落结构不断简化。与此同时，浮游藻类的个体数量迅速增加，但种类逐渐减少，物种多样性变小，藻类的暴发性繁殖最终导致“水华”的发生。

研究表明，浮游动物生物量与水体营养状况呈显著正相关，随着富营养化的加剧，群落优势种类逐渐转变；而大型底栖动物的物种多样性与水体营养水平呈相反趋势。富营养化可造成底层处于厌氧环境，对大型底栖生物的破坏尤为严重，导致底层生物量锐减、多样性明显降低，可以使经过多年才建立起来的底栖生物群落毁于一旦，同时也导致生长于水体深层的造礁珊瑚及生活于海草中的海洋动物大量死亡。

当水体未发生营养化、硅藻占支配地位时，优质鱼类的生产量较高；水体富营养化后，造成浮游植物以鞭毛藻类为主，植食性动物随之增加，肉食性动物减少，优质鱼类开始减少，低级的优低鱼类增加，这对于渔业显然是十分不利的。

4）对海洋生态系统功能的影响

在正常情况下，海洋生态系统中各种生物都处于相对平衡的状态，但是，水体一旦受到污染而呈现富营养状态时，正常的生态平衡就会被扰乱，而使海洋生态系统的结构和功能受到破坏，海洋生态系统出现紊乱。在营养水平较高时，水体中产生表面积/体积比低的浮游动物不能摄食藻类，且水体混浊不利于靠视觉定位的凶猛性鱼类捕食，从而减轻了对摄食浮游动物和底栖生物的鱼类的捕食压力，导致滤食效率较高的大型浮游动物（如枝角类）的种群减小，减少了其对藻类的滤食。此外，沉水大型植物消失后，为大型浮游动物、螺类和鱼类等提供附着基质、隐蔽所和产卵场所的功能随之消失，引起附着生物的减少，最终致使水生态系统的生物多样性下降。而生物多样性的降低必将导致海洋生态系统稳定性下降，从而破坏海洋生态系统的生态平衡。

随着沿海地区的经济发展，人民群众的生活水平日益提高，作为陆源污水最后归宿的海洋，尤其是近岸海域正承受着越来越大的压力。近岸海域受到污染后，经过各种过程的演变，形成海水富营养化，不断发生的赤潮现象就是海水营养化的直接后果。20世纪80年代，我国赤潮主要发生在较小的半封闭海湾，而90年代以来，随着近海海域营养盐污染和有机物污染的逐年增加，使得近海水体出现了富营养化，我国海域赤潮发生越来越频繁，呈现出发生时间提前、发生次数增多、波及范围扩大、持续时间延长、造成危害加重的态势。

近海水域一旦发生赤潮，会给海洋生物、海洋环境乃至人类健康造成严重的危害。首先是赤潮生物的急剧繁殖，改变海水的理化性质，引起海洋生态的异常变化，造成海洋食物链局部中断，威胁部分海洋生物的存活；其次是密集的赤潮生物（密度每毫升高达几百万至几千万个）或其胞外产物可堵塞鱼、虾、贝类的呼吸器官，使之窒息致死。有些赤潮生物能分泌毒素，或死亡后能分解出有毒物质，毒害和杀死其他海洋生物，不仅使近海渔业减产，也间接影响人类健康。海洋生物死亡后被需氧微生物分解，消耗水中DO，造成缺氧环境，使部分海洋生物死亡，部分死亡的海洋生物被厌氧微生物分解，产生硫化氢等气体，使水体恶化、发臭，影响海洋环境质量和景观，损害滨海旅游业。大量藻类还会堵塞工业冷却水的管道，对工业用水造成影响，还可能改变海域的沉积模式（大量死亡的浮游植物在沉降过程中吸附了大量的悬浮物一同沉到海底），从而加速河口、海湾的填埋（死亡）。

从另一方面讲，水体富营养化有助于海水中有机物向底层转移，从而加速海水作为大气中二氧化碳储存库的过程，对全球气候变暖有一定的缓解作用，但这个过程是长期的，其综合影响要很长时间才能看出来。

15.3.2 有害赤潮及危害状况

赤潮是指海水中某些浮游植物（尤指藻类）、原生动物或细菌等在一定环境条件下暴发性繁殖或聚集达到某一水平，引起水色变化或对其他海洋生物产生危害作用的一种生态异常现象。赤潮是一个历史沿用名，它并不一定都是红色的，赤潮发生的原因、种类和数量不同，水体会呈现不同的颜色，有红颜色或砖红颜色、绿色、黄色、棕色等。

近年来，在世界范围内赤潮发生越来越频繁，使近海生态环境遭到破坏，海洋渔业和水产养殖遭受巨大的损失，有的甚至危及人类的身体健康。赤潮发生的主要原因是随着沿海工农业、旅游业的迅速发展，人为排放到海中的工农业和生活污水不断增多，从而引起水体的富营养化，藻类得以大量繁殖。

早在2 000多年前，我国就有赤潮记载，是沿海普遍发生的现象。南海、东海和黄海、渤海均有赤潮发生的记录（梁松等，2000）。据不完全统计，我国20世纪60年代发生赤潮3次，70年代发生11起，80年代上升至75起，1990—1998年发生234起。赤潮的发生次数及赤潮生物的种类与我国沿海经济发展、人类活动呈同步增长趋势。过去我国赤潮多集中发生在东海，20世纪90年代以来，我国四大海域赤潮的发生频率均明显增加，南海尤为显著，与世界各地赤潮多发生在较温暖的海域相一致。中国赤潮生物种类的数量分布从南到北递减，而且南海产毒的赤潮生物种类也多于东海、黄海和渤海。如1998年南海暴发多起大规模有害赤潮，包括粤东海域的大面积球形棕囊藻赤潮，香港吉澳海域的裸甲藻（*Gymnodinium* 98HK）赤潮，大鹏湾南澳海域的米氏凯伦藻赤潮以及深圳湾海域的条纹环沟藻（*Gyrodinium instriatum* Frendenthal & Lee）赤潮，等等。其中，球形棕囊藻和裸甲藻（*G.* 98HK）在我国均为首次记录。

1）南海赤潮的特点

南海海域发生赤潮的特点：赤潮发生的频率有逐年增加趋势，并且每个月都有暴发赤潮的可能，春季（尤其3—4月）为赤潮的高发期；赤潮发生区域增多、持续时间长、范围广；赤潮生物种类多，并出现新纪录种类和有毒种类赤潮。

（1）赤潮发生的频率有逐年增加趋势，并且每个月都有暴发赤潮的可能，春季（尤其3—4月）为赤潮的高发期。

从发生赤潮的频率看，据不完全统计，1990—1991年南海海域赤潮次数较多；1993—1995年赤潮发生频率有所下降，只在广东省珠江口、大鹏湾等海区发生了几次小面积赤潮。1996年4月26—30日在深圳西部海域和珠江口海域也发生了小面积赤潮。从1997年开始，由于受厄尔尼诺气候变化的影响，赤潮发生频率显著提高（图15.4）。

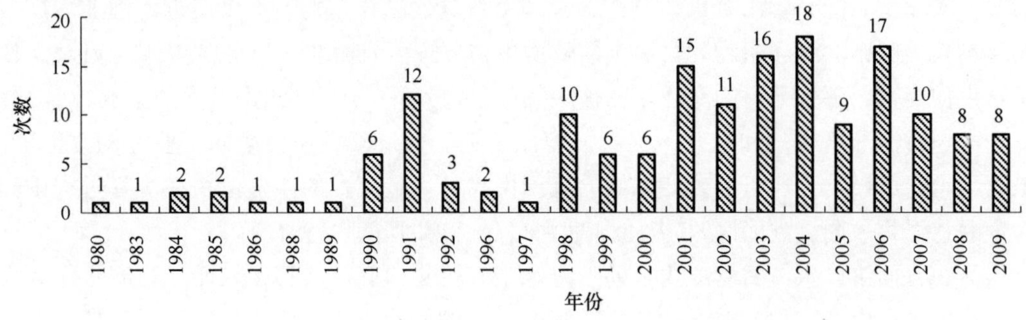

图15.4　1980—2009年南海海域发生赤潮次数的年变化

资料来源：国家海洋局公布的数据。说明：1990年3月，由暨南大学、国家海洋局南海分局、中国科学院南海海洋研究所等8个单位有关人员组成了“赤潮研究联合体”，获得国家自然科学基金重大项目“中国东南沿海赤潮的发生机理研究”资助，加强了南海的赤潮监测，因此在1990—1991年发现的赤潮次数较多

根据南海区1980年以来赤潮发生情况统计，发现该海区一年四季均会发生赤潮，发生赤潮最多的是4月，其次是3月（图15.5）。发生赤潮最少的是9月和10月，其次是12月。南海海域过去的赤潮主要是在春夏季较频繁，主要发生在每年东北季风向西南季风转换时期的3—6月份，约占全年赤潮次数的70%，11月至翌年2月较少，7—10月份最少。但1998年11月6日在潮阳海门湾、7日在汕尾港东南、8—9日在大亚湾东部海域、13—15日在大亚湾大辣甲以西海域连续发生赤潮，仅11月份就发生了4起赤潮，1997年饶平柘林湾的赤潮也是发生在11月份。海南省由于地处热带区域，其沿海的赤潮多数发生在1月、2月份。赤潮监测情况表明，南海海域2001—2009年每年冬季都发生赤潮。随着全球气候持续变暖，赤潮发生时间可能提早。

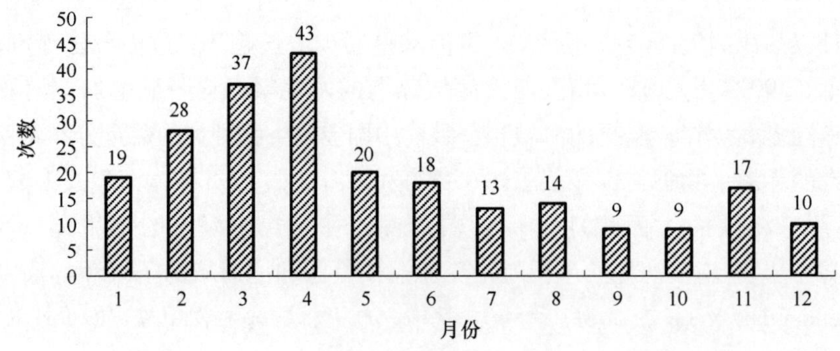

图15.5　1980—2009年南海海域发生赤潮平均次数的月变化

（2）赤潮发生区域增多、持续时间长、范围广。

从发生赤潮的区域看，珠江口、大鹏湾是广东沿海赤潮多发区，但近年来广东沿海赤潮区域有不断增多趋势，粤东饶平的柘林湾、汕尾、惠州，粤西的阳江、湛江港等海域也频繁发生赤潮。养殖区、渔港等海域是南海海区赤潮多发水域（表 15.3）。广西沿海的赤潮主要集中在涠洲岛。海南沿海的赤潮则相对分散，后水湾新盈港、秀英港、儋县、东部沿岸、三亚红沙港、洋浦湾、海口湾等地均发生过赤潮。近年来南海赤潮发生频次及面积见表 15.4。

表 15.3　1999—2007 年南海海区赤潮发生区域类型统计

类型	范围	次数	频率
养殖区	1 ~ 550 km^2，共计约 1 750 km^2	28	52.8%
渔港	0.4 ~ 300 km^2，共计约 492.4 km^2	21	39.6%
旅游区	5 ~ 350 km^2，共计约 499 km^2	9	17.0%
渔场	10 ~ 20 km^2，共计约 30 km^2	2	3.8%
海水浴场	3 ~ 50 km^2，共计约 71 km^2	4	7.5%
其他	0.5 ~ 20 km^2，共计约 30 km^2	4	7.5%

资料来源：齐雨藻等，2008。

随着沿海养殖业的发展，赤潮的危害增大，同时，近年来发生赤潮的持续时间长、范围广。过去的赤潮多则几天，少则几小时就消失，危害面积也相对较小。而 1997 年 11 月柘林湾和 1998 年 3—4 月珠江口发生的赤潮持续时间达半个月之久，柘林湾赤湾受损面积达 23.56 km^2，珠江口赤潮则波及香港和珠海两地，危害程度大，经济损失严重。

表 15.4　2005—2009 年南海海区赤潮发生次数及发生面积对比

时间	发生次数	累计发生面积/km^2
2005	9	700
2006	17	1 270
2007	10	496
2008	8	60
2009	8	391

不同海域发生赤潮的主要影响因子不同，可以分为河口型、海湾型、近岸型、沿岸流型、上升流型、外海型、养殖区型等不同类型的赤潮（赵冬至等，2003）。其中，河口、近岸、海湾这些区域形成赤潮的生物种类很多，且具有一定的地区性差异。在世界各地河口、近岸、封闭性或半封闭性海湾发生的赤潮大多数都与水体富营养化有关。珠江口海域发生的多为河口型赤潮，海湾型赤潮集中在大鹏湾、大亚湾及深圳湾等海域，雷州半岛附近海域则经常发生沿岸流型赤潮。外来型赤潮是属外源性的，指的是非原地形成的，由于外力（如风、浪、流、潮汐等）的作用而被带到该地。这类赤潮持续时间短暂或者具有“路过性”的特点。外来型赤潮最常见的是束毛藻赤潮。1987 年 8 月 14—15 日和 2004 年 6 月 15—18 日大亚湾发生的束毛藻赤潮就属于此类型。养殖区型赤潮主要是由富营养化引起的，从发生机制看，受流、浪、潮等海洋动力因素影响相对于其他类型较小，主要是养殖区饵料残余在沉积物中的积累和养殖区内的高浓度氮和磷，导致养殖环境二次污染（自身污染）引发赤潮的，化学因素、生物因素（细菌）的作用就显得重要。如广东的饶平沿海、澳头、坝光、大鹏澳和广西的涠洲岛等养殖水域，常常发生该类型的赤潮。

（3）赤潮生物种类多，并出现新纪录种类和有毒种类赤潮。

根据不完全统计和报道，广东省近海已发现有赤潮生物139种（钱宏林等，2000），分别隶属于甲藻纲、硅藻纲、蓝藻纲，金藻纲、定鞭藻纲、针胞藻纲、隐藻纲及原生动物等。其中有30多种赤潮生物在华南沿海发生过赤潮，甲藻和硅藻引发的赤潮次数最多（图15.6）。

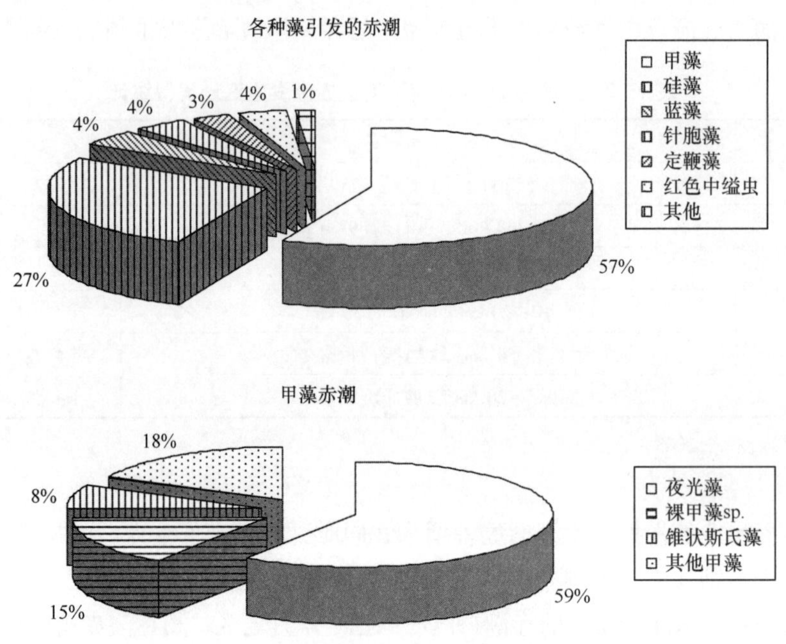

图15.6　南海海域不同赤潮生物引发赤潮所占比例

资料来源：齐雨藻等，2008

过去的赤潮主要由夜光藻［*Noctiluca scintillans*（Macartney）Ehrenberg］引起，约占赤潮事件的50%。主要赤潮种类还有中肋骨条藻［*Skeletonema costatum*（Greville）Cleve］、束毛藻（*Trichodesmium*）、笔尖根管藻（*Rhizosolenia styliformis* Brightwell）、尖刺伪菱形藻、海洋原甲藻（*Prorocentrum micans* Ehrenberg）、叉角藻［*Ceratium furca*（Her.）Claparede et Lachnann］、赤潮异弯藻［*Heterosigma akashiwo*（Hada）Hada］、海链藻（*Thalassiosira*）、裸甲藻、环沟藻（*Gyrodinium*）、红色中缢虫［*Mesodinium rubrum*（Lohmann）Hamddenbrock］等。新记录种类随着赤潮研究的深入而不断发现，这可能与国际海运业的传播有关。近年来，一些新记录种赤潮增多，如海洋卡盾藻［*Chattonella marina*（Subrahamanyan）Hara et Chihara］、米氏凯伦藻、球形棕囊藻等赤潮在我国属首次记录。

此外还发现了有毒的塔玛亚历山大藻、链状亚历山大藻、链状裸甲藻（*Gymnodinium catenatum* Graham）、旋沟藻（*Cochlodinium*）孢囊，特别是近期在大鹏湾发现了仅在东南亚菲律宾及文莱至达鲁萨兰等地分布的巴哈马梨甲藻（*Pyrodinium bahamense*）孢囊，该种孢囊的发现引起国际学术界的疑问和关注，即生物地理学上分布有限的该种是如何传播到中国南海海域，一种推论是由于国际航运业的船只压舱水携带而来的。

据我国现有的赤潮报道，大多数属于单相型赤潮，即在赤潮发生时，所采获的赤潮样品中，只有一种赤潮生物占绝对优势，而有两种共存的赤潮占优势的双相型赤潮仅占少数。近十多年来双相型赤潮有上升趋势，如1990年3月30日大鹏湾夜光藻和窄隙角毛藻（*Chaetoceros affinis*）赤潮、1990年4月18—20日大鹏湾夜光藻和反曲原甲藻（*Prorocentrum sigmoides* Böhm）赤潮、1990年6月10日大鹏湾的细弱海链藻（*Thalassiosira subtilis*（Ostenfeld）Gran）

和尖刺伪菱形藻赤潮、1991 年 3 月 20—22 日大鹏湾的海洋卡盾藻和夜光藻赤潮（梁松等，2000）、2002 年 6 月 4—9 日珠江口的中肋骨条藻和条纹环沟藻赤潮（王汉奎等，2003）、2003 年 8 月 12—29 日大亚湾的锥状施克里普藻［*Scrippsiella trochoidea*（Stein）Loeblich］和海洋卡盾藻赤潮（李涛等，2005）。

海洋有毒藻类包括许多浮游藻类和少数底栖藻类。浮游有毒藻类主要包括甲藻门（*Pyrrophyta*）和金藻门（*Chrysophyta*）中的一些种类。底栖有毒藻类包括蓝藻门（*Cyanophyta*）、绿藻门（*Chlorophyta*）、褐藻门（*Phaeophyta*）和红藻门（*Rhodophyta*）的一些种类。它们分泌的毒素可通过海洋生物的富集、海洋食物链的传递，逐级积累，影响水鸟、家畜甚至人类的健康。这些毒素主要有以下几大类。

（1）麻痹性贝毒（Paralytic Shelfish poisoning，PSP）：主要活性成分是石房蛤毒素及其衍生物。产毒藻类主要有北大西洋、黄海和南海分布的塔玛亚历山大藻［*Alexandrium tamarense*（Lebour）Balech］、北太平洋的链状亚历山大藻［*A. catenella*（Whedon et Kofoid）Balech］和念球状亚历山大藻（*A. nostocoides*）、黄渤海的渐尖鳍藻（*Dinophysis acuminata*）等（Wang et al.，1998）。

（2）腹泻性贝毒（Diarrheic Shellfish Poisoning，DSP）：能分泌这种毒素的藻类主要是分布于日本和美国的倒卵形鳍藻（*Dinophysis fortii*），欧洲的渐尖鳍藻及具尾鳍藻（*D. caudata*），其中具尾鳍藻在我国黄海、东海和南海均有分布（陈杰等，2001）。

（3）神经性贝毒（Neurotoxic Shellfish Poisoning，NSP）：主要由短裸甲藻（*Gymnodinium brevis*）所分泌的短裸甲藻毒素（Brevetoxin，BTX）所引起。

（4）记忆缺失性贝毒（Amnesic shellfish poisoning，ASP）：主要成分为软骨藻酸，由多纹伪菱形藻（*Pseudo - nitzsdia multiseries*）、尖刺伪菱形藻（*P. pungens*）和假细纹伪菱形藻（*P. pseudodelicatissime*）等种类所分泌。

（5）西加鱼毒（Ciguatera Fish Poisoning，CFP）：是一种危害性较为严重的藻毒素，一般通过鱼类进行毒素传递，从而引起人类中毒。主要产毒藻类包括：有毒冈比藻（*Gambieraiscus toxicus*）、利玛原甲藻（*Prorocentrum lima*）、梨甲藻（*Dyrocystis* spp.）和单库里亚藻（*Coolia monotis*）等，在我国南海诸岛和华南沿海地区的香港、广东、台湾、海南和西沙群岛等地珊瑚礁海域均有发现（林永水，1997；Lu 和 Hodgkiss，1999）。

（6）溶血性毒素（Hemolytic toxin）及细胞毒素（Cytolytic toxin）：溶血性毒素是有毒藻类分泌较多的一类毒素，主要由米氏凯伦藻（*Karenia mikimotoi* Hansen）、链状亚历山大藻、塔玛亚历山大藻、暹罗蛎甲藻（*Ostreopsis siamensis*）、卡氏前沟藻（*Amphidilium carterae*）、克氏前沟藻（*A. klebsii*）和球形棕囊藻（*Phaeocystis globosa* Scherffel）等藻类所分泌，前两者还会分泌一些细胞毒素（尹伊伟等，2000）。

一些底栖生活的甲藻种类也具有一定的浮游生活能力（黄凌风等，2001），它们可扩大其空间分布范围，增加其可利用的资源和其他生存条件，常常成为其栖息环境的优势种，甚至形成有害藻华，从而改变生态系统的正常群落结构，影响物质沿食物链的传递，影响海洋渔业资源、海水养殖业乃至人类的健康（Anderson，1994；齐雨藻等，2008）。有毒种类具有以上优势，其潜在的危害性就更大。近年来，随着有害水华的发生及人类食用海洋鱼、贝类中毒患病事件在次数和规模上的增加，对有毒甲藻及其毒素的研究越来越受到人们的重视，海洋底栖甲藻中的有毒种类及毒素的研究已经成为国际有害藻类水华研究中的热点之一。至今，已从海洋底栖甲藻中分离出多种甲藻毒素，主要包括腹泻性贝毒、西加鱼毒和其他毒素，如 Amphidinolide - A & B，Caribenolide - I 等。

2）南海赤潮的区域分布

有关报道和研究表明（刘晓南等，2004），多数赤潮发生在邻近城市密集区域的沿海地区，与人类活动和环境污染有密切关系。从赤潮发生频率的区域分布来看，广东沿海海域赤潮发生次数最多，其次海南沿海海域，广西沿海海域最少。广东沿海海域中，粤西海域赤潮发生次数最少，其次是粤东海域，最多是珠江口及其毗邻海域。1980 年以来，广东沿海出现了 2 次赤潮高峰期，分别为 1987—1992 年和 1998—2000 年；第一次赤潮高峰期（1987—1992）仅出现在珠江口及其毗邻海域，第二次赤潮高峰期（1998—2000）分别出现在珠江口及其毗邻海域和粤东海域。

赤潮发生的频率差异与相关海区近岸城市工业发展速度、城市人口增长、近海养殖发展、入海河流携带的陆源物质等因素密切相关，广东的经济发展程度远远高于广西和海南，所以其沿海海域赤潮发生频率也远高于后两者。而在广东省中，珠江三角洲地区的工业化、城市化速度比粤东和粤西地区快得多，珠江径流携带入海的陆源物质也明显高于广东省东西部的其他河流，因此珠江口及其毗邻海域的赤潮出现频率最高。随着粤东的经济发展，粤东海域赤潮发生的频率也在不断提高。

广东沿海赤潮高发区主要位于珠江口、大鹏湾、大亚湾、柘林湾等地。广西沿海赤潮高发区主要集中在涠洲岛。海南沿海的赤潮则相对分散，发生频率较低。

第16章 南海生物多样性保护和海洋保护区建设

16.1 南海生物多样性保护

16.1.1 外来物种入侵防治*

16.1.1.1 引言

南海沿岸地处热带亚热带区，从属印度－西太平洋生物分布区，区内印度尼西亚和菲律宾是全球生物多样性关注热点，南海沿海和海岸带处于高生物多样性的辐射区内，因此也是世界生物多样性最多的区域之一。在人类活动和气候变化大背景下，海洋外来物种入侵问题日趋严重，受其影响生态系统结构和功能衰退，社会和经济发展受到制约。我国南海海域宽阔，气候适宜，生境多样，是各种生物栖息繁殖的良好场所，南海海域具有我国最高的海洋生物多样性。同时，南海地区经济高度发达，海上航运频繁，文化习俗多元，养殖业发达，引进外来物种的需求强烈，外来物种入侵途径多样，控制和防范难度较大。面对严峻的外来生物入侵的威胁，加强外来物种研究、控制和治理势在必行。物种传播是跨国界的行为，因此必须遵守国际外来物种引进防范原则，加强国际合作，实施负责任的外来物种引进和使用，提高外来物种防范管理水平，才能在降低外来物种入侵风险，充分利用引进外来物种优势，保证我国经济建设和生物多样性可持续利用的平稳发展。

16.1.1.2 外来物种基本问题

1）物种的自然分布

海洋生物种类繁多，它们的分布区相对稳定，对温度、盐度、水深、光照、食物等环境具有一定的要求。区域环境温度的季节性变化，限制了物种在不同温度带上的扩散和转移，形成看不见的温度屏障。同等温度的同一个纬度带上的生物分布还受到大洋、海沟、海脊以及海流流向的限制，很多没有长距离游泳能力的物种只能够生存在特定的海域范围内，通过长期进化，形成不同种、属和科等生物组成的自然群落，组成类群不同的海洋生物地理区系。我国学者自20世纪50年代以来对中国及其邻近海域的生物区系进行了分类，提出的海洋生物区系就是以温度特征和种类组成为主要划分标准。

在自然情况下，海洋生物种群个体繁殖数量增加时，能够向分布区外迁移、扩散，扩大

* 作者：唐森铭。

分布范围。对大陆架浅水区生活的底栖生物来说，广阔的大洋是巨大的阻碍，一些底栖生物的浮游幼虫阶段，能够随着潮流扩布。但是很多生物的浮游期寿命很短，如果没有及时找到基质附着，它们很快就会死亡，因此不可能进行远距离传播。对深海底栖动物来说，大洋中的海脊则是重大的障碍，如著名的威维尔－汤姆森海脊是大西洋和挪威海深海动物区系之间的一个障碍，两海区内只有12%的动物是相同的。对海洋游泳生物和海洋浮游生物来说，地峡是个不可逾越的障碍，如美洲太平洋和大西洋热带动物区系被巴拿马地峡所隔开，只有少数种是两个区系所共有的。陆地也是海洋生物扩大分布区的阻碍。

按分布区的大小，海洋生物可分为广布种和狭布种两大类。前者遍布世界各大海洋，主要见于种以上的分类单元；有广布热带或极地海域的环热带种、环极地种。狭布种局限于一定海域，但种类繁多，其中仅分布在某一特定海域的为地方特有种。如南中国海的植物特有种有拟海桑（*Sonneratia paracaseolaris*）、海南海桑（*S. hainanensis*）、卵叶海桑（*S. ovata*）、杯萼海桑（*S. alba*）、红树科的尖瓣海莲（*Bruguiera sexangula var. rhynchopetala*）等。

在特定的地理气候环境下，海洋生物地理区系内，物种和物种之间，物种与环境之间联系默契，经过进化历史的长期选择和优化，形成各具特色的生态系统。这些生态系统内生物的种类数量和组成相对稳定、食物链（网）关系相对固定，能量流动过程和系统服务功能健全。生态系统产出大，生产力高。我国南方海区的河口、红树林生态系和珊瑚礁生态系，是我国海洋少有的高生产力区。在人类活动范围有限，尚不能够进行跨区域、跨海洋进行大范围活动的年代，人类携带物种跨越动植物自然分布区引种的机会很小，物种很难在自然分布区外建立新的种群。但是今天外来物种引进和入侵已经是全球海洋的普遍现象。据估计，通过船舶压仓水输送的动、植物每天在3 000种以上，通过大型喷气式飞机携带的海水养殖和水族馆饲养的动植物每小时可到达数百种。海洋生物地理区系的分布格局开始重组，特定海区生态系统的稳定结构和服务功能因外来物种入侵而破坏。外来物种入侵成为仅次于栖息地破坏导致海洋生物多样性消失的第二个大因素。随着全球气候变暖，外来物种在北半球向北扩散入侵的事件将会增多，今后外来物种入侵问题将更为严峻。

2）外来物种定义

外来物种（alien species，exotic species，introduced species，non－indigenous species）是指那些出现在过去或现在物种自然分布区及潜在分布区之外，经不同载体携带传送而在新分布区出现的物种、亚种或亚型等分类单元，包括其所有可能存活、继而繁殖的部分、配子或繁殖体。相反，过去本地已经存在的物种称为本地种（native species），或固有种和土著种（indigenous species）。外来物种中对当地生态环境、生物多样性、人类健康和经济发展造成或可能造成危害的外来物种，被称为入侵物种（invasive species），入侵物种是外来种中归化了的（naturalized）物种（解焱等，1996）。

外来物种狭义的定义是指由于人类有意或无意地携带的自然演化区域以外的物种进入新的地域。它不包括自然入侵的物种，所以被定义为一个被移出了其自然或潜在分布扩散区的物种；即使在同一国家，只要是人为干预下引进的新物种，这个物种便成为被引入地区的外来物种。定义强调了人为引进或移植的物种，因此不包括自然入侵的物种或由基因工程改变的物种或变种。广义的定义将进入一个生态系统的新物种认定为外来物种。它包括人为有意引进的物种、无意引进的物种、自然入侵的物种以及基因工程得到的物种、变种和人类培育的杂种（hybrid）。

一个健康的生态系统，其物种间的数量相对稳定，种类组成多样，生产力高。如果某物种引进后导致生态系统发生重大变化，历史文献又没有该种的记录，那么该物种可能是外来种。生态系统具有强大的自我调节、适应新的变化的能力，大多数外来种引进后没有大的影响，不会导致生态系统大的变化；仅有少量物种引进后产生较大的负面影响，导致生态系统结构和功能衰退，以至难以恢复。生物入侵对当地生态系统或经济社会造成较大危害的物种，也称之为外来有害生物（Exotic pest）。

“过去”一词在时间尺度上定义没有统一的标准，外来物种的认定与当地物种的历史记录详细程度相关。目前很多物种还没有被系统地研究和认识。因为缺乏历史资料或缺少专业的分类人员，一些种类并不能够被准确地认定，因此只能暂时地将无法确定的可能的外来物种称为隐秘种（cryptogenic species）。隐秘种普遍存在，但是在生物入侵的研究和管理中，忽视隐秘种的存在和作用，会影响对入侵途径、易受入侵和抗入侵的群落类型以及入侵成功率的识别。

3）外来物种入侵的途径

我国2001年12月起首次在全国进行外来入侵物种调查。经过近两年调查，初步了解了引进物种的现状，调查共查明外来入侵物种283种。这些入侵物种中，39.6%是属于有意引进，49.3%是属无意引进，自然入侵（指物种随风媒、虫媒和鸟媒等媒介自然传播）的仅占3.1%。在引进的外来种植物中，1/2左右作为有用植物引进的。据调查，引进的部分物种成为外来有害生物。这些外来物种对我国造成的总经济损失每年高达1 200亿元左右，对国家生态安全危害很大。

海洋动植物的引种主要有两种方式，分别为有意引进和无意引进两个大的类型；少量入侵的外来物种则是自然力传播的结果。

（1）有意引进

出于社会和经济需求，有目的引进外来物种进行增殖或利用的行为称为有意引进。有意引进物种是外来物种传播的主要动力。全球海洋外来物种引进多数起源于水产养殖引种，其次是观赏和宠物。为发展水产养殖业，我国从国外引进了近百种外来物种，如淡水白鲳（*Piaractus brachypomus*）、德国锦鲤（*Cyprinus carpio*）、白鲫（*Carassius cuvieri*）、革胡子鲶（*Clarias leather*）、蟾胡子鲶（*Clarias batrachus*）、褐首鲶、沟鲶（*Ictalurus punctatus*）、加州鲈鱼（*Micropterus salmoides*）、条纹狼鲈（*Morone saxatilis*）、虹鳟（*Salmo gairdneri*）、匙吻鲟（*Polyodon soathula* Walbaaum）、俄罗斯鲟（*Acipenser gueldenstaedti*）、欧洲鳗鲡（*Anguilla anguilla*）、大菱鲆（*Scophthalmus maximus*）、美国红鱼（*Sciaenops ocellatus*）、罗非鱼类、牛蛙（*Rana catesbeiana*）、鳄龟（*Chelydra serpentina*）、克氏螯虾（*Procambius clarkii*）、凡纳滨对虾（*Litopenaeus vanamei*）、福寿螺（*Ampullaria gigas*）、褐云玛瑙螺（*Achatina fulica*）、太平洋牡蛎（*Crassostrea gigas*）、虾夷扇贝（*Pecten yessoensis*）、海湾扇贝（*Argopecten irradians*）、红鲍（*Haliotis rufescens*）、绿鲍（*Haliotis fulgens*）、互花米草（*Spartina alterniflora*）、凤眼莲（*Eichhornia crassipes*）、巨藻、异枝麒麟菜（*Eucheuma striatum*）等。

有意引进的物种还包括观赏鱼类和宠物。1990年广东从泰国引进的鲍孔驼背鱼（*Notopterus chitala*，又名东洋刀）和虎纹驼背鱼（*N. blanci*，又名虎纹刀）、从南美引进双须骨舌鱼（*Osteoglassum bicirrhosum*，又名银龙）、弗瑞拉骨舌鱼（*O. ferreirai*）、美丽舌骨鱼（又名金龙、红龙）和巨舌骨鱼（*Scleropages formosus*，又名海象）和眼斑丽鲷（*Astronotus ocellatus*，又名地图鱼）等多种观赏鱼类，这些引进的观赏物种生长良好，丰富了公众的业余生活，也形成新的产业（楼允东，2000），我国南方各大城市均有很发达的观赏水生生物养殖业，其中，养殖的外来种宠物和观赏动物占有很大的比例。

据不完全统计，我国从国外和从国内不同区域引进的外来水生经济动植物达140种，其中，鱼类89种、虾类10种、贝类12种、藻类17种、其他12种。70%以上是20世纪80年代后引入的，仅从国外引进的鱼类就在65种以上，其中还不包括作为观赏鱼引进的大量外来鱼种。这些引入的水生生物品种促进了我国水产养殖业的发展，创造了巨大的经济效益，丰富了水产品种类。但是，由于缺乏管理，或者由于盲目和错误的引进，一些物种引进带来严重的生态问题。引进的有害物种包括克氏螯虾、福寿螺、凤眼莲以及互花米草等（张其勇等，2002；王亚民等，2006）。

（2）无意引进

这是一类无意识地、在未知或已知的情况下难以避免的引进外来物种的行为，包括混同货物入境、水产养殖引种附带引进的有害或无害的外来生物、寄生虫、细菌和病毒等病原生物。大宗无意引进的物种以大型交通工具为载体，通过压仓水携带进入的大量的各种小型和微型的动植物个体、孢子、孢囊等。压仓水排放后，外来物种即可能在目的地港口或港湾中获得新的栖息地，它们在适合的环境中经常往往生成高密度有毒有害群体，如赤潮。1998年在珠江口水域发生的米氏凯伦藻（*Karenia mikimotoi*）赤潮，致使广东沿海和香港地区蒙受数亿元的水产品损失。类似有害藻类还有塔玛亚历山大藻（*Alexandrium tamarense*）、赤潮异弯藻（*Heterosigma akashiwo*）等。由于之前我国没有这些有害赤潮种的记录，推测这一类赤潮生物是船舶压仓水携带传播的结果。此外，随同远洋船舶携带的还有数量巨大的污损生物，如藤壶、软体动物、水螅、多毛类生物和藻类等。夹带在船壳污损生物群落中旅行的还有蟹、虾、鱼类等游泳生物。

大吨位船舶和大型超音速飞机的使用，货物的长距离快速运输在近代成为可能，很多原来不可能跨洋漂流传播的物种具备了更多机会在大洋的彼岸生存、繁殖以至建群。19世纪70年代以来，来自于远洋船舶压舱水中物种的新记录数量不断增加。其中有出现在美国太平洋沿岸来自于亚洲的桡足类生物如日本纺锤水蚤（*Acartia omorrii*），有出现在美国大西洋沿岸的日本的肉球近方蟹（*Hemigrapsus sanguineus*）。有侵入黑海的西北太平洋栉水母。我国香港、福建厦门和泉州出现了原产于中美洲的沙筛贝（*Mytilopsis sallei*）。

我国养殖生产中，造成较大危害的非故意引进的物种包括南美白对虾引种附带引进的病原生物如对虾白斑病毒和桃拉病毒，这些病毒导致2002年大面积对虾病害，仅经济损失一项即达到40亿元。无意带进的其他病毒还有虹彩病毒、传染性造血器官坏死症病毒、病毒性出血性败血症病毒、流行性造血器官坏死病毒等（朱泽文等，2004）。

（3）自然扩散的外来物种

外来物种生物凡通过自身的扩散或借助于海流、风力或漂流物等自然载体传入的，即属于自然入侵的外来物种。目前，我国陆生外来物种的调查和研究已经开展了相关工作（Hillary et al.，2004），但我们对海洋中自然入侵的物种了解不多。在海洋入侵物种中海洋污损生物最有可能借助垃圾进行自然传播入侵的物种。

海洋垃圾、漂流物等为外来海洋污损生物的传播创造了便利的条件。自然界生成的垃圾容易降解下沉，很少能够长期漂浮。Hillary（2002）估算，人类航海活动增加了海上垃圾的数量，漂浮的玻璃瓶和塑料制品使得生物传播的距离提高了两倍。人类产生的垃圾漂浮时间长，实际上一些物种几乎可以借助永不下沉的垃圾漂浮物到达地球的任何一个角落。海漂垃圾成为外来种自然传播的新的载体。如原产于中美洲的沙饰贝（*Mytilopsis sallei*），经印度、越南传入香港、广东、福建港湾，在内湾形成密集群体，危害当地养殖业和生态系统。推测沙饰贝可能通过船体附着或者漂浮物进入我国海域。黄宗国等（1984）指出以附着方式进入我国水域的污损生物有指甲履螺等23种，包括象牙藤壶、指甲履螺和韦氏团水虱，等等。这些入侵物种附着在港湾工程建筑、码头、船舶、冷却水管内壁等，造成隐患或重大危害。

随同压舱水到达的外来物种能够通过自然传播完成二次传播入侵，即经过自然传播进入港口附近的养殖水域、港湾，最后随同海流分布于我国沿海。这些生物可能包括导致南海海洋赤潮的有害甲藻或鞭毛藻。如链式裸甲藻（*Gymnodinium catenatum*）、塔马拉亚历山大藻、米氏凯伦藻，等等。经二次传播后，有害赤潮藻的孢囊和营养体广泛分布在沿海各港湾河口，环境一旦适宜，它们随时可暴发成为赤潮。

（4）外来归化种

从其他区域引进的养殖种类，在其侵入区域多年生长，已成为自然生长的生物种类。这些外来物种逃逸到自然水体后，适应了环境并能自然繁殖，建立种群，这些物种称为外来归化种（naturalized alien species）。如来自非洲的尼罗罗非鱼在我国云南、广西就有自然种群。一般说来，水产养殖推广的品种，如适应性强就很容易建立种群成为入侵种。而水族观赏鱼因种群小，成为入侵种的可能性较小。食蚊鱼（*Gambusia affinis*）是出于生物防治的目的而引进的，1911年引入我国台湾。1924年进入内地，后在很多省市自然繁殖。引进我国的南方地区养殖的南美白对虾，由于人工放流已在海南出现自然种群。海带（*Laminaria japonica*）过去只分布在日本海，后扩散传播到我国。最初它局限生长在辽宁山东水温较低的沿海，后经长期养殖生产驯化，养殖水域正从北向南延伸，目前生长区进入福建，甚至粤东海域。

4）外来物种入侵原因

近30多年来我国沿海经济快速发展，我国沿海和海岸带的生物多样性过度开发，生物资源迅速减少，为了满足不断增加的食物、药物、原料、环境和观赏等生物多样性需求，引进外来物种是一项快速、经济、有效的发展生产的方法。目前，我国已经发现并登记的海洋外来物种有112种，用于海水淡水养殖引进的鱼类有59种，其中，海水种类较少，大约15～20种。引进养殖的外来物种在我国社会经济发展中发挥了重要作用。

随着运输、贸易、旅行、旅游活动增强，货物交换日益频繁，跨区域非自然引种为物种移植传播的机会增加。高度发达的运输工具为活体动物、植物等各类型的物种在世界范围内跨区转移提供了便利的载体。自古以来高山、大洋和深海等自然地理因素原来可以阻断物种自然传播的障碍已经不复存在。入侵的外来物种一般具有生长快速、繁殖力强、容易建群等特点。入侵的外来物种扩张迅速，竞争食物、侵占当地物种的栖息地。生物入侵严重威胁本地物种的生存，导致本地种数量减少，一些物种开始消失或濒于绝迹。外来物种入侵导致全球生物多样性降低，影响深远。

全球范围内的气候变化加速了生物入侵过程。2008年11月在西班牙Valencia召开的首次全球海洋生物多样性会议上，与会者提出北半球的海洋藻类正在以10年50 km的速度向北入侵，速度大大高于陆地生物入侵（Anonyme，2008）。由于水温和气温升高，入侵物种不受越冬问题限制，入侵的成功率大为提高。气候变化导致极地冰盖海冰消融，也导致全球生物多样性侵蚀（erosion of marine biodiversity），而后者的情况更为严重，这已经是海洋学家们的共识，并得到高度重视。

5）对生态、社会经济的影响

外来物种进入新区域后，大多数物种并没有产生有害作用。它们在农业、养殖业和沿海社会生活中促进了地方经济的发展。但是少数外来物种入侵，负面影响较大。有的导致病害、或改变地方物种的遗传特征，种类组成和生态系统的多样性，严重的外来种入侵可导致生态系统不可逆转变，阻碍入侵地的经济和社会发展（Genovesi et al.，2003）。

位于南海北部的广东省，是我国南方海洋外来物种较多的省份，是受外来物种影响较大的区域。据调查统计，入侵的外来物种占全省物种总数的 2.5%。生物入侵造成直接经济损失较大的种类约有 26 种，其中，昆虫 23 种，动物 1 种，植物 3 种。2000 年全省外来物种入侵面积约为 108.12×10^4 hm^2，造成的经济损失达 20.71 亿元。引进我国的互花米草引进后大面积传播，导致南方沿海养殖滩涂被侵占，造成巨大的损失，这是生物入侵造成经济社会严重危害的典型例子。从以上公布的数字看，数据明显未估入海洋外来物种入侵灾害的损失。考虑生物入侵有关的有害赤潮灾害、病菌病毒致病导致海水养殖业减产、生态系统服务功能受损等，海洋外来物种入侵导致的海洋经济损失不会低于陆地。

传染性病毒病菌的入侵和传播对社会的危害更为直接，它影响经济活动并引起社会恐慌，这是一种对安全的直接的顾虑。1991 年南美霍乱流行病导致 1 万人死亡，造成巨大的经济损失，经美国食物与药品局检查，发现压舱水中带有致病的霍乱菌株，分析结果认为致病霍乱菌来自于亚洲的轮船。SARS 是一种传播性疾病，事实上是病毒借助人类和交通工具传播从广东扩散到全国，再蔓延到国外。SARS 不仅造成广东沿海社会经济的巨大损失，给我国造成的社会心理恐慌、国际形象受损、投资环境恶化等损失巨大，远大于防范 SARS 疫情、救治 SARS 病人的直接经济损失。SARS 对社会稳定构成极大威胁，严重影响社会秩序和国家安全。

6）外来物种对生态安全的威胁

指一个生态系统的结构是否受到破坏，其生态功能是否受到损害。生态安全的显著特性是生态系统所提供的服务的数量和质量的状态。当一个生态系统所提供的服务的数量和质量出现异常时，则表明该系统的生态安全受到了威胁，处于生态不安全状态。生态安全包含着两重含义，其一是生态系统自身是否是安全的，即其自身结构是否受到破坏；其二是生态系统对人类是否是安全的，即生态系统所提供的服务是否满足人类的生存需要，前者是后者的基础。

外来物种引进对生态系统的影响一般分两种情况：①它在养殖生产（如新的养殖品种）或在公众生活中扮演着宠物的角色（动物园外来种和宠物），对当地经济发展或起积极作用，或引进后与本地物种相安无事，无明显影响；②引进后成为入侵种，破坏当地生态系统平衡，降低地方生物多样性，包括生态系统、物种和遗传基因的多样性。其潜在影响深远，甚至是毁灭性的。

前者外来种的行为无害，符合引进目的。尽管目前很少对引进外来物种的生态效应进行充分论证和检讨，但只要引进的物种可以控制，生长和繁殖受到环境制约，生存分布的范围受到限制，则可以称之为对生态系统和社会无负面影响。对于这种结果，因为其不构成明显的威胁，因此认为是生态安全的，是可以接受的。根据统计，成功的引进占全部外来物种引进的90%。最近有研究报告发现，世界上绝大多数鱼类（84%）引进淡水区域后，能够造成生态危害的外来物种不高于10%（Gozlan，2008）。

由于存在的生态安全问题，我们还必须对物种移植和引进持慎重态度，引种是一种重要的增产和丰富物质生活的途径，但又潜在着相当程度的风险。为了减少物种引进的风险，能够利用当地物种解决问题的，一般情况下不提倡引进或移植物种。

16.1.1.3 南海海洋外来物种

由于海洋入侵种的研究近几年才受到重视，资料积累少，研究对象不能够像陆地入侵物种那样容易发现和接近。实际记录的海洋外来物种并不多。在这些物种中，造成危害的或者具有潜在风险的物种乃在少数。但是，少数有害外来物种的危害，造成的危害却是巨大的和长期的。南海区覆盖了广阔的南中国海和数量众多的海岛，其中与人类生活密切相关的是水陆相交的海岸带、岛屿、河口与近岸水体。虽然入侵的海洋外来物种门类多，但大体上可划分为海岛和水体两个大类型，它们之间有野生的和人工养殖的种类。近年来造成较大危害或具有隐患的列举如下。

1）薇甘菊

薇甘菊（*Mikania micrantha*）原产于中美洲，现在亚洲热带地区广泛传播，印度、马来西亚、泰国、印度尼西亚、尼泊尔、菲律宾以及巴布亚新几内亚、所罗门、印度洋圣诞岛和太平洋上的一些岛屿，成为当今世界热带、亚热带地区危害最严重的杂草之一。1984 年在深圳发现薇甘菊，现在广泛分布在深圳、香港、粤东和珠江三角洲地区。该种已列入世界上最有害的100 种外来入侵物种之一。薇甘菊是危害我国最严重的外来入侵害草之一。专家估算，我国珠三角一带每年因为薇甘菊泛滥造成的生态经济损失约在5 亿~8 亿元。

薇甘菊在深圳的内伶仃岛红树林保护区等地蔓延，导致岛上大片树林被薇甘菊覆盖枯死。由于海岛生态系统脆弱，薇甘菊入侵一度造成使内伶仃岛自然保护区内 460 hm^2 中 80% 的林木受到薇甘菊的危害，严重灾难性面积高达 80 hm^2。该自然保护区内的600 多只猕猴以及穿山甲、蟒蛇等重点保护动物顿时失去栖息地和食物来源。薇甘菊入侵对海岛生态系统的损害特别严重。

2）椰心叶甲

椰心叶甲（*Brontispa longissima*）原产于印度尼西亚与巴布亚新几内亚，现广泛分布于太平洋群岛及东南亚。包括中国（台湾、香港）、越南、印度尼西亚、澳大利亚、巴布亚新几内亚、所罗门群岛、关岛、马来西亚、斐济群岛、新加新、韩国、泰国等。2002 年 6 月，在海南省海口市首次发现危害椰子树等棕榈科植物的外来害虫椰心叶甲。截至 2004 年 1 月底，海南 18 个市县，已有 12 个市县的椰树出现疫情，虫害发生总面积超过 3×10^4 hm^2，受害椰树等棕榈科植物 46 万株，占全省椰树总量的 6.6%。2005 年报道海南省椰心叶甲染虫区面积达 659 万亩，棕榈科植物染虫株数达 272 万株。受害的椰子、槟榔、棕榈植物产量下降 60% ~ 80%，经济损失 1.5 亿元。椰心叶甲飞行距离只有 300 ~500 m，如果没有人违规引进棕榈科种苗，它根本无法跨洋过海抵达海南岛。海南省采用了挂包进行药物防治，另外引进大量蓟小蜂繁殖放养，控制椰心叶甲的危害和蔓延（林培群等，2006）。

3）海洋有害赤潮种类

赤潮生物是危害我国近海环境的恶性生物灾害，近年来在我国近海海域和河口发生的频率和规模不断扩大，造成的损失日趋严重。我国沿海新纪录米氏凯伦藻（*K. mikimotoi*）1998年发生大规模赤潮，重创水产养殖业，造成广东、香港两地损失2亿多元。近年来米氏凯伦藻和其他隐秘种频繁出现在我国沿海，产生赤潮，对养殖业的威胁至今没有消除，一些有毒藻类赤潮将毒素传到鱼类和贝类，最后污染水产品。贝毒和藻毒挑战食品的安全，造成经济损失，增加食品卫生安全成本。本区报道的有害赤潮藻种还有微小原甲藻（*Prorocentrum minimum*）等多种原甲藻、裸甲藻、鳍甲藻、亚历山大藻、卡盾藻、尖刺拟菱形藻（*Pseudonitzschia pungens*）等外来种或隐秘种。这些物种入侵沿海的途径最大的可能是远洋货轮的压仓水，其次是海流传播，也不排除引进水生生物养殖或进口鲜活贝类夹带入侵的可能性。

目前，水体中有害的赤潮生物已经不局限与微型单细胞藻类，我国沿海大量出现的水母类胶体生物、浒苔等大型藻类以及将来可能暴发的各种小型生物，同样能够在水体中形成大规模的另类"赤潮"，这些生物影响渔业生产、海洋景观和海洋的娱乐功能。它们跨海区漂移，突发性强，往往带来意想不到的灾害。

4）大型海藻

大型海藻包括裙带菜（*Undaria pinnatifida*）、刺松藻（*Codium fragile ssp. tomentosoides*）、紫杉叶蕨藻（*Caulerpa taxifolia*）与海黍子马尾藻（*Sargassum muticum*）。全球范围内已经认定上述4种均为有害的外来种大型藻类。裙带菜20世纪80年代之后就出现在澳大利亚水域，被澳大利亚压仓水管理咨询办公室（ABWMAC）列为有害物种。在名录中还有水族馆品系并已经入侵地中海的紫杉叶蕨藻和海黍子马尾藻（Mcennulty et al.，2001）。紫杉叶蕨藻在世界各地招来不少麻烦，它入侵生长的地方其他藻类从此匿迹。自1981年出现在地中海后，管理部门曾不惜代价予以清除，经过努力，认识到根除的难度极大，不得不承认"根除不再是能够实现的目标"。

引进的大型藻类的碎片能够进行无性繁殖，必须予以高度注意并加以防范。其他的大型藻类具有微藻生活阶段，隐秘且难以发现。此外，成熟大型藻的带假根的芽苞，能够分离随水漂流，导致物种的传播扩散。

我国南海沿海未见有上述大型藻类的报道，但南海的海南、广东和广西沿岸大量种植麒麟菜，则是一种人为干预下对地方生态系统的入侵。南海广泛种植的麒麟菜现名为长心帕拉藻［*Kappaphycus alvarezii*，原名异枝麒麟菜（*Eucheuma striatum*）］，1984年由中科院海洋研究所从菲律宾引进，因出现冰样病害导致大面积死亡和生产损失，此后再从印度尼西亚引进了新的抗病品种。长心卡帕藻因产卡拉胶而定名为卡帕藻，原产坦桑尼亚的桑给巴尔、菲律宾、印度尼西亚、日本的琉球群岛，生长速度快，产量高，生长速度是我国当地麒麟菜的4倍（曾广兴，2001）。

生产卡拉胶海藻麒麟菜具有很高的经济价值，养殖方法简单，投入不多，深受养殖户的欢迎。但是养殖需要硬基质作为附着基，珊瑚礁曾经是麒麟菜种植的优良基质，因此麒麟菜养殖常常顾此失彼。麒麟菜养殖轻则影响珊瑚生长，重则导致珊瑚窒息死亡。收获过程中，人为踩踏造成珊瑚礁破坏，有的已经导致珊瑚礁大面积死亡。野外调查表明，卡帕藻入侵造成珊瑚礁生物窒息死亡，特别对鹿角珊瑚威胁最大（Chandrasekaran et al.，2008）。鉴于卡帕藻养殖对生态系统的负面影响，海南省已经严禁在海草保护区内养殖麒麟菜，但仍未明文禁止在珊瑚礁海区养殖麒麟菜。我国海南陵水黎安湾已经成为我国麒麟菜养殖基地，湾内实施了卡帕藻规模化高效栽培模式，新的养殖模式使得卡帕藻能够在浮筏上吊养繁殖，这对于保护近海珊瑚礁和海草床不是个好消息。

5）互花米草

互花米草是世界自然保护联盟列入的100种恶性入侵物种之一，生命力很强，入侵后排挤其他动植物，形成低多样性的单优群落。我国自1979年由美国引进福建罗源，经二次引种，迅速扩散到附近区域。1980—1985年全国互花米草的面积约为260 hm^2，2002年统计已经超过112 000 hm^2，现广泛分布于我国除海南省外其他10个沿海省、自治区和直辖市。早期我国引进互花米草用于保护海堤、兼作饲料和燃料，在江苏互花米草起到了固滩集淤的良好效果。但互花米草在滩涂资源紧缺的福建侵占大片优质滩涂，挤占缢蛏、牡蛎等贝类养殖空间。引种后，福建闽江口、三都澳和泉州湾等地均出现大面积的互花米草。互花米草入侵地区鱼虾及贝类等水产养殖遭到毁灭性打击，闽东著名的二都蚶生产从此一蹶不振。

互花米草曾在香港新界西北部出现，不过数量稀少，主要出现在米埔西南方砂质成分较高的泥滩区，米埔自然保护区内尚未出现。所幸这些米草发现较早，有关部门已经实施人工拔除。为了防范再度入侵，需在附近地区进行长期的监测（吴世捷等，2002）。

1994年广西将引进到丹兜海的互花米草二次引种到英罗港海塘村滩涂种植。经近30年的适应、驯化和生长，目前这些互花米草已经归化，繁育扩散分布面积达206.7 hm^2。广西互花米草的平均高度、密度、盖度和平均生物量等均呈逐年大幅度增长的趋势，单面直线的扩展速率达到每年1.4 m。2005—2007年，互花米草斑块永久性样地的面积年平均扩展速率达到28.9 m^2/a，年平均面积增幅282.3%（李武峥，2008）。

入侵的互花米草与红树林争地，导致红树林地萎缩，另外大量生长的互花米草侵占航道，促进淤积，影响正常的水上交通。互花米草入侵后，滩涂和水面丧失，养殖生产受到影响，从业人员失去赖以生存的养殖滩涂，增加了社会不稳定因素。

6）无瓣海桑

无瓣海桑（*Sonneratia apetala*）是海桑科的一种红树植物，抗逆性较强、生长快速，一年生苗年增高3～4 m，当年即可开花结果，是低潮带造林的速生树种。无瓣海桑原产于孟加拉国西南部的申达本，1985年引进。目前它是海南岛和粤西滩涂的造林树种。1997年先后引进到福建龙海南溪两侧和厦门海沧石塘码头右侧滩涂高、中潮区，现已开花、结果。福建九龙江口的无瓣海桑最高达12 m。目前，无瓣海桑被广泛用来作为沿海滩涂造林的首选树种，也用来控制潮间带的互花米草。不过有人担心，如果无瓣海桑与原产于海南的海桑属（*Sonneratia*）植物混杂，可能出现杂交和基因污染问题。因缺乏综合性评价，无瓣海桑引种问题有不少争议。

7）长牡蛎

长牡蛎（*Crasostea gigas*），也称为太平洋牡蛎。生长快、个体大、出肉率高、抗病力强、经济价值高，全世界年产量为居各类经济贝类产量首位，广泛分布于西太平洋、大西洋海域。适应性广，能在0～40℃、盐度10～40的海域生长。现在养殖海域遍布加拿大、巴西、欧洲、大洋洲等世界各地。我国为了改良养殖长牡蛎品种，1979 年起多次从日本引种，目前已成为我国辽宁、山东、福建、广东等沿海省市浮筏养殖的重要种类。

欧洲的长牡蛎在 1960 年代从日本直接引进，此后法国的地中海潟湖、亚得里亚海、突尼斯，爱奥尼亚海 - 伊特鲁里亚海以及希腊都有了长牡蛎的记录。即使在远离养殖区的自然海域，长牡蛎也能入侵成功。长牡蛎入侵排挤当地的牡蛎，但考虑经济价值，长牡蛎还是受到各国养殖场的欢迎。然而长牡蛎在潮间带大量繁殖，破坏了当地海岸的美学和娱乐价值，澳大利亚将其列为有害入侵物种。近年来，牡蛎养殖出现了新的对人类无害但对牡蛎致命的寄生虫，它们分别是 MSX 和帕金虫。这两种寄生虫可使感染的牡蛎大量死亡，对牡蛎养殖生产威胁极大。帕金虫同时感染其他贝类，已在盘鲍、扇贝和贻贝中发现。2002 年辽宁盘锦的海洋生态调查发现感染种类的范围扩大，病害波及野生菲律宾蛤仔和四角蛤蜊。外来种引进的间接危害，比引进物种本身具有更大的危险。因此引种需要慎重考虑潜在风险，例如，寄生虫的入侵，避免顾此失彼，招来更大的麻烦。

8）南美白对虾及对虾病毒

凡纳滨对虾（*Litopenaeus vannamei*）又名南美白对虾，是世界公认养殖产量最高的三大优良养殖经济对虾之一，1988 年由中国科学院海洋研究所引进。已形成了以海水养殖为主、海淡水养殖并存的格局。2003 年广东、广西、海南三省南美白对虾海水养殖面积就达 100 万亩以上（杨先乐等，2005）。至 2004 全国养殖的对虾中 80% 以上为南美白对虾，广东等南方省市达到 90% 以上。南美白对虾引进养殖，恢复了 1993 年我国沿海地区对虾受病害重创的对虾养殖业，对虾养殖出现新转机。2000 年全国对虾养殖产量已恢复到 20×10^4 t 左右，近年产量近百吨。

随着南美白对虾的养殖面积不断扩大，病毒性病害也开始威胁南美白对虾。至今，已经发现的对虾病毒近 20 种，造成主要危害的有 4 种，即白斑综合症病毒（WSSV）、桃拉综合症病毒（TSV）、传染性皮下及造血组织坏死病毒（IHHNV）和黄头病毒（YHV）。其中，WSSV 引起的危害最为严重。TSV 对宿主有较强的选择性，最易感染南美白对虾。随着南美白对虾养殖业的不断发展，病害日趋严重，2003 年全国养殖南美白对虾因病害造成损失达 10 亿元以上。2003 年以海水养殖南美白对虾为主的广东省 7—9 月发病面积达到 4.9 万亩。近年来，南美白对虾病害越来越严重，已造成一些区域对虾养殖毁灭性的损失。随着我国南美白对虾养殖的扩大和养殖品种单一化，暴发大面积对虾病害难以避免。当前，引进健康抗病对虾品种，实施对虾养殖品种多样化，应为对虾引种养殖的方向。

16.1.1.4 南海海区入侵特点

南海地区海域宽广，海岛类型众多，有我国最大的海岛和最长的海岸线。南海丰富多样的栖息地类型和热带亚热带充沛的热量和水域资源，使得南海海洋生物多样性居于全国首位。位于南海北部的珠江口，又是我国人口最密集、经济文化高度发达、对外贸易交流频繁的河口。区域经济发展对新的物种的需求，使得这一地区对外来物种引进有较大的数量和种类需求。其次，复杂和类型多样的栖息地为外来物种入侵创造了条件。南海外来物种入侵的途径多，漫长的海岸线和陆地边界以及现代海陆空运输交通工具增加了防范引进外来物种入侵的难度。

1）栖息地多样，入侵空间广阔

南海海洋生态系统的类型在我国四大海居首位，有河口、近海、海岛、湿地滩涂、红树林、珊瑚礁、人工养殖生态系等多种多样。这些生态系中生态位丰富，人为干扰和环境污染使得很多物种丧失栖息地，生态系统处于亚稳定状态，导致外来物种入侵“有隙可乘”。缪绅裕等（2003）统计显示，就外来物种入侵数量而言，广东、福建和台湾入侵外来物种数在全国各省中列居前茅。1998 年东南沿海赤潮和 1988 年珠江口和香港赤潮大暴发。肇事物种分别是有害赤潮米氏凯伦藻和塔玛亚历山大藻，均属入侵的外来赤潮藻类。赤潮暴发导致海产品供给中断、养殖业受损、景观严重破坏，水生态系统短期内难以恢复，导致严重损失的赤潮还可能引发社会纠纷，影响社会和谐。

此外，暴雨季节各大河口水面经常充斥水葫芦，影响水上交通和景观，海洋同样是陆上生态系统生物入侵的受害者。进入海洋的上百吨上千吨漂浮的水葫芦一直是河口水域和岸滩垃圾清理的棘手问题。海岛生态系统相对脆弱，发生在海岛的生物入侵也非常严重，入侵的危害往往难以控制。珠江口外伶仃岛薇甘菊入侵是海岛生物入侵的事例。除了上述区域外，发生生物入侵的地方还有：互花米草和无瓣海桑入侵的潮间带和红树林，外来种鱼、虾、贝和藻及其携带的病原菌和病毒集中的养殖场和网箱养殖水域。还有逃逸的和放流的外来种进入了河口和近岸水域。

2）入侵物种多样

我国沿海海洋生物入侵的物种数量有由南向北逐渐减少的趋势，因此生物入侵我国南方成为生物入侵危害严重区域。特别是低海拔地区及热带岛屿生态系统受到的损害最为严重。如进入南海海域的外来种从结构简单的病毒、细菌到哺乳动物都能够找到例证。有对虾白斑病毒和桃拉病毒、外来有害赤潮种（小型单细胞藻类）、长心帕拉藻和裙带菜等（大型海藻）、互花米草（高等植物）、沙饰贝和紫贻贝等多种（软体动物）、华美盘管虫等（多毛类）、南美白对虾和斑节对虾（节肢动物）等、养殖和宠物引进的各种鱼类、动物园引进的金图企鹅和白鲸等。各类型生物中，小型和微型的外来种入侵危害尤为严重，具有危害面积大，造成损失大且难以防控的特点。

国家环保部公布了首批 16 种入侵中国的外来物种名单，这些对中国生物多样性和生态系统造成严重危害和巨大经济损失的外来入侵物种中，广东占有其中的 12 种，与广西并列全国首位。

3）物种引进意愿强烈

联合国粮农组织统计，目前全球水产养殖业增长最快的地区在亚太地区，渔业养殖年产量已经上升到 4×10^8 t。我国养殖业发达，水产养殖产量现居全球首位，水产品总产量到 2000 年达 $4\ 279 \times 10^4$ t。其中，引进优良品种是水产养殖业增产增收、满足国民蛋白质需求，提高国民生活质量的重要途径。新中国成立以来，我国先后从国外引进了上百种水产养殖新品种。绝大多数已形成了产业并产生了较大的社会和经济效益，为发展我国的水产养殖事业作出了重要贡献。

水族馆和家庭水族箱的普及，也使得一些外来水生动植物引进增加了新的途径，对形态怪异的外来物种的需求量也在不断上升。且随着对外贸易开放，很多个体加入了有目的引进行列，从而增加了物种引进的渠道，增加了国家监控防范的难度。近年来有不少有害的恶性物种进入市场，如巴西的食人鱼、龟和称之为“清道夫”的吸口鲇鱼（*Plecostomus punctatus*）。吸口鲇鱼原产于南美洲，目前已经在珠江、北京的南长河、汉江、台湾的宜南等地的自然水体中发现。海南大量养殖的红耳彩龟，是世界自然保护联盟列出的100种恶性外来入侵种之一，2004年海南省的产苗量近300万只左右（徐婧等，2006）。

出于改善生活条件与海岛环境，我国南海诸岛也存在有目的地引进大陆家禽家畜和植物的现象。一些引进到海岛的动物被直接放养或移植到野生环境中，导致岛屿野生动植物消失，岛上原有的生态系统被彻底改变。有目的引进的外来物种数量巨大，有人估计我国有目的引进的有害外来物种占外来物种总数的一半。

4）野生动物走私

利用山珍海味是我国美食文化的一部分，南方人群对食品多样性的需求是世界任何其他民族都无法比拟。有媒体调查揭示（Parham，2007），广东餐馆每天消耗20 t蛇类和2万只珍禽。对海珍品的需求导致广东从其他省份、东南亚国家甚至非洲大量走私进口野生动物。进口的动物包括鸟类、海龟、各种鱼类和节肢动物鲎等，其中有不少活体生物。海珍品进口不仅加剧了出口国家野生动物偷猎和生物多样性保护的压力，而且在输入国和输入地出现动物逃逸进入野外环境的事例，之间造成外来物种入侵。南方城市街道和居民区经常出现罕见动物的报道，它们往往是偷猎逃逸的生物，其中不乏是国家保护动物和外来物种。对于这些外来的动物，有关部门通常将它们回归自然，从而导致外来物种入侵的潜在风险。

为了美食导致物种入侵的典型例子有福寿螺（*Ampullaria gigas*）。福寿螺于1981年被引进广东，发展养殖供给餐馆。1984年福寿螺在广东、福建、云南等地广为养殖，因繁殖数量太多而被释放到野外。1988福寿螺入侵广东省农田种植园37县2.5×10^4 hm^2，扫荡了入侵地农作物，并带来寄生虫广州管圆线虫病，危害食客的健康。此外，禽流感和SARS的传播也与食用野生动物有着密切的关系，这些病害的源头是山珍和野味，严格地说，它们都是外来种。

上述从外地和境外输入的野生动物，通过多途径进入南方沿海地区。从渠道上看，野生动物的非法贸易路线大致分三种：一是从东南亚一带非法收购巨蜥、蛇类和龟类等，经海上走私入境。通过这一路线走私的野生动物数量巨大，如2007年5月22日，广东阳西县查获从东南亚非法走私入境巨蜥5 193只；二是从越南、老挝经广西、云南等陆地走私入境，种类多为穿山甲、少数巨蜥、鲎等；三是来源于湖南、四川、江西、甘肃等省，种类主要为鹰类、大壁虎等（徐玲等，2007）。非法捕获收集的野生动物进入广州市场，再分散到各地，这些运输路线为外来物种入侵提供了很多途径，也为防范增加了难度。

5）放生与放流

物种放生在我国被认为是一种善举，也是佛教对生命的尊重。不论古老的放生，还是目前流行的水生生物放流，从今天环境保护的角度看都带有资源恢复和生态恢复的意味。放生是中华民族原始的生态保护理念的萌芽，放流则是对放生美德的现代继承和扩大。在交通不发达的古代放生对生态总是有益的，因为捕获或者购买的物种都是当地或者附近的土著种，活的生物不可能被远距离携带，放生有利于促进本地生物种群的恢复。随着交通发达，放生使用的生物可能来自于自然分布区以外的生物，物种入侵机会从而增加。现在用来放生的种类更多，范围更广，包括养殖场多余的种苗、废弃的家庭宠物、待厨的以及长途运输的动物等。参加放生的不再局限于个人，还包括有组织的团体。研究表明，在放生的鸟类中，有6%是外来的；多数放生的鱼类、龟鳖类是在国外捕获用来圈养的物种，而这些物种具有入侵潜力，放生后可能危害本地物种，严重威胁当地野生动物或生态系统构。由于不清楚外来物种的潜在危害，放生的施善者无意中成了外来物种入侵的同谋，放生的结果实际上违背了放生者的初衷。一些景区和游览点不限制任何物种带入，管理人员甚至鼓励随意放生动物。

在提倡环境保护的今天，放流更是作为水域生态恢复和渔业资源增殖的主要手段在政府机构或单位实施。以资源增殖和生态恢复为目的的放流活动受到国家鼓励和支持，但多数活动是建立在我国放流增养殖基础和应用研究并不充分的基础上。调查表明，至今为止生物放流成功案例不多，何况外来物种了。但是，沿海的少数单位则实施了南美白对虾苗种，大菱鲆、鲟鱼幼体等外来物种的放流。这些做法显然在浪费资源，违背自然规律，不利于生态保护的行为。农业部于2003年通知对放流的品种做了限制，规定不得向天然水域投放杂交种、转基因种以及种质不纯等不符合生态要求的物种，不得在种质资源保护区、重要经济水生动物产卵场等敏感水域进行放流。通知特别指出，外来种的增殖放流必须经过严格的科学论证。遗憾的是，仍有少数地方机构和个人没有严格执行相关的规定。

16.1.1.5 外来物种防治措施与管理

1）防治措施

我国目前对有害外来物种主要采取人工防治、机械防治、化学防治、生物防治、替代防治以及综合治理等措施。

人工防治：利用人工的方法对入侵的外来物种进行控制和清除。如对互花米草的人工拔除。人工防治适宜于那些刚刚传入、建群，但还没有大面积扩散的入侵物种。我国人力资源丰富，人工防除可在短时间内迅速清除有害生物。但对于大面积的入侵，效果不大。如沿海滩涂的互花米草的清除，人工拔除的效果不明显。

机械防治：云南昆明和福建宁德分别设计制造过打捞船和割草机控制水葫芦和大米草，但均因工作效率低下、操作不便而告失败。北京奥运前夕发生在青岛海域的浒苔入侵，为了彻底清除，动员了大量的人工和船只，全力捕捞清理，取得很好的效果。

化学防治：化学防治方法具有快速，高效的特点。缺点是明显的：一是环境污染，可能导致现场或者附近水域污染，长期的生态效应必须予以事先估计；二是可能同时杀灭其他的生物，造成大面积生态系统的损害。因此，在项目实施前，必须慎重论证，事后进行严密监控。目前用于防除米草的除草剂药物成分是草甘膦（*glyphosate*）和咪哇烟酸（*imazapyr*），其药效取决于添加的表面活性剂，但对非靶的动植物有些毒副作用。

生物防治：生物防治是指从外来有害生物的原产地引进食性专一的天敌控制入侵物种的扩散和危害。生物防治方法的基本原理是依据有害生物 - 天敌的生态平衡理论，通过引入原产地的天敌重新建立入侵物种和天敌之间的相互调节、相互制约机制，控制入侵生物的种群在无害的水平之下。因此生物防治可以取得利用生物多样性保护生物多样性的结果。生物防治具有控效持久、防治成本相对低廉的优点。通常从释放天敌到获得明显的控制效果一般需要几年甚至更长的时间，因此对于那些要求在短时期内彻底清除的入侵生物，生物防治难以发挥良好的效果。

替代防治：替代防治是根据植物群落演替的自身规律，利用有经济或生态价值的本地植物取代外来入侵物种一种生态控制方法。如营造适合芦苇生长的环境，取代互花米草。热带雨林研究所1999年在珠海引进无瓣海桑替代大米草，种植的无瓣海桑生长速度快，1年后即可生长高于大米草，郁闭成林后可成功抑制大米草的生长。不过无瓣海桑自身也是外来种，引种无瓣海桑可能引进新的外来物种，引种后的效应和远期结果需要观察，所以不是所有的人都赞成引进无瓣海桑。在没有红树林的地区，也有考虑使用其他方法整治互花米草的。如南京大学盐生植物实验室和大丰新纪元海涂开发有限公司开发了“地貌水文饰变促进生物替代”关键技术，发现利用芦苇种植可有效地实现芦苇替代互花米草。

利用替代植物控制外来有害植物，应充分研究本土植物的生物生态学特性，如它们与入侵植物的竞争力、他感作用等，掌握繁殖、栽培这些植物的技术要点，并探讨本地植物的经济特性、市场潜力等，以便同时获得经济和生态效益。

综合治理：对于已成功入侵的物种，依靠一种方法往往不能达到完全将其根除的目的，因此需要将各种方法加以整合，在有限投入和有限时间内，将其快速地根除。米草的综合管理措施也是将不同的物理方法与化学方法相结合，并取得了良好的控制效果，如收割和除草剂结合使用，综合效果优于分别单独使用一种方法的效果。综合治理不仅要考虑每种方法的有效性，而且要特别注意潮汐、相互作用的环境因子、其他不利因素以及植物的生物学和生态学特征，综合治理是实现各项技术与方法有机结合的必要途径。

2）管理措施和建议

采取各种方法治理外来物种入侵并不是最优的方法。海洋环境复杂多变，实施全面的调查和治理花费巨大，外来物种入侵难以发现，只有采取预防为主，加强管理和建立完善的外来物种引进法规，才能够更有效地防范有害外来物种入侵，保护本地生物多样性资源。

为了规避物种引进的不利因素，我国修订施行的《海洋环境保护法》规定：“引进海洋动植物，应当进行科学论证，避免对海洋生态系统造成破坏。地方政府对外来物种引进应积极予以控制”。2003年国家环保总局通知进一步要求建立起引进外来物种的环境影响评价制度；要求物种引进应用的单位和个人，采取隔离或缓冲区等相应的防范措施，并进行环境监测和建立监测档案；严禁在自然保护区、风景名胜区和生态功能保护区以及海洋环境特殊和脆弱的区域从事外来物种引进和应用。地方政府对引进外来物种的管理更有进一步的延伸，如福建省海洋环境保护条例要求对物种引进实施提交海洋生物物种释放安全环境评价报告，要求对引进的海洋生物物种组织跟踪观察等。

尽管如此，我国海洋外来物种管理现状尚存在诸多问题，如比较缺乏相关的系统的法规，缺乏协调机制、合作机制和严格的执法依据，缺乏政策和经济激励及制约机制等。目前我国与海洋外来物种有关的法律法规主要有《中华人民共和国海洋环境保护法》、《中华人民共和国进出境动植物检疫法》、《中华人民共和国进出境动植物检疫法实施条例》、《中华人民共和国国境卫生检疫法》、《中华人民共和国国境卫生检疫法实施细则》、《中华人民共和国植物检疫条例》、《中华人民共和国动物防疫法》、《农业转基因生物安全管理条例》、《农业转基因生物安全评价管理办法》、《农业转基因生物进口安全管理办法》等。这些法律条例关注人类健康和农业安全生产，对入侵物种对生物多样性和生态系统破坏、生物多样性保护、外来物种防范的理念和宗旨阐述不够。外来入侵物种的预测、监测和早期控制和方法措施不够到位，尚缺少健全的外来物种风险评估体系和办法等（赵淑江等，2005）。

随着我国经济发展和国际贸易迅速增加，外来生物的引进呈现多主体、多渠道、多用途、高度分散、防控不力、措施不够等特点。为了追求经济利益和效益，物种引进矛盾突出。当前必须认真处理物种引进和审批防范、盲目引进与严格风险评估制度、鼓励贸易交流和物种走私、政府管理与公众参与，教育普及与专业调查研究之间的关系，克服我国在防范外来生物入侵中管理、监控和防治能力不足、法律法规不健全问题。面对外来物种入侵问题，政府和公众应提高外来物种入侵风险的认识，提高公众参与意识，杜绝不良习俗，增进全民自觉防范外来物种入侵的意识。在外来物种的应用中，加强监控，防止有害外来物种入侵和危害，将外来物种的使用置于可控范围内，防止引进的外来物种逃逸，防范可能的危害生态系统的事件发生。

此外，我国还应积极参加国际合作促进国际间的信息共享，强化我国履约能力，尽快健全我国有关外来物种管理与控制的法律法规；持续开展全国范围的外来入侵物种调查研究，查明我国外来物种现状，建立外来物种数据库；建立外来生物的跟踪监测体系与生态系统影响评估系统，建立外来生物入侵早期预警与快速反应机制。在满足外来物种引进促进国民经济发展需要的同时，保证我国的海洋生态系统健康和生物多样性保护的可持续发展。

16.1.2 海洋生物资源合理开发*

16.1.2.1 渔业资源养护和增殖

1）海洋生物种质资源保护

由于海洋污染及渔业资源过度捕捞，重要渔业经济类群的数量急剧减少，海洋生物的物种多样性面临严峻的压力。目前，南海近海和北部湾的重要经济鱼类明显减少；大亚湾水产自然保护区这一多种海洋鱼类的天然繁殖场正在受到破坏；南海区珠母贝的种质质量下降，珠江口的中国对虾群体接近绝迹；海洋濒危动物种数增加，海龟上岸头次逐年下降，中华白海豚在珠江口仅剩800余头，中国对虾珠江口种群几乎绝迹，黄唇鱼在东南沿海已有10年未见踪影。

目前，南海区在海洋生物种质资源保护方面，采取就地保护措施的种类很少，有的虽然划定了保护区，但未严格实施，只有极少数种类（如紫菜、大珠母贝、合浦珠母贝等）建立了原种或良种场。在易地保护方面，只进行了精子超低温保存方面的工作，但仅仅涉及鲷科鱼类、中华乌塘鳢、花鲈、中国对虾等少数种类。

海洋渔业生物种质资源是海洋渔业发展的基础，也是人类社会生存与发展的基础条件之一。南海海洋生物种质资源方面的研究开展较晚，工作基础较薄弱，目前要保护和保存所有海洋渔业生物的种质资源是不实际的，重点是正遭受灭绝威胁的种类和对维持决定我国渔业产量起决定性作用的主要种类。其目的是尽最大可能维持种内遗传变异水平；维持物种和种群自然繁殖能力和自然繁殖场所；维持物种进化潜力，以保证渔业的可持续利用。

2）海洋人工渔礁建设

为改善近海鱼类栖息环境，自21世纪初开始在南海实施人工鱼礁工程。人工鱼礁建设对

---

* 作者：李纯厚、孙典荣。

整治海洋国土、建设海上牧场、调整渔业产业结构和配合大农业改革、促进海洋产业优化升级，修复和改善海洋生态环境、增殖和优化渔业资源、拯救珍稀濒危生物和保护生物多样性、促进海洋经济快速、持续、健康发展等具有十分重要的战略重义。根据近年来的监测评价，发现对维护近海渔业生物多样性具有积极作用；但投放人工鱼礁设施引起环境改变，是否会产生负面影响尚需进一步验证。

3）海洋增殖放流

近年来，华南三省区在南海北部（主要在沿岸海湾、河口区）开展了人工增殖放流，其效果取决于放流后种苗的成活率，而成活率则取决于放流种苗的质量和放流渔场的生态条件。目前，广东省用于放流的种苗大部分是人工繁殖和培育的，其自然的生态习性已发生了变化，在自然海域中捕食能力差、躲避敌害能力弱，抗击环境突变能力不强。为了适应放流后生存环境的变化，要不断地改善和提高种苗生产技术，生产健壮的变异畸形少的种苗，而且还要通过中间培育培养大规格种苗和进行适当的野化训练，以提高放流种苗的成活率。另外，过去的放流品种较单一，特别是海水鱼类品种比较少。今后，在实施人工放流增殖时，要充分考虑放流海域的生态特点和种类结构，选择适当的生物品种，以保护生物的多样性。放流渔场可与人工鱼礁建设相结合，与水产自然保护区和幼鱼幼虾保护区建设相结合，以促进渔业资源的有效恢复。

16.1.2.2 控制和削减捕捞强度

1）降低捕捞强度

捕捞强度过大是渔业资源衰退的主要原因，为改变渔业资源日益衰退的现状，必须禁止渔船数量的盲目增长，同时采取措施降低捕捞强度。据最近的渔船普查，南海北部沿海大陆三省区无证和证件不齐的渔船达 3 万多艘。新《渔业法》要求我国将逐步实行限额捕捞制度。根据目前南海渔业资源的特点和渔业的实际情况，可以通过逐步降低捕捞强度，在较长时间后过渡到渔获量的监控。目前应从渔具渔法的限制入手，包括限制底拖网数量和网目规格、加强近海渔业管理等。

2）调整捕捞作业结构

对目前不合理的作业结构应进行调整，主要任务是减少在机轮底拖网禁渔区线内作业、选择性差的小型拖网渔船。可以利用目前底拖网作业效益较差的契机，尽量压缩或转移浅海的底拖网捕捞能力，将这些小型拖网渔船改业为选择性较好的其他作业类型，或规定具备条件的船只到禁渔区线外作业；对于严重损害经济鱼类幼鱼的岸边作业杂渔具应取缔或限制其发展。

3）引导渔民转产转业

沿海渔民转产转业是新的历史发展时期，我国和整个南海渔业结构调整和可持续发展的重大战略举措，南海三省（区）政府和有关主管部门十分重视，做了周密的部署和安排。主要通过发展海水养殖业、水产品流通加工业、远洋渔业、休闲渔业、渔需后勤服务业等，为渔民转产转业提供机会；通过各种方式宣传和培训，提高渔民的生态环境意识，在减低近海渔业资源和生态环境压力的同时，促进安全、绿色、低碳的生态养殖和环保加工产业的发展。

16.1.3 海洋生态修复*

16.1.3.1 生物修复

生物修复方法应用前景非常广阔。但由于实际操作比较复杂，目前仍处于实验阶段。生物修复包括微生物修复、大型海藻修复、贝－藻等生物修复、生境修复等。

1）微生物修复

利用微生物修复受损环境是从20世纪80年代开始开展相关研究和应用实验的（李秋芬等，2006），目前已发展为一项较为成熟的技术。微生物是生态系统中的分解者，其在水产养殖环境中用于生物修复的主要作用机制是：利用微生物（细菌、真菌、酵母菌或提取物）对环境污染物的吸收、代谢、降解等功能，去除或消除环境污染，在环境中，微生物对污染物直接降解或在讲解中起到催化作用，这是一个受控或自发过程。然而微生物修复技术的相关研究报道目前尚不多见。

2）大型海藻修复

国外有关利用大型海藻吸收水中营养盐净化废水的试验已有很多报道。20世纪90年代以来，欧盟启动了有关富营养化合大型海藻的EUMAC研究计划，研究水域跨越波罗的海到地中海的欧洲沿岸海区，以研究海藻在海区富营养化过程中的响应和作用（Troell M et al.，1997）。近年来，国内在这方面的研究也取得了一定的进展。黄道建、黄小平等（2005）通过比较几种大型海藻在生长旺盛时期体内的总氮（TN）和总磷（TP）含量，筛选出石莼和羽藻可以作为近海富营养化水环境修复的优选海藻。岳维忠等（2004）以吸收速度为指标，筛选出蛎菜和草叶马尾藻为净化水质的优良材料。通过氨氮浓度梯度实验测定了蛎菜等对营养盐的最佳吸收浓度范围及最大吸收速度分别为0.006 4 mg/(g·h）和0.005 4 mg/(g·h)；草叶马尾藻对氨氮最佳吸收范围为（4.0±0.4）mg/L，蛎菜的最佳吸收范围有两个，分别为(1.5±0.2)mg/L和（4.5±0.4)mg/L。郑冠雄（2008）报道了海南海水养殖异枝麒麟菜和琼枝麒麟菜取得养殖产量高、养殖成本低、经济效益高和生态效益好的产业化发展前景。他们利用麒麟菜的生理、生化特点，在海区内混（套）养麒麟菜，营造一个半人工化的养殖生态系统，对于维护养殖生态平衡，防止养殖水域赤潮的形成具有积极的作用。研究证明，大型海藻起到净化水质的作用。在养殖生态系统中混养大型海藻是吸收、利用营养物质和延缓富营养化的有效措施之一。

3）贝－藻、海绵等生物修复

贝－藻、海绵等生物修复主要过程包括沉淀－贝类过滤－藻类吸附的综合处理方法。胡文佳等（2007）认为，海水养殖的废水中含有的污染物为营养物质和悬浮颗粒物质，为了有效地控制这些物质，第一步是通过自然沉淀减少颗粒物的浓度；第二步是采用贝类过滤，进一步降低悬浮颗粒物的浓度，同时减少无机颗粒物、浮游植物及细菌的数量；最后一步是用

* 作者：谭烨辉、黄良民。

藻类吸收营养盐。这种综合处理方法对污染物有较高的去除效率，可以分别去除88%的总悬浮固体，72%的硝态氮和65%的活性磷酸盐。付晚涛等（2006）研究发现，繁茂膜海绵（Hymeniacidon perleve）对滤食养殖水体中生物残饵和排泄物等颗粒污染物具有显著效果，可以减轻过剩饵料对养殖区的污染，同时还可增加海绵生物量。

16.1.3.2 生境修复

杨宇峰等（2003）就认为对红树林湿地的保护也是赤潮生物防治的重要手段之一。因为红树林生长在热带、亚热带海岸潮间带上部，受周期性潮水浸淹。红树林是中国海岸重要的湿地类型之一，红树林是海岸生态关键区，为多种鱼类、无脊椎动物和附生动植物提供了良好的栖息、摄食和繁殖场所，是海岸带良好的生态缓冲区和高生物多样性区域。红树林对N、P等营养物质具有良好的吸附和去除能力，而且还有很强的截污和去污能力，可减缓由于工农业污染，生活污染以及养殖污染所产生的海域富营养化，起到生物净化作用，从而减少赤潮的发生。

生态环境的修复技术可分为物理修复法、化学修复法和生物修复法等，随着环境生物技术的发展和应用，人们发现生物修复法具有效果好，投资及运作费用低，易于管理与操作，不产生二次污染等优点，因而日益受到人们的重视。生物修复技术以在土壤和地下水方面得到了应用。

2001—2004年广东省在珠江口进行水环境复合诊断技术和环境容量模拟技术（黄道建等，2005），研究珠江口重点污染海域的生物修复技术，这些重点污染海域主要包括水产养殖区和港口码头区等。针对珠江口存在的水体富营养化和石油类污染问题，开展了海洋藻类生物对无机氮、无机磷的吸收和降解技术（图16.1、图16.2），实验采用了近岸海域采集的7种大型藻类：网地藻（*Dictyota* sp.）、蛎菜（*Ulva conglobata*）、草叶马尾藻（*Sargassum graminifolium*）、鹅肠菜（*Endarachne binghamiae*）、江蓠（*Gracilaria verrucosa*）、长枝沙菜（*Hypnea charoides*）以及刺松藻（*Codium fragile*）。海洋微生物对石油类污染物的分解和降解技术。通过海藻吸收并固定的N和P等营养物质由海洋转移到陆地，可大大降低养殖水域营养物质含量，具有很好的环境效益。大型海藻的生命周期较长。在同一海区，可根据不同海藻的生活习性和季节变化，交替栽培江蓠、条斑紫菜等优良海藻品种，通过将海藻收获上岸，

图16.1 大型藻类吸收N、P的模拟实验

以达到净化水质的目的。

图 16.2 大型藻类网箱间养式养殖技术

16.1.3.3 海滨湿地生态修复

在20世纪50年代和90年代共开展了3次大规模海岸带、滩涂和海岛资源综合调查，为随后海岸带保护和修复工作奠定了基础。20世纪90年代以来，先后建立了昌黎黄金海岸、山口红树林、三亚珊瑚礁、南麂列岛、江苏盐城丹顶鹤等海岸带湿地自然保护区，20世纪90年代末在南海、东海、黄海、渤海等海域实施了伏季休渔制度，开展第二次全国海洋污染情况调查；制定和实施了海洋环境保护法，海域使用管理法等法律法规。虽然我国在海岸带保护工作方面取得了巨大进步，但在海岸带生态修复技术研究和应用方面工作很少，还基本处于起步阶段。

1）珊瑚礁生态修复

（1）珊瑚移植

虽然珊瑚礁的生态修复一直没有特别行之有效的方法，但是在过去的十几年里，珊瑚移植还是在珊瑚礁的恢复中发挥了很大的作用，成为修复珊瑚礁的主要手段。珊瑚移植的主要研究工作就是把珊瑚整体或是部分移植到退化区域，改善退化区的生物多样性。学者们主要是研究了珊瑚移植的成活率及种的选择等问题，也有一些学者对可能影响珊瑚移植存活的因素进行了研究。

（2）我国珊瑚礁资源现状及研究展望

我国的珊瑚礁主要集中分布在南中国海的南沙群岛、西沙群岛、东沙群岛以及台湾省、海南省周边，少量不成礁的珊瑚分布在香港、广东、广西的沿岸，从福建省东山岛到广东省雷州半岛，从台湾北部钓鱼岛到广西涠洲岛。由于各种原因，中国的珊瑚礁破坏的已经相当严重。1984年以前我国的珊瑚礁还处于良好的状态，珊瑚覆盖率可以达到70%以上。广东大亚湾珊瑚覆盖率在1984年调查为76%，西沙永兴岛和海南三亚的珊瑚覆盖率也可以达到70%。到1990年以后，由于社会经济的发展，来自人类活动的压力越来越大，使得珊瑚礁的覆盖率迅速降低。到1991年大亚湾的珊瑚覆盖率下降到了32%，在1994年海南三亚的调查中也显示珊瑚覆盖率只有38%。最近的2002年的调查显示海南三亚鹿回头的珊瑚覆盖率只有19%，但是西沙群岛的永兴岛的珊瑚覆盖率依然可以达到很高的水平，可能是受人类活动影响比较小的缘故。1995年陈刚在三亚海域对造礁石珊瑚进行了移植性实验，可谓是我国最早的珊瑚礁资源恢复性研究。此后，南海海洋研究所和南海水产研究所更进一步，并于2006年和2007年对大亚湾的珊瑚礁成功进行了移植。相比国际珊瑚礁的恢复，我国这方面的研究还处于起步阶段，需要从多方面入手开展研究。

2）红树林湿地恢复

红树林是我国海岸湿地类型之一，自然分布于海南、广西、广东、福建、台湾等省区，包括真红树和半红树。研究表明红树林具有很高的生态服务功，主要表现为：固定CO_2和释放O_2，积累有机物，为河口海湾生物提供食源；过滤陆地径流和内陆带出的有机物质和污染物，降解污染物、净化水体：通过网罗有机碎屑的方式促进土壤沉积物的形成，植株盘根错节抗风消浪，造陆护堤：为许多海洋动物、鸟类提供栖息和觅食的理想生境，保护生物多样性；具有独特的科学研究、文化教育、旅游、社区服务和环境监测的价值；具有减弱温室效应和净化大气、改善小气候的效应。目前有关红树林湿地恢复的研究很多都集中在红树林育苗造林、次生林改造技术以及红树植物引种试种与种源选择等方面 。而红树林湿地长久以来都是周边社区居民的生活来源，要恢复退化的红树林生态系统，只单纯地研究红树林的物种恢复是不够的，应该将红树林湿地与周边社区居民的生活联系起来考虑。数据显示，在过去的近50年里，东寨港红树林被毁掉50多公顷，红树林湿地被开发成农田、养殖塘、经济作物种植林和基础设施建设用地等 。针对东寨港红树林面积急刚减少、退化严重，并根据我国自然保护区相关法律法规，完善红树林区域内禁止乱砍滥伐工作，加大保护力度。为尽快恢复红树林，可适当进行人工更新。东寨港在红树林育苗及人工更新方面已取得一定成绩，重点可放在造林后的管理。据广东省林业局提供的信息，2002年，广东全省已有红树林面积9 000多公顷，分布在全省13个县市，成为全国红树林面积最大、分布最广的省份。到目前为止，全省已完成红树林试点造林近600 hm^2。为加快红树林的建设力度，广东省将红树林纳入了生态公益林的管理范畴。湛江、茂名、阳江、江门、珠海、广州和汕头等市作为恢复发展红树林的试点市，采用适地适树、科学种植的措施，使红树林恢复发展工作取得成功。目前，广东省湿地面积约为180.71×10^4 hm^2，占全省国土面积10.1%。其中，红树林总面积10 471.1 hm^2，居全国第一。同时，在各方的努力保护下，广东省之前遭受严重破坏的红树林正逐步走向人工种植的新发展局面。

广东湛江红树林国家级自然保护区位于中国大陆最南端，湛江沿海滩涂，跨徐闻县、雷州市、遂溪县、廉江市、吴川市5县（市）以及麻章、坡头、东海、霞山4区，呈带状分布极为分散。东至坡头区乾塘镇的大沙墩，西至雷州市企水镇的企水港，南至徐司县五里乡仕尾村鱼尾海湾，北至廉江市高桥镇高桥河河口咸淡水交界处。湛江红树林保护区是我国大陆沿海红树林面积最大、种类最多、分布最集中的自然保护区。始建于1990年的省级保护区，1997年经国务院批准升格为国家级自然保护区，保护总面积20 278.8 hm^2，其中，红树林面积7 256 hm^2，约占全国红树林总面积33%，广东省红树林总面积79%，它属森林与湿地类型自然保护区，主要保护对象为热带红树林湿地生态系统及其生物多样性，包括红树林资源、邻近滩涂、水面和栖息于林内的野生动物。保护区2002年1月被列入“拉姆萨公约”国际重要湿地名录，成为我国生物多样性保护的关键性地区和国际湿地生态系统就地保护的重要基地。2005年被确定为国家级野生动物（鸟类）疫源疫病监测点、国家级沿海防护林监测点。

自保护区成立以来，在省林业局、地方政府和各业务部门的重视和支持下，以中荷合作红树林项目为载体，加强红树林资源的管理：① 从2001年始，相继实施和完成了保护区红树林资源鸟类资源、鱼贝类资源调查并定期对相关资源进行技术监测；② 人工造林1 000 hm^2，恢复退化的红树林，扩大红树林面积等措施，有效地恢复了红树林海岸湿地，为沿海地区农业和水产养殖业提供了有效保护。

深圳福田红树林自然保护区，地处深圳湾东北岸，茂密的红树林东起深圳河口，西至车公庙，呈带状分布，长约9 km，直线距离约为7 km。1984年4月29日广东省批准由深圳市创建，1988年5月晋升为国家级自然保护区，成为全国5个国家级红树林自然保护区之一；1993年加入我国人与生物圈保护区网络，成为全国唯一加入该网络的红树林自然保护区。经1986年、1989年和1997年先后3次对保护区进行红线范围界定，最后确定为现在的红线范围，面积为367.64 hm^2，其中，陆域面积139.92 hm^2，滩涂面积227.72 hm^2。在保护与修复工程中，主要采取以下措施：① 引种造林，创造多样生境，扩大生态空间；② 对水污染进行控制；③ 科学规划，依法管理。规划是保护工作的基础和依据，保护区规划必须解决好自然保护与城市开发的关系，解决好保护与资源合理利用的关系。新的保护区规划划定了保护区的核心区（占总面积46%）、缓冲区（占13.8%）、实验区（占38.7%）和行政管理区（占1.5%）范围；在生态环境设计中，对各种生境进行了合理分布，体现了生态效益、经济效益和社会效益的三统一。

另外，广东珠海、阳江的红树林自然保护区，在一批专业人士的呼吁下，20世纪90年代末至今，珠海淇澳岛开始了红树林的引种扩种工程和红树林湿地生态公园建设规划。从1999年起，珠海市决定每年投入120万元在淇澳岛引种扩种红树林，使淇澳岛的红树林从32 hm^2 增加到目前的533 hm^2。在进行红树林恢复过程中大量引种了无瓣海桑，利用其速生特性，逐渐扩大了红树林湿地的面积。然而，湿地生态系统中某些种类植物的过量增长，往往会造成其他植物的损失。而且，纯林通常存在林分稳定性差、易遭受病虫害等问题。建议进行现有无瓣海桑纯林的混交改造，先对高大的无瓣海桑进行间伐或修枝，然后林下间种乡土红树植物（如秋茄或木榄），避免纯林可能带来的不良影响。阳江约有红树林862 hm^2。

广州南沙区万顷沙镇十九涌建立人工红树林湿地，试验红树林湿地，地处伶仃洋之滨，珠江口之畔，三面环海（22°36′N，113°35′E），面积约77 hm^2。属南亚热带海洋性季风气候：年均温21.8℃，1月份平均气温为13.3℃，7月份为29℃；光照充足，年日照时间达19 456.5 h；年均降水1 635.6 mm，多集中于夏季。自然植被以红树科、禾本科、菊科植物为主，目前已有十多种红树植物。主要群落类型为：① 无瓣海桑（*Sonneratiaapetala*）为主的群落，约53 hm^2，芦苇（*Phragmites communis*）群落，约13 hm^2；② 河涌林带榕树（*Ficus microcarpus*）林群落；③ 公园周边的蕉林、木瓜林、蔗林等。湿地公园是在原来滩涂上围筑而成的围垦地，区内海拔3.5～5 m，地势平坦，除围堤和护堤少量的陆地外（10%），主要为水面（90%），土壤主要由海湾沉积物形成，属海滩盐土。由于独特的地理位置与自然环境，聚集了数量繁多的鱼类和鸟类。

广西红树林各地类总面积为18 029.2 hm^2，其中，红树林面积为8 643.4 hm^2，占47.9%；红树林未成林地面积578.5 hm^2，占3.2%；天然更新林地面积70.3 hm^2，占0.4%；红树林宜林地面积8 737 hm^2，占48.5%。在红树林面积中，天然林7 592 hm^2，占87.8%；人工林1 051.5 hm^2，占12.2%。广西红树林在东起合浦山口、西至东兴北仑河口的整个海岸带都有分布，平均每千米海岸线有红树林面积5.2 hm^2。广西红树林面积占全国红树林总面积的38.0%，仅次于广东省，位居第二。红树林主要分布于茅尾海、铁山港、大风江、珍珠港、廉州湾、防城港东湾和丹兜海等沿海14个海湾中，其他港湾相对较少，其中以丹兜海、茅尾海和珍珠港的红树林分布较为集中。

近年来，广西开展红树林湿地恢复，营造人工红树林，据调查，广西人工营造并已成林红树林面积1 051.5 hm^2，未成林578.5 hm^2。2002—2004年完成造林面积1789.8 hm^2；1995—2001年，平均每年营造并成活的人工林面积65.2 hm^2。2002—2004年，平均每年营造并成活178.9 hm^2。人工红树林面积呈逐年增加的良好趋势。2008年6月中国乃至世界红树林主产地之一的广西北海市，启动红树林湿地文化公园建设，保护近年来日益衰退的北部湾海洋生态环境，打造最适宜人类居住的生态城市。

近年来，由于部分企业工业污水排放超标，沿海滩涂红树林遭到严重破坏，北部湾局部海域生态环境及渔业资源日益衰退。随着广西北部湾经济区开发步伐加快，林浆纸一体化、石化、钢铁、能源等大型工业项目落户北海，其生态环境面临巨大压力。

据介绍，为加强红树林及生态环境保护力度，国家发改委、国家林业局于2003年投资在北海建设首个红树林种苗工程国债项目——北海红树林良种基地。该基地建成后，将对保护北海乃至整个北部湾生态海域起推动作用。

3）海南红树林

海南省沿海红树林宜林滩涂很多，历史上，海口、文昌、东方、临高等沿海10个市县曾广泛分布着红树林群落。海南省红树植物属东方类群，种群数相当丰富，主要为正红树、角果木等8个群系38个红树林群落类型，几乎包括了我国红树植物的全部种类。海南省对红树林的保护也非常重视。1980年，在海南建立了中国第一个旨在保护红树林及其湿地生态系统的东寨港省级红树林自然保护区，到目前为止，海南省已建成以红树林湿地为主要保护对象的自然保护区6个。但是，从20世纪60年代开展的围海垦田活动以来，红树林屡遭大规模人为破坏，在过去的40年中，60%多的红树林资源被过度开采和利用，估计红树林从10 000 hm^2 下降到3 930 hm^2。红树林的大面积消失，使海南的红树林及湿地生态系统处于相对濒危状态，同时使许多生物失去栖息场所和繁殖地，也失去了防护海岸的生态功能，同时也使其丧失了护岸功能和旅游等经济价值、社会价值。

据省林业局组织的调查表明，海南省现有红树林林地面积13 539.7 hm^2，其中，红树林有林地面积3 930.3 hm^2。幸存的红树林质量相对高，群落保存较为完整，具有典型的热带性、古老性、多样性和珍稀性。全国红树林树高在10 m以上的，基本分布在海南岛。

海南东寨港、清澜港红树林育苗基地建设工程，海南沿海红树林恢复与营造工程，共同编制了“十一五”期间的湿地保护规划——《全国湿地保护工程实施规划》。根据《规划》，红树林保护建设总体布局上分为环岛自然保护区和环岛其他海岸区。环岛自然保护区是将已建立的6个红树林自然保护区（东寨港、清澜港、彩桥、东场、新英、三亚），重新加以整合、完善，扩建并提高其保护级别。环岛其他海岸区，包含环岛的10个市县非自然保护区的红树林，建设重点主要是开展人工育苗和在宜林滩涂人工造林，扩大红树林面积，建立红树林保护管理站。通过实施海南红树林保护与发展规划，到2015年，全省红树林自然保护区整合为1个，保护区总面积为17 979.1 hm^2，绿化95%以上的红树林宜林滩涂，增加红树林面积，改善和提高红树林质量，改善生态环境，全面有效保护红树林生态系统。海南新盈红树林国家湿地公园位于海南省儋州市与右高县交界的、自潮港潮间带，总面积6.07 hm^2，红树林生长区域约有 268 hm^2，其中，红树林退化面积约 102.08 hm^2，受扰面积约 45.14 hm^2，属于县级红树林保护区。为了实施更为有效的保护，实现生态保护、科普教育、科学研究和地区经济发展并举，已于 2007 年 12 月批准其设豆国家级湿地公园，将其纳入国家湿地保护体系。海南新盈红树林国家湿地公园在地质年代处于第四系沙砾黏土层。用地内生长着大片红树林，林木葱郁，林间物种资源丰富，是世界珍稀濒危鸟类的越冬地和迁徙停歇地。据统计公园内有红树林植物 12 科 18 种，主要伴生植物 14 科 17 种。

4）人工纯林对红树林湿地的影响

为了保护有限的红树林资源，我国早在 20 世纪 80 年代初期就将红树林资源分布较集中的区域划为红树林自然保护区。然而，20 多年来，各保护区保护效果不尽相同，在经济欠发达、保护区等级较低的地区，红树林依然遭受到严重破坏，湿地生态系统日益脆弱。

历史上，在华南地区曾有大面积红树林分布在海岸地区，然而过去几十年，该地区红树林的面积急剧减少。1956 年我国红树林面积约为 40 000 ~ 42 000 hm^2；由于 20 世纪 70 年代围海造田和 20 世纪 80 年代初围垦养殖，至 1986 年锐减为 21 283 hm^2；20 世纪 80 年代末又遭围垦造陆破坏，至 20 世纪 90 年代初仅剩 15 122 hm^2。在我国海岸线最长、红树林分布面积最大的广东省，1956 年、1986 年和 20 世纪 90 年代初的红树林面积分别为 21 273 hm^2、3 526 hm^2 和 3 813 hm^2，最高减少了将近 85%。自 20 世纪 70 年代后期以来世界各地采取了一系列措施减缓和抑制红树林退化丧失的趋势，在美洲、大洋洲、亚洲等地区进行了红树林的恢复；我国的红树林在 2001 年亦恢复至22 024.9 hm^2。近年来有学者提出红树林的生态恢复（ecological restoration），有别于以往为了经济目的（如木材生产）和防护功能（如防止海岸侵蚀、促淤造陆）而进行的单树种造林。然而，在大范围开展红树林湿地恢复工作的背后，依然存在不少问题，如缺乏造林技术资料、造林成活率低下、经营管理粗放等，加上人为破坏和自然灾害的影响，导致红树林面积增长缓慢。我国福建省同安县 1961 年人工造红树林 824 hm^2，5 年后成活率只有 31.2%；浙江省的温州地区 1958—1966 年人工引种红树林 533 hm^2，成活 300 hm^2，但由于人为破坏和自然灾害，最终存活不足 1.6%。由此可见，关于红树林湿地恢复失败的教训是深刻的，亟待生态和林业工作者进行总结。然而通过人工驯化，某些红树植物的种植范围可超越天然分布的界限。在我国，最耐寒的秋茄（*Kandelia candel*）自然生长北界为福鼎市（27.20°N），1957 年该种被成功引种至乐清湾（28.25°N）。在福鼎与乐清，最冷的 1 月平均气温与水温分别为 9.8℃、10.9℃及 9.3℃、10.6℃。目前在华南沿海推广的无瓣海桑，原产孟加拉国 Sundarban（21.31°N，1 月均温 13.8℃），经过 20 余年的驯化现已在汕头市（23.21°N，1 月均温 13.5℃）大面积造林成功，并在龙海市（24.24°N，1 月均温 13.4℃）引种成功。由此可见，人工引种驯化可以增强红树植物对温度的适应能力，有助于适度扩大红树林的种植范围。我国学者亦总结出红树植物对沉积物的不同要求：红树（*Rhizophora apiculata*）、海桑（*S. caseolaris*）、拟海桑（*S. paracaseolaris*）、卵叶海桑（*S. ovata*）、木榄（*Bruguiera gymnorrhiza*）、秋茄生长于泥质滩地；白骨壤（*Avicennia marina*）、杯萼海桑（*S. alba*）、角果木（*Ceriops tagal*）、榄李（*Lumnitzera racemosa*）、老鼠筋（*Acanthus ilicifolius*）可在砂质土上生长；海莲（*Bruguiera sexangula*）、海漆（*Excoecaria agallocha*）、银叶树（*Heritiera littoralis*）生于高潮滩坚实的泥质或泥砂质土；桐花树（*Aegiceras corniculatum*）对土壤的适应能力则较强。

1993 年在淇澳岛大澳湾，约 26.7 hm^2茂密的天然秋茄林被清除后，于 2000 年、2001 年人工种植无瓣海桑2次均未获成功。我国关于红树引种选种。在停顿了20余年后，我国红树植物引种工作于1985年重新开始，当年无瓣海桑被中国林业科学研究院热带林业研究所（以下简称热林所）从孟加拉国引回东寨港试种，3年后开花结果并继续向北引种。1987—1988年，木榄、海莲、尖瓣海莲（*B. sexangula var. rhynchopetala*）、红海榄被厦门大学从东寨港引至福建九龙江口，其中前3种已开花结果，可正常繁殖第二代。进入20世纪90年代我国红树林的引种、选种工作进入了新阶段。1994—1996年，热林所在深圳和廉江引种无瓣海桑、海桑、海莲、红树，经过几个冬季后前3种实现正常开花结实。内伶仃－福田自然保护区于1997年在深圳湾进行引种试验，引种琼山、廉江、龙海的秋茄与当地种源比较，结果表明本地种源较为适合当地推广种植。同期热林所将木榄从海南三亚等6地引种至深圳湾，与本地种源进行比较，结论认为海南琼山种源适于在深圳湾推广种植。1997年，热林所把澳洲白骨壤（*A. marhavar. australiasica*）、小花木榄（*B. parviflora*）和水椰引入深圳湾进行试验，认为澳洲白骨壤的苗期抗寒性和生长适应性较好，较有发展前景。1998年和1999年，热林所分别把小花木榄、红茄莓、湄公河木果楝（*Xylocarpus mekongensis*）、槽叶木榄（*B. exaristata*）、十雄角果木、阿吉木（*Aegialitis annulata*）、澳洲白骨壤以及拉关木、光叶白骨壤、大红树、直立柱果木引种至东寨港，经过6年和4.5年的栽培试验，认为拉关木和澳洲白骨壤较耐寒、抗逆性较强，可继续北移栽培。自1985年引入我国以来，无瓣海桑经过20余年的驯化，基本适应了华南地区的气候，目前已在华南沿海10个地区试种成功，正处于推广阶段。

16.1.3.4 人工鱼礁与增殖放流

通过合理的增殖，修复受损的生态环境通过增殖渔业对象，完善生态系统的能量和物质流动，可以达到生态修复受损水域生态环境的作用。过度的增养殖会造成水域环境的污染。但合理的渔业发展，是有利于生态系统的优化。没有渔业对象为主的水生生物的作用，天然水域中物质和能量不能得到合理的转化。这就要改变对次要渔业水域中水生生物保护的不重视。这些次要渔业水域面积巨大，由于渔业价值不大，环境压力还不大，合理保护其中的水生生物，是有利于水生生物多样性保护，也有利于水域环境的保护，为此要端正渔业发展和环境保护的关系。

保水渔业是以现代生态学理论为依据，根据水域生态系统的特定食物网结构及功能特点而设计的一种旨在提高水域生态系统抗干扰能力的生态控制（cybernetics）技术或食物网生物操纵技术（biomanipulafion）。广泛开展了渔业资源增殖放流活动，积极促进资源养护，统筹规划和合理确定适用于渔业资源增殖的水域滩涂，重点针对已经衰退的重要渔业资源品种和生态荒漠化严重水域，等等。

海洋生物人工放流增殖技术在我国应用较早，自20世纪80年代以来，我国先后在渤海、黄海、东海放养了以中国对虾为代表的近海海洋资源，目前规模化放流和试验放流种类已扩大到日本对虾、三疣梭子蟹、海蜇、虾夷扇贝、魁蚶、海参、鲍以及梭鱼、真鲷、黑鲷、牙鲆等10多个品种，对近海海洋生物恢复起到了积极作用。

人工鱼礁技术在我国南方海区近年来开始大规模实验。2000年，广东省在阳江近海海面沉放了两艘百余吨级的水泥拖网渔船，以改善近海渔场生态环境。2001年，我国首次在珠海东澳进行人工鱼礁试验。随后的2002年和2003年，在广东汕头南澳、福建三都澳官井洋斗帽岛、浙江舟山群岛、江苏连云港市赣榆秦山岛及海南三亚等海域先后开展大规模的人工鱼礁试验。

我国人工鱼礁建设状况我国现代人工鱼礁的开发始于1979年，当年广西壮族自治区水产局筹资在防城果近海投下26座小型鱼礁，以后又逐年在各沿海果投放人工鱼礁。但由于资金有限，设置的礁区不多，而且每个礁区投放的鱼礁数量不大，20世纪90年代以后由于停止投资，建礁工作中止。直至2001年，广东省政府经过研究即组织有关单位实施，并拨款8亿元人民币建礁经费，现已在全省沿海选定12个点作为人工鱼礁区，并已陆续开展工作。广东近年来建设人工鱼礁，保护海洋资源环境取得了显著的成效。至2008年，广东省财政下达用于建设礁区、种苗基地、执法船艇和宣传、培训、效果监测的资金共计3.5亿元。经过各方努力，已建成省级淡水种苗放流基地1个，改造10×10^4 m^3亲鱼池，年生产能力5 000万尾。建成市级种苗放流基地4个，建设亲鱼池14.5 hm^2，育苗水体14 100 m^3，年生产能力4 150万尾。已建成人工鱼礁区10座，正在建设19座，投放报废渔船88艘，投放混凝土预制件礁体19 818个，礁体空方体积909 726 m^3，礁区面积7 144 hm^2，海洋渔业资源得到了明显恢复，渔民收入增长明显。我国的台湾省也较早投放人工鱼礁。1975年“台湾省政府”就投资13亿元台币建设人工鱼礁，至今整个台湾岛沿岸均设置了人工鱼礁区。香港特别行政区1998年决议在5年内拨款6亿港元，第一期投资1亿港元建设人工鱼礁，计划在香港沿岸5个海域设置鱼礁区。

据联合粮农组织估计，近年来，有70%的海洋鱼类已过度捕捞，全球15个主要渔场中有13个捕鱼量已超出鱼类可持续发展量。渔业资源衰退已是世界性问题。而设置人工鱼礁可同时起到多种作用：①人工鱼礁能改善环境，鱼礁上会附着很多生物，从而引诱来很多小鱼小虾形成一个饵料场；②鱼礁会产生多种流态，上升流、线流、涡流等，从而改善环境；③鱼礁体内空间可保护幼鱼，从而使资源增殖；④在禁渔区设置鱼礁能真正起到禁捕作用。鱼礁区不能拖网，也不能围网和刺网，只能用手钓，而手钓产量有限。由于人工鱼礁对渔业资源保护和增殖的效能，因而为各方所关注，投置鱼礁的国家越来越多。

但是设置人工鱼礁的投资比较大，要避开泥质底和高低不平的海底。

16.1.3.5 海岸带生态恢复研究中存在的主要问题

①海岸带是世界上最复杂和最不稳定的生态系统，目前虽然对生态系统退化总体原因已有所认识，但是对海岸带生态系统各部分之间及其与海洋生态系统和陆地生态系统之间的关系和相互作用机理了解仍不够深入。

②对海岸带生态系统健康状况的功能性指标，缺乏深入研究，从而导致在恢复重建技术方法的应用上的盲目性和不确定性。

③海岸带生态系统修复和试验示范研究还停留在一些小的、局部的区域范围内或集中某一单一的生物群落或植被类型，缺乏海岸带整体系统水平出发的区域尺度综合研究与示范。

④海岸带恢复目标主要集中在生态学过程的恢复，没有与海岸带管理法律、法规以及海岸带社会经济发展和居民的福利有机地结合起来，生态修复往往难以达到最初的目标。

16.2 海洋保护区建设*

海洋保护区（Marine Protected Areas，MPAs）是以海洋自然环境和资源保护为目的，对

* 作者：黄晖。

保护对象依法划出一定的面积进行特殊保护，管理和科学开发使用的区域。海洋保护区的建立是保护海洋生物多样性并对海洋资源进行可持续利用的重要而有效的措施。

16.2.1 南海海洋自然保护区建设发展

自我国海洋自然保护区建立至今，它已经历了几十年的发展历程。资料显示，我国农业部于1955年在海南建立了文昌麒麟菜自然保护区，它是目前所知的我国最早建立的海洋自然保护区。大规模的兴建始于1988年底国家海洋局制定了《建立海洋自然保护区工作纲要》之后。1990年经国务院批准建立了昌黎黄金海岸、山口红树林生态、大洲岛海洋生态、三亚珊瑚礁以及南麂列岛5处国家级海洋类型自然保护区。截至2006年6月，我国共建立了海洋自然保护区139个，其中，国家级海洋自然保护区24个，地方级海洋自然保护区115个，总保护面积约420.6×10^4 hm^2，约占我国海域面积的1.4%。这些自然保护区涵盖了中国海洋主要的典型生态类型，保护了具有较高科研、教学、自然历史价值的海岸、河口、岛屿等海洋生境，保护了中华白海豚、斑海豹、儒艮、绿海龟、文昌鱼等珍稀濒危海洋动物及其栖息地，也保护了红树林、珊瑚礁、滨海湿地等典型海洋生态系统。对海洋生物多样性和生态系统的保护发挥了重要作用。与其他国家的海洋自然保护区保护面积相比，我国的海洋保护区面积明显落后。根据世界各国2000年的海洋自然保护区统计资料，我国现在的海洋自然保护区面积占海域面积的比例只相当于2000年世界平均水平的一半，明显低于其他发达国家。

南海作为我国最大的海域，迄今南海海域共建立海洋保护区百余处，其中，国家级海洋自然保护区13个（附录A）。广东是我国海洋自然保护区最多的一个省。然而，从保护区的总面积看，我国海洋自然保护区总面积最大的是辽宁省，其次是山东省和广东省。辽宁和山东海洋自然保护区的总面积占全国海洋自然保护区面积的一半以上，其海洋自然保护区建设走在全国的前列。海南省海洋自然保护区数量较多，但由于其管辖范围内的各个海洋自然保护区面积较小，因此总保护面积也相对较小。

16.2.2 南海海洋自然保护区保护现况

近年来，国家和沿海各地进一步加大海洋保护区的监管力度，推进海洋保护区选划建设，完善管理制度，加强海洋保护区监测，严厉打击各种破坏保护对象的违法行为，海洋保护区数量和质量稳步提升。2007年，国务院批准建立了广东徐闻珊瑚礁国家级自然保护区。广东徐闻珊瑚礁国家级自然保护区位于世界珊瑚礁分布的北缘区域内，是我国大陆沿岸唯一分布面积最大、种类最多、保存最完好的现代珊瑚礁。保护区总面积14 378 hm^2，核心区面积达4 356 hm^2，主要保护对象为珊瑚礁生态系统和海洋生物多样性。该国家级保护区的建立对进一步加大珊瑚礁生态系统及其生物多样性的保护力度具有重要意义。国家级海洋保护区管理部门积极采取有效措施，加大滨海湿地、红树林、珊瑚礁等典型脆弱生态系统、珍稀濒危生物物种和具有重大科学文化价值的海洋自然历史遗迹等主要保护对象的保护力度。广西北仑河口国家级海洋自然保护区管理部门继续加强红树林病虫害的防治，逐步扩大人工种植红树林面积，人工育苗红树林16 000株。福建深沪湾海底古森林遗迹、厦门珍稀海洋物种、广东惠东港口海龟、徐闻珊瑚礁、珠江口中华白海豚、广西山口红树林、北仑河口等国家级海洋保护区管理部门通过媒体等多种形式向社会公众广泛开展宣传教育。组织社区志愿者参加保护活动，进一步增强社区公众保护海洋的意识，为有效地遏制保护区内各种破坏被保护对象的违法行为营造良好的社会氛围。然而，海洋保护区保护与管理工作依然面临着巨大的压力，违法电、炸、毒鱼和乱采滥挖等损害海洋保护区生态环境和被保护对象行为仍有发生，部分海洋保护区受养殖、旅游、围填海及航运等开发活动的干扰，局部海域生态环境质量和主要保护对象在一定程度上受到影响。

近年来，海洋环境监测结果表明，多数国家级海洋保护区生态环境质量总体良好。广东惠东港口海龟和徐闻珊瑚礁等国家级海洋保护区，核心区海水水质符合国家一类海水水质要求。广东惠东港口海龟、珠江口中华白海豚、徐闻珊瑚礁、广西北仑河口等国家级海洋保护区沉积物均符合国家海洋沉积物质量一类标准。

据最新监测结果表明，绝大部分珊瑚礁、红树林和海草床生态系统处于健康状态，西沙群岛珊瑚礁生态系统，海南东海岸生态监控区内的珊瑚礁、海草床生态系统，广西北海生态监控区内的珊瑚礁、海草床及红树林生态系统以及北仑河口红树林生态系统健康状况良好，雷州半岛西南沿岸生态监控区珊瑚礁生态系统处于亚健康状态。

第 17 章　南海海洋生态环境管理

17.1　南海海洋生态环境监测*

17.1.1　海洋生态监测

南海是我国最大的一个边缘海，面积约 356×10^6 km²，其中，我国管辖的海域面积约 200×10^4 km²。南海北部沿海包括广东省、海南省和广西壮族自治区，海岸线蜿蜒曲折，岸线全长 6 068.9 km，其中，广东岸线长 3 368.1 km，广西岸线长 1 083.0 km，海南岸线长 1 617.8 km。生态系统复杂多样，包括了海湾、河口、滨海湿地、珊瑚礁、红树林和海草床等多种典型生态系统类型。

2004 年，为落实国务院领导的批示精神，国家海洋局组织沿海省（自治区、直辖市）在我国近岸海域部分生态脆弱区和敏感区建立了 15 个生态监控区，2005 年又新增 3 个生态监控区，监控区总面积达 5.2×10^4 km²。主要生态类型包括海湾、河口、滨海湿地、珊瑚礁、红树林和海草床等典型生态系统。其中，南海区共有 7 个生态监控区（表 17.1），总面积约 1.1×10^4 km²。监控内容包括环境质量、生物群落结构、产卵场功能以及开发活动的影响等，基本掌握了监控区内海洋生态状况以及变化趋势，并在监测结果的基础上对生态监控区的生态系统健康状况进行了综合评价。其监测和分析结果发布在每年的《中国海洋环境质量公报》上（见国家海洋局网 http：//www. soa. gov. cn/hygbml/hjgb），为调整海洋开发强度、减轻海洋生态压力、控制海洋生态恶化趋势、维护海洋生态健康与安全以及相关法律与政策的制定提供了科学依据。

表 17.1　2004—2008 年南海海洋生态监控区基本情况

生态监控区	所在地	面积/km²	主要生态系统类型	2008 年健康状况	5 年变化趋势	组织实施单位
大亚湾	广东省	1 200	海湾	亚健康	基本稳定	国家海洋局南海分局
珠江口	广东省	3 980	河口	不健康	基本稳定	
雷州半岛西南沿岸	广东省	1150	珊瑚礁	亚健康	基本稳定	广东省海洋与渔业局
广西北海	广西壮族自治区	120	珊瑚礁、红树林、海草床	健康	基本稳定	广西壮族自治区海洋局
北仑河口*	广西壮族自治区	150	红树林	健康	基本稳定	

* 作者：李开枝、尹健强。

续表 17.1

生态监控区	所在地	面积/km^2	主要生态系统类型	2008年健康状况	5年变化趋势	组织实施单位
海南东海岸	海南省	3 750	珊瑚礁 海草床	健康	基本稳定	海南省 海洋与渔业厅
西沙珊瑚礁[a)]	海南省	400	珊瑚礁	亚健康	略有下降	

注：a）2005年新增生态监控区，变化趋势只四年。

17.1.1.1 监测范围

广东省大亚湾生态监控区的监测范围是大亚湾及毗邻水域（22°31′～22°47′N，114°31′～114°47′E），总面积为1 200 km^2，包括大亚湾港口、工业区沿岸海域、红树林、珊瑚礁生境、港口海龟国家级自然保护区以及渔业资源增殖保护区。珠江口生态监控区监测范围为珠江口及毗邻海域（21°55′～22°47′N，113°05′～114°00′E），总面积为3 980 km^2，包括沿岸湿地生境、中华白海豚国家级自然保护区、重要经济鱼类的产卵场、索饵场和洄游通道等。广东省雷州半岛西南沿岸生态监控区监测范围为雷州半岛西南沿岸海域（20°10′～20°45′N，109°30′～109°58′E），总面积为1 150 km^2，包括徐闻珊瑚礁国家级自然保护区和雷州珍稀水生生物（白蝶贝）省级自然保护区和湛江乌石人工鱼礁区。广西北海生态监控区（21°00′～21°40′N，109°01′～109°46′E）的监测范围包括北海市近岸海域山口红树林国家级保护区，合浦县近海海草床分布区，涠洲岛北部及南部珊瑚礁两个重点分布区，总面积为120 km^2。广西北仑河口生态监控区的监测范围是北仑河口海洋（红树林）国家级保护区及毗邻海域，面积150 km^2。海南东海岸生态监控区共有13个区域（18°12′～19°39′N，109°28′～111°00′E），其中，珊瑚礁生境监控区8个、海草床生境监控区5个：珊瑚礁生境主要分布于海南岛东部和南部近岸海域，位于文昌、琼海和三亚沿岸；海草床生境重点分布在文昌、琼海和陵水等海南岛东南一带近岸海域，总面积为3 750 km^2，包括三亚珊瑚礁国家级自然保护区和海南陵水新村港与黎安港海草特别保护区。西沙珊瑚礁生态监控区的监测范围是西沙群岛的重要海岛、沙洲近岸海域珊瑚礁重点分布区及毗邻海域，面积400 km^2。

17.1.1.2 监测时间和频率

水环境中活性硅酸盐指标、沉积环境、海洋生物质量、红树林植物种类组成和珊瑚礁各指标8月份监测1次，其他指标4月份（春季）和8月份（夏季）各进行一次监测。

17.1.1.3 监测项目

各生态监控区的生态系统类型不一样，监测的重点和指标也不完全一致。监测项目总体分为渔业资源、珍稀物种、海洋生物、水环境、沉积环境、生物质量以及边滩湿地、红树林、珊瑚礁、人工鱼礁区、产卵场和开发功能等十几个大类。珍稀物种的监测主要分布在广东省，但各监控区监测对象和内容均不同，大亚湾监控区的珍稀物种是海龟（*Chelonia mudas*），珠江口监控区的为中华白海豚（*Sousa chinensis*），雷州半岛西南沿岸生态监控区则以白蝶贝［又称大珠母贝（*Pinctada maxima*）］为珍稀物种。海洋生物项目包括浮游植物、浮游动物、鱼卵仔稚鱼、底栖生物和潮间带生物的种类组成和数量（密度和生物量）分布及其优势种组成和数量分布。水环境设置水温、透明度、溶解氧、化学需氧量、盐度、pH、悬浮物、活性磷酸盐、三氮、活性硅酸盐、石油类、叶绿素 a 等指标。沉积物包括对沉积物硫化物、有机碳和粒度的分析。生物质量检测的是生物体中汞、砷、镉、铅等重金属和多氯联苯、多环芳烃、六六六、滴滴涕、石油烃等有机质的残留含量。边滩湿地、红树林、珊瑚礁生境和人工鱼礁区设置常规水质、生物、沉积物和生物质量项目，同时根据海域的特殊性设置滩涂围垦及湿地面积、湿地区海洋生物（包括潮间带生物）；红树林生境面积、植被盖度现状与变化趋势、红树林植物种类组成、红树林虫害、红树林区鸟类、底栖动物群落状况；珊瑚种类、活珊瑚盖度、珊瑚礁病害及发生率、珊瑚礁死亡率、硬珊瑚补充量（软、硬珊瑚）；海草群落盖度、高度、生物量、密度、种类多样性、有性生殖现状（花、果实数量）、海草床区底栖动物分布情况等指标。

除上述主要监测项目外，针对监控区内渔业资源、近海捕捞船、捕捞量、捕捞产值、海水养殖规模、种类及产值、滨海旅游、海岸工程、入海河流、外来物种、围垦填海、人工鱼礁、工业废水、生活污水、污染事故、海岸侵蚀、赤潮、海洋保护区、地方海洋生态保护法规条例名称、海洋生态监控区历史背景资料等项目开展自然、社会、经济的背景调查，作为生态监控区监测的辅助性监测项目。

17.1.1.4 海洋生态系统健康评价标准

海洋生态系统健康评价标准是指生态系统保持其自然属性，维持生物多样性和关键生态过程稳定并持续发挥其服务功能的能力。近岸海洋生态系统的健康状况评价依据海湾、河口、滨海湿地、珊瑚礁、红树林、海草床等不同生态系统的主要服务功能、结构现状、环境质量及生态压力指标。海洋生态系统的健康状况分为健康、亚健康和不健康三个级别，按以下标准予以评价。

（1）健康：生态系统保持其自然属性。生物多样性及生态系统结构基本稳定，生态系统主要服务功能正常发挥；环境污染、人为破坏、资源的不合理开发等生态压力在生态系统的承载能力范围内。

（2）亚健康：生态系统基本维持其自然属性。生物多样性及生态系统结构发生一定程度变化，但生态系统主要服务功能尚能发挥。环境污染、人为破坏、资源的不合理开发等生态压力超出生态系统的承载能力。

（3）不健康：生态系统自然属性明显改变。生物多样性及生态系统结构发生较大程度变化，生态系统主要服务功能严重退化或丧失。环境污染、人为破坏、资源的不合理开发等生态压力超出生态系统的承载能力。生态系统在短期内无法恢复。

17.1.1.5 监测结果与健康评价

2008 年的监测结果显示，南海多数珊瑚礁、红树林和海草床生态系统处于健康状态，海南东海岸生态监控区内的珊瑚礁、海草床生态系统，广西北海生态监控区内的珊瑚礁、海草床及红树林生态系统以及北仑河口红树林生态系统健康状况良好；西沙珊瑚礁生态监控区内的珊瑚礁生态系统和雷州半岛西南沿岸生态监控区内的珊瑚礁生态系统处于亚健康状态。大亚湾生态监控区的海湾生态系统和珠江口生态监控区的河口生态系统分别处于亚健康和不健康状态。5 年的监测结果表明，海湾和河口生态系统主要生态问题是无机氮含量持续增加，氮磷比失衡呈不断加重趋势；环境污染、生境丧失或改变、生物群落结构异常状况没有得到根本改变。红树林和海草床生态系统基本维持健康，而珊瑚礁生态系统健康状况略有下降。影响近岸海洋生态系统健康的主要因素是陆源污染物排海、围填海活动侵占海洋生境、生物资源过度开发等。总体而言，南海近岸海域生态系统基本稳定，但生态系统健康状况恶化的趋势仍未得到有效缓解。

1）大亚湾生态监控区

2008年生态系统处于亚健康状态。春季，水质状况良好；夏季，15%水域无机氮含量超第二类海水水质标准，90%水域活性磷酸盐含量超第一类海水水质标准。全部生物残毒检测样品中铅含量偏高，部分生物体内镉、砷和石油烃含量偏高。生物群落结构异常，生物多样性和均匀度较差，浮游植物密度高于正常波动范围，浮游动物和底栖生物密度低于正常波动范围，夏季，浮游植物的平均密度为17 805 $\times 10^4$ cell/m^3，浮游动物和底栖生物的平均密度分别为5 661 ind./m^3和43 ind./m^3，多样性指数分别为0.97、3.86和2.02。

连续5年的监测结果表明，大亚湾生态系统基本稳定，保持亚健康状态。水质状况基本保持良好。沉积物质量良好，多年符合第一类海洋沉积物质量标准。影响生态系统健康状况的主要现象有：部分生物体内铅和镉的含量始终偏高，砷和石油烃含量呈增加趋势；受“热污染”和港口建设等海岸带开发活动影响，生物群落结构发生改变，浮游植物数量增加，浮游动物和底栖生物数量减少，浮游植物和底栖生物多样性指数呈下降趋势，分别由2004年夏季的3.11和3.19降为2008年的0.97和2.02；渔业资源衰退，鱼类种类逐渐减少，渔获物呈小型化、低值化；十几年来天然红树林面积受人为破坏而锐减，珊瑚群落的覆盖率也明显降低。大亚湾生态系统存在的主要生态问题为生境改变、生物群落结构异常和环境污染。主要原因是开展大规模的滩涂浅海养殖、港口码头和石化等建设项目进行的围填海。大亚湾是一个半封闭的海湾，海水交换能力差，污染物不易向湾外扩散。位于大亚湾内的广东核电站、岭澳核电站已投入商业运营，岭东核电站也正在建设中，发电过程中排放的大量的冷却水所造成的“热污染”以及陆源排污也是重要因素。

2）珠江口生态监控区

2008年生态系统处于不健康状态。水体呈严重富营养化状态，氮、磷比失衡，90%以上水域无机氮含量超第四类海水水质标准，春季40%水域活性磷酸盐含量超第三类海水水质标准。部分生物体内铅、镉、砷、汞和石油烃含量偏高，尤其是100%的生物残毒检测样品中铅含量偏高。栖息地变化较大。生物群落结构状况较差，浮游植物密度春夏季变化不大，生物多样性较差、均匀度一般，夏季生物多样性指数变化范围为0.25～3.10，平均值为1.41，均匀度变化范围为0.06～0.89，平均值为0.44。浮游动物密度低于正常波动范围，底栖生物密度高于正常波动范围。鱼卵、仔鱼数量有所增加。珠江口的八大口门海域海水重金属，包括铜、铅、锌、镉、汞和砷等，其含量相对来说均较低，符合第一类海水水质标准，显示重金属不是影响珠江口水质的主要因素。

连续五年的监测结果表明，珠江口生态系统基本稳定，保持不健康状态。始终处于严重的富营养化和氮、磷比失衡状态，丰水期无机氮平均含量均超第四类海水水质标准。生物体内铅含量始终普遍偏高，石油烃和汞含量呈增加趋势。生活在珠江口的中华白海豚是中国沿岸数量最大的种群，但其生存状况仍然堪忧，主要问题是因海洋污染和填海围垦造成生境缩减、因过度捕捞引致食物匮乏、频密来往的船舶和渔船拖网误伤误捕以及噪声干扰、挖砂导致栖息地破坏、水下爆破的强力冲击波造成伤害等。近年来一些保护区如珠海淇澳－担杆岛省级自然保护区、深圳福田红树林自然保护区、广州南沙人工湿地公园、香港米埔自然保护区的红树林面积有所恢复，但总体而言，珠江三角洲沿岸的红树林面积逐年锐减，红树林滩涂面积仅存原有的1/4，而且红树林的外貌和结构也变得简单（柯东胜等，2008）。珠江口的渔业资源严重衰竭，经济种类的种群数量减少或消失，目前的渔获量仅为20世纪80年代的1/8，渔获物呈小型化、低值化。浮游植物平均密度春夏季的季节变化幅度趋于缩小，浮游植物群落结构趋向简单化；浮游动物数量下降，底栖生物数量近两年呈增加趋势，鱼卵、仔鱼数量也呈增加趋势。珠江口生态系统存在的主要生态问题为富营养化、环境污染、生物群落结构异常和生境改变。主要影响因素是陆源排污、围填海和资源过度开发等。

3）雷州半岛西南沿岸生态监控区

2008年生态系统总体处于亚健康状态。监控区内40%的水域石油类含量超第二类海水水质标准，悬浮物浓度较高、透明度低，区内三分之一区域沉积物有机碳含量超第一类海洋沉积物质量标准，底栖生物的种类数量、栖息密度及生物量呈逐年递减趋势，2006年以来鱼卵、仔鱼的数量显著下降。

徐闻灯楼角至水尾角沿岸的珊瑚礁监测结果显示，该区有65种珊瑚虫纲动物分布，其中，柳珊瑚和造礁珊瑚种类多样性丰富，分别为23种和35种。放坡和水尾角两个监测区域的活珊瑚盖度均为15.5%，珊瑚礁死亡率分别为18.3%和7.6%，放坡极个别珊瑚出现白化现象。

连续5年的监测结果表明，雷州半岛西南沿岸生态系统的健康状况呈下降趋势，已连续3年处于亚健康状态。水尾角活珊瑚平均覆盖度显著下降，从2004年和2005年的40%左右下降至2008年的15.5%，珊瑚礁出现了严重的退化现象。活珊瑚群落结构也发生变化，适应低光照环境的角孔珊瑚和软珊瑚数量明显增加。监控区周边有流沙湾、乌石港和企水港三个较大的港湾，是主要的渔港和海水养殖基地。往来穿梭的船舶排放大量含油污水，造成石油类污染；高密度的网箱养殖和大规模的底播增殖产生大量的残饵和粪便以及填海造地及海洋工程建设等沿岸开发活动都导致海水中悬浮物含量增加、珊瑚表面沉积物沉降速率增加、水体透明度降低。以上因素是造成水尾角造礁珊瑚退化及群落结构变化的主要原因。

4）广西北海生态监控区

2008年生态系统处于健康状态。红树林分布区总面积保持不变，红树林群落基本稳定。红树林鸟类种群数量有所增加，鸟类栖息环境不断改善，留鸟数量不断增加。林区底栖动物丰富，锯缘青蟹（*Scylla serrata*）、中华乌塘鳢（*Bostrichthys sinensis*）、海鳗种群数量增加。红树林虫害仍然严重，虫害总面积264 hm^2；外来物种互花米草继续危害本地种红树林生长、生存和发展，5年连续监测结果显示，互花米草的面积年均扩展速率达到41.1～48.4 m^2/a，互花米草入侵区底栖动物分布数量明显减少。涠洲岛珊瑚礁两个监测区监测结果显示，竹蔗寮近岸海域的活珊瑚盖度为43.1%，公山近岸海域为40.6%，最近死亡珊瑚比例很小，大多数死亡珊瑚的死亡时间都长达数年。近年来未出现珊瑚大规模持续死亡的情况，营养化指示海藻很少出现，表明2002年发生珊瑚大量死亡以后，珊瑚礁生态系统基本稳定，但没有明显的恢复迹象。

连续5年的监测结果表明，北海近岸海域生态系统基本稳定，保持健康状态。主要是红树林生态系统和珊瑚礁生态系统的结构与功能保持了正常状态。但海草床生态系统因人为干扰破坏而衰退。合浦县近海海草床呈斑块状分布，大体上分成8个区块（黄小平等，2006），有些区块如下量尾海草床受挖沙虫、耙螺和电鱼电虾、围网捕鱼与底网拖鱼、插桩吊养贝类等人为活动的影响，面积逐渐减小以致消失；有些区块如英罗港海草床的海草稀疏，生长不良，海草叶片多污损海洋生物附着，常被杂物和泥沙掩埋。

5）北仑河口生态监控区

2005年以来的监测结果表明，生态系统基本稳定，处于健康状态。2008年沉积物质量良好，但水体无机氮和活性磷酸盐普遍超标，北仑河出海口的独墩、竹山和榕树头断面水质多为超第二类海水水质标准。红树林种类多样性及群落类型稳定、生境完整。红树幼苗生长良好，无大面积病虫害发生。红海榄群落受早春冰冻灾害天气影响，出现整株叶片枯黄脱落和死枝现象。红树林鸟类种类丰富，夏季和秋季共监测到鸟类63种，上述两个季节鸟类的平均密度分别为25只/hm^2和31只/hm^2。

近年来，红树林鸟类的种数和密度有所下降，鸻鹬类很少出现。多年来北仑河上游东兴市的市政污水及附近养殖塘养殖污水的排放是导致水体氮、磷营养盐含量超标的主要原因。

6）海南东海岸生态监控区

2008年生态系统处于健康状态。海水氮、磷和石油类含量均符合第一类海水水质标准，水质优良。珊瑚礁各监控区的活珊瑚繁茂程度不一，西岛、蜈支洲、长玘港、亚龙湾、小东海等珊瑚礁分布区活珊瑚的盖度在35.4%～72.5%，其中以蜈支洲最高，均大于全球活石珊瑚平均盖度32%的水平（张乔民等，2006）；鹿回头、龙湾、铜鼓岭、大东海等区域的珊瑚礁呈退化现象，其活珊瑚盖度在20.9%～26.9%。

硬珊瑚补充量明显低于上一年，平均值仅为0.5个/m^2，小东海最高也仅为0.9个/m^2。珊瑚礁鱼类种类较丰富，分布密度平均为7尾/100 m^2。高隆湾、龙湾港、新村港、黎安港和长玘港等主要海草分布区海草的平均盖度分别为17%、36%、37%、24%和24%，泰莱草、海菖蒲等优势种的分布与盖度基本稳定，平均盖度分别为31%和25%。

连续5年监测结果表明，海南东海岸生态系统总体基本稳定，处于健康状态。珊瑚、海草种类多样性和群落结构基本稳定。渔业、养殖业、海洋工程、非法捕捞和旅游业等是海南沿岸珊瑚的主要威胁，大面积修建虾塘和养殖麒麟菜等不合理的海水养殖活动直接威胁黎安港等区域海草生境的完整性，海岸带开发及污染物排放导致的水体悬浮物含量升高，局部区域透明度下降是珊瑚礁和海草床生态系统的主要潜在威胁。

7）西沙珊瑚礁生态监控区

从2005年开展监测以来，2008年西沙珊瑚礁生态系统的健康状况略有下降，处于亚健康状态。西沙群岛的永兴岛、石岛、西沙洲、赵述岛、北岛5个主要珊瑚礁分布区的珊瑚礁退化非常严重，活珊瑚的平均盖度仅为16.8%，尤其是西沙洲、北岛和赵述岛，活珊瑚的盖度仅为1.8%、2.3%和2.5%。5个区域活珊瑚的6个月内的平均死亡率为2.1%，1～2年内的近期死亡率更高达27.5%。2005年以来珊瑚礁分布区水质优良。导致珊瑚礁退化的主要原因是人为破坏、敌害生物数量增加和珊瑚礁病害。珊瑚礁监测区仍有新近炸鱼痕迹，炸鱼、毒鱼等破坏性捕鱼方式仍然存在，对珊瑚礁产生了直接的破坏；2006年以来珊瑚礁敌害生物长棘海星（*Acanthaster planci*）数量剧增也是珊瑚礁遭受严重破坏的主要原因之一；发黑是西沙珊瑚礁的主要常见病害现象，2005 年以来造礁珊瑚发病率平均为 1.19%，发病珊瑚种类主要是叶状蔷薇珊瑚（*Montipora foliosa*）。

17.1.1.6 问题与对策

南海生态监控区的监测结果表明，南海区的河口、海湾、珊瑚礁生态系统已经退化，虽然多数红树林和海草床生态系统仍基本维持健康状态，但也呈退化趋势。总体而言，南海区近岸海域生态系统健康状况恶化的趋势未得到有效缓解，生态系统的保护和修复的形势十分严峻和迫切。海洋生态系统若受到破坏，其修复过程将是十分漫长，代价也是十分高昂，有时甚至是不可逆的。因此，必须继续强化和优化海洋生态监控区的监测，为加强海域管理，保护和修复海洋生态系统提供科学依据。针对造成海洋生态系统退化的原因，必须采取相应的措施和对策。科学制订海岸工程、农业与水产业占用海域的整体规划，尽量减少围填海对生态环境的负面影响。控制污染物入海通量，减少污染物入海总量，同时发展海水健康养殖，减少水产养殖的自身污染，遏制水质恶化和富营养化。合理开发海洋生物资源。提高社会公众保护生态环境的意识，自觉减少破坏海洋生态系统的行为。充实和完善各类海洋保护法律法规，加强海洋保护的执法，做到有法可依，执法必严。建立跨地区、跨部门、跨行业的权威综合协调管理机制，共同制定生态环境保护的法规，采取生态环境保护的措施，加强海洋生态环境的管理。树立和落实科学发展观，维护海洋资源的可持续发展。

17.1.2 海洋功能区监测

2000 年以来，国家海洋局各级海洋行政主管部门开始了对海洋功能区的监测。陆续开展监测的海洋功能区主要包括海洋保护区、海水增养殖区、海水浴场、滨海旅游度假区、海洋倾倒区和海洋油气区。

17.1.2.1 海洋保护区

广东国家级自然保护区有 5 个（广东湛江红树林自然保护区、内伶仃岛－福田自然保护区、惠东港口海龟自然保护区、珠江口中华白海豚自然保护区、徐闻珊瑚礁自然保护区），广西 3 个（合浦儒艮自然保护区、北仑河口红树林自然保护区、山口红树林生态自然保护区），海南 3 个（三亚珊瑚礁自然保护区、大洲岛海洋生态自然保护区、东寨港红树林保护区）（见国家海洋局网 http：//www.soa.gov.cn/hygbml/hjgb）。建立海洋自然保护区是保护海洋生物多样性最有效的方式，沿海省（自治区、直辖市）海洋自然保护区数量最多的是海南省，其次是广东。

2008 年度监测结果表明，海南三亚珊瑚礁国家级海洋自然保护区海水环境质量符合第一类海水水质标准要求，但海水化学需氧量、无机氮和活性磷酸盐超第一类海水水质标准。广东惠东港口海龟、珠江口中华白海豚、徐闻珊瑚礁、广西北仑河口、海南三亚珊瑚礁等国家级海洋保护区沉积物均符合第一类海洋沉积物质量标准要求。然而，海洋保护区保护与管理工作依然面临着巨大的压力，违法电、炸、毒鱼和乱采滥挖等损害海洋保护区生态环境和护对象行为仍有发生，部分海洋保护区受养殖、旅游、围填海及航运等开发活动的干扰，局部海域生态环境质量和主要保护对象在一定程度上受到影响。

17.1.2.2 海水增养殖区

南海重点增养殖区有：广东饶平柘林湾、深圳南澳、广西涠洲岛和海南陵水新村。2008年的监测结果表明总体养殖水体呈富营养化状态，在个别区域内多次诱发赤潮。增养殖区都发生过不同程度的养殖病害。部分重点增养殖区沉积物超第一类海洋沉积物质量标准，主要污染物为镉、铜和粪大肠菌群等。2005—2008年监测结果表明4个不同养殖海域环境综合风险指数变化表明广东柘林湾和深圳南澳的水环境综合风险指数逐年增加，养殖环境较差。广西涠洲岛和海南陵水新村养殖环境相对较适宜（图17.1）。

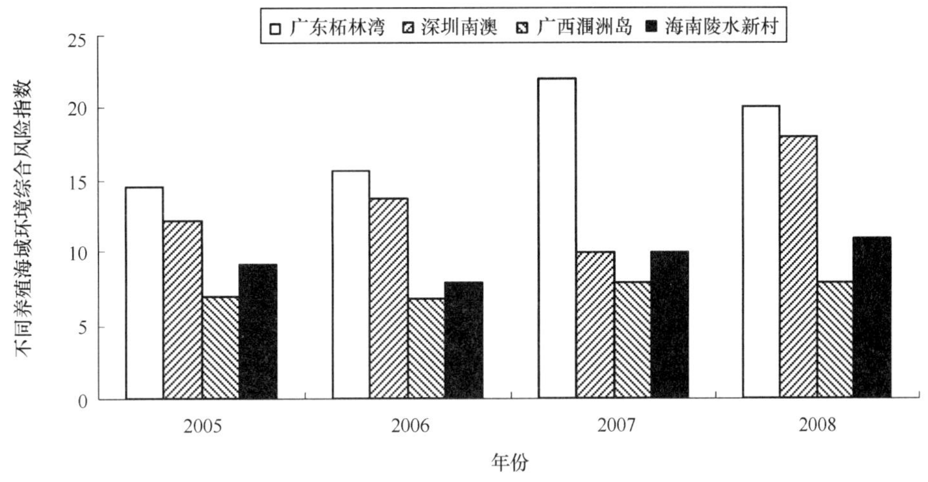

图17.1　不同养殖海域环境综合风险指数变化

资料来源：国家海洋局中国海洋环境质量公报。注：环境综合风险指数赋值含义：水环境综合风险指数小于13：环境状况良好，适宜养殖；水环境综合风险指数介于13和28之间：环境状况较好，较适宜养殖；水环境综合风险指数大于28：环境状况较差，不适宜养殖

柘林湾海水增养殖业从20世纪80年代起得到迅猛的发展，养殖规模不断扩大，主要以网箱或吊养等方式养殖青石斑鱼等鱼类、牡蛎和贻贝等贝类。近年来随着柘林湾海域海水养殖业和周边地区工农业的快速发展，海域环境质量不断下降，生态条件持续恶化，赤潮灾害频发。柘林湾水体生态系统处于严重的不健康状态，多年来该增养殖区的水质处于富营养化状态，无机氮含量有不断升高的趋势，对大规模赤潮和病害的抵抗能力弱（黄长江等，2004，2005；朱小山等，2005）。柘林湾底质污染程度虽然较轻，但主要污染物的潜在威胁不容忽视，底质氮、磷的再溶出及其对海水养殖业造成的影响也必须引起注意。因大规模增养殖渔业和高强度的排污排废引起的富营养化已在很大程度上改变了该湾浮游植物和浮游动物的群落结构及时空分布，生物多样性下降，少数优势种的优势度极高，优势种比较单一，浮游动物以强额拟哲水蚤（*Paracalanus crassirostris*）为主，中肋骨条藻（*Skeletonema costatum*）在浮游植物中占优势，群落构成小型化的趋势明显（周凯等，2002；杜虹等，2003；姜胜等，2002；黄长江等，2003）。

深圳大鹏湾南澳增养殖区主要以网箱、浮筏等方式养殖鱼类、扇贝、海胆等，养殖面积约400 hm^2。2003年大鹏湾南澳近岸海域被国家海洋局列为全国赤潮监控区之一。2002—2003年调查结果表明大鹏湾南澳增养殖区属较清洁海域，监测期间养殖环境水质达到海水养殖功能区的水质目标，沉积物质量良好（黄小平等，2004；黄毅等，2005）。

近年来，随着沿海工业及养殖业的发展，涠洲岛附近海域海水质量有下降的趋势，浮游植物群落结构不稳定，优势种更替现象明显，优势种均属赤潮物种，这表明涠洲岛附近海域具有较强的赤潮发生的内因，水质未达富营养化水平，底质环境也无污染（邱绍芳，1999；刘国强等，2008）。

陵水新村港湾为一潟湖性港湾，集渔港、海水养殖、滨海旅游、自然保护区和居住区为一体。港内共有453户养殖户，约7 000多个养殖笼口，年产量1 100 t，产值近8 000万元，是海南省重点海洋开发区。在国家海洋局的支持下，2002年陵水新村港湾被列入全国海洋赤潮监控区之一，至今养殖环境良好。

17. 1. 2. 3　海水浴场环境状况

南海主要浴场有：广东南澳青澳湾、广东汕尾红海湾、深圳大小梅沙、广东江门川岛、广东阳江闸坡、湛江东海岛、北海银滩、防城港海水浴场、海口假日海滩、三亚亚龙湾。2005—2008年的监测结果表明：浴场水质均达到优良水平，降雨所引起的微生物含量升高和海面漂浮物是浴场水质变化的主要原因，其中，三亚亚龙湾、广东汕尾红海湾、广东南澳青澳湾海水浴场水质为优的天数在95%以上。

17. 1. 2. 4　滨海旅游度假区环境状况

2006—2008年综合监测评价结果表明，海南三亚亚龙湾、广西北海银滩、广东湛江东海岛、深圳大小梅沙旅游度假区等滨海旅游度假区的水质极佳，其中，海南三亚亚龙湾旅游度假区水质极佳的天数达到90%以上。影响水质的主要原因是部分滨海旅游度假区水体无机氮和活性磷酸盐含量超标、微生物含量较高以及海面出现水草、垃圾等漂浮物质。

17. 1. 2. 5　海洋倾倒区环境状况

南海倾倒区个数在2005年和2006年最多，达21个，倾倒量也相应地增多（图17. 2）。2005年以前的监测结果表明，南海多数倾倒区的底质环境状况基本稳定，邻近海域底栖生物群落结构未因倾倒活动而产生明显变化；个别倾倒区底栖环境状况异常，底栖生物群落结构趋于简单，密度和生物量明显下降。2005年以后监测结果表明，倾倒区及其周边海域的水质和沉积物质量基本良好，底栖环境状况基本维持稳定，对倾倒区周边海域的功能和环境质量无显著影响，个别倾倒区的水深和周边海域的底栖生物群落结构因倾倒活动产生较明显变化，主要表现在倾倒区利用不均匀，局部区域淤浅；倾倒区周边海域底栖生物种数和密度下降，生物量减少，群落结构趋于简单。

17. 1. 2. 6　海洋油气区环境状况

南海油气田个数从2003年的18个上升到2008年的32个，生产污水排放量逐年增多，钻井泥浆和钻屑排放量除2006年和2004年较高外，其他调查年份增加不明显（图17. 3）。2002—2008年监测结果显示，南海油气区周边海域环境质量总体维持良好，油气开发活动未对周边海域环境及其功能造成明显影响。油气田及周边区域的环境质量符合该类功能区环境质量控制要求，未对邻近其他海洋功能区产生不利影响，开发过程中也有重大溢油事故发生。

由此可见，国家和沿海各级政府应进一步加强海洋功能区的监测，特别是海洋保护区的监管力度和提高执法能力，严厉打击各种破坏保护对象的违法行为，保护区管理部门进一步

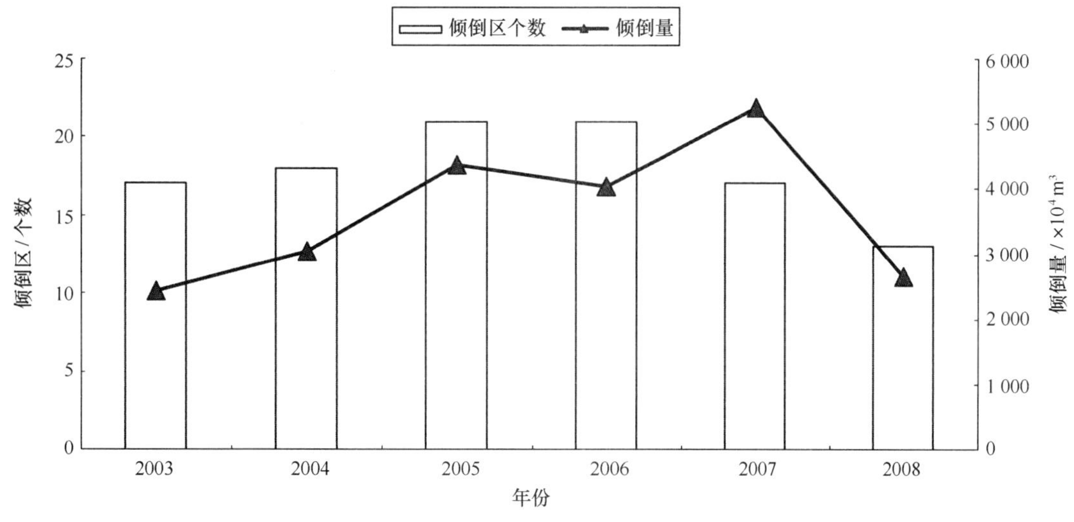

图 17.2 南海倾倒区个数及倾倒量变化

数据来源：国家海洋局中国海洋环境质量公报

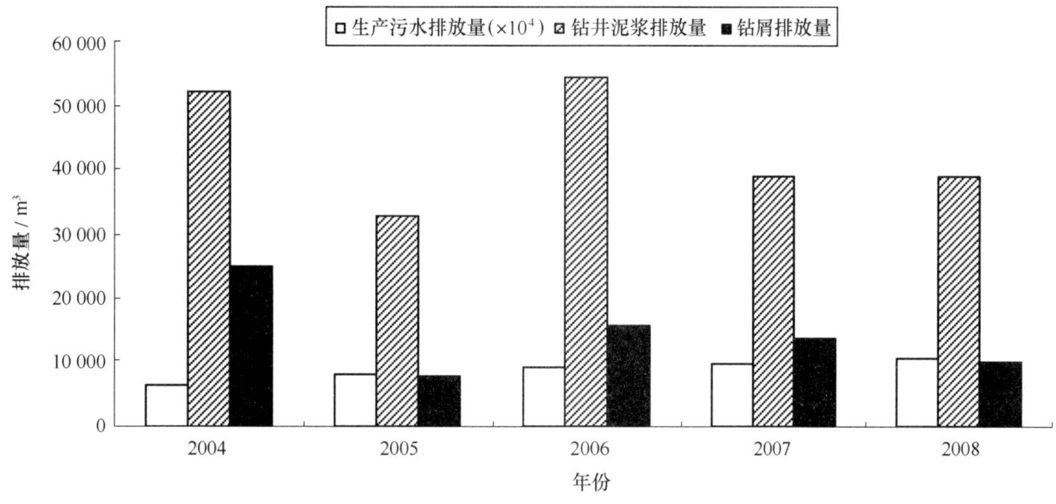

图 17.3 南海油气田区不同类别排放量的变化

数据来源：国家海洋局中国海洋环境质量公报

加强日常巡查，对损害保护区生态环境和主要保护对象的违法活动按照有关管理规定进行了相应的查处，从根本上杜绝沿岸海洋开发活动、污水排放和人为破坏等现象。今后应加强对海区网箱养殖的管理，科学规划，降低密度，改善养殖环境，大力发展深水网箱养殖。开展各种海洋功能区跟踪监测，启动生态修复措施的研究工作等，防止对周边生态环境造成严重影响。

17.2 海洋污染防治*

人们生产和生活过程中产生的废弃物的绝大部分最终直接或间接地进入海洋。当这些废

* 作者：程远月、龙爱民。

物和污水的排放量达到一定的限度，海洋便受到了污染。诸如海洋油污染、海洋重金属污染、海洋热污染、海洋放射性污染，等等。受到污染的海域，会造成损害海洋生物，危害人类健康、妨碍人类的海洋生产活动、降低海水使用质量、造成优美环境的破坏及赤潮的发生，等等。从污染源来说，包括陆地污染、船舶污染、勘探和开采海床及底土造成的污染、海上倾倒废物造成的污染、大气污染引起的海洋污染，等等。污染物进入海域，便会对海域的生态环境产生不同程度的影响。

严重的海洋污染对一个国家生态环境和社会经济发展有着不可估量的影响。防治海洋污染，保护海洋生态环境及资源已成为当务之急（邹景忠等，1985）。我国目前对海洋污染的治理机制和防治措施明显落后。不但要“治标治本”，提高保护海洋的环境意识，加强管理和宣传教育，禁止或减少污染海洋环境的行为，自觉保护环境，促进可持续发展；而且也要以“预防为主”的原则，加强污染源控制，积极采取综合措施和解决办法，降低对海洋的污染。“保护环境，人人有责。”保护人类赖以生存的海洋生态环境，今后还应加大执行力度，针对不同的污染来源和污染物质，采取不同的预防和治理措施。

17.2.1 陆源污染防治

极大部分人类活动产生的污染物主要通过河口径流进入海洋。目前已对各大河口中的污染物的来源、种类、分布、存在的形态、迁移转化规律、时空分布特征等有关海洋化学环境作了大量的工作，并取得了一些重要的成果。近年来，中国近海海域的富营养化问题一直受到极大的关注。在河口、海湾地区由于受到特定条件的限制以及地表径流的注入、工农业及生活污水排放、海水养殖排污和与外海水体交换情况等的影响，这一问题尤为突出，由此引发的赤潮频繁发生。自20世纪80年代以来，一些学者对珠江及其河口污染物的迁移扩散、营养盐的动态、氮及磷含量时空变化特征进行过研究和报道。

对河口沉积物的分析也引起了国内外学者的极大关注。近年来，珠江口周围地区经济迅猛发展，河口环境日趋严重，珠江及河口水域的环境质量成为制约珠江三角洲地区经济发展的“瓶颈”之一。因此，人们一直致力于寻找有效的重金属的修复方法，如化学沉淀、渗透膜、离子交换和活性炭吸附等，这些方法见效快，但复杂、昂贵、并且容易引起二次污染。近年来，治理重金属污染的生物修复技术受到国际上的普遍重视。生物修复技术是一种投资少，易于管理，不会引起新的污染的原位治理与环保的新技术。重金属的修复研究在国内外都十分活跃，主要途径：一是通过在污染区域种植或养殖能高度富集重金属的植物，利用其对重金属的吸收、积累和耐受性除去重金属；二是利用生物化学、生物有效性和生物活性原理，把重金属转化为较低毒性的产物（络合态或改变价态）；三是重金属与微生物的亲和性进行吸附，以降低重金属的毒性和迁移能力。重金属等污染物的沉降形成的沉积物也是再次污染源，同时也记录了河口的污染历史，诸多学者曾对珠江口沉积物中Pb、As、Hg、Cd、和Cr等环境毒害极大的重金属以及Cu和Zn进行过研究。彭晓彤等（2003）对珠江口沉积柱中重金属V、Ni和Co的分布特征及迁移机制有过研究报道。研究表明，珠江河口西部重金属有富集的趋势，导致V、Ni和Co等重金属在珠江河口西部沉积物中富集的原因：一是伶仃洋西部承泄珠江4大口门的主要水流，污染源多；二是在沿岸流的作用下，珠江水流出口门后全年主要往西南方向迁移，使得河口西部接受陆源污染物较多。根据海洋局南海环境监测中心对珠江口生态监控区连续5年的监测结果显示，无机氮、磷营养盐仍然是影响珠江口环境质量的主要因素。5年来，珠江口丰水期无机氮、磷含量还是呈逐年上升的趋势，平水期无机氮含量则维持在一个较高水平。根据2008年水质因子的评价结果，出现四类和劣四类的水质因子主要就是无机氮、磷。尤其是无机氮，在丰水期有92 %的站位为劣四类水质。根据八大口门的监测结果，无机氮全部属于劣四类水质。东四大口门（虎门、焦门、洪奇门、横门）磷酸盐污染比西四大口门（崖门、虎跳门、鸡啼门、磨刀门）严重，尤其在枯水期，多属于四类和劣四类水质。而八大口门海域海水重金属，包括铜、铅、锌、镉、汞和砷等，其含量相对来说均较低，符合第一类海水水质标准。可见，由八大口门入海影响珠江口生态监控区海水水质的主要污染物也是营养盐类物质，氮、磷成为珠江口急需防治的陆源污染物。在珠江口流域污染物治理方面可以借鉴英国泰晤士河治理成功经验：一方面，重建和延长了伦敦下水道，建设了450多座污水处理厂，形成了完整的城市污水处理系统。一旦污染源被清理后，河流很快就恢复了它的天然状态。这些设施修建后没有几年，100多种不同的鱼、大量的无脊椎动物以及各种鸟类又回到了该河流的感潮河段。现在，泰晤士河下游被认为是世界上通过首都城市最清澈的河流。但另一方面，泰晤士河治理期间，其沿岸的污染工厂多数都搬走了，大部分转移到了发展中国家，在很大程度上是产业转移带来的变化，那我们的污染工业又能往哪里转移呢？随着珠江口东岸多项大型建设项目的实施，沿岸经济将更加活跃，同时，珠江口海域环境将面临更大的挑战。我们必须在环境治理和经济发展之间找到一平衡点。另外，根据聚类分析结果，大濠岛沿岸（香港大屿山）水域无机氮、磷含量能维持在一个较低水平，其年变化趋势也明显有别于监控区内其他站位。也许，香港的水域管理和社会经济发展政策等方面也有值得我们借鉴的地方。

海洋污染主要来自陆源污染，其总量占海洋污染物总量的90%，其余10%来自近岸养殖、海上航运、海上石油天然气开发以及海上倾废活动等。近年来，包括珠江口海域在内的南海沿海海域在防止、减轻和控制陆上活动对海洋环境的污染损害方面做了大量的工作。但由于沿海城镇经济的高速发展和城镇人口密度加大，而防治和控制污染的措施和管理力度未能跟上或者不到位，致使附近海域环境污染势头并未得到有效遏止，却有污染越来越严重趋势。由于各沿海海域长期以来缺乏总体规划，偏重于粗放式、低水平的无序、无度的开发利用和管理无力等因素，导致海洋生态环境不断恶化，海洋资源日渐匮乏，可持续利用能力急速衰退，环境污染、生态失衡的问题日趋严重。这些将严重地威胁和制约着日益增长的珠江三角洲等各沿海城市经济的发展。面对该海域环境逐年恶化的严峻形势和挑战，有必要采取和实施一系列更为科学的政策措施，加快对这一区域的系统的综合整治刻不容缓。在经济发达地区的河口近岸，历来是海洋学家们研究的重点区域。

首先，严格控制陆源污染，实施流域环境综合治理。建议在南海各沿岸流域如珠江流域及各出海口沿海市、县尽快建立、健全对农业污染源的管理、控制措施，减少农业面源污染负荷。同时要加快流域城镇污水收集管网和生活污水处理设施的建设，增加城镇污水收集和处理能力，提高城镇污水处理设施脱氮和脱磷能力；采取一系列措施，强化防止和控制流域沿岸城镇污染物的直排，加强重点工业污染源的治理，认真按照“谁污染，谁负担”的原则，严格执行重要入海污染物排放总量控制和达标排放相结合制度。按照河海统筹、陆海兼顾的原则，在调查研究的基础上，测算各入海口海域环境容量，确定各污染物允许排入量和陆源污染物排海削减量，制定出该海域允许排污物排放总量。此外，要引导水产养殖户科学养鱼，严格控制网箱养殖密度，提倡轮养、混养、换地养殖及立体养殖，定期清淤，使海域内营养物的输入与输出总体趋于平衡，以降低海水的富营养化程度。另外，建立大型港口废水、废油、废渣回收与处理系统，实现交通运输和渔业船只排放的污染物集中回收、岸上处理、达标排放，以防止和控制港口以及船舶污染物污染海域环境。为此，加强对粤、港、澳港口、码头和往来海上船舶的管理，控制陆源和海上船舶排放废污物，显得尤为重要。通过对沿江、沿海城镇污水处理厂、垃圾处理厂、生态农业、生态林业、流域治理等污染治理和生态建设工程，有效地削减河流入海污染负荷。

其次，加强海洋环境监测能力及灾害预警预报能力建设。加强海洋执法监察能力的建设，以科学提高海洋环境管理的水平，形成一支从国家到地方的协调统一、反应迅速、设备精良的海洋执法队伍；构建在珠江口海域建设包括岸基台站、浮标潜标、空基遥感等立体化的实时的监测体系，从事系统、常规和专项监测，并根据监测结果进行海洋环境现状、趋势的评价，并及时反馈到各相关管理部门作出决策和改进，为海洋环境管理、灾害预报提供科学准确的依据。由水体富营养化引发的赤潮灾害已成为我国海洋环境灾害的一种重要灾种，严重威胁着我国海洋生态环境、海洋生物安全和海洋资源的可持续利用，严重制约着海洋经济的可持续发展，尤其是已危及人体健康安全，影响海洋经济和社会稳定发展。在赤潮监视监测方面，要进一步加强和完善赤潮监测的能力建设。运用生态监测信息，结合其他相关因素，建立珠江口近岸海域环境与赤潮监测监视预警网络，制订赤潮监测、监视、预报、预警及应急方案，为管理者提供全方位的信息和决策支持服务，提高管理决策及规划水平，协调海洋资源、经济、社会发展之间的关系。对重点近岸海域、赤潮多发区、水产养殖区和江河入海口水域进行定期监测和严密监视，及时获取相关信息，尽量减少由于赤潮灾害的损失程度，保障人民生命财产安全，保障珠江口海域海洋资源的可持续利用。

再次，开展珠江口海域环境与资源的科学研究。加大人、财、物的投入力度，为珠江口环境综合整治提供科学的理论基础。解决诸如珠江口海域的环境目标构建、咸潮入侵、水动力扩散模式、水交换能力评估、珠江口入海污染物总量控制及模型、有机污染和富营养化、环境容量能力评价、污染物近岸累积效应的评估、生态系统的修复技术、赤潮灾害预警预报模式、灾害防范技术、渔业资源维护技术、遥感技术应用等关键技术的研究。了解污染物质在海洋中的物理扩散和化学扩散以及在不同介质和界面中丰度、分布、存在形态、动态变化、相互作用和转移转化机制以及在食物链中传递及其对生态环境产生的毒害效应。利用这些关键技术控制污染的进一步恶化和再次污染。

17.2.2 海上污染防治

绝大部分海上污染是由海上频发的溢油事件、海底开采和勘探、船舶运输途中油气的泄露和港口码头废物废水的排放等引起的，主要是石油污染。而石油污染会对生态系产生严重的影响（具体详见第3章第3.1节）。如何迅速、及时地处理海上溢油等造成的污染是解决日益严重的珠江口水域和大亚湾海域等南海生态系污染的主要工作之一。

1）设置预报预警系统

充分利用现代化信息技术对海洋石油污染实行实时实地动态监控，加快海洋石油污染预警系统的开发和使用，最终建成一个国家、地区乃至全球的油污防备和反应系统。为了能对溢油漂移进行实时跟踪，引进美国EG&G开发的溢油漂移计算机跟踪系统，该软件以美国ASA公司的OLLMAP软件基础，开发了适用于南海东部海域的地理信息系统，海况天气条件，各油田的油品特征，南中国海的环境敏感区等具体参数。用户可随意添加多达50层的地理信息，并可进行环境敏感区的叠加等。当发生溢油时，计算机模拟可提供该情况下海面溢油的定性漂移方向、轨迹及处理情形、所应采取的最为有效的控制、响应及清理措施，以便及时高效地调动溢油防治资源，控制和清理溢油。此软件在1996年初又得到进一步的开发。海上溢油发生时，施放溢油跟踪浮标，通过GPS全球定位系统及软件的内部实时功能接口，软件可随时跟踪到溢油的最新动态，进行及时的模拟校对，便于更加准确无误地显示出溢油漂移的实时动态。

例如，李连健针对珠江口海域的特点，成功研制开发出“珠江口海域溢油应急信息系统”，该系统综合利用三维溢油扩散模型、溢油风化模型、应急反应模型以及电子海图、地理信息系统（GIS）、数据库等先进技术，能够准确快速地预测模拟并可视化显示海上溢油的物理化学性质变化、漂移扩散过程，同时显示环境敏感区和应急人员设备分布等相关信息。根据这些信息，可有效提高对海上溢油污染事件的应急决策能力。

2）建立训练有素的响应组织和应急处理系统

应急处置是防止溢油污染的最后一道防线。各海域应根据自己所处海域的位置等制定自己的溢油应急计划，对相关人员制定培训和演习计划。一旦溢油事故发生，就可根据溢油追踪系统果断地组织分派人员在第一时间到达事故现场，采取有效措施，减少溢油污染和油污的扩大。各组织签订“相互援助协议”。积极推进海上船舶污染应急预案的制订和应急反应体系的建设，制定海上船舶溢油和有毒化学品泄漏应急计划，制定港口环境污染事故应急计划，建立应急响应系统，防止、减少突发性污染事故发生。

3）采取有效防污措施

在海上发生溢油后，首先应撒布聚油剂，阻止溢油在海面上进一步扩散，然后用围栏将油拦截，在使用各种机械回收装置，如吸油装置、网袋回收装置、油拖把及各种吸油材料等。对厚度为0.5～3.0 mm的浮油可用凝油剂使之固化、再用网袋回收，油层厚度小于0.5 mm的可使用乳化分散剂。外海的溢油可用燃烧法处理，深海区的溢油可用沉降型凝油剂使之沉入海底，有海底生物消化吸收和在海地中降解、净化。另外，石油中某些低碳烃类（C15以下）在阳光照射下发生光化学氧化作用分解为能溶于水的简单有机物，这也是油污去除的有效方式之一。此外，近年来国内外学者越来越多地关注成本较低和修复过程迅速的生物修复技术（谢丹平，2004；刘金雷等，2006；毛天宇等，2008）来降解石油中的烃类物质，以消除海上的石油污染。

另外，随着海上交通运输业和工业化的发展，必须提高广大人民的安全意识，减少或禁止发生海上交通事故和安全事故以及在海上倾倒废弃物，保护海洋，保护环境，从而达到海上污染防治的目的。

17.3 海洋政策法规及管理*

17.3.1 政策法规

目前，我国海洋管理的涉海政策法规，主要有：《中华人民共和国海洋环境保护法》、

---

* 作者：王汉奎、谭烨辉、黄良民。

《中华人民共和国海域使用管理法》、《海洋自然保护区管理办法》、《中华人民共和国环境保护法》、《中华人民共和国环境影响评价法》、《中华人民共和国放射性污染防治法》、《中华人民共和国海洋石油勘探开发环境保护管理条例》、《中华人民共和国防止船舶污染海域管理条例》、《中华人民共和国海洋倾废管理条例》、《中华人民共和国对外合作开采海洋石油资源条例》、《排污费征收使用管理条例》、《建设项目环境保护管理条例》、《中华人民共和国防止拆船污染环境管理条例》等，这些法规条例均适用于南海。沿海各省（包括南海北部三省区）也制定了相应的海洋管理政策条文。这是推动我国海洋事业发展的根本保证，是贯彻落实“实施海洋开发”战略部署，依法强化海洋综合管理的重大举措，充分体现了我国对海洋工作的高度重视。

海洋环境保护管理的政策法规主要体现在各个条例中。我国于 1982 年经第五届全国人大常委会第二十四次会议审议通过的《中华人民共和国海洋环境保护法》，使中国的海洋环境保护工作从此走向了法制化轨道。为了适应不断发展的新形势，1999 年 12 月 25 日经九届全国人大常委会第十三次会议修订通过了新的《中华人民共和国海洋环境保护法》，1999 年 12 月 25 日中华人民共和国主席令第二十六号予以公布。该法自 2000 年 4 月 1 日起施行。该法指出，为了保护和改善海洋环境，保护海洋资源，防止污染损害，维护生态平衡，保护人体健康，促进经济和社会的可持续发展，制定本法。在使用范围上，该法明确指出“适用于中华人民共和国内水、领海、毗连区、专属经济区、大陆架以及中华人民共和国管辖的其他海域。”新修订的《中华人民共和国海洋环境保护法》实行更加严格的海洋环境监督管理。如实施污染物总量控制制度（第十条）；直接向海洋排放污染物的单位和个人，必须按照国家规定缴纳排污费；向海洋倾倒废弃物，必须按照国家规定缴纳倾倒费（第十一条）；对严重污染海洋环境的落后生产工艺和落后设备，实行淘汰制度（第十三条）；依照本法规定实行海洋环境监督管理权的部门分别负责各自所辖水域的监督、监视。定期评价海洋环境质量，发布海洋巡航监视通报制度（第十四条）；沿海可能发生重大海洋环境污染事故的单位，应按照国家规定，制定污染事故应急计划，并向当地环境保护行政主管部门、海洋行政主管部门备案（第十八条）。新修订的《中华人民共和国海洋环境保护法》更加明确了对海洋生态的保护。国务院和沿海地方各级人民政府应当采取有效措施，保护红树林、珊瑚礁、滨海湿地、海岛、入海河口、重要渔业水域等具有典型性、代表性的海洋生态系统，珍惜、濒危海洋生物的天然集中分布区，具有重要经济价值的海洋生物生存区域及有重大科学文化价值的海洋自然历史遗迹和自然景观。对具有重要经济、社会价值的已遭到破坏的海洋生态，应当进行整治和恢复（第二十条）。这对于减缓近岸海域的污染程度和生态系统破坏趋势，逐步改变海洋环境质量状况，意义十分重大。新修订的《中华人民共和国海洋环境保护法》更加重视防治陆源污染物对海洋环境的污染损害。该法特别是加大对陆源排污口的监测力度，加大对海洋保护区的建设力度。向海域排放陆源污染物，必须严格执行国家或地方规定的标准和有关规定（第二十九条）；入海排污口位置的选择，应当根据海洋功能区划、海水动力条件和有关规定，经科学论证后，报该区的市级以上人民政府环境保护行政主管的审查批准，在海洋自然保护区，重要渔业水域、海滨风景名胜区和其他需要特别保护的区域，不得新建排污口（第三十条）。为海洋经济的可持续发展提供保障。

《中华人民共和国海洋环境保护法》中规定新建、改建、扩建海岸工程建设项目，必须遵守国家有关建设项目环境保护管理的规定，并把防止污染所资金纳入建设项目投资计划（第四十二条），规定必须对在建项目进行可行性研究，对海洋化境进行科学调查，实行环境影响评价制度。第四十四条指出，海岸工程建设项目的环境保护设施，必须与主体工程同时设计、同时施工、同时投产使用。环境保护设施未经环境保护行政主管部门检查批准，建设项目不得试运行；环境保护设施未经环境保护行政主管部门验收，或者验收不合格的，建设项目不得投入生产或使用（第四十四条）。为了防治海洋工程建设项目对海洋环境产生污染损害，规定在海洋工程建设项目中，不得使用含超标准放射性物质或者易溶出有毒、有害物质的材料。在海洋工程建设项目需要爆破作业时，必须采取有效措施，保护海洋资源。海洋石油勘探开发及输油过程中，必须采取有效措施，避免溢油事故的发生等都作了严格规定。为了防治倾倒废弃物对海洋环境的污染损害，任何单位未经国家海洋行政主管部门批准，不得向中华人民共和国管辖海域倾倒任何废弃物（第五十五条）。国家海洋行政主管部门根据废弃物的毒性、有毒物质含量和对海洋环境影响程度，制定海洋倾倒废弃物评价程序和标准（第五十六条）。《中华人民共和国海洋环境保护法》第八章中规定在中华人民共和国管辖海域，任何船舶及相关作业不得违反本法规定向海洋排放污染物、废弃物和压载水、船舶垃圾及其他有害物质。新修订的《中华人民共和国海洋环境保护法》大大充实了法律责任，明确规定了不同的违法行为该由哪个部门管理；详细规定了罚款数额，哪些违反规定的行为应处以罚款，并详细规定了罚款数额。大大增强了法律可操作性。该法强化了海洋行政主管部门的职责与权限，同时规定国务院环境保护主管部门对全国海洋环境保护工作实施“指导和协调监督”，海洋行政主管部门负责海洋环境的监督管理。规定了海上联合执法的内容，跨区域、跨部门协调与合作的内容。我国对海洋环境保护管理的高度重视还体现在下列各个条例中。《中华人民共和国环境影响评价法》（2003 年）中第十七条规定；建设项目的环境影响报告书应当包括下列内容：建设项目概况；建设项目周围环境现状；建设项目对环境可能造成影响的分析、预测和评估；建设项目环境保护措施及其技术、经济论证；建设项目对环境影响的经济损益分析；对建设项目实施环境检测的建议；环境影响评价的结论。

国家海洋局根据《中华人民共和国海洋环境保护法》于 2004 年制定了《海洋工程环境影响评价管理暂行规定》，更加明确海洋工程环境影响评价申请和核准程序，规范海洋主管部门的管理行为。《中华人民共和国海洋石油勘探开发环境保护管理条例》（1983 年）规定，为了防止海洋石油勘探开发对海洋环境污染损害，必须坚持环境影响评价制度；防污染设备配备制度；对废弃物管理制度；渔业资源保护制度；油污染事故预防制度；化学消油剂控制使用制度；油污染事故应急制度；现场检查制度。国家海洋局于 1989 年制定的海洋石油勘探开发环境保护管理条例对海洋石油勘探开发的全过程作了更加详细的规定。《中华人民共和国海洋倾废管理条例》（1985 年）规定严格控制向海洋倾倒废弃物。获准向海洋倾倒废弃物的制度有：海洋倾倒许可证制度；装载废弃物核实制度；检测检查制度；倾倒报告制度；未经批准向海洋倾倒处的警告或罚款制度。国家海洋局对“海洋倾废管理”、“海洋环境保护管理”和“海洋工程环境保护”实行月报制度。《中华人民共和国防止船舶污染海域管理条例》（1983 年）中规定的制度有：防污设备设置制度；防污文书配备制度；含油污水排放制度；船舶含有毒、腐蚀性物质的洗舱水的排放制度；核动力船舶和载运放射性物质船舶的放射性物质的排放制度；来自有疫情港口船舶压舱水卫生处理制度；船舶垃圾处理制度；船舶油类作业安全制度；船舶装运危险货物安全制度；船舶倾废管理制度；船舶污染事故报告处理制度；船舶重大污染事故损害处置制度。《中华人民共和国防止拆船污染环境管理条例》（1988 年）中规定：设置拆船厂，必须编制环境影响报告书（表）；主管部门有权对拆船活动进行检查；拆船单位必须配备或设置防止拆船污染必需的拦油装置、废油接收设备、含油污水接收处理设备或废弃物回收处理场等；废船拆解前，必须清除易燃、易爆有毒物质；散落水中的油类和其他漂浮物，必须及时收集处理；已造成和可能造成的污染损害后果接受调查处理。

其他涉海环境保护管理的条例还有：《中华人民共和国防治陆源污染损害海洋环境管理条例》（1990 年）、《中华人民共和国防治海岸工程建设项目污染损害海洋环境管理条例》（1990 年）、《中华人民共和国港口法》（2003 年）、《中华人民共和国水生野生动物保护实施条例》（1993 年）等。

我国海洋管理的涉海政策法规建立健全了海洋环境保护规划体系，条例全面加强对海洋环境监测的力度，更加深化海洋灾害预报和海洋监控工作，全面推进海洋行政主管部门落实环保职能，加大了海上污染控制和管理的力度，努力开展我国海洋环境保护管理工作的新局面。

17. 3. 2　功能区划

南海海岸线北起福建省铁炉港，南至广西壮族自治区的北仑河口，大陆海岸线长 5 800 多千米。沿海地区包括广东、广西和海南三省区。

17. 3. 2. 1　广东省海洋功能区划

广东省于 1999 年 7 月制定《广东省近岸海域环境功能区划》（粤府办［1999］68 号）。广东省近岸海域共划定 188 个环境功能区，区划结果如下：粤东海域、珠江口及毗邻海域、粤西海域 3 个重点海域，这 3 个重点海域的海洋功能如下。

1）粤东海域

包括闽粤分界至广东省汕尾市的毗邻海域。主要功能为港口航运、旅游、渔业资源利用和养护、海洋保护。重点功能区有潮州、汕头、广澳、汕尾等港口区及相关航道，青澳湾、龟龄岛等旅游区，粤东捕捞区，高沙、东澳等养殖区，南澳岛屿候鸟、饶平海山海滩岩自然保护区及南澎列岛－勒门列岛海洋特别保护区，汕尾遮浪外海上升流生态区，南澳风能区。本区应重点保证汕头港和广澳港建设及渔业资源利用的用海需要，严格控制围海造地，发展海水增养殖，保护上升流生态系，建设黄岗河口、韩江口防洪排涝工程。

2）珠江口及毗邻海域

包括广东省惠州市至江门市的毗邻海域。主要功能为港口航运、矿产资源利用、旅游、渔业资源利用和养护、海洋保护。重点功能区有马鞭洲、惠州、秤头角、盐田、深圳西部、太平、南沙、黄埔、珠海、江门、新会、桂山等港口区及相关航道，珠江口油气区，巽寮、大梅沙、小梅沙、莲花山、珠海飞沙滩、大万山岛、东澳岛、川山群岛等旅游区，珠江口等地的养殖区、珠江口中华白海豚自然保护区、广东惠东港海龟自然保护区。福田、淇澳岛、内伶仃岛和担杆列岛、万山群岛等海洋自然保护区。本区应重点加强珠江口海域环境综合整治和珠江三角洲港口体系建设，加大石油天然气的勘探与开发，大力发展滨海旅游，强化自然保护区管理，发展海水增养殖，加强保护岛屿海域生态环境。

3）粤西海域

包括广东省阳江市至湛江市的毗邻海域。主要功能为港口航运、旅游、渔业资源利用和养护、海洋保护。重点功能区有阳江、茂名、湛江、海安等港口区及相关航道，十里银滩、马尾岛－大角湾、水东湾、南三岛、东海岛等滨海旅游区，鸡打港、博贺港、龙王湾、硇洲等养殖区，湛江红树林、硇洲自然景观等海洋自然保护区及乌猪洲海洋特别保护区。本区应重点保证湛江港和茂名水东港建设和渔业资源利用的用海需要，保护和保全红树林资源。

17.3.2.2 广西区海洋功能区划

广西壮族自治区于2008年1月制定《广西近岸海域环境功能区划局部调整》（桂政办[2008]）。根据广西近岸海域的环境状况及其发展趋势，并充分考虑海域的开发利用现状及规划设想对局部海域环境功能区划进行调整。

1）二类环境功能区

（1）英罗港养殖区，范围包括沙田至英罗港（扣除红树林、儒艮保护区海域）滩涂岸带，岸线长约15 km，面积约4.5 km，砂质底质，为方格星虫、贝类良好的繁殖环境。水质现状为一类海水水质标准，保护目标为二类海水水质标准。

（2）营盘沿海海水养殖区，范围包括营盘、福成沿岸滩涂从西村港东岸至北海港铁山港作业区西面边界的缓冲区以西的－5 m等深线以内的海域，面积约146 km^2，水质现状为一类海水水质标准，保护目标为二类海水水质标准。

（3）珍珠港港湾养殖区，主要集中在珍珠港南部海域（自然保护区海域除外），可养珍珠面积约10 km，年平均水温24℃，砂质底，水质洁净，年平均盐度26.6‰，pH值和盐度较稳定，周围有红树林分布。水质现状为一类海水水质标准，保护目标为二类海水水质标准。

2）三类环境功能区

（1）铁山港排污区，位于铁山港湾口，该区域海水流速大，水深满足深海排放的要求，目前水质现状为一类海水水质标准，保护目标为三类海水水质标准，区域周围设1 000 m水质过渡带。

（2）地角排污区，位于北海市西南部海域，具体位置是地角内港西出海口至北海港石埠岭港区范围内的－10 m等深线以内海域，面积15 km^2。目前水质现状为三类海水水质标准，保护目标为三类海水水质标准，区域周围设1 000 m水质过渡带。

（3）企沙工业排污区，划定面积8 km^2，目前水质现状为一类海水水质标准，保护目标为三类海水水质标准，区域周围设1 000 m水质过渡带。

（4）涠洲岛－北海海底管线区，位于北海市南部，涠洲岛与北海市之间海域，根据广西工业发展规划，拟建设涠洲岛—北海海底输油管道，目前水质现状为一类至三类海水水质标准，保护目标为三类海水水质标准，区域周围设500 m水质过渡带。

（5）金鼓江口工业用海区，位于大番坡半岛沿岸和金鼓江出口附近浅海区域，根据钦州港开发区和大榄坪工业园建设的需要，需对其环境功能调整，面积10.2 km^2，目前水质现状为一类海水水质标准，保护目标为三类海水水质标准。

（6）防城港市工业用海区，位于防城港市西湾北风脑以北及东湾港口区政府所在地以北海域，包括海洋功能区划中的渔万渔港、风流岭江口养殖区、防城港航道、桃花湾填海区、西湾大桥区灯所在区域，面积13 km^2，目前水质现状为二类海水水质标准，保护目标调整为三类海水水质标准。防城港工业城镇预留区、暗埠口江功能待定区、深水泊位预留区，面积

43 km^2，目前水质现状为二类海水水质标准，保护目标为三类海水水质标准。

(7) 江山半岛南面工业区，位于江山半岛南部，包括江山半岛东西两面的部分海域，面积50 km^2，目前水质现状为一类海水水质标准，保护目标为三类海水水质标准。江山半岛度假旅游区，位于江山半岛北部东侧海域，面积由原来的63 km^2 调整为13 km^2，目前水质现状为一类海水水质标准，保护目标为二类海水水质标准。

3）四类环境功能区

北海港铁山港作业区，位于铁山港西岸，面积30 km^2，目前水质现状为二类海水水质标准，保护目标为四类海水水质标准，区域周围设1 000 m水质过渡带。北海港油码头，目前水质现状为三类海水水质标准，保护目标为四类海水水质标准，区域周围200 m设三类水质过渡带。北海港停泊装卸锚地，面积1.5 km^2，目前水质现状为三类海水水质标准，保护目标为三类海水水质标准。北海港航道和检疫锚地，目前水质现状为一类海水水质标准，保护目标为三类海水水质标准。

铁山港航道，位于铁山港航道区位于铁山港东南海域，目前处于天然航道附近长20 km，宽500 m，面积20 km^2，目前水质现状为一类海水水质标准，保护目标为三类海水水质标准。铁山港检疫锚地，位于铁山港检疫锚地位于铁山港湾口，合浦儒艮国家级自然保护区西侧，面积12 km^2，目前水质现状为一类海水水质标准，保护目标为三类海水水质标准。

涠洲岛油码头港口区，目前水质现状为一类海水水质标准，保护目标为四类海水水质标准，周围设水质过渡带。

钦州港，目前水质现状为二类海水水质标准，保护目标为四类海水水质标准，在周围设1 000 m设水质过渡带。钦州油码头港口区，位于犀牛脚镇以西三墩岛以南10 km，面积4 km^2，目前水质现状为一类海水水质标准，保护目标为四类海水水质标准，在周围设水质过渡带。钦州港航道和锚地，目前水质现状为一类海水水质标准，保护目标为三类海水水质标准。

防城港，位于渔万岛周围现有码头岸线4.5 km，规划港口岸线14.5 km，面积18 km^2，目前水质现状为二类海水水质标准，保护目标为四类海水水质标准，在周围1 000 m设三类水质过渡带。防城港航道和港口外锚地，目前水质现状为一类海水水质标准，保护目标为三类海水水质标准。

17.3.2.3 海南省海洋功能区划

海南岛东北部海域、海南岛西南部毗邻海域、西沙群岛海域、南沙群岛海域4个重点海域海洋功能如下。

1）海南岛东北部海域

包括海南省的海口市、临高县、澄迈县、琼山市、文昌市、琼海市和万宁市的毗邻海域。主要功能为港口航运、旅游、渔业资源利用和养护、矿产资源利用和海洋保护。重点功能区有海口湾、清澜湾、龙湾等港口区，海口湾、木栏头、铜鼓岭、万泉河口、春园湾等旅游区，东营、铺前湾、琼海浅海、琼海沙老等养殖区，文昌油气区，东寨港、清澜港红树林湿地及大洲岛等自然保护区。本区应重点保证海口港集装箱运输码头建设和渔业资源利用的用海需要，强化自然保护区管理，大力发展滨海旅游及生态渔业，加快油气资源的勘探和开发。

2）海南岛西南部毗邻海域

包括海南省的三亚市、陵水县、乐东县、东方市、昌江县、儋州市的毗邻海域。主要功能为旅游、矿产资源利用、港口航运、海洋保护、渔业资源利用和养护、海水资源利用。重点功能区有香水湾、南湾、亚龙湾、大东海、三亚湾、天涯海角、南山等旅游区，莺歌海、亚东、崖城13－1油气区，洋浦港、八所港港口区及相关航道，三亚珊瑚礁保护区，铁炉港、陵水湾、黎安港、新村港等养殖区，莺歌海盐田区。本区应加强滨海旅游设施建设，积极勘探开发油气资源，加强港口建设，保护和保全珊瑚礁资源，大力发展生态养殖，稳步发展盐和盐化工以及天然气化肥等海洋产业。

3）西沙群岛海域

包括宣德群岛、永乐群岛及中建岛、东岛、浪花礁的毗邻海域。主要功能为渔业资源利用、旅游和海洋保护。重点功能区有西沙群岛海洋捕捞区，宣德群岛等旅游区，西沙群岛珊瑚礁、东岛鲣鸟自然保护区。本区应大力发展海岛生态旅游，合理开发利用和养护渔业资源，加强珊瑚礁等自然保护区管理，保护海龟等珍稀物种及海洋生物多样性。

4）南沙群岛海域

包括南沙群岛毗邻海域。本区应重点发展海洋捕捞业，加速油气资源的勘探和开发。

17.3.3 环境规划

（1）我国海洋环境现状。根据2004年和2005年国家海洋局环境质量报告显示，我国近岸海域污染范围不断扩大。面积仅有7.8×10^4 km^2的渤海湾遭受污染的面积已近40%。2004年我国近海海域水质劣于国家一类海水水质标准的面积已达17×10^4 km^2，比1992年扩大近1倍。我国全海域未达到清洁海域水质标准的面积约为16.9×10^4 km^2。尤其是大部分河口、海湾以及大中城市附近的海域环境污染加剧、水质恶化、赤潮频发，导致渔业资源严重衰退，许多沿海海域已经无鱼可捕，致使政府采取了“海洋捕捞产量零增长”和实施伏季休渔制度等。

（2）健全海洋环境保护规划和法规体系。依据《中华人民共和国海洋环境保护法》和《海洋自然保护区管理办法》和《国务院关于全国海洋功能区划的批复》，针对目前我国海洋环境现状，全面启动海洋环境保护规划编制工作。规划以实现海洋经济可持续发展为宗旨，以海洋环境保护建设为重点，通过推进规划和立法程序，加强海域综合整治，全面遏制海洋生态环境恶化的趋势，逐步恢复重要海域的功能。

（3）加强海岸带生态环境与资源保护。严格实施海洋功能区划制度，合理开发与保护海洋资源，防止海洋污染和生态破坏。加强对典型海洋生态系保护，重点开展红树林、珊瑚礁、海草床、河口、海湾和滨海湿地等特殊海洋生态系及其生物多样性的调查研究和保护工作。

（4）加快保护区建设。对于珊瑚礁、滨海湿地等典型海洋生态系统，要尽快选建一批自然保护区；对于资源丰富、开发利用价值高、开发利用与保护有特殊需要的区域，要选建一批海洋特别保护区。始终把贯彻落实《中华人民共和国海洋环境保护法》、《中华人民共和国海域使用管理法》等政策法规放在保护工作的首位，做到严格保护、科学管理、合理利用、持续发展。要加强保护区管理队伍建设，加大投入，保证保护区日常管理工作的顺利进行。

（5）全面加强海洋环境监测工作。近岸海域污染严重的原因主要是受营养盐污染。20世纪80年代中期以来，我国近海水质营养盐污染逐年严重。其中，上海、浙江、辽宁和江苏近海水质营养盐污染较严重。辽河口、大连湾、胶州湾、长江口、杭州湾、象山湾、三门湾、乐清湾、闽江口、珠江口等河口海湾污染也较严重。同时，我国近岸海域还存在石油污染、有机污染、重金属污染等。要加强组织领导，抓好各监测区的海洋环境监测工作。要贯彻执行《海水水质标准》、《海洋沉积物质量》、《海洋生物质量》、《海洋石油开发工业含油污水分析方法》、《污水综合排放标准》等一系列海洋环境保护管理行业标准，建立海洋环境保护管理技术标准和质量保证体系，使我国海洋功能区划制度和海域使用统筹规划走上标准化和规范化轨道。要紧紧围绕当前海洋环境状况和海洋环境保护目标与任务，切实做好近岸海域环境监测分析工作，保证按时、准确上报监测信息。

（6）保护海洋生物资源。海洋资源的开发和海洋产业经济的发展绝不能走先污染后治理，更不能以破坏海洋生态平衡的巨大代价，来换取海洋开发产业的发展。我们要控制和压缩近海传统渔业资源伯劳强度、继续实行禁渔区、禁渔期和休渔制度，确保重点渔场不受破坏。加强重点渔场、江河出海口、海湾等海域水产资源繁殖区的保护。在近海投放保护性人工鱼礁，加强海珍品增殖礁建设，扩大放流品种和规模，增殖优质生物资源种类和数量。加强珍稀濒危物种保护区建设。

（7）发展海洋生物技术。为了改造传统海洋产业结构和保护海洋环境，促使海洋生物资源能够被人类持续利用，就必须在海洋生物资源的开发中，利用海洋生物工程原理创造海洋生物新品种。海洋生物资源的开发包括海洋药物、海水养殖、水产病害防治及环境保护等，均可应用生物技术使其朝着认为可控方向，达到资源、环境与经济的协调发展。

（8）建立各种自然灾害监测网络和防灾减灾体系。要进一步加强海洋各种自然灾害监测和防灾减灾组织领导工作。每年的台风、风暴潮、暴雨、洪涝和海洋赤潮等均对人民生命财产造成严重损失。各地要建立健全防灾减灾组织保障体系，建立由政府统一指挥，海洋行政主管部门牵头，有关部门参加的灾害应急反映机制。同时控制“三废”排放，净化环境，加大海岸堤防等防灾体系的建设力度，最大限度地减轻由于海洋各种自然灾害造成的损失。

（9）继续开展海洋环境监测机构计量认证。为了完善海洋环境监测质量保证体系，保证海洋环境监测数据的正确性和公正性，各级海洋环境监测机构都要通过计量认证。首先，要加快实验室建设和质量保证体系的建立。计量认证项目必须与其承担的海洋环境监测任务相适应，切实保证质量管理体系的有效运行。其次，要加强海洋观测体系的能力建设，通过教育、培训，普遍较高测试工作人员的业务能力，保证高质量地完成海洋观测任务。加强对主要海洋灾害的研究，要对主要海洋灾害成灾原因、特征和规律等进行深入的分析研究，并在数值模拟等方法上建立适合于我国海洋特征的高水平的模式。加强对主要海洋灾害的国际合作监测和研究，以提高对主要海洋灾害长期预报的准确率。

（10）强化海洋行政主管部门的职责与权限。沿海省、市海洋行政主管部门的首要任务是要根据《中华人民共和国海洋环境保护法》，全面落实海洋环境保护管理职能，切实做好近岸海域环境保护工作。国家海洋行政主管部门依据法律、法规和国务院赋予的职责，负责海洋环境监督管理，组织拟定全国海洋环境保护与整治规划、标准和规范，组织海洋环境调查、监测、监视、评价和科学研究；负责全国防治海洋工程建设项目和海洋倾倒废弃物对海洋污染损害的环境保护工作；监督海洋生物多样性和海洋生态环境保护；监督管理海洋自然保护区和海洋特别保护区。同时，加快沿海地区海洋环境监测机构建设步伐，开展全方位、全天候的海洋环境监测监视工作，特别是加大对陆源排污口的监测力度，加大海洋自然保护区的建设，为海洋经济的可持续发展提供保障。

参 考 文 献

蔡爱智 . 1994. 粤东拓林湾的泥沙来源与沉积环境［J］. 厦门大学学报（自然科学版），33（4）：515 – 520

蔡文贵，贾晓平，林钦，等 . 1998. 广东沿海牡蛎体总铬含量水平及时空分布特点［J］. 湛江海洋大学学报，18（4）：26 – 30.

蔡泽平，陈浩如，金启增，等 . 1999. 热废水对大业湾三种经济鱼类热效应的研究 . 热带海洋，18（2）：11

车志伟 . 2007. 三亚湾海域关键水质因子的监测与评价［J］. 海南大学学报自然科学版，25（3）：297 – 300，305.

陈炳禄，张云霓，王志刚等 . 伶仃洋水文特征与水质变化趋势分析［J］. 重庆环境科学，2002，24（2）：69 – 72.

陈春华，王路，王道儒 . 1996. 海口湾秀英浴场水质状况及其影响机制分析［J］. 海洋学报，18（3）：45 – 52.

陈海刚，林钦，蔡文贵，等 . 2008. 3 种常见海洋贝类对重金属 Hg Pb 和 Cd 的积累与释放特征比较［J］. 农业环境科学学报，27（3）：1163 – 1167.

陈凌云，胡自宁，钟仕全，等 . 应用遥感信息分析广西红树林动态变化特征 . 广西科学，2005，12（4）：308 – 311.

陈清潮 . 中国海洋生物多样性的现状与展望［D］. 生物多样性，1996，4（3）：21 – 27 .

陈群英 . 广西廉州湾水质状况评价［J］. 海洋环境科学，2001，20（2）：56 – 58.

陈应华，杨字峰 . 2001. 海水养殖对浮游生物群落和水环境的影响［J］. 海洋科学 . 25（10）：20 – 22.

陈志强，张海生，刘小涯 . 三亚湾和榆林湾海水溶解态 Cu、Pb、Zn、Cd、Cr 的分布 . 海洋环境科学，1999，18（2）：31 – 37.

陈祖峰，郑爱榕 . 2004. 海水养殖自身污染及污染负荷估算 . 厦门大学学报（自然科学版）. 增刊：258 – 262.

池继松，颜文，张干，等 . 2005. 大亚湾海域多环芳烃和有机氯农药的高分辨率沉积记录 . 热带海洋学报，24（6）：44 – 52.

戴明新，郭珊，周斌，等 . 2005. 铜鼓航道工程建设对中华白海豚的影响分析［J］. 交通环保，26（3）：2 – 5.

戴明新 . 湛江港 30 万吨级航道工程疏浚泥倾倒对海洋生态环境的影响研究 . 交通环保，2005，26（3）：9 – 11.

戴培建 . 1996. 防城港及其附近海域水体营养化状况分析与有机污染评价［J］. 广西科学院学报，12（3、4）：72 – 76.

甘居利，贾晓平，李纯厚，等 . 2007a. 南海北部陆架区 3 种鱼类多氯联苯含量分布特征［J］. 热带海洋学报，26（2）：69 – 73.

甘居利，贾晓平，李纯厚，等 . 2007b. 南海北部 3 种金线鱼属鱼类 BHC，DDT 残留研究［J］. 海洋学报，29（5）：95 – 101.

甘居利，贾晓平，李纯厚，等 . 南海北部陆架区表层沉积物中重金属分布和污染状况［J］. 热带海洋学报，2003，22（1）：36 – 41.

甘居利，贾晓平，林钦，等 . 南海北部陆架海域枪乌贼中的六六六和 DDT［J］. 海洋环境科学，2006，25（增刊 1）：20 – 24.

甘居利，林钦，蔡文贵，等 . 2006a，广东沿海近江牡蛎氯代烃和石油烃含量分布与变化趋势［J］. 热带海洋学报，25（1）：47 – 50.

甘居利，林钦，李纯厚，等. 2001. 柘林湾网箱养殖海域溶解氧分布及其影响［J］. 海洋水产研究. 1（22）：69－74.

高鹏，赖子尼，魏泰莉，等. 2007，珠江口水域无机氮与活性磷酸盐含量调查. 南方水产，3（4）：32－37.

广东省海岸带和海滩资源综合调查大队，广东省海岸带和海滩资源综合调查领导小组办公室. 1987.《广大省海岸带和海滩资源综合调查报告》. 北京：海洋出版社.

广东省海岸带和海涂资源综合调查大队，广东省海岸带和海涂资源综合调查领导小组办公室. 1988. 广东省海岸带和海涂资源综合调查报告［M］. 北京：海洋出版社.

广东省海岛资源综合调查大队，广东省海岸带和海涂资源综合调查领导小组办公室. 1995. 广东省海岛资源综合调查报告［M］. 广州：广东科技出版社.

郭芳，黄小平. 2006. 海水网箱养殖养殖对近岸环境影响的研究进展. 水产科学. 25（1）：37－41.

郭炳火，黄振宗，李培英，等. 中国近海及邻近海域海洋环境［C］. 北京：海洋出版社. 2004.

郭伟，朱大奎. 2005. 深圳围海造地对海洋环境影响的分析. 南京大学学报，5（3）：286－295.

郭笑宇，黄长江. 2006. 粤西湛江港海底沉积物重金属的分布特征与来源［J］. 热带海洋学报，25（5）：91－96.

国家海洋局. 1988. 南海中部海域环境资源综合调查报告，北京：海洋出版社.

海南省海洋厅，海南省海岛资源综合调查领导小组办公室. 1999. 海南省海岛资源综合调查研究专业报告集［M］. 北京：海洋出版社.

《海洋规划丛书》编委会. 2004. 海洋环境保护法规文件汇编，北京：海洋出版社.

韩舞鹰，马光美. 1988. 粤东沿岸上升流的研究. 海洋学报，10（1）：52－59.

韩舞鹰. 1998. 南海海洋化学. 北京：科学出版社.

韩舞鹰，王明彪，等. 1990. 我国夏季最低表层水温—琼东沿岸上升流区的研究. 海洋与湖沼，21（3）：167－275.

韩永伟，高吉喜，李政海，等. 2005. 珠江三角洲海岸带主要生态环境问题及保护对策. 海洋开发与管理，3：84－87.

何本茂，韦蔓新. 2010. 钦州湾近20年来水环境指标的变化趋势：水温、盐度和pH的量值变化及其对生态环境的影响. 海洋环境科学，29（1）：51－55.

何雪琴，温伟英，何清溪. 2000. 三亚湾海域水质现状评价. 南海研究与开发，2：18－21.

何玉新，黄小平，黄良民，等. 2005. 大亚湾养殖海域营养盐的周年变化及其来源分析. 海洋环境科学，24（4）：20－23.

何悦强，郑庆华，温伟英，等. 1996. 大亚湾海水网箱养殖与海洋环境相互影响研究［J］. 热带海洋. 16（2）：22－27.

贺松林，丁平兴，孔亚珍，等. 1997. 湛江湾沿岸工程冲淤影响的预测分析Ⅰ：动力地貌分析. 海洋学报，19（1）：55－63.

洪华生，丘书院，等. 1991. 闽南－台湾浅滩渔场上升流区生态系研究. 北京：科学出版社.

黄晖，练健生，王华接，等著. 2007.《徐闻珊瑚礁及其生物多样性》. 北京：海洋出版社.

黄毅，陶平，陈仕明，等. 2005. 深圳大鹏湾南澳养殖区主要环境因子分布规律的研究［J］. 辽宁师范大学学报（自然科学版），28（1）：103－106.

黄长江，杜虹，陈善文，等. 2004. 2001—2002年柘林湾大量营养盐的时空分布［J］. 海洋与湖沼，35（1）：21－29.

黄长江，董巧香，郑磊，等. 1999. 1997年底中国东南沿海棕囊藻赤潮的生物学与生态学特征. 海洋与湖沼，30（6）：581－590.

黄长江，董巧香，吴常文，等. 2005. 大规模增养殖区柘林湾叶绿素a的时空分布［J］. 海洋学报，27（2）：127－134.

黄道建，黄小平，岳维忠. 2005. 大型海藻体内TN和TP含量及其对近海环境修复的意义［J］. 台湾海峡，

24 (3): 316 - 321.

黄健生, 贾晓平, 甘居利. 2007a. 广东大鹏湾海域糙齿海豚体内多氯联苯的分布特征与毒性评价 [J]. 中国水产科学, 14 (6): 974 - 980.

黄健生, 贾晓平, 甘居利. 2007b. 珠江口印度洋瓶鼻海豚皮脂的多氯联苯研究 [J]. 中国环境科学, 27 (4): 461 - 466.

黄健生, 贾晓平, 卢伟华, 等. 2008. 中华白海豚 (Sousa chinensis) 组织中多氯联苯的研究 [J]. 海洋与湖沼, 39 (5).

黄良民. 1992. 南海不同海区叶绿素 a 和海水荧光值的垂向变化. 热带海洋, 11 (4): 89 - 95.

黄良民, 陈清潮, 尹健强, 等. 1997, 珠江口及邻近海域环境动态与基础生物结构初探. 海洋环境科学, 16 (3): 1 - 7.

黄良民, 黄小平, 宋星宇, 等. 2003. 我国近海赤潮多发区及赤潮发生生态学特征. 生态科学, 22 (3): 252 - 256.

黄良民, 张偲, 王汉奎, 等. 2007. 三亚湾生态环境与生物资源. 北京: 科学出版社.

黄良民. 1997. 南沙群岛海区生态过程研究 (一). 北京: 科学出版社.

黄良民. 2007. 中国海洋资源与可持续发展. 北京: 科学出版社.

黄铭洪, 等. 2003. 环境污染与生态恢复 [M]. 北京: 科学出版社.

黄向青, 梁开, 刘雄. 2006. 珠江口表层沉积物有害重金属分布及评价 [J]. 海洋湖沼通报, (3): 27 - 36.

黄小平, 黄良民. 2002. 珠江口海域无机氮和活性磷酸盐含量的时空变化特征. 台湾海峡, 21 (4): 416 - 421.

黄小平, 黄良民. 2003. 大鹏湾水动力特征及其生态环境效应. 热带海洋学报, 22 (5): 47 - 54.

黄小平, 黄良民, 李颖虹, 等. 2006. 华南沿海海草床及其生境威胁 [J]. 科学通报, 51 (增刊 II): 114 - 119.

黄小平, 黄良民, 李颖虹, 等. 2005. UNEP/GEF 扭转南中国海与泰国湾环境退化趋势项目——中国海草专题——国家报告.

黄小平, 江志坚, 张景平, 等. 2010. 广东沿海新发现的海草床 [J]. 热带海洋学报, 29 (1): 132 - 135.

黄小平, 岳维忠, 李颖虹, 等. 2004. 大鹏湾平洲岛附近海域生态环境特征及其演变过程 [J]. 热带海洋学报, 23 (5): 72 - 81.

暨卫东. 1998. 厦门马銮湾有机污染、富营养化状况下的生化关系 [J]. 海洋学报. 20 (1): 134 - 143.

贾国东, 彭平安, 傅家谟. 2002. 珠江口近百年来富营养化加剧的沉积记录. 第四纪研究. 22 (2): 158 - 165.

贾晓平, 蔡文贵, 林钦, 等. 1999. 广东沿海近江牡蛎体砷含量水平、地理分布特点和变化趋势 [J]. 中国水产科学, 6 (2): 97 - 100.

贾晓平, 等. 2004. 南海渔业生态环境与生物资源的污染效应研究 [M]. 北京: 海洋出版社.

贾晓平, 林钦, 蔡文贵, 等. 2000b. 广东沿海牡蛎体 Cu 含量水平及其时空变化趋势 [J]. 湛江海洋大学学报, 20 (3): 32 - 36.

贾晓平, 林钦, 蔡文贵, 等. 2000d. 广东沿海牡蛎体 Ni 含量水平及其时空变化趋势 [J]. 湛江海洋大学学报, 20 (4): 29 - 35.

贾晓平, 林钦, 蔡文贵, 等. 2001. 广东沿岸牡蛎体 Cd 含量及时空分布特点 [J]. 中国水产科学, 7 (4): 82 - 86.

贾晓平, 林钦, 李纯厚, 等. 2000a. "南海贻贝观察": 广东沿海牡蛎体中 Zn 含量水平及变化趋势 [J]. 海洋环境科学, 19 (4): 31 - 35.

贾晓平, 林钦, 李纯厚, 等. 2000c. 广东沿海牡蛎体 Pb 含量水平及其时空变化趋势 [J]. 水产学报, 24 (6): 527 - 532.

贾晓平, 林钦, 吕晓瑜. 1990a. 北部湾海洋经济动物的石油烃含量 [J]. 热带海洋, 9 (1): 94 - 100.

贾晓平, 林钦, 张裕明. 1996. 广东沿海牡蛎体中 BHC 和 DDT 的变化趋势 [J]. 中国水产科学, 3 (2): 75 -

83.
贾晓平，林钦．1990b. 广州湾海洋鱼类的石油烃［J］．海洋科学，3：36－39.
贾晓平，林钦．1992. 广东沿海牡蛎石油烃污染研究—牡蛎体中的芳香烃化合物［J］．海洋环境科学，11（3）：18－23.
贾晓平，李纯厚，甘居利，等．2005. 南海北部海域渔业生态环境健康状况诊断与质量评价［J］．中国水产科学，12（6）：757－765.
贾晓平，邱永松，李永振，等．2004. 南海专属经济区和大陆架渔业生态环境与渔业资源．科学出版社．
解焱，李振宇，汪松．1996. 中国入侵物种综述［M］//汪松，谢彼德，解焱：保护中国的生物多样性（二）．北京：中国环境科学出版社：91－106.
经志友，齐义泉，等．2008. 南海北部陆架区夏季上升流数值研究．热带海洋学报，27（3）：1－8.
柯常亮，林钦，王增焕，等．2007a. 大亚湾大鹏澳网箱养殖海域沉积物中 Pb 的分布特征［J］．南方水产，3（5）：26－32.
柯常亮，林钦，王增焕，等．2007b. 大鹏澳网箱养殖区沉积物中 Cu 的分布特征［J］．南方水产，3（1）：20－25.
柯东胜，关志斌，苏桂兴，等．2008. 珠江口海域环境状况与综合整治策略研究［J］．海洋开发与管理，（3）：488－491.
柯东胜．2005. 珠江口海域污染及其防治对策［J］．海洋开发与管理，6：88－91.
赖廷和，韦蔓新．2002. 防城港水化学要素含量的分布特征及相互关系［J］．台湾海峡，21（4）：422－426.
蓝锦毅，廉雪琼，巫强．2006. 广西近岸海域沉积物环境质量现状与评价［J］．海洋环境科学，25（增刊1）：57－59.
李纯厚，贾晓平，林钦，等．2004. 粤东沿海养殖水域浮游植物的生态特征．湛江海洋大学学报．（1）：24－29.
李纯厚，贾晓平，蔡文贵．2004. 南海北部浮游动物多样性研究．中国水产科学，11（2）：139－146.
李纯厚．1997. 南海海港疏浚淤泥悬浮物质对海洋生物的急性毒性效应．中国环境科学，17（6）：550－533.
李开枝，郭玉洁，尹健强，等．2005. 南沙群岛海区秋季浮游植物物种多样性及数量变化．热带海洋学报，24（3）：25－30.
李涛，刘胜，王桂芬，等．2010. 2004 年秋季南海北部浮游植物组成及其数量分布特征．热带海洋学报，（2）：65－73.
李涛，刘胜，黄良民，等．2005. 大亚湾一次赤潮生消期间浮游植物群落变化研究．热带海洋学报，24（3）：18－24.
李武峥．2008. 山口红树林保护区互花米草分布调查与评价［J］．南方国土资源，2008. 7，39－41.
李学杰．2003. 广东大亚湾底质重金属分布特征与环境质量评价［J］．中国地质，30（4）：429－435.
李颖虹，黄小平，岳维忠．2004. 西沙永兴岛环境质量状况及管理对策［J］．海洋环境科学，23（1）：50－53.
李永淇．1999. 海水养殖生态环境的保护与改善．
梁松，张展霞，等．1996. 大鹏湾环境与赤潮的研究［M］．北京：海洋出版社．
梁维平，黄志平．2003. 广西红树林资源现状及保护发展对策．林业调查规，28（4）：59－62.
林东年．2005. 水东湾网箱养殖区水域环境状况评价．水土保持研究．Vol. 12 No. 4 ：258－260.
林洪瑛，韩舞鹰．2001. 珠江口伶仃洋枯水期十年前后的水质状况与评价．海洋环境科学，20（2）：71－76.
林洪瑛，韩舞鹰．2001. 南沙群岛海域营养盐分布的研究［J］．海洋科学，25（10）：12－14.
林培群，余雪标．2006. 生物入侵的现状及其危害与防治［J］．华南热带农业大学学报．12（2）：61－65.
林钦，贾晓平，吕晓瑜．1990. 珠江口海洋生物体的石油烃［J］．海洋科学，5：34－38.
林钦，贾晓平，吕晓瑜．1991. 广东沿海牡蛎石油烃污染研究—牡蛎体中石油烃的季节变化［J］．海洋环境科学, 10 (4): 1-6.
林钦, 贾晓平. 1991. 南海东北部红海湾海洋动物体内的石油烃 [J]. 海洋通报, 10 (1): 33-38.
林鹏. 1997. 中国红树林生态系 [M]. 北京: 科学出版社: 49-52.
林燕棠, 贾晓平, 杨美兰, 等. 2001. 我国海产贝类体的麻痹性毒素及其来源 [J]. 水产学报, 25 (5): 479-481.
林以安, 苏纪兰, 扈传昱, 等. 2004. 珠江口夏季水体中的氮和磷 [J]. 海洋学报, 26 (5): 63-73.
林昭进, 詹海刚. 大亚湾核电站温排水对邻近水域鱼卵、仔鱼的影响. 热带海洋, 2000, 19 (1): 44-51.
刘诚刚, 宁修仁, 蔡昱明, 等. 2007. 南海北部及珠江口细菌生产力研究. 海洋学报, 2: 112-122.
刘芳文, 颜文, 黄小平, 等. 2003. 珠江口沉积物中重金属及其相态分布特征 [J]. 热带海洋学报, 22 (5): 16-24.
刘广山, 黄奕普. 1998. 大亚湾与南海东北部海域沉积物中的137 Cs. 辐射防护通讯, 18 (5): 40-43.
刘国强, 史海燕, 魏春雷, 等. 2008. 广西涠洲岛海域浮游植物和赤潮生物种类组成的初步研究 [J]. 海洋通报, 27 (3): 43-48.
刘会, 甘居利, 贾晓平. 2009a. 广东红海湾银杏齿喙鲸鲸脂中多氯联苯的分布及其毒性特征 [J]. 中国水产科学, 16 (3): 381-387.
刘会, 甘居利, 贾晓平. 2009b. 广东红海湾海域银杏齿喙鲸体组织中 DDT 含量的分布特征与污染评价 [J]. 南方水产, 5 (3): 15-22.
刘胜, 黄晖, 黄良民, 等. 2006. 大亚湾核电站对海湾浮游植物群落的生态效应. 海洋环境科学, 25 (2): 9-12, 25.
刘晓南, 王为, 吴志峰. 2004. 广东沿海赤潮发生频率差异与城市发展的关系. 地理学报, 59 (6): 911-917.
刘羿, 彭子成, 韦刚健, 等. 2009. 南海北部夏季沿岸上升流近百年的强度变化. 地球科学, 38 (4): 317-322.
罗孝俊, 陈社军, 麦碧娴, 等. 2008. 多环芳烃在珠江口表层水体中的分布与分配 [J]. 环境科学, 29 (9): 2385-2391.
罗孝俊, 陈社军, 麦碧娴, 等. 2005a. 珠江口及南海北部海域表层沉积物中多环芳烃分布及来源 [J]. 环境科学, 26 (4): 129-134.
罗孝俊, 陈社军, 麦碧娴, 等. 2005b. 珠江三角洲河流及南海近海区域表层沉积物中有机氯农药含量及分布 [J]. 环境科学学报, 25 (9): 1272-1279.
罗章仁, 等. 1992. 华南港湾. 广州: 中山大学出版社, 1-39.
马应良. 1989. 珠江口海域环境质量状况和保护对策 [J]. 海洋环境科学, 8 (4): 65-69.
麦贤杰, 等. 2007. 中国南海海洋渔业. 广东经济出版社.
毛天宇, 刘宪斌, 李亚娟. 2008. 海洋石油污染生物修复技术 [J]. 海洋环境保护, 3: 12-13.
缪绅裕, 李冬梅. 2003. 广东外来入侵物种的生态危害与防治对策 [J]. 广州大学学报: 自然科学版. 2 (5): 414-418.
南海水产研究所. 2002. 南海主要岛礁生物资源调查研究渔业资源专业调查报告.
南沙海域环境质量研究专题组. 1996. 南沙群岛及其邻近海域环境质量研究 [M]. 北京: 海洋出版社.
彭云辉, 陈浩如, 王肇鼎, 等. 2001. 大亚湾核电站运转前和运转后邻近海域水质状况评价. 海洋通报, 20 (3): 45-52.
祁士华, 王新明, 傅家谟, 等. 2000. 珠江三角洲经济区主要城市不同功能区大气气溶胶中优控多环芳烃污染评价 [J]. 地球化学, 29 (4): 337-342.
齐雨藻, 等著. 2008. 中国南海赤潮研究. 广州: 经济出版社.
丘耀文, 张干, 郭玲利, 等. 2007. 大亚湾海域典型有机氯农药生物累积特征及变化因素研究 [J]. 海洋学报, 29 (2): 51-58.

丘耀文，周俊良，Maskaoui K，等.2004. 大亚湾海域水体和沉积物中多环芳烃分布及其生态危害评价［J］. 热带海洋学报，23（4）：72－80.

丘耀文，王肇鼎.1997. 大亚湾海域重金属潜在生态环境生态危害评价［J］. 热带海洋，16（4）：49－53.

丘耀文，颜文，王肇鼎，等.2005. 大亚湾海水、沉积物和生物体中重金属分布及其生态危害. 热带海洋学报，24（5）：69－76.

丘耀文，朱良生，徐梅春，等.2006. 海陵湾水环境要素特征［J］. 海洋科学，30（4）：20－24.

邱礼生.1989. 珠江口海区表层沉积物重金属的分布模式. 海洋学报，8（1）：36－43.

邱绍芳.1999. 涠洲岛附近海域水质和底质环境的分析与评价［J］. 广西科学院学报，15（4）：170－173.

邱永松.1988. 南海北部大陆架鱼类群落的区域性变化. 水产学报，12（4）：303－313.

宋星宇，黄良民，钱树本，等.2002. 南沙海区春夏季浮游植物多样性及其分布，生物多样性，10（3）：258－268.

宋星宇，刘华雪，黄良民，等.2010. 南海北部夏季基础生物生产力分布特征及影响因素. 生态学报，30（23）：6409－6417.

苏纪兰主编.2001. 南海环境与资源基础研究前瞻. 北京：海洋出版社.

孙成，赵善德，姚书春，等.2003. 香港海域翡翠贻贝中多氯联苯的研究［J］. 环境化学，22（2）：18－22.

孙军，宋书群，乐凤凤，等.2007.2004 年冬季南海北部浮游植物. 海洋学报（中文版），（5）.132－145.

孙耀，李健，崔毅，等.1997. 虾塘新生残饵的 N、P 营养物溶出速率及其变化规律研究［J］. 应用生态学报.8（5）：541－544.

孙振宇，胡建宇，等.2008.2006 年 9 月南海北部表层温盐场的走航观测. 热带海洋学报，27（1）：6－10.

谭烨辉，黄良民，尹健强.2003. 南沙群岛海区浮游动物次级生产力及转换效率估算. 热带海洋学报，22（6）29－34

唐谋生，方和平，路静，等.2000. 湛江港海水中氮、磷含量及其营养盐分布特征. 交通环保，21（6）：30－33，36.

唐启升，等.2006. 中国专属经济区海洋生物资源与栖息环境，北京：科学出版社.

王超，张伶.2001. 航道疏浚对珠江口附近海洋生态环境影响及预防措施. 海洋环境科学，20（4）：58－66.

王海，王春铭，韩超群，等.2002. 湛江港湾富营养化评价及对策探讨［J］. 甘肃环境研究与监测，15（4）：294－296，314.

王汉奎，董俊德，王友绍，等.2005. 三亚湾近 3 年营养盐含量变化及其输送量的估算［J］. 热带海洋学报，24（5）：90－95.

王汉奎，董俊德，张偲，等.2002. 三亚湾氮磷比值分布及其对浮游植物生长的限制. 热带海洋学报，21（1）：33－39.

王汉奎，黄良民，黄小平，等.2003. 珠江口海域条纹环沟藻赤潮的生消过程和环境特征. 热带海洋学报，22（5）：55－62.

王文介，等.1991. 华南沿海和近海现代沉积. 北京：科学出版社，1－5.

王文卿，王瑁，著.2007. 中国红树林［M］. 北京：科学出版社：6－7.

王许诺，王增焕，林钦，等.2008. 广东沿海贝类 4 种重金属含量分析和评价［J］. 南方水产，4（6）：83－87.

王艳，方展强，周海云.2008. 北部湾海域江豚体内有机氯农药和多氯联苯的含量及分布［J］. 海洋环境科学，27（4）：343－347.

王艳，高芸，方展强.2005. 珠江口沿岸牡蛎养殖沉积物及牡蛎体内重金属含量与评价［J］. 热带海洋学报，24（6）：61－66.

王友绍，王肇鼎，黄良民.2004. 近 20 年来大亚湾生态环境的变化及其发展趋势［J］. 热带海洋学报，23（5）：85－94.

王增焕，李纯厚，林钦，等.2003. 珠江河口经济动物体铜铅锌镉的含量［J］. 湛江海洋大学学报，23（3）：

33 – 38.

王增焕，林钦，王许诺，等 . 2009. 大亚湾经济类海洋生物体的重金属含量分析［J］. 南方水产，5（1）：23 – 28.

王肇鼎，练健生，胡建兴，等 . 2003，大亚湾生态环境的退化现状与特征 . 生态科学，11（22）：313 – 320.

王肇鼎，彭云辉，孙丽华，等 . 2003. 大鹏澳网箱养鱼水体自身污染及富营养化研究［J］. 海洋科学 . 27（2）：77 – 81.

韦蔓新，何本茂 . 2002. 钦州湾近 20 年来水环境指标的变化趋势Ⅲ微量重金属的含量分布及其来源分析［J］. 海洋环境科学，23（1）：29 – 32.

韦蔓新，何本茂 . 2008. 钦州湾近 20 年来水环境指标的变化趋势Ⅴ. 浮游植物生物量的分布及其影响因素. 海洋环境科学，27（3）：253 – 257.

韦蔓新，赖廷和，何本茂 . 2002. 钦州湾近 20a 来水环境指标的变化趋势Ⅰ平水期营养盐状况［J］. 海洋环境科学，21（3）：49 – 52.

我国近海海洋综合调查与评价专项《ST07 区块水体环境调查与研究 – 海洋化学调查研究报告（春、秋航次）》，国家海洋局南海分局，2008.

我国近海海洋综合调查与评价专项《ST07 区块水体环境调查与研究 – 海洋化学调查研究报告（夏、冬航次）》，国家海洋局南海分局，2007.

我国近海海洋综合调查与评价专项《ST07 区块水体环境调查与研究 – 海洋生物生态调查研究报告（春、秋航次）》，国家海洋局南海分局，2009.

我国近海海洋综合调查与评价专项《ST07 区块水体环境调查与研究 – 海洋生物生态调查研究报告（夏、冬航次）》，国家海洋局南海分局，2007.

吴成业，张建林，黄良民 . 2001. 南沙群岛珊瑚礁湖及附近海区春季初级生产力 . 热带海洋学报，20（3）：59 – 67.

吴日升，李立 . 2003. 南海上升流研究概述 . 台湾海峡，22（2）：270 – 276.

吴瑞贞，马毅 . 2008. 近 20 年南海赤潮的时空分布特征及原因分析［J］. 海洋环境科学，27（1）：30 – 32.

吴世捷，高力行 . 2002. 不受欢迎的生物多样性：香港的外来植物物种［J］. 生物多样性 . 10（1）：109 – 118.

夏真，林进清，郑志昌，等 . 2004. 深圳大鹏湾海洋地质环境综合评价［M］. 北京：地质出版社 .

徐宁，吕颂辉，段舜山，等 . 2004. 营养物质输入对赤潮发生的影响 . 海洋环境科学 .（2）：20 – 24.

徐恭昭，等 . 1989. 大亚湾环境与资源 . 合肥：安徽科学技术出版社 .

徐国旋，范信平，林幸青，等 . 1993. 大亚湾海岛资源综合调查报告［M］. 广州：广东科技出版社，1 – 208.

徐海根，等 . 2004. 中国外来入侵物种的分布与传入路径分析［J］. 生物多样性 . 2004. Ⅰa（8）：626 – 638.

徐婧，周婷，叶存奇，等 . 2006. 归类外来种的生物入侵隐患及其防治措施［J］. 四川动物 . 25（2）：420 – 422.

许炼烽 . 1990. 试论滨海火电厂温排水对水体富营养化的影响 . 环境污染与防治，12（6）：6 – 8.

许忠能 ，林小涛 ，周小壮，等 . 2002. 广东省海水养殖对海区环境影响的夏季调查 . 环境科学 .（6）：5 – 9.

杨干然，李春初，罗章仁，等 . 1995. 海岸动力地貌学研究及其在华南港口建设中的应用 . 广州：中山大学出版社，1 – 313.

杨美兰，林钦，吕晓瑜，等 . 2005. 广东重要渔业水域牡蛎体中的麻痹性贝类毒素［J］. 海洋环境科学，24（1）：48 – 50.

杨美兰，林钦，王增焕，等 . 2004. 大亚湾海洋生物体重金属含量与变化趋势分析［J］. 海洋环境科学，23（1）：41 – 43.

杨美兰，林燕棠，全桂英 . 1999. 广东沿海牡蛎体的麻痹性毒素与评价［J］. 湛江海洋大学学报，19（3）：38 – 42.

杨美兰，林燕棠，钟彦 . 1999. 大鹏湾大梅沙海域氮、磷含量及富营养化状态 . 海洋环境科学，18（4）：14－18.

杨清书，麦碧娴，傅家谟，等 . 珠江干流河口水体有机氯农药的时空分布特征［J］. 环境科学，2004，25（2）：150－156.

杨永强，陈繁荣，张德荣，等 . 2006. 珠江口沉积物酸挥发性硫化物与重金属生物毒性的研究［J］. 热带海洋学报，25（3）：72－77.

杨宇峰，费修绠 . 2003. 大型海藻对富营养化海水养殖区生物修复的研究与展望［J］. 青岛海洋大学学报，33（1）：053－057.

杨宇峰，姜胜，王朝晖 . 2004. 中国海水养殖发展状况与养殖海域赤潮生态防治［J］. 海洋科学 . 28（7）：71－75.

尹健强，陈清潮，张谷贤，等 . 2006. 南沙群岛海区上层浮游动物种类组成与数量的时空变化 . 科学通报，（S3）：129－138.

尹伊伟，王朝晖，江天久，等 . 2000. 海洋赤潮毒素对鱼类的毒害 . 海洋环境科学，19（4）：62－65.

于文泉 . 1987. 南海北部上升流的初步探讨 . 海洋科学，（6）：7－10.

岳维忠，黄小平，黄良民，等 . 大型藻类净化养殖水体的初步研究［J］. 海洋环境科学，2004. 23（1）：13－15.

曾流明 . 1986. 粤东沿岸上升流迹象的初步分析 . 热带海洋，5（1）：68－73.

曾晓光，彭昌翰，罗加聪 . 2002. 南沙海域渔业资源开发与管理研究 . 我国专属经济区和大陆架勘测研究论文集，398－405.

曾秀山 . 1991. 厦门港疏浚物海洋倾废评价试验研究—I. 主要有害物质在围隔海水中的释放 . 海洋通报，（6），10（1）：73－78.

曾昭璇，梁景芬，丘世钧 . 1997. 中国珊瑚礁地貌研究 . 广州：广东人民出版社 . 149－164.

詹文欢，钟建强，刘以宣 . 1996. 华南沿海地质灾害［M］. 北京：科学出版社，24－71.

张俊彬，黄增岳 . 2003. 阳江东平核电站邻近海区鱼卵和仔鱼调查研究 . 热带海洋学报，22（3）：78－84.

张其永，洪万树，黄宗国 . 2002. 我国海水养殖鱼类引进的现状及其持续发展［J］. 现代渔业信息. 17（12）：3－7.

张乔民，施祺，陈刚，等 . 2006. 海南三亚鹿回头珊瑚岸礁监测与健康评价 . 科学通报，51（增刊 II）：71－77.

张穗，黄洪辉，陈浩如 . 2000. 大亚湾核电站余氯排放对邻近海域环境的影响 . 海洋环境科学，19（2）：14－18.

张文全，周如明 . 2004. 大亚湾核电站和岭澳核电站循环冷却水排放的热影响分析 . 辐射防护，24（3－4）：257－262.

张武昌；陶振铖；孙军，等 . 2007. 南海北部浮游桡足类对浮游植物的摄食压力 . 生态学报，（10）：4342－4348.

张宇峰，武正华，王宁，等 . 2003. 海南南岸港湾海水和沉积物重金属污染研究［J］. 南京大学学报（自然科学），39（1）：81－90.

赵淑江，朱爱意，张晓举 . 2005. 我国的海洋外来物种及其管理［J］. 海洋开发与管理 . 3：58－56.

郑庆华，梁自强，何悦强，等 . 1992. 大亚湾表层沉积物中污染物质的地球化学行为研究［J］. 热带海洋，11（1）：65－71.

中国科学院南海海洋研究所 . 1984. 南海海区综合调查研究报告（二）. 北京：科学出版社 .

中国科学院南海海洋研究所 . 1982. 南海海区综合调查研究报告（一）. 北京：科学出版社 .

中国科学院南沙综合科学考察队 . 1989. 南沙群岛及其邻近海区综合调查研究报告（一）. 北京：科学出版社 .

中国科学院南沙综合科学考察队 . 1991. 南沙群岛及其邻近海区海洋环境研究论文集 . 湖北：湖北科学技术出版社 .

中国科学院南沙综合科学考察队 . 1991. 南沙群岛及其邻近海区海洋生物研究论文集 . 北京：海洋出版社 .
钟智辉，陈作志，刘桂茂 . 2005. 南沙群岛西南陆架区底拖网主要经济渔获种类组成和数量变动 . 中国水产科学，12（6）：796－800
周斌，张继周，周然 . 2007. 铜鼓航道建设对珠江口中华白海豚自然保护区的环境影响研究［J］. 海洋技术，26（2）：38－41.
周凯，黄长江，姜胜，等 . 2002. 2000—2001 年柘林湾浮游植物群落结构及数量变动的周年调查［J］. 生态学报，22（5）：688－698.
周凯，黄长江，姜胜，等 . 2002. 2000—2001 年粤东柘林湾营养盐分布［J］. 生态学报，22（12）：2116－2124.
周凯，刘悦，金兴良，等 . 2004，粤东柘林湾浮游植物群落组成及水体营养盐分布特征 . 水产科学，23（10）：27－31.
朱小鸽 . 2002. 珠江口海岸线变化的遥感监测［J］. 海洋环境科学，21（2）：19－23.
朱小山 ，吴玲玲，杨瑶，等 . 2005. 粤东柘林湾增养殖区氮磷的分布特征及其富营养化状态评价［J］. 海洋湖沼通报，3：16－22.
朱泽文，赵文武 . 2004. 中国水生外来物种入侵现状和和对策［J］. 中国水产 . 5：19－21.
庄伟，王东晓，等 . 2005. 2000 年夏季福建、广东沿海上升流的遥感与船舶观测分析 . 大气科学，29（3）：438－443.
邹景忠，张树荣 . 1985. 海洋污染生态调查研究现状和发展主要趋向［J］. 海洋环境科学，（2）.
邹仁林，陈友璋 . 1983. 我国浅水造礁珊瑚地理分布的初步研究 . 见：中国科学院南海海洋研究所编. 南海海洋科学集刊（第 4 集）. 北京：科学出版社 . 89－96.
邹仁林 . 2001. 中国动物志－造礁石珊瑚 . 北京：科学出版社 . 1－284.
邹仁林 . 1995. 中国珊瑚的现状与保护对策［J］. 见：中国科学院生物多样性委员会等（主编）. 生物多样性研究进展 . 北京：中国科学技术出版社，281－290.
Anderson D. M. 1994. Red tides. *Scientific American* 271, 62－68.
Barnthouse L W, Glaser D, Young J. Effect of Historic PCB Exposures on the Reproductive Success of the Hudson River Striped Bass Population［J］. *Environment Science Technology*, 2003, 37（2）: 223－228.
Bellwood DR, Hughes TP, Folke C, Nystrom M（2004）Confronting the coral reef crisis. *Nature* 429: 827－833.
Braaten B. et al.（1983）Pollution on Norwegian fish farms. Aquaculture Ireland.（14）: 6－7.
Brouwer A, Reijiders P J H, Koeman J H. Polychlorinated biphenyl（PCB）contaminated fish induce vitamin A and thyroidhorm one deficiency in the common sel［J］. *Aquat Toxivol*, 1989, 15: 99－106.
Chandrasekaran S, Nagendran N A, Pandiaraja D, et al. 2008. Bioinvasion of Kappaphycus alvarezii on corals in the Gulf of Mannar, India［J］. Research Article Current Science. 94（9）: 1167－1172.
Chen W Q, Zhang L P, Xu L, et al. Residue levels of HCHs, DDTs and PCBs in shellfish from coastal area of east Xiamen Island and Minjiang Estuary, China. *Marine Pollution Bulletin*, 2002, 45: 385－390.
Chen Z Q, Li Y, Pan J M. Distributions of colored dissolved organic matter and dissolved organic carbon in the Pearl River Estuary, China. *Continental Shelf Research*, 2004（24）: 1845－1856.
Claudet, J., Pelletier, D.（2004）. Marine protected areas and arti? cial reefs: A review of the interactions between management and scienti? c studies. *Aquat. Living Resour.*, 17, 129－138.
Connell DW, Wu RSS, Richardson BJ et al. 1998. Fate and risk evaluation of persistent organic contaminants and related compounds in Victoria Harbour［J］, Hong Kong. Chemosphere, 36（9）: 2019－2030.
Corsolini S, Ademollo N, Romeo T, et al. Persistent organic pollutants in edible fish: a human and environmental health problem. *Microchemical Journal*, 2005, 79: 115－123.
Cowen, R. K., Paris, C. B., Srinivasan, A.（2006）. Scaling of connectivity in marine populations. *Science*, 311, 522－527.

Crisp TM, Clegg E D, Cooper R L, et al. Environmental endocrine disrup tion: An effect s assessment and analysis [J] . *Environ. Health Perspect*, 1998, 106 (supp l1) : 11 - 56.

Erikson D E. 1995. Surveys of murre colony attendance in the northern Gulf of Alaska following the Exxon Valdez oil spill. In: ASTM Special Technical Publication, 1219: 786 - 819.

Fang Z Q. Organochlorines in sediments and mussels collected from coastal sites along the Pearl River Delta, South China. Journal of Environmental Science, 2004, 16 (2): 321 - 327.

Fong T. C. W. Consevation and management on HongKong seagrass. *Asian Marine Biology*. 1999: 109 - 121.

Fortes, M. D. Mangroves and seagrass beds of East Asia: habitat under stress. Ambio, 1988, 17: 207 - 213.

Genovesi P and Shine C. 2003. Invasive Alien Species European Strategy: Convention on the conservation of European wildlife and natural habitats [R] . Strasbourg: Standing Committee 23rd meeting, 1 - 5 December 2003.

Gowen R. J. and Bradbury N. B. (1987) The ecological impact of salmon farming in coastal waters a review [J]: Oceanogr. Mar. Biol. Ann. Rev. (25): 563 - 575.

Guzman H M, Burns K A, Jackson J B C. Injury, regeneration and growth of Caribbean reef corals after a major oil spill in Panama [J] . *Mar Ecol Prog Ser*, 1994, 105: 231 - 241.

Guzman H M, Jackson J B C, Weil E. Ecological consequences of a major oil spill on Panamanian subtidal reef corals [J] . *Coral Reefs*, 1991, 10: 1 - 12.

Haglund K, Pedersen M. Outdoor pond cultivation of the subtropical marine red alga Gracilaria tenuistip irata in brackish water in Sweden. Growth, nutrient uptake, co - cultivation with rainbow trout and epiphyte control [J] . *Appl Phycol*, 1993, 5: 271 - 284.

Halpern, B. (2003) . The impact of marine reserves: do reserves work and does reserve size matter? *Ecol. Appl.* , 13, S117 - S137.

Harris M L, Elliott J E, Butler R W, et al. Reproductive success and chlorinated hydrocarbon contamination of resident great blue herons (Ardea herodias) from coastal British Columbia, Canada, 1997 to 2000. *Environment Pollution*, 2003, 121: 207 - 227.

Heintz R A , Short J W , Rice S D. Sensitivity of fish embryos to weathered crude oil: Part II. Increased mortality of Pink Salmon (Oncorhynchus gorbuscha) embryos incubating downstream from weathered Exxon Valdez crude oil. *Environmental Toxicology and Chemistry*, 1999, 18 (3): 494 - 503.

Hoegh - Guldberg O, Mumby PJ, Hooten AJ, Steneck RS, Greenfield P, et al. (2007) Coral reefs under rapid climate change and ocean acidification. Science 318: 1737 - 1742.

Huang Hui, 2005. Status Of Coral Reefs In China. Status of Coral Reefs in East Asian Seas Region: 2004. *Ministry of the Environment*, *Japan*, 2005. : 113 - 120.

Huang L M, Chen Q C and Yuan W B, 1989, Characteristics of chlorophyll distribution and estimation of primary productivity in Daya Bay. *Asian Marine Biology* 6: 115 - 128.

Huang Liangmin, Xiaoping Huang, Chen Dongjiao, et al, (2001) . Strategy on Protection and Management of Coastal Ecosystems in China, *Proceeding of the Workshop on International Symposium on Protection and Management of Coastal Marine Ecosystems*, UNEP, Bangkok. 218 - 229.

Kaspar H F (1985) . Effects of mussel aquaculture on the nitrogen cycle and benthic communities in Kencpru Sounds, New Zealand [J] . *Mar Biol.* 85: 127 - 13.

Kocipa R J, Keyes D G, Beyer J E, et al. Result s of a two year chloronic toxicity and oncogenicity study of 2, 3, 7, 8 - TCDD in rats [J] . Toxicol App l. Pharmacol, 1978, 46 - 279.

Li Y, Huang LM, Chen Jianfang, et al (2005) . Water Quality and Phytoplankton Bloom in the Pearl River Estuary, The environment in Asia Pacific harbours (Chapter 3), Ed. By Eric Wolanski, Kluwer Press.

Lin Y F, Jing S R. Lee D Y, et al. Nutrient removal from aquaculture wastewater using a constructed wetlands system [J] . *Aquaculture*. 2002, 209: 169 - 184.

Liu S, Lian J S, Huang H et al., 2003, Phytoplankton community change in Daya Bay during the past 20 years. In: Kin – Chung Ho et al., ed. Recent Advances in the Prevention and Management of Harmful Algal Blooms in the South China Sea. The Association on Harmful Algal Blooms in the South China Sea, Hong Kong. pp. 17 – 21.

Mitchell D M & Bennett H J. The susceptibility of bluegill sunfish, Lepomis macrochirus, channel catfish, Ictalurus punctatus, and invertebrate, Daphnia pulex, to emulsifiers and crude oils. *Proceedings of Louisiana Academy of Science*, 1972, 35: 20 – 26.

Negri A P & Heyward A J. Inhibition of coral fertilization and larval metamorphosis of the coral Acroporamillepora (Ehrenberg, 1834) by petroleum products. *Marine Pollution Bulletin*. 2000, 41 (7 – 12): 420 – 427.

Ning X R, Chai F, Xue HJ, et al. Physical – biological oceanographic coupling influenceing phytoplankton and primary production in the South China Sea. *Journal of Geophysical Research*, 2005a, 110 , C05015 , doi: 10. 1029P2005JC002968.

Ning Xiuren, LI W K W, Cai Yuming, et al, . Comparative analysis of bacterioplankton and phytoplankton in three ecological provinces of the northern South China Sea. *Marine Ecology Progress Series* 2005b , 293 : 17 – 28

Parham W. South China 's Taste for Wildlife [EB/OL]. (2007 – 7 – 30) [2010 – 10 – 30] http: //www. chinadialogue. cn/article/show/single/en/1191 – South – China – s – taste – for – wildlife.

Reed M & Spaulding M L. 1978. An oil spill – fishery interaction model. In Environmental Assessment of Treated versus Untreated Oil Spill: Second Interim Progress Report, Contact No. E (11 – 1) 4047, Department of Energy, Washington DC, USA.

Rodrigues, A. S. L., Andelman, S. J., Bakarr, M. I., Boitani, L., Brooks, T. M., Cowling, R. M. et al. (2004). Effectiveness of the global protected area network in representing species diversity. *Nature*, 428, 640 – 643.

Ryckman D P, Weseloh D V, Hamr G A, et al. Special and temporal trends in organschlorine contamination and bill deformities in Double – Creasted cormorants (Phalacrocorax Auritus) from the Canadian Great Lakes [J]. *Environmental Monitoring and Assessment*, 1998, 53: 169 – 195.

Schramm W. Factors influencing seaweed responses to eutrophication: some results from EU—project EU—MAC [J]. *Appl Phycol*, 1999, 11: 69 – 78.

Song Xingyu, Huang Liangmin, Zhang Jianlin, et al. (2004) . Variation of phytoplankton biomass and primary production in Daya Bay during spring and summer. *Marine Pollution Bulletin*, 49 (11 – 12): 1036 – 1044.

Sonnenschein C, Soto A M. An updated review of environmentalist organ and androgen mimics and antagonists [J]. *Steroid Biochem Molec Biol*, 1998, 65: 143 – 150.

Stekoll M S & Deysher L. Response of the dominant alga fucus gardneri (Silva) (Phaeophyceae) to the Exxon Valdez oil spill and clean – up [J] . *Mar Pollut Bull*, 2000, 40 (11): 1028 – 1041.

Su Qiang, Huang Liangmin, Tan Yehui, et al, Preliminary Study of Microzooplankton Grazing and Community Composition in the North of South China Sea in Autumn, *Marine Science Bulletin*, 2007, 9 (2): 43 – 53.

Teal J M, Howardth R W. Oil spill studies: a review of ecological effects. *Environmental Management*, 1984, 8: 27 – 44.

Troell M, Halling C. Nilsson A. et al. Integrated marine cultivation of Gracialria chilensis (Gracilariales, Rhodophyta) and salmon cages for reduced environmental impact and increased economic output [J]. *Aquaculture*, 1997, 156: 45 – 61.

UNEP (United Nations Environment Programme) (2006) Marine and coastal ecosystems and human well – being: a synthesis report based on the findings of the Millennium Ecosystem Assessment. United Nations Environment Programme, Nairobi

Wallin, M. och H kanson, L., 1991. Nutrient loading models for the assessment of environmental effects of marine fish farms. – In: M kinen, T. (ed.), *Marine Aquaculture and Environment*, Nordic Council of Minister, Nord, 1991: 22, pp. 39 – 55.

Walter C J. (2000) . Coral reef restoration. *Ecological Engineering*, 15: 345 – 364.

Wang L. , Li X. , 1998, Management of Shellfish Safety in China. *Journal of Shellfish Research*, 17 (5): 1609.

Wang Y S, Lou Z P, Sun C C, et al. Ecological environment changes in Daya Bay, China, from 1982 to 2004. *Marine Pollution Bulletin*, 2008, 56: 1871 – 1879.

Wu Meilin, Wang youshao. Using. chemometrics to evaluate anthropogenic effects in Daya Bay, China. *Estuarine, Coastal and Shelf Science*, 2007, 72 (4): 732 – 742.

YU Jing, TANG Danling, WANG Sufen, et al, . Changes of Water Temperature and HarmfuI Algal Bloom in the Daya Bay in the Northern South China Sea. *Marine Science Bulletin*, 2007, 9 (2): 25 – 33.

Zhenxia Su, Liangmin Huang, Yan Yan (2007) . The effect of different substrates on pearl oyster Pinctada martensii (Dunker) larvae settlement, *Aquaculture*. 271: 377 – 383.

Zhou Jiayi. Sources transport and environmental impact of contaminants in the coastal and estuarine areas of China. Beijing: *China Ocean Press*, 1997. p155. Chapter 5, Oil and PAHs (Zheng Jinshu et al. , 83 – 90) .

附录 A 国家级海洋自然保护区

环渤海区国家级海岸和海洋国家级自然保护区							
序号	名称	地点	面积/km²	主要保护对象	类型	建区时间	主管部门
1	辽宁蛇岛-老铁山自然保护区	大连旅顺口	170.73	蛇岛蝮蛇、东北候岛屿及蛇岛特殊生态系统	野生动物	1980	环保
2	大连斑海豹自然保护区	辽宁大连	9 090	斑海豹	野生动物	1997	农业
3	双台河口湿地自然保护区	辽宁盘锦	1280	湿地生态系统及珍稀涉禽、斑海豹	野生动物	1988	林业
4	河北昌黎黄金海岸	河北昌黎	300	海滩及近海生态系统	海洋海岸	1990	海洋
5	天津古海岸与湿地国家级自然保护区	天津	990	古海岸遗迹及湿地	地质遗迹	1984	海洋
6	黄河三角洲自然保护区	山东东营	1 530	湿地生态系统和珍稀水鸟	海洋海岸	1992	林业
7	长岛自然保护区	山东长岛	53.00	迁徙猛禽及海岛生态系统	野生动物	1988	林业
8	滨州贝壳堤岛与湿地系统自然保护区	山东无棣	890	贝壳堤岛、贝类资源、滨海湿地生态系统	地质遗迹	2006	海洋
黄海区国家级海岸和海洋国家级自然保护区							
序号	名称	地点	面积/km²	主要保护对象	类型	建区时间	主管部门
9	城山头滨海地貌自然保护区	辽宁大连	13.50	滨海岩溶地貌、鸟类	地质遗迹	2001	环保
10	鸭绿江口滨海湿地国家级自然保护区	辽宁东港	1 080.57	沿海滩涂湿地及水禽候鸟	海洋海岸	1997	环保
11	荣成大天鹅自然保护区	山东荣成	105	大天鹅等珍禽及生境	海洋生物多样性	1984	林业
12	盐城珍稀鸟类国家级自然保护区	江苏盐城	4 530	丹顶鹤等珍禽及海涂湿地生态系统	海洋海岸	1983	环保
13	大丰麋鹿国家级自然保护区	江苏大丰	26.67	麋鹿及其生境	海洋海岸	1986	林业
东海区国家级海岸和海洋国家级自然保护区							
序号	名称	地点	面积/km²	主要保护对象	类型	建区时间	主管部门
14	崇明东滩湿地自然保护区	上海崇明	49.00	海洋湿地生态系	海洋海岸	2005	海洋

续表

东海区国家级海岸和海洋国家级自然保护区							
序号	名称	地点	面积/km^2	主要保护对象	类型	建区时间	主管部门
15	上海九段沙自然保护区	上海浦东新区	420.20	迁徙鸟类及滨海湿地	野生动物	2005	环保
16	南麂列岛海洋自然保护区	浙江省平阳县	196.00	岛屿及海域生态系统、贝藻群落	野生动物	1990	海洋
17	深沪湾海底古森林遗迹自然保护区	福建省晋江市	31.00	海底古森林、牡蛎礁遗迹及滨海地貌	地质遗迹	1992	海洋
18	厦门珍稀海洋生物自然保护区	福建省厦门市	330.88	中华白海豚、文昌鱼及其生态系统	野生动物	2000	海洋
19	漳江口红树林自然保护区	福建省云宵县	23.60	红树林及滨海湿地	海洋海岸	1992	林业
南海区国家级海岸和海洋国家级自然保护区							
序号	名称	地点	面积/km^2	主要保护对象	类型	建区时间	主管部门
20	惠东港口海龟自然保护区	广东惠州	8.00	海龟及其产卵繁殖地	野生动物	1992	农业
21	内伶仃岛－福田自然保护区	广东深圳	8.15	红树林生态系统、鸟类、弥猴	海洋海岸	1984	林业
22	珠江口中华白海豚自然保护区	广东珠海	460.00	中华白海豚及其栖息地	野生动物	1991	农业
23	湛江红树林自然保护区	广东廉江	202.79	红树林生态系统	海洋海岸	1990	林业
24	徐闻珊瑚礁国家级自然保护区	广东徐闻	143.78	珊瑚礁生态系统	海洋海岸	2007	海洋
25	山口红树林自然保护区	广西合浦	80.00	红树林生态系统	海洋海岸	1990	海洋
26	雷州珍稀海洋生物国家级自然保护区	广东雷州	468.65	海洋生物生态系统	野生动物	2008	海洋
27	合浦儒艮自然保护区	广西合浦	350.00	儒艮及海洋生态系统	野生动物	1986	环保
28	北仑河口海洋自然保护区	广西防城港	300.00	红树林生态系统	海洋海岸	1990	海洋
29	东寨港红树林自然保护区	海南海口	33.37	红树林生态系统	海洋海岸	1980	林业
30	大洲岛海洋生态自然保护区	海南万宁	70.00	金丝燕及其生境、岛屿及海洋生态系统	野生动物	1987	海洋
31	三亚珊瑚礁自然保护区	海南三亚	40.00	珊瑚礁生态系统	海洋海岸	1990	海洋
32	海南铜鼓岭国家级自然保护区	海南文昌	44.00	地质遗迹，珊瑚礁生态系统	海洋海岸	2003	海南省

注：参考刘兰（2006），刘洪滨（2007）及 http：//www.china.com.cn/info/2011－05/19/content_ 22596331_ 2.htm.

附录 B 国家级海洋特别保护区（截至 2010 年）

序号	名称	面积/hm^2	所在海区	主要保护对象	成立时间
1	山东昌邑国家级海洋生态特别保护区	2 929. 28	渤海海区	天然柽柳林，滨海湿地生态系统，浅海生态系统	2008
2	山东东营黄河口生态国家级海洋特别保护区	92 600. 00	渤海海区	海洋生物资源包括小黄鱼、黄鲫、棱鳀、鰕虎鱼类、口虾蛄、脊尾白虾、中国毛虾、文蛤等	2008
3	山东东营利津底栖鱼类生态国家级海洋特别保护区	9 404. 00	渤海海区	名贵鱼类半滑舌鳎，此外还有鲈鱼、鲻、梭鱼、鰕虎鱼类	2008
4	山东东营河口浅海贝类生态国家级海洋特别保护区	39 623. 00	渤海海区	文蛤、四角蛤蜊、青蛤、毛蚶、缢蛏等多种经济贝类	2008
5	山东东营莱州湾蛏类生态国家级海洋特别保护区	21 024. 00	渤海海区	小刀蛏、大竹蛏、缢蛏、文蛤、青蛤、四角蛤蜊、毛蚶等各种优质贝类	2009
6	山东东营广饶沙蚕类生态国家级海洋特别保护区	8 282. 00	渤海海区	双齿围沙蚕等多种底栖经济动物	2009
7	辽宁锦州大笔架山国家级海洋特别保护区	3 240. 00	渤海海区	天然连岛堤坝自然景观地貌，海岛生态系统	2009
8	山东龙口黄水河口海洋生态国家级海洋特别保护区	2 168. 89	渤海海区	典型河口海湾生态系统	2009
9	山东文登海洋生态国家级海洋特别保护区	518. 77	黄海海区	典型河口海湾生态系统，松江鲈鱼	2009
10	山东烟台芝罘岛群海洋特别保护区	769. 72	黄海海区	海岛生境和资源	2010
11	山东威海刘公岛海洋生态国家级海洋特别保护区	1 187. 79	黄海海区	海岛生境和资源	2009
12	连云港海州湾海湾生态与自然遗迹海洋特别保护区	490	黄海海区	海湾生态与自然遗迹	2008
13	江苏海门市蛎岈山牡蛎礁海洋特别保护区	1 222. 90	黄海海区	海岛生境和资源	
14	浙江乐清市西门岛国家级海洋特别保护区	3 080. 00	东海海区	海岛生境和资源	2005
15	浙江嵊泗马鞍列岛海洋特别保护区	54 900. 00	东海海区	海岛生境和资源	2005
16	浙江普陀中街山列岛国家级海洋生态特别保护区	20 290. 00	东海海区	海岛生境和资源	2006
17	浙江渔山列岛国家级海洋生态特别保护区	5 700. 00	东海海区	海岛生境和资源	2008

注：参考中国海洋发展报告（2011）及相关网站。